Renato Dulbecco

Der Bauplan des Lebens

RENATO DULBECCO

DER BAUPLAN DES LEBENS

Die Schlüsselfragen der Biologie

Aus dem Amerikanischen von Hainer Kober

Mit 143 Abbildungen

Piper
München Zürich

Wissenschaftliche Beratung für die deutsche Ausgabe:
Horst Domdey

Die Originalausgabe erschien unter dem Titel
»The Design of Life«
1987 im Verlag Yale University Press,
New Haven und London

ISBN 3-492-03333-4

Gesetzt aus der Times-Antiqua
Gesamtherstellung: Clausen & Bosse, Leck
Printed in Germany

INHALTSVERZEICHNIS

Vorwort 11

Kapitel 1: Die DNA: Der Lebensfaden 15
- Schwierige Fragen 15
- Die Zellen 16
- Was ist eine Zelle? 18
- Die Rolle der Chromosomen 25
- Zwei entscheidende chemische Stoffe 30
- Der chemische Aufbau der Gene 31
- Was ist Leben? 35

Kapitel 2: Der Zellapparat 37
- Die Chemie des Lebens 37
- Proteine 41
- Kein Leben ohne Strukturen 44
- Vermittlermoleküle: Die Enzyme 50
- Membranen 52
- Was uns ein Virus lehrt: Proteine gelangen in Zellen und verlassen sie 55
- Spezielle Erkennungsmerkmale 61
- Spezifische Kanäle 62

Kapitel 3: Energie von der Sonne 67
- Eine lange Nacht 68
- Die Umwandlung der Sonnenenergie 69
- Die Photosynthese 69
- Die Verteilung der Zuckerenergie 76
- Was sind Chloroplasten und Mitochondrien? 81
- Der eingefangene Chloroplast 82
- Rücklagen für schlechte Zeiten 87

Kapitel 4: Die Sprache der DNA 91
- Die chemische Struktur der DNA 91
- Replikation und Komplementarität 93
- Die Reparatur schadhafter DNA 97

Dichtgepackte DNA 98
DNA-Ringe 100
Die DNA als Informationsträgerin 102
Informationsübertragung auf die RNA 103
Instruktionen für Proteine: Der Translationscode 114
Gestückelte Gene 120

Kapitel 5: Die Organisation der Sequenzen im Genom 129
Hybridisierung: Trennen und Neubilden von Helices 129
Enzyme als spezifische Scheren 132
Spezifische Fragmente 135
Gene in vielen Kopien 137
Endlose Wiederholungen 140

Kapitel 6: Veränderliche DNA 145
Mutationen 145
Die Rekombination 147
Springende DNA 149
Wie die Zahl der Gene erhöht wird 155
Springende Gene 164
Einige unbeantwortete Fragen 168
Die Bewegung der DNA und das Leben 169
Was ist nun eigentlich die Rolle der DNA? 173

Kapitel 7: Versklavte DNA 177
Klonierung und Amplifizierung von DNA 177
Konsequenzen des Klonens 180
Können wir veränderte Gene ersetzen? 188
Biotechnologie 199
Das Problem des Risikos in der Gentechnologie 201

Kapitel 8: Kommunikation zwischen den Zellen 207
Kommunikation durch Berührung 207
Kommunikatorsubstanzen 209
Allgegenwärtige Regulatoren 210
Die Hierarchie der Hormone 211
Unabhängige Hormone 216
Wirkstoffe für die Differenzierung 218
Was sind Hormone, und wie werden sie gebildet? 218

Wie Hormone die Zellen anweisen, zu tun, was sie tun sollen 221
Die Blockierung der Hormonwirkung 226
Gelegentliche Nebenwirkungen der Hormone 231

Kapitel 9: Sexualität: ♀ und ♂ 233
Verschiedene Formen der Sexualität 234
Die Bedeutung der geschlechtlichen Fortpflanzung 237
Die genetische Kontrolle der Sexualität 241
Hormoneller Einfluß auf Geschlecht und Sexualität 254
Flexibilitäten 260
Die Evolution der Sexualität 263

Kapitel 10: Fortpflanzung: ♂ und ♀ 267
Wie Geschlechtspartner zusammenfinden 267
Das Sexualverhalten 276
Die Regulierung des Sexualverhaltens 281
Eine sensible Phase in der Geschlechtsbestimmung des Gehirns 285
Geschlechtshormone bei erwachsenen Individuen 288
Die Evolution des Sexualverhaltens 290
Eine weitere sensible Phase? 291
Die Paarbindung 292

Kapitel 11: Die Herrschaft des menschlichen Gehirns über die Sexualität 295
Gehirn contra DNA 295
Flexibilität 296
Ein Kontinuum von Interaktionen 297

Kapitel 12: Von A bis Z 305
Gesteuerte Vermehrung 305
Embryonen aus Eizellen 307
Tod und Verwandlung 312
Spezialisierung 314
Zellinien 315
Die Besonderheit der Pflanzen 317
Entscheidende Entwicklungsschritte 319
Gene, die die Entwicklung steuern 338
Das Programm der Genexpression 350
Der Tod als Entwicklungsprozeß 355

Kapitel 13: Gene für die Verteidigung 359
Die Elemente des Immunsystems 359
Das Problem der Erkennung 370
Einzelheiten der Organisation 373
Erzeugung von Diversität 375
Das Gen wird exprimiert 380
Die Differenzierung von B-Zellen 383
Der Wechsel von einer Kette zur anderen 384
Immunglobuline: In allen Sätteln gerecht 388

Kapitel 14: Lebenswichtige Signale 395
Mediatormoleküle 396
T-Zellen »lernen« 398
T-Zellen erkennen Antigene 401
Das Problem der Selbst-Toleranz 406
Immunität als Krankheit 411
Kommunikatoren in großen Mengen 413

Kapitel 15: Ungezügelte Gene 417
Progression: Schrittfolge der Krebsentwicklung 418
Anfängliche Ereignisse 419
Fälle, in denen Mutationen als Ursache fraglich sind 420
Chromosomenveränderungen 423
Krebs durch Viren 424
Onkogene und Proto-Onkogene 426
Erreger menschlicher Krebserkrankungen 433
Die Abwehrkräfte des Körpers 438

Kapitel 16: Die Erkundung der Welt 441
Die vielen Anpassungsprozesse des Lebens 441
Überleben in extremen Temperaturen 442
Leben in der Tiefsee 445
Optimale Sauerstoffnutzung 446
Kommunikationsweisen verschiedener Arten 447
»Ohne festen Wohnsitz« 471

Kapitel 17: Die Mechanismen des Gehirns 475
Gehirn und DNA 475
Die Neuronen 478
Fremdstoffe im Kanal 487

Synapsen, Neurotransmitter, Rezeptoren 489
Transmitter, Modulatoren und ihre Rezeptoren 495
Signale an die Muskeln 509

Kapitel 18: Die Struktur des Gehirns 517
Addition und Subtraktion 517
Allgemeine Organisation 523
Einzelheiten der Organisation 531
Die wichtigsten Leitungsbahnen komplexer Organismen 537
Wie ist das Gehirn beschaffen? 546
Die Gesetze des Netzwerks 561

Kapitel 19: Erkenntnisse durch Medikamente und Drogen 565
Muskellähmung 566
Die Erregung von Motorik und gelerntes Verhalten 566
Mittel gegen Erschöpfung 569
Mittel gegen Depression 570
Dopamin und Psychosen 572
Inhibitorische Wirkung 574
Die Blockierung von Hemmung 577
Halluzinationen 577
Sucht 579
Wirkstoffe und Krankheiten 585
Zusammenfassung 587

Kapitel 20: Die Odyssee des Lebens 589
Alle Zellen aus einer einzigen Zelle 590
Arten 592
Eine Atomuhr 593
Molekulare Zeugnisse 594
Fossile Zeugnisse 599
Der Mechanismus der Evolution 602
Evolution im Labor 616
Wie hat alles angefangen? 618
Eine Rolle für die Schöpfungslehre? Kreationisten versus Evolutionisten 623

Kapitel 21: Epilog: Was ist Leben? 627
Einige Antworten auf unsere Frage 627
Ein Kartenhaus 634

Personenregister 636
Sachregister 637

Vorwort

Dieses Buch will den fachlich nicht besonders vorgebildeten Leser mit den faszinierenden Entdeckungen vertraut machen, die die Biologie seit den fünfziger Jahren in immer rascherer Folge erlebt hat. In den ersten beiden Kapiteln lege ich die Grundlagen für die Lektüre, wobei ich mich nach Möglichkeit um eine allgemeinverständliche Ausdrucksweise bemühe und die wissenschaftliche Terminologie vermeide, da sie eines der Haupthindernisse für den Laien ist. Wo sich Fachwörter nicht vermeiden lassen, werden sie erklärt. Oft habe ich die Termini in Klammern hinzugefügt, um dem interessierten Leser die Möglichkeit zu geben, die betreffenden Themen in wissenschaftlichen Veröffentlichungen weiterzuverfolgen.

Meinem Buch liegt die Vorstellung zugrunde, daß das Leben die Verwirklichung codierter Anweisungen ist, die in einer bei allen lebenden Organismen anzutreffenden chemischen Substanz enthalten sind – der DNA. Die Anweisungen bewirken die Herstellung von anderen chemischen Substanzen, in der Hauptsache Proteinen, die für Wachstum und Funktion der Zellen sorgen. Die Merkmale der Organismen – ihr Bau und ihre Arbeitsweise – hängen von den Proteinen ab, die sie enthalten. Die Proteine erledigen die Aufgaben des Lebens, für die die DNA nicht erforderlich ist; aber ohne DNA gäbe es keine Proteine. So ist die DNA die heimliche Herrscherin des Lebens.

Das Leben auf der Erde hat sich seit seinen Anfängen vor Jahrmilliarden in vielfältige Richtungen entwickelt. Diese Evolution wurde bestimmt durch die DNA, die im Laufe unvorstellbarer Zeiträume die Herstellung von Proteinen mit neuen, erstaunlichen Merkmalen bewirkt hat. Mithin ist die DNA auch die Intelligenz des Lebens, die festlegt, was das Leben will und wohin seine Evolution führt.

Weil die DNA eine so grundlegende Rolle spielt, beschäftigen sich einige Kapitel dieses Buches (4, 5 und 6) mit ihren Merkmalen: wie sie aufgebaut ist, wie sie sich vervielfältigt, welche Anweisungen sie enthält, wie diese Anweisungen ausgeführt werden. Ein entscheidender Aspekt in der Evolution der DNA war das Auftreten der Sexualität. Die wichtigsten Eigenschaften und die Bedeutung dieser komplexen Funktion sind die Themen der Kapitel 9, 10 und 11.

Nun schaffen es DNA und Proteine allerdings nicht allein, das Leben hervorzubringen und zu erhalten. Dazu ist auch die Energie erforderlich, die von der Sonne bezogen wird. Kapitel 3 zeigt, wie die Sonnenenergie verwendet wird. Das Leben ist auch angewiesen auf Kommunikation zwischen den Teilen eines einzelnen Organismus und zwischen den Organismen. Wie solche Kommunikation innerhalb eines Organismus abläuft und wie sie ihn zu einem harmonischen Ganzen werden läßt, wird in den Kapiteln 8, 17 und 18 beschrieben, während sich Kapitel 16 mit der Kommunikation zwischen Lebewesen in ihrer gemeinsamen Umwelt beschäftigt.

Da das Leben ein Kampf ist, in dem die Organismen Vorteile gegenüber anderen zu erringen trachten, braucht der Organismus Abwehrmechanismen. Einer dieser Mechanismen schützt die Tiere mit Hilfe außergewöhnlicher DNA-Kunststücke gegen Krankheitserreger. Die faszinierende Organisation dieser Abwehrvorrichtung wird in den Kapiteln 13 und 14 dargestellt.

Die Bauweise der auf der Erde existierenden Organismen reicht von ganz einfachen bis zu äußerst komplizierten Formen. Doch in allen Fällen entwickelt sich ein lebender Organismus aus einer einfachen Einheit, die alle Komplexität aus sich selbst erzeugt. Bei vielen Organismen beginnt diese Entwicklung mit der Befruchtung der Eizelle; diesem Prozeß ist Kapitel 12 gewidmet. Eine andere Art von Evolution – die Bildung komplexer Lebensformen aus einfachen Molekülen – findet statt, seitdem es Leben gibt. Mit ihr beschäftige ich mich in Kapitel 20.

Die Untersuchung des Lebens zeigt, daß in hochentwickelten Organismen die DNA nicht als Alleinherrscherin regiert. Während diese Herrschaft bei einfachen Lebewesen fast absolut ist, wird sie bei höheren Organismen etwas gebrochen. Hier regiert die DNA als wohlwollender Diktator, der einen Teil seiner Macht an die Organismen delegiert hat, so daß sie innerhalb streng festgelegter Grenzen ihr Schicksal selbst bestimmen können. Wie nicht anders zu erwarten, stiftet die Komplexität des Lebens und seine Demokratisierung gelegentlich einige Verwirrung. Das führt unter anderem zu einer Ambivalenz des Geschlechts (Kapitel 10, 11) und zur Nachahmung sowie Störung der Kommunikation durch Drogen, die auf das Gehirn einwirken (Kapitel 19).

Ich versuche, das Leben und seine vielen Aspekte möglichst umfassend und gründlich zu beschreiben. Was ich zu berichten habe, resultiert aus der Arbeit einer ganzen Heerschar von Wissenschaftlern, denen ich an dieser Stelle danken möchte. Ich kann nicht in jedem Einzelfall erwähnen, wem die verschiedenen Resultate und Erkenntnisse zu verdanken sind. Gelegentlich nenne ich einige Namen, um zu zeigen, daß hinter den Entdeckungen Menschen stehen – stellvertretend für die vielen Wissenschaftler, die ihr Leben in dem oft, aber nicht immer, erfolgreichen Bemühen verbracht haben, einige Rätsel des Lebens zu lösen. Dank schulde ich vor allem denjenigen Kollegen, die die Freundlichkeit und Geduld hatten, Abschnitte dieses Buches mit mir durchzusprechen, und die wertvolle Verbesserungsvorschläge machten. Es handelt sich um Floyd Bloom, Max Cowan, Walter Eckhart, Ed Lewis, Fritz Melchers, Wylie Vale und Larry Swanson.

Danken möchte ich auch meiner Sekretärin Betty Lang für ihre aufopferungsvolle Hilfe. Sie hat nicht nur die verschiedenen Fassungen des Manuskripts getippt, sondern auch viele nützliche Ratschläge gegeben.

Anmerkung des Verlages:
Anstelle eines Glossars sind im Sachregister bei wichtigen Begriffen die Seiten besonders hervorgehoben, auf denen die Begriffe im Text erläutert werden.

KAPITEL 1
Die DNA: Der Lebensfaden

Schwierige Fragen

Meldungen über Entdeckungen und Entwicklungen auf dem Gebiet der Biologie und Biotechnologie in Presse und Fernsehen sind heute an der Tagesordnung und können mit großem öffentlichem Interesse rechnen. Diese Reaktion zeigt, wie viele Hoffnungen und Erwartungen die raschen Fortschritte der letzten Jahre geweckt haben. Bald, so scheint es, sind wir in der Lage, Organismen nach Belieben zu manipulieren, um entweder ihre Beschaffenheit zu ändern oder um bestimmte chemische Substanzen herzustellen. Wir müssen nicht mehr der Natur ihren Lauf lassen, um ihre Früchte zu ernten. Stoffe, die einst in der Abgeschlossenheit der Zellen entstanden, kann man heute im Reagenzglas mit Hilfe gentechnisch behandelter Bakterien herstellen.

Viele neue Wirtschaftsunternehmen sind gegründet worden, um die biotechnischen Errungenschaften zu nutzen. Durch ein höchstrichterliches Urteil in den Vereinigten Staaten ist die Stellung solcher Unternehmen gestärkt worden, denn man hat entschieden, daß eine gentechnisch veränderte Bakterie oder Pflanze wie jede andere nützliche Erfindung patentiert werden kann. Es scheint wichtige finanzielle Gründe dafür zu geben, die praktischen Möglichkeiten der neuen Technologien zu verwerten, und die hohen Aktienkurse, mit denen die neuen Unternehmen an der Börse notiert werden, zeigen deutlich, wie viele Leute an ihren Erfolg glauben.

Dem neuentdeckten Vertrauen in den Nutzen, der sich aus unserer wachsenden Fähigkeit zur Beeinflussung der Lebensmechanismen ziehen läßt, steht jedoch die Frage gegenüber, wie sich die neuen Technologien auf das Leben in der uns bekannten Form auswirken können. Wird es radikale Veränderungen geben? Werden die Veränderungen der Menschheit nützen oder schaden? Sollen wir damit fortfahren, künstliche Herzen zu entwickeln und Babys in der Retorte zu zeugen? Wann fängt das menschliche Leben an, und welche Konsequenzen hat diese Frage für die politischen Entscheidungen über den Schwangerschaftsabbruch? Oder denken wir an die Kontroverse zwischen den Anhängern der Evolutionstheorie und den Vertretern der Schöpfungslehre über den Ursprung des Lebens auf unserem Planeten. An der Art der Fragen, die gestellt werden, zeigt sich, wie wenig der scheinbar so vertraute Begriff *Leben* verstanden wird.

Die Erde beherbergt viele Lebewesen, die eine so ungeheure Vielfalt von Merkmalen aufweisen, daß wir uns fragen müssen, ob sie überhaupt eine gemeinsame Eigenschaft besitzen. Allerdings lassen sich einige solche Eigenschaften leicht erkennen – zum Beispiel die Fähigkeit, zu wachsen und sich zu vermehren. Pflanzen bilden Samen, aus denen Pflanzen derselben Art entstehen. Bakterien oder Schimmelpilze wachsen in sehr großer Zahl, wenn die Bedingungen günstig sind. Sobald wir Wachstum und Vermehrung als Attribute von Lebewesen erkannt haben, können wir fragen, wie solche Prozesse zustande kommen.

Anhand bloßer Beobachtungen können wir jedoch nicht verstehen, was Leben ist und auf welchen Mechanismen es beruht. In den letzten Jahren haben wir die Eigenschaften der Lebewesen bis ins kleinste Detail untersucht und sind dadurch einem solchen Verständnis nähergekommen. Die Arbeit ist aber noch nicht abgeschlossen, weil wir auf immer neue Überraschungen stoßen. Unser heutiges Wissen ist das Ergebnis vieler Forschungsjahrzehnte, in denen sich die Biologie mit immer kleineren Lebewesen beschäftigte. Zunächst untersuchte man die zugänglichsten Organismen – größere Pflanzen und Tiere –, dann wandte man sich bestimmten Fliegen und einigen einfachen Meeresgeschöpfen zu. Als nächstes kamen Lebewesen an die Reihe, die für das bloße Auge unsichtbar sind – etwa Schimmelpilze und Bakterien –, und schließlich die kleinsten Formen des Lebens, die Viren. Folgen wir dem Gang dieser Forschung und betrachten wir die großartigen Entdeckungen, die ihren Weg säumen.

Die Zellen

Die ersten Beiträge zum Verständnis des Lebens verdanken wir den Anatomen, die tote Tiere und Menschen öffneten und feststellten, daß sie deutlich abgegrenzte innere Teile oder *Organe* wie Gehirn, Leber oder Nieren enthalten. Der Körper eines tierischen oder pflanzlichen Lebewesens mit allen an seinem Aufbau beteiligten Organen wird *Organismus* genannt – obwohl diese Bezeichnung auch auf einfachste Lebensformen wie Bakterien oder Viren angewendet wird. Dann stellte man die Frage: Wodurch unterscheiden sich die verschiedenen Organe? Der Schnitt durch eine Leber und ein Gehirn zeigte den Anatomen verschiedene Muster, die auf eine unterschiedliche Struktur der beiden Organe schließen ließen. Doch mehr ließ sich mit bloßem Auge nicht erkennen.

Im 17. Jahrhundert machte man beim Schleifen von Linsen bedeutende Fortschritte; dadurch wurde die Entwicklung von ziemlich leistungsfähigen einlinsigen Mikroskopen möglich. Einer der Pioniere auf diesem Gebiet war Robert Hooke, ein englischer Naturforscher, der seinen Blick sowohl auf die größten Dinge richtete, nämlich die Sterne, als auch auf die kleinsten, indem er durch ein einfaches Mikroskop schaute. 1665 beschrieb er die kleinen wabenförmigen Löcher, die er bei der Untersuchung einer dünnen Korkscheibe sah. Sie erinnerten ihn an die Zellen eines Klosters (damals eine geläufige Metapher); deshalb nannte er sie *Zellen*. Tatsächlich hatte er nur die Überreste der lebendigen Pflanze gesehen: die vertrockneten hölzernen Wände, die die lebenden Zellen voneinander getrennt hatten. Doch mit dieser Beobachtung hatte Hooke die einfachsten lebendigen Einheiten entdeckt, die es gibt.

Etwa zur gleichen Zeit schuf der holländische Tuchhändler Anton van Leeuwenhoek in Delft das leistungsfähigste Mikroskop seiner Zeit. Als er hindurchsah, erblickte er eine neue Welt: In den untersuchten Wassertropfen wimmelte es von einer Vielzahl kleiner Lebewesen. Er hatte die einfachsten Organismen entdeckt – Einzeller, Algen, Hefepilze, Bakterien.

Von nun an folgten die Fortschritte rasch aufeinander. Man erkannte, daß jedes Organ aus einer großen Zahl lebender Zellen besteht und daß die Zellen verschiedener Organe verschieden aussehen und unterschiedliche Aufgaben haben. So übermitteln die Zellen des Gehirns Signale, Muskelzellen verkürzen sich, wenn ein Nervensignal sie erreicht, Leberzellen sind sozusagen chemische Fabriken und so fort. In tierischen Lebewesen sind Zellen nicht durch die für Pflanzen typischen Trennwände abgeteilt, die Hooke sah, sondern sie berühren sich.

Aus diesen und anderen Beobachtungen erkannte man schließlich, daß die Zahl der Zellen in Lebewesen höchst unterschiedlich ausfällt – von der einen Zelle des Bakteriums bis zu den zehn Billionen des Menschen. Ein einzelliger Organismus kann nur die Komplexität und die Funktionen haben, welche die eine Zelle aufweist. Ein Organismus, der aus Millionen oder Milliarden verschiedenartiger Zellen besteht, besitzt weit größere Komplexität und vermag vieles zu leisten, was eine Zelle allein nicht kann. Die Aktivitäten großer Organismen resultieren in der Regel aus den vereinten Kräften vieler Zellen.

Das Phänomen der Zellkooperation zeigt, warum es für einen Organismus günstig ist, aus einer sehr großen Zahl kleiner Zellen zu bestehen: Die große Zahl ermöglicht viele verschiedene Spezialisierungen, und die geringe Größe ist von Vorteil für das Wachstum und die Aktivität eines Organismus, was mit den Mechanismen der Zellfunktion und -vermehrung zusammenhängt. Eine Zelle muß viele Substanzen aus der Umwelt aufnehmen und Abfallstoffe an sie abgeben. Der Bedarf einer Zelle ist ihrem Volumen proportional, die Versorgungsmöglichkeit richtet sich nach ihrer Oberfläche, durch die sie die Substanzen aufnimmt. Wächst die Größe der Zelle, so nimmt der Bedarf sehr viel rascher zu als die Versorgungsmöglichkeit: Wenn die Größe um das Zehnfache anwächst, nimmt der Bedarf um das Tausendfache zu, die Versorgungsmöglichkeit jedoch nur um das Hundertfache. Größere Zellen sind also schwierig zu ernähren und verrichten ihre Aufgaben träge und ineffizient.

Der unmittelbare Grund für die Untergliederung der Organismen in Zellen dürfte evolutionärer Art gewesen sein. Auf den frühesten, primitivsten Stufen des Lebens sind die ersten Einheiten mit Sicherheit kleine, sehr einfache und unabhängig lebende Zellen gewesen. In den nachfolgenden Evolutionsphasen bildeten sich vorübergehende Zellverbände, wahrscheinlich ähnlich den Zusammenschlüssen, zu denen sich heute manche Bakterien verbinden (vgl. Kap. 12). Dieses Stadium war das Vorspiel zur Bildung großer Organismen, wie sie heute existieren, in denen die Zellen ständig zusammengeschlossen sind. Die Zelle war die Ureinheit des Lebens, und sie blieb es auch in der weiteren Evolution des Lebens. Deshalb muß jedem ernsthaften Versuch, das Leben zu definieren, die Untersuchung des Zellbaus und der Zellfunktion vorausgehen.

Was ist eine Zelle?

Um zu verstehen, was eine Zelle ist, beginnen wir am besten mit einem Blick in ihr Inneres. Das kann sehr gut mit einem modernen Lichtmikroskop geschehen, das heute gegenüber Leeuwenhoeks Prototyp erheblich verbessert ist. Dieses Instrument beruht auf der Ablenkung von Lichtwellen; es zeigt deshalb keine Einzelheiten mehr, die – entsprechend der Wellenlänge des Lichts – kleiner als etwa ein tausendstel Millimeter sind. Zwar mögen solche Ausmaße klein genug erscheinen, tatsächlich sind sie aber sehr grob, wenn man bedenkt, daß wichtige Elemente der Zellen Ausmaße im atomaren Maßstab besitzen – ungefähr ein millionstel Millimeter. Einzelheiten von dieser Größe zeigt das Elektronenmikroskop durch Ablenkung von Elektronenstrahlen. Im einzelnen funktioniert es so: In einem luftleeren Behälter bewegen sich Elektronen – außerordentlich kleine elektrisch geladene Teilchen – fast mit Lichtgeschwindigkeit. Sie besitzen auch eine Wellennatur; ihre Wellenlänge ist im Vergleich zu Lichtwellen jedoch mehrere tausendmal kürzer. Man verwendet nun die Ablenkung dieser Wellen zur Herstellung eines Bildes, das für das Auge zwar nicht sichtbar ist, sich aber auf einem fotografischen Film aufzeichnen läßt.

Die Membranen

Membranen begrenzen die Zelle nach außen, unterteilen sie aber auch im Inneren. Durch ein Lichtmikroskop betrachtet, zeigen die Zellen eines Tieres eine scharf gezogene Umrißlinie (Abb. 1.1). Sie entsteht durch eine sackähnliche Außenhülle, die jede Zelle umgibt. Das größte Objekt im Inneren der Hülle, ungefähr halb so groß wie die Zelle und zentral gelegen, ist der runde oder ovale *Zellkern*. Alles, was außerhalb des Zellkerns liegt, bildet das *Zytoplasma*, die Zellmatrix (vgl. Abb. 1.2). Das Elektronenmikroskop zeigt, daß die Hülle aus zwei extrem dünnen aneinander haftenden Schichten besteht. Gemeinsam bilden sie die *Zellmembran*, die die gesamte Zelle umgibt (Abb. 1.3). Unter dem Elektronenmikroskop ist ferner zu erkennen, daß der Zellkern von einer inneren und äußeren Membran umschlossen ist, die durch einen dünnen Zwischenraum getrennt werden. Die beiden Membranen haben viele Löcher – *Poren* –, die von ösenartigen Gebilden eingefaßt werden. Durch diese Poren gelangen Substanzen aus dem Zytoplasma in den Kern und umgekehrt.

Die äußere Membran geht in ein ganzes Netz von Membranen über, die das Zytoplasma in allen Richtungen durchziehen (vgl. Abb. 1.2). Dieses Membranensystem bildet Röhren aus – das *endoplasmatische Retikulum* (Abb. 1.4) –, die sehr wichtig für die Herstellung bestimmter Zellprodukte sind. Eine bedeutende Rolle in diesem Herstellungsprozeß spielen auch einige flache, in die Membran eingelassene, innen hohle Scheiben. Sie heißen *Golgiapparat*, nach dem italienischen Arzt Camillo Golgi, der sie 1883 endeckt hat

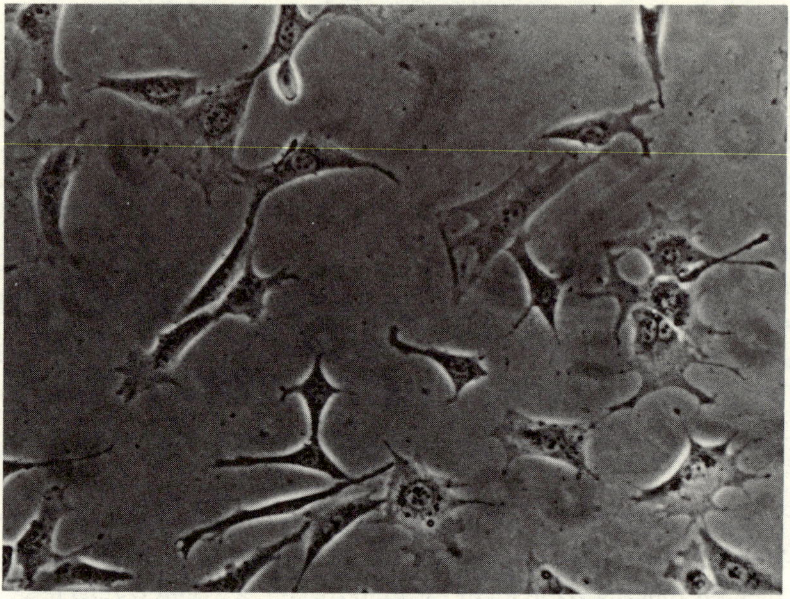

Abbildung 1.1: Einige lebende Zellen, durch das Lichtmikroskop betrachtet. Es handelt sich um Rattenzellen, die sich in einer Glasschale im Labor befinden. Sie sind von einem scharfen Rand umgeben, einer Membran, die sie von ihrer Umwelt abgrenzt. Jede Zelle hat fingerähnliche Fortsätze, die sich in ständiger Bewegung befinden. Mit ihrer Hilfe können sich die Zellen auf der Glasoberfläche voranbewegen. Im Inneren der Zelle ist der Zellkern zu sehen. (1000fache Vergrößerung.)

(vgl. Abb.1.2). Die größten der restlichen im Zytoplasma erkennbaren Strukturen sind die *Mitochondrien*. Sie sind annähernd eiförmig, von zwei Membranen umgeben und mit charakteristischen Falten der inneren Membran angefüllt. Die Mitochondrien erzeugen die Energie für die Zellaktivitäten (vgl. Kap. 3). Andere Strukturen haben die Form von Tröpfchen verschiedener Größe und sind jeweils von einer Membran umgeben. Einige von ihnen bringen von außen Nahrung in die Zellen. Andere verdauen die Nahrung, indem sie diese in einfache Substanzen zerlegen, die die Zelle verwenden kann. Wieder andere Tröpfchen schaffen die von der Zelle hergestellten Stoffe in die Außenwelt. Pflanzenzellen besitzen noch zusätzlich *Chloroplasten*, grüne Partikel mit einer ähnlichen Organisation wie die Mitochondrien. Sie enthalten eine grüne Substanz, das sogenannte *Chlorophyll* (»Blattgrün«), die mit Hilfe von Sonnenlicht zelluläre Substanzen herstellt (vgl. Kap. 3).

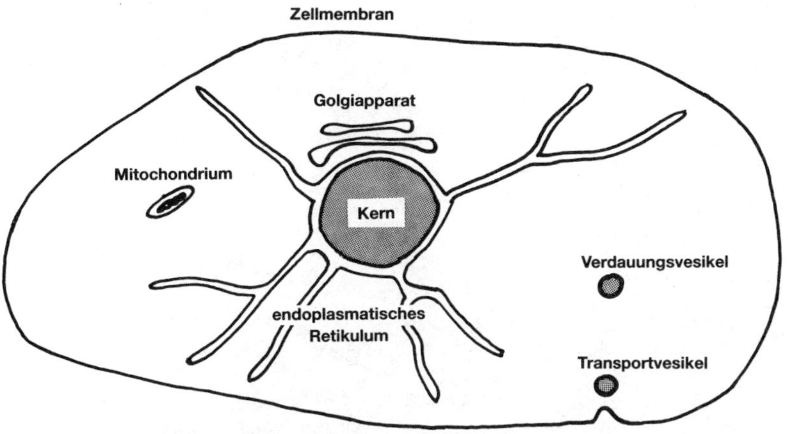

Abbildung 1.2: Schema der Hauptkompartimente, die im Inneren einer tierischen Zelle durch Membranen abgeteilt sind. Manche Pflanzenzellen enthalten zusätzlich noch Chloroplasten. Jede Linie ist eine doppelschichtige Membran, wie sie in Abbildung 1.3 gezeigt wird.

Der Zellkern

Unter dem Lichtmikroskop betrachtet, enthält der Zellkern viele unregelmäßige Flecken und Fäden, deren bloßes Erscheinungsbild nicht erkennen läßt, wozu sie dienen. Die Rolle des Zellkerns zeigt sich während der spektakulären Ereignisse, die stattfinden, wenn sich eine Zelle in zwei Tochterzellen teilt. Vor der Teilung sammelt die Zelle Materialien und vergrößert sich. Sobald sie eine bestimmte Größe erreicht hat, entsteht in ihrer Mitte eine Furchung, die immer tiefer wird, bis sie die Zelle in zwei Teile, die »Tochterzellen«, spaltet. Im Laufe der Zeit teilen sich die Zellen wieder und wieder, so daß ihre Zahl erheblich anwächst. Bei Embryos können die Teilungen zu Beginn der Entwicklung alle zehn bis fünfzehn Minuten erfolgen, während sich die Zellen ausgewachsener Tiere etwa einmal am Tag teilen. Die Teilungsrate von Embryos ist so groß, weil dort nur vorhandenes Material abgeteilt wird (vgl. Kap. 12). Zellen ausgewachsener Tiere teilen sich weniger häufig, weil sie alle Materialien vor der Teilung verdoppeln müssen. Manche Zellen teilen sich nur sehr selten, in einem Rhythmus von Wochen oder gar Monaten. Das Tempo der Teilung hängt von zahlreichen Faktoren ab – der Temperatur, der Verfügbarkeit von Nährstoffen, von bestimmten chemischen Wirkstoffen, die im Organismus hergestellt werden, und anderen Dingen.

Jede aus einer Teilung hervorgehende Tochterzelle muß alle Ele-

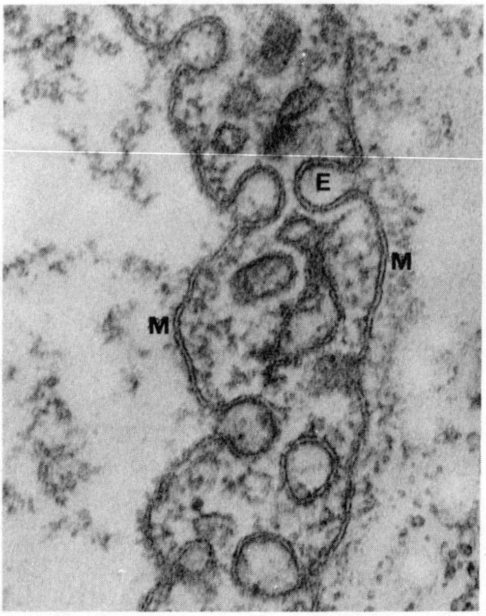

Abbildung 1.3: Die Membran, die eine Zelle umgibt, unter dem Elektronenmikroskop betrachtet. Es handelt sich um einen außerordentlich dünnen Schnitt von Zellen in der Wand eines Blutgefäßes in einer Rattenzunge. Die Zelle ist flach und dünn; man muß sich vorstellen, daß sie sich oberhalb und unterhalb des Bildrandes fortsetzt. Auf beiden Seiten ist die Zelle durch eine Doppellinie begrenzt – die Membran (M). Die Membran bildet durch Einstülpungen (E) mehrere Schleifen und Ringe, durch die Flüssigkeitströpfchen in die Zelle aufgenommen werden. (325000fache Vergrößerung. Mit freundlicher Genehmigung von George Palade.)

mente enthalten, die in der Mutterzelle vorhanden waren. Bei den Mitochondrien und den verschiedenen Partikeln des Zytoplasmas bereitet das keine Schwierigkeiten: In dem Zeitraum zwischen den Teilungen werden ständig neue Exemplare gebildet und dann mehr oder minder gleichmäßig auf die beiden Tochterzellen verteilt. Der Zellkern ist insofern ein Sonderfall, weil es ihn stets nur einmal gibt. Genauere Beobachtungen zeigen jedoch, daß auch im Kern ähnliche Ereignisse stattfinden wie in der übrigen Zelle (Abb. 1.5). Die Hauptbestandteile des Zellkerns sind außerordentlich lange, sehr dünne und gleichförmige Fäden, die nur unter dem Elektronenmikroskop sichtbar sind (Abb. 1.5 : 1). Sie verdoppeln sich in dem Intervall zwischen den beiden Zellteilungen (Abb. 1.5 : 2) und werden, wenn sich die Zelle teilt, gleichmäßig auf die beiden Tochterzellen verteilt. In Zellen, die unmittelbar vor der Teilung stehen, wer-

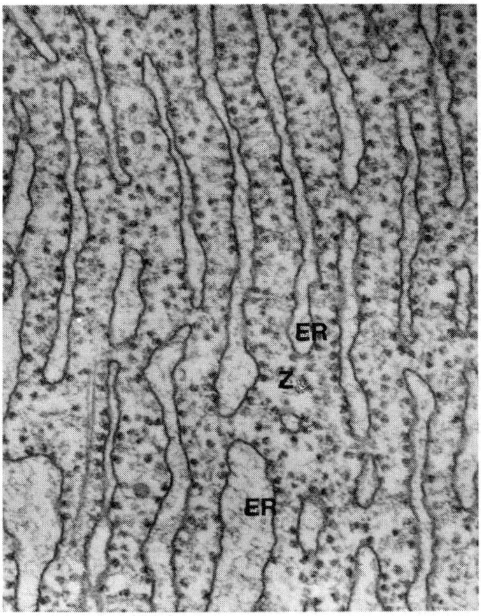

Abbildung 1.4: Das endoplasmatische Retikulum in dem dünnen Präparat einer Zelle aus der Bauchspeicheldrüse einer Ratte unter dem Elektronenmikroskop. Das endoplasmatische Retikulum ist ein System aus Hohlröhren, die an plattgedrückte Strümpfe erinnern und durch eine Membran eingefaßt sind. Im Schnitt erscheinen die Membranen als Doppellinien, die den beiden Schichten der Membran entsprechen (vgl. Kap. 2). Die Röhren des endoplasmatischen Retikulums (ER) sind in das Zytoplasma (Z) eingebettet. Dazwischen befinden sich kleine, dunkle runde Körper, deren Grenzen manchmal unscharf erscheinen. Das sind die Ribosomen, welche die Proteine der Zelle herstellen (vgl. Kap. 2). Einige der Proteine gelangen in die Hohlräume des endoplasmatischen Retikulums. (140000fache Vergrößerung. Mit freundlicher Genehmigung von G. Palade.)

den diese Fäden unter dem Lichtmikroskop als Stäbchen erkennbar, denn sie wickeln sich so eng auf, daß sie erheblich kürzer und dicker werden (Abb. 1.5:3 und 4). Die Stäbchen sind jetzt klarer abgegrenzt und reihen sich in der Mitte der Zelle in charakteristischer Weise auf. Jeder aufgewickelte Zellkernfaden ist ein *Chromatid*. Die beiden Chromatiden, die aus der Verdoppelung eines Zellkernfadens resultieren – die *Schwesterchromatiden* –, bleiben beieinander und bilden ein *Chromosom* (»Farbkörper«, so genannt, weil sich Chromosomen durch bestimmte Stoffe intensiv färben lassen; Abb. 1.6). Die Chromosomenzahl ist charakteristisch für die Art, zu der die Zelle gehört. Menschen haben 46 Chromosomen, Taufliegen acht. Die verschiedenen Chromosomen haben charakteristische Merk-

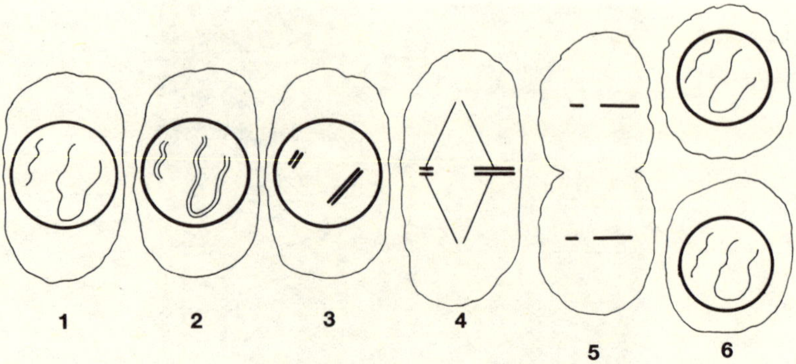

Abbildung 1.5: Die Ereignisse im Zellkern während des Teilungszyklus: (1) Die Zelle, die aus einer vorangehenden Teilung resultiert, hat von jedem Faden eine einzige Kopie. Zwei von verschiedener Länge sind hier abgebildet. (2) Jeder Faden verdoppelt sich. Die beiden Schwesterfäden bleiben verbunden. (3) Bevor sich die Zelle teilt, wickelt sich jeder Faden zu einem Chromatid auf. Die beiden Schwesterchromatiden bleiben zusammen und treten als eine einzige Einheit in Erscheinung – das Chromosom. In der Abbildung sind zwei Chromosomen zu erkennen. (4) Die Linien stellen Mikrotubuli dar (vgl. Kap. 2), die die Chromosomen mit den beiden Polen der Zelle verbinden. (5) Die beiden Chromatiden jedes Chromosoms wandern zu entgegengesetzten Polen; zwischen ihnen zeigt sich die Teilungsfurche. (6) Schließlich teilt sich die Zelle, die Zellkerne bilden sich wieder aus, und die starke Spiralisierung der Fäden löst sich auf, so daß die Chromatiden verschwinden.

male, an denen man sie erkennen kann (vgl. Abb. 1.6). Bald darauf zerreißen die Membranen, die den Kern umgeben, und lösen sich auf. Die Chromosomen ordnen sich auf typische Weise in der Mitte der Zellen an. Gleichzeitig erscheinen dünne Linien, die die beiden Chromatiden jedes Chromosoms mit entgegengesetzten Polen der Zelle verbinden (vgl. Abb. 1.5:4). Die Chromatiden beginnen sich gewöhnlich in der Mitte des Chromosoms zu trennen und werden langsam nach verschiedenen Seiten gezogen (vgl. Abb. 1.5:5). Wenn dieser Prozeß abgeschlossen ist, befinden sich die Chromatiden in zwei gleichen Gruppen an den beiden Polen der Zelle. Zwischen ihnen prägt sich die Furchung aus, die die Zelle teilt, und während sich die Zellteilung vollendet, entstehen um die Chromatiden neue Membranen, so daß jede Tochterzelle mit einem Zellkern ausgestattet ist. Von jedem Kernfaden bekommen beide Tochterzellen eine Kopie: Sie sind vollkommen gleich. Schließlich nehmen die Chromatiden wieder ihr fadenförmiges Erscheinungsbild an und werden unter dem Lichtmikroskop unsichtbar (vgl. Abb. 1.5:6). Diesen komplexen Prozeß bezeichnet man als *Mitose*.

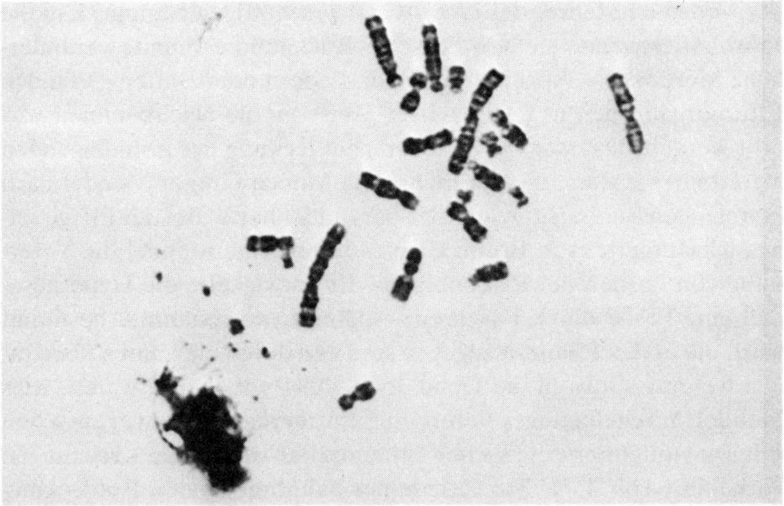

Abbildung 1.6: Die Chromosomen einer in Teilung befindlichen Zelle eines Goldhamsters. Die Chromosomen befinden sich in Phase 4 der vorangehenden Abbildung 1.5. Jedes besteht aus zwei Chromatiden (eine abgrenzende Linie zwischen den Chromatiden eines Chromosoms ist an den Enden einiger Chromosomen erkennbar). Die Chromosomen wurden mit einer Methode gefärbt, die eine für jedes Chromosom unterschiedliche Bänderung sichtbar macht. (2000fache Vergrößerung. Mit freundlicher Genehmigung von Geoff Wahl.)

Die Aufteilung der Chromatiden auf die Tochterzellen erfolgt mit absoluter Genauigkeit: *Jede Zelle bekommt einen vollständigen Satz*. Dieser Vorgang unterscheidet sich von der nur annähernd gleichen Verteilung der anderen Zellbestandteile. Der Prozeß muß so exakt sein, weil sich jedes Chromatidenpaar von allen anderen unterscheidet und eine lebenswichtige Funktion wahrnimmt, die von keinem anderen Chromatid geleistet werden kann. Die Mitglieder aller anderen Kategorien von Zellbestandteilen (beispielsweise die Mitochondrien) sind identisch und erfüllen gleiche Aufgaben: Eines dieser Elemente mehr oder weniger zu haben bleibt ohne besondere Konsequenzen für die Zelle.

Die Rolle der Chromosomen

Bis zum Anfang unseres Jahrhunderts war das Chromosom ein geheimnisumwittertes Gebilde. Über seine Beschaffenheit und seine Funktionen gewann man erst Klarheit, als man sich systematisch mit der Vererbungslehre, der *Genetik*, zu beschäftigen begann. Um die Jahrhundertwende stellten Forscher fest, daß bestimmte veränderliche Merkmale – Augenfarbe, Haar, Federn oder Blüten – von den Elternorganismen in regelmäßiger Weise an die Nachkommen vererbt werden. Das war die (Wieder-)Entdeckung der grundlegenden Vererbungsgesetze, die der mährische Mönch Gregor Mendel nach jahrelangen Beobachtungen 1856 begründet hatte. Bei der Pflege seines Klostergartens in Brünn (Brno) untersuchte Mendel die Vererbung von Farben bei Erbsenblüten. Er entwickelte die Hypothese, daß eine Farbe durch Faktoren – später *Gene* genannt – bestimmt wird, die in den Pflanzen zugegen sind und durch die Samen übertragen werden. Obwohl die Gene noch völlig unbekannt waren, wies Mendel ihr regelmäßiges Vererbungsmuster nach, indem er zwischen Pflanzen mit unterschiedlichen Blütenfarben sorgfältige Kreuzungen vornahm (Abb. 1.7). Zur Zeit seiner bahnbrechenden Entdeckung gab es kaum Interesse an diesen Aspekten der Vererbung. So wurden seine Resultate nicht zur Kenntnis genommen.

Erst viel später erlebten die Mendelschen Gesetze eine Renaissance und mit ihnen das Interesse an der Erforschung der Gene. Was sind sie, und wo sind sie? Offensichtlich müssen sie in irgendeinem Bestandteil der Keimzellen – des Spermiums und der Eizelle – vorhanden sein, der bei der Teilung stets an die Tochterzellen weitergegeben wird. Die Chromosomen waren gute Kandidaten. Eine besondere Hilfe bei der Untersuchung ihrer Bedeutung für die Vererbung war eine Laune der Natur. Unter den Organismen, die man in genetischen Studien verwendete, gewann die kleine Taufliege *Drosophila* in der ersten Hälfte unseres Jahrhunderts besondere Bedeutung. Mit einem Fruchtbrei als Nahrung läßt sie sich leicht in Reagenzgläsern züchten. Unter diesen Bedingungen pflanzt sie sich so rasch fort, daß alle zwei Wochen eine neue Generation entsteht. Ohne Schwierigkeiten ließen sich Kreuzungen mit Hunderten oder Tausenden von Exemplaren durchführen und Individuen mit neuen, seltenen Merkmalskombinationen beobachten. Eine für die Untersuchung der *Drosophila*-Chromosomen entscheidende Eigenschaft entdeckte man in den Speicheldrüsen, die Riesenzellen mit sehr großen Zellkernen haben. Diese Zellen teilen sich niemals, und überraschenderweise sind ihre Chromosomen ständig sichtbar. Wenn man solche Speicheldrüsen auf einem Objektträger zerquetscht, reißen die Zellkerne auf. Die verschmierten, am Glas klebenden Chromosomen lassen sich mühelos unter dem Lichtmikroskop untersuchen

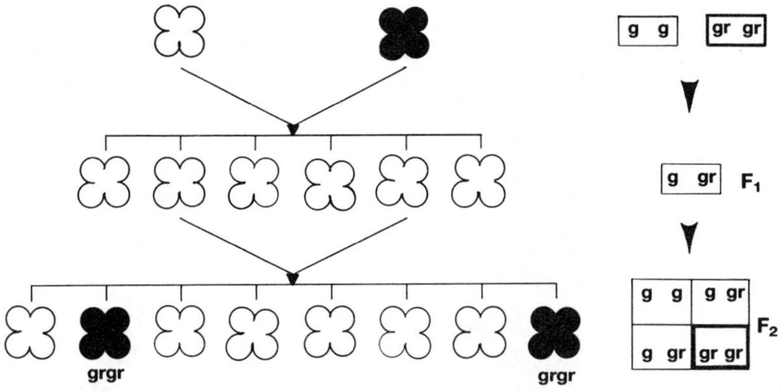

Abbildung 1.7: Eine Kreuzung von Erbsen, wie sie Mendel durchgeführt hat. Das Schema links zeigt die Kreuzungen. Mendel übertrug den Pollen von einer Pflanze auf die andere. Die eine Art hatte gelbe Blüten, die andere grüne. Alle Pflanzen (F_1), die aus dem Samen erzeugt wurden, hatten gelbe Blüten. Eine Pollenkreuzung zwischen diesen Pflanzen ergab Pflanzen (F_2), von denen jede vierte grüne Blüten hatte. Das Schema rechts zeigt die Interpretation der Kreuzungen. Dabei werden zwei Faktoren angenommen: gr für Grün und g für Gelb, je zwei pro Pflanze. F_1-Pflanzen erben von einem Elternteil g, vom anderen gr, so daß sie alle g/gr sind. Bei F_2-Pflanzen gibt es vier mögliche Kombinationen. Sie können allein g oder gr von beiden Elternteilen bekommen oder gr von einem Elternteil und g vom anderen. Hat eine Pflanze die Kombination g/gr, sind ihre Blüten gelb; gelb bezeichnet man in diesem Fall als dominant. Die Erklärung ist, daß g die Herstellung des gelben Farbstoffs hervorruft, während gr keinen Stoff produziert. Nur wenn g abwesend ist, werden die Blüten grün.

(Abb. 1.8). Im Unterschied zu den Chromosomen, die während der Mitose zu beobachten sind, sind sie nicht aufgewickelt, sondern gestreckt; außerdem sind sie länger und dicker (*Riesenchromosomen*).

Alle diese ungewöhnlichen Merkmale ergeben sich aus einer Besonderheit der Zellen. Sie beginnen wie alle anderen Zellen mit einem einzigen Faden für jedes Chromosom. Jeder Faden verdoppelt sich, als wollte die Zelle sich teilen. Doch das geschieht nicht, und die beiden Fäden haften zusammen. Abermals verdoppeln sich die Fäden, und die neuen Kopien bleiben wiederum an den alten haften, so daß sie jetzt schon ein Bündel von vier Fäden bilden. Auch jetzt erfolgt keine Zellteilung; statt dessen werden die Zellen immer größer. Dieser Prozeß wiederholt sich viele Male und bringt außerordentlich große Zellen hervor, die Bündel aus mehreren hundert identischen Fäden enthalten. Sie sind groß genug, um unter dem Lichtmikroskop leicht als Riesenchromosomen erkennbar zu sein.

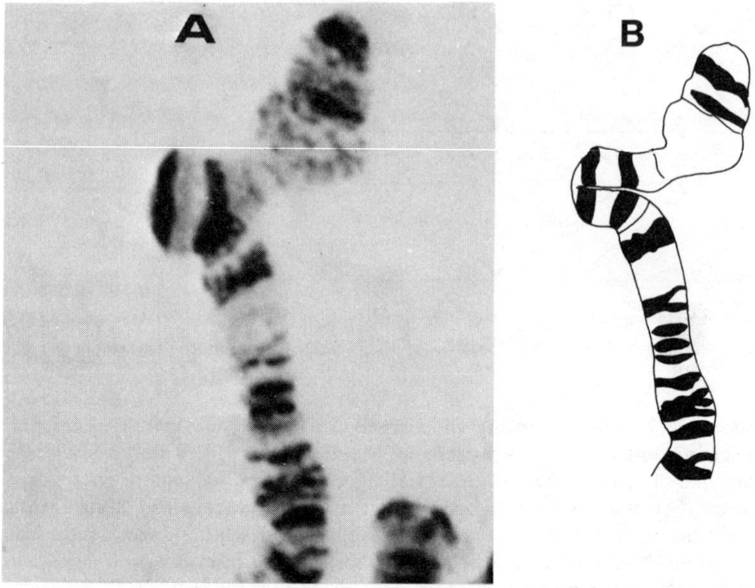

Abbildung 1.8: (A) Ein Riesenchromosom aus der Speicheldrüse der Fliege *Drosophila*. Das Chromosom ist so gefärbt, daß es die unterschiedlich geformten und gefärbten Banden erkennen läßt. Die Banden können bestimmten Genen zugeordnet werden. (B) Die Y-förmige Struktur dieses Chromosoms ergibt sich aus einer Verdoppelung eines Segments. Die verdoppelten Segmente neigen dazu, aneinander zu haften. Diese Duplikation verändert die Augenfarbe der Fliege. (1500fache Vergrößerung. Mit freundlicher Genehmigung von E. B. Lewis.)

Entsprechend gefärbt, sehen diese Chromosomen wie Stapel aus hellen und dunklen Banden aus (Abb. 1.8). In diesen Banden prägen sich Merkmale der einzelnen Fäden aus, die exakt Seite an Seite aufgereiht sind. Betrachtet man das Chromosom der Länge nach, so verändert sich die Breite und das Erscheinungsbild der Banden von einem Punkt zum anderen in charakteristischer Weise. Deshalb lassen sich die Banden im einzelnen bestimmen und numerieren.

Die Genetiker gingen von der Vermutung aus, daß die Banden in irgendeinem Zusammenhang mit den Genen stünden. Einen wichtigen Hinweis lieferten Fliegen mit mißgebildeten Augen. Statt groß und rund waren diese klein und balkenförmig (*Bar*). Die Vererbung des Merkmals »*Bar*-Auge« setzt folglich ein Gen voraus. Die Chromosomen der Speicheldrüsenzellen dieser Fliegen weisen eine charakteristische Anomalität auf: Zwei identische, einander benachbarte Gruppen von drei Banden, die auf einer Duplikation eines kurzen Chromosomenabschnitts beruhen, sind in einem der Chromosomen vorhanden. Alle Fliegen mit *Bar*-Augen weisen diese Duplikation auf, während sie bei normalen Fliegen fehlt. Offensichtlich ist ein Gen, das für die Augenform verantwortlich ist, in der verdoppelten Region des Chromosoms gelegen. Abbildung 1.8: B zeigt eine andere Duplikation, die zu Farbveränderungen der Augen führt.

Seit dieser Entdeckung haben ausführliche Untersuchungen an Organismen der verschiedensten Art die beschriebenen Schlußfolgerungen bestätigt und erheblich erweitert. Gene, die man mit Hilfe der von ihnen kontrollierten Erbmerkmale ermittelte, lassen sich an ganz bestimmten Orten auf den Chromosomen lokalisieren. Die Anordnung der Gene auf jedem Chromosom ergibt die *Genkarte* des betreffenden Chromosoms. Chromosomen gehören zu den wichtigsten Bestandteilen der Lebewesen: Sie enthalten Gene, die darüber entscheiden, wie ein Organismus beschaffen ist und was er tut.

Einfachere Organismen

Spielen Chromosomen auch in einzelligen Organismen, etwa in einem Bakterium, eine Rolle? Auf den ersten Blick zeigen Bakterien wenig Ähnlichkeit mit Tier- oder Pflanzenzellen. Sie sind viel kleiner – noch nicht einmal ein Zehntel so groß wie eine Tier- oder Pflanzenzelle – und weisen darüber hinaus viele andere auffällige Unterschiede auf. Beispielsweise besitzen Bakterien in ihrem Inneren keine Struktureinheiten wie den Zellkern oder das Mitochondrium, und sie haben keine inneren Membranen. Dafür ist die Zellmembran der Bakterien komplexer. Bei einigen Bakterien wird sie durch eine ziemlich feste Zellwand verstärkt, bei anderen ist die Membran doppelt. Diese Merkmale kennzeichnen Bakterien als *prokaryontische* Zellen (d. h. als Vorläufer der Zellen mit einem Zellkern) und unterscheiden sie von den *eukaryontischen* Zellen der Tiere und Pflanzen.

Nun haben Bakterien jedoch viel mehr Ähnlichkeit mit eukaryontischen Zellen, als diese Unterschiede vermuten lassen. Beispielsweise besitzen sie Bestandteile, die wesentliche Funktionen von Zellkernen und Mitochondrien übernehmen. Obwohl sie unter dem Lichtmikroskop keine Chromosomen erkennen lassen, haben sie Erbanlagen und Gene genau wie Tier- oder Pflanzenzellen. Das Elektronenmikroskop zeigt, daß Bakterien in der Tat Fäden haben, wie sie in den Chromosomen der tierischen Zellen vorhanden sind, mit dem Unterschied, daß diese nicht aufgewickelt sind. Die Aktivität der Mitochondrien wird in Bakterien von Verlängerungen der Oberflächenmembran im Inneren des Zytoplasmas ausgeführt. Die Leistungsfähigkeit dieser Energieproduzenten ist so groß, daß sich Bakterien sehr viel rascher als eukaryontische Zellen vermehren können.

Daß in Bakterien Chromosomenfäden vorhanden sind, die Gene enthalten, zeigt die Bedeutung dieser Fäden für die gesamte Welt des Lebendigen. Um das Leben zu verstehen, müssen wir wissen, wie diese Fäden beschaffen sind. Dazu ist es erforderlich, daß wir uns etwas näher mit der Welt der Chemie beschäftigen.

Zwei entscheidende chemische Stoffe

Wenn wir mit Hilfe eines Mixers ein Stück Leber in einem milden Detergens vorsichtig auflösen, bildet sich eine trübe Suspension. Das Detergens löst die Zellmembran, läßt aber die Zellkerne unversehrt. Nach Entfernung der Zellkerne und eines Teils der anderen Bestandteile erhalten wir eine klare Flüssigkeit, die wie Wasser aussieht. Doch es handelt sich nicht um reines Wasser, denn wenn wir die Flüssigkeit erwärmen, trübt sie sich ein. Sie enthält nämlich die chemischen Substanzen, welche die Hauptbestandteile des Zytoplasmas bilden – die Proteine. Bei Erwärmung verändern sich die Proteine und haften aneinander. Nichts anderes geschieht, wenn rohes Eiweiß die Oberfläche einer heißen Bratpfanne berührt.

Wenn wir jetzt die Zellkerne isolieren, die bei diesem Experiment übriggeblieben sind, und sie in einem konzentrierten Detergens suspendieren, beobachten wir einen anderen Effekt. Betrachten wir ein Tröpfchen dieser Mischung unter dem Mikroskop, so sehen wir ein rasches Aufbrechen der Zellkerne. Gleichzeitig nimmt die Lösung eine gallertartige Konsistenz an. Ein einfaches Experiment verrät uns, warum die Lösung derart zähflüssig ist: Wir gießen die Lösung in eine Tasse und hängen eine Rasierklinge so an einem dünnen Faden auf, daß sie in die Flüssigkeit eintaucht. Wenn wir der Klinge jetzt, sagen wir, eine halbe Drehung geben, wird sich die Klinge langsam um eine viertel Drehung wieder zurückbewegen. Offenbar enthält die Lösung lange, unsichtbare elastische Bänder. Sie bestehen aus einer chemischen Substanz, die von größter Bedeutung für das Leben ist – der Desoxyribonukleinsäure, abgekürzt DNS oder meist DNA (nach englisch *deoxyribonucleic acid*). Die DNA besteht aus sehr langen, dünnen Fäden, die in Lösung aneinander haften und biegsame, elastische Stränge bilden.

Das Vorhandensein von DNA in der Lösung läßt sich durch eine chemische Reaktion nachweisen, die eine intensive Rotfärbung hervorruft. Wenn wir eine Zelle dieser Reaktion aussetzen, färbt sich der DNA enthaltende Zellkern rot. Handelt es sich um Zellen, die sich gerade teilen, dann nehmen die Chromosomen eine intensive Färbung an, weil sie DNA enthalten. Doch es finden sich auch andere Substanzen in ihnen, unter anderem viel Protein. Alle diese Experimente führen uns zu dem Schluß, daß wahrscheinlich die meisten Grundeigenschaften des Lebens – die Eigenschaften, die die Merkmale des Individuums festlegen und die vererbt werden – entweder im Protein oder in der DNA der Chromosomen zu suchen sind. Um herauszufinden, welche dieser chemischen Substanzen die Gene aufbauen, müssen wir die Hilfe einer besonderen Lebensform – der *Viren* – in Anspruch nehmen.

Der chemische Aufbau der Gene

Krankheiten, die durch Viren hervorgerufen werden, sind der Menschheit seit ihren Anfängen bekannt. Noch vor kurzem gehörten die Pocken zu den schlimmsten Geißeln der Menschen. Durch Viren verursachte Pflanzenkrankheiten sind nicht zu übersehen, weil sie zu Entfärbungen oder Flecken führen. Da Viren kleiner als Bakterien sind, kann man sie unter dem Lichtmikroskop nicht erkennen, aber sie zeigen Vererbungsmerkmale und enthalten Gene wie normale Zellen. Lange Zeit waren Viren nur durch ihre Auswirkungen auf Zellen bekannt. Manche Viren töten die Zellen sofort, andere verwandeln sie in Krebszellen. Mit der Erfindung des Elektronenmikroskops wurde es möglich, Viren zu beobachten. In Zellsuspensionen, die unter dem Einfluß von Viren stehen, sind sehr kleine kristallähnliche Körper zu erkennen, sogenannte *Viruspartikel*.

Solche Beobachtungen zeigten allerdings nicht die Bestandteile der Viruspartikel. Darüber erfuhr man erst Näheres, als Wendell Stanley 1935 das *Tabakmosaikvirus*, ein Pflanzenvirus, in reiner Form isolierte. Es stammte aus dem Saft, den Stanley aus erkrankten Tabakpflanzen gewonnen hatte. Er wies nach, daß sich die stäbchenförmigen Partikel dieses Virus aus nur zwei chemischen Bestandteilen zusammensetzen – *RNA (Ribonukleinsäure*) und *Protein*. Die

RNA ist eng verwandt mit der DNA; beide – RNA und DNA – bezeichnet man zusammenfassend als *Nukleinsäuren*. Das war ein Anfang, doch ließ sich anhand der Ergebnisse noch nicht entscheiden, wie die Gene beschaffen sind, zumal sich das Tabakmosaikvirus nicht für Vererbungsstudien eignet.

Ein entscheidender Fortschritt bahnte sich an, als Max Delbrück (ursprünglich ein Physiker, der sich erst später der Biologie zugewandt hatte) mit einer anderen Art von Viren, den *Bakteriophagen*, zu arbeiten begann, deren Name aus dem Griechischen kommt und »Bakterienfresser« bedeutet. Das Virus verdankt seine Bezeichnung der Wirkung, die sich zeigt, wenn man es einer Bakterienkultur hinzufügt. Die Kultur, ursprünglich trüb von der Menge der Bakterien, die sie enthält, wird rasch klar, als habe das Virus die Bakterien »aufgefressen«. Das Virus infiziert die Bakterien, vermehrt sich in ihnen, erzeugt eine Riesenzahl von Tochterviren und löst dann die Bakterien auf, so daß nur die klare Brühe mit Milliarden von Bakteriophagen pro Kubikzentimeter zurückbleibt.

Bakteriophagen (oder kurz *Phagen*) wurden bald ein beliebter Forschungsgegenstand. Relativ einfach strukturiert und rasch vermehrungsfähig (ihre Population kann in einer halben Stunde um das Tausendfache anwachsen), erwiesen sie sich als außerordentlich nützlich sowohl für chemische wie für genetische Studien. Wie das Tabakmosaikvirus weisen sie zwei Bestandteile auf: Protein und DNA (statt RNA).

Die Frage, ob Gene aus Proteinen oder DNA (beziehungsweise RNA, wie im Fall des Tabakmosaikvirus) bestehen, ließ sich schließlich beantworten, als man Phagen mit einer neuen technischen Errungenschaft – der *Tracertechnik* – untersuchte. Dabei verfolgt man mit Hilfe radioaktiver Atome den Weg einer chemischen Verbindung, die man den Zellen hinzufügt. In einem Kernreaktor werden durch Bestrahlung radioaktive Atome erzeugt, die die gleichen chemischen Eigenschaften wie die normalen Atome der Verbindung besitzen. Da sie Strahlung abgeben, können sie mit geeigneten Strahlenmeßgeräten geortet und gemessen werden. Im Labor werden Substanzen verschiedener Art hergestellt, die solche radioaktiven Atome enthalten. Wenn anschließend lebende Zellen diese Substanzen als Nahrung erhalten, finden die radioaktiven Atome Eingang in die Zellbestandteile.

Das entscheidende Experiment zur Klärung der chemischen Beschaffenheit der Phagengene wurde 1952 von Alfred D. Hershey und

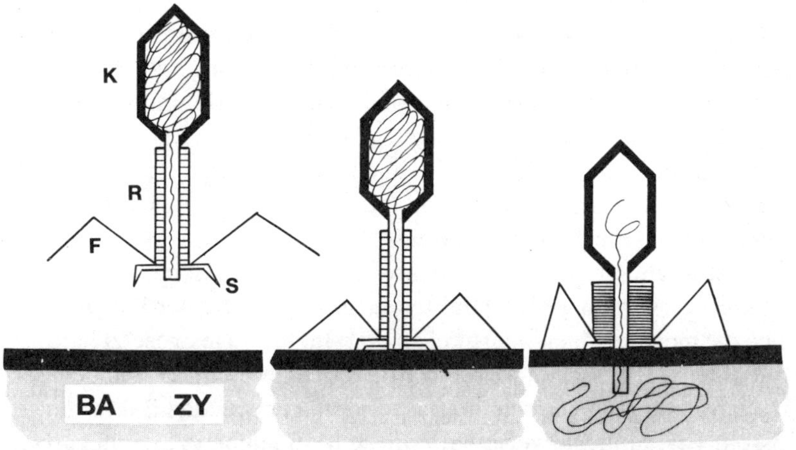

Abbildung 1.9: Infektion eines Bakteriums durch den Bakteriophagen T4. Links ist dargestellt, wie sich der Phage dem Bakterium nähert. Die Membran des Bakteriums ist schwarz, dessen Zytoplasma (BA, ZY) grau dargestellt. Beim Phagen unterscheiden wir den Kopf (K), der die DNA enthält, den Schwanz mit dem inneren Schwanzrohr (R), umgeben von der Schwanzscheide, »Spikes« (S) und Schwanzfibern (F). Im mittleren Bild hat der Phage mittels der Schwanzfibern den Kontakt mit der Bakterienmembran hergestellt und sie mit seinen »Spikes« erfaßt. Rechts hat die Kontraktion der Schwanzscheide das Rohr ins Bakterienzytoplasma getrieben, so daß die Freisetzung der Phagen-DNA in die Wirtszelle erfolgen kann.

Martha Chase mit dem Bakteriophagen T4 durchgeführt. Ein T4-Phagenpartikel sieht wie eine Kaulquappe aus. Es hat einen Riesenkopf – der die DNA enthält – und einen länglichen Schwanz, der sich wie eine Injektionsnadel mit Federkraft verhält (vgl. Abb. 1.9). Der T4-Schwanz besitzt ein Rohr (mit einer Injektionsnadel zu vergleichen), das die Wand eines Bakteriums durchstoßen kann. Das Rohr ist umgeben von dem Injektionsmechanismus, einer mächtigen Schraubenfeder in ausgedehntem Zustand, welche die Basisplatte mit den »Spikes« mit dem Phagenkopf verbindet. Das Schwanzrohr injiziert die T4-DNA in das Bakterium, wo der Phage vermehrt wird. Wenn sich die »Spikes« in die Oberfläche des Bakteriums bohren, lösen sie den Federmechanismus der Schwanzscheide aus: Ihre Kontraktion treibt den Kopf und das daran sitzende Schwanzrohr gegen die Bakterienwand. Das Rohr durchdringt die Wand und injiziert die Phagen-DNA in die Zelle. Dies führt zur Herstellung neuer T4-Phagen. Hershey und Chase züchteten zwei Kulturen mit dem Bakteriophagen T4: eine in einer Nährlösung mit radioaktivem Schwefel, der in das Protein eingebaut wird, die andere in einer Nährlösung mit radioaktivem Phosphor, der in die DNA inkorporiert wird. Die beiden Arten von Bakteriophagenpartikeln, die eine im Protein markiert, die andere in der DNA, wurden einer Bakterienkultur hinzugefügt. Rasch setzten sich die Phagen an den Bakterien fest und begannen sich schon nach Minuten in ihnen zu vermehren. In weniger als einer halben Stunde wurden von jedem infizierten Bakterium viele tausend neue Phagenpartikel freigesetzt.

Jetzt folgte ein besonders wichtiger Schritt des Experiments: Die Bakterien wurden einige Minuten nach Hinzugabe der Phagen – als sich die meisten Phagenpartikel an den Bakterien festgesetzt hatten – mit einem elektrischen Mixer kräftig durchgemischt. Durch den heftigen Mixvorgang wurden die Bakteriophagen von den Bakterien gerissen. Erstaunlicherweise hatte diese Maßnahme keinen negativen Einfluß auf die Vermehrung der Phagen im Inneren der Bakterien; wie zuvor entstanden ständig neue Phagen. Offensichtlich war ein Bestandteil des Virus, der entscheidend für seine Reproduktion war – entweder die DNA oder das Protein –, bereits vor dem Mixen in das Bakterium eingedrungen. Nun zeigten die radioaktiven Marker, daß es die DNA war, die Eingang in die Bakterien gefunden hatte und sich dort auch noch nach der heftigen Durchmischung befand. Das Protein war größtenteils außerhalb der Bakterien geblieben und von ihnen getrennt worden. Offensichtlich enthält also die DNA die Gene, die für die Vermehrung des Bakteriophagen verantwortlich sind.

Dieses Ergebnis erregte großes Aufsehen, weil es ein verblüffendes Resultat bestätigte, das O. T. Avery, C. Macleod und M. McCarty schon 1944 in einem Experiment mit Bakterien erzielt hatten. Es handelte sich um einen Stamm hochvirulenter Mäusebakterien (die schon nach kurzer Zeit tödlich wirken) und um Abkömmlinge dieses Stammes, die ihre Virulenz verloren und keine tödliche Wirkung mehr hatten. Die nichtvirulenten Bakterien wurden einem Extrakt der virulenten Bakterien ausgesetzt und dann den Mäusen injiziert. Unerwarteterweise starben die Mäuse. Es erwies sich, daß der Extrakt DNA enthielt. Dieses Ergebnis legte den – damals überraschenden – Schluß nahe, daß die DNA in der Lage ist, die Eigenschaft der Virulenz, ein Erbmerkmal, von einem Bakterium aufs andere zu übertragen. Damals wußte man mit diesem Resultat wenig anzufangen, weil kaum etwas über die DNA bekannt war. Nahm man jedoch die Daten des Bakteriophagenexperiments hinzu, so konnte kein Zweifel mehr an der Rolle der DNA bestehen: Sie war Trägerin der Information für Erbmerkmale von Viren und Bakterien. (Bei einigen Viren übernimmt auch die RNA diese Rolle.) Da außerdem bekannt war, daß in eukaryontischen Zellen die Chromosomen sowohl DNA als auch Gene enthalten, gelangte man zu dem Schluß, daß die DNA die Information für die Erbmerkmale aller Lebewesen trägt und daß Gene aus DNA bestehen (beziehungsweise, bei einigen Viren, aus RNA). Später wurden diese Schlußfolgerungen durch direkte Untersuchungen der Gene endgültig bestätigt.

Was ist Leben?

Nun können wir uns der entscheidenden Frage zuwenden: Was ist Leben? Offenbar kann es ohne Nukleinsäuren kein Leben geben, andererseits sind Nukleinsäuren aber auch keine hinreichende Voraussetzung für das Leben. In allen chemischen Laboratorien stehen Flaschen voller DNA oder RNA, die dort jahrelang in den Regalen aufbewahrt werden, ohne daß sich ihr Inhalt verändert – kleine Teilchen, völlig unbeweglich und gewiß nicht lebendig. Doch die Nukleinsäure eines Virus wird lebendig, nachdem sie in eine Zelle eingedrungen ist. Sie vermehrt sich dort und verursacht tiefgreifende Veränderungen in der Zelle. Beide Wirkungen resultieren aus der Aktivierung der Anweisungen, die in der DNA des Virus vorliegen. Mithin ist Leben für ein Virus der Ausdruck der Anweisungen, die in seine Gene eingeschrieben sind. Auch wenn wir eine größere Vielfalt von Lebewesen untersuchen, stoßen wir immer wieder auf diese Wirkungsweise der DNA. Die Vermehrung der DNA sowie einer ganzen Zelle oder eines ganzen Organismus ist ein universelles Merkmal des Lebens, mag es sich auch unterschiedlicher Mittel bedienen. Ein anderer Grundzug des Lebens ist die Ausführung der vielen und vielfältigen genetischen Instruktionen, die in der DNA codiert sind – vom Vergraben im Sand bis zum Fliegen, vom Summen der Bienen bis zum Gesang der Vögel, von den instinktiven Reaktionen der Würmer bis zum Bewußtsein der Menschen. Aber warum sind die Aktivitäten verschiedener Lebewesen so unterschiedlich?

Wir können heute mit Sicherheit behaupten, daß der Grund dafür die Verschiedenheit ihrer Gene ist und daß sich folglich ihre DNA (oder RNA) in bestimmter Weise unterscheiden muß. Unsere Erkenntnisse hinsichtlich des Lebens lassen sich in der Aussage zusammenfassen, daß Leben *die Aktualisierung der in den Genen codierten Anweisungen ist.*

Diese Feststellung ist erst der Anfang einer Antwort. Um sie vollständig zu liefern, müssen wir all die komplexen und unendlich vielfältigen Funktionen untersuchen, zu denen die Gene der Lebewesen fähig sind; müssen wir betrachten, wie die einzelnen Arten die Probleme gelöst haben, die das Leben stellt, und wie das Zusammenwirken der Lebewesen der biologischen Welt ihr besonderes Aussehen verleiht. Das Buch des Lebens ist zu umfangreich, als daß es jemand ganz lesen könnte. Wir können uns jedoch einige Themen herausgreifen – weil wir viel über sie wissen, weil sie grundlegend für die meisten Lebensformen sind oder weil sie unsere Denkweisen prägen.

KAPITEL 2

Der Zellapparat

Die Chemie des Lebens

Lebende Organismen bestehen, wie alle Materie, aus Atomen. Die häufigsten in Lebewesen vorkommenden Atome sind Kohlenstoff (C), Wasserstoff (H), Sauerstoff (O), Stickstoff (N) und Phosphor (P). Viele andere, ebenfalls wichtige Atome treten in kleineren Mengen auf.

Ganz grob läßt sich ein Atom mit der Sonne und ihren Planeten vergleichen: Es enthält einen Kern, den Elektronen in verschiedenen Abständen umkreisen. Da der Kern positiv geladen ist, hält er die negativ geladenen Elektronen durch elektrische Anziehung in ihrer Bahn. Je näher die Elektronen dem Kern sind, desto fester sind sie an den Kern gekettet. Aus diesem Grund können periphere Elektronen zwischen Atomen ausgetauscht werden. Wenn sich zwei Atome dergestalt aneinanderlagern, daß sie zwei Elektronen gemeinsam besitzen, bildet sich ein Zusammenhalt zwischen ihnen: Sie gehen eine *chemische Bindung* ein (Abb. 2.1). Bei einigen chemischen Bindungen teilen sich zwei Atome bis zu vier oder sechs Elektronen.

Atome, die durch chemische Bindungen verknüpft sind, heißen *Moleküle*. Sie sind die Grundlage der Chemie des Lebens. Ein Molekül enthält also mindestens zwei Atome. So besteht beispielsweise ein Sauerstoffmolekül, O_2, aus zwei aneinander gebundenen Sauerstoffatomen und ein Wassermolekül, H_2O, aus zwei Wasserstoffatomen, die an ein Sauerstoffatom gebunden sind. Biologische Moleküle können sich aus vielen, manchmal Tausenden von Atomen zusammensetzen. Die größten werden *Makromoleküle* genannt und sind mit ihren besonderen Eigenschaften von entscheidender Bedeutung für das Leben.

Ionen

Da sich die positiven und negativen elektrischen Ladungen eines Atoms genau die Waage halten, ist es elektrisch neutral. Wenn ein Atom aber eines oder mehrere seiner peripheren Elektronen an ein anderes Atom abgibt, wird seine Ladung positiv; nimmt es hingegen

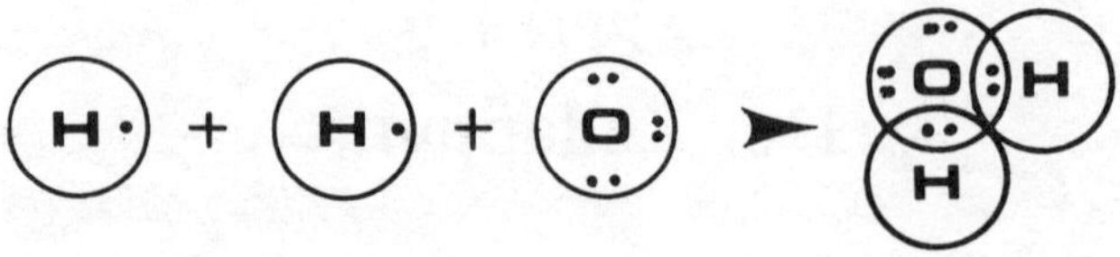

Abbildung 2.1: Chemische Bindungen verbinden ein Sauerstoffatom (O) mit zwei Wasserstoffatomen (H) zu einem Wassermolekül (H_2O). Die Punkte stellen Elektronen dar. Grundlage der chemischen Bindungen sind Elektronenpaare, die sich die zwei Atome teilen.

Elektronen auf, ist es negativ geladen. Beide Arten elektrisch geladener Atome nennt man *Ionen*. Sie fließen in Zellen hinein oder aus ihnen heraus und bauen dadurch elektrische Ladungen auf oder ab, die eine wichtige Rolle für die Zellaktivitäten spielen. Auch Moleküle können Elektronen aufnehmen oder abgeben und so elektrische Ladungen tragen. Diese haben wiederum entscheidende Bedeutung für die Wechselwirkung zwischen den für die Lebensfunktionen zuständigen Molekülen. Auch sie sind Ionen.

Einige Moleküle werden, in Wasser gelöst, rasch zu Ionen: *Saure* Moleküle erzeugen negative Ionen, *basische* Moleküle erzeugen positive Ionen. Ein saures Molekül kann man als elektrisch neutrales AH darstellen, wobei A für ein Atom oder eine Kombination von Atomen steht. Im Wasser spaltet es sich in ein negatives Ion (A^-) und ein *positives Wasserstoffion* (H^+) auf. Abbildung 2.2 zeigt beispielsweise das Verhalten von Salzsäure (HCl) in Wasser. H gibt ein Elektron ab und wird zu H^+, einem Wasserstoffion. Das Elektron wird von Cl aufgenommen, das zu Cl^- wird, einem Chlorid-Ion. Die beiden Ionen (H^+ und Cl^-) mit entgegengesetzten Ladungen ziehen sich an, werden aber durch Wassermoleküle auseinandergehalten. Auch Wasser selbst kann sich in zwei Ionen aufspalten, OH^- und H^+, doch das geschieht nur mit sehr wenigen Molekülen. Obwohl es selten vorkommt, ermöglicht eine solche Aufspaltung einem basischen Molekül B, durch Aufnahme eines Wasserstoffions eine positive elektri-

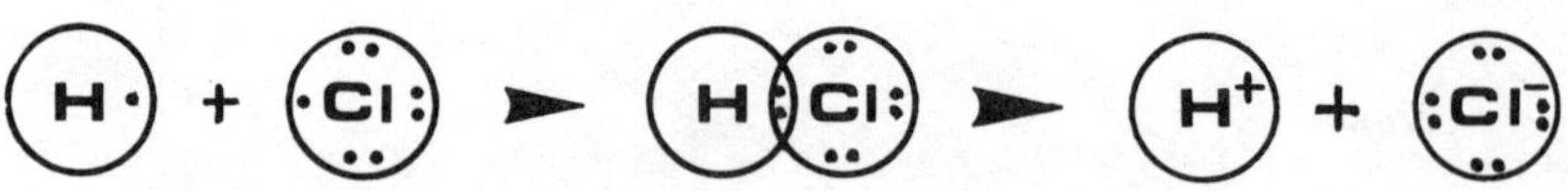

Abbildung 2.2: Die Bildung von Ionen. Salzsäure (HCl, in der Mitte abgebildet) besteht aus einem Atom Wasserstoff (H) und einem Chloratom (Cl). Im Wasser spaltet sich das Salzsäuremolekül in zwei Ionen auf (rechts): das positiv geladene Wasserstoff-Ion (H^+) und das negativ geladene Chlorid-Ion (Cl^-).

sche Ladung anzunehmen, also BH^+ zu werden. B steht wiederum für ein Atom oder eine Atomgruppe. So wird aus NH_3 (Ammoniak) $NH^+{}_4$, ein Ammoniumion.

Gibt man eine saure oder basische Substanz in Wasser, so verändert man die Menge der freien Wasserstoffionen im Wasser – saure Substanzen erhöhen diesen Wert, und basische verringern ihn. Wenn wir Wasser kosten, das eine saure Substanz wie Essig enthält, so schmecken wir die erhöhte Konzentration von Wasserstoffionen. Je mehr Wasserstoffionen im Wasser sind, desto saurer ist die Lösung.

Plastizität

Die Merkmale von Lebewesen hängen von den Eigenschaften ihrer Makromoleküle ab. Ein solches Merkmal ist die Plastizität – die Fähigkeit zur Veränderung der Form, wie sie sich etwa bei Muskelkontraktionen oder den Kriechbewegungen einzelner Zellen zeigt. Makromoleküle sind dazu leicht in der Lage, weil sie durch viele schwache Bindungen zusammengehalten werden – Bindungen ganz anderer Art als die chemischen Bindungen, die die Atome innerhalb eines Moleküls an ihrem Platz halten.

Bei diesen schwächeren Bindungen lassen sich in der Regel drei Arten unterscheiden. Die *Ionenbindung* beruht auf der Anziehung zwischen den entgegengesetzten Ladungen zweier Moleküle, die beide Ionen sind. Eine zweite Art, die *Wasserstoffbrückenbindung*, kommt durch ein Wasserstoffatom zustande, das sich zwei Moleküle teilen, ähnlich wie sich in chemischen Bindungen Atome Elektronen teilen. Eine dritte Art verbindet Fette oder lipophile (fettanziehende) Substanzen (die man hydrophob, wasserabstoßend, nennt) in wäßrigem Milieu; man spricht dann von *hydrophober Bindung*.

Jede dieser Bindungen läßt sich leicht lösen oder wiederherstellen. Die Makromoleküle einer Zelle können ihre Partner wechseln, indem sie die Bindungen von einem Molekül auf das andere verlagern, ohne den Grundzustand der Zelle zu verändern. Das ist die Basis der Zellplastizität. Extreme Beispiele sind flüssige Stoffe. Wassermoleküle werden durch Wasserstoffbrückenbindungen zwischen Sauerstoffatomen zusammengehalten (Abb. 2.3). Ein Wasserstoffatom, das Molekül A mit Molekül B verknüpft, kann B ohne Schwierigkeiten gegen C austauschen. Deshalb hat Wasser keine feste Form. Eine ganz andere Situation liegt in festen Stoffen, zum Beispiel Kristallen, vor, in denen die Atome ihre relativen Positionen auch unter enor-

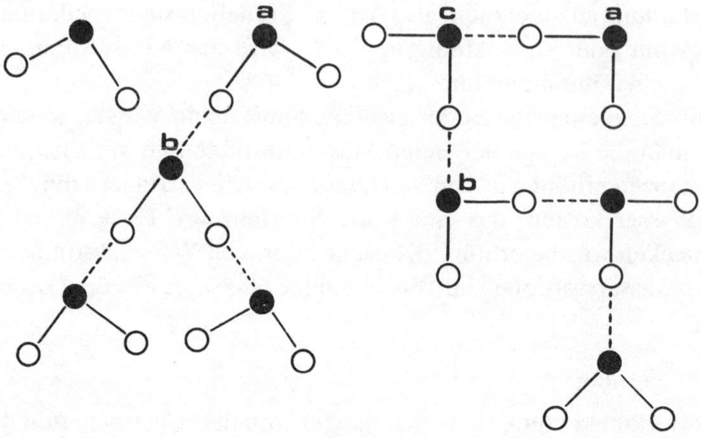

Abbildung 2.3: Partnerwechsel im Wasser. Die schwarzen Punkte sind Sauerstoffatome, die Kreise Wasserstoffatome. Durchgezogene Linien stellen die chemischen Bindungen dar, die die Atome in den Wassermolekülen zusammenhalten. Die gestrichelten Linien entsprechen den Wasserstoffbrückenbindungen, die die Wassermoleküle miteinander verknüpfen. Links ist Molekül a mit Molekül b zusammen, aber rechts hat Molekül a das Molekül b verlassen, um sich mit c zusammenzutun.

mem Druck beibehalten, weil sie durch eine große Zahl fester, im Prinzip unauflöslicher Bindungen zusammengeschlossen sind.

Zellen sind weder flüssig noch fest, sie liegen irgendwo zwischen den beiden Extremen. Die Makromoleküle, aus denen Zellen bestehen, können ihre Partner austauschen wie die Moleküle einer Flüssigkeit, aber ihnen sind dabei engere Grenzen gezogen. Zellbestandteile von vorwiegend flüssigem Charakter sind die Membranen, die die Zelle nach außen begrenzen und im Inneren unterteilen. Sie bestehen aus vielen langen Fettmolekülen, die durch hydrophobe Bindungen Seite an Seite aufgereiht sind (M in Abb. 2.4). Diese Moleküle können sich wie Wassermoleküle mühelos gegeneinander verschieben, bleiben aber im Inneren der Membran aufgereiht. Die Fettmoleküle der Membran könnte man mit Tänzern vergleichen, die sich auf einer überfüllten Tanzfläche bewegen und dabei ständig den Partner wechseln. Diese Fähigkeit der Fettmoleküle, aneinander vorbeizurutschen, macht Membranen sehr elastisch.

Der Aufbau von Makromolekülen sowie die Auflösung und Wiederherstellung ihrer Bindungen verlangt, wie viele andere Zellaktivitäten, Energie, die von einem Molekül namens *ATP* (Adenosintriphosphat) stammt. ATP ist eine verbreitete chemische Energieform.

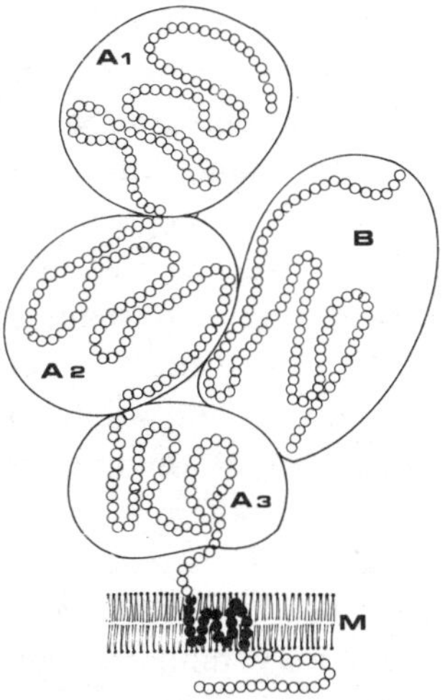

Abbildung 2.4: Ein Protein, das sich an der Oberfläche vieler tierischer Zellen befindet (vgl. die Haupt-Histokompatibilitäts-Antigene in Kap. 14). Die kleinen Kreise stehen für Aminosäuren. Sie bilden eine fortlaufende Kette, die sich zu drei kugelartigen Strukturen – A_1, A_2 und A_3 –, auch Domänen genannt, zusammenfaltet. Wo sich die Schleifen der Kette einander nähern, bilden sich Bindungen aus (nicht gezeigt). Dieses Protein schließt sich mit einem zweiten Protein B zusammen, an dem es mittels schwacher Bindungen zwischen den Aminosäuren haftet. Protein A wurzelt in der Zellmembran (M), die aus zwei Schichten von Fettmolekülen besteht. Die Fettmoleküle sind durch Linien dargestellt, deren jede mit einem schwarzen Punkt, dem hydrophilen (wasseranziehenden) Ende, verbunden ist. Das Protein haftet mittels einer Kette lipophiler Aminosäuren (schwarz) in der Membran.

Es enthält drei Phosphatgruppen, in deren chemischen Bindungen Energie eingeschlossen ist. Wenn sich ATP aufspaltet und einen seiner Phosphatreste verliert, wird Energie frei. Mit Hilfe externer Energie stellen die Zellen ATP wieder her. (In Kapitel 3 werden wir sehen, wie ATP erzeugt wird.)

Proteine

Wichtige Makromoleküle für die Zellaktivitäten sind die Proteine. Sie bestehen aus langen Ketten von *Aminosäuren*, die durch starke chemische Bindungen zusammengehalten werden. In einem bestimmten Protein bilden die Aminosäuren eine charakteristische Reihenfolge oder *Sequenz*: Verschiedene Proteine haben verschiedene Sequenzen. Die Zahl möglicher Sequenzen ist selbst in einer kurzen

Kette verblüffend, weil an jeder Position der Kette eine von zwanzig verschiedenen Aminosäuren sein kann. So kann eine Kette von zehn Aminosäuren theoretisch auf zehn Billionen verschiedene Weisen zusammengesetzt sein. Jede Aminosäure verleiht dem Protein eine besondere Eigenschaft. Einige ermöglichen ihm, sich mit Wasser oder wasserlöslichen Substanzen zu assoziieren, während andere Aminosäuren dafür sorgen, daß es fetthaltige Substanzen anzieht. Einige Aminosäuren statten das Protein mit einer positiven Ladung aus, andere mit einer negativen und wieder andere mit gar keiner Ladung. Diese Eigenschaften bestimmen die Wechselwirkungen eines Proteins mit anderen Molekülen.

Verändert man die Sequenz der Aminosäuren in der Kette, so ist häufig noch ein anderer Grund dafür verantwortlich, daß sich auch die Eigenschaften des Proteins verändern: Die Kette ist in sich gefaltet, und die Sequenz entscheidet über die Art der Faltung. Einige Proteine nehmen die Gestalt kleiner Kugeln an, andere bilden Ketten von Kugeln (*Domänen*), die aneinander hängen wie A1, A2 und A3 in Abbildung 2.4. Wieder andere bilden Schichten oder dicke Fasern. Die Struktur, die nach der Faltung entsteht, läßt sich theoretisch nicht vorhersagen, weil die Faltung von anderen Proteinen gesteuert wird, die sich an die entstehende Kette binden. Eine Gruppe solcher Proteine sind die Hitzeschockproteine, die so benannt sind, weil eine Zelle oder ein Organismus sie in großer Zahl herstellt, wenn er außergewöhnlich hohen Temperaturen ausgesetzt gewesen ist. Der Hitzeschock führt dazu, daß sich viele Proteine zunächst entfalten und sich dann erneut, aber anomal falten. Offenbar binden die Hitzeschockproteine an die entfalteten Bereiche und lenken den Faltungsprozeß wieder in die normalen Bahnen. Eine ähnliche Rolle scheinen sie bei der Faltung neu gebildeter Proteine zu spielen. Die Faltung wird durch schwache Bindungen der Aminosäuren untereinander und zu ihrer Umwelt aufrechterhalten. Beispielsweise neigen lipophile Aminosäuren derselben Kette dazu, aneinander zu haften, während hydrophile eher in den wäßrigen Zellsaft ausgreifen. Zwischen vielen Aminosäuren bilden sich Wasserstoffbrücken, zwischen anderen Ionenbindungen. Zahlreiche schwache Bindungen halten Aminosäureketten in verzerrten Konfigurationen fest, die wie unregelmäßige Garnknäuel aussehen. Mit anderen Worten: Ein Protein hat eine genau festgelegte dreidimensionale Struktur, für die die Sequenz ihrer Aminosäuren verantwortlich ist.

Man kann sich ein solches Protein als ein Netz von schwachen Federzügen vorstellen, die den inneren Bindungen entsprechen. Sie ermöglichen dem Protein, zahlreiche Formen anzunehmen, die sich deutlich voneinander unterscheiden. Der Übergang von einer Form zur anderen macht keine Schwierigkeiten, weil die Verlängerung des einen Verbindungsstücks durch die Kürzung eines anderen ausgeglichen wird. Da die insgesamt erforderliche Energie gering ist, kann sie häufig von der Wärme des Milieus geliefert werden. Wie ich später noch erläutern werde, sind diese Veränderungen entscheidend für die dynamischen Funktionen des Proteins. Sehr wichtig ist auch die Fähigkeit des Proteins, vielfältige schwache Bindungen zu anderen Makromolekülen auszubilden. Die große Menge der Bindungen sorgt für die Stabilität der Zusammenschlüsse; die Schwäche der einzelnen Bindung ermöglicht die Plastizität.

Der Zusammenbau von Strukturen

Proteinmoleküle setzen sich in Organismen zu großen, komplexen Strukturen zusammen, die hochspezifische komplizierte Funktionen wahrnehmen. Nehmen wir beispielsweise den Zusammenbau eines komplizierten Viruspartikels, des Bakteriophagen T4 (vgl. Kap. 1). T4-Partikel bestehen im wesentlichen aus Nukleinsäure und fünfzig verschiedenen Proteinarten, jede von ihnen in vielen Kopien. Die Teilchen werden innerhalb der Bakterien zusammengesetzt, nachdem die notwendigen Proteine im Inneren jeder Zelle hergestellt worden sind. Es erscheint unglaublich, aber aus diesem Mischmasch werden Tausende von T4-Partikeln fehlerlos zusammengebaut, weil in die Aminosäuresequenzen der Proteine ein präzises Programm eingebaut ist. Die Aufgliederung des Zusammenbaus in drei Teilmontagen – eine für den Kopf, eine zweite für den Schwanz und eine dritte für die Schwanzfibern – erleichtert den Prozeß etwas. Zwei Vorkehrungen sorgen dafür, daß die Proteine in jeder Teilmontage in der richtigen Reihenfolge aneinandergefügt werden: Erstens hat jedes Protein zwei Anschlußstellen – eine für das Protein, das sein Vorgänger im Montageprozeß ist, und eine andere für das Protein, das ihm folgt. Dergestalt können sie sich nur in einer bestimmten Richtung aneinanderschließen. Zweitens verbirgt jedes nichtmontierte Protein die Anschlußstelle für das nachfolgende Protein. Erst nach Einbau in die Struktur macht eine Neuordnung der inneren Bindungen diese Anschlußstelle zugänglich. Infolgedessen können sich die Proteine nicht zufällig zusammensetzen, sondern nur in der richtigen Reihenfolge.

Zum besseren Verständnis dieses Montageprozesses wollen wir die Proteine A′, B, C, D ... betrachten. Das Startsignal des Anfangsproteins A′ gibt an, daß die Anschlußstelle für das nächste Protein freiliegt und zugänglich ist, bereit, das nächste Protein zu binden. Die Montageschritte nacheinander ergeben folgendes Bild:

$$
\begin{aligned}
A' + B &= A'B \rightarrow A'B' \\
A'B' + C &= A'B'C \rightarrow A'B'C' \\
A'B'C' + D &= A'B'C'D \rightarrow A'B'C'D'
\end{aligned}
$$

und so fort. Die Pfeile geben an, daß die Bindungsstelle für das nächste Protein nach der Montage eines Proteins freigelegt ist. Mit wachsender Größe der Struktur können die zusammengesetzten Proteine weiteren Formveränderungen unterworfen sein; möglicherweise werden auch Teile abgespalten, um die Struktur zu stabilisieren. Nach Abschluß der drei Teilmontagen (einschließlich der Verpakkung der DNA während des Zusammenbaus des Kopfes) werden die drei teilmontierten Abschnitte zum vollständigen Viruspartikel zusammengesetzt. Trotz seiner Komplexität ist der Prozeß fast narrensicher: Fehlmontierte Teilchen sind sehr selten.

Kein Leben ohne Strukturen

Unter den für das Leben grundlegenden Strukturen gibt es Fasern oder Filamente, die für Form und Bewegung aller Zellen verantwortlich sind. Das gesamte Zytoplasma ist von einem sehr dünnen dreidimensionalen Netzwerk durchzogen, das, wie unter dem Elektronenmikroskop zu erkennen, alles zusammenhält. Ein Netz aus etwas gröberen, aber immer noch *dünnen Filamenten* (zwei bis drei millionstel Millimeter) ist der Muskel der Zelle: Ihre Kontraktion verändert die Form der Zelle. Die *intermediären Filamente* besitzen leicht abweichende Formen in den beiden wichtigsten Arten von Körperzellen, den *Fibroblasten* und den *Epithelzellen*. Fibroblasten liegen in den tieferen Schichten der Haut, in der Umgebung von Blutgefäßen und so weiter. Epithelzellen sind vieleckige Zellen, die die Oberflächenschicht der Haut, der Leber und vieler anderer innerer Organe bilden. In den Fibroblasten halten die intermediären Filamente den Zellkern im Mittelpunkt der Zelle und tragen zur Zellbewegung bei (Abb. 2.6); in Epithelzellen geben sie den Zellen Festigkeit und ver-

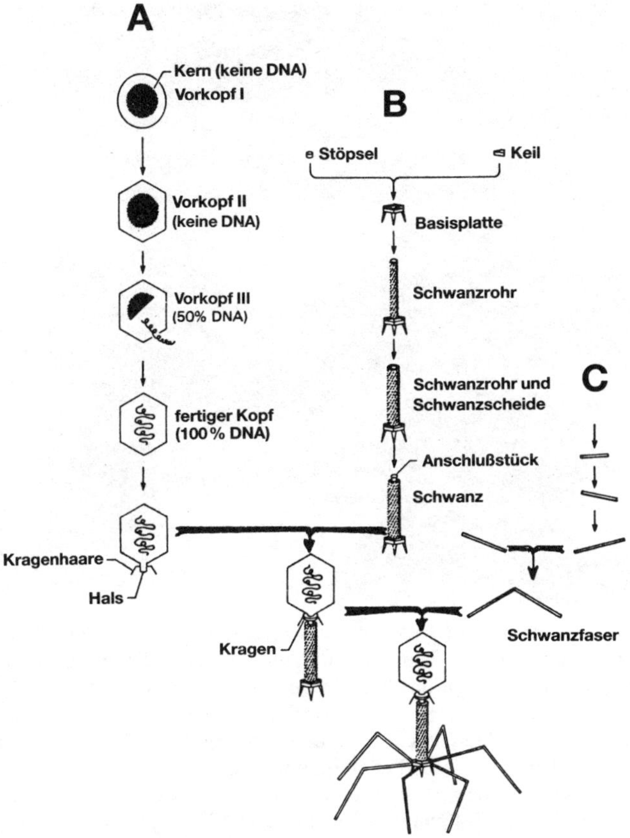

Abbildung 2.5: Der Zusammenbau eines T_4-Phagen-Partikels. Die Teilmontage des Kopfes (A) ist links abgebildet, die des Schwanzes (B) in der Mitte und die der Schwanzfibern (C) rechts. Bei jedem Schritt (durch einen Pfeil gekennzeichnet) kommen neue Proteine hinzu. Zuerst wird die Kopfhülle um einen Proteinkern gebildet, der anschließend zerlegt und durch gesondert hergestellte DNA ersetzt wird. Das fertige Phagenpartikel ist unten zu erkennen. (Abgeändert nach: B. D. Davis, R. Dulbecco, H. N. Eisen und H. S. Ginsberg: *Microbiology*. Hagerstown/Md. [Harper & Row] ^{3}1980, S. 904.)

stärken die Verbindung zu anderen Zellen (Abb. 2.7), so daß diese festere Schichten bilden können. Noch dickere Filamente (von ungefähr einem hunderttausendstel Millimeter Durchmesser), die *Mikrotubuli* (Abb. 2.8), bilden das Skelett der Zellen und koordinieren ihre Bewegungen.

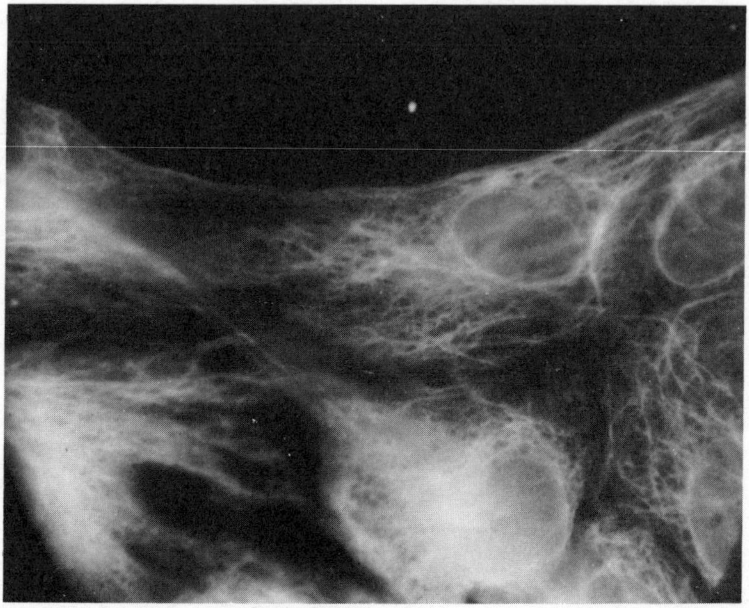

Abbildung 2.6: Intermediäre Filamente fibroblastischer Zellen, die in einer Plastikschale gezüchtet wurden. Man hat die Filamente durch Bindung spezifischer Antikörper (vgl. Kap. 13) an das Protein der Filamente sichtbar gemacht. Die Antikörper tragen eine fluoreszierende Markierung, die grünes Licht emittiert, wenn sie mit blauem Licht beleuchtet werden. Das emittierte Licht läßt sich photographisch aufzeichnen. Diese Technik nennt man *Immunfluoreszenz*. Um den Antikörpern Zugang zu den Filamenten zu verschaffen, behandelt man die Zellen mit Azeton, das die Zellmembran zerstört. Die Filamente durchziehen alle Teile der Zelle und konzentrieren sich vor allem in der Umgebung des Zellkerns. (2000fache Vergrößerung.)

Zusammensetzung und Funktion der Mikrotubuli

Sind irgendwelche Teile der filamentösen Struktur beschädigt, so hat das ernste Konsequenzen für die Zellen. Beispielsweise werden wir noch sehen, was geschieht, wenn Mikrotubuli durch Drogen zerrissen werden. Mikrotubuli sind Faserbündel, die aus zwei Arten von Proteinmolekülen bestehen und sehr regelmäßig angeordnet sind (Abb. 2.9). Unter Verwendung von Energie, die indirekt vom ATP stammt, gewinnen die Enden aller Fasern ständig Molekülpaare hinzu und verlieren andere. Dadurch ist die Gestalt der Mikrotubuli ständig im Fluß. Doch während der Mitose stabilisieren sich diejenigen, die die Chromosomen mit den Zellpolen verbinden, weil sich der Verlust der konstituierenden Moleküle verringert. Durch Assoziation mit bestimmten Proteinen fördern sie die Wanderung der Chromosomen zu den Polen. Die Mikrotubuli sind die Gleise und die anderen Proteine die Lokomotive. Außerdem sorgen Mikrotubulibündel durch Krümmung – oder Verschiebung gegeneinander – für die Fortbewegung von Spermien und einzelligen Organismen.

Die Funktion der Mikrotubuli hat man mit Hilfe von Substanzen untersucht, die auch als Medikamente angewendet werden und die diese Strukturen zerreißen. Zu ihnen gehört das *Kolchizin*, das aus der Herbstzeitlosen (*Colchicum autumnale*) gewonnen wird. Seit mehr als zweihundert Jahren weiß man, daß dieses Präparat Gichtschmerzen lindert. Ende des vorigen Jahrhunderts, als es gelungen war, den Stoff in reiner Form zu isolieren, untersuchten Forscher seine Wirkung auf Hunde. Sie stellten fest, daß die Zahl der Mitosen (Zellteilungen) in aktiv wachsenden Geweben deutlich zunahm, woraus sie schlossen, daß der Stoff das Zellwachstum beschleunigt. In Wirklichkeit wird die Zahl der Zellteilungen jedoch nicht erhöht. Vielmehr *stoppt* das Kolchizin die Mitosen in der leicht erkennbaren Phase, in der sich die Chromosomen in der Mitte der Zelle anordnen (Abb. 1.5). Ein Gewebe, das dem Stoff ausgesetzt wird, weist viele solche Zellen auf. Kolchizin unterbricht die Zellteilung, indem es sich an die Proteinmoleküle bindet, aus denen die Mikrotubuli bestehen. Dabei verdeckt es die Anschlußstellen der Proteinmoleküle, so daß sie sich nicht mehr zusammensetzen können. Die Mikrotubuli werden immer kürzer und verschwinden schließlich völlig, vom normalen Auflösungsprozeß zerstört. Da ihr Verschwinden die Zellteilung verhindert, setzt man kolchizinverwandte Medikamente zur Blockierung des Zellwachstums in der Krebsbehandlung ein.

Dieser Effekt des Kolchizins scheint auf den ersten Blick nichts mit seiner Wirkung bei Gicht zu tun zu haben. Tatsächlich lindert das Präparat die Schmerzen der Krankheit, weil es eine andere Funktion der Mikrotubuli unterbindet. Bei Gicht vernichten die weißen Blutkörperchen kleine Harnsäurekristalle, die sich in den Gelenken ansammeln. Blutkörperchen, die von den Kristallen verletzt werden, setzen Reizstoffe in die Gelenke frei und verursachen dadurch intensive Schmerzen. Die weißen Blutkörperchen sind nun aber auf die Aktivität der Mikrotubuli angewiesen, um die Kristalle zu verschlingen. Durch Auflösung der Mikrotubuli verhindert Kolchizin die Vernichtung der Harnsäurekristalle und damit den Prozeß, der die Schmerzen hervorruft.

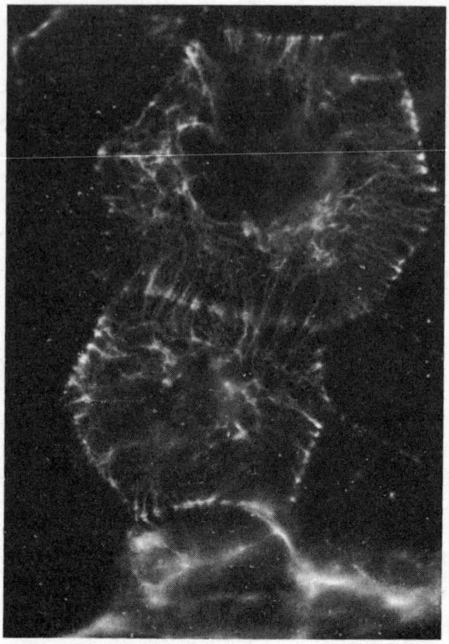

Abbildung 2.7: Intermediäre Filamente von Epithelzellen, in einer Plastikschale gezüchtet. Die Filamente sind mit Hilfe der in Abbildung 2.6 beschriebenen Immunfluoreszenz sichtbar gemacht. Diese Filamente bestehen aus speziellen Proteinen, den *Keratinen*, die sich von den Proteinen der intermediären Filamente in Fibroblasten unterscheiden. Die radial angeordneten Filamente verdicken sich dort, wo sie die Zelloberfläche erreichen. Am Berührungspunkt zweier Zellen bilden diese Verdickungen ein *Desmosom*, eine Struktur, die die Zellen fest zusammenhält. Die dunkle Lücke zwischen zwei Verdickungen enthält Proteine, die keine Keratine sind. (2000fache Vergrößerung.)

Strukturen in den Muskeln und im Gehirn

Die Bewegung von Muskelzellen beruht auf zwei Arten von Proteinfilamenten, die parallel zueinander liegen. Die eine ist dünn, die andere dick, und beide zeigen in entgegengesetzte Richtungen. Sie sind durch Querverbindungen mit anderen Proteinen zu leiterartigen Strukturen zusammengeschlossen, in denen die Querverbindungen die Sprossen bilden (Abb. 2.10). Alle dicken Filamente sind an dem einen Ende mit einem Querstrang verbunden, so daß sie eine Art Kamm bilden. Die dünnen Filamente hängen mit dem entgegengesetzten Ende an einem anderen Strang und bilden einen zweiten Kamm. Wenn ein entsprechendes Signal eintrifft (vgl. Kap. 17), veranlassen die Querverbindungen die beiden Filamentarten, sich mit

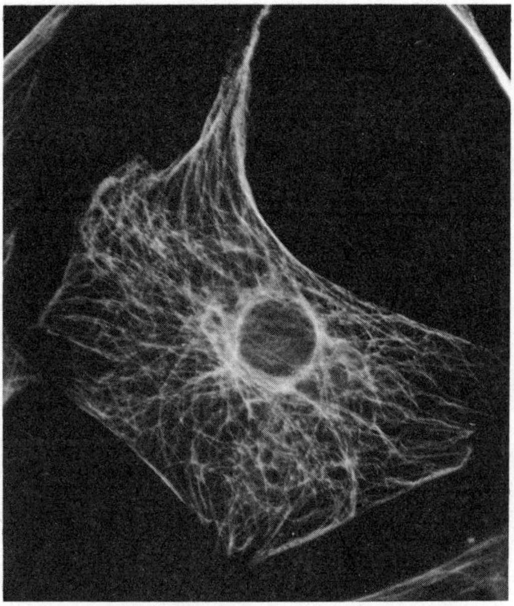

Abbildung 2.8: Mikrotubuli in einer Zelle in einer Plastikschale. Die Mikrotubuli wurden mit Hilfe der in Abbildung 2.6 beschriebenen Immunfluoreszenz sichtbar gemacht, bei der man Antikörper an das Protein der Mikrotubuli bindet. (2000fache Vergrößerung. Aus: S. H. Cox, P. N. Rao und B. R. Brinkley, in: H. Bush, S. T. Crooke und I. Daskal [Hrsg.]: *Effects of Drugs on the Cell Nucleus*. New York [Academic Press] 1979.)

Hilfe von Energie aus ATP gegeneinander zu verschieben, so daß die Querstränge näher zusammenkommen und der Muskel kürzer wird. Auf diesem Prozeß beruhen die Muskelkontraktionen. Die oben erwähnten dünnen Filamente, die in allen Zellen vorkommen, sind vereinfachte Muskel.

Strukturen sind nicht nur für die Bewegung wichtig, sondern auch für die Gehirnfunktionen. Die Signale werden im Gehirn von einer Nervenzelle auf die andere durch chemische Substanzen übertragen (Kap. 17). Stoffe, die von der einen Zelle freigesetzt werden, binden sich an bestimmte Strukturen, die *Rezeptoren*, die sich an der Oberfläche einer anderen Zelle befinden. Die Verbindung mit der chemischen Substanz verändert die Form des Rezeptors, der daraufhin seinerseits einige Eigenschaften der empfangenden Zelle verändert. Dieser Vorgang modifiziert das Signal, das die Zelle daraufhin an andere weitergibt. Alle Zellen haben Rezeptoren, die auf die chemischen Signale benachbarter oder fernliegender Zellen reagieren.

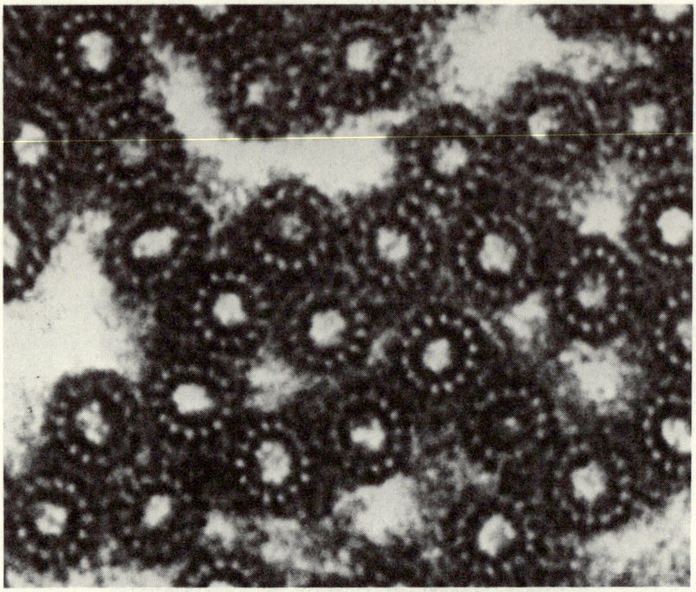

Abbildung 2.9: Mikrotubuli während der Zellteilung eines einzelligen Eukaryonten. Die Mikrotubuli sind im Querschnitt gezeigt. Jeder besteht aus einem Bündel von etwa dreizehn Filamenten, die einen langen Zylinder bilden. (470000fache Vergrößerung. Mit freundlicher Genehmigung von U. Eichenlaub-Ritter.)

Vermittlermoleküle: Die Enzyme

Die Fähigkeit zur Formveränderung ist entscheidend für die Wirkung bestimmter Proteinmoleküle, die man *Enzyme* nennt. Sie begünstigen viele chemische Reaktionen, die auf dem Vorgang des Elektronenaustausches beruhen. Es gibt starke Widerstände gegen solche Austauschprozesse, doch Enzyme können sie umgehen und dafür sorgen, daß die Reaktionen milliardenfach schneller ablaufen als unter normalen Umständen. Der Trick besteht darin, daß Enzyme die reagierenden Moleküle vorübergehend in ihre eigene Struktur eingliedern. Ein bestimmtes Enzym kann diese Vereinigung allerdings nur mit einer Molekülart, dem *Substrat*, vollziehen. Zwischen dem Substrat und dem Enzym bilden sich Bindungen aus und erzeugen eine neue Struktur, den *Enzym-Substrat-Komplex*. Die inneren Bindungen sowohl des Enzyms wie des Substrats werden modifiziert. Dabei nehmen die Elektronen des Substrats eine Position ein, die für die Reaktion günstiger ist. Wenn das Substrat beispielsweise aufge-

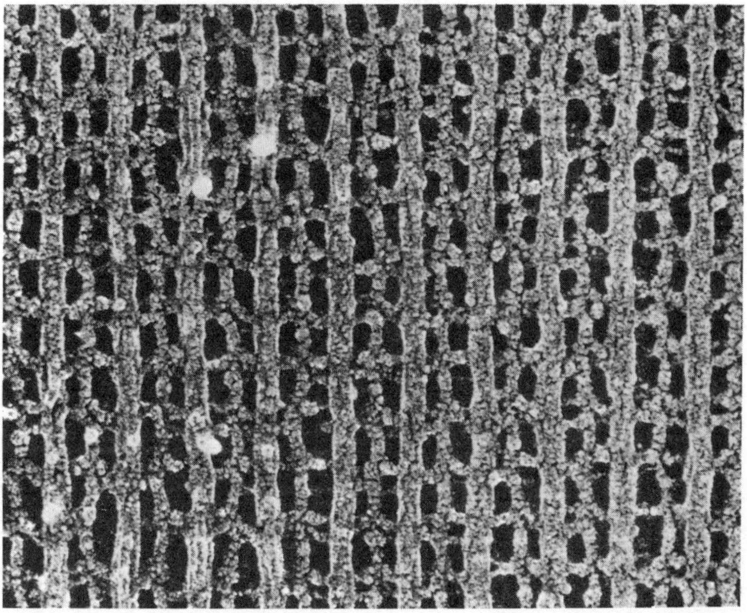

Abbildung 2.10: Elektronenmikrographische Darstellung des dünnen Präparates eines Insektenflugmuskels. Die beiden Filamentarten – dick und dünn – verlaufen senkrecht. Alle dicken Filamente sind mit einem Querstrang oberhalb der Abbildung verbunden, die dünnen Filamente mit einem Querband unterhalb der Abbildung. Die Filamente sind in regelmäßigen Abständen durch Querbänder verbunden, die mit Hilfe von ATP die beiden Filamentarten gegeneinander verschieben. (200000fache Vergrößerung. Aus: J. E. Heuser und R. Cooke, *Journal of Molecular Biology* 169 [1983], S. 97–122. Abdruck mit Genehmigung der Autoren.)

spalten werden muß, schwächt die Elektronenbewegung die chemischen Bindungen, die die beiden Teile zusammenhalten, so daß sich diese Bindungen unter dem Einfluß von Umweltwärme leicht auflösen. Die beiden Teile des Substrats werden freigesetzt, und das Enzym nimmt wieder seine ursprüngliche Form an. Man kann den Vorgang mit zwei Ringen vergleichen, die durch ein Vorhängeschloß verbunden sind: Ihre Trennung bei zugesperrtem Vorhängeschloß ist außerordentlich unwahrscheinlich. Wenn man das Schloß lange Zeit heftig genug bearbeitet, mag es sich irgendwann öffnen, doch mit einem Schlüssel (dem Enzym) ist das sofort zu bewerkstelligen.

Die verschiedenen Schritte in einer enzymvermittelten Reaktion können in beide Richtungen verlaufen. Ein Enzym kann das Molekül AB in A und B aufspalten, aber auch aus A und B das Molekül AB bilden, da sich A und B ebensogut in das Enzym eingliedern lassen wie AB. Auch innerhalb des Enzyms können die Strukturveränderungen in entgegengesetzte Richtungen verlaufen. Eine der beiden Reaktionen findet jedoch sehr viel leichter statt, weil sie weniger Energie braucht. Beispielsweise ist es leichter, zwei Aminosäuren zu trennen, die durch eine chemische Bindung verknüpft sind, als sie mit dem Ziel zusammenzubringen, daß sie die Bindung herstellen. Die Bindung kann nur zustande kommen, wenn das Enzym die erforderliche Energie vom ATP, dem Energielieferanten der Zelle, bezieht.

Um derart genau festgelegte Aufgaben übernehmen zu können, müssen Enzyme hochspezialisiert sein. Jedes wirkt nur auf ein Substrat oder auf mehrere Substrate von außerordentlich ähnlicher chemischer Beschaffenheit ein, wobei es dieselbe chemische Reaktion unablässig wiederholt. Eine Zelle hat also viele verschiedene Enzyme – eines für jede ihrer chemischen Reaktionen.

Wie nützlich Enzyme sind, zeigen die Vorgänge, die stattfinden, wenn ein Tier frißt. Die Nahrung – ob pflanzlicher oder tierischer Herkunft – enthält unter anderem Proteine. Um diese verwenden zu können, spaltet das Tier sie in seinem Darm in einzelne Aminosäuren auf. Diese werden absorbiert und auf die Körperzellen verteilt, die aus ihnen die erforderlichen Proteine herstellen. Magen und Darm produzieren Enzyme, die die chemischen Bindungen zwischen den Aminosäuren aufheben, ohne die Verdauungsorgane des Tieres zu schädigen. Ein Chemiker, der dies ohne Enzyme versuchen würde, müßte zu so starken Mitteln greifen, daß er damit auch das Tier umbringen würde. Doch die Werkzeuge des Chemikers sind grob im Vergleich zu den fein abgestimmten, hochselektiven Enzymen – Tausende kommen in einer Zelle vor und führen ihre Reaktionen aus, ohne sich gegenseitig zu stören.

Ganz zu Anfang der Geschichte des Lebens gab es keine Enzyme. Dennoch fanden einige Lebensreaktionen mit Hilfe von Metallen, Steinen und primitiven Lebensmolekülen statt, wenn auch äußerst langsam. Prozesse, für die eine lebende Zelle heute Sekunden oder Minuten braucht, dürften Jahrtausende gedauert haben.

Membranen

Strukturen, die ebenfalls wesentliche Bedeutung für die Zellen besitzen, sind die Membranen, welche die Zelle gegen das äußere Milieu abgrenzen und sie nach innen in Kompartimente unterteilen (vgl. Kap. 1). Membranen regulieren den Austausch von Substanzen zwischen einer Zelle und ihrer Umgebung. Außerdem sind sie entscheidend für die Energieumwandlung (Kap. 3).

Die Eigenschaften der Membranen sind ganz anders als die der bisher betrachteten Strukturen. Unter dem Elektronenmikroskop läßt sich erkennen, daß eine Membran aus zwei dünnen Schichten besteht, die aneinanderhaften (vgl. Abb. 1.2). Jede dieser kontinuierlichen Schichten besteht aus langen, dünnen Fettmolekülen, sogenannten *Phospholipiden* (Abb. 2.11), die durch hydrophobe Bindungen in paralleler Stellung gehalten werden. Jede Schicht ist wie ein Riesenbündel von Pflöcken. Die Dicke der Schicht entspricht der Länge der Pflöcke, der Fettmoleküle. Ihre gegenseitige Anziehung hält die Schichten zusammen.

Im Wasser wäre eine solche Membran bestrebt, sich wie ein Öltropfen zusammenzurollen. Dies wird jedoch durch *hydrophile* Gruppen am Ende der Fettmoleküle verhindert, die mit dem Wasser in Berührung kommen. Die Gruppen bilden eine ununterbrochene dünne Schicht. Wenn wir uns vorstellen, daß wir die Membran von der wäßrigen Umgebung der Zelle aus durchqueren, treffen wir zunächst auf die hydrophilen Enden der Fettmoleküle und dann auf den Rest der Fettmoleküle des ersten Blättchens. Anschließend gelangen wir zu den Fettmolekülen der zweiten Schicht und schließlich zu deren hydrophilen Enden, die in Kontakt mit dem wäßrigen Milieu des Zellinneren sind. Die beiden äußeren Schichten verleihen der Membran in wäßriger Umgebung vollkommene Stabilität. Viele Proteinmoleküle sind, teils außen, teils innen, mit der Membran verknüpft. Andere Moleküle durchqueren die Membran und ragen zu beiden Seiten aus ihr heraus, wie in Abbildung 2.4 zu erkennen. Solche Proteinmoleküle übernehmen zahlreiche wichtige Aufgaben, von denen später noch die Rede sein wird.

Warum macht sich die Zelle die Mühe, eine Fettmembran herzustellen und sie an beiden Oberflächen mit einer hydrophilen Schicht zu versehen? In erster Linie ist die Fettmembran erforderlich, um das Innere der Zelle von der Umgebung oder ein Zellkompartiment vom anderen zu isolieren. Eine Membran mit einem Fettkern ist für diese Aufgabe ideal geeignet, weil sie nicht von wasserlöslichen Substanzen durchquert werden kann, die sich im Inneren oder in der Umgebung der Zelle befinden.

Es gibt jedoch viele Substanzen, die die Membran durchqueren. Proteine, die in den Zellen hergestellt werden, müssen durch die

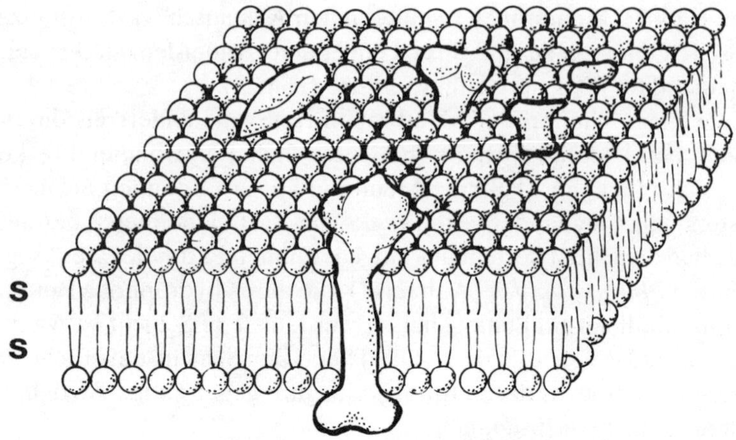

Abbildung 2.11: Ein Membranausschnitt, der die dünnen Schichten (S) aus lipophilen Molekülen zeigt, deren Enden die hydrophilen Gruppen – als Kugeln dargestellt – an beiden Oberflächen bilden. Proteine ragen aus der Membran hervor oder gehen vollständig durch sie hindurch.

Membran nach außen. Zu ihnen gehören die Verdauungsenzyme, die von den Zellen der Speicheldrüsen hergestellt werden und in den Mund gelangen müssen, oder die Enzyme der Bauchspeicheldrüse, die im Darm ihre Arbeit verrichten. Proteine, die die Außenseite der Zelle mit einer Schmierschicht überziehen oder für die Bindung zwischen Zellen sorgen, müssen ebenfalls durch die Zellmembran hindurch. Gleiches gilt für die Proteine der Rezeptoren, die nach Substanzen in der Umgebung der Zelle suchen oder sich an ihnen festsetzen. Andere Proteine müssen von außen in die Zellen eindringen – etwa die schützenden Antikörper (Kap. 13) in der Muttermilch, die durch die Zellen des kindlichen Darms hindurch müssen, um in das Blut zu gelangen und den Säugling gegen Viren und Bakterien zu verteidigen.

Dieser Transport von Proteinmolekülen scheint mit der Undurchdringlichkeit der Zellmembran unvereinbar zu sein. Tatsächlich liegt kein Widerspruch vor, weil sich die Moleküle nicht ungehindert durch die Zellmembran bewegen – sie sind auf spezielle Mechanismen angewiesen. Proteine von außen können nur in die Zelle hineingelangen, wenn sie sich speziellen Rezeptoren anlagern, die jede Zelle an ihrer Oberfläche aufweist. Jeder Rezeptortyp bindet nur eine Proteinart und schleust sie in die Zelle hinein.

Was uns ein Virus lehrt: Proteine gelangen in Zellen und verlassen sie

Transport in die Zelle hinein

Wie bestimmte Proteine in Zellen hinein- und aus ihnen herausgebracht werden, hat man unter anderem dadurch herausgefunden, daß man Viren wie etwa das Grippe- oder das Masernvirus unter dem Elektronenmikroskop beobachtete. Die Partikel dieser Viren haben eine charakteristische Form. Jedes besteht aus einem Nukleinsäuremolekül (RNA), das von zwei Hüllen umgeben ist (Abb. 2.12) – einer inneren aus Proteinmolekülen und einer äußeren, die von einer mit Proteinen besetzten Membran gebildet wird.

Bevor ein Viruspartikel in die Zelle gelangen kann, muß es mit einem geeigneten Rezeptor in Berührung kommen und an ihm haften (Abb. 2.13 : A). Daraufhin stülpt sich die Membran mit dem anhaftenden Viruspartikel ins Zellinnere, schnürt sich ab und bildet ein Transportvesikel, ein *Endosom*, welches das Viruspartikel enthält und frei im Zytoplasma schwimmt (Abb. 2.13 : B und C). Der Inhalt der Endosomvesikel wird durch das Einströmen von Wasserstoffionen – H^+-Ionen oder *Protonen* – sauer. Die Azidität bewirkt, daß die Membran des Viruspartikels mit der Membran der Vesikel verschmilzt (Abb. 2.13 : D). Die virale RNA mit der inneren Hülle wird ins Zytoplasma abgegeben (Abb. 2.13 : E). Die freigesetzte virale RNA sucht sich den Weg zu dem Zellbereich, in dem sie repliziert wird, während sich das Endosom aufspaltet. Der eine Teil, der die virale Membran enthält, vereinigt sich mit einem Vesikel anderer Art, dem *Lysosom*, in dem die Membran von hochwirksamen Enzymen abgebaut wird. Der andere Teil des Endosoms, der den Rezeptor enthält, kehrt an die Zelloberfläche zurück, wo der Rezeptor freigegeben wird, so daß er seine Funktion wiederaufnehmen kann.

Viele Proteinarten gelangen auf ähnliche Weise in die Zelle, beispielsweise die oben erwähnten Antikörper in der Muttermilch, die von den Zellen des kindlichen Darms aufgenommen werden. Sie werden in Vesikeln eingeschlossen, die durch das Zytoplasma wandern und mit der Zellmembran auf der entgegengesetzten Seite der Zelle verschmelzen. Dort werden die Antikörper ins Blut abgegeben, wo sie ihre speziellen Aufgaben erfüllen.

Das Endosom ist nur eines von vielen *Transportvesikeln*, die an Membranen haftende Proteine von einer Membran zur anderen be-

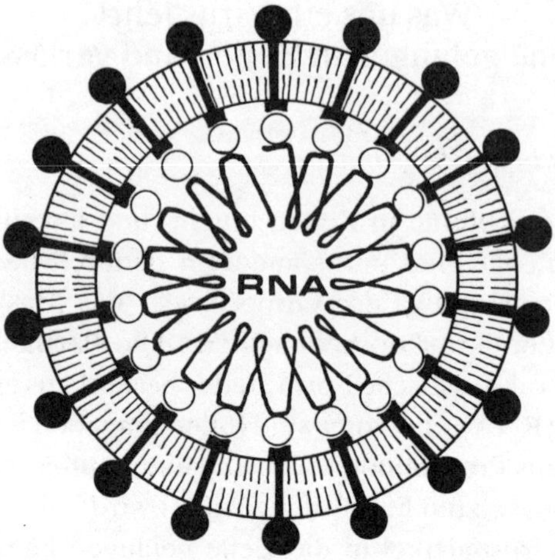

Abbildung 2.12: Querschnitt durch das Semliki-Forest-Virus, benannt nach dem Gebiet in Afrika, wo es entdeckt wurde. Viren dieses Typs, die Toga-Viren, sind in tropischen Regenwäldern sehr verbreitet. Sie werden durch Moskitos übertragen und rufen bei Tieren und Menschen eine Vielzahl von Krankheiten hervor. Das Virus ist von einer Membran umgeben, in der die Proteinmoleküle der äußeren Schicht (schwarz) verankert sind. Diese Moleküle sind im Inneren mit denen der Innenschicht (weiße Kreise) verbunden, die ihrerseits zur zentral gelegenen RNA Verbindung haben.

fördern. Wenn ein Vesikel, das sich aus Membran A gebildet hat, durch das Zytoplasma wandert und Membran B erreicht, verschmilzt es mit dieser. Das Protein ist jetzt Teil der Membran B. Die Abschnürung, Einverleibung, Trennung von Membran A und Verschmelzung mit Membran B findet statt, ohne daß irgendwelche Löcher in den Membranen zurückbleiben. Das ist möglich, weil Membranen weitgehend flüssig sind und weil sie dort, wo sie sich berühren, zu einer einzigen verschmelzen. Mit Hilfe dieses Mechanismus kann ein Protein durch mehrere Membranen befördert werden, wobei es auf verschiedene Weisen modifiziert wird. Offenbar wissen die Vesikel, wohin sie sich zu wenden haben; wie sie das in Erfahrung bringen, ist aber noch nicht bekannt.

Transport aus der Zelle heraus

An Viren kann man auch beobachten, wie Proteine aus Zellen herausgelangen. Virale Proteine werden in der Nähe der Kanälchen (Tubuli) des endoplasmatischen Retikulums hergestellt, das, wie in Kapitel 1 beschrieben, das Zellinnere netzartig durchzieht (Abb. 2.14). Die frischgebildeten Proteinmoleküle durchqueren die Membran des endoplasmatischen Retikulums und gelangen in seine Hohlräume.

Dieser Vorgang beruht auf einem komplexen Mechanismus, der die Moleküle, die für den Hohlraum des endoplasmatischen Retikulums bestimmt sind, von denjenigen trennt, bei denen das nicht der Fall ist. In groben Zügen passiert folgendes: Noch während die Proteinmoleküle an speziellen Teilchen, den Ribosomen, zusammengesetzt werden, durchqueren sie die Membran (Abb. 2.15 : 1). Diese Proteine zeichnen sich durch ein besonderes Merkmal aus: eine Sequenz von mehreren lipophilen Aminosäuren am Anfang der Kette, die *Signalsequenz* (Abb. 2.15 : 2). Diese Sequenz bindet sich an ein kleines Teilchen, das mehrere Proteine und ein kleines Stück RNA enthält (Abb. 2.15 : 3). Das Teilchen steuert die Signalsequenz zu einem Kopplungsprotein an der Außenfläche des endoplasmatischen Retikulums, wo es in die Membran eindringen kann (Abb. 2.15 : 5). Viele andere Aminosäuren, die nicht unbedingt lipophil sein müssen, folgen und finden so Eingang in die Membran (Abb. 2.15 : 6), in der die Signalsequenz festsitzt. Der Rest der Kette taucht im Hohlraum des endoplasmatischen Retikulums auf und faltet sich dort zu seiner endgültigen Form. Nun scheidet ein Enzym die Signalsequenz von der übrigen Kette ab (Abb. 2.15 : 7). Das Protein ragt in den Hohlraum des Kanälchens, ist am einen Ende aber noch immer durch eine Reihe lipophiler Aminosäuren (die *Ankersequenz*) oder durch andere spezielle Moleküle mit der Membran verbunden. Wenn dem Protein eine Ankersequenz fehlt, wird es in den Hohlraum freigesetzt (Abb. 2.15 : 8), von wo es später nach außen befördert wird. Dieser Prozeß kennt viele Variationen: Einige sehr lange Aminosäureketten haben mehrere Signalsequenzen und dringen an mehreren Punkten in die Membran ein. Sie bleiben mit der Membran verflochten und durchqueren sie bis zu zehnmal. Auch Proteine, die Kanäle bilden (siehe unten), folgen diesem Schema.

Moleküle, die in der Membran verankert sind, erreichen die Zelloberfläche auf einem komplizierten Weg. Zuerst werden sie an die von einer Membran umgebenen Hohlräume abgegeben, die man als

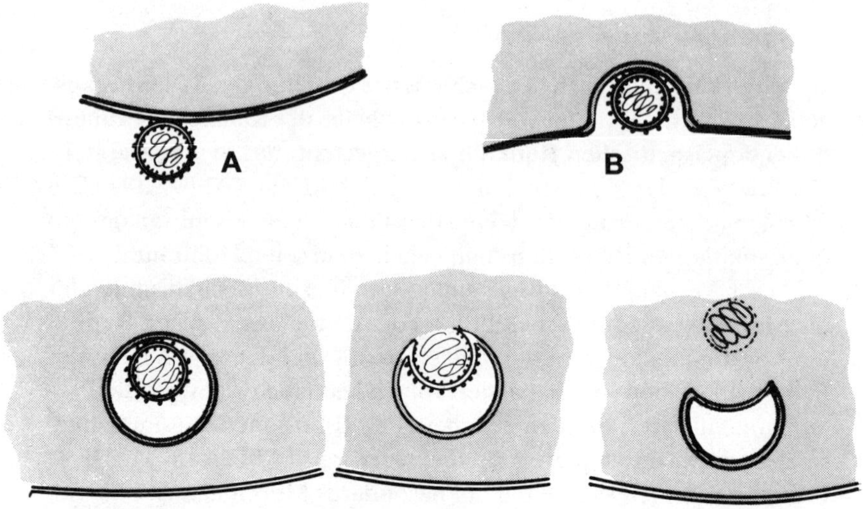

Abbildung 2.13: Eindringen eines Toga-Viruspartikels in eine Zelle. Das graue Zytoplasma ist durch die Zellmembran begrenzt, die hier durch eine Doppellinie wiedergegeben wird. (A) Das Virus berührt die Außenfläche der Zelle. Die Proteine an der Oberfläche des Virus stellen eine Verbindung zu Rezeptoren der Zellmembran her. (B) Die Membran stülpt sich ein. (C) Daraufhin wird sie abgeschnürt, so daß eine Membranvesikel mit dem Viruspartikel ins Zytoplasma freigesetzt wird. (D) Innerhalb der Vesikel verschmilzt die Membran des Viruspartikels mit der Vesikelmembran. (E) Die virale RNA, die nur noch von einer einzigen Schicht von Proteinmolekülen umgeben ist, wird ins Zytoplasma abgegeben.

Golgiapparat bezeichnet (Abb. 2.14), wo ihre Synthese durch die schrittweise Anfügung von Zuckern abgeschlossen wird. Diese hydrophilen Zucker sorgen für die Verträglichkeit der Proteine mit der wäßrigen Umgebung, in der sich das Virus ausbreitet. Schließlich erreichen die Proteine die Zellmembran. Der Zucker enthaltende Teil der Aminosäureketten ragt aus der Zelle heraus, während ein kürzerer Abschnitt ins Zytoplasma reicht. Diese Zucker enthaltenden Oberflächenproteine heißen *Glykoproteine*.

Die Proteine der inneren Hülle des Viruspartikels bleiben im Zytoplasma. Da sie keine Signalsequenz besitzen, können sie die Membran des endoplasmatischen Retikulums nicht durchqueren. Sie verbinden sich mit der viralen Nukleinsäure, nachdem sich diese vermehrt hat. Das innere Hüllprotein und die Nukleinsäure bilden Partikel, die zur Innenseite der Zellmembran wandern. Dort hängen sie sich an die zytoplasmatischen Enden der Glykoproteine in der Au-

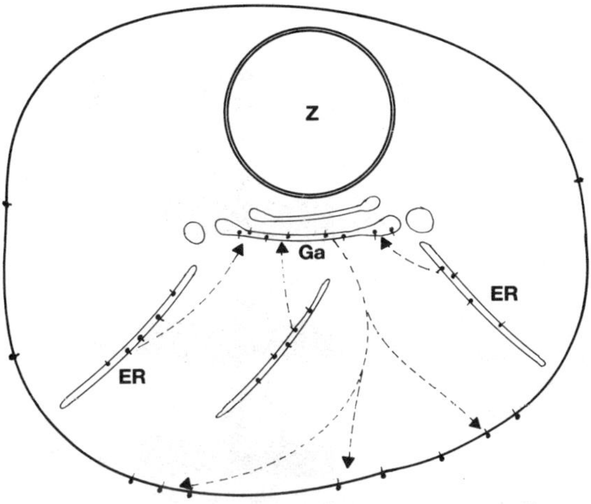

Abbildung 2.14: Der Weg, den das Protein der anderen Virusschicht zurücklegt, um die Zelloberfläche zu erreichen. Das Protein dringt in das endoplasmatische Retikulum (ER) ein und erreicht den Golgiapparat (Ga), wo es durch die Anfügung von Zuckern vervollständigt wird. Von dort aus wandert es in Vesikeln zur Zellmembran. An der Membran richtet es sich so aus, daß es größtenteils herausragt, nur das Schwanzende befindet sich noch im Zytoplasma (Z = Zellkern).

ßenhülle und grenzen kleine Bereiche aus. Diese krümmen sich nach außen und werden zu Kugeln, die sich schließlich als Viruspartikel von der Zelloberfläche lösen.

Auch in Zellen, die nicht von Viren infiziert sind, erreichen viele Proteine die Zellmembran auf dem gleichen Weg. Darunter gibt es Proteine, die in der Zellmembran verankert bleiben und Zucker an sich gebunden haben – also Glykoproteine sind. Zu ihnen gehören die Proteine, die die Rezeptoren bilden – Moleküle, die in der Lage sind, chemische Signale aus der Umgebung der Zelle zu binden und weiterzugeben. Ein Beispiel ist in Abbildung 2.4 dargestellt.

Proteinexport

Proteine, die aus der Zelle herausbefördert werden – etwa die Enzyme der Speicheldrüsen –, schlagen den gleichen Weg wie die Glykoproteine ein, jedoch mit einem Unterschied: Ihnen fehlt die Ankersequenz. Deshalb bleiben sie nicht mit der Membran des endoplasmatischen Retikulums verbunden, sondern werden frei in dessen Kanälchen abgegeben (vgl. Abb. 2.15 : 8). Von dort aus gelangen sie auf etwas andere Art in die Zellumgebung (Abb. 2.16). Nach

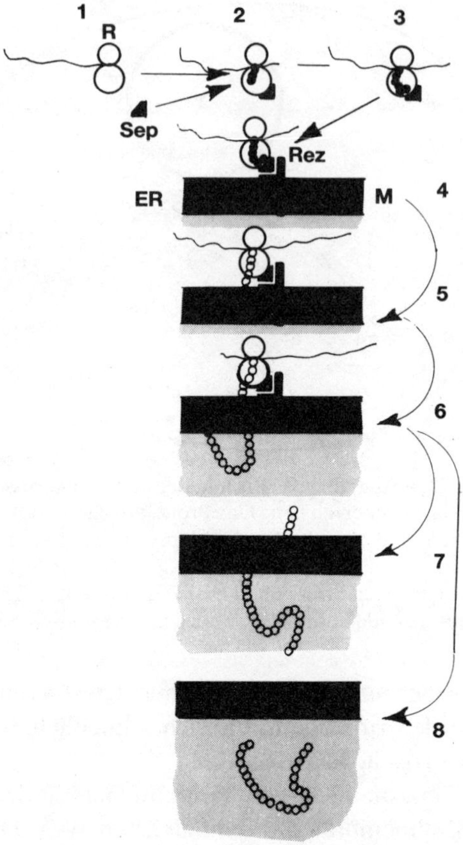

Abbildung 2.15: Vereinfachte Darstellung der Vorgänge, wenn ein Virusprotein die Membran eines Kanälchens des endoplasmatischen Retikulums (ER) durchquert. (1) Das Protein entsteht, wenn sich ein Ribosom (R) – ein Teilchen, an dem das Protein synthetisiert wird – mit einer geeigneten Messenger-RNA (dünne Linie) vereinigt (vgl. Kap. 4). Diese Vereinigung findet in mehreren Schritten statt, die hier nicht abgebildet sind. (2 und 3) In der wachsenden Aminosäurekette entsteht zuerst die Signalsequenz (schwarz), die das Ribosom veranlaßt, ein Signalerkennungspartikel (Sep) zu binden. (4) Dieses Signalerkennungspartikel bindet sich an ein Rezeptorprotein (Rez), das an der Membran (M) eines Kanälchens des endoplasmatischen Retikulums haftet. Im abgebildeten Querschnitt ist die Membran dunkelgrau und der Hohlraum des Kanälchens hellgrau. (5) Die Signalsequenz dringt in die Membran ein. (6) Andere Aminosäuren folgen und gelangen in den Hohlraum des Kanälchens. (7) Die Verbindung zwischen der Signalsequenz und der Aminosäurekette wird durchtrennt. Wenn das Protein eine Ankersequenz besitzt, wird es in der Membran festgehalten, ragt aber größtenteils in den Hohlraum hinein. (8) Hat das Protein keine Ankersequenz, so wird es in den Hohlraum freigesetzt, von wo aus es später aus der Zelle hinausbefördert wird.

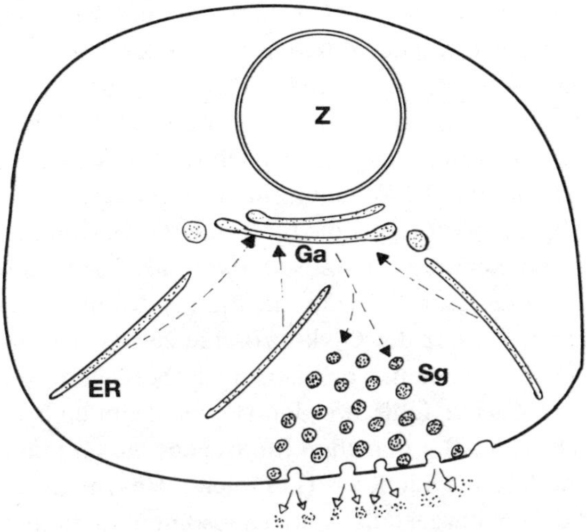

Abbildung 2.16: Wie ein Protein aus der Zelle transportiert wird. Das Protein wird in die Kanälchen des endoplasmatischen Retikulums (ER) freigesetzt. Von dort gelangt es in den Golgiapparat (Ga) und anschließend in Vesikel, die als Sekretgranula (Sg) bezeichnet werden und sich frei im Zytoplasma bewegen. Vermutlich entstehen diese Vesikel dadurch, daß sich Membranteile des Golgiapparats abschnüren und die Proteinmoleküle einschließen. Die Sekretvesikel erreichen die zytoplasmatische Seite der Zellmembran und setzen sich an ihr fest. Beim Verschmelzen mit der Zellmembran geben sie das Protein in die Zellumgebung ab (Z = Zellkern).

dem Passieren des Golgiapparats und dem Erhalt ihrer Zucker werden sie in speziellen Vesikeln, den *Sekretgranula*, eingeschlossen (Abb. 2.16 : Sg) und bleiben tagelang im Zytoplasma. Wenn ein spezielles chemisches Signal die Zelle erreicht, lagern sie sich an der zytoplasmatischen Seite der Zellmembran an, verschmelzen mit ihr und geben ihre Inhalte an das äußere Zellmilieu ab. Wir werden uns mit diesem Prozeß eingehender beschäftigen, wenn es in Kapitel 17 um die Funktion von Nervenzellen geht.

Spezielle Erkennungsmerkmale

Proteine werden im Zytoplasma hergestellt. Von dort aus können sie zu verschiedenen Bestimmungsorten wandern – der Zelloberfläche, dem Kern, den Mitochondrien oder Lysosomen. Die Bestimmungsorte werden durch spezielle Aminosäuresequenzen festgelegt, die den Signalsequenzen entsprechen, aber andere Ziele haben. Proteine, die zum Kern wandern, haben Sequenzen, die sich an die Poren in der Kernhülle binden, durch die sie ins Kerninnere gelangen. Zu diesen Proteinen gehören Enzyme für die DNA-Replikation und für die Informationsübertragung der DNA in Proteine (vgl. Kap. 4) sowie virale Proteine, die sich im Zellkern replizieren.

Dagegen besitzen Proteine, die für Lysosome bestimmt sind, einen besonderen Zucker, ein Mannosederivat, als Erkennungsmarkierung. Zu ihnen gehören Enzyme, die die ins Zellinnere eindringenden komplexen Zucker der Glykoproteine zerlegen – eine wichtige Funktion von Lysosomen, vor allem in Leberzellen. Wenn diesen Proteinen der Zucker fehlt, werden sie zur Zellmembran gebracht und ausgeschieden. Bei manchen Menschen, die an einer erblichen »Speicherkrankheit« leiden, wird ein solches Enzym ohne die Erkennungsmarkierung hergestellt. Die Lysosomen, denen das Enzym fehlt, füllen sich mit unzerlegten Zuckerketten und sind in ihrer Funktion erheblich beeinträchtigt.

Spezifische Kanäle

Viele wasserlösliche Substanzen, die ständig in Zellen eindringen und aus ihnen hinausgelangen, müssen nicht durch die Lipiddoppelschicht hindurch und werden auch nicht in Vesikeln transportiert. Statt dessen durchqueren sie die Membran mit Hilfe spezieller Strukturen, die man als *Kanäle* bezeichnet – Ringe aus Proteinmolekülen, die in die Membran eingebettet sind. Benutzer dieser Kanäle sind Ionen, Substanzen, die für die Herstellung von Zellmakromolekülen erforderlich sind (zum Beispiel die Aminosäuren, aus denen Proteine bestehen), und Zucker, die zur Energiegewinnung gebraucht werden. Es gibt viele Arten von Kanälen, die alle nur eine einzige Substanz oder eine Klasse verwandter Substanzen durchlassen. Ihre Selektivität ermöglicht es dem Zytoplasma, eine Zusammensetzung zu bewahren, die sich von der des äußeren Zellmilieus unterscheidet.

Kanäle unterscheiden sich vor allem durch die Art, wie sie Substanzen durchlassen. In einem *passiven Kanal* wandert eine Substanz von der Seite, auf der sie sich in höherer Konzentration (in größerer Menge) befindet, zu der Seite, auf der ihre Konzentration geringer ist. Da diese Bewegung der eines bergab fließenden Gewässers entspricht, bedarf es dazu keiner Energie. In einem *aktiven Kanal* – auch

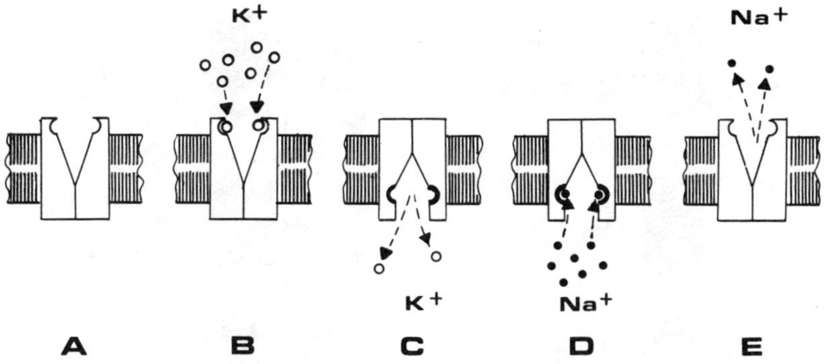

Abbildung 2.17: Die zyklische Funktionsweise der Natrium-Kalium-Pumpe. Wir sehen die Pumpe eingebettet in einen Ausschnitt der Membran. Das Zytoplasma liegt unten, die Zellumgebung oben. (A) Der Kanal ist nach außen geöffnet und nach innen geschlossen. (B) K^+-Ionen (helle Kreise) aus dem äußeren Milieu binden sich an die zugänglichen Bindungsstellen. (C) Der Kanal verändert seine Form und gibt die K^+-Ionen an das Zytoplasma der Zelle ab. Jetzt exponiert er die Bindungsstellen für Na^+-Ionen. (D) Na^+-Ionen aus dem Zytoplasma binden an diesen Stellen. (E) Abermals verändert der Kanal seine Form, gibt die Na^+-Ionen an das äußere Zellmilieu ab und nimmt wieder seine ursprüngliche Form an. Der Zyklus kann von neuem beginnen.

Pumpe genannt – bewegt sich eine Substanz stets in eine bestimmte Richtung, auch wenn sie dabei aus einer Umgebung niedriger Konzentration in eine Umgebung mit hoher Konzentration gelangt. Wie bei Wasser, das bergauf fließt, ist dazu Energie erforderlich, die von ATP geliefert wird.

Ionenströme

Ionen, die Kanäle durchwandern, können entweder positiv geladen sein, wie zum Beispiel Natrium (Na^+), Kalium (K^+) und Kalzium (Ca^{++}), oder negativ geladen, wie Chlorid (Cl^-). Wenn sie die Zellmembran durchqueren, so beeinflußt das viele Eigenschaften der Zelle, denn sie regulieren die Funktion fast aller Zellmechanismen. Wie wir unten sehen werden, bestimmen sie auch die elektrischen Eigenschaften der Plasmamembran und den Stoffaustausch der Zelle mit ihrer Umgebung.

Die passiven Ionenkanäle sind Poren, die Ionen nach Ladung und Größe auswählen: Einige lassen Na^+-Ionen durch, andere K^+-Ionen und so fort. Aufgrund der Selektivität der Poren können wir die verschiedenen Ionen in oder außerhalb einer Zelle als separate Vorratsbestände ansehen, obwohl sie natürlich durcheinandergemischt sind.

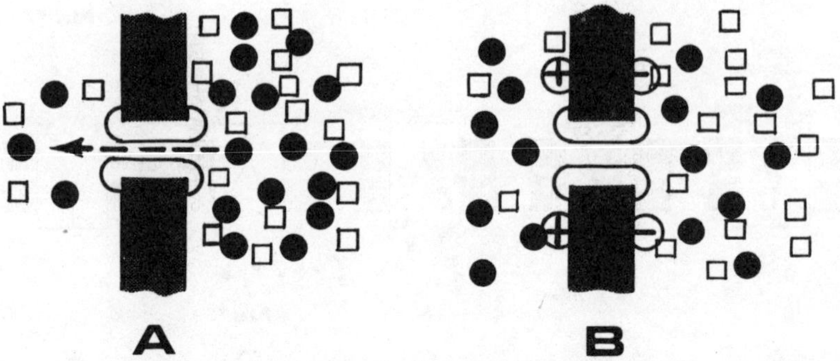

Abbildung 2.18: Ursache des Membranpotentials. (A) Die Operation der Natrium-Kalium-Pumpe (nicht gezeigt) reichert das Zytoplasma (rechts von der Membran) mit K^+-Ionen (schwarze Kreise) an. Sie werden durch negative Ionen (weiße Quadrate) aufgewogen, so daß es auf keiner Seite der Membran einen Ladungsüberschuß gibt. K^+-Ionen fließen passiv durch einen Kanal, der für andere Ionen verschlossen ist (Pfeil). (B) Der Ausfluß von K^+-Ionen bewirkt auf der zytoplasmatischen Seite der Membran einen Überschuß an negativen Ladungen; der Überschuß positiver Ladungen an der Außenseite verliert sich rasch. Das Ungleichgewicht auf der zytoplasmatischen Seite führt dort gegenüber der Außenseite zu einer Spannung.

Unter den aktiven Ionenkanälen ist der wichtigste die Natrium-Kalium-Pumpe, die Na^+-Ionen aus der Zelle hinaus- und K^+-Ionen in die Zelle hineinbefördert. Im Prinzip ist die Pumpe eine Schleuse, die mit Hilfe von ATP-Energie betrieben wird. Wir können uns ihre Funktionsweise als eine zyklische Folge von Strukturveränderungen vorstellen, wie sie in Abbildung 2.17 dargestellt sind. An einem bestimmten Punkt eines jeden Zyklus gewinnt ein Protein des Kanals Energie aus dem ATP, wodurch es zu den für die Funktion der Schleuse entscheidenden Formveränderungen kommt.

Viele Natrium-Kalium-Pumpen sind in den Membranen der Zellen verstreut. Sie sorgen dafür, daß das Zellinnere im Vergleich zum äußeren Milieu arm an Na^+-Ionen und reich an K^+-Ionen ist. Die Konzentration beider Ionenarten im Zellinneren bleibt konstant, weil die Menge, die durch Pumpen bewegt wird, durch entgegengesetzten Ionenfluß in passiven Kanälen genau ausgeglichen wird. Hinzu kommt, daß bei einem Anstieg der inneren Na^+-Konzentration über ein bestimmtes Maß hinaus die Pumpenaktivität angeregt wird, so daß mehr Na^+-Ionen aus der Zelle hinausbefördert werden.

Elektrische Spannung an Zellmembranen

Die Zelle ist eine elektrische Batterie mit einer Spannungsdifferenz zwischen innerem und äußerem Zellmilieu, die durch den asymmetrischen Ionenfluß durch passive Kanäle aufrechterhalten wird. Die Natrium-Kalium-Pumpe leistet keinen direkten Beitrag zu dieser elektrischen Spannung, weil sie in einem gegebenen Zeitraum eine gleiche Zahl von elektrischen Ladungen in entgegengesetzte Richtungen bewegt. Die Spannung wird vor allem durch den passiven Ausfluß von K^+-Ionen aufrechterhalten, wodurch dem Zellinneren positive Ladungen entzogen werden (Abb. 2.18). Infolgedessen lädt sich die Innenseite der Zellmembran negativ auf. Die Spannungsdifferenz zwischen Innen- und Außenseite, das *Membranpotential*, bewegt sich je nach Zellart zwischen einem zwanzig- und achtzigtausendstel Volt (Millivolt). (Zum Vergleich: Eine kleine Taschenlampenbatterie hat eine Spannung von 1500 Millivolt.) Die Natrium-Kalium-Pumpe sorgt indirekt für die Aufrechterhaltung des Membranpotentials, da sie zu beiden Seiten der Zellmembran unterschiedliche Ionenkonzentrationen bewirkt.

Trotz seines niedrigen Wertes hat das Membranpotential einen wesentlichen Einfluß auf Proteine, die in der Zellmembran eingebettet sind – Rezeptoren, Enzyme und die Ionenkanäle selbst. Diese Proteine haben sowohl positiv wie negativ geladene Atome und sind bestrebt, sich mit ihren positiven Teilen gegen das negativ geladene Zellinnere auszurichten (entgegengesetzte Ladungen ziehen sich an). Die Stärke der Kraft, die ein Protein in dieser Position hält, hängt vom Membranpotential ab. Die Kraft ist stark, weil der Abstand zwischen entgegengesetzten Ladungen winzig ist. Wie wir in Kapitel 17 sehen werden, ist diese Kraft entscheidend für die Wirkungsweise der Nervenzellen und des Gehirns.

Obwohl das passive Einströmen von Na^+-Ionen in die Zelle wenig zum Membranpotential beiträgt, hat es doch andere wichtige Konsequenzen. Beispielsweise sorgt es für die Energie, die erforderlich ist, um andere Substanzen wie Aminosäuren und Zucker in die Zellen zu transportieren. Diese Substanzen sind im Inneren der Zellen konzentrierter als in ihrer Umgebung, deshalb erfolgt der Transport gegen den Strom und ist auf Energie angewiesen. Letztlich erzeugt die Natrium-Kalium-Pumpe die Energie für diese Transporte, indem sie die Na^+-Konzentration innerhalb der Zellen niedriger hält als draußen.

Angesichts der Bedeutung des Ungleichgewichts von Na^+- und

K^+-Ionen zu beiden Seiten der Zellmembran ist es nicht überraschend, daß Zellen ungefähr 30 Prozent ihrer Gesamtenergie in den Betrieb der Natrium-Kalium-Pumpen investieren, die das Ungleichgewicht aufrechterhalten. Wie bedeutsam sie sind, läßt sich möglicherweise an einem Stamm genetisch beeinträchtigter Mäuse beobachten: Sie sind fettleibig und besitzen besonders leistungsfähige Natrium-Kalium-Pumpen. Vielleicht produzieren die Mäuse mit der zusätzlichen Energie Überschußmengen von Körperbestandteilen. Das gilt jedoch nicht für fettleibige Menschen: Sie haben keine besonders leistungsfähigen Natrium-Kalium-Pumpen.

Künstliche Kanäle

Passive Ionenkanäle gibt es nicht nur zum Nutzen der Zellen, sie werden auch von einigen Organismen hergestellt, um andere zu töten. Einige antibakterielle Wirkstoffe (Antibiotika), die von Bakterien oder Schimmelpilzen hergestellt und in dem zwischen diesen Organismen geführten Krieg verwendet werden, sind passive Ionenkanäle – *Ionophoren* oder Ionenträger. Es handelt sich um Ringe, die aus einer kleinen Zahl von Aminosäuren bestehen und sich in der Zellmembran eines Bakteriums ansiedeln können. Jede Ionophore gestattet den freien Fluß bestimmter Ionen. Die eine läßt beispielsweise K^+-Ionen durch, eine andere mehrere Ionen mit einer einzigen positiven Ladung. Eine Ionophore tauscht K^+ gegen H^+ aus, eine andere Na^+ gegen H^+. Die spezifische Wirkungsweise der verschiedenen Ionophoren hängt von den Merkmalen des Kanals ab, besondes von der Fähigkeit der Kanalproteine, flüchtige Verbindungen mit bestimmten Stoffen einzugehen. Die Wirkung der Ionophoren besteht darin, daß sie die Unterschiede der Ionenkonzentrationen im inneren und äußeren Zellmilieu aufheben, was zu einer erheblichen Beeinträchtigung oder Aufhebung der Zellaktivitäten führt. So verwendet man in der Veterinärmedizin *Monensin*, eine Ionophore, die Na^+ gegen H^+ austauscht, gegen Parasitenbefall.

KAPITEL 3
Energie von der Sonne

Man kann sich das Leben als den Ausdruck von DNA-Anweisungen vorstellen, die über den Bau und die Aktivität der Zellen entscheiden. So gesehen, wäre das Leben eine völlig unabhängige, irdische Erscheinung. Doch diese Vorstellung vernachlässigt einen entscheidenden Aspekt: Leben wird durch Energie hervorgebracht. Energie ist notwendig, um Atome zu Molekülen und Moleküle zu Strukturen anzuordnen. Auch der Elektronenaustausch, der den Enzymaktivitäten zugrunde liegt, ist auf Energie angewiesen, ebenso wie Ionenfluß und Zellbewegungen. Mithin ist irdisches Leben ein Ausdruck der Energie des Universums. Umgekehrt hat die Existenz von Energie möglicherweise die Existenz von Leben zu einer Unausweichlichkeit gemacht, weil sie die Möglichkeit zu Ordnung und Organisation bietet.

Die Energie für irdisches Leben kommt von der Sonne. Insofern läßt sich die gesamte biologische Welt in zwei Teilwelten unterteilen. Die eine – bestehend aus den grünen Pflanzen und bestimmten Mikroorganismen – ist autark. Sie nimmt Energie aus dem Sonnenlicht auf und verwandelt sie in chemische Stoffe, die von allen Lebewesen verwendet werden können. Die andere Teilwelt ist parasitär: Bestehend aus allen Organismen des Tierreichs und vielen Mikroorganismen, kann sie nur existieren, wenn ihr die energiereichen chemischen Stoffe, die die erste Teilwelt herstellt, als Nahrung zur Verfügung stehen.

Wenn also das Sonnenlicht ausfiele, würde der größte Teil des Lebens vernichtet – ein Ereignis, das offenbar vor 60 Millionen Jahren, als die Dinosaurier die Erde bevölkerten, beinahe eingetreten wäre. Trotz ihrer mächtigen, scheinbar unbezwingbaren Körper sind diese Geschöpfe ziemlich rasch ausgestorben, zumindest nach geologischen Zeitmaßstäben. In den gleichen Zeitraum fiel ein anderes geheimnisvolles Phänomen, auf dessen Spuren Geologen in Italien gestoßen sind. Tief im Boden fanden sie eine Schicht, die reich an Iridium ist, einem Metall, das auf der Erde sehr selten vorkommt. Später fand man ähnliche Schichten an anderen Orten der Erde, auf dem Grund von Meeren und Seen. Da die Lage dieser Schicht, die außerirdischen Ursprungs ist, darauf schließen läßt, daß sie mit der

Zeit des Dinosauriersterbens zusammenfällt, hat man die beiden Ereignisse miteinander in Zusammenhang gebracht.

Eine lange Nacht

Obwohl natürlich niemand genau wissen kann, was passiert ist, hat man die Hypothese aufgestellt, daß ein Himmelskörper, etwa ein großer Meteorit oder Asteroid, mit der Erde zusammengeprallt sei. Der Zusammenstoß, der mit der Energie von vielen Wasserstoffbomben erfolgt sei, habe den Himmelskörper und die Aufschlagstelle auf der Erde zerstört. Große Mengen von Gestein, Erde und Wasser, verstärkt noch durch den Rauch brennender Wälder, seien als feiner Staub in die Atmosphäre geschleudert worden. Diese ungeheuer dicke und für das Licht fast undurchdringliche Wolke stieg – so die Theorie – in die höchsten Schichten der Atmosphäre auf und hüllte die Erde monate-, vielleicht sogar jahrelang ein. Während der langen Nacht, die folgte, konnte die Vegetation nicht wachsen, und viele der mikroskopischen grünen Pflanzen waren zum Untergang verurteilt. Ihr Aussterben bedeutete wiederum, daß die Umwandlung von Kohlendioxid in Sauerstoff (siehe unten) abnahm. Die Zunahme des Kohlendioxids in der Atmosphäre machte die Erde für die großen Lebewesen, die bereits unter Nahrungsmangel litten, viel zu warm. Nur kleinere Arten fanden genug zu fressen und vermochten sich der veränderten Umwelt anzupassen. Sehr langsam setzte sich der Staub aus den höheren Luftschichten auf der Erdoberfläche ab. Das erklärt die Iridiumschicht, die die Geologen entdeckt haben.Als die Sonne wieder hervorkam, beschien sie eine andere Erde mit einer weitgehend umgestalteten Biosphäre. Eine ähnliche, jedoch nicht ganz so schlimme Katastrophe, die ebenfalls von der Ablagerung einer iridiumreichen Schicht begleitet war, ereignete sich vor ungefähr dreißig Millionen Jahren; auch in ihrem Verlauf starben einige Arten mikroskopisch kleiner Seetiere aus.

Die Erklärung des Artensterbens als Folge einer langen Nacht ist nur eine Hypothese und trifft möglicherweise nicht ganz zu. Doch ein solches Ereignis wäre vermutlich der letzte Anstoß zum Aussterben der Dinosaurier gewesen, deren Zahl durch weitreichende klimatische Veränderungen bereits erheblich dezimiert war. In jedem Fall läßt das Szenario erkennen, wie wichtig das Sonnenlicht für das Leben auf der Erde ist.

Die Umwandlung der Sonnenenergie

Der Prozeß, durch den Pflanzen die Energie der Sonne einfangen und daraus die Energie für ihre Zellen herstellen, wird als *Photosynthese* bezeichnet. Die Umwandlung ist schwierig. Zwar nimmt jeder Gegenstand, der dem Sonnenlicht ausgesetzt ist, einen Teil dieser Energie als Wärme auf, doch das ist nicht die Energieform, die das Leben für seine Prozesse benötigt. Es braucht Energie, die sich in chemische Reaktionen übersetzen läßt. Deshalb besitzen Pflanzen und einige Bakterien hochspezialisierte Strukturen.

Bei Pflanzen sind diese Strukturen in kleinen grünen Partikeln, den *Chloroplasten*, eingeschlossen, die sich in den Zellen der Blätter befinden. Mit Hilfe der Energie aus dem Sonnenlicht und unter Freisetzung von Sauerstoff bilden sie aus Wasser und Kohlendioxid einen Zucker. Er speichert die Energie und wird an die Zellen verteilt, wo die Energie in ATP, die Energiereserve der Zelle, umgewandelt wird. In den meisten Fällen sind für diesen Umwandlungsprozeß, der größtenteils auf Sauerstoff angewiesen ist, Zellpartikel eines anderen Typus, die *Mitochondrien*, zuständig.

Chloroplasten und Mitochondrien sind sich ähnlich. Unter dem Lichtmikroskop kaum sichtbar, offenbaren sie unter dem Elektronenmikroskop eine Struktur aus gefalteten Membranen. Der Prozeß, mit dessen Hilfe sie für die Energetik des Lebens sorgen, läßt sich wie folgt zusammenfassen: Sonnenlicht + Wasser + Kohlendioxid = Sauerstoff + Zucker, und Sauerstoff + Zucker = Wasser + Kohlendioxid + Energie. Diese grundlegende Chemie des Lebens produziert aus dem Kohlendioxid, das es schon vor dem Beginn des Lebens in der Erdatmosphäre gab, den Sauerstoff, den die biologische Welt braucht. Umgekehrt wird heute von der biologischen Welt, während sie ihre Aktivitäten ausführt, der größte Teil des Kohlendioxids aus Sauerstoff und Zucker hergestellt. – Betrachten wir nun, wie sich diese Energieumwandlungen vollziehen.

Die Photosynthese

Erste Hinweise auf die Photosynthese ergaben sich aus den Beobachtungen des Engländers Joseph Priestley, eines Pfarrers mit lebhaftem Interesse für die Naturwissenschaften. 1774 bewies er in einem zweiteiligen Experiment, daß Pflanzen Sauerstoff erzeugen. Zunächst zeigte er, daß eine Kerze, die in einem geschlossenen Gefäß brennt, den Sauerstoff verbraucht, so daß eine Maus von der Luft in dem Gefäß nicht mehr leben kann. Dann stellte er die lebenserhaltende Qualität der Luft langsam wieder her, indem er einen lebenden Minzeschößling in das Gefäß einbrachte. Allerdings blieb Priestley verborgen, daß für diesen Erholungsprozeß auch Sonnenlicht erforderlich war. Diese Entdeckung machte fünf Jahre später der holländische Arzt Jan Ingenhousz.

Angeregte Elektronen

Träger der Energie, die das Leben speist, sind die Elektronen der Moleküle, die sich in lebenden Zellen finden. Das Licht kommt von der Sonne in kleinen Energiepaketen, sogenannten *Photonen*, die die Farben von Rot bis Violett aufweisen. Ihre Mischung ergibt das vertraute weiße Sonnenlicht. Jedes Photon besitzt beträchtliche Energie, deren Betrag von der Farbe abhängt – am höchsten in den violetten Photonen, am niedrigsten in den roten. Wenn ein Photon auf ein Molekül trifft, verschmilzt es mit einem der Elektronen des betreffenden Moleküls und übergibt ihm seine Energie. Manchmal veranlaßt die erworbene Energie das Elektron, das Molekül zu verlassen, welches damit zum Ion wird. In anderen Fällen bewirkt sie über eine chemische Reaktion eine Neuordnung der Elektronen.

In der Photosynthese wird die Energie der Photonen eingefangen und dazu verwendet, Elektronen aus dem Wasser von einem niedrigeren auf ein höheres Energieniveau zu bringen (Abb. 3.1). Diese energiereichen Elektronen, die vorübergehend in besonderen Molekülen gespeichert werden, dienen letztlich zur Herstellung von Zukker. Bei diesem Prozeß setzen die Elektronen ihre Energie allmählich frei, bis sie wieder zum Wasser, ihrem Ausgangspunkt, zurückkehren. Die Chloroplasten, in denen die Photosynthese stattfindet, sind mikroskopisch kleine Bläschen mit einer doppelten Hüllmembran, gefüllt mit Stapeln abgeplatteter Vesikel (Abb. 3.2). Auch die Vesikel besitzen Membranen – Membranen, die von größter Wichtigkeit für die Photosynthese sind. Im Chloroplast gibt es einen inneren Raum, der sich im Vesikel befindet, und einen äußeren Raum, die Matrix, die zwischen den Vesikeln und der inneren Hüllmembran des Chloroplasten liegt. Sowohl die Vesikelmembran als auch die innere Chloroplastenmembran sind weitgehend undurchlässig, aber sie haben Kanäle für einige Ionen und andere Substanzen. Die äußere

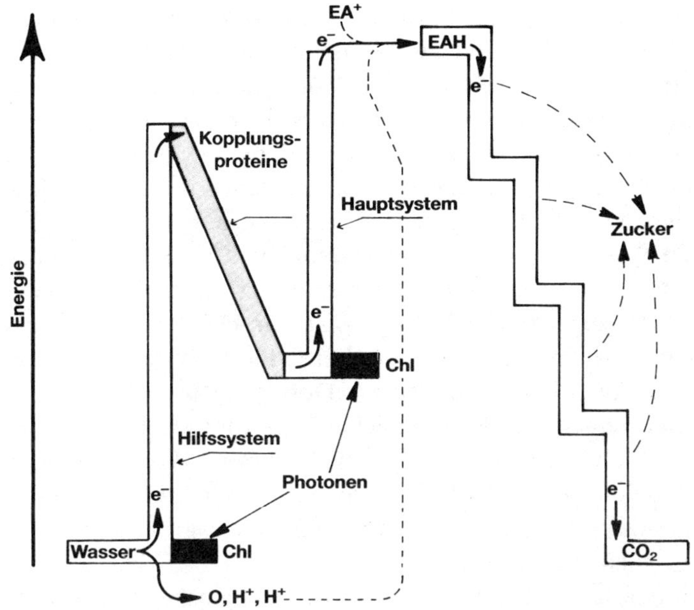

Abbildung 3.1: Allgemeines Schema der Photosynthese. Elektronen (e^-) aus dem Wasser steigen durch das Hilfssystem zum Hauptsystem und von dort zum Elektronenakzeptor EA^+. Die Energie für diesen Prozeß stammt aus den Sonnenphotonen, die auf die Chlorophyllmoleküle (Chl) auftreffen. Die beiden Systeme sind durch Kopplungsproteine verbunden. Wenn die Elektronen aus dem Wasser entweichen, werden Sauerstoff (O) und Wasserstoffionen (H^+) freigesetzt. Einige von ihnen dienen zur Herstellung von EAH, dem hydrierten Elektronenakzeptor. Anschließend verlieren die Elektronen in einer Reihe von Reaktionsschritten an Energie, binden sich an Kohlendioxid (CO_2) und tragen zur Entstehung eines Zuckers bei.

Membranhülle des Chloroplasten, die für viele Substanzen durchlässig ist, spielt in der Photosynthese fast keine Rolle.

Der Photosyntheseapparat besteht aus Proteinen, die mit den Vesikelmembranen verbunden sind. Moleküle des *Chlorophylls* fangen die roten Photonen des Sonnenlichts ein, während sie alle anderen Farben durchlassen und deshalb grün erscheinen. Auch einige gelbliche Substanzen, die mit dem Vitamin A verwandt sind, finden in der Photosynthese Verwendung. Da sie in Karotten sehr häufig vorkommen, bezeichnet man sie als *Karotinoide*. Bakterien, die zur Photosynthese fähig sind, verwenden andere lichtabsorbierende Substanzen, die ebenfalls mit Membranen verbunden sind.

Jedes lichtabsorbierende Molekül ist mit bestimmten Proteinen zusammengeschlossen. Diese bilden die Struktur, die die eingefangene

Energie nutzt. Ohne die Proteine würden die lichtabsorbierenden Moleküle die Photonen zwar aufnehmen, aber ihre Energie in Wärme umwandeln, so daß keine Photosynthese stattfinden könnte. In jeder Struktur sind die Proteinmoleküle in einer *Elektronentransportkette* aufgereiht, einer Art Leiter, auf der die Elektronen emporklettern, wenn sie von den Photonen Energie beziehen (vgl. Abb. 3.1). Jede Leiter hat an einem Ende ein Chlorophyllmolekül. Chloroplasten haben zwei miteinander verbundene Leitern, eine niedrigere und eine höhere. Die Elektronen erklettern zunächst die niedrige Leiter, das sogenannte *Photosystem II*, anschließend, nachdem sie zusätzliche Energie von einem weiteren Photon erhalten haben, die zweite Leiter, das *Photosystem I*. Dort erreichen sie das höchste Energieniveau. Diese energiereichen Elektronen werden vorübergehend in Molekülen gespeichert, die *Elektronenakzeptoren* heißen – positiv geladene Moleküle, die wir hier durch EA^+ symbolisieren. Jeder Akzeptor verwandelt sich nach Erhalt zweier Elektronen (die negativ geladen sind) in EA^-.

Um den folgenden Abschnitt in der Ereigniskette zu verstehen, müssen wir noch einmal den ersten Schritt betrachten, die Gewinnung der Elektronen aus dem Wasser (Abb. 3.3 und 3.4 : L). Der Entzug der Elektronen führt zur Aufspaltung der Wassermoleküle in Sauerstoff und Wasserstoffionen (H^+). Es bleiben also drei Produkte übrig: Die Elektronen finden ihren Platz in EA^-, während der Sauerstoff als Gas in die Chloroplastenmatrix abgegeben wird; verbleiben die Wasserstoffionen, die zwei wichtige Aufgaben erfüllen. Einige verbinden sich mit EA^- und verwandeln es in das neutrale EAH. Es handelt sich um ein sehr energiereiches Molekül, den *hydrierten Elektronenakzeptor*, der einen Teil der von den Sonnenphotonen stammenden Energie in Form von chemischer Energie speichert. Andere Wasserstoffionen werden mit Hilfe der Energie, die die Elektronentransportketten liefern, in den Raum innerhalb der gestapelten Vesikel gepumpt (vgl. Abb. 3.7). Ihre Akkumulation führt zu einem hohen Wasserstoffionendruck, weil sie die Vesikelmembran nur in spärlich verteilten Kanälen durchqueren können, die mit speziellen Enzymen verknüpft sind. Wenn die H^+-Ionen unter hohem Druck durch diese Kanäle ausfließen, veranlassen sie die Enzyme, das Energiereservoir ATP zu produzieren – eine zweite Möglichkeit, die Energie des Sonnenlichtes zu speichern. An diesem Prozeß ist die Vesikelmembran wesentlich beteiligt, indem sie die Wasserstoffionen und den Sauerstoff voneinander scheidet – also die Produkte, die bei

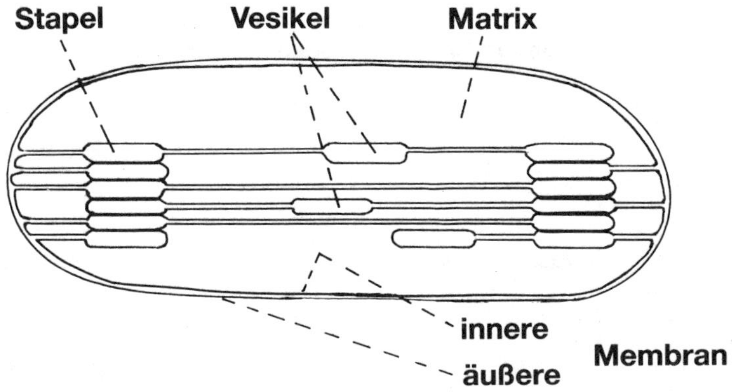

Abbildung 3.2: Querschnitt durch einen Chloroplasten mit seinen Membranen sowie den Kompartimenten, die sie abteilen.

der Zerlegung des Wassers durch das Hilfssystem gewonnen wurden. Würden diese Produkte nicht separiert, verbänden sie sich wieder und erzeugten Wärme, für die Zellen gewöhnlich wenig Verwendung haben. (Eine Ausnahme werden wir unten kennenlernen.)

Die Verwendung einer einzigen Leiter

Primitive zur Photosynthese befähigte Organismen besitzen nur die obere Leiter, das Photosystem I; sie können keine Elektronen aus dem Wasser beziehen. Statt dessen nehmen sie sie aus Molekülen, die nur in speziellen Umgebungen zu finden sind – etwa bestimmten Schwefelderivaten –, und verwandeln mit ihrer Hilfe EA und EAH. Die untere Leiter, das Hilfssystem, dient zur Elektronengewinnung aus Wasser. Die außerordentliche Verbreitung des Wassers erklärt die Entstehung des Hilfssystems im Zuge der Evolution sowie die Tatsache, daß fast alle Organismen, die zur Photosynthese fähig sind, das Zwei-Leiter-System übernommen haben.

Das Doppelsystem ist natürlich komplexer als ein System mit nur einer einzigen Leiter, aber es arbeitet sehr gleichmäßig, weil der Elektronenfluß von der unteren zur oberen Leiter einwandfrei reguliert ist. Für die Regulierung sind Proteine verantwortlich, die die beiden Leitern koppeln (Abb. 3.1). Diese Regulierung kann durch bestimmte *Herbizide* aufgehoben werden. Sie binden sich an die Kopplungsproteine und blockieren den Elektronenfluß von einem System zum anderen. Dadurch wird die Photosynthese verhindert und die Pflanze getötet.

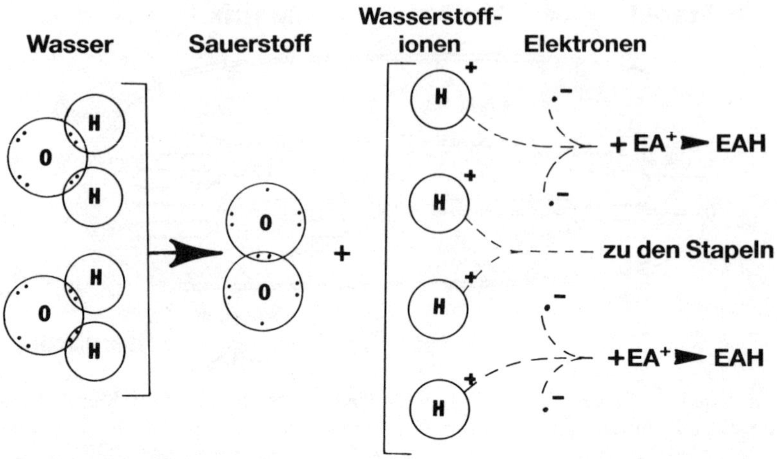

Abbildung 3.3: Zerlegung des Wassers während der Photosynthese. Zwei Wassermoleküle ergeben ein Molekül Sauerstoffgas, vier Elektronen und vier Wasserstoffionen. Die vier Elektronen und zwei der Wasserstoffionen dienen zur Hydrierung zweier Elektronenakzeptoren (EA^+), die damit zu EAH werden. Die verbleibenden beiden Wasserstoffionen werden in den Stapeln gesammelt.

Die Elektronen verlieren Energie

ATP und der in den Chloroplasten produzierte hydrierte Elektronenakzeptor EAH dienen zur Herstellung des Zuckers, in dem die Energie des Sonnenlichtes dauerhaft gespeichert wird (Abb. 3.4 : D). Der Zucker, der durch einen sehr originellen und außerordentlich leistungsfähigen Mechanismus produziert wird, besteht aus einer Kette von *sechs* Atomgruppen, die sich alle unter Verwendung von Energie aus Kohlendioxid und Wasser zusammensetzen lassen. Der Zucker entsteht jedoch nicht durch Bildung von sechs einzelnen Gruppen und ihrer Verbindung. Vielmehr wird eine Atomgruppe zu einem bereits vorhandenen Zucker aus *fünf* solchen Gruppen hinzugefügt. Dieser Vorgang ist, so einfach er im Prinzip erscheint, in der Praxis doch recht kompliziert; er benötigt fünfzehn Schritte und für jeden Schritt ein spezielles Enzym. Die Energie liefern die in der Photosynthese produzierten hydrierten Elektronenakzeptoren (EAH) und das ATP. Entscheidend ist der Übertritt energiereicher Elektronen vom EAH zu Molekülen des Kohlendioxids (CO_2) in der Atmosphäre – die Voraussetzung dafür, daß sich diese Kohlendioxidmoleküle mit dem Zucker verbinden können. So wird also der aus sechs Gruppen bestehende Zucker (Hexose) hergestellt, während sich gleichzeitig das Ausgangsprodukt, der Fünf-Gruppen-Zucker (Pentose), zurückbildet.

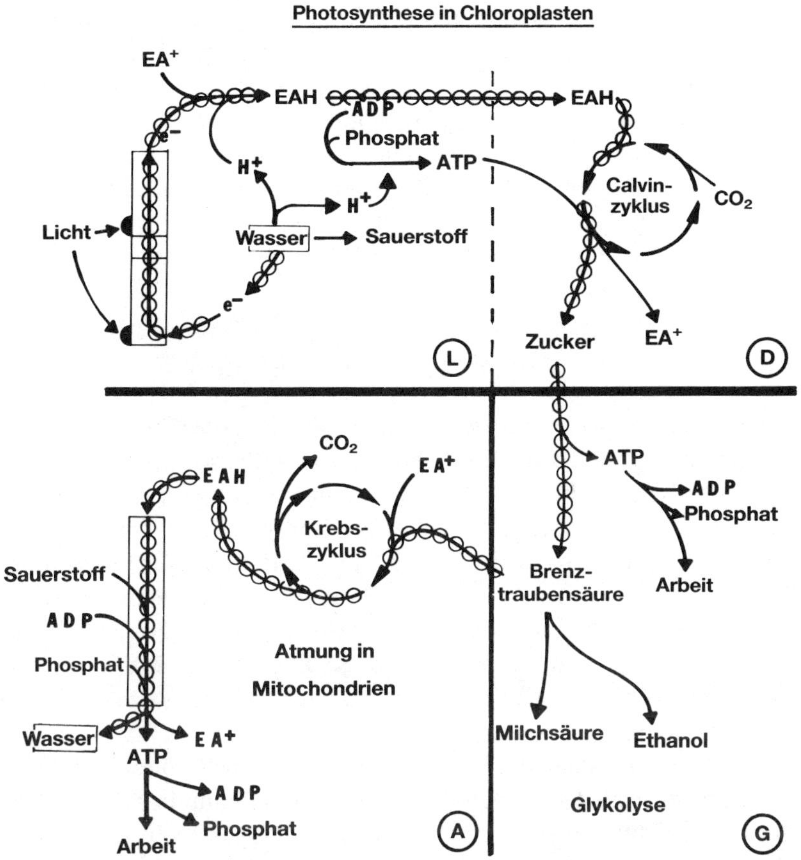

Abbildung 3.4: Energie-Flußdiagramm. Energie wird aus dem Sonnenlicht abgezogen und den verschiedenen für den Organismus erforderlichen Arbeitsformen zugeführt – der mechanischen in den Muskeln, der chemischen zum Aufbau von Zellbestandteilen, der elektrischen zur Funktion des Gehirns und anderer Organe. Die Stoffe, die für jeden Schritt erforderlich sind, sind von Rechtecken umgeben, die Produkte von Kreisen. Dieses Flußdiagramm spiegelt die Entwicklung des Lebens auf der Erde wider. Sie beginnt mit den lichtabhängigen Ereignissen der Photosynthese (L), bei denen Sauerstoff entsteht und dann ein Zucker im Dunkeln gebildet wird (D); sie setzt sich mit der Verwendung von Zucker unter Ausschluß von Sauerstoff in der Glykolyse fort (G) und endet mit der Verwendung des Glykolyseprodukts – der Brenztraubensäure – in der Atmung (A), zu der auch Sauerstoff erforderlich ist. Den Weg der Elektronen vom Wasser in L zum Wasser in A ist durch die Reihen kleiner Kreise angegeben.

Die Entstehung von Hexose ist ein *zyklischer Prozeß* (also ein sich wiederholender Prozeß), weil das Ausgangsprodukt, Pentose, nach Erweiterung und Veränderung Hexose und wiederum Pentose ergibt. Deshalb kann der Prozeß sich fortsetzen, solange Energie und CO_2 vorhanden sind. Diese Reaktionsfolge bezeichnet man nach ihrem Entdecker Melvin Calvin als *Calvinzyklus*. Wie wir noch sehen werden, machen Zellen zur Herstellung vieler Bestandteile ausführlichen Gebrauch von Zyklen, die nach den gleichen allgemeinen Prinzipien arbeiten. Aufgrund ihrer Wirtschaftlichkeit hat die Evolution sie in vielen Bereichen übernommen. Das Ausgangsprodukt bleibt erhalten und ist nur in kleinen Mengen erforderlich, während Abfallstoffe überhaupt nicht anfallen.

Die Verteilung der Zuckerenergie

Der in der Photosynthese erzeugte Zucker ist für die lebende Welt die wichtigste unmittelbare Energiequelle. In Pflanzen wird der in den Blättern hergestellte Zucker auf den ganzen Organismus verteilt: Teilweise verwenden ihn die Zellen zur Energiegewinnung (siehe unten), ein anderer Teil wird in eine Vielzahl dauerhafter Pflanzenbestandteile umgewandelt – etwa in Holz oder Nahrungsreserven wie Stärke (beide sind komplexe Zuckerderivate). Wenn Tiere Pflanzenprodukte verzehren, zerlegen sie diese Derivate in ihrem Verdauungstrakt in Zucker. Diese Zucker gelangen in den Blutkreislauf und von dort in alle Körperzellen.

Allen pflanzlichen und tierischen Zellen sowie allen Bakterien dient Zucker als Energiequelle. Sie verwandeln ihn in ATP, um die Energie leichter verfügbar zu haben. Auch das geschieht schrittweise in einem Prozeß, der weitgehend die Umkehrung des Vorgangs ist, in dem der Zucker aus der Energie des Sonnenlichts, Wasser und Kohlendioxid gebildet wurde. Mit Hilfe von Sauerstoff wird der Zucker in Kohlendioxid und Wasser umgeformt, während gleichzeitig ATP entsteht. Die Endprodukte dieser Umwandlung sind die gleichen, die man beim Verbrennen des Zuckers erhalten würde. Der Unterschied liegt nur darin, daß in den Zellen die chemische Energie des Zuckers erhalten bleibt, während beim Verbrennen die Energie des Zuckers als Wärme vergeudet würde.

Die Herstellung von ATP mit Hilfe von Zucker vollzieht sich in zwei größeren Abschnitten. Der erste, die *Glykolyse* (das heißt die Aufspaltung des Zuckers), kommt ohne Sauerstoff aus (Abb. 3.4 : G) und gewinnt nur einen kleinen Bruchteil der Zuckerenergie. Der zweite Abschnitt, die *Atmung* (Abb. 3.4 : A), braucht Sauerstoff und entzieht dem Zucker alle noch verfügbare Energie.

Die Glykolyse

Die Glykolyse ist ein Prozeß, der sich in allen Zellen vollzieht. In Zellen, die unter Luftabschluß leben, ist er die einzige Verwendungsweise von Zuckern. Dies gilt beispielsweise für bestimmte Bakterien in Sumpfgewässern, denen der Sauerstoff von anderen Organismen entzogen wird. Glykolyse ist auch der Prozeß, der Hefepilze in den Fässern der Brauereien ohne Luft und Sauerstoff gedeihen läßt. Im Zytoplasma eukaryontischer Zellen findet die Glykolyse statt, obwohl Sauerstoff vorhanden ist. Hauptaufgabe der Glykolyse ist die Aufspaltung der Hexose in zwei Hälften, wobei etwas Energie freigesetzt und in ATP umgewandelt wird. Das Endprodukt der Glykolyse ist *Brenztraubensäure*, die immer noch einen Großteil der Energie des Zuckers enthält und von zentraler Bedeutung für die Energienutzung in Zellen ist.

In den Lebensprozessen, die unter Sauerstoffabschluß stattfinden, erfährt die Brenztraubensäure nur begrenzte Veränderungen; ein Endprodukt ist *Äthylalkohol* (Ethanol). Beispielsweise produzieren Hefepilze unter sauerstofffreien Bedingungen große Mengen von Alkohol, der zur Herstellung von reinem Alkohol oder alkoholischen Getränken destilliert wird. Ein anderes Produkt, das aus Brenztraubensäure unter Sauerstoffabschluß entsteht, ist *Milchsäure*, die sich bei intensiver körperlicher Betätigung in den Muskeln ansammelt, wenn die Sauerstoffversorgung mit dem Zuckerverbrauch nicht Schritt hält. Die Folge sind Muskelkrämpfe.

Ein neuer Zyklus

In den Lebensprozessen, die in Anwesenheit von Sauerstoff stattfinden, wird die Energie, die in der Brenztraubensäure noch vorhanden ist, vollständig gewonnen. Die Säure gelangt in einen enzymatischen Zyklus (Abb. 3.4 : A) – es war der erste Zyklus dieser Art, den man entdeckt hat. Der *Krebszyklus* – benannt nach seinem Entdecker Hans Krebs, der ihn 1937 erstmals beschrieben hat – und andere mit ihm in Zusammenhang stehende Reaktionen finden in den Mitochondrien statt (vgl. Kap. 1 sowie Abb. 3.5 und 3.6). Wie bei den Chloroplasten lassen sich bei den Mitochondrien zwei Haupträume unterscheiden: einer innerhalb der Falten der inneren Membran, die den Vesikeln der Chloroplasten entsprechen, der andere in der Matrix zwischen den Falten und der äußeren Membran. Die neun enzy-

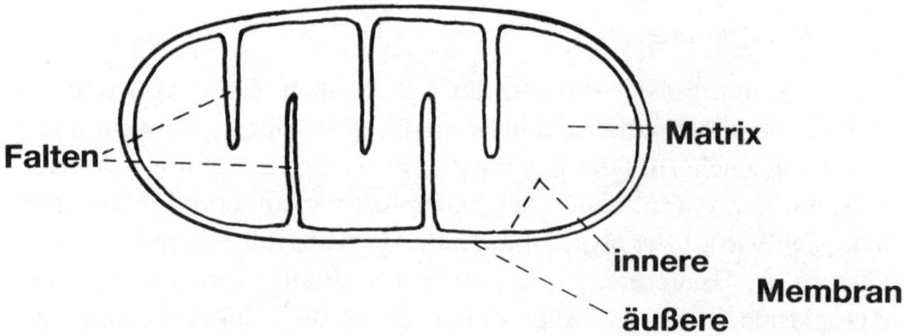

Abbildung 3.5: Querschnitt durch ein Mitochondrium, auf dem die Membranen, die Falten der inneren Membran und die verschiedenen Räume zu erkennen sind.

matischen Schritte des Krebszyklus finden in der Matrix statt und erzeugen in einer Reihenfolge, die der Photosynthese ähnelt, ATP und EAH aus Zucker. Die hydrierten Elektronenakzeptoren geben ihre Elektronen an eine Elektronentransportkette ab, die wiederum große Ähnlichkeit mit der der Chloroplasten hat (Abb. 3.7), nur daß die Elektronen in den Mitochondrien ihre Energie *abgeben* (die sie aus der Zerlegung des Zuckers erzeugen), während sie in den Chloroplasten von den absorbierten Photonen Energie *gewinnen*. Mit der von den Elektronen in den Mitochondrien abgegebenen Energie werden Wasserstoffionen in den Raum zwischen den Membranfalten gepumpt. Wie in den Chloroplasten wird der Druck der Ionenakkumulation anschließend zur ATP-Produktion verwendet. Nachdem die Elektronen ihre Energie abgegeben haben, kehren sie wieder zum Sauerstoff zurück, der in der wäßrigen Flüssigkeit der Matrix gelöst ist. Wenn die Sauerstoffatome Elektronen empfangen, verbinden sie sich mit einigen der akkumulierten Wasserstoffionen zu Wasser. Insgesamt ist der Prozeß die Umkehrung der Photosynthese.

Das im Krebszyklus hergestellte ATP sammelt sich in der Matrix des Mitochondriums und wird dann, wie verschiedene andere Substanzen des Krebszyklus, durch Kanäle, die die innere Mitochondriummembran durchqueren, in das umgebende Zytoplasma befördert. Ihr Transport wird durch das Ungleichgewicht von Wasserstoffionen zu beiden Seiten der Membran unterstützt. Der intensive Stofftransport durch die Kanäle wird dergestalt koordiniert, daß es zwischen den beiden Seiten der Membran zu keinem Ungleichgewicht von Substanzen oder elektrischen Ladungen kommt.

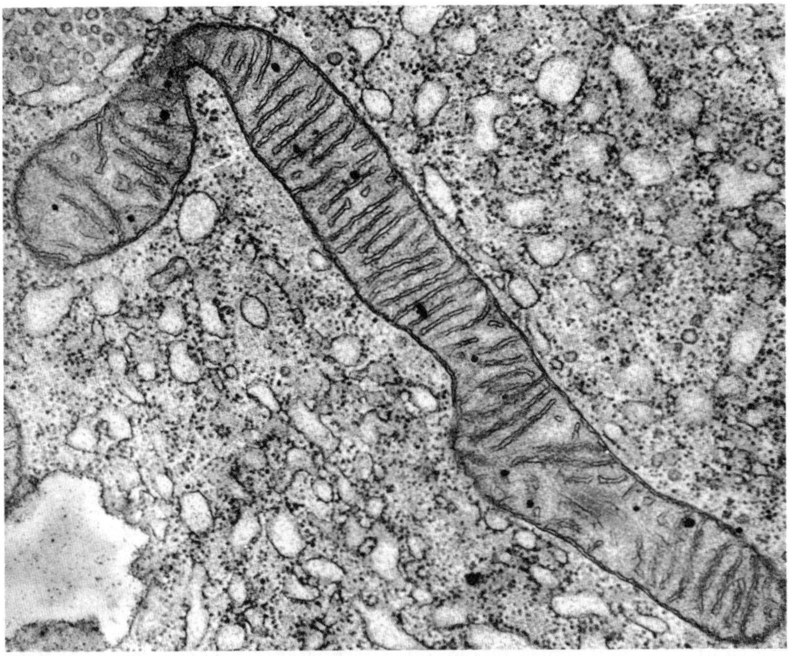

Abbildung 3.6: Präparat eines Mitochondriums aus der Zelle einer menschlichen Bauchspeicheldrüse. (Mit freundlicher Genehmigung von G. Palade.)

Die Atmung als Umkehrung der Photosynthese

Die Beziehung zwischen Photosynthese und Atmung zeigt sich in vielen Einzelheiten (Abb. 3.7). Beispielsweise sind im Mitochondrium und im Chloroplasten einige Proteine der Elektronentransportkette identisch. In beiden Organellen sind diese Ketten mit Membranen verbunden, die äquivalent sind: Die Falten der Mitochondriummembran entsprechen den Vesikeln der Chloroplasten. Wasserstoffionen sammeln sich im Innenraum der Mitochondriumfalten, wie sie in den Vesikeln der Chloroplasten akkumulieren. In beiden Partikeln wechselwirken die Wasserstoffionen beim Verlassen des Innenraums mit den ATP-produzierenden Enzymen, und in beiden Fällen sind die Enzyme auf der der Matrix zugewandten Membranseite lokalisiert. Der entscheidende Unterschied ist die Richtung des Elektronenflusses. Bei der Photosynthese fließen Elektronen, die durch die Energie von Sonnenphotonen angeregt werden, vom Wasser zu den Elektronenakzeptoren am Ende der Kette, an die sie ihre Energie abgeben. In Mitochondrien fließen energiereiche Elektronen, die aus den hy-

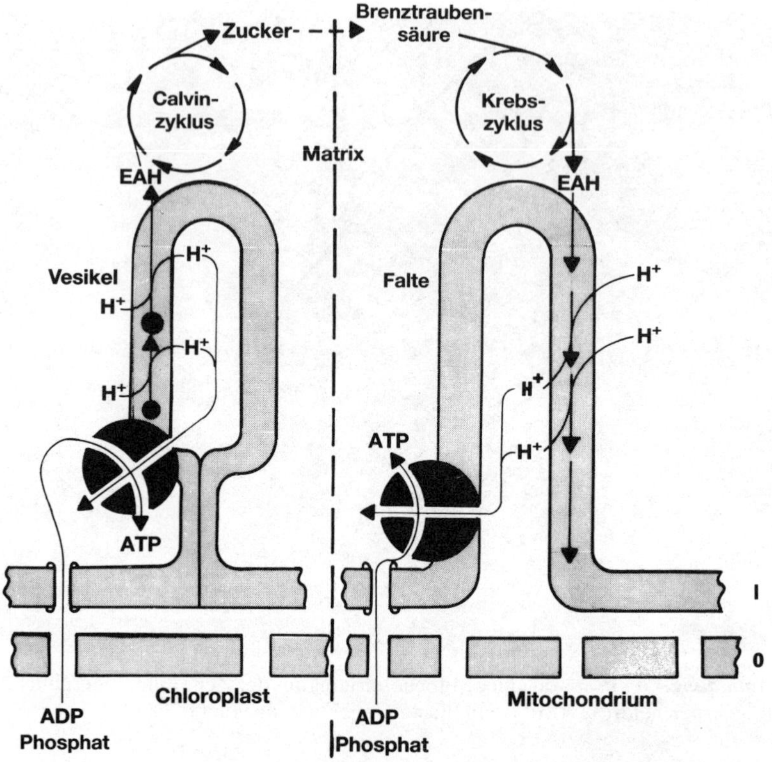

Abbildung 3.7: Chloroplasten und Mitochondrien sind sich ähnlich. Die Stapel der Chloroplasten entsprechen den Falten der Mitochondrien; beide umschließen Räume, in denen H^+-Ionen akkumuliert werden. Der Ausfluß dieser Ionen durch das ATP-produzierende Enzym bewirkt die Umwandlung von ADP plus Phosphat in ATP. Die chemischen Kreisprozesse finden in beiden Fällen in der Matrix statt. Der Elektronenfluß verläuft jedoch in entgegengesetzten Richtungen: zu EA^+ in den Chloroplasten, so daß EAH entsteht, und in den Mitochondrien von EAH, so daß ATP entsteht und sich EA^+ regeneriert.

drierten Elektronenakzeptoren stammen, die Leiter hinab zum Sauerstoff, wobei dieser in Wasser verwandelt und die freiwerdende Energie in Form von ATP gespeichert wird. Die Möglichkeit einer Umkehrung des Elektronenflusses ist nicht überraschend, weil jeder Schritt des Elektronentransportes in beide Richtungen gehen kann, je nachdem, welche Seite über mehr Energie verfügt.

Die Nutzung eines Zuckers (etwa der Glukose) in Anwesenheit von Sauerstoff ist außerordentlich gründlich. Es entsteht achtzehnmal mehr ATP als bei der Glykolyse allein in Abwesenheit von Sauerstoff. Der Gesamtertrag unter Mitwirkung von Sauerstoff entspricht fast 40 Prozent der im Zucker vorhandenen chemischen Energie. Das ist eine Energienutzung, die von technischen Geräten nicht erreicht wird. Diese Leistungsfähigkeit der Atmung erklärt, warum sich in der Evolution Lebensformen, die ohne Sauerstoff existieren können, zu sauerstoffverwendenden fortentwickelt haben. Dies konnte jedoch erst geschehen, nachdem die Photosynthese so viel Sauerstoff produziert hatte, daß eine ausreichende Konzentration in der Atmosphäre vorhanden war.

Kopplung und Entkopplung

Sowohl in Chloroplasten wie in Mitochondrien liefert der Elektronenfluß durch die Elektronentransportkette die Energie zur Akkumulation von Wasserstoffionen in dem Raum, der von den Membranen der Vesikel beziehungsweise der Falten eingeschlossen wird (Abb. 3.7). Der Elektronentransport und die Akkumulation von Wasserstoffionen sind gekoppelt. Wenn die Akkumulation von Wasserstoffionen nicht möglich ist, wird kein ATP gebildet, selbst wenn alle erforderlichen Enzyme vorhanden und einsatzfähig sind. So stellen zerrissene Mitochondrien kein ATP her. Auch durch Gifte (etwa 2,4-Dinitrophenol), die die innere Membran frei durchlässig für Wasserstoffionen machen, wird die ATP-Synthese blockiert und die Energie der Elektronen in Wärme verwandelt.

Die Umsetzung chemischer Energie in Wärme durch Entkopplung ist unter den meisten Bedingungen nutzlos. Eine Ausnahme ist der Winterschlaf mancher Tiere, bei dem in einem besonderen Fettgewebe, dem braunen Fett, Wärme erzeugt wird. Im Winter benutzen diese Tiere ihre Muskeln nicht, die normalerweise Wärme aus ATP produzieren. Vielmehr entsteht jetzt Wärme auf direktem Weg in spezialisierten Mitochondrien, wobei ein Protein mit den Eigenschaften einer Ionophore in die Faltenmembranen eindringt und diese für Wasserstoffionen durchlässig macht. Auf ganz ähnliche Weise halten Kaltwasserfische ihr Gehirn warm und aktiv (vgl. Kap. 16).

Was sind Chloroplasten und Mitochondrien?

Die Eigenschaften von Chloroplasten und Mitochondrien unterscheiden sich so grundlegend von denen anderer Zellbestandteile, daß sich die Frage stellt, was sie eigentlich sind. Die Antwort ist überraschend: Obwohl für eukaryontische Zellen unentbehrlich, sind sie doch ziemlich unabhängig von ihnen. Ihre Form und Zusammensetzung lassen stark vermuten, daß sie mit den Bakterien verwandt sind. Vermutlich stammen sie von bakterienähnlichen Zellen ab, die irgendwann im Verlauf der Evolution eine primitive eukaryontische Zelle kolonisiert haben. Diese Organellen sind Zellen innerhalb von Zellen: Jede ist von einer eigenen Membran umhüllt; jede enthält – ähnlich wie ein Bakterium – ein kreisförmiges DNA-Molekül, das sich unabhängig von der DNA des Zellkerns repliziert; und jede enthält den gesamten Mechanismus zur Proteinsynthese.

Die meisten Proteine der Mitochondrien oder Chloroplasten werden jedoch im Zytoplasma der Zellen nach Instruktionen der Gene im Zellkern hergestellt, von wo aus sie in die Organellen wandern. Als Adressen besitzen diese Proteine spezielle Aminosäuresequenzen, die an Rezeptoren auf den Membranen der Chloroplasten oder Mitochondrien binden. Die Rezeptoren sind die Tore, durch die die zytoplasmatischen Proteine in die Organellen gelangen. Die Adresse gibt nicht nur den Bestimmungsort des Proteins an, sondern legt auch fest, ob es in die Matrix gelangen oder mit der Membran verknüpft bleiben soll. Nur wenige Proteine werden in diesen kleinen Organellen auf Anweisung ihrer eigenen Gene hergestellt; und auch diese Gene unterstehen der Kontrolle der Kerngene. Also sind diese Organellen zwar unabhängigen Ursprungs, ordnen sich aber den Bedürfnissen der Zellen unter, in denen sie leben.

Der eingefangene Chloroplast

Die eukaryontischen Zellen müssen sich bereits in einer sehr frühen Evolutionsphase mit den prokaryontischen Vorläufern der Chloroplasten und Mitochondrien zusammengetan haben (Abb. 3.8). Tatsächlich weisen die Gene der Chloroplasten und Mitochondrien in allen eukaryontischen Zellen große Ähnlichkeit auf. Die Chloroplasten heutiger Pflanzen sind alle Nachkommen der ersten lebenden Zellen, die bereits existierten, bevor es Sauerstoff in der Atmosphäre gab. Damals wurden mit Hilfe der Energie des Sonnenlichts auf der Erde vorhandene Moleküle in primitiver Weise verändert (vgl. Kap. 20). Dergestalt hergestellte zuckerähnliche Substanzen konnten von den ersten Prokaryonten zwar verwendet werden, waren aber außerordentlich selten. Die Entwicklung des Lebens erhielt

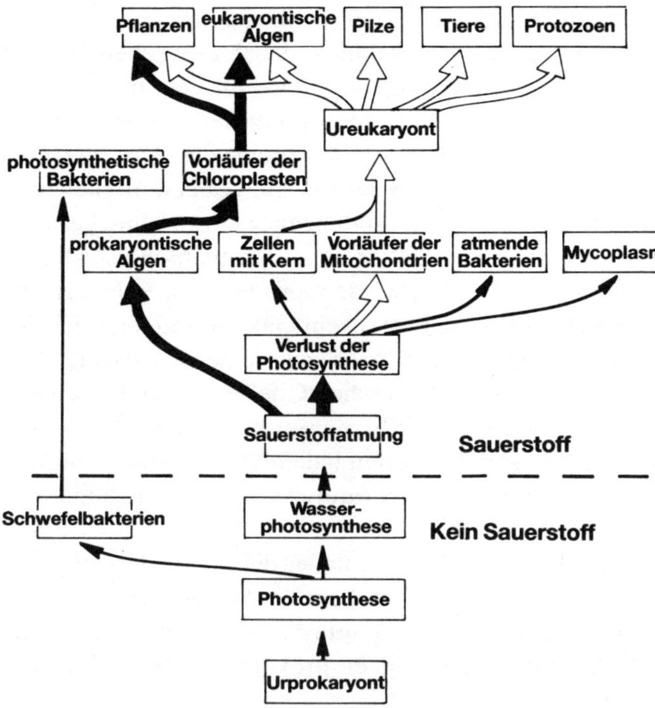

Abbildung 3.8: Der Ursprung der Chloroplasten und Mitochondrien. Die Entwicklung der Atmung ist durch weiße Pfeile angegeben, die der Photosynthese durch schwarze Pfeile.

durch die Photosynthese großen Auftrieb, ermöglichte diese doch den Zellen eine sehr viel leistungsfähigere Zuckerproduktion.

Wir können auf die Eigenschaften der ersten photosynthetischen Zellen schließen, indem wir die prokaryontischen Zellen untersuchen, die heute zur Photosynthese fähig sind. Diese Zellen gehören zwei großen Gruppen an: den einzelligen (prokaryontischen) Algen und den photosynthetischen Bakterien. Die einzelligen Algen führen die Photosythese mehr oder weniger wie Pflanzenzellen aus – sie verwenden Chlorophyll, und ihr Photosynthesesystem ist in den Falten der Zellmembran enthalten, die den Vesikeln der Chloroplasten entsprechen. Ganz anders sind die heutigen photosynthetischen Bakterien beschaffen. Dabei ist der verblüffendste Unterschied, daß sie nicht nur keinen Sauerstoff herstellen, sondern sogar von ihm getötet werden. Sie besitzen das Photosystem I, d. h. die obere Leiter des Chloroplasten, aber kein Photosystem II (untere Leiter), so daß sie kein Wasser aufspalten können. Statt dessen holen sie sich die erforderlichen Elektronen von Molekülen, die ähnliche chemische Eigenschaften wie Wasser haben, beispielsweise von verschiedenen Schwefelderivaten. So verwenden einige Bakterien Schwefelwasserstoff (H_2S), wo sich anstelle des Sauerstoffatoms des Wassers (H_2O) ein Schwefelatom befindet. Da Schwefel mit Sauerstoff chemisch verwandt ist und ihn in vielen Verbindungen ersetzen kann, besitzen H_2S und H_2O ähnliche Eigenschaften. Photosynthetische Bakterien, die H_2S anstelle von Wasser verwenden, produzieren Schwefel und keinen Sauerstoff. Nun ist Schwefel kein Gas und sammelt sich deshalb in den Zellen. Einige dieser Bakterien kommen in extremen Umwelten vor, etwa in heißen vulkanischen Quellen, deren Blasen aus großen Tiefen aufsteigen. Dort gibt es zwar keinen Sauerstoff, aber viel H_2S. Die betreffenden Bakterien haben überdies die Fähigkeit entwickelt, bei sehr hohen Temperaturen zu leben, die andere Zellen nicht überstehen würden.

Angesichts der vielen Unterschiede, die die modernen photosynthetischen Bakterien aufweisen, liegt der Schluß nahe, daß die heutigen Chloroplasten von einem photosynthetischen Prokaryonten abstammen, der mit den einzelligen prokaryontischen Algen unserer Zeit verwandt ist.

Vorläufer der Mitochondrien

Die Mitochondrien heutiger eukaryontischer Zellen stammen von einem anderen Typus der primitiven prokaryontischen Zelle ab – einem atmenden Prokaryonten. In der Evolution des Lebens sind diese Organismen wahrscheinlich entstanden, nachdem sich eine ausreichende Zahl von photosynthetischen Zellen entwickelt hatte. Die Umwelt stellte also Sauerstoff und Zucker beziehungsweise zuckerähnliche Verbindungen zur Verfügung. Zellen, die diese fertigen Produkte verwenden konnten, brauchten die Photosynthese nicht mehr und konnten deshalb auch auf die entsprechende Fähigkeit verzichten. Vielleicht bedeutete das sogar einen Vorteil, weil sich die Herstellung überflüssiger Proteine als Belastung erweisen kann. Deshalb verwandelten sich die Photosynthesemechanismen nach und nach in Atmungsmechanismen. Die Veränderung erschloß den Zellen eine außerordentlich reichhaltige Nahrungsquelle, so daß sie sich in den meisten Umwelten rasch ausbreiten konnten.

Vereinte Anstrengungen

Da eukaryontische Zellen über ein Glykolysesystem verfügen, geht man von der Hypothese aus, daß ihre Vorläufer in einer Umwelt lebten, in der es zwar Zucker, aber kaum Sauerstoff gab. Diese ersten Eukaryonten dürften sich von prokaryontischen Zellen ernährt haben. Sie haben sie verschlungen und verdaut, ähnlich wie es Amöben (einzellige Eukaryonten) heute mit ihrer Nahrung tun. Eine solche Ernährungsmethode, deren Voraussetzung die Flexibilität der Zellmembran ist (vgl. Kap. 2), ist sehr wirkungsvoll und könnte eine Erklärung dafür sein, warum sich diese Zellen über die ganze Erde verbreitet haben.

Als sich in der Atmosphäre genügend Sauerstoff angesammelt hatte, erwies es sich für die eukaryontischen Urzellen als sehr vorteilhaft, sich des Sauerstoffs zu bedienen, um eine vollständigere Nutzung der Zuckerenergie zu erreichen. Diese Fähigkeit war leicht zu erwerben – die eukaryontische Zelle brauchte sich nur einen Prokaryonten einzuverleiben, der dazu bereits imstande war. Wir können nur vermuten, wie das geschehen ist. Vielleicht ist ein atmender Prokaryont als Nahrung verschlungen worden, hat durch Zufall überlebt, die eukaryontische Zelle kolonisiert und sich zum Mitochondrium entwickelt. Wahrscheinlich erfolgte die Übernahme eines atmenden Prokaryonten nur einmal oder ganz wenige Male in der Geschichte des Lebens, denn alle Mitochondrien, die heute in tierischen Zellen anzutreffen sind, scheinen von derselben Urzelle abzustammen. Sie haben gemeinsame Eigenschaften, deren auffälligste die besonderen Merkmale des genetischen Codes sind (vgl. Kap. 4). Die Mitochondrien der Pilze und Pflanzen könnten auf einen anderen Übernahmevorgang zurückgehen, weil sie sich in der allgemeinen Organisation der DNA etwas von der der tierischen Zellen unterscheiden, wenn sie auch ähnliche Gene haben.

Mitochondrien unterscheiden sich von den meisten heutigen Bakterien, was vermuten läßt, daß der prokaryontische Vorläufer der Mitochondrien ein Vorfahr der heutigen Prokaryonten war oder einer Linie angehörte, die keine wesentliche Entwicklung erlebt hat. Es gibt heute noch Bakterien, die mit einem solchen Vorläufer verwandt sein könnten – die *Archaebakterien*. Die Nachkommen der glücklichen eukaryontischen Zelle, die in der geschilderten Weise kolonisiert wurde, setzte sich allen anderen Zellarten gegenüber durch und wurde zur Stammutter aller heutigen Eukaryonten. Ihr Erfolg ist auf den Umstand zurückzuführen, daß sie die verfügbare Nahrungsenergie bei der Atmung wesentlich gründlicher zu nutzen vermochte.

Die Pflanzen haben die photosynthetischen Prokaryonten, die zu ihren Chloroplasten wurden, wahrscheinlich auf ähnliche Weise erworben. Man kann davon ausgehen, daß der Erwerb des Chloroplasten auf den des Mitochondriums folgte, weil alle eukaryontischen Zellen Mitochondrien haben, jedoch nur einige dieser Zellen auch Chloroplasten (Abb. 3.8). Die bemerkenswerte Ähnlichkeit heutiger Chloroplasten mit einigen heutigen Prokaryonten läßt vermuten, daß der Prokaryont zu dem Zeitpunkt, da er als Chloroplast eingefangen wurde, bereits vollständig entwickelt war und sich seither nicht wesentlich verändert hat. Doch das ist, wie gesagt, nur eine Vermutung.

Zusammen sind sie stark

Die Hypothese, daß ein oder zwei prokaryontische Zellen einer eukaryontischen Zelle einverleibt wurden, mag ziemlich weit hergeholt erscheinen. Daß die Annahme andererseits nicht so ganz von der Hand zu weisen ist, zeigt der häufige Fall, daß ein Prokaryont oder auch ein Eukaryont Gast einer eukaryontischen Zelle wird, und zwar zum Nutzen beider – eine Situation, die man als *Symbiose* (das heißt Zusammenleben) bezeichnet. So enthalten beispielsweise Korallen, primitive Meerestiere, in ihrem Körper frei lebende photosynthetische Prokaryonten, die sie von Geburt an übernehmen. Der Zusammenschluß ist vorteilhaft, weil der Prokaryont die Koralle durch Photosynthese mit Kohlenhydraten und Sauerstoff versorgt, während die Koralle dem Prokaryonten andere Nährstoffe, eine zuträgliche Umwelt und Schutz bietet.

Eine andere Form des Zusammenschlusses zwischen einem Photosynthese-fähigen und einem Photosynthese-unfähigen Organismus ist von außerordentlicher Bedeutung für die biologische Welt: die Lebensgemeinschaft zwischen Hülsenfrüchtlern wie der Luzerne oder Bohne und Bodenbakterien, die den atmosphärischen Stickstoff in Nahrung verwandeln können – ein Vorgang, der als *Stickstoffbindung* bezeichnet wird. Der Zusammenschluß geht von den Bakterien aus, die von sich aus in die Pflanzenwurzeln eindringen. Die Pflanze reagiert dann mit der Bildung spezieller Wurzelknöllchen, in denen sich die Bakterien ansiedeln. Beide Seiten haben ihre Vorteile: Die Bakterien liefern der Pflanze die Stickstoffverbindungen, die sie für die Herstellung von Proteinen braucht, die Pflanze macht den Bakterien die Zucker verfügbar, die sie mittels der Photosynthese produziert. Dieser Zusammenschluß hat bedeutsame Folgen für die Landwirtschaft und Nahrungsproduktion.

Rücklagen für schlechte Zeiten

In der langen Geschichte des Lebens auf der Erde hat sich das Verhältnis zwischen dem Verbrauch von Kohlendioxid + Wasser und der Produktion von Sauerstoff + Zucker stets zugunsten des Produktionsvorganges verschoben. Nur ein Bruchteil der erzeugten Zucker wurde wieder in Kohlendioxid und Wasser zurückverwandelt. Ein großer Teil blieb in Form von Zucker und seinen Derivaten, etwa als Holz, in der Erde vergraben und wurde zu fast reinem Kohlenstoff (Kohle), während aus einer ungeheuren Zahl von Mikroorganismen, die im Meeresgrund verschlossen wurden, Erdöl entstand. Diesen vergrabenen Zuckern entsprach eine anteilige Menge an freiem Sauerstoff (mit dem sie andernfalls bei der Erzeugung von Kohlendioxid und Wasser reagiert hätten). Der freie Sauerstoff sammelte sich in der Atmosphäre und bildete eine dichte Schicht über der Erdoberfläche. Die Kohle, das Öl und der Sauerstoff waren gewissermaßen die Rücklagen, die sich die Natur für schlechte Zeiten angelegt hatte.

Die Entwicklung der Menschheit hat diese Situation grundlegend verändert. Die Menschen haben Holz, Kohle und Öl verbrannt. Dadurch haben sie große Mengen von Kohlendioxid und Wasser erzeugt und Sauerstoff in hohem Maße verbraucht. So kamen die schlechten Zeiten. Dieser Konsum ist nicht nur hektisch, sondern auch verschwenderisch; er verbraucht große Anteile der akkumulierten Energiereserven nicht zur Erzeugung von Lebewesen, sondern zur Wärmeproduktion. Man befürchtet, daß die Erzeugung von Kohlendioxid durch menschliche Aktivitäten seinen Verbrauch durch Pflanzen bei weitem übertreffen wird. Dann würde sich das Kohlendioxid in der Atmosphäre sammeln und einen »Treibhauseffekt« hervorrufen: Das Sonnenlicht könnte die Erde zwar weiter ungehindert erreichen, aber die Wärmeabstrahlung der Erde wäre reduziert. Infolgedessen käme es zu einer globalen Erwärmung der Erde, die Eiskappen an den Polen würden schmelzen und eine Umweltkatastrophe hervorrufen.

Wir wissen nicht genau, ob wir diesen Punkt des Ungleichgewichts schon erreicht haben. Der Kohlendioxidgehalt der Atmosphäre wird ständig auf dem Berg Mauna Loa (Hawaii) und in der Antarktis registriert. Auf dem Mauna Loa ist in den letzten zwanzig Jahren ein langsamer Anstieg beobachtet worden, der einen Anteil von ungefähr 20 Millionstel ausmacht (Abb. 3.9); die Zunahme in der Antarktis war geringer, zurückzuführen auf die bescheidenere industrielle Entwicklung der südlichen Hemisphäre. Die beobachtete Zunahme beträgt nur etwa die Hälfte dessen, was man angesichts des in die Atmosphäre abgegebenen Kohlendioxids erwarten würde. Die andere Hälfte löst sich in den Meeren auf. Die Zunahme entspricht nur einem kleinen Bruchteil des gesamten Kohlendioxids in der Atmosphäre (ungefähr 340 Millionstel), doch ihre Akkumulation läßt sich durchaus als bedrohliche Tendenz interpretieren.

Die Menge des jährlich freiwerdenden Kohlendioxids ist ungeheuer – ungefähr 20 Billionen Kilogramm. Es ist nicht sicher, was das für Folgen haben wird, weil die Menge des Kohlendioxids in der Atmosphäre durch viele Faktoren verändert werden kann. Der heutige Anteil ist vermutlich ziemlich niedrig, vergleicht man ihn mit anderen Zeiten der Erdgeschichte: Es war wesentlich höher in der frühen Atmosphäre, und große Mengen sind durch vulkanische Aktivitäten freigesetzt worden. Lebensabhängige wie lebensunabhängige Mechanismen verändern den Kohlendioxidgehalt ständig. Wenn er beispielsweise zunimmt, wirkt sich der dadurch hervorgerufene Temperaturanstieg kompensierend aus: Das Kohlendioxid wird rascher abgebaut, weil sich die Photosynthesetätigkeit erhöht und weil mehr Kohlendioxid durch Reaktionen mit Gestein verschwindet. Die Bindung von Kohlendioxid an Gestein intensiviert wiederum die Photosynthese, weil sie das Nahrungsangebot im Meer erhöht. Es kommt zu einer Vermehrung der mikroskopischen Meerespflanzen, die für ungefähr die Hälfte der Photosynthese auf der Erde verantwortlich sind. Ohne diese regulierenden Ereignisse wäre das Leben auf der Erde ganz anders, als es sich heute präsentiert, weil die Intensität der Sonnenstrahlung seit den Anfängen des Lebens wahrscheinlich um 25 Prozent angestiegen ist. Ohne irgendeinen Ausgleich läge die Erdtemperatur heute möglicherweise im Bereich von 50 Grad Celsius. Statt dessen scheint die Durchschnittstemperatur der Erde ziemlich konstant geblieben zu sein.

Die vom Menschen hervorgerufenen Veränderungen haben nun die komplexen natürlichen Veränderungen überlagert und dürften wie jene von den natürlichen Regulationsmechanismen aufgefangen werden. Indes, eine Sorge bleibt: Die Ausgleichsmechanismen arbei-

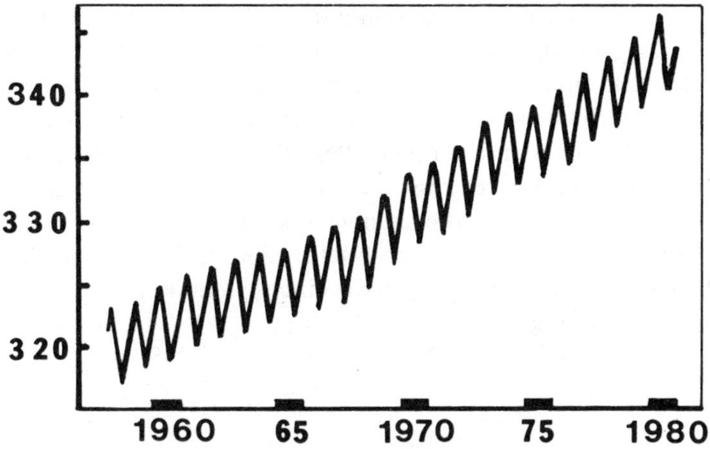

Abbildung 3.9: Veränderungen der CO_2-Konzentration in der Atmosphäre, gemessen auf dem Berg Mauna Loa (Hawaii). Die jährlichen Schwankungen sind überlagert von einer kontinuierlich ansteigenden Tendenz. (Aus: M. J. Rycroft, *Nature* 295 [1982], S. 190–191.)

ten sehr langsam im Vergleich zu dem Tempo, mit dem gegenwärtig Kohlendioxid durch menschliches Einwirken erzeugt wird. So könnte die Regulierung der Überproduktion nicht gewachsen sein. Alles in allem läßt sich schwer vorhersagen, welche Konsequenzen die vermehrte Kohlendioxidproduktion haben wird. Und obwohl sie heute vielleicht noch keinen Grund zur Sorge darstellt, kann ihr in der Zukunft ganz anderes Gewicht zukommen.

Eine weitere Folge des hohen Energieverbrauchs liegt auf der Hand – das enorme Anwachsen der menschlichen Bevölkerung. Hier befinden wir uns in einem Teufelskreis: Der vermehrte Verbrauch von gespeicherter Energie hat die Zunahme der Erdbevölkerung ermöglicht; das hat wiederum den Energiebedarf gesteigert. Dieser Prozeß mag noch eine Zeitlang fortdauern und sowohl die Bevölkerungszahlen als auch den Abbau der Energiereserven verstärken, doch schließlich werden diese Vorräte unwiderruflich schwinden. Dann *muß* es zu einer Umkehrung des Prozesses kommen – eine schreckliche Aussicht, wenn dies den Naturkräften, dem Hunger und der Kälte überlassen bleibt.

Daneben sind noch zwei andere, extrem entgegengesetzte Szenarien denkbar. Erstens: Es gelingt der Wissenschaft, die Energie der Atome durch kontrollierte Kernfusion nutzbar zu machen – eine Energiequelle, die vermutlich ungefährlicher als die Kernspaltung und praktisch unerschöpflich sein dürfte. Diese Energie könnte die zur Neige gehenden Reserven ersetzen, die uns die Photosynthese ursprünglich einmal bereitgestellt hat. Oder zweitens: Es kommt zum Ausbruch eines Atomkrieges, möglicherweise durch den Streit um die verbleibenden Energiequellen. Damit würde sich die Frage nach verfügbaren Energiereserven von selbst erledigen – es gäbe nur noch wenige Menschen, die sie nutzen könnten, und das Gleichgewicht der Natur wäre wiederhergestellt. Eine andere Frage ist natürlich, welche Lebensbedingungen die einen Atomkrieg überlebenden Menschen vorfänden.

KAPITEL 4

Die Sprache der DNA

In Kapitel 1 haben wir erfahren, daß die DNA Ursprung und Kontrollinstanz aller Vererbung ist. Wie es ihr gelingt, alle Formen des Lebens zu bestimmen, hängt unmittelbar von ihrer Zusammensetzung und Struktur ab. Um die Vererbung zu verstehen, müssen wir uns daher zunächst mit dem chemischen Aufbau der DNA befassen.

Die chemische Struktur der DNA

Die Riesenmoleküle der DNA können sich nur aus dem Zusammenschluß einer großen Zahl kleinerer Moleküle bilden. Diese Erkenntnis gewann man aus Untersuchungen über die Zusammensetzung der DNA in den vierziger und fünfziger Jahren, bevor man sich über die biologische Tragweite der Substanz selbst klar war. Damals schien die DNA nur ein Naturprodukt unter vielen anderen zu sein, wenn auch ein bißchen schwierig im Umgang und deshalb eine Herausforderung für Biochemiker. In diesen Untersuchungen zeigte sich, daß die DNA aus vier *Basen* besteht, die man mit A, G, T und C abkürzt (für *Adenin, Guanin, Thymin* und *Cytosin*), aus einem Zucker (*Desoxyribose*) und Phosphat. Alle diese Bestandteile werden durch chemische Bindungen zusammengehalten. Die Einfachheit der chemischen Zusammensetzung ist erstaunlich, wenn man bedenkt, wie vielfältig und komplex die von der DNA codierten Informationen sind, die die Merkmale aller lebenden Organismen, von den Viren bis zu den Menschen, festlegen und abstimmen.

Viele Versuche, die Anordnung der chemischen Bestandteile in der DNA zu erklären, blieben anfangs erfolglos. Auf eine auffällige Regelmäßigkeit stieß man indessen in vielen Studien: Stets fand man gleiche Anteile von A und T sowie von G und C. Obwohl dies darauf schließen ließ, daß die DNA eine regelmäßige Organisation besitzt, kam man ihr erst auf die Spur, als man den Einfluß von Röntgenstrahlen auf getrocknete DNA-Kristalle untersuchte. In diesen Fäden sind die DNA-Moleküle Seite an Seite parallel zueinander aufgereiht. Die Röntgenstrahlen treffen auf einen solchen Faden und streuen in viele Richtungen. Eine mathematische Analyse des Streuungsmusters zeigte, daß ein DNA-Molekül spiralförmig aufgebaut ist. Außerdem erhielt man Aufschluß über die Ausmaße des Moleküls. Aufgrund dieser Erkenntnisse lösten James Watson und Francis Crick von der Universität Cambridge 1953 das Rätsel der DNA-Struktur. Sie zeigten, daß ein DNA-Molekül wie ein Reißverschluß aufgebaut ist: Es besitzt zwei *Stränge*, von denen jeder aus einer Reihe von Zähnen (den Basen) besteht; diese sitzen an einem Band von einander abwechselnden Zucker- und Phosphatmolekülen. Die beiden Stränge sind umeinander zu einer *Doppelhelix* gewunden. Gewöhnlich ist die Helix rechtsdrehend, wie eine Schraube mit Rechtsgewinde (auf eine wichtige Ausnahme werde ich später zu sprechen kommen). Nach der Orientierung der Zucker-Phosphat-Verbindungen, die das »Rückgrat« eines Stranges bilden, kann man jedem DNA-Strang eine Richtung zuweisen, die sich durch einen Pfeil darstellen läßt. In den beiden Strängen einer Doppelhelix sind die Richtungen des jeweiligen Rückgrates stets entgegengesetzt, so daß sich die Doppelhelix durch zwei parallele Linien darstellen läßt, die in entgegengesetzte Richtungen zeigen. Diese Gerichtetheit ist wichtig, denn sie wird von Enzymen erkannt, auf die die DNA angewiesen ist, um ihre entscheidende Rolle für die Vererbung spielen zu können. Wie wir unten sehen werden, wirken alle diese Enzyme mit einem Strang zusammen und folgen ihm nur in eine Richtung.

Die Stränge werden durch schwache Bindungen (vor allem Wasserstoffbrücken) zwischen den Basen zusammengehalten, wie die Stränge eines Reißverschlusses durch die gegenüberliegenden Zähne verbunden sind. A auf dem einen Strang ist stets mit T auf dem anderen gekoppelt, und dasselbe gilt für G und C (Abb. 4.1), so daß sie die beiden Basenpaare A–T und G–C bilden. Infolgedessen kommen A und T beziehungsweise G und C stets in gleichen Mengen vor. Daß die Stränge verdreht sind, liegt an der Form ihrer Bestandteile. Die beiden Stränge weisen auf einem DNA-Abschnitt von zehn Basenpaaren eine vollständige Drehung auf. Es wird sich zeigen, daß dies wichtige Konsequenzen hat.

Da die Bindungen, die die beiden Basenpaare – und damit die beiden Stränge – zusammenhalten, schwach sind, lassen sich die Paare leicht trennen und umbilden. Das ist eine weitere Eigenschaft, die wichtig für die Funktionen der DNA ist. Dennoch ist eine lange Doppelhelix recht stabil, weil die Bindungen zwischen den beiden Strängen sehr zahlreich sind; entsprechend ist in einem Reißverschluß die Verbindung zwischen zwei einzelnen Zähnen nur schwach, während alle Zähne zusammen einen festen Halt ergeben. Die Stabilität der Doppelhelix schützt die Basen vor Schädigung durch viele Enzyme und chemische Wirkstoffe. Damit ist die DNA-Helix zugleich stabil und formbar.

Die regelmäßige Verbindung der Basen zu Paaren läßt darauf schließen, daß die Basen die Signale eines Codes sind, ähnlich wie Punkte und Striche als Zeichen des Morsealphabets dienen. Die biologischen Eigenschaften der DNA beruhen in der Tat auf der *Sequenz* der vier Basen, das heißt auf ihrer Reihenfolge in einem Strang – um beim letzten Beispiel zu bleiben: Auch die Mitteilungen im Morsecode ergeben sich aus der Sequenz der kurzen und langen Signale. Die DNA-Sequenz codiert genetische Instruktionen, die auf sehr exakte Weise von einer Generation an die nächste weitergegeben werden. Dies geschieht durch einen Replikationsprozeß, bei dem aus den bereits vorhandenen DNA-Molekülen neue gebildet werden. In der DNA-Doppelhelix sind die Basen nicht zugänglich, sondern zu Paaren verbunden und im Zentrum der Helix verborgen. Soll die Basensequenz gelesen werden, müssen sich die Stränge erst trennen. Und genau das geschieht, wenn die genetischen Instruktionen der DNA von den Zellen verwendet werden.

Replikation und Komplementarität

Eine DNA-Doppelhelix muß sich replizieren – also identische Kopien von sich selbst anfertigen –, um die genetische Information weitergeben zu können, die sie enthält. Die Mechanismen der Replikation, eines Prozesses, zu dem nur die DNA und einige RNAs fähig sind, beruht auf der besonderen Assoziation der Basen zu den Paaren A–T und G–C. Diese Verknüpfung legt eine Eins-zu-eins-Beziehung zwischen den beiden Strängen fest: Steht die Basensequenz des einen Stranges fest, so ist die Sequenz des anderen vollständig bestimmt. Da die beiden Stränge nicht identisch sind – wo der eine A hat, hat der andere T, und wo beim einen G ist, findet sich beim anderen C –, bezeichnet man sie als *komplementär*.

Komplementarität ist die Grundlage der Replikation; ein Strang erzeugt einen komplementären Strang und bleibt mit diesem in einer neuen Doppelhelix verknüpft (Abb. 4.2). Wenn die ursprüngliche Helix $\uparrow S$–$\downarrow S'$ ist, wobei $\downarrow S'$ den komplementären Strang zu $\uparrow S$ darstellt, produziert die Replikation die beiden neuen Stränge $\uparrow s$ und

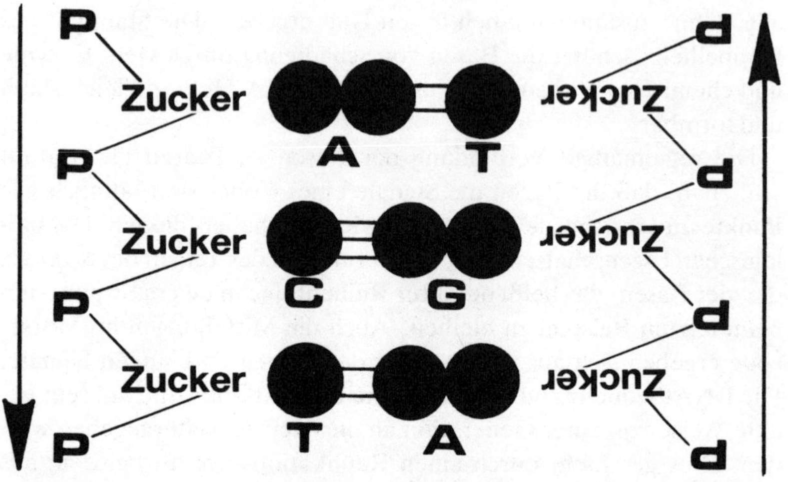

Abbildung 4.1: Die DNA-Doppelhelix besteht aus den beiden Basenpaaren AT und GC. Jedes Paar hat ein Mitglied mit einem Doppelring (A oder G) und eines mit einem einfachen Ring (T oder C), so daß die Gesamtlänge der beiden Paare gleich ist. Wasserstoffbrückenbindungen – hier durch Linien wiedergegeben – verbinden die Basen jedes Paares; das GC-Paar hat drei Bindungen und ist daher fester verknüpft. Jede Base hängt an einem Zucker (Desoxyribose, D) und bildet mit ihm zusammen ein Nukleosid. Die Zucker sind durch Phosphatreste (P) verknüpft, so daß der zusammenhängende Strang entsteht. Die Gruppe aus einer Base, einem Zucker und einem Phosphat bezeichnet man als Nukleotid. Jedes Phosphat ist mit dem Zucker über und unter sich unterschiedlich verknüpft. Dieser Unterschied gibt dem Strang seine Richtung (Pfeil). Die beiden Stränge weisen entgegengesetzte Richtungen auf.

↓s′, woraus sich die beiden neuen Doppelhelices ↑S–↓s′ und ↑s–↓S′ ergeben. Dabei verhält sich ↓s′ komplementär zu ↑S und ↑s komplementär zu ↓S′. In jeder Helix sind der alte und der neue Strang genauso verknüpft wie in der Ursprungshelix. Die DNA-Replikation hat insgesamt zur Bildung zweier »Tochter«-Helices geführt, die miteinander und mit der ursprünglichen »Mutter«-Doppelhelix identisch sind. Das Prinzip der Komplementarität als Grundlage für die Reproduktion von Information ist uns allen aus einem alltäglichen Beispiel geläufig: Um eine fotografische Kopie von einem Dokument anzufertigen, stellen wir zuerst ein Negativ (die komplementäre Kopie) und dann ein Positiv her, das, da es das Negativ des ersten Negativs ist, mit dem ursprünglichen Dokument identisch ist. Die Positiv-Kopie ist dem Original doppelt komplementär.

Die Replikationsmechanismen sind ziemlich einfach. Ausgelöst wird der Vorgang durch Proteine, die sich an den gepaarten Basen

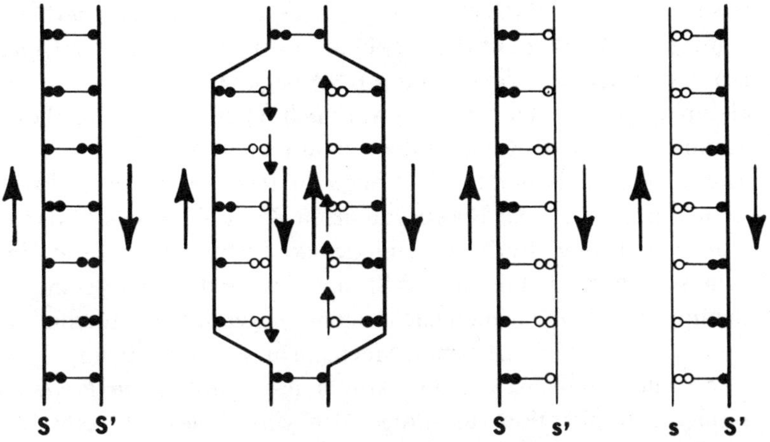

Abbildung 4.2: Replikation einer DNA-Helix. Um das Bild zu vereinfachen, ist die Doppelhelix durch zwei gerade komplementäre Stränge dargestellt – S und S′ (links). Sie weisen entgegengesetzte Richtungen auf (Pfeile) und sind durch Basenpaaare verknüpft. Bei der Replikation (Mitte) bildet jeder Strang einen neuen, komplementären Strang (dünne Linien, weiße Kreise), wobei er an irgendeinem Punkt der Doppelhelix beginnt. Die eine Hälfte des Stranges bewegt sich in ihrem Wachstum vom Ursprungspunkt fort und ist kontinuierlich; die andere bewegt sich auf ihn zu und ist gestückelt. Am Ende der Replikationsphase sind zwei neue Stränge entstanden (s′, s, dünne Linien, weiße Kreise), die mit den ursprünglich vorhandenen verknüpft bleiben. So ergeben sich zwei identische Helices (Ss′, sS′), jede mit einem alten und einem neuen Strang.

festsetzen, und zwar an speziellen Sequenzen des *Replikationsursprungs*, wodurch die Verknüpfung der Basenpaare gelockert wird. Daraufhin kommt das Replikationsenzym ins Spiel. Es heißt *Polymerase* (die Endung *-ase* bezeichnet stets ein Enzym), weil es eine Struktur aus vielen Teilelementen zusammensetzt. Die Polymerase führt der ersten verfügbaren Base eines Stranges Basen zu. Wenn eine komplementäre Base präsentiert wird, wird sie festgehalten, während nicht-komplementäre Basen zurückgewiesen werden. Nun führt die Polymerase der zweiten Base des Stranges neue Basen zu, von denen eine komplementäre mit Hilfe von ATP-Energie gebunden wird. Dabei werden die Basen nicht isoliert präsentiert – jede hängt an einem Zucker (Desoxyribose) und einer Phosphatgruppe. Der Gesamtkomplex wird als *Nukleotid* bezeichnet. Wenn sich der Zucker des einen Komplexes mit dem Phosphat des nächsten verbindet, entsteht automatisch das Rückgrat des nächsten Stranges. Der Prozeß setzt sich fort, bis er das Ende des zu replizierenden Stranges erreicht. Unabhängig davon tritt die gleiche Ereignisfolge am anderen Strang ein, nur daß sie in entgegengesetzter Richtung verläuft. Ein interessanter Aspekt der Replikation ist, daß ein neuer DNA-Strang stets mit einem kurzen Stück RNA beginnt, das später entfernt und durch DNA ersetzt wird. Wie wir noch sehen werden, hat dieser Umstand große Bedeutung für die Evolution der DNA.

Sollen die genetischen Instruktionen die Replikation unbeschadet überstehen, müssen die Basensequenzen der Tochterhelices denen der ursprünglichen elterlichen Helix exakt entsprechen. Gerät eine falsche Base auf einen der neuen Stränge, bleibt der Fehler, eine sogenannte *Mutation*, bei allen nachfolgenden Replikationen erhalten. Es gibt jedoch einen wirksamen Mechanismus, der dafür sorgt, daß solche Fehler möglichst selten vorkommen – die *Korrektur-Funktion* des für die Replikation zuständigen Enzyms. Jedesmal wenn eine neue Base hinzugefügt wird, prüft das Enzym, ob sie auch wirklich paßt. Nur die richtige Base paßt; alle anderen sind deutlich fehl am Platze und werden von dem Enzym entfernt. Dieser automatische Prüf- und Korrekturmechanismus sorgt für eine außerordentlich genaue Replikation. Die Fehlerrate ist sehr niedrig: Unter hundert Millionen Basen, die einen neuen Strang bilden, befindet sich im Durchschnitt nur *eine* falsche Base. Allerdings ist darauf hinzuweisen, daß Fehler vorkommen und sogar eine wichtige Funktion haben: Sie sind von entscheidender Bedeutung für die Evolution. Ohne solche Fehler gäbe es kein Leben von der Art, wie wir es auf der Erde kennen (vgl. Kap. 20). Die Fehlerrate kann man als Kompromiß verstehen zwischen der Notwendigkeit, die DNA-Sequenz unverändert von einer Generation auf die nächste zu übertragen, und der entgegengesetzten Notwendigkeit, das für die Evolution erforderliche Maß an Innovation und Variation zu schaffen.

Nicht die gesamte in der Natur vorkommende DNA hat die Form einer Doppelhelix. Einige Viren besitzen DNA-Moleküle, die nur aus einem einzigen Strang bestehen (*einzelsträngige DNA*). Diese DNA wird im Prinzip wie die doppelhelikale DNA repliziert: Zunächst wird ein neuer Strang (↓s′) hergestellt, der zum Original (↑S) komplementär ist und mit diesem eine Doppelhelix (↑S–↓s′) bildet. Diese doppelsträngige DNA wird wie eine Druckmaschine zur Herstellung vieler einzelsträngiger, zum neuen Strang komplementärer Stränge verwendet. Folglich gleichen sie alle dem Originalstrang ↑S. Das ist eine wichtige Konsequenz aus der Komplementarität der DNA: zweimal komplementär = identisch. Die neuen Stränge werden in neu entstehende Viruspartikel eingebaut.

Die Reparatur schadhafter DNA

Weitere wichtige Konsequenzen aus der Existenz zweier DNA-Stränge sind die Reparaturmöglichkeiten. Die Zell-DNA wird häufig durch eine Vielzahl verschiedener Einflüsse geschädigt. Einige gehören zu unserer natürlichen Umwelt – etwa die kosmische Strahlung aus dem Weltraum oder das ultraviolette Licht der Sonne –, andere entspringen der Tätigkeit des Menschen – zum Beispiel radioaktive Strahlung und Chemikalien. Die durch sie hervorgerufenen Schäden sind unterschiedlich: Ein Strang kann zerschnitten, eine Base verändert oder mit einer anderen verbunden werden. Da jeder dieser Schäden die Überlebenschancen oder die Funktionen der Zelle, in der er auftritt, beeinträchtigen kann, ist es ein glücklicher Umstand, daß die DNA die Fähigkeit zu solchen Reparaturen entwickelt hat.

Die Doppelhelix ist für diesen Prozeß genauso wichtig wie für die Replikation. Viren mit einzelsträngiger DNA zeigen gegenüber chemischen Wirkstoffen oder Strahlung weit weniger Widerstandskraft als doppelsträngige DNA. Wenn die DNA eines Virus durchtrennt wird, so ist das unwiderruflich; das Virus ist tot. Doch wenn ein Strang einer DNA-Doppelhelix durchschnitten wird, hält der intakte, komplementäre Strang die beiden Stücke zusammen (Abb. 4.3 : A). Eine Reparaturart besteht darin, den durchtrennten Strang zusammenzufügen und seine Kontinuität wiederherzustellen. Bei anderen Reparaturarten geschieht genau das Gegenteil; dort wird zunächst ein Abschnitt des einen Stranges zerstört. Wenn beispielsweise ultraviolettes Licht eine Base verändert oder zwei Basen auf demselben Strang miteinander verschmilzt, wird das beschädigte Segment zunächst vernichtet und dann wie bei der Replikation als Komplement des intakten Stranges eingefügt (Abb. 4.3 : B).

Nur in einem Fall werden beschädigte Basen unmittelbar repariert, und zwar mit Hilfe eines eleganten Mechanismus. Ein Enzym fängt blaue Lichtphotonen aus dem Sonnenlicht auf und nutzt ihre Energie, um abnorme Bindungen aufzuheben, die das ultraviolette Licht der Sonne zwischen benachbarten Basen hergestellt hat. Diese Reparaturart kann gleichermaßen in doppelsträngiger und einzelsträngiger DNA stattfinden.

Da die Organismen während der langen Geschichte ihrer Evolution immer dem ultravioletten Licht der Sonne ausgesetzt waren, erweist sich die Reparatur derartiger Schäden als besonders effektiv. Bei zweitausend Schädigungen an der DNA von Bakterien oder Phagen bleibt nur eine unrepariert; die anderen verschwinden. Wie wichtig solches Reparieren ist, zeigt sich am besten an Menschen, bei denen es versagt. Sie leiden unter der Krankheit *Xeroderma pigmentosum* (Pergamenthaut), die durch einen genetischen Defekt entsteht: Die normalerweise dem Sonnenlicht ausgesetzten Hautpartien, etwa das Gesicht, werden sehr dick, dunkel und schuppig; im Lauf der Zeit bilden sich verschiedene Krebsarten aus. Das ultraviolette Licht verändert hier die DNA-Basen, und diese Schädigungen werden nicht korrigiert. Die Häufung nicht reparierter Schäden verändert die Gene der Hautzellen, und die modifizierten Gene lassen hier und da Krebszellen entstehen (vgl. Kap. 15).

Dichtgepackte DNA

DNA-Moleküle sind sehr lang, wie sich schon aus der oben beschriebenen Zähflüssigkeit von DNA-Lösungen schließen ließ. Wie lang sie tatsächlich sind, fand man erst in den sechziger Jahren heraus, als direkte Messungen möglich wurden. Eine Methode bediente sich der radioaktiven Tracertechnik: Bakterien werden in einer Nährlösung mit radioaktiven Substanzen gezüchtet, die bei der Replikation Eingang in die DNA der Bakterien finden. Wenn sich die Bakterien mehrere Male geteilt haben, wird die DNA in reiner Form isoliert. Man gießt eine dünne Lösung der DNA über einen Objektträger, so daß sich die Moleküle strecken und längs der Fließrichtung anordnen. Der Objektträger wird getrocknet, mit einer dünnen Schicht Fotoemulsion bedeckt und einige Monate in Dunkelheit aufbewahrt. In dieser Zeit emittieren die radioaktiven Atome Strahlung und erzeugen Silberkörnchen in der Emulsion. Dadurch entsteht eine sogenannte *Autoradiographie*. Wenn man die Emulsion entwickelt, erkennt man Anordnungen schwarzer Punkte über die ganze Länge der DNA-Moleküle, die sich auf diese Weise messen läßt.

So fand man heraus, daß die DNA eines Virus oder eines Bakteriums etwa tausendmal länger ist als das Viruspartikel oder die Zelle, in der die DNA eingeschlossen ist. Dasselbe gilt für die DNA anderer lebender Organismen. Beispielsweise ist die DNA eines menschlichen Chromosoms zwei bis drei Zentimeter lang, während der umgebende Zellkern nur einen Durchmesser von einem tausendstel Zentimeter hat.

Die DNA eines Organismus ist so lang, weil ihre Information in

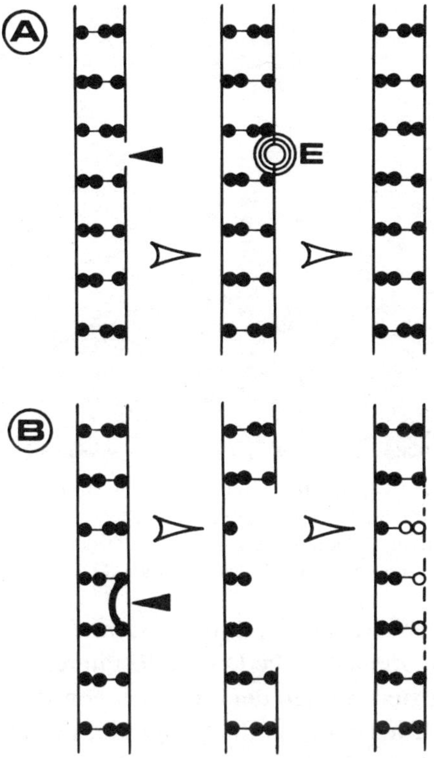

Abbildung 4.3: Beispiele für die Reparatur von DNA-Schäden. In A ist ein Strang zwischen zwei Basen gebrochen (schwarzer Pfeil); das Reparaturenzym (E) füllt die Lücke und stellt den Strang in seiner ursprünglichen Form wieder her. In B hat ultraviolettes Licht zur Verschmelzung zweier einringiger Basen geführt (schwarzer Pfeil). Reparaturenzyme zerstören einen Abschnitt des beschädigten Strangs einschließlich der verschmolzenen Basen. Daraufhin setzen sie ein neues Stück (gestrichelt) ein, das als Komplement des unbeschädigten Stranges zusammengesetzt wird. Auf diese Weise wird der geschädigte Strang in genau der Form wiederhergestellt, die er vor der Schädigung besaß.

linearer, eindimensionaler Form vorliegt – als Sequenz der Basen. Die durch diese Information erzeugten Produkte, die Proteine, enthalten die Information jedoch in dreidimensionaler Form und sind deshalb weit kompakter. Weil die DNA so außerordentlich lang ist, muß sie in allen Organismen raumsparend gepackt werden. In Viren wird sie wie ein Garnknäuel aufgewickelt. In den Chromosomen von Pflanzen oder Tieren ist sie in Verbindung mit speziellen Proteinen, den *Histonen*, in einer Reihe von runden Wicklungen verpackt. Diese DNA-Protein-Komplexe bezeichnet man als *Chromatin*, weil

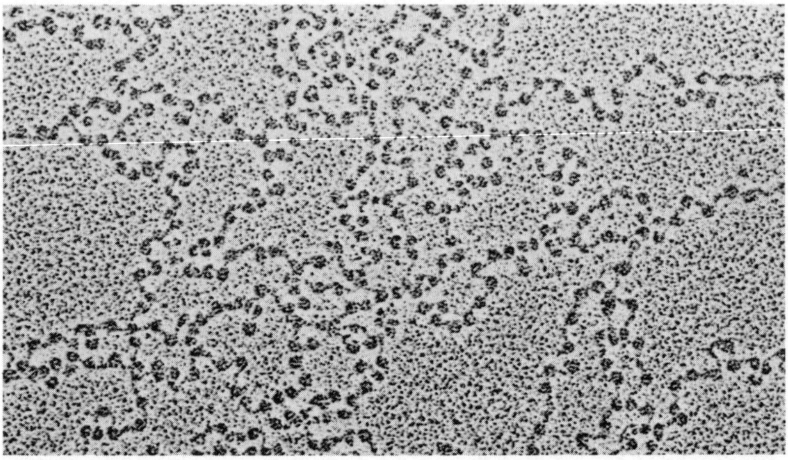

Abbildung 4.4: Das Chromatin einer Fliege. Es besteht aus Perlen gleicher Größe, die in regelmäßigen Abständen auf einer DNA-Helix sitzen. Letztere bildet gewissermaßen den Faden der Perlenkette. (100000fache Vergrößerung. Mit freundlicher Genehmigung von S. L. McNight und O. L. Miller.)

sie sich in Gewebepräparaten färben lassen. Sie bilden mikroskopische Kügelchen, die durch die DNA selbst in regelmäßigen Abständen verbunden sind, so daß der Eindruck von Perlenschnüren entsteht (Abb. 4.4). Jede Perle enthält einen Kern von Histonen, um die sich die DNA windet. In Bakterien ist die DNA in ähnlich regelmäßiger Weise um verschiedene Proteinkerne angeordnet.

DNA-Ringe

Die Untersuchung der auf Objektträgern getrockneten bakteriellen DNA führte zu einem überraschenden Ergebnis: Es handelt sich um eine Doppelhelix, die zu einem Ring geschlossen ist. Alle Stränge sind ohne Anfang und ohne Ende. Die beiden Stränge sind spiralig ineinander verwickelt, wie andere DNAs auch. Später stellte man fest, daß viele andere kurze DNAs – etwa von einigen Viren und Mitochondrien – ebenfalls in Ringform vorliegen. Die Existenz solcher ringförmiger DNA ist keine bloße Kuriosität, sondern offenbart wichtige Aspekte der DNA-Biologie, auf welche die Forscher stießen, als sie zu erklären versuchten, wie diese Moleküle repliziert werden, ohne daß sie ihre Ringform verlieren.

Die Fähigkeit der Moleküle zu regelmäßiger Replikation erscheint überraschend, weil sich die Stränge der Doppelhelix während dieses Vorgangs trennen müssen, damit neue Stränge an ihnen synthetisiert werden. Am Ende der Replikation sind die beiden Originalstränge vollständig getrennt, und jeder besitzt ein eigenes Tochtermolekül. Nun sah es so aus, als könnte eine solche Trennung in ringförmigen Molekülen nicht stattfinden: Wo es keinen Schwachpunkt gibt, können sich die Stränge nicht öffnen; sie bleiben miteinander verdrillt. Das läßt sich leicht beweisen, indem man zwei Fäden miteinander verdrillt und dann die Enden eines jeden Fadens verknotet.

In einem DNA-Ring können sich die beiden Stränge nur trennen, wenn einer gebrochen wird; doch es gibt keinen Anhaltspunkt dafür, daß es während der Replikation zu einem permanenten Bruch kommt. Das Paradox wurde erst mit der Entdeckung spezieller *entwindender Enzyme* (englisch *swivel enzymes*) gelöst: Sie brechen einen Strang, lassen ihn sich ein bißchen abwickeln und kitten den Bruch dann wieder. Es kommt also zu vielen vorübergehenden Brüchen und nicht zu einem ständigen. Wenn der eine Strang durch einen solchen Bruch geöffnet wird, dann tritt der andere durch die Bruchstelle und hebt auf diese Weise eine Windung der Doppelhelix auf. So entflechten sich die beiden Elternstränge im Fortgang der Replikation mehr und mehr. Dafür windet sich jeder neue Strang um einen der getrennten Elternstränge. Nach Abschluß der Replikation werden die beiden Tochterringe freigegeben. Diese Enzyme verbrauchen keine Energie; sie nutzen die Energie der gebrochenen Bindung, um eine neue herzustellen.

Da dieser Replikationsprozeß recht schwierig erscheint, ist es überraschend, daß die kreisförmige DNA gerade in einfachen Organismen sehr häufig vorkommt. Tatsächlich ist die Kreisform aber günstiger, weil sie ein Hauptproblem der Replikation linearer DNA vermeidet. Es erweist sich nämlich als äußerst schwierig, die beiden Enden vollständig zu replizieren. Das Problem ergibt sich aus dem Umstand, daß in einer DNA-Doppelhelix die beiden Stränge entgegengesetzte Richtungen haben, die Replikation dem Strang aber immer nur in einer Richtung folgen kann. Wenn die Replikation in der Mitte eines DNA-Moleküls beginnt, wie es in der Regel der Fall ist, wird sie den rechten Teil des einen Strangs und den linken des anderen vollständig replizieren. Beide neuen Stränge wachsen *von dem Startpunkt fort*. Doch in den anderen Hälften muß der neue Strang *auf den Startpunkt zu* wachsen. Diese Hälften werden in kurzen Stükken synthetisiert, die an verschiedenen Orten der Elternstränge beginnen und anschließend verbunden werden (vgl. Abb. 4.2, Mitte). Zur *vollständigen* Replikation dieser beiden Hälften müßte ein Stück jedes neuen Strangs ganz am Ende des Originalstrangs beginnen. Doch das ist offenbar nicht möglich; deshalb müßte die Replikation an den beiden Enden der DNA-Moleküle unvollständig bleiben. Bei kreisförmiger DNA stellt sich dieses Problem nicht, weil sie keine Enden hat. Bei den linearen DNAs ist das Problem durch eine Vielzahl von Mechanismen gelöst worden, die den ohnehin komplizierten Replikationsvorgang noch komplizierter machen.

Sobald man die entwindenden Enzyme identifiziert hatte, stellte man völlig überraschend fest, daß sie auch für die Replikation linearer Zell-DNAs erforderlich sind. Infolge ihrer extremen Länge wikkeln sich diese DNAs sehr eng auf, so daß sich Knoten und Schleifen bilden. In eukaryontischen Zellen sind derartige Schleifen nicht frei, sondern eng mit der Kernhülle verbunden. Jede Schleife entspricht also einem Ring und ist zu ihrer Replikation auf die entwindenden Enzyme angewiesen.

Ferner entdeckte man, daß die DNA-Helix während der Replikation nicht nur gelockert, sondern gelegentlich auch noch fester aufgewunden werden muß, wozu es in den Zellen eine andere Art von ähnlichen Enzymen gibt. Wenn am Ende der Replikation ein Teil einer neuen Doppelhelix zu locker ist, sorgt das Enzym für die normale Spiralisierung. Dadurch beugt es einem Problem zu locker gewundener Helices vor: Die Belastung der Basenbindungen macht diese anfällig für bestimmte Enzyme und schädigende Chemikalien.

Die DNA als Informationsträgerin

Ob im Virus, im Bakterium oder in den Zellchromosomen größerer Organismen, stets enthält die DNA die *genetische Information*, welche die Erbmerkmale des Lebewesens festlegt, zu dem sie gehört. Diese Information ist in den *Genen* enthalten, die bestimmten Abschnitten der DNA oder – bei einigen Viren – der RNA entsprechen. Alle DNA-Moleküle enthalten mehr als ein Gen, oft Hunderte oder Tausende von ihnen. Gene sind nicht zu erkennen, auch wenn man die DNA unter dem Elektronenmikroskop betrachtet. Deshalb hat man früher untersucht, welche Veränderungen in dem Organismus hervorgerufen werden, wenn man die DNA verändert, und anhand dieser Ergebnisse die Gene bestimmt. Seit einiger Zeit kann man sie anhand der Basensequenzen erkennen, die in der Umgebung von Genen eine charakteristische Struktur zeigen. Jedes Gen enthält die Information für die Aminosäuresequenz eines Proteinmoleküls, von dem man sagt, es werde durch das Gen *spezifiziert*. Über die Proteine legen die Gene die Merkmale der Zellen fest – sie sind also die Grundeinheiten der Vererbung.

Die DNA eines Virus, eines Bakteriums oder einer Zelle umfaßt alle Gene des Organismus und konstituiert sein *Genom*: die Gesamtheit aller Merkmale, die Gegenstand der Vererbungslehre sind. Viren oder Bakterien, die nur eine einzige Kopie des Genoms besitzen, bezeichnet man als *haploid*. Eukaryontische Zellen mit zwei Kopien heißen *diploid*. Die beiden Kopien eines Gens in einer Zelle sind identisch, von gelegentlichen und begrenzten Unterschieden abgesehen. Wenn die Kopien solche Unterschiede zeigen, liegt das Gen in zwei Formen, *Allelen*, vor. Individuen derselben Art können sich in ihren DNA-Sequenzen erheblich unterscheiden, ein Phänomen, das unter der Bezeichnung *Polymorphismus* bekannt ist.

Da das Genom jedes Lebewesens mit seiner DNA gleich ist, müßten wir in der Lage sein, die genetische Information auf die Zusammensetzung der DNA zurückzuführen. Dazu müssen wir jedoch zunächst die molekularen Grundlagen der genetischen Information und ihrer Funktion untersuchen.

Informationsübertragung auf die RNA

Die Frage, wie die Instruktionen zur Herstellung eines Proteins in einem Gen codiert sind, konnte erst in den sechziger Jahren beantwortet werden, als man nach vielen neuen Erkenntnissen über die Nukleinsäuren deren Code entschlüsselte. Die Instruktionen der Gene, so fand man heraus, werden in zwei Schritten weitergegeben. Erstens: Die Instruktionen werden von der DNA auf eine andere Nukleinsäureart, die RNA, übertragen. Zweitens: Die Instruktionen werden von der RNA an das Protein weitergegeben.

Die RNA der Zelle besteht wie die DNA aus Basenketten, die sich von denen der DNA allerdings in drei wichtigen Merkmalen unterscheiden. Zum einen besteht die RNA nur aus Einzelsträngen (von einigen Viren abgesehen, in denen sie doppelhelikal ist wie DNA). In Zellen braucht die RNA keine doppelsträngige Struktur, weil sie nicht repliziert wird. Ein RNA-Strang kann jedoch Abschnitte kom-

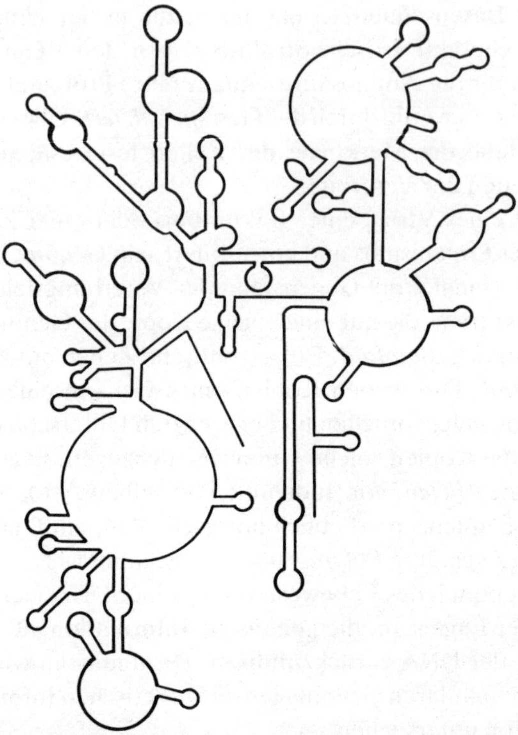

Abbildung 4.5: Diese Abbildung zeigt die bizarre und komplizierte Form, die eine in sich gefaltete RNA angenommen hat. Sie besteht aus 1543 Basen und ist eine der ribosomalen RNAs, mit denen wir uns noch befassen werden. Die parallelen Geraden sind komplementäre Abschnitte; bei den Kreisen handelt es sich um einzelsträngige Abschnitte. Die Struktur ist so gezeichnet, daß ein möglichst großer Anteil an gepaarten Segmenten entsteht. Wir wissen jedoch nicht, welche Form die RNA in den Zellen annimmt. Die Organisation ist wahrscheinlich bedeutsam, da das Ribosom ungefähr fünfzig Proteine enthält, an denen möglicherweise die verschiedenen ungepaarten Abschnitte binden. (Aus: H. F. Noller und L. R. Woese, *Science* 212 [1981], S. 403–410.)

plementärer Basen enthalten und sich so falten, daß er doppelhelikale Segmente bildet, die ohne erkennbare Ordnung über den Strang verteilt sind. Infolgedessen sind RNA-Stränge gewöhnlich unregelmäßig und kompliziert gefaltet (Abb. 4.5). Die Faltung ist wichtig, weil sie die Wechselwirkung der RNA mit Proteinen steuert – etwa mit Enzymen, die einzelsträngige RNAs zerlegen. Sie bestimmt auch die Funktion vieler RNAs, die auf Veränderungen ihrer Form angewiesen sind: Manche RNAs wirken als Enzyme. Ihre komplexe Faltung verleiht ihnen viele Eigenschaften von Proteinen. – Das zweite besondere Merkmal der RNA, das auch verantwortlich ist für ihren vollen Namen *Ribonukleinsäure*, betrifft das die Basen verbindende Band, welches den Zucker *Ribose* enthält und nicht die etwas anders strukturierte Desoxyribose der DNA. Dieser Unterschied ermöglicht es den beiden Nukleinsäuren, mit je anderen Proteinen und Enzymen in Wechselwirkung zu treten, so daß sich ihre Funktionen nicht überschneiden. – Zum dritten unterscheiden sie sich dadurch, daß in der Basensequenz der RNA kein T (Thymin) vorkommt; letzteres wird durch das engverwandte U (Uracil) ersetzt. Vermutlich ist dieser Unterschied darauf zurückzuführen, daß T gegenüber chemischen Wirkstoffen weniger anfällig ist als U. Für die DNA, die sich selbst vervielfältigt und ihre Information möglichst unverändert an die Nachkommenschaft weitergeben muß, sind stabile Basen äußerst wichtig. Der Austausch von U gegen T dürfte ein evolutionärer Entwicklungsschritt gewesen sein, denn es hat wohl die RNA vor der DNA gegeben. Der Austausch war ebenso erforderlich wie andere Mechanismen – etwa die Korrekturfunktion der DNA-Polymerase. Insgesamt führte all dies zu einer erheblichen Verringerung der Fehlerrate, die bei der RNA sehr hoch ist. Man kann das bei manchen Viren beobachten, deren Genom aus RNA besteht: Sie haben eine hohe Fehlerhäufigkeit, nutzen diese jedoch zu ihrem Vorteil, um sich den Verhältnissen in verschiedenen Zellarten anzupassen. Da Zell-RNA durch die Kopie von DNA entsteht, sie nur eine kurze Lebensspanne hat und nicht an die Nachkommenschaft weitergegeben wird, sind Fehler allerdings weit weniger schwerwiegend.

Die Transkription

Die Übergabe der Instruktionen von den Genen an die RNA bezeichnet man als *Transkription*, weil die RNA die Sprache der DNA verwendet, d. h. die Basen der Nukleinsäure sind die Code-Elemente. Die Transkription hat einiges mit der DNA-Replikation gemeinsam, unterscheidet sich aber auch von ihr. Sie beginnt ebenfalls mit einer Lockerung der DNA-Helix, aber es sind andere Enzyme an dem Prozeß beteiligt. Das Hauptenzym ist die *Transkriptase*. Sie bildet einen RNA-Strang als Komplement eines DNA-Strangs, der deshalb Matrizen-Strang genannt wird. Die RNA, die aus diesem Vorgang resultiert, ist das *Transkript* des betreffenden DNA-Segments. Die Basensequenz des Transkripts (in der U an die Stelle von T tritt) ist mit dem anderen DNA-Strang, dem *codierenden* Strang, identisch, der die ge-

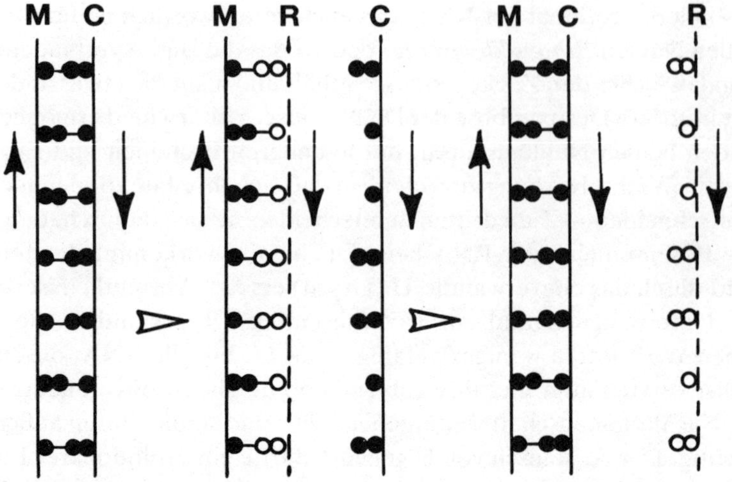

Abbildung 4.6: Transkription einer DNA-Helix. Die DNA-Helix (links) enthält einen Matrizenstrang (M) und einen codierenden Strang (C). Wie das mittlere Diagramm zeigt, ist der neue RNA-Strang (R, gestrichelt) dem Matrizenstrang komplementär. Diese RNA hat die gleiche Sequenz und Richtung wie der codierende Strang. Am Ende der Transkription ist ein neuer RNA-Strang, das Transkript, entstanden (rechts) und die DNA-Helix in ihrer ursprünglichen Gestalt wiederhergestellt.

netischen Instruktionen enthält. Das Transkript ist das Komplement des Komplements des codierenden Strangs und deshalb mit ihm gleich (Abb. 4.6).

Die Transkription wird eingeleitet, wenn sich geeignete Proteine an den Matrizenstrang der DNA binden. Der Transkriptionsapparat drängt sich zwischen die beiden DNA-Stränge und schiebt sie auseinander, so daß ein gewisser Abstand zwischen ihnen klafft. Auf diese Weise läßt sich die Sequenz der DNA-Basen lesen. Der ersten Base des Matrizenstrangs werden RNA-Nukleotide präsentiert (also Basen, die mit dem Zucker [Ribose] und der Phosphatgruppe verbunden sind). Ein Nukleotid mit komplementärer Base wird festgehalten. Daraufhin wird ein zweites Nukleotid ausgewählt und mit dem ersten verknüpft. Bei jedem Schritt bewegt sich der Transkriptionsmechanismus eine Base weiter und baut so langsam den RNA-Strang auf. Dieser Strang ist mit der DNA-Matrize nur durch die letzten, gerade gebundenen Nukleotide verknüpft; der Rest bewegt sich frei. Die transkribierte DNA hinter der fortschreitenden Transkriptionsstelle schließt sich wieder zur Doppelhelix. Im Fortgang des Transkriptionsprozesses bewegt sich die Öffnung in der Doppelhelix, die mit dem Transkriptionsapparat gefüllt ist, von dem einen Ende des Gens zum anderen (Abb. 4.7). An diesem Ende löst sich der Apparat vollständig von der DNA. Der RNA-Strang wird freigegeben, und der Transkriptionsapparat kann denselben oder einen anderen Abschnitt transkribieren. Neue RNAs können begonnen werden, während andere noch auf demselben Gen in Arbeit sind. Unter dem Elektronenmikroskop sieht die DNA eines Gens mit RNA-Transkripten in verschiedenen Stadien der Vollendung wie ein Weihnachtsbaum aus (Abb. 4.8). Am Ende der Transkription befindet sich die DNA in genau dem gleichen Zustand wie vor Beginn des Prozesses.

In jedem Gen kann nur ein Strang die Funktion der Matrize übernehmen, aber verschiedene Gene auf demselben DNA-Molekül können sich verschiedener Stränge bedienen. Die Transkriptionsrichtung hängt von der Richtung des DNA-Strangs ab und verläuft deshalb auf beiden Strängen entgegengesetzt. Die Transkriptionsrichtung ist eindeutig festgelegt. Wir können uns an ihr orientieren und Segmente als »stromauf« und »stromab« bezeichnen – bezogen auf eine beliebige transkribierte Sequenz.

Die Transkription ist der erste Schritt zur *Expression* eines Gens – das heißt jener Ereigniskette, über die das Gen den Zustand der Zelle beeinflußt. Alle Gene werden nur unter genau festgelegten Umständen exprimiert, die für die einzelnen Gene eines Genoms verschieden sind. Immer stellt die Zelle nur die benötigten Proteine durch Expression der entsprechenden Gene her. Andere Gene bleiben stumm, weil die Herstellung eines überflüssigen Proteins Energieverschwendung wäre. Bei Tieren werden in einer Zelle nur 10 bis 20 Prozent aller Gene exprimiert. Deshalb muß die Genexpression *reguliert* werden, wobei diese Regulation größtenteils auf der Transkriptionsebene stattfindet. Die Regulation obliegt einer speziellen kurzen DNA-Sequenz in der Nähe des Gens, dem sogenannten Promoter. Durch Wechselwirkung mit regulatorischen Proteinen bestimmt ein Promoter, ob ein Gen transkribiert wird, wie oft das geschieht und wo genau die Transkription anfängt oder endet. Die Sequenz des Gens legt fest, welches Produkt spezifiziert wird; der Promoter bestimmt, wie und wann das geschieht. Die codierenden Sequenzen entsprechen den Tasten eines Klaviers, die Promoter den Fingern des Pianisten. Beide sind für die Darbietung unerläßlich.

Die Promoter, die die Transkription verschiedener Gene steuern, folgen alle dem gleichen allgemeinen Schema, sie unterscheiden

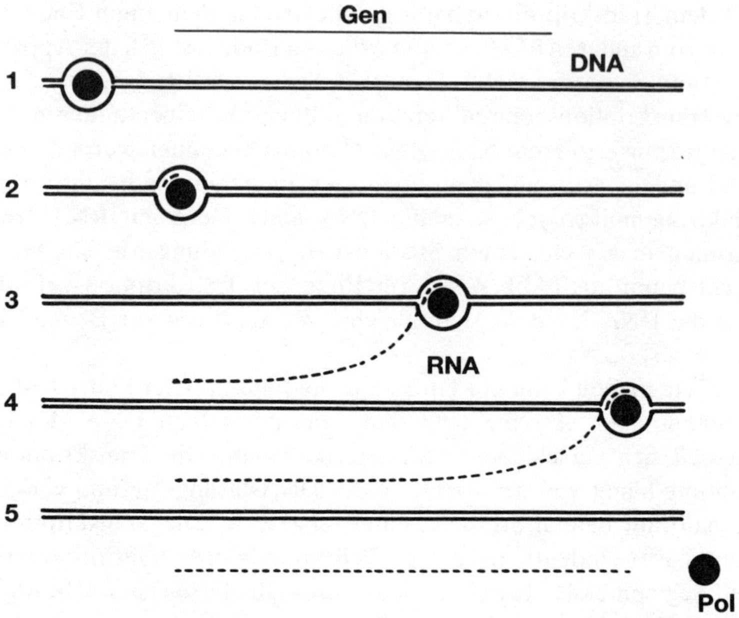

Abbildung 4.7: Transkription eines Gens, das durch zwei parallele Stränge dargestellt ist. Die Diagramme 1 bis 5 zeigen drei aufeinanderfolgende Schritte der Gentranskription, die am Kontrollende (links) beginnt und am anderen Ende aufhört. (1) Das transkribierende Enzym (RNA-Polymerase: Pol), durch einen schwarzen Kreis symbolisiert, bindet zunächst an der DNA außerhalb des Gens, das transkribiert werden soll (dünne Linie). (2) Das Enzym erreicht den Anfang der Sequenz, die transkribiert werden soll, und beginnt, die RNA (gestrichelte Linie) zu synthetisieren. (3) Die Transkription hat die Mitte des Gens erreicht. (4) Die Transkription erreicht das Ende des Gens. (5) Die Transkription ist beendet; das Enzym wie die RNA lösen sich von der DNA. Während der Transkription wird die DNA-Helix stets zu einer kleinen Schleife geöffnet. In der Schleife ist die wachsende RNA durch Basenpaare mit dem Matrizenstrang der DNA verknüpft. Die fertige RNA (das Transkript) ist gewöhnlich länger als das Gen.

sich aber erheblich in ihren Einzelheiten. Sie gehören zu *Kontrollregionen* des Gens, die stromauf der Transkriptionsrichtung lokalisiert sind (Abb. 4.9). Zerlegt man in eukaryontischen Zellen diese Region durch DNA-Klonierung (vgl. Kap. 7), so erhält man folgendes Bild: Dem Gen am nächsten liegt ein kurzer *Lokalisierungsabschnitt* (mit der Sequenz TATA oder einer ähnlichen Sequenz), der genau festlegt, wo die Transkription beginnt. Wird er entfernt, so findet die Transkription zwar noch statt, aber jedes Transkript beginnt an einem anderen Ort. Ein kurzes Stück weiter stromauf liegt eine weitere kurze Sequenz, wahrscheinlich die Stelle, wo die Tran-

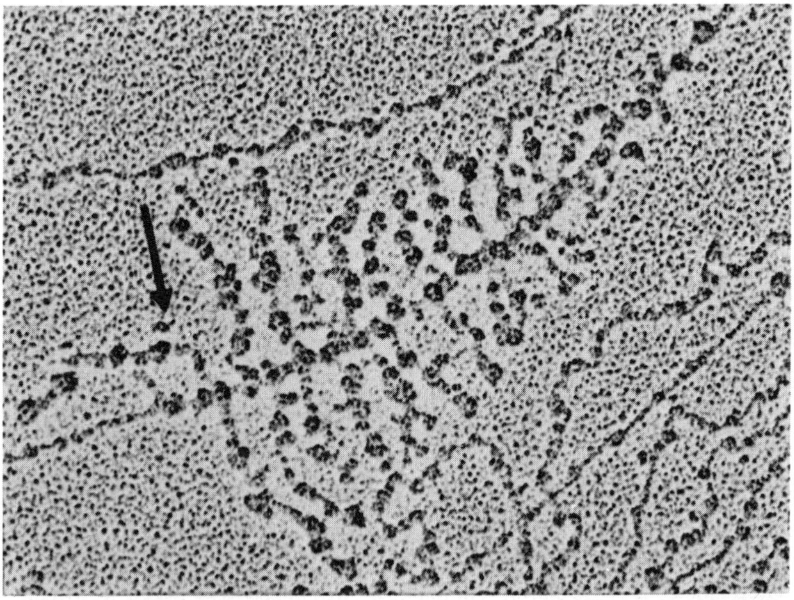

Abbildung 4.8: Gen einer Fliege zusammen mit ihren RNA-Transkripten in verschiedenen Stadien der Vollendung, in der Form eines Weihnachtsbaums. Die Spitze des Baums liegt dort, wo die Transkription beginnt; der untere Teil des Baums (Pfeil) befindet sich am Endpunkt der Transkription. Der Baumstamm ist die DNA. Sobald das Transkript den Startpunkt freigibt, nimmt das nächste seinen Anfang. Sie bewegen sich alle gleichmäßig auf den Endpunkt zu, wachsen in der Länge, aber bleiben an der DNA haften. Am Endpunkt sind sie fertig und lösen sich. (100000fache Vergrößerung. Elektronenmikroskopische Darstellung aus: S. L. McNight und O. L. Miller, in: B. D. Davis, R. Dulbecco, H. N. Eisen und H. S. Ginsberg: *Microbiology*. Hagerstown [Harper & Row] ^{3}1980, S. 956.)

skriptase an die DNA bindet. Entfernt man diese Stelle, unterbleibt die Transkription. Schließlich gibt es weiter stromauf noch ein Kontrollelement von großer Bedeutung: Es kann die Transkription abhängig von bestimmten, in den Zellen hergestellten Proteinen entweder stimulieren – als *Enhancer* – oder hemmen – als *Silencer*.

Die Enhancer, die man am besten kennt, besitzen außerordentliche Eigenschaften. Diese wurden von Wissenschaftlern entdeckt, die mit Hilfe der Gentechnik künstliche Gene hergestellt haben (vgl. Kap. 7). Eine erstaunliche Eigenschaft vieler Enhancer ist ihre Fähigkeit, die Transkription auch dann noch anzuregen, wenn man sie ein- oder zweitausend Basen von ihrem ursprünglichen Ort verrückt, wobei es keine Rolle spielt, ob das stromauf oder stromab geschieht. (Tatsächlich liegt der Enhancer manchmal im Gen oder

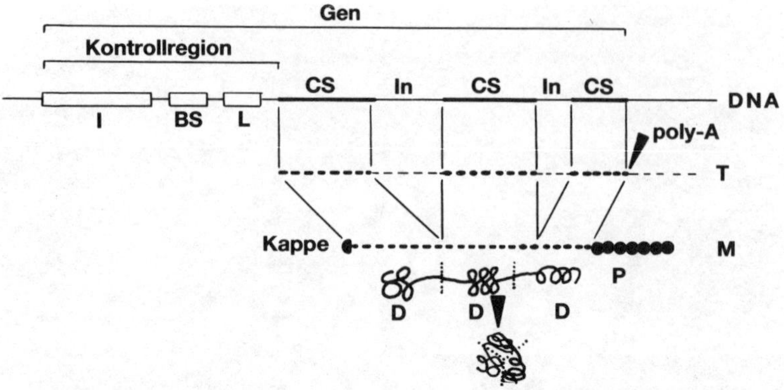

Abbildung 4.9: Transkription eines eukaryontischen Gens und Bildung einer mRNA (Messenger-RNA). Das Gen umfaßt die Kontrollregion, die codierenden Sequenzen (CS) und die Introns (In) (hier nicht maßstabsgerecht gezeichnet). Die Kontrollregion besteht aus den Lokalisierungssequenzen L (auch »TATA-Box« genannt, weil sie diese Sequenz oft enthalten), den Enzym-Bindungssequenzen (BS) und den Initiatorsequenzen (I). Das Transkript (T) beinhaltet sowohl die codierenden Sequenzen wie die Introns und reicht über das Ende des Gens hinaus. Das Transkript reift dann zur Messenger-RNA (M). Das stromauf gelegene Ende des Transkripts ist durch seine Kappe geschützt, während eine Kette von As (poly-A) das stromab gelegene Ende der Messenger-RNA repräsentiert. Der Rest wird abgeschnitten. So wird die Messenger-RNA abgegrenzt. Innerhalb dieser Grenzen werden die Introns herausgeschnitten. Damit ist die Reifung abgeschlossen. In der Messenger-RNA folgt kurz nach der Kappe ein Starttriplett (AUG): Dort beginnt die Translation. Sie endet an einem Stopptriplett. Das resultierende Protein (P) besteht häufig aus Domänen (D), die den codierenden Sequenzen entsprechen. Auch nachdem sich das Protein zu seiner endgültigen Form zusammengefaltet hat, sind die Domänen noch relativ deutlich voneinander abgegrenzt (unten).

stromab von ihm.) Ein Enhancer behält seine Aktivität sogar bei, wenn er so umgekehrt wird, daß sein hinteres Ende vorne und sein vorderes hinten liegt. Mit anderen Worten, der Enhancer kontrolliert die Transkription zu beiden Seiten seines Standortes und über beträchtliche Entfernung. Wie er das bewerkstelligt, ist jedoch nicht klar. Nach Bindung der speziellen Proteine verändert der Enhancer offensichtlich die Struktur des Chromatins und erleichtert oder erschwert auf diese Weise die Wechselwirkung der Transkriptase mit dem Promoter. Möglicherweise unterstützen auch unterwundene Abschnitte der Doppelhelix, manchmal mit ungewöhnlicher linksdrehender Windung, die Wirkung der Enhancer. Beide Strukturmerkmale begünstigen die Trennung der Stränge und erleichtern es der Transkriptase, an den Matrizenstrang zu binden.

Abgesehen von kurzen Abschnitten, die relativ gleichbleibend sind, unterscheiden sich die Basensequenzen der Enhancer von einem Gen zum anderen. Verschiedene Enhancer wirken mit Regulatorproteinen zusammen, die nur in bestimmten Zelltypen anzutreffen sind. Diese Wechselwirkungen legen fest, in welchen Zellen und wie intensiv ein bestimmtes Gen transkribiert wird. Die wirksamsten Enhancer befinden sich in viralen DNAs, die auf rasche Transkriptionsprozesse angewiesen sind, um in schneller Folge repliziert werden zu können.

Vielfältige Transkriptionskontrollen

Der Enhancer ist ein wichtiger Mechanismus zur Kontrolle der Gentranskription, aber beileibe nicht der einzige. Die Transkription ist vielfältigen Kontrollen unterworfen, deren Zusammenwirken wir heute noch nicht recht vestehen. Einige scheinen absoluten Vorrang zu haben und setzen die Transkription in Gang, indem sie sich über alle anderen Kontrollen hinwegsetzen, während andere nur verstärkend wirken. Diese komplexe Organisation zeigt vermutlich, wie wichtig es ist, ganz streng zu regeln, wann und wie ein Gen transkribiert wird. Erforderlich ist sie auch, weil vielfältige Signale, außerhalb und innerhalb der Zelle abgegeben, auf die Aktivierung eines Gens dringen können. Das komplizierte System der Kontrollen hängt vermutlich auch mit der Evolution zusammen, in deren Verlauf neue Kontrollen zu bereits vorhandenen hinzukamen. Die Evolution folgt keinem festgelegten Plan; sie ist opportunistisch, d.h. sie macht von dem Gebrauch, was vorhanden ist, und fügt neue Elemente hinzu, wenn sie erforderlich werden. Über den Wert eines Mechanismus entscheidet nur, ob er funktioniert, nicht, ob ihm ein schöner Plan zugrunde liegt.

Ein Mechanismus der Transkriptionsregulierung beruht auf chemischen Veränderungen der DNA. Häufig wird die Sequenz

```
–C–C*–G –G–
 |  |   |  |
 |  |   |  |
–G–G –C*–C
```

verändert, und zwar durch eine Methylgruppe (m-Gruppe), die von besonderen Enzymen an die beiden zentralen C (durch Sternchen gekennzeichnet) angefügt werden kann. Von wenigen Ausnahmen abgesehen, sind m-Gruppen in der Kontrollregion jener Gene zugegen, die nicht transkribiert werden. Die Bedeutung dieser Gruppen wird offenkundig, wenn man Gene in die Zellen einschleust: Ein Gen mit m-Gruppen bleibt inaktiv, während eines ohne diese Gruppen transkribiert wird. Verblüffenderweise bleibt die Anwesenheit oder Abwesenheit von m-Gruppen in diesen Genen über viele Replikationen erhalten; wir haben es mit einem sich selbst erhaltenden Merkmal zu tun. Die Zahl der m-Gruppen läßt sich vermindern, indem man eine Zellkultur in Gegenwart eines modifizierten C (Azacytidin) züchtet, das anstelle des normalen C in die DNA eingegliedert wird und die Bindung von m-Gruppen verhindert. Nach dieser Behandlung nehmen einige stumme Gene eine ungehemmte Aktivität auf. Da jedoch nicht alle Gene mit dem modifizierten C aktiv werden, müssen auch andere Faktoren beteiligt sein.

In der Medizin hat man sich des modifizierten C im Fall von Patienten bedient, die ein defektes Globingen besaßen. Globin gehört zu den Proteinen des Hämoglobins, des Sauerstoffträgers im Blut. Wir werden im nächsten Kapitel sehen, daß es mehrere Globingene gibt – einige, die im fötalen, andere, die im erwachsenen Lebensabschnitt aktiv sind. Bei diesen Patienten war ein Gen geschädigt, das im erwachsenen Lebensabschnitt aktiv ist. Im Prinzip ließe sich ein Ausgleich schaffen, indem man das entsprechende fötale Gen reaktivierte. Die Patienten wurden mit modifiziertem C behandelt, und schon nach wenigen Wochen zeigte ihr Zustand deutliche Besserung: Im Blut fand sich eine beträchtliche Menge fötalen Hämoglobins. Man war zu diesem Erfolg jedoch auf einem anderen Wege gelangt, als man ursprünglich erwartet hatte. Das modifizierte C hatte das fötale Gen durch einen Eingriff in die DNA-Replikation reaktiviert und damit einen bislang unbekannten Regulationsmechanismus enthüllt.

Ein weiterer Kontrollfaktor der Transkription ist der Zustand des Chromatins. Ein Segment mit der Kontrollregion ist bei inaktiven Genen sehr kompakt, bei aktiven Genen dagegen locker. Der Grad der Chromatinverdichtung läßt sich an der Wirkung der DNA-schneidenden Enzyme ablesen; sie spalten die DNA leichter in lockerem als in verdichtetem Chromatin. Bei der Untersuchung des Chromatinzustandes stieß man auf ein weiteres wichtiges Prinzip: Auch ein inaktives Gen kann wieder einsatzbereit werden, wenn bestimmte Signale die Zelle erreichen. Das Chromatin dieser *aktivierbaren Gene* ist locker. Beispielsweise haben in unreifen – noch nicht voll entwickelten –

roten Blutkörperchen die Globingene lockeres Chromatin. Zwar werden sie nicht ständig transkribiert, doch setzt die Transkription ein, sobald bestimmte Signalsubstanzen an den Zellen binden.

Die vielen Regulationsmechanismen der Transkription werden besonders intensiv während der Entwicklung genutzt. Der Organismus beginnt als einzelne Zelle, als befruchtete Eizelle, und erlebt dann viele Veränderungen seiner Form und Funktion. Die Aktivität der Gene wird ständig verändert, so daß verschiedene Zelltypen aufeinander folgen. Wie wir in Kapitel 12 noch sehen werden, ist die Transkriptionsregulierung für die Evolution von zentraler Bedeutung.

In Bakterien ist die Transkription von Genen, die die Verwendung von nur gelegentlich verfügbaren Nährstoffen kontrollieren, streng reguliert. Fehlt ein bestimmter Nährstoff in der Umwelt des Bakteriums, wird die Aktivität der Gene, die für die Nutzung dieses Nährstoffes verantwortlich sind, durch Proteine blockiert, die von Regulatorgenen spezifiziert werden und sehr eng an den Kontrollregionen binden. Man bezeichnet diese Proteine als *Repressoren*. Sehr eingehend wurde der Mechanismus untersucht, der die Verwendung von Laktose, einem in Milch vorkommenden Zucker, kontrolliert. Daran sind mehrere Gene beteiligt, die alle mit denselben, normalerweise blockierten Kontrollregionen in Verbindung stehen. Wenn man der Umgebung des Bakteriums Laktose zuführt, verbindet sie sich mit dem Repressor in den Zellen und blockiert seine Wirkung. Daraufhin werden die Gene transkribiert und ihre Proteine hergestellt, so daß der Zucker verwendet werden kann. Der aktive Zustand dauert nur an, solange der Zucker zur Verfügung steht. Diese Kontrolle ermöglicht dem Bakterium einen sparsamen Umgang mit seiner Energie, die nutzlos verschwendet würde, wenn die Proteine zur Laktosenutzung ständig hergestellt würden.

Die Repressormoleküle haben im Laufe ihrer Evolutionsgeschichte einen hochspezialisierten Mechanismus zur Wechselwirkung mit der DNA entwickelt. Sie binden an bestimmte DNA-Abschnitte, *Palindrome*, die aus zwei identischen, nur in entgegengesetzte Richtungen verlaufenden Basensequenzen bestehen. Der Repressor selbst besteht aus zwei identischen Proteinmolekülen, von denen jedes an einer Sequenz des Palindroms bindet, so daß dieses vom Repressor praktisch umarmt wird. Die doppelte Wechselwirkung ermöglicht eine sehr gründliche Repression.

Instruktionen für Proteine: Der Translationscode

Nachdem die Transkription die genetischen Instruktionen von der DNA-Matrize auf das RNA-Transkript übertragen hat, müssen die Instruktionen nun vom Transkript an das Protein weitergegeben werden. Hier verändert sich die »Sprache«, weil Proteine Aminosäuresequenzen sind. Wenn wir bei der Analogie mit der Sprache bleiben, müssen wir diese Übertragung eine *Translation*, eine Übersetzung, nennen.

Die Proteine verwenden in ihrem Code zwanzig Strukturelemente (die Aminosäuren), während bei den Nukleinsäuren vier zur Verfügung stehen (die Basen): Eine Sprache von vier Buchstaben wird in eine von zwanzig Buchstaben übersetzt. Die Informationsübertragung braucht einen *Translationscode*, in dem mehrere Basen eine Aminosäure festlegen. Wenn die Zahl der Basen pro Aminosäure konstant sein soll, müßte sie mindestens drei betragen; wäre sie zwei, könnten die vier Basen nur sechzehn Aminosäuren spezifizieren. Schon bald nachdem man mit der Untersuchung des Translationscodes begonnen hatte, erkannte man diesen arithmetischen Tatbestand und ließ sich von ihm leiten. Es stellte sich heraus, daß drei die richtige Zahl ist. Um den Code zu entschlüsseln, mußte man jedoch zunächst den molekularen Mechanismen der Translation auf die Spur kommen und ein System entwickeln, um im Reagenzglas, also unabhängig von der Zelle, die RNAs bekannter Sequenzen in Proteine zu übersetzen.

Erstmals wurde der Code entziffert, als man im Laboratorium kurze RNAs mit einfachen, bekannten Basensequenzen zusammensetzte – meist Wiederholungen einer einzigen Base oder einer Gruppe von drei Basen. Sobald man diese RNAs dem proteinsynthetisierenden Apparat hinzufügte, bewirkten sie die Bildung einfacher Proteine, meist aus Wiederholungen einer einzigen oder einiger weniger Aminosäuren bestehend. Aus diesen Experimenten ging hervor, daß eine Aminosäure durch eine Sequenz von drei Basen – ein *Triplett* oder *Codon* – spezifiziert wird. Nun konnte man entscheiden, welche Aminosäure welchem Triplett entspricht. Auch eine wichtige Eigenschaft des Translationscodes konnte geklärt werden: Es gibt keine Signale, die zeigen, wo ein Triplett endet und das nächste beginnt. Einen solchen Code nennt man kommafrei.

Die Gültigkeit des dergestalt bestimmten *genetischen Codes* hat man seither zur Genüge bestätigt, indem man die Basensequenzen bestimmter Gene mit den Aminosäuresequenzen der entsprechenden Proteine verglichen hat. Bei vielen Viren, Bakterien, Tieren und Pflanzen hat man übereinstimmende Codes entdeckt. Fazit: Von einigen wenigen Ausnahmen – beispielsweise den Mitochondrien (siehe unten) – abgesehen, verwenden alle Lebewesen denselben Code. *Der Code ist universell.*

Ansatz des Leserasters

Die Zahl möglicher Basenkombinationen – vierundsechzig – ist weit größer als die der Aminosäuren, die sich auf zwanzig beläuft. Was fängt die Natur mit den überzähligen Tripletts an? Wie sich herausstellte, hängt das von den Tripletts ab (Abb. 4.10). Einige entsprechen keiner Aminosäure, sondern haben die wichtige Funktion, festzulegen, wo die Translation beginnt oder endet.

Das *Starttriplett* (AUG) sorgt für den richtigen Ansatz des Leserasters. Am anderen Ende des Gens legen ein oder zwei *Stopptripletts* (von denen es drei Arten gibt) das Ende der Aminosäurekette fest und lösen sie von dem Tanslationsapparat, an dem sie synthetisiert wird. Stopptripletts sind notwendig, weil die Messenger-RNA über das Ende des Gens hinausreicht, hier aber nicht mehr übersetzt werden darf. Der Translationsbeginn muß ganz genau definiert sein, weil bei der Übersetzung der Tripletts das *Leseraster* am ersten Triplett festmacht und dann Triplett um Triplett bis zum Ende fortschreitet. Wie entscheidend das ist, zeigt sich, wenn die Translation nur eine Base ausläßt, d.h. wenn das Leseraster im gesamten Gen nur um eine Position verschoben wird. Die Auswirkungen können katastrophal sein. Betrachten wir beispielsweise die untenstehende kurze Sequenz und die entsprechenden Aminosäuren:

UUU.GCC.GUC.ACA.UGG.UAC (Basen)
Phe-Ala-Val-Thr-Try-Tyr (abgekürzte Bezeichnungen von Aminosäuren)

Verschiebt sich das Leseraster nur um eine Position, so verändert sich die Aminosäuresequenz wie folgt:

U.UUG.CCG.UCA.CAU.GGU.AC (Basen)
Leu-Pro-Ser-Gln-Gly (Aminosäuren)

Die Sequenzen der beiden Aminosäureketten sind vollkommen verschieden, und das Protein, das nach der Rasterverschiebung gebildet würde, wäre nutzlos für die Zelle.

erste Base ▼	zweite Base ► U	C	A	G	dritte Base ▼
U	phe leu	ser	tyr **STOP** **STOP**	cys **STOP** try	U C A G
C	leu	pro	his+ gln	arg+	U C A G
A	ileu **START**	thr	apn lys+	ser arg+	U C A G
G	val	ala	asp– glu–	gly	U C A G

Abbildung 4.10: Translationscode. Alle Tripletts, die die vier Basen bilden können, sind zusammen mit den Aminosäuren oder Signalen, die sie spezifizieren, aufgeführt. Vier Tripletts (fettgedruckt) sind Signale; eines (AUG) ist das Startcodon, das festlegt, wo die Translation beginnt. An anderen Positionen spezifiziert das gleiche Triplett eine Aminosäure (MET). Drei Stopptripletts (UAA, UAG und UGA) spezifizieren das Translationsende; nur eines wird jeweils gebraucht. Acht Aminosäuren werden durch die ersten beiden Basen vollständig definiert, so daß die dritte unwichtig ist; elf andere können eine von zwei Basen in der dritten Position haben, und nur zwei (MET, TYR) verlangen auch eine bestimmte dritte Base. Zwei Aminosäuren (LEU, ARG) können sogar zwei verschiedene erste oder zweite Basen annehmen. Unterstrichen sind die lipophilen Aminosäuren; + bezeichnet die Aminosäuren, die im Protein eine positive Ladung haben, und – die Aminosäuren, die eine negative Ladung haben. Es ist zu beachten, daß der Austausch von einer Base oft zu Aminosäuren mit den gleichen Merkmalen führt.

Die verbleibenden überzähligen Tripletts können fakultativ verwendet werden: Sie sind *Alternativtripletts*. Mithin können mehrere Tripletts für die gleiche Aminosäure codieren. *Dagegen codiert ein Triplett niemals für mehr als eine Aminosäure.* In vielen Tripletts spielt die dritte Base (in Leserichtung) fast nie eine Rolle – jede Base kann diese Position einnehmen. Der Code ist also praktisch ein »Duplett-plus-Code«. Verschiedene Organismen ziehen bestimmte Basen in der dritten Position anderen vor. Insofern trägt die fakultative dritte Base zur flexiblen Verwendung der DNA-Sequenzen bei.

Bedeutsamere Unterschiede im Code sind bei Mitochondrien zu beobachten, den Zellorganellen, die für die Energieumwandlung verantwortlich sind. Wie gezeigt, sind Mitochondrien gewissermaßen kleine Zellen in anderen Zellen und besitzen ihr eigenes DNA-Transkriptionssystem und DNA-Translationssystem. Der Hauptunterschied liegt darin, daß eine Sequenz, die in anderen Zellen als Stopptriplett dient, in den Mitochondrien tierischer Zellen für eine Aminosäure codiert. Außerdem werden dort zwei Aminosäuren von anderen Tripletts bestimmt. Diese Unterschiede lassen darauf schließen, daß die prokaryontische Zelle, die zum ersten Mitochondrium wurde, einen eigenen Ursprung hatte.

Neudefinition des Gens

Prinzipiell könnte eine Basensequenz auf dreierlei Weise gelesen werden, je nachdem ob das Leseraster mit der ersten, der zweiten oder der dritten Base beginnt. Ein DNA-Abschnitt enthielte demnach drei genetische Instruktionen für drei Proteine mit drei verschiedenen Aminosäuresequenzen und verschiedenen Eigenschaften. Macht die Natur von dieser Möglichkeit gelegentlich Gebrauch? Ja, und zwar vor allem bei Viren, in denen ziemlich häufig zwei Raster desselben DNA-Abschnitts die Information für zwei verschiedene Proteine enthalten. Welches der möglichen Proteine tatsächlich zusammengesetzt wird, hängt nicht nur von der DNA-Sequenz ab, sondern auch von dem Teil des Transkripts, der in der Translation verwendet wird. Wir werden auf diesen Punkt noch zurückkommen.

Die Beobachtungen an überlappenden Genen zeigen, daß die Natur von jedem Mechanismus Gebrauch macht, der zur Verfügung steht und möglich ist. Die Art, wie sie sich überlappende Gene in Viren zunutze macht, hat wahrscheinlich mit der Notwendigkeit zu sparsamer Vorgehensweise bei kleinen Genomen zu tun. Die Beobachtungen zeigen ferner, daß unser Genbegriff einer neuen Definition bedarf: Es ist keine Basensequenz, sondern eine *codierende Sequenz*. Folglich enthält eine Basensequenz drei codierende Sequenzen und, im Prinzip, drei Gene.

Wie der Code verwendet wird

Die Translation findet in einem komplizierten Apparat statt, der aus Proteinen und RNAs besteht und ATP-Energie verwendet. Das RNA-Transkript wird als *Messenger-RNA* (abgekürzt mRNA), die die Information des Gens trägt, mit dem Apparat verknüpft. In Bakterien wird das Transkript direkt als mRNA verwendet; in eukaryontischen Zellen muß es erst verändert werden – der sogenannten *Reifung* unterworfen werden (vgl. Abb. 4.9). Die reife mRNA besitzt an ihrem Anfang ein speziell modifiziertes G – eine *Kappe* –, an ihrem Ende eine Kette von As, einen *Poly-A-Schwanz*, und einige Abschnitte weniger, die herausgeschnitten worden sind (vgl. unten die Erörterung der gestückelten Gene). Nach der Reifung wandert die mRNA ins Zytoplasma, wo das Protein synthetisiert wird. Eine mRNA hat nur eine begrenzte Lebenszeit, in deren Verlauf sie viele Male übersetzt wird, um schließlich von bestimmten Enzymen abgebaut zu werden. Ihre kurze Lebenszeit ermöglicht es der Zelle, rasch von der Expression einer bestimmten Gengruppe auf die einer anderen umzuschalten.

Der Apparat zur Proteinsynthese besteht aus den Zellpartikeln, die man *Ribosomen* nennt (Abb. 4.11), aus *Transfer-RNAs* und Enzymen. Die Ribosomen (so genannt, weil sie RNA enthalten) bilden das Gerüst für die Zusammensetzung der Aminosäurekette. Anfang der fünfziger Jahre wurden sie von Forschern des Rockefeller Institute in New York entdeckt. Diese Partikel haben einen Kern aus drei RNAs (*ribosomalen RNAs*), der von etwa fünfzig verschiedenen Proteinen umgeben ist. Transfer-RNAs, abgekürzt tRNAs, sind die wichtigsten Elemente des Translationsmechanismus. Sie haben die Funktion von Adaptoren: Jede empfängt eine Aminosäure von einem Spendermolekül (Donor) und gibt sie an die in Synthese befindliche Aminosäurekette weiter. Es gibt viele tRNAs, mindestens eine für jede Aminosäure. Jede tRNA trägt eine Aminosäure am einen Ende und hat drei freiliegende Basen am anderen Ende; diese bilden das *Anticodon*, das Komplement des Tripletts oder Codons, welches nach dem Translationscode der mitgeführten Aminosäure entspricht. Das Anticodon der tRNA bindet an das Triplett der mRNA und legt damit den Ort für den Einbau der Aminosäure in die Kette des Proteins fest. Die Translationsgenauigkeit hängt von zwei verschiedenen Wechselwirkungen ab: der der tRNA mit dem Enzym, das ihm die geeignete Aminosäure zuführt, und der des Anticodons mit dem Co-

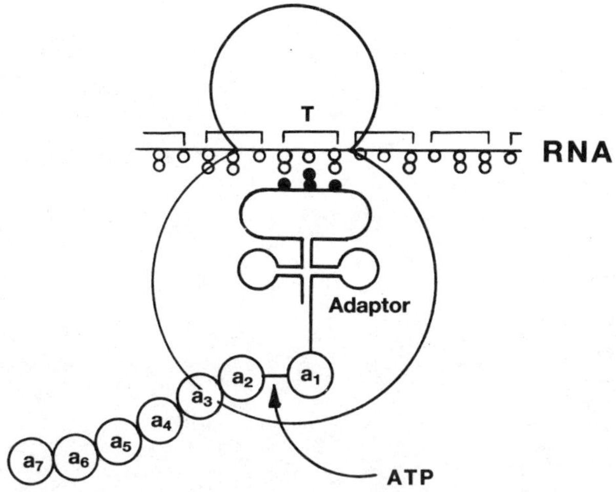

Abbildung 4.11: Der Translationsmechanismus. Das Ribosom besteht aus zwei Teilen; jeder umfaßt einen Kern aus ribosomalen RNAs, der von Proteinen umgeben ist. Der kleinere Teil bindet die mRNA, die hier als eine Reihe von Tripletts (Codierungseinheiten) dargestellt ist. Der größere Teil bindet den tRNA-Adaptor. Drei Basen der tRNA entsprechen einem Triplett, T, der mRNA; der Adaptor trägt die Aminosäure, die diesem Triplett entspricht (hier als a_1 bezeichnet). Unter Verwendung von ATP-Energie wird diese Aminosäure an die bereits synthetisierte Kette angefügt (die in unserem Fall bereits sechs Aminosäuren umfaßt). a_1 wird gerade als bislang letzte Aminosäure hinzugefügt.

don. Die große Spezifität der Wechselwirkung zwischen Enzym und RNA ist bemerkenswert; allerdings sind ihre strukturellen Grundlagen noch nicht recht klar.

Die Aminosäurekette entsteht also während der Translation durch die Zusammenarbeit von mRNA, Ribosomen, tRNAs und Enzymen. Jeweils ein Ribosom hängt sich an die Messenger-RNA und tastet sie während der Synthese der Kette der Länge nach ab. Die Aminosäurekette wird in einer Reihe sich wiederholender Schritte durch Hinzufügung jeweils einer Aminosäure zusammengefügt. Bei jedem Schritt bewegt sich das Ribosom zu einem neuen Triplett auf der mRNA und führt die tRNA mit sich, die dem vorangehenden Triplett entspricht. Dieses hält die wachsende Aminosäurekette. Die tRNA, die dem neuen Triplett entspricht, hängt sich an das Ribosom und verbindet die mitgeführte Aminosäure mit der wachsenden Kette; die tRNA des vorangehenden Tripletts löst sich. Das Ribosom rückt zum nächsten Triplett weiter. Wenn ein Ribosom ein Stopptriplett erreicht, verläßt es die mRNA und gibt die alte tRNA sowie die Aminosäurekette frei. Eine mRNA wird viele Male übersetzt, wobei je-

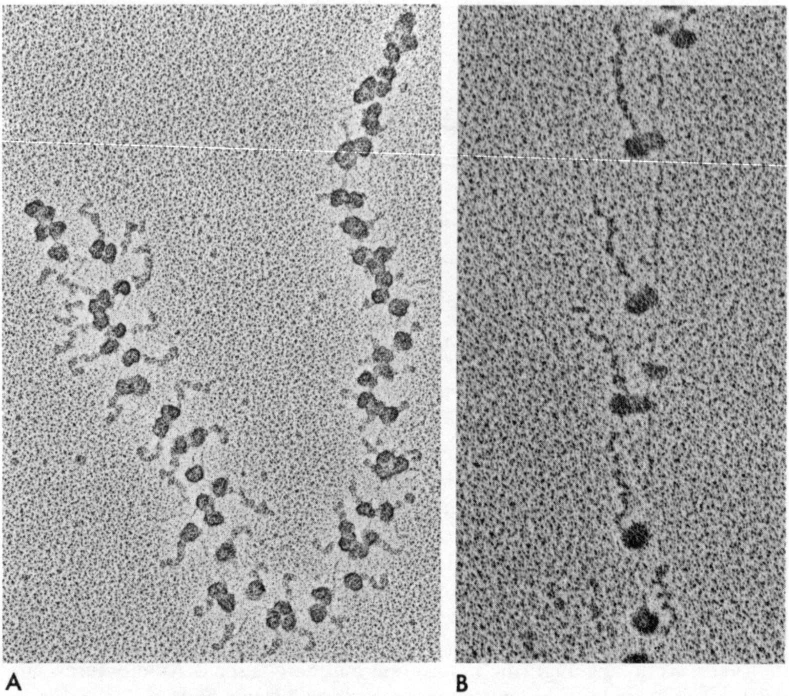

Abbildung 4.12: Messenger-RNA und mit ihr verknüpfte Ribosomen unter dem Elektronenmikroskop. (A) Eine vollständige mRNA, 50000fach vergrößert. Die Translation beginnt rechts oben und endet links oben, wo die Aminosäureketten freigegeben werden. (B) Ein langgezogenes Präparat, 100000fach vergrößert, das die mRNA als dünnen Faden und mehrere Ribosomen mit Aminosäureketten zeigt. (Aus: C. Franke, J. E. Edstrom, A. W. McDowall und O. L. Miller, *EMBO Journal* 1 [1982], S. 59–62.)

desmal die gleiche Aminosäurekette resultiert. Sobald ein Ribosom die Startstelle der RNA freigegeben hat, kann sich das nächste daran festsetzen. An einer mRNA hängen viele Ribosomen mit den ihnen anhaftenden Aminosäureketten, so daß das ganze Bild Ähnlichkeit mit einer futuristischen Halskette hat (Abb. 4.12).

Gestückelte Gene

Zu den auffälligsten Veränderungen eukaryontischer Transkripte im Verlauf ihrer Reifung gehört die Entfernung von bestimmten Teilstücken. Die meisten Gene der Eukaryonten und der Viren, die in eukaryontischen Zellen wachsen, bestehen aus Teilstücken mit unterschiedlichen Aufgaben. Einige Stücke enthalten *codierende Se-*

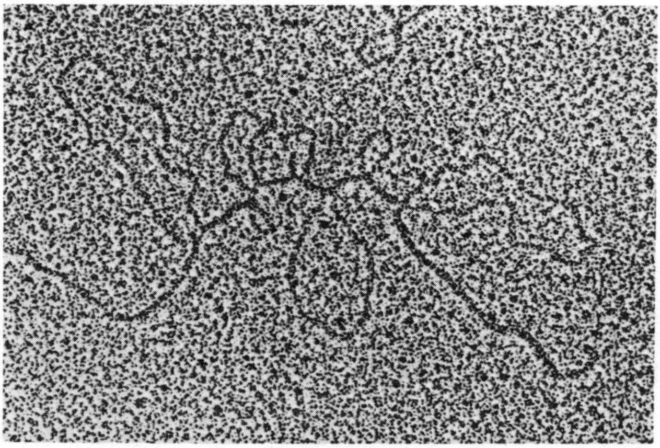

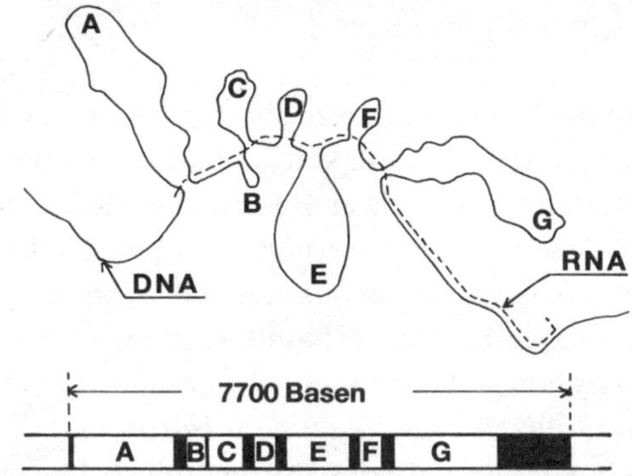

Abbildung 4.13: Introns eines Hühnereiweiß spezifizierenden Gens unter dem Elektronenmikroskop (180000fach vergrößert). Partielle Helices wurden durch Hybridisierung des Gens (DNA) mit der mRNA gebildet. Oben sieht man das elektronenmikroskopische Photo, darunter seine Deutung. Sieben Schleifen der DNA-Matrize (A bis G) entsprechen Introns und bilden keine Helices, weil es in der RNA keine komplementären Sequenzen gibt. Die Karte des Gens mit Exons (schwarz) und Introns (weiß) ist ganz unten abgebildet. (Aus: P. Chambon, *Scient. Am.* 244 [1981], S. 60–71.)

quenzen (Exons genannt, weil sie den Zellkern verlassen und ins Zytoplasma wandern), die für die Spezifizierung der Aminosäuresequenzen und der entsprechenden Proteine verantwortlich sind. Andere Stücke, die zwischen die Exons eingeschoben sind, spezifizieren keine Aminosäuren. Sie werden als *intervenierende Sequenzen* bezeichnet (oder *Introns*, weil sie größtenteils im Zellkern bleiben).

Fast alle Gene der Eukaryonten enthalten Introns, wie sich unter dem Elektronenmikroskop leicht erkennen läßt. Dazu untersucht man Doppelhelices, die man künstlich aus einem Strang mRNA und dem entsprechenden Matrizenstrang der DNA hergestellt hat. (In Kapitel 5 werden wir sehen, wie sich solche Helices bilden lassen.) Introns treten als ungepaarte DNA-Schleifen in Erscheinung, weil die entsprechenden RNA-Abschnitte fehlen (Abb. 4.13). Ihre Zahl schwankt beträchtlich – von eins bis ungefähr fünfzig pro Gen. Auch ihre Länge kann außerordentlich unterschiedlich ausfallen – etwa zwischen 50 und 20000 Basen. Infolgedessen kann die DNA eines Gens zwanzigmal so lang sein wie seine mRNA. Beim sogenannten *Spleißen* während des Reifungsprozesses der RNA werden die Introns entfernt und die Exons miteinander verbunden (Abb. 4.9). Deshalb gibt es in der mRNA keine Introns mehr.

Die Präzision des Spleißens

Die Spleißvorgänge, mittels deren die mRNAs hergestellt werden, müssen mit absoluter Genauigkeit ablaufen, damit das richtige Leseraster erhalten bleibt. Zwei Basen, die Hunderte oder sogar Tausende von Basen auseinanderliegen, müssen fehlerfrei zusammengebracht werden. Das kann nur geschehen, wenn spezifische Basensequenzen als Spleißsignale erkannt werden.

In tierischen Zellen gibt es tatsächlich charakteristische Sequenzen sowohl an den Grenzen zwischen einem Intron und den angrenzenden Exons als auch innerhalb des Introns selbst. Die stromauf gelegene Grenze enthält das Duplett GU, die stromab gelegene Grenze das Duplett AG. Diese Dupletten sind fast immer von den gleichen Basen umgeben und bilden mit ihnen zusammen die sogenannten *Konsensus-Sequenzen*. Eine relativ konstante innere Sequenz findet sich zwanzig bis vierzig Basen von der stromab gelegenen Grenze entfernt. Wenn irgendeine dieser Sequenzen verändert wird, findet das Spleißen entweder gar nicht oder nur fehlerhaft statt. In den meisten Fällen spielt das restliche Intron beim Spleißen keine Rolle; es kann beliebig verändert oder sogar entfernt werden.

Wie wichtig die Spleißsignale sind, zeigen die Folgen eines fehlerhaften Signals bei einer Sonderform der chronischen Anämie, der *Beta-Thalassämie*, einer Erbkrankheit, unter der vor allem Menschen mediterraner Abstammung leiden. Die Betroffenen weisen eine Veränderung in einem der Gene für das Beta-Globin, ein Bestandteil des Hämoglobins, auf. Überraschenderweise wird bei einer bestimmten Erscheinungsform der Krankheit kein normales Protein

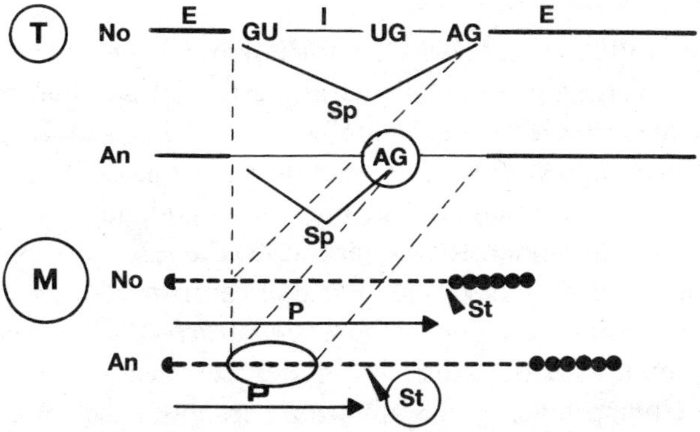

Abbildung 4.14: Ein Spleißfehler führt zu einer vererbbaren chronischen Anämie. Das Diagramm oben zeigt das Transkript (T) des Beta-Globin-Gens normaler (No) und anämischer Individuen (An). Unten sind die entsprechenden Messenger-RNAs (M) und Proteine (P) abgebildet. E = Exons (fette Linien), I = Introns (dünne Linien). GU, AG sind die normalen Spleißsignale. Beim anämischen Individuum ersetzt eine Mutation das normale Duplett UG durch AG (eingekreist). Bei der Herstellung von mRNAs spiegelt dieser Austausch ein zusätzliches Spleißsignal vor (Sp). Die meisten Transkripte des anämischen Individuums durchlaufen den Reifungsprozeß unter Verwendung des abnormen Signals, so daß ein kurzer Abschnitt des Introns (oval) in die mRNA eingebaut wird. Diese Insertion führt zu einer Verschiebung des Leserasters, wenn die Translation das normale Exon erreicht. In diesem abnormen Raster ist ein verfrühtes Stoppsignal (St, eingekreist). Das dergestalt hergestellte Protein ist infolge der Rasterverschiebung viel kürzer als das normale Protein und weist einen hohen Grad von Anomalität auf.

hergestellt, obwohl das Gen normale Exons hat. Der Fehler liegt in einem Intron (Abb. 4.14): Ein UG-Duplett ist zu AG verändert, also dem stromab gelegenen Spleißsignal. Das abnorme Signal liegt neunzehn Basen vor dem regulären. Gewöhnlich wird das Intron an diesem abnormen Signal gespleißt, so daß die neunzehn zusätzlichen Basen in der mRNA bleiben – eine Base mehr, als zur Erhaltung des richtigen Leserasters erforderlich wäre. Das neue Raster hat ein Stopptriplett innerhalb des Gens, so daß ein viel kürzeres, nutzloses Protein entsteht. Allerdings wird das Spleißsignal nicht immer verwendet; von Zeit zu Zeit wird es übersprungen und der Spleißvorgang am normalen Signal ausgeführt, so daß auch kleine Mengen normalen Beta-Globins hergestellt werden.

Ungeachtet solcher Signale bleibt die außerordentliche Genauigkeit des Spleißens verblüffend. Wie ist es beispielsweise möglich, daß Gene mit einer Vielzahl von Introns korrekt gespleißt werden? Es wäre doch denkbar, daß das stromauf gelegene Ende des Introns zufällig mit dem stromab gelegenen Ende des letzten Introns verbunden wird, so daß alle Exons dazwischen fortfallen. Solche und andere Unglücksfälle werden größtenteils verhindert, weil die Spleißprozesse an den Transkripten der umfangreichen Gene höherer Organismen von großen *Spleiß-Komplexen* ausgeführt werden. Zu ihnen gehören das Transkript, die Spleißenzyme und RNA-bindende Proteine. Der Komplex ist mit kleinen RNAs verknüpft, die man gewöhnlich, mit Proteinen verbunden, in kleinen Partikeln antrifft, den *Snurps* (nach englisch *small nuclear ribonucleoprotein particles*)*. Wir wissen, wie dieser Komplex für die Ausrichtung des Leserasters sorgt und das zufällige Überspringen von Sequenzen vermeidet. Die Ausrichtung fällt in die Verantwortung der kleinen RNAs. Eine von ihnen, U1, hat eine Sequenz, die der Consensus-Sequenz am stromauf gelegenen Ende eines Introns komplementär ist und mit der sie eine Doppelhelix ausbildet. Eine weitere kleine RNA, U2, ist zu einer bestimmten Sequenz im mittleren bis hinteren Bereich des Introns komplementär, während noch eine andere, U5, zu einer stromab gelegenen Intron-Sequenz komplementär ist. Während des gesamten Prozesses werden die Segmente der zu spleißenden RNA durch den Spleißkomplex zusammengehalten. Zufälliges Springen von einem Intron zum nächsten wird wahrscheinlich durch eine Regulation des Spleißens verhindert. Wie wir gesehen haben, kann die Reifung des gleichen Transkripts in verschiedenen Zellen ganz unterschiedlich verlaufen. Spezielle Proteine sind jedoch in der Lage, den Spleißmechanismus zum geeigneten Intron zu dirigieren und dabei Methoden zu verwenden, die vom jeweiligen Zelltyp abhängen (alternatives Spleißen).

Die durch den Spleißvorgang eliminierten Abschnitte besitzen die Form von zirkulären RNAs, mit oder ohne kleinen Schwanz, je nach Organismus. Die Bildung geschlossener Schleifen bedeutet, daß jede Bindung, die zwischen einem Intron und einem Exon aufgehoben wird, mit einem anderen Nukleotid des Introns wiederhergestellt wird, wahrscheinlich ohne daß eine Energiequelle erforderlich ist. In den einfachsten Fällen sind noch nicht einmal Proteine nötig: In einem einzelligen Eukaryonten wirkt die RNA selbst als Enzym und spleißt sich selbst. Nicht nur hier übernimmt die RNA die Funktion eines Enzyms. Manche Enzyme enthalten RNA als wesentlichen Bestandteil, wenn sie auch in erster Linie aus Protein bestehen. Es über-

* Auch als snRNPs bezeichnet (Anmerkung des Übersetzers).

rascht nicht, daß RNA die Aufgaben von Enzymen übernehmen kann, denn ähnlich wie Protein kann sie durch Faltung komplexe dreidimensionale Strukturen annehmen und kann ihre Gestalt immer wieder verändern (vgl. Abb. 4.5). Die enzymatische Aktivität von Proteinen beruht auf ähnlichen Eigenschaften (vgl. Kap. 2). Dieser Aspekt der RNA ist wichtig, weil er zeigt, daß in der Entwicklungsgeschichte des Lebens die enzymatischen Aufgaben, bevor es Proteine gab, von der RNA übernommen werden konnten.

Doch unabhängig von der Frage nach dem Ursprung verleiht die Existenz vieler separater Exons dem Gen große Flexibilität. Sie lassen sich nämlich durch alternatives Spleißen auf verschiedene Arten zusammensetzen, so daß ein Gen viele verschiedene Proteine spezifizieren kann. Beispielsweise erzeugt ein Gen für ein Muskelprotein, das achtzehn separate Exons besitzt, mindestens zehn verschiedene mRNAs und die entsprechenden Proteine. Sechs Exons, die für die Grundeigenschaften des Proteins verantwortlich sind, finden sich in allen mRNAs, während sich die anderen, die für fakultative Eigenschaften zuständig sind, von Fall zu Fall unterscheiden. mRNAs unterschiedlicher Zusammensetzung werden vom selben Organismus in verschiedenen Zelltypen und Entwicklungsstadien hergestellt.

Das Schicksal der herausgeschnittenen Sequenzen

Sehr interessant ist auch die Frage, ob Introns irgendeine besondere Funktion wahrnehmen. Eine generelle Antwort ist nicht möglich. Manche Wissenschaftler meinen, die Natur hätte sie nicht erhalten, wenn sie nicht irgendeinen Nutzen hätten; doch wir sollten uns vor allzu dogmatischen Positionen hüten. Es mag sein, daß die Introns in der Evolution einmal wichtig waren, heute aber ohne besondere Bedeutung sind.

Unter anderem hat man sich um eine Antwort bemüht, indem man nach einer spezifischen Funktion der Introns gesucht hat. Bei diesen Versuchen ist man in verschiedenen Systemen auf unterschiedliche Ergebnisse gestoßen. Viele Introns haben offenbar keine besonderen Funktionen mehr, weil sie im Lauf der Entwicklungsgeschichte zu viele Basenveränderungen erlebt haben, als daß sie noch irgendeine Funktion unbeeinträchtigt wahrnehmen könnten. Solche evolutionären Veränderungen lassen sich durch einen Vergleich bestimmter Introns in verschiedenen Arten erkennen. Auf der anderen Seite hat man in einigen wenigen Fällen, vor allem bei niederen Eukaryonten, spezifische Funktionen beobachtet. In Hefemitochondrien spezifiziert ein Intron zusammen mit einem Exon ein Protein, das zum Spleißen benötigt wird. Manche Introns enthalten Enhancer für die Transkription des Gens, dem sie zugehören. Bei einigen Organismen scheint der Spleißvorgang selbst entscheidend zur Bildung einer funktionalen mRNA beizutragen. Wird das Spleißen durch Veränderung eines Introns verhindert, dann wird die mRNA nicht hergestellt, und die unreifen Transkripte sammeln sich im Zellkern. Vielleicht haben die Spleißenzyme, die mit der Kernmembran verknüpft sind, die zusätzliche Funktion, die gereifte mRNA ins Zytoplasma zu transportieren. Manche Gene arbeiten allerdings auch ohne irgendein Intron reibungslos.

Es sollte nicht überraschen, daß die Introns und die Spleißvorgänge so vielfältige Aufgaben haben können. Die Natur folgt nicht strikten und klaren Regeln, sondern nutzt die Möglichkeiten, die sich ihr bieten.

Waren auch die ersten Gene schon gestückelt?

Bei Bakterien sind im Gegensatz zu eukaryontischen Zellen Introns äußerst selten; man beobachtet sie nur bei Viren, die in Bakterien wachsen, bei Mitochondrien (die, wie im letzten Kapitel berichtet, bakteriellen Ursprungs sind) und einer Sonderklasse von Bakterien, die eine sehr alte Stammesgeschichte repräsentieren, den Archaebakterien. Die Existenz gestückelter Gene in solchen primitiven Organismen läßt darauf schließen, daß sie in frühen Entwicklungsstadien des Lebens entstanden sind. Sie sind gewissermaßen Fenster, die einen Blick auf die Frühgeschichte der biologischen Welt freigeben. Lebensformen, die keine gestückelten Gene aufweisen, müssen sie im Lauf der Evolution wieder verloren haben. Was den Ursprung der Introns betrifft, so sind zwar einige von ihnen äußerst mobil, doch die meisten gestückelten Gene dürften nicht durch deren zufällige Insertionen entstanden sein, weil tierische und pflanzliche Gene mit gleicher Funktion und deshalb auch gleichem Ursprung häufig gleiche Introns haben. Eine interessante Hypothese besagt, daß die gestükkelten Gene entstanden sind, als im Lauf der Entwicklungsgeschichte größere Gene aus kleineren zusammengesetzt wurden. Unter anderem ist man zu dieser Annahme gelangt, weil die Exons halbautonomen Teilen der entsprechenden Proteine, den sogenannten *Domänen*, entsprechen. Wahrscheinlich haben sich die kleineren Gene unabhängig entwickelt und wurden dann in einem Prozeß miteinander verbunden, den man als Mischen von Exons (*Exonshuffling*) bezeichnet. Erhärtet wird diese Hypothese durch die Zusammensetzung von Genen, die für verwandte Proteine codieren. Bei allen kommen einige Exons vor, die vermutlich für die gemeinsamen Eigenschaften verantwortlich sind, während andere Exons für die besonderen Merkmale der Proteine sorgen. So sind Introns vielleicht die DNA aus der Umgebung der Urgene, die erhalten geblieben ist, weil es zu große Schwierigkeiten machte, die Gene direkt aneinanderzufügen. Es war leichter, die DNA grob zu verbinden und dann das Transkript von allem überflüssigen Ballast zu befreien.

Dieses Verfahren wird auch in heute noch lebenden Organismen angewendet: Gene für Immunglobuline, die eine wichtige Rolle im Kampf gegen Infektionen spielen, werden in Tieren und im Menschen aus Stücken zusammengesetzt, die sich an weit entfernten Orten des Genoms befinden. Nach dem Zusammenbau bleiben die Exons der verschiedenen Stücke durch Introns getrennt, die anschließend bei der Reifung des Transkripts entfernt werden. Im Lauf der Entwicklungsgeschichte scheint es eine Tendenz zur Eliminierung von Introns gegeben zu haben. Das zeigt zum Beispiel eine genauere Untersuchung einiger glykolytischer Enzyme, welche die Evolution unverändert überstanden haben. Das seltene Vorkommen von Introns bei Bakterien dürfte ein besonders deutlicher Ausdruck dieses Trends sein.

Warum sind Bakterien anders?

Das besondere Merkmal der Bakterien läßt sich möglicherweise auf die Bedingungen zurückführen, unter denen die Translation in diesen Organismen stattfindet. Da sie keine Kernmembran haben, ist ihre DNA nicht vom Translationsapparat getrennt, so daß die Transkripte bereits in Protein übersetzt werden, bevor sie abgeschlossen sind. Dadurch beschleunigt sich das Tempo der Proteinsynthese und damit der Zellvermehrung. Dies ist für die meisten Bakterien von entscheidender Bedeutung, weil für ihren Wettbewerb untereinander in erster Linie das Tempo entscheidend ist, mit dem sie die begrenzten Ressourcen ihrer Umgebung nutzen. Unter diesen Umständen bleibt keine Zeit zum Spleißen.

Hingegen ist die Vermehrungsrate für Mitochondrien nicht so wichtig, denn sie wird von der Zelle gesteuert. Das gleiche gilt möglicherweise sogar für die Archaebakterien, die in sehr speziellen Umwelten leben, wo die Spielräume für die Evolution begrenzt sein dürften. Auch Tiere und Pflanzen tragen ihren Wettbewerb nicht über das Fortpflanzungstempo aus. Über ihren Konkurrenzkampf entscheidet, wie gut sie ihrer Umgebung angepaßt sind. Die aus Stücken zusammengesetzten großen Gene bilden einen enormen Vorteil für das molekulare Instrumentarium, das diesem Anpassungsprozeß dient.

Aus all dem können wir schließen, daß das Spleißen, entwicklungsgeschichtlich gesehen, ein ziemlich alter Prozeß ist. Wahrscheinlich stammt er aus einer Zeit, als die Genome noch aus RNA bestanden (vgl. Kap. 20). Damals haben RNA-Moleküle vermutlich sowohl als Gene wie auch als mRNAs gedient, wie das heute noch in einigen Viren der Fall ist. Wie der Übergang zu DNA-Genomen stattgefunden hat, zeigen möglicherweise andere Viren, die zwar noch RNA-Gene haben, sie aber während der Replikation mittels der *reversen Transkription* in DNA kopieren (vgl. Kap. 15).

Die ursprüngliche Verwendung der RNA als genetisches Material und der anschließende Übergang zur DNA erklären vielleicht, warum die Replikation aller DNA mit RNA beginnt. Nach dem Übergang zur DNA war es, wie man heute vermutet, leichter, den schwierigen Anfang einer Strangsynthese so zu belassen, wie er ursprünglich war, und den RNA-Abschnitt anschließend durch DNA zu ersetzen, als einen völlig neuen Mechanismus zu entwickeln. Die Tatsache, daß die RNA-Genome zuerst da waren, erklärt unter Umständen sogar die Notwendigkeit des Transkriptionsschrittes. Nach dem Übergang zur DNA mußte die genetische Information zur Translation nach wie vor in RNA umgeschrieben werden, weil ursprünglich nur die RNA die Fähigkeit besaß, mit dem Translationsmechanismus zusammenzuarbeiten.

KAPITEL 5
Die Organisation der Sequenzen im Genom

Mit der Fähigkeit, die Sprache der Gene durch Bestimmung ihrer Basensequenzen zu lesen, sind wir dem Verständnis des Lebens einen wichtigen Schritt nähergekommen. Doch da die Genome der Pflanzen und Tiere außerordentlich groß sind, bleiben die vor uns liegenden Aufgaben noch gewaltig. Deshalb sind bisher nur bei den kleinsten Organismen, zum Beispiel den Viren, die DNA-Sequenzen vollständig bestimmt worden. Obwohl es nur eine Frage der Zeit ist, bis wir in der Lage sein werden, das gesamte Genom einer Pflanze oder eines Tieres zu beschreiben, können wir größere Genome augenblicklich nur allgemein bestimmen, indem wir ihre generellen Merkmale skizzieren und kleine Teile des Ganzen erklären.

Mit einer Vielfalt von Techniken sind wichtige Eigenschaften der Organisation von DNA-Sequenzen erhellt worden. Eigentlich hätte man denken sollen, daß sich in diesen Untersuchungen die Unveränderlichkeit der DNA zeigen würde. Tatsächlich kam das genaue Gegenteil heraus: Die DNA ist außerordentlich veränderlich. Da aber die DNA über das Leben herrscht und das Leben Veränderung ist, sollte uns dieser Umstand auch wieder nicht sehr überraschen.

Hybridisierung: Trennen und Neubilden von Helices

Bevor wir uns mit den Forschungsergebnissen im einzelnen befassen, wollen wir betrachten, wie sie zustande kamen. Die erste Technik, mit deren Hilfe sich die Organisation der Basensequenzen von Nukleinsäuren untersuchen lassen – die *Nukleinsäurehybridisierung* –, wurde in den fünfziger Jahren entwickelt. Sie beruht auf der Reversibilität der Ausbildung der Doppelhelix. Bei einer Temperatur nahe dem Siedepunkt von Wasser kann die DNA-Helix zerlegt werden – das heißt, sich in zwei komplementäre Stränge trennen. Die Wärme hebt alle Wasserstoffbrücken zwischen komplementären Basenpaaren gleichzeitig auf. Wenn man die Temperatur dann stetig senkt, verbinden sich die komplementären Stränge wieder zu Doppelhelices. Dieser Prozeß wird als *Renaturierung* bezeichnet. Bei der niedrigeren Temperatur versuchen die Stränge wiederholt Doppelhelices zu bilden, können meistens aber nur kurze, instabile Helixabschnitte zwischen zufällig komplementären Segmenten herstellen. Wenn sich jedoch komplementäre Stränge in der richtigen Weise begegnen, dann werden nach Reißverschlußmanier alle Wasserstoffbrückenbindungen vom Punkt der ersten Haftung über die ganze Länge der Stränge in Windeseile hergestellt. Diese Doppelhelix hat Bestand, weil die Temperatur nicht zu ihrer Zerlegung ausreicht. In solcher Weise gebildete Helices sind häufig *hybrid*: Ihre Stränge stammen aus verschiedenen Helices. Am Ende der Renaturierungsphase werden übriggebliebene Einzelstränge selektiv von entsprechenden Enzymen zerstört und die intakten Helices von den Überresten getrennt.

Diese Technik läßt sich auf DNA wie RNA anwenden. Obwohl die RNA in Zellen gewöhnlich einzelsträngig ist, kann sie mit komplementären RNA- oder DNA-Strängen Doppelhelices ausbilden. Tatsächlich ergaben sich die ersten Hinweise auf die Existenz der mRNA aus ihrer Fähigkeit zur Hybridisierung mit der DNA von Genen.

Durch Hybridisierung läßt sich sehr genau feststellen, ob zwei DNAs gleiche Sequenzen haben, d. h. *homolog* sind: Hybride Helices können sie nur bilden, wenn fast alle ihre Basen komplementär sind. DNAs, die sich in einem kleinen Anteil ihrer Basen unterscheiden, bilden zwar auch Helices, aber diese sind weniger stabil und lassen sich schon bei niedrigeren Temperaturen zerlegen. So kann man anhand der Temperatur messen, wie gut die Basensequenzen zusammenpassen: Je größer die Homologie, desto höher ist die Zerlegungstemperatur.

Eine wichtige Rolle spielt die Nukleinsäurehybridisierung bei dem Versuch, ein bestimmtes Gen in der Zell-DNA eines Organismus mit Hilfe sogenannter *radioaktiver Sonden* zu identifizieren. Diese stellt man her, indem man dafür sorgt, daß die DNA aus Bausteinen synthetisiert wird, die radioaktive Atome enthalten (vgl. Kap. 1). Um das Gen zu identifizieren, wird eine geringe Menge der Sonde mit einer größeren Menge der Ziel-DNA gemischt und die Mischung zunächst zerlegt (denaturiert) und dann abgekühlt (renaturiert) (Abb. 5.1). Es ist unwahrscheinlich, daß die Stränge der Sonde sich zu Doppelhelices zusammenfinden, weil sie sehr vereinzelt vorkommen. Viel eher bilden sie Doppelhelices mit homologen Sequenzen in der DNA, weil diese in weit größerer Menge vorhanden sind. Am Ende des Experiments ist mehr Radioaktivität in helikaler DNA zu finden als bei Renaturierung der Sonde allein. Diese Methode ist so genau, daß man ein bestimmtes Gen unter mehr als einer Million

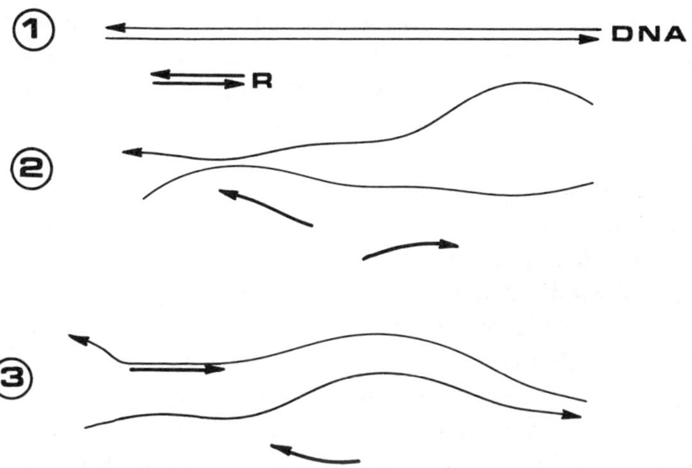

Abbildung 5.1: Identifizierung eines Gens mit einer spezifischen radioaktiven Sonde (R, fette Linien). Die Sonde wird mit der DNA gemischt (1) und dann denaturiert (2). Bei der Renaturierung (3) bilden einige der Stränge der Sonde hybride Helices mit der DNA des Gens.

anderer herausfinden oder ein einziges Gen in einer menschlichen Zelle identifizieren kann.

Genidentifizierung

Um einen Eindruck von diesem Prozeß zu gewinnen, wollen wir uns ansehen, wie man mit Hilfe radioaktiver Sonden nachgewiesen hat, daß Zellen eines durch ein Virus hervorgerufenen Krebses (bei Mäusen) die Gene des Virus beherbergen. In den sechziger Jahren wußte man nicht, wie ein Virus normale Zellen in Krebszellen verwandelt. Es schien sie in einem Überraschungsangriff zu verändern und dann zu verschwinden. Um festzustellen, was mit der viralen DNA geschieht, züchtete man das Virus in einer Nährflüssigkeit, die ein radioaktives T(Thymin)-Derivat enthielt, das in die DNA eingebaut wurde. Hochradioaktive DNA, die man aus diesem Virus gewonnen hatte, diente als Sonde. Nach Renaturierung mit der DNA der Krebszellen zeigte die in hybriden Helices gemessene Radioaktivität, daß die Krebszellen ungefähr eine Kopie der viralen DNA enthielten. Außerdem wurde festgestellt, daß die virale DNA, mit der die Sonde die Hybridbildung einging, durch chemische Bindungen mit der Zell-DNA verbunden war, als handle es sich um ein Zellgen – die virale DNA war in die Zell-DNA *integriert*. Der untersuchte Krebs wurde also durch die ständige Anwesenheit viraler Gene verursacht, was auch erklärt, warum alle Nachkommen einer Zelle, die durch einen Virus kanzerös geworden ist, wieder Krebszellen sind: Sie erben die integrierte Virus-DNA. Daraus ergab sich ferner, daß sich in eukaryontischen Zellen zwei separate DNAs (die des Virus und die der Zelle) leicht zu einem einzigen Molekül zusammenschließen können. Wir wir noch sehen werden, ist diese Eigenschaft der DNA von außerordentlicher biologischer Bedeutung.

Mit radioaktiver viraler DNA als Sonde hat man auch die Transkription viraler Gene in den Krebszellen untersucht. Die DNA wurde mit mRNAs renaturiert, die man aus den Krebszellen gewonnen hatte. Zwar entstanden auch hier radioaktive Helices, aber weniger als bei der Transkription aller viralen Gene zu erwarten gewesen wäre. Die Ergebnisse zeigten, daß Krebs durch spezielle Gene verursacht wird, die im Virus zugegen sind – eine Schlußfolgerung, die später auch auf andere Viren übertragen wurde (vgl. Kap. 15).

Enzyme als spezifische Scheren

Radioaktive Sonden, so wie sie eben beschrieben wurden, lassen sich nur für einige DNAs gewinnen, beispielsweise für Gene, deren mRNAs reichlich in der Zelle vorkommen. Die mRNA wird durch das Enzym *reverse Transkriptase*, das aus bestimmten Krebsviren gewonnen werden kann (vgl. Kap. 15), in DNA umgeschrieben. Bei den meisten Genen lassen sich so keine geeigneten Sonden herstellen, weil die DNA des Gens oder sein Transkript nicht in so ausreichenden Mengen vorkommt, daß man es isolieren kann. Für diese Fälle hat man in den siebziger Jahren neue Methoden entwickelt. Von entscheidender Bedeutung sind hierbei spezielle Enzyme, die *sequenzspezifischen Endonukleasen*, die die DNA an spezifischen Stellen oder Orten zerschneiden. (Endonukleasen sind Enzyme, die einen Nukleinsäurestrang zerschneiden, indem sie die chemischen Bindungen zwischen aufeinanderfolgenden Basen aufheben.)

Diese Enzyme wurden entdeckt, als man das merkwürdige Verhalten von Bakteriophagen in bestimmten Bakterien zu erklären versuchte (Abb. 5.2). Man hatte nämlich beobachtet, daß ein Phage, der in Kulturen des Bakteriums A (1 und 2 in Abb. 5.2) rasch gezüchtet werden kann, fast keine Nachkommen in Kulturen des Bakteriums B hat (5.2: 3). Die seltenen Phagenpartikel, die trotzdem dabei ent-

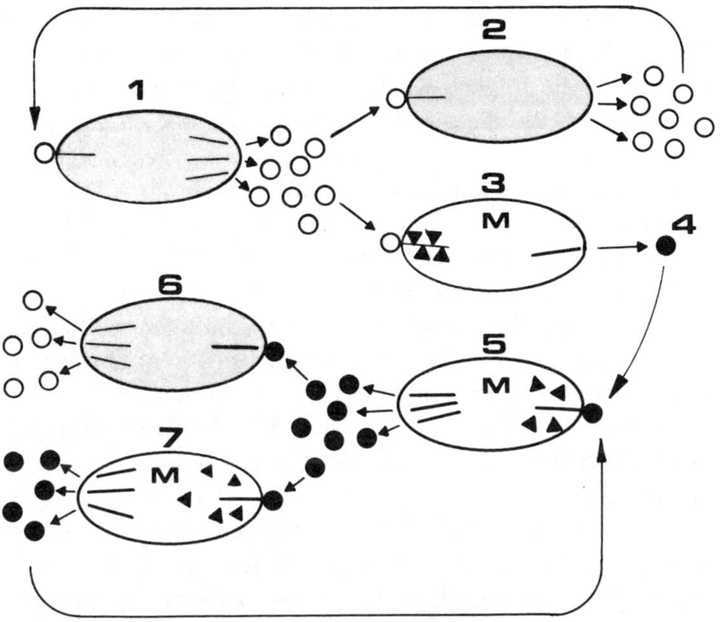

Abbildung 5.2: Die Wirkung sequenzspezifischer Endonukleasen und modifizierender Enzyme (M) auf Phagen-DNA. Bakterien des Typs A sind grau, Bakterien vom Typ B weiß. DNA, die durch m-Gruppen geschützt ist, wird durch fette Linien, ungeschützte DNA durch dünne Linien dargestellt. Phagenpartikel mit geschützter DNA sind durch schwarze Kreise, Partikel mit ungeschützter DNA durch weiße Kreise wiedergegeben. Weitere Erläuterungen im Text.

standen (5.2: 4), waren insofern ungewöhnlich, als sie zu normaler Fortpflanzung sowohl in Bakterien des Typs B (5.2: 7) als auch des Typs A (5.2: 6) fähig waren. Noch ungewöhnlicher war die Umkehrbarkeit der Veränderung: Der Phage, der durch diese seltenen Partikel der Typ-A-Bakterien hervorgebracht wurde (5.2: 6), vermehrte sich wiederum nur minimal in B-Zellen. Enzyme der einen Klasse zerlegen die DNA des eindringenden Phagen, die der anderen Klasse verändern die DNA und schützen sie so vor diesem Prozeß. Enzyme, die die DNA zerlegen, bezeichnet man als *Restriktionsendonukleasen*, weil durch sie das Wachstum des Phagen in manchen Bakterien eingeschränkt (restringiert) wird. Nach den genannten Beobachtungen besaßen Bakterien vom Typ B beide Enzyme, Bakterien vom Typ A jedoch keine. Die DNA von Phagen, die man in A-Bakterien gezüchtet hatte, zeigte sich in B-Zellen anfällig, weil sie nicht modifiziert wurde. Einige wenige DNA-Moleküle entgingen der Zerstörung, da sie von den Enzymen der B-Zellen modifiziert worden waren und sich deshalb in ihnen vermehren konnten. Wieder auf A-Zellen übertragen, produzierten sie ihre Nachkommenschaft ohne Modifikation, die folglich wieder die alte Anfälligkeit in B-Zellen zeigte. Die Enzyme, die die DNA veränderten, die *modifizierenden Enzyme*, machten die DNA widerstandsfähig gegen die Endonuklease, indem sie einige Basen, gewöhnlich durch Anhängen von m-Gruppen (vgl. Kap. 4), chemisch veränderten.

Damit war man auf die Existenz einer neuen Klasse außerordentlich nützlicher Endonukleasen gestoßen, obwohl man sich ursprünglich nur mit einem biologischen Rätsel beschäftigen wollte, dessen Lösung keinerlei praktischen Nutzen versprach. Im übrigen zeigte sich hier, wie wichtig die Bindung von m-Gruppen an die DNA ist. Wie in Kapitel 4 berichtet, erwies sich später, daß diese Veränderung für die funktionalen Prozesse der DNA noch von weit allgemeinerer Bedeutung ist.

Bald erkannte man, daß die für das Phagenverhalten verantwortlichen Endonukleasen erstaunlich spezifisch waren. Im Gegensatz zu den vorher bekannten Endonukleasen, die DNA zwischen zwei beliebigen Basen zerschneiden, nehmen diese Enzyme den Schnitt nur an bestimmten Basensequenzen, den *Zielsequenzen*, vor. Diese Sequenzen sind kurze Palindrome: zwischen drei und acht Basen lang und vorwärts wie rückwärts gelesen gleichlautend (Abb. 5.3). Das Enzym zerschneidet die DNA innerhalb der Zielsequenz mit zwei Schnitten, die symmetrisch zum Zentrum des Palindroms liegen. Die meisten Enzyme setzen die Schnitte so versetzt an, daß die beiden Stränge durch eines oder einige wenige Basenpaare verbunden bleiben. Die Verbindung ist jedoch zu schwach, um die Stränge zusammenzuhalten, und so fallen sie auseinander. Das Ergebnis ist ein vollständiger Schnitt durch die Helix, der sich nicht reparieren läßt. Der Symmetrie der Zielsequenz entspricht eine Symmetrie des Schneide-Enzyms, das aus zwei gleichen Proteinmolekülen besteht. Die beiden erkennen identische Sequenzen auf jedem Strang und zerschneiden sie an genau der gleichen Stelle. Eine entsprechende Situation haben wir bei den Repressoren und den Sequenzen, die sie erkennen, beobachtet (Kap. 4).

Enzyme, die man von verschiedenen Bakterien isoliert, erkennen unterschiedliche Zielsequenzen; heute sind uns etwa hundert davon bekannt. Bei jeder Bakterienart wirken die modifizierenden Enzyme auf die Zielsequenz der Schneide-Enzyme ein. Dabei werden m-Gruppen angehängt, um die DNA der Bakterienzelle vor dem

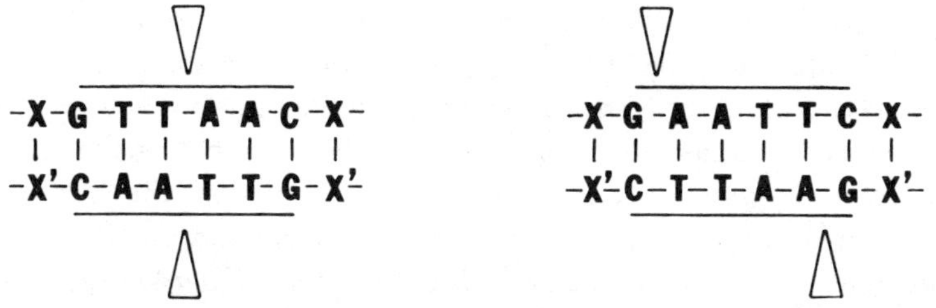

Abbildung 5.3: Zielsequenzen für zwei sequenzspezifische Endonukleasen. Basen außerhalb des Ziels sind mit X und X′ bezeichnet. Die Dreiecke zeigen an, wo die beiden Stränge zerschnitten werden. Das Enzym links wird von dem Bakterium *Haemophilus parainfluenzae*, das auf der rechten Seite vom Bakterium *Escherichia coli* hergestellt. Man bezeichnet die Enzyme durch die abgekürzten Namen der Bakterien: HpaI und EcoR1. R steht für ein Plasmid, welches das Enzym codiert, und 1 spezifiziert ein bestimmtes Enzym, wenn das Bakterium mehrere herstellt.

Schneide-Enzym zu schützen, das in Zellen derselben Art anwesend ist. Es mag merkwürdig erscheinen, daß eine Zelle zunächst ein Schneide-Enzym herstellt und anschließend ein modifizierendes Enzym produziert, um sich gegen ersteres zu schützen. Warum ein dermaßen kompliziertes System? Vielleicht, weil die Enzyme verhindern, daß in Zellen einer Bakterienart die DNA einer anderen Bakterienart, Phagen oder DNA anderen Ursprungs (vgl. Kap. 6) eindringen. Man kann sich die eindringende DNA als lange Schlange vorstellen, die versucht, auf neues Terrain zu kriechen, wo sie von Verteidigern mit fürchterlichen Klauen in Stücke geschnitten wird. Rechtmäßige DNA – das heißt solche, die auf das Gebiet gehört – schützt ein Panzer, so daß sie die Angriffe der Verteidiger unbeschadet übersteht. Diese Enzymsysteme sind also wirksame Waffen in dem Kampf zwischen den DNAs verschiedener Bakterienarten.

Spezifische Fragmente

Enzyme, die DNA sequenzspezifisch zerschneiden, sind zu einem wichtigen Instrument für die Untersuchung von DNA-Sequenzen geworden. Man benutzt sie für so unterschiedliche Zwecke wie die Identifikation von Viren und die pränatale Diagnose von Erbkrankheiten. Bringt man eine DNA mit einem der vielen Schneide-Enzyme zusammen, so wird sie in Fragmente zerlegt, die für diese besondere DNA charakteristisch sind, denn sie hängen von der Basensequenz ab. So bilden die Fragmente quasi den *Fingerabdruck* der DNA. Verschiedene Enzyme rufen unterschiedliche Fingerabdrücke hervor, die sich einzeln reinigen lassen. Obwohl die DNA einer tierischen Zelle Hunderte oder Tausende von Fragmenten ergibt, die sich nicht einzeln isolieren lassen, kann man die eines kleinen Virus in, sagen wir, zehn charakteristische Fragmente zerschneiden, die sich nach ihrer Länge unterscheiden. Handelt es sich nur um einige wenige Fragmente, so kann man sie nach ihrer Position auf der DNA ordnen und erhält die *Karte* der DNA. Sobald man Gene oder auch nur Teile von ihnen auf der Karte lokalisiert hat, kann man mit der Untersuchung ihrer Tätigkeit beginnen. Radioaktive Kopien der Fragmente lassen sich als Sonden für die entsprechenden Gene bei Nukleinsäurehybridisierung verwenden. Mit einer solchen Sonde können wir feststellen, ob ein bestimmtes Gen in den untersuchten Zellen vorhanden ist; wenn ja, in welcher Menge und ob es transkribiert wird.

Der Fingerabdruck, den man von einem Virus erhält, unterscheidet sich von den Fingerabdrücken anderer, sogar nahe verwandter Viren. Das ist wichtig für die Diagnose von Viruserkrankungen und für die Verfolgung von Virusstämmen im Zuge einer Epidemie. Veränderte Gene können einen ungewöhnlichen Fingerabdruck präsentieren, wenn die Veränderung in der Zielsequenz für eine Endonuklease stattgefunden hat. In diesem Fall zerschneidet das Enzym sein Ziel nicht, so daß zwei Segmente, statt an diesem Punkt getrennt zu werden, verbunden bleiben. Eine Erbkrankheit, die ein Gen dergestalt verändert, zeigt sich schon früh in dem DNA-Fingerabdruck, den man aus Zellen einer kleinen Fruchtwasserprobe gewinnt. Dieses Diagnoseverfahren wird unter anderem zur Früherkennung der Thalassämie verwendet, bei der ein Globingen verändert ist.

Bei anderen Erbkrankheiten wird keines der Ziele verändert. Diese Krankheiten kann man erkennen, indem man sich den normalen Polymorphismus zunutze macht – das heißt das Vorkommen kleiner Variationen in den Basensequenzen eines gleichen Abschnitts auf der DNA verschiedener Individuen. Solche durch die Entwicklungsgeschichte bedingten Unterschiede können ein Endonukleaseziel vernichten oder neue entstehen lassen. In beiden Fällen verändert sich der Fingerabdruck. Wenn ein DNA-Abschnitt in großer Nähe zum veränderten Gen einen besonderen Fingerabdruck besitzt, so hat man mit ihm in praktisch allen Fällen das veränderte Gen selbst entdeckt. Mit diesem Verfahren diagnostiziert man die Phenylketonurie, eine Krankheit, die zu geistiger Retardierung führt, weil sie die Bildung einer von den Gehirnzellen benötigten Aminosäure verhindert. Bei Thalassämie, Phenylketonurie und in vielen anderen Fällen gibt die pränatale Diagnose der Frau die Möglichkeit zu einem frühzeitigen Schwangerschaftsabbruch. Im Fall der Phenylketonurie läßt sich auch eine Diät verschreiben, die, unmittelbar nach der Geburt begonnen, die üblen Folgen der Krankheit verhindern kann.

Zwei weitere Techniken sorgten dafür, daß man bei der Untersuchung der DNA-Sequenzen erhebliche Fortschritte erzielte. Die eine ist die DNA-Klonierung (Kap. 7), mit deren Hilfe sich jedes Fragment in großen Mengen vermehren läßt. Die andere besteht in zuverlässigen Methoden zur Bestimmung der Basensequenzen von klonierter DNA. Diese wichtigen Weiterentwicklungen verdankt man den neuen Erkenntnissen über die chemische Beschaffenheit der DNA und die Wirkungsweise vieler Enzyme. Mit diesen Techniken kann man jetzt sowohl die allgemeine Anordnung der Basen auf langen DNA-Stücken als auch die genauen Sequenzen auf besonders interessanten Abschnitten bestimmen. Wir wollen uns im folgenden mit einigen der wichtigsten Ergebnisse beschäftigen, die durch die genannten Methoden erzielt wurden.

Gene in vielen Kopien

Daß komplizierte Lebewesen eine große Zahl von Genen haben, weiß man seit langem. Zunächst nahm man an, jedes Gen sei mit einer einzigen Kopie im Genom vertreten – nach dem Schlagwort von Beadle und Tatum: »Ein Gen, ein Enzym.« Heute würde die Formulierung dieses Prinzips eher lauten: »Ein Gen, ein Protein«, weil viele Enzyme aus mehr als einer Proteinart bestehen und deshalb auch die Information von mehr als einem Gen enthalten. Das *Ein-Gen-ein-Protein-Prinzip* befriedigt unser angeborenes Bedürfnis nach Einfachheit. Leider folgt uns die Natur nicht in diesem Drang, wie die Untersuchungen zur Struktur der Gene rasch zeigten. Heute wissen wir, daß nur die einfachsten Organismen wie Viren und Bakterien einzigartige Gene haben. Eukaryontische Zellen besitzen *Familien* mit einigen wenigen bis mehreren hundert verwandten Genen, die ähnliche Sequenzen aufweisen und Proteine mit gleichen Funktionen spezifizieren. In manchen Familien sind alle Gene in ihren wesentlichen Merkmalen identisch.

Die Genfamilien der Eukaryonten werden verschiedenen Bedürfnissen gerecht, die auf die erhöhte funktionale und ontogenetische

Kompliziertheit der Organismen zurückgehen. Manche Familien liefern gleiche Proteine in verschiedenen Entwicklungsstadien, andere sind für Produkte zuständig, an denen ein erhöhter Bedarf besteht. Familien einer dritten Klasse stellen ein ganzes Spektrum verwandter, jedoch leicht unterschiedlicher Proteine für die Wahrnehmung spezieller Funktionen her. Wir wollen Beispiele für jede Gruppe betrachten.

Gene, die in verschiedenen Entwicklungsstadien aktiv sind

Man könnte meinen, ein Gen, dessen Protein das Individuum nur in einigen Entwicklungsstadien benötigt, ließe sich je nach Lage der Dinge ein- und ausschalten, doch das ist keineswegs der Fall. Vielmehr ist die Abschaltung eines Gens, das nur in einer bestimmten Entwicklungsphase aktiv ist, unwiderruflich. Wenn das Protein in einem späteren Stadium wieder benötigt wird, kommt es zur Aktivierung eines neuen Gens. Das gilt beispielsweise für die Gene der *Globine*, jener Proteine, die das Hämoglobin in roten Blutkörperchen bilden. Hämoglobin enthält zwei Moleküle Alpha-Globin und zwei Moleküle Beta-Globin, die gemeinsam das eisenhaltige Molekül des *Häms* binden. An dessen Eisen gebunden, wird der Sauerstoff durch den Körper transportiert. Säugetiere haben eine Familie von Alpha-Globin-Genen und eine Familie von Beta-Globin-Genen auf verschiedenen Chromosomen. Menschen besitzen fünf Alpha-Gene und sieben Beta-Gene. In beiden Familien gibt es Gene, deren Aktivität ins frühe embryonale oder ins fötale Leben oder ins Erwachsenendasein fällt.

Hier und in anderen Fällen entspricht das gestaffelte Auftreten gleicher Proteine in verschiedenen Entwicklungsstadien unseren Erkenntnissen über die Wirkungsweise der Genkontrolle. In jeder Entwicklungsphase wird eine bestimmte Gengruppe durch spezifische Regulatorsubstanzen aktiviert, die an den Kontrollregionen der Gene binden. Sowohl die Substanzen wie die Kontrollregionen müssen sich in den verschiedenen Stadien unterscheiden, sonst würden alle Gene gleichzeitig aktiviert werden. Die Situation ähnelt der Vorführung von Dias in einem Projektor, der nicht rückwärtslaufen kann: Wenn wir dasselbe Dia mehrfach zeigen möchten, müssen wir das Magazin mit mehreren Kopien bestücken, jede mit einer anderen Nummer. Jedes Dia entspricht einem anderen Gen einer Familie, die Zahl auf dem Dia der Kontrollregion des Gens.

Die Ähnlichkeit der Gene jeder Familie läßt darauf schließen, daß es sich um leicht modifizierte Kopien eines Urgens handelt. Nach den Unterschieden zwischen Menschen und Affen zu urteilen, scheinen im Fall der Globingene diese evolutionären Veränderungen noch anzudauern. Erwachsene Menschen haben zwei aktive Beta-Gene, wobei eines den weitaus größten Teil des Beta-Globins liefert, das andere nur 2,5 Prozent der Gesamtmenge. Bei manchen Affen stellt das schwache Gen überhaupt kein Protein mehr her, so daß die Vermutung naheliegt, es werde auch beim Menschen immer schwächer und vielleicht sogar ganz verstummen. Die Aktivitätsminderung beim Menschen und die Inaktivität bei Affen lassen auf Veränderungen der Transkription oder der Kontrolle des Gens schließen. Wenn Gene ihre Tätigkeit einstellen können, ist es von lebenswichtiger Bedeutung, mehr als eines der Gene für dieselbe Funktion zu haben.

Gene für die Massenproduktion

Eine andere Aufgabe für Genfamilien ist die Herstellung großer Mengen eines Produktes. Dies gilt für die Gene der ribosomalen RNAs. Sie bestimmen die Sequenzen der drei RNA-Arten, die in Ribosomen vorhanden und entscheidend an der Protheinsynthese beteiligt sind (Kap. 4). Große Mengen derartiger RNAs sind in den Zellen aller Organismen erforderlich, da diese eine beträchtliche Zahl von Ribosomen enthalten. Die Eukaryonten, von der Hefe bis zum Menschen, besitzen Familien, die Hunderte von Genen für ribosomale RNA umfassen. Sie sind in Wiederholungen angeordnet, in denen die Gene für die drei RNAs stets in derselben Reihenfolge auftreten (*Tandemwiederholungen*). Diese Anordnung läßt sich erkennen, wenn man die DNA der Zellen mit einer ortsspezifischen Endonuklease durchtrennt, die eine einzige Zielsequenz in jeder Wiederholung durchschneidet. Dadurch entstehen viele identische Fragmente, denn der Abstand zwischen den aufeinanderfolgenden Schnitten bleibt gleich (Abb. 5.4); infolge ihrer großen Zahl sind sie leicht zu identifizieren. Eine andere Familie von Genen, die in vielen Kopien vorliegen (wahrscheinlich wiederum, weil das entsprechende Produkt in großen Mengen gebraucht wird), ist die Genfamilie zur Spezifizierung der Histone, jener kleinen Proteine, die mit der DNA im Chromatin verknüpft sind. Bei einigen Arten bilden die Gene für fünf verschiedene Histone Tandemquintetts – das heißt Gruppen von Genen mit stets derselben Reihenfolge.

Gene für die Vielfalt

Die Gene für die Immunglobuline bilden eine Familie von anderer Bedeutung. Ihre Aufgabe ist es, für Vielfalt zu sorgen. Wirbeltiere und insbesondere Säugetiere besitzen eine beträchtliche Zahl solcher Gene. Sie unterscheiden sich voneinander in irgendeinem Sequenzdetail: Es gibt nicht einmal zwei Gene, die völlig identisch sind. Die Unterschiede garantieren eine außerordentliche Vielfalt der Immunglobuline, die biologisch von großer Bedeutung ist. Wir werden uns mit diesen Molekülen eingehender in Kapitel 13 befassen. Dort wird dann auch die unterschiedliche Funktion von wiederholten Genen zur Sprache kommen: Einige (wie die für ribosomale RNAs) sind extrem gleichförmig, weil sie das immer gleiche Produkt in großer Menge produzieren sollen, während andere (beispielsweise die Gene für Immunglobuline) durch ihre Unterschiedlichkeit für eine Vielfalt der hergestellten Proteine sorgen.

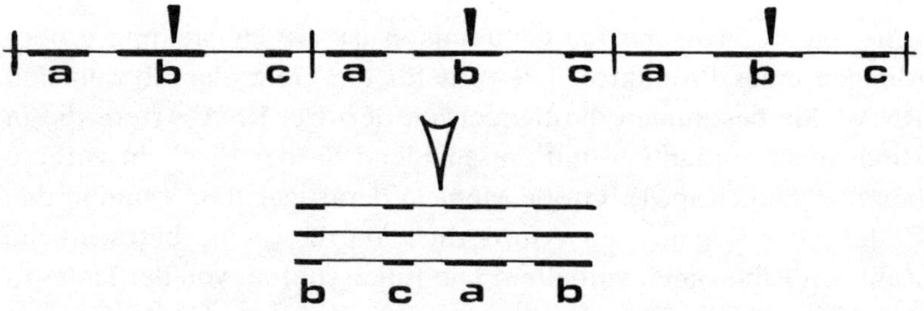

Abbildung 5.4: Hypothetische Tandemwiederholungen mit den drei Genen a, b und c. Wenn die DNA von einer ortsspezifischen Endonuklease mit einer Zielsequenz innerhalb von Gen b (Pfeil) zerschnitten wird, ergeben sich aus allen Wiederholungen identische Fragmente.

Endlose Wiederholungen

Die bislang betrachteten DNA-Sequenzen entsprechen Genen mit bekannten Funktionen. Überraschenderweise haben jedoch *die meisten DNA-Sequenzen überhaupt keine erkennbare Funktion*. Die Untersuchung solcher Sequenzen erklärt einige merkwürdige Beobachtungen, etwa die verblüffenden Unterschiede der DNA-Mengen in Zellen selbst eng verwandter Organismen. Enthielte die DNA nur die Gene, die für das Leben des Organismus erforderlich sind, so müßte die DNA-Menge vom genetischen Komplexitätsgrad der Art abhängen. Es wäre beispielsweise leicht zu verstehen, warum Tierzellen tausendmal mehr DNA enthalten als Bakterien, denn Tiere brauchen für ihre embryonale Entwicklung, für die Bildung des Immunsystems und den Aufbau ihres Nervensystems eine ungeheure Menge an genetischen Informationen. Das Prinzip der genetischen Komplexität kann jedoch nicht erklären, warum etwa die Zellen von Eidechsen 20mal soviel DNA wie menschliche Zellen aufweisen.

Ein erster Schritt zur Lösung dieses Rätsels ist die Erkenntnis, daß in allen höheren Organismen ein großer Anteil der DNA – immerhin 98 Prozent beim Menschen – nicht für Proteine codiert. Ein Teil der nichtcodierenden DNA liegt in den Introns, doch ein weit größerer Teil befindet sich zwischen den Genen und ist über das ganze Genom verstreut. Ein Großteil dieser DNA besteht aus wiederholten oder repetitiven Sequenzen, deren Länge zwischen einem Dutzend und mehreren tausend Basen schwankt. Wie die wiederholten Gene bilden auch die repetitiven Sequenzen Familien, deren Mitglieder sehr ähnliche Längen und Reihenfolgen aufweisen. Das menschliche Genom (insgesamt drei Milliarden Basenpaare) enthält viele ausgedehnte Familien. Eine besteht zum Beispiel aus ungefähr 500000 gleichen Abschnitten, in die regelmäßige Gene eingestreut sind. Jeder Abschnitt ist etwa 300 Basenpaare lang, so daß die Familie insgesamt 150 Millionen Basenpaare besitzt.

Bei vielen Arten finden sich einige hochrepetitive Sequenzen zu großen Blöcken in Tandemanordnung zusammengefaßt. Sie konzentrieren sich an den Punkten, an denen die beiden Schwesterchromatiden bei der Zellteilung auseinandergezogen werden (Kap. 1), und an den Enden der Chromosomen. Möglicherweise spielen sie eine Rolle für die Bewegung und Replikation der Chromosomen. Überraschenderweise zeigen sowohl ihre Basensequenzen als auch die Zahl der Abschnitte außerordentliche Unterschiede von Art zu Art. Einige Arten haben 20000mal so viele Abschnitte wie andere, sogar verwandte, Arten.

Die Überschwemmung des Genoms mit solchen repetitiven Sequenzen verschiedener Art ist auffällig und verwirrend. Noch verwirrender sind die merkwürdigen Eigenschaften, die sie manchmal zeigen. Beispielsweise ist bei einigen Pflanzen an der Grenze zu repetitiven Sequenzen ein ungewöhnlicher Austausch von Teilen sowie ein Verlust von Segmenten und Genaktivität zu beobachten. In der Regel sind diese Sequenzen speziellen Chromosomen zugeteilt – den B-Chromosomen, die auch bei verwandten Arten sehr unterschiedliche Formen annehmen. Diese und andere ungewöhnliche Eigenschaften repetitiver Sequenzen haben mit der Fähigkeit der DNA zu tun, sich im Genom umherzubewegen. Wir werden im nächsten Kapitel darauf zurückkommen.

Mit Hilfe einiger repetitiver Sequenzen lassen sich bestimmte Stellen auf der DNA charakterisieren und die DNAs verschiedener Individuen unterscheiden. Es handelt sich um kurze Sequenzen, die in kleinen, über das Genom verteilten Gruppen auftreten. An der gleichen Stelle kann sich in einer Gruppe die Zahl der Wiederholungen von Individuum zu Individuum unterscheiden. Diese Unterschiede (sogenannte Polymorphismen) werden nach den Mendelschen Regeln von den Eltern an die Nachkommen weitergegeben; sie lassen sich leicht erkennen und sind in der Humangenetik gut für die Charakterisierung der DNA eines Individuums zu verwenden. Man spricht hier vom sogenannten *Fingerprinting*, einem Verfahren, das für gerichtliche Zwecke oder für Vaterschaftsbestimmungen Anwendung findet.

Den vielen repetitiven Sequenzen von Tieren und Pflanzen läßt sich keine besondere Funktion zuschreiben. Sie spezifizieren keine Proteine, und einige werden noch nicht einmal transkribiert. Man hat vermutet, daß manche Wiederholungen die Funktion von Genen oder die Replikation von DNA-Abschnitten regulieren könnten, doch ist man den Beweis für diese Behauptung schuldig geblieben. Die außerordentlichen interspezifischen (zwischen den Arten vorkommenden) Unterschiede in der Zahl der Segmente und ihrer Basensequenzen lassen vermuten, daß diese Sequenzen überhaupt keine Funktion haben.

Die ausgeprägte Wiederholungstendenz dieser Sequenzen muß jedoch keineswegs bedeutungslos sein. So wurde die Hypothese vorgebracht, sie hielten die Trennung zwischen den Arten dadurch aufrecht, daß sie zwei Individuen verschiedener Arten an der Zeugung fruchtbarer Nachkommen hinderten – eine Annahme, die sich auf die Gleichförmigkeit dieser Sequenzen innerhalb einer Art und ihre Unterschiedlichkeit zwischen verschiedenen Arten stützt. Vielleicht spielen die Sequenzen eine Rolle bei der Bildung von Keimzellen. In Organismen mit geschlechtlicher Fortpflanzung (vgl. Kap. 9) ist die Identität repetitiver Sequenzen unter Umständen entscheidend für die Chromosomenpaarung und damit für die Bildung von Keimzellen. Ein Individuum, das von Eltern verschiedener Arten mit unterschiedlichen repetitiven Sequenzen abstammt, würde keine Keimzellen bilden und unfruchtbar bleiben.

Viele Fragen zur Verteilung der Sequenzen über das Genom sind offengeblieben. Wie entstehen beispielsweise große Genfamilien? Welche Gründe sind für die tiefgreifenden Unterschiede zwischen verwandten Arten verantwortlich? Warum sind sich die Mitglieder mancher Familien ausnahmslos ähnlich, während sich die anderer Familien erheblich unterscheiden? Mit diesen und weiteren Fragen wollen wir uns im nächsten Kapitel beschäftigen, nachdem wir untersucht haben, wie sich die DNA verändert.

KAPITEL 6
Veränderliche DNA

Mutationen

Eine der wichtigsten Entdeckungen zu Anfang des Jahrhunderts war die Beobachtung, daß Gene sich verändern. Man stellte fest, daß Populationen der Taufliege *Drosophila* von Zeit zu Zeit Individuen mit aprikosenfarbenen, zinnoberroten oder weißen Augen statt der üblichen roten hervorbringen. In manchen Fällen ändert sich auch die Form der Augen – wie bei Fliegen mit den erwähnten balkenförmigen *Bar*-Augen. In jüngerer Zeit hat die Untersuchung von DNA-Sequenzen ergeben, daß solche – *Mutationen* genannten – Veränderungen Modifikationen in der Sequenz der Gene sind: ein Austausch von Basen, der Verlust von DNA-Abschnitten oder die Insertion neuer Abschnitte. Häufig hebt eine Mutation die Funktion eines Gens auf, was sich im Aktivitätsverlust eines Enzyms ausdrücken kann. Verschiedene Mutationen, die alle ein bestimmtes Enzym inaktivieren, sind auf dem Gen lokalisiert, das dieses Enzym spezifiziert (meist sind es mehrere Gene). Die Untersuchung solcher Mutationen führte zur ersten Definition des Gens.

Obwohl Mutationen spontan erfolgen, können sie auch künstlich ausgelöst werden. Mit dieser wichtigen Entdeckung schuf der Genetiker Hermann Muller 1926 die Voraussetzung zum Verständnis von Mutationen. Muller wies nach, daß *Drosophila*-Fliegen häufiger mutieren, wenn man sie Röntgenstrahlen aussetzt. Inzwischen wissen wir, daß viele andere Wirkstoffe Mutationen hervorrufen, zum Beispiel Strahlen, wie sie bei der Explosion von Atombomben entstehen, ultraviolettes Licht aus der Sonne und viele chemische Stoffe, die zumeist aus dem Laboratorium oder der Industrie stammen. Seit einigen Jahren sind die Gentechniker im Prinzip in der Lage, Mutationen an jedem beliebigen Ort in kleine, vollständig bekannte Genome einzuschleusen. Eine dieser Methoden besteht darin, daß man im Labor einen DNA-Abschnitt von fünfzehn oder zwanzig Basen herstellt, der der Sequenz eines Abschnitts auf einem Gen völlig gleicht, nur daß er sich in *einer* Base unterscheidet. Dieses Segment wird dann mit der DNA des Genoms einem Hybridisierungsprozeß unterworfen. Die resultierenden Moleküle besitzen einen vollständigen Strang des Gens und einen zweiten, der allein aus dem künstlichen Abschnitt besteht. Der Abschnitt wird mit Hilfe einer Polymerase verlängert, um die Gen-DNA zu vervollständigen. Nach der Replikation bringen die Hybride ein vollständiges doppelhelikales Mutantengenom hervor. Dieses Verfahren bezeichnet man als *zielgerichtete Mutagenese*.

Dank dieser und anderer Entdeckungen kennen wir heute die verschiedenen Prozesse, die Mutationen zugrunde liegen. Einige finden während der DNA-Replikation statt, wenn anstelle der richtigen Base eine falsche eingesetzt wird. Allerdings sorgt der Prüf- und Korrekturmechanismus der normalen Replikation dafür, daß ein solcher Fehler nur sehr selten vorkommt. Häufiger resultieren Mutationen aus Reparaturfehlern nach Schädigung der DNA durch Strahlung oder chemische Stoffe. Der beschädigte Strang wird nach Beseitigung der Schadstelle nicht von denjenigen Enzymen wiederhergestellt, die für die Neubildung der DNA bei der Replikation verantwortlich sind. Die in Schadensfällen zuständigen Enzyme begehen noch viele weitere Fehler. Eine extrem hohe Zahl von Mutationen wird hervorgerufen, wenn ein spezielles Reparatursystem, das *SOS-System*, eingeschaltet wird. Wie der Name zeigt, ist diese Reparatur die letzte Möglichkeit zur Rettung eines schwer beschädigten Genoms. Das System, das man vor allem in Bakterien untersucht hat, wird aktiv, wenn ein großer Teil der DNA zerstört ist. Die SOS-Enzyme führen einen Kampf gegen die Zeit: Sie müssen die DNA-Lükken füllen, bevor die DNA-schneidenden Enzyme den intakten Strang angreifen und ihm irreparable Schäden zufügen. Das Gebot der Stunde lautet also, die Lücken um jeden Preis zu füllen; wie das geschieht, ist weniger wichtig. So können viele falsche Basen zu Mutationen führen, die oft schwere genetische Mängel in den überlebenden Zellen hervorrufen. In normalen Zellen werden SOS-Enzyme überhaupt nicht hergestellt, weil ihre Gene unterdrückt sind. Sie werden nur aktiviert, wenn umfangreiche DNA-Schäden vorliegen – glücklicherweise, wie man angesichts der Natur dieser Enzyme feststellen muß.

Eine Veränderung im Exon eines Gens kann unterschiedliche Auswirkungen haben. Verändert sich die letzte Base eines Tripletts, so hat das oft keine Folgen, weil das veränderte Triplett auch weiterhin die gleiche Aminosäure spezifiziert (Kap. 4); in diesem Fall haben wir es mit einer *stillen Mutation* zu tun. Dagegen führt die Veränderung einer Base in den ersten beiden Positionen eines Tripletts gewöhnlich zu einem Austausch einer Aminosäure; welche Konsequenzen dieser Vorgang für das Protein hat, hängt von dem jeweils betroffenen Triplett ab. Nun weist der Translationscode eine so raffinierte Zusammenstellung auf, daß die Folgen eines solchen Austauschs in der Regel minimal bleiben: Die ursprüngliche Aminosäure wird häufig durch eine andere mit ähnlichen Eigenschaften ersetzt – durch eine, die gleichfalls lipophil oder hydrophil ist, eine positive oder negative Ladung besitzt. In diesem Fall kann die Funktion des Proteins unbeeinträchtigt bleiben, so daß die Mutation weiterhin still bleibt. Gewöhnlich geht die Proteinfunktion jedoch verloren, wenn die Mutation Aminosäuren mit unterschiedlichen Eigenschaften einbringt oder ein Terminationssignal hervorruft, welches das Wachstum der Aminosäurekette vorzeitig stoppt, so daß das Protein unvollständig bleibt. Besonders gravierend ist das Hinzufügen oder Fortlassen einer einzelnen Base, denn dadurch verschiebt sich das Leseraster, so daß der Teil des Proteins, der jenseits der Mutation liegt, durcheinandergerät und nutzlos wird.

Die Rekombination

Ein wichtiger Schritt, den man bei der Untersuchung von Mutationen als Markierungsmerkmalen für spezifische Gene machte, war die Entdeckung, daß Gene sich umherbewegen. Man bezeichnet dieses Phänomen als *genetische Rekombination*. Dabei verändern Gene oder Stücke von Genen ihre Position zueinander. Eine Rekombination läßt sich unter Umständen beobachten, wenn das eine Chromosom einer Zelle zwei Mutationen aufweist, das dazu homologe Chromosom dagegen keine (Abb. 6.1). Nach der Rekombination können die beiden Mutationen dergestalt verteilt sein, daß jedes Chromosom eine Mutation hat. Wenn beide Mutationen ein Gen für dasselbe Enzym beeinträchtigen, erhält die Zelle das Enzym danach überhaupt nicht mehr, während das Enzym vorher durch das Gen ohne Mutation ausreichend hergestellt wurde.

In der Vererbungslehre der Tiere und Pflanzen kannte man das Phänomen der Rekombination, lange bevor man von der DNA wußte, weil es manchmal Merkmale trennt, die in der Regel gemeinsam vererbt werden. Ein Typus, die *homologe Rekombination*, welche zuerst entdeckt wurde, da sie zu regelmäßigen, vorhersagbaren Ergebnissen führt, findet zwischen einem beliebigen Paar langer, homologer DNA-Abschnitte (fünfzig oder mehr Basen) statt. Sie resultiert aus Vorgängen, die denen der Replikation und Reparatur nicht unähnlich sind. Etwas vereinfacht dargestellt geschieht folgendes (Abb. 6.2): Ein Rekombinationsenzym bricht einen Strang in einer der DNA-Helices, veranlaßt ihn zur Entspiralisierung und partiellen Trennung vom komplementären intakten Strang. Das freie Ende des gebrochenen Strangs dringt in die andere Doppelhelix ein und bildet Basenpaare mit dem komplementären Strang im homologen Abschnitt. Wenn die beiden Stränge eine stabile Helix bilden, folgen andere Ereignisse. Zunächst zerschneiden Enzyme die verschiedenen Stränge. Dann folgen lokale Reparaturvorgänge. Schließlich werden die beiden Helices wiederhergestellt, und es zeigt sich, daß sie einige Teile ausgetauscht haben.

Mutationen und homologe Rekombinationen sind die Ursachen für weitreichende DNA-Veränderungen. Durch eine Folge von Mutationen kommt es zu langsamen Veränderungen der Basensequenzen; durch Rekombination werden die veränderten Sequenzen unter Umständen miteinander verbunden. Im Laufe der Zeit können die DNA-Veränderungen sehr umfangreich werden und eine hinreichende Grundlage für den evolutionären Prozeß bilden.

Eine spezielle Rekombination

Mutationen und homologe Rekombinationen liefern jedoch noch keine vollständige Erklärung für die Mobilität der DNA. Beispielsweise erklären sie nicht, wie ein Immunglobulin-Gen in der Lebensspanne eines Individuums durch Zusammenfügung mehrerer auseinanderliegender Stücke gebildet wird (Kap. 13) oder wie im Laufe der Evolution die gestückelten Gene entstanden sind. Diese Ereignisse werden durch den Austausch zwischen DNA-Sequenzen mit begrenzter oder gar keiner Homologie hervorgerufen. Sie können also nicht durch die Enzyme der homologen Rekombination zustande kommen.

Erste Erkenntnisse über die Mechanismen dieser Austauschprozesse gewann man durch interessante Beobachtungen an bestimmten Bakteriophagen, deren DNA in die Zell-DNA Eingang finden kann. Die Integration ist das Ergebnis einer Rekombination zwischen zwei Stellen oder Orten: einem Ort in der viralen DNA und einem Ort in der Zell-DNA. Die beiden Orte sind homolog, jedoch über eine Sequenz, die zu kurz für eine homologe Rekombination ist. Da der

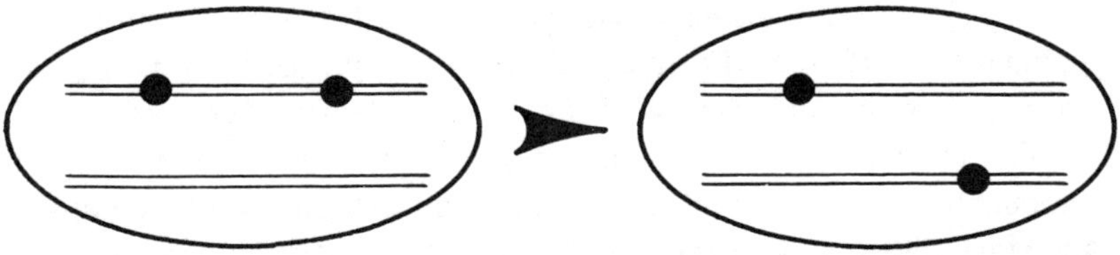

Abbildung 6.1: Rekombination zwischen zwei homologen Genomen, die sich in einer Zelle befinden. Anfangs (links) weist das eine Genom zwei Mutationen auf, das andere keine. Nach der Rekombination hat jedes Genom eine Mutation.

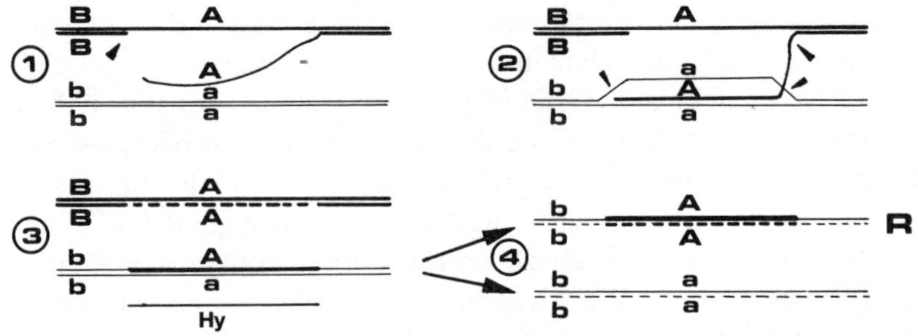

Abbildung 6.2: Die aufeinanderfolgenden Schritte der homologen Rekombination. (1) Zwei homologe Helices befinden sich nahe beieinander. Eine trägt ein B-Gen und ein A-Gen. Das andere Genom hat Varianten dieser Gene (b beziehungsweise a). Ein Einschnitt (Pfeil) in einem Strang der einen Helix veranlaßt diese, sich zu entdrehen. (2) Der abgewickelte Strang paart sich mit dem homologen komplementären Strang der anderen Helix. Die Stränge werden an verschiedenen Orten (Pfeile) zerschnitten. Außerdem wird ein Stück der unteren Helix abgetrennt. (3) Die obere Helix stellt den verlorenen Strang wieder her (gestrichelte Linie). In die untere Helix wird der eingedrungene Strang integriert, so daß eine Hybridhelix (Hy) entsteht, deren einer Strang das Gen A und deren anderer das Gen a aufweist. (4) Bei der Replikation der Hybridhelix entsteht eine rekombinante Helix mit der neuen Genkombination bA (hier als R bezeichnet) und eine Kopie der ursprünglichen unteren Helix.

Austausch von Enzymen ausgeführt wird, welche die beiden DNA-Orte erkennen, an denen der Vorgang stattfindet, bezeichnet man diesen Rekombinationstyp als *ortsspezifisch*.

Springende DNA

Im Unterschied zur ortsspezifischen Rekombination mit ihren sehr strengen Bedingungen gibt es einige Rekombinationsformen mit weit größerem Spielraum – oder gar völliger Freiheit. Ein Beispiel ist der

Einbau der DNA eines Krebsvirus in die Zell-DNA (in Kapitel 5 erwähnt). Eine ähnliche Form der Rekombination wird von DNA-Sequenzen benutzt, die als *bewegliche Elemente* bezeichnet werden und in allen möglichen Zellen anzutreffen sind. In den dreißiger Jahren beobachtete Barbara McClintock bei genetischen Untersuchungen am Mais, daß sich die Farbe der Körner durch Mutationen änderte. Diese Mutationen waren erratisch: Sie konnten in einem Gen über mehrere Generationen auftreten; dann wurde das betreffende Gen wieder stabil, während sich ein anderes Gen außerordentlich instabil zeigte. McClintock vermutete, die Mutationen seien auf bewegliche genetische Elemente zurückzuführen, die die Aktivität von Genen verändern, indem sie sich in ihrer Nähe niederlassen.

Welche molekulare Grundlage diese Beobachtungen haben, konnte erst kürzlich durch die Arbeit mit Bakterien nachgewiesen werden. Die Zellen enthalten bewegliche Elemente, die man als *Insertionssequenzen* bezeichnet, weil sie mit Leichtigkeit von einem Ort zu einem anderen wechseln und sich fast überall im Wirtsgenom niederlassen können. Wie McClintocks bewegliche Elemente inaktivieren sie die Gene, in denen sie sich niederlassen, und rufen ein Phänomen hervor, das wie eine Mutation aussieht. Der Einbau – die Insertion – des beweglichen Elements in ein Gen verändert das Exon grundlegend oder fügt ein Terminationssignal ein, das zum Abbruch der Translation führt.

Die Anatomie einer bakteriellen Insertionssequenz ist einfach und charakteristisch. Ein DNA-Abschnitt, dessen Länge von einigen hundert bis zu ungefähr tausend Basenpaaren reicht, ist von zwei *terminalen Wiederholungen* eingefaßt – kurzen identischen Sequenzen, die gleich oder entgegengesetzt gerichtet sind (Abb. 6.3). Gegenläufige – entgegengesetzt gerichtete – Wiederholungen lassen sich unter dem Elektronenmikroskop nach Denaturierung und Renaturierung der DNA erkennen. Die gegenläufigen Abschnitte eines Stranges bilden eine Helix, so daß eine »Lollipop«-artige Struktur entsteht. Die Existenz zweier Wiederholungen zeigt, daß beide Enden einer Insertionssequenz unabhängig mit der bakteriellen DNA rekombinieren. Zum Replikationsmechanismus einer Insertionssequenz gehört die Rekombination: Eine der Tochterkopien bleibt an der alten Stelle, die andere wird an einem neuen Ort eingebaut. Deshalb vergrößern Insertionssequenzen in der Regel ihre Zahl und breiten sich im Wirtsgenom aus. Das Enzym für diese Art von Replikation wird durch ein Gen, das in der Insertionssequenz selbst enthalten ist, spezifiziert.

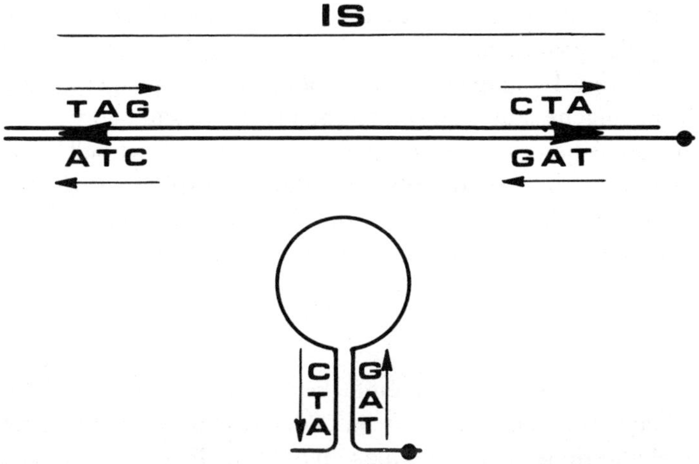

Abbildung 6.3: Diagramm einer Insertionssequenz, deren Länge die obere Linie (IS) anzeigt. Sie wird von zwei doppelhelikalen Abschnitten eingefaßt, die identisch sind, aber entgegengesetzt verlaufen (fette Pfeile). In den Wiederholungen sind hier drei Basen angegeben; in Wirklichkeit sind es jedoch stets mehr. Wenn die DNA unter Wärmeeinwirkung zerlegt (denaturiert) und durch Abkühlung renaturiert wird, paaren sich unter Umständen die gegenläufigen Wiederholungen des durch einen schwarzen Punkt gekennzeichneten Strangs, so daß die unten abgebildete »Lollipop«-Figur entsteht. Mit dem anderen Strang kann dasselbe geschehen.

Bewegliche Elemente gibt es in allen Lebewesen. Man hat sie sowohl in der Hefe gefunden als auch in der Fliege *Drosophila*, wo sie höchst auffällige Wirkungen hervorrufen, etwa instabile Mutationen oder Unfruchtbarkeit. Bei höheren Tieren sind einige Viren, die regelmäßig in das Zellgenom integriert werden, mit beweglichen Elementen vergleichbar (vgl. Kap. 15). Das gilt auch für bestimmte repetitive Sequenzen des Säugergenoms, mit denen wir uns an späterer Stelle beschäftigen werden.

Einige bakterielle Insertionssequenzen rufen besonders interessante Effekte hervor: Sie kontrollieren benachbarte Zellgene, indem sie diese ein- und ausschalten. Solche Insertionssequenzen kehren ihre Orientierung um – beispielsweise von AB in BA und umgekehrt –, bleiben aber innerhalb der DNA am selben Ort. Ursache der Veränderung ist die Rekombination zwischen den gegenläufigen Wiederholungen, die die Sequenz einfassen, im Stiel des »Lollipop«. Einige dieser umkehrbaren Elemente haben ein Signal, das die Transkription eines benachbarten Gens in einer Richtung auslöst, und ein Signal, das sie in der anderen Richtung beendet (Abb. 6.4).

Die Umkehrung dieser Elemente wird durch spezifische Gene kontrolliert, die vermutlich die für die Rekombination zuständigen Enzyme codieren. In einigen Bakterien und Bakteriophagen reagieren die Kontrollgene auf Umweltbedingungen. Solche Umschaltprozesse ermöglichen es diesen Organismen, in neue Wirtszellen einzudringen, indem sie bestimmte Oberflächenmoleküle verändern – einer der vielen Mechanismen, deren sich Parasiten in ihrem ständigen Kampf gegen die Abwehrmaßnahmen eines Wirtes bedienen.

Mobile Gene

Insertionssequenzen sind die einfachsten Formen in einer Vielzahl beweglicher Elemente von zunehmender Komplexität. Die nächste Form – bakterielle Elemente, die Gene für die Resistenz gegen antibakterielle Wirkstoffe (Antibiotika) tragen – bezeichnet man als *Transposons*, weil sie von einem Ort zum andern wechseln. Jedes Transposon besitzt Resistenzgene, die von zwei identischen Insertionssequenzen eingefaßt werden. Diese sorgen für die Funktionen, denen die Beweglichkeit zu verdanken ist. Die Resistenzgene ermöglichen es den Wirtsbakterien, sich in einer Umgebung, die Antibiotika enthält, zu vermehren und damit auch für die Verbreitung des Transposons selbst zu sorgen. Transposons übernehmen die Resistenzgene vom Bakteriengenom, in dem die Gene aufgrund regulatorischer Einschränkungen nicht sehr aktiv sind. Von den Einschränkungen befreit, entfalten sie in den Transposons ihre volle Aktivität.

Bewegliche Bakterienelemente einer dritten Art sind kleine DNA-Ringe, die man *Plasmide* nennt. Im Unterschied zu den oben beschriebenen Elementen sind sie nicht mit der DNA der Zelle verbunden und vermehren sich unabhängig. Ein Bakterium kann eine, hundert oder noch mehr Kopien des gleichen Plasmids enthalten, je nach der Art, um die es sich handelt. Plasmide, die in die DNA der Wirtszelle eingebaut werden können, wechseln zwischen dem freien und dem integrierten Zustand. Einige fördern eine Verbindung zwischen Bakterien, durch die sie dann wandern, wodurch sich ihre Ausbreitungstendenz erhöht. Sie entsprechen den viralen Genomen, die in friedlicher Koexistenz mit Zellen leben können.

Noch komplexer sind bestimmte Plasmide, die als *Resistenztransferfaktoren* bezeichnet werden und ebenfalls Gene für die Resistenz gegen Antibiotika tragen. Sie unterscheiden sich insofern von Transposons, als sie nicht nur Resistenzgene von Bakterien übernehmen,

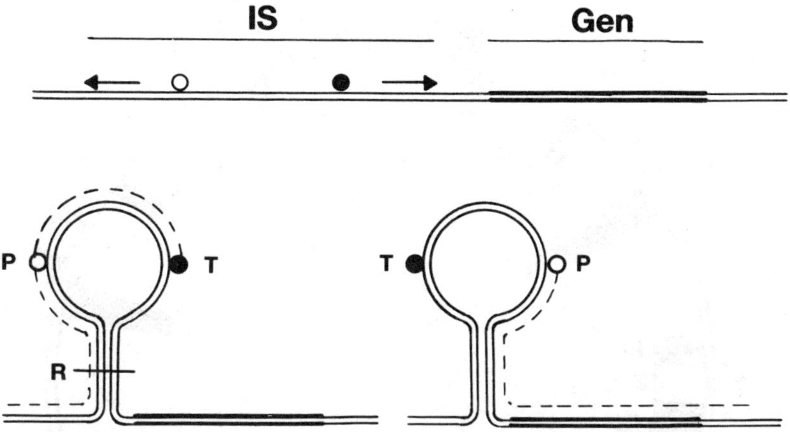

Abbildung 6.4: Eine Insertionssequenz, die einem angrenzenden Gen als Schalter dient. Die Sequenz (IS) ist von gegenläufigen wiederholten Sequenzen (Pfeile) eingefaßt und enthält einen Promoter, an dem die Transkription beginnt (weißer Kreis), sowie einen Terminator, an dem sie endet (schwarzer Kreis). In der links unten abgebildeten Konfiguration stoppt der Terminator (T) jegliche Transkription (gestrichelte Linie), bevor sie das Gen erreicht. Das Gen ist inaktiv. In der rechts unten abgebildeten Konfiguration initiiert der Promoter (P) die Transkription, die auch das Gen erfaßt. Das Gen ist aktiv. Eine Konfiguration kann sich durch Rekombination (R) zwischen den gegenläufigen Wiederholungen in die andere umwandeln.

sondern sie auch in andere Bakterien transportieren und die Resistenz auf diese Weise verbreiten. Viele von ihnen tragen mehrere Resistenzgene, die sie durch Akkumulation von Transposons erhalten (Abb. 6.5). Die Faktoren für multiple Resistenzen und ihre Übertragbarkeit von einer Zelle auf die andere sind ein ernsthaftes Hindernis für die antibakterielle Therapie in der Human- und Veterinärmedizin. Ihre Verbreitung wird durch die überflüssige Verwendung von Antibiotika in der Medizin gefördert, so daß viele Bakterien gegenüber einer Reihe von Medikamenten resistent sind. Wir sehen, wie schädlich es sein kann, hochwirksame biologische Stoffe anzuwenden, ohne die Folgen zu kennen oder zu bedenken.

Am beweglichsten von all diesen Elementen sind Viren, die sich, teils aus DNA, teils aus RNA bestehend, als freie, autonome Genome in Zellen replizieren. Wie nahe sie mit transponsablen Elementen verwandt sind, zeigt sich sehr deutlich im Fall der Retroviren (vgl. Kap. 15), deren Genom von zwei ziemlich langen Sequenzwiederholungen eingefaßt ist. Wie Plasmide bewegen sich Viren von Zelle zu Zelle, doch auf weit wirksamere Art: Sie umgeben ihre Genome mit

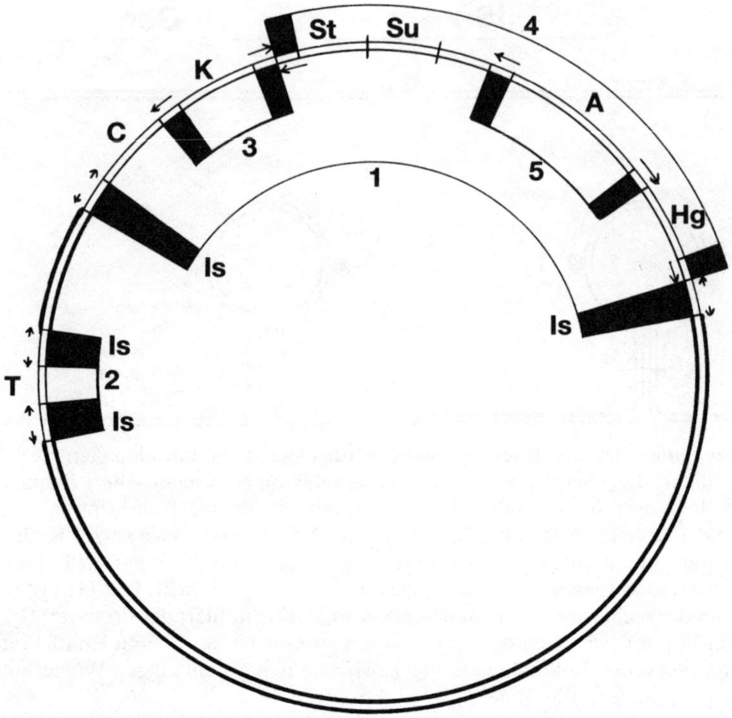

Abbildung 6.5: Anatomie eines bakteriellen Resistenztransfer-Faktors. Der Faktor ist eine ringförmige DNA-Helix. Teile von ihr (fette Linien) entsprechen dem ursprünglichen Plasmid und enthalten die Gene, die für die Replikation und die Übertragung, den *Transfer*, von einem Bakterium zum anderen verantwortlich sind. Andere Teile bestehen aus Transposons, die unabhängig voneinander in das ursprüngliche Plasmid eingedrungen sind. Die Transposons 1 und 2 sind an verschiedenen Stellen ins Plasmid gelangt; die Transposons 3 und 4 sind ins Transposon 1 eingedrungen; und Transposon 5 ist in Transposon 4 integriert worden. Unbekannt ist die Reihenfolge, in der die verschiedenen Insertionen stattgefunden haben. Jedes Transposon kann leicht in den Faktor hinein- und aus ihm herausgelangen. Die Pfeile bezeichnen die gegenläufigen Sequenzwiederholungen, die die Transposons 3, 4 und 5 flankieren. Die Transposons 1 und 2 sind von je unterschiedlichen Insertionssequenzen (Is) eingefaßt. Jede Insertionssequenz ist wiederum von zwei kurzen gegenläufigen Sequenzwiederholungen umgeben. Der abgebildete Resistenztransfer-Faktor enthält Gene, die Resistenz gegen folgende Antibiotika verleihen: Chloramphenicol (C) in 1, Tetracyclin (T) in 2, Kanamycin (K) in 3, Streptomycin (St), Sulfonamid (Su) und Quecksilber (Hg) in 4, Ampicillin (A) in 5. (Aus: S. N. Cohen und J. Shapiro, *Scientific American* 242 [1980], S. 60.)

einer Hülle aus Proteinmolekülen, einer Membran, und bilden mit ihr zusammen die sogenannten Viruspartikel. Die Partikel werden, oft nach dem Tod der Zelle, freigegeben und dringen in andere Zellen ein. Wie Plasmide können einige Virusgenome in die Zell-DNA integriert werden oder Zellgene aufnehmen – Ereignisse, aus denen sich gelegentlich Krebsviren entwickeln (vgl. Kap. 15).

Wie die Zahl der Gene erhöht wird

Die Mobilität der DNA ist nicht allein auf die bisher gezeigten spezialisierten Sequenzen oder Genome beschränkt. Jede DNA-Sequenz kann umherspringen, wenn auch nicht so häufig und so wirksam. Diese Fähigkeit erklärt die Bildung der im vorigen Kapitel behandelten Genfamilien. Nachdem wir untersucht haben, welche Mechanismen die Gene verwenden, um sich zu verändern oder sich umherzubewegen, wollen wir jetzt betrachten, wie die Familien entstehen. Zwei Bedingungen sind für die Schaffung von Genfamilien erforderlich: Erstens muß ein Gen Kopien seiner selbst herstellen und sie als zusätzliche Gene in das Genom einbauen, und zweitens müssen die Sequenzen dieser Gene daran gehindert werden, sich unter dem Einfluß von Mutationsereignissen beliebig voneinander zu entfernen.

Viele Anhaltspunkte lassen darauf schließen, daß Gene sich verdoppeln können: Aus einer DNA mit den Genen A, B, C, D, E, F... wird die DNA mit den Genen A, B, *C, C*, D, E, F... Gen C hat sich also verdoppelt. Das ist ein ganz normales Ereignis. Beispielsweise ist dies die Grundlage des Mechanismus, mit dessen Hilfe Fliegen dem erhöhten Bedarf an bestimmten Proteinen gerecht werden, wenn sie Eier bilden. Das sich entwickelnde Ei ist von Nährzellen umgeben, die es mit den erforderlichen Bestandteilen, etwa den Proteinen für die Schale, versorgen. Die Zahl der Proteingene in den Nährzellen wächst um ein Vielhundertfaches – ein Phänomen, das wir als *Gen-Amplifikation* bezeichnen. Die neuen Kopien der Gene liegen als freie DNA vor. Eine ähnliche Gen-Amplifikation läßt sich unter dem Mikroskop an den Chromosomen der Speicheldrüsen einiger Fliegenarten beobachten. Wie in Kapitel 1 dargestellt, bestehen diese Riesenchromosomen aus Bündeln von DNA-Molekülen, die in vollkommener Übereinstimmung ihrer Sequenzen Seite an Seite zusammenhängen. Die Chromosomen lassen Querbanden erkennen, die eine feste Beziehung zu Genen aufweisen. Die Amplifikation der

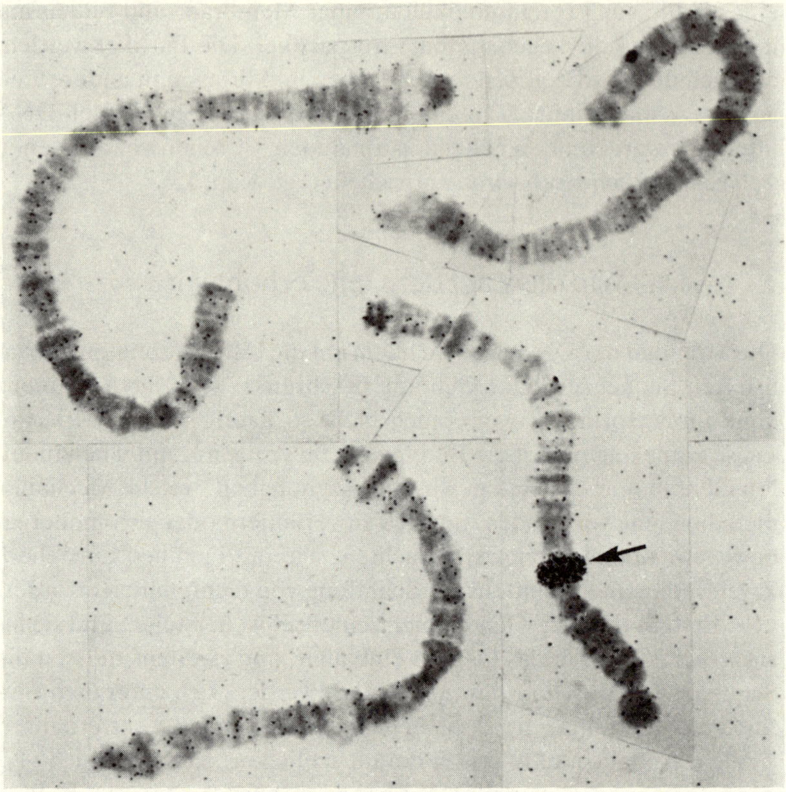

Abbildung 6.6: Ein »Puff« in einer der vier Speicheldrüsen-Chromosomen einer Fliege. Der Puff (Pfeil) läßt sich nach Hybridisierung des ganzen Chromosoms mit einer Sonde für ein Gen, das im Puff enthalten ist, durch Autoradiographie feststellen. Der Puff weist eine hohe Konzentration an Silberkörnchen auf, weil er sechzehn Kopien der Gen-DNA enthält. Dieses Gen ist nur im Entwicklungsstadium aktiv. (1500fache Vergrößerung. Aus: D. M. Glover u. a., *PNAS* 79 [1982], S. 2947.)

Gene in den Banden lassen diese anschwellen, so daß sich sogenannte »Puffs« bilden (Abb. 6.6). Daß die DNA in diesen Puffs repliziert wird, kann man nachweisen, indem man die Zellen mit radioaktiven Molekülen zusammenbringt, die zum Aufbau von DNA erforderlich sind. Mittels Autoradiographie läßt sich daraufhin die Radioaktivität feststellen.

Gen-Amplifikation können wir auch beobachten, wenn wir Krebszellen mit dem Krebsmittel Methotrexat behandeln. Dieses Medikament bekämpft einen Faktor, der zur Herstellung der für den Aufbau

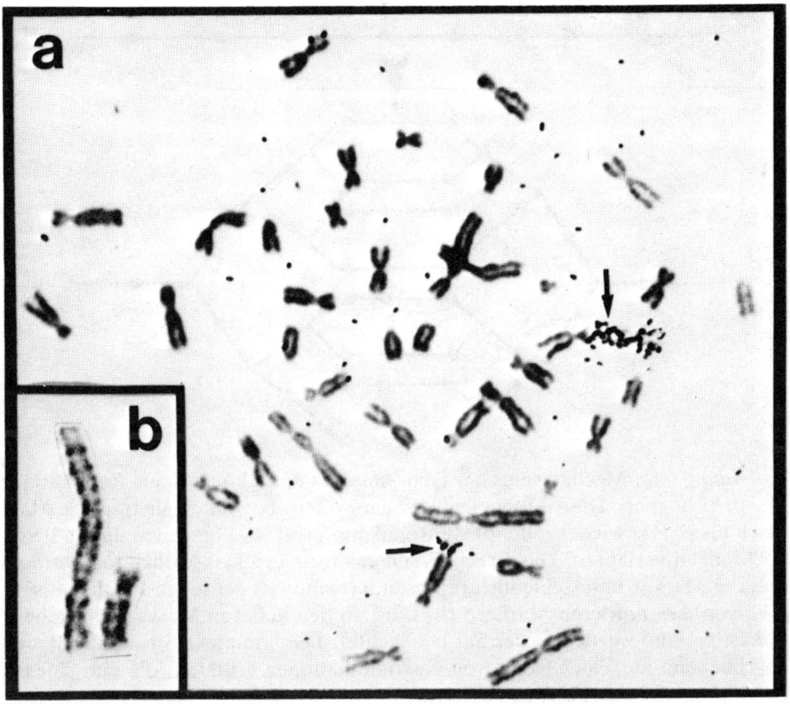

Abbildung 6.7: Akkumulierte Kopien eines amplifizierten Gens in dem Chromosom einer Zelle, die gegen das zellabtötende Mittel PALA resistent ist. a zeigt die Chromosomen einer Zelle bei der Mitose. Die Chromosomen wurden mit einer radioaktiven Sonde für das Gen hybridisiert, das für die Resistenz gegen PALA verantwortlich ist; anschließend wurde eine Autoradiographie angefertigt. Die Silberkörnchen zeigen, daß zwei Chromosomen Kopien des Gens enthalten (Pfeile). Dies ist das Ergebnis von DNA-Austauschprozessen. b zeigt das Chromosom mit der größten Zahl von Kopien des Gens neben einem normalen Chromosom des gleichen Paars. Das lange Chromosom enthält 150 Wiederholungen des Gens mit den flankierenden Sequenzen. (1000fache Vergrößerung. Mit freundlicher Genehmigung von G. Wahl.)

von DNA notwendigen T-Nukleotide erforderlich ist, und tötet dadurch die Krebszellen ab. Nach anfänglichen Erfolgen nimmt die Wirksamkeit des Methotrexats jedoch ab, weil die Zellen resistent werden. Sie stellen den Faktor, den das Mittel bekämpft, einfach in erhöhten Mengen her. Die Amplifikation des entsprechenden Gens in diesen Zellen ist durch radioaktive Sonden nachweisbar. In Zellkulturen, die extrem hohen Konzentrationen von Methotrexat ausgesetzt werden, kann die Zahl der amplifizierten Gene auf hundert oder mehr anwachsen. Der wiederholte Abschnitt ist ziemlich groß

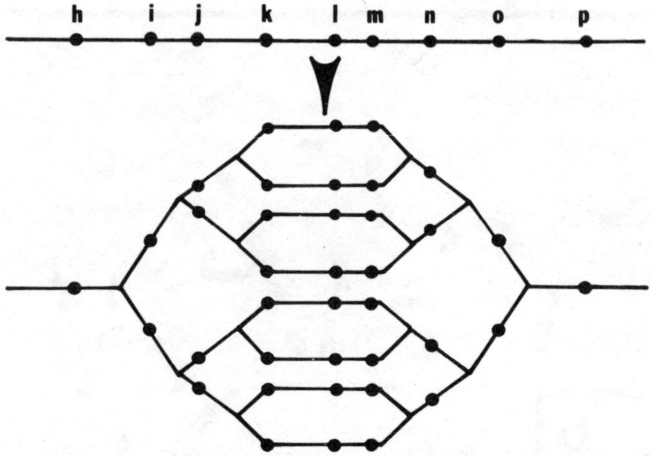

Abbildung 6.8: Mechanismus der Gen-Amplifikation durch lokale Replikation. Die ursprüngliche DNA-Doppelhelix ist ganz oben abgebildet; sie trägt die Marker h bis p. Die wiederholte lokale Replikation soll bei l beginnen und in beide Richtungen verlaufen. Das Ergebnis sehen wir unten. Das Modell sagt voraus, daß die Marker unterschiedlich repräsentiert sind: Es sollte ein Häufigkeitsgefälle von den mittleren Markern (k, l, m) zu den äußeren Markern entstehen. Solche Gefälle werden in der Tat beobachtet. Die komplexe Struktur läßt sich anschließend aus einer Reihe von Rekombinationen erklären, die eine lineare Struktur mit Wiederholungen ergeben.

und enthält neben dem Gen viel zusätzliche DNA. Wenn die Zahl der wiederholten Abschnitte groß genug ist, lassen sie sich in den Chromosomen leicht als Regionen mit besonderen Färbeeigenschaften erkennen (Abb. 6.7).

Diese Beobachtungen werfen zwei Fragen auf: Wie kommt es zur Amplifikation? Wird die Amplifikation durch Methotrexat verursacht? Zur ersten Frage läßt sich feststellen, daß die Amplifikation in zwei Schritten stattfindet. Zunächst wird ein Stück des Chromosoms durch lokale DNA-Replikation und DNA-Rekombination verdoppelt (Abb. 6.8, 6.9). Dann folgen weitere Verdoppelungen durch einen anderen Mechanismus, die heterologe Rekombination (vgl. unten), die dann einsetzt, wenn jedes homologe Chromosom mindestens zwei Kopien eines bestimmten Gens besitzt. Was die zweite Frage angeht, so ist die Rolle des Methotrexats bei der Amplifikation noch nicht geklärt. Es scheint, daß das Gen auch in Zellen, die dem Mittel nicht ausgesetzt sind, amplifiziert werden kann. Wenn allerdings das Medikament den Amplifikationsvorgang auslöst, so geschieht dies dadurch, daß der Einbau von Ts in entstehende DNA verhindert wird. Die dergestalt hervorgerufene Lücke kann entweder zum Ausgangspunkt für eine neue lokale Replikation werden oder fehleranfällige Reparaturmaßnahmen aktivieren, wie wir sie etwa vom bakteriellen SOS-System kennen.

In einigen Fällen bilden amplifizierte Gene deutlich erkennbare kleine Chromosomen, sogenannte *Double-minute-Chromosomen* (englisch *minute* = winzig) (Abb. 6.10). Es handelt sich dabei um ringförmige DNA, die aus der chromosomalen DNA mit Hilfe eines ähnlichen Mechanismus entsteht, wie ihn die beweglichen Elemente verwenden. Solche Ringe können wieder in Chromosomen integriert werden. Die Double-minute-Chromosomen enthalten ausschließlich den amplifizierten Abschnitt und sind nicht mit der Maschinerie verbunden, die bei der Teilung die einzelnen Chromosomenpaare sorgfältig auf die Tochterzellen verteilt. Diese Double-minute-Chromosomen werden zufällig verteilt, so daß einige Zellen mehr von ihnen und andere weniger erhalten. Das Ausmaß der Amplifikation unterscheidet sich also von Zelle zu Zelle. Solche Chromosomen finden sich nicht nur in Krebszellen, die mit zelltötenden Mitteln behandelt wurden, sondern auch bei angeborenen Krankheiten, die hohe Krebsanfälligkeit aufweisen. Die Gen-Amplifikation – oder der Mechanismus, der sie verursacht – hat also viele verschiedene biologische Auswirkungen.

Gene in beliebiger Zahl

Gene, die in einem Chromosom in mehr als einer Kopie vorliegen, lassen sich leicht in großer Zahl amplifizieren. Ein Beispiel ist die Bildung von Genfamilien für ribosomale RNAs bei der Fliege *Drosophila*. Die Zahl dieser Gene zeigt zwischen verschiedenen Fliegen nur leichte Schwankungen. Doch gelegentlich treten auch extreme Unterschiede auf: Irgendeine Fliege kann weit weniger Gene als durchschnittlich besitzen und erheblich beeinträchtigt sein, weil sie die Proteine nicht in ausreichender Menge herzustellen vermag. Überraschenderweise kann aber eine solche verkrüppelte Fliege normale Fliegen mit einer regelmäßigen Zahl von Genen für ribosomale RNAs zeugen. Die normalen Fliegen werden durch einen Prozeß hervorgebracht, der als *heterologe Rekombination* bezeichnet wird.

In Kapitel 1 haben wir gesehen, daß bei der Replikation einer DNA-Helix, eines Chromatiden, zwei Tochterhelices, die Schwesterchromatiden, entstehen. Da sie identische Sequenzen haben, kann es

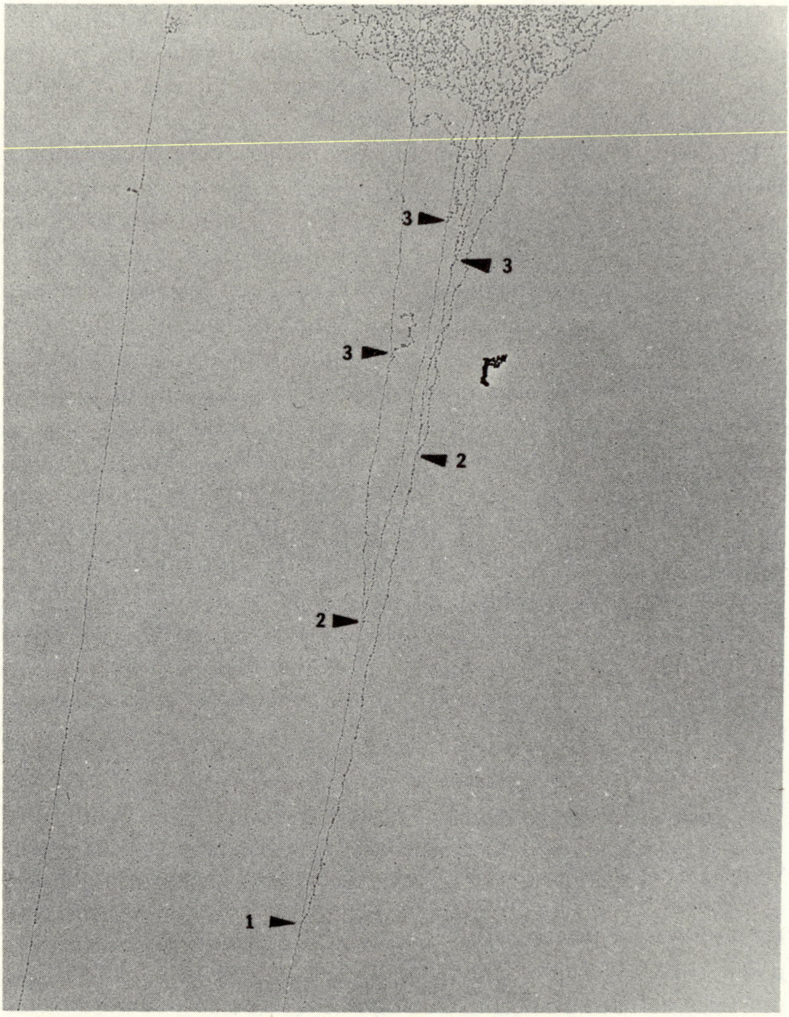

Abbildung 6.9: Elektronenmikroskopische Aufnahme einer DNA aus Nährzellen der Fliege *Drosophila*. Wir sehen das Ergebnis einer lokalen Replikation nach dem Schema der Abbildung 6.8. Die nicht replizierte DNA ist am unteren Rand zu erkennen, die amplifizierte DNA oben. Mehrere Gabelungen sind durch Pfeile markiert. (50000fache Vergrößerung. Aus: Y. N. Osheim und O. L. Miller, Jr., *Cell* 33 [1983], S. 543–553.)

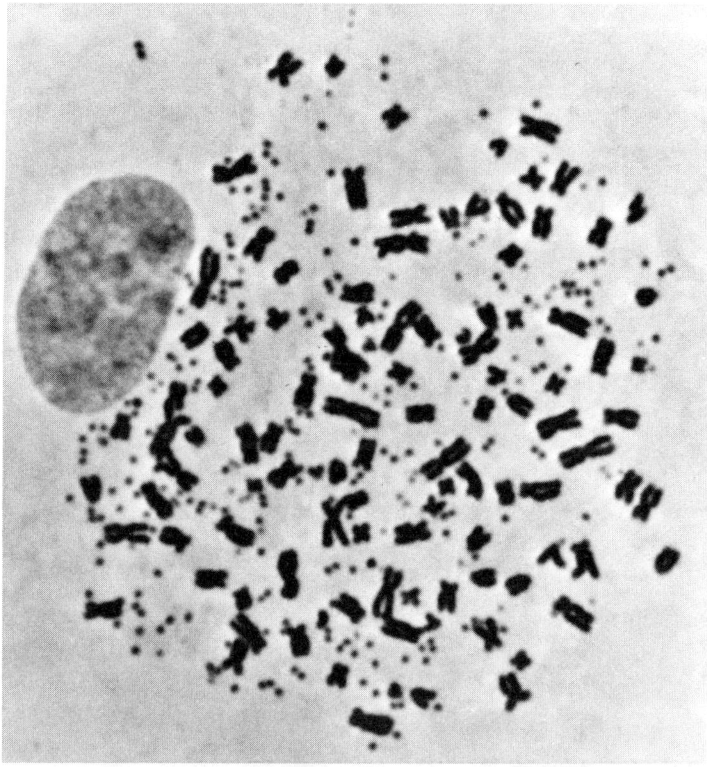

Abbildung 6.10: »Double-minute-Chromosomen« während der Mitose in einer Zelle, die gegen Methotrexat resistent ist. Die regulären Chromosomen sind X-förmig, weil ihre Chromatiden noch am Zentromer (der Struktur, durch die sie in einem späteren Stadium der Mitose auseinandergezogen werden) miteinander verbunden sind. Double-minute-Chromosomen, die in großer Zahl vorhanden sind, sehen wie Pünktchen aus und treten häufig paarweise auf. (1000fache Vergrößerung. Aus: J. Masters, B. Keely, H. Gay und G. Attardi, *Molecular and Cellular Biol.* 2 [1982], S. 498–507.)

zu homologer Rekombination und Austauschprozessen kommen, die sich durch Färbung nachweisen lassen (Abb. 6.11). Normalerweise hat ein solcher *Schwesterchromatidenaustausch* keine feststellbaren Konsequenzen, weil die ausgetauschten Teile identisch sind (Abb. 6.12). Aber im Fall von wiederholten Genen kann es zu einer Rekombination zwischen Wiederholungen kommen, die sich nicht entsprechen. So kann die Wiederholung Nummer 2 einer Helix mit der Wiederholung Nummer 55 einer anderen Helix rekombiniert werden. Infolge dieser heterologen Rekombination übernimmt die

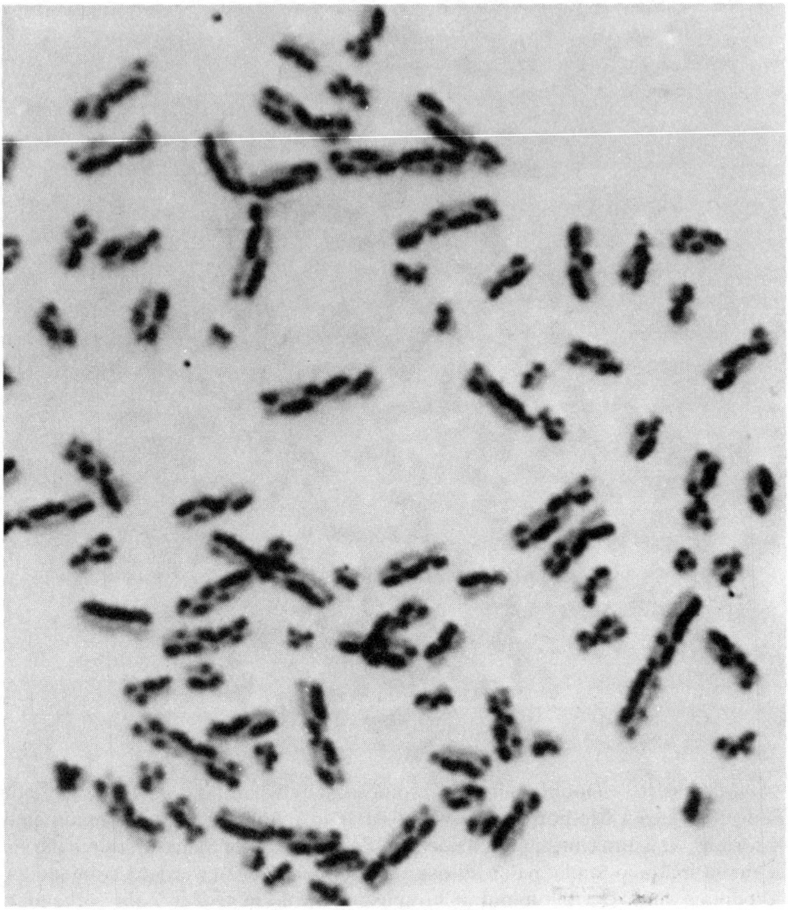

Abbildung 6.11: Der Effekt von Doppelchromatidenaustausch in Chromosomen, die wir während der Mitose sehen. Jedes Chromosom enthält die beiden Schwesterchromatiden, die sich noch nicht getrennt haben. Vor der Mitose sind die Zellen einer speziellen Behandlung unterzogen worden, um die Chromatiden durch Färbung unterscheidbar zu machen – das eine ist dunkel, das andere hell. Viele Chromatidenaustauschvorgänge fanden nach der Behandlung statt. Infolgedessen zeigt jedes Chromatid einen Wechsel von hellen und dunklen Abschnitten, die aus den beiden ursprünglichen Chromatiden stammen. (1000fache Vergrößerung. Aus: S. Wolff u. a., *Nature* 265 [1977], S. 347.)

eine Helix alle Wiederholungen zwischen den beiden Rekombinationspunkten, während die andere Helix sie verliert. Nach der Wanderung der Chromatiden zu den beiden Tochterzellen wird die eine Zelle die 53 Gene besitzen, die die andere verloren hat.

Unmittelbare Anhaltspunkte dafür, daß sich in einer Familie die Zahl der wiederholten Gene durch Schwesterchromatidenaustausch verändern kann, erhielt man durch Experimente mit einem Hefestamm, der eine bestimmte Aminosäure nicht herstellen und sich deshalb nicht vermehren konnte. Durch gentechnische Verfahren wurde das Gen für die Synthese der Aminosäure mit einem ribosomalen RNA-Gen verbunden und dieser Komplex in die beeinträchtigte Hefe geschleust. Diese war daraufhin in der Lage, sich zu vermehren. In einigen der Tochterzellen fehlte das Aminosäure-Gen, während andere mehrere Kopien besaßen – ein Ergebnis, das von der heterologen Rekombination zwischen dem mit dem Aminosäure-Gen verknüpften ribosomalen RNA-Gen und den anderen ribosomalen RNA-Genen der Zelle zu erwarten war.

Korrekturen

Die Mechanismen, mit deren Hilfe sich Gene umherbewegen und amplifiziert werden, erklären die Entstehung von Genfamilien. Sie erklären aber nicht ein verwirrendes Merkmal einiger Familien, insbesondere die der Gene für die ribosomalen RNAs, die aus *fast identischen* Mitgliedern bestehen. Wie wird diese Gleichförmigkeit trotz Mutationen und anderer genetischer Veränderungen bewahrt? Möglicherweise ist dafür der Mechanismus der *Sequenzkorrektur* verantwortlich, der immer dann eingreift, wenn es zur Rekombination kommt, also beispielsweise während des Schwesterchromatidenaustauschs. Korrekturen finden statt, wenn rekombinierende DNA-Helices Stränge austauschen und *Hybridsegmente* entstehen (Abb. 6.2).

Betrachten wir als Beispiel den Fall, daß ein durch Mutation hervorgerufenes Basenpaar GC das reguläre Paar AT in einem von zwei homologen Genen ersetzt, die einem Rekombinationsprozeß unterworfen sind (Abb. 6.13). Im Hybridabschnitt käme G mit T zusammen und C mit A. In keinem Fall wäre das Basenpaar komplementär. In einer solchen Situation bilden die Basen nicht die üblichen Wasserstoffbrückenbindungen und halten einen größeren Abstand als im Normalfall, so daß die Helix eine Verwerfung zeigt. An diesen Punkten greift ein Reparaturmechanismus ein: Bestimmte Enzyme entfer-

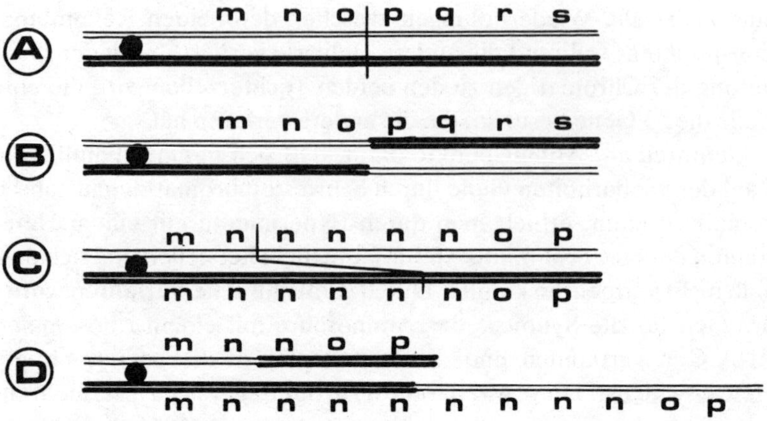

Abbildung 6.12: (A) Austausch zwischen zwei Schwesterchromatiden. (B) Der Austausch hat keine funktionalen Konsequenzen, weil die genetische Beschaffenheit der Chromatiden unverändert bleibt. (C) Heterologer Austausch zwischen Chromatiden, in denen Gen n wiederholt wird. (D) Dieser Austausch hat funktionale Konsequenzen, weil das untere Chromatid drei n-Gene hinzugewonnen hat, während das obere sie verloren hat. Das Zentromer (schwarzer Kreis) hält die Chromatiden zusammen, während der Austausch stattfindet.

nen eine Basenkette des einen Stranges und füllen die Lücke, indem sie den anderen Strang kopieren. Auf diese Weise erhält eines der Gene über eine bestimmte Länge die Sequenz des anderen Gens. Diesen Prozeß bezeichnet man als *Genkonversion*. Bei der heterologen Rekombination bewirkt die Genkonversion, daß ein Teil eines Gens durch den entsprechenden Teil eines anderen Gens aus derselben Familie ersetzt wird. Dies ist ein Mechanismus zur Umgruppierung der Geninformation, der von vielen Organismen verwendet wird; wir werden noch einige weitere Beispiele dafür kennenlernen. Häufige Wiederholungen der Genkonversion können in einer Genfamilie die Einheitlichkeit der Sequenzen bewahren.

Springende Gene

Durch springende DNA – beispielsweise Transposons – können vielfältige Kopien eines Gens hergestellt werden. Einige Tiere haben Familien repetitiver Sequenzen, in denen jedes Mitglied von zwei gleichen kurzen Wiederholungen eingefaßt ist. Man nimmt an, daß es sich bei diesen repetitiven Sequenzen um Transposons handelt, denn deren besonderes Merkmal sind solche Wiederholungen. Einige re-

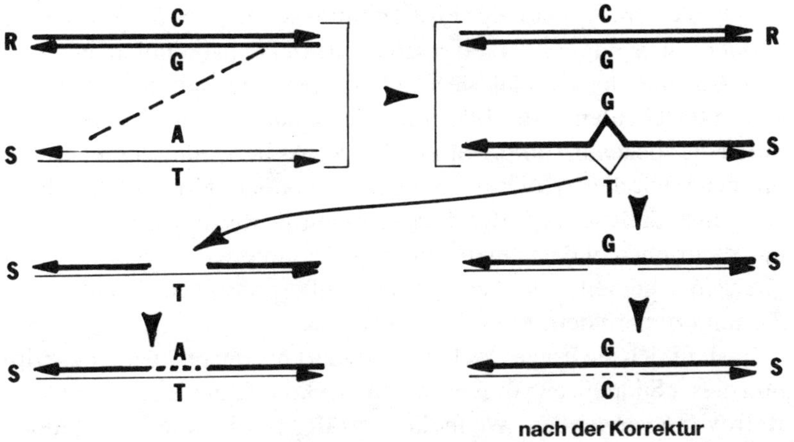

Abbildung 6.13: Fehlerkorrektur in einer Hybrid-Doppelhelix, die von zwei Genen eines Paares gebildet wird. Die beiden Chromosomen R und S (oben links), die sich in einem Basenpaar unterscheiden, werden einer Rekombination unterzogen, wobei ein Hybridsegment im Chromosom S entsteht (rechts). Zwei Basen bilden keine regulären Bindungen. Die Ausstülpung wird durch Enzyme eliminiert, die eine der beiden Basen herausschneiden und den Strang durch Kopieren des anderen Stranges wiederherstellen. Das Resultat auf der linken Seite entspricht dem ursprünglichen S-Chromosom, während auf der rechten Seite nach der Korrektur ein Ebenbild des R-Chromosoms entstanden ist.

petitive Sequenzen sind in andere repetitive Sequenzen oder sogar in die Introns einiger Gene eingebaut, so daß gefolgert werden kann, es handle sich um Eindringlinge. Man vermutet, daß bei Pflanzen die transponsablen Elemente die B-Chromosomen bilden, welche die Aktivität benachbarter Gene wie bewegliche Elemente verändern (vgl. hierzu Kap. 4).

DNA-Bewegung kann auch durch springende Elemente einer anderen Art, nämlich durch Viren, verursacht werden. Tatsächlich legt die Beschaffenheit einiger der größten Familien aus relativ kurzen Wiederholungen (achtzig bis dreihundert Basenpaare), die man bei vielen Tieren findet, den Schluß nahe, daß ihnen der gleiche Prozeß reverser Transkription von RNA in DNA zugrunde liegt, der die Replikation von Retroviren verursacht. Wie mRNAs haben die Sequenzen eine Kette von As am stromab gelegenen Ende und sind, wie die integrierten Genome der Retroviren, von zwei kurzen gegenläufigen Wiederholungen eingefaßt. Die Sequenzen sind teilweise homolog mit verschiedenen Zell-RNAs. Einige ähneln der RNA in den Partikeln, die die Signalsequenz während der Proteinherstellung in der Zelle erkennen; andere sind mit verschiedenen Arten der tRNAs verwandt, die zum Apparat der Proteinsynthese gehören. Daß sich diese Sequenzen in einem Zustand rascher Entwicklung befinden, geht aus dem Umstand hervor, daß sie sich selbst bei verwandten Arten deutlich unterscheiden. Mit Hilfe interner Signale für die Transkription durch die spezielle Transkriptase, die tRNAs herstellt, scheinen ständig neue Mitglieder dieser Sequenzen produziert zu werden. Man vermutet, daß sie nach der Transkription in RNAs wieder in DNA umgeschrieben und an einem anderen Ort integriert werden. Die Sequenzen scheinen sich also in einem außerordentlich dynamischen Zustand zu befinden.

Es stellt sich die Frage: Welche Enzymart hat die reverse Transkription dieser Sequenzen vorgenommen? Es könnte das Enzym sein, das Retroviren verwenden. Wenn dies zuträfe, würden die betreffenden Viren eine wichtige Rolle bei der Herstellung neuer Genkopien und in der Evolution von Zellen spielen. Die Zellen könnten aber auch selbst ein Gen für eine reverse Transkriptase enthalten, vielleicht als Teil eines transponsablen Elements, das der Vorläufer der Retroviren war. Noch wissen wir nicht, welche Antwort richtig ist.

Pseudogene

Die Sequenz-Amplifikation durch reverse Transkription erklärt die Existenz bestimmter Gene, die in ihren Sequenzen große Ähnlichkeit mit aktiven Genen aufweisen, aber durch Mutationen funktionsuntüchtig geworden sind. Solche *Pseudogene* liegen in der Regel weit von den Genen entfernt, mit denen sie verwandt sind, und besitzen einige für die reverse Transkription charakteristische Merkmale: Sie enden mit einer Reihe von AT-Paaren, haben keine Introns und sind von zwei kurzen gegenläufigen Sequenzwiederholungen eingefaßt. Diese Eigenschaften machen deutlich, daß es sich um *eingedrungene Gene* handelt, die bei der reversen Transkription von mRNAs entstanden und zufällig ins Genom integriert wurden.

Eine weitere Klasse von Pseudogenen ist anderen Ursprungs. Sie kommen in allen Familien wiederholter Gene vor, unter anderem in denen für Globine, Immunglobuline und für ribosomale RNAs. Diese Pseudogene haben zwar die gleiche Organisation wie reguläre Gene, aber veränderte Sequenzen, und deshalb sind sie nicht in der Lage, die Synthese funktionsfähiger Proteine zu veranlassen – sie sind *tote Gene*. Die primäre Modifikation, die zur Bildung eines Pseudogens führt, ist möglicherweise ein Ausfall der Transkription. Dann könnten sich die Mutationen häufen, weil sie ohne Folgen sind. Diese Hypothese beruht auf der Analyse eines Globin-Pseudogens, das nicht transkribiert wird. Nachdem man das Gen isoliert und mit der Kontrollregion eines aktiven Globingens verknüpft hatte, wurde es wieder transkribiert. Offenbar hatte das Pseudogen in seinem Ursprungschromosom eine fehlerhafte Kontrollregion. Ein Globingen, das nur noch minimale oder gar keine Transkription mehr zeigt (vgl. Kap. 5), ist offenbar im Begriff, infolge des beschriebenen Mechanismus ein Pseudogen zu werden.

Zwar sind Pseudogene inaktiv, aber ihre Existenz bleibt nicht folgenlos, weil sie einige ihrer Sequenzen durch Genkonversion (vgl. unten) an aktive Gene abgeben können. Aus diesem Grund spielen sie eine wichtige Rolle in der Evolution.

DNA, die von einer Zelle zur anderen gelangt

DNA-Bewegungen sind nicht auf eine einzige Zelle beschränkt. Durch Plasmide und Viren kann es auch zu Bewegungen von einer Zelle zur anderen und beim Geschlechtsverkehr sogar von einem Individuum zum anderen kommen (vgl. Kap. 9). Mögen alle diese Bewegungen auch wie Sonderfälle erscheinen, tatsächlich äußert sich in ihnen eine allgemeine Eigenschaft der DNA. DNA vielerlei Ursprungs – aus Zellen, Bakterien oder Viren – kann im Labor gezüchtete Tierzellen besiedeln (die richtigen Methoden vorausgesetzt). Wenn man einer Zelle winzige Klümpchen von DNA präsentiert, werden sie von der Zelle verschlungen. Ein Teil der DNA gelangt zum Zellgenom und wird in dieses integriert. Die fremden Gene, fortan Bestandteil der Zell-DNA, sind oft in der Lage, ihre Tätigkeit auch an dem neuen Ort fortzusetzen. Das gleiche Ergebnis läßt sich erzielen, wenn man der Zelle mit einer Mikronadel DNA injiziert. Wird die DNA beispielsweise in den Kern einer befruchteten Mäuse-Eizelle injiziert, dann findet man die betreffenden Gene später in vielen Zellen des ausgewachsenen Tieres und manchmal sogar in seinen Keimzellen wieder.

Der Erfolg dieser Laborexperimente zeigt, daß Zellen Mechanismen zur unbeschränkten DNA-Übertragung besitzen und gelegentlich von ihnen Gebrauch machen. Das wirf die Frage auf, ob die DNA auch unter natürlichen Bedingungen von einer Art auf die andere übertragen wird. Zwar gibt es keine Beweise für den Transfer nackter DNA von einer Zelle zur anderen, doch finden solche Vorgänge im

Zellinneren statt, nämlich durch die Membranen hindurch: zwischen dem Kern und den Mitochondrien oder den Chloroplasten sowie zwischen Mitochondrien und Chloroplasten. Austauschprozesse zwischen den Zellen verschiedener Arten kommen durch Viren zustande: Krebsviren übertragen Krebsgene von einer Tierart zur anderen – mit unübersehbaren Konsequenzen –, und dabei könnten unbemerkt noch andere Genarten mitgeführt werden.

Bei Pflanzen werden Krebsgene auch durch ein Bakterium übertragen, das ein krebsauslösendes Plasmid besitzt. Dieses Plasmid wird in die Pflanzen-DNA integriert und der Krebs durch die Aktivität der Plasmidgene hervorgerufen. Die Genübertragung von Tier- auf Pflanzenzellen und umgekehrt könnte in ähnlicher Weise durch Bakterien oder Viren zustande kommen, die als vermittelnde Vektoren wirksam werden.

Einige unbeantwortete Fragen

Alles, was wir über sich wiederholende Sequenzen und ihren Ursprung wissen, gibt keine Antwort auf die Frage, warum sie in Eukaryonten so häufig und in Prokaryonten gar nicht vorkommen. Obwohl Bakterien zu Rekombination und Transposition fähig sind, besitzen die meisten von ihnen keine Familien von repetitiven Sequenzen, ebensowenig wie die in Tierzellen vorkommenden Mitochondrien, die modifizierte Prokaryonten sind.

Warum das so ist, wissen wir nicht genau. In Bakterien könnten Sequenzwiederholungen nachteilig sein. Diese Organismen konkurrieren durch ihr Vermehrungstempo miteinander – das Tempo würde sich verlangsamen, würde das Genom durch irrelevante DNA größer. Bei den Mitochondrien der Tierzellen ist ein anderer Grund denkbar. Ihre DNA besteht ausschließlich aus Genen, die für die Zellen lebenswichtig sind; jede Transposition wäre tödlich. Der Grund könnte auch darin liegen, daß Bakterien und Tiermitochondrien keine Introns besitzen. Deshalb gibt es in diesen Genomen keine Stellen, an denen neue DNA eingebaut werden könnte, ohne Gene zu inaktivieren. Mobile DNA hat keine Möglichkeit, sich im Genom erfolgreich breitzumachen, sich an einem sicheren Ort niederzulassen, um von dort aus andere, relativ verwundbare Stellen zu erobern. Doch das sind alles Spekulationen; die wirklichen Gründe für den genannten Unterschied zwischen Eukaryonten und Prokaryonten kennen wir nicht.

Unbeantwortet ist auch noch die Frage, die ich am Anfang dieses Kapitels gestellt habe: Warum haben Eidechsen zwanzigmal mehr DNA als Menschen? Wir wissen lediglich, daß der Unterschied in den hochrepetitiven Sequenzen liegt. Eine interessante Erklärung könnte mit der Innentemperatur der Tiere zu tun haben. Säugetiere halten ihre Körpertemperatur gewöhnlich auf einem höheren Niveau als kaltblütige Tiere, wie es die Eidechsen sind. In der Regel weisen Organismen, die mit niedrigeren Körpertemperaturen leben, größere DNA-Mengen auf. Besonders ausgeprägt ist dieser Effekt in Pflanzen; beispielsweise besitzt Weizen, der kalten Klimaten angepaßt ist, wesentlich mehr DNA als normaler Weizen. Doch selbst wenn der Temperaturunterschied erklärt, warum Eidechsen mehr DNA haben, sind uns die Gründe dafür unklar. Vielleicht sind erhöhte DNA-Mengen nützlich bei niedrigen Körpertemperaturen, oder umgekehrt: Organismen, die mit niedrigen Temperaturen leben, können höhere DNA-Mengen besser vertragen.

Die Bewegung der DNA und das Leben

Bisher haben wir uns mit den Sequenzen der Genome beschäftigt und die Veränderungen betrachtet, denen sie unterworfen sind, aber wir haben (von einzelnen Fällen abgesehen) den wichtigsten Aspekt vernachlässigt: Wie wirken sich diese Veränderungen auf das Leben des Organismus aus?

Prinzipiell läßt sich dazu sagen, daß DNA-Veränderungen wichtige Konsequenzen haben für die Zellen, in denen sie stattfinden, und für die DNA selbst, weil sie sich auf die Aktivität der Zellen und ihre Wechselwirkung mit der Umgebung auswirken. Diese Wechselbeziehungen bestimmen letztlich, welche Arten von DNA-Modifikation akzeptabel sind. Eine vagabundierende DNA mit vielen beweglichen Elementen, Tandemwiederholungen und Ansatzstellen für ortsspezifische Rekombination wird erheblichen Struktur- und Ortsveränderungen unterworfen sein. Solche Mobilität wird in vielen Fällen die geordnete Funktion der Gene beeinträchtigen und sich nachteilig auf das Schicksal der Zelle auswirken. Wenn sich die Zelle in ihrer Umwelt nicht erfolgreich behaupten kann, verschwindet die DNA, die sie enthält. Durch diesen Mechanismus der *Zellselektion* wird die inhärente Tendenz der DNA, sich zu verändern und umherzubewegen, in Schach gehalten. Der Mechanismus hindert die DNA zwar nicht *direkt* an ihrem unberechenbaren Verhalten, eliminiert aber jene Zellen, in denen es zu exzessiven Bewegungen gekommen ist. Er übt, mit anderen Worten, eine nachträgliche Kontrolle über die Eigenschaften der DNA aus.

Vagabundierende DNA ist jedoch nicht von grundsätzlichem Nachteil. Nützliche Effekte sind beispielsweise die Vermischung von Sequenzen und die Verdoppelung von Genen – Prozesse, denen es in hohem Maß zu verdanken ist, daß das Leben seine heutige Form gewonnen hat. Mithin ist das vagabundierende Verhalten der DNA so etwas wie ein zweischneidiges Schwert: Ob bestimmte Vorgänge gut oder schlecht für das Leben sind, hängt von den Lebensbedingungen der Zellen ab. Das läßt sich näher erläutern, wenn wir einige Beispiele betrachten.

Viele Parasiten führen ein beschwerliches Dasein im Körper ihres tierischen Wirts, weil dessen Abwehrsystem sie ständig attackiert. Trotzdem gelingt es ihnen, zu überleben. In etlichen Fällen verdanken sie das der Mobilität ihrer DNA. So vor allem die Trypanosomen, kleine eukaryontische Parasiten, die in Afrika bei Mensch und Tier die Schlafkrankheit hervorrufen. Sie sind gegen die Abwehrmaßnahmen der von ihnen infizierten Organismen in hohem Maß resistent, weil sie ständig ihre Oberflächenstruktur verändern. Diese Kleinstlebewesen werden von Tsetsefliegen in den Blutkreislauf der Tiere abgegeben, von denen sie sich ernähren. Das infizierte Tier reagiert mit der Herstellung spezieller Proteinmoleküle – Antikörper, die an der Oberfläche des Parasiten binden und seine Vermehrung verhindern. Die Oberfläche jedes Parasiten besteht aus zahlreichen Molekülen derselben Art. Doch wenn die Antikörper fast die Oberhand gewonnen haben, tauchen plötzlich Parasiten mit anders strukturierter Oberfläche auf. Die vorhandenen Antikörper können nicht an den neuen Oberflächenmolekülen binden, und die Parasiten vermehren sich wieder ungehemmt. Das Tier muß jetzt eine neue Art von Antikörpern herstellen, um mit den veränderten Parasiten fertig zu werden. Das dauert eine Woche oder zwei, in deren Verlauf die Parasiten mit der neuen Oberflächenstruktur sehr zahlreich geworden sind. Der Kreislauf setzt sich fort: Wenn die neuen Antikörper fertig sind, verschwindet die zweite Welle von Parasiten – dafür tritt dann eine neue Art auf, deren Oberflächenmoleküle sich wieder von denen der ersten beiden unterscheiden. Wenn das Tier überlebt, ist es auf Dauer infiziert und beherbergt fortan eine sich ständig verändernde Population von Parasiten.

Die Untersuchung dieses Phänomens hat gezeigt, daß die DNA des Parasiten eine erstaunliche Organisation besitzt. Mit Hilfe radioaktiver Sonden, die speziell für die Gene der Oberflächenproteine angefertigt wurden, hat man herausgefunden, daß hundert oder mehr Gene für die Oberflächenmodifikationen zuständig sind, wobei jedes Gen eine bestimmte Art der Oberflächenmoleküle spezifiziert. Diese Gene sind im Genom zusammengefaßt und bilden eine große Familie. Einander sehr ähnlich, unterscheiden sie sich nur in Einzelheiten. Die von ihnen spezifizierten Proteine sind hinreichend verschieden, um nur von je anderen Antikörpern erkannt zu werden. Nur ein Gen ist jeweils aktiv, das heißt, nur eines wird transkribiert und stellt Oberflächenmoleküle her. Die Oberflächenvariation wird dadurch erzielt, daß immer andere Gene auf unterschiedliche Art aktiviert werden. Bei einem dieser Mechanismen befindet sich das aktive Gen an einem bestimmten Ort, der *Expressions-Box*, am Ende eines Chromosoms in einiger Entfernung von den anderen – inaktiven – Genen. Die stromauf von der Expressions-Box gelegene DNA besitzt Sequenzen, die die Transkription stimulieren. Eines der inaktiven Gene, weitab vom Ende des Chromosoms liegend, kann später aktiv werden, wenn eine Kopie in die Expressions-Box eingebaut wird und das dort bisher befindliche Gen ersetzt. Doch der Prototyp des aktivierten Gens bleibt an seinem ursprünglichen Platz, so daß sich das Repertoire der Gene nicht verändert (Abb. 6.14). Der Austausch der Gene erfolgt vermutlich durch Genkonversion. Die Sequenzen der alten Gene, die für die Wechselwirkung mit Antikörpern verantwortlich sind, werden durch die der neuen Gene ersetzt. Ein anderer für die Modifikation verantwortlicher Mechanismus beruht darauf, daß nicht transkribierte Gene, die am Ende einiger Chromosomen sitzen, durch Rekombination ans Ende eines aktiven Chromosoms wandern, wo sie transkribiert werden. Das zuvor aktive Gen bleibt an seinem bisherigen Ort, wird aber inaktiv. Ein dritter Mechanismus, den wir jedoch nicht verstehen, sorgt schließlich dafür, daß ein Gen aktiv wird, ohne seine Position zu verändern. Es ist nicht klar, warum es drei Mechanismen der Genaktivierung gibt. Wahrscheinlich hat es mit dem Lebenszyklus des Parasiten zu tun, der zwischen zwei Wirten wechselt: Fliegen und Menschen. Die verschiedenen Mechanismen könnten in verschiedenen Phasen des Zyklus wirksam werden.

Dieser faszinierende genetische Mechanismus wird, wenngleich mit gewissen Veränderungen, auch von anderen Parasiten verwendet. Der Erreger des Rückfallfiebers, eine Spirochäte (ein Bakte-

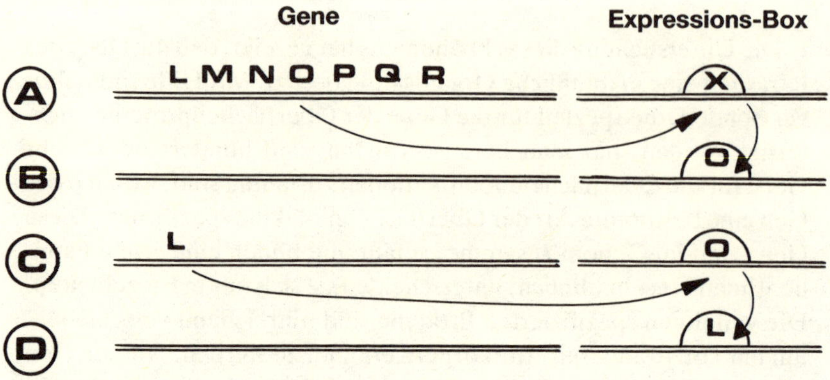

Abbildung 6.14: Der Mechanismus der Oberflächenveränderung bei Trypanosomen durch Gentransposition. (A) Einige Gene (mit den Buchstaben L bis R bezeichnet) für die Oberflächenproteine. Die Expressions-Box ist von Gen X besetzt. Gen O wird zur Expressions-Box bewegt. (B) Jetzt ist Gen O in der Expressions-Box und spezifiziert das Oberflächenprotein. (C) Während Gen O sich noch in der Expressions-Box befindet, wird Gen L dorthin bewegt. (D) Gen L hat Gen O ersetzt und spezifiziert das neue Oberflächenprotein. Die stummen Kopien aller Gene bleiben unverändert an ihrem Platz.

rium), hat mit ähnlichen Problemen zu tun und löst sie durch ähnlichen Gen-Austausch. Ein anderes Bakterium, der Erreger der Gonorrhö, bedient sich einer etwas abgewandelten Methode; er verändert einen Teil des Gens, das für die haarähnlichen Anhanggebilde codiert, mit denen er sich an den Zellen der Harnröhre festsetzt. Auch diese Veränderung dient dazu, die Abwehrmechanismen des Wirtes zu unterlaufen. Der Mechanismus hat erstaunliche Ähnlichkeit mit denen, durch die in Tieren die Gene für Immunglobuline hergestellt werden (vgl. Kap. 13). Alle diese Vorkehrungen sind außerordentlich wirksam für das Überleben der Parasiten.

Die Mobilität und Verwandlungsfähigkeit der DNA scheint aber auch entscheidend mit der Bildung neuer Arten zu tun zu haben (vgl. Kap. 20). Wir haben bereits gesehen, daß die hochrepetitiven Sequenzen möglicherweise für die Trennung der Arten sorgen, weil sie auf die Chromosomenpaarung während der Keimzellenbildung einwirken. Vielleicht rufen sie auch die Bildung neuer Arten hervor: In einer der Sequenzwiederholungen eines Organismus tritt eine Mutation auf und breitet sich in den folgenden Generationen durch Genkonversion in der Familie der Sequenzwiederholungen aus. Zunächst bilden die mutierten Wiederholungen nur einen kleinen Anteil, so daß sie die Chromosomenpaarung nicht beeinträchtigen. Wenn sie jedoch das Übergewicht gewinnen oder die ganze Familie ersetzen, können die Chromosomen, die sie enthalten, sich nicht mehr mit den Chromosomen eines normalen Individuums paaren. Dieses Ereignis unterteilt die Individuen in zwei unterschiedliche Gruppen – die eine mit größtenteils mutierten Wiederholungen, die andere ohne Mutationen. Fruchtbare Paarungen finden innerhalb der einen oder der anderen Gruppe statt, aber nicht zwischen ihnen. Die Individuen mit den mutierten Genen isolieren sich vom Rest der Population und bilden eine neue Art. So überzeugend dieses Modell auch den Prozeß der Artenbildung erklären mag, ist es doch rein hypothetisch.

Was ist nun eigentlich die Rolle der DNA?

Zunächst erweckt die DNA den Eindruck, ein konservatives Element der Zellen zu sein, das eine nahezu unveränderliche genetische Information speichert, die für alle Individuen einer Art im wesentlichen gleich ist, und zwar nicht nur zum gegebenen Zeitpunkt, sondern auch für alle vorhersehbare Zukunft. Dieser Eindruck wird jedoch durch viele Merkmale der DNA widerlegt – gestückelte Gene, Gen-Amplifikation, reverse Transkription, bewegliche Sequenzen, wiederholte Sequenzen, Plasmide, Viren und andere. Diese Eigenschaften zeigen die DNA in einem neuen, unerwarteten Licht. Das »konservative Element« entpuppt sich als Revolutionär, der viel auf Achse ist und ständig die reguläre Ordnung des Genoms bedroht.

Doch so überraschend ist das auch wieder nicht. Die DNA ist der einzige Bestandteil der Zellen, der in der Lage ist, sich selbst zu reproduzieren. Ursprünglich dürfte diese Fähigkeit auch eine Eigenschaft von kleinen DNA-Abschnitten gewesen sein, denn unbegrenzte Replikation muß von Anfang an das Ziel des Lebens gewesen sein. Doch die Grenzen machten sich bald bemerkbar. Das wird deutlich, wenn wir uns vorzustellen versuchen, wie sich die Urzelle wohl verhalten hat. Jene Zelle, die bereits eine fortschrittliche Stufe in der Evolution des Lebens darstellte, hat wahrscheinlich ein kleines replikationsfähiges Stück DNA enthalten. Die DNA wiederum muß Gene verschiedener Art umfaßt haben: Gene für die Proteine, die sie für ihre Replikation, Transkription und Translation braucht; Gene für den Apparat, der zur Herstellung solcher Proteine erforderlich ist; Gene für die Membranen, die alle diese Bestandteile zusammenhalten, und Gene für die Energieumwandlung. Das war bereits eine eindrucksvolle Ausstattung mit Mechanismen. In diesen Zellen neigte die DNA wahrscheinlich zu unkontrollierter, schnellstmöglicher Replikation. Die Geschwindigkeit hängt jedoch von Faktoren ab, die nichts mit der DNA zu tun haben – zum Beispiel von der Nahrungsversorgung und den Energiequellen, für die die Umwelt verantwortlich ist. So wurde also letztlich das Tempo der DNA-Replikation von Umweltfaktoren bestimmt.

Sobald sich in einer bestimmten, abgegrenzten Umwelt eine Population solcher Zellen entwickelt hätte, würden diese um die vorhandene Nahrung konkurrieren, und eine DNA, die effizientere Methoden der Nahrungsverwendung entwickelte, könnte die anderen überflügeln. Bei der diesbezüglichen Spezialisierung griff die DNA auf bereits vorhandene Mechanismen wie Mutation, Rekombination und Verbindung einzelner Abschnitte zurück. Mit Hilfe dieser Vorrichtungen lernte die DNA einiger Zellen, ihr Wachstum zu steuern und dadurch übermäßige Replikationsschübe zu vermeiden, deren Folge zwangsläufig Mangel und Hungertod waren. Die fortlaufende Verbesserung solcher regulatorischen Kontrollen führte allmählich zu Organisationsformen, die heute für einen Großteil der DNA charakteristisch sind. Das ist die *verantwortungsbewußte DNA*, deren Funktionen auf die Bedürfnisse der Zelle abgestimmt sind.

Ein wichtiger Schritt im Verlauf dieses Domestizierungsprozesses der DNA war die Bildung langer DNA-Moleküle durch Verbindung kürzerer Moleküle. Bakterienzellen entwickelten dergestalt ein einziges langes DNA-Molekül, dessen Replikation an einem einzigen Punkt begann. Durch diese Strategie wurde die Konkurrenz unabhängiger Moleküle in derselben Zelle vermieden. In eukaryontischen Zellen dagegen bildeten sich mehrere lange DNA-Moleküle, die aber weiterhin repliziert wurden, als bestünden sie aus kleinen, unabhängigen Abschnitten. So enthält heute die DNA der Säugetiere auf einigen Dutzend Chromosomen bis zu fünfzigtausend solcher Abschnitte. Sie sind wahrscheinlich aus einst unabhängigen Molekülen entstanden. Die Replikation all dieser Abschnitte in einer Zelle ist heute koordiniert und richtet sich nach dem Vorhandensein von Nahrungsmitteln und wachstumskontrollierenden Substanzen. In diesen Wirkungszusammenhang gehören wahrscheinlich auch die vielen Transkriptionskontrollen, die durch eine Vielfalt von Umweltstoffen beeinflußt werden.

Allerdings erweist sich nicht die ganze DNA als so verantwortungsbewußt. Einige Moleküle haben ihre ursprüngliche Tendenz zu mehr oder weniger ungehemmter Replikation bewahrt. Diese Moleküle der *verantwortungslosen DNA* haben sich als Insertionssequenzen, Transposons, bewegliche Elemente, Plasmide und Viren spezialisiert und koexistieren mit der verantwortungsbewußten DNA in einer Zelle. Während letztere den Wettbewerb der Zelle mit anderen Zellen steuerte, kümmerte sich die verantwortungslose DNA auch weiterhin nur um sich selbst. Sie vervollkommnete die Mechanismen, mit deren Hilfe sie sich in die verantwortungsbewußte DNA einschmuggelte und sie parasitär ausnutzte. Wie ein subversiver, anarchischer Gast veränderte sie die Funktionen der verantwortungsbewußten DNA. Das wirkte sich in den meisten Fällen nachteilig für die betroffene Zelle aus, weil viele Gene inaktiviert wurden; aber gelegentlich war es auch vorteilhaft, wenn beispielsweise die Verdoppelung besonders benötigter Gene bewirkt wurde. Man kann sich das Ganze als Tauziehen vorstellen: Auf der einen Seite die verantwortungsbewußte DNA, damit beschäftigt, die Zelle möglichst umweltgerecht und umwelttüchtig zu machen; auf der anderen Seite die verantwortungslose DNA, nur bestrebt, sich – ohne Rücksicht auf die Bedürfnisse der Zelle – zu vermehren.

Die heutige Situation ist gewissermaßen ein Gleichgewicht (eine Art Waffenstillstand) in einem endlosen Krieg. Die verantwortungslose DNA durchdringt die verantwortungsbewußte DNA auf vielfältige Weise in Form von wiederholten Sequenzen und Pseudogenen. Solchen Invasionen dürften die Zellen zum Opfer gefallen sein, die lebenswichtige Gene verloren und verschwanden. Möglicherweise haben die vorhandenen Organismen überlebt, weil sie die Invasion zwar hinnehmen mußten, aber ihre Gene nicht zerstört worden sind. Daß die meisten Sequenzwiederholungen nicht transkribiert werden und damit keine überflüssige Energie verbrauchen oder die Zellaktivitäten stören, bedeutet vielleicht einen vernünftigen Kompromiß.

In den höherentwickelten Organismen, wie sie heutzutage existieren, könnte also eine Art Gleichgewicht erreicht worden sein, in dem die Replikation der verantwortungslosen DNA weitgehend der Kontrolle der verantwortungsbewußten DNA unterworfen ist. Vielleicht dient das verbreitete Vorkommen verantwortungsloser DNA sogar dem Schutz des Genoms: Der Einbau neuer beweglicher DNA findet meist in repetitiven Sequenzen statt, die bereits existieren, ohne lebenswichtige Gene zu beeinträchtigen, weil die Rekombinationsstellen, die eine Voraussetzung für den Einbau dieser Sequenzen waren, neuer vagabundierender DNA die Integration gestatten. Mehr noch: Obwohl viele Formen der verantwortungslosen DNA, der es immer nur um die eigene Fortdauer geht, als autonome Elemente weiterexistieren, kommen sie der verantwortungsbewußten DNA gelegentlich zu Hilfe. So schützen Resistenztransferfaktoren Bakterien vor dem Angriff von Antibiotika, indem sie Resistenzgene mobilisieren.

Es gibt keine Möglichkeit, den Wert einer bestimmten DNA a priori zu bestimmen. Angesichts der großen Vielfalt von Zellen, die in der biologischen Welt vorkommen, ist das Schicksal aller DNAs, auch der verantwortungslosen, eng mit der Tätigkeit der Zellen verknüpft, zu denen sie gehören. Verantwortungslose DNA, die Antibiotika-Resistenzgene trägt, ist für Bakterien von Vorteil, aber nicht für Tiere – dort ist sie ein Parasit. Was für einige DNAs die Rettung bedeutet, ist für andere der Untergang.

DNA gegen DNA – das ist der Krieg des Lebens. Der Egoismus der DNA färbt auf die Zellen ab, von diesen auf die Organismen und von den Organismen auf die gesellschaftlichen Gebilde, zu denen sie sich zusammenschließen. Auf jeder Ebene gibt es Wettbewerb um Nahrungsmittel und andere Bedingungen, die für die verschiedenen Organisationen von besonderem Wert sind – eine Konkurrenz, die unter Umständen erst aufhört, wenn einer der Konkurrenten vernichtet ist. Auf der anderen Seite hat die Notwendigkeit zur Zusammenarbeit geführt: Zusammenarbeit zwischen den DNAs einer Zelle, zwischen den Zellen eines Organismus und zwischen den Organismen, die Gesellschaften bilden. Das Ineinandergreifen von Kooperation und Konkurrenz ist auf jeder Ebene eine biologische Notwendigkeit. Ihr empfindliches Gleichgewicht richtet sich nach dem evolutionären Stand, dem Zustand der Gene und den Wechselbeziehungen zwischen Zellen, Individuen und sozialen Gruppen. Das Gleichgewicht kann sich in unvorhersehbarer Weise verlagern und neue Genome, neue Zellen, neue Arten und neue soziale Organisationen hervorbringen. In der biologischen Welt ist alles im Fluß. Sicherheit gibt es nur über das, was heute ist, nicht über das, was morgen sein wird.

KAPITEL 7
Versklavte DNA

Über einen langen Zeitraum in der Geschichte des Lebens war die DNA durch die Grenzen der Zellen eingeengt, deren Merkmale sie während der Entwicklung der Individuen oder der Evolution der Arten bestimmte. Die DNA lernte auch, sich in Gestalt von Plasmiden und Viren von Zelle zu Zelle zu bewegen und dabei gelegentlich die Artgrenzen zu überschreiten. Mit Hilfe ihrer vielen Rekombinationstechniken brachte die DNA eine ungeheure Zahl von Genkombinationen hervor.

Ende der siebziger Jahre unseres Jahrhunderts begann ein neuer Abschnitt in der Geschichte der DNA-Mobilität. Wissenschaftler entwickelten die Möglichkeit, Gene aus Zellen höchst unterschiedlicher Herkunft nach Belieben zu verbinden und die zusammengefügten Moleküle in wiederum ganz andere Zellgruppen einzuschleusen. Die Fähigkeit des Menschen, neue Genkombinationen zusammenzustellen, befreite die DNA von ihren natürlichen Einschränkungen und machte sie für die Wissenschaft verfügbar. Die Herrscherin DNA war zur Sklavin geworden – ein ungeheuerliches Ereignis, das der menschlichen Vorstellungskraft schwer zu schaffen macht. Wie jedes Geschehen von möglicherweise weitreichender Bedeutung rief auch dieses Ereignis seither heftige Gefühle und Empfindungen hervor, die das ganze Spektrum von Begeisterung bis Furcht umfassen. Steht das Leben am Anfang eines neuen Entwicklungsabschnitts?

Klonierung und Amplifizierung von DNA

Diese sensationellen Ergebnisse waren dem ständigen Bemühen zu verdanken, mehr über die Beschaffenheit und die Funktion der Gene in Erfahrung zu bringen. Hierfür brauchte man eine Methode zur Bestimmung der Basensequenzen eines gegebenen Gens. Zunächst entwickelte man Techniken, mit deren Hilfe man Gene sauber vom Rest der DNA isolieren und sie dann in großen Mengen herstellen konnte.

Die wichtigsten Instrumente dieser Technologie sind die sequenzspezifischen DNA-schneidenden Enzyme, die wir bereits in Kapitel 5 kennengelernt haben. Allerdings lassen sich mit Hilfe dieser Enzyme nur Gene isolieren, die in kleinen Virusgenomen vorkommen; bei großen Genomen, in denen jedes Gen nur einen kleinen Teil der Gesamt-DNA darstellt, erweisen sie sich als wirkungslos. Diese Schwierigkeit überwand man durch die raffinierte Methode der DNA-Klonierung. Als *Klon* bezeichnet man eine Population von DNA-Molekülen, die vom selben Vorfahr abstammen und (von seltenen Mutationen abgesehen) identisch sind.

Bei der DNA-Klonierung geht es im Prinzip darum, ein Gen zu isolieren und es viele Male zu replizieren, so daß eine sehr große Zahl von Kopien entsteht. Dies erreicht man, indem man das Gen in eine kleine, sich selbst replizierende DNA einschleust – etwa die eines Bakteriophagen oder eines Plasmids. Diese DNA fungiert als *Klonierungsvektor*. Der Klonierungsvektor mit dem insertierten Gen, *Hybridvektor* genannt, wird daraufhin in Bakterien eingeschleust, in denen er repliziert wird. So fertigt er eine große Zahl von Kopien seiner selbst und damit auch des eingeschleusten Gens an.

Als Vektoren verwendet man Phagen oder Plasmide, die sich in Bakterien vermehren, Plasmide, die in Hefe, Viren, die in Tierzellen vermehrt werden, oder Kombinationen von ihnen. Diese Vektoren können in den geeigneten Zellen extrem vervielfältigt werden. Andere Arten von Vektoren, »Shuttle-Vektoren«, können sich sowohl in Bakterien als auch in tierischen Zellen vermehren, und »Expressions-Vektoren«, die geeignete Promoter und Enhancer enthalten, ermöglichen die Herstellung großer Mengen von Genprodukten in entsprechend geeigneten Zellen. Man kann auch fremde DNA in vereinfachte Hefechromosomen einbauen, die sich dann, wenn sie in Hefezellen eingebracht werden, wie reguläre Chromosomen vermehren. Die verschiedenen Vektoren gestatten die Insertion von DNA-Fragmenten verschiedener Längen – von ein paar tausend bis zu Millionen von Basen.

Die Herstellung des Hybridvektors erfolgt mit Hilfe der sequenzspezifischen Schneide-Enzyme, die in der Zielsequenz zwei leicht versetzte Schnitte anbringen (Abb. 7.1). Häufig verwendet man ein Enzym, das den Vektor in einer einzigen Zielsequenz einschneidet, so daß zwei Fragmente entstehen, wenn der Vektor linear ist (etwa im Fall einer Phagen-DNA), oder ein einziges lineares Molekül, wenn der Vektor Ringform aufweist (wie bei Plasmid-DNA). An den Schnittenden ragen kurze Fortsätze hervor, die einander komplementär sind (vgl. Kap. 5). Mit Hilfe des gleichen Enzyms wird das

Gen vom Rest der DNA separiert; dadurch ist gewährleistet, daß die Fortsätze des Gens und des Vektors gleich sind. Komplementäre Fortsätze verbinden sich und bilden Helices, die die Stücke zusammenhalten. Die Verbindungsstellen werden dann durch das Kopplungsenzym *Ligase* stabilisiert, das die beiden Enden der Stränge durch chemische Bindungen verknüpft. Auf diese Art wird die im nächsten Schritt erforderliche Zielsequenz für das Schneide-Enzym rekonstituiert.

Bei der Herstellung eines Hybridvektors müssen bestimmte Bedingungen erfüllt werden. Man muß das Gen isolieren, ohne seine wesentlichen Eigenschaften zu verändern, und man muß es an einem Ort einschleusen, wo es die Vermehrung des Vektors nicht beeinträchtigt. Um diese Bedingungen für eine Vielfalt von Genen zu erfüllen, sind mehrere Klonierungsvektoren entwickelt worden, die Zielsequenzen für verschiedene Schneide-Enzyme enthalten.

Nach der Vermehrung in den geeigneten Zellen wird der Hybridvektor von der Wirts-DNA abgetrennt und mit demselben Enzym zerschnitten, mit dessen Hilfe der Vektor produziert wurde. Das Enzym schneidet genau an der Grenze zwischen Gen und Vektor und setzt die DNA des Gens damit in ihrer ursprünglichen Form und in großen Mengen frei. Diese DNA läßt sich wiederum mit anderen sequenzspezifischen Enzymen zerschneiden (Kap. 5), so daß man Abschnitte erhält, die sich für die Sequenzanalyse und weitere Manipulationen eignen.

Die Klonierungstechnik hat so große Fortschritte gemacht, daß man heute das Genom eines Organismus in viele Abschnitte unterteilen kann, die jeweils in eigenen Vektoren enthalten sind. Eine Sammlung solcher Hybridvektoren bezeichnet man als »Bibliothek«. Entsprechende Bibliotheken hat man für die vollständigen Genome von Viren, Bakterien und der Taufliege *Drosophila* sowie für menschliche Chromosomen hergestellt. Mit ihrer Hilfe isoliert man spezifische Gene, vorausgesetzt, es sind DNA- oder RNA-Sonden vorhanden. Fragmente der klonierten DNA lassen sich in jeder Reihenfolge und Richtung zu neuen DNA-Sequenzen zusammenfügen. Die Gesamtheit dieser Manipulationen bezeichnet man als »Gentechnik«.

Eine nützliche neue Methode ist dabei die sogenannte Polymerasekettenreaktion (PCR), mit der ein kleines DNA-Segment mit bekannter Sequenz amplifiziert werden kann. Als Primer verwendet sie zwei kurze Oligonukleotide (20 bis 30 Basen), die dem 3'-Ende jedes Strangs komplementär sind. Solche Oligonukleotide lassen sich leicht durch DNA-Synthese-Automaten herstellen. Nach Hitzedenaturierung der zu amplifizierenden DNA werden die Primer durch Renaturierung mit ihr verbunden. Die Polymerase und DNA-Bausteine werden hinzugegeben. Nun wird jeder Strang in seinen entsprechenden komplementären Strang umkopiert. So entstehen zwei doppelhelicale Kopien des ursprünglichen DNA-Segments. Diese werden abermals denaturiert und das gesamte Verfahren wiederholt. So entstehen vier Kopien des Segments. Wiederholt man das Verfahren in einem entsprechenden Automaten zwanzigmal, so erhält man schließlich eine Million Kopien.

Konsequenzen des Klonens

Seltene Präparate

Mit Hilfe der DNA-Klonierung hat man bemerkenswerte Erkenntnisse über Gene und DNA-Sequenzen gewonnen. Viele Ergebnisse einschlägiger Experimente und ihre Auswirkungen auf unsere Vorstellungen von der DNA und vom Leben sind in verschiedenen Teilen dieses Buches beschrieben. Die Anwendungsmöglichkeiten der neuen Technologie gehen jedoch weit über die Erkenntnisse hinaus, die sie vermittelt. Mit ihrer Hilfe lassen sich möglicherweise neue Medikamente entwickeln, Nutzpflanzen verbessern und Menschen heilen, die unter Erbkrankheiten leiden. Viele dieser Anwendungen sind in Laboratorien und industriellen Fertigungsanlagen bereits zur Wirklichkeit geworden, während sich andere noch im Planungsstadium befinden oder gar erst in der Phantasie existieren.

Durch rekombinierte DNA lassen sich in Bakterien auf ganz neue Weise Stoffe herstellen, die unter natürlichen Bedingungen im Körper produziert werden. Zu ihnen gehören kleine Proteine, die Polypeptid-Hormone (vgl. Kap. 8), und Virusproteine, mit denen man Menschen zum Schutz gegen Infektionskrankheiten impfen könnte. Es ergeben sich allerdings auch Schwierigkeiten.

Die Klonierung eines menschlichen Gens und seine Aktivierung in Bakterien ist keineswegs einfach. Eine allgemeine Schwierigkeit liegt darin, daß eukaryontische Gene in vielen Prokaryonten nicht korrekt exprimiert werden. Diese Organismen erkennen keine eukaryontischen Transkriptionssignale und entfernen keine Introns (vgl. Kap. 4); auch schließen sie die Proteinherstellung nicht ab, indem sie

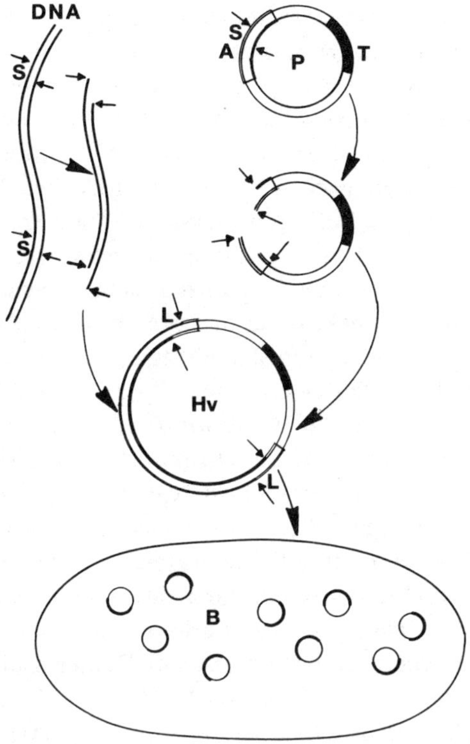

Abbildung 7.1: Herstellung eines Hybridvektors. Der Vektor rechts ist ein Plasmid (P), das zwei Gene für die Resistenz gegen Antibiotika trägt: A (Ampicillin) und T (Tetracyclin). Wenn man das Plasmid in ein Bakterium einschleust, so wird letzteres gegen diese Antibiotika resistent. Das Plasmid enthält unter anderem eine Erkennungssequenz für ein sequenzspezifisches Schneide-Enzym, S, gekennzeichnet durch die beiden Pfeile im Gen A. Wird das Plasmid durch das Enzym zerschnitten, dann wird das Gen A inaktiviert. Links ist die Zell-DNA mit dem betreffenden Gen und den Erkennungssequenzen für das gleiche sequenzspezifische Enzym abgebildet. Sobald die DNA zerschnitten ist, wird das Gen isoliert. Die Schwänze, die das Enzym im Gen und im offenen Plasmid hinterläßt, sind komplementär. Dank dieser Schwänze lassen sich die beiden DNAs hybridisieren und durch das Kopplungsenzym (L, Ligase) dauerhaft zum Hybridvektor (Hv) zusammenschließen. Das Hybridplasmid wird in Bakterien (B) eingeschleust, wo es sich repliziert und viele identische Kopien seiner selbst herstellt. Bakterien, die das Hybridplasmid enthalten, sind daran kenntlich, daß sie gegen das Antibiotikum T resistent sind, nicht aber gegen das Antibiotikum A.

Stücke abspalten und Zucker anfügen, wie es in eukaryontischen Zellen geschieht (vgl. Kap. 2). Die abschließenden Veränderungen sind von entscheidender Bedeutung: Oft kann sich erst durch das Abspalten von Teilen des Proteins eine Aminosäurekette zur richtigen

Form falten, während die Zucker dafür sorgen, daß das Protein in einem wäßrigen Medium in gelöster Form vorliegen und viele Wechselwirkungen mit anderen Körperbestandteilen herstellen kann.

Alle diese Schwierigkeiten hat man auf verschiedene Weise gelöst. Die Probleme der Transkriptionssignale hat man überwunden, indem man die eukaryontischen Gene mit wirksamen Bakterienpromotern in Expressions-Vektoren verknüpfte, und die Schwierigkeiten, die sich aus den Introns ergaben, hat man gelöst, indem man zelluläre mRNAs, die solche Sequenzen nicht mehr aufweisen, mit Hilfe der reversen Transkription in DNA umschrieb und diese anschließend klonierte. Einige Probleme lassen sich in bestimmten Fällen vermeiden. Eines der ersten Objekte der DNA-Klonierung war das menschliche Gen für das *Wachstumshormon*, das von der Hypophyse (einer kleinen Drüse an der Hirnbasis) hergestellt wird und für das Körperwachstum erforderlich ist (vgl. Kap. 8). Dieses Hormon hat eine besondere Eigenschaft: Jede Säugetierspezies stellt eine andere Form her, die nur auf Individuen gleicher Art einwirkt. So wird das Wachstum von Menschen nur durch das menschliche Wachstumshormon gefördert. Dagegen wirkt tierisches Insulin auch beim Menschen – Zuckerkranke werden meist mit Rinderinsulin behandelt. Das menschliche Wachstumshormon, das zur Behandlung von Zwergwüchsigkeit erforderlich ist, wird aus den Hypophysen Verstorbener gewonnen. Infolgedessen ist dieser Stoff nicht nur knapp und teuer, sondern auch gefährlich, denn er kann mit den Erregern gewisser chronischer Gehirnerkrankungen infiziert sein, die noch kaum erforscht sind. Das Gen für das Wachstumshormon enthält keine Introns und kann deshalb direkt kloniert werden.

Doch wie gelang es, dieses Gen zu klonieren? Da es nur eines von etwa hunderttausend Genen in der menschlichen DNA ist, stand man vor der sprichwörtlichen Suche nach der Stecknadel im Heuhaufen. Die Isolierung wurde möglich, als man die Aminosäuresequenz des Hormons kannte und von ihr ungefähr auf die Größe der mRNA schließen konnte. mRNAs entsprechender Größe gewann man aus Tumoren der dieses Hormon produzierenden Hypophyse. Eine Fraktion, die die mRNA für das Wachstumshormon enthielt, wurde identifiziert, weil durch sie die Synthese des Hormons in einem künstlichen Translationssystem möglich war. Zur endgültigen Reinigung wurden DNA-Kopien dieser mRNAs mit Hilfe von reverser Transkriptase hergestellt (vgl. Kap. 6) und daraufhin in Bakterien kloniert (Abb. 7.2). Aus einigen der von Bakterien hergestellten Kolonien isolierte man schließlich reine Klone. Blieb die entscheidende Frage, ob das von den Klonen hergestellte Wachstumshormon aktiv war – ob es also den Hormonmangel beim Menschen ausgleichen könnte. Alle Bedenken erwiesen sich als gegenstandslos. Das in Bakterien hergestellte Hormon (das *rekombinierte Wachstumshormon*) war uneingeschränkt wirksam.

Ein weiteres Beispiel für eine Substanz von beträchtlichem Interesse, die sich durch DNA-Klonierung produzieren läßt, ist das kleine Protein *Interferon*. Es handelt sich um einen außerordentlich wirkungsvollen Stoff, den viele Zellen als Antwort auf eine Virusinfektion herstellen, weil er die Vermehrung der Viren in der Zelle verhindert. Interferon steuert auch das Zellwachstum. So meinte man, mit Interferon ließen sich Viruserkrankungen – etwa die gewöhnliche Erkältung oder die Grippe – und vielleicht sogar Krebs bekämpfen. Wie im Fall des Wachstumshormons ist nur von menschlichen Zellen hergestelltes Interferon beim Menschen wirksam. Dank dieser Eigenschaften wurde es schon bald zu einem Kandidaten für die Herstellung durch Klonierung. Doch ließ sich die Methode, die man für das Wachstumshormon entwickelt hatte, nicht auf das Interferon anwenden: Interferon wird von den Zellen in so kleinen Mengen hergestellt, daß eine Bestimmung der Aminosäuresequenz nicht möglich war. Deshalb orientierte man sich beim Klonierungsprozeß an der Fähigkeit der Interferon-mRNA, Zellen gegen zelltötende Viren resistent zu machen. Verschiedene Fraktionen von mRNAs aus Interferon produzierenden Zellen wurden auf Zellkulturen verteilt, die man später dem Virus aussetzte. Nur wenn die Zellen die Interferon-mRNA erhalten hatten, überlebten sie. Sobald die RNA-Fraktion mit der Interferon-mRNA erkannt war, wurde sie in DNA umgeschrieben und kloniert. Genau wie beim Wachstumshormon war man sich nicht sicher, ob dieses bakteriell hergestellte Interferon auch biologisch aktiv sein würde. Befriedigende Ergebnisse wurden durch Verknüpfung des Interferons an eine bakterielle Kontrollregion erzielt. Die antivirale Aktivität des rekombinierten Interferons erwies sich als vergleichbar mit derjenigen des Interferons, das von tierischen Zellen produziert wird. Darüber hinaus ist das bakterielle Produkt frei von den Verunreinigungen der in tierischen Zellen erzeugten Präparate und weniger toxisch.

Die Arbeit mit Interferon-Genen führte zu einer wichtigen Entdeckung: Es gibt drei verschiedene Interferon-Arten und viele Interferon-Gene. Ohne DNA-Klonierung wäre diese Genvielfalt unentdeckt geblieben. Daraus ergibt sich die praktische Konsequenz, daß es viele Interferone mit vielen unterschiedlichen Wirkungen gibt. Überdies besitzen Hybrid-Interferone, die entstehen, wenn man Teile verschiedener Gene in vitro verbindet, neue und möglicherweise nützliche Eigenschaften.

Komplizierter ist das letzte Beispiel, das wir betrachten wollen. Das gewünschte Produkt war ein großes Protein, der sogenannte Faktor VIII, der nach einer Verletzung der Blutgefäße entscheidenden Anteil an der Blutgerinnung hat. Blutplättchen, die an den beschädigten Zellen der Blutgefäße haften, geben Faktoren frei, die den Gerinnungsprozeß in Gang setzen. Eine Reihe von Enzymen, die im Blut vorhanden sind, werden im Verlauf einer Ereigniskette, welche in der Umwandlung des Blutproteins Fibrinogen in das unlösliche Fibrin gipfelt, nacheinander aktiviert. Fibrin verknüpft die Plättchen und bildet das Gerinnsel. Wenn das Gen für den Faktor VIII (eines dieser Enzyme) Schäden aufweist, ist die Blutgerinnung beeinträchtigt. Menschen, die unter der hieraus folgenden Krankheit – Hämophilie A – leiden, können schon an kleineren Verletzungen verbluten. Faktor VIII ist ein sehr seltener Stoff, der im normalen Blut nur in außerordentlich geringen Mengen vorkommt. Bluter erhalten ein Blutkonzentrat, das die Gerinnungsfähigkeit wiederherstellt, aber große Nachteile aufweist. Das Konzentrat ist knapp, während der Bedarf groß ist – allein in den Vereinigten Staaten gibt es mehr als zehntausend Bluter. Patienten, die auf diese Weise behandelt werden, sind einem erhöhten Infektionsrisiko durch bestimmte Viren ausgesetzt: Blutkonzentrate sind eine der Hauptursachen für die Ansteckung mit Aids und Hepatitis. Deshalb gibt es gute Gründe für eine unabhängige Faktor-VIII-Gewinnung durch DNA-Klonierung. Leider läßt sich Faktor VIII nicht in Bakterien herstellen; es handelt sich um ein großes Protein, dem viele Zucker hinzugefügt werden müssen. Zur Herstellung des Faktors mußten neue Klonierungsvektoren verwendet werden, die in der Lage waren, sich in tierischen Zellen zu vermehren und die Information für die entsprechenden Produkte zu liefern.

Sehr geeignete Vektoren entwickelte man aus bestimmten Krebsviren: den Retroviren (vgl. Kap. 15). Wenn ein Retrovirus eine tierische oder menschliche Zelle infiziert, wird sein Genom – von Sequenzen flankiert, die eine gesteigerte Expression seiner Gene ermöglichen – in die DNA der Zelle integriert. Die normalen Virusgene werden eliminiert und ersetzt durch das Gen, das geklont werden

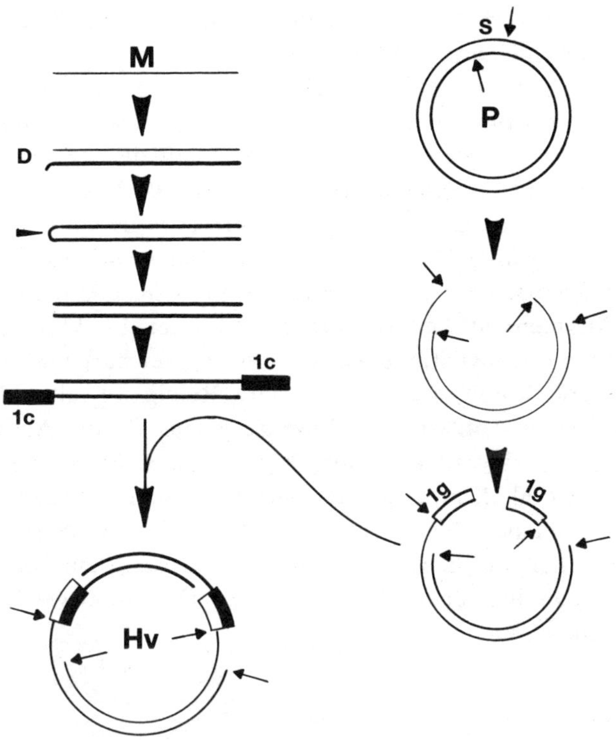

Abbildung 7.2: Klonierung eines Gens, ausgehend von seiner mRNA. Die mRNA (M) wird mit Hilfe von reverser Transkriptase in DNA umgeschrieben, so daß eine gemischte Doppelhelix (D) entsteht, deren einer Strang aus DNA (dicke Linie) und deren anderer Strang aus RNA (dünne Linie) besteht. Nach Entfernung des RNA-Strangs durch ein geeignetes Enzym wird mit Hilfe der gleichen reversen Transkriptase ein komplementärer DNA-Strang gebildet, der mit dem ersten verbunden bleibt. Nach Trennung der Verbindung (kleiner Pfeil) entsteht eine normale Doppelhelix. Dann werden Reihen von c als Kopplungselemente (schwarze Felder, 1c) an die stromab liegenden Enden jedes Stranges gefügt (die stromab liegenden Enden befinden sich an entgegengesetzten Enden der Helix, weil die Stränge gegenläufig sind). Wie in Abbildung 7.1 hat das Vektorplasmid (P) eine Erkennungssequenz für ein sequenzspezifisches Schneide-Enzym (S, durch zwei Pfeile gekennzeichnet); es wird durch das Enzym entsprechend geöffnet. Reihen von g werden als Kopplungselemente (weiße Balken, 1g) an den beiden stromab liegenden Enden des aufgeschnittenen Plasmids angefügt. Das geöffnete Plasmid wird nun mit dem Produkt der reversen Transkription hybridisiert. Die G-Glieder auf einem DNA-Strang bilden Basenpaare mit den C-Gliedern auf dem anderen, so daß der Hybridvektor (Hv) entsteht. Kleine Abschnitte des Hybridvektors sind nur einsträngig. Sobald man das Plasmid in Bakterien schleust, werden die Lücken von den Reparaturenzymen der Zellen gefüllt. Diese grundlegende Technik gibt es in vielen Spielarten und Verbesserungen.

soll, sowie ein Resistenzgen, mit dessen Hilfe sich die Zellen mit dem manipulierten Genom erkennen lassen.

Mit Hilfe eines retroviralen Vektors wurde das Faktor-VIII-Gen in Zellkulturen kloniert und exprimiert. Aus einer solchen Kultur läßt sich ein aktives Protein gewinnen. Die Identifizierung des Gens war einer anderen Neuerung auf dem Gebiet der Biotechnologie zu verdanken: den monoklonalen Antikörpern (von denen in Kapitel 13 die Rede sein wird). Diese Antikörper sind außerordentlich empfindliche Reagenzien zur Identifizierung und Isolierung einzelner Proteine. Aus menschlichem Blutplasma gewonnener Faktor VIII wurde zunächst mit konventionellen Mitteln angereichert und gereinigt. Dann erfolgte eine weit gründlichere Reinigung mit Hilfe eines monoklonalen Antikörpers. Teilweise gelang es, die Aminosäuresequenz des Faktors zu bestimmen und daraus anhand des Translationscodes (vgl. Kap. 4) auf die entsprechende Basensequenz der DNA zu schließen. Man stellte DNA-Abschnitte mit dieser Sequenz im Labor her und benutzte sie als Sonden zur Identifizierung des Gens in menschlichen DNA-Bibliotheken. Daraufhin wurde das Gen isoliert und kloniert.

Hefe- und Pflanzenvektoren

Als sehr nützliche Vektoren erwiesen sich Plasmide, die sich in Hefezellen vermehren. Diese eukaryontischen Zellen vermehren sich sehr viel rascher als Tierzellen und dazu noch in sehr einfachen Nährmedien, also fast so wie Bakterien. Ein Interferon-Gen, das mit einem Hefe-Promoter verknüpft und in der Hefe kloniert wird, führt zu größeren Produktmengen, als wenn man es in Bakterien machen würde. Allerdings werden in der Hefe die Introns von tierischen Genen nicht immer korrekt gespleißt. Doch dieses Problem stellte sich nicht beim Interferon-Gen, enthält es doch keine Introns.

Ein weiteres schwieriges Problem war die Frage, wie man fremde Gene in Pflanzenzellen einschleusen könnte, um die Ernteerträge zu erhöhen oder um Kulturpflanzen gegen Krankheiten resistent zu machen. Weder bakterielle noch tierische Virusvektoren vermögen Gene in Pflanzenzellen zu schleusen. Ein vielversprechendes System bedient sich eines Plasmids, das in bestimmten Bodenbakterien vorkommt. Diese Bakterien dringen in Pflanzenzellen ein und verwandeln sie in Tumorzellen; das Plasmid ist verantwortlich für die zu dem Tumor führende Aktivität. Wenn das Bakterium in eine Pflanzenzelle eindringt, wird das Plasmid freigegeben und in die DNA der Zelle integriert, so daß die krebserzeugenden Gene exprimiert werden. Schleust man in das Plasmid Gene in der Nähe seiner Kontrollregion ein, so werden sie in die DNA der Pflanzenzellen integriert und bleiben in den Zellen des wachsenden Tumors erhalten.

Neue Impfstoffe

Ein anderes Gebiet, in dem man noch viel von der DNA-Klonierung erwartet, ist die Produktion von Impfstoffen gegen menschliche und tierische Viren. Bisher hat man solche Impfstoffe aus einem genetisch veränderten Virus hergestellt, das Immunität verleihen, aber die Krankheit nicht hervorrufen kann (*Lebendimpfstoffe*), oder aus einem normalen Virus, das durch geeignete Wirkstoffe abgetötet worden ist, wodurch jedoch seine Fähigkeit, Immunität zu verleihen, nicht beeinträchtigt wird (*Totimpfstoffe*). In beiden Fällen mußte das Virus in ausreichenden Mengen in Tierzellkulturen gezüchtet werden, so daß keine Impfstoffe hergestellt werden konnten, wenn keine geeigneten Zellen zur Verfügung standen.

Aus diesem Grund hat man die Produktion von Impfstoffen auf einige Viren beschränkt, die schwere Krankheiten hervorrufen – etwa die häufig tödlich verlaufende Säuglingsdiarrhö oder Hepatitis B, die in vielen tropischen und subtropischen Ländern Leberkrebs verursacht. Ein wirksamer Impfstoff gegen Hepatitis B wird aus den Virusproteinen im Blut chronisch infizierter Menschen hergestellt, aber es gibt ihn nur in geringen Mengen. Impfstoffe des Tottypus lassen sich theoretisch dadurch herstellen, daß man die Gene für die Proteine der Virushülle, die Immunität gegen das Virus verleihen, kloniert. Dieses Verfahren hat man mit Erfolg bei Hepatitis B angewendet: Das Gen wurde in Bakterien sowie in Hefe und in Tierzellkulturen kloniert. Ein Virusprotein, das von Zellen aller drei Arten produziert wurde, hat Menschen vor der Infektion durch das Virus außerordentlich wirksam geschützt. Da der Impfstoff keine Nukleinsäure besitzt, ist die Möglichkeit ausgeschlossen, daß er, statt zu immunisieren, infiziert.

Sogar bei Viren, die sich leicht in Zellkulturen züchten lassen, bietet die DNA-Klonierung in Bakterien oder eukaryontischen Zellen neue Möglichkeiten. Beispielsweise kann sie die Gefahr verringern, die in der Herstellung des Impfstoffs oder in diesem selbst liegt. Ein Beispiel ist das Virus der Maul- und Klauenseuche, das unter Rindern verheerende Epidemien auslöst. Dieses Virus ist so gefährlich, daß in den Vereinigten Staaten nur ein einziges Labor, isoliert auf einer kleinen Insel, damit umgehen darf. Das Virusprotein der Maul- und Klauenseuche läßt sich in Bakterien herstellen. Erfolg hat man auch bei Grippeviren gehabt, die von Zeit zu Zeit Epidemien mit hoher Sterblichkeit und großen wirtschaftlichen Verlusten hervorrufen.

Die DNA-Klonierung könnte sogar zum Ausgangspunkt für noch direktere Produktionsmethoden von Virusimpfstoffen werden. Sobald ein Gen in einem bakteriellen Vektor kloniert ist, kann man die Sequenz seiner Basen leicht bestimmen, aus der sich mit Hilfe des Translationscodes leicht auf die Aminosäuresequenz des Proteins schließen läßt (vgl. Kap. 4). Kleine Abschnitte des Proteins, die ausreichen, um Immunität zu verleihen, können ganz ohne Zellen irgendwelcher Art auf chemischem Weg im Labor hergestellt werden. Sie haben sich in experimentellen Systemen als Impfstoffe bewährt. Diese Technik hat den Vorteil, daß sie ein reines Produkt liefert, frei von allen Zellbestandteilen, die Nebeneffekte hervorrufen könnten. Ein Nachteil liegt darin, daß die kleinen Proteinfragmente an größere Proteine gekoppelt und mit Adjuvanzien gemischt sein müssen, um als Impfstoffe wirksam zu sein. Zwar schafft das einige Probleme, doch sie lassen sich überwinden.

Alle diese Forschungsergebnisse sind recht vielversprechend, sie bedeuten jedoch nicht unbedingt, daß billige und wirksame virale Impfstoffe, die in Bakterien oder Hefe hergestellt werden, schon morgen auf den Markt kommen. Die außerordentliche Bedeutung der Ergebnisse liegt in dem Nachweis, daß mit Hilfe geeigneter Vektoren eukaryontische Gene in verschiedenen Zellarten exprimiert werden können. Doch zwischen der Gewißheit, daß die Gene sich exprimieren lassen, und ihrer Expression in einer industriell sinnvollen Größenordnung gibt es einen erheblichen Unterschied. Die Lösung des letzteren Problems bereitet in den meisten Fällen noch erhebliche Schwierigkeiten.

Können wir veränderte Gene ersetzen?

Eine andere wichtige Frage lautet, ob sich mit Hilfe der Gentechnik Erbkrankheiten des Menschen wirksam behandeln lassen. Hunderttausende leiden unter angeborenen Krankheiten vielerlei Art, etwa der Thalassämie oder einem Mangel des Wachstumshormons oder unter der Hämophilie. Gegenwärtig ist jeder Mensch, der mit einer solchen Krankheit geboren wird, zu einem Leben voller Einschränkungen und Beschwerden gezwungen, ohne daß er auf Besserung hoffen kann.

Eine angeborene Krankheit wird durch eine Mutation verursacht, die die Funktion eines Gens verändert. Wie erwähnt, sind Menschen, Tiere und die meisten Pflanzen diploid – sie besitzen Paare homologer Gene. Wenn bei einem Menschen nur das eine Gen eines Paares verändert ist, kann er trotzdem ganz normal leben, weil das andere Gen für die betreffende Funktion sorgt. Ein solcher Mensch ist sich des Mangels meist gar nicht bewußt (wird ihn wahrscheinlich aber an seine Nachkommen weitergeben). Wer Schäden in *beiden* Genen aufweist, braucht dagegen möglicherweise sein Leben lang eine ausgleichende Therapie, etwa Transfusionen in regelmäßigen Abständen. So gibt es gute Gründe, nach einem Verfahren zu suchen, die veränderten Gene zu ersetzen. Läßt sich ein normales Gen in die Zellen solcher Menschen einschleusen? Und würde das Gen dann arbeiten und genügend von dem gewünschten Produkt herstellen?

Die Möglichkeit, solche Gendefekte zu behandeln, ist seit der Entwicklung der DNA-Klonierung erheblich gestiegen. Eine Methode besteht darin, ein gesundes Gen in einige Zellen eines erwachsenen Individuums einzubringen, so daß sie das normale Produkt liefern können. Wir wollen dieses Verfahren *somatische Therapie* nennen (somatische Zellen sind alle Körperzellen mit Ausnahme der Keimbahnzellen). Eine zweite Methode besteht darin, daß man das Gen in eine befruchtete Eizelle einbringt. Wenn sie in die Wirts-DNA integriert wird und später in den meisten Zellen (auch den Keimzellen) des Erwachsenen vertreten ist, können dieses Individuum und seine Nachkommen normal sein. Wir wollen dieses Verfahren *Keimbahnzellentherapie* nennen. Die somatische Therapie an menschlichen Patienten könnte in nächster Zukunft Wirklichkeit werden. Die Keimbahnzellentherapie ist noch ausschließlich Gegenstand der wissenschaftlichen Forschung und wird in absehbarer Zukunft nur bei Tieren angewendet werden.

Zu den Krankheiten des Menschen, die mittels Gentherapie behandelt werden könnten, gehört die Thalassämie. Sie wird durch die Veränderung eines Globingens verursacht. Das Leiden tritt häufig in bestimmten Regionen der Erde auf, vor allem am Mittelmeer und in Asien. Bei Personen, die unter der schweren Form leiden, sind beide homologe Gene verändert: Sie produzieren zu wenig Hämoglobin, so daß der Sauerstofftransport aus den Lungen in den Rest des Körpers unzulänglich ist. Häufig sterben die Betroffenen schon in jungen Jahren. Der Mangel läßt sich durch Transfusion gesunden Spenderblutes beheben, eine Prozedur, die allerdings regelmäßig wiederholt werden muß, weil die transfundierten roten Blutkörperchen nur eine begrenzte Lebensdauer haben. Außerdem birgt das Verfahren viele Risiken. Im Prinzip wäre hier eine somatische Therapie möglich, denn die Krankheit zieht nur eine Zellart des Körpers in Mitleidenschaft, nämlich die Zellen, die die roten Blutkörperchen herstellen. Diese Zellen lassen sich leicht aus dem Knochenmark gewinnen, behandeln und wieder in den Körper zurückbringen. Im Gegensatz dazu wären genetische Defekte, die in vielen anderen Zellarten oder in unzugänglichen Zellen – etwa denen des Gehirns – Veränderungen hervorrufen, längst nicht so leicht zu behandeln.

Bei der Thalassämie-Therapie schleust man ein normales Globingen in die Knochenmarkzellen ein, unter denen sich auch die Vorläufer der roten Blutkörperchen befinden. Erste Versuche hat man an Mäusen vorgenommen. Ein retroviraler Vektor mit dem Globingen wurde in Zellen eingeführt, die man aus dem Knochenmark entnommen hatte. Er wurde in zehn bis zwanzig Prozent der Zellen integriert. Die Zellen wurden wieder in das Tier eingebracht, und einige kehrten in das Knochenmark zurück. Doch nur sehr wenige Zellen, die das insertierte Gen trugen, waren Vorläufer von roten Blutkörperchen, so daß ihre Wirkung gering oder sogar vernachlässigenswert blieb. Erkennbare Wirkung läßt sich nur erzielen, wenn man nach der Entfernung der für die Behandlung erforderlichen Zellen den Rest des Knochenmarks durch Röntgenstrahlen und giftige Chemikalien zerstört. Nach ihrer Wiedereinbringung in den Körper haben die behandelten Zellen dann die Möglichkeit, das gesamte Knochenmark zu besiedeln. Das Verfahren (Knochenmarktransplantation) ist gefährlich, weil der so behandelte Patient mehrere Wochen lang ohne Abwehrkräfte gegen Viren und Bakterien ist, bis sich sein Knochenmark regeneriert hat. Doch wenn die Behandlung Erfolg hat, sind die Aussichten groß, daß die Erbkrankheit überwunden ist.

Wie gesagt, im Prinzip ist das Verfahren durchführbar, doch birgt es wegen der Knochenmarktransplantation ein großes Risiko für die Patienten. In einigen Fällen muß man allerdings abwägen zwischen einer derartigen Behandlung und dem sicheren Tod. Dies gilt vor allem für Kinder mit einem Mangel des Enzyms ADA (Adenosindesaminase), das für die Entwicklung des Immunsystems erforderlich ist. Diese Kinder sind ständig in Gefahr, Infektionen zu erliegen, die normalerweise völlig harmlos wären, und sterben stets in jungen Jahren.

Eine Frage des Risikos

Das Hauptproblem bei der Behandlung von Erbkrankheiten mittels Gentherapie ist die Bewertung und Akzeptanz von Risiken, die jeder neue therapeutische Prozeß unvermeidlich mit sich bringt. Man kann die Möglichkeit nicht ausschließen, daß das therapeutische Verfahren unbekannte und möglicherweise auch schädliche Folgen hat, weil sich das Ausmaß des Risikos nicht in einer wissenschaftlichen und objektiven Weise bewerten läßt.

Natürlich muß dieses unbekannte Risiko für den Patienten, der sich der Therapie unterzieht, akzeptabel sein. Dies ist in der Regel der Fall, wenn der erkennbare mögliche Nutzen größer als das erkennbare mögliche Risiko ist. Ein Kranker, der den Tod vor Augen hat, wird fast jedes Risiko akzeptieren, wenn es mit der Hoffnung auf Gesundung verbunden ist. In der Praxis wird die Risikobewertung jedoch nicht vom Patienten, sondern von Fachgremien vorgenommen, die völlig andere Maßstäbe anlegen. Für die Mitglieder solcher Gremien besteht das Risiko letztlich in der Gefahr, daß ihr wissenschaftlicher Ruf Schaden nehmen könnte. Da sie persönlich durch das Experiment nichts gewinnen, sondern nur etwas verlieren, wenn es schiefgeht, können sie überhaupt kein Risiko akzeptieren. Sind die Risiken unkalkulierbar, kann nur der Patient die Entscheidung fällen, die ihn ganz allein betrifft.

Ein Risiko einzugehen, das durch einen möglichen Nutzen aufgewogen wird, ist in der Medizin nicht ungewöhnlich – es gilt für viele operative Eingriffe, in denen erkrankte Organe ersetzt werden, oder auch für die Knochenmarktransplantation in der Leukämietherapie. Mit derartigen Eingriffen ist einerseits ein hohes Sterblichkeitsrisiko, andererseits die Möglichkeit einer vollständigen Genesung verbunden. Der Unterschied zwischen diesen Maßnahmen und solchen der Gentherapie liegt darin, daß im ersten Fall sowohl die Risiken wie auch die Gewinne definiert sind, während sie bei der Gentherapie noch ungewiß sind. Ohne Zweifel muß das Problem des Risikos realistisch angegangen werden, bevor sich spürbare Fortschritte auf diesem Gebiet erzielen lassen. Wir werden hierauf noch zurückkommen.

Die Keimbahnzellentherapie

Bei der Keimbahnzellentherapie wird ein Gen in eine befruchtete Eizelle eingebracht, wobei man hofft, das Gen werde sich in das Genom des Embryos integrieren und später in den meisten Zellen des ausgewachsenen Organismus anzutreffen sein, um dort seine Tätigkeit aufzunehmen. Man führt rekombinierte DNA mit einem Gen, das mit einer geeigneten Kontrollregion verknüpft ist, mittels eines Mikroinjektionsapparates in den Kern einer befruchteten Mäuse-Eizelle ein (Abb. 7.3). Daraufhin wird der Embryo in den Uterus einer Ersatzmutter übertragen. In einem Bruchteil der Fälle entwickelt sich der behandelte Embryo zu einem normalen ausgewachsenen Individuum. Bei einigen der behandelten Mäuse wird das injizierte Gen integriert, und in einem bestimmten Prozentsatz dieser Fälle ist das Gen auch in den Keimzellen vorhanden, so daß es an die Nachkommenschaft weitergegeben wird. Doch auch wenn die Integration stattfindet, verzögert sie sich häufig, bis sich die DNA mehrfach repliziert hat; dann weisen nur einige Zellen des ausgewachsenen Tieres das fremde Gen auf.

Erstaunliche Ergebnisse erzielte man, als man das Gen für das Wachstumshormon einer Ratte oder eines Menschen in ein Mäuse-Embryo injizierte. Dabei wurde das Gen mit der Kontrollregion eines Gens verknüpft, das – vermutlich als Bestandteil eines Entgiftungssystems – durch bestimmte Metalle wie beispielsweise Zink aktiviert wird. Nach Entwöhnung der jungen, gentechnisch behandelten Mäuse wurden sie auf eine zinkreiche Diät gesetzt, um das Gen zu aktivieren. Die *transgenen* Mäuse produzierten erhebliche Mengen des Wachstumshormons, vor allem in der Leber (die es normalerweise überhaupt nicht herstellt), und wurden fast doppelt so groß wie normal. Dieses Ergebnis zeigt, so beeindruckend es auch ist, eine Schwäche der Methode: Das fremde Wachstumshormon-Gen wird nicht wie das normale Wachstumshormon-Gen der Hypophyse reguliert, sondern wie ein Zink-sensitives Gen der Leber, denn es trägt die Kontrollregion dieses Gens, das in der Leber sehr aktiv ist. Die Regulation hängt nicht vom Gen, sondern von der Kontrollregion ab. Das reguläre Wachstumshormon-Gen in der Hypophyse wurde sicherlich durch die hohe Konzentration des Hormons im Blut abgeschaltet (vgl. Kap. 8).

Sehr wichtig ist diese Technik, wenn man die Regulation eines spezifischen Gens in verschiedenen Zellarten eines normalen Tieres un-

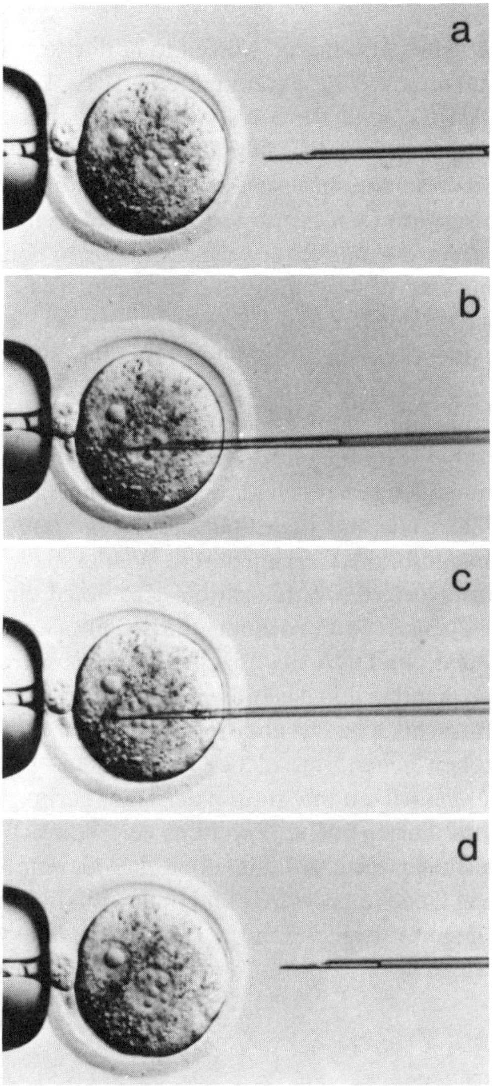

Abbildung 7.3: Injektion von DNA in die befruchtete Eizelle einer Maus. (a) Die dünne Injektionsnadel aus Glas nähert sich der Eizelle, die durch Saugwirkung am Ende einer Glaspipette (links) gehalten wird. Die beiden Zellkerne – einer von der Eizelle, der andere vom Spermium – sind als runde Regionen zu erkennen, welche kugelförmige Erhebungen aufweisen (die Nukleoli), eine in dem einen Zellkern und mehrere im anderen. Die Injektionsnadel enthält eine geringe Menge an gelöster DNA. (b) Die Nadel ist in die Eizelle eingedrungen; ihre Öffnung befindet sich in dem Zellkern mit den mehreren Nukleoli. (c) Der größte Teil der DNA ist in den Zellkern injiziert worden. (d) Die Nadel ist wieder aus dem Kern entfernt worden. Im Vergleich mit (a) läßt sich abschätzen, wieviel DNA injiziert wurde. (Mit freundlicher Genehmigung von R. Evans.)

tersuchen will. Ihre praktische Anwendung dürfte, zumindest eine Zeitlang, auf Nutztiere beschränkt bleiben. Es könnte von wirtschaftlichem Vorteil sein, Rinderrassen oder Stämme anderer Tiere zu erzeugen, die rascher wachsen und größer werden als normale Individuen. Hier brauchte man sich keine Gedanken zu machen, wie und wo das inserierte Gen exprimiert wird. Trotzdem bleibt ein Einwand anderer Art: die möglicherweise nachteiligen Folgen der hohen Konzentration von Wachstumshormon im Blut (das Tausendfache der normalen Menge bei den Riesenmäusen). Vielleicht läßt sich nicht ausschließen, daß die übermäßig stimulierten Zellen kanzerös werden.

Können Erbkrankheiten des Menschen auf diese Weise geheilt werden? Denkbar wäre folgendes Verfahren (wenn beide Partner gesunde Träger des gleichen geschädigten Gens sind): Einer Eizelle der Frau, im Reagenzglas mit dem Spermium des Mannes befruchtet, könnte man ein gesundes Gen injizieren. Wieder in die Gebärmutter der Frau transplantiert, würde sich die Eizelle zu einem normalen Fötus entwickeln und später zu einem normalen Erwachsenen. Wenn das Gen sofort in die DNA der Eizelle integriert würde, wäre es in allen Zellen vorhanden und das Individuum frei von der betreffenden Krankheit. Tatsächlich ist das aber reine Phantasie. Viele praktische Gründe sprechen gegen ein solches Experiment. Erstens sind die Chancen einer sofortigen Integration des Gens gering, wie das Experiment mit den Mäusen zeigte. Zweitens verteilen sich die integrierten Gene normalerweise zufällig über das Genom, wodurch sie häufig wichtige Gene inaktivieren und neue Erbkrankheiten hervorrufen. Beim gegenwärtigen Stand der Technik ist die Gefahr, einen neuen Erbmangel hervorzurufen, größer als die Chance, einen alten zu beheben.

Die Möglichkeit einer Wahl

Vielleicht liegt der wertvollste Beitrag der DNA-Klonierung zur Bekämpfung der Erbkrankheiten des Menschen in einer ganz anderen Richtung als bei den bisher besprochenen Techniken. Möglicherweise kann man mit ihrer Hilfe Methoden entwickeln, durch die man gesunde Träger veränderter Gene identifizieren und schon beim Fötus erkennen kann, ob beide Gene eines Gen-Paares Schäden aufweisen. Wie in Kapitel 6 erörtert, läßt sich in manchen Fällen heute schon beides leisten, doch in Zukunft werden solche Maßnahmen sehr viel genereller möglich sein. Die Betroffenen können ihre Entscheidung dann auf zuverlässige Informationen stützen: Wenn beide Partner Schäden des gleichen Gens aufweisen, können sie beschließen, auf Kinder zu verzichten, sie können aber auch die fünfundzwanzigprozentige Wahrscheinlichkeit akzeptieren, ein geschädigtes Kind zu bekommen. Wenn sie ein Kind zeugen, bei dem beide Gene verändert sind, und wenn diese Schädigung früh genug während der Schwangerschaft erkannt wird, können sie sich zu einem Schwangerschaftsabbruch entschließen oder sich dafür entscheiden, das Kind trotz allem zu bekommen. Eine Zeitlang werden sich die Möglichkeiten der neuen Therapien darauf beschränken, Informationen für sorgfältig getroffene Entscheidungen zu liefern; und vielleicht bleibt das überhaupt ihre beste Nutzanwendung, selbst wenn einmal realistische Methoden der somatischen oder Keimbahnzellen-Gentherapie Wirklichkeit werden sollten.

Arbeitsschutz

Da die DNA-Rekombination zusammen mit anderen chemischen oder molekularen Techniken die Voraussetzung zur Bestimmung der genetischen Unterschiede von Individuen schafft, eröffnet sich die Möglichkeit, Bewerber auf ihre genetische Eignung für bestimmte Berufe zu untersuchen. Dies würde für Berufe mit Arbeitsbedingungen gelten, die, je nach der genetischen Konstitution des einzelnen, von manchen Menschen gut und von anderen gar nicht vertragen werden. Beispielsweise sind manche Arbeitnehmer chemischen Substanzen ausgesetzt, die krebsauslösend wirken können. Viele dieser Stoffe sind an sich harmlos, werden aber im Körper von bestimmten Enzymen der Zellen in krebserregende Wirkstoffe umgewandelt. Möglicherweise produzieren manche Menschen infolge genetischer Unterschiede die krebsauslösenden Derivate in besonders großen Mengen. Da bei ihnen das Krebsrisiko besonders hoch wäre, dürften sie nicht auf solchen Arbeitsplätzen arbeiten. Ein anderes Beispiel ist der Mangel des Enzyms G6PD. Er tritt vor allem bei schwarzen Amerikanern und Juden aus dem Mittelmeerraum auf. Wenn solche Personen bestimmten chemischen Substanzen ausgesetzt werden, kann es zu einer weitreichenden Zerstörung der roten Blutkörperchen und damit zu schwerer Anämie kommen. Auch diese Betroffenen müssen von Berufen ausgeschlossen werden, in denen sie möglicherweise solchen Stoffen ausgesetzt sind.

Man kann über den präventiven und wirtschaftlichen Wert solcher Untersuchungen streiten – gesellschaftlich gesehen können sie jedenfalls gefährliche Konsequenzen haben, weil sie sicherlich zu Mißbrauch führen würden. So wären Diskriminierungen nicht auszuschließen, weil die Untersuchungen dazu benutzt werden könnten, Arbeitnehmer abzulehnen, die für einen Arbeitgeber aus ganz anderen Gründen unerwünscht sind. Da es in vielen Berufen relativ gefährliche Arbeitsbedingungen gibt, würden die Tests eine Klasse von Menschen mit einem erblichen und dauerhaften Handikap schaffen.

Gegenwärtig verfügen nur wenige derartige Untersuchungen über wissenschaftliche Gültigkeit, aber ihre Zahl dürfte in Zukunft wachsen. Unter Umständen werden genetische Eignungstests zu brisantem sozialem Konfliktstoff führen und in unserer Gesellschaft tiefe Gräben aufwerfen.

Die Entwicklung ergiebigerer Nutzpflanzen

Die Anwendung der Gentechnik im agrarischen Bereich ist ernsthaft geplant, wenn auch konkrete Ergebnisse noch ausstehen, weil wir zu wenig über die inneren Funktionen von Pflanzenzellen wissen. Doch die Zielsetzungen auf diesem Gebiet haben beträchtliche wirtschaftliche Bedeutung. Unter anderem möchte man die Wirksamkeit der Photosynthese erhöhen (vgl. Kap. 3), die Zusammensetzung der Proteine verändern, die im Samen (von Weizen beispielsweise) gespeichert sind, um ihn besser auf die Ernährungsbedürfnisse des Menschen abzustimmen, die Resistenz von Nutzpflanzen gegen Parasiten, Trockenheit oder Salzgehalt des Bodens erhöhen sowie Frostschäden verhindern.

Besonders bemüht man sich darum, den Mechanismus der Stickstoffassimilation – der an den Luftstickstoff Elektronen abgibt und ihn unter Hinzufügung von Wasserstoff zunächst in Ammoniak und dann in Proteine verwandelt – auf wirtschaftlich wichtige Pflanzen wie etwa Weizen zu übertragen. Gegenwärtig verfügen nur Hülsenfrüchtler (Bohne, Luzerne u. a.) über diesen Mechanismus. Luftstickstoff gibt es in unbegrenzten Mengen, doch ist er für die biologische Welt ohne Wert. Die Stickstoffassimilation ist die einzige Quelle für den neuen Stickstoff, den man für alle Proteine braucht, die es in der biologischen Welt gibt. Mithin hätte die Ausweitung dieses Prozesses auf andere Pflanzen enorme wirtschaftliche Konsequenzen.

Bei den Hülsenfrüchtlern wird die Stickstoffassimilation nicht von den Pflanzen selbst, sondern von speziellen Bodenbakterien ausgeführt, die sich mit den Pflanzen in den sogenannten Wurzelknöllchen verbinden. Die Assimilation ist dem Zusammenwirken der Pflanze mit den Bakterien in den Knöllchen zu verdanken. Da gegenwärtig jeder Versuch, diesen Prozeß auf andere Pflanzen zu übertragen, an unserem spärlichen Wissen über die beteiligten Gene scheitert, müssen sich die Forschungsarbeiten auf diesem Gebiet vor allem darauf richten, die Gene zu klonieren und herauszufinden, wie sie arbeiten. Dabei hat sich herausgestellt, daß etwa siebzehn Gene beteiligt sind, die offenbar auf spezielle Stoffe, zum Beispiel seltene Metalle (Molybdän), angewiesen sind. Doch auch wenn man eines Tages die Arbeitsweise der Gene vollständig verstehen wird, ist es möglicherweise nicht leicht, den gesamten Mechanismus auf andere Pflanzenzellen zu übertragen und ihn dort zu aktivieren. Versuche, die Gene in Hefe – die einfachste eukaryontische Wirtszelle – einzuschleusen, haben keinen erkennbaren Erfolg gehabt.

In einem anderen Verfahren versucht man, die Gene, die die Hülsenfrüchtler befähigen, die Symbiose mit den Stickstoff-assimilierenden Bodenbakterien einzugehen, auf Pflanzen zu übertragen, die nicht zu den Hülsenfrüchtlern gehören. Darunter sind die Gene für das Leghämoglobin, ein Stoff, der große Ähnlichkeit mit dem Hämoglobin im Tierblut hat, und die Gene für Proteine, die es den Bakterien gestatten, sich an die Knöllchenzellen zu binden. Dieses Verfahren, das wohl erfolgversprechender ist, setzt voraus, daß man die Gene in einem Vektor klont, der sich auf Pflanzenzellen übertragen läßt – also etwa in dem oben erörterten T_1-Plasmid –, oder in Vektoren auf der Basis von Viren, die in Pflanzenzellen eindringen können.

Ein weiteres Problem ist der Schutz der Pflanzen gegen Frostschäden. In der freien Natur sind die Pflanzenblätter mit Bakterien bedeckt, die die Bildung von Eiskristallen bei niedrigen Temperaturen fördern. Man hat im Labor Abkömmlinge ohne diese Eigenschaft hergestellt, mit dem Ziel, sie später auf den Feldern zu verteilen und so die Pflanzen zu schützen. Treibhausexperimente lassen darauf schließen, daß das Verfahren funktionieren könnte. Diese Versuche sind allerdings sehr umstritten, weil viele Menschen befürchten, daß die künstlich hergestellten Organismen das empfindliche ökologische Gleichgewicht zwischen den Mikroorganismen in der Natur stören und schädliche Wirkungen hervorrufen könnten. Die Argumente für und gegen solche Eingriffe haben die Anhänger beider Lager bisher noch nicht recht überzeugen können.

DNA-Kartierung und -Sequenzierung

Viele Erbkrankheiten werden durch veränderte Gene verursacht, die von den Eltern an ihre Nachkommen weitergegeben werden. Beispiele dafür sind die Thalassämie und die Hämophilie, bei denen man auch die verantwortlichen Gene kennt. In anderen Fällen, etwa bei der Chorea Huntington, ist das dafür verantwortliche Gen nicht bekannt. Hier können Untersuchungen der Familien, in denen die Krankheit vorkommt, das Gen in einem Bereich eines bestimmten Chromosoms lokalisieren, wenn die von der Krankheit betroffenen Individuen DNA-Unterschiede (sogenannte Polymorphismen) aufweisen, die sich in diesem Chromosomenbereich beobachten lassen. Damit ist allerdings nicht das Gen selbst lokalisiert, weil der Chromosomenbereich in der Regel groß ist und viele Gene enthalten kann. Dem Gen kann man jedoch durch eine Kombination von Techniken, die man als Kartierung und Sequenzierung bezeichnet, auf die Spur kommen. Bei der Kartierung werden mit Hilfe einer Restriktionsendonuklease eine Reihe klonierter, einander überlappender Fragmente hergestellt, die alle zusammen die betreffende Chromosomenregion abdecken. Daraufhin kann man alle klonierten DNA-Fragmente sequenzieren und dadurch die Sequenz der gesamten Region bestimmen. Mit Hilfe verschiedener Techniken läßt sich das Gen dann häufig identifizieren. So ist es mit dieser Strategie gelungen, die Gene zweier Erbkrankheiten zu identifizieren: der Mukoviszidose und des Retinoblastom-Augenkrebses.

Kartierung und Sequenzierung lassen sich auch dazu benutzen, alle in einem Genom vorkommenden Gene zu entdecken. Dieses Verfahren war absolut erfolgreich bei kleinen Genomen, etwa von Viren oder Mitochondrien. Weitgehend bekannt ist das Genom des Bakteriums *Escherichia coli* oder eines kleinen Nematoden. Im Rahmen eines großangelegten internationalen Projekts soll dieses Verfahren jetzt auf das menschliche Genom angewendet werden, ein Unterfangen, das viele Jahre in Anspruch nehmen wird. Man erwartet von dem Projekt eine Vielzahl von Erkenntnissen, die sich für medizinische Zwecke nutzen lassen.

Biotechnologie

Die Gentechnik ist im Rahmen des jahrhundertealten Bemühens zu sehen, biologische Prozesse für industrielle Zwecke nutzbar zu machen. Die Kenntnis einiger Gärprozesse ist beispielsweise so alt wie die menschliche Kultur; dazu gehören die Gärung des Sauerteigs und die Erzeugung von Alkohol aus Zucker mit Hilfe von Hefe sowie die Käseherstellung unter Mitwirkung einer Vielzahl von Schimmelpilzen und Bakterien. In jüngerer Zeit hat sich die industrielle Anwendung der Mikrobiologie dank unserer wachsenden biochemischen und genetischen Kenntnisse immer stärker ausgeweitet.

Das Spektrum verwertbarer chemischer Reaktionen, die durch Bakterien oder Schimmelpilze vermittelt werden, ist ungeheuer breit. Hierzu zählen die Auslaugung von Kupfer- und Uranerzen zur Gewinnung der reinen Metalle, die Entgiftung und der Abbau von Abwässern bzw. anderen Abfallprodukten sowie die Umwandlung des im Erdgas vorhandenen Methans zu billigem und nahrhaftem Tierfutter. Dieses Futtermittel, sogenanntes *Einzeller-Protein*, besteht aus den Körpern proteinreicher Bakterien oder Hefepilzen, die auf Methan wachsen können. Steroidhormone – wie weibliche Geschlechtshormone und Cortison, Stoffe, die in der Medizin vielfache Verwendung finden – werden mit Hilfe von Bakterien aus landwirtschaftlichen Abfällen hergestellt. Und wir alle kennen die Antibiotika, die dank Schimmelpilzen und Bakterien in großer Vielfalt produziert und zur Bekämpfung von Infektionen eingesetzt werden.

Die Verwendung von Mikroorganismen in diesen und vielen anderen Fällen ist nicht überraschend, denn sie können mit ihren Enzymen eine ungeheure Vielfalt von chemischen Reaktionen ausführen. Wie wir in Kapitel 2 gesehen haben, sind Enzyme Katalysatoren von außerordentlicher Spezifität, die chemische Reaktionen unter schonendsten Bedingungen durchführen können – im Unterschied zur chemischen Synthese, die weniger spezifisch ist, unter gröberen Bedingungen abläuft und viel Energie verbraucht.

Patentierbare Mikroorganismen

Alle Anwendungen biotechnologischer Methoden begannen mit empirischen Beobachtungen. Zunächst verwendete man die natürlich vorkommenden Mikroorganismen. Hefepilze, die von sich aus auf Weintrauben wachsen, wurden für die alkoholische Gärung benutzt.

Schimmelpilze und Bakterien, die auch normalerweise die Milch sauer werden lassen, wurden bei der Käseherstellung verwendet. Doch mit den zunehmenden mikrobiologischen und genetischen Kenntnissen wurde es möglich, diese Prozesse zu verstehen und zu beeinflussen. Die Fortschritte in der Genetik, der Mikrobiologie und Biochemie gingen Hand in Hand mit der industriellen Anwendung dieser Wissenschaften; die chemische und die Brauindustrie gehörten zu ihren wichtigsten finanziellen Förderern. Infolgedessen werden heute Wein und Käse mit besonders reinen Stämmen von Mikroorganismen hergestellt. Das gleiche gilt für die Abwasserreinigung oder die Auslaugung von Metallerzen. Durch künstliche Mutationen in bereits vorhandenen Stämmen hat man neue entwickelt, die ein jeweils gewünschtes Produkt in weit größeren Mengen herstellen können, als das ursprünglich möglich war.

Die Industrie unterstützte die mikrobiologische Forschung, weil sie sich eine Verbesserung ihrer Produkte und eine Verringerung der Kosten erhoffte. Im Lauf der Zeit stellte sich die juristische Frage, ob ein Industrieunternehmen die alleinigen Verwertungsrechte an einem speziell gezüchteten oder veränderten Stamm von Mikroorganismen besitzt, den sie entwickelt hatte. Schließlich mußte der Oberste Gerichtshof der Vereinigten Staaten darüber entscheiden, ob im Labor entwickelte mikrobielle Stämme patentierbar seien oder nicht; die Richter bejahten die Patentierbarkeit. Damals ging es um einen Bakterienstamm, den man zur Umwandlung von Rohöl in ungiftige wasserlösliche Produkte entwickelt hatte. Solche Bakterien lassen sich in vielen Bereichen anwenden, unter anderem zur Beseitigung von Ölteppichen. Später ist das erwähnte Urteil auch auf (gentechnisch veränderte) Pflanzen ausgedehnt worden.

Entscheidende Fortschritte

Die gegenwärtigen Bemühungen müssen vor einem breiteren Hintergrund gesehen werden. Die Gentechnik ergänzt Verfahren, mit denen die Mikrobiologen in der Industrie schon seit langem arbeiten, durch neue Methoden. Statt neue Stämme hervorzubringen, indem man sich auf den langen und ungewissen Prozeß der Erzeugung von Mutationen einläßt, um unter ihnen die geeignetsten auszuwählen, kann man heute neue Spielarten von Genen herstellen, indem man die klonierte DNA eines Gens manipuliert beziehungsweise in manchen Fällen die DNA im Labor herstellt. Der Anwendungsbereich der neuen Techniken wird sich in dem Maße ausweiten, wie man die Struktur und Funktion der Gene genauer verstehen lernt.

Einige entscheidende Fortschritte haben die neuen Technologien jedoch schon herbeigeführt. So ist es gelungen, nicht nur mikrobielle Gene, sondern auch eukaryontische Gene von Pflanzen, Tieren oder Menschen gentechnisch zu verwenden. Man kann auch Gene von ganz verschiedenen Arten miteinander kombinieren. Es besteht ferner die Möglichkeit, pflanzliche und tierische Gene entweder miteinander oder mit mikrobiellen Genen zu verbinden. Schließlich lassen sich Gene heute ausschließlich im Labor herstellen, meistens mit Hilfe von Basensequenzen, die die Aminosäuresequenzen existierender Proteine, etwa des Interferons, codieren können. Doch ist das keine notwendige Bedingung – jede Sequenz kann in einem bakteriellen oder eukaryontischen Vektor hergestellt, kloniert und amplifiziert werden. Ob das Ergebnis die Kopie eines schon vorhandenen Gens ist, ein funktionsloses Stück DNA oder ein völlig neues, funktionierendes Gen, hängt zum Teil von der Fähigkeit der dafür verantwortlichen Wissenschaftler ab und zum Teil von den vielen einschränkenden Bedingungen, denen die Strukturen und Funktionen der Gene unterworfen sind.

Das Problem des Risikos in der Gentechnologie

Wie wir schon bei der Gentherapie gesagt haben, ist mit jedem völlig neuen Verfahren ein gewisses Risiko verbunden. Da man noch keine genauen Informationen hat, läßt sich das Ausmaß möglicher Gefahren nicht ganz abschätzen, so daß es manchen Beobachtern viel zu groß erscheint. Die gentechnischen Experimente haben die Furcht geweckt, sie könnten schreckliche Folgen haben. Inzwischen sind die Ängste etwas geringer geworden, und so ist die Geschichte dieser Technologie ein interessantes Beispiel dafür, wie sich das Problem des Risikos angehen läßt.

Die Verfahren der Gentechnik erinnerten viele Menschen an die Geschichte der Atomenergie, die mit grundlegenden Entdeckungen über den Aufbau der Materie begann, dann die enorme Energie freisetzte, die im Atomkern eingeschlossen ist, und mit der Explosion der zerstörerischsten Waffen endete, die die Welt je gesehen hat. Wäre es nicht möglich, daß der Gentechnik ein ähnlicher Weg vorgezeichnet ist? Die Ängste entzündeten sich an den (im vorigen Abschnitt erwähnten) rapiden Fortschritten. Man glaubte, die Wissenschaft sei in der Lage, der Evolution des Lebens eine neue Richtung zu geben – durch die Schaffung neuer Gene könne sie auch neues Leben schaffen. Maßten sich die Wissenschaftler damit nicht die Rolle Gottes an?

Am schrecklichsten schien die Fähigkeit, Gene zu kombinieren, die die Natur getrennt hielt – in den verschiedenen Teilen eines Genoms oder, noch schlimmer, in den Genomen verschiedener Arten. Man fürchtete, durch die Aufhebung dieser Trennung würde der Natur ins Handwerk gepfuscht, so daß sie die Gene nicht mehr unter Kontrolle halten könnte. Die Gene würden »entfesselt« – natürlich mit den allerschlimmsten Folgen. Wie diese aussehen würden, blieb der Phantasie des einzelnen überlassen.

Ein relativ einfaches Beispiel für solche Konsequenzen ließ sich aus der Beobachtung konstruieren, daß sich normale Zellen in Krebszellen verwandeln lassen, wenn man die Beziehung zwischen einigen normalen Zellgenen verwandelt. Wie wir in Kapitel 15 sehen werden, besitzen normale tierische Zellen »Krebsgene«, die üblicherweise unter Kontrolle gehalten werden. Sie exprimieren ihre Funktion nur zur richtigen Zeit und am richtigen Ort. Doch wenn sie in das Genom von Viren eingegliedert werden, verlieren diese Gene ihre Einschränkungen: Sie werden zu Krebsgenen und die Viren, die sie tragen, zu Krebsviren. Dies ist ein Fall von Gentechnik durch die Natur, mit schlimmen Folgen.

Im allgemeinen fürchtete man, das eigentliche Grundverfahren der Gentechnik – die Verwendung von verantwortungsloser DNA zur Amplifizierung von Abschnitten mit verantwortungsbewußter DNA – könnte aus verantwortungsbewußter DNA eine verantwortungslose DNA machen und so den Prozeß der Evolution, der eben verantwortungslose in verantwortungsbewußte DNA verwandelt hat, auf den Kopf stellen. Im übrigen würde sich die neu gebildete verantwortungslose DNA mit Hilfe der Gentechnologie ungeheuer amplifizieren lassen und damit das natürliche Gleichgewicht durcheinanderbringen, das sehr empfindlich reagiert, wenn sich die Mengen der Genprodukte in den Zellen verschieben.

Da man zur Verbreitung dieser DNA Bakterien verwendete, die aus dem menschlichen Darm isoliert worden waren, zeichnete sich eine weitere furchtbare Perspektive ab. Man hielt es für möglich, daß einige Bakterien, welche die klonierten Krebsgene trugen, durch Zufall wieder in den Darm gelangen und ihn besiedeln könnten. Die entfesselten Krebsgene der Bakterien würden in die Zellen des infizierten Menschen gelangen, von dort auf andere Menschen übergreifen und eine Krebsepidemie auslösen.

Ein Moratorium und eine Debatte

Die Wissenschaftler waren sich darüber einig, daß man diese Möglichkeit ernsthaft in Betracht ziehen müsse. Sie unterbrachen die überall in die Wege geleiteten Experimente und begannen über die weitere Entwicklung nachzudenken und zu diskutieren. Die Debatten griffen über die Fachwelt hinaus und hatten binnen kurzem alle Bereiche der Gesellschaft erfaßt. Man forderte: Der Geist muß wieder in die Flasche zurück!

Die Debatte polarisierte sich, und es bildeten sich zwei Lager. Das eine vertrat die Auffassung, die Gentechnik sei ein Riesenfortschritt für die Menschheit und werde über kurz oder lang alle Probleme, vom Krebs bis zu den Hungersnöten, lösen. Für das andere Lager war die Gentechnik eine Geißel, die unverantwortliche Risiken heraufbeschwor. Die Vertreter der Wissenschaft und der übrigen gesellschaftlichen Gruppierungen, die sich für die eine oder die andere Richtung entschieden, folgten weitgehend ihrer Intuition, denn es gab noch keine objektiven Anhaltspunkte, auf die man sich bei den Vorhersagen hätte stützen können.

Ein Argument, das während dieser Auseinandersetzung vorgebracht wurde und im Laufe der Jahre immer mehr Geltung gewann, besagte, daß die Natur flexibel sei, daß sie bereits viele (wenn nicht alle) möglichen Genkombinationen getestet habe, daß alles, was ein Wissenschaftler im Reagenzglas herstellen könne, von der Natur schon irgendwann geschaffen worden sei und in unserer Welt möglicherweise unbemerkt existiere. Für dieses Argument sprachen die ständig neuen Entdeckungen über das Verhalten der verantwortungslosen DNA, ihr weitgestreutes Vorkommen in allen Lebensformen und ihre Fähigkeit, von Zelle zu Zelle und Art zu Art zu springen, so daß sie ständig neue Genkombinationen schafft und zerstört. Im Verlauf dieses Prozesses, der seit Jahrtausenden in riesigen Populationen vieler verschiedener Arten stattfindet, muß in der Tat eine ungeheure Zahl von Genkombinationen ausprobiert worden sein. Damit dürfte feststehen, was den Wissenschaftler erwartet, wenn er sich die Rolle des Schöpfers anmaßt: Entweder kopiert er, was die Natur bereits geschaffen hat, oder er stellt nutzloses Zeug her.

Argumente dieser Art grenzten die Probleme ein und überzeugten viele Menschen davon, daß die Wahrscheinlichkeit einer Katastrophe ziemlich gering ist. Natürlich konnte niemand sie ganz ausschließen. Doch die Entkräftung der Einwände stärkte die Position derer, die die Vorteile der Gentechnik propagierten. Als sich die Furcht vor einer Katastrophe legte, konzentrierte sich die Debatte allmählich auf die Realität: Wie läßt sich die Gentechnik nutzen und das Risiko gleichzeitig so gering wie möglich halten? Vielleicht konnte man den Geist aus der Flasche herauslassen, indem man ihn in eine andere steckte, um ihn dort zu beobachten und zu untersuchen.

Sicherheitsmaßnahmen im Labor

Die Möglichkeit, daß bewußt oder unbewußt ein neues Krebsvirus geschaffen werden könnte, wurde zum Standardfall, an dem alle Sicherheitsmaßnahmen gegen die Risiken der neuen Technologie gemessen wurden. Das Konzept der Abschließung wurde entwickelt: Sämtliche Experimente sollten unter Bedingungen durchgeführt werden, die jede Möglichkeit ausschlossen, daß eine unerwünschte Rekombination in die Außenwelt entwiche. Es war klar, daß ein Risiko nicht von Rekombinationen zu erwarten war, die genau definierte Gene mit bekannten Eigenschaften besitzen, sondern von zufällig entstandenen Neukombinationen mit unbekannten Merkmalen. Beim erreichten Stand der Gentechnik könnten solche unerwünschten Rekombinationen gelegentlich zusammen mit den angestrebten entstehen. Es wurde festgelegt, alle gentechnischen Maßnahmen unter strengen Sicherheitsvorkehrungen auszuführen, bis die gewünschte Rekombination charakterisiert und isoliert werden könnte. Erst dann dürften sie aus dem gesicherten Bereich herausgenommen werden, während alle anderen Produkte vernichtet werden müßten.

Man ging davon aus, daß das Risiko, zufällige und möglicherweise gefährliche Rekombinationen herzustellen, von der Art des Experiments abhängt. Man brauchte also ein Klassifikationssystem, das sich nach dem Risiko richtet. So legte man vier Laborsicherheitsstufen fest – L1 bis L4, wobei L4 die strengste ist. Tatsächlich war L4 so streng, daß es nirgends auf der Welt geeignete Laboratorien gab, von einigen wenigen Einrichtungen abgesehen, in denen Kampfstoffe für die bakteriologische Kriegführung hergestellt wurden. Diese Grundsätze wurden in einem Regelwerk festgehalten, das man als Richtlinien bezeichnete und das von den Behörden über die Bewilligung von Forschungsmitteln durchgesetzt wurde. Die geschilderten Entwicklungen zeichneten sich zunächst in den Vereinigten Staaten, Großbritannien und einigen anderen Staaten ab. In vielen anderen Ländern gab es eine Zeitlang keine Debatte dieser Art: Die Wissenschaftler konnten tun, was sie wollten, und einige führten ganz offen Experimente durch, die anderswo verboten waren. Nach und nach wurden die strengen Richtlinien jedoch fast überall akzeptiert.

Biologische Sicherheitsmaßnahmen

Doch kaum hatte man das Konzept der Laborsicherheitsmaßnahmen entwickelt, da wurde es auch schon kritisiert. Selbst wenn es stimmte, daß nichts aus einem L4-Labor entweichen könnte – was war mit einem Unfall? Wenn irgendein Gerät explodierte, die Wände und Schleusen zerstörte und die sorgfältig gehüteten Mikroorganismen in alle Winde zerstreute, wären alle Vorkehrungen hinfällig. Die Laborsicherheitsmaßnahmen seien, so wurde nun behauptet, bloße Augenwischerei.

Daraufhin entstand das neue Konzept der biologischen Sicherheitsmaßnahmen. Da die ersten Vektoren der Gentechnik Plasmide oder Phagen waren, die sich in Bakterien ausbreiten, beschloß man, die Vektoren und ihre Wirtsbakterien dergestalt zu behandeln, daß sie nur unter ausgesprochen schwierigen Bedingungen überleben und sich fortpflanzen könnten. Sollten sie aus dem Laboratorium entweichen oder einen dort Beschäftigten anstecken, durften sie nicht überleben. Solche Stämme wurden mit mehreren strengen Sicherheitseigenschaften versehen. Wenn ein Bakterium mit einem dieser Merkmale aus dem gesicherten Laborbereich entwiche, hätte es eine Chance von eins zu einer Million bis eins zu hundert Millionen, einen der Beschäftigten anzustecken. Bei Bakterien mit mehreren solchen Eigenschaften wäre die Chance praktisch gleich Null. Da die biologischen Sicherheitsmaßnahmen unendlich viel wirksamer sind als alle Sicherungen der Labors, wurden sie in die entsprechenden Richtlinien aufgenommen, während die Laborsicherheitsmaßnahmen gleichzeitig erheblich gelockert worden sind.

Nach Übernahme dieser Regeln wurden in Labors auf der ganzen Erde Tausende von Experimenten ohne den geringsten Zwischenfall durchgeführt. Sogar Experimente, die in manchen Ländern vor der Übernahme der Sicherheitsrichtlinien gemacht worden waren, erwiesen sich als harmlos. Auch großangelegte Experimente, in denen man die Möglichkeit einer Krebsepidemie an Mäusen überprüfte, verliefen negativ. Die Mäuse wurden mit Bakterien gefüttert, die geklonte DNA von einem Krebsvirus enthielten. Die Versuchstiere bekamen keinen Krebs und ließen auch keine Anzeichen einer Infektion durch das Virus erkennen. Tatsächlich war es für die Mäuse viel sicherer, die geklonte DNA aufzunehmen als das Virus selbst. Diese praktischen Sicherheitsbeweise führten nach und nach zu einer Lockerung der Sicherheitsauflagen, so daß nicht mehr bei jedem einzelnen Experiment eine Risikoeinschätzung vorgenommen werden mußte. Es stellte sich heraus, daß der Geist der Gentechnik gar nicht so bedrohlich war. Oder daß es möglicherweise gar keinen »Geist aus der Flasche« gab.

Eine neue Debatte

Die Gentechnik ist nicht ohne Gefahren, doch sind sie von anderer Art als diejenigen, über die man sich ursprünglich gestritten hatte. Zum Teil können sie aus der enormen Vielfalt von Eingriffen in lebende Organismen resultieren, welche durch die neue Technologie ermöglicht werden, zum Teil aber auch auf die umfassenden und eingehenden Kenntnisse über Gene, Individuen und Rassen zurückgehen, die wir in wachsendem Umfang zusammentragen. Die Gefahr bei den Eingriffen liegt darin, daß sie verfrüht vorgenommen werden, ohne daß man die möglichen Konsequenzen ausreichend berücksichtigt. Diese würden vermutlich nicht die Katastrophen heraufbeschwören, von denen in der früheren Debatte die Rede war, aber ihre Folgen wären schlimm genug: Schaden an Einzelpersonen, Verletzung der Privatsphäre, moralisches Fehlverhalten. Wir haben ein paar solcher Konsequenzen betrachtet, noch viele andere ließen sich vorstellen. Eingehende Kenntnisse über andere Menschen sind gefährlich – nicht an sich, aber aufgrund der Folgen, die sich daraus ergeben könnten. Solche Kenntnisse können mißdeutet und, vor allem, mißbraucht werden, so daß sie zu einem Instrument der Diskriminierung und Unterdrückung würden.

Die Erkenntnis solcher Gefahren setzt sich heute allmählich durch, und zweifellos werden wir eine weitere Debatte über diesen ganzen Problemkreis erleben – wichtiger als die erste und wahrscheinlich schwieriger zu schlichten.

KAPITEL 8

Kommunikation zwischen den Zellen

Jede Zelle enthält alle Gene eines Organismus, ganz gleich, wie groß und komplex dieser ist, aber nicht alle Gene sind zu einem gegebenen Zeitpunkt aktiv. Vielmehr werden sie in Übereinstimmung mit den Bedürfnissen der Zelle und des Organismus reguliert. In den vorangehenden Kapiteln haben wir gesehen, wie die Regulation in der Zelle stattfindet. Jetzt wollen wir betrachten, wie bei diesem Prozeß das Geschehen in den anderen Zellen desselben Organismus berücksichtigt wird. Hier beruht die Regulation auf der Signalübertragung zwischen Zellen, entweder durch direkte Kontakte oder durch spezielle Kommunikatorsubstanzen.

Kommunikation durch Berührung

Kontakte zwischen den Zellen haben wichtige Konsequenzen. Wenn Viren oder Bakterien in andere Zellen eindringen, setzen sie sich zunächst an ihnen fest. Solche Kontakte veranlassen die Abwehrzellen des tierischen Organismus, die Eindringlinge zu verschlingen. Kontakte führen auch zur Bildung von Zellaggregaten, die wichtig sind für die Fortpflanzung einiger Bakterien, Schimmelpilze und einfacher Organismen (vgl. Kap. 12). Bei der Entwicklung höherer Tiere bewirken sie den Zusammenschluß von Zellen während der Organbildung. Rote Blutkörperchen verlassen das Knochenmark und gelangen ins Blut, wenn sie ein Oberflächenmolekül verlieren, das sie an einem netzartigen Geflecht festhält. Sie bleiben im Blut, bis das Alter andere Oberflächenmoleküle verändert, dann werden sie von speziellen Zellen eingefangen und zerstört. Alle diese Wechselbeziehungen werden durch Moleküle der Zelloberfläche vermittelt und setzen ein hohes Maß an Selektivität voraus.

Daß tierische Zellen kleine Moleküle und Ionen durch Verbindungskanäle austauschen, wollte man zunächst nicht recht glauben. Unter dem Lichtmikroskop erschienen Zellen durch die sie umgebenden Membranen vollständig voneinander getrennt. Als man untersuchte, wie sich elektrischer Strom verhält, den man mit winzigen Injektionsnadeln auf Einzelzellen in Kultur übertrug, stellte man, wie erwartet, fest, daß dieser Strom nicht in das umgebende Milieu fließt: Die Zellen sind tatsächlich von ihrer Umgebung gut isoliert. Andererseits stellten die Forscher aber auch fest, daß ein Strom mühelos von einer Zelle zur Nachbarzelle fließt, und gelangten so zu der Erkenntnis, daß Zellen zwar isoliert sind, aber in Verbindung miteinander stehen. Das gleiche war bei jungen Embryos zu beobachten. Doch sobald sich der Embryo entwickelt und die Organe sich abgrenzen, erfolgt eine Trennung: Zellen desselben Organs bleiben verbunden, während Zellen verschiedener Organe gegeneinander isoliert sind.

Die Verbindungskanäle, die man in diesen Experimenten entdeckt hat, liegen an bestimmten Kontaktstellen, die unter dem Elektronenmikroskop erkennbar sind und aufgrund ihres Erscheinungsbildes *gap junctions* (englisch »offene Verbindungen«) genannt werden (Abb. 8.1). Sie werden durch flache Bereiche gebildet, in denen sich die beiden Zellmembranen bis auf einen kleinen Spalt annähern. In beiden Membranen sitzen Partikel aus Proteinmolekülen mit einem kleinen Loch in der Mitte, durch das Ionen und damit auch elektrische Ströme fließen können.

Auch Moleküle können durch diese Kanäle gelangen: Injiziert man einer Zelle einen Farbstoff, greift er langsam auf die angrenzenden Zellen über, wobei er durch die Löcher der *gap junctions* kriecht. Zwar sind die Löcher groß genug, um viele kleine Moleküle wie Aminosäuren oder die für die Nukleinsäuresynthese erforderlichen Basen hindurchzulassen, größeren Molekülen wie Enzymen oder Nukleinsäuren verwehren sie aber den Durchgang. Sie sorgen für eine gleichmäßige Verteilung der Ionen und kleinen Moleküle in benachbarten Zellen und vermeiden so elektrische Potentialdifferenzen mit unerwünschten Effekten. Benachbarte Zellen können sich im Verlauf der Entwicklung eines Organismus unterschiedlich differenzieren, indem sie verschiedene Proteine herstellen und behalten, die nicht durch diese Kanäle hindurchkönnen. Beispielsweise hat die Bauchspeicheldrüse Zellen unterschiedlicher Art, die verschiedene Kommunikatorproteine (Hormone) herstellen und trotzdem durch *gap junctions* mit freiem Ionendurchfluß verbunden sind.

Kommunikatorsubstanzen

Kommunikatorsubstanzen, die von bestimmten Zellen in die umgebende Flüssigkeit oder ins Blut abgegeben werden, beeinflussen Zielzellen in unmittelbarer Nachbarschaft oder großer Entfernung. An der Zielzelle wirken die Kommunikatoren mit Oberflächenrezeptoren zusammen (vgl. Kap. 2), die daraufhin Signale ans Zellinnere abgeben und die Zelle in dieser Weise zu irgendeiner neuen Funktion veranlassen. Ein Kommunikator erkennt eine oder mehrere Rezeptorarten. Diese Spezifität ist dem Umstand zu verdanken, daß es mindestens so viele Rezeptorarten wie Kommunikatoren gibt. Kommunikatoren können Aminosäuren, kleine Proteine oder Fettsubstanzen sein. Die Proteine unterscheiden sich erheblich in der Größe – zwischen drei Aminosäuren und einigen hundert. Die kleinen heißen gewöhnlich *Peptide*. Rezeptorproteine sind komplexer und enthalten Hunderte oder Tausende von Aminosäuren. Einige bestehen aus einem einzigen Proteinmolekül, andere sind Komplexe aus mehreren Molekülen.

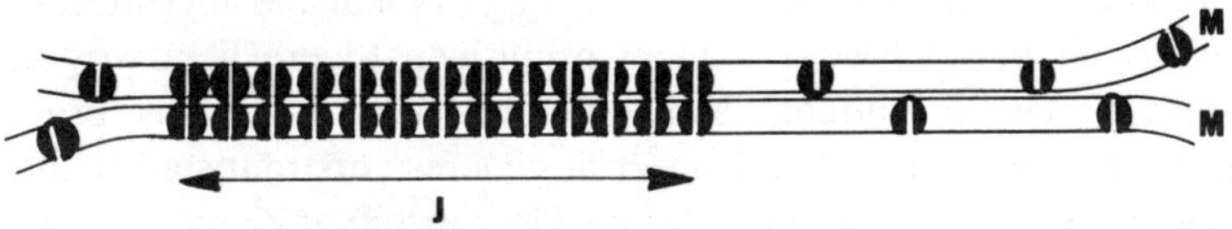

Abbildung 8.1: Schematischer Querschnitt einer *gap junction*. Die Membranen (M) der beiden in Kontakt stehenden Zellen – die eine oben, die andere unten – sind sehr nahe beieinander. Die *junction* (J) ist der Bereich, in dem die in den beiden Membranen befindlichen Partikel dicht aneinandergelagert sind und die Kanäle zwischen den beiden Zytoplasmen bilden. Ähnliche Partikel außerhalb der *junction* sind nicht paarweise angeordnet und bilden keine Kanäle.

Bevor man ihre prinzipielle Ähnlichkeit erkannte, teilte man die Kommunikatoren in verschiedene Gruppen ein. Die erste Gruppe umfaßte die *Hormone*, die vom Blut transportiert werden und ihre Nachrichten über weite Entfernungen ans Ziel bringen können. Von ähnlicher Wirkungsweise wie die Hormone sind die Wachstumsfaktoren, die die Zellvermehrung kontrollieren, und die Differenzierungsfaktoren, die die Zelldifferenzierung regulieren. Eine andere Gruppe von Kommunikatoren, die *Neurotransmitter*, kommt vor allem im Nervensystem vor und überträgt auf sehr kurze Entfernungen die Signale zwischen Nervenzellen. Es handelt sich meist um Aminosäuren oder ihre Derivate. Kommunikatorpeptide finden sich überall im Körper. Einige – die *Neuropeptide* (so genannt, weil sie zuerst im Nervensystem entdeckt wurden) – können sowohl als Hormone wie als Neurotransmitter auftreten. Es gibt offenbar keine klaren Unterscheidungsmerkmale zwischen den verschiedenen Kommunikatorklassen, so daß man sie am besten zu einer einzigen Gruppe mit spezialisierten Untergruppen zusammenfaßt.

Hier wollen wir uns mit den Kommunikatoren befassen, die traditionell als Hormone und Wachstums- oder Differenzierungsfaktoren bezeichnet werden. Die speziellen Aufgaben von Neurotransmittern und Neuropeptiden kommen in Kapitel 17 zur Sprache.

Allgegenwärtige Regulatoren

Kommunikatoren werden von spezialisierten Zellen in Lebewesen aller Art gebildet, angefangen bei den einfachsten bis hin zu den komplexesten Organismen. Bei den primitivsten Tieren werden sie zumeist von isolierten Zellen hergestellt und durch Diffusion an andere Zellen weitergegeben. Ihre Wirkung ist lokal und abgestuft. Bei der Hydra beispielsweise (einem primitiven Meerestier) wird ein Hormon, das die Bildung des Kopfes veranlaßt, von Zellen produziert, die über den ganzen Körper des Tieres verstreut sind. Unterschiedliche Konzentrationen des im Tier verteilten Kommunikators entscheiden darüber, wo der Kopf entsteht (vgl. Kap. 12).

Bei höheren Tieren entstehen die Hormone meist in den Zellen spezieller Organe, der *endokrinen Drüsen*, die ihre Produkte ins Blut ausschütten. Diese Organe sind im Lauf der Evolution durch den Zusammenschluß ursprünglich isolierter Zellen entstanden – etwa die insulinproduzierenden Zellen in den Langerhansschen Inseln der Bauchspeicheldrüse heutiger Säugetiere aus isolierten Zellen im Darm sehr primitiver Weichtiere. Bei urtümlichen Fischen (die eine höhere Entwicklungsstufe repräsentieren) sind die entsprechenden Zellen bereits zu kleinen Bereichen zusammengefaßt. Die Säugetiere unserer Zeit besitzen aber immer noch, zwischen den Zellen des Darmepithels verteilt, vereinzelte Zellen, die Hormone bilden. Die Hormonproduktion entstand parallel zur Entwicklung der Nerventätigkeit, die auch auf der Verwendung von Kommunikatoren beruht.

Wir kennen etwa hundert Hormone, die die vielen Körperaktivitäten der Lebewesen regulieren. Sie bestimmen die richtige Entwicklung des Körpers und seine Größe, sie steuern die sexuelle Entwicklung, sie kontrollieren den Blutzuckerspiegel und den Blutdruck sowie die Funktionen des Verdauungs- und Harnsystems. Sie sind verantwortlich für unsere subjektivsten Gefühle, für die chemischen Veränderungen im Blut, die bei Streß hervorgerufen werden, und für den Wechsel der Hautfarbe, der bei manchen Tieren beobachtet wird. Kurzum, durch eine große Zahl chemischer Reaktionen sind die Hormone an der Regulation praktisch aller Körperfunktionen beteiligt.

Die Hierarchie der Hormone

In einigen Fällen wirkt ein Hormon auf eine Zelle ein, die ein anderes Hormon herstellt, und legt fest, wann und in welchen Mengen dies andere Hormon produziert wird. Hormone mit solchen Eigenschaften bilden hierarchische Systeme. Eines von außerordentlicher Bedeutung bei höheren Tieren ist das dreistufige System, das der Kontrolle des Gehirns unterliegt. Die zentrale Kontrollinstanz – bei den Säugetieren heißt sie *Hypothalamus* – liegt im (stammesgeschichtlich) ältesten Teil des Gehirns. Experimentelle Schädigung dieser Region bei Ratten oder anderen Tieren führt zu einem deutlichen Rückgang der Herstellung diverser Hormone. Umgekehrt wird ihre Produktion durch elektrische Stimulation gesteigert. An diesem Punkt überschneiden sich Nerven- und Hormonsystem (Abb. 8.2).

Der Hypothalamus ist ein sehr spezielles endokrines Organ: Er bildet die *Hormone der ersten Stufe*, die sogenannten Gehirnhormone (englisch *brain hormones*), die von spezialisierten Nervenzellen erzeugt werden. Es ist nicht weiter verwunderlich, daß Nervenzellen Hormone bilden, denn sie produzieren ja im Rahmen ihrer ganz normalen Arbeitsweise Kommunikatoren einer bestimmten Art. Das Besondere an den Hypothalamushormonen im Vergleich zu den anderen Gehirnkommunikatoren liegt darin, daß sie ihre Zielzellen wie andere Hormone über das Blut erreichen. Wir werden aber noch sehen, daß einige von ihnen dies auf ungewöhnliche Weise machen, die eine unmittelbare Verbindung zwischen Nervenfunktion und Hormonproduktion herstellt. Die vom Hypothalamus kontrollierten Hormone haben mit Aktivitäten zu tun, an denen das Gehirn wesentlich beteiligt ist, zum Beispiel Sexualität, Gefühl und Streß.

Die Entdeckung, daß die Nervenzellen des Hypothalamus spezielle Steuerhormone herstellen, war revolutionär. Ein erster Hinweis ergab sich aus der Beobachtung von Anatomen, daß einige Hy-

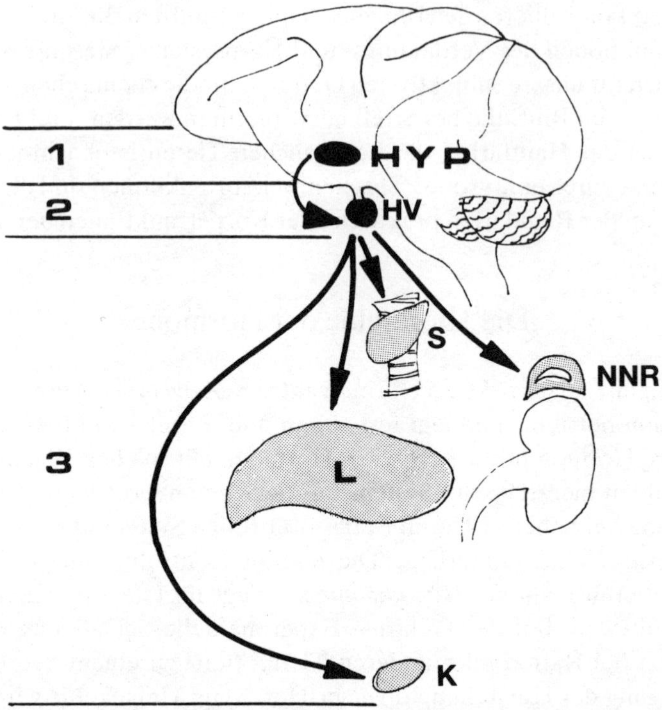

Abbildung 8.2: Das hierarchische System der Hormone. Die erste Stufe (1) ist der Hypothalamus (HYP), der das Organ der zweiten Stufe (2), den Hypophysenvorderlappen (HV), kontrolliert. Die Hypophyse ihrerseits steuert mehrere Drüsen der dritten Stufe (3), wie Schilddrüse (S), Nebennierenrinde (NNR), Leber (L) und Keimdrüsen (K).

pothalamuszellen Substanzen enthalten, die Farbstoffe auf andere Art aufnehmen können als die übrigen Zellbestandteile. Später zeigte man, daß diese Substanzen von den Zellen plötzlich freigesetzt werden, wenn bestimmte Nervenfasern stimuliert werden. In anderen Untersuchungen erwies sich, daß die Freisetzung in unmittelbarer Nähe von speziellen Blutgefäßen erfolgt, so daß die Stoffe rasch in die Blutbahn gelangen. Diese kleinen Spezialgefäße enden in der *Hypophyse*, einem wichtigen hormonbildenden Organ an der Hirnbasis, und verbinden daher die beiden Bereiche.

Schließlich gelang es, die Hypothalamushormone zu identifizieren und zu reinigen. Das Vorkommen der Hormone in der Flüssigkeit, die aus Hypothalamusstücken herausgequetscht wurde, zeigte sich erstmals durch ihre Wirkung auf Hypophysenzellkulturen; die Reaktion glich derjenigen, die an der Hypophyse eines Tieres zu beobach-

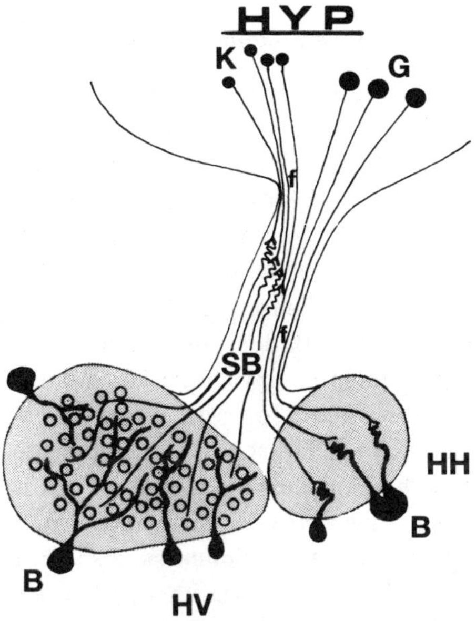

Abbildung 8.3: Die Hormonproduktion im Hypothalamus (HYP). Zwei Gruppen von Nervenzellen stellen Hormone her. Die kleinen Zellen (K) erzeugen Hormone, die auf den Hypophysenvorderlappen (HV) einwirken. Die Hormone werden am Ende der langen Fasern (f) (Axonen) freigesetzt, wo sie mit speziellen Blutgefäßen (SB) in Berührung kommen. Durch diese Gefäße fließt das Blut zum Hypophysenvorderlappen. Die großen Zellen (G) setzen die von ihnen erzeugten Hormone ebenfalls durch Fasern frei und geben sie an Gefäße des allgemeinen Blutkreislaufs im Hypophysenhinterlappen (HH) ab. Blutgefäße (B), die aus der Hypophyse hervorgehen, enthalten sowohl diese Hormone als auch diejenigen, die der Hypophysenvorderlappen herstellt.

ten ist. Mit Hilfe dieser Effekte isolierte man die Hormone und beschrieb ihre chemischen Merkmale. Da es in der Flüssigkeit nur winzige Mengen der Hormone gab, erwies sich die Reinigung als außerordentlich schwierig. Die Laboratorien von R. Guillemin an der Baylor-Universität, des Salk-Instituts und die von Andrew Shally an der Tulane-Universität brauchten Hunderttausende tierischer Hypothalami (von Schafen), um ein einziges dieser Hormone zu isolieren: TRH (tyreotropin-releasing hormone; vgl. unten). Glücklicherweise haben diese Hormone einen sehr einfachen Aufbau, so daß sie die rauhen chemischen Prozeduren der Reinigung überstanden. Sobald man ihre Zusammensetzung kannte, konnte man die Hormone im Labor herstellen.

Zwei Arten von Hypothalamushormonen

Jahrelange eingehende Untersuchungen in vielen Laboratorien haben gezeigt, daß Hypothalamushormone von zwei Gruppen von Nervenzellen erzeugt werden (Abb. 8.3). Allerdings stellt nur die eine Gruppe Hormone her, die als solche zur ersten Stufe des hierarchischen Systems gehören. Von diesen Nervenzellen gehen Fasern (Axonen) aus, die in der Nähe der speziellen Blutgefäße, die zum *Hypophysenvorderlappen* führen, enden. Dieser ist eine endokrine Drüse von entscheidender Bedeutung, die unter Kontrolle der Hypothalamushormone einige hochwichtige Hormone der zweiten Stufe herstellt. Die betreffenden Hormone gelangen über den Blutstrom zu mehreren endokrinen Drüsen in verschiedenen Teilen des Körpers, wo sie dann die Hormonproduktion der dritten Stufe steuern.

Jedes *Hormon der zweiten Stufe* wird unter dem Einfluß von einem oder zwei Hormonen des Hypothalamus, also der ersten Stufe, produziert (vgl. Tab. 8.1). Diese Hormone regulieren das Körperwachstum, viele Aspekte der Zellchemie und Zellentwicklung, die Streßreaktion, die Sexualität, Schwangerschaft und Milchsekretion. Die Herstellung der Hypophysenhormone unterliegt dem Einfluß zweier entgegengesetzter Hypothalamussignale – das eine stimulierend (in der Tabelle durch + gekennzeichnet), das andere hemmend (durch – gekennzeichnet). In manchen Fällen werden beide Signale durch Hormone übermittelt; in anderen stimuliert ein Hormon, während Nervensignale hemmen. Die Hypothalamushormone selbst werden in ähnlicher Weise von Hormonen der dritten Stufe und von Nervensignalen reguliert.

Negatives Feedback

Diese Regulationsmechanismen haben die Mengen eines bestimmten Hormons, das zu einem gegebenen Zeitpunkt freigesetzt wird, unter genauer Kontrolle. Nehmen wir beispielsweise die Freisetzung des Hypophysenhormons ACTH, das die Hormonbildung der Nebenniere anregt, einer kleinen Drüse in der Nähe der Niere. Wenn die Konzentration der von der Nebenniere erzeugten Hormone im Blut ansteigt, wird weniger ACTH hergestellt; die Produktion der Nebennierenhormone sinkt, und ihre Konzentration im Blut nimmt wieder normale Werte an. Entsprechend führt ein Überschuß an Schilddrüsenhormonen im Blut zu einem Rückgang des stimulieren-

Tabelle 8.1: Das hierarchische System der Hormone

Hypothalamus-hormone (erste Stufe)	*Hypophysen-hormone* (zweite Stufe)	*Periphere Hormone* (dritte Stufe)	*Periphere Organe*
TRH+ (Thyreotropin releasing Ho)	TRS (Thyreotropin releasing Ho)	Schilddrüsen-hormone (T3, T4)	Schilddrüse
CRH+ (Corticotropin releasing Ho)	ACTH (Adreno-corticotrophic Ho)	Kortiko-steroide	Nebennieren-mark
GnRH+ (Gonado-tropin releasing Ho)	FSH (follikel-stimulierendes Ho) LH (luteinisierendes Hormon)	Östrogen Progesteron Androgene	Keimdrüsen
SRH+ (Somatotropin releasing Ho) Somatostatin– (Somatotropin inhibiting Ho)	Somatotropin	Somatomedin	Leber
Prh+ (Prolactin releasing Ho) PIH– (Prolactin inhibiting Ho)	PRO (Prolactin)		

den Hypophysenhormons. In diesen und anderen Fällen sorgt eine negative Rückmeldung vom Hormon der dritten Stufe für eine angemessene Produktion des übergeordneten Hypophysenhormons. Das negative Feedback wirkt sich auch auf die Herstellung des Hypothalamushormons aus: Keimdrüsenhormone schränken die Erzeugung des Hypothalamushormons ein, das über die Hypophyse die Keimdrüsenaktivität anregt (vgl. Kap. 9).

Durch Einwirken auf die Kontrolle der verantwortlichen Gene kann man die Regulation der Hormonproduktion verändern. So kann sich beispielsweise die ACTH-Produktion ihrer normalen Kontrolle entziehen, wenn die negative Rückmeldung an den Hypothalamus aufgrund besonderer Umstände unterbleibt – etwa Streß, Depression oder nervöser Magersucht. Dann erreichen die Nebennierenhormone hohe Konzentrationen im Blut. Ein extremes Beispiel ist das Experiment, in dem ein Wachstumshormon-Gen mit der Kontrollregion eines Zink-sensitiven Gens gekoppelt und dann in eine befruchtete Mäuse-Eizelle injiziert wurde (vgl. Kap. 7). In dem erwachsenen Tier, das sich aus dieser Eizelle entwickelt hatte, entzog sich das fremde Gen der normalen Regulation, weil es nicht dem Einfluß seiner regulären Kontrollregion unterworfen war, sondern der Regulation des Zink-sensitiven Gens folgte. Durch Zinkzusatz im Futter der Maus wurde die Kontrollregion ständig stimuliert, so daß die Konzentration des Wachstumshormons im Blut fast den tausendfachen Wert normaler Mäuse erreichte. Bemerkenswerterweise führte diese außerordentliche Steigerung nur zu einer ungefähren Verdoppelung der Körpergröße. Die begrenzte Wirkung ist vielleicht den Kontrollmechanismen zuzuschreiben, die die Produktion von Hormonen der dritten Stufe in der Leber reduzieren, oder der Reaktion der Körperzellen auf diese Hormone. Wir werden uns unten mit der Frage befassen, wie eine solche Verringerung zustande kommen könnte.

Unabhängige Hormone

Viele Arten von hormonbildenden Zellen gehören nicht in das eben beschriebene hierarchische System. Einige Nervenzellen des Hypothalamus erzeugen Hormone auf ungewöhnliche Weise: Sie leiten sie durch Nervenfasern, die bis zum *Hypophysenhinterlappen* führen. Diese Nervenzellen stellen zwei Hormone her – eines, das Vasopressin, reguliert die Harnbildung und den Blutdruck, das andere, Oxytocin, steuert die Gebärmutterkontraktionen bei der Geburt und die Milchabsonderung während der Laktation. Früher meinte man, diese beiden Hormone würden im Hypophysenhinterlappen hergestellt. Doch dann zeigte sich, daß sie zwar von der Hypophyse aus in die Blutbahn gelangen, jedoch im Hypothalamus gebildet werden. Der Hypophysenhinterlappen besteht aus einer Vielzahl von Fasern, die von diesen Nervenzellen des Hypothalamus ausgehen und mit einem Netz winziger Blutgefäße verknüpft sind. Die Hormone wandern in den Fasern entlang, verlassen sie im Hypophysenhinterlappen und dringen in die feinen Blutgefäße ein. Das geschieht weitgehend auf die gleiche Weise, wie Neurotransmitter das Ende der Nervenfasern erreichen und von dort auf andere Nervenzellen übertragen werden (vgl. Kap. 17).

Viele andere Hormone werden an vielen Orten des Körpers gebildet. Adrenalin wird in Spezialzellen der Nebenniere hergestellt, die aus dem Nervensystem stammen. Adrenalin steigert Pulsfrequenz und Blutdruck. Das Hormon wird auch von Zellen des Nervensystems gebildet, wo es als Neurotransmitter fungiert. Kleine Drüsen in der Nähe der Schilddrüse – die Nebenschilddrüsen – produzieren ein Hormon, das die chemischen Prozesse der Knochenbildung steuert. Die Langerhansschen Inseln der Bauchspeicheldrüse stellen mehrere Hormone her, darunter auch das Insulin, das an erster Stelle für die Herstellung und Verwendung von Zucker durch die Körperzellen und für den Blutzuckerspiegel verantwortlich ist. Unzureichende Insulinbildung durch die Zellen der Langerhansschen Inseln führt zu Diabetes (»Zuckerkrankheit«). Für die Verdauung der Nahrung sorgen hormonbildende Zellen in der Schleimhaut von Magen und Darm. Das Herzvorhofhormon kontrolliert den Blutdruck und die Natrium-Ausscheidung durch die Nieren. Andere unabhängige hormonbildende Zellen befinden sich in den Bronchien.

Bei Säugetieren befinden sich hormonbildende Zellen außerdem in der Plazenta, die während der Schwangerschaft die Verbindung zwischen Mutter und Fötus herstellt. Die Plazenta produziert ähnliche Hormone wie der Hypophysenhinterlappen und die Eierstöcke. Während der Schwangerschaft sorgen die Plazentahormone für den Fortgang der Schwangerschaft und bereiten die Brüste auf die Laktation vor. Bei der Geburt wird diese Funktion vom Prolaktin aus der Hypophyse und von den Hormonen der Nebenniere übernommen, die die Laktation in den vorbereiteten Brüsten auslösen.

Ein interessantes Hormon, das Melatonin, wird von einer kleinen Drüse hergestellt, die wie ein Tannenzapfen aussieht – der Zirbeldrüse, die zwischen verschiedenen Hirnteilen verborgen liegt. Dieses Hormon reagiert auf den Wechsel von Tag und Nacht. Meist wird es nachts gebildet und ruft Schlafbedürfnis hervor. Es wirkt auch auf die Keimdrüsen ein und verringert die sexuelle Aktivität. Das hat bei vielen Tieren zur Folge, daß sie sich nur in der Jahreszeit fortpflanzen können, in der die Tage länger sind und es reichlich Nahrung gibt. Die Regulierung der Aktivität durch den Wechsel von Licht und Dunkelheit heißt Photoperiodismus und ist bei Pflanzen besonders ausgeprägt. Durch hormonelle Veränderungen steuert sie den Wechsel von Knospenruhe, Wachstumsperiode und Blütezeit. Auf diese Weise treiben Langtags- und Kurztagspflanzen ihre Blüten nur in den entsprechenden Jahreszeiten.

Wirkstoffe für die Differenzierung

Viele der bislang erwähnten Hormone sind für das normale Wachstum der tierischen Organe entscheidend. Deren Entwicklung wird jedoch auch durch viele andere Substanzen beeinflußt, vor allem durch kleine Proteine, die herkömmlicherweise nicht als Hormone angesehen werden, obwohl sie mit ihnen viele Eigenschaften gemeinsam haben. Sie erkennen Zielzellen, die mit spezialisierten Rezeptoren wechselwirken, und wirken ganz ähnlich wie Hormone. Eine dieser Substanzen ist für die normale Entwicklung der Haut (epidermaler Wachstumsfaktor, englisch *epidermal growth factor*), eine andere für die des Nervensystems erforderlich (Nervenwachstumsfaktor, englisch *nerve growth factor*; vgl. Kap. 18). Viele ähnliche Faktoren sind für das Wachstum und die Entwicklung der Blutzellen und der Zellen des Immunsystems (vgl. Kap. 14) verantwortlich. Zu ihnen gehört das Erythropoietin, das zur Bildung der roten Blutkörperchen erforderlich ist (daher sein Name). Es wird in großen Mengen in Tieren oder Menschen hergestellt, die längere Zeit verminderten Sauerstoffkonzentrationen ausgesetzt sind (etwa in größer Höhe), so daß zum Ausgleich dieses Mangels mehr rote Blutkörperchen gebildet werden. Beispiele bei niederen Tieren zeigen, daß viele Aspekte der Differenzierung durch chemische Wirkstoffe gesteuert werden, die in den Körperzellen entstehen. An der Regulation der Differenzierung sind wahrscheinlich Hunderte von Substanzen beteiligt, so viele, wie es verschiedene Zellarten in einem Organismus gibt. Die meisten sind von uns allerdings noch nicht entdeckt worden.

Was sind Hormone, und wie werden sie gebildet?

Die Mehrzahl der tierischen Hormone – auch die des Hypothalamus und des Hypophysenvorderlappens – gehören zu den *Peptidhormonen*, das heißt, sie bestehen aus Aminosäureketten. Eine verwandte Gruppe von Hormonen wird von der Schilddrüse (nämlich T3 und T4) und im Nebennierenmark (Adrenalin) hergestellt. Hier handelt es sich um *modifizierte Aminosäuren*. Die Hormone der Nebennierenrinde und der Keimdrüsen repräsentieren eine weitere Gruppe – die der lipophilen Wirkstoffe, die mit Cholesterin, einem regulären Bestandteil der Zellmembranen, verwandt sind. Wegen ihres chemischen Aufbaus nennt man sie *Steroidhormone*.

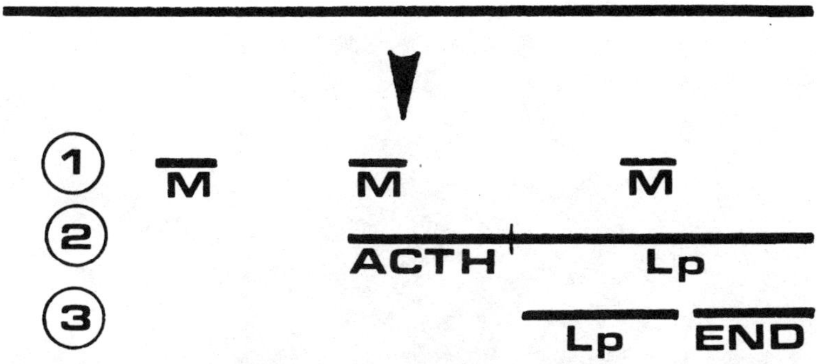

Abbildung 8.4: Aufspaltung einer langen Aminosäurekette zu verschiedenen Hormonen in der Hypophyse. Drei Teilungsmuster (1, 2 und 3) sind möglich; sie erzeugen drei verschiedene Hormonkombinationen. Die unterschiedlichen Teilungen finden in verschiedenen Zellen der Hypophyse statt. Teilung 1 erzeugt drei Pigmentierungshormone (M). Bei Teilung 2 ergibt sich Kortikotropin (ACTH). Teilung 3 läßt Endorphin (END) entstehen. Die Lp-Fragmente bezeichnet man als Lipotropine; ihre Funktion ist unbekannt.

Diese drei Hormonklassen entstehen auf unterschiedliche Weise. Aminosäuren werden durch spezielle Enzyme hergestellt. Peptidhormone werden als Proteine direkt von Genen spezifiziert und in den Zellen durch Translation der mRNAs gebildet. Steroidhormone entstehen in chemischen Reaktionen, die durch Enzyme vermittelt werden. Dabei entscheiden die Enzyme über die Einzelheiten der chemischen Struktur, von denen die spezifische Wirkung des Hormons abhängt. Steroidhormone mit derselben Funktion sind bei verschiedenen Arten gleich oder ähnlich. Dagegen weisen die Peptidhormone verschiedener Arten nur noch eine allgemeine Ähnlichkeit auf; im Detail unterscheiden sie sich erheblich. Infolgedessen wirken einige Peptidhormone wie die Wachstumshormone nur auf die Zellen der Arten ein, von denen sie gebildet werden.

Einige Peptidhormone entstehen durch Spaltung einer sehr viel längeren Aminosäurekette, die ihrerseits keinerlei hormonale Wirkung besitzt. Dieses Phänomen hat wichtige Auswirkungen: Die Fragmente, die sich beim Spalten der Kette bilden, sind verschiedene Hormone mit unterschiedlichen, aber aufeinander abgestimmten Eigenschaften. Beispielsweise wird das für Streß zuständige Hormon (ACTH) im Hypophysenvorderlappen durch Aufspaltung einer sehr viel längeren Aminosäurekette gebildet. Dabei können auch Endorphin (ein schmerzlindernder Stoff, der auf Nervenzellen einwirkt) und drei Hormone entstehen, welche die Hautfarbe beeinflussen (Abb. 8.4). Die Bildung dieser pigmentregulierenden Hormone in

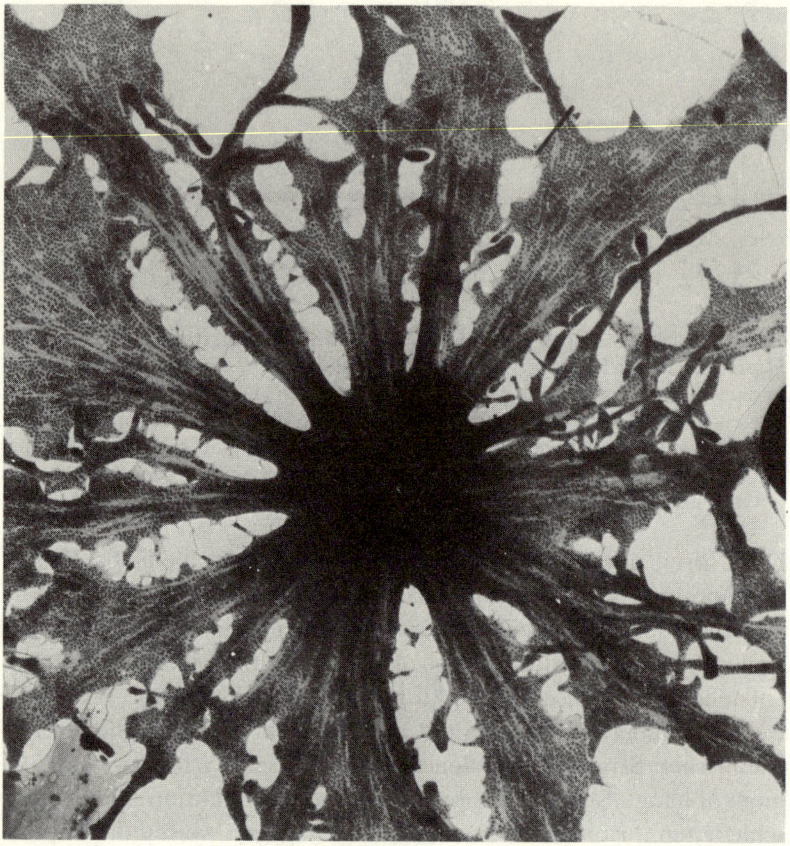

Abbildung 8.5: Die Pigmentzelle eines Fisches mit gestreuten Pigmentgranula (Aufnahme unter dem Elektronenmikroskop). Die Zelle ist sternförmig mit vielen Strahlen, in denen die runden, dunklen Pigmentkörnchen dicht gelagert sind. (3000fache Vergrößerung. Aus: M. McNiven, M. Wang und K. R. Porter, *Cell* 37 [1984], S. 753–765.)

der Hypophyse erklärt die seit langem bekannte Beobachtung, daß Kaulquappen dauerhaft bleich werden, wenn man ihre Hypophyse chirurgisch entfernt hat. Die Vorläufersubstanz spaltet sich in Folge auf eine neue streßbewirkende Situation in unterschiedlicher Weise auf, und die Produkte dieses Vorgangs rufen unterschiedliche Wirkungen hervor. ACTH löst die Streßreaktion der Nebenniere aus, die Pigmentierungshormone sorgen für die Schutzfärbung des Tieres, und das Endorphin lindert seine Schmerzen, wenn der schlimmste Fall eintritt (vgl. Kap. 17).

Die Pigmentierungshormone regulieren die Hautfarbe mit Hilfe eines interessanten Mechanismus. Sie wirken auf große in der Haut liegende Zellen ein, die Melanophoren, die das Pigment in Form dunkler Granula enthalten. Bei Abwesenheit der Pigmentierungshormone klumpen die Granula in der Nähe des Zellkerns zusammen. So können sie nicht viel Licht einfangen, deshalb weist die Haut eine helle Farbe auf (vgl. Abb. 8.5). Sind die Hormone anwesend, veranlassen sie die Granula, sich über die Melanophoren zu verteilen; diese halten dann die meisten Lichtstrahlen auf und verleihen der Haut eine gleichmäßig dunkle Färbung. Bei einigen Tieren sind Melanophoren, die farbige Pigmente enthalten, für die Farbveränderungen verantwortlich, die entweder auf hormonelle oder nervöse Reize erfolgen. Dank dieses Mechanismus haben viele Tiere die Möglichkeit, sich in ihrer Farbe der Umgebung anzupassen.

Wie Hormone die Zellen anweisen, zu tun, was sie tun sollen

Peptidhormone

Hormone können ihre vielen lebenswichtigen Aufgaben erfüllen, weil sie »intelligente« Stoffe sind. Jedes Hormon wirkt nur auf spezielle Zellen ein. Selbst wenn man viele Hormone mischt, erreicht jedes seine Zielzellen, ohne die Wirkungsweise der anderen zu stören. Ein erstaunliches Beispiel für diese Unterscheidungsfähigkeit sind die Geschlechtshormone. Tiere beiderlei Geschlechts enthalten sowohl männliche wie weibliche Hormone. Trotzdem nimmt die Entwicklung der Geschlechtsmerkmale bei den allermeisten Individuen ihren normalen Gang.

Die Zielsicherheit der Hormone beruht ausschließlich auf dem ersten Schritt ihrer Wechselwirkung mit Zellen: Sie binden an extrem unterscheidende Rezeptoren. Ein Rezeptor für Hormon A stellt eine sehr feste Bindung zu A her, aber keine (oder allenfalls eine schwache) zu B und umgekehrt. Jede Hormonklasse verwendet einen anderen Rezeptortyp. Die Rezeptoren für Peptidhormone liegen an der Oberfläche der Zielzellen, die für Steroide im Zytoplasma und im Zellkern der Zellen und die für das Schilddrüsenhormon T3 im Zellkern. Steroide und T3 können im Zellinneren gelegene Rezeptoren erreichen, weil sie weitgehend lipophile Moleküle sind: Sie durchqueren ohne weiteres die Lipiddoppelschicht der Zellmembran, während die hydrophilen Peptide dazu nicht in der Lage sind.

Intrazelluläre Botenstoffe

Peptidhormone wirken auf Zellen nur ein, wenn sie an den Oberflächenrezeptoren binden. Injiziert man sie in Zellen, haben sie keinerlei Effekt. Durch die Bindung des Hormons an den Rezeptor werden Moleküle gebildet, die als sekundäre Botenstoffe innerhalb der Zelle fungieren, wobei das Hormon selbst der primäre Botenstoff ist. Die Rezeptoren überbrücken die Zellmembran. Sie verbinden die externen Hormone mit den internen Zellmechanismen.

Tatsächlich sind die Oberflächenrezeptoren und die sekundären Botenstoffe Elemente einer Kette von molekularen Interaktionen, mit deren Hilfe Signale, die durch externe Stoffe (etwa Wachstums- oder Differenzierungsfaktoren) erzeugt werden, die Gene der Zelle erreichen können (man bezeichnet diese Prozesse auch als Signal-Übertragungswege). Beispielsweise wird das kleine Molekül cAMP *(zyklisches Adenosinmonophosphat)* von vielen Peptidhormonen als sekundärer Botenstoff benutzt (Abb. 8.6). Es wird durch ein mit den Hormonrezeptoren verknüpftes Enzym aus ATP hergestellt. cAMP bindet an Enzymen und aktiviert sie. Enzyme von entscheidender Bedeutung sind Protein-Kinasen, die Phosphatgruppen an andere Proteine fügen. Diese chemische Gruppe verändert die Eigenschaften der Proteine tiefgreifend, weil sie ziemlich massig und negativ

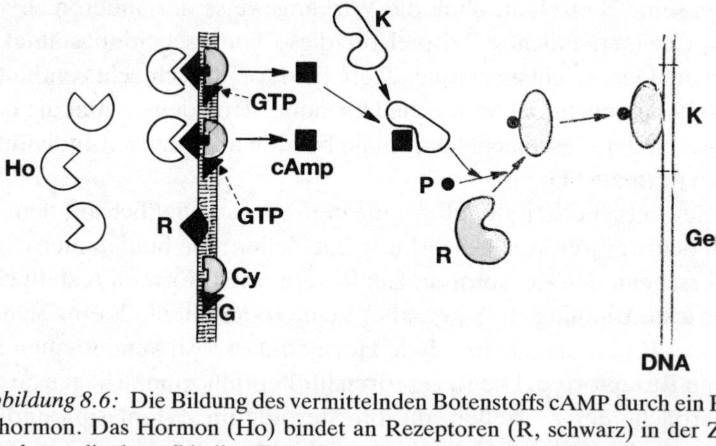

Abbildung 8.6: Die Bildung des vermittelnden Botenstoffs cAMP durch ein Peptidhormon. Das Hormon (Ho) bindet an Rezeptoren (R, schwarz) in der Zellmembran, die daraufhin ihre Form verändern. Der Hormon-Rezeptor-Komplex verbindet sich mit Cyclase (Cy, grau) und einem Protein (G), das GTP abbaut. Cy wird veranlaßt, cAMP herzustellen. Das cAMP verbindet sich mit einer Protein-Kinase (K) und aktiviert sie. Die aktivierte Kinase lagert Phosphatgruppen (P) an Regulatorproteine (R, grau) an, die ihre Form verändern und auf die Kontrollregion (K) eines Gens einwirken.

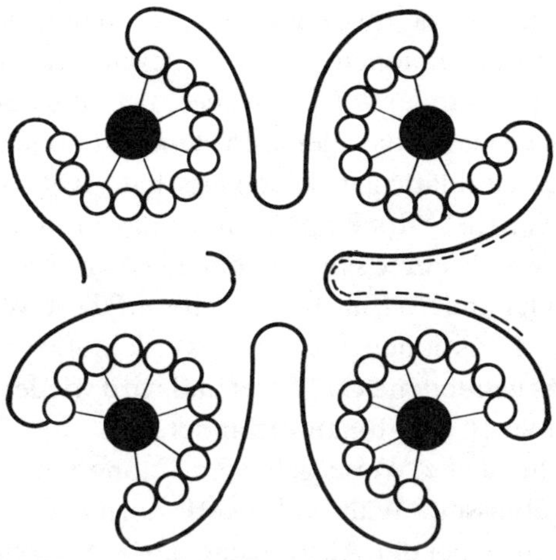

Abbildung 8.7: Das Calmodulin. Die Aminosäurekette ist durch eine Linie wiedergegeben, ausgenommen an den vier Stellen, wo sie Ca^{++} (schwarz) bindet. Dort ist sie durch die Reihen weißer Kreise dargestellt. Es ergibt sich die Form eines vierblättrigen Kleeblatts. In dieser Konformation können einige Teile des Proteins (gestrichelte Linien) an entsprechende Zielproteine binden.

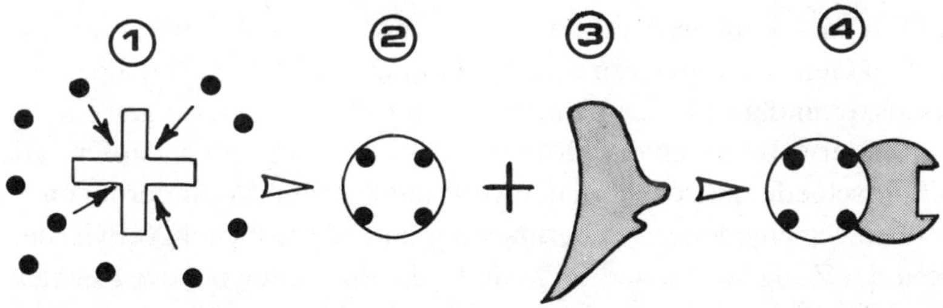

Abbildung 8.8: Calmodulin kann die Wirkung von Ca^{++}-Ionen als sekundäre Botenstoffe vermitteln. (1) Wenn die Konzentration von Ca^{++}-Ionen (schwarze Punkte) in der Zelle ein bestimmtes Maß überschreitet, binden sie an inaktives Calmodulin (hier als Kreuz dargestellt). (2) Das Calmodulin verändert seine Form und wird aktiv (als Kreis wiedergegeben). (3) Das Ziel für Calmodulin ist ein Enzym oder ein Regulatorprotein (grau). (4) Das Calmodulin und sein Zielprotein bilden einen Komplex, der direkt oder indirekt auf Gene einwirkt. Daraufhin gibt Calmodulin seine vier Ca^{++}-Ionen frei und nimmt wieder seine ursprüngliche, inaktive Gestalt an.

geladen ist. Einige der veränderten Proteine haben regulatorische Aufgaben. Durch diese Veränderungen modifiziert cAMP viele Zellaktivitäten; es bewirkt die Freisetzung von bereits hergestellten Produkten oder die Transkription zuvor inaktiver Gene.

Einige Peptidhormone verwenden als sekundären Botenstoff nicht cAMP, sondern Kalziumionen, indem sie deren Konzentration innerhalb der Zellen verändern. Ca^{++}-Ionen beeinflussen den Zellzustand, indem sie sich an das kleine Protein Calmodulin binden, das die Form eines vierblättrigen Kleeblatts hat (Abb. 8.7). Nach der Bindung von vier Ca^{++}-Ionen präsentiert das Protein eine Oberfläche, an die andere Proteine binden können (Abb. 8.8), etwa die Protein-Kinasen oder andere Enzyme, welche auf diese Weise zur Wahrnehmung ihrer Funktionen veranlaßt werden. Daraufhin gibt das Calmodulin das gebundene Ca^{++} frei und wird wieder inaktiv, bis es sich erneut mit vier Ca^{++}-Ionen verbindet.

Auf unterschiedliche Weise gelangen Calmodulin und cAMP zu ähnlichen Ergebnissen. Während cAMP normalerweise nicht vorhanden ist – weil es bei der Aktivierung des Zielenzyms jeweils verbraucht wurde – und nur gebildet wird, wenn es gebraucht wird, ist Calmodulin ständig vorhanden, allerdings in inaktivem Zustand. Durch Bindung von Ca^{++} wird es aktiv, und durch Freigabe der Ionen verliert es die Aktivität wieder.

Die Fähigkeit einer Zelle, auf ein Hormon charakteristisch zu reagieren, hängt von den Zellrezeptoren ab, die das Hormon erkennen, und dem sekundären Boten, der die für die Reaktion verantwortlichen Gene zu aktivieren vermag. Gibt man cAMP Zellen hinzu, die es als sekundären Boten benutzen, treten die Veränderungen ein, die normalerweise durch das Hormon selbst hervorgerufen werden. Die Unterschiede zwischen den cAMP-induzierten Veränderungen in Zellen verschiedener Art beruhen auf unterschiedlicher Aktivierbarkeit der Zellgene – eine Eigenschaft, die die Zellen bei der Entwicklung des Organismus erwerben.

Welche Rolle das Zusammenwirken des Hormons mit seinen Rezeptoren und des sekundären Boten mit bestimmten aktivierbaren Genen spielt, läßt sich durch folgenden Vergleich erhellen: Die Häuser einer Stadt entsprechen den verschiedenen Zellen; Zutritt verschafft man sich überall, indem man einen Schlüssel (ein Hormon) in ein Türschloß (den Rezeptor) steckt. In einigen Häusern öffnet der Schlüssel die Eingangstür, in anderen sorgt er dafür, daß die Garagentür aufgeht, oder neutralisiert ein Alarmsystem, in wieder anderen ruft er die Polizei herbei. Die Unterschiede beruhen auf der Beziehung zwischen dem Schloß (dem Rezeptor) und den Mechanismen, die den Zugang kontrollieren (den Genen). Das mit dem Schlüssel aktivierte Schloß kann einen elektrischen Strom (den sekundären Boten) in Fluß setzen, der über ein Leitungssystem auf die anderen Mechanismen (die Gene) einwirkt. In anderen Häusern setzt das Schloß Druckluft (einen anderen sekundären Boten) frei, der die Mechanismen (die Gene) durch ein Rohrsystem aktiviert. Wie sich die Einführung eines Schlüssels in ein Schloß auswirkt, hängt zunächst davon ab, ob die beiden zusammenpassen, und dann davon, wie das Schloß mit den übrigen Mechanismen verbunden ist. Diese Verbindung wurde beim Bau jedes Hauses festgelegt.

Was die Bereitschaft einer Zelle, auf ein bestimmtes Hormon zu reagieren, molekular gesehen bedeutet, ist nicht immer klar. Häufig lassen sich Gene mit der Fähigkeit, auf einen sekundären Boten zu reagieren, daran erkennen, daß ihr Chromatin eine offene Struktur hat und die DNA keine m-Gruppen aufweist (vgl. Kap. 4). Wahrscheinlich machen diese Veränderungen die DNA für Proteine zugänglich, welche die Genexpression nach Wechselwirkung mit dem sekundären Botenstoff regulieren.

Ein Beispiel für die komplexe Rolle des sekundären Botenstoffs bei der Wirkung eines Peptidhormons ist die Regulation der Freisetzung von Prolaktin durch die Zellen der Hypophyse (Prolaktin ist das die Milchbildung anregende Hormon). Dieses Beispiel zeigt auch, daß die Hormone bei ihren Anweisungen an die Zellen häufig mit Signalen des Nervensystems zusammenwirken. Ein Hypothalamushormon, das die Prolaktinbildung stimuliert, bindet an die Rezeptoren einer Klasse von Hypophysenzellen, die für die Prolaktinherstellung programmiert sind. Die Bindung löst die Synthese von cAMP als sekundärem Boten aus. Das cAMP veranlaßt die Transkription des Prolaktin-Gens. Eine gegensätzliche Wirkung geht von einem Hypothalamushormon aus, das die cAMP-Bildung hemmt, indem es an andere Rezeptoren der gleichen Hypophysenzellen bindet. Die prolaktinbildenden Zellen werden zusätzlich von einer dritten Substanz kontrolliert, dem Dopamin, einem Neurotransmitter, der von Nervenfasern freigesetzt wird (vgl. Kap. 17). Auch das Dopamin hemmt die cAMP-Bildung, indem es auf einen dritten Rezeptortyp an den prolaktinbildenden Zellen einwirkt. An der Herstellung des sekundären Boten (cAMP) ist also die Wirkung dreier verschiedener Signale beteiligt. Die cAMP-Konzentration in den Zellen gibt mithin ihr Verhältnis wieder, und das Prolaktin-Gen erkennt nur dieses Verhältnis.

Steroid- und Schilddrüsenhormone

Steroidhormone binden an Rezeptorproteine im Zytoplasma oder im Kern der Zellen, die auf sie ansprechen. Ist das Hormon nicht vorhanden, bilden die Moleküle des Rezeptorproteins Paare, die durch schwache Bindungen zwischen den lipophilen Oberflächen der beiden Moleküle zusammengehalten werden. Hormonmoleküle, die ihrerseits lipophil sind, können an diese Oberflächen binden und die Paare spalten, woraufhin jedes Hormonmolekül an ein Rezeptormolekül gebunden bleibt. Derartige Hormon-Rezeptor-Komplexe können aus dem Zytoplasma in den Kern wandern, am Chromatin binden und so die Transkription bestimmter Gene aktivieren. Das Schilddrüsenhormon dagegen erreicht den Zellkern auf direktem Weg, wo es sich mit dem Kernrezeptor, einem anderen Protein, verbindet. Auch in diesem Fall wirkt der Hormon-Rezeptor-Komplex mit dem Chromatin zusammen und aktiviert die Transkription von Genen. Für das Steroid- und das Schilddrüsenhormon ist der Hormon-Rezeptor-Komplex der sekundäre Bote. Wie im Fall der Peptidhormone werden die Gene, die nach Bindung an einen Hormon-Rezeptor-Komplex transkribiert werden, während ihrer Entwicklung auf diesen Vorgang vorbereitet. Das Chromatin dieser Gene weist ebenfalls eine lockere Struktur auf, und seine DNA besitzt weniger m-Gruppen.

Die Blockierung der Hormonwirkung

Autoregulation

Sobald ein Hormon an einen Rezeptor gebunden ist und seine Aufgabe erfüllt hat, muß seine Wirkung beendet werden, damit die Zelle in der Lage ist, rasch auf Veränderungen der eintreffenden Hormonkonzentrationen zu reagieren. Diese Beendigung erfolgt umgehend, weil Peptidhormone in einer Reihe von Reaktionsschritten zerstört werden, sobald sie ihre Schuldigkeit getan haben. Nach Freisetzung des sekundären Boten beginnt die Zelle den Rezeptor mit dem angelagerten Hormon auf dieselbe Weise zu verschlingen, wie sie ein Viruspartikel verschlingt, das an ihren Rezeptor gebunden ist (vgl. Kap. 2). Die Rezeptoren lösen sich mit den an sie geknüpften Hormonen von der Zellmembran und wandern als Vesikel frei durch das

Zytoplasma (Endosome). Die Hormonmoleküle werden an Lysosome übergeben, in denen sie zerstört werden. In einigen Fällen werden auch die Rezeptoren zerstört, in anderen werden sie wieder an die Zelloberfläche befördert. Zerstörte Rezeptoren werden durch neue ersetzt.

Die Aufnahme und anschließende Zerstörung des Rezeptors nach der Bindung des Hormons sind wichtige Schritte für die Regulierung der Wirkung eines Hormons auf eine Zelle. Zellen, die ständig von den Molekülen eines Hormons bombardiert werden, haben nach einiger Zeit die meisten Rezeptoren für dieses Hormon verloren, weil die Herstellung nicht mit der Zerstörung Schritt hält. Dadurch verringert sich die Fähigkeit der Zelle, auf das Hormon zu reagieren – man spricht dann von *Down-Regulation* oder *verminderter Empfindlichkeit*. Umgekehrt sammelt sich in Zellen, die einem Hormon eine Zeitlang nicht ausgesetzt sind, ein Überschuß an Rezeptoren, da diese ständig hergestellt werden. Diese Zellen sprechen stärker auf das Hormon an als normale Zellen – sie befinden sich in einem Zustand *erhöhter Empfindlichkeit*.

Die entgegengesetzten Verhaltensweisen der Zellen haben die gleiche regulatorische Funktion: Sie sollen nach Möglichkeit die Folgen eines Hormonüberschusses oder aber eines Hormonmangels ausgleichen. Unter Umständen tragen sie auch dazu bei, die Auswirkungen der extremen Konzentration des Wachstumshormons bei Mäusen mit einem klonierten Wachstumshormon-Gen in Grenzen zu halten.

Bestimmte medizinische Wirkstoffe binden an die Rezeptoren für ein Hormon, bewirken aber nicht deren Verschwinden. Sie sind zur Bindung an die Rezeptoren fähig, weil sie dem Hormon ähneln. Allerdings geht die Ähnlichkeit nicht so weit, daß sie die Freisetzung des sekundären Boten hervorrufen könnten. Sie lösen also nicht die normale Wirkung des Hormons aus. Substanzen dieser Art – sogenannte *Antagonisten* – verhindern die Bindung des regulären Hormons und blockieren damit seine Aktivität. Sie werden von manchen Organismen gebildet, um feindliche Organismen außer Gefecht zu setzen, oder von der pharmazeutischen Industrie zur Behandlung von Krankheiten hergestellt. Die Wirkung der Antagonisten zeigt, daß eine Substanz nur dann Veränderungen in der Zelle hervorrufen kann, wenn sie adäquat mit den Rezeptoren zusammenwirkt – bloße Bindung reicht nicht aus. Die Down-Regulation von Rezeptoren hängt offensichtlich von einem solchen adäquaten Zusammenwirken ab. Das ist weise eingerichtet: Substanzen, die nicht als Hormone wirken, dürfen auch nicht die Zahl der Rezeptoren regulieren.

Die Zellen eines Tieres enthalten stets eine angemessene Zahl von Rezeptoren für die Hormone, denen sie ausgesetzt sind. Die Down-Regulation wird durch eine Reihe aufeinander abgestimmter Faktoren verhindert: die Konzentration des Hormons, die Zahl seiner Rezeptoren, ihre Bindungsfähigkeit bezüglich des Hormons und das Tempo, mit dem die Rezeptor-Hormon-Komplexe abgebaut werden. In jeder Zelle entspricht die Verlustrate der Rezeptoren der Fähigkeit der Zelle, sie zu regenerieren.

Möglicherweise verwandt mit diesem Problem ist die *schubweise Freisetzung* (englisch *pulsating release*) mancher Hormone. Bei geschlechtsreifen Säugetieren wird das Hypothalamushormon, das die Keimdrüsen über die Hypophyse steuert, in Schüben von etwa stündlichen Abständen ausgeschüttet. Dieses Pulsieren ist von entscheidender Bedeutung für die normale Wirkungsweise des Hormons. Würde es nämlich kontinuierlich gebildet, dann hätte es nur wenig Wirkung. Die pulsierende Freisetzung beginnt in der Pubertät und führt zu der intensiven sexuellen Entwicklung, die in diesem Lebensabschnitt stattfindet. Sorgt man beim ausgewachsenen Tier durch künstliche Verabreichung für eine fortgesetzte hohe Konzentration, verlieren die Hypophysezellen rasch ihre Reaktionsfähigkeit: Sie stellen die Produktion der Hormone ein, die die Eierstöcke stimulieren, so daß das Tier unfruchtbar wird. Das Gegenteil ist gelegentlich bei einigen Mädchen im Kindesalter zu beobachten, bei denen aus unbekannten Gründen eine solche pulsierende Bildung des Hormons einsetzt – das Genitalsystem gelangt zur Reife, und die Menstruation beginnt. Die Störung kann durch Einnahme eines sehr aktiven, synthetisch hergestellten Derivats des Hormons behoben werden. Es wirkt wahrscheinlich durch Down-Regulation der Rezeptoren. Wie es zu diesem Pulsieren kommt, wissen wir nicht. Vielleicht ist es ein Mechanismus, der die Down-Regulation der Rezeptoren verhindern soll, doch ist das eine Hypothese, die noch nicht durch Experimente bestätigt werden konnte.

Externe Regulation von Rezeptoren

Die Selbstregulation von Rezeptoren, bei der das Hormon die Zahl seiner Rezeptoren eigenständig bestimmt, ist nur eine Form der Regulation. Ihre Zahl kann auch – mit nachhaltigen Folgen – durch andere Hormone und andere Faktoren verändert werden. Ein Beispiel ist die Veränderung der Zahl der Oxytocinrezeptoren im Muskel der Gebärmutter von Ratten während der Trächtigkeit. Oxytocin ist eines der beiden Hypothalamushormone, die im Hypophysenhinterlappen ins Blut abgegeben werden. Es bewirkt die Kontraktionen der Gebärmutter. Unmittelbar vor den Wehen nimmt die Zahl der Rezeptoren für das Hormon in den Muskeln der Gebärmutter beträchtlich zu. Dadurch setzen die Gebärmutterkontraktionen ein, obwohl nicht mehr Oxytocin gebildet wird als zuvor. Auch in den Brustdrüsen, wo das Hormon die Milchsekretion anregt, nimmt die Zahl der Oxytocinrezeptoren zu, wenn auch in geringerem Maß. In der Gebärmutter wie in den Brustdrüsen entsprechen die Veränderungen der Rezeptorzahl exakt den funktionalen Erfordernissen.

Weit komplizierter ist die Rezeptorregulation bei der zyklischen Freisetzung der reifen Eizelle durch die Eierstöcke weiblicher Tiere (vgl. Kap. 9). Untersuchungen an Ratten haben gezeigt, daß die Eizelle, umgeben von Nährzellen, in einem Follikel reift (Abb. 8.9). Solange die Eizelle noch nicht reif ist, haben die Nährzellen Rezeptoren für das follikelstimulierende Hormon (FSH) der Hypophyse. Unter seiner Einwirkung vermehren sie sich und bilden das Östrogen, ein weibliches Steroidhormon (Abb. 8.9: 1). Sie beginnen auch, Rezeptoren für ein anderes Hypophysenhormon herzustellen, das luteinisierende Hormon (LH) (Abb. 8.9: 2). Dergestalt können sie auf einen Schub von LH-Bildung in der Hypophyse durch Absonderung einer Flüssigkeit in den Follikel reagieren. Der Follikel springt, und die Eizelle wird in den Eileiter freigesetzt (Eisprung), wo sie befruchtet werden kann (Abb. 8.9: 3). Nach Freisetzung der Eizelle zeigen sich an der Oberfläche der Nährzellen Rezeptoren eines neuen Typs: die Prolaktinrezeptoren (Abb. 8.9: 4). Durch die gemeinsame Wirkung von Prolaktin und LH verwandeln sich die Nährzellen in Gelbkörperzellen, die das Progesteron, ein anderes weibliches Hormon, bilden. Damit kann der nächste Menstruationszyklus beginnen.

Allerdings ändert sich das Szenarium, wenn auf den Eisprung eine Schwangerschaft folgt. Die Prolaktinherstellung in der Hypophyse nimmt deutlich zu, während prolaktin- und progesteronähnliche Hormone im Embryo gebildet werden. Die starke Konzentrationszunahme dieser Hormone im Blut hemmt den Menstruationszyklus. Die Hemmung dauert auch während der Laktation und des Stillens an, weil in dieser Zeit Nervensignale, die von den stimulierten Brustwarzen ausgehen, für eine Beibehaltung der erhöhten Prolaktinbil-

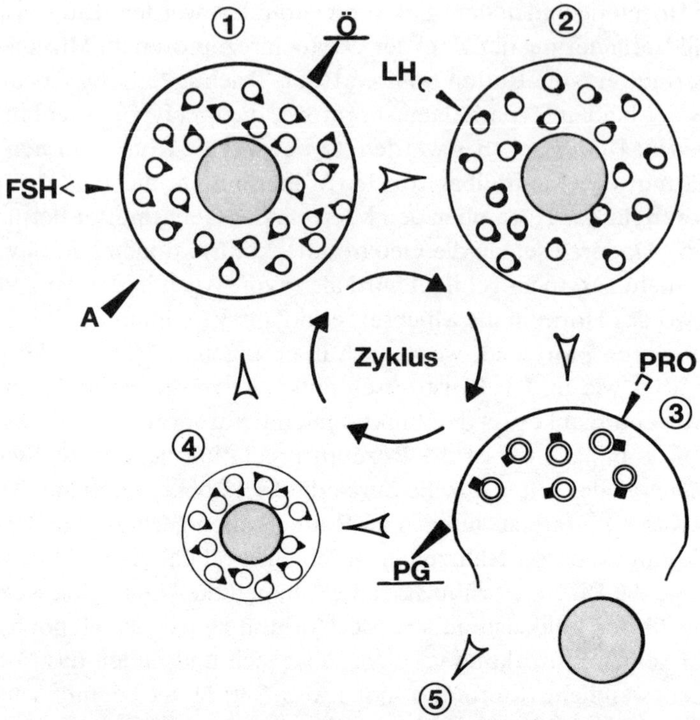

Abbildung 8.9: Die Hormonregulation des Follikelzyklus im Eierstock. (1) Der Follikel ist dargestellt durch die große Eizelle (grau), die von kleinen Nährzellen umgeben und von einer Membran (dicke Linie) umschlossen ist. FSH-Rezeptoren erscheinen hier als schwarze Dreiecke. A = Androgen (von anderen Zellen gebildet), das von den Nährzellen in Östrogen (Ö) umgewandelt wird. (2) LH-Rezeptoren (hier als schwarze Halbkreise). (3) Prolaktinrezeptoren (PRO, hier als schwarze Quadrate). Die Zellen verwandeln sich in Gelbkörperzellen (doppelte Umrißlinie), die Progesteron (PG) bilden. (4) Der Anfang eines neuen Zyklus: Eizelle und Follikel sind klein. (5) Wenn die Eizelle befruchtet wird, bleiben die Zellen als Gelbkörperzellen erhalten.

dung sorgen. Erst nach dem Abstillen geht die Prolaktinbildung so weit zurück, daß ein neuer Menstruationszyklus beginnen kann. Diese natürliche Methode der Empfängnisverhütung, die es der Mutter erlaubt, alle Kräfte auf das Neugeborene zu konzentrieren, geht verloren, wenn das Kind mit der Flasche gefüttert wird.

Eine interessante Spielart dieser Verhütungsmethode ist beim Tamar-Wallaby, einem australischen Beuteltier, zu beobachten. Ende Januar (im dortigen Hochsommer) gebiert das Weibchen, das kleine Wallaby kriecht in den Beutel und beginnt zu saugen. Am folgenden

Tag paart sich das Weibchen – bei dieser Art wird der Zyklus nicht durch eine Schwangerschaft gehemmt. Eine Eizelle wird befruchtet und wächst ein paar Tage lang. Doch dann kommt das Wachstum zur Ruhe, weil eine hohe Prolaktinkonzentration die Progesteronbildung verhindert. Den ganzen Winter über sorgt das saugende Junge im Beutel für eine entsprechend hohe Konzentration. Im Frühjahr wird das Junge zwar entwöhnt, aber der Embryo bleibt noch in seiner Ruhephase; jetzt bewirkt ein Hormon der Zirbeldrüse, daß die Prolaktinbildung fortdauert. Die Tätigkeit der Zirbeldrüse klingt nach der (Süd-)Sommersonnenwende im Dezember ab. Wenn die Tage kürzer werden, nimmt der Embryo sein Wachstum wieder auf und wird Ende Januar geboren. (Es sei daran erinnert, daß Beuteltiere eine kurze Tragezeit haben, weil die fötale Entwicklung größtenteils im Beutel stattfindet.) Der Sinn dieser komplizierten Regulation liegt auf der Hand: Das jeweils vorangehende Junge soll zum günstigsten Zeitpunkt, am Anfang der Vegetationsperiode, den Beutel verlassen.

Gelegentliche Nebenwirkungen der Hormone

Da Hormone sehr leistungsfähige Wirkstoffe sind, können sie in übermäßigen Konzentrationen natürlich auch Schaden anrichten. Ein Beispiel ist das Schilddrüsenhormon, das in zu großen Mengen charakteristische Vergiftungserscheinungen hervorruft – Hyperaktivität, Atemnot, Tremor und Pulsjagen. Ein weiteres Beispiel ist DES (Diethylstilboestrol), eine Substanz, die von der chemischen Industrie hergestellt wird und die gleiche Wirkung hat wie Östrogen, obwohl es sich chemisch unterscheidet. DES bindet sehr stark an die Östrogenrezeptoren und ruft entsprechende Zellveränderungen hervor. Eine Zeitlang wurde DES in der Landwirtschaft dazu benutzt, das Gewicht von Kälbern zu erhöhen, wodurch man erhebliche wirtschaftliche Gewinne erzielte. Schwere Komplikationen traten auf, als man schwangeren Frauen zur Vorbeugung gegen Fehlgeburten große Dosen DES verabreichte. Weibliche Föten zeigten daraufhin eine abnorme Entwicklung der Vagina, die während der Adoleszenz zu Krebs führte – die übermäßige Anwendung des Hormons veränderte die Entwicklung des Organs mit Krebs als Spätfolge. Sobald man diese Wirkung erkannt hatte, verzichtete man auf die Anwendung von DES in der Medizin, und auch sein Einsatz in der Tierzucht wurde von den meisten Regierungen verboten.

Andererseits führen Hormonmängel zu vielen Erkrankungen des Menschen, wobei zwei Mechanismen verantwortlich sein können: entweder verminderte Bildung des Hormons oder Unzulänglichkeit seiner Rezeptoren. So kann die Zuckerkrankheit beispielsweise die eine oder die andere Ursache haben, und es ist wichtig, den verantwortlichen Mechanismus zu entdecken, weil sich danach die Behandlung richtet. Einem Insulinmangel läßt sich durch die Verabreichung von Insulin entgegenwirken, nicht aber einem Mangel an Rezeptoren. Im letzten Fall würde eine Insulinbehandlung die Situation sogar noch verschlimmern, weil die Zahl der Rezeptoren durch Down-Regulation noch weiter vermindert würde. Hier muß vielmehr durch andere Hormone oder Medikamente die Rezeptorbildung angeregt werden.

Bei Erwachsenen werden die Insulinrezeptoren häufig durch körpereigene Abwehrproteine (Antikörper) angegriffen, die eine ungewöhnliche Spezifität besitzen; man spricht in diesem Fall von einer Autoimmunkrankheit (vgl. Kap. 14). Die Antikörper blockieren oder schädigen die Oberflächenrezeptoren aller Körperzellen. In manchen Fällen haben die Antikörper den gegenteiligen Effekt: Sie stimulieren die Rezeptoren. So bei einer Autoimmunkrankheit, in deren Verlauf Antikörper für die TSH-Rezeptoren an der Oberfläche der Schilddrüsenzellen gebildet werden. TSH ist das Hypophysenhormon, welches die Schilddrüsenzellen zur Bildung des Schilddrüsenhormons veranlaßt. Die Antikörper binden genauso wie das TSH an die Rezeptoren und veranlassen die Zellen zur Herstellung des Schilddrüsenhormons. Diese Überschußproduktion hat toxische Effekte. Gelegentlich zeigen auch die Antikörper der Insulinrezeptoren eine vorübergehende insulinartige Wirkung, doch wird diese rasch durch Down-Regulation der Rezeptoren aufgehoben. Allerdings können nur in seltenen Fällen Antikörper die Wirkung eines Hormons nachahmen; meist treten sie in der Rolle von Antagonisten auf und blockieren die Wirkung eines bestimmten Hormons. Die Folgen hängen davon ab, wo genau ein Antikörper an den Rezeptor bindet. Meist geschieht dies an einem Teil, der nicht direkt mit dem Rezeptor zusammenwirkt. Die betreffenden Antikörper ahmen nicht die Wirkung des Hormons nach, sondern blockieren seinen Zugang zum Rezeptor.

KAPITEL 9
Sexualität: ♀ und ♂

Selbstreplikation ist ein häufiger Vorgang in der Natur. Viruspartikel, Bakterienzellen und die *Zellen* höherer Organismen können sich alle selbständig vermehren, ohne dazu mit anderen Zellen oder Organismen zusammenwirken zu müssen. Doch die Vermehrung der höheren Organismen selbst – gleichgültig, ob Tier oder Pflanze – bedarf des Zusammenwirkens zweier Individuen in einem Geschlechtsakt. Warum hat die DNA die Autonomie des singulären Genoms aufgegeben? Warum verpflichtet sie zwei Genome zur Paarung? Der Grund hierfür kann nicht sein, daß bei höheren Organismen eine einzige Keimzelle auf keinen Fall zur Replikation fähig wäre: Bei einigen einfacheren Arten – Bienen, Blattläusen oder sogar Eidechsen – kann eine Keimzelle allein einen ganzen Organismus ohne Befruchtung hervorbringen (*Parthenogenese, Jungfernzeugung*). Ferner haben viele Organismen die Wahl zwischen geschlechtlicher oder ungeschlechtlicher Fortpflanzung. Doch auch für diese Organismen ist die geschlechtliche Fortpflanzung von Zeit zu Zeit lebenswichtig, und insgesamt hat sie ein sehr deutliches Übergewicht in der biologischen Welt. Sie muß also für die Lebewesen, die sich ihrer bedienen, entscheidende Vorteile haben. Mit ihnen wollen wir uns auf den nächsten Seiten beschäftigen.

Doch die Sexualität hat auch viele Probleme geschaffen. Die geschlechtliche Fortpflanzung ist sehr komplex und auf die Funktion vieler Gene und damit auf ein beträchtliches Maß an Information und Energie angewiesen. Die komplizierte Entwicklung der zahlreichen Organe und Strukturen, die für die geschlechtliche Fortpflanzung erforderlich sind, kann leicht durch eine Funktionsstörung der Gene oder eine Fehlinterpretation der zwischen den Zellen ausgetauschten Signale beeinträchtigt werden. Infolgedessen sind die Rollen der Geschlechter nicht sehr klar abgegrenzt, manchmal sind sie sogar offensichtlich flexibel. In den folgenden Kapiteln werden wir viele Beispiele dafür kennenlernen. Flexibilität kann Probleme hervorrufen, sie kann sich aber auch positiv auswirken, vor allem für Lebewesen, die in sehr veränderlichen Umgebungen leben. Diese haben dann nämlich die Möglichkeit, je nach den Umständen zwischen geschlechtlicher und ungeschlechtlicher Fortpflanzung zu wählen oder das Geschlecht zu wechseln. Häufig ist Flexibilität jedoch nicht von Nutzen. Wahrscheinlich ist sie kein zweckdienlicher Bestandteil der Sexualität, sondern eine zufällige Folge, die sich aus der Kompliziertheit der beteiligten Mechanismen ergibt.

Verschiedene Formen der Sexualität

Die sexuelle DNA

Nach menschlichen Begriffen bedeutet Sexualität: Unterscheidung zwischen Männern und Frauen und der Prozeß, in dessen Verlauf durch den Geschlechtsverkehr neue Individuen geschaffen werden. Biologisch betrachtet ist die Sexualität jedoch eine grundlegende Eigenschaft der DNA – die Fähigkeit der DNA-Moleküle, Teile auszutauschen und von Zelle zu Zelle zu wandern. Die sexuellen Aktivitäten komplexer Organismen sind nur die Mittel zur Vermischung ihrer jeweiligen DNA.

Wie soll man sich die Sexualität in einzelnen DNA-Molekülen vorstellen, etwa in den Genomen von Viren oder Bakterien? In solchen Lebewesen kommt Sexualität nur gelegentlich zum Ausdruck. Ein Virus kann sich viele Generationen lang ohne Geschlechtsakt fortpflanzen. Wenn aber zwei Viren derselben Art in dieselbe Zelle eindringen, können ihre DNAs Teile durch Rekombination austauschen. Das ist der Geschlechtsverkehr von Viren, auch wenn ihm die Merkmale fehlen, die wir gemeinhin mit Sexualität verbinden – zum Beispiel die Begegnung von Männchen und Weibchen. Zwar verfügen die beiden Viren über Sexualität, aber sie haben kein Geschlecht. Sie sind völlig gleichartig und übernehmen identische Rollen im Geschlechtsverkehr. Trotzdem unterscheidet sich ihre Sexualität nicht von derjenigen der Pflanzen oder Tiere.

Auch die Bakterien kommen bei ihrer Fortpflanzung meist ohne Sexualität aus. In den meisten Fällen stammt ein Bakterium von einer einzigen Mutterzelle ab. Die Eintönigkeit der ungeschlechtlichen Fortpflanzung wird jedoch durch ungebetene Gäste unterbrochen – die Plasmide, jene kleinen DNA-Moleküle, die in Bakterien existieren (vgl. Kap. 4). Plasmide sind ruhelose Gesellen, die häufig über brückenartige Verbindungen während der sogenannten Konjugation zwischen Bakterien hin- und herwandern. Später trennen sich die beteiligten Bakterien wieder. Wäre die Bakterienkonjugation damit beendet, könnte von einem Geschlechtsakt noch nicht die Rede sein. Sexuell wird der Vorgang erst, wenn das Plasmid die DNA des von ihm bewohnten Bakteriums mit sich führt. Die mitgeführte DNA wird mit der DNA des anderen Wirtsbakteriums rekombiniert, so daß eine neue Genzusammenstellung entsteht. Auf diese Weise wird die Konjugation von Bakterien zur Paarung.

Mit Hilfe von Sexualität hat die DNA die ganze Vielfalt der Organismen entwickelt, die es heute gibt. Sexualität ist die Basis, auf der die Evolution der verantwortungsbewußten DNA und der von dieser hervorgebrachten Organismen stattgefunden hat. Im Lauf der Evolution wurden hier DNA-Stücke zusammengefügt und dort andere auf verschiedenste Organismen verteilt, so daß die Sequenzen ständig umgeordnet worden sind (vgl. Kap. 20).

Das Auftreten der Geschlechter

Bei der Paarung von Bakterien übernehmen die beiden Partner verschiedene Rollen, denn das eine Bakterium übergibt sein genetisches Material dem anderen. Das gebende Bakterium (welches das Plasmid enthält) agiert als Männchen, das empfangende Bakterium als Weibchen. Bei dieser primitiven Geschlechtsdifferenzierung ist der sexuelle Unterschied den Bakterien nicht inhärent, sondern ergibt sich aus der An- oder Abwesenheit des Plasmids; beim nächsten Mal kann es also schon umgekehrt sein. Der nächste Schritt zu unserer klassischen Vorstellung von Sexualität ist die Übernahme eines regulären Paarungsverhaltens durch die beteiligten Individuen. Viele Einzeller paaren sich zumindest in bestimmten Abschnitten ihres Lebenszyklus. Zu ihnen gehören die Schimmelpilze – beispielsweise die Hefe, die der Bäcker zum Brotbacken verwendet.

Eine Zelle sprossender Hefe pflanzt sich gewöhnlich ungeschlechtlich fort. An der Oberfläche bildet sich eine kleine Sprossung, wächst und entwickelt sich zu einer neuen Zelle, die sich von der Mutterzelle ablöst. Doch von Zeit zu Zeit paaren sich auch zwei Zellen, was im Fall der Hefe bedeutet, daß die beiden Zellen miteinander verschmelzen und eine neue Zelle bilden, wobei sie ihre Gene kombinieren. Die sich paarenden Zellen sehen völlig gleich aus, unterscheiden sich aber chemisch. Bei der Hefe können sich *nur* Zellen mit unterschiedlicher chemischer Struktur paaren. Mit der Festlegung dieser chemischen Struktur entscheiden die Gene zugleich, zu welcher der beiden Paarungstypen eine Zelle gehört. Die Zellen beider Paarungstypen bilden ein kleines Protein, das Zellen des anderen Typs zur Paarung veranlaßt. Die beiden Zellen, die sich paaren, stammen in der Regel von verschiedenen Eltern ab, was eine Durchmischung der Gene garantiert. Bei anderen Schimmelpilzen paaren sich nicht alle Zellen, sondern nur spezielle, die *Gameten*. Diese Organismen zeigen eine eindeutige Geschlechtsdifferenzierung in männliche und weibliche Individuen.

Diploide Zellen und Gameten

Wenn bei der geschlechtlichen Fortpflanzung zwei Zellen miteinander verschmelzen, weist ihr Produkt zweimal soviel DNA und zweimal so viele Gene und Chromosomen wie die Ursprungszellen auf. Diese Verdoppelung kann sich jedoch nicht unbegrenzt fortsetzen, weil die Individuen einer Art immer eine bestimmte Menge DNA und eine festgelegte Zahl von Chromosomen pro Zelle aufweisen. Organismen, die sich geschlechtlich fortpflanzen, umgehen diese Schwierigkeit durch einen Mechanismus, der sich bei der sprossenden Hefe leicht beobachten läßt. Hefe, die sich ungeschlechtlich fortpflanzt, besitzt häufig nur eine einzige Kopie von jedem Gen und jedem Chromosom ihrer Zellen – sie ist haploid –, während Hefe, die durch Zellverschmelzung entsteht, von jedem Gen und Chromosom zwei Kopien hat – sie ist diploid. Von Zeit zu Zeit bringt diploide Hefe haploide Zellen hervor. Dies geschieht mittels eines komplizierten Prozesses, der *Meiose* oder Reduktionsteilung, bei der die Chromosomen der diploiden Zelle nur einmal repliziert werden, während sich die Zelle zweimal teilt. Jede Zelle, die aus diesem Prozeß hervorgeht, ist damit haploid. Während der Reduktionsteilung paaren sich die homologen Chromosomen – das heißt, sie ordnen sich genau Seite an Seite an – und werden rekombiniert (Abb. 9.1).

So wechselt die Hefe ständig zwischen haploidem und diploidem Zustand, wie alle Lebewesen von gleicher oder größerer Komplexität. Bei den Tieren und den meisten Pflanzen wird der Körper von diploiden Zellen gebildet, während die Gameten haploid sind. Einige niedere Pflanzen – Moose beispielsweise – bilden eine Ausnahme: Haploide Zellen bauen den größten Teil der Pflanzen auf, während diploide Zellen in kleinen Anhangsgebilden wachsen. Bei Tieren bilden Gameten die Eizelle und das Spermium. In Pflanzen verbinden sich die Gameten mit anderen haploiden Zellen zum Pollen und zu den Fruchtblättern. Viele Pilze – etwa Champignons – sind vorwiegend haploid. Wenn eine diploide Zelle durch die Verschmelzung zweier haploider Zellen entsteht, teilt sie sich sofort in zwei haploide Zellen auf.

Die Bedeutung der geschlechtlichen Fortpflanzung

Entscheidend an der geschlechtlichen Fortpflanzung ist nicht die Bildung einer Population diploider Zellen, sondern die Durchmischung der Gene. Dies geschieht bei der Reduktionsteilung, wenn aus diploiden wieder haploide Zellen (meist als Gameten) gebildet werden. In den diploiden Zellen stammen die Partner eines homologen Chromosomenpaares – und damit auch Genpaares – von verschiedenen Eltern ab. Diese Zelle ist damit einer Zelle vergleichbar, die von zwei Viren infiziert worden ist oder in die ein Plasmid die DNA eines anderen Bakteriums geschleust hat. Beim Reduktionsschritt wird ein Chromosom jeden Paares zufällig auf die beiden haploiden Tochterzellen verteilt. Die Chromosomen selbst tauschen Teile durch Rekombination aus. Damit stellen die Gene dieser Tochterzellen neue Kombinationen dar.

Die Reduktionsteilung kann unmittelbar nach der Bildung einer diploiden Zelle stattfinden oder lange Zeit, nachdem sie sich wiederholt vermehrt hat. Beim Menschen tritt sie beispielsweise erst Monate oder Jahre nach Bildung der ursprünglichen diploiden Zelle – der befruchteten Eizelle – ein.

Maßnahmen gegen sexuelle Autarkie

Die Weibchen einiger Tierarten – Ameisen, Bienen, Blattläuse – sind sexuell autark: Sie können sich ohne Paarung fortpflanzen (Parthenogenese). Am Anfang ihrer Entwicklung verdoppeln die haploiden Eizellen ihre Chromosomenzahl, so daß die Tiere, die sich aus ihnen entwickeln, die normalen diploiden Zellen haben. Allerdings sind alle homologen Gene identisch, und das ist der Grund, warum Parthenogenese nicht häufiger vorkommt. Ihre Einfachheit scheint ein Vorteil zu sein, doch sie hat ganz offensichtlich auch Nachteile.

Zumindest potentiell autark sind ferner Lebewesen, die sowohl Eizellen als auch Spermien herstellen: die *Hermaphroditen*. Viele primitive Tiere, die fest an ihrem Untergrund haften (Austern etwa oder Seeigel) oder sich nur sehr wenig herumbewegen (zum Beispiel Re-

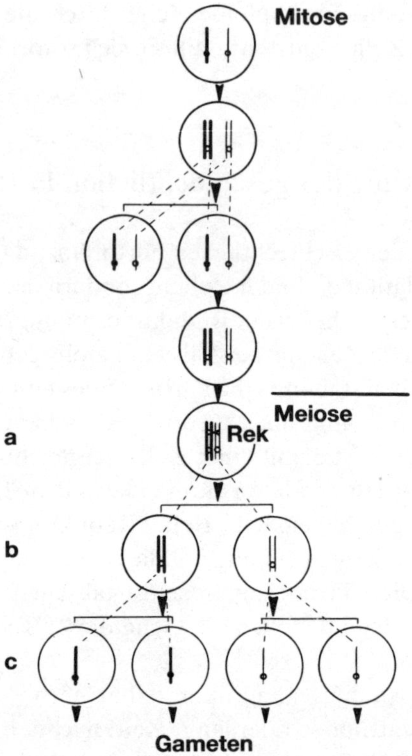

Abbildung 9.1: Ein Vergleich zwischen Mitose und Meiose. Die Mitose (Zellteilung) findet während des Lebens eines Organismus wiederholt statt und folgt stets auf die DNA-Replikation. Zur Meiose (Reduktionsteilung) kommt es nur bei der Bildung von Gameten. Bei der Mitose bleiben die homologen Chromosomen getrennt. Dagegen beginnt die Meiose mit der Paarung der beiden homologen Chromosomen, zwischen denen die Rekombination (Rek) stattfindet. Dann werden die vier Chromatiden in zwei aufeinanderfolgenden Zellteilungen ohne DNA-Replikation auf vier verschiedene Gameten verteilt.

genwürmer), sind Hermaphroditen. Der grundsätzliche Nutzen für diese räumlich voneinander isolierten Individuen liegt natürlich darin, daß sie sich durch Selbstbefruchtung fortpflanzen können. (Vermutlich aus demselben Grund sind auch viele Pflanzen Hermaphroditen.) Doch ausgeklügelte Mechanismen erschweren es ihnen, ihre Eizellen mit den eigenen Samenzellen zu befruchten. Die Vorkehrungen sind ganz verschieden: Austern wechseln beispielsweise periodisch von der männlichen zur weiblichen Form, so daß ein Individuum zu einem gegebenen Zeitpunkt entweder Eizellen oder Spermien herstellt, gewöhnlich aber nicht beides zur gleichen Zeit. Seesterne und Seeigel, die in sehr großen Kolonien zusammenleben, haben eine andere Strategie: Jedes Tier sammelt seine Eizellen und Spermien im Körperinneren in getrennten Taschen und gibt sie gleichzeitig frei. Mit seinen Gameten sondert das Tier zugleich einen chemischen Stoff ab, der auf benachbarte Tiere als Signal wirkt, ihre Gameten ebenfalls freizusetzen. Auf diese Weise werden Gameten, die von vielen Individuen gebildet worden sind, fast gleichzeitig freigesetzt, und da sie von der Wasserströmung vermischt werden, ist eine Selbstbefruchtung sehr unwahrscheinlich.

Auch hermaphroditische Pflanzen kennen raffinierte Vorrichtungen zur Verhinderung von Selbstbefruchtung. Bei manchen Arten gelangen männliche und weibliche Gameten zu verschiedenen Zeiten zur Reife, so daß die Gameten der beiden Geschlechter niemals gleichzeitig auf ein und derselben Pflanze vorkommen. Bei anderen Arten sind auf einer Pflanze die männlichen Organe vorherrschend, auf einer anderen die weiblichen, so daß das bestäubende Insekt den Pollen der einen Pflanze aufnimmt und es am weiblichen Organ der anderen abstreift. Eine weitere Möglichkeit ist chemische Unverträglichkeit mit sich selbst (ähnlich der Unverträglichkeit gleicher Paarungstypen bei Hefe): Der Pollen einer Pflanze kann nicht in das weibliche Organ derselben Pflanze eindringen. Dies ist nur bei Pflanzen möglich, die Gene enthalten, welche für eine jeweils andere Selbstunverträglichkeit codieren.

Alle diese Maßnahmen, die Autarkie entweder in der Form von Parthenogenese oder von Selbstbefruchtung verhindern sollen, verfolgen dasselbe Ziel, nämlich die Bildung diploider Zellen mit Paaren identischer Gene zu verhindern. Die Verschmelzung zweier Gameten verschiedenen Ursprungs, die für eine Durchmischung der Gene sorgen, ist von alles entscheidender Bedeutung. Welcher Wert den sexuellen Austauschprozessen in der Natur beigelegt wird, zeigt sich auch an der Stellung, die dem Befruchtungsprodukt – der befruchteten Eizelle – eingeräumt wird. Viele Tiere oder Pflanzen, die sich ungeschlechtlich vermehren können, bringen befruchtete Eizellen hervor, wenn die Lebensbedingungen schlechter werden und das Überleben der Individuen nicht gesichert zu sein scheint. So pflanzt sich der Wasserfloh, ein kleines Insekt, den Sommer über ungeschlechtlich fort, bringt aber befruchtete Eizellen hervor, sobald der Winter naht. Im Gegensatz zu den Wasserflöhen selbst überleben die Eizellen während der kalten Monate. Entsprechend können Pflanzensamen, die am Anfang ihrer Entwicklung Embryos sind, Trockenheit, lange Lagerzeiten und extreme Wetterbedingungen überdauern. In beiden Fällen verfügen die befruchteten Eizellen (vor allem Samen) über Schutzschichten und andere Eigenschaften, die ihnen eine hohe Überlebensfähigkeit verleihen. Da den übrigen Körperzellen solche Eigenschaften fehlen, wird dem Befruchtungsprodukt also offenbar besonderer Wert eingeräumt.

Der Einfluß schädlicher Gene

Die Mechanismen gegen sexuelle Autarkie könnten mit dem Vorkommen veränderter Gene zu tun haben. Wenn in einem diploiden Organismus eines der Gene eines Paares verändert wird, sind die Folgen nicht unbedingt nachteilig, weil das andere Gen dieses Paares das erforderliche Produkt noch liefern kann. Doch in einem sexuell autarken Organismus kann sich ein verändertes Gen schädlich auf die Nachkommenschaft auswirken. Ein Defekt, der durch ein verändertes Gen verursacht wird, tritt in der Nachkommenschaft eines parthenogenetischen Organismus sofort zutage: Beide Kopien des Gens sind modifiziert. In einem selbstbefruchtenden Organismus kommen zwei Kopien eines veränderten Gens bei 25 Prozent der Nachkommen zusammen, weil die Hälfte der Gameten das veränderte Gen enthält und jeder veränderte Gamet eine fünfzigprozentige Chance hat, mit einem weiteren veränderten Gameten zu verschmelzen. In beiden Fällen von Autarkie bewirkt ein verändertes Gen einen hohen Prozentsatz kranker Nachkommen, und das ist selbstverständlich nachteilig für die Art. Dagegen können Organismen, die sich durch Kreuzbefruchtung fortpflanzen, veränderte Gene ohne weiteres verkraften, weil selten das gleiche Gen bei beiden sich paarenden Organismen verändert ist.

Doch nichts besitzt universelle Gültigkeit in der biologischen Welt. Das zeigt sich wieder einmal, wenn wir die obige Schlußfolgerung auf Pflanzen übertragen wollen. Man sollte meinen, daß auch hier die Kreuzbefruchtung der Selbstbefruchtung vorgezogen wird, was aber nicht in allen Fällen zutrifft.

Auf der einen Seite ist Mais ein gutes Beispiel für den Wert der Kreuzbefruchtung. Wenn diese Pflanze jahrelang in Selbstbefruchtung gezogen wird, nimmt ihre Vitalität deutlich ab, weil sich die Paare von veränderten Genen häufen. Sofern die Pflanze zwei verschiedene Formen eines Gens in allen oder den meisten Pflanzen hat, sind dadurch auch leichte Vorteile möglich. Dieser in der Landwirtschaft verwendete Mais ist hybrid und wird durch Kreuzbefruchtung gezogen. Er hat eine sogenannte hybride Vitalität.

Auf der anderen Seite können viele Pflanzenarten – denken wir an Weizen – regelmäßig in Selbstbefruchtung angebaut werden. Liegt das daran, daß sie keine veränderten Gene haben? Um diese Frage beantworten zu können, müssen wir uns klarmachen, daß die Beziehung zwischen Kreuzbefruchtung und veränderten Genen auf zweierlei Weise zustande gekommen sein kann. Einmal kann sich die Kreuzbefruchtung im Lauf der Evolution als Reaktion auf die Anwesenheit veränderter Gene entwickelt haben, um deren schädliche Auswirkungen zu verhindern. Selbstbefruchtung wäre dann nur in Pflanzen möglich, die keine solchen Gene besitzen. Unklar wäre jedoch, warum sich die geschädigten Gene in diesen Pflanzen nicht häufen sollten, denn Genveränderungen sind unvermeidlich. Die andere Möglichkeit wäre, daß einige Arten aus Gründen, die mit der Häufung geschädigter Gene nichts zu tun haben, zur Selbstbefruchtung neigen, während andere es nicht tun. Mithin könnten veränderte Gene in Pflanzen akkumulieren, welche die Selbstbefruchtung weitgehend verhindern, nicht aber in denjenigen, welche sie zulassen. Bei selbstbefruchtenden Pflanzen würde nämlich das Auftreten eines veränderten Gens das Aussterben dieses Schlages nach sich ziehen. Wir können es nicht mit Sicherheit wissen, nehmen aber an, daß letztere Erklärung zutrifft. Zu berücksichtigen ist auch, daß Nutzpflanzen, die vom Menschen gezüchtet und angebaut werden, nicht unbedingt denselben Regeln folgen müssen wie wild wachsende Pflanzen, die härteren Selektionsbedingungen ausgesetzt sind. Das Verhalten von Weizen widerspricht also nicht *unbedingt* dem, was über die Nachteile der Selbstbefruchtung gesagt wurde.

Die genetische Kontrolle der Sexualität

Viele Gene für die Sexualität

Der grundlegende Vorgang der Sexualität – der Austausch von Teilen der DNA – erfordert die Beteiligung vieler, manchmal sehr vieler Gene. In seiner einfachsten Form benötigt er für die Rekombination nur spezielle Enzyme und andere Proteine, doch in höheren Organismen ist der Aufwand beträchtlich größer. Viele Gene sind zur Bildung der Gameten erforderlich, die sich von den anderen Zellen des

Organismus erheblich unterscheiden. Im Unterschied zu jenen Zellen werden Gameten durch den komplizierten Prozeß der Reduktionsteilung hervorgebracht und müssen miteinander verschmelzen.

Gameten haben ganz bestimmte Eigenschaften, die mit den Befruchtungsmechanismen und ihren besonderen Aufgaben zusammenhängen. Da die Eizelle große Mengen von Nahrung speichert und die speziellen Moleküle sammelt, die der Embryo anfangs braucht – etwa für den Translationsapparat –, ist sie groß und ortsgebunden (vgl. Kap. 12). Bei vielen Lebewesen entwickelt sich die befruchtete Eizelle in einer besonders geschützten eigenen Umwelt im Mutterleib, zum Beispiel in der Gebärmutter der Säugetiere. Deshalb nistet sich die Eizelle an der oder in der Nähe der Stelle ein, wo sich dann der Embryo entwickeln wird, während das Spermium, das nur seine Gene beisteuert, zusehen muß, wie es dorthin gelangt. Das tierische Spermium ist ein Schwimmer, denn bei den primitiven Arten muß es sich durch Wasser, bei den Wirbeltieren durch Körperflüssigkeiten fortbewegen. Diese Fähigkeit wird durch einen kleinen, aerodynamisch geformten Kopf und einen kräftig peitschenden Schwanz unterstützt. In einigen Fällen wird das Spermium durch chemische Reizstoffe angelockt, die die Eizelle herstellt. Bei Pflanzen wird der – im Pollen enthaltene – männliche Gamet durch ein Insekt, den Wind oder (bei Wasserpflanzen) durch die Wasserströmung zur Eizelle befördert.

Die Unterschiede zwischen den Geschlechtern betreffen den gesamten Organismus. Um das Spermium in die Nähe der Eizelle zu befördern, gibt es im Tierreich verschiedene Arten der Kopulation zwischen reifen Individuen unterschiedlichen Geschlechts. Einfache Lebewesen (Amphibien, Fische) sind für diese Funktion kaum spezialisiert: Männchen wie Weibchen haben einen einfachen Kanal, durch den die Spermien oder die Eizellen den Körper verlassen. Während der Kopulation werden die beiden Kanäle einfach einander angenähert: Entweder dringen die Spermien in den weiblichen Kanal ein (wie bei den Vögeln), oder Spermien und Eizellen werden gemeinsam ejakuliert (wie bei den meisten Fischen). Viele Tierarten haben jedoch höher spezialisierte Geschlechtsapparate. Das Männchen ist mit einem Penis ausgestattet, den es in die Vagina des Weibchens einführt, ein Vorgang, der mit der Freisetzung der Spermien in der Nähe der Eizelle abgeschlossen wird. Für die Entwicklung dieser Strukturen sind viele Gene verantwortlich.

Die Nervenbahnen, denen die Steuerung der Kopulationsmechanismen obliegt, sind auf noch mehr Gene angewiesen, wodurch sich zusätzliche Unterschiede zwischen den Geschlechtern ergeben. Eine weitere – wahrscheinlich bedeutende – Anzahl von Genen trägt dafür Sorge, daß Individuen unterschiedlichen Geschlechts einander suchen und den Wunsch verspüren, sich zu paaren – die einen nach männlicher, die anderen nach weiblicher Art.

Viele Gene sind an der Expression der männlichen beziehungsweise der weiblichen Persönlichkeit beteiligt und damit von entscheidender Bedeutung für die Geschlechtsdifferenzierung. Bei dieser Differenzierung wirken die Gene mit den Geschlechtshormonen zusammen (vgl. Kap. 8). Doch da auch die Hormonbildung der Genkontrolle unterliegt, läßt sich das Problem der Geschlechtsdifferenzierung in einem ersten Ansatz auf das der geschlechtsbestimmenden Gene zurückführen.

Die Geschlechtsbestimmung

Der genetische Einfluß auf das Geschlecht ist kompliziert und von Art zu Art verschieden. Eine Bedingung muß jedoch durchgehend erfüllt sein: Die Geschlechtsbestimmung muß der biologischen Notwendigkeit gehorchen, daß es ein angemessenes Verhältnis von Individuen unterschiedlichen Geschlechts gibt. Viele Arten, bei denen dieses Verhältnis ausgeglichen ist (Fliegen, Vögel, Säugetiere), bedienen sich dazu desselben Mechanismus, dessen Prinzip auf der Bestimmung eines der Geschlechter durch ein spezielles Chromosom beruht. Für jede befruchtete Eizelle sind die Chancen, dieses Chromosom zu erben oder nicht zu erben, völlig gleich – die Zahl der Männchen in der Population entspricht derjenigen der Weibchen, so daß die größtmögliche Zahl von Paarungen garantiert ist.

Den Mechanismus der Geschlechtsbestimmung konnte man erst verstehen, nachdem man zu Beginn unseres Jahrhunderts die Grundlagen der Genetik entdeckt hatte. Vorher hatten die Philosophen, bis in die Zeit des Aristoteles zurück, eine Vielzahl merkwürdiger Erklärungen vorgeschlagen. Eine besagte, daß beim Menschen das Sperma aus dem rechten Hoden zu männlicher und das Sperma aus dem linken Hoden zu weiblicher Nachkommenschaft führe. Da die rechte Körperseite als die »bessere« galt, bezeugte diese Theorie den männlichen Überlegenheitswahn. Nach einer anderen Erklärung wurden Knaben mit dem höheren der beiden Hoden gezeugt; auch hier schienen die Männer – zumindest physisch – ihre Überlegenheit dokumentieren zu wollen. Doch vielleicht gab es auch feministische Tendenzen, denn in einer dritten Erklärung hieß es, aus den Keimzellen des einen Eierstocks entwickelten sich Jungen, aus denen des anderen Mädchen.

Der erste Hinweis auf die Bedeutung der Chromosomenunterschiede ergab sich aus mikroskopischen Untersuchungen über die Bildung von Samenzellen bei bestimmten Insekten. Die Zellen, die schließlich zu Samenzellen werden, teilen sich sehr häufig, und viele konnten während der Teilung beobachtet werden. Bei Zellen, die sich gerade teilen, lassen sich die Chromosomen gut erkennen (vgl. Kap. 1). Als die Forscher sie unter dem Mikroskop betrachteten, stellten sie fest, daß sich bei manchen Individuen ein Chromosom stets anhand seiner Form von den anderen unterscheiden ließ und daß sich dieses Chromosom merkwürdig verhielt. Im Unterschied zu den anderen ordnete es sich in der Reduktionsphase nicht paarweise an. Eines der regulären Chromosomen blieb mithin ungepaart. Man schloß daraus, daß dieses spezielle Chromosom für die Geschlechtsdifferenzierung verantwortlich sein könnte – eine Schlußfolgerung, die später in eingehenden Untersuchungen bestätigt wurde. Man nannte das seltsame Chromosom und sein Gegenstück – mit dem es sich nicht paarte – *Geschlechtschromosomen*. Mangels einer besseren Kennzeichnung versah man sie mit den Buchstaben X und Y, was sich bis heute so gehalten hat.

Weitere Untersuchungen zeigten, daß bei jeder Art mit Geschlechtschromosomen eines der Geschlechter zwei gleiche Geschlechtschromosomen (XX) besitzt, das andere dagegen zwei verschiedene (XY); das Y-Chromosom unterscheidet also die Geschlechter. Welches Geschlecht die eine oder die andere Chromosomenanordnung aufweist, ist von Art zu Art verschieden. Bei Säugetieren und der Taufliege *Drosophila*, die sich bei Genetikern großer Beliebtheit erfreut, ist das weibliche Geschlecht XX, das männliche XY. Bei Vögeln verhält es sich umgekehrt: Das männliche Geschlecht ist XX, das weibliche XY. Wenn bei Individuen des XX-Geschlechts haploide Gameten gebildet werden, erhalten beide Gameten ein X-Chromosom und sind in dieser Hinsicht völlig gleich. Bei der Gametenbildung im XY-Geschlecht erhalten einige Gameten X als Geschlechtschromosom, andere Y. Bei ihnen gibt es folglich zwei Arten. Wenn bei der Befruchtung ein Y-Gamet des XY-Geschlechts mit einem X-Gameten des XX-Geschlechts verschmilzt, entsteht ein XY-Embryo. Ein X-Gamet des XY-Geschlechts führt zur Bildung eines XX-Embryos. Also bestimmen die Gameten des XY-Geschlechts, mag es nun männlich oder weiblich sein, das Geschlecht der Nachkommen.

Die XY-Methode der Geschlechtsbestimmung kennt viele interessante Spielarten, vor allem bei Insekten. So wird bei den Honigbienen die Königin nur ein einziges Mal in ihrem Leben, während des Hochzeitsflugs, vom Männchen befruchtet. Von diesem Zeitpunkt an benutzt sie ihre Samentasche zur Befruchtung der Eizellen. Ob eine Eizelle befruchtet wird oder nicht, hängt vom Vorrat an Samenzellen ab. Unmittelbar nach der Paarung ist Sperma im Überfluß vorhanden – jede Eizelle wird befruchtet und entwickelt sich zu einem Weibchen. Dieses kann eine Königin oder eine Arbeiterin werden, je nach der Nahrung, die es erhält. Die meisten Weibchen werden Arbeitsbienen. Später im Leben der Königin, wenn der Vorrat an Samenzellen zur Neige geht, bleiben mehr und mehr Eizellen unbefruchtet. Sie entwickeln sich zu männlichen Drohnen, die haploid sind und auf der Suche nach einer Königin ihr altes Volk verlassen werden. Interessant ist, wie hier der Einfluß der Chromosomen und der Umwelt (Nahrung) bei der Expression der Sexualität zusammenwirken und das Verhältnis der Individuen unterschiedlicher Art in der Population bestimmen. Diese Faktoren haben tiefreichende Auswirkungen auf die Ökonomie und Soziologie des Bienenstocks. Doch wie ist die Beziehung zwischen der Genetik der Geschlechtsbestimmung und der Soziologie des Bienenstocks beschaffen? Offenbar gibt es zwei Möglichkeiten: Entweder bestimmt die Genetik die Soziologie, oder die Soziologie veranlaßt die Selektion genetischer Typen, die ihren Bedürfnissen entsprechen. Man kann wohl davon ausgehen, daß beide Mechanismen in der Evolution eine Rolle spielen und daß Genetik und Soziologie Hand in Hand arbeiten.

Das Geschlecht als regelmäßiges Verhältnis der Gene

Das X-Y-System der Geschlechtsbestimmung arbeitet im Prinzip mit regelmäßigen Verhältnissen zwischen der Kopienzahl der X-Chromosomen und der Kopienzahl der anderen, normal paarenden Chromosomen – der *Autosomen* –, die wir insgesamt als A bezeichnen wollen. Diploide Lebewesen haben zwei Kopien der Autosomen, sie sind also 2A. Die Existenz eines solchen Verhältnisses hat sich sehr deutlich in Untersuchungen an der Taufliege *Drosophila* gezeigt, bei der das weibliche Geschlecht 2X, also XX, ist. Ein Quotient von eins zwischen Autosomen und X-Chromosomen (2A/2X) bestimmt das weibliche Geschlecht, während das männliche Geschlecht durch einen Quotienten von zwei (2A/X) festgelegt ist. Welche Rolle die regelmäßigen Zahlenverhältnisse spielen, zeigen andere Chromosomenzusammenstellungen, die sich in Ausnahmefällen beobachten lassen: 4A/4X und 3A/3X sind in der Regel normale Weibchen, wie der Quotient von eins zwischen A und X erwarten läßt. 4A/3X und 3A/2X haben einen Quotienten, der zwischen eins und zwei liegt; sie sind Mischformen zwischen männlichem und weiblichem Geschlecht – *Intersexe*. Äußerlich wie innerlich sind derartige Fliegen aus männlich und weiblich aussehenden Teilen zusammengewürfelt. Offensichtlich läßt der Zwischenquotient in einigen Teilen die Vorherrschaft der männlichen Gene und in anderen die der weiblichen Gene zu, wobei es keine festen Regeln zu geben scheint. Gelegentlich sind auch Quotienten beobachtet worden, die kleiner als eins (3A/4X) oder größer als zwei (3A/X) waren; man hat diese Tiere als Superweibchen und Supermännchen bezeichnet, doch die betreffenden Fliegen sind kränklich, und ihre Supersexualität ist ausschließlich terminologischer Natur.

Das Y-Chromosom, das bei den Fliegen die Maskulinität festlegt, spielt für das Verhältnis der Geschlechtschromosomen bei dieser Art praktisch keine Rolle. Wenn es zufällig bei einer Fliege auftritt, die zwei X-Chromosomen besitzt, tut es ihrer Weiblichkeit keinen Abbruch. Bei *Drosophila* ist das Y-Chromosom nur deshalb von Wichtigkeit, weil es Gene enthält, die für die Beweglichkeit der Spermien sorgen. So entwickelt sich eine männliche Fliege ohne Y-Chromosom wie ein normales Männchen, ist jedoch steril. Dagegen spielt das Y-Chromosom bei der Geschlechtsdifferenzierung vieler anderer Arten eine wichtige Rolle. Beim Menschen wird beispielsweise das Geschlechtsverhältnis durch den Quotienten (A+Y)/X bestimmt. Normale Männer sind (2A+Y)/X, normale Frauen 2A/2X. Wie bei *Drosophila* führen Veränderungen dieses Quotienten zu Abweichungen der Geschlechtsmerkmale. So sind Individuen mit (2A+Y)/2X zwar Männer (weil sie ein Y-Chromosom haben), aber sie besitzen nur kleine Hoden und sind unfruchtbar. Individuen mit (2A/X) (kein Y) sind sterile Frauen, die nicht zur sexuellen Reife gelangen und viele Anomalien aufweisen. Größere Veränderungen des Quotienten – wie etwa (2A+Y)/4X oder (2A+2Y)/2X – verursachen geistige Defekte. In seltenen Fällen sind Individuen mit 2X und keinem Y trotzdem normale Männer: Eines der X-Chromosomen enthält ein Stück des normalen Y-Chromosoms, das bei einem früheren genetischen Austauschprozeß erworben wurde. Mithin genügen sie dem Grundprinzip, zeigen aber auch, daß der größte Teil des Y-Chromosoms keine Rolle für die Geschlechtsbestimmung spielt. Ein testisbestimmendes Gen kommt jedoch auf dem menschlichen Y-Chromosom vor, und zwar in der Region, die gelegentlich mit dem X-Chromosom ausgetauscht wird.

Wenn das Zahlenverhältnis der Geschlechtschromosomen für manche Organismen derart wichtig ist, so folgt daraus, daß sich sowohl auf den Geschlechtschromosomen als auch auf den Autosomen geschlechtsbestimmende Gene befinden – die einen verantwortlich für die Männlichkeit, die anderen für die Weiblichkeit. Es muß auch Kontrollgene geben, die die Expression geschlechtsbestimmender Gene steuern. Beim Menschen liegen die geschlechtsbestimmenden Gene auf verschiedenen Chromosomen. Überraschenderweise befinden sich Männlichkeitsgene auch auf den X-Chromosomen. Bestimmte Mutationen auf dem X-Chromosom können bewirken, daß sich ein XY-Individuum zur Frau entwickelt; offenbar inaktivieren sie die männlichkeitsbestimmenden Gene. Umgekehrt führen bestimmte Mutationen auf den Autosomen dazu, daß ein XX-Individuum durch die Inaktivierung von weiblichkeitsdeterminierenden Genen Merkmale beider Geschlechter ausbildet.

Das Vorhandensein von Genen für beide Geschlechter auf vielen Chromosomen, auch den X-Chromosomen, erklärt, warum XX bei manchen Tieren das weibliche Geschlecht festlegt, bei anderen das männliche. Das Ergebnis hängt von der Lokalisierung der verschiedenen Gene ab. Bei verschiedenen Arten sind die Gene in der Evolution auf vielfältige Weise über die Chromosomen verstreut worden.

Aus vielen Beobachtungen wissen wir, daß diese Gene bei der Entwicklung des Organismus zusammenwirken. Jeder Organismus beginnt mit der Möglichkeit, sich zum einen oder zum anderen Geschlecht zu entwickeln. Wohin die Entwicklung tatsächlich führt, hängt von dem Einfluß der Geschlechtschromosomen auf die anderen Gene ab. Bei Taufliegen und Mäusen sind zwei autosomale Gene – ein Kontrollgen und ein »Switch-Gen« – für diese Regulierung wichtig. Ihr Zusammenwirken zeigt Abbildung 9.2. Das Switch-Gen kann einen männlichen oder einen weiblichen Zustand annehmen. Im männlichen Zustand fördert es die Entwicklung von männlichen Merkmalen und hemmt die der weiblichen. Im weiblichen Zustand kehrt sich die Wirkungsweise um. Der Zustand des Switch-Gens (dsx) wird vom Kontrollgen (Tra) bestimmt. Ist das Kontrollgen inaktiv, so ist das Switch-Gen im männlichen Zustand; ist es aktiv, ist das Switch-Gen im weiblichen Zustand. Das Kontrollgen wird seinerseits von anderen Genen auf den Geschlechtschromosomen reguliert. Die Fehlfunktion eines der Gene führt bei Taufliegen und Mäusen zu einem Geschlecht, das nicht mit dem der Chromosomen übereinstimmt. Wenn beispielsweise das Kontrollgen ausfällt, entwickelt sich ein chromosomal weibliches Tier (XX) zum Männchen; ein chromosomal männliches Tier dagegen entwickelt sich zum normalen, aber unfruchtbaren Männchen.

Der männliche oder weibliche Zustand des Switch-Gens (dsx) hängt davon ab, wie das Transkript gespleißt wird. Wenn die reife RNA alle acht kodierenden Teilsequenzen des Gens enthält, erfolgt eine Differenzierung zum Männchen. Wenn aber – bedingt durch das Tra-Gen – das dsx-Transkript alternativ gespleißt wird und dabei das dritte kodierende Segment herausfällt, führt dies zur Differenzierung zum Weibchen.

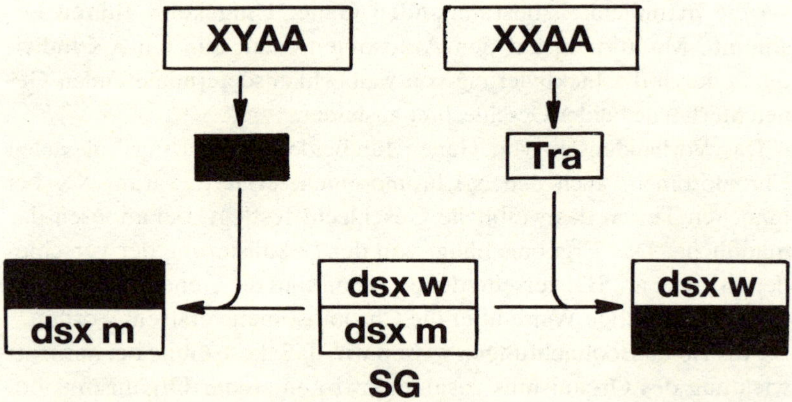

Abbildung 9.2: Modell für das Zusammenwirken von Switch-Gen und Kontrollgen bei der Fliege *Drosophila*. Das Endergebnis hängt von der Chromosomenanordnung ab, ob diese XYAA (wobei X und Y die Geschlechtschromosomen sind, AA die Autosomen) oder XXAA ist. Bei XYAA (links) ist das Kontrollgen Tra (Transformer) inaktiv (schwarz) und veranlaßt das Switch-Gen (SG), den männlichen Modus (dsx m) anzunehmen. Das Switch-Gen kann entweder im männlichen (m) oder im weiblichen (w) Modus sein. Es wird als dsx (*»double sex«-Gen*) bezeichnet, weil es, von einer Anomalie betroffen, doppelgeschlechtliche Fliegen hervorbringt. Wenn die Chromosomenanordnung XXAA ist (rechts), ist das Kontrollgen Tra aktiv, und infolgedessen nimmt das Switch-Gen den weiblichen Modus an. (Abgeändert nach: J. M. Belote und B. S. Baker, *Proc. Natl. Acad. Sci. USA* 79 [1982], S. 1568–1572.)

Ein Switch-Gen in der Hefe

Switch-Gene müssen nicht in allen Organismen auf die gleiche Weise wirken, wie das Beispiel des Switch-Gens in der Hefe zeigt. Wie erwähnt, entsprechen haploide Hefezellen einem von zwei möglichen Paarungstypen, die man bei der Bierhefe *a* und *alpha* nennt. Die Paarungstypen entsprechen den Geschlechtern der höheren Organismen: Nur Zellen unterschiedlichen Typs paaren sich und bringen diploide Zellen hervor. Bei einigen Hefestämmen herrscht ein Typ vor; nur selten haben sie Nachkommen des anderen Typs. Andere Stämme dagegen weisen immer eine Mischung von Zellen beider Typen auf: Ein Kontrollgen sorgt dafür, daß die Zellen von einem Paarungstyp zum anderen wechseln. Dieser Mechanismus hat offensichtlich die Aufgabe, den Fortbestand der Stämme zu sichern, wenn die Zellen weit verstreut sind, denn eine einzige Zelle kann eine neue Population aus haploiden und diploiden Zellen hervorbringen – eine wichtige Eigenschaft der Hefe, wie wir noch sehen werden. Im Augenblick interessiert uns jedoch der Wechselmechanismus.

Neuere Erkenntnisse auf dem Gebiet der Genetik und Gentechnik vermitteln uns folgendes Bild: Das Switch-Gen, das für den Wechsel von einem Paarungstyp zum anderen verantwortlich ist, besteht aus drei Teilen, die alle auf demselben Chromosom liegen, aber voneinander getrennt sind (Abb. 9.3). Es gibt zwei Speicherstellen, die eine für das *a*-Gen, die andere für das *Alpha*-Gen, und dazwischen eine Expressions-Box. Nur das Gen in der Expressions-Box ist aktiv, die Gene an den Speicherstellen sind es nicht. Bei Wechselstämmen wird das Gen in der Expressions-Box häufig durch das andere Gen an der Speicherstelle ersetzt, wobei die Speicherstelle eine Kopie des Gens behält. Für den Austauschprozeß ist wahrscheinlich eine Genkonversion verantwortlich (vgl. Kap. 6), nachdem ein Enzym die Doppelhelix geöffnet hat. Der Wechsel wird vermutlich durch das Gen gesteuert, welches für das Schneide-Enzym codiert. Der Vorgang ähnelt dem Prozeß, der für den Wechsel der Hüllproteine bei Trypanosomen verantwortlich ist (vgl. Kap. 6).

Ein inaktives X-Chromosom

Das Auftreten geistiger Behinderungen und anderer Anomalien bei Menschen mit einem abweichenden Verhältnis von X-Chromosomen und Autosomen zeigt, daß X-Chromosomen nicht nur geschlechtsbe-

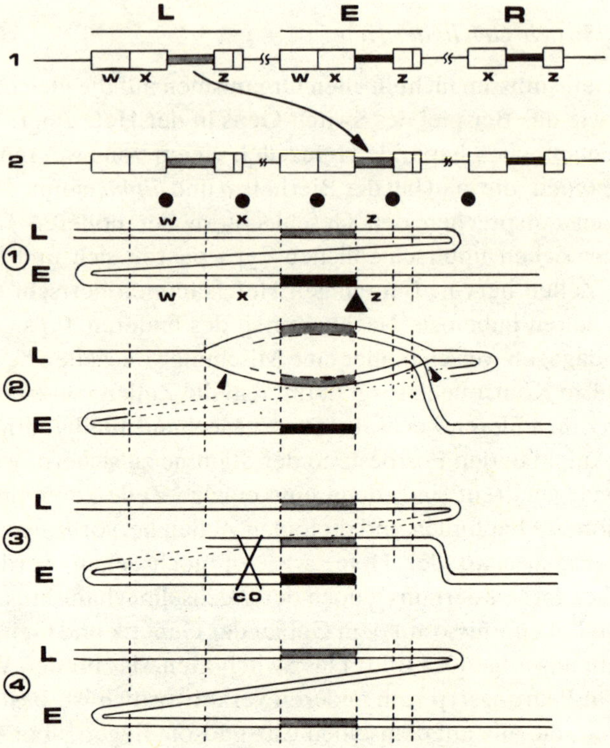

Abbildung 9.3: Die Funktion des Paarungstyp-Switch-Gens der Hefe. L und R sind die linke und die rechte Speicherstelle; E ist die Expressions-Box. Das linke Gen (grau) ist *alpha*, das rechte Gen (schwarz) *a*. Jedes Gen ist von den Sequenzen w, x und z flankiert, die bei allen Genen gleich sind. 1, oben: Gen *a* befindet sich in der Expressions-Box. 2: Gen *alpha* ersetzt *a* in der Expressions-Box. Der vermutliche Ablauf des Wechselmechanismus ist durch die vier folgenden Schritte dargestellt. (1) w und x des linken Gens paaren sich mit den gleichen Sequenzen des Gens in der Expressions-Box. Ein Schneide-Enzym (Dreieck) bindet an die DNA des rechten Endes des exprimierten Gens (schwarz). (2) Das Enzym legt einen vollständigen Schnitt durch die Doppelhelix (die nur durch Protein zusammengehalten wird). Das Stück rechts vom Schnitt paart sich mit dem homologen Teil (z) des linken Gens und wird nach links verlängert, so daß eine neue Kopie des linken Gens entsteht. (3) Der untere Abschnitt der Schleife mit der neuen Kopie des linken Gens wird losgelöst (schwarze Dreiecke in Schritt 2), während die x-Region einem Crossing-over (CO) mit der x-Region auf der linken Seite des exprimierten Gens unterzogen wird. (4) Das zuvor exprimierte Gen wird beseitigt und durch das linke Gen ersetzt. (Abgeändert nach: J. N. Strathern u. a., *Cell* 31 [1982], S. 183–192.)

stimmende, sondern auch andere wichtige Gene enthalten. Tatsächlich hat man bei genetischen Untersuchungen an vielen Arten auf diesen Chromosomen zahlreiche Gene mit anderen Funktionen gefunden. Daraus ergibt sich natürlich die Frage, ob diese Gene bei XX-Individuen stärker exprimiert werden als bei XY-Individuen. Die Antwort ist nein. Bei vielen Arten gibt es keine solchen Unterschiede zwischen den beiden Geschlechtern. Dies ergibt sich aus dem Umstand, daß beim XX-Geschlecht eines der beiden X-Chromosomen inaktiviert wird, das heißt, die meisten seiner Gene sind abgeschaltet, so daß männliche und weibliche Individuen hinsichtlich der meisten Gene auf den X-Chromosomen keine Unterschiede aufweisen. Es entsteht (zumindest bei den meisten Genen) fast der Eindruck, daß jedes Individuum nur ein X-Chromosom hat. Man könnte nun meinen, das eine X-Chromosom würde inaktiviert, um für ein Gleichgewicht der Gene bei beiden Geschlechtern zu sorgen. Wenn es jedoch auf ein solches Gleichgewicht ankäme, müßte es bei allen diploiden Arten mit Geschlechtsbestimmung des XY-Typs vorkommen, doch das ist nicht der Fall, wie sich am Beispiel der Vögel zeigt. Die Gründe für diesen Unterschied zwischen den Arten sind unbekannt.

Eine mögliche Erklärung wäre, daß die X-Inaktivierung ein weiterer Mechanismus zur Geschlechtsbestimmung ist. X- und Y-Chromosomen unterscheiden sich zwar in den meisten Sequenzen, haben aber auch Gene gemeinsam, von denen einige für die Geschlechtsbestimmung entscheidend sein könnten. Die X-Inaktivierung hätte dann die Aufgabe, den Beitrag dieser Gene bei XX-Individuen zu verringern, so daß das Y-Chromosom die entscheidende Rolle übernehmen könnte. Die Gleichstellung der Geschlechter in bezug auf den Ausdruck anderer auf den X-Chromosomen gelegener Gene wäre ein zusätzlicher Vorteil. Bei den Vögeln wären die geschlechtsbestimmenden Gene anders angeordnet, so daß eine X-Inaktivierung unnötig oder gar nachteilig wäre. Andere kompensatorische Mechanismen könnten für den Ausdruck bestimmter Gene auf den X-Chromosomen bei beiden Geschlechtern sorgen. Diese Interpretation der X-Inaktivierung folgt dem Grundsatz, daß die Natur nicht nach fertigen Plänen vorgeht, sondern sich jede im Lauf der Evolution entstandene Konstellation zunutze macht, sofern sie funktioniert.

Viele Aspekte der X-Inaktivierung sind geheimnisvoll. Bei Arten mit XX-Weibchen wird das vom Vater kommende X-Chromosom inaktiviert, wenn eine Eizelle befruchtet wird. So beginnt die Eizelle mit einem einzigen aktiven X-Chromosom (von der Mutter). Bei der ersten Teilung der Eizelle wird das väterliche X-Chromosom reaktiviert, und beide X-Chromosomen sind aktiv. In verschiedenen Entwicklungsabschnitten des Embryos kommt es in bestimmten Zellgruppen zur Inaktivierung eines der X-Chromosomen. Stets fällt die Inaktivierung mit einer einschneidenden Entwicklungsveränderung der Zellen zusammen. Was das bedeutet, ist nicht bekannt. Noch komplizierter wird die Situation durch den Umstand, daß nicht *alle* Gene eines X-Chromosoms inaktiviert werden. Einige von denen, die von der Inaktivierung verschont bleiben, spielen keine besondere Rolle bei der Geschlechtsbestimmung.

Nach der Geburt kann in verschiedenen Zellen entweder das eine oder das andere der beiden X-Chromosomen eines XX-Individuums inaktiv sein. Das hängt im wesentlichen vom Zufall ab. Der Effekt zeigt sich bei Menschen, die auf beiden X-Chromosomen zwei verschiedene Formen (Allele) des gleichen Gens haben, die zwei unterscheidbare Enzyme produzieren. Wenn man aus einzelnen Zellen eines solchen Menschen Klone züchtet, werden in keinem Klon beide Enzymarten hervorgebracht. Die Klone enthalten immer nur das eine oder das andere Enzym.

Was den Inaktivierungsmechanismus angeht, so ist meist zu beobachten, daß das inaktive X-Chromosom zwei DNA-Merkmale aufweist, die für inaktive Gene kennzeichnend sind: verdichtetes Chromatin und m-Gruppen in großer Zahl (vgl. Kap. 5). Die Verdichtung ist so ausgeprägt, daß in Säugerzellen das gesamte inaktive X-Chromosom zu einem Klümpchen zusammenschrumpft, welches unter dem Lichtmikroskop leicht zu erkennen ist. Dieses Klümpchen ist so charakteristisch, daß sein Vorkommen in einer Zelle ausreicht, um diese als weiblich zu identifizieren. Die Bedeutung von m-Gruppen zeigt sich, wenn man die DNA von Zellen mit einem erkennbaren Gen auf das inaktive X-Chromosom anderer Zellen überträgt. Das Gen bleibt in den Empfängerzellen inaktiv. Doch wenn die Donor-Zellen einige Generationen lang in Gegenwart des Wirkstoffs Azacytidin kultiviert werden, der die Bildung von m-Gruppen verhindert (vgl. Kap. 5), ist das Gen nach der Übertragung aktiv. Diese Reaktivierung betrifft nur einige wenige Gene, nicht das gesamte Chromosom. Wie es dazu kommt, daß die meisten Gene im normalen Prozeß der Inaktivierung und Reaktivierung ihre Tätigkeit gemeinsam einstellen beziehungsweise aufnehmen, ist noch immer ein Rätsel.

Eine besondere Form der Vererbung

Die meisten Erbmerkmale werden unterschiedslos von den Eltern an die Kinder weitergegeben, ohne daß das Geschlecht dabei eine Rolle spielt. Nur Merkmale, die von Genen auf den X-Chromosomen abhängen, bilden eine Ausnahme. Ein Beispiel ist die Bluterkrankheit (Hämophilie) (vgl. Kap. 7), bei der schon kleinste Verletzungen wie Beschneidungen oder Zahnextraktionen zu schweren Blutungen führen, weil die Blutgerinnung beeinträchtigt ist. Ursache der Krankheit ist das Fehlen von Wirkstoffen, die an der Blutgerinnung beteiligt sind und deren Gene auf dem X-Chromosom liegen. Betroffen sind nur Männer, deren einziges X-Chromosom ein fehlerhaftes Gen trägt. Frauen mit einem veränderten Gen leiden nicht unter der Krankheit, wenn das andere Gen des Paares normal ist. Das unbeeinträchtigte Gen ist in der Hälfte der Zellen aktiv und sorgt für die Bildung einer hinreichenden Menge des Gerinnungsstoffes.

Das Vererbungsmuster der Bluterkrankheit wurde bekannt, weil einst mehrere europäische Prinzen, die alle von der englischen Königin Victoria abstammten, unter der Krankheit litten. Daß keine Prinzessin krank war, erklärt sich aus der Vererbung der X-Chromosomen (Abb. 9.4). Die Krankheit wird durch völlig normal erscheinende Frauen (wie jene englische Königin) vererbt, die ein verändertes und ein normales X-Chromosom haben. Sie zeigt sich aber nur bei männlichen Nachkommen (so bei Prinz Alexej von Rußland), die das veränderte Gen von der scheinbar normalen Mutter geerbt haben. Andere veränderte Gene des X-Chromosoms folgen dem gleichen Vererbungsmuster.

Gene von Autosomen vererben sich und exprimieren ihre Defekte auf andere Weise. Wenn ein einzelnes Autosom-Gen bei einem Elternteil verändert ist, besteht für jedes Kind, unabhängig von seinem Geschlecht, eine fünfzigprozentige Wahrscheinlichkeit, es zu bekommen. Das Vorhandensein des veränderten Gens bleibt bei Individuen beiderlei Geschlechts unbemerkt, weil das Produkt, das in allen Zellen von dem normalen Gen dieses Paares hergestellt wird, in der Regel genügt, um die Funktion aufrechtzuerhalten. Wenn sich zwei Individuen, die das verborgene geschädigte Gen haben, fortpflanzen, dann besteht für jeden Nachkommen – gleich ob männlich oder weiblich – eine Wahrscheinlichkeit von 25 Prozent, zwei geschädigte Gene zu erhalten und damit auch unter der Krankheit zu leiden (Abb. 9.5).

Hormoneller Einfluß auf Geschlecht und Sexualität

Die unmittelbare Auswirkung der geschlechtsdifferenzierenden Gene liegt darin, daß sie die Keimzellen veranlassen, sich in Spermien oder Eizellen zu differenzieren, und die Keimdrüsen, sich zu Hoden oder Eierstöcken zu entwickeln. Bei Wirbeltieren finden die beiden Differenzierungsprozesse statt, wenn die primitiven Keimzellen, die in einem anderen Teil des Embryos gebildet werden, zu zwei Zellmassen im Unterleib wandern, aus denen sich die Keimdrüsen entwickeln werden. Beim genetisch männlichen Individuum siedeln sich die Keimzellen im Zentrum der Zellmasse an, die sich dann zu einem Röhrennetz entwickelt und anfängt, Samenzellen herzustellen. Beim genetisch weiblichen Individuum siedeln sich die Keimzellen in der äußeren Schicht der Zellmasse an, die sich anschließend verdickt und zum Eierstock entwickelt, während aus den Keimzellen Eizellen werden.

Die Geschlechtschromosomen bestimmen, welche Entwicklung die primitiven Keimzellen und die undifferenzierten Gonaden nehmen – ein Prozeß, der als primäre Geschlechtsbestimmung bezeichnet wird. Sekundäre Unterschiede zwischen dem männlichen und dem weiblichen Körper (Genitalien, Behaarung, Muskelentwicklung, Körpergröße, Körperform und andere) entstehen später durch das Zusammenwirken von geschlechtsdifferenzierenden Genen und Geschlechtshormonen.

Bei Wirbeltieren ist ein weiterer wichtiger Unterschied zwischen Männchen und Weibchen die Regulierung der Hormonbildung. Während das Weibchen bei der Produktion seiner Geschlechtshormone und der reifen Eizellen einem bestimmten Zyklus folgt, bildet das sexuell ausgereifte Männchen seine Hormone und reifen Spermien ununterbrochen. Dieser Unterschied läßt sich funktional begründen, denn die Fortpflanzungsaufgabe des Männchens besteht darin, das Weibchen dann zu befruchten, wenn es hierzu bereit ist – zur Zeit des Eisprungs. Wenn die Verfügbarkeit des einen Partners einer zeitlichen Einschränkung unterworfen ist, muß natürlich der andere Partner uneingeschränkt einsatzfähig sein, um einen optimalen Erfolg zu gewährleisten. Wie im vorigen Kapitel gezeigt, gehen die zyklischen Veränderungen des Weibchens auf ein komplexes Zusammenspiel der Hormone von Hypothalamus, Hypophyse und der Eierstöcke zurück.

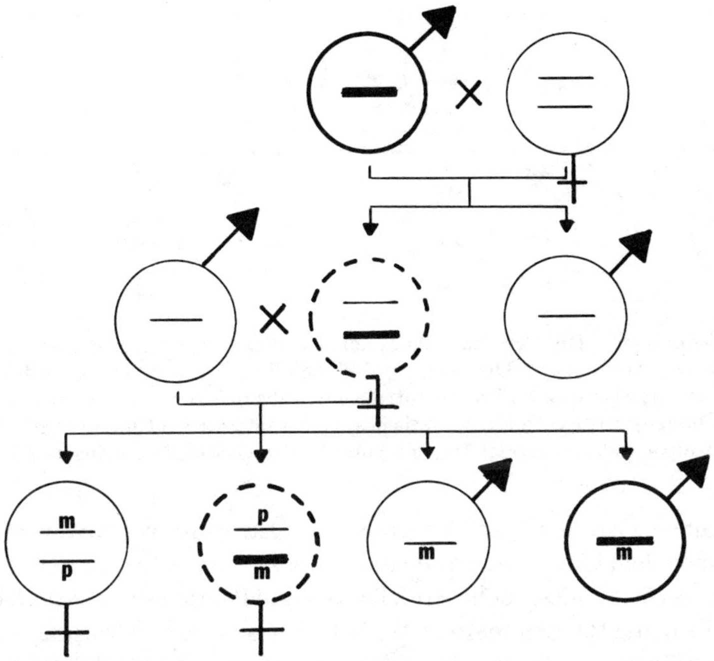

Abbildung 9.4: Die spezielle Vererbung des X-Chromosoms (nur X-Chromosomen sind abgebildet). Abnorme Chromosomen sind durch die dicken, normale durch die dünnen Striche gekennzeichnet. Dicke Kreise: Individuen, in denen die Anomalie zum Ausdruck kommt; dünne Kreise: normale Individuen; gestrichelter dicker Kreis: Individuum mit anomalen Geschlechtschromosomen, das die Anomalität trägt, aber nicht exprimiert. ♂ = männliches, ♀ = weibliches Individuum. Die Kreuzung eines betroffenen ♂ mit einem normalen ♀ (oben) bringt Träger-♀ und normale ♂ hervor. Die Kreuzung eines Träger-♀ mit einem normalen ♂ führt zu normalen ♂, zu normalen ♀, zu Träger-♀ und zu betroffenen ♂. m = X-Chromosom von der Mutter; p = X-Chromosom vom Vater (paternal).

Ein wichtiger Wechsel

Geschlechtshormone werden primär in den Keimdrüsen gebildet. Sie gehören zu der Klasse der Steroidhormone, die sich weitgehend ähneln und nur in chemischen Einzelheiten voneinander abweichen. Viele lassen sich durch Enzyme, die in den Zellen vorhanden sind, ineinander verwandeln. Männliche Hormone (Androgene) werden in Hodenzellen gebildet, die zwischen den spermaproduzierenden Tubuli liegen. Weibliche Hormone entstehen in Eierstockzellen, die sich in den Follikeln befinden, den kleinen Bläschen, wo sich die Eizellen entwickeln (vgl. Kap. 8). Die Follikel bilden in wechselnden

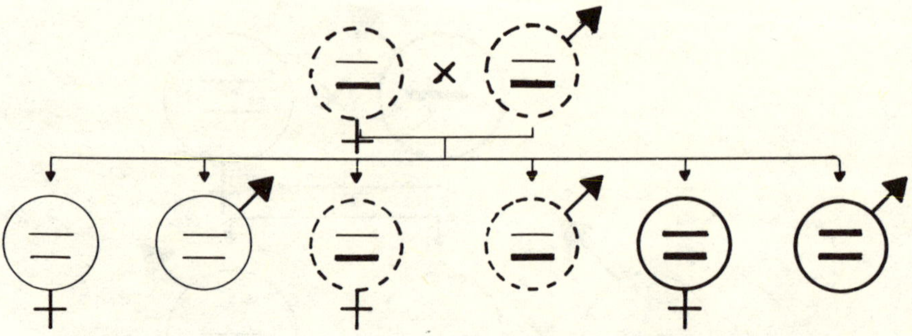

Abbildung 9.5: Die Vererbung eines autosomalen Gens (dargestellt ist nur ein Paar von Autosomen). Die Symbole sind dieselben wie in Abbildung 9.4. Eine Kreuzung zwischen zwei Trägern ruft die unten abgebildeten Chromosomenkombinationen hervor, die alle ein väterliches und ein mütterliches Chromosom haben. Betroffene Individuen oder Träger können beiden Geschlechtern angehören.

Schüben Östrogene und Progesteron. Östrogene verdanken ihren Namen dem Umstand, daß sie bei vielen Arten den Östrus hervorrufen, das heißt die sexuelle Erregbarkeit und Paarungsbereitschaft des Weibchens. Bei den meisten Wirbeltieren sind die Östrogene weibliche Hormone. Sie werden auch von sehr einfachen Tieren, etwa Hummern, gebildet, wo sie ein Zwischenprodukt bei der Herstellung anderer Hormone sind. Das Progesteron wird nur von lebendgebärenden Tieren gebildet, die die befruchtete Eizelle in ihrem Körper behalten.

Progesteron wirkt ausschließlich auf Zellen ein, die durch Östrogen vorbereitet worden sind. Beispielsweise verdickt sich die Gebärmutterschleimhaut unter dem Einfluß von Östrogen, bleibt aber qualitativ unverändert. Nach dem Wechsel zu Progesteron beginnt diese Schleimhaut bestimmte Produkte abzusondern. Wenn die Eizelle befruchtet worden ist, findet sie in der progesteronveränderten Gebärmutterschleimhaut die Umgebung, die sie für die Einnistung und die Bildung des Embryos braucht. Eine Schleimhaut, die nur von Östrogen stimuliert wurde, reicht dafür nicht aus.

Bei lebendgebärenden Tieren ist der Wechsel von Östrogen zu Progesteron während des Eierstockzyklus von entscheidender Bedeutung für die Funktionen des weiblichen Fortpflanzungssystems. Er gehört zu einem Hormonzyklus und einem (noch eingehender zu erörternden) Verhaltenssystem, in denen sich die Doppelrolle des Weibchens als Paarungspartnerin und Mutter(tier) ausdrückt: Zunächst muß sich das weibliche Individuum mit einem Männchen paaren, damit die Eizelle befruchtet wird; dann muß es für das Produkt des Befruchtungsvorgangs sorgen. Östrogene bereiten das Weibchen auf die Paarung vor; das Progesteron schafft Bedingungen, die der Entwicklung der befruchteten Eizelle förderlich sind. Nach der Befruchtung dauert die Progesteronbildung an und verhindert weitere Eisprünge. Das Hormon wird später durch Hormone ersetzt, die der Embryo herstellt und die den gleichen Effekt haben. Wird die Eizelle nicht befruchtet, kommt die Progesteronbildung zum Stillstand. Bei der Frau und anderen Primatenweibchen führt dies zur Ablösung der stark entwickelten Gebärmutterschleimhaut, die mit einer größeren Menge Blut abgeht (Menstruation). Unmittelbar darauf beginnt die Reifung eines neuen Follikels, und ein neuer Zyklus setzt ein.

Bei Tieren bilden sich nicht nur die Hormone des eigenen Geschlechts, sondern dank der chemischen Verwandtschaft von Steroidhormonen auch die des anderen. Östrogene werden durch chemische Veränderungen aus Androgenen gebildet: Der Eierstock stellt zunächst Androgen her und wandelt es dann in Östrogen um. Auch in den Hoden wird ein Teil des dort gebildeten Androgens in Östrogen umgewandelt. Bei beiden Geschlechtern wird Androgen auch von der Nebenniere hergestellt. Bei weiblichen Individuen wird dieses Androgen von den Zellen, aus denen das Körperfett besteht, in Östrogen umgewandelt – eine wichtige Östrogenquelle. Die Rolle des Körperfetts erklärt, warum durchtrainierte (und daher oft sehr dünne) Tänzerinnen unter Östrogenmangel leiden und häufig keine Menstruation haben und warum fettleibige Frauen häufiger Krebserkrankungen aufweisen, die durch Östrogen gefördert werden, beispielsweise Brustkrebs. Das Vorkommen gegensätzlicher Hormone in ein und demselben Körper kann zu Störungen des Hormongleichgewichts führen – mit schwerwiegenden Folgen.

Das Verhältnis von Hormonen und Genen

Sowohl die Gene als auch die Hormone tragen zur Bestimmung der Geschlechtsmerkmale bei. Je nach Art spielen die einen oder die anderen eine größere Rolle. Bei der Fliege *Drosophila* zum Beispiel ist der genetische Einfluß stärker. Das läßt sich bei einigen Weibchen dieser Insekten beobachten, bei denen eines der X-Chromosomen während der ersten Teilung der befruchteten Eizelle verlorengeht; von den beiden ersten Zellen ist folglich eine XX und die andere X. Aus der einen Zelle entwickelt sich die rechte Hälfte des Körpers, aus der anderen die linke. Die eine Hälfte (X) entspricht der eines voll ausgebildeten Männchens (weil das Y-Chromosom bei dieser Art keine geschlechtsbestimmende Rolle spielt), die andere (XX) ist die Hälfte eines voll ausgebildeten Weibchens. Im Körper kreisende Hormone könnten eine so scharfe Trennung nicht hervorrufen – sie geht eindeutig auf die genetische Beschaffenheit der Zellen zurück.

Bei den meisten Tieren werden die Geschlechtsmerkmale jedoch vor allem von den Geschlechtshormonen festgelegt, obwohl sich auch der Einfluß der Gene noch bemerkbar macht. Bei den Wirbeltieren ist die Entwicklung des XY-Geschlechts auf Hormone angewiesen, gleichgültig, ob es männlich oder weiblich ist. Bei Säugetieren entwickelt sich ein kastrierter männlicher (XY) Embryo zum Weibchen, während sich ein kastrierter weiblicher Embryo nicht verändert. Aber bei Vögeln oder Eidechsen, bei denen das Weibchen XY ist, entwickelt sich der kastrierte weibliche Embryo zum Männchen, während sich ein kastrierter männlicher Embryo nicht verändert. Dieser Umstand erklärt eine Krankheit des Menschen – die testikuläre Feminisierung –, bei der genetisch männliche Individuen einen weiblichen Körperbau entwickeln, obwohl sie Hoden besitzen. Infolge einer Erbschädigung besitzen sie keine Rezeptoren für die männlichen Hormone, die sie bilden und die infolgedessen wirkungslos bleiben.

Auch der abnorme Überschuß eines Hormons kann die genetische Geschlechtsbestimmung korrigieren und die Entwicklung männlicher Individuen bewirken. Ein gutes Beispiel ist der Freemartinismus der Rinder: Bei einer Mehrlingsträchtigkeit wird ein weiblicher Fötus maskulinisiert, wenn sein Blutkreislauf mit dem eines männlichen Fötus in Verbindung steht und männliche Hormone durch seinen Körper zirkulieren. Dagegen wird der männliche Fötus von den weiblichen Hormonen nicht beeinflußt. Ein ähnliches, sogar noch deutlicheres Resultat zeigt sich, wenn zwei Wassermolche unterschiedlichen Geschlechts wie siamesische Zwillinge miteinander verbunden sind, so daß sich ihre Blutkreisläufe mischen. Wenn die Verbindung frühzeitig genug in der Entwicklung eintritt, werden aus den Eierstöcken des weiblichen Tieres funktionsfähige Hoden, die Sperma herstellen und männliche Geschlechtshormone bilden.

Entwicklungsstörungen dieser Art treten bei Mehrlingsträchtigkeiten von Primaten nicht auf. Auch beim Menschen – also bei Schwangerschaften mit Zwillingen unterschiedlichen Geschlechts – sind sie nie beobachtet worden, sogar beim Krallenaffen nicht, der regelmäßige Doppelträchtigkeit kennt. Warum treten solche Störungen nur bei manchen Arten auf? Wir wissen es nicht. Die Unterschiede zeigen allerdings, daß es in der Organisation und Funktion verschiedener Arten kein fixiertes Grundmuster gibt.

Ein entscheidender Zeitabschnitt

Die von den Keimdrüsen des Embryos gebildeten Geschlechtshormone legen durch ihre Wirkung zu bestimmten entscheidenden Entwicklungsphasen fest, ob die inneren und äußeren Geschlechtsorgane, die allgemeinen Körpermerkmale und das Netzwerk gewisser Hirnregionen männlicher oder weiblicher Art sind. An diesen Wirkungen lassen sich wichtige Erkenntnisse über die Entwicklung des Tieres gewinnen.

Die Geschlechtsorgane werden zu einem frühen Zeitpunkt des embryonalen Lebens festgelegt. In dem anfangs geschlechtsneutralen Embryo bilden sich zwei Kanäle, die bei männlichen und weiblichen Embryonen gleich sind. Einer dieser Kanäle enthält die Anlagen für die Gebärmutter, die Eileiter (die Gebärmutter und Eierstöcke verbinden) und den oberen Teil der Vagina (der untere Teil bildet sich aus der Haut). Aus dem anderen Kanal können die Samenleiter, die das Sperma von den Hoden zum Harnleiter befördern, hervorgehen. An einem bestimmten Punkt der Entwicklung sorgen die im Embryo gebildeten Geschlechtshormone dafür, daß sich der entsprechende Kanal entwickelt und der andere verschwindet. Beim männlichen Individuum wandern die Hoden und die dazugehörigen Kanäle später vom Unterleib ins Skrotum. Die Geschlechtshormone bestimmen auch die unterschiedliche Differenzierung der Haut zur Bildung der äußeren Geschlechtsorgane. Zu viele Hormone des anderen Geschlechts in dieser entscheidenden Phase können den Gang der Ereignisse stören. Eine übermäßige Östrogenproduktion in den Hoden mancher männlicher Föten des Menschen während dieses Abschnitts bringt die sexuelle Entwicklung von ihrem normalen Weg ab und führt zur Feminisierung einiger Merkmale.

Bei höheren Arten wie den Säugetieren können sich die Geschlechtsorgane, die in der entscheidenden Phase gebildet worden sind, nicht mehr verändern. Hinterher läßt sich die festgelegte sexuelle Anatomie nicht mehr durch hormonelle Manipulation modifizieren. Der Hauptgrund dafür ist, daß es keinen Vorrat an Zellen mehr gibt, die sich in die andere Richtung differenzieren könnten.

Bei niederen Wirbeltieren (manchen Vögeln, Fischen, Amphibien und anderen) bleibt ein Vorrat an nicht differenzierten Zellen erhalten, so daß noch beim ausgewachsenen Tier eine echte Geschlechtsumwandlung möglich ist. Einige Arten sind sogar zu folgendem in der Lage: Ihre Keimdrüsen sterben am Ende jeder Paarungszeit ab und werden vor der nächsten Paarungszeit neu gebildet (und zwar aus Zellen, die sich sowohl in die männliche wie die weibliche Richtung entwickeln können). Das Ergebnis hängt von Umweltfaktoren, etwa dem Nahrungsangebot, ab. Wenn eine junge männliche Kröte kastriert und entsprechend ernährt wird, verwandelt sich das Tier in eine vollständig entwickelte weibliche Kröte mit Eierstöcken, die Eizellen enthalten.

Beim Menschen werden die Geschlechtshormone von der Geburt bis zur Pubertät ständig in geringen Mengen gebildet. In der Pubertät nimmt ihre Herstellung dann zu und wird pulsierend, das heißt, sie erfolgt in Schüben (vgl. Kap. 8). Diese Veränderungen sind verantwortlich für die deutliche Vergrößerung der Geschlechtsorgane und für das Auftreten anderer geschlechtsbedingter Merkmale, die für den Körper des Erwachsenen charakteristisch sind. Bei beiden Geschlechtern verstärkt sich in der Pubertät die Muskelentwicklung, die auf eine erhöhte Produktion der männlichen Hormone zurückgeht; Frauen erhalten diese Hormone von der Nebenniere. Besonders ausgeprägt sind die zuletzt genannten Veränderungen bei Männern, vielleicht weil sie um die Aufmerksamkeit der Frauen konkurrieren müssen.

Beim Menschen ist die Pubertät auch eine Zeit intensiver Persönlichkeitsveränderung, da die Geschlechtshormone nachhaltig auf das Gehirn einwirken (vgl. Kap. 10). Schließlich ruft das sexuelle Bewußtsein Anpassungsprobleme hervor, mit denen wir uns in den folgenden Kapiteln beschäftigen wollen.

Flexibilitäten

Dem Mechanismus des genetischen und chemischen Gleichgewichts, welches das Geschlecht eines Individuums bestimmt, ist immer eine gewisse Mehrdeutigkeit eigen. Relativ kleine Verschiebungen im Zusammenspiel der Kontrollgene und der geschlechtsbestimmenden Gene oder im Verhältnis der gebildeten beziehungsweise verfügbaren Hormone können das exprimierte Geschlecht verändern. Es kann zur Entwicklung von Intersexen oder sogar zu einer Geschlechtsumkehrung kommen – der Expression eines Geschlechts, das sich nicht mit der XY-Konstitution des Individuums deckt. Alles hängt von der Organisation des Kontrollmechanismus ab.

Bei einfacheren Lebewesen weist die Geschlechtsbestimmung eine erstaunliche Flexibilität auf, wie an zwei Beispielen gezeigt werden soll. Da ist einmal ein kleiner Fisch: Das Männchen schwimmt in Bodennähe umher und überwacht einen kleinen Harem von Weibchen, die in eigenen Höhlen ihre Jungen großziehen. Das Männchen befruchtet die Weibchen nacheinander. Dies setzt sich ohne Störungen fort, bis das Männchen stirbt oder verschwindet. Dann kommt eines der Weibchen aus seiner Höhle hervor, wird zum Männchen und übernimmt die Aufgabe, die anderen Weibchen zu befruchten. Dank dieser Regelung ist die Fortpflanzungstätigkeit der Gruppe gesichert – eines der Hauptziele der Natur. Ein anderes anschauliches Beispiel bietet ein Meereswurm: Neutrale – das heißt geschlechtlich undifferenzierte – Larven lassen sich am Meeresboden nieder, wo sie sich zu Weibchen entwickeln. Wenn eine Larve jedoch auf den Mundanhangsgebilden eines Weibchens landet, das sich bereits dort befindet, entwickelt sie sich zum Männchen. Es wandert in den Körper des Weibchens, um dort als Parasit zu leben und die Spermien zur Befruchtung der Eizellen zu liefern.

Die Flexibilität der Geschlechtsbestimmung in diesen beiden Beispielen resultiert wahrscheinlich aus besonderen Einflüssen auf die Kontrolle der geschlechtsbestimmenden Gene. Beim Fisch sind für die Kontrolle möglicherweise Hormone verantwortlich, die sich im Körper von unbefruchteten Weibchen ansammeln und bei hinreichender Konzentration eine Maskulinisierung bewirken. Beim Meereswurm könnte die Regulierung durch Berührungen der Larve mit Signalmolekülen an der Oberfläche des weiblichen Körpers ausgelöst werden.

Eine der Umweltvariablen, die die Geschlechtsdifferenzierung von wechselwarmen Tieren beeinflußt, ist die Umgebungstemperatur, wobei sich dieser Effekt in beide Richtungen auswirken kann. Bei manchen Austern, die zwischen männlichem und weiblichem Geschlecht wechseln können, werden die Weibchen immer seltener, je weiter die Wassertemperatur sinkt. Dagegen entwickeln sich in kälterem Wasser die meisten Larven eines kleinen Fisches zu Weibchen. Offensichtlich handelt es sich hier nicht um eine generell festgelegte Reaktion.

Bei vielen Reptilienarten hängt die Entwicklung des Eies zum Männchen oder Weibchen von der Temperatur ab, bei welcher das Ei in einem entscheidenden Zeitraum – etwa nach der Hälfte der Brutzeit – gehalten wird. Abermals ist die Wirkung je nach Art verschieden. Viele Schildkröten- und Alligatoreier bringen bei hohen Temperaturen (um 34 °C) Männchen hervor, bei niedrigen Temperaturen Weibchen. Bei Eidechsen ist es umgekehrt. Die Schnappschildkröte hält sich an keines der beiden Muster: Ihre Eier bringen Männchen bei mittleren Temperaturen hervor, Weibchen in den beiden Extrembereichen. – Die starke Abhängigkeit des Geschlechts eines Reptils von der Temperatur, mit der es ausgebrütet wird, kann ernsthafte Komplikationen hervorrufen: Wenn die Umwelttemperatur weit genug von den Normalverhältnissen abweicht, entwickeln sich aus allen Eiern Tiere des gleichen Geschlechts, und die Art stirbt aus. Hat es diese Situation je gegeben? Vielleicht hat sie beim Aussterben der Dinosaurier eine Rolle gespielt. Wahrscheinlich haben die Eier jener Reptilien genauso empfindlich auf Temperaturschwankungen reagiert wie die Eier heutiger Reptilien. Wenn die atmosphärische Temperatur durch Zunahme des Kohlendioxids angestiegen ist (vgl. Kap. 3) und wenn die Veränderung lange genug gedauert hat, so hat dies vielleicht zu ausschließlich männlichen Dinosauriern geführt, die natürlich zum Aussterben verurteilt waren.

Die Gründe für die Temperatureffekte auf die Geschlechtsbestimmung von Reptilien kennen wir nicht. Einige Spekulationen gehen von der Biologie der Tiere aus. Danach wäre ein Grund für die Reaktion der Alligatoreier, daß (künftige) Weibchen bei niedrigen Temperaturen in der Entwicklungszeit weniger Nahrungsreserven verbrauchen. Nach dem Ausschlüpfen reifen sie rascher. Das Ergebnis ist vorteilhaft für die Fortpflanzung einer Population, in der ein Männchen gewöhnlich mehrere Weibchen befruchtet. Nach einer anderen Erklärung ziehen Alligatorweibchen die kühleren Sumpfgebiete vor, Männchen die wärmeren Gebiete. Deshalb schlüpfen die Tiere entsprechenden Geschlechts dort auch aus, so daß sie unmittelbar nach dem Schlüpfen keine langen Wanderungen unternehmen müssen, auf denen sie Freßfeinden schutzlos preisgegeben wären.

Diese Erklärungen lassen jedoch die genetischen Grundlagen der betreffenden Anpassungsprozesse außer acht. Es ist nämlich durchaus möglich, daß sie durch spezielle Mutationen verursacht werden, die wir von anderen Mikroorganismen kennen. Es handelt sich um Mutationen, die das Genprodukt bei höheren Temperaturen unwirksam machen. Ob weibliche oder männliche Merkmale betroffen sind, hängt von dem Gen ab, das durch die Mutation beeinträchtigt wird. Eine solche Veränderung muß nicht unbedingt »adaptiv« sein, das heißt, den betreffenden Individuen einen Vorteil verschaffen. Wenn sie keine Probleme schafft, kann sie für eine bestimmte Art in einer bestimmten Umwelt auch lediglich »erträglich« sein.

Bei Säugetieren und Vögeln ist die chromosomale Kontrolle der Geschlechtsbestimmung sehr wirksam, weil sich ihre Embryos in einer Umwelt entwickeln, die hinsichtlich der Ernährung wie der Temperatur konstant ist. Dadurch ist während der Entwicklung der Einfluß von Umweltvariablen ausgeschlossen. Arten, die sich in einer veränderlichen Umwelt entwickeln, unterliegen notwendigerweise der Wirkung dieser Veränderungen – manche Arten aufgrund ihrer genetischen Beschaffenheit jedoch stärker als andere.

Die Evolution der Sexualität

Die Nivellierung der Geschlechtsrollen

Wir haben gesehen, daß die Differenzierung der Geschlechter – wenngleich grundlegend für das Leben und universell in ihrem Ausdruck – bei den verschiedenen Arten durch Mechanismen von erstaunlicher Vielfalt hervorgerufen wird. Diese Vielfältigkeit beruht auf der Fähigkeit der Natur, sich den Umständen anzupassen: etwa den Ursprüngen, aus denen sich eine Art entwickelt hat, ihren anderen Merkmalen und der Umwelt, in der sie lebt. Ungeachtet aller Vielfalt gibt es eine durchgehende evolutionäre Tendenz, die Unterschiede der Geschlechtsrollen in der Fortpflanzung zu nivellieren.

Bei niederen Lebensformen ist die Rolle des Weibchens sehr viel bestimmender. Im Unterschied zu den Samenzellen können hier nämlich auch die Eizellen alleine neue Individuen hervorbringen. Viele niedere Arten bis hin zu den Eidechsen setzen sich über eine Reihe von Generationen ausschließlich in weiblichen Stämmen fort. Im Gegensatz dazu gibt es bei keiner Art ausschließlich männliche Stämme. Wie am Beispiel der Wasserflöhe gezeigt, ist die Existenz ausschließlich weiblicher Stämme jedoch eingeschränkt durch ihre Unfähigkeit, sich unter schwierigen Lebensbedingungen zu behaupten, mit denen die Produkte eines Befruchtungsvorganges durchaus noch fertigwerden. Daher ist das männliche Geschlecht erforderlich.

Trotz dieser Grenzen kann die Rolle der Weibchen bei niederen Arten auch noch in anderer Hinsicht bestimmend sein. Ein Beispiel ist der Meerteufel, der in Tiefen des Meeres lebt, wo Begegnungen zwischen Individuen unterschiedlichen Geschlechts selten sind. Wenn ein junges Männchen (das ziemlich klein ist) auf ein Weibchen trifft (das wesentlich größer ist), hält es sich an dem Weibchen fest, indem es seine Zähne in dessen Haut schlägt. Fortan bleibt es dort und führt das Leben eines Parasiten. Es nährt sich von den Körpersäften des Weibchens und liefert ihm die Samenzellen zur Befruchtung der Eier. Dieses und andere Beispiele erwecken den Eindruck, Männchen seien kaum mehr als ein Reagenzglas, in dem das Sperma für die Weibchen gezüchtet wird. Ansonsten obliegt die Aufgabe, für die Fortdauer der Art zu sorgen, allein den Weibchen.

Bei höheren Lebewesen verändert sich die Situation durch die ausgeprägte Hirnentwicklung, die neue Regeln für die Aufgabenteilung der Geschlechter schafft. Zwar lastet auf dem Weibchen nach wie vor die ungeheure biologische Verantwortung für das Austragen und die Aufzucht der Jungen, doch wird ihm diese Aufgabe durch die Rolle des Männchens als Ernährer und Beschützer der Jungen erleichtert.

Der Ursprung der Geschlechter

Wie bei allen Fragen der Evolution gilt auch für Spekulationen über die Entwicklung der Sexualität, daß wir Möglichkeiten und Alternativen nur auf der Grundlage dessen, was wir heute wissen, erörtern können. Als die Ur-Ereignisse stattfanden, gab es keinen Zeugen, und sie lassen sich auch nicht im Labor wiederholen. Wenn wir uns mit dieser Frage auseinandersetzen, ist unser Ausgangspunkt die Erkenntnis, daß die Grundeigenschaft der Sexualität – die Fähigkeit von DNA-Molekülen, Teile auszutauschen – bei allen Lebewesen anzutreffen ist: von den Viren und Bakterien bis zu den höheren Organismen. Diese Austauschprozesse sind möglich, weil es in jeder Zelle Enzyme gibt, die für die Rekombinationsprozesse sorgen können. Sie müssen sich zu einem sehr frühen Zeitpunkt in der Evolution des Lebens entwickelt haben, vielleicht als Teil eines Mechanismus zur Reparatur von DNA-Schäden, die durch das ultraviolette Sonnenlicht hervorgerufen wurden. Diese Enzyme haben vermutlich primitive DNA-Moleküle veranlaßt, sich zu verknüpfen, so daß die längeren Moleküle entstanden, welche die Grundlage des Lebens in seiner heute bekannten Form sind.

Ausgehend von der Tatsache, daß die grundlegende Sexualität – die Sexualität auf der Ebene der DNA – eine universelle Eigenschaft der Lebewesen ist, können wir fragen, wie und warum es zur geschlechtlichen Differenzierung kam. Sorgt die geschlechtliche Fortpflanzung besser für die Vermehrung der Lebewesen als die ungeschlechtliche Fortpflanzung? Das mag zum Teil richtig sein. Zwar ist bei der Fortpflanzung von Viren und Bakterien kein deutlicher Vorteil der Sexualität zu erkennen, wohl aber im Fall der Hefe: Diploide Hefe, das Ergebnis geschlechtlicher Fortpflanzung, ist lebensfähiger als haploide Hefe. Wichtig für Hefe und ähnliche Lebensformen ist auch die Fähigkeit, vom diploiden zum haploiden Zustand überwechseln zu können und umgekehrt – eine Eigenschaft, die unmittelbar mit der Sexualität zu tun hat. Im haploiden Zustand kann sich die Hefe rascher auf Veränderungen in der Umwelt einstellen, indem sie nützliche Veränderungen ihrer Gene sofort nach deren Auftreten exprimiert (denn es gibt nur eine einzige Kopie von jedem Gen). Im diploiden Zustand ist diese Form der Anpassung nicht so leicht, weil eine Veränderung in einem Gen von dem nichtmodifizierten Gen desselben Paares überdeckt (maskiert) werden kann. Andererseits hat der diploide Zustand den Vorteil, daß ein nachteilig verändertes Gen durch ein normales homologes Gen maskiert werden kann. Die Hefe kann also durch Wechsel zwischen den beiden Zuständen sowohl dem Problem der Umweltveränderung als auch dem der Akkumulation nachteiliger Gene begegnen. Höhere Organismen sind gewöhnlich diploid und besitzen Paare von Genen, die möglicherweise verschieden sind. Diese ihnen allen gemeinsame Eigenschaft läßt sich auf das langsame Wachstum solcher Lebewesen zurückführen, die sich deshalb nicht raschen Veränderungen in der Umwelt anpassen müssen. Die Fähigkeit der Diploidie, nachteilige Gene zu überdekken, wird zum entscheidenden Merkmal.

Trotz der deutlichen Vorteile der geschlechtlichen Fortpflanzung bei vielen Arten können wir nicht behaupten, diese Vorzüge seien für die Ausbildung und das regelmäßige Vorkommen der geschlechtlichen Fortpflanzung verantwortlich. Es könnte nämlich noch einen anderen wichtigen Grund für die Sexualität geben – daß sie nämlich eine entscheidende Rolle für die Entstehung neuer Arten spielt. Die Bildung komplexer Organismen im Zuge der Evolution wäre unmöglich gewesen oder hätte auf ganz andere Weise stattgefunden, wenn die primitiven kurzen DNA-Moleküle nicht in der Lage gewesen wären, sich durch Rekombination miteinander zu verknüpfen. Ohne diese Verknüpfung gäbe es die großen Genome mit ihren umfangreichen Genrepertoires unserer heutigen Welt nicht. Das sind natürlich nur Hypothesen. Sie liefern aber auf der Basis von Ereignissen, die sich experimentell überprüfen lassen, eine logische Erklärung für unsere Beobachtungen. Andere Hypothesen, die das, was wir wissen, ähnlich überzeugend erklären, lassen sich nur schwer vorstellen.

Wir gelangen also zu dem Schluß, daß es auf die Frage, wie sich die Sexualität entwickelt hat, keine einfache Antwort gibt. Wir haben jedoch eine hypothetische Erklärung. Wie in anderen Bereichen der Biologie hat ein Phänomen, das möglich war (der Austausch von DNA-Teilen), an verschiedenen evolutionären Ereignissen teilgehabt – etwa der Verschmelzung von DNA-Molekülen, ihrer Verdoppelung, der Insertion und Deletion von DNA-Abschnitten, der Verbindung von vorhandenen Gruppen integrierter Gene usw. Dies führte zur Evolution der Lebewesen und wurde seinerseits von der Evolution in die uns vertraute Form der Sexualität gebracht. Im Lauf der Evolution haben sich die sexuellen Phänomene und die evolutionären Ereignisse ständig gegenseitig beeinflußt. Infolgedessen wäre die Sexualität der höheren Organismen unvorstellbar, wenn diese nicht bestimmte Eigenschaften hätten, und umgekehrt wären die Eigenschaften der Organismen ohne Sexualität nicht vorstellbar. Wie andere biologische Prozesse dürfte sich auch die Sexualität in einer Reihe eng verzahnter Ereignisse entwickelt haben. Sie ist gewissermaßen »aus eigener Kraft« dorthin gelangt, wo sie heute ist.

Am Anfang dieses Kapitels stand die Frage, warum die DNA auf die Autonomie des einzelnen Genoms verzichtet hat. Die Antwort lautet: Weil die Durchmischung der Genome einen enormen Entwicklungsschub für die DNA bedeutete. Doch im Verlauf dieses Vorgangs erlebte die Sexualität eine Entwicklung, die möglicherweise über die Bedürfnisse der DNA hinausging. Nachdem der Prozeß in Gang gebracht worden war, ließ er sich nicht mehr aufhalten. Er setzte sich in alle nur möglichen Richtungen fort und drang bis an die Grenzen des Realisierbaren vor. Sobald in der biologischen Welt eine Tür geöffnet wird, ist der Raum dahinter rasch gefüllt.

KAPITEL 10
Fortpflanzung: ♂ und ♀

Wie Geschlechtspartner zusammenfinden

Die Trennung der Lebewesen in männlich–weiblich wäre sinnlos, wenn die Angehörigen beiderlei Geschlechts nicht in der Lage wären, die potentiellen Partner zu erkennen, wenn sie einander nicht fänden, wenn sie nicht den Wunsch empfänden, sich zu paaren, oder wenn sie nicht wüßten, wie dies zu geschehen hat. Da Selbstbefruchtung entweder unmöglich oder außerordentlich erschwert ist, sind diese Schritte entscheidend für die Schaffung von Nachkommenschaft, und sie müssen möglichst effizient stattfinden.

Wie Individuen unterschiedlichen Geschlechts aufeinander anziehend wirken und wie sie einander erkennen, hat die Natur in verwirrender Vielfalt geregelt. Das kann nicht sonderlich überraschen, denn das Ziel der Natur ist die Durchmischung der Gene. Wie dieses Ziel erreicht wird, ist unerheblich, vorausgesetzt, die Erfolgsaussichten sind gut. Die Einzelheiten bleiben dem Einfallsreichtum der Arten oder vielmehr ihrer Gene überlassen. Die Strafe für Fehler ist das Aussterben.

In der Liebeswerbung dienen viele Hinweisreize zur Kennzeichnung eines Individuums, das einen Partner sucht, und zum Anlocken von Angehörigen des anderen Geschlechts. Hierzu gehören Farbreize, Bewegungen, Laute, Gerüche und Belohnungsangebote. Farbreize werden häufig von männlichen Vögeln benutzt (denken wir nur an den Pfau), um das Interesse eines Weibchens zu erregen, das seinen Partner auf dieser Grundlage auswählt. Bei den Paradiesvögeln Neuguineas und Australiens ist das prunkvolle Schwanzgefieder des Männchens so umfangreich, daß der Vogel kaum noch fliegen kann – doch genau diese Pracht gefällt dem Weibchen: Je länger der Schwanz, desto begehrenswerter ist der Partner. Umgekehrt werden die Männchen durch die Farbigkeit weiblicher Schmetterlinge im Flug oder den leuchtenden Leib einiger weiblicher Käfer angelockt. Spezifische Bewegungen spielen wahrscheinlich im sexuellen Annäherungsverhalten aller Arten eine Rolle. Eine bemerkenswerte Entwicklung erreichen sie bei manchen Schmetterlingen und Heuschrekken, wo ganze Schwärme geflügelter Männchen komplizierte Lufttänze und Flugfiguren ausführen, um sich den Weibchen zu empfehlen. Bei der Vogelbalz sind höchst extravagante Bewegungen und Tänze zu beobachten, die sich selbst bei verwandten Arten deutlich voneinander unterscheiden. Bei Leuchtkäfern ist der Rhythmus ein entscheidendes Signal; während ihrer nächtlichen Flüge leuchten die Männchen in artspezifischen Intervallen auf. Die Weibchen sitzen am Boden, erkennen das Signal ihrer Art und antworten mit einem entsprechenden Leuchtrhythmus.

Für Vögel, die stark stimmlich orientierte Lebewesen sind, spielen Laute eine wichtige Rolle. Vögel haben ein umfangreiches Repertoire von Gesängen, mit denen sie eine Vielfalt von Bedeutungsgehalten übermitteln. Der Gesang des Männchens ist für jede Art charakteristisch, wobei es standortabhängig kleinere Dialektunterschiede gibt. Die Weibchen haben keine Mühe, ihre Männchen zu erkennen. Auch männliche Grillen lassen artspezifische »Gesänge« ertönen (indem sie ihre Flügel gegeneinander reiben). Allerdings paaren sich die Grillen einiger Arten auch ohne Gesang. Unterschallschwingungen, die durch rasche Beinbewegungen hervorgerufen werden, dienen den Männchen und Weibchen einer bestimmten, auf Bananenblättern lebenden Spinnenart als Verständigungsmittel. Die Signalgebung der weiblichen Spinne führt das Männchen unfehlbar zu ihr hin. Beim Menschen ist die Stimmlage natürlich ein Hinweis für die Geschlechtsdifferenzierung und Reife, wobei winzige Nuancen Interesse, Einladung oder Ablehnung signalisieren.

Häufig werden von Insekten hochspezifische chemische Substanzen – *Pheromone* – als sexuelle Lockstoffe benutzt. Meist verwenden sie die Weibchen, doch manchmal ist auch das Männchen parfümiert (Abb. 10.1). Männliche Motten können den Geruch von Weibchen ihrer Art auch dann erkennen, wenn er äußerst schwach ist, etwa wenn der Duftstoff in einer Entfernung von mehreren Kilometern abgegeben worden ist. Beim Seidenspinner genügt ein einziges Pheromonmolekül, um das Männchen zu stimulieren. Und das entsprechende Pheromon kann vom Männchen auch dann noch erkannt werden, wenn es mit mehr als zwanzig Duftstoffen von Weibchen anderer Arten vermischt ist. Bei verschiedenen Insektenarten werden die sexuellen Gerüche durch chemische Substanzen hervorgerufen, die einander sehr ähnlich sind. Ohne Schwierigkeiten entdecken die Tiere Unterschiede, die so gering sind, daß sie selbst mit modernsten chemischen Verfahren nur schwer festzustellen sind. Viele Pheromone sind inzwischen chemisch analysiert und im Labor hergestellt

Abbildung 10.1: Spektakuläre Darbietung der Duftwahrnehmungsorgane einer bestimmten männlichen Motte. Die Organe sind normalerweise eingezogen. (Aus: D. Schneider u. a., *Science* 215 [1982], S. 1264 f.)

worden. Infolge ihrer hohen Wirksamkeit und Spezifität sind Insektenpheromone eine vielversprechende Waffe im Kampf gegen Schadinsekten, die auf diese Weise in ihren eigenen Tod gelockt werden können. Jeder dieser Stoffe würde nur Insekten einer einzigen Art anziehen, ohne die anderen zu beeinträchtigen.

Substanzen, die die gleiche allgemeine Beschaffenheit wie Insektenpheromone aufweisen, werden auch von einigen Meeresalgen und anderen niederen Pflanzen verwendet. Die Samenzelle erkennt das Pheromon, das von unbefruchteten Eizellen freigesetzt wird, und bewegt sich darauf zu. Dies zeigt, wie vielfältig Pheromone verwendet werden, um die Befruchtungsvorgänge in der biologischen Welt zu fördern.

So erkennen männliche Schlangen den Geruch, den Weibchen derselben Art in ihren Spuren zurücklassen, und folgen ihm. Einige Wanderspinnen werden vom Duft des Fadens angezogen, den das Weibchen spinnt, und männliche Schaben haben auf ihren Fühlern sehr empfindliche Sinneszellen für weibliche Duftstoffe. Auch Fische haben einen Geruchssinn. Das mag uns merkwürdig erscheinen, weil wir gewöhnt sind, daß Gerüche sich in der Luft verbreiten. Aber wenn wir auch nicht in der Lage sind, Gerüche im Wasser zu erkennen, Fische können es: Sie haben sehr feine Nasen. Auch Säugetiere verwenden Duftstoffe als sexuelle Signale. Ein Mäusemännchen erregt ein Weibchen derselben Art durch seinen Geruch, doch der Geruch eines fremden Männchens erschreckt das Weibchen und kann sogar durch komplexe Nervenmechanismen seine Trächtigkeit verhindern. Affen oder Rinder paaren sich nicht, wenn ihre Nasen bzw. Nüstern verstopft sind.

Gerüche gehören auch zum Sexualverhalten des Menschen. In der Pubertät entwickeln Männer und Frauen charakteristische Schweißdrüsen in den Achselhöhlen und in der Umgebung des Anus. Ihre Duftabsonderungen tragen zur sexuellen Erregung bei. Der Mensch erzeugt erotische Lockstoffe allerdings auch mit Hilfe seines Verstandes und der Industrie: Künstliche Düfte wirken als sexueller Anreiz, vielleicht weil sie die natürlichen Gerüche nachahmen oder sie unmerklich unterstützen.

Alle diese Signale – bei den Vögeln der Gesang, bei Insekten und anderen Tieren die Gerüche oder Pheromone – dienen jedoch nicht nur als sexuelle Lockstoffe, sondern werden zur Übermittlung vieler Nachrichten verwendet. Beispielsweise stellt bei staatenbildenden Insekten wie den Bienen die Königin Pheromone her, die nicht nur die Männchen (Drohnen) zum Hochzeitsflug anlocken, sondern auch durch noch unbekannte Mechanismen die Reifung der Ovarien anderer potentieller Königinnen blockieren und die Völker zum Schwärmen aktivieren. Die jeweilige Bedeutung des Signals hängt von seinem Kontext ab.

Manche Lebewesen werden zu Architekten und Baumeistern, um ihrem Sexualtrieb Ausdruck zu verleihen. So errichten männliche Laubenvögel in Neuguinea komplizierte Gebilde aus Stöckchen, um die Weibchen anzulocken (Abb. 10.2). Größe und Form der Kunstwerke ändern sich von Art zu Art – einige sind ein oder zwei Meter hoch. Sie sind von einem runden Garten oder Podest umgeben, das mit Moos bedeckt und durch einen Wall eingefaßt ist. Im Garten errichtet der Vogel Stapel aus Gegenständen verschiedener Farbe. Dann läßt er sich in der Nähe seiner Laube nieder und wartet auf ein Weibchen. Von Zeit zu Zeit rafft er sich auch zum Handeln auf und versucht, die Gartenlauben anderer Männchen zu zerstören. Je größer und schöner die Laube, desto größer ist die Wahrscheinlichkeit, daß ein Weibchen angelockt wird. Allerdings stellt die Laube ein bloßes Machtsymbol dar und wird nicht als Brautgemach oder dann als

Abbildung 10.2: Die Gartenlaube eines Laubenvogels, der in den Bergen Neuguineas lebt. Der männliche Vogel hat den Stamm eines Farngewächses mit Stöckchen verziert, rundherum einen Garten angelegt und in diesem drei kleine Hügel aus blauen, gelben und grünen Früchten errichtet. Er sitzt auf einem Ast und bietet dem Weibchen, das auf einem Ast darüber hockt, eine blaue Frucht an. (Aus: J. M. Diamond, *Science* 216 [1982], S. 431–434.)

Nest benutzt. Das Weibchen baut sein Nest an einem abgelegenen Ort. Darin liegt eine gewisse Weisheit: Ihr unauffälliges Gefieder sticht Räubern, die es auf die Eier abgesehen haben, nicht so leicht ins Auge wie das prächtige Gefieder des Männchens oder die üppige Laube, die es gebaut hat.

Häufig bietet das Männchen Futter an, um das Interesse des Weibchens zu gewinnen. Bekannt ist ein solches Futterangebot vom Männchen der Schwarzgeflügelten Hängefliege. (Diese Fliege verdankt ihren Namen der Gewohnheit, sich zum Ausruhen an einen Zweig zu hängen.) Das Männchen fängt eine Stubenfliege oder eine Schnake, frißt ein wenig von ihr und bietet das übrige dem wartenden Weibchen an. Ob dieses das Geschenk annimmt, hängt von der Größe des Angebots ab: Ist das Beutestück ansehnlich genug, nimmt das Weibchen an und paart sich höchst unromantisch während des Fressens. Der männliche Laubenvogel bietet dem Weibchen Früchte an, während männliche Pinguine nur Steinchen verschenken. Der Kieselstein scheint hier aber lediglich ein symbolisches Geschenk zu sein, wohl ein Zeichen zum Nestbau, kein Angebot von Nahrung. Die Männchen mancher Vogelarten machen wiederum ein anderes Angebot: Sie bauen ein Nest und setzen sich hinein. So empfehlen sie sich als Partner mit ernsten Absichten.

Wie ein Paarungspartner tatsächlich ausgewählt wird, ist keineswegs klar, aber mit Sicherheit gibt es bestimmte Regeln. Denn selbst bei promiskuitiven Arten (wie Hunden oder bestimmten Affen) zeigen die Weibchen eindeutige Vorlieben und Abneigungen. Allerdings wechseln die Regeln von Art zu Art. Die Weibchen vieler Arten wählen ihren Partner aufgrund des männlichen Imponiergehabes, doch dieses Verhalten weist außerordentliche Unterschiede zwischen den einzelnen Arten auf. In manchen Fällen wird die Partnerwahl durch vorangehendes Lernen bestimmt. So wird sich eine farbige Schneegans in der Regel mit einer Gans von der Farbe jener Gänse paaren, mit denen sie zusammen war, als sie ihr eigenes Gefieder entwickelte. Männliche Enten, die ausschließlich mit anderen Männchen aufgezogen wurden, versuchen als erwachsene Tiere, sich mit Männchen zu paaren. Frühe Prägung ist also zumindest in einigen Fällen wichtig für den Prozeß der Partnerwahl.

Täuschungsmöglichkeiten

Da sexuelle Signale nachhaltig auf tierisches Verhalten einwirken, hat es die Natur in ihrer Raffiniertheit auch so eingerichtet, daß manche Lebewesen sie betrügerisch zum eigenen Vorteil nutzen. Eine der Möglichkeiten ist die Nachahmung. Die Blüten einiger Orchideenarten erzeugen die charakteristischen Sexualdüfte von Bienen oder Wespen, um sich von diesen Insekten befruchten zu lassen. Männliche Bienen, die auf diese Geruchssignale reagieren, werden durch optische Arrangements noch weiter in die Irre geführt: Die Blüten haben in vielen Einzelheiten Ähnlichkeit mit weiblichen Bienen – Augen, Leib, Fleckung, sogar Genitalien. Das arme Männchen wird völlig um den Verstand gebracht. In der Meinung, es habe eine geeignete Partnerin gefunden, versucht es, sich mit der Blüte zu paaren. Dabei bedeckt es seine Haut mit dem Pollen, den die Blüte an einer strategisch günstigen Stelle deponiert hat. Wenn das Männchen schließlich bemerkt, daß es an der Nase herumgeführt worden ist, und weiterfliegt, um sich bei einem wirklichen Weibchen niederzulassen (das natürlich wiederum eine Blüte ist), fällt es abermals auf denselben Trick der Natur herein: Es streift den Pollen am Fruchtblatt ab und bewirkt damit die Befruchtung.

Ein weiteres Beispiel für Nachahmung ist das Vorgehen des Männchens der Schwarzgeflügelten Hängefliege. Statt die Fliegen, die es als Geschenk für sein Liebeswerben braucht, zu jagen, versucht es, diese von anderen Männchen zu stehlen. Es nähert sich einem Männchen, das im Besitz eines Beutetieres ist, indem es die Flügel senkt, eine Geste, die für paarungsbereite Weibchen charakteristisch ist. Das wartende Männchen übergibt die Beute dem schauspielernden Männchen, das zu fressen anfängt und sich gegen die Kopulation wehrt, wie es ein Weibchen im Anfangsstadium täte. Anschließend versucht das falsche Weibchen, mit der Beute zu entkommen – häufig durchaus erfolgreich. Nachahmung ist auch das Mittel, dessen sich weibliche Leuchtkäfer bedienen, um die Männchen kleinerer Arten anzulocken und zu fressen. Das imitierende Weibchen reagiert auf den Leuchtrhythmus des fliegenden Männchens, als gehöre es derselben Art an. Wenn das Männchen dann herbeigeflogen kommt, wird es vom wartenden Weibchen angegriffen und getötet.

Bei einigen Froscharten begibt sich ein nicht-quakendes Männchen in die Nähe eines quakenden männlichen Artgenossen und paart sich mit einem Weibchen, das von dem Gesang angelockt wurde.

Die Männchen einer Sonnenfischart bauen Nester und befruchten dort die Eier, welche die von ihnen angelockten Weibchen abgelegt haben. Auch anschließend sind es die Männchen, die sich um die Eier und die Larven kümmern. Männchen, die keine Nester bauen, ahmen manchmal weibliches Verhalten nach – zusammen mit laichenden Weibchen kommen sie in die Nester und geben ihr Sperma ab. Der hart arbeitende Nestbauer zieht also die Brut der Eindringlinge groß.

In Wahrheit handelt es sich um einen genetischen Betrug: In beiden Fällen werden die Gene des legitimen Männchens unter dem Deckmantel der Legitimität durch die der »Ehebrecher« ersetzt.

Vielfalt der Paarungsvorgänge

AKROBATISCHE PAARUNG. So verschieden wie die Mittel der gegenseitigen Anziehung sind auch die Paarungs*umstände*, die sehr anstrengend sein können (etwa wenn Bienenkönigin und männliche Drohnen im Flug zusammenkommen müssen) oder sehr nervenaufreibend (unter Lebensgefahr für die Männchen von Gottesanbeterin und Schwarzer Witwe, die ihre Partner auffressen, wenn diese sich nicht gleich nach der Paarung in Sicherheit bringen). Den vielleicht faszinierendsten Paarungsvorgang kennt man vom Grunion, einem kleinen Fisch, der an den Küsten Kaliforniens lebt. Er hat die Eigenart, sich auf Sandstränden zu paaren und nicht im Wasser. Um dieses Kunststück zu bewerkstelligen, macht er sich die höchsten Wasserstände zunutze. Da an der kalifornischen Küste die höchste Flut gegen Mitternacht eintritt, ist die Legende von dem Fisch entstanden, der bei Mondlicht am Strand tanzt. Diese nächtliche Paarung ist nicht leicht zu beobachten. Doch in den nördlichsten Ausläufern des Golfs von Kalifornien verzögert sich die Flut um viele Stunden, weil das Wasser von der Mündung des Golfs etwa 1500 Kilometer bis zum nördlichen Ende zurücklegen muß. Dort wird der höchste Wasserstand am frühen Nachmittag erreicht, so daß die Massenpaarung der Grunions bei hellem Tageslicht stattfindet.

Der Anblick ist unvergeßlich: Eine große Welle bricht sich auf dem leeren Strand, und wenn sie abläuft, ist der Strand mit Tausenden von Fischen bedeckt. Die Weibchen stehen auf der Schwanzflosse und graben, von mehreren Männchen umgeben, mit rasenden Drehbewegungen des ganzen Körpers ein Loch in den Sand. Im Handumdrehen sind die Eier abgelegt und ist das Sperma in das Sandloch ejakuliert. Nach wenigen Sekunden wird alles von einer zweiten Welle bedeckt, nach deren Ablaufen der Strand wieder glatt und leer ist. Über die Löcher ist Sand gewaschen worden und hat die befruchteten Eier bedeckt, die dort einen Teil ihrer Entwicklung erleben werden. Beim nächsten hohen Wasserstand (der nächsten Springflut) wird der Prozeß abgeschlossen, wenn die Fischjungen von der höchsten Welle ins Meer hinausgetragen werden.

Woher wissen die Fische, wohin sie sich begeben müssen und wann das zu geschehen hat? Was treibt sie dazu, sich gemeinsam auf den Sand spülen zu lassen? Und woher wissen die Seemöwen, die sich in der letzten halben Stunde vor der großen Welle am Strand versammeln, daß ihre Mahlzeit nicht mehr lange auf sich warten läßt? Das sind noch immer Rätsel.

PAARUNG MIT TODESFOLGE. Einige Tiere haben einen merkwürdigen Lebenszyklus. Sie paaren sich nicht während des größten Teils ihres Lebens, sondern veranstalten an seinem Ende eine wahre Paarungsorgie, um kurz danach zu sterben. Ein bekanntes Beispiel sind die

Lachse: Sie verlassen den Fluß, in dem sie geboren wurden, schwimmen ins Meer und kehren später zurück, wenn sie der charakteristische Geruch des Wassers anzieht. Nach heftigen Kämpfen der Männchen erfolgt die Paarung. Danach altern die Männchen rasch und sterben. Einen ähnlichen Lebenszyklus haben einige Beutelmäuse in Australien.

Auch viele Pflanzen sind diesem Zyklus unterworfen. Sehr bekannt ist die Agave, die in einer letzten Mobilisierung ihrer Kräfte eine spektakuläre Blütenpracht entfaltet, so daß sie eher wie ein Baum als wie eine Blume aussieht.

Die Gründe für diese merkwürdigen Zyklen sind unbekannt, und obwohl wir gern glauben, es gäbe für alles einen Grund, ist das hier möglicherweise nicht der Fall. Untersucht man die Umstände, unter denen solche Lebenszyklen ablaufen, dann stellt man fest, daß sie den Besonderheiten der Umwelt, in der die Organismen leben, sehr gut angepaßt sind. Zwar können wir feststellen, daß dies ihrem Überleben dient, doch ist damit noch keineswegs erklärt, warum es die betreffenden Organismen überhaupt gibt. Der Grund dafür liegt wahrscheinlich in der Geschichte ihrer DNAs verborgen und hat möglicherweise nichts mit der Umwelt zu tun. Wir werden uns mit diesem Aspekt noch einmal in Kapitel 20 beschäftigen.

Das rasche Altern der Männchen – beim Lachs etwa – nach Erfüllung ihrer Fortpflanzungsfunktion ist ein weiteres Rätsel. Allerdings sind die Alterungsprozesse insgesamt noch ziemlich ungeklärt. Bei allen Lebewesen scheinen sie einem geheimnisvollen Programm zu folgen. Da wir das Programm ganz allgemein noch nicht verstehen, können wir natürlich auch nicht die Besonderheiten irgendeines gegebenen Programms erklären.

SEXUALITÄT UND ÄSTHETIK. Die Paarungssignale, die von den Tieren verwendet werden, lassen sich, nach menschlichen Kriterien, als künstlerischer Ausdruck werten. Die Schönheit des Partners ist ein entscheidender Faktor der sexuellen Anziehungskraft. Die Schönheit einer Spinne oder eines Orang-Utans mag uns verborgen bleiben, doch Schönheit liegt im Auge des Betrachters. (Wahrscheinlich hätte ein männlicher Orang-Utan wenig Sinn für die Schönheit einer Frau.) Musik ist das sexuelle Lockmittel im Gesang der Vögel, Rhythmus im Blinken der Leuchtwürmer, Architektur in den Werken des Laubenvogels, Farben im Gefieder der Vögel und Duftstoffe in der Balz der Motten und vieler anderer Tiere.

Für die sexuelle Anziehungskraft des Menschen spielen alle diese Aspekte eine Rolle: Schönheit, Gesang, das ansprechend eingerichtete Schlafzimmer, die betonten Farben von Lippen und Gesicht, der Rhythmus der Bewegungen beim Tanzen, der parfümierte Körper. Die Menschen sind allerdings einen Schritt über die Tiere hinausgegangen. Sie haben die Bedeutung dieser Lockmittel aus dem unmittelbaren Kontext herausgelöst und sie zu ästhetischen Erfahrungen weiterentwickelt, die großenteils nichts mehr mit Sexualität zu tun haben.

Das Sexualverhalten

Betrachtet man all diese faszinierenden Aspekte der Kommunikation und Interaktion, die nur das eine Ziel haben, Nachkommen hervorzubringen, so zeigt sich, welche wichtige Rolle das Gehirn bei der Ausübung der Sexualfunktionen spielt. Bei den Tieren, die diese erstaunlichen Leistungen vollbringen, hat die DNA die Fortpflanzungsfunktionen an viele Körperteile delegiert, die im Lauf der Entwicklung des Organismus entstanden sind. Natürlich hat die DNA diese Komplexe geformt, indem sie ein entsprechendes System von Genen angelegt und dieses während der Evolution ständig perfektioniert hat. Doch soweit es die Erfüllung der Sexualfunktionen angeht, muß die DNA passiv warten, bis die Befruchtung stattfindet. Da die DNA die direkte Kontrolle über die Fortpflanzung aus der Hand gegeben hat, kann sie nur noch die Gene verändern und hoffen, daß der Prozeß hierdurch effizienter wird. Das Gehirn scheint der DNA weit entrückt zu sein, ist aber natürlich selbst eine Schöpfung der DNA.

Bei diversen Arten wirken die Gene unmittelbar auf einige Elemente des Verhaltensmusters ein, das bereits im Gehirn des Neugeborenen festgelegt ist. Dieses Verhalten geht direkt auf die Organisation des Neuronennetzes zurück. Ohne Zweifel ist es nicht erlernt, denn es entwickelt sich auch dann, wenn man Individuen allein aufzieht. Es handelt sich um Erbmerkmale der Art. Diese Verhaltenskomponenten sind als Reaktionen anzusehen, die bei entsprechend vorbereiteten Individuen durch verschiedene Formen sexuell bestimmter Kommunikation ausgelöst werden. Jedes dieser Verhaltensmuster umfaßt eine Reihe von Handlungen, die nacheinander in einer extrem reproduzierbaren Sequenz stattfinden. Man spricht von *festgelegten Handlungsmustern*.

Bei komplexeren Organismen enthält das Sexualverhalten Elemente, die festgelegt sind, und andere, die sich durch Lernen verändern lassen und die sich deshalb von Individuum zu Individuum beziehungsweise von Situation zu Situation unterscheiden. Mit der Einführung des Lernens in den lebenswichtigen Prozeß der Fortpflanzung ist die DNA ihr größtes Wagnis eingegangen. Dadurch wird der Ablauf der Ereignisse der genetischen Kontrolle weitgehend entzogen. Diese Methode mag sich eingespielt haben, weil sie entscheidende Vorteile bietet; sie kann aber auch einen Kompromiß darstellen. Vielleicht mußte die DNA, als das Lernen auf der Bildfläche erschien, irgend etwas damit anfangen und es ihren Fortpflanzungszwecken unterordnen. Die DNA hatte Erfolg, weil das Lernen zu einem Werkzeug der Fortpflanzung geworden ist. Der Kompromiß – falls es einer war – funktioniert gut, schafft aber auch Probleme.

Sogar bei Tieren, die erlerntes Verhalten an den Tag legen, können die festgelegten Elemente noch viel Raum einnehmen. Überdies sind sie manchmal so kompliziert, daß sich nur schwer entscheiden läßt, ob sie erlernt oder angeboren sind. Nehmen wir zum Beispiel das Nestbauverhalten der Vögel. Weibliche Vögel einer bestimmten Art suchen sich besondere Baumaterialien – etwa kleine Zweige (oft nur von einem bestimmten Baum) oder eine ganz besondere Grasart – und fügen sie zu ziemlich komplexen Bauwerken zusammen. Das Ganze scheint sehr genau durchdacht zu sein. Doch der Bauplan geht nicht auf einen »Denkvorgang« beim Vogel zurück. Wenn ein Weibchen in einem Käfig gehalten wird, wo kein geeignetes Material vorhanden ist, versucht es, seine langen Federn als Stöckchen zu benutzen, obwohl diese an seinem Körper festsitzen und das Tier sie nicht losbekommt. Ein unerfahrenes Rattenweibchen, das man mit unbrauchbarem Baumaterial versorgt, versucht in ähnlicher Weise, ein Nest aus Luft zu bauen: Es führt alle zum Bau notwendigen Bewegungen aus, formt ein nichtvorhandenes Dach und glättet imaginäre Wände.

Wie stark sich das Lernen auf angeborenes Verhalten auswirkt, zeigt sich sehr deutlich bei Vögeln. Wenn junge Männchen in einer schallosen Umgebung (etwa einem schalldichten Raum) aufgezogen werden, entwickeln sie nur ein rudimentäres Gesangsrepertoire. Sind sie dagegen mit erwachsenen Vögeln ihrer Art zusammen, so ergänzen sie ihr Repertoire durch Lernen. Allerdings lernen sie zumeist Gesänge, die für ihre Art charakteristisch sind. Der Gesang ist also prinzipiell in einem genetisch festgelegten Schaltnetz des Gehirns eingetragen. Das Lernen ermöglicht entweder den vollständigen Ausdruck des eingeschriebenen Programms, oder es fügt Tonfolgen hinzu, die sich mit ihm vertragen. Genetisch vorgegeben ist auch die Reaktionsbereitschaft des weiblichen Vogels, die bei den Gesängen der eigenen Art am größten ist.

Wie aber wird sexuelles Verhalten in das Neuronennetz eingeschrieben? Es sollte möglich sein, zumindest die genetisch festgelegte Organisation nachzuzeichnen, die eigentlich zum Netzwerk des Gehirns gehören müßte. Wir werden uns noch Beobachtungen zuwenden, die an der weiblichen Ratte gemacht worden sind (S. 282 ff.).

Sexualität und Gehirn

Gewöhnlich gilt das Gehirn als Organ, das für die Wahrnehmung verantwortlich ist, für die Analyse komplexer Informationen und für die Entwicklung von Handlungsanweisungen auf der Basis solcher Informationen. Das ist die logische Funktion des Gehirncomputers. Doch wie in Kapitel 8 gezeigt, hat das Gehirn auch eine andere Seite, die für die Sexualität eine besondere Rolle spielt: Es ist ein chemisches Labor, das Hormone herstellt. Der Hypothalamus enthält sowohl die hormonbildenden Nervenzellen als auch Nervenzellen, die auf die Geschlechtshormone der Keimdrüsen reagieren. Diese Hormone erreichen das Gehirn über das Blut und verändern die Reaktionen der Nervenzellen auf die eintreffenden Signale.

Der Hypothalamus und benachbarte Nervenzentren sind die wichtigsten Steuerinstanzen der Sexualität. Sie kontrollieren die Bildung der Geschlechtshormone in den Keimdrüsen und koordinieren das Sexualverhalten. Die Koordination beruht einerseits auf Informationen über die Partnererkennung, andererseits aber auch auf Informationen allgemeiner Art, die für das Sexualverhalten relevant sind – etwa über die Länge des Tageslichtes, das Nahrungsangebot, die Jahreszeit usw. Die zu den Nervenzentren gelangenden Hormone beeinflussen sowohl diese Koordination als auch ihre Auswirkungen.

Die Sexualuhr

Bei Säugetieren wird die zyklische Zu- und Abnahme der beiden weiblichen Geschlechtshormone Östrogen und Progesteron durch eine im Hypothalamus gelegene Sexualuhr gesteuert, die, wie in Kapitel 8 gezeigt, über die Hypophyse auf den Körper einwirkt. Bei männlichen wie weiblichen Individuen wird diese Kontrolle der Sexualfunktionen letztlich durch zwei Hypophysenhormone ausgeübt, welche die Keimdrüsen beeinflussen: durch das follikelstimulierende Hormon (FSH) und das luteinisierende Hormon (LH). Diese Hormone wirken auf die Eierstöcke der Weibchen und die Hoden der Männchen ein. In Kapitel 8 sahen wir auch, daß beim Weibchen das FSH, sobald es den Eierstock über das Blut erreicht hat, die Reifung eines Follikels und die Östrogensynthese stimuliert. Im Gegensatz dazu bewirkt LH das Platzen des Follikels und die Freisetzung der Eizelle, den Eisprung also. Nach dem Eisprung wird der Follikel in den Gelbkörper (Corpus luteum) umgewandelt, der das Progesteron bildet. Beim männlichen Individuum fördert FSH die Entwicklung der Hoden und die Spermabildung, LH die Produktion der männlichen Hormone, der Androgene. FSH und LH dürfen nicht gleichzeitig wirken, wenn der zyklische Charakter der Eierstockfunktionen erhalten bleiben soll. Doch das wird verhindert, weil auch die Bildung der beiden Hormone in der Hypophyse zyklisch ist.

Für den zyklischen Charakter sorgt das Zusammenwirken vielfältiger stimulierender wie inhibierender (hemmender) Signale. Stimulierend ist beispielsweise die Wirkung des in der Hypophyse gebildeten FSH auf die Östrogenproduktion im Eierstock oder des ebenfalls in der Hypophyse entstehenden LH auf die Progesteronbildung in den Eierstöcken. Inhibierend wirken sich Östrogene auf die Ausschüttung von FSH durch die Hypophyse und Progesteron auf die Freisetzung von LH aus. Durch diese Wechselwirkungen entsteht die Periodizität des Eisprungs. Das Hypothalamushormon bewirkt die Bildung von FSH in der Hypophyse, das seinerseits die Herstellung von Östrogen in den Eierstöcken stimuliert. Da Östrogen die weitere FSH-Bildung inhibiert, schaltet die Hypophyse auf die Produktion von LH um, das den Eisprung und die Progesteronbildung in den Eierstöcken veranlaßt. Doch Progesteron hemmt die LH-Bildung; deshalb kehrt die Hypophyse unter dem Einfluß von Hypothalamushormonen wieder zur FSH-Bildung zurück. Dieser Zyklus setzt sich fort, solange unreife Eizellen in den Eierstöcken vorhanden sind. Bei jedem Zyklus reifen ein oder mehrere Eier und entwickeln aktive Follikel, welche die Eierstockhormone bilden. Wenn der Vorrat an unreifen Eizellen verbraucht ist, werden keine Follikel mehr gebildet und keine Hormone mehr von den Eierstöcken hergestellt.

Neben diesen Regelkreisen, die die Keimdrüsen mit dem Hypothalamus und der Hypophyse verbinden, gibt es noch weitere für das zyklische Sexualverhalten entscheidende Rückkopplungsschleifen zwischen dem Hypothalamus und anderen Gehirnregionen. Die Sexualuhr umfaßt viele Teile des Gehirns, die sowohl sekretorische wie informationsverarbeitende Funktionen wahrnehmen. Wie gut das Feedbacksystem bei einem Tier funktioniert, läßt sich durch eine Östrogeninjektion feststellen: Ein weibliches Individuum, das einen regelmäßigen Zyklus hat, reagiert mit der Bildung von LH (der Feedbackreaktion).

Die Funktionen der hormonellen Sexualuhr sind sehr genau aufeinander abgestimmt. Beim weiblichen Menschen bewirkt jeder neue FSH-Schub gewöhnlich die Reifung von nur einer einzigen Eizelle. Im Gegensatz dazu reifen bei Frauen, die FSH gegen Sterilität erhalten, häufig mehrere Eizellen, was zu Mehrlingsschwangerschaften von bis zu sechs oder sieben Föten führt. Die natürliche Ausschüttung des Hormons unterscheidet sich von seiner künstlichen Verabreichung durch die Rate, mit der es die Zielorgane – Eierstöcke, Hypophyse und Gehirn – erreicht. Der Unterschied beweist, wie präzise die Sexualuhr arbeitet.

Bei den Weibchen von Katzen oder Kaninchen bleibt die Sexualuhr kurz vor dem Eisprung stehen – die reife Eizelle wird nicht freigegeben, sondern verharrt im Follikel. Der LH-Schub wird durch Reize ausgelöst, die das Gehirn während der Paarung erreichen, und bewirkt seinerseits rasch den Eisprung. Dieses Steuersystem ist wichtig für Tiere, die allein leben und bei denen es selten zu Begegnungen mit Individuen des anderen Geschlechts kommt. Unter diesen Umständen sind nämlich die Befruchtungsaussichten bei einer vereinzelten Begegnung sehr viel größer. Überdies erreicht die Eizelle die Gebärmutter etwa zur gleichen Zeit wie das von der Scheide kommende Sperma – ein Umstand, der demselben Ziel dient. Es hat also den Anschein, als habe sich diese Art der Regulierung im Lauf der Evolution infolge des isolierten Lebens dieser Tiere entwickelt. Doch auch das Gegenteil könnte zutreffen: daß nämlich die besondere Regulierung der Sexualuhr sich zuerst entwickelt und es dem Tier ermöglicht hätte, seine isolierte Lebensweise aufzunehmen.

Auch beim männlichen Individuum unterliegt die Ausschüttung der Hypophysenhormone der Kontrolle des Hypothalamushormons (GnRH), doch werden FSH, LH und die Geschlechtshormone von der Hypophyse nicht in zyklischem Rhythmus abgegeben. Auf eine Östrogeninjektion erfolgt keine Feedbackreaktion. Bei Männchen umfaßt das Regulationssystem verschiedene Nervenzentren des Hypothalamus. Trotzdem spielt das Steuerhormon des Hypothalamus auch bei männlichen Individuen eine wichtige Rolle, wie seine Fähigkeit zeigt, die sexuelle Aktivität von Männern zu steigern, bei denen die Bildung von Hypophysenhormonen beeinträchtigt ist.

Die (zyklische oder kontinuierliche) Bildung der Geschlechtshormone, die diesen Steuermechanismen unterworfen ist, ist nicht von den Mengen der ausgeschütteten Hormone abhängig, die in der Kindheit gering und nach der Pubertät sehr viel höher sind. Die eigentliche Pubertät findet im Gehirn statt: Die Reaktion der Nervenzellen des Hypothalamus auf die Steuereinflüsse der Hormone verändert sich progressiv.

Ein weiterer Einfluß des Gehirns auf die Bildung von Geschlechtshormonen ist von äußeren Faktoren abhängig, die sich nachhaltig auf die Fortpflanzung auswirken. Einer dieser Faktoren ist die Tageslänge, die über die im Hirnzentrum gelegene Zirbeldrüse wirkt (vgl. Kap. 8). Wie wichtig der Einfluß der Tageslänge auf die Fortpflanzung ist, wird durch die jahreszeitlichen Klimaveränderungen – verknüpft mit der Tatsache, daß Junge nicht geboren werden dürfen, wenn die Jahreszeit ungünstig ist – belegt. Die geeignete Jahreszeit kann auch durch andere Veränderungen signalisiert werden. Für eine bestimmte Beutelmausart sind die Signale Pflanzenprodukte, die anzeigen, ob die Wachstumszeit anfängt oder zu Ende geht. Bei diesem Tier stimuliert ein Produkt wachsender Sämlinge die Bildung der Geschlechtshormone und damit die Fortpflanzung, während ein Produkt reifen Grases diese Prozesse blockiert. In der unberechenbaren Umwelt, in der dieses Tier lebt, ist es von entscheidender Bedeutung, daß die Wachstumszeit eindeutig erkannt wird.

Die Regulierung des Sexualverhaltens

Die unterschiedliche Funktionsweise des Hypothalamus-Keimdrüsensystems bei männlichen und weiblichen Individuen zeigt, daß sich ihre Gehirne unterscheiden. Die Frage, worin diese Unterschiede liegen, läßt sich nur teilweise beantworten, weil das Gehirn ein außerordentlich komplexes Organ ist. Es enthält eine große Zahl von Nervenzellen, die über viele Zentren verteilt sind. Sie sind alle durch dicke Faserbündel verbunden, die für die Kommunikation zwischen den Zellen sorgen. Jedes Zentrum ist mit den meisten anderen verknüpft, und wenn eine Entscheidung zu treffen ist, findet eine weitreichende Abstimmung zwischen ihnen statt.

Das Sexualverhalten ist kein isolierter Bereich. Die Entscheidung, ob es aktiviert werden soll oder nicht, orientiert sich an Informationen aus vielen Quellen. Zu ihnen gehören Wahrnehmungen in der Außenwelt, die zeigen, ob die Bedingungen für die Aufzucht von Jungen gut sind. Gibt es genügend Licht, Nahrung, Wasser? Ist die Jahreszeit günstig? Andere Wahrnehmungen liefern Informationen über das Männchen: Sendet es Signale, die seine Paarungsbereitschaft anzeigen? Berührt es den Körper des Weibchens in der richtigen Reihenfolge und an den richtigen Stellen? Gibt es Bedrohungen – befindet sich etwa ein fremdes Männchen in der Nähe? Zur Prüfung gehört auch der Zustand des Weibchens: Ist sein Körper lange genug der Wirkung von Östrogen ausgesetzt gewesen, so daß im Follikel mit einer reifen Eizelle zu rechnen ist? Hat sich in den letzten Stunden die Progesteronausschüttung erhöht, aus der zu schließen ist, daß der Eisprung stattgefunden hat und daß eine Eizelle befruchtungsreif ist?

All dies setzt ein hohes Maß an Abstimmung zwischen den diversen Nervenzentren voraus. Die Daten werden dann dem Hypothalamus zugeleitet, der die eintreffenden Informationen koordiniert. Wenn die Auswertung zeigt, daß die Paarung ratsam ist, läßt der Hypothalamus die Übertragung von Handlungssignalen an die Muskeln zu. So wird ein festgelegtes Verhaltensmuster ausgelöst, das unvermeidlich zur Paarung und zur Befruchtung der Eizelle führt.

Sexualverhalten der weiblichen Ratte

Da man über viele Verhaltensmerkmale der weiblichen Ratte ziemlich genau Bescheid weiß, ist sie oft zu Untersuchungen über das Sexualverhalten herangezogen worden. Die hormonellen Bedingungen lassen sich leicht manipulieren. Die Eierstöcke des Tieres werden als wichtigste Produktionsstätte für Östrogene und Progesteron entfernt, so daß sich die Hormone in Dosen und zu Zeiten verabreichen lassen, die den Experimentalbedingungen am besten entsprechen.

Infolge der hormonellen Manipulationen sind die kastrierten Tiere zunächst nicht zur Paarung bereit. Diese Bereitschaft zeigt sich erst wieder, wenn sie einige Tage lang Östrogen und danach einige Stunden lang Progesteron erhalten haben. Die Hormone wirken auf den Hypothalamus und benachbarte Hirnregionen. Sie dringen in die Nervenzellen ein und binden an die Rezeptormoleküle im Zellkern. Der Hormon-Rezeptor-Komplex aktiviert einige inaktive Gene oder schaltet, umgekehrt, einige aktive Gene ab. Infolgedessen werden einige Nervenzellen empfänglicher und andere weniger empfänglich für die eintreffenden Signale. Auf diese Weise werden die von den Geschlechtshormonen ausgehenden chemischen Signale in einen Funktionswandel des Neuronennetzes übersetzt. Die Hormone erhöhen die Wahrscheinlichkeit, daß das Weibchen in Gegenwart eines Männchens Sexualverhalten zeigt, mithin ganz beträchtlich.

Die Integration vielfältiger Informationen durch den östrogenpräparierten Hypothalamus leitet das Paarungsverhalten ein, und das so behandelte Rattenweibchen durchläuft das Sexualritual nicht anders als normale Weibchen in der entsprechenden Phase des Hormonzyklus. Es schüttelt den Kopf so heftig, daß die Ohren wackeln – eine Darbietung, die auf das Männchen offenbar unwiderstehlich wirkt. Bei dieser aufreizenden Szene stimulieren die Kopfbewegungen den Gleichgewichtsapparat im Ohr der Ratte, wodurch es zu einem selbsterregenden Effekt kommt. Auch diese Information wird dem Hypothalamus zugeleitet, wo sie die Wirksamkeit der Signale, die das Paarungsverhalten auslösen, zusätzlich erhöht. Daraufhin verfällt das Weibchen in eine rasche Hin- und Herbewegung, schiebt sich rückwärts auf das Männchen zu, hält plötzlich inne und macht so den Wunsch deutlich, gedeckt zu werden. In Reaktion darauf packt das Männchen den Rücken des Weibchens mit seinen Pfoten, drückt ihn heftig und stößt seinen Penis gegen die Haut in der Umgebung der Scheide und des Anus, dergestalt die eigene Paarungsbereitschaft signalisierend.

Zu diesem Zeitpunkt ist das Haupthindernis die normale Haltung des Weibchens. Die Scheide ist dem Boden zugekehrt, so daß sich der Penis nicht einführen läßt. Die ausgedehnte Hautreizung durch die Pfoten und den Penis des Männchens rufen einen automatischen Reflex hervor: Das Weibchen kauert sich mit dem Bauch gegen den Boden und hebt das Hinterteil, so daß die Scheide zugänglich wird. Daraufhin erfolgen Einführung und Befruchtung automatisch.

Die Rolle des Neuronennetzes beim Paarungsverhalten der Ratte

Der eben beschriebene Kauerreflex ist für das Sexualverhalten des Rattenweibchens charakteristisch und für die Paarung von entscheidender Bedeutung. Aus der Untersuchung dieses Reflexes hat man viele Erkenntnisse gewonnen. Laboruntersuchungen haben gezeigt, daß zur Auslöung des Reflexes ein Druck auf große Hautbereiche –

von der untersten Brustwarze bis zur Scheide – erforderlich ist. Je heftiger dieser Bereich durch die Pfoten oder den Penis des Männchens stimuliert wird, desto rascher kommt es zum Kauerreflex. Aus Hirnstudien wissen wir, daß die von der stimulierten Region kommenden Signale von Nervenzellen im Rückenmark empfangen werden; diese sind unmittelbar mit den für die Aktivierung der Kauermuskeln verantwortlichen Nervenzellen verbunden. So können die Signale auf dem kurzen Weg über das Rückenmark an die Muskeln weitergegeben werden und einen Kauerreflex ohne Intervention des Gehirns auslösen. Allerdings ist dieser Weg normalerweise durch lokale inhibitorische Schaltkreise blockiert.

Die Steuerung des Kauerreflexes ist in die allgemeine Hierarchie der Zentren des Zentralnervensystems eingegliedert (vgl. Kap. 18). Obwohl er über den beschriebenen sehr kurzen Weg ablaufen könnte, geschieht das nicht: Der Reflex bleibt unter Kontrolle, bis das Gehirn grünes Licht gibt. Die Information von der stimulierten Haut gelangt ins Gehirn, wo sie an viele Zentren weitergegeben wird. Dort wird die Information mit einer Fülle von Daten aus anderen Quellen kombiniert und zu den Steuerzentren des Hypothalamus zurückgeleitet. Nach Auswertung aller Informationen geben diese schließlich das Startzeichen für den Reflex. Sie ermöglichen das Ablaufen des Reflexes, indem sie die Blockierung aufheben, die ihn normalerweise verhindert.

Die Steuerung des Kauerreflexes erfolgt also auf die gleiche Weise wie die des Bremssystems in einem Zug. Die Bremsen werden durch Druckluft offengehalten, die auf kräftige Federn einwirkt. Wenn der Lokführer ein Ventil öffnet und dadurch den Luftdruck senkt, werden die Bremsen von den Federn geschlossen. Die Federn entsprechen den Einflüssen, die den kurzen Weg über das Rückenmark blockieren. Bei der Auslösung des Reflexes ist die Wirkung des Hypothalamus mit dem Luftdruck zu vergleichen, der erforderlich ist, um die Bremsen zu lösen. Wenn das Rückenmark so verletzt wird, daß es die Gehirnsignale nicht mehr empfangen kann, findet der Kauerreflex nicht mehr statt. Das ist so, als würde man die Druckluftschläuche zwischen den Waggons und der Lokomotive eines Zuges unterbrechen: Die Bremsen würden sofort greifen.

Die Gehirnzentren, die als Steuerinstanzen am Kauerverhalten beteiligt sind, lassen sich anhand dessen, was wir von diesem Verhalten wissen, genauer bestimmen. Die elektrische Stimulation dieser Zentren muß das Verhalten auslösen, ihre Zerstörung zu ihrem völligen

Verschwinden führen, und eine Östrogeninjektion in diese Zentren muß das Verhalten anbahnen. Mit Hilfe dieser drei Vorgänge lassen sich zwei Hypothalamuszentren als entscheidend für das Kauerverhalten identifizieren. Sie sind praktisch mit dem ganzen Gehirn verbunden und integrieren deshalb Informationen, die aus den verschiedensten Quellen stammen – auch aus dem Gedächtnis, das frühere Erfahrungen speichert. In diesen Zentren bindet Östrogen an eine spezielle Klasse von Nervenzellen, die wahrscheinlich die von den Hormonen übermittelten Informationen mit den Nervensignalen verbinden.

Das Sexualverhalten der männlichen Ratte scheint im Prinzip genauso gesteuert zu werden wie das des Weibchens. Allerdings befinden sich die Steuerneuronen, obwohl sie in der gleichen Gehirnregion liegen, in anderen Zentren und binden Androgene.

Eine sensible Phase in der Geschlechtsbestimmung des Gehirns

Der Hypothalamus und benachbarte Zentren sind also entscheidende Koordinierungsstationen für das Sexualverhalten von weiblichen und männlichen Tieren. Doch wie kommt es zu einer weiblichen oder männlichen Orientierung des Hypothalamus? Bei beiden Geschlechtern ist der Hypothalamus zunächst neutral und in der Lage, sowohl männliches wie weibliches Verhalten auszulösen. Dies läßt sich bei Amphibien nachweisen, wenn man in ihrem Gehirn auf verschiedenen Ebenen Schnitte durchführt: Einige Schnitte veranlassen weibliche Tiere, auf Paarungsreize nach männlicher Art zu reagieren. Wie kommt es aber dazu, daß ein Tier gewöhnlich nur auf eine Weise reagiert, nämlich entweder als Männchen oder als Weibchen? In einer bestimmten Entwicklungsphase legt sich der Hypothalamus auf ein Geschlecht fest, so daß er fortan nur noch diejenigen Funktionen wahrnimmt, die für dieses Geschlecht charakteristisch sind. Diese Festlegung beruht auf bestimmten Verbindungen zwischen Nervenzellen – Verbindungen, die bei Männchen und Weibchen unterschiedlich sind.

Bei der Ratte ist die Antwort auf die Frage, wie sich der Hypothalamus sexuell differenziert, eindeutig und ziemlich überraschend: Die Differenzierung wird nicht durch genetische Unterschiede bestimmt, sondern durch die Geschlechtshormone, die in einer sensiblen Phase auf die Gehirnentwicklung einwirken. Diese sensible Phase deckt sich nicht mit der im vorigen Kapitel erörterten Periode, in der die Differenzierung der Gonaden stattfindet. Bei Säugetieren liegt sie spät, entweder am Ende des fötalen Lebens oder unmittelbar nach der Geburt; der Zeitpunkt läßt sich durch Manipulation der für die Festlegung verantwortlichen Hormone bestimmen. Zu Anfang der entscheidenden Phase werden kleine Androgenkristalle in die Hypothalamuszentren eingelagert, die das Sexualverhalten einer weiblichen Ratte festlegen. Dieser Vorgang verschiebt das Gleichgewicht der in den Nervenzellen des Hypothalamus eintreffenden Hormone zum männlichen Ende des Spektrums. Infolgedessen wird das Tier, wenn es ausgewachsen ist, männliches Paarungsverhalten an den Tag legen, keine zyklische Ausschüttung der Hypophysenhormone FSH und LH erleben und keine LH-Feedbackreaktion auf Östrogen zeigen. In diesem genetisch weiblichen Tier sind die Verknüpfungsmuster zwischen den Nervenzellen im Hypothalamus und anderen Hirnsystemen von männlicher Art. Die Ratte verliert ihre Weiblichkeit und wird männlich. Die Folgen sind von Dauer und lassen sich durch anschließende hormonelle Manipulationen nicht mehr rückgängig machen. Experimente haben gezeigt, daß bei der Ratte die sensible Phase einen Zeitraum von zwei Wochen nach der Geburt umfaßt.

Vergleichbare Verhaltensänderungen lassen sich auch beim Männchen hervorrufen. So kommt bei einer männlichen Ratte, wenn man sie in der sensiblen Phase kastriert, jene zugrunde liegende Weiblichkeit zum Vorschein, die in Arten mit dem weiblichen Geschlecht XX anzutreffen ist. Das Tier nimmt weibliches Verhalten an, welches überdauert, auch wenn man ihm später Hoden implantiert. Setzt man ihm statt dessen Eierstöcke ein, entwickelt es ein zyklisches Muster der Hormonausschüttung.

Findet die Androgeneinlagerung beim Weibchen oder die Kastration des Männchens erst nach Abschluß der sensiblen Phase statt, bleiben sie ohne Wirkung: Das Sexualverhalten des Tieres ist inzwischen irreversibel geworden. Tiere, deren sexuelle Verhaltensorientierung durch hormonelle Behandlung verändert wird, behalten unveränderte Keimdrüsen (denn diese werden zu einem früheren Zeitpunkt bestimmt). Trotz der Verhaltensänderung bleiben Hoden bzw. Eierstöcke erhalten. Damit bleibt natürlich auch die Keimzellenart, die das Individuum produzieren kann, unverändert.

Die Hormone haben in der sensiblen Phase deshalb so tiefreichende Konsequenzen, weil die Nervenzellen des Hypothalamus in diesem Zeitraum ihre Verbindungen herstellen. Welche Verbindungen entstehen, hängt von der Art des Hormons ab, das auf die Zellen einwirkt. Dieser Modulationseffekt der Geschlechtshormone ist ein interessantes Beispiel für die Beeinflussung der Gehirnentwicklung durch äußere Faktoren. In Kapitel 18 werden wir noch sehen, daß das Gehirn während seiner Entwicklung sehr formbar ist und sich vielen Umweltbedingungen anpaßt. Im Gehirn eintreffende Nervensignale und Hormone sind von großer Bedeutung für die endgültige Form der Gehirnvernetzung.

Variationen zum gleichen Thema

Der jeweilige Einfluß der Geschlechtshormone auf die Gehirnzellen während der sensiblen Phase ist von Art zu Art sehr verschieden. Beispielsweise hat man herausgefunden, daß bei Ratten, die mit Androgen behandelt wurden, die betroffenen Nervenzellen paradoxerweise auf Östrogen reagieren, das sie aus dem Androgen herstellen. Die Zellen der männnlichen Ratte empfangen die sexuellen Signale also in Form von Androgen, das aber, um wirksam sein zu können, erst in Östrogen umgewandelt werden muß. Warum hat dann das vom Weibchen hergestellte Östrogen keinen maskulinisierenden Effekt? Die Antwort ist seltsam: Während der kritischen Phase erreicht das in den Keimdrüsen gebildete Östrogen die Gehirnzellen nicht, sondern wird durch ein spezielles Protein – welches Östrogen, aber nicht Androgen bindet – im Blut festgehalten. Der Mechanismus zur Festlegung des Sexualverhaltens beruht also auf einem Protein, das direkt weder etwas mit Sexualität noch mit Verhalten zu tun hat.

Das aus Androgen hergestellte Östrogen scheint auch beim Menschen das Maskulinisierungssignal zu sein, während bei vielen anderen Arten Androgen direkt wirkt. Bei verschiedenen Arten könnte die männliche Orientierung des Gehirns darüber hinaus durch unterschiedliche Androgene bewirkt werden. Möglicherweise wird bei einigen Arten die Entwicklung des Gehirns sogar durch eine andere Androgenart festgelegt als die für die Entwicklung der Geschlechtsorgane verantwortliche. Doch trotz verschiedener Spielarten und Besonderheiten ist das Ergebnis bei allen Arten sehr ähnlich. Das Erreichen gleicher Ziele auf sehr verschiedenen Wegen ist charakteristisch für die Natur – eine Beobachtung, die auch für andere Erscheinungen gilt. Wenn sich ein bestimmtes Ergebnis auf vielen Wegen erreichen läßt, hängt der von einer gegebenen Art tatsächlich eingeschlagene Weg von vielen, oft unwägbaren Merkmalen dieser Art ab. Die Natur ist mit jedem Weg einverstanden, vorausgesetzt, er führt zum Ziel.

Es gibt noch einen weiteren interessanten Aspekt der hormonellen Veränderungen während der sensiblen Phase. Möglicherweise beeinflussen sie in unterschiedlichem Maß die verschiedenen Merkmale, die zusammen das Sexualverhalten konstituieren. Bei den Männchen einiger Arten wurden neben dem Paarungsverhalten noch weitere Äußerungsformen untersucht – etwa Feedbackreaktion des LH auf Östrogen, Aggression, Haltung beim Urinieren, Markierung des Territoriums, Vokalisierung –, und hier zeigten sich recht unterschiedliche Reaktionen auf die Einlagerung von Androgenen im Hypothalamus. Die Beobachtungen ließen darauf schließen, daß Verhaltensmerkmale unabhängig kontrolliert werden, vermutlich durch verschiedene Gruppen von Nervenzellen, und daß die verschiedenen Gruppen möglicherweise auf unterschiedliche Weise von den unkontrollierten Variablen der Experimente beeinflußt werden, beispielsweise dem genauen Ort der Androgeneinlagerung, der Reichweite der Hormonausbreitung oder dem Entwicklungszustand des Gehirns zum Zeitpunkt des Experiments. Diese Beobachtungen erklären vielleicht, warum beim Menschen Männer, denen Androgenrezeptoren in den Zielzellen fehlen, zwar in allen anderen Merkmalen feminisiert sind, aber den normalen männlichen, das heißt nichtzyklischen, Rhythmus der LH-Ausschüttung beibehalten.

Geschlechtshormone bei erwachsenen Individuen

Bei erwachsenen Individuen beiderlei Geschlechts können die Gehirnzentren ihre Funktionen nur wahrnehmen, wenn die entsprechenden Geschlechtshormone ständig zugegen sind. Wird die Hormonversorgung beispielsweise durch Kastration unterbunden, so setzt auch das Sexualverhalten aus. Bei kastrierten Weibchen tritt die Veränderung in der Regel rasch ein, vor allem bei bestimmten Arten wie zum Beispiel der Ratte, während der Prozeß bei Männchen langsamer abläuft. Wenn man männliche Hunde kastriert, kann es Jahre dauern, bevor die Veränderung abgeschlossen ist. Der Vorgang ist reversibel: Das entsprechende Sexualverhalten stellt sich erneut ein, sobald die Hormonversorgung wieder stattfindet. Eine ausgewachsene weibliche Ratte, die durch Kastration defeminisiert wurde, kann durch eine Verabreichung von Östrogen und Progesteron in der richtigen Reihenfolge wieder feminisiert werden.

Besonders spektakulär wirken sich Geschlechtshormone auf den Gesang von Vögeln aus. Normalerweise singt das Männchen und nicht das Weibchen, weil die verschiedenen Gehirnzentren, die den Gesang steuern, bei Männchen höher entwickelt sind als bei Weibchen. Die Größe des Zentrums, von der der Umfang des Gesangsrepertoires abhängt, nimmt in dem gleichen Maße zu und ab, wie der Vogel mit männlichem Hormon versorgt wird. Die Zentren, die bei frisch geschlüpften Männchen klein sind, wachsen in der Pubertät, und die Vögel beginnen zu singen. Im Frühling, wenn die Gesangsaktivität einen Höhepunkt erreicht, gewinnen auch die Zentren ihre maximale Größe, während sie im Sommer schrumpfen, wenn sowohl die Produktion des männlichen Hormons als auch die Gesangsaktivität zurückgeht. Kastriert man ein ausgewachsenes Weibchen des Kanarienvogels und gibt ihm dann Androgene, entwickeln sich die für den Gesang zuständigen Gehirnzentren wie beim Männchen, und das Weibchen lernt, fast wie ein Männchen zu singen. Die Zentren vergrößern sich, weil die konstituierenden Neuronen an Zahl und Größe zunehmen (verursacht durch die Vermehrung der Reservezellen) und weil auch die Anzahl ihrer Verbindungen wächst.

Die Wirkung der Hormone ist beim ausgewachsenen Gehirn jedoch der Steuerung durch das Gehirn unterworfen. Beispielsweise regt Androgen bei einer männlichen Lachtaube das Paarungsverhalten nur an, wenn der Vogel eine Zeitlang mit Weibchen zusammengelebt und ein gewisses Paarungsinteressse entwickelt hat; andernfalls bleibt das Hormon ohne Wirkung. Ein ähnlicher Einfluß des Gehirns läßt sich bei männlichen Affen beobachten. Bei diesen Tieren nimmt die Androgenbildung zu, wenn sie mit Weibchen zusammen sind, doch nur unter sozialen Bedingungen, die eine Paarung zulassen. Bei untergeordneten Männchen, denen normalerweise keine Paarung möglich ist, bleiben die Hormonverhältnisse unverändert. Das Gehirn beeinflußt also sowohl die Reaktion auf Geschlechtshormone als auch ihre Bildung in entscheidender Weise.

Die Evolution des Sexualverhaltens

Bei Wirbellosen und niederen Wirbeltieren scheint das Sexualverhalten vollständig der Kontrolle der Gene unterworfen zu sein. Es ist stereotyp, in hohem Maß artspezifisch und normalerweise auch bei Tieren zu beobachten, die in Isolation aufwachsen. Dagegen ist, wie gezeigt, die Kontrolle bei der weiblichen Ratte sehr viel komplexer. Obwohl zum Sexualverhalten auch ein genetisch programmierter Reflex gehört – das Kauern –, wird dieser doch durch Informationen gesteuert, die das Tier aus den verschiedensten Quellen bezieht und im zuständigen Gehirnzentrum verarbeitet.

Die arttypischen Unterschiede in der Steuerung des Sexualverhaltens sind mit den Unterschieden in der Gehirnentwicklung verknüpft. Durch die Bereitstellung neuer Gehirninstanzen während der Evolution verlieren die alten Zentren zwar nicht ihre angestammte Rolle, müssen sich aber die Kontrolle über das Sexualverhalten mit den neuen Zentren teilen. So haben die Säugetiere, genau wie niedere Wirbeltiere, Zentren an der Gehirnbasis, zum Beispiel den Hypothalamus, die ausschließlich für automatische Reflexe zuständig sind; sie besitzen darüber hinaus allerdings weitere Zentren. Die grundlegenden Steuermechanismen sind noch weitgehend in den alten Zentren untergebracht, werden aber durch eine Fülle von Informationen modifiziert, die von den höheren Gehirnzentren eintreffen. So sind die Reaktionen weniger automatisch und besser abgesichert. Im Widerspruch zum Fortpflanzungsbestreben der DNA wirkt das Gehirn dämpfend auf die Sexualität ein.

Überträgt man diese Beobachtungen auf den Menschen, so ist zu vermuten, daß sein Sexualverhalten durch eine komplexe Mischung aus automatischen Reflexen und differenzierten Gehirnanalysen gesteuert wird. Peniserektion und Spermaejakulation sind Reflexphänomene, doch ihre Steuerung dürfte äußerst kompliziert sein: Das menschliche Repertoire zur Kontrolle eingehender Informationen und zu ihrer Verarbeitung in den betreffenden Gehirnzentren ist weit größer als bei irgendeiner anderen Art. Allerdings wissen wir wenig über die Festlegung menschlichen Sexualverhaltens. So können wir beispielsweise Erkenntnisse über die Ratte nicht direkt auf den Menschen übertragen, weil sich zwei Arten niemals gleichen und weil die Unterschiede zwischen zwei recht weit auseinanderliegenden Arten beträchtlich sein können. Beim Menschen werden wir niemals experimentell verifizieren können, ob das Konzept der sensiblen Phase auf das Sexualverhalten und seine hormonelle Steuerung zutrifft. Selbst beim Affen gibt es keine direkten Anhaltspunkte dafür.

Indirekt bestätigt wird das Konzept allerdings durch die Anomalien bestimmter Männer, die infolge beeinträchtigter Androgenbildung in den Hoden als Föten unter Androgenmangel gelitten haben. Solche Menschen, die mit intersexuellen oder weiblichen Geschlechtsorganen geboren werden – wahrscheinlich weil sich das weibliche XX-Geschlecht bei Mangel an Androgenen durchsetzt –, werden von klein an gewöhnlich als Mädchen behandelt und können als Erwachsene weibliches Sexualverhalten zeigen. Der umgekehrte Effekt zeigt sich bei weiblichen Embryos, bei denen es in der Nebennierenrinde zu übermäßiger Androgenproduktion kommt. In der Kindheit zeigen diese genetisch weiblichen Individuen ein Verhalten, das eher für Jungen als für Mädchen typisch ist. Ohne Zweifel bewirken die Androgene derartige Veränderungen. Wenn die Mutter während der Schwangerschaft Östrogene erhält, verhindern diese die Verhaltensmodifikation, weil sie die Wirkung der Androgene aufheben. Der Mensch scheint also auf Störungen des hormonellen Gleichgewichts während des fötalen Lebens genauso empfindlich zu reagieren wie die Ratte. In den Fällen, die uns bekannt sind, verändert das Ungleichgewicht die Entwicklung der Geschlechtsorgane wie des Sexualverhaltens, vermutlich weil die hormonellen Verhältnisse in beiden sensiblen Phasen gestört sind. Doch wann diese Phasen stattfinden, läßt sich nicht sagen.

Eine weitere sensible Phase?

Manche Forscher vermuten, daß es beim Menschen innerhalb der ersten beiden Lebensjahre noch eine weitere sensible Phase für die Gehirnentwicklung gibt. Die Verhaltensvariable, die in dieser Phase geprägt wird, läßt sich bei Tieren nicht untersuchen. Gemeint ist die Geschlechtsidentität, das heißt, ob sich jemand als Mann oder als Frau fühlt. Es hat den Anschein, als werde das Bewußtsein, männlich oder weiblich zu sein, durch die engen und extensiven Interaktionen, die das Kind vom Augenblick der Geburt an mit seiner Umwelt unterhält, nachhaltig beeinflußt. Die erste Geschlechtsidentifikation des Kindes, sein *Erziehungsgeschlecht* (englisch *sex of rearing*), hängt davon ab, welche Einstellung die Eltern in dieser Phase dem Kind gegenüber zeigen – ob sie es als Mädchen oder Jungen ansehen und ob sie ihm Kleider und Spielzeug anbieten, die für Mädchen oder für Jungen charakteristisch sind. Diese erste Orientierung dürfte zumindest während der Kindheit beträchtlichen Einfluß auf die Identität des Individuums ausüben, muß aber nicht unbedingt auch in das Leben des Erwachsenen hineinreichen.

Häufig kollidiert das Erziehungsgeschlecht mit dem genetischen Geschlecht, wenn die äußeren Geschlechtsorgane bei der Geburt nicht vollständig entwickelt sind, wie es der Fall ist, wenn die Androgenbildung in der fötalen Zeit Mängel aufweist. Dann können genetisch männliche Kinder als Mädchen aufwachsen und sich, vor der Pubertät, auch wie Mädchen verhalten. Doch häufig legt sich der Androgenmangel in der Pubertät von allein, weil in dieser Zeit die Androgenbildung verstärkt einsetzt. Die Entdeckung des wahren Geschlechts ist eine große Überraschung, wenn das »Mädchen« plötzlich Stimmbruch hat und seine Hoden im Unterleib entdeckt werden (weil der Fötus zu wenig Androgen bildete, haben sie sich nicht ins Skrotum abgesenkt). Viele dieser Kinder identifizieren sich rasch mit der männlichen Geschlechtsrolle und behalten sie ohne erkennbare Probleme ihr Leben lang bei.

Dagegen setzen Individuen, die infolge eines Defekts der Androgenrezeptoren in den Zielzellen auf Androgene nicht ansprechen, die weibliche Entwicklung fort und halten auch als Erwachsene die weibliche Geschlechtsidentität aufrecht. Bei diesen Individuen ist die Wirkung der Androgene praktisch blockiert, während sie bei der anderen Gruppe nur eingeschränkt ist. Geschlechtshormone scheinen also eine wichtige Rolle für die Geschlechtsidentifizierung zu spielen.

Die Paarbindung

Überall in der biologischen Welt ist Sexualität der wichtigste Einflußfaktor für die Interaktionen der Individuen. Wie komplex diese Interaktionen sind, hängt von der jeweiligen Art ab. Bei Arten mit einfachster Gehirnorganisation suchen sich die Individuen unterschiedlichen Geschlechts ausschließlich zum Zweck der Paarung, oder sie stellen dauerhafte Beziehungen parasitärer Natur her. Dafür sind schon einige Beispiele genannt worden. Bei höher entwickelten Arten zeigen sich soziale Interaktionsmuster, die auf Sexualität basieren und um so komplexer werden, je komplexer das Gehirn ist. Der Antrieb zu den am weitesten entwickelten Interaktionen ist die

Paarbindung, die sich beim Menschen als das Bedürfnis eines Individuums äußert, eine langfristige Beziehung zu einem anderen Individuum einzugehen, das sowohl die Rolle des Sexualpartners als auch des Gefährten übernimmt. Beim Menschen sind die höchsten Gehirnfunktionen für die Paarbindung verantwortlich – die Funktionen, welche Liebe und Zuneigung zum Ausdruck bringen und die künstlerischen Aktivitäten steuern.

Das Vorkommen oder Fehlen der Paarbindung bei den verschiedenen Tierarten folgt keiner erkennbaren Regel. Viele Säugetiere gehen Paarbindungen ein, andere nicht. Doch Paarbindung ist auch bei niederen Arten sehr häufig, etwa den Vögeln, obwohl es viele Vogelarten gibt, die sich promiskuitiv verhalten. Die Paarbindung nimmt verschiedene Formen an – so kann sie eine Brutsaison oder ein Leben lang dauern – und wird durch bestimmte Rituale am Leben erhalten, die von Zeit zu Zeit stattfinden, vermutlich um das gegenseitige Interesse aufzufrischen. Manche Enten beispielsweise treten zu diesem Zweck Seite an Seite Wasser, in fast aufrechter Haltung, die äußeren Flügel ausgebreitet. Die Rituale unterscheiden sich von Art zu Art und sind wahrscheinlich in die Gene eingeschrieben.

Paarbindung findet häufig in einer Familie statt. Typische Familien enthalten ein fortpflanzungsberechtigtes Paar und von der Fortpflanzung ausgeschlossene Mitglieder, deren Rolle in der Familie erheblich schwanken kann. An dem einen Ende des Spektrums befinden sich die Krallenaffen, bei denen die Familie große Ähnlichkeit mit der des Menschen hat. Am anderen Ende stehen die Großfamilien der Sandgräber, die in Teilen Afrikas unter der Erde leben. Bei ihnen entscheidet die Größe des Tieres über seine Rolle. Die größten Tiere – dazu gehören mehrere Männchen und ein einziges Weibchen – sind für die Fortpflanzung zuständig. Das für die Nachkommenschaft verantwortliche Weibchen scheint ein Pheromon zu bilden, welches die anderen Weibchen an der Fortpflanzungstätigkeit hindert. Die größeren Tiere schlafen die meiste Zeit, aneinandergeschmiegt, um sich warm zu halten, während die kleineren Tiere arbeiten.

Es gibt interessante Spezialisierungsprozesse. Bei einigen Wolfsfamilien kümmern sich die von der Paarung ausgeschlossenen Tiere, die Geschwister oder Verwandte des für die Fortpflanzung zuständigen Paares sind, aufmerksam um die Jungen und füttern die Mutter, solange die Welpen noch klein sind. Diese Familien sind hierarchisch organisiert: Obwohl alle Mitglieder zusammen jagen, darf das paarungsberechtigte Männchen zuerst von der Beute fressen und beweist damit seine Dominanz. Paarungsberechtigte dominante Männchen und von der Paarung ausgeschlossene untergeordnete andere Männchen gibt es auch in den Familien bestimmter Affen. Die Dominanz oder Unterordnung eines bestimmten Männchens gilt jedoch nur für die Familie, in der es lebt. Wenn es untergeordnet ist, zeigt es kein Interesse beim Anblick von Weibchen seiner Familie, doch außerhalb seiner Familie paart es sich sofort, wenn es ein Weibchen trifft. Dieses Verhalten ist vielleicht mit dem Inzesttabu beim Menschen vergleichbar, welches dafür sorgt, daß sich Männer von weiblichen Angehörigen der eigenen Familie sexuell nicht angezogen fühlen. Bei den Primaten gibt es also einen engen Zusammenhang zwischen Paarungsverhalten, Bindungsverhalten und Gruppeneinfluß – die Beziehungen zwischen den Individuen sind zumindest ebenso wichtig wie der Sexualtrieb. Diese und weitere Forschungsergebnisse bekräftigen die bereits in anderen Bereichen gewonnene Erkenntnis, daß das Sexualverhalten der Primaten grundsätzlich den Einwirkungen des Gehirns unterworfen ist.

Die Beziehungsmuster zwischen den Geschlechtern bei den Menschen weisen eine gewisse Ähnlichkeit mit den in der Tierwelt beobachteten Interaktionen auf, aber sie unterscheiden sich natürlich auch sehr deutlich, nicht nur weil es sich bei uns um eine andere Art handelt, sondern auch weil unser Gehirn entschieden höher entwikkelt ist. Unterschiede gibt es auch zwischen verschiedenen menschlichen Gesellschaften, je nach der Kultur, den Umständen und den Individuen. Obwohl manche Menschen die Paarung als Abenteuer und Selbstzweck betreiben oder sie brauchen, um Spannungen abzuführen, die durch Enthaltsamkeit entstanden sind, wird sich eine gewisse Bindung immer einstellen. Das ist von Fall zu Fall ganz verschieden, je nach der genetischen und der erfahrungsbedingten Programmierung des Gehirns. In den meisten Fällen steht die sexuelle Begegnung von Männern und Frauen unter dem Einfluß einer Bindung und führt zu langfristigen Paarbeziehungen. Die Dauer dieser Beziehungen hängt vielleicht mit der langen Zeit zusammen, die die Nachkommen benötigen, um unabhängig zu werden.

KAPITEL 11

Die Herrschaft des menschlichen Gehirns über die Sexualität

Gehirn contra DNA

Die DNA hat die Sexualität entwickelt, um zu einer leistungsfähigen Fortpflanzungsmethode zu kommen – einer Methode, die auf der Umverteilung der Gene zu neuen Kombinationen beruht. Dabei wurde die DNA in einem unaufhaltsamen Prozeß jedoch zur Sklavin der Sexualität. Bei den einfachsten Organismen blieb die Sexualität auf die Rekombination der DNA beschränkt. Bei höheren Lebewesen gewann die Sexualität weitere Eigenschaften hinzu, durch die die Verschmelzung der Genome erleichtert wurde. Diese Eigenschaften verbesserten die Reproduktionsfähigkeit der DNA und unterstanden noch vollständig ihrer Kontrolle. Bei den höchstentwickelten Organismen wurde nun aber das Gehirn in die Kontrolle der Sexualität einbezogen. Während einfache Gehirne als passive Schaltstationen fungieren, die Signale aus der Peripherie empfangen und Befehle an entsprechende Muskelgruppen ausgeben, arbeiten komplexere Gehirne sehr viel unabhängiger. Sie übernehmen nach der Analyse der relevanten Informationen die Entscheidung, ob es zur Paarung kommt oder nicht.

Wie wir im vorigen Kapitel sahen, hat die Bedeutung des Gehirns für die Sexualität des Menschen einen Höhepunkt erreicht: Sein Paarungsverhalten wird weitgehend vom Gehirn gesteuert und hält sich an die vom Gehirn gesetzten Ziele. Die Gametenbefruchtung, das Ziel der DNA, ist praktisch zu einem Nebeneffekt geworden. Das Gehirn hat die Paarung von der Befruchtung getrennt, indem es viele Formen der Geburtenkontrolle erfunden hat. Es beginnt sogar die Bedeutung der Geschlechtsdifferenzierung aufzuheben, indem es die Paarung zwischen gleichgeschlechtlichen Individuen erlaubt. Biologisch gesehen sind das eher zufällige Entwicklungen, die das Hauptziel der DNA – die Fortpflanzung – hintertreiben. Außerdem meinen heute viele Menschen, ihre Mitwirkung sei zur Erhaltung der menschlichen Art nicht erforderlich, und beschließen deshalb aus wirtschaftlichen oder aus anderen Gründen, keine Paarbeziehung einzugehen.

Das Gehirn hat also eine Gegenposition zur DNA bezogen, und das Individuum kann sich gegen die Art stellen – eine besorgniserregende Situation. Kann sich diese Tendenz so verstärken, daß sie eines Tages die Existenz der menschlichen Art gefährdet?

Flexibilität

Viele Flexibilitäten im Mechanismus der geschlechtlichen Fortpflanzung tragen zu dieser Lage bei. Wie geschildert, entwickelt sich das geschlechtliche Erscheinungsbild eines Individuums (gleich welcher Art) ein Leben lang, wobei die Merkmale in einer Reihe von entscheidenden Entwicklungsschritten festgelegt werden. Wenn die Resultate all dieser Schritte in die gleiche Richtung weisen, ist auch das Endergebnis eindeutig: Das Individuum ist in jedem seiner Merkmale entweder männlichen oder weiblichen Geschlechts. Allerdings müssen nicht alle Schritte übereinstimmen. Dann stellt sich die Frage: Welches Geschlecht hat das Individuum?

Das Geschlecht läßt sich unterschiedlich definieren, je nach den gewählten Kriterien. Die äußeren Geschlechtsorgane bei der Geburt bestimmen das *legale Geschlecht*, die Beschaffenheit der Chromosomen und der Gene das *genetische Geschlecht*, die Hormone, die gebildet werden, das *hormonale Geschlecht*, das Verhalten, das gezeigt wird, das *Verhaltensgeschlecht* und die Selbsteinschätzung das *Identifikationsgeschlecht*. Welches Geschlecht hat das Individuum tatsächlich, wenn sich diese Definitionen widersprechen? Die Antwort hängt vom Standpunkt ab. Aus rechtlicher Sicht erscheint die Entscheidung ziemlich einfach: Man braucht nur die äußeren Genitalien festzustellen. In Wahrheit ist das aber die ungenaueste und unzuverlässigste Definition. Für einen Sportler, der an Olympischen Spielen teilnimmt, ist das hormonale Geschlecht während der körperlichen Entwicklung am wichtigsten, weil es über Körperbildung und Muskelkraft entscheidet. Für die Gesellschaft, die vor allem auf das Verhalten eines Individuums achtet, ist das Verhaltensgeschlecht entscheidend. Das Selbstbild und die Geschlechtsrolle orientieren sich am Identifikationsgeschlecht.

Unter diesen Beschreibungsmodellen sind das Verhaltens- und das Identifikationsgeschlecht am schwierigsten zu definieren. Sie neigen am ehesten zur Flexibilität, weil sie von einem komplizierten Gleichgewicht vieler Faktoren abhängen – der Gene und ihrer Produkte, der Hormone, der stimulierenden und hemmenden Gehirnschaltkreise und der Interaktionen zwischen einzelnen Menschen. An diesem Gleichgewicht ist das Gehirn ebenso beteiligt wie viele chemische Prozesse. Angesichts dieser Komplexität ist es erstaunlich, daß die Expression der Geschlechtsmerkmale so oft eindeutig in eine der beiden genau definierten Kategorien fällt: männlich oder weiblich.

Aber sind diese beiden Kategorien wirklich so gut definiert? Anatomisch gesehen, ist die Differenzierung in der überwiegenden Zahl der Fälle völlig eindeutig. Doch gilt dasselbe auch für das Verhaltens- und das Identifikationsgeschlecht? Eine genauere Analyse zeigt, daß sich Sexualverhalten und Geschlechtsidentität keineswegs so eindeutig in eine männliche bzw. weibliche Schublade stecken lassen. Wie wir gesehen haben, können viele niedere Lebewesen je nach den Erfordernissen die Geschlechtsrollen und ihre Keimdrüsen austauschen, viele sind sogar bisexuell – männlich und weiblich zugleich. Doch in diesen Fällen ist die sexuelle Flexibilität vorübergehend; praktisch endet sie mit der eindeutigen Expression des einen oder des anderen Geschlechts. Bedeutsamer ist die Flexibilität im Sexualverhalten und in der Geschlechtsidentität der Säugetiere und vor allem des Menschen, weil sie sich häufig nicht auflösen läßt und zu einem Zerfall der sexuellen Persönlichkeit führt.

Die Möglichkeit der Flexibilität ist beim Menschen so ausgeprägt, weil das Gehirn, der dominante Faktor im Sexualverhalten, das Problem der Geschlechtsidentität je nach Schaltung und vorheriger Programmierung auf höchst unterschiedliche Weise lösen kann. Wenn wir konkret untersuchen, wie der einzelne seine Geschlechtsrolle auffaßt, stellen wir fest, daß die vielen möglichen Lösungen eine Art Kontinuum bilden. Jede Lösung betrifft nicht nur das Individuum, sondern auch seine Beziehungen zur Mitwelt. Diese Beziehungen hängen davon ab, welche anderen Individuen zum Vergleich herangezogen werden: Die ganze Menschheit? Alle Männer? Alle Frauen? Irgendwelche anderen Menschengruppen? Oder vielleicht ganz bestimmte Individuen?

Ein Kontinuum von Interaktionen

Vielleicht empfindet kein Mensch einem anderen Menschen gegenüber, sei es Mann oder Frau, sexuelle Gleichgültigkeit. Angehörige beider Geschlechter weisen ein bestimmtes Spektrum sexueller Reaktionen gegenüber Männern beziehungsweise Frauen auf. Im konkreten Fall können sich die Spektren bis zu einem gewissen Grad überschneiden, so daß es für irgendeinen Mann beispielsweise eine Kategorie Frauen geben kann, die er sexuell weniger anziehend findet als eine bestimmte Kategorie von Männern. Die Spektren sexueller Anziehungskraft weisen große Unterschiede zwischen Angehörigen ein und desselben Geschlechts auf – die bestimmter Männer reicht weit in den Durchschnittsbereich der Attraktivität von Frauen hinein und umgekehrt.

In der Geschichte der Menschheit sind die Unterschiede in den sexuellen Einstellungen seit langem bekannt, auch wenn man sie meist nicht verstanden hat. Aus Gründen der Einfachheit teilt man die Menschen traditionell in eine kleine Zahl genau abgegrenzter Kategorien ein. Die *Heterosexuellen* bilden die eine Kategorie – sie verhalten sich so, wie man es von ihnen erwartet, das heißt, sie interessieren sich nur für Angehörige des anderen Geschlechts. Ihnen stellt man die *Homosexuellen* gegenüber, deren sexuelles Interesse Menschen des jeweils eigenen Geschlechts gilt.

Homosexualität

Warum werden Homosexuelle als Sondergruppe ausgegrenzt? Genetisch sind sie Männer oder Frauen, deren Geschlechtsidentität sich mit dem legalen und dem genetischen Geschlecht deckt. Ihre sexuelle Anatomie weist keine Anomalien auf, und im allgemeinen sind bei ihnen auch die Bildung der Geschlechtshormone und die Steuerung der Hormonproduktion durch den Hypothalamus normal. Trotzdem werden diese Menschen einer Sonderkategorie zugeteilt, weil sie in ihrer sexuellen Praxis nicht völlig heterosexuell sind. Ist das ein vernünftiger Grund?

Die Trennung ist ziemlich willkürlich, denn viele Homosexuelle fühlen sich auch vom anderen Geschlecht angezogen. Die meisten Homosexuellen sind als Gruppe in ihren sexuellen Vorlieben genauso heterogen wie Heterosexuelle und besetzen das ganze Spektrum von fast heterosexuell bis extrem homosexuell. Die vielen Verhaltensunterschiede, mit denen man herkömmlicherweise Homosexuelle kenntlich macht, sind kaum deutlicher wahrnehmbar als die Unterschiede, die man in einer Stichprobe von Heterosexuellen gleicher Herkunft und mit gleichem Bildungsstand beobachten kann. Viele Leute meinen etwa, Homosexuelle seien weniger maskulin,

d. h. femininer als Heterosexuelle. Doch hierfür scheint es keine Anhaltspunkte zu geben: Vergleichbare Gruppen von Heterosexuellen und Homosexuellen weisen gleiche Zahlen von effeminierten Männern auf. Tatsächlich haben viele Homosexuelle überhaupt nichts für effeminierte Männer übrig, sondern verachten sie. Im übrigen ist zu berücksichtigen, daß Personen mit homosexueller Erfahrung der einen oder anderen Art durchaus keine verschwindende Minderheit bilden. 1948 schätzte Kinsey, daß dies für 37 Prozent der US-amerikanischen Männer gelte.

Die Bindungen zwischen Homosexuellen ähneln denjenigen zwischen den Partnern eines heterosexuellen Paares. Die Sexualpraktiken sind natürlich durch die Ähnlichkeit ihrer sexuellen Anatomie festgelegt. Homosexuelle müssen den Vaginalverkehr durch andere Formen des Geschlechtsverkehrs ersetzen – etwa anale, orale oder masturbatorische Praktiken.

Homosexuelle scheinen insofern anders zu sein, als sie zur Promiskuität neigen. Einige männliche Homosexuelle haben Hunderte von verschiedenen Partnern pro Jahr. Diese Promiskuität männlicher Homosexueller ist ein Faktor bei der Verbreitung von Viruserkrankungen wie Aids oder Hepatitis B, die durch Sexualkontakte männlicher Homosexueller besonders wirksam übertragen werden. Doch Promiskuität ist eher das Merkmal einer Gesellschaft als einer Untergruppe. So zeigt sich beispielsweise in der Bevölkerung ganz allgemein ein hohes Vorkommen von Geschlechtskrankheiten, die durch heterosexuelle Kontakte übertragen werden. Im übrigen verbreiten sich unter Heterosexuellen zunehmend die von Homosexuellen verwendeten Sexualpraktiken, wie die wachsende Häufigkeit von oralen Infektionen mit dem Herpesvirus 2 zeigt, das vor allem die männlichen und weiblichen Genitalien befällt. Tatsächlich sind die sexuellen Anschauungen des Menschen sehr wandlungsfähig, sie richten sich nach der jeweiligen Kultur und damit nach dem Ort und der historischen Epoche. Männer können auch bei heterosexuellen Kontakten promiskuitiv sein, wahrscheinlich weil der Mann traditionell der »Jäger« und immer auf der Suche nach einer Sexualpartnerin war. Bei heterosexuellen Kontakten wird diese Neigung im allgemeinen durch die Frau eingeschränkt, die meist eher Kontinuität als Abenteuer sucht und vor unerwünschter Schwangerschaft zurückschreckt – obwohl sich auch hier inzwischen manches geändert hat. Bei den Kontakten männlicher Homosexueller gibt es keine derartigen Einschränkungen.

EINE FRAGE DER UMSTÄNDE. Die menschliche Homosexualität ist universell und so alt wie die Menschen selbst. In einigen Gesellschaften sind die Männer regelmäßig in einem bestimmten Lebensabschnitt homosexuell. Auch im antiken Griechenland wurde die Homosexualität akzeptiert, vor allem in bestimmten Stadtstaaten. Die moderne Bezeichnung *lesbisch* geht auf die Dichterin Sappho zurück, die auf der Insel Lesbos lebte und der man nachsagte, sexuelle Beziehungen zu jungen Frauen zu unterhalten. Abgelehnt wurde die Homosexualität von der jüdischen Tradition kurz vor Christi Geburt, und diese Ablehnung blieb im Christentum erhalten.

Nach dieser Tradition sind Homosexuelle von der Norm abweichend. Besonders engagierte Vertreter von Recht und Ordnung verlangen, daß man sie aus der Gesellschaft ausschließt. Einige weniger dogmatische Kritiker meinen, sie müßten als Kranke behandelt werden. Biologisch scheint keine dieser Auffassungen haltbar zu sein – in der Tierwelt, wo es weder Moral noch Recht und Ordnung gibt, lassen sich viele Beispiele für Homosexualität beobachten. So besteht eines der Lieblingsspiele junger Affen darin, sich ohne Rücksicht auf das Geschlecht zu paaren. Auch ausgewachsene Affenmännchen führen, wenn sie subdominant sind, Spannungen durch homosexuelle Geschlechtsakte ab, allerdings nur, wenn dominante Männchen zugegen sind. Von ihnen getrennt, werden auch die subdominanten Männchen heterosexuell. Homosexualität ist bei diesen Tieren also nur eine vorübergehende Entwicklungsphase, die ihnen von den Gruppenbeziehungen aufgezwungen wird.

WARUM HOMOSEXUALITÄT? Man hat oft versucht, besondere Ursachen für die Homosexualität verantwortlich zu machen, und tatsächlich sind gelegentlich hormonelle Veränderungen der erwarteten Art entdeckt worden. Beispielsweise haben homosexuelle Frauen manchmal mehr Androgene als ihre heterosexuellen Geschlechtsgenossinnen, und unter Umständen zeigen sie auch keine LH-Feedbackreaktion auf eine Östrogeninjektion. Doch kein Kind mit eindeutigen Hormonstörungen wächst zwangsläufig zum Homosexuellen heran. Untersuchungen zeigen, daß Homosexualität vor allem durch familiäre Einflüsse in der Kindheit gefördert wird. Homosexuelle scheinen oft aus Familien zu kommen, in denen sie sich mit einem der Elternteile nur schlecht identifizieren konnten (eine zu dominante Mutter, kein Vater oder ein strafender Vater). Dagegen zeigen Kinder, die bei Homosexuellen aufwachsen, keine verstärkte Neigung zur Homosexualität. Homosexualität kann auch durch zufällige Gelegenheiten in Kindheit und Jugend gefördert werden. Kinder, die zusammen aufwachsen und im selben Bett schlafen, vertreiben sich oft die Zeit mit sexuellen Manipulationen.

Das Maß der Übereinstimmung mit der Geschlechtsrolle in Kindheit und Jugend scheint von größter Bedeutung für die Entwicklung der sexuellen Präferenzen zu sein. Menschen, die sich in dieser Zeit ganz mit ihrer Rolle identifizieren, werden als Erwachsene kaum homosexuell sein. Homosexuelle Neigungen scheinen also ihren Ursprung in der frühen Entwicklung des Individuums zu haben. Doch wie früh? Sind pränatale Einflüsse hormoneller oder genetischer Art beteiligt? Es gibt keine klaren Beweise dafür, daß sie eine entscheidende Rolle spielen, aber auch keine Beweise für das Gegenteil. Die Untersuchungen, die erforderlich wären, um die Rolle pränataler Einflüsse zu klären, lassen sich nicht durchführen.

Homosexualität ist eine dauerhafte Verfassung. Keine Form der Behandlung (auch nicht die Psychoanalyse) hatte großen Erfolg dabei, Homosexuelle zur Heterosexualität zu bekehren. Homosexuelle, die sich freiwillig in psychiatrische Behandlung begeben (wahrscheinlich eine Sondergruppe mit außergewöhnlichen persönlichen Problemen), bleiben zu 70 bis 80 Prozent ihrer sexuellen Neigung treu. Was ist mit den 20 bis 30 Prozent, die ins andere Lager wechseln – lassen sie nicht darauf schließen, daß eine solche Therapie Erfolg haben kann? Die beste Antwort darauf ist die Gegenfrage: Welcher Anteil von Heterosexuellen mit persönlichen Problemen würde sich in einer hypothetischen Gesellschaft, in der Heterosexualität als deviant gälte, von Psychiatern zur Homosexualität bekehren lassen?

Transsexualität

Eine sexuelle Einstellung, deren Ursprung zumindest teilweise in frühen Einflüssen während der sensiblen Phase der Geschlechtsidentifizierung zu liegen scheint, ist die Transsexualität. *Transsexuelle* sind Individuen beiderlei Geschlechts, jedoch häufiger Männer, die sich entschieden dem anderen Geschlecht zurechnen und eine heftige Abneigung gegen das eigene Geschlecht empfinden. Männer hassen ihre Genitalien, besonders die Erektionen und Ejakulationen, und lehnen alle sexuelle Aktivität ab. Die Frauen hassen ihre Brüste und vor allem die Menstruation, zeigen allerdings großes Interesse an sexuellen Aktivitäten. Transsexuelle sind ziemlich selten; man schätzt ihre Zahl auf eins in hunderttausend.

Diese Individuen sind mit einer Geschlechtsidentität aufgewachsen, die sich zu ihrem legalen bzw. genetischen Geschlecht im Gegensatz befindet. Anders als manche Intersexe mit genau bekannten Hormonstörungen können Transsexuelle den Konflikt zwischen Geschlechtsidentität und genetischem Geschlecht nie lösen. In der Pubertät, wenn viele Intersexe ihre Ambivalenz überwinden, wird die Abneigung der Transsexuellen dem eigenen Geschlecht gegenüber noch heftiger, weil sich nun die sexuellen Merkmale, die sie ablehnen, besonders deutlich zeigen. Sie können das Leben so, wie es ihnen zuteil wurde, nicht akzeptieren, sondern flüchten in eine Welt der Phantasie, in der sie ihre sexuelle Rolle umkehren.

Transsexuelle wünschen sich, wie Homosexuelle, sexuelle Beziehungen zu Individuen des eigenen genetischen Geschlechts. Es gibt jedoch einen tiefreichenden Unterschied zwischen beiden Gruppen: Homosexuelle nutzen ihre Genitalien zu diesem Zweck in einer Weise, die ihrem genetischen Geschlecht entspricht, Transsexuelle dagegen nicht. Bei ihnen steht das Identifikationsgeschlecht in Widerspruch zum genetischen Geschlecht, während bei Homosexuellen beide übereinstimmen. Tatsächlich lehnen Transsexuelle, vor allem Männer, die Homosexualität sehr häufig ab.

Um den tiefen Konflikt zu lösen, in dem sie gefangen sind, entschließen sich Transsexuelle häufig zu einer operativen Geschlechtsumwandlung. Dies ist ein verzweifelter Ausweg, weil er nur wenigen Betroffenen wirkliche Erleichterung bringt. Trotzdem versuchen viele Transsexuelle mit großer Entschlossenheit, dieses Vorhaben zu verwirklichen. Bei dem Eingriff werden die anatomischen Merkmale ihres genetischen Geschlechts beseitigt und eine Nachbildung ihres subjektiv empfundenen Geschlechts hergestellt. Eine solche Operation wird erst nach einer langen Beobachtungszeit (die bis zu zwei Jahren dauern kann) vorgenommen, weil man zunächst feststellen muß, ob sie überhaupt einen Sinn hat. Als erstes werden große Dosen der entsprechenden Geschlechtshormone verabreicht. Zur Freude der Betroffenen unterdrücken sie die Äußerungsformen des bisherigen Geschlechts: Bei Männern dämpfen sie die sexuelle Erregung, bei Frauen die Menstruation. Erhalten Frauen Androgene, dann zeigen sich Bartwuchs, eine große, penisartige Klitoris und starkes sexuelles Verlangen. Nach der hormonellen Behandlung werden die Keimdrüsen entfernt, bei Frauen außerdem die Brüste, bei Männern der Penis. Durch einen Eingriff am Kehlkopf wird die Stimme verändert; bei Männern entfernt man den Bart durch Enthaarung. Männer erhalten eine falsche Vagina, Frauen – manchmal – durch Hautverpflanzung eine nichterregbare Penisnachbildung. Alles in allem bringt der Eingriff nur ein klägliches Zerrbild des so sehnlich erwünschten Geschlechts zustande. Seinen Zweck erreicht das Verfahren lediglich bei einem kleinen Teil der Transsexuellen (wahrscheinlich ungefähr 10 Prozent), denen es hilft, den inneren Konflikt erfolgreich zu lösen. Tatsächlich haben einige transsexuelle Männer nach der Operation ihr legales Geschlecht verändert und heterosexuelle Männer geheiratet. Nach eigenem Bekunden verschafft ihnen der Geschlechtsverkehr sexuelle Befriedigung.

Von der chirurgischen Geschlechtsumwandlung profitieren nur Menschen, die bereits vorher ihren Platz in der Gesellschaft gefunden haben, und sie nutzt eher Frauen als Männern. Tragisch ist es, wenn der Transsexuelle die Operation hinterher bedauert, denn sie läßt sich nicht ungeschehen machen – der Eingriff ist irreversibel. Es gibt mindestens einen dokumentierten Selbstmordfall nach einer fehlgeschlagenen Operation. Wir brauchen viele Langzeituntersuchungen an Menschen, die sich einer Geschlechtsumwandlung unterzogen haben, um entscheiden zu können, welchen langfristigen Nutzen sie tatsächlich von ihr haben. Leider scheint diesen Menschen keine andere Form der Behandlung zu helfen, obwohl sich einige transsexuelle Frauen statt für eine Operation für eine lesbische Lebensweise entscheiden und damit manchmal auch recht gut zu Rande kommen.

Die Gründe für Transsexualität entziehen sich unserer Kenntnis. Die relativ kleine Zahl der Fälle erlaubt keine brauchbaren Untersuchungen. Die Wirkung der Hormoneinlagerung in den Hypothalamus von Ratten während der sensiblen Phase der Geschlechtsentwicklung läßt darauf schließen, daß bei Transsexuellen in einem entsprechenden Zeitraum irgendeine hormonelle Fehlentwicklung stattgefunden hat. Wie die betreffenden Versuchstiere sind weibliche Transsexuelle anatomisch und hormonell Frauen, doch irgendwelche Teile des Gehirns scheinen männlich zu sein. Die Transsexualität könnte also auf Störungen in den Gehirnzentren zurückgehen, die an der Geschlechtsidentifikation beteiligt sind.

Transvestiten

Eine weitere Anomalie des Sexualverhaltens findet sich bei *Transvestiten*. Es handelt sich um Männer, die, ohne ihr eigenes Geschlecht abzulehnen, intensive sexuelle Lust daraus gewinnen, sich wie Frauen zu kleiden, wobei sie manchmal nur ein oder zwei weibliche Kleidungsstücke tragen. Die erotische Erregung unterscheidet sie von jenen männlichen Homosexuellen, die sich gelegentlich auch als Frauen verkleiden, daraus aber keine sexuelle Lust gewinnen. Der bloße Anblick weiblicher Kleidungsstücke, etwa in einem Schaufenster, kann genügen, um bei einem Transvestiten heftiges sexuelles Verlangen auszulösen, von dem er sich durch Masturbation befreit. Diese Männer sind heterosexuell; sie haben keine homosexuellen Kontakte und heiraten gewöhnlich heterosexuelle Frauen.

Eine anatomische, genetische oder hormonelle Ursache für ihre Einstellung ist nicht bekannt. Mitunter hat man Anomalien während der Kindheit für ihr Verhalten verantwortlich gemacht, aber wir machen es uns viel zu einfach, wenn wir solche Besonderheiten des Verhaltens auf irgendwelche verschwommenen Ereignisse in einer fernen Vergangenheit zurückführen. Wahrscheinlich ist eine unbekannte Erkrankung die Ursache. Da das Verhalten durch keine psychiatrische oder medikamentöse Behandlung zu verändern ist, liegt der Schluß nahe, daß es in einem frühen Entwicklungsstadium unumkehrbar festgelegt wird. Einige Transvestiten haben sich zu einer chirurgischen Geschlechtsumwandlung entschlossen, ohne aber die erhoffte Wirkung zu erreichen.

KAPITEL 12
Von A bis Z

Organismen können die große Zahl unterschiedlicher Aktivitäten nur erfolgreich bewältigen, wenn sie dafür spezialisierte Mechanismen besitzen. In den einfachsten Organismen, etwa Bakterien, werden viele Aktivitäten von ein und derselben Zelle ausgeführt, die sich verschiedener Strukturen bedient: Die Energieumwandlung findet in Verbindung mit Membranen statt; die Nahrungsverwertung wird von Enzymen ausgeführt, die frei in der Zelle vorkommen; die Bewegung ist die Funktion von speziellen Anhangsgebilden wie zum Beispiel der Geißeln. Doch bei größeren und komplexeren Organismen werden viele Funktionen von spezialisierten Zelltypen übernommen, die in verschiedenen Organen liegen. Nahrungsaufnahme ist bei Tieren die Aufgabe des Verdauungssystems, bei Pflanzen die der Wurzeln. Sauerstoffaufnahme erfolgt bei Landtieren in den Lungen, bei Wassertieren in den Kiemen und bei Pflanzen durch die Blätter, die auch Kohlendioxid aufnehmen. Bei Tieren ist vor allem die Leber für die Verarbeitung der Nahrung zuständig, während Lungen, Leber und Nieren für die Ausscheidung der Abfallstoffe sorgen.

Gesteuerte Vermehrung

Zwei grundlegende Prozesse sind an der Entwicklung eines Organismus beteiligt: das Größenwachstum und die Ausbildung der Form. Die beiden Vorgänge verlaufen parallel, aber unabhängig voneinander. Jeder kann auch ohne den anderen stattfinden. Wir wollen zunächst betrachten, wie ein Organismus an Größe zunimmt, indem er die Zahl seiner Zellen vermehrt. Ein in sich ausgewogener Organismus kann nur entstehen, wenn sich die Zellvermehrung nach einem genauen Plan vollzieht, so daß zwischen den Teilen des Organismus ein bestimmtes Gleichgewicht zustande kommt. Für die Koordinierung sorgen Signale, die zum Teil durch die in Kapitel 8 erörterten Kommunikatorsubstanzen übermittelt werden. Die meisten dieser Signale sind jedoch noch unbekannt.

Zellen vermehren sich, indem sie einen *Zyklus* durchlaufen (Abb. 12.1). Ein Abschnitt des Zyklus ist der DNA-Replikation vor-

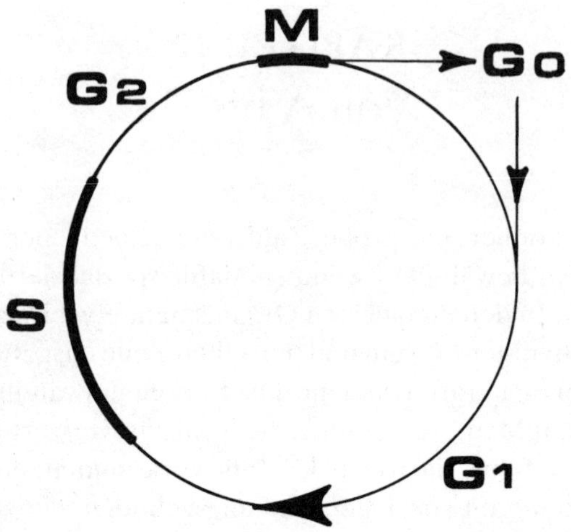

Abbildung 12.1: Der Zyklus der Zellteilung (vgl. die Erörterung im Text). M = Mitose (Zellteilung); S = Phase der DNA-Synthese und Verdopplung.

behalten, bei der eine Kopie des gesamten Genoms entsteht; dies ist die *S-Phase* (S für »Synthese der DNA«). Am Ende der S-Phase hat eine diploide Zelle vorübergehend vier Kopien des Genoms – sie ist tetraploid. In der nächsten Phase werden die neuen Proteine hergestellt, die für die Zellteilung erforderlich sind; dies ist die *G2-Phase* (G für *Gap*, englisch = Lücke). Daraufhin teilt sich die Zelle, und es entstehen zwei identische diploide, mit zwei Chromosomensätzen ausgestattete Tochterzellen; dies ist die *M-Phase* (M für »Mitose«, vgl. Kap. 1). In der Tochterzelle beginnt die DNA nicht sofort mit der Replikation. Auf das Ende der M-Phase folgt ein langer Zeitraum, in dem die Zelle alle ihre Bestandteile verdoppelt, ausgenommen die DNA. Diese Periode bezeichnen wir als *G1-Phase*. Daraufhin setzt eine neue S-Phase ein. Zellen, die sich aktiv vermehren, durchlaufen die zyklische Folge von G1-, S-, G2- und M-Phase in einem Zeitraum, der zwischen zehn Minuten (während der ersten Entwicklungsabschnitte des Embryos) und einigen Tagen schwankt. Viele meßbare Eigenschaften der Zellen verändern sich während des Zyklus in regelmäßiger Weise. In verschiedenen Phasen treten bestimmte Proteine auf und verschwinden wieder, wobei einige für die Fortführung des Zyklus verantwortlich sind. Man weiß aber wenig über die Steuerungsmechanismen des Zyklus, obwohl externe Substanzen, etwa Wachstumsfaktoren, mit Sicherheit an ihm beteiligt sind.

Die Länge des Zyklus wird vor allem von der G1-Phase bestimmt. Wenn der entsprechende Wachstumsfaktor zugegen ist, schließt die

Zelle die G1-Phase ab, nimmt die S-Phase auf und so fort. Fehlt der Faktor, so tritt die Zelle in eine *Ruhepause* ein (G0). Die Zelle kann in dieser Phase Stunden, Tage oder sogar Jahre inaktiv bleiben. Wann immer der Wachstumsfaktor auf der Bildfläche erscheint, wirkt er wie der Kuß des Prinzen auf Dornröschen: Die Zelle tritt wieder in G1 ein, und der Zyklus beginnt von neuem. Der Wechsel von G1 zu G0 und umgekehrt hat möglicherweise mit Ionenbewegungen durch die Zellmembran zu tun, die eine Änderung der inneren Ionenkonzentration und des Membranpotentials verursachen (vgl. Kap. 2) und so die Funktionen vieler Proteine beeinflussen.

Embryonen aus Eizellen

Organismen, die aus vielen Zellen bestehen, können ihre selbständige Existenz auf verschiedene Weise beginnen. Bei der Hydra beispielsweise, einem sehr einfachen Lebewesen, das im Wasser lebt, entstehen neue Individuen aus Körperstücken, die von einem erwachsenen Tier abgetrennt werden. Bei höherentwickelten Organismen bilden sich neue Lebewesen aus befruchteten Eizellen.

Wirbeltiere haben größere Eizellen, weil diese Nahrungssubstanzen enthalten, häufig in Form von Dotter. Die Nahrungsmenge ist reichlich in den Eiern von Vögeln und Reptilien, spärlicher in denen von Fischen und Säugetieren. Fischeier brauchen keine großen Vorräte, weil die Nachkommen rasch ein Stadium erreichen, in dem sie selbst auf Nahrungssuche gehen können. Die Eizellen der Säugetiere brauchen keine Nahrungsreserven, weil sie nach der Befruchtung von der Mutter ernährt werden. Dagegen entwickeln sich die Eier von Vögeln und Reptilien im Inneren einer harten Schale, in der sie längere Zeit ganz auf sich selbst angewiesen sind. Das relativ reichliche Vorkommen von Dotter in einem Ei ist aber, wie wir unten sehen werden, noch aus einem anderen Grunde bedeutsam – es beeinflußt die frühen Entwicklungsstadien.

Nach der Befruchtung der Eizelle verschmelzen der weibliche und der männliche Zellkern (die beide haploid sind, d. h. nur einen Chromosomensatz besitzen) zu einem diploiden Kern. Dieser Kern teilt sich dann wiederholt und gliedert die Eizelle in mehrere getrennte Zellen auf. Nach jeder Teilung bleiben die Tochterzellen zusammen, so daß der Embryo nach außen hin die Größe und das Erscheinungsbild der ursprünglichen Eizelle beibehalten kann. Obwohl scheinbar nichts passiert, haben im Inneren des Embryos wichtige Veränderungen stattgefunden. Beispielsweise entscheidet bei einer Schnecke die Richtung der Ebene, welche die ersten beiden Tochterzellen trennt, darüber, ob das Gehäuse des Tieres rechts- oder linksdrehend wird.

In der frühen Entwicklungsphase bleibt die Größe des Embryos unverändert, weil die Zellen um so kleiner werden, je weiter ihre Zahl zunimmt. (Die befruchtete Eizelle ist wesentlich größer als die Zellen eines ausgewachsenen Organismus.) Diese frühen Teilungen überspringen die G1- und G2-Phase und laufen mit außergewöhnlicher Geschwindigkeit ab – bei Embryos der Taufliege *Drosophila* alle zehn Minuten, bei manchen Fröschen alle halbe Stunde. Die Eizelle braucht keine neuen Zellbestandteile herzustellen, weil sie von der Mutter genügend mitbekommen hat. Die anfängliche Entwicklung des Embryos wird durch die mütterlichen Gene bestimmt – so die Händigkeit des Schneckengehäuses. Die Phase dieser extrem raschen Zellteilungen hört unvermittelt auf, wenn die Zellen schließlich die Größe der Zellen des ausgewachsenen Organismus erreichen. Dann müssen in jedem Zyklus neue Zellbestandteile hergestellt werden, und es treten die Phasen G1 und G2 auf. Von nun an wächst auch die Größe des Embryos mit der zahlenmäßigen Zunahme seiner Zellen.

Am Ende der Phase rascher Zellvermehrung weisen die Embryos verschiedener Arten unterschiedliche Formen auf. Bei Säugetieren sieht der Embryo nun wie eine Himbeere aus (*Morula*). Bei Fischen ist er eine kleine Blase (*Blastula*) – eine Zellschicht, die einen flüssigkeitsgefüllten Innenraum umgibt. Bei Vögeln und Amphibien ist er eine auf dem Dotter schwimmende Scheibe (*Blastoderm*).

Bei allen Embryos bilden sich in einer nächsten Phase der Zellentwicklung drei Schichten: eine äußere Schicht, das *Ektoderm*, eine mittlere Schicht, das *Mesoderm*, und eine innere Schicht, das *Endoderm*. Diese Schichten werden auf unterschiedliche Weise durch Zellwanderung gebildet. Der Prozeß der sogenannten *Gastrulation* ist von den Embryologen eingehend untersucht worden. Dabei wird die mittlere Schicht von Zellen gebildet, die die innere Schicht verlassen und sich zwischen ihr und der äußeren Schicht ansiedeln (Abb. 12.2).

Sobald sich beim Embryo der Wirbeltiere diese drei Schichten gebildet haben, tritt ein außerordentlich wichtiges Ereignis ein: Die Kopf-Schwanz-Achse des Embryos wird durch Wanderung und neue Zusammenschlüsse von Zellen festgelegt. Ein Stab oder Schlauch

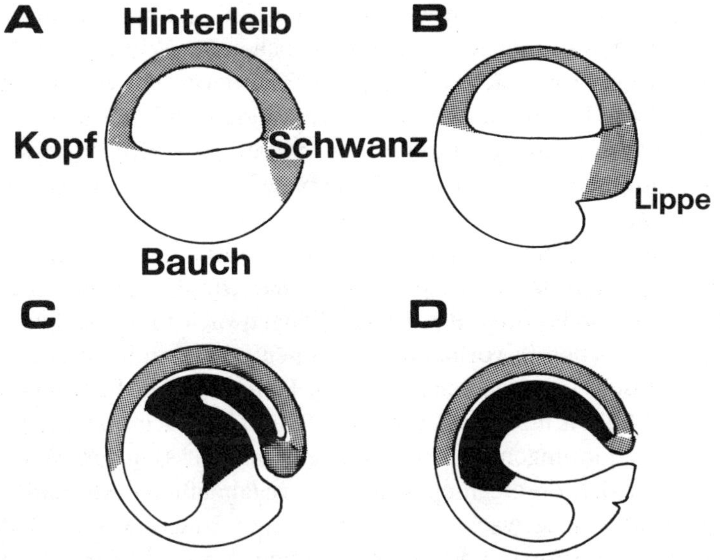

Abbildung 12.2: Die Gastrulation eines Amphibienembryos, in vier Phasen dargestellt. Der Embryo ist im Querschnitt durch die Mitte abgebildet. Die anatomischen Bezeichnungen in A entsprechen denen des künftigen Organismus. (A) Der Embryo vor der Gastrulation: Aus den Zellen des grauen Bereichs entsteht die äußere Schicht (Ektoderm); den unteren Teil bilden dotterhaltige Zellen; in der Mitte befindet sich ein flüssigkeitsgefüllter Raum. (B) Der Anfang der Gastrulation: Die Zellen beginnen sich an der sogenannten Blastopore, deren hintere (dorsale) Lippe hier markiert ist, nach innen zu bewegen. (C) Eine große Anzahl von Zellen haben sich von der Oberfläche ins Innere des Embryos bewegt und die Flüssigkeit verdrängt. Aus den dunkelgrauen eingestülpten Teilen entsteht die innere Schicht (Entoderm), die später die mittlere Schicht (Mesoderm) hervorbringt. (D) Der Abschluß der Gastrulation: Die dunkelgrauen und hellgrauen Teile sind in Berührung; der Blastoporus wird zum Anus.

von Zellen, das *Notochord*, bildet die mittlere Schicht. Längs dieses Stabs verdickt sich die obere Schicht, bildet zwei lange Wülste, die sich nach oben vereinigen und das *Neuralrohr* bilden (Abb. 12.3). Seitlich des Notochords bilden sich Zellmassen aus der mittleren Schicht, sogenannte *Somiten*, die sich zu beiden Seiten in gleichen Abständen anordnen.

Im weiteren Verlauf der embryonalen Entwicklung entstehen aus diesen Strukturen die Organe und Gewebe des Organismus. Das Neuralrohr bildet das zentrale Nervensystem. Die peripheren Nerven und ihre Ganglien entwickeln sich aus Zellen, welche die Neuralwülste vor deren Vereinigung verlassen. Diese wandernden Zellen bilden zunächst zwei Kämme an den Seiten des Neuralrohrs, die *Neu-*

ralleisten, von wo aus sie ihre Bestimmungsorte aufsuchen. Aus den Somiten bilden sich die Muskeln und Knochen der Wirbelsäule. Das Ektoderm entwickelt sich zur Haut, das Endoderm zum Verdauungstrakt und den Organen, die mit ihm verbunden sind, beispielsweise Leber und Bauchspeicheldrüse. Die Nieren, das Kreislaufsystem (Herz, Blutgefäße) und die Knochen entstehen größtenteils aus dem Mesoderm.

Bei sehr einfachen Tieren besteht der Embryo anfangs aus einer Reihe kettenförmig verknüpfter *Segmente*. Diese Anordnung entsteht durch eine besondere Form des Längenwachstums, bei dem lediglich Kopien bereits vorhandener Segmente aneinandergefügt werden. Bei Insekten und vielen primitiven Tieren bleiben die Segmente das ganze Leben hindurch erkennbar, wenn sie auch außerordentlichen Veränderungen unterworfen sein mögen. Bei den Wirbeltieren zeigt sich die Segmentierung am regelmäßigen Abstand der Somiten. Bei ausgewachsenen Wirbeltieren sind die Wirbel des Rückgrats, die Rippen und die Neuralsegmente sowie deren Ganglien die Überreste der ursprünglichen Segmente.

Durch eine Reihe von Faltungen entwickelt der Embryo in einem frühen Stadium drei flüssigkeitsgefüllte Säcke (Abb. 12.4). Ein stoßdämpfender Sack – der von einer Membran umschlossene *amniotische* oder *Fruchtwassersack* – umgibt den Körper des Embryos. Der Harnsack – die *Allantois* (so genannt, weil sie wurstförmig ist) – sammelt die ständig von den embryonalen Zellen ausgeschiedenen Abfallstoffe, und ein Nahrungssack – der *Dottersack* – enthält die Nahrungsreserve. Bei den Embryos der Säugetiere entwickelt sich aus dem Harnsack und dem, was nach verschiedenen Faltvorgängen von der äußeren Schicht übrigbleibt, ein lebenserhaltendes Organ, die *Plazenta*, die in die Gebärmutter des mütterlichen Organismus eingebettet ist. Über die Plazenta nimmt der Embryo von seinem mütterlichen Organismus Nahrung und Sauerstoff auf und gibt auf demselben Wege den von ihm gebildeten Harn ab.

Entwicklung außerhalb des Mutterleibs

Die Entwicklung eines neuen Lebewesens findet nur zum Teil im Mutterleib statt. Bei manchen Arten erfolgt sie sogar gänzlich außerhalb des Mutterleibs. Fischeier werden bald nach ihrer Ablage im Wasser befruchtet. Bei Amphibien, Vögeln und Reptilien legt das Muttertier Eier, die sehr primitive Embryos enthalten. Die Embryos

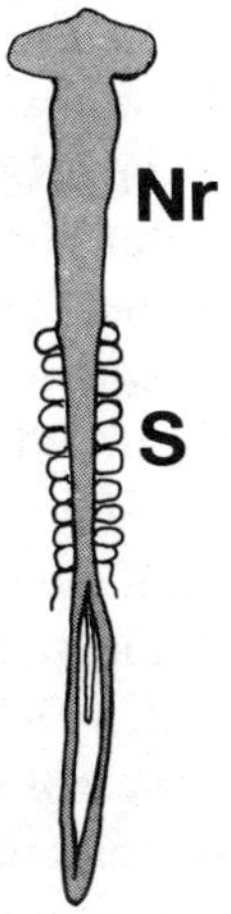

Abbildung 12.3: Das Neuralrohr (Nr) eines Hühnerembryos. Zu beiden Seiten befinden sich zwei Reihen von Somiten (S). Vorne (in der Abbildung oben) entwickelt sich aus dem Rohr das Gehirn. Die beiden seitlichen Ausbuchtungen bilden später die Netzhäute der Augen. Zum Schwanzende hin (in der Abbildung unten) ist die Neuralrinne noch offen. Unten ist das Notochord zu erkennen.

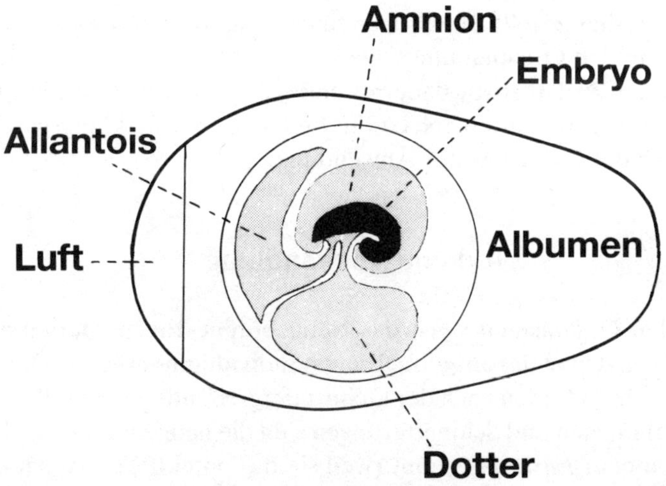

Abbildung 12.4: Längsschnitt durch ein Hühnerei, der die drei Hüllen zeigt: Amnion, Allantois und Dottersack. Der Embryo schwimmt in flüssigem Albumen (Eiweiß) und ist in der Schale eingeschlossen. Links die Luftblase.

der Vögel und Reptilien sind von einer harten Schale umschlossen, die sie vor Stößen und Verletzungen schützt und sie vor Austrocknung bewahrt, da sie kein Wasser durchläßt. Dagegen kann Sauerstoff durch die Schale ins Innere des Eies gelangen, während Kohlendioxid austreten kann. Abfallstoffe werden als Harnsäure abgelagert, die, weil sie unlöslich ist, wenig Raum beansprucht und ungiftig ist. Die neuen Lebewesen schlüpfen aus, indem sie die Schale aufbrechen: die Vögel mit dem Schnabel, die Reptilien mit ihrer harten Nase. Säugetiere werden erst in einem relativ fortgeschrittenen Entwicklungsstadium geboren. Sehr unreif ist der Embryo eines Beuteltieres, wenn er zur Welt kommt, aber dieser Nachteil wird kompensiert: Der Embryo kriecht in den Beutel der Mutter, saugt sich an einer ihrer Zitzen fest und setzt dort seine Entwicklung fort.

Mit dem Ausschlüpfen oder der Geburt ist die Entwicklung des neuen Lebewesens noch nicht abgeschlossen – sie setzt sich ein Leben lang fort. Viele Organe erreichen erst nach der Geburt ihren endgültigen Zustand. Die Fortdauer der Entwicklung zeigt sich, wenn durch Unfall oder Operation ein Körperteil amputiert wird und sich in unterschiedlichem Maß, je nach Spezies und Ort der Verletzung, neu bildet (*Regeneration*). Bei Amphibien regeneriert sich ein amputiertes Gliedmaß vollständig, bei Säugetieren dagegen nicht. Aber ein gebrochener Knochen oder eine Hautwunde wird auch bei den Säugern wiederhergestellt. Im übrigen findet ständig eine gewisse Regeneration in den Organen und Geweben aller Lebewesen statt, denn ein Teil der Zellen stirbt dauernd und wird durch neue Zellen mit denselben Eigenschaften ersetzt. So finden die Entwicklungsgesetze auch nach der Geburt weiter Anwendung.

Tod und Verwandlung

Bei vielen Organismen weist das Neugeborene Eigenschaften auf, die sich von denen des ausgewachsenen Individuums erheblich unterscheiden. Dort finden nach der Geburt tiefgreifende Verwandlungen statt. Bei Fliegen und Schmetterlingen sind die neugeborenen Individuen Raupen, *Larven* genannt (weil sie das potentielle erwachsene Tier maskieren, das sie in sich tragen). Neugeborene Frösche sind Kaulquappen, die Kiemen haben wie Fische und im Wasser leben. Larven oder Kaulquappen werden durch den Prozeß der *Metamorphose* in erwachsene Tiere verwandelt. Unter dem Einfluß des Schilddrüsenhormons sterben die Schwanzmuskeln der Kaulquappe ab und bilden sich die Kiemen zurück, während die Lungen entstehen. Obwohl die Veränderung weitreichend ist, vollzieht sie sich nicht plötzlich, sondern allmählich. Dagegen erfolgt die Verwandlung einer Raupe in einen Schmetterling sehr unvermittelt: Unter hormonellem Einfluß stellt die Larve, jetzt als *Puppe* bezeichnet, nach außen hin jegliche Lebensaktivität ein und hängt wie tot von einem Ast herunter. Unter der dicken Hautschicht der Chrysalide oder des Kokons sterben alle Organe der Larve ab und werden durch neue ersetzt, die sich aus erhalten gebliebenen Gruppen embryonaler Zellen bilden. Unter der schützenden Hülle entwickelt sich ein völlig neues Lebewesen, das schließlich, mit Flügeln ausgestattet, zum Vorschein kommt. Kompliziert ist die Metamorphose für Insekten, die in einem festen Panzer stecken. Um sich zu entwickeln und weiterzuwachsen, müssen sie den alten abwerfen und einen neuen ausbilden. Das kann viele Male geschehen, was stets von ihren Hormonen kontrolliert wird.

Einige Arten haben die Tendenz, ihr ganzes Leben im Larvenstadium zu verbringen. Sie führen alle Lebensaktivitäten einschließlich der Fortpflanzung aus, ohne Anstalten zu machen, sich einer Metamorphose zu unterziehen. Ein Beispiel ist der Axolotl, die Kaulquappe eines südamerikanischen Salamanders. Der Grund liegt vermutlich in einem Mangel an Schilddrüsenhormon – wenn man dem Axolotl dieses injiziert, verwandelt er sich in einen Salamander. Dagegen metamorphosieren Salamander anderer Arten spontan.

Auch bei Arten wie den Säugetieren, die keine Metamorphose durchlaufen, finden in einigen Entwicklungsstadien tiefgreifende Veränderungen statt, obwohl sie weniger ins Auge fallen. Beispielsweise stirbt bei der Entwicklung eines Säugetierembryos die Urniere ab und wird im Zuge einer Teilmetamorphose durch ein völlig neues Organ ersetzt. Erhebliche Veränderungen finden auch zur Zeit der geschlechtlichen Reifung in den Geschlechtsorganen und im Gehirn statt. Wie die Metamorphose werden auch sie durch Hormone ausgelöst. In der Pubertät entsteht unter der alten Haut sozusagen ein neues Individuum.

Das Stadium der Larve und das Stadium des späteren ausgewachsenen Tieres sind zwei völlig verschiedene Lebensformen. Wasserlarven können ausgewachsene Tiere hervorbringen, die auf dem trockenen Land leben; krabbelnde Larven verwandeln sich unter Umständen in fliegende erwachsene Tiere; aus parasitären Larven werden freilebende ausgewachsene Tiere oder umgekehrt. Dieser Wechsel der Lebensweisen hat evolutionäre Bedeutung. Beispielsweise spiegelt sich im Übergang von Kaulquappen zu Fröschen das

Hervorgehen der Landtiere aus den Fischen. Vermutlich war mittels eines amphibischen Lebenszyklus, der im Wasser begann und an Land endete, dieser Übergang mit einem Minimum an traumatischen Störungen zu bewältigen: Das Neugeborene konnte seine Entwicklung im Wasser fortsetzen, in dem die Vorfahren gelebt hatten, während das vollständig entwickelte, viel widerstandsfähigere ausgewachsene Tier sich aufs Land vorwagte.

Spezialisierung

Mit fortschreitender Entwicklung spezialisiert sich die befruchtete Eizelle immer mehr und schränkt sich auch das Repertoire der Zellen ein, die sie ihrerseits hervorbringt. So kann in der ersten Entwicklungsphase des Embryos aus jeder Zelle ein vollständig ausgewachsenes Tier hervorgehen – das Repertoire der Zellarten, die diese frühen Zellen hervorbringen können, ist unbegrenzt. In einem späteren Entwicklungsstadium kann das Ektoderm jedoch nur noch die Vorstufen von Haut und Nervensystem (Neuralrohr) bilden. Später entwickeln sich aus einigen Zellen des Neuralrohrs Vorläufer von Nervenzellen, während andere Zellen – die der Neuralleiste – Zellen zweier Arten von Ganglien, die Pigmentzellen der Haut und Zellen des Nebennierenmarks (des innersten Bereichs der Drüse), hervorbringen. In der Folge werden die Möglichkeiten dieser Zellen noch weiter eingeschränkt. Zwar produzieren die Vorläufer von Nervenzellen verschiedene Formen von Nervenzellen, doch andere Zellarten bilden nur Nachkommen einer einzigen oder ganz weniger Arten.

Die Spezialisierung schreitet in verschiedenen Organismen unterschiedlich rasch fort. Bei Insekten oder einfacheren Organismen, z. B. Nematoden (kleinen wurmähnlichen Lebewesen) oder Blutegeln, beginnt sie zu einem frühen Zeitpunkt und folgt einem strengen Plan. Man nennt den Aufbau dieser Embryos mosaikförmig. Sie bestehen aus separaten Teilen, von denen jeder später zu einem anderen Organ erweitert wird. Bei Wirbeltieren vollzieht sich die Spezialisierung langsamer, und viele Zellen behalten lange Zeit die Fähigkeit, sich in unterschiedliche Richtungen zu entwickeln. Diese Entwicklungsart wird als *reguliert* bezeichnet: Das Entwicklungsziel einer Zelle hängt weniger von dem Ort ab, von dem sie herstammt, als von dem Ort, an dem sie sich befindet. Ihr Schicksal wird weitgehend von ihrer Umgebung bestimmt, und zwar mit Hilfe eines Programms, das von den Genen festgelegt ist. Ich werde auf diese Unterschiede noch zurückkommen.

Zellinien

Früher oder später ist der Formenreichtum der Nachkommenschaft, die eine Zelle hervorbringen kann, selbst bei regulierten Embryos auf die genau definierten Eigenschaften der bestimmten Zellinie eingeschränkt. Die Umgebung hat also vor allem die Aufgabe, festzulegen, wann eine bestimmte Art der Differenzierung stattfindet. Selbst in diesem Stadium kann sich eine Linie noch zu einem kleinen Baum mit diversen Zellarten entwickeln. Die Zellerneuerung, die im Körper eines ausgewachsenen Individuums ständig vor sich geht, beruht auf der Gegenwart von Zellen, die unablässig bestimmte Zellinien hervorbringen. Man bezeichnet sie als *Stammzellen*. Sie können sich so, wie sie sind, reproduzieren, aber auch eine kleine Zahl spezialisierter Zellarten hervorbringen. Ein Organismus enthält viele Arten von Stammzellen. Beispielsweise bilden einige die Zellarten der Epidermis (der Epithelschicht der Haut), während andere die verschiedenen Arten von Blutzellen erzeugen. Stammzellen kommen in einem Organismus stets in kleiner Zahl vor, weil sie zu außerordentlicher, wenn auch nicht unbegrenzter, Vermehrung ohne Veränderung ihrer Eigenschaften fähig sind. Sie sind – solange das Individuum lebt – praktisch unsterblich, während die spezialisierten Zellen, die sie hervorbringen, nur eine kurze Lebensspanne haben und ständig durch die Stammzellen ersetzt werden müssen.

Bei Lebewesen, die Mosaikembryos bilden, lassen sich Stammzellen in einem sehr frühen Stadium erkennen. So kann bei einer winzigen Nematode, die insgesamt weniger als 900 Zellen enthält, jede Zelle katalogisiert und in ihrem weiteren Schicksal verfolgt werden. Bei normaler Entwicklung gehen alle Zellen dieser Organismen aus einer relativ kleinen Zahl von Stammzellen hervor. Jede Zelle jeder Nematode zeigt genau dieselbe Entwicklung. Die Zahl der von jeder Zelle durchlaufenen Teilungen ist ebenso festgelegt wie das Schicksal jeder der aus diesen Teilungen resultierenden Tochterzellen. Deshalb sind alle Individuen der Art identisch.

Die Gleichförmigkeit der Zellinien bei Nematoden oder Blutegeln läßt sich auf zweierlei Art verstehen. Entweder weiß eine Zelle unabhängig von ihrer Umgebung in jedem Stadium, was sie zu tun hat, oder dies wird ihr von ihren Nachbarn mitgeteilt. Im zweiten Fall müßte sich die Umgebung jeder Zelle ständig verändern. Das ist tatsächlich der Fall, denn die Nachbarzellen verändern sich durch wiederholte Zellteilungen. Bei Arten mit einer begrenzten Zahl von Zellen verwandeln sich nach dieser Hypothese die Umgebungen entsprechender Zellen bei verschiedenen Tieren auf identische Weise, so daß identische Abstammungslinien entstehen. Demnach könnten Zellinien durch innere oder äußere Instruktionen gebildet werden.

Ob sich die Entwicklung auf die eine oder andere Weise vollzieht, läßt sich entweder dadurch herausfinden, daß man einige Zellen zerstört – und auf diese Weise die äußeren Instruktionen verändert –, oder dadurch, daß man Mutationen im Genom hervorruft – und auf diese Weise die inneren Instruktionen verändert. Bei Nematoden und Blutegeln modifizieren beide Veränderungen den Entwicklungsverlauf. Zerstört man eine Zelle, so verändert sich häufig das Verhalten der Nachbarzellen. Also können Zellen offensichtlich ihre Nachbarn beeinflussen. Mutationen können eine Zelle dazu bringen, dem Entwicklungsmuster der mütterlichen oder großmütterlichen Zelle zu folgen – eine Wirkung, die sich schwer interpretieren läßt.

Bei Embryos aller Arten exprimiert eine Zelle ihr normales Schicksal, solange sie von normalen Nachbarzellen umgeben ist. Doch wenn diese sich verändern, kann sie neue Zellarten hervorbringen. Durch Modifizierung der Nachbarschaft läßt sich zeigen, wozu eine Zelle in der Lage ist – wir erkennen ihr *Entwicklungspotential*, welches umfangreicher ist, als ihr normales Schicksal erkennen läßt. Der Unterschied variiert erheblich, je nach Art und Entwicklungsstadium. Bei regulierten Embryos ist das Entwicklungspotential in den ersten Entwicklungsstadien sehr groß: Aus einer einzigen Zelle eines im Acht-Zellen-Stadium befindlichen Mäuse-Embryos kann ein vollständiges, normales Individuum entstehen. Selbst später noch bleibt das Potential umfangreich: Zellen, deren normales Entwicklungsschicksal die Bildung eines Ohres ist, können durch Transplantation an eine neue Stelle, wo sich normalerweise die Augenlinsen entwickeln, zur Bildung einer solchen Linse veranlaßt werden. Doch mit fortschreitender Entwicklung wird das Entwicklungspotential immer stärker eingeschränkt, bis die Zelle darauf *festgelegt* ist, nur eine einzige Zellinie oder eine einzige Strukturart zu bilden. Bei Mosaikembryos ist das Entwicklungspotential begrenzter – um wieviel, läßt sich allerdings schwer entscheiden, weil es bei diesen Embryos technisch schwieriger ist, die Zellumgebung dadurch zu verändern, daß man Fragmente von einer Stelle des Embryos an eine andere transplantiert.

Die Besonderheit der Pflanzen

Bei Blütenpflanzen entstehen neue Organismen aus haploiden Sporen, die durch den Prozeß der Chromosomenreduktion, der Meiose (vgl. Kap. 9), in den Blüten gebildet werden. Die männlichen Sporen *(Mikrosporen)* entstehen in den Staubbeuteln, die sehr viel größeren weiblichen Sporen *(Makrosporen)* in den Stempeln (Abb. 12.5). Sporen beider Arten verschmelzen nicht direkt, sondern vermehren sich und formen kleine Gebilde, die die Gameten tragen: die *Gametophyten*. Im Gegensatz dazu heißt die ausgereifte Pflanze, welche die Sporen trägt, *Sporophyt*.

Das männliche gametentragende Gebilde ist ein Pollenkorn, das an der Oberfläche des Staubbeutels befestigt ist. Die entsprechende weibliche Struktur ist der Embryosack, der im Stempel enthalten ist. In diesen gametentragenden Strukturen verhalten sich die Zellkerne auf charakteristische Weise. Das Pollenkorn besitzt drei haploide Kerne. Zwei von ihnen werden zu Kernen von Samenzellen. Der Embryosack enthält eine kleine Zahl von haploiden Kernen, gewöhnlich sieben. Zur Befruchtung kommt es, wenn ein Pollenkorn am Stempel haften bleibt. Das Pollenkorn sendet einen winzigen Schlauch, der die Spermazellkerne enthält, ins Innere des Stempels. Wenn der Pollen von einer kompatiblen Pflanze kommt (vgl. Kap. 10), erreicht der Schlauch den Embryosack und dringt in ihn ein. Einer der Spermakerne befruchtet eine der Zellen des Embryosacks, die einer tierischen Eizelle entspricht und sich zum Embryo entwickelt. Die andere Spermazelle befruchtet eine Zelle mit zwei Kernen, so daß aus dem Verschmelzungsprozeß eine Zelle mit drei Kopien des Genoms entsteht – also eine triploide Zelle. Sie wächst zu einem besonderen triploiden Gewebe heran, dem *Endosperm*, das die für das Wachstum des Embryos zuträglichen Nährsubstanzen sammelt (Proteine, Fettstoffe, Zucker). Die befruchtete Eizelle bringt eine neue diploide Pflanze hervor, den Sporophyten, der später wiederum durch den Prozeß der Chromosomenreduktion haploide Sporen bildet. Das Pflanzenwachstum durchläuft also einen Zyklus, in dem sich gametentragende Strukturen von meist mikroskopischer Größe mit sporentragenden Strukturen, den uns vertrauten Pflanzen, abwechseln.

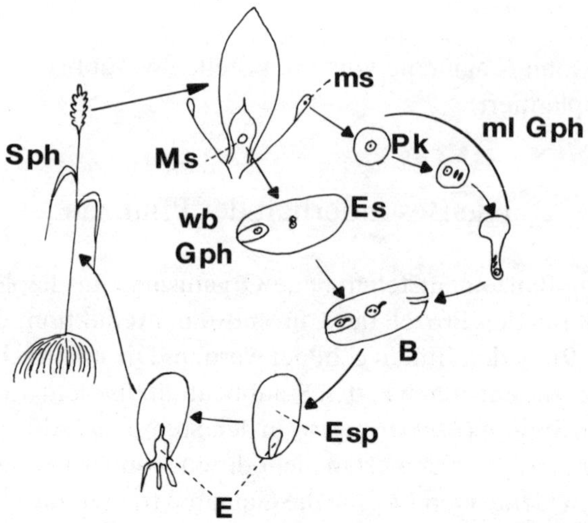

Abbildung 12.5: Der Lebenszyklus einer Blütenpflanze. Die Blüte (oben) besitzt Staubblätter, welche die männlichen Mikrosporen (ms) enthält, und Stempel, in denen sich die weiblichen Makrosporen (Ms) befinden. Die Mikrosporen bilden den männlichen Gametophyten (ml Gph), d. h. das Pollenkorn (Pk), das zwei Spermazellenkerne (schwarz) besitzt. Die Makrospore bildet den weiblichen Gametophyten (wb Gph), der aus dem Embryosack (Es) besteht. Bei der Befruchtung (B) dringt der Pollenschlauch in den Sack ein. Es handelt sich um eine Doppelbefruchtung, denn ein Spermakern befruchtet die Eizelle und der andere eine Zelle mit zwei Kernen, aus der sich das Endosperm (Esp) entwickelt. Der Embryo (E) entwickelt sich und bildet den Sporophyten (Sph), also die ausgewachsene Pflanze.

Das erste Ereignis nach der Befruchtung ist die Samenbildung. Die befruchtete Eizelle erlebt viele Zellteilungen, bei denen die Ansätze der Wurzel, des Sprosses und der Kotyledonen (Strukturen zur Nahrungsspeicherung) entstehen. Hüllen bilden sich und umgeben den Embryo, so daß dieser zu einem ruhenden Samen wird, der über große Entfernungen ausgebreitet werden kann.

Mit dem Keimen des Samens beginnt die Hauptphase im Leben der diploiden Pflanze. Anfangs speist sich die Entwicklung aus den Nahrungsreserven im Endosperm und in den Kotyledonen. Wichtig für die Festlegung der ersten Wachstumsrichtung ist die Erdschwere, die den Sproß nach oben und die Wurzel nach unten richtet, sowie das Licht, das den Sproß nach oben zieht. Das postnatale Leben entwickelt sich bei den verschiedenen Arten mit erheblichen Unterschieden. Pflanzen setzen die postnatale Entwicklung ihr ganzes Leben hindurch fort. Bis zu ihrem Tod wachsen Pflanzen und bilden ständig oder jahreszeitlich neue Organe, etwa Blätter oder Kanäle für den Transport von Nahrung und Wasser.

Entscheidende Entwicklungsschritte

Bei allen höheren Tieren und Pflanzen weisen die vielfältigen und komplizierten Entwicklungsschritte einige gemeinsame Grundzüge auf, die sich wie folgt zusammenfassen lassen: 1. Durch Befruchtung bildet sich ein diploider Zellkern. 2. Dieser Kern wird repliziert und das Ei unterteilt; durch wiederholte Kernreplikationen und Zellteilungen bildet sich eine kleine Zellmasse. 3. In dem kleinen Embryo wird die Hauptachse festgelegt: vom Kopf zum Schwanz bei Tieren, vom Sproß zur Wurzel bei Pflanzen. 4. Um diese Achse wird durch entsprechende Lokalisierung bereits vorhandener oder neu hergestellter Zellen die Grundform des Embryos gebildet. 5. Durch charakteristische Bewegungen und Zusammenschlüsse von Zellen entstehen die Organe.

Wir wollen uns nun mit den Ereignissen beschäftigen, die für diese Mechanismen verantwortlich sind.

Die Kontrolle der Form

Wie sich nach einem festen Plan aus einer einzigen Zelle ein ganzer Organismus mit einer großen Zahl verschiedener Zellen entwickeln kann, ist ein faszinierendes Problem, das noch lange nicht gelöst ist. Die Entwicklung beruht auf der Wirkung von Genen, eine Schlußfolgerung, die auf vielen Fakten gründet. Beispielsweise entwickeln Organismen mit identischen Genen – etwa eineiige Zwillinge oder Inzuchtlinien von Mäusen – weitgehend gleiche Formen. Dagegen können Tiere derselben Art infolge von Mutationen höchst unterschiedliche Formen entwickeln. Diese Variabilität ist unter anderem an Hunden zu beobachten, bei denen in den verschiedenen Rassen viele äußere Unterschiede durch Mutationen festgelegt worden sind. Bei Insekten wie der Taufliege *Drosophila* kann eine einzige Mutation zu spektakulären Formveränderungen führen. Wie wir noch sehen werden, kann ein Teil des Unterleibs dieses Insektes zum Thorax (der Brust) werden oder ein Bein aus dem Kopf wachsen.

Daß Gene die Merkmale eines Organismus bestimmen, ist nicht weiter überraschend, weil die Gene die Eigenschaften aller Moleküle des Körpers bestimmen. Infolgedessen beruht jedes Ereignis, das sich im Körper abspielt, auf den Eigenschaften dieser Moleküle sowie auf Umweltfaktoren wie Temperatur, Feuchtigkeit, Licht oder Schwerkraft. Das eigentliche Problem liegt darin, *wie* die Form zustande kommt, wie sich die *Morphogenese* (die Entstehung der Form) unter der gemeinsamen Wirkung von Genen und äußeren Faktoren vollzieht. Das ist das geheimnisvollste Kapitel der Biologie, denn wir haben zwar eine gewisse Vorstellung von dem Prozeß, wissen aber so gut wie gar nichts über seine Einzelheiten. Unserer Kenntnis sind Ereignisse entzogen, über die wir Bescheid wissen müßten, um grundlegende Aspekte des Lebens zu verstehen, die sich in vielen Bereichen, von der Medizin bis zur Landwirtschaft, anwenden ließen.

Das Zusammenwirken der Ereignisse, die letztlich zur vollständigen Spezialisierung der Zellen führen, beginnt schon zu einem sehr frühen Zeitpunkt der Entwicklung. Der erste Schritt ist die Herstellung der Polarität – der vom Kopf zum Schwanz oder von vorne nach hinten verlaufenden Achse im zunächst weitgehend kugelförmigen Embryo. Die Polarität ist schon nach der ersten Teilung eines Amphibieneies erkennbar, weil die beiden Tochterzellen unterschiedliche Dottermengen enthalten. Einer der Faktoren, die die Polarität hervorrufen, ist die Schwerkraft: Tröpfchen, die den dichten Dotter enthalten, siedeln sich bevorzugt im unteren Teil der Eizelle an. Nach der ersten Teilung besitzt deshalb die untere Zelle mehr Dotter. Ein anderer früher Unterschied entsteht durch den Eintritt der Samenzelle in die Eizelle. Am Eintrittspunkt verwundet sie gewissermaßen die Membran der Eizelle, so daß es zu einer Neuordnung der inneren Membranfilamente kommt. Wenn der Eintrittspunkt unkenntlich gemacht wird, entwickeln Eizellen keine Polarität, und sie bilden kein Notochord oder Neuralrohr.

Ein allgemeiner Mechanismus, der die Entstehung neuer Formen bewirkt, ist das Absinken von Oberflächenzellen in das Innere des Embryos, wie es bei der Bildung einer Gastrula der Fall ist (vgl. Abb. 12.2). Ähnliche Ereignisse finden in vielen anderen Entwicklungsstadien statt, so etwa bei der Bildung des Auges, das sich aus einem vom Gehirn kommenden Stiel entwickelt (Abb. 12.6). Wenn das knollige Ende des Stiels die Haut berührt, stülpt sich seine Spitze ein und bildet einen Becher. Gleichzeitig verdickt sich die Haut, die das Stielende berührt, und stülpt sich ebenfalls zur Becherform ein. Der Hautbecher rundet sich und wird zu einem Bläschen, während sich die Haut darüber wieder schließt. Aus dem Bläschen bildet sich die Augenlinse.

Wie kommt es zu dieser Absenkung der Zellen? Bei der Bildung des Augenschälchens geht das Phänomen auf eine Neuordnung der

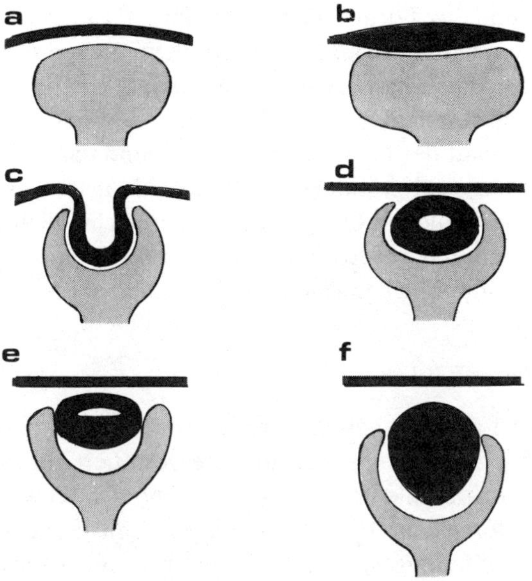

Abbildung 12.6: Die Bildung des Augenbechers. (a) Der Hirnstiel (hellgrau) erreicht die Haut (dunkelgrau). (b) Die Haut verdickt sich. (c) Hirnstiel und Haut bilden gemeinsam ein Schälchen. (d) Das Hautschälchen trennt sich von der Haut und bildet eine Hohlkugel. (e) Der Teil der Kugel, der mit dem Gehirnstiel (dunkelgrau) in Berührung ist, verdickt sich. (f) Die Kugel wird größer und massiv und bildet schließlich die Augenlinse.

inneren Zellfilamente zurück. Die dünnen Filamente verkürzen sich ähnlich wie Muskelfasern und verändern so die Form der Zelle von der eines Quaders zu der eines Keils. Diese Zellen erinnern an die keilförmig behauenen Steine, die die Römer zum Bau von Rundbogen und Gewölben benutzten. In unserem Fall bilden die Hautzellen ein umgekehrtes Gewölbe. Wie in den Muskeln verkürzen sich die beteiligten Filamente in Reaktion auf ein Signal, das die Menge der freien Ca^{++}-Ionen in den Zellen erhöht. Vermittelt wird der Effekt durch das Ca^{++} bindende Protein Calmodulin (vgl. Kap. 8).

Diese Ergebnisse erklären die Mechanik der Becherbildung. Wir wissen jedoch nicht, warum sich die Filamente zusammenziehen. Vermutlich wird irgendein Gen aktiviert, damit es zur Freisetzung der Ca^{++}-Ionen oder ihrem Eintritt in die Zellen kommt. Diese Genaktivierung wird als Differenzierung bezeichnet. Aber das ist noch immer nicht die ganze Wahrheit. Selbst wenn wir verstehen würden, wie sich die Filamente zusammenziehen, müßten wir immer noch erklären, warum sich alle Zellen in einem bestimmten Hautbereich differenzieren und ihre Form verändern, während Zellen in Nachbarbereichen das nicht tun. Mit anderen Worten, wir müssen herausfinden, wie das *Differenzierungsmuster* gesteuert wird.

Die Abgrenzung des Strukturelements – der Scheibe sich absenkender Zellen auf der Haut des Embryos – und die Differenzierung der Zellen sind zwei grundlegende Entwicklungsprozesse, die sehr häufig an verschiedenen Orten und mit unterschiedlichen Merkmalen vorkommen. Ich werde diese beiden Erscheinungen getrennt behandeln, weil ihre Mechanismen sehr verschieden erscheinen.

Die Musterinduktion

Wie wir schon gesehen haben, wird die Entwicklung eines Embryos von Anfang an durch externe Einflüsse gesteuert. Bei Froscheiern legen die Eintrittsstelle der Spermazelle und die Schwerkraft einen bestimmten Bereich des Eies fest, die sogenannte graue Sichel, bevor irgendeine Zellteilung stattfindet. Dieser Bereich entwickelt sich später zur Rückseite des Körpers, während der Rest des Eies die Bauchseite ausbildet. Die Öffnung der Gastrula, der *Blastoporus* (vgl. Abb. 12.2), deckt sich mit der einen Spitze der grauen Sichel. Der Blastoporus seinerseits legt durch seine Lage die Position und Orientierung des künftigen Körpers im Ei fest.

Zu den ersten Strukturen, die sich im Froschembryo entwickeln, gehört das Notochord – eine Zellkette der mittleren Schicht, die sich von der Lippe des Blastoporus nach vorn erstreckt. Bald darauf zeichnet sich die *Neuralrinne* als Verdickung der äußeren Schicht über dem Notochord ab. Die Bildung der Neuralrinne war ein beliebter Untersuchungsgegenstand der Embryologen, weil sie ein deutlich erkennbares Ereignis in reichlich verfügbarem Material, wie eben Froscheiern, ist. Diese Studien erreichten einen Höhepunkt, als Hans Spemann und M. Mangold 1924 in Freiburg zeigten, daß Zellen in der Nachbarschaft der Blastoporuslippe über die Bildung der Rinne entscheiden. Sie nahmen ein Lippenstück eines Embryos und verpflanzten es auf einen ähnlichen Embryo, in einer gewissen Entfernung vom Blastoporus. Der Embryo, an dem die Transplantation vorgenommen worden war, entwickelte zwei Neuralrinnen – die eine mit dem eigenen Blastoporus verbunden, die andere mit dem Transplantat. In diesem Experiment wurden Zellen, die bei normaler Entwicklung in die Haut der Bauchseite eingegangen wären, zu einem Bestandteil des Nervensystems. Offensichtlich waren sie noch nicht darauf festgelegt, Hautzellen zu werden. Dieses Phänomen, bei dem das Schicksal embryonaler Zellen durch verpflanzte Zellen bestimmt wird, bezeichnet man als *Induktion*, die Zellgruppe, welche die Induktion hervorrufen kann, als *Organisator*.

Aus den Experimenten gewann man die wichtige Erkenntnis, daß vom Organisator Signale zur Zielzelle gelangen. In diesem Fall steuert das Signal die Festlegung der Hauptachse im Embryo. Es gibt zahlreiche andere Beispiele für Induktion. Offenbar handelt es sich um ein grundlegendes Phänomen der normalen Entwicklung.

Wie ist das Induktionssignal beschaffen? Man nahm allgemein an, es handle sich um eine chemische Substanz, die vom Organisator freigesetzt wird, doch man versuchte lange Zeit vergeblich, sie nachzuweisen. Das hat niemanden überrascht, denn man vermutet, daß es sich bei dem Induktionsstoff um eine sehr unbeständige Substanz handelt, die in winzigen Mengen erzeugt wird und nur in wenigen der 30000 Zellen vorhanden ist, aus denen der Embryo besteht, wenn sich die Neuralrinne bildet. Erst vor kurzem ist aus Hühnerembryos ein kleines Protein isoliert worden, das in der Lage ist, die Bildung des Neuralrohrs zu induzieren. Der lange Zeitraum, der benötigt wurde, um den Induktionsstoff zu finden, hatte bedeutsame Folgen. Da sich die chemische Ursache des Entwicklungsmechanismus nicht finden ließ, nahmen die theoretischen Überlegungen eine neue Richtung, und man versuchte, die Entwicklung physikalisch zu erklären. Dieser Ansatz erwies sich als sehr ergiebig. Er vermittelte die grundlegende Erkenntnis, daß der Morphogenese die Bildung einer Struktur vorausgeht, die durch unterschiedliche Konzentrationen einer hypothetischen Substanz bestimmt wird, des sogenannten *Morphogens*.

Hilfe von Schleimpilzen

Das Interesse an diesem Gegenstand ist unlängst durch Entdeckungen auf einem anscheinend ganz anderen Gebiet neu belebt worden. Dabei untersuchte man das Verhalten bestimmter einzelliger Eukaryonten, die eine gewisse Entwicklung durchlaufen. Sie schließen sich zusammen und bilden vielzellige Komplexe von charakteristischen Formen. Hier gelang es nun, die chemische Beschaffenheit der Morphogene zu bestimmen und daraufhin auch ihre Wirkungsweise zu untersuchen. Es handelte sich um *Schleimpilze*, einfache Eukaryonten, die im Boden leben.

Schleimpilze verdanken ihren Namen dem Umstand, daß sie wie echte Pilze ein Doppelleben führen. Lange Zeit existieren echte Pilze als lange, dünne Zellen, die miteinander verbunden sind und ein verzweigtes Netzwerk bilden, das *Myzel* (Vegetationskörper), welches sich in der oberen Bodenschicht ausbreitet. Von Zeit zu Zeit vereinigen sich die Fäden und bilden Pilze. Der Pilz ist ein echter vielzelliger Organismus, in dem sich die Zellen zusammenschließen und differenzieren, so daß klar abgegrenzte Organe wie Hut und Stamm entstehen. Entwicklung und Differenzierung lassen sich also selbst bei Organismen beobachten, die den größten Teil ihres Lebenszyklus aus Einzelzellen bestehen.

Allerdings sind Schleimpilze mit echten Pilzen nicht verwandt. Ihre Zellen sind wie Amöben und lassen sich in Plastikschälchen auf einem gelierten Nährboden züchten, der mit Bakterien gesättigt ist. Die Amöben fressen die Bakterien und vermehren sich in großer Zahl. Wenn eine Kultur von Schleimpilzen ihre Nahrungsreserven erschöpft hat, verändert sie sich radikal. Innerhalb von Stunden beginnen die Zellen, sich zusammenzuschließen, wobei sie dicke Bänder, Wirbel und Kreise bilden (Abb. 12.7). Mehr und mehr bewegen sich die Zellen nun zur Mitte der Kultur, wo sie zu einer länglichen Masse, einem wegschneckenähnlichen Schleimklumpen verschmelzen (Abb. 12.8). Bei manchen Schleimpilzen kriecht dieses Gebilde langsam auf eine Lichtquelle zu, bei anderen ist es stationär, doch in allen Fällen richtet es sich schließlich auf dem Nährboden auf und bildet einen dicken Stiel mit einer Schwellung an der Spitze, dem Fruchtkörper. Der gesamte Prozeß dauert etwa vierundzwanzig Stunden. Die Schwellung an der Spitze enthält besondere Zellen, die Sporen, die in einen klebrigen Schleim eingebettet sind. Die Sporen sind veränderte Zellen mit dicken Hüllen, die es ihnen ermöglichen, Trockenheit und Hitze zu überstehen und nach der Aussaat über weite Entfernungen auch unter ungünstigen Bedingungen zu überleben. In dieser Hinsicht sind sie mit den Sporen vieler Bakterienarten vergleichbar. Werden die Sporen auf ein neues Nährmedium übertragen, entsteht aus ihnen wieder eine wachsende Zellkultur.

Der Fruchtkörper entwickelt sich durch Zellbewegung und Zellzusammenschluß, nicht durch zahlenmäßige Vermehrung. An diesem Prozeß ist die Morphogenese ebenso beteiligt wie die Differenzierung (Veränderungen der Genexpression).

Wie eine Population identischer Amöben eine komplexe Struktur hervorbringen kann, die verschiedene Zellarten enthält, ist eine fas-

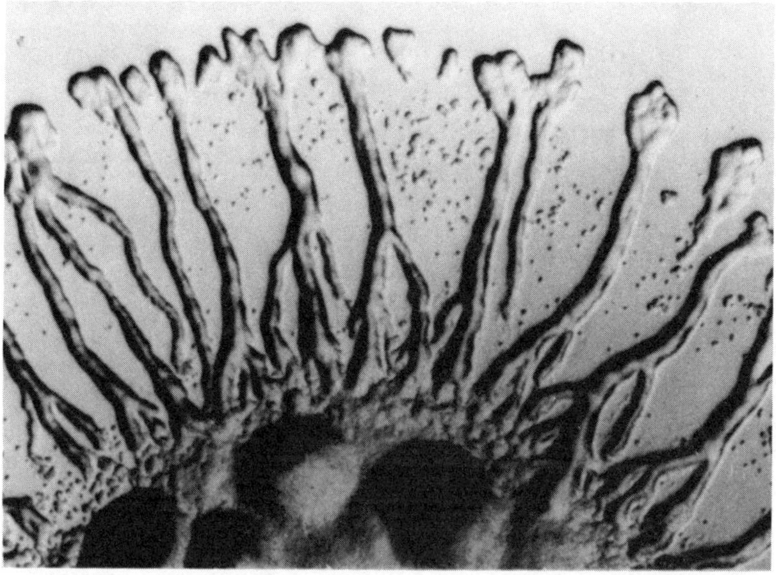

Abbildung 12.7: Bänder, die sich nach Erschöpfung der Nahrungsreserven in einer Kultur von Schleimpilzen bilden. (Aus: O. Shimomura, H. L. B. Suthers und J. T. Bonner, *Proc. Natl. Acad. Sci. USA* 79 [1982], S. 7376–79. Abdruck mit freundlicher Genehmigung.)

zinierende Frage. Ein wichtiger Schritt zu ihrer Lösung war die Entdeckung der chemischen Signale, die die Bildung der Struktur veranlassen. Bei einer bestimmten Art von Schleimpilzen *(Dictyostelium discoideum)* ist das Signal ein Molekül, das wir schon kennen: zyklisches AMP. Andere Schleimpilze verwenden für den gleichen Zweck weitere, ebenfalls ziemlich einfach gebaute Moleküle. Das zyklische AMP überträgt in der Kultur Signale von einer Zelle zur anderen. Die chemische Substanz wird von einigen Zellen gebildet und bindet an die Oberflächenrezeptoren anderer. Das außerhalb der Zellen wirkende zyklische AMP hat eine andere Funktion als das zyklische AMP, das bei Hormoneinwirkung im Zellinneren die Rolle eines sekundären Botenstoffes übernimmt (vgl. Kap. 8). Bei Schleimpilzen ist das zyklische AMP das Hormon – also der primäre Botenstoff –, aber auch der sekundäre Botenstoff, denn es steuert gleichfalls die Genexpression im Inneren der Zellen. Die Schleimpilzzellen sind sehr einfach und kommen deshalb auch mit einem einfachen Kontrollsystem aus.

Bevor man die Rolle des zyklischen AMP verstand, glaubte man, es wären mehrere Signalmoleküle an der Entwicklung des Schleim-

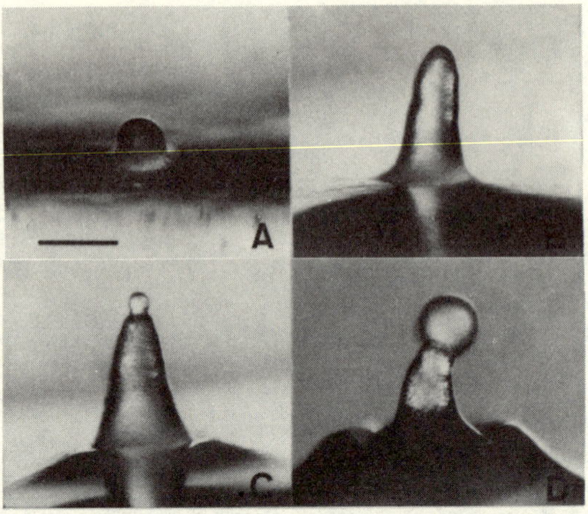

Abbildung 12.8: Die Bildung des Fruchtkörpers in einer Schleimpilzkultur. (A) Eine Masse von Amöben, von schleimigem Material umgeben (Linie unten = 0,1 mm). (B) Bildung des Stielhalses durch Amöben, die aus der in A abgebildeten Masse aufsteigen. (C) Durch eine Öffnung in der Stielspitze beginnen die Sporen auszufließen. (D) Die Sporen sammeln sich an der Spitze des Stiels in einer schleimigen Matrix. (Aus: M. D. Deasey und L. S. Olive, *Science* 213 [1981], S. 561 f.)

pilzes beteiligt, weil sie sich in mehreren Schritten vollzieht. Heute wissen wir, daß das zyklische AMP in verschiedener Konzentration verschiedene Programme aktiviert, die in die Gene der Zellen eingeschrieben sind und eine Vielzahl von Konsequenzen haben. Einige Effekte werden jedoch durch andere Substanzen vermittelt: durch Kommunikatormoleküle, die bei Zellkontakten wirksam werden, und durch andere von den Zellen freigesetzte Moleküle.

Eine der Anweisungen, die die Zellen vom zyklischen AMP erhalten, betrifft die Bewegung und den Zusammenschluß. Wenn sich das zyklische AMP an die Oberflächenrezeptoren der Zellen bindet, beginnen die Zellen, sich auf die Quelle des Botenstoffes zuzubewegen und aneinander zu haften. Die Bewegung erfolgt in einem schmalen Bereich der AMP-Konzentration. Eine andere Anweisung bezieht sich auf die Weitergabe des Signals, das heißt, daß die Zelle Sekunden nach Bindung des zyklischen AMP ihrerseits mit der Bildung von zyklischem AMP beginnt. Dieser Produktionsprozeß dauert etwa eine Minute lang. Durch die Weitergabe breiten sich die Signale für Bewegung und Zusammenschluß in der ganzen Kultur aus.

Eine typische Eigenschaft der cAMP-Produktion ist das Pulsieren, das durch verschiedene Faktoren bewirkt wird. Einer ist die kurze

Dauer der cAMP-Ausschüttung durch eine signalvermittelnde Zelle. Ein zweiter ist der rasche Eintritt der Refraktärphase – der vorübergehenden (zwei oder drei Minuten dauernden) Unfähigkeit der Zelle, auf eine neue Stimulation durch zyklisches AMP zu reagieren, so daß sie nicht auf das von ihr selbst gebildete zyklische AMP ansprechen kann. Ein dritter Faktor ist die Bildung eines Enzyms, welches cAMP überall in der Kultur abbaut und hiermit dafür sorgt, daß die von einer Zelle gebildete Substanz allein die benachbarten Zellen erreicht. So kann das Signal nur durch eine Reihe von Übertragungsprozessen zu entfernteren Zellen gelangen.

Die Bildung des zyklischen AMP beginnt wahrscheinlich durch Zufall in einigen wenigen Zellen in der Mitte der Kultur, wo die Zelldichte am höchsten ist. Diese Zellen fangen an, sich zusammenzuschließen und das Signal an nahegelegene Zellen weiterzugeben. Sie senden das Signal ihrerseits weiter, so daß es sich von der Mitte zu den Rändern ausbreitet. Die Zellen befinden sich also in einer ständigen Bewegung zur Mitte hin, in der sie sich zusammenschließen. Die pulsierende Natur des Signals bewirkt wellenförmige Wanderbewegungen und Zusammenschlüsse. In dieser Weise bilden sich Wirbel und Ringe, die auf die Mitte zukriechen.

Während dieser morphogenetischen Ereignisse gewinnen die Zellen neue Eigenschaften. Alle beschriebenen Effekte – Bewegung, Signalweitergabe, Zellverlängerung – gehen auf die Aktivierung zuvor stiller Gene zurück. Viele dieser Veränderungen resultieren aus Änderungen der cAMP-Konzentration außerhalb der Zellen. Die Zellen schließen sich zusammen, weil an ihrer Oberfläche neue Proteine erscheinen – einige enthalten Zucker, andere können Zucker binden. Moleküle der beiden Proteine an verschiedenen Zellen verbinden sich und bilden Brücken zwischen den Zellen. Spezielle Zucker, die nur in diesem Stadium auftreten, scheinen für den Zusammenschluß von entscheidender Bedeutung zu sein. Mehr als tausend Gene, etwa ein Drittel des gesamten Genoms, nehmen in Gruppen, die nacheinander aktiviert werden, nach Erschöpfung der Nahrungsreserven die Transkription auf. Wenn für einen so einfachen Differenzierungsprozeß schon eine derart große Zahl von Genen erforderlich ist, so läßt sich unschwer ausmalen, wie anspruchsvoll die Differenzierung komplexer Organismen sein muß. Bei den Schleimpilzen findet der Prozeß seinen Höhepunkt in der Ausbildung der »Schnecke«, die durch Differenzierung der Zellen in zwei Arten zustande kommt: in die der Sporen und in die der Stielzellen. Letztere treten schon zu einem frühen Zeitpunkt überall in der Kultur auf und sammeln sich im vorderen oder erhöhten Teil der Schnecke, wo sie schaumig werden, sterben und ein Stützgewebe für die Sporen bilden. Diese Zellen entstehen im dichtesten Teil der Kultur und nehmen zuerst den hinteren oder unteren Teil der Schnecke ein, wandern aber allmählich in ihre Spitze. Die verschiedenen Schritte der Differenzierung werden zum Teil direkt durch das cAMP verursacht, zum Teil durch andere Zellprodukte und zum Teil durch Kontakte zwischen den Zellen.

Die Musterbildung

Die wichtigste Erkenntnis, die aus der Untersuchung der Schleimpilze gewonnen wurde, besagt, daß eine einzige morphogenetische Substanz – zyklisches AMP – eine Reihe morphogenetischer Ereignisse hervorrufen kann, wobei ihre Konzentration in verschiedenen Teilen der Kultur entscheidend ist. Wir können also sagen, daß die Konzentration des Morphogens in der Kultur ein *Muster* bildet, das die nachfolgende Entwicklung der Kultur bestimmt.

Diese Ergebnisse sind sehr aufschlußreich für die embryonale Entwicklung bei Tieren. Sie lassen darauf schließen, daß eine einzige Signalsubstanz ausreichen kann, um das Muster festzulegen, welches der Entwicklung eines komplexen Organs zugrunde liegt. Bei der Bildung des Musters dürften verschiedene Faktoren entscheidende Bedeutung haben, z. B. die genaue Konzentration des Morphogens, die Häufigkeit seiner Rezeptoren an den Zellen, die Abstände zwischen den Zellen und ihre Fähigkeit zur Weitergabe eines Signals. Beim Embryo könnten sich die ersten Muster infolge der ursprünglichen Unterschiede entwickeln (Dotterverteilung, Eintrittspunkt der Spermazelle und andere), die die Bildung oder Verteilung eines Morphogens beeinflussen. Das Verteilungsmuster legt die nachfolgende Entwicklung fest, indem es die Differenzierung von Zellen auslöst (das heißt, indem es verschiedene Zellgruppen veranlaßt, verschiedene Gene zu exprimieren). Ursprünglich kleine Unterschiede im lokalen Vorkommen des Morphogens können sich durch Selbstverstärkung zu erheblichen Unterschieden im endgültigen Muster auswachsen. Das endgültige Muster ist bei verschiedenen Individuen ähnlich, weil es durch die Modalitäten der Selbstverstärkung und die Zellverteilung festgelegt wird. Die ursprünglich auslösenden Unterschiede sind zwar für die Einleitung des Prozesses von entscheidender Bedeutung, für sein Ergebnis aber irrelevant.

Über andere wichtige Aspekte der tierischen Morphogenese geben die Untersuchungen an Schleimpilzen jedoch keinen Aufschluß. Beispielsweise erklären sie nicht, wieso das Muster für die Augenlinse auf eine Zellplatte beschränkt bleibt, ohne in benachbarte Bereiche einzudringen. Wie ist die Grenze der Platte beschaffen? Das ist eine schwierige Frage. Man hat sich sehr darum bemüht, dieses Problem zu lösen – durch experimentelle Verfahren ebenso wie durch theoretische Modelle. Besonders nützlich für die Experimente sind Amphibien- oder Hühnerembryos, auch einfache Tiere wie Hydren oder Blutegel. Dabei verändert man vor allem die Beziehung zwischen Teilen des Embryos während der Entwicklung. Bei einigen Lebewesen (Hydren und Amphibien) können solche Manipulationen auch während der Regeneration vorgenommen werden, also während abgetrennte Teile des ausgewachsenen Körpers (Gliedmaßen zum Beispiel) wiederhergestellt werden. Diese Arten sind zur Regeneration imstande, weil auch bei ausgewachsenen Tieren unreife Zellen mit einem umfangreichen Entwicklungspotential erhalten bleiben. Da Vögel und Säugetiere derartige Zellen nicht mehr haben, ist Regeneration bei ihnen praktisch ausgeschlossen.

Manipulationen der Entwicklung

Die Ergebnisse dieser Untersuchungen haben einmal mehr gezeigt, wie flexibel die Entwicklung vieler Lebewesen ist. Diese Plastizität ist möglich, weil die Autoregulation der Musterbildung die Bildung von Organen in regelmäßiger und wiederholbarer Weise, unabhängig von örtlichen Unterschieden, ermöglicht. Merkliche Abweichungen treten nur auf, wenn das morphogenetische Muster ernsthaft gestört ist.

Sehr interessante Beobachtungen lassen sich an Amphibien, Vögeln und einigen Insekten machen, indem man in die Entwicklung der Gliedmaßen eingreift. Die Bildung der Gliedmaßen oder Extremitäten beginnt mit einer Schwellung, der *Extremitätenknospe*, die aus Zellen des embryonalen Mesoderms besteht und mit solchen des Ektoderms bedeckt ist. In einem bestimmten Experiment werden nun die Knospen etwa der linken vorderen Extremitäten zweier Embryos chirurgisch entfernt. Dann wird jede Gliedmaßenknospe auf den Amputationsstumpf des anderen Embryos verpflanzt. Wenn die Orientierung der transplantierten Knospe gegenüber dem Embryo genau erhalten bleibt, entwickelt sich die Extremität normal. Wird die Knospe gedreht, so daß der Teil, der normalerweise dem Kopf

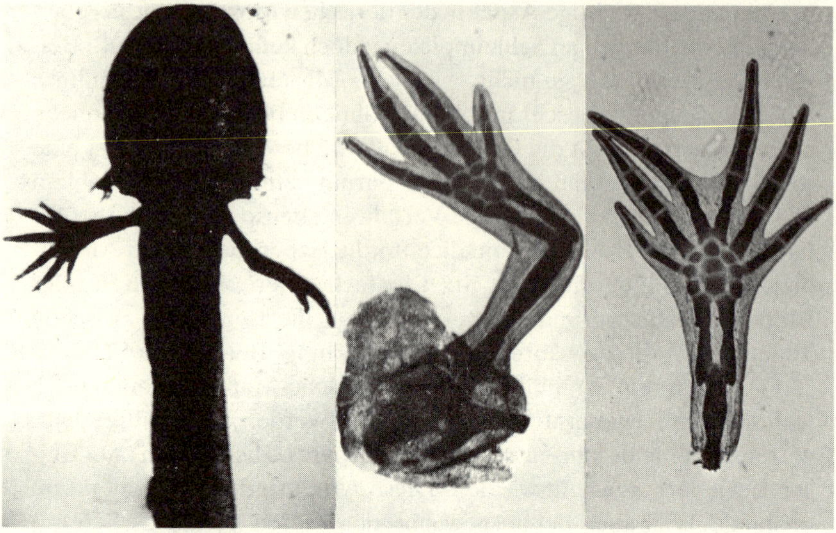

Abbildung 12.9: Wirkung einer Organisator-Transplantation auf die Extremitätenentwicklung beim Axolotl. Das linke Photo zeigt das Ergebnis einer Transplantation, bei der im Extremitätenknospenstadium ein Fragment des Extremitätenorganisators am vorderen Rand der Extremitätenknospe eingepflanzt wurde. Daraus hat sich eine Extremität entwickelt, die spiegelbildlich aus den beiden rückwärtigen Hälften einer normalen Gliedmaße zusammengesetzt ist. Die rechte Extremität ist normal. Das mittlere Photo zeigt die Knochenstruktur der normalen Extremität, wobei die Hinterseite rechts zu erkennen ist. Das rechte Photo zeigt die Knochenstruktur der operierten Extremität, die aus zwei symmetrisch angeordneten hinteren Teilen besteht. (Mit freundlicher Genehmigung von J. M. W. Slack.)

zugewandt ist, nun zum Schwanz zeigt, kommt es zu einer merkwürdigen Konsequenz: Die transplantierte Knospe entwickelt nicht eine, sondern zwei und manchmal sogar drei Extremitäten. In allen Fällen ist die zusätzliche Gliedmaße das Spiegelbild der unmittelbar benachbarten Extremität. Diese Symmetrie läßt sich leicht an den Knochen des Handgelenks und der Finger erkennen. Wenn die Finger bei normaler Orientierung 1-2-3-4 sind, kann eine Doppelextremität die Folge 1-2-3-4-3-2-1 aufweisen, eine Dreifachextremität 2-3-4-3-2-3-4 (nicht alle Finger werden immer gebildet; vgl. Abb. 12.9 und 12.11).

Ähnliche Beobachtungen lassen sich bei ausgewachsenen Amphibien und Insekten machen, denen man eine Extremität amputierte. Bei Amphibien bedeckt sich der Stumpf nach der Amputation mit einer Zellschicht, die embryonale Eigenschaften aufweist und die Gliedmaße regeneriert. Entfernt man die Schicht von Embryonalzel-

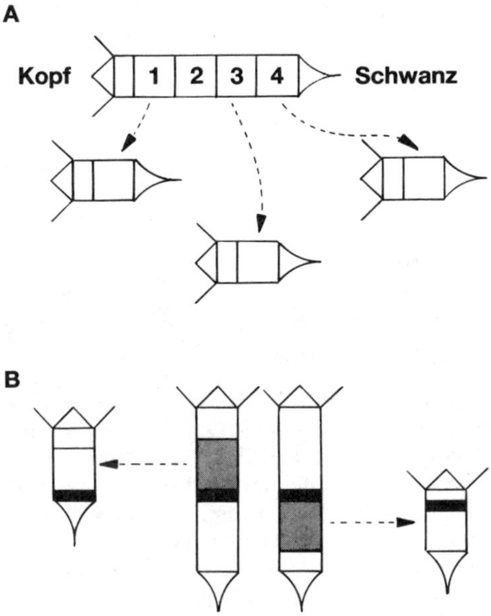

Abbildung 12.10: Experimente zur Hydra-Entwicklung. (A) Das Salami-Experiment: Aus jeder der vier Scheiben (1 bis 4) entwickelt sich eine vollständige Hydra mit Kopf und Schwanz. (B) Bedeutung der relativen Position der Zellen in der Scheibe und nicht in der Hydra. Die Scheiben wurden zwei Hydren dergestalt entnommen, daß sie alle einen Bereich aufweisen, der der gleichen Ebene entstammt (schwarz). Dieser Bereich bringt im einen Fall einen Schwanz hervor (links), im anderen einen Kopf (rechts). Das Ergebnis hängt von der Position des Abschnitts in der Scheibe ab (grau).

len chirurgisch und verpflanzt man sie auf einen anderen Stumpf, so hängt das Ergebnis wie beim Embryo wieder von der Orientierung ab. Bei ausgewachsenen Individuen von Insekten, etwa Küchenschaben, lassen sich ähnliche Ergebnisse durch den Austausch von Extremitätenteilen zwischen zwei Tieren erzielen. Das Ergebnis ist wiederum von der Orientierung der Teile zueinander nach dem Austausch abhängig.

Die Ähnlichkeit dieser Ergebnisse bei verschiedenen Arten läßt den Schluß zu, daß sich in ihnen eine allgemeine Eigenschaft der Entwicklung von Extremitätenknospen zeigt. Doch bevor ich versuche, die Resultate zu interpretieren, möchte ich noch von Untersuchungsergebnissen berichten, die an viel einfacheren Tieren gewonnen wurden und die sich ähnlich deuten lassen.

Zu diesen Tieren gehört die Hydra, ein einfaches Lebewesen, das aus einem Schlauch besteht – an dem einen Ende sitzt der Kopf, am

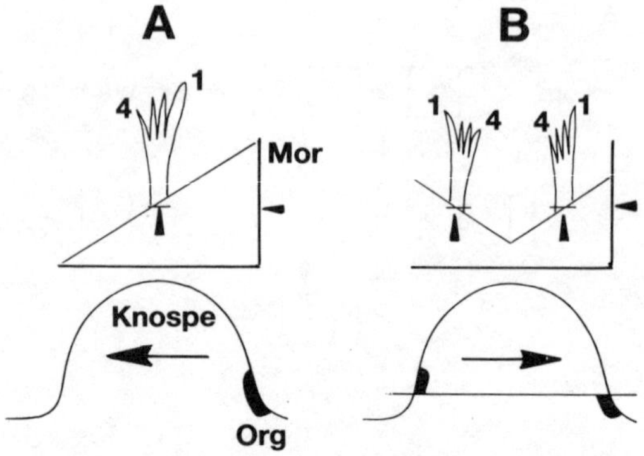

Abbildung 12.11: Die Interpretation des Extremitätenrotations-Experiments. (A) Bei der normalen Entwicklung ist ein Organisator (Org) im hinteren Bereich der Extremitätenknospe zugegen. Der Organisator bildet ein Morphogen (Mor), dessen Verteilung einen Gradienten aufweist (oben), wobei die Konzentration am Organisator am größten ist. Die Extremität entwickelt sich dort, wo die Konzentration des Morphogens einen bestimmten Wert aufweist (Pfeil). (B) Die Knospe ist abgetrennt und um 180° gedreht worden, was zur Spaltung des Organisators (schwarz) geführt hat. Ein Teil von ihm liegt nun am vorderen Ende der Knospe, so daß das Morphogen jetzt zu beiden Seiten der Knospe gebildet wird und, wie oben gezeigt, ein Doppelgradient auftritt. Die Konzentration des Morphogens gestattet eine Extremitätenentwicklung an zwei Punkten (Pfeile). Die beiden Extremitäten, die sich dort entwickeln, verhalten sich spiegelbildlich zueinander, weil sie sich an entgegengesetzten Gefällen des Gradienten befinden. Die Finger 1 und 4 sind gekennzeichnet.

anderen der Schwanz. Die Fortpflanzung vollzieht sich normalerweise durch Knospen, die sich am Hinterleib bilden. Die gesamte Hydra regeneriert sich ohne Schwierigkeit aus einzelnen Stücken. Interessante Ergebnisse zeigen sich, wenn man den Körper der Hydra wie eine Salami in Scheiben schneidet. Aus jeder Scheibe bildet sich wieder ein vollständiges Individuum. Interessant ist, daß sich jeweils der Kopf aus dem Kopfteil der Scheibe entwickelt und der Schwanz aus dem Schwanzteil (Abb. 12.10: A). In jeder Scheibe ist folglich die Erinnerung an die Kopf-Schwanz-Orientierung der ursprünglichen Hydra gespeichert, unabhängig davon, ob die Scheibe in der Nähe des Kopfes oder des Schwanzes lag. Entscheidend ist die *relative Position* der Zellen in der Scheibe; die absolute Position ist irrelevant. Eindeutig bestätigt wird dieses Prinzip, wenn man von zwei Individuen zwei Scheiben in solcher Weise abschneidet, daß sich das Schwanzende der einen Scheibe an der gleichen Position befindet wie das Kopfende der anderen (Abb. 12.10: B). Wenn sich aus jeder Scheibe ein vollständiges neues Individuum entwickelt, bringt die dünne Schicht, die der gleichen Ebene der Hydren entstammt, in dem einen Fall den Kopf hervor, im anderen Fall den Schwanz.

Wie kommt es, daß sich die Zellen an ihre relative Position erinnern? Es muß entweder innerhalb der Zellen oder zwischen ihnen Signale geben. Diese beiden Möglichkeiten werden überprüft, indem man eine Hydra in einzelne Zellen zerlegt. Hinterher schließen sich die Zellen wieder zu einer vollständigen Hydra mit der charakteristischen Kopf- und Schwanzform zusammen. Wie das geschieht, wissen wir nicht. Sehr aufschlußreich ist allerdings eine Abwandlung dieses Experiments. Hydraabschnitte, die an festgelegten Orten entnommen sind, werden zerlegt und können sich separat wieder zu stabilen Zellaggregaten zusammenschließen. Wenn man Aggregate dieser Art eng zusammenpreßt, entwickeln sie sich zu einer vollständigen Hydra. Nehmen wir an, Aggregate unterschiedlichen Ursprungs werden in verschiedener Reihenfolge zusammengepreßt – was würde geschehen? Auch aus diesen Zellaggregaten entwickelt sich eine Hydra. Allerdings hängt ihre Form von zwei Faktoren ab: vom Ursprung der Segmente vor ihrer Zerlegung – ob sie in der Nähe des Kopfes (K) lagen oder in der Nähe des Schwanzes (S) – und von der Reihenfolge, in der die Zellaggregate zusammengefügt werden. Wenn die Reihenfolge KSK ist, bilden sich an beiden Enden Köpfe; ist die Reihenfolge SKS, bildet sich ein Kopf in der Mitte. Daraus folgt, daß die Zellen auch nach der Zerlegung die Information über ihre relative Position im Ursprungsorganismus bewahren. Träger der Information müssen Substanzen sein, die sich innerhalb der Zellen befinden oder an ihnen haften. Stoffe, die von den Zellen getrennt sind und sich in ihrer Umgebung befinden, können nicht dafür verantwortlich sein, ebensowenig ein Richtungssignal, das in den Zellen enthalten ist und zum Kopf oder Schwanz des Gesamtindividuums zeigt, denn dessen Orientierung würde nach Trennung und erneutem Zusammenschluß der Zellen verlorengehen.

Eine mögliche Erklärung für die Beschaffenheit der Positionsinformation läßt sich einem weiteren Experiment entnehmen. Ein kopfloses Vorderstück einer Hydra wird mit einem Hinterstück einer anderen Hydra verbunden. An der Verbindungsstelle bildet sich ein Kopf. Wenn das transplantierte Vorderstück jedoch den Kopf enthält, bildet sich kein neuer: Der transplantierte Kopf verhindert die Entstehung eines neuen Kopfes. In einem anderen Experiment wird ein kleines Kopffragment einer Hydra weit von ihrem eigenen Kopf eingepflanzt: Es kommt zur Bildung eines neuen Kopfes. Die beiden

Experimente zeigen, daß ein Kopffragment je nach seiner Größe die Bildung eines neuen Kopfes auslösen oder verhindern kann.

Ein weiteres wichtiges Ergebnis dieses Experiments besagt, daß sich die gleichen Effekte durch *Extrakte von Hydraköpfen* erzielen lassen. Bei der Hydra ergibt sich die Positionsinformation folglich aus dem Zusammenwirken zweier Substanzen: einem Induktor und einem Inhibitor der Kopfbildung. Der Induktor ist ein kleines Protein (Peptid) aus elf Aminosäuren, das in außerordentlich niedriger Konzentration die Vermehrung der Hydrastammzellen und ihre Differenzierung zu Nervenzellen anregt, wodurch es zur Kopfentwicklung kommt. Der Inhibitor ist ein noch kleineres lipophiles Molekül. Diese morphogenetischen Stoffe gehören wie die in Kapitel 8 erörterten Wachstums- und Differenzierungsfaktoren zur Klasse der Kommunikatoren. Auf welche Weise derartige Substanzen die Entwicklung steuern, ist uns nicht bekannt. Wahrscheinlich üben sie ihre Wirkung aus, indem sie an die Rezeptoren der Zellen binden, doch letztlich müssen sie die Expression von Genen modifizieren. Induktor und Inhibitor können auf verschiedene Rezeptoren einwirken. So entstünden ihre unterschiedlichen Effekte, weil sie wie Hormone (vgl. Kap. 8) die Bildung sekundärer Boten auf unterschiedliche Weise hervorrufen. Ihre wechselseitigen Wirkungen heben sich nicht einfach auf, denn die beiden Moleküle haben unterschiedliche Eigenschaften. Der Aktivator ist an ein großes Trägermolekül gebunden, deshalb bewegt er sich nicht allzu weit und hat eine kurze Lebensdauer, während der Inhibitor von geringer Größe, deshalb mobiler und von längerer Lebensdauer ist. Die Wechselwirkung zwischen Induktoren und Inhibitoren könnte die Basis für alle Erscheinungen der Morphogenese sein.

Gradienten

Die Ergebnisse der oben betrachteten Experimente lassen darauf schließen, daß der Entwicklung eines Organs die Bildung eines Musters morphogenetischer Stoffe vorangeht – wahrscheinlich Wachstums- oder Differenzierungsfaktoren –, die mit den Zellen verbunden sind. Das Muster legt die Form des künftigen Organs fest. Es ist, als würde man mit verschiedenen Graustufen ein Muster auf einem Blatt Papier entwerfen, um es anschließend farbig oder plastisch auszugestalten. Das Muster wird durch unterschiedliche Konzentrationen der morphogenetischen Stoffe hervorgerufen, die von einigen

Zellen gebildet und durch Diffusion verteilt werden. Innerhalb eines bestimmten Bereichs oder Feldes verändert sich ihre Konzentration in einer gegebenen Richtung graduell, so daß sie einen sogenannten *Gradienten* bilden. Beispielsweise ist davon auszugehen, daß es entlang des Hydrakörpers einen Gradienten sowohl des Induktors wie des Inhibitors der Kopfbildung gibt. Beide Substanzen weisen ihre höchste Konzentration nahe beim Kopf und ihre niedrigste nahe beim Schwanz auf. Die zwei Gradienten unterscheiden sich jedoch insofern, als der Induktor in der unmittelbaren Umgebung des Kopfes massiert auftritt, während der Inhibitor flächiger verteilt ist. Die morphogenetischen Substanzen üben ihren Einfluß auf die Zellen aus, indem sie auf deren Gene einwirken. Dort wo ein Stoff in höherer Konzentration vorkommt, ist sein Einfluß auf die Gene größer als dort, wo er spärlich vertreten ist. So wird der Gradient einer diffusionsfähigen Substanz auf eine Weise, die wir noch nicht verstehen, in den Expressionsgradienten bestimmter Gene verwandelt. Wenn wir eine Hydra in Scheiben schneiden, dann besitzen die Zellen, die dem Kopf näher lagen, größere Mengen der Substanz, die unter dem Einfluß des Kopfinduktors gebildet wurde, als die Zellen am anderen Ende der Scheibe. Deshalb entwickelt sich aus ihnen ein Kopf; am anderen Ende entsteht ein Schwanz. Die fortdauernde Produktion der Stoffe in den Zellen erklärt die Ergebnisse der Experimente.

Vergleicht man die Verteilung der Substanz, die unter Anweisung des Kopfinduktors in zwei Scheiben gebildet wird – einer, die aus der Nähe des ursprünglichen Kopfes stammt, und einer anderen, die aus der Umgebung des Schwanzes genommen wurde (vgl. Abb. 12.10: A) –, so läßt sich eine weitere Schlußfolgerung ziehen. Der Stoff kommt in Zellen der Hinterseite der vorderen Scheibe (Nr. 1) sehr viel konzentrierter vor als in Zellen der Vorderseite der hinteren Scheibe (Nr. 4). Trotzdem sind es die erstgenannten Zellen, die einen Schwanz bilden – obwohl sie die Substanz in höherer Dichte aufweisen –, während die Zellen der Scheibe 4, die die Substanz in geringerem Maß enthalten, einen Kopf hervorbringen. Entscheidend sind die Konzentrationsunterschiede *innerhalb der Scheibe*. Einen ähnlichen Gradienten muß es auch für den Inhibitor der Kopfbildung geben, der in Kopfnähe ebenfalls gehäuft auftritt. Wir werden unten noch sehen, wie man sich das Zusammenwirken der beiden Faktoren vorstellt.

Das Konzept eines morphogenetischen Gradienten ist nützlich, auch wenn die Induktoren nicht bekannt sind, weil es eine plausible

Erklärung für komplizierte Untersuchungsergebnisse liefert. So lassen sich die Beobachtungen, welche die Extremitätenknospen betreffen, durch die Anwesenheit einer Organisatorregion am hinteren Rand der Gliedmaße erklären. Der Organisator bildet einen Extremitäteninduktor, dessen Konzentration in der Umgebung des Organisators am höchsten ist und zum entgegengesetzten Rand hin abnimmt. Wir vermuten, daß sich die Extremität an einem Punkt des Gradienten entwickelt, wo die Konzentration des Induktors in gewissem Abstand von beiden Rändern einen bestimmten Zwischenwert annimmt. Die Polarität der Gliedmaße (das heißt, ob Finger 1 dem einen oder dem anderen Rand zugekehrt ist) hängt von der Richtung ab, in die der Gradient, also die Konzentration des Induktors, abfällt. Wenn die Knospe auf dem Stumpf gedreht wird, gelangt ein Fragment des Organisators an den vorderen Rand (Abb. 12.11). Dadurch entstehen zwei Gradienten, deren Gefälle in entgegengesetzter Richtung verlaufen. Jetzt gibt es an zwei Punkten eine Konzentration des Induktors, die eine Extremitätenentwicklung zuläßt. Also bilden sich auch zwei Extremitäten. Da die Gefälle der beiden Gradienten in entgegengesetzte Richtung zeigen, sind auch die Polaritäten der beiden Gliedmaßen entgegengesetzt: Sie verhalten sich spiegelbildlich.

Tatsächlich sind bei multipler Extremitätenbildung zwei aneinander grenzende Extremitäten stets von entgegengesetzter Polarität, und dafür liefert die graduelle Veränderung der Induktorkonzentration eine überzeugende Erklärung. Damit das Phänomen auftreten kann, müssen zwei gleiche Werte auf Gradienten folgen, deren Gefälle in entgegengesetzte Richtungen verlaufen. Die Bildung symmetrischer Doppelextremitäten durch Transplantation eines Segments vom hinteren zum vorderen Rand einer Gliedmaße (Abb. 12.11) spricht nachdrücklich für die dargelegte Auffassung. Beim Extremitäten-Induktor handelt es sich wahrscheinlich um eine Substanz, die mit dem Vitamin A verwandt ist, denn dieses Vitamin ruft ähnliche Wirkungen auf die Extremität hervor wie die Transplantation. Er wirkt auf einen Rezeptor im Zellkern ein, der mit den Rezeptoren der Steroidhormone verwandt ist, und beeinflußt über ihn die Aktivität der Gene. Ferner hat er in vielen Spezies noch andere wichtige Auswirkungen auf die Entwicklung in den verschiedenen Stadien.

Aus diesen Überlegungen läßt sich die Wirkungsweise des Morphogens unabhängig von seiner Beschaffenheit vorhersagen. Je nach den zugrunde gelegten Annahmen kann man verschiedene mathematische Modelle entwickeln.

Nach einem bekannten Modell ergibt sich das Muster aus dem Zusammenwirken induzierender und inhibierender Substanzen, wie man sie bei der Hydra findet, wobei zwei Bedingungen angenommen werden: 1. Der Aktivator regt seine eigene Bildung an, und 2. die Reichweite des Aktivators ist kürzer als die des Inhibitors. Für den Aktivator in Kulturen von Schleimpilzen sind diese Bedingungen erfüllt: Der Aktivator regt die eigene Synthese durch den Prozeß der Signalweitergabe an, er wird aber auch fortlaufend durch ein Enzym zerstört, das gleichförmig über die ganze Kultur verteilt ist. Deshalb kann der Aktivator nur lokal wirken. Bei der Hydra ist die zweite Bedingung erfüllt. Das Modell kann viele komplizierte Sachverhalte der Entwicklung erklären, etwa die Bildung von Härchen oder Schuppen in regelmäßigen Abständen auf der Haut von Insekten, die komplizierten geometrischen Muster der Schmetterlinge oder die gleichförmigen Abstände von Blättern an einem Zweig oder ihren regelmäßigen Wechsel zu beiden Seiten eines Zweiges.

Mit Hilfe dieses Modells können wir ein vollständigeres, wenn auch immer noch hypothetisches Bild von der Entwicklung eines Embryos entwerfen. Die ursprüngliche Homogenität der Eizelle wird durch das Eindringen der Spermazelle und die Schwerkraft aufgehoben. Diese beiden Faktoren legen die Richtung des anfänglichen morphogenetischen Gradienten und die Polarität fest. Mit wachsender Zahl erkennen die Zellen unterschiedliche Werte des Gradienten und differenzieren sich – sie exprimieren je nach diesen Werten unterschiedliche Gene. Diese Primärdifferenzierung läßt links und rechts von der ersten Achse sekundäre Gradienten entstehen, die einander spiegelbildlich entsprechen. Und auch diese Gradienten rufen Prozesse sekundärer Differenzierung und Morphogenese hervor. Die gebildeten Organe (beispielsweise die Extremitäten) gleichen sich auf der rechten und linken Seite, verhalten sich aber in bezug auf die Mittelebene des Embryos spiegelbildlich zueinander, weil die Gradienten der Morphogene zur Mittellinie hin abfallen. Die Entwicklung verläuft in einer Reihe aufeinanderfolgender Schritte, die sich alle in ähnlicher Weise vollziehen. Trotzdem unterscheiden sie sich alle voneinander, weil die Morphogene bei jedem Schritt verschieden sind und die Zellen auch anders auf sie reagieren. Infolgedessen ist auch bei jedem Schritt die von ihnen hervorgerufene Differenzierung anders. Beispielsweise ist die Scheibe, die sich absenkt, um das Auge zu bilden, das Ergebnis einer vorangehenden Morphogenese, die auch für die Abgrenzung dieser Scheibe sorgt. Die Zellen der Scheibe bilden ein neues Morphogen, so daß innerhalb der Scheibe ein neuer Gradient entsteht. Dieses Morphogen bewirkt die Expression der Gene für die kontraktilen Filamente. Benachbarte Zellen sprechen auf diesen Gradienten nicht an, weil sie einen anderen Entwicklungsprozeß durchlaufen haben und keine Rezeptoren für das in der Scheibe wirksame Morphogen besitzen. Infolgedessen werden die Zellen der Scheibe, aber nicht die Zellen in der Umgebung zur Expression der neuen Gene veranlaßt, die dafür sorgen, daß die Zellen keilförmig werden.

Nach diesem Modell beeinflussen die Gene die Entwicklung in zweierlei Hinsicht. Sie codieren für die jedem Entwicklungsstadium entsprechenden morphogenetischen Substanzen. Sie codieren auch für die Rezeptoren, die es ermöglichen, daß eine bestimmte Zellgruppe auf bestimmte morphogenetische Substanzen reagieren kann. In Reaktion auf die Morphogene exprimieren die Zellen eine bestimmte Gruppe von Genen (das heißt, sie werden einem bestimmten Differenzierungsprozeß unterworfen). Natürlich müssen diese Schritte in Raum und Zeit genau koordiniert sein. Die Gene sind der Schlüssel zu dieser Koordination. Die Entwicklung ist also ein höchst komplexer und komplizierter Ausdruck der Genaktivität. Kein Wunder, daß sie so schwer zu enträtseln ist.

Gene, die die Entwicklung steuern

Dennoch hat man viel über die Gene herausgefunden, die sich auf die Entwicklung auswirken. Besonders aufschlußreich für solche Untersuchungen sind Mutationen, welche die Entwicklung beeinträchtigen und die man von vielen Tierarten kennt. Solche Mutationen verhindern die Entwicklung nicht einfach, sondern lenken sie in eine falsche Richtung. Beispielsweise bewirkt eine bestimmte Mutation der Taufliege *Drosophila*, daß sich ein Bein oben auf dem Kopf entwickelt, dort, wo normalerweise ein Fühler sitzt. Eine andere Mutation veranlaßt die Fliege, vier Flügel statt zwei zu bilden.

Entwicklungsrelevante Mutationen dieser Fliege sind eingehend erforscht worden, weil sowohl die Genetik wie die Entwicklung dieses Tieres genau bekannt sind. Als später die Gentechnik zur Verfügung stand, hat man die Beschaffenheit der Mutationen und die Organisation der Gene, in denen sie stattfinden, auch auf molekularer Ebene ermittelt.

Segmentierung

Betrachten wir zunächst in aller Kürze, wie sich eine Fliege entwikkelt. Die befruchtete Eizelle hat einen zentralen Kern, der sich nach der Befruchtung rasch teilt, während die Eizelle selbst keine Teilung erlebt. Nach neun Kernteilungen wandern die etwa 500 Kerne an die Oberfläche. Die Unterteilung des Eizellenzytoplasmas beginnt vier oder fünf Teilungen später, und jeder Kern ordnet sich einer Zelle zu. In diesem Stadium ist der Embryo eine Zellschicht, die den zentral gelegenen Eidotter umgibt. Die Unterteilung in drei Schichten erfolgt später bei der Gastrulation. Schließlich entsteht eine wurmähnliche Larve, aus der sich durch Metamorphose das ausgewachsene Insekt entwickelt. Alle Organe des ausgewachsenen Tieres gehen aus Reservoirs von Embryonalzellen hervor (alle auf die Bildung eines bestimmten Organs festgelegt), die *Imaginalscheiben* heißen, weil sich aus ihnen das Vollinsekt, die Imago, entwickelt.

Um die Bedeutung der Mutationen zu verstehen, müssen wir die Segmentation des *Drosophila*-Körpers betrachten. Fast zwei Stunden nach Beginn der Entwicklung, wenn er nahezu 6000 Kerne hat und das Zytoplasma noch nicht unterteilt ist, erscheint eine sehr junge Larve, die außen völlig glatt und gleichförmig aussieht, sogar unter dem Elektronenmikroskop. Allerdings sind die Kerne in 28 kreisförmigen Banden angeordnet, die den Körper wie die Haut eines Zebras umhüllen. Die Banden sind zu erkennen, weil ihre Zellen unterschiedliche Bestimmungen haben – was sich dadurch feststellen läßt, daß man sie kennzeichnet und beobachtet, wohin sie wandern. Zellen unterschiedlicher Banden bilden verschiedene Teile des künftigen Körpers. Später erscheinen 14 sichtbare Ringe oder Segmente, jedes zwei der ursprünglichen Banden umfassend, an der Oberflächenschicht der Larve (der Außenseite) und werden voneinander durch kreisförmige Furchen getrennt. Die Segmente unterscheiden sich durch die Verteilung von Plättchen, Härchen und so fort auf der Haut. Drei Segmente bilden den Kopf, anschließend kommen die drei Brustsegmente, und der Hinterleib besteht aus acht Segmenten. Die ausgewachsene Fliege hat dieselbe Zahl von Segmenten, nur daß sie spezialisierter sind. Jedes der drei Brustsegmente besitzt ein Beinpaar, das sich von Segment zu Segment jeweils ein wenig unterscheidet. Das zweite Segment hat außerdem ein Paar Flügel, das dritte Segment ein Paar rudimentärer Flügel (die sogenannten Halteren).

Mutationen, die die Segmentation betreffen, lassen sich in drei Gruppen unterteilen: 1. solche, die die Polarität der Eizelle, vom Kopf zum Schwanz und von hinten nach vorn, beeinträchtigen; 2. Mutationen, die die Zahl der Segmente verringern; und 3. solche, die die Organisation einiger Segmente ändern, nicht aber ihre Zahl.

Mutationen, die sich auf die Polarität auswirken, sind häufig. Sie haben ein besonderes Merkmal: Sie werden durch Veränderung der mütterlichen, nicht der embryonalen Gene verursacht. Die durch diese Gene spezifizierten Substanzen werden von der Mutter gebildet und in die in der Entwicklung befindliche Eizelle eingebracht. Einige Mutationen wirken sich auf die Vorne-hinten-Polarität aus, andere auf die Bauch-Rücken-Polarität. Die Embryos einiger Mutanten produzieren keine Bauchzellen. Die Larven haben nur einen Rücken und sterben rasch. In einigen Fällen kann man durch Injektion von ein wenig Zytoplasma einer normalen Eizelle in das Zytoplasma einer Mutantenlarve den Mangel ausgleichen. Dazu genügt unter Umständen eine Dosis, die einem Prozent der gesamten Larve entspricht, während in normalen Eizellen aus Gründen, die wir noch nicht kennen, die Substanz im Übermaß vorhanden ist. Eine Sicherheitsmaßnahme?

Zellauslese

Mutationen in etwa 20 verschiedenen Genen verringern die Zahl der Segmente, indem sie die Ur-Banden unterdrücken. Embryos mit der einen Mutationsart *(hairy)* bilden die Reihe 1, 4–5, 8–9 und so fort bis 28, während die andere Mutationsart (*fushi tarazu*, der japanische Ausdruck für »zu wenig Segmente«) die komplementäre Reihe bildet: 2–3, 6–7, 10–11 und so fort bis 26–27. Die Paare entsprechen nicht den Paaren, die später die Segmente bilden. Vielmehr ist in jedem Paar eine Bande der hinteren Hälfte eines künftigen Segments zugeordnet, die andere der Vorderhälfte des nächsten. Man hat die Gene kloniert, in denen diese Mutationen vorkommen, hat Sonden entwickelt, mit denen die mRNAs in den Zellen identifiziert werden können, und Antikörper zum Nachweis der Proteine gewonnen. Bei normalen Larven werden in den Zellen der Banden, die in den Mutanten unterdrückt werden, sowohl mRNAs als auch Proteine gefunden, obgleich in manchen Entwicklungsphasen keine vollkommene Übereinstimmung herrscht. Die Proteine befinden sich in Zellkernen, wo sie wahrscheinlich die Genexpression beeinflussen. Offenbar ist die Expression spezieller Gene für die Entwicklung der Banden erforderlich.

Wenn der Embryo ungefähr zwei Stunden alt ist, läßt sich die mRNA dieser beiden Gene in Zellen des ganzen Körpers nachweisen. Dann sammeln sie sich zunehmend in den betreffenden Paaren der Ur-Banden. Die Veränderungen zeigen, daß die Zellen, die das eine oder das andere aktive Gen enthalten, in immer größerer Menge ihren endgültigen Bestimmungsorten zugewiesen werden. Wir wissen nicht, warum die Zellen in zwei separate, aber in Wechselbeziehung stehende Gruppen von Bandenpaaren unterteilt sind. Vielleicht hatten die Fliegen zu einem früheren Zeitpunkt der Evolution nur ein Gen und vierzehn Banden. Dann hat möglicherweise eine Verdoppelung der Gene dazu geführt, daß zu jedem vorhandenen Bandenpaar ein neues hinzukam, so daß sich ihre Gesamtzahl verdoppelt hat.

Die Expression dieser beiden Gene ist vorübergehend. Nach ungefähr zwei Stunden werden ihre mRNAs durch neue mRNAs ersetzt, die ein neues Gen transkribieren: *engrailed*. Diese neuen mRNAs sammeln sich zunehmend in *alternierenden* Ur-Banden, die später jeweils den hinteren Teil der Segmente des Vollinsekts bilden werden. Auch in der späteren Entwicklung bleiben diese mRNAs erhalten, was den Schluß nahelegt, daß das Gen *engrailed* für die Beibehaltung der Differenzierung zwischen dem vorderen und hinteren Teil aller späteren Segmente verantwortlich ist. Mutationen in diesem Gen bewirken offenbar die Verschmelzung von Segmenten, denn diese differenzieren sich nicht.

Die drei Gene (*hairy, fushi tarazu* und *engrailed*) arbeiten hierarchisch. Dies zeigt sich, wenn man die Expression der mRNA eines jeden Gens in Fliegen untersucht, die in einem der anderen Gene oder in beiden mutiert sind. Die mRNA von *fushi tarazu* tritt nur dann regelmäßig auf, wenn das *hairy*-Gen normal ist. Soll sich das Expressionsmuster von *engrailed* über den Embryo ausbreiten, dann müssen sowohl *fushi tarazu* als auch *hairy* normal sein. So ergibt

Abbildung 12.12: Photographie einer Fliege mit der Mutation *Antennapedia* unter dem Rasterelektronenmikroskop. Die beiden großen, fast kugelförmigen Flächen mit Gittermuster im unteren Teil des Photos sind die Augen. Die beiden hornähnlichen Strukturen unmittelbar über den Augen sind zwei Beine, die zwei normale Fühler (Antennen) ersetzen. (Aus: *Science* 224 [1984], S. 1224. Mit freundlicher Genehmigung von R. Turner.)

sich folgende Hierarchie: *hairy* → *fushi tarazu* → *engrailed*. Jedes Genprodukt ermöglicht die reguläre Expression des nächsten Gens. Gen 1 und 2 wirken über einen begrenzten Zeitraum, um für die Periodizität der Segmente zu sorgen, für deren dauerhafte Erhaltung die Expression von *engrailed* zuständig ist.

Wir wissen nicht genau, wie die Periodizität erzielt wird, stellen uns das aber folgendermaßen vor: Der Prozeß beginnt wahrscheinlich mit der Expression der für die Vorne-hinten-Polarität verantwortlichen Gene mütterlichen Ursprungs, die die Ursegmentation festlegen. So kann *hairy* in der Hälfte der Segmente periodisch exprimiert werden. Sein Genprodukt unterdrückt die Expression von *fushi tarazu* in denselben Segmenten, läßt aber zu, daß dieses anschließend in der anderen Segmentgruppe exprimiert wird. Die Verbindung beider Gene aktiviert *engrailed*, dessen Produkt schließlich die beiden zuvor wirksamen Gene abschaltet.

Mutationen, die die Form der endgültigen Segmente auf spektakuläre Weise verändern, kennt man seit vielen Jahren. Das auffälligste Beispiel ist das Auftreten eines Beins auf dem Kopf, wo normalerweise ein Fühler sitzt (Abb. 12.12), eine Mutation, die als *Antennapedia* bezeichnet wird. Eine andere verblüffende Mutation – *bithorax* – stattet die Fliege mit vier Flügeln anstelle der üblichen zwei aus (Abb. 12.13). Viele Mutationen haben verwandte Effekte, wenn sie auch weniger ins Auge fallen. Man sagt dann, sie gehören zum *Antennapedia*- oder *bithorax*-System.

Alle *bithorax*-Mutationen bewirken, daß das betroffene Segment aussieht wie das vorangehende – sie *anteriorisieren* ein Segment. Bei der vierflügeligen Fliege sieht der vordere Teil des dritten Thoraxsegments (3 T, dem Kopf am fernsten gelegen) genauso aus wie das zweite Thoraxsegment (2 T). Ein Teil des 3 T-Segments hat normalerweise rudimentäre Flügel (Halteren), doch der Mutant hat echte Flügel, wie sie am normalen 2 T-Segment sitzen: Das 2 T-Segment scheint hier verdoppelt zu sein. Eine andere Mutation *(postbithorax)* verleiht dem hinteren Teil von 3 T das Aussehen von 2 T. Wieder andere Mutationen lassen das erste Hinterleibssegment (1 A – nach *Abdomen*), das normalerweise keine Beine aufweist, dem 3 T-Segment ähneln, das Beine besitzt. Solche Fliegen haben sieben oder acht Beine statt sechs. Die extremste Mutation, *Ultrabithorax*, verleiht allen Segmenten hinter 2 T – also 3 T und den Hinterleibssegmenten – das Aussehen von 2 T. Viele *bithorax*-Mutationen haben die Tendenz, nur den vorderen oder hinteren Teil eines Segments zu verändern. Offenbar behalten die Urbanden, aus denen sich die Segmente entwickeln, einen Teil ihrer Selbständigkeit.

Die Gene, in denen die Mutationen *bithorax* und *Antennapedia* stattfinden, sind für die Herstellung der Substanzen zuständig, die für die normale Entwicklung der durch die Mutation veränderten Segmente erforderlich sind. Ob es sich um Morphogene handelt oder um Substanzen, die unter dem Einfluß von Morphogenen gebildet werden, wissen wir nicht. Jedenfalls haben wir es hier mit außerordentlich interessanten Genen zu tun.

Abbildung 12.13: Eine starke Anteriorisierung des dritten Thoraxsegments veranlaßt die Fliege, vier vollständig ausgebildete Flügel zu entwickeln. Bei normalen Fliegen weist nur das vordere Segment (2T) solche Flügel auf; im hinteren Segment (3T) sind sie rudimentär (sogenannte Halteren). Die hier abgebildete Veränderung wird durch das gleichzeitige Auftreten dreier verschiedener Mutationen der *bithorax*-Gruppe hervorgerufen. (Aus: W. Bender u. a., *Science* 221 [1983], S. 23–29.)

Die Gene

Man hat die Gene, die solche außerordentlichen Wirkungen hervorrufen, kloniert. Sie liegen auf einem sehr langen DNA-Abschnitt (mit mehr als 300000 Basenpaaren), auf dem alle Veränderungen lokalisiert sind, die für die *bithorax*- und *Antennapedia*-Mutationen verantwortlich sind. Dieses Segment ist in drei Transkriptionseinheiten unterteilt, die (willkürlich) von links nach rechts betrachtet die *Antennapedia*-Einheit, *bithorax*-Thorax-Einheit und *bithorax*-Hinterleibs-Einheit sind. Innerhalb jeder Einheit wirken verschiedene Mutationen auf einzelne Abschnitte ein. Die räumliche Anordnung dieser Einheiten entspricht derjenigen der Segmente, die sie verändern. Diese Übereinstimmung ist sehr auffällig und läßt darauf schließen, daß es eine evolutionäre Beziehung zwischen der Veränderung des Larvenkörpers und der Hinzufügung neuer Gene gibt, doch wie diese Beziehung aussieht, wissen wir nicht.

Die Mutationen der zwei Gensysteme *bithorax* und *Antennapedia* haben ungewöhnliche Merkmale, die auf die Eigenschaften ihrer Produkte schließen lassen. Verglichen mit den *Drosophila*-Genen, die Enzyme oder andere Produkte spezifizieren, sind die Gene dieser Systeme außerordentlich lang und weisen viele ausgedehnte intervenierende Sequenzen (Introns) auf. Sie erzeugen vielfältige mRNAs, wahrscheinlich durch unterschiedliches Spleißen des Transkripts. Die mRNAs haben möglicherweise unterschiedliche Codierungs- und Kontrollsequenzen (vgl. Kap. 4), so daß die Gene in verschiedenen Zellen oder in verschiedenen Entwicklungsstadien auf besondere Weise kontrolliert werden können. Eine weitere Besonderheit liegt darin, daß keine der bekannten Mutationen durch die Veränderung einer einzigen Base veranlaßt wird, was für die meisten anderen Mutationen der Taufliege gilt. Die *bithorax*-Mutationen werden zumeist durch Insertion eines oder mehrerer bei *Drosophila* reichlich vorhandener mobiler Elemente oder anderer DNA-Stücke verursacht. Die radikalste Mutation, *Ultrabithorax* (die allen Segmenten hinter 2 T das Aussehen von 2 T verleiht), besteht aus der vollständigen Abwesenheit der beiden *bithorax*-Einheiten. Ein möglicher Grund für die Abwesenheit von Punktmutationen ist die große Zahl der Introns: Die meisten Austauschprozesse, die nur einzelne Basen betreffen, dürften sich in diesen intervenierenden Sequenzen ereignen und deshalb ohne Wirkung auf die Funktion der Gene bleiben. Im Gegensatz dazu führen Insertionen an irgendeinem Punkt eines Gens zu dessen Inaktivierung, weil dadurch der Fortgang der Transkription gestoppt oder das Leseraster verschoben wird (vgl. Kap. 4).

Fast alle *bithorax*-Mutationen rufen den beobachtbaren Effekt nur hervor, wenn sie beide homologe Gene verändern. Solche Mutationen sind *rezessiv*. Die verantwortlichen DNA-Veränderungen inaktivieren die Funktionen von Genen, die ihre Aufgabe so lange hinreichend erfüllen, wie ein Mitglied des Paares aktiv bleibt. Ausnahmen sind die Mutationen *Ultrabithorax* und *Contrabithorax (Cbx)*, die eine beobachtbare Wirkung auch dann hervorrufen, wenn sie sich nur auf eines der Gene auswirken – sie sind *dominant* (und werden deshalb, wie allgemein üblich, groß geschrieben). Während *Ultrabithorax* die Funktion des Genkomplexes vollkommen aufhebt, hat *Contrabithorax* einen lokalisierten Effekt, wenn auch entgegengesetzt zu den anderen *bithorax*-Mutationen, denn er posteriorisiert das 2 T-Segment: Er macht es einem 3 T-Segment ähnlich. Diese Mutation ist auch hinsichtlich ihres Ursprungs eine Ausnahme. Verursacht wird sie durch die Insertion eines DNA-Fragments mit dem Gen für das 3 T-Fragment in das Gen, das für das 2 T-Segment verantwortlich ist. Ihre Wirkung ist dominant, weil sie eine neue Funktion exprimiert: Das 3 T-Gen am 2 T-Ort reißt die Kontrolle über das 2 T-Segment an sich, das daraufhin das Aussehen von 3 T annimmt.

Dieses Ergebnis zeigt, daß wir in jedem Gen des *bithorax*-Komplexes zwei Sequenzen unterscheiden können, die dafür verantwortlich sind, »wie« und »wo« ein Gen aktiv wird. Die Wie-Sequenz veranlaßt das Körpersegment, auf das sie einwirkt, ganz gleich, wo es sich befindet, die Merkmale eines bestimmten *Segments* anzunehmen – etwa des Segments, das normalerweise 3 T ist. Die Wo-Sequenz ist die *Adresse*, die festlegt, auf welches der vierzehn Segmente das Gen einwirkt. Normalerweise fallen das Wie und das Wo zusammen, so daß beispielsweise das 3 T-Segment 3 T-Merkmale aufweist. Doch bei der *Cbx*-Mutation stehen Segmentzahl und Adresse nicht im Einklang, weil die Sequenz für die 3 T-Merkmale an die Adresse 2 T verlagert wird.

Wie können wir uns diese Adresse erklären? Woher weiß ein Gen, wie es auf ein bestimmtes Segment einwirken soll? Jedes Gen ist in den Zellen eines jeden Segments vorhanden. Nur seine Expression ist möglicherweise abhängig von dem Segment. Die lokalisierte Expression eines Wie-Gens verlangt die Wechselwirkung spezieller Proteine mit der Adressensequenz dieses Gens, so daß es am rechten Ort aktiviert wird. Wir wissen sehr wenig von diesen Proteinen, nur daß sie von Genen außerhalb des *bithorax*-Komplexes aktiviert zu werden scheinen. Unbekannt ist auch, wie die Adressensequenzen beschaffen sind.

Daß es diese Adressensequenzen gibt, läßt sich aus einem interessanten Merkmal des *bithorax*- und anderer Entwicklungsgene erschließen. Viele von ihnen haben eine Sequenz gemeinsam, die einem Protein von 60 Aminosäuren entspricht. Diese Sequenz bezeichnet man als *Homöo-Box* (da man Entwicklungsgene wie *bithorax* als homöotisch bezeichnet). Diese Sequenz ist in anderen Arten von *Drosophila*-Genen nicht vorhanden. Sie ist das Erkennungszeichen von Entwicklungsgenen. Die Evolution hat sich kaum auf sie ausgewirkt, wenig verändert finden wir sie von der Hefe über Würmer und Amphibien bis hin zum Menschen. Ohne Zweifel hat diese Sequenz eine wichtige Funktion. Sie spezifiziert ein Protein, das DNA binden kann. Daraus ergibt sich die Annahme, daß Entwicklungsgene dieser Art wirken, indem sie andere Gene, sogenannte *Realisatorgene*, regulieren, die für den charakteristischen Aufbau der einzelnen Segmente verantwortlich sind. Danach steht jede Wie-Sequenz mit einer spezifischen Gruppe von Realisatorgenen in Wechselwirkung. Wenn die Homöo-Box, wie anzunehmen ist, mit dem Rest des Gens transkribiert wird, könnte ihr Protein die Kontrollregion der Realisatorgene öffnen, die von der Wie-Sequenz erkannt wird. Die Realisatorgene wären wie Bankschließfächer, die sich nur mit zwei Schlüsseln öffnen lassen, einem Generalschlüssel (dem Protein der Homöo-Box, das allen Segmenten gemeinsam ist) und einem besonderen Schlüssel (der spezifischen Wie-Sequenz). Es scheint sich also ein hierarchisches System von Kontrollen abzuzeichnen. Sie kommen nacheinander ins Spiel und aktivieren am Ende die Realisatorgene, die für alle Bestandteile eines bestimmten Segments verantwortlich sind.

Ein Modell

Es folgt ein denkbares hypothetisches Schema zum sehr vereinfachten Verständnis der Entwicklung der Fliege. Im Lauf der Evolution hat sich die Fliege aus einem Lebewesen entwickelt, das größtenteils aus identischen Segmenten bestand, deren Bildung alle der Kontrolle eines Gens und einer morphogenetischen Substanz unterworfen war, des sogenannten *1 Tm* (d.h. des 1T-Morphogens; Abb. 12.14). Dann hat die Evolution die Segmente nach und nach vom Kopf zum Schwanz hin differenziert. Zunächst entwickelten alle Segmente vom 2T-Segment rückwärts ein gemeinsames neues 2T-Morphogen *(2 Tm)*, das der Ausgangspunkt zu einer komplexeren Entwicklung wurde. Die Bildung oder Wirkung des ursprünglichen 1 Tm wurde in allen Segmenten vom neuen Morphogen blockiert; 1 Tm blieb nur in der Sequenz 1T aktiv. Im nächsten Schritt erlebten alle Segmente vom 3T-Segment an eine zusätzliche Veränderung, wobei sie ein neues *3 Tm* ausbildeten, das sich gegenüber den vorhandenen durchsetzte. Daraufhin trat ein Morphogen für das 1 A-Segment und alle dahinter liegenden Segmente in Erscheinung. In diesen Segmenten war das neue Morphogen wirksamer als die bereits vorhandenen. Der Prozeß setzte sich in den verbleibenden hinteren Segmenten fort. Infolgedessen ist heute in jedem Segment ein Gen für ein einziges Morphogen aktiv, während die Gene für die Morphogene früherer Stufen inaktiv sind, wenn sie auch in Zwischenstufen der Morphogenese eine Rolle spielen mögen. Nach diesem Modell würden rezessive Mutationen, wenn sie etwa beide Gene für das Morphogen inaktivier-

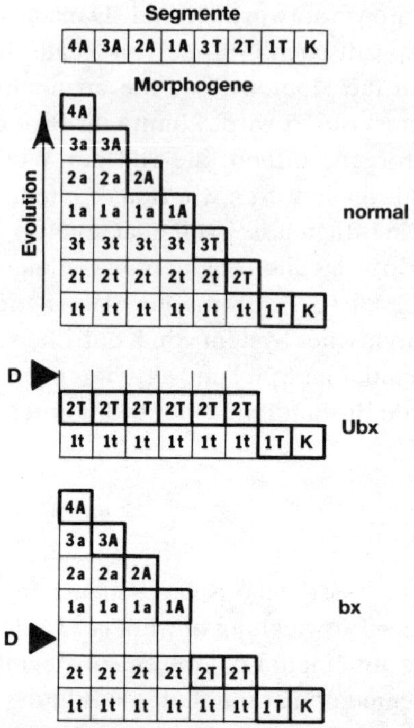

Abbildung 12.14: Ein Modell für die Wirkungen der *bithorax*-Mutationen. Oben sind die Segmente der Fliege vom Kopf (K) bis zum 4A-Segment abgebildet. Die folgenden Segmente sind fortgelassen. Unten ist die hypothetische Verteilung der Morphogene dargestellt. Jedes Morphogen ist durch die Bezeichnung des Segments ausgewiesen, für das es charakteristisch ist. Dem Modell liegt die Annahme zugrunde, daß während der Evolution die Differenzierung ursprünglich identischer Segmente (der Kopf ausgenommen), die alle das 1T-Morphogen (1Tm) besaßen, durch das sukzessive Auftreten neuer Morphogene (Pfeil) zustande kam, die durch neu entwickelte Gene gebildet wurden. Sobald in einem Segment ein neues Morphogen auftrat, unterdrückte es das vorangehende. Die in jedem Segment exprimierten Morphogene sind durch große Buchstaben wiedergegeben und von fettgedruckten Kästchen eingefaßt. Das Verschwinden eines oder mehrerer Morphogene durch Veränderungen in den entsprechenden Genen bewirkt, daß – in hierarchischer Reihenfolge – eines der unterdrückten Morphogene exprimiert wird. *Ubx* = *Ultrabithorax*; der Defekt (D, schwarzes Dreieck) betrifft alle Morphogene, die sich nach 2Tm entwickelt haben. *bx* = *bithorax*; der Defekt eliminiert 3Tm.

ten, das im 3 T-Segment exprimiert wird, die Aktivität des Gens für das Morphogen der vorangehenden Stufe zulassen – also des normalen Morphogens für das 2 T-Segment. Das Modell erklärt, warum diese Mutationen ein Segment immer anteriorisieren, das heißt, warum sie ihm das Aussehen des vorangehenden Segments verleihen. Nach einer

Variante dieses Modells nimmt man an, daß ein Morphogen – und damit das zuständige Gen – jeweils die Vorderhälfte eines Segments und die Hinterhälfte des vorangehenden kontrolliert.

Das Modell kann auch die verwirrenden Verhältnisse bei Fliegen erklären, die sowohl die außergewöhnliche *Cbx*-Mutation aufweisen – die, wie erläutert, das 2T-Segment posteriorisiert und ihm die Merkmale von 3T verleiht – als auch ein Paar von rezessiven *pbx*-Mutationen, die im Normalfall das 3T-Segment anteriorisieren, so daß es das Aussehen von 2T erhält. Diese Fliegen haben zwei fast normale 3T-Segmente. Die Verwandlung des 2T-Segments in ein 3T-Segment läßt sich leicht als Folge der *Cbx*-Mutation erklären. Überraschend erscheint dagegen, daß das 3T-Segment selbst unverändert bleibt, trotz der *pbx*-Mutationen, von denen man erwarten würde, daß sie durch Eliminierung des normalen 3Tm die Bildung des 2Tm gestatten. Doch bei diesen Fliegen trägt das Gen für das 2Tm infolge der *Cbx*-Mutation die 3T-Adresse, und daraus erklärt sich das Resultat.

Nach unserem Modell kommt es im 2T-Segment normalerweise nicht zur Expression von 3Tm und anderen Morphogenen, obwohl die entsprechenden Gene dort vorhanden sind (alle Gene finden sich in allen Zellen). Was hindert die Gene, aktiv zu werden? Andere Mutationen, die wir hier noch nicht betrachtet haben, legen den Schluß nahe, daß in jedem Segment ein anderes Gen die Expression der *bithorax*-Gene mit einer höheren Segmentzahl blockiert. Offensichtlich ist ein solcher Mechanismus erforderlich, um zu verhindern, daß alle Segmente das Aussehen des stammesgeschichtlich jüngsten annehmen. Mutationen, die zum Ausfall dieses Mechanismus führen, verleihen allen Segmenten das Aussehen des vorletzten Segments 13. Alle Segmente von 12 an sind posteriorisiert. Dem Modell zufolge muß die Expression von Genen mit niedrigeren oder höheren Zahlen verhindert werden, wenn die Individualität eines jeden Segments erhalten bleiben soll. Offenbar wird dies durch zwei verschiedene Mechanismen erreicht.

Zusammenfassend läßt sich die Entwicklung der Fliege als eine Abfolge von einzelnen Schritten beschreiben. Der *erste Schritt* ist das Ergebnis der mütterlichen Morphogene oder morphogenbildenden Substanzen, welche in die Eizelle eingeführt werden und die vom Kopf zum Schwanz und von hinten nach vorn verlaufende Polarität festlegen. Diese Morphogene werden zwar gleichmäßig in der Eizelle verteilt, können aber infolge lokaler Asymmetrien, etwa der leichten

Krümmung der Eizelle, einen Gradienten erzeugen. Die Ur-Gradienten legen die Verteilung der beiden ersten im Embryo hergestellten Genprodukte fest (*fushi tarazu* und *hairy*, vermutlich zwei Morphogene), die gemeinsam den *zweiten Schritt* bewirken, der zur Bildung von 24 Ur-Banden führt. In einem *dritten Schritt* werden die Banden durch das Produkt des dritten Gens *(engrailed)* und vermutlich weiterer, unbekannter Gene in die Vorder- und Hinterhälften der künftigen Segmente unterschieden. Ein *vierter Schritt* ist die weitere Differenzierung des Segments durch die Wirkung von Entwicklungsgenen zweier Hauptgruppen: *Antennapedia* für den Kopf und *bithorax* für Thorax und Hinterleib. Ihre Produkte kontrollieren die Gene, die verschiedene Segmente bilden und ihrerseits von Regulatorgenen gesteuert werden. Diese stehen vielleicht mit den im zweiten Schritt entstandenen Gradienten in Zusammenhang. Die Entwicklungsgene des vierten Schrittes steuern ihrerseits die Expression vieler Realisatorgene, zuständig für die Proteine, aus denen sich die diversen Strukturen der einzelnen Segmente aufbauen. Wahrscheinlich werden die für diese Schritte verantwortlichen morphogenetischen Substanzen ebenfalls in den Imaginalscheiben gebildet, welche die verschiedenen Strukturen während der Metamorphose nachbilden und damit wahrscheinlich eine verwandte Entwicklungssequenz wiederholen.

Abschließend läßt sich feststellen: Die Untersuchung von Mutanten, die in ihrer Entwicklung beeinträchtigt sind, bestätigt grundsätzlich die Hypothese, daß die frühe Entwicklung durch eine Folge von Morphogenen reguliert wird. Diese werden nacheinander in Regionen wirksam, die mit fortschreitender Entwicklung immer eingeschränkteren Charakter annehmen. Die molekulare Analyse der Fliegenmutanten bringt näheren Aufschluß darüber, wie diese Morphogene beschaffen sind und wie sie funktionieren.

Das Programm der Genexpression

Es geht nun um den Mechanismus, der für die Spezialisierung der Zellen während der Entwicklung sorgt. Wie wir gesehen haben, entspricht die Entwicklung eines mehrzelligen Organismus der sukzessiven Ausbildung verschiedener Zelltypen. Der Prozeß ähnelt einem Baum, der sich aus einem einzigen Stamm (der befruchteten Eizelle) in eine Vielzahl von Ästen (den endgültigen Zelltypen) auffächert.

Die Entwicklung spiegelt das Programm wider, das der Veränderung der Genaktivität zugrunde liegt. In Kapitel 5 habe ich mit der Globingenfamilie ein Beispiel für ein solches Programm beschrieben, bei dem verschiedene Gene nacheinander im Embryo, Fötus und Erwachsenen exprimiert werden. Auch der Expressionsort verändert sich: Die embryonalen Globingene werden im Dottersack exprimiert, die fötalen Gene in Leber und Milz, die Gene des Reifestadiums im Knochenmark. Die nichtexprimierten Globingene werden in der Regel nicht transkribiert und weisen die Charakteristika der Inaktivität auf, etwa dichtes Chromatin und viele m-Gruppen (vgl. Kap. 4).

Die Zellspezialisierung wird durch Proteine hervorgerufen, die im Fortgang des Entwicklungsprozesses auftreten und verschwinden, je nach den Veränderungen, welche die Genexpression erlebt. Die wechselnde Aktivität der Gene wird durch regulatorische Proteine im Zellkern gesteuert. Sie werden von regulatorischen Genen spezifiziert, die unter der Kontrolle der in Kapitel 8 beschriebenen Signal-Übertragungswege stehen. Diese Proteine können die Transkription der Gene entweder stimulieren oder hemmen. Zu diesem Zweck binden sie an die Kontrollregionen der Gene, insbesondere an die in Kapitel 4 erörterten *Enhancer*, die in den verschiedenen Stadien der Differenzierung in verschiedenen Zellen aktiv sind. Der Enhancer, der die Transkription der Immunglobulin-Gene kontrolliert (vgl. Kap. 13), wirkt nur in Lymphozyten, die normalerweise Immunglobuline bilden. Wenn ein Immunglobulin-Gen von einem Lymphozyten auf eine Zelle anderer Art übertragen wird, kommt seine Transkription zum Stillstand.

Die Genexpression kann durch unterschiedliche Reifungen desselben Transkripts verursacht werden. Wahrscheinlich geschieht so etwas im *bithorax*-System. Es hat den Anschein, als werde jeder mRNA-Typ nur in bestimmten Teilen des Embryos und in bestimmten Entwicklungsphasen hergestellt, indem er unterschiedlichen Kontrollen unterliegt. Ein Modell für diese Regulationsart ist das Gen für das Enzym Amylase, das Stärke in Zucker zerlegt. Die Leber und die Speicheldrüsen enthalten zwei verschiedene Formen des Enzyms, die zwar durch dasselbe Gen, aber durch zwei verschiedene mRNAs spezifiziert werden.

Die eben erörterten regulatorischen Veränderungen der Gene umfassen keine irreversiblen Veränderungen der Basensequenzen. Bei Tieren ist jedoch die Differenzierung der Lymphozyten (von der in Kapitel 13 eingehender die Rede sein wird) von strukturellen Neuordnungen der Gene begleitet. Sind ähnliche Umstrukturierungen möglicherweise auch an anderen Entwicklungsschritten beteiligt?

Um diese Frage zu beantworten, hat man das Entwicklungspotential ganzer Kerne untersucht, die man Zellen in verschiedenen Entwicklungsstadien entnommen hatte. Gegenstand des Experiments waren Froscheier: Durch Mikrochirurgie wurde der Kern einer befruchteten Eizelle entfernt und dann durch einen Kern ersetzt, der aus dem Gewebe eines anderen Frosches stammte. Das Ergebnis war eindeutig: Wenn der transplantierte Kern aus der Zelle eines relativ jungen Embryos kommt, entwickelt sich die Eizelle zu einer Kaulquappe, die dann durch Metamorphose zu einem ausgewachsenen Frosch wird. Offensichtlich ist der Zellkern im jungen Embryo keiner irreversiblen Veränderung unterworfen. Entnimmt man den Kern jedoch einem ausgewachsenen Frosch, entwickelt sich die Eizelle nur bis zur Kaulquappe. Bei Fröschen scheinen also in der späteren Entwicklung irreversible Veränderungen aufzutreten. Ähnliche Experimente an Mäusen haben gezeigt, daß dort sehr viel früher, schon in den Anfangsstadien der Entwicklung, irreversible Veränderungen auftreten. Über die Natur und Bedeutung dieser Veränderungen ist uns jedoch nichts bekannt.

Die Bedeutung der Umgebung

Die lokale Umgebung hat einen tiefreichenden Einfluß auf die Zelldifferenzierung, wahrscheinlich dadurch, daß sie geeignete Signale in Form von Zellkontakten oder Differenzierungsfaktoren übermittelt. Die Signale beeinflussen die Aktivität der Gene über die in Kapitel 8 beschriebenen Systeme der Signaltransduktion. Welche Rolle die lokale Umgebung spielt, zeigt sich beispielsweise in dem Umstand, daß sich die unterschiedlichen Blutzellen nur an spezifischen Orten entwickeln können, so etwa in Mäuseföten in der Leber und in ausgewachsenen Tieren im Knochenmark. Entnimmt man einem Tier eine unreife Zelle und injiziert diese einer Maus von derselben Inzuchtlinie, vermehrt und differenziert sich die Zelle nur, wenn sie an die entsprechenden Orte gelangt. Die Mäuse einiger Mutantenstämme können die erforderliche Umgebung nicht bieten, und folglich kommt es auch zu keiner Differenzierung der dort injizierten Zellen. Einige der Substanzen, die an der Differenzierung der blutbildenden Zellen und der Zellen des Immunsystems beteiligt sind, kennen wir bereits (vgl. auch Kap. 13 und 14).

Die Entwicklung vieler Epithelorgane, z. B. der Brust- und Speicheldrüsen, hängt von bestimmten Substanzen ab. Geliefert werden sie von Zellen, die aus der mittleren Schicht des Embryos, dem Mesoderm, stammen. (Man bezeichnet diese Zellen im allgemeinen als *Mesenchym*, weil sie sich zwischen andere Zellen schieben.) Das Mesenchym entscheidet über das endgültige Schicksal der Epithelstruktur. Wird beispielsweise Epithel der Brustdrüse in das Mesenchym der Speicheldrüse verpflanzt, so entwickelt sich die Struktur der Speicheldrüse und umgekehrt. Das Mesenchym bestimmt ebenfalls die Entwicklung von Haaren, Federn oder Zähnen. Auch der umgekehrte Einfluß läßt sich beobachten. Wenn man beispielsweise das embryonale Mesenchym, aus dem sich eigentlich ein Zahn entwickeln soll, mit dem Epithel der Haut einer Extremitätenknospe bedeckt, bildet das Zahnmesenchym Knorpel, als sei es Teil einer Gliedmaße. Der Einfluß zwischen Mesenchym und Epithel ist also reziprok.

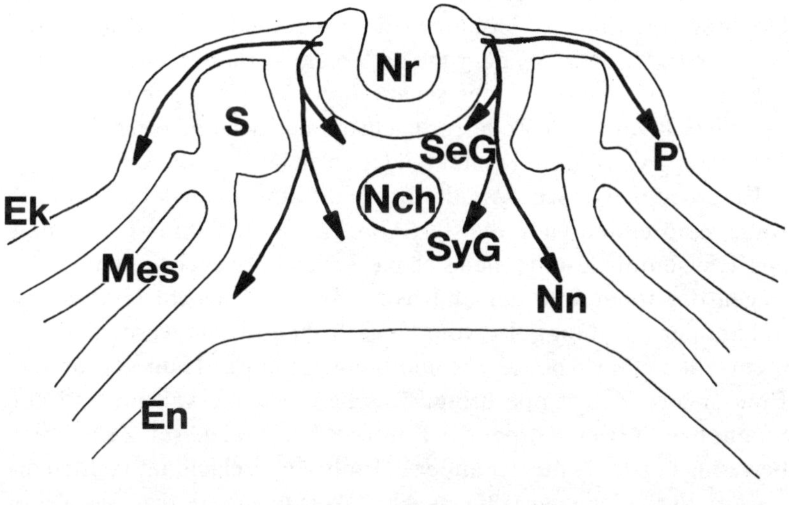

Abbildung 12.15: Die Wanderung von Zellen der Neuralleiste an verschiedene Bestimmungsorte im Embryo der Wirbeltiere. Die Wanderwege sind durch dicke Linien und Pfeile dargestellt. Aus den Zellen bilden sich Pigmentzellen (P), sensorische Ganglien (SeG), sympathische Ganglien (SyG) und ein Teil der Nebenniere (Nn). Nr = Neuralrinne; Nch = Notochord; S = Somiten; Mes = Mesenchym (mittlere Schicht), in zwei Lagen gespalten, Hülle der Räume, die später Darm und Lungen umgeben; Ek = Ektoderm (äußere Schicht), aus der sich später die Haut entwickelt; En = Endoderm (innere Schicht), aus der Lunge und Darm entstehen.

Die Bedeutung der lokalen Umgebung für die Zelldifferenzierung zeigt sich besonders deutlich bei der massiven Wanderung vieler Zellen von ihren Entstehungsorten zu den Differenzierungsorten. Die meisten Zellen müssen sich an einen bestimmten Ort begeben, um ihr Reifestadium zu erreichen. Sie wissen genau, wann und wohin sie zu wandern haben, und folgen dabei einem genau festgelegten Weg.

Die Wanderung von Vorläuferzellen der Keimbahn – den Zellen, aus denen die Keimbahnzellen entstehen – untersucht man schon seit längerer Zeit, weil sie leicht zu erkennen sind. Sie sind nämlich sehr viel größer als andere Zellen und haben charakteristische Granula oder Pigmente. Bei frühen Embryos (Blastulae) einiger Amphibien treten sie im unteren Teil des Embryos auf, der als *vegetativer Pol* bezeichnet wird. (Der obere Teil des Embryos, der *animale Pol*, bringt den größten Teil des Körpers hervor.) Bei der Gastrulation bewegen sich diese Zellen zusammen mit der inneren Schicht (Endoderm) ins Innere des Embryos. Anschließend wandern die Vorläuferzellen zu zwei Genitalleisten, aus denen sich später die Keimdrüsen entwickeln. Die Leisten liegen zwischen dem Ektoderm und der Auskleidung einer inneren Höhlung (diese Auskleidung wird später das Bauchfell). Bei ihrer Wanderung haften die Vorläuferzellen vorübergehend an den Zellen, denen sie auf ihrem Weg begegnen. So bewegen sie sich von einer Zelle zur nächsten und scheinen sich bei ihrer Wanderung von diesen Kontakten leiten zu lassen.

Eine weitere typische Wanderung ist die der Zellen der zur Neuralrinne gehörenden Neuralleiste (Abb. 12.15). Bei ihrer Entstehung aus den Neuralwülsten teilen sich die Zellen in zwei Gruppen. Einige folgen der Innenseite der embryonalen Außenschicht (Ektoderm) in lateraler Richtung, also vom Neuralrohr fort. Sie werden zu Pigmentzellen (P in Abb. 12.15) und bleiben mit der Haut verbunden. Eine andere Zellgruppe dringt zwischen dem Neuralrohr und den Somiten tief in den Körper des Embryos ein. Von diesen Zellen bleiben einige in der Nähe der äußeren Embryonalschicht und bilden die *sensorischen Ganglien* (seG in Abb. 12.15); andere dringen weiter vor, erreichen das Notochord und werden zur Kette der sogenannten *sympathischen Ganglien* (syG in Abb. 12.15). Wieder andere Zellen gelangen noch weiter (Nn in Abb. 12.15), wo aus ihnen der Mittelteil, das *Mark*, des Nebennierenorgans wird. Eine umfangreiche Zellwanderung ist, wie wir in Kapitel 18 sehen werden, auch bei der Gehirnentwicklung zu beobachten.

Die Bedeutung dieser Wanderbewegungen für die Entwicklung ist noch unklar. Einige scheinen das Ziel zu haben, Zelltypen wiederzuvereinigen, die in einer früheren Evolutionsphase zusammen waren, später aber getrennt wurden. Vielleicht zeichnen sie mit ihrer Wanderbewegung die Abschnitte nach, die auf die Trennung folgten.

Die Wanderung ist für die Differenzierung von entscheidender Bedeutung, weil sie die Zellen an Orte mit einer geeigneten lokalen Umgebung bringt. Vorläufer der Keimbahnzellen oder Zellen der Neuralleiste, die vom Weg abkommen und nicht das vorgesehene Zielorgan erreichen, differenzieren sich nicht. In einem Mäusestamm, der schwarzäugig weiß genannt wird, wandern die Neuralleistenzellen nicht zur Haut, so daß keine pigmentbildenden Zellen entstehen, obwohl die schwarzen Augen zeigen, daß die Mäuse über den Mechanismus zur Pigmentbildung verfügen.

Der Tod als Entwicklungsprozeß

Wenn uns auch der Tod von Organismen vertraut ist, machen wir uns doch nicht immer klar, daß in einem gesunden Organismus einzelne Zellen durch einen von den Genen programmierten Mechanismus sterben können. Oben wurde bereits der programmierte Tod im einfachen Entwicklungssystem der Schleimpilze beschrieben: Der Stiel des Fruchtkörpers wird von den Körpern toter Zellen gebildet. Die präzise Programmierung des Zelltodes zeigt sich besonders deutlich in der Entwicklung kleiner Nematoden, bei denen sich das Schicksal jeder einzelnen Zelle bestimmen läßt. Es ist kein Zufall, daß bei der Teilung bestimmter Zellen immer eine der Tochterzellen stirbt.

In vielen Organismen entwickeln sich ganze Organe, sterben und verschwinden, aufgelöst von Enzymen, die sich in ihren eigenen Zellen befinden. Zu solch massivem Zellsterben kommt es während der Metamorphose, während der Entwicklung der Extremitäten, der Blutzellen und des Nervensystems im tierischen Organismus sowie während der Bildung zusammengesetzter Blätter von Pflanzen. Die Niere von Säugetieren durchläuft drei aufeinanderfolgende Zustände, von denen die ersten beiden weitgehend durch Zellsterben aufgehoben werden.

Der programmierte Zelltod tritt häufig ein, wenn die Produktion eines spezifischen Wachstumsfaktors für bestimmte Zellen eingestellt wird. Wachstumsfaktoren und einige Hormone sind in erster Linie Überlebensfaktoren. Sie sind erforderlich, um die Zellen am

Leben zu erhalten. Ein Beispiel ist die Brustdrüse der weiblichen Säugetiere, die nach Beendigung der Laktation erheblich schrumpft. Ein deutlicher Rückgang der die Drüsen erreichenden Prolaktinmenge verursacht den Tod der Milchzellen. Bei der Metamorphose wird massiver Zelltod durch das Verschwinden oder gelegentlich auch durch neues Auftreten bestimmter Hormone verursacht.

Das massive Zellsterben könnte evolutionäre Ursprünge haben. Bei der Entwicklung der Nieren kennzeichnet es den Übergang von einem Strukturtyp zum anderen, der die evolutionäre Ablösung einer Nierenform durch die nächste wiederholt. In diesen Fällen spiegelt die Entwicklung des Individuums entscheidende Stadien in der Evolution der Arten wider. Der Organtod bei der Metamorphose von Tieren mag ähnliche Bedeutung haben, denn auch der Tod der Urniere ist eine Art Metamorphose, die jedoch auf ein einziges Organ beschränkt ist.

Ein endgültiges Ereignis

Ein besonderer Entwicklungsschritt ereignet sich in Zellinien, die große Zahlen von Zellen mit gleicher Funktion hervorbringen, beispielsweise rote Blutkörperchen, Muskelzellen oder die Epithelzellen der Haut. In diesen Linien verläuft die Differenzierung bis zum vorletzten Schritt: Es werden Reservezellen gebildet, die nur einen einzigen Schritt weitergehen können. Die Reservezellen bleiben unverändert, bis der Organismus sie mittels eines besonderen Signals zum abschließenden Schritt auffordert. So signalisiert etwa das kleine Protein Hämopoietin die Notwendigkeit zur Bildung von roten Blutkörperchen, wenn die vorhandenen nicht mehr ausreichen, um die erforderliche Sauerstoffmenge zu transportieren. Das geschieht regelmäßig in großen Höhen. Hämopoietin bewirkt dann die endgültige Differenzierung der Reservezellen, der Erythroblasten, zu roten Blutkörperchen. Bei vielen Tieren werden die roten Blutkörperchen durch ungleiche Teilung der Erythroblasten gebildet. Eine der Tochterzellen bekommt den weitaus größeren Teil des Zytoplasmas, einschließlich des Hämoglobins, aber nicht des Zellkerns, und wird zu einem roten Blutkörperchen. Diese Zellen bleiben im Blutkreislauf, bis sie zu alt sind und zerstört werden – wieder ein programmierter Tod.

Auch im Muskelgewebe ist die endgültige Differenzierung von aufsehenerregenden Ereignissen begleitet: Die Reservezellen, die länglichen Myoblasten, verbinden sich an den Enden und bilden einen langen Stab, eine Muskelfaser mit einer einzigen Zellmembran und vielen Kernen. Die für die Kontraktion erforderlichen Proteine treten in der Muskelfaser auf und erzeugen die für quergestreifte Muskeln typische komplexe Struktur (vgl. Kap. 17).

An der endgültigen Differenzierung von Reservezellen in Kulturen lassen sich Veränderungen der Genregulation sehr gut beobachten. Kulturen solcher Zellen durchlaufen die endgültige Differenzierung, wenn sie bestimmten chemischen Induktoren ausgesetzt werden, etwa DMSO (Dimethylsulfoxid). Diese Stoffe stehen in keiner erkennbaren Beziehung zu Stoffen, welche die endgültige Differenzierung im lebenden Tier hervorrufen. Es ist nicht klar, wie sie wirken, aber sie lösen die endgültige Differenzierung bei praktisch allen Zellen der Kultur in relativ kurzer Zeit aus und sind deshalb ein wichtiges Forschungsinstrument. Die Verwendung dieser Stoffe hat uns viele Erkenntnisse gebracht. Wenn beispielsweise die Vorstufen der roten Blutkörperchen, die Erythroblasten, durch DMSO zur Differenzierung in rote Blutkörperchen angeregt werden, wird die Bildung mehrerer Proteine unterbrochen, während die Bildung anderer aufgenommen oder verstärkt wird. Bei der Differenzierung der Muskelbildungszellen zu Muskelfasern steigt die Menge der Muskelproteine in jeder Zelle um ein Mehrhundertfaches an. In beiden Fällen gehen die Proteinveränderungen auf Veränderungen in der Transkription der Gene zurück.

KAPITEL 13
Gene für die Verteidigung

Im vorigen Kapitel habe ich ganz allgemein gezeigt, wie die Gene die regelmäßig fortschreitende Entwicklung komplexer Organismen steuern. In diesem Kapitel wollen wir die Entwicklung eines einzelnen Zellsystems, die des Immunsystems, genauer betrachten. Das Immunsystem spielt eine entscheidende Rolle für das Überleben in einer konkurrenzbestimmten Umwelt, und es entwickelt sich auf faszinierende Weise. Seine Funktionen beruhen auf komplexen Wechselwirkungen zwischen den Zellen und dem erstaunlichsten genetischen Mechanismus, den es in der ganzen biologischen Welt gibt.

Organismen aller Art sind dem Angriff von Krankheitserregern – Bakterien, Viren und Parasiten – ausgesetzt, die bestrebt sind, sich in die Organismen Eingang zu verschaffen und sie zu töten. Die ganze Zeit findet ein unermüdlicher Kampf zwischen dem Organismus und diesen Eindringlingen statt, und in den meisten Fällen geht die eine oder die andere Partei zugrunde. Im Verlauf der Evolution haben die Tiere sehr raffinierte Verteidigungssysteme – unter anderem das Immunsystem – zur Abwehr gegen Krankheitserreger entwickelt. An dieser Aufgabe sind viele Zelltypen und viele Gene beteiligt.

Seinen Namen verdankt das Immunsystem dem lange bekannten Umstand, daß Tiere *immun* (oder *resistent*) gegen Viren bzw. Bakterien werden, nachdem sie eine erste Infektion überstanden haben. Als man dieses Phänomen untersuchte, stieß man auf die phantastischen Eigenschaften des Immunsystems: Es kann ein Tier gegen eine große Zahl von eindringenden Keimen immun machen; es beweist bei der Identifizierung dieser Erreger eine verblüffende Spezifität; und es erinnert sich über lange Zeit an frühere Begegnungen mit einem Krankheitserreger. Alle diese Eigenschaften resultieren aus exakt abgestimmten, vielfältigen Wechselbeziehungen zwischen verschiedenen Zellen und aus einer enormen genetischen »Akrobatik«.

Die Elemente des Immunsystems

Die Zellen des Immunsystems gehören zum größeren Zellsystem des Blutes: dem *hämopoietischen* (blutbildenden) *System*. Diese Zellen entstehen aus Stammzellen, die sich in den Membranen um den Embryo herum bilden. Beim erwachsenen Individuum sind sie im Knochenmark oder in anderen spezialisierten Organen lokalisiert. Die Stammzellen differenzieren sich in verschiedene Linien. Zu ihren Abkömmlingen gehören die Zellen, die schließlich sowohl die roten als auch die weißen Zellen des Blutes hervorbringen. Für das Immunsystem sind zwei Arten von hämopoietischen Zellen entscheidend: die *Makrophagen*, die fähig sind, Keime und andere Teilchen zu verschlingen, und die *Lymphozyten*, welche die Hauptaufgabe der Immunität erfüllen.

Makrophagen

Von zentraler Bedeutung für die Funktionen des gesamten Immunsystems sind die Makrophagen. Möglicherweise waren sie die ersten Abwehrzellen, die im Lauf der Evolution auftraten. Makrophagen haben extrem klebrige Oberflächen, mit denen sie Krankheitserreger festhalten können. Das dergestalt eingefangene Material wird von der Zelle verschlungen, in ihrem Inneren von giftigen Molekülen getötet und von hochwirksamen Enzymen aufgelöst. Aber die Makrophagen spielen für die Immunität noch eine weitere wichtige Rolle. Wie wir unten sehen werden, kehren Stücke eines vernichteten Parasiten an die Oberfläche der Makrophagen zurück, wo sie mit den Lymphozyten wechselwirken können. Überdies setzen die Makrophagen wirksame Substanzen frei, die auf andere Zellen einwirken und ihre Fähigkeit zur Abwehr von Infektionen steigern.

Wenn die Makrophagen als einzige Abwehrelemente wirken, ist ihre Effizienz durch ihre Unfähigkeit eingeschränkt, dauerhafte Resistenz gegen wiederholte Invasionen eines Erregers zu verleihen. Sie haben keine Erinnerung an eine frühere Begegnung mit ihm und können deshalb nicht lernen, bei erneutem Eindringen besser mit ihm fertig zu werden.

Lymphozyten

Die Lymphozyten, die sehr eingehend erforscht sind, verdanken ihren Namen dem massiven Vorkommen in der Lymphe, der Flüssigkeit, welche die Zellen des Körpers umgibt. Nach Verlassen der kleinen Blutgefäße wandern sie auf der Suche nach Keimen zwischen den umgebenden Zellen umher, um anschließend durch ein besonderes

Netz von Kanälen, die Lymphgefäße, wieder in die Blutbahn zurückzukehren.

Die Lymphozyten werden in zwei Hauptgruppen unterteilt, die B- und die T-Lymphozyten, die ihrerseits aus mehreren Untergruppen bestehen. Diese beiden Zelltypen erfüllen unterschiedliche, wenn auch gleichermaßen wichtige Funktionen für die Immunität. Die Bezeichnung *B-Lymphozyten* stammt aus Untersuchungen an Vögeln, denn bei diesen reifen diese Zellen in der Bursa, einem mit dem Darm verbundenen Sack, wo sie ihre endgültige Gestalt annehmen. Bei Säugetieren, die keine Bursa haben, reifen die B-Lymphozyten im Knochenmark, was bei Vögeln nicht möglich ist, weil Vögel sehr dünne, luftgefüllte Knochen haben (vgl. Kap. 16). Dagegen reifen die T-Lymphozyten bei Vögeln wie bei Säugetieren im Thymus, einem Brustorgan.

Bei ausgewachsenen Tieren finden sich beide Lymphozytenarten überall im Körper – im Blut, in der Lymphe, im Knochenmark, in der Milz, im Darm und in den Lymphknoten entlang den Lymphgefäßen. Der Thymus enthält nur T-Lymphozyten, doch ihre Produktion wird schließlich beendet, weil dieses Organ, das bei der Geburt sehr groß ist, beim ausgewachsenen Individuum praktisch verschwindet. Die verschiedenen Lymphozytenklassen erreichen ganz unterschiedliche Organe, wobei ihr Bestimmungsort durch die Zellen festgelegt wird, die die Wände der winzigen Blutgefäße der Organe auskleiden. Die Lymphozyten verschiedener Gruppen erkennen die Oberflächenmoleküle dieser Zellen und steuern mit ihrer Hilfe die betreffenden Organe an. Sie setzen sich an der Auskleidung der Blutgefäße fest und durchqueren dann deren dünne Wände.

Antikörper

Das Immunsystem stellt noch eine weitere Art von Abwehrkräften gegen Krankheitserreger bereit – die *Antikörper*, spezielle Proteinmoleküle, die von B-Lymphozyten gebildet werden und im Blut zugegen sind. Antikörper heften sich an Moleküle, die zusammenfassend *Antigene* heißen und die weit verbreitet sind; sie werden an der Oberfläche von Krankheitserregern präsentiert. Mit dem Wort »Antigen« wird übrigens keine besondere chemische Beschaffenheit bezeichnet, sondern nur der Umstand, daß diese Moleküle das Ziel von Antikörpern sind. Wenn ein Krankheitserreger in ein Tier eindringt, löst er die Bildung von Antikörpern aus, die sich dann an die Antigene der Erregeroberfläche binden. Diese Bindung löst eine Reihe von Ereignissen aus, die zum Tod des Erregers führen. Auch zahlreiche chemische Stoffe können, wenn man sie einem Tier injiziert, die Bildung von Antikörpern hervorrufen und sind damit ebenfalls Antigene. Alle Proteine, viele komplexe Zucker und andere Stoffe besitzen diese Eigenschaft.

Jedes Antikörpermolekül besteht aus zwei gleichen Teilen, die in der Gestalt eines Ypsilons zusammengefügt sind (Abb. 13.1: 1). Sie werden im Stamm zusammengehalten, während jeder freie Teil einen der Arme bildet. Antikörper haben spezielle Aminosäurestrukturen an den Enden der beiden Arme des Y. Dies sind die Antigen-Bindungsstellen, auch *Idiotypen* (= spezielle Stellen) genannt. Beim individuellen Molekül sind die Stellen identisch, unterscheiden sich aber gewöhnlich von Molekül zu Molekül (Abb. 13.1: 2). Sie sind so gebildet, daß sie einem bestimmten chemischen Detail des Antigens genau entsprechen – ich werde diese antigene Determinante als *Antigenfleck* (englisch *antigenic spot*) bezeichnen; sie heißt auch Epitop (was »Kennzeichnung« bedeutet). Der Antigenfleck und die Bindungsstelle passen ineinander wie Hand und Handschuh, dadurch ist die Bindung zwischen Antikörper und Antigen sehr eng. Die exakte Übereinstimmung sorgt für eine hohe Selektivität der Antikörper: Ein Antikörper, der an Protein A bindet, bindet gewöhnlich nicht an Protein B und umgekehrt. Ein Antigen hat häufig mehrere Epitope und kann deshalb auch an mehrere verschiedene Antikörper binden. Dagegen bindet jedes Antikörpermolekül nur an eine Art von Antigenflecken, weil seine beiden Bindungsstellen identisch sind. Alle im Körper eines Tieres gebildeten Antikörper können an eine enorme Vielfalt von Antigenflecken verschiedener chemischer Beschaffenheit binden.

Einige B-Lymphozyten – oder B-Zellen, wie sie auch genannt werden – geben die von ihnen gebildeten Antikörpermoleküle ins Blut ab, während andere sie festhalten und mit hinausragenden Bindungsstellen an ihrer Oberfläche präsentieren. Alle Antikörper, die ein Lymphozyt an seiner Oberfläche präsentiert oder ins Blut abgibt, sind identisch: Ein Lymphozyt stellt nur einen Typ her. Die an der Zelloberfläche haftenden Antikörper fungieren als Rezeptoren für das Antigen. (Dieselben Begriffe verwendeten wir schon bei der Darstellung der auf ein Hormon ansprechenden Zellen, die einen Rezeptor für das Hormon besitzen.) Wenn Antigenmoleküle an Oberflächenantikörper binden, verändert sich der Lymphozyt, wie wir noch sehen werden, auf entscheidende Weise.

Dreifache Kooperation

T-Lymphozyten – oder T-Zellen – sind während der Evolution als vermutlich zweite Gruppe der Immunzellen nach den Makrophagen entstanden. Besonders wichtig ist eine Untergruppe, die T-Helferzellen, die mit Rezeptoren für Antigene ausgestattet sind. Beim Menschen werden sie durch ein spezielles Glykoprotein, das T4, identifiziert. Diese T-Zellen können nicht direkt durch ein Antigen stimuliert werden, sondern nur durch ein Antigen, das an Makrophagen oder anderen Antigen-präsentierenden Zellen haftet. Wie wir noch sehen werden, hat die Kooperation zwischen diesen beiden Immunzellen weitreichende Folgen. Bei Stimulation durch ein Antigen setzen die T-Zellen hochwirksame Abwehrstoffe frei (vgl. Kap. 14).

Zuletzt hat sich wahrscheinlich das Abwehrsystem entwickelt, das auf der Antikörperbildung durch B-Zellen beruht. Auf ganz unterschiedliche Weise reagieren B-Zellen auf Krankheitserreger. Eine Reaktion von begrenzter Wirkung beruht auf der Identifikation sich wiederholender Molekularstrukturen, die es an der Oberfläche vieler

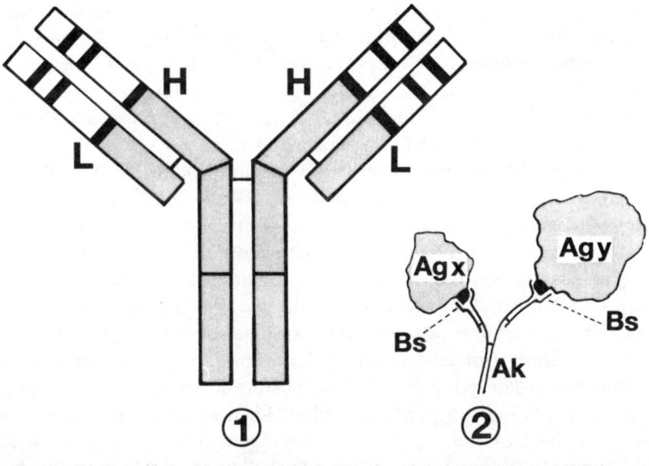

Abbildung 13.1: (1) Allgemeine Merkmale eines Antikörpermoleküls. Der Antikörper besteht aus vier Proteinmolekülen: zwei identischen schweren Ketten (H, nach englisch *heavy*) und zwei identischen leichten Ketten (L). Jede Kette hat eine variable Region (hell) und eine konstante Region (grau). Die leichte Kette hat nur eine konstante Domäne, die schwere Kette drei, die den Stamm des Y bilden. In den variablen Regionen befinden sich drei hochveränderliche (hypervariable) komplementaritätsbestimmte Regionen (schwarz), die durch konstante Gerüstregionen abgegrenzt sind. (2) Mit seinen zwei identischen Bindungsstellen (Bs) bindet ein Antikörper (Ak) zwei identische antigene Determinanten (schwarz), die zu verschiedenen Antigenen gehören können (Ag x und Ag y).

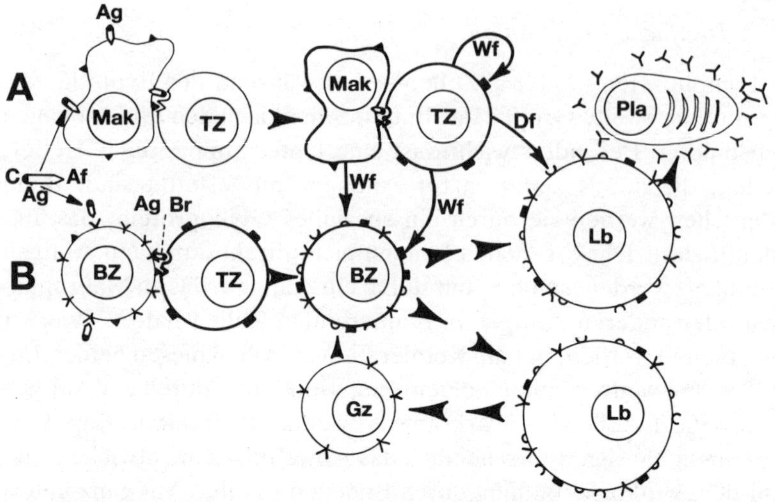

Abbildung 13.2: Die dreifache Wechselwirkung zwischen Makrophage (Mak), T-Zelle (TZ) und B-Zelle (BZ). Der Prozeß wird durch das Antigen (Ag) eingeleitet, an dem wir einen Antigenfleck (Af) und eine Carrier-Region (C) unterscheiden. (A) Das Antigen bindet an einen Makrophagen mit hervorspringender Carrier-Region. Eine T-Zelle bindet daran und an einem Oberflächenmolekül des Makrophagen, einem Protein, das durch MHC (englisch *major histocompatibility complex* = Haupt-Histokompatibilitätskomplex)-Loci bestimmt wird (schwarze Dreiecke; vgl. Kap. 14). Der Zusammenschluß aktiviert die Zellen (dargestellt durch eine dicke Umrißlinie). Diese beginnen mit der Bindung von Wachstumsfaktoren (Wf) und Differenzierungsfaktoren (Df), überwiegend für B-Zellen. Ein Wachstumsfaktor wirkt auf die ihn bildenden T-Zellen ein und bewirkt ihre Vermehrung. (B) Die aktivierte T-Zelle bindet an die Carrier-Region eines Antigens, das seinerseits mit einem Antikörpermolekül auf einer B-Zelle verbunden ist. Das Antigen bildet zusammen mit dem MHC-Protein die Brücke (AgBr) zwischen den beiden Zellen. Die B-Zelle wird aktiviert (dicke Umrißlinie) und entwickelt Rezeptoren für die Wachstums- und Differenzierungsfaktoren, die von dem aktivierten Makrophagen und der T-Zelle freigesetzt werden. Unter ihrem Einfluß wird die B-Zelle zum Lymphoblasten (Lb), der sich vervielfältigt und einen Klon bildet. Die Differenzierungsfaktoren verwandeln die meisten Lymphoblasten in Plasmazellen (Pla), während andere zu ruhenden Gedächtniszellen (Gz) werden. Die Plasmazellen sind durch ein dichtes endoplasmatisches Retikulum gekennzeichnet (dic dünnen, länglichen Räume in der Zelle) und geben Antikörper an das umgebende Medium ab.

Krankheitserreger gibt. Durch die vielfältigen Kontakte werden die B-Zellen sowohl zur Vermehrung als auch zur Freisetzung ihrer Antikörper angeregt. Wird eine Lymphozytenpopulation auf diese Weise durch einen bestimmten Erreger aktiviert, sind die freigesetzten Antikörper eine heterogene Mischung aus Molekülen mit verschiedenen

Bindungsstellen, die nicht unbedingt für den Erreger bestimmt sind, woraus sich der begrenzte Abwehrwert der Reaktion erklärt.

Seinen höchsten Entwicklungsstand erreichte das Antikörper bildende System, als es lernte, durch Kooperation einer B-Zelle mit einer Antigene präsentierenden Zelle und einer T-Helferzelle eine hochspezifische Reaktion hervorzurufen (Abb. 13.2). Die dreifache Kooperation vollzieht sich in zwei Schritten. Zunächst fängt die Antigen-präsentierende Zelle das Antigen ein, zerlegt es und bietet die Fragmente an ihrer Oberfläche dar. Wenn das Antigen ein Protein ist, wird es wahrscheinlich in Vesikel eingeschlossen, in Lysosomen gebracht und von Enzymen zerlegt. Daraus resultierende Fragmente werden an die Oberfläche zurückgeleitet und dort präsentiert. Dieser Schritt ist von wesentlicher Bedeutung, weil die T-Helferzellen kein freies Antigen binden. Einen wichtigen Platz unter den Antigen-präsentierenden Zellen nehmen die Makrophagen und die B-Zellen selbst ein, die das Antigen durch ihre außen gelegenen Immunglobuline einfangen. Die T-Helferzellen mit Rezeptoren, die zum präsentierten Antigen passen, werden aktiviert (Abb. 13.2: A), treten in Wechselwirkung mit der Antigen-tragenden B-Zelle (Abb. 13.2: B) und regen sie zur Vermehrung und zur Bildung von Antikörpern an. Die T-Helferzelle ist also in bezug auf die Antikörperbildung der Mediator zwischen der Antigen-präsentierenden Zelle und der B-Zelle.

Die entscheidende Rolle der T-Helferzellen erklärt, warum ihre Zerstörung bei Aids (englisch a*cquired* i*mmuno*d*eficiency* s*yndrome* = erworbenes Immundefizienzsyndrom) so schwerwiegende Folgen hat. Das Virus wirkt sehr selektiv auf diese Zellen ein, wobei es das T4-Glykoprotein als Angriffspunkt nimmt. Ohne T-Helferzellen können die Betroffenen keine Immunreaktion mehr mobilisieren und erkranken an vielen Erregern – Viren, Bakterien oder Pilzen –, die in der menschlichen Umwelt häufig vorkommen, aber für Individuen mit funktionierendem Immunsystem meistens harmlos sind.

Die an solchen Prozessen beteiligten T- und B-Zellen binden an dasselbe Antigen, jedoch nicht an derselben Stelle. Wenn das Antigen beispielsweise ein Protein ist, dem ein Zucker angelagert ist, erkennt die T-Helferzelle vielleicht ein Stück des Proteins selbst, die B-Zelle hingegen den Zucker. Der Unterschied läßt sich auch folgendermaßen ausdrücken: Die Rezeptoren (Antikörper) der B-Zellen binden an die antigene Determinante des Antigens, während die Rezeptoren der T-Zellen an den Carrier der antigenen Determinante binden (Abb. 13.2). Ein definierter Carrier kann mit einer Reihe verschiedener antigener Determinanten verbunden sein, und über diesen Carrier kann eine aktivierte T-Zelle mit verschiedenen B-Zellen wechselwirken, die Antikörper für diverse antigene Determinanten tragen. Die Erkennung je anderer Teile des Antigens durch die beiden Lymphozytenarten ist für die Entstehung der Immunantwort von entscheidender Bedeutung, denn sie ermöglicht dem Antigen im Idealfall, die beiden Zelltypen während ihrer Wechselwirkung zu überbrücken: Die antigene Determinante ist an die Rezeptoren der B-Zelle gebunden, der Carrier an die Rezeptoren der T-Zelle. Die beiden Teile des Antigens müssen jedoch nicht verbunden sein. Wenn also B-Zellen die Rolle der präsentierenden Zellen übernehmen, präsentieren sie den T-Zellen ein Fragment der Carrier-Region des Antigens, während sie selbst mit der antigenen Determinante verbunden sind. Dann sorgt nur die Carrier-Region für die entscheidende Verbindung zwischen B- und T-Zellen.

Die Effekte dieser Wechselwirkung sind von beträchtlicher Tragweite. Die drei beteiligten Zellen werden aktiviert und bekommen damit neue Eigenschaften. Der Makrophage und die T-Zelle nehmen die Produktion vieler Faktoren auf, die von großer Bedeutung für die Bildung von Antikörpern sind. Die aktivierte B-Zelle reagiert auf die Wechselwirkung mit dem Antigen mit starker Vermehrung. Die Zellen vergrößern sich (Lymphoblasten), weil sie große Mengen neuer RNA, neuer Proteine und neuer DNA herstellen. Ihre Vermehrung führt zur Entstehung umfangreicher Klone identischer Zellen, die alle die gleichen Antikörper präsentieren. Die meisten B-Lymphozyten dieser Klone durchlaufen die endgültige Differenzierung zu Antikörper bildenden Plasmazellen (*Plasma* wird ein Teil des Blutes genannt), welche die Antikörper nicht mehr festhalten, sondern in großen Mengen an das Blut abgeben. Die Bildung dieser Antikörper wird als *Primärantwort* des Organismus auf das Antigen bezeichnet.

GEDÄCHTNIS. Die Klonbildung ist für einen weiteren wichtigen Aspekt der Immunität verantwortlich – die Entwicklung des *Immungedächtnisses*. Dieses Phänomen ermöglicht es einem Tier, auf eine zweite Infektion mit einer rascheren und wirksameren Antikörperantwort zu reagieren als auf die erste Infektion *(Sekundärantwort)*. Das Immungedächtnis ergibt sich aus der Bildung der Klone von B- und T-Zellen mit Rezeptoren für das Antigen. Einige dieser Zellen vermeiden die endgültige Differenzierung und bleiben als Gedächtniszellen lange Zeit erhalten (beim Menschen zehn bis zwanzig

Jahre). Kommt es zu einer neuen Infektion durch den gleichen Erreger oder ist der Organismus der Einwirkung des gleichen Antigens ausgesetzt, werden diese Zellen reaktiviert und vermehren sich auf dieselbe Weise wie während der Primärantwort. Da die Gedächtniszellen zahlreicher sind als die Lymphozyten mit gleichen Rezeptoren in Individuen, die noch nie infiziert waren, verläuft die Sekundärantwort heftiger und viel schneller als die Primärantwort.

Bei einem Tier, das eine bestimmte Infektion noch nicht durchlaufen hat oder mit einem bestimmten Antigen noch nicht in Berührung gekommen ist, sind T- und B-Zellen mit Rezeptoren für dieses Antigen nur in sehr kleiner Zahl vorhanden. Wir werden später noch sehen, wie sie gebildet werden. Die Immunantwort beruht auf der selektiven Vermehrung dieser Zellen unter dem Einfluß des Antigens, ein Vorgang, der als klonale Selektion bezeichnet wird. Dieses Konzept – die Annahme, daß das Antigen die Erweiterung eines bereits vorhandenen Klons von Antikörper bildenden Lymphozyten bewirkt – war revolutionär, als McFarlane Burnet es einführte und damit Theorien ersetzte, nach denen das Antigen die Bildung spezifischer Antikörper steuert. Die Selektion von Zellen, die das entsprechende Gen bereits enthalten, ist der einzig denkbare Mechanismus. Das Antigen kann die Gene nicht umbilden.

BESONDERE ANTIGENE. Die Kooperation der Zellen im Dreifachkomplex ist für eine Immunantwort auf die meisten Antigene entscheidend. Nur einige sehr große Antigene mit vielen repetitiven Gruppen können sie umgehen und die B-Zellen direkt, d. h. ohne Hilfe der T-Zellen, aktivieren. Kleine Antigene sind dazu nicht in der Lage. Die großen repetitiven Antigene sind wahrscheinlich so wirksam, weil sie den B-Zellen zwei Arten von Signalen vermitteln können, die diese normalerweise im Verlauf der Dreifachwechselwirkung erhalten (Abb. 13.3). Ein Signal entsteht durch die Fähigkeit der repetitiven Antigene, an viele Rezeptoren einer einzigen B-Zelle zu binden, wodurch möglicherweise der aktivierende Effekt der T-Zelle simuliert wird, die ja ebenfalls durch die Antigenbrücken viele Verbindungen mit der B-Zelle herstellt. Das andere Signal wird durch eine Wechselwirkung des repetitiven Antigens mit speziellen Rezeptoren, die das Wachstum der B-Zelle anregen, produziert. So sind diese Zellen nicht mehr auf die Wachstumsfaktoren angewiesen, die normalerweise vom Makrophagen und der T-Zelle geliefert werden. Einige Arten repetitiver Moleküle aktivieren T- anstelle von B-Zellen.

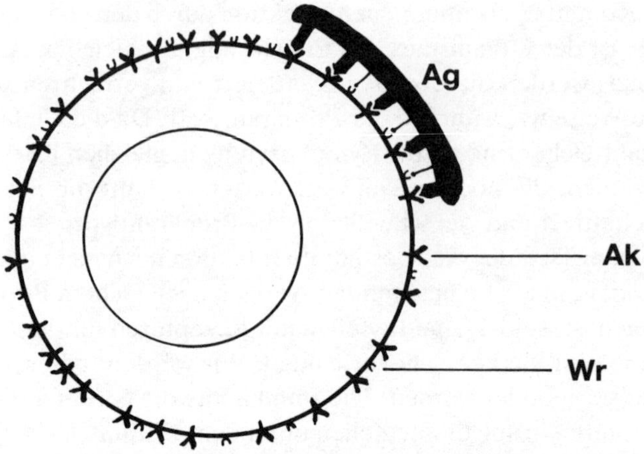

Abbildung 13.3: Aktivierung einer B-Zelle durch ein Antigen (Ag) mit mehreren identischen antigenen Determinanten. Der Lymphozyt hat an seiner Oberfläche Antikörpermoleküle (Ak), die als Rezeptoren für das Antigen dienen (dicke schwarze Gabeln). Außerdem besitzt er andere Rezeptoren, die das Zellwachstum steuern (Wachstumsrezeptoren: Wr). Das Antigen besitzt chemische Gruppen, die auch an diese Rezeptoren binden können. Das repetitive Antigen nimmt also zwei Funktionen wahr, die normalerweise von T-Zellen in Verbindung mit Makrophagen erfüllt werden: Es bindet gleichzeitig mehrere Oberflächenantikörpermoleküle, wodurch der Lymphozyt aktiviert wird, und veranlaßt ihn durch Stimulation der Wachstumsrezeptoren zum Wachstum.

Oben habe ich darauf hingewiesen, daß diese Methode zur Aktivierung von B-Zellen evolutionär wahrscheinlich der auf der Dreifachwechselwirkung beruhenden Methode vorausging. Es ist denkbar, daß sich letztere anschließend entwickelt hat, um die Bildung von Antikörpern in Reaktion auf kleine Antigene zu ermöglichen. Solch eine Antwort ist sehr wichtig, weil viele Krankheitserreger hochwirksame giftige Stoffe (Toxine) bilden, die kleine Moleküle sind – beispielsweise die Toxine, die von Diphtherie- und Tetanusbakterien gebildet werden. Antikörper gegen Toxine sind entscheidend für das Überleben eines Organismus. Sie verbinden sich mit den Toxinen und neutralisieren sie: Sie nehmen ihnen ihre Wirksamkeit. Außerdem werden, wenn ein Keim oder ein Virus in einen Organismus eindringt, kleine Moleküle von der Oberfläche des Krankheitserregers ins Blut oder zwischen die Zellen von Geweben und Organen freigesetzt. Diese Moleküle haben Signalcharakter und aktivieren die Antikörperbildung, wodurch sich die Abwehrreaktion des Organismus beträchtlich beschleunigen kann.

SPEZIFISCHE KILLERZELLEN. Für die vom Immunsystem geleistete Abwehr sind andere Lymphozyten der T-Klasse wichtig, die T-Killerlymphozyten, die sich von den T-Helferlymphozyten dadurch unterscheiden, daß sie ein anderes Markierungs-Glykoprotein haben, T8 statt T4 (beim Menschen). Solche Lymphozyten töten Parasiten und sogar normale Körperzellen, wenn diese von einem Keim oder einem Virus infiziert sind. Wie B-Zellen hat jede T-Killerzelle viele identische Oberflächenrezeptoren, die ein Antigen binden können. Obwohl sie keine Antikörper sind, erkennen sie Antigene mit vergleichbarer Genauigkeit. Wie die B-Lymphozyten haben auch alle T-Lymphozyten des Organismus ein umfangreiches Repertoire; zusammen erkennen diese Lymphozyten eine Vielzahl von Antigenen und Erregern.

Auch an der Aktivierung der Killerzellen ist eine dreifache Kooperation beteiligt. Besonders wichtig ist ihre Wirkung bei einer Virusinfektion. Wenn ein Virus das erste Mal in einen Organismus eindringt, kann es eine Anzahl von Zellen rasch infizieren, die dann große Mengen neuer Viren an den Körper abgeben können. Da diese Zellen tatsächlich die Möglichkeit haben, die neugebildeten Viren auszuschütten, würde die Viruskrankheit sehr schwerwiegend und wäre möglicherweise nicht aufzuhalten. Der Organismus muß also die Zellen töten, bevor die Virusnachkommen freigesetzt werden – eine Aufgabe, der sich die T-Killerzellen annehmen. Das ist mit keinerlei Nachteil verbunden, weil die betreffenden Zellen sowieso verloren wären.

Wie T-Helferzellen und B-Zellen besitzen auch die Killerzellen besondere Oberflächenrezeptoren, durch die jeder Lymphozyt ein bestimmtes Antigen erkennt. Killerlymphozyten, die Antigene des eindringenden Virus erkennen, binden an die Virusmoleküle, die aus der Oberfläche der infizierten Zellen herausragen. Um zu reifen und ihre spezifische Aktivität aufnehmen zu können, müssen Killerzellen mit T-Helferzellen wechselwirken, die dasselbe Antigen erkennen und die erforderlichen wachstumsstimulierenden Substanzen produzieren. Daraufhin entstehen Klone von Zellen, die sich zu T-Killerlymphozyten differenzieren können. Wie im Fall der B-Zellen werden einige der aktivierten Zellen zu Gedächtniszellen, die lange Zeit erhalten bleiben. Bei einer späteren Infektion durch das gleiche Virus vermehren sich diese Zellen und bilden eine große Zahl von Killerzellen, die in der Lage sind, die virusinfizierten Zellen zu zerstören.

Bei allen bislang erörterten Wechselwirkungen zwischen Zellen ist die Mitwirkung bestimmter Moleküle an der Oberfläche der Zellen von entscheidender Bedeutung. Mit ihnen werde ich mich im nächsten Kapitel beschäftigen.

Das Problem der Erkennung

Wir können uns jetzt einem der Hauptprobleme zuwenden, die unser Verständnis des Immunsystems betreffen: Wie erkennen die Antikörper Antigene? Das Problem hat zwei Seiten. Erstens, wie erkennt ein Antikörpermolekül eine bestimmte antigene Determinante und keine andere? Zweitens, wie wird die große Vielfalt von Antikörpern erzeugt, die erforderlich ist, um verschiedene Determinanten zu erkennen? Eine der größten Leistungen der modernen Biologie ist die Lösung dieser beiden Probleme.

Um einen Eindruck davon zu gewinnen, wie schwierig diese beiden Probleme sind, müssen wir uns klarmachen, daß die Zahl verschiedener antigener Determinanten, die von den Antikörpern eines Organismus erkannt werden, ungeheuer ist – sie beläuft sich auf mindestens eine Million. Dazu gehören nicht nur die Determinanten auf Molekülen, die in der biologischen Welt natürlich vorkommen, sondern auch die vielen vom Menschen erzeugten Moleküle, welche die Natur nicht kennt.

Versuchen wir, die beiden Probleme besser zu verstehen, indem wir die Struktur der Antikörper betrachten. Sie gehören zu den am häufigsten untersuchten und am besten bekannten Molekülen der gesamten Biologie, weil sie sehr wichtig und leicht zu gewinnen sind: Sie bilden einen erheblichen Bestandteil der Proteinmoleküle des Blutes.

Als man die Zusammensetzung des Blutes untersuchte, konnte man auch die Antikörper chemisch identifizieren, ohne indessen ihre Funktion zu erkennen. Man fand heraus, daß sie zu einer Gruppe von Proteinen gehören, die man Globuline nennt, und aus diesem Grund bezeichnet man sie als *Immunglobuline* (Ig). Weitere Untersuchungen zeigten, daß sie aus mehreren Klassen bestehen, die sich durch Größe und andere Eigenschaften voneinander unterscheiden lassen. Die verschiedenen Klassen werden durch Buchstaben des Alphabets bezeichnet: IgG (= Immunglobulin G) oder IgM (= Immunglobulin M) usw. Auf ihre Bedeutung komme ich später zurück. Viele Versuche, Immunglobuline in reiner Form aus dem Blut zu gewinnen, schlugen jedoch fehl, weil selbst die besten Präparate nie ganz rein zu sein schienen; sie enthielten heterogene Moleküle mit etwas abweichenden Eigenschaften. Das war überraschend, weil biologische Moleküle, wenn sie in ausreichenden Mengen zur Verfügung stehen, in der Regel leicht in gereinigter Form gewonnen werden können.

Hilfe durch Krebs

Hilfe bei der Lösung dieses Rätsels kam von unerwarteter Seite: von einem Krebs der Immunzellen. Patienten mit einem seltenen Tumor des Knochenmarks, dem multiplen Myelom (die Endung *-om* bedeutet Krebs), hatten beträchtliche Mengen eines ungewöhnlichen Proteins in ihrem Blut. Es entpuppte sich als ein Immunglobulin: Die Myelome sind Krebserkrankungen der Antikörper bildenden Zellen.

Eine auffällige Beobachtung ist, daß die Immunglobulinmoleküle, welche von einem Myelom gebildet und im Blut eines Patienten gefunden werden, im Gegensatz zu denen, die im Blut normaler Individuen vorkommen, homogen sind und deshalb in reiner Form gewonnen werden können. Allerdings unterscheiden sich in der Regel die Myelom-Immunglobuline verschiedener Patienten. Eine Mischung aus Immunglobulinen einer bestimmten Klasse von verschiedenen Myelompatienten weist die gleiche Heterogenität auf wie das Immunglobulin der gleichen Klasse eines normalen Individuums.

Diese Beobachtungen erklärten, warum die Immunglobuline normaler Individuen niemals identisch sind. Entscheidend war die Erkenntnis, daß jeder Krebs aus einer einzigen Zelle entsteht – er ist ein Klon. Alle Zellen eines Myeloms stellen, da sie identisch sind, dasselbe Immunglobulin her. Man gelangte zu dem Schluß, daß jede Zelle des normalen Immunsystems ein Immunglobulin bildet und daß verschiedene Zellen Immunglobuline herstellen, die sich zwar in ihren allgemeinen Eigenschaften gleichen, aber in Einzelheiten, etwa den Bindungsstellen, unterscheiden. Hieraus ergibt sich, daß Immunglobulinmoleküle derselben Klasse im Blut eines Organismus heterogen sind, weil sie unterschiedliche Bindungsstellen haben. Die strukturelle Vielfalt entspricht der Vielfalt der antigenen Determinanten, die sie erkennen.

Diese Erkenntnisse, die man zuerst am Menschen gewann, treffen für alle Lebewesen zu. Beispielsweise bilden auch die Myelome von Labormäusen reine Immunglobuline. Myelome wurden zu einem wichtigen Instrument für die detaillierte Untersuchung der Immunglobuline, weil sie sich bei manchen Mäusestämmen leicht durch Injektion von Paraffinöl hervorrufen lassen.

Unsterbliche Immunzellen

Die These, daß Immunglobuline verschiedene antigene Determinanten mit leicht voneinander abweichenden Strukturen erkennen, fand noch direktere Bestätigung durch »Immortalisierung« einzelner Immunglobulin bildender Lymphozyten. Normale Lymphozyten haben in Kulturen eine sehr begrenzte Lebensdauer. 1975 gelang George Kohler und Cesar Milstein die Immortalisierung durch Fusion von B-Lymphozyten aus der Milz normaler Mäuse mit Zellen eines Mäusemyeloms, das keine Antikörper bildet (Abb. 13.4). Die Fusion wird durch chemische Stoffe erreicht, die die Membranen zu einer einzigen vereinigen. In dem Fusionsprodukt, der Hybridzelle, sind die beiden Zellkerne zunächst getrennt, fusionieren dann aber ebenfalls. Diese Zelle erbt die Gene und die wesentlichen Eigenschaften beider Ursprungszellen. Wie die Myelomzelle ist sie unsterblich und kann sich unbegrenzt vermehren; wie die B-Zelle bildet sie nur eine einzige Art von Antikörpern. Man bezeichnet die Klone der im Labor gezüchteten Hybridzellen als *Hybridome*. Sie bilden große Mengen des Antikörpers, der ursprünglich von dem fusionierten B-Lymphozyten hergestellt wurde. Das Immunglobulin ist außerordentlich homogen, so homogen wie von Myelomen hergestellte Immunglobuline. Hybridome, die aus verschiedenen Lymphozyten derselben Milz hergestellt werden, bilden Immunglobuline mit unterschiedlichen Merkmalen, welche die ganze Bandbreite der Unterschiede aufweisen, die man bereits bei verschiedenen Myelomen beobachtet hatte.

Wenn die Milzzellen aus einem Tier stammen, das vorher mit einem Virus infiziert war, bildet jedes Hybridom ein Immunglobulin, das man als *monoklonalen Antikörper* bezeichnet und das nur eine antigene Determinante auf dem Virus erkennt. Verschiedene Hybridome, die man aus derselben Milz gewonnen hat, produzieren Immunglobuline, die, auch wenn sie derselben Klasse angehören, leicht voneinander abweichen und verschiedene antigene Determinanten auf dem Virus erkennen. Dieses Ergebnis bestätigt den Zusammenhang zwischen den physikalischen Eigenschaften der Immunglobuline und ihrer Fähigkeit, Antigene zu binden.

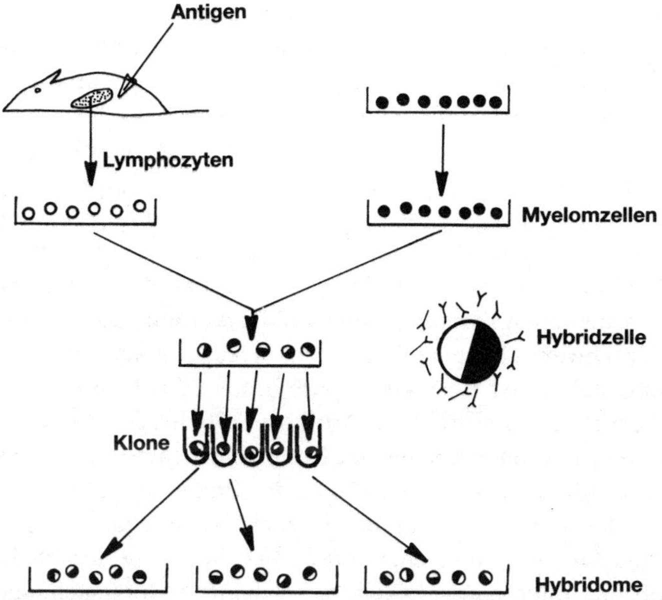

Abbildung 13.4: Die Herstellung monoklonaler Antikörper. Eine Maus wird durch wiederholte Injektionen eines Antigens immunisiert. Dann wird ihre Milz entfernt, und die Lymphozyten, die sie enthält, werden in einem flüssigen Nährmedium verteilt. Gleichzeitig wird eine Kultur mit Myelomzellen gezüchtet. Die Lymphozyten und die Myelomzellen werden fusioniert und bilden die Hybridzellen. Diese Zellen weisen die Gene beider an der Fusion beteiligten Zellen auf (schwarz bzw. weiß dargestellt). Sie fahren mit der Produktion des ursprünglich vom Lymphozyten hergestellten Antikörpers fort. Einzelne Hybridzellen werden in kleinen Behältern separiert, die mit dem Nährmedium gefüllt sind. Dort wachsen sie und bilden Klone von Hybridzellen: die Hybridome. Jede Hybridomkultur produziert einen homogenen monoklonalen Antikörper.

Einzelheiten der Organisation

Mit Hilfe von Immunglobulinen, die von Myelomen oder Hybridomen gebildet wurden, kam man dem Geheimnis ihrer Entstehung auf die Spur. Wie gesehen, besteht jedes aus zwei identischen Armen, die in Form eines Y zusammengefügt sind (Abb. 13.1). Jeder Arm wird seinerseits aus zwei Aminosäureketten gebildet: einer schweren Kette mit 440 Aminosäuren (in den meisten Antikörperklassen) und einer leichten Kette mit der halben Zahl. Jede Kette ist aus einzelnen Domänen von 110 Aminosäuren gebildet, die schwere Kette aus vier und die leichte aus zwei. Entstanden sind sie während der Evolution wahrscheinlich durch Verdoppelungen und Divergenz eines Urgens.

In jedem Arm bilden die Spitzen der schweren und der leichten Ketten die Bindungsstelle. Von den Aminosäuren der beiden Ketten hängt ab, an welche antigene Determinante sich der Antikörper bindet. Das Vorhandensein positiver oder negativer Ladungen an verschiedenen Positionen sowie diverse Krümmungs- und Flexibilitätsgrade beider Ketten legen die Spezifität fest.

Nur eine Domäne jeder Kette hat für die Antigen-Erkennung Bedeutung: die *variable Region* jeder Kette. Sie unterscheidet sich erkennbar in verschiedenen Immunglobulinen der gleichen Klasse, die von verschiedenen Lymphozyten gebildet werden. Die variable Region der schweren Kette und der leichten Kette bilden zusammen die Bindungsstelle. Der Rest jeder Kette besteht aus *konstanten Regionen*, die nicht zur Spezifität des Antikörpers beitragen. Sie sind wichtig für den Zusammenhalt der vier Ketten eines Immunglobulins, und mit ihrer Hilfe lassen sich die Klasse des Immunglobulins und seine Rolle in der Immunität bestimmen. Doch davon später mehr.

Für die Antigen-Unterscheidung ist nicht die ganze variable Region bedeutsam, sondern nur ein kleiner Teil von ihr. Untersuchungen der Aminosäuresequenzen haben gezeigt, daß die Bindungsstelle aus drei kurzen Sequenzen besteht (den *komplementaritätsbestimmenden Regionen*), die bei verschiedenen Immunglobulinen hochvariabel sind; getrennt sind sie durch ziemlich konstante Aminosäureabschnitte (die *Gerüstregionen*), die im Inneren des Moleküls verborgen sind. Die Grundlage der Antigen-Unterscheidung muß in diesen kleinen hochvariablen *(hypervariablen)* Regionen zu suchen sein.

Die beschriebenen Beobachtungen werfen wichtige Fragen auf. Wie kommt die große Zahl von Spezifitäten und verschiedenen Aminosäuresequenzen zustande? Warum sind sie auf die drei kurzen Regionen beschränkt?

Die große Zahl verschiedener Sequenzen ist auf die Gene zurückzuführen, die die Aminosäureketten spezifizieren. Jedes Immunglobulin muß durch zumindest zwei Gene bestimmt werden, eines für die schwere, das andere für die leichte Kette. Um die große Zahl verschiedener Sequenzen zu erklären, müßte es für jede Kette viele Gene geben. Die Zahl würde davon abhängen, wie die Antigen-Unterscheidung zustande kommt. Wenn sie in erster Linie durch *eine* Kette hergestellt würde, müßte es im Mäusegenom etwa eine Million Gene für diesen Kettentyp geben. Würden *beide* Ketten einen mehr oder minder gleichen Beitrag leisten – wie aus Gründen der Ökonomie zu erwarten –, wären für jede Kette mindestens 1000 Gene erforderlich. Diese Schätzungen würden für eine Immunglobulinklasse gelten. Nun gibt es aber mehrere Klassen, die sich hinsichtlich der schweren Kette unterscheiden. So wäre davon auszugehen, daß die Zahl der Gene zur Spezifizierung aller schweren Ketten bis zu 10000 erreicht. Um festzustellen, ob diese Vermutung richtig ist, müssen wir die Gene zählen.

Wie in Kapitel 5 dargelegt, kann man die Zahl der Gene mit Hilfe radioaktiver DNA-Sonden feststellen. Für Immunglobulin-Gene lassen diese sich leicht aus Myelom- oder Hybridomzellen gewinnen. Wenn man dann aber die Gene zählt, sind die Ergebnisse außerordentlich überraschend. In der DNA von Mäuse-Embryos oder in der Leber einer ausgewachsenen Maus entdeckt eine Sonde, die der variablen Region einer leichten Kette entspricht, ungefähr 300 Gene, während eine Sonde, die der konstanten Region derselben Kette entspricht, nur auf ein einziges Gen stößt. Noch verblüffender ist die Beobachtung, daß sich die DNA-Abschnitte, die für die konstanten und variablen Regionen einer Kette verantwortlich sind, zwar auf demselben Chromosom befinden, aber durch große Entfernungen voneinander getrennt sind. So gelangen wir zu dem erstaunlichen Schluß, daß es in diesen DNAs kein Gen für eine vollständige leichte oder schwere Immunglobulinkette gibt, sondern nur einzelne Gene für Bruchstücke dieser Ketten.

Im Gegensatz dazu läßt sich regelmäßig in der DNA von Myelomen ein vollständiges Gen für jede Kette entdecken. Die Basensequenz dieses Gens entspricht der Aminosäuresequenz des Immunglobulins, die von dem Myelom gebildet wird – zweifellos ist es das richtige Gen.

Erzeugung von Diversität

Diese Beobachtungen belegen, daß bestimmte Vorgänge, wie sie noch nie in irgendeinem anderen biologischen System beobachtet wurden, die große Bandbreite der Antikörperspezifitäten bestimmen. Die Genome von Keimzellen enthalten kein Gen für die Kette eines vollständigen Immunglobulins, sondern nur einzelne Genabschnitte für jede Kette. Wenn sich eine Zelle zu einem B-Lymphozyten differenziert, werden die verschiedenen Genabschnitte zusammengebracht und zu den vollständigen Genen der beiden Ketten zusammengefügt.

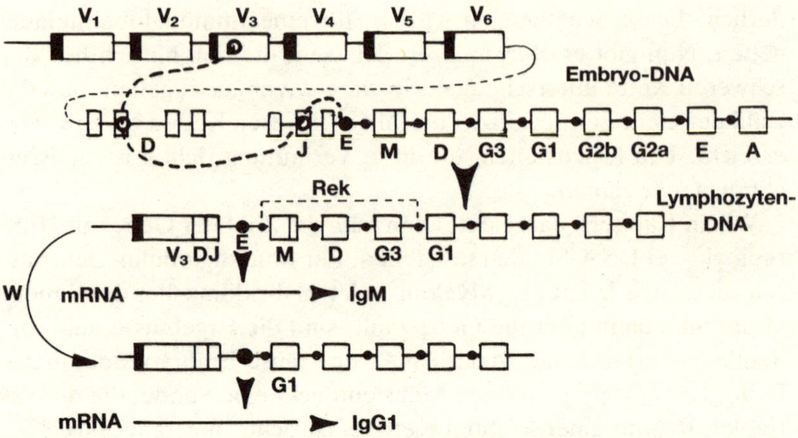

Abbildung 13.5: Die Umlagerung der Gene, die für die schwere Kette kodieren (H-Ketten-Gene, nach englisch *heavy*). In der DNA des Mäuse-Embryos gibt es eine Familie von Abschnitten für variable Regionen, V-Abschnitten (V), jede mit einem eigenen Signal für die Einleitung der Transkription (schwarz), eine Familie von D-Abschnitten, eine von J-Abschnitten und acht Abschnitte (von M bis A) für konstante Regionen (C-Abschnitte). Es sind nur sechs V-Gene abgebildet; in Wirklichkeit gibt es Hunderte. Bei den Lymphozyten führt die erste Umstrukturierung zur Selektion eines V-Abschnitts (hier V_3), eines D- und eines J-Abschnitts (durch die dicke gestrichelte Linie dargestellt), die mit den C-Abschnitten verbunden werden. Zwischen den Abschnitten J und M liegt der Enhancer (E) für die Transkription des Gens. Das zusammengesetzte Gen exprimiert in der Regel ein Immunglobulin der M-Klasse, weil die vom V-Abschnitt ausgehende Transkription nur bis zum Ende der konstanten Regionen reicht. Die Ereignisse, die zur Zusammensetzung einer leichten Kette führen, sind ähnlich, nur daß es keine D-Regionen gibt. Beim Gen, das für die schwere Kette kodiert, führt eine zweite Umlagerung zum Wechsel (W) in eine andere Klasse, wobei die dazwischenliegende DNA entfernt wird. In der Abbildung erzeugt die Rekombination (Rek, durch eine gestrichelte Linie angedeutet) ein Gen, welches das Immunglobulin G1 exprimiert. Die Wechsel-Rekombination erfolgt zwischen speziellen Sequenzen – als Wechselregionen oder S-Regionen (nach englisch *switch*) bezeichnet –, die jeder konstanten Region vorangehen und hier durch schwarze Punkte dargestellt sind.

Die faszinierenden Vorgänge, die bei Mäusen zur Entstehung der beiden Gene führen, wurden von Susumu Tonegawa und ihren Mitarbeitern im Baseler Institut für Immunologie rekonstruiert. Durch Klonierung der Gene oder ihrer Abschnitte aus Myelomen oder Embryos und Vergleich ihrer Sequenzen erhielten sie folgende Ergebnisse (Abb. 13.5): In Myelomzellen besteht ein L-Ketten-Gen (das Gen einer leichten Kette) aus drei separaten Abschnitten, die beim Embryo an weit auseinanderliegenden Orten eines Chromosoms liegen. Es handelt sich um einen *V-Abschnitt* (Abschnitt einer variablen Region, V) einer leichten Kette, dem 95 Aminosäuren entsprechen, einen *Verknüpfungsabschnitt* (J, nach englisch *joining*), dem 15 Aminosäuren entsprechen, und einen *C-Abschnitt* (C, nach englisch *constant*, also den Abschnitt einer konstanten Region), dem 110 Aminosäuren entsprechen. Ein L-Ketten-Gen wird folglich in der Form VJC zusammengefügt. Dabei werden beträchtliche DNA-Stücke zwischen den Abschnitten herausgeschnitten oder in andere Teile des Genoms verlagert. Nach dem Zusammenbau sind die Exons auch weiterhin durch Introns getrennt, die auch im Transkript erscheinen und erst bei der Herstellung der mRNA entfernt werden.

Der Zusammenbau eines H-Ketten-Gens geschieht auf einem anderen Chromosom und ist noch komplizierter: Ein *Verknüpfungsabschnitt* (J) verbindet sich mit einem *Diversitätsabschnitt* (D), der beim Zusammenbau der leichten Kette nicht vorkommt. Diese Gruppe verbindet sich anschließend mit dem V-Abschnitt der schweren Kette und schließlich mit einem C-Abschnitt. So wird eine schwere Kette nach dem komplexen Muster VDJC zusammengebaut. Obwohl jeder D-Abschnitt nur eine kleine Zahl von Aminosäuren spezifiziert, sind die Abschnitte trotzdem sehr wichtig für die Diversität der Antikörperspezifitäten. In den zusammengefügten Genen spezifizieren die D-Abschnitte eine der hochvariablen komplementaritätsbestimmenden Regionen, die, wie gezeigt, für die Antigen-Unterscheidung ausschlaggebend sind.

Die DNA-Umlagerungen der Immunglobulin-Gene erinnern an die der Gene für die Tryptosomenhüllen (Kap. 6) und die des Switch-Gens für den Paarungstyp der Hefe (Kap. 9). Sie sind jedoch sehr viel komplexer. Sie werden wahrscheinlich durch ortsspezifische Rekombinationen hervorgerufen. Die Rekombinationsorte sind charakteristische Abschnitte von sieben oder neun Basen mit nahezu konstanten Sequenzen, die durch Spacer von charakteristischer Länge getrennt sind. Die Länge der Sequenzen und der Spacer steht wahrscheinlich in Beziehung zu den Merkmalen der Enzyme, die die Austauschprozesse vornehmen.

Die Zahl der verschiedenen auf diese Weise gebildeten Immunglobuline reicht aus, um die große Zahl der erkannten antigenen Determinanten zu erklären. Das ist bei der Maus leicht zu beobachten. Diese Tierart hat zwei Gensysteme für die leichte Kette auf zwei verschiedenen Chromosomen. Das eine ist das Lambda-Gensystem, das zwei V-Abschnitte, vier J- und vier C-Abschnitte enthält; das andere ist das Kappa-Gensystem, das an die 300 V-Abschnitte, fünf J-Abschnitte und einen C-Abschnitt besitzt. Ein einziges Gensystem für die schwere Kette liegt auf einem anderen Chromosom. Es weist ungefähr 200 V-, mehr als zwölf D-, vier J- und acht C-Abschnitte auf. Der zufällige Zusammenbau von V- und J-Abschnitten auf der Kappa-Kette kann 1200 Kombinationen hervorbringen, während die VDJ-Anordnung auf der schweren Kette zu mehr als 10000 verschiedenen Kombinationen führen kann. (Die acht C-Abschnitte schlagen nicht zu Buch, weil sie keinen Beitrag zur Antigen-Erkennung leisten.) Bei der Bildung eines Antikörpermoleküls durch zufällige Zusammenfügung einer leichten und einer schweren Kette können etwa 10 Millionen verschiedene Antikörpermoleküle in einer Maus hergestellt werden. Das sind mehr als genug, um die große Zahl von antigenen Determinanten zu erklären, die von Immunglobulinen erkannt werden.

Die Variabilität der V- und D-Abschnitte ist in der Evolution entstanden. Die Merkmale der Basensequenzen lassen erkennen, daß die V-Abschnitte durch Duplikationen und anschließende Diversifikation eines Urgens entstanden sind. Dabei hat der Mechanismus der Genkonversion anscheinend eine wichtige Rolle gespielt, weil viele V-Abschnitte kurze Sequenzen enthalten, die mit denen anderer Abschnitte identisch sind.

Die Erzeugung der Antikörperdiversität endet jedoch noch nicht mit der Verknüpfung von Genabschnitten. Das zeigt ein Vergleich der Basensequenzen von Genabschnitten in den Zellen von Mäuse-Embryos und der Aminosäuresequenzen von Immunglobulinen, die in Mäusemyelomen gebildet werden. Einige Aminosäuren der Immunglobuline entsprechen nicht den Basensequenzen der embryonalen Genabschnitte. Diese Unterschiede gehen auf verschiedene Mechanismen zurück. Einer ist die unzulängliche Verknüpfung der verschiedenen Genabschnitte während der Rekombination, ein anderer das Auftreten von Mutationen während der Lymphozytenreifung. Mutationen, die in Zellen des Körpers (oder Somas) stattfinden, bezeichnet man als *somatisch*; sie sind von den *Keimbahn-Mutationen* zu unterscheiden, die bereits in den Keimbahnzellen vorhanden sind. Die meisten der somatischen Mutationen von Immunglobulin-Genen treten in den hochvariablen komplementaritätsbestimmenden Regionen auf und tragen zu ihrer Veränderlichkeit bei. Manche dieser Mutationen beruhen auf der Insertion oder Deletion einiger Basen an der V-D- oder V-J-Verknüpfungsstelle. Somatische Mutationen haben einen beträchtlichen Anteil an der Antikörperdiversität. Dies gilt beispielsweise besonders für den Menschen, bei dem die Zahl der variablen Regionen relativ klein ist.

Offenbar gibt es einen besonderen Mechanismus, der diese somatischen Mutationen verursacht, weil sie nur an spezifischen Stellen stattfinden. Außerdem werden sie zu einem bestimmten Zeitpunkt hervorgerufen – im letzten Reifungsstadium der Antikörper bildenden Zellen. Die Beschaffenheit des Mechanismus ist unbekannt, seine Erforschung eine wichtige Aufgabe für die Molekularbiologie.

Zusammenfassend läßt sich feststellen, daß die außerordentlich nützliche Vielfalt der Antikörper durch mehrere Mechanismen hervorgebracht wird. Einer ist die evolutionäre Diversifizierung der vielen in den Keimbahnzellen vorhandenen Genabschnitte. Ein anderer ist die zufällige Verknüpfung der V-Abschnitte mit J- und D-Abschnitten. Ein dritter die ungenaue Verknüpfung dieser Abschnitte. Der vierte Mechanismus schließlich beruht auf somatischen Mutationen. Diese Variation hervorrufenden Mechanismen betreffen in erster Linie die hypervariablen Regionen und infolgedessen die Bindungsstellen. Die Veränderlichkeit erstreckt sich nicht auf die allgemeine Form und Stabilität der Moleküle, denn diese Eigenschaften hängen im wesentlichen von den unveränderlichen Gerüstregionen und den konstanten Domänen ab.

Diese Variabilitätsfaktoren können ohne Schwierigkeit die Bildung einer außerordentlich großen Zahl verschiedener Immunglobuline erklären – einer Zahl, die wahrscheinlich weit höher ist als die der tatsächlich existierenden Immunglobuline. Einige werden vielleicht nie exprimiert (vgl. Kap. 14). Die Veränderlichkeit der hochvariablen Regionen, die an der Oberfläche der Bindungsstellen dargeboten werden, ist verantwortlich für die Diversität der Antikörper und ihre große Fähigkeit zur Antigen-Unterscheidung.

Interessanterweise beruhen einige dieser Mechanismen – etwa die mangelhafte Verknüpfung bei der Rekombination und die Entstehung von Mutationen – auf Fehlern der DNA-Prozesse. Wie in Kapitel 4 gezeigt, haben Organismen ausgeklügelte Methoden zur Kontrolle von Fehlern in der DNA, doch im Immunsystem sind diese Verfahren im Interesse der die Diversität erzeugenden Mechanismen aufgehoben. Die Natur kann sogar Fehler zu ihrem Vorteil nutzen. Im vorliegenden Fall werden die Fehler auf genau festgelegte Abschnitte des Genoms beschränkt und nur in somatischen Zellen hervorgerufen, so daß die erblich übertragenen Gene verschont bleiben.

Doch wie wir in Kapitel 20 sehen werden, macht sich die Natur im Verlauf der Evolution auch Fehler zunutze, die in Keimzellen auftreten und vererbt werden.

Das Gen wird exprimiert

Die V- und C-Abschnitte werden auch in der Keimbahn-Anordnung transkribiert, doch in geringen Mengen. Nach Zusammensetzung des vollständigen Gens beschleunigt sich die Transkription. Bei der Zusammensetzung des Gens muß ein die Transkription fördernder Mechanismus aktiviert werden. Es erweist sich, daß die gesteigerte Transkription durch Sequenzen veranlaßt wird, die man als Enhancer bezeichnet (vgl. Kap. 4). Einen solchen Enhancer hat man in unmittelbarer Nachbarschaft der C-Abschnitte der leichten und schweren Ketten entdeckt (Abb. 13.5). Bei der Zusammensetzung des Gens wird diese Sequenz in eines der Introns des vollständigen Gens eingegliedert und steuert damit zum fertigen Protein keine Aminosäuresequenz bei. Von dieser zentralen Position aus sorgt der Enhancer für eine rasche Transkription des Gens, die bei einem mit dem V-Abschnitt verknüpften Startsignal beginnt.

Ein zusammengesetztes Immunglobulin-Gen wird nur in Lymphozyten transkribiert. Schleust man es in eine andere Zellart ein, findet die Transkription nicht statt. Für die zellspezifische Transkription sind mehrere Sequenzen verantwortlich: der Enhancer, die Startsignale und Sequenzen innerhalb des Gens. Alle diese Sequenzen werden ihrerseits von Proteinen kontrolliert, die durch andere differenzierungsspezifische Gene spezifiziert werden. Diese Gene sind in B-Zellen, aber nicht in anderen Zellen aktiv. Daraus erklärt sich, warum es bei der Bildung von Hybridomen so wichtig ist, einen Lymphozyten mit einer Myelomzelle und nicht mit einer anderen Zellart zu fusionieren. Myelome sind Krebserkrankungen der Lymphozyten, in denen die Transkription von Immunglobulin-Genen möglich ist. Alle früheren Versuche, Hybridome durch eine Fusion mit Partnerzellen herzustellen, die nicht aus Lymphozyten stammten, sind fehlgeschlagen.

Daraus ergibt sich die wichtige Erkenntnis, daß ein Organismus zu dem Zeitpunkt, da er von einem bestimmten Krankheitserreger angegriffen wird, bereits Zellen besitzt, die Antikörper gegen diesen Erreger bilden können. Wie konnte der Organismus von der bevorstehenden Infektion wissen? Die Antwort lautet natürlich, daß der Organismus nichts davon gewußt hat, sondern daß er über einen Mechanismus verfügt, mit dem er Antikörper gegen eine große Vielfalt von Erregern herstellen kann. Nicht der Organismus sorgt für diesen Mechanismus, vielmehr haben ihn die Gene im langen Prozeß der Evolution entwickelt. Der Mechanismus, der in einer Riesenzahl von Lymphozyten durch ungeheuer viele Kombinationen verfügbarer Genfragmente wirkt, fügt eine enorme Menge von Immunglobulin-Genen zusammen, von denen jedes einen anderen Antikörper bilden kann. Dieses gigantische Repertoire sorgt dafür, daß – welch Krankheitserreger auch immer, welche noch so seltene Fremdsubstanz in den Körper eindringt – von irgendeinem Lymphozyten ein Antikörper gebildet wird, der an den Eindringling binden kann. Dieser eine Lymphozyt wird dann aus der Menge der anderen Lymphozyten in der beschriebenen Dreierkomplexbildung ausgesondert und dazu stimuliert, sich zu vermehren und einen umfangreichen Klon zu bilden. Währenddessen bleiben die anderen Lymphozyten untätig. Die meisten werden nicht gezwungen sein, ihre besondere Funktion zu erfüllen, solange der betreffende Organismus lebt.

Wenn also ein Organismus seine Abwehrkräfte mobilisiert, um sich vor dem Angriff eines Krankheitserregers zu schützen, so handelt es sich um lange geplante Abwehrmaßnahmen – nicht nur in den allgemeinen Zügen, sondern auch in der Beschaffenheit der Werkzeuge, der Antikörper. Die große Vielfalt der Genfragmente, die erforderlich ist, um für das ungeheure Repertoire von Antikörper-Genen zu sorgen, wurde während der Evolution durch die Mechanismen geschaffen, die üblicherweise für die Bildung von Genfamilien verantwortlich sind – etwa die wiederholte Verdoppelung von Genen, ihre Veränderung durch Mutation, Genkonversion und Rekombination. Im Laufe der Zeiten wurde dieser Prozeß wahrscheinlich dadurch beeinflußt, daß der Organismus einer ständig wechselnden Vielfalt von Krankheitserregern ausgesetzt war, die von außen auf ihn eindrangen. Die Notwendigkeit, sich ihrer zu erwehren, steuerte über die Selektion den spontanen Prozeß der Gendivergenz, wobei die nützlichen Gene vervielfältigt und die unbrauchbaren ausgesondert wurden. Auf einer anderen Ebene wirkt die Selektion im Individuum fort, indem sie nämlich hier die Zellen mit brauchbaren Genen amplifiziert. Doch dieser Prozeß spielt nur für das Individuum eine Rolle. In der Evolution hinterläßt er keine Spur.

Eine einzige Bindungsstelle

Überraschenderweise bilden in einem Klon von Immunglobulin produzierenden Lymphozyten alle Zellen nur Immunglobuline mit einer einzigen Art von Bindungsstellen. Ein Lymphozyt mit zwei homologen Chromosomensätzen, jeweils mit dem kompletten Repertoire an Immunglobulin-Gen-Abschnitten, müßte in der Lage sein, zwei verschiedene Immunglobuline zusammenzufügen, eines für jeden Chromosomensatz. Tatsächlich aber setzt eine Zelle *niemals* zwei funktionale Gene schwerer oder leichter Ketten mit unterschiedlichen Bindungsstellen zusammen. Nur wenn der erste Zusammenbau irregulär verläuft und nicht zur Synthese einer funktionsfähigen Kette führt, findet im anderen Chromosom ein zweiter Zusammenbau statt. Das ist keine Seltenheit – Fehler bei der Zusammensetzung kommen ziemlich häufig vor, weil die Austauschprozesse der DNA kompliziert sind.

Der Umstand, daß es nicht zum Zusammenbau eines zweiten vollständigen Gens für eine leichte oder schwere Kette kommt, zeigt, daß es einen Regulationsmechanismus gibt, dessen Aufgabe die Kontrolle der Immunantwort ist. Den eindeutigen Beweis dafür erhielt man, als man ein vollständiges Gen für eine schwere oder leichte Kette eines Immunglobulins der M-Klasse, der ersten zusammengesetzten, in eine befruchtete Mäusezelle einschleuste (vgl. Kap. 7): In vielen B-Zellen des Wirtes, in dem das injizierte Gen exprimiert wurde, unterblieb die Verknüpfung von D- und J-Abschnitten, also der erste Schritt bei der Zusammensetzung des H-Ketten-Gens. Die Anwesenheit eines zusammengesetzten Gens blockiert offensichtlich einen neuen Zusammenbau von Anfang an. Der Mechanismus dieser Kontrolle ist unbekannt, doch sein Zweck liegt auf der Hand: Die Herstellung zweier schwerer und zweier leichter Ketten mit unterschiedlichen variablen Regionen in ein und derselben Zelle wäre höchst ungünstig. Jede der beiden schweren Ketten verbände sich zufällig mit einer der beiden leichten Ketten, so daß vier verschiedene Bindungsstellen entstünden. Würde sich ein Zellklon auf Stimulation durch ein Antigen bilden, das von einem der vier Immunglobuline erkannt würde, so würde es 75 Prozent unbrauchbares Protein produzieren. Darüber hinaus hätten viele Antikörper zwei verschiedene Bindungsstellen und würden damit viel von ihrer Wirksamkeit einbüßen.

Ein weiterer Regulationsmechanismus sorgt dafür, daß die Umlagerung des H-Ketten-Gens vor der des L-Ketten-Gens stattfindet. In diesem Prozeß spiegelt sich möglicherweise die Evolution der Immunglobuline wider. Die schweren Ketten scheinen sich zuerst entwickelt zu haben, denn einige können von sich aus die Oberfläche bestimmter Bakterien erkennen. Außerdem ist bei vielen Antikörpern die schwere Kette sehr viel stärker für die Spezifität der Antigen-Erkennung verantwortlich.

Die Differenzierung von B-Zellen

Die betreffenden molekularen Ereignisse gehören zu dem Entwicklungsprogramm, durch das B-Zellen ihr Reifestadium erlangen (vgl. Abb. 13.6). Teilweise läuft dieses Programm ab, ohne daß ein fremdes Antigen vorhanden ist. Die erste Genzusammensetzung, die das H-Ketten-Gen betrifft, findet in *Prä-B-Zellen* statt und bewirkt den Zusammenbau des H-Ketten-Gens von IgM (in der Form VDJC). Dieses Gen gehört stets der M-Klasse an. Die schweren Ketten sammeln sich im Zytoplasma. Dann entstehen aus B-Vorläuferzellen *unreife B-Zellen*, in denen jetzt auch die L-Ketten-Gene zusammengesetzt werden. Es werden vollständige Antikörper der M-Klasse (IgM genannt) hergestellt, die so mit der Oberflächenmembran verbunden bleiben, daß die Bindungsstellen herausragen. Schließlich treten die *reifen B-Zellen* auf, kleine Zellen, welche die Antikörper an ihrer Oberfläche tragen. Jede Zelle enthält Antikörpermoleküle einer einzigen Spezifität, die jetzt aber zwei Klassen angehören – IgM und IgD. Diese Zellen befinden sich in der G0-Phase des Wachstumszyklus (vgl. Kap. 12). Sie bleiben kleine Lymphozyten, bis das Antigen, das sie erkennen, in den Körper eindringt. Daraufhin werden sie in dem Dreierkomplex aktiviert und gelangen in die G1-Phase.

Bei der Herstellung all der Proteine, die zur Vermehrung und weiteren Differenzierung erforderlich sind, werden diese Zellen zu Lymphoblasten, vermehren sich und bilden, wie gesehen, B-Zellklone. Wenn die Zellen den Vermehrungsprozeß einstellen, bleiben einige als kleine *Gedächtniszellen* zur künftigen Verwendung erhalten; die Mehrheit differenziert sich zu *Plasmazellen*, welche das Endstadium der B-Lymphozyten-Differenzierung darstellen. Jede Plasmazelle setzt große Mengen von Immunglobulinen frei. Diese besitzen dieselbe Bindungsstelle, wie sie in der ursprünglichen unreifen B-Zelle exprimiert wurde. Allerdings kann sich die schwere Kette – und damit die Antikörperklasse – in verschiedenen Gruppen von Plasmazellen unterscheiden, die sich aus einer einzigen Ursprungs-B-Zelle entwickelt haben. Wir werden unten sehen, wie das geschieht.

Sein ganzes Leben lang bildet das Individuum ständig neue Prä-B-Zellen. In ihnen werden immer andere H- und L-Ketten-Gene zusammengesetzt, die neue und unterschiedliche Immunglobuline produzieren. Das Repertoire der verfügbaren Antikörper erneuert sich also unablässig. Gedächtniszellen, die Antigene erkennen, denen der Organismus bereits ausgesetzt war, bleiben unverändert erhalten. Infolgedessen werden die Möglichkeiten, neue Antigene zu erkennen, immer zahlreicher, während gleichzeitig die Spezifitäten bewahrt werden, die sich als nützlich erwiesen haben. Auf diese Weise können die Möglichkeiten, die in dem System zur Erzeugung der Gendiversität enthalten sind, sehr effizient genutzt werden.

Läßt man ein Antigen wiederholt auf einen Organismus einwirken, dann entwickelt sich der produzierte Antikörper, erhöht seine Wirksamkeit und bindet sich stärker an das Antigen. Die Veränderung liegt darin, daß die ersten Klone von Antikörper bildenden B-Zellen durch neue ersetzt werden. Dabei wird wahrscheinlich das neuerlich injizierte Antigen rasch von den Antikörpern im Blut gebunden, so daß es gar nicht zu den Gedächtniszellen gelangt, die den gleichen Antikörper präsentieren. Sie werden nicht dazu stimuliert, sich zu vermehren und noch mehr Antikörper zu bilden. B-Lymphozyten, die bessere Antikörper darbieten, können das Antigen einfangen, indem sie die bereits gebundenen Antikörper ersetzen. Die Zellen werden aktiviert, vermehren sich und bilden die neuen, wirksamen Antikörper. Diese wirksameren Klone entstehen teilweise aus bereits vorhandenen Klonen durch somatische Mutationen, und teilweise sind es neue Klone, die auf genetische Umlagerungen zurückgehen. Bei der Maus haben sie in der Regel leichte Kappa-Ketten, weil hier mehr V-Abschnitte vorhanden sind, unter denen eine Auswahl getroffen werden kann.

Der Wechsel von einer Kette zur anderen

Wie wir gesehen haben, bleiben bei der Maus die schweren Ketten (der M-Klasse), die in unreifen B-Zellen hergestellt werden, an die Zellmembran gebunden. Nach Bindung des Antikörpers an das entsprechende Antigen vermehren sich die Zellen, und statt ihre IgMs

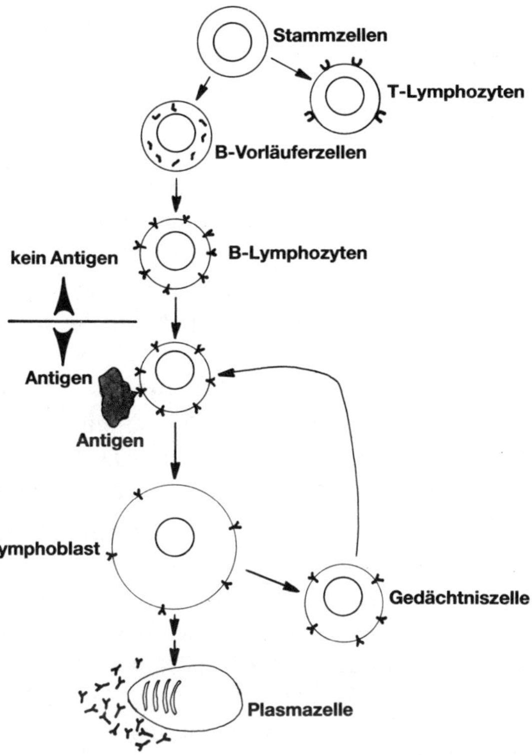

Abbildung 13.6: Die Entwicklung der verschiedenen Zelltypen im Verlauf der Immunantwort. Auch ohne Antigen differenzieren Stammzellen zu B- und T-Lymphozyten. Die Zusammensetzung der Antikörpergene beginnt in den B-Vorläuferzellen. Sie bilden nur die schwere Kette eines Immunglobulins, die im Zytoplasma akkumuliert. Diese Zelle entwickelt sich zu einem ruhenden B-Lymphozyten, der Gene für beide Ketten besitzt, vollständige Antikörpermoleküle bildet und sie an der Oberfläche präsentiert. Er gibt sie nicht ins Blut ab. Wenn das Antigen eintrifft, bindet eine der antigenen Determinanten an das von einem Lymphozyten präsentierte Immunglobulin und regt ihn zur Bildung eines Klons an, wie in Abbildung 13.2 dargestellt. Die meisten Klone differenzieren sich zu Plasmazellen. Einige der Lymphozyten werden Gedächtniszellen.

weiterhin festzuhalten, geben sie sie allmählich ins Blut ab. Das führt zu anderen Ereignissen: Die meisten Zellen vollziehen einen Wechsel zur Produktion von Immunglobulinen mit der gleichen Bindungsstelle, aber mit anderen schweren Ketten. Die molekularen Mechanismen, die diesen verblüffenden Veränderungen zugrunde liegen, sind erforscht und erweisen sich als ziemlich einfach (Abb. 13.7).

Der Wechsel von membrangebundenem zu freigesetztem IgM wird durch Veränderungen im Reifungsprozeß des Transkripts erreicht. Das IgM sitzt zunächst in der Lymphozytenmembran, weil die schwere M-Kette wie viele andere Membranproteine eine Ankersequenz besitzt (Abb. 13.7:2). Die Freisetzung des IgM erfolgt, nachdem in einem anderen Reifungsprozeß dem RNA-Transkript für die schwere Kette die Ankerkette entfernt worden ist. Glatt durchquert nun das Protein die Membran (Abb. 13.7:1). Die Veränderung des Reifungsprozesses kann zurückgehen auf Veränderungen der verantwortlichen Enzyme oder von Substanzen, die auf diesen Prozeß einwirken.

Den Wechsel zu neuen Immunglobulinklassen beweist das *Auftreten von IgM und IgD* (mit der gleichen Bindungsstelle) in ein und demselben Lymphozyten. Auch dieser Wechsel geht auf eine modifizierte Reifung der RNA-Transkripte zurück. Die Maus enthält acht konstante Regionen der schweren Kette, welche M, D, G3, G1, G2b, G2a, E und A heißen und in der genannten Reihenfolge nahe beieinander liegen. Ich werde sie als C_M, C_D und so fort bezeichnen. Bei anderen Tieren gibt es entsprechende Abschnitte, nur daß die Nomenklatur verschieden ist. Die Klasse jedes Immunglobulins wird durch den konstanten Abschnitt festgelegt, der mit J verknüpft ist. In reifen B-Zellen, die keinem Antigen ausgesetzt sind, ist J mit C_M verknüpft. Die RNA-Transkripte, die in diesen Zellen gebildet werden, enthalten jedoch auch die C_D-Abschnitte – sie weisen also die Form $VDJC_MC_D$ auf (Abb. 13.7). Bei Lymphozyten, die sowohl IgM als auch IgD herstellen, reifen die Transkripte manchmal dergestalt, daß in ein und derselben Zelle $VDJC_M$ und $VDJC_D$ entstehen (Abb. 13.7:3). Mit Hilfe eines ähnlichen Mechanismus stellen einige seltene Zellen sogar drei Antikörper der gleichen Spezifität mit verschiedenen schweren Ketten her, wenn das Transkript noch weiter in die Reihe der konstanten Abschnitte hineinreicht.

Der Wechsel der Produktion von IgM zu der von IgG oder anderer Immunglobulinklassen ist gewöhnlich das Ergebnis einer *zweiten DNA-Umlagerung* des H-Ketten-Gens (vgl. Abb. 13.5). Das liegt abermals an einer sequenzspezifischen Rekombination zwischen charakteristischen Wechselsequenzen, die jedem konstanten Abschnitt vorangehen. In der Regel verknüpft die Umlagerung J mit einem der vier konstanten C_G-Abschnitte – meist C_{G1} –, während die dazwischenliegenden C_M- und C_D-Abschnitte eliminiert werden. Daraufhin wird IgG1 hergestellt. Der Wechsel zur Produktion von IgE oder

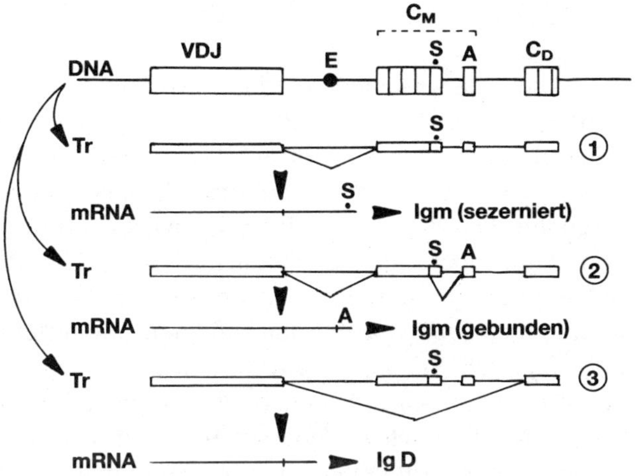

Abbildung 13.7: Der Mechanismus des Wechsels vom gebundenen zum sezernierten Immunglobulin. Das aus der ersten Umlagerung hervorgehende Gen ist oben abgebildet (die meisten konstanten Abschnitte sind fortgelassen). Die konstanten Abschnitte M und D (als C_M und C_D bezeichnet) haben mehrere Exons, die durch Introns (mit Linien dargestellt) getrennt sind. Eines der C_M-Exons enthält ein Triplett, das ein Stoppsignal (S) für die Translation herstellt; ein anderes besitzt eine Ankersequenz (A). Die DNA wird in ein Transkript (Tr) übersetzt, das in allen Fällen identisch ist. Unterschiedlich ist nur das Spleißen des Transkripts. (1) Der VDJ-Abschnitt wird durch den Spleißvorgang mit C_M verbunden. Die mRNA enthält das Stoppsignal S; nach der Synthese des Proteins enthält das IgM keine Ankersequenz und wird freigesetzt. (2) Ein weiterer Spleißvorgang entfernt das Stoppsignal und bezieht die Ankersequenz (A) mit ein. Nach seiner Synthese wird das IgM in der Zellmembran festgehalten. (3) Bei diesem Spleißvorgang wird das M-Gen vollständig herausgeschnitten, so daß VDJ mit C_D verknüpft ist. Das so entstehende Protein ist IgD.

IgA geschieht durch Entfernung eines längeren DNA-Abschnitts, der die Gene für C_M, C_D und alle C_G enthält. Wie in einzelnen Zellen eine bestimmte konstante Region ausgewählt wird, wissen wir nicht. In der Wahl zeigt sich das Differenzierungsstadium der Zellen, das durch viele externe Faktoren bestimmt wird – unter anderem durch die Wechselwirkung mit anderen Zellen und Antigenen. Nach der Umlagerung behalten die RNA-Transkripte den ursprünglichen Anfangsteil bei, hören aber am Ende des ersten konstanten Abschnitts auf, der mit J verknüpft ist. Verschiedene Umlagerungen können in Lymphozyten eines Klons stattfinden, der Immunglobuline einer einzigen Spezifität, aber unterschiedlicher Klassen hervorbringt.

Immunglobuline: In allen Sätteln gerecht

Warum gibt es so viele verschiedene Klassen von Immunglobulinen? Das hat mit ihren vielfältigen Funktionen zu tun. Die einfachste Funktion besteht darin, das Antigen zu erkennen und an ihm zu binden – wie es etwa geschieht, wenn Antikörper Viren oder bakterielle Toxine erkennen. Das Toxin oder das Virus wird neutralisiert – sie werden vom Antikörper selbst unschädlich gemacht. Um Menschen beispielsweise gegen Tetanus zu schützen, werden Antikörper, die das Toxin erkennen (und von Pferden stammen), unmittelbar nach der Infektion injiziert. Auf diese Weise kommt es zu einem kurzfristigen Schutz. Zum langfristigen Schutz ist eine Impfung erforderlich – die Injektion eines chemisch veränderten Toxins, das nicht mehr giftig wirkt, aber immer noch in der Lage ist, Immunität zu verleihen. Innerhalb weniger Wochen kommt es zur Produktion von spezifischen Antikörpern und langlebigen Gedächtniszellen.

Bei anderen Infektionen wirken die Antikörper über indirektere Mechanismen, an denen andere Moleküle oder Zellen beteiligt sind. Die Klasse der schweren Kette legt fest, welche dieser Funktionen der Antikörper wahrnehmen wird, woraus hervorgeht, welche funktionale und evolutionäre Bedeutung diese Kette hat. Wenden wir uns jetzt einigen besonderen Beispielen zu.

IgG: Tödliches Signal

Die Bindung von Antikörpern an Bakterien, die einen Organismus infizieren, ist an sich nicht besonders wirkungsvoll, liefert die Bakterien aber den Makrophagen aus, die sie unverzüglich verschlingen. Makrophagen haben Oberflächenrezeptoren für die konstanten Regionen einiger H-Ketten von Immunglobulinen, besonders der G2a-Klasse – unabhängig von der Spezifität ihrer Bindungsstellen. Diese Rezeptoren können auch andere Immunglobuline erkennen, doch nur wenn mehrere gemeinsam an benachbarte antigene Determinanten auf der Bakterienoberfläche gebunden sind. Wenn ein Antikörper die Brücke von einem Bakterium zu einem Makrophagen herstellt, verschlingt der Makrophage das Bakterium und zerstört es mit Hilfe seiner Enzyme.

Bestimmte Bakterien wie etwa die, die Tuberkulose oder Lepra hervorrufen, werfen ein spezielles Problem auf. Sie werden zwar wie andere Bakterien von Makrophagen verschlungen, widerstehen aber den Auflösungsversuchen der Enzyme, weil sie von einer wächsernen Schicht geschützt sind. Tiere wissen sich in dieser Situation jedoch zu helfen. Eine spezielle Klasse von T-Helferzellen wird von bakteriellen Antigenen stimuliert, die sich an der Oberfläche infizierter Makrophagen präsentieren, und setzt hochwirksame Stoffe frei, die die bakterienvernichtende Wirkung der Makrophagen erheblich verstärken. Außerdem aktivieren sie weitere Abwehrmechanismen. Diese speziellen T-Helferzellen sind die Grundlage eines Tests, der von Ärzten häufig gemacht wird, um eine gegenwärtige oder frühere Tuberkulose-Erkrankung festzustellen. Tuberkulin, ein Extrakt aus Tuberkelbazillen, wird in die Haut injiziert. Wer davor schon einmal infiziert war, besitzt tuberkulinspezifische T-Helferzellen; sie werden durch die Injektion aktiviert und rufen in zehn bis zwölf Stunden eine Sekundärreaktion hervor. Die von den T-Zellen freigesetzten Stoffe bewirken eine Rötung und Schwellung der Haut an der Injektionsstelle. Später prägen sich diese Veränderungen noch deutlicher aus, erreichen nach zwei bis drei Tagen einen Höhepunkt und klingen dann langsam wieder ab. Dieses Phänomen wird als *verzögerte Überempfindlichkeit* bezeichnet, weil die Veränderungen längere Zeit brauchen, um sich bemerkbar zu machen. Die speziellen T-Helferzellen heißen *T-Zellen der verzögerten Überempfindlichkeit.*

IgM und IgG als komplementaktivierende Agenzien

Eine weitere Konsequenz aus der Bindung von Antikörpern an der Bakterienoberfläche ist die Aktivierung des *Komplement-Systems* – eines Systems aus Proteinen, die sich zu kleinen Ringen zusammenfügen, dergestalt in die Zellmembran eindringen und als Ionophoren dienen können. Der Einbau dieser Ringe ist tödlich, weil er das Gefälle der Ionenkonzentration zwischen innerem und äußerem Milieu beseitigt, das lebenswichtig für die Zelle ist.

Die Ringe werden nach den allgemeinen Prinzipien zusammengesetzt, die bereits anläßlich des Zusammenbaus eines Phagen beschrieben wurden (vgl. Kap. 2). Das Komplement-System besteht aus mehr als 20 verschiedenen im Blut gelösten Proteinen, die normalerweise inaktiv sind, weil jedes eine Sicherung besitzt: eine kurze Aminosäuresequenz, die die Aktivität des Proteins blockiert. Aktiviert wird das System durch Antikörpermoleküle der entsprechenden Klasse, die an ein Antigen gebunden sind. Ungebundene Antikörper sind unwirksam, würden sie doch sonst das Komplement-System im

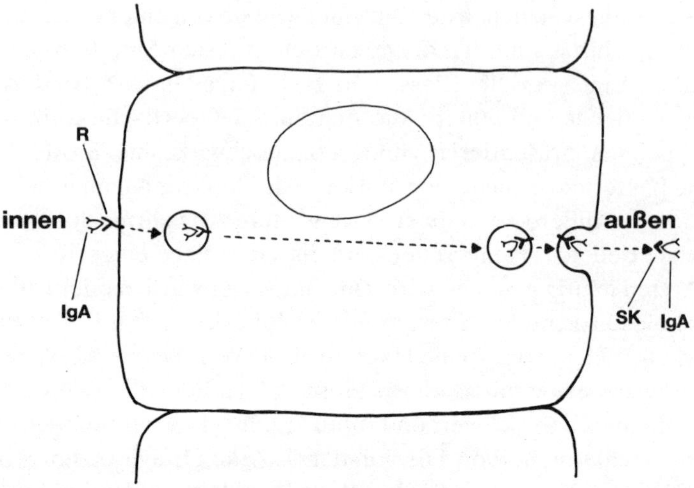

Abbildung 13.8: Transepithelialer Transport von IgA. Die Abbildung zeigt einen Schnitt durch ein von oben nach unten verlaufendes Epithel. Die verschiedenen Zellen sind eng miteinander verbunden, um keine Moleküle aus dem Körperinneren nach außen zu lassen. »Außen« könnte der Hohlraum einer Milch produzierenden Alveole der Brustdrüse oder der Hohlraum des Darms sein. Paarweise gebildete und durch ein Verknüpfungssegment verbundene IgA-Moleküle binden an Rezeptoren (R) der Innenseite des Epithels. Nun wird die Membran, die den Rezeptor-Antikörper-Komplex hält, als Vesikel ins Innere der Zelle übernommen und zu ihrer anderen Seite transportiert. Dort verschmilzt sie mit der Zellmembran, und der Rezeptor-Antikörper-Komplex wird an der Außenseite präsentiert. Ein Enzym zerschneidet die Rezeptoren in zwei Teile, von denen einer an der Zellmembran bleibt, während der andere zusammen mit dem IgA-Doppelmolekül freigesetzt wird. Dieser zweite Rezeptoranteil heißt auch sekretorische Komponente (SK).

Blut aktivieren. Die Bindung an das Antigen ruft offenbar eine beträchtliche Strukturveränderung im gesamten Antikörpermolekül hervor, die bis in den Stamm des Y hineinreicht. Proteine des Komplement-Systems erkennen die strukturell veränderte konstante Region der schweren Kette und lösen eine Kettenreaktion mit komplizierten Verzweigungen aus. Die verschiedenen Proteine des Systems werden nacheinander aktiviert und trennen jeweils die Sicherung des nächsten Proteins ab. Viele Moleküle des zuletzt aktivierten Proteins verbinden sich in der Zellmembran und bilden den Ring, der die Fettschicht der Membran überbrückt. Zu dieser Penetration kommt es, weil die lipophilen Teile des Proteins beim Zusammenbau freigelegt werden. Die Aktivierung des Komplements hat noch weitere Auswirkungen – etwa die Aktivierung von Makrophagen und die Anziehung weiterer Abwehrzellen. In ihrem Zusammenspiel entfalten diese Effekte hochwirksame Abwehrkräfte.

Nur Antikörper bestimmter Klassen (bei Mäusen IgM, IgG1 oder IgG3) vermögen das Komplement-System zu aktivieren. IgM-Moleküle können individuell wirken, während IgG-Moleküle gehäuft auftreten müssen. Die Notwendigkeit des gehäuften Auftretens zeigt, daß das Komplement-System spezifisch entwickelt wurde, um Krankheitserreger anzugreifen, die viele identische antigene Determinanten auf ihrer Oberfläche tragen. IgM-Moleküle können nach Bindung an ein Antigen einzeln wirken, weil jedes in sich eine Gruppe von fünf Immunglobulinen ist, die durch ein Verknüpfungsprotein zusammengehalten werden. Auch die Bedingung der Häufung ist eine Sicherheitsvorkehrung, die eine zufällige Aktivierung des Komplement-Systems durch ungebundene Antikörper verhindern soll, denn diese treten normalerweise einzeln auf.

IgA: Immunglobuline in Körpersekreten

Immunglobuline findet man nicht nur im Blut oder in der Lymphe, sondern in praktisch allen Sekreten des Körpers – denen der Nase, des Magens, des Darms, der Brust- und Speicheldrüsen sowie in der von der Leber gebildeten Galle. Die Antikörper werden von den Epithelzellen der verschiedenen Drüsen sezerniert. Alle sezernierten Immunglobuline gehören der Klasse IgA an und werden von Lymphozyten in der Nähe des sezernierenden Epithels gebildet. Vor der Freisetzung durch die Lymphozyten werden diese Immunglobuline durch das gleiche Verknüpfungsprotein, das auch beim IgM Verwendung findet, zu Paaren zusammengeschlossen. Diese Paare verbinden sich mit Rezeptoren an der Oberfläche der Epithelzellen (Abb. 13.8); einzelne Immunglobuline, denen das Verknüpfungsprotein fehlt, binden sich nicht. Ein Rezeptor, an dem ein Antikörper festgemacht hat, wird in einer membranumschlossenen Vesikel ins Zellinnere aufgenommen und wandert zur anderen Seite der Zelle. Dort verschmilzt die Vesikel mit der Zellmembran, woraufhin der Rezeptor mit dem angelagerten Antikörper außen präsentiert wird. Schließlich zerschneidet ein Enzym den Rezeptor und löst dergestalt den Antikörper und ein Stück des Rezeptors von der Membran. Dieser Rezeptorteil wird als *sekretorische Komponente* bezeichnet.

Die Hauptaufgabe des IgA, das abgesondert wird, wenn das Antigen die sezernierenden Zellen erreicht, besteht in der Bindung an

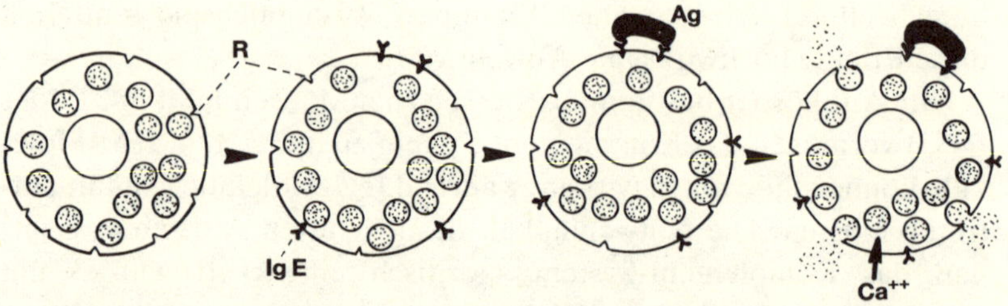

Abbildung 13.9: Die Grundlagen der Allergie. Links sehen wir eine unbewaffnete basophile Zelle. Sie hat Oberflächenrezeptoren (R) für IgE und enthält viele Vesikel, die mit Histamin und anderen Substanzen gefüllt sind. Wenn IgE gebildet wird, lagert es sich mit dem Y-Stamm an die Rezeptoren an. Die basophile Zelle ist jetzt bewaffnet, ruft aber noch keine Wirkung hervor. Wenn ein Antigen (Ag), das von den IgE-Molekülen erkannt wird, die Zelle erreicht, überbrückt es zwei bereits an Rezeptoren gebundene IgE-Moleküle. Dies ist das Signal zur Freisetzung der Vesikelinhalte. Die Freisetzung wird durch den Eintritt von Kalziumionen (Ca^{++}) in die Zelle vermittelt. Dadurch wird bewirkt, daß die Vesikel mit der Innenseite der Zellmembran verschmelzen und ihren Inhalt nach außen abgeben. Wird der Ca^{++}-Eintritt durch Blockierung der betreffenden Kanäle in der Zellmembran verhindert, findet die Ausschüttung der Vesikelinhalte nicht statt. Auf diesem Mechanismus beruht die Wirkung einiger Mittel gegen Asthma.

Bakterien, die auf diese Weise daran gehindert werden, das Epithel zu erreichen und zu schädigen. IgA ist deshalb *die erste Verteidigungslinie gegen Krankheitserreger*, welche den Organismus über Mund, Nase oder andere Körperöffnungen erreichen. IgA kann auch das Blut von Bakterien befreien, nachdem diese in den Körper eingedrungen sind. Die Bakterien werden zusammen mit den gebundenen Antikörpern von den Leberzellen aufgenommen und in die Galle sezerniert – sie benutzen also denselben Weg wie die Antikörper selbst. IgA-Antikörper im Brustsekret (Kolostrum) zu Beginn der Laktation haben die wichtige Aufgabe, das Neugeborene vor Darminfektionen zu schützen. Das ist bei vielen Tieren und auch beim Menschen von lebenserhaltender Bedeutung, weil hier die Nachkommen mit einem unreifen Immunsystem geboren werden und noch einige Zeit keine Immunreaktion aus eigener Kraft aufbauen können. Das Neugeborene wird darüber hinaus durch Antikörper – meist der IgG-Klasse – geschützt, die dem Fötus während der Schwangerschaft über das Blut der Mutter zugeführt werden.

IgE: Allergie

Die allgemein bekannten Erscheinungen der Allergie werden durch speziell Blutzellen hervorgerufen, unter denen die *basophilen Zellen* (so genannt, weil sie sich mit basischen Farbstoffen färben lassen) besondere Bedeutung haben. Diese Zellen besitzen Rezeptoren, welche die IgE-Antikörper nach Freisetzung durch die sie bildenden Lymphozyten einfangen (Abb. 13.9). Die basophilen Zellen binden die Antikörpermoleküle über den Y-Stamm fest an sich, so daß die Y-Arme und die Bindungsstellen frei bleiben. Immunglobuline anderer Klassen werden nicht eingefangen und sind deshalb an den allergischen Erscheinungen nicht beteiligt.

Ein Antigen, das erstmals in den Körper eindringt, kann die Bildung von IgE-Antikörpern hervorrufen, ohne daß irgendwelche anderen unmittelbaren Konsequenzen eintreten. Die Antikörper werden jedoch von basophilen und weiteren Zellen eingefangen, die dann auf der Lauer liegen. Wenn irgendwann später das gleiche Antigen auftritt, trifft es auf basophile Zellen mit den entsprechenden IgEs an der Oberfläche und verbindet sich mit ihnen. Die Bindung führt zu einer sofortigen und sehr heftigen Reaktion. Vesikel, die im Zytoplasma der basophilen Zellen liegen, setzen ihre Inhaltsstoffe augenblicklich frei, darunter einige hochaktive Substanzen wie Histamin. Diese Stoffe bewirken einen Flüssigkeitsverlust in den feinen Blutgefäßen und Kontraktionen in der glatten Muskulatur der kleinen Luftwege in den Lungen.

An basophile und andere Zellen gebundenes IgE ist die Ursache von allergischen Phänomenen wie anaphylaktischem Schock, Heuschnupfen oder Nesselausschlag. Nach einem ersten Zusammentreffen mit dem Antigen sind basophile Zellen mit IgE-Antikörpern an ihrer Oberfläche in allen Körpergeweben zugegen. Wie die Reaktion bei erneuter Begegnung mit dem Antigen aussieht, hängt davon ab, wie das Antigen in den Körper eindringt, weil nur basophile Zellen, die mit dem Antigen zusammentreffen, aktiviert werden. Wenn ein Antigen – vor allem intravenös – injiziert wird, aktiviert es basophile Zellen überall im Körper und führt innerhalb weniger Minuten durch massiven Flüssigkeitsverlust in den durch Histamin veränderten Kapillaren zu einem anaphylaktischen Schock. Meerschweinchen, die darauf besonders empfindlich reagieren, können innerhalb weniger Minuten sterben. Aufgrund desselben Mechanismus kann ein Bienenstich bei einem sensibilisierten Menschen einen schweren Schock auslösen. Heuschnupfen wird meist durch Pollen hervorgerufen, der über die Luft in Bronchien und Lungen gelangt und lokal mit von Antikörpern besetzten basophilen Zellen reagiert. Es kommt zu

Muskelkontraktionen der kleinen Luftwege (Asthma) und einer Veränderung der Kapillaren entlang dem respiratorischen Trakt mit vermehrter Flüssigkeitsabsonderung. Nesselausschlag bildet sich bei lokaler Injektion von Antigenen in die Haut. Die Ursache ist ein starker, aber lokaler Flüssigkeitsaustritt aus den kleinen Blutgefäßen. Diese Erscheinung benutzt man für Testzwecke, um herauszufinden, gegen welche Stoffe ein Mensch allergisch ist.

Das Ausmaß der IgE-Produktion in Reaktion auf ein Antigen ist von Antigen zu Antigen erheblich verschieden und hängt auch von der Immunisierungsmethode ab. Es wird mehr IgE gebildet, wenn das Antigen in kleinen Mengen vorkommt. So kann jemand gegen Pollen allergisch werden, wenn er in einem ganzen Jahr nur einem millionstel Gramm ausgesetzt war. Diese außerordentlich geringen Dosen führen zur Allergie, weil sie nur eine sehr schwache Bildung von IgG-Antikörpern hervorrufen. Wäre nämlich IgG bei Wiedereintritt des Antigens zugegen, würde es an dieses binden und es blockieren, bevor es die IgE-bildenden Lymphozyten erreichen könnte. Damit wäre die allergische Reaktion verhindert. Das Gleichgewicht zwischen der IgG- und IgE-Bildung wird vermutlich durch entsprechende regulatorische T-Zellen erreicht (vgl. Kap. 14).

Die Intensität der IgE-Bildung weist aufgrund genetischer Faktoren auch Unterschiede zwischen den Arten und zwischen Individuen einer Art auf. Individuen mit hoher IgE-Produktion neigen verstärkt zu allergischen Reaktionen. Mit an der Spitze der IgE-Bildung liegen Meerschweinchen. Diese Unterschiede hängen vom Muster des zweiten Wechsels bei der Bildung der schweren Ketten des Immunglobulins ab.

Es erscheint merkwürdig, daß Tiere ein Immunglobulin mit so schädlicher Wirkung bilden, doch gibt es gute Gründe dafür, IgE zu produzieren. So ist die IgE-Konzentration sehr hoch im Blut von Individuen, die bestimmte Parasiten wie etwa Spulwürmer beherbergen. Dieser Zusammenhang zeigt eine weitere Eigenschaft von basophilen und anderen Zellen, die IgE binden: Nach Bindung des Antigens setzen sie zusammen mit den erwähnten Faktoren Substanzen frei, die Zellen herbeirufen, welche Parasiten bekämpfen. Es hat also die Bildung von IgE wie die aller anderen Immunglobuline Abwehrcharakter. Individuen, die bei unseren heutigen guten hygienischen Bedingungen unter ärgerlichen oder auch sehr beeinträchtigenden Allergien leiden, wären unter natürlicheren Bedingungen (mit starkem Parasitenbefall) erheblich im Vorteil.

KAPITEL 14

Lebenswichtige Signale

Wie im vorigen Kapitel beschrieben, haben die Gene im Lauf der Evolution die wunderbaren Mechanismen erfunden, die den Organismus vor Krankheitserregern schützen. Allerdings reichen diese Mechanismen an sich noch nicht aus – sie dürfen nämlich das Gleichgewicht der Körperfunktionen nicht stören. Wir werden im folgenden sehen, wie dies mit verschiedenen von den Genen verhängten Einschränkungen erreicht wird. Die Steuermechanismen, die auf einem System von interzellulären Signalen beruhen, lassen sich wahrscheinlich als Modell für die Funktion auch anderer komplexer Zellsysteme verstehen.

Verschiedene Wechselwirkungen zwischen den Zellen steuern die Arbeit des Immunsystems. Einige beruhen auf *Kontakten* zwischen Zellen, andere auf *Substanzen*, die von Zellen eines bestimmten Typs gebildet werden und auf Zellen eines anderen Typs einwirken. Wie im vorigen Kapitel geschildert, findet durch Kontakte zwischen Antigene präsentierenden Zellen, etwa Makrophagen, die Antigenmoleküle tragen, und T-Helferzellen die Selektion der T-Zellen mit Rezeptoren für das betreffende Antigen statt. Bei der Berührung werden beide Zelltypen zur Produktion von Substanzen aktiviert, die, obwohl vorher noch nicht gebildet, für die Entfaltung der Immunantwort erforderlich sind. In einer anderen Phase bewirkt die Wechselwirkung zwischen T-Helferzellen und B-Zellen, die beide dasselbe Antigen erkennen, die Auswahl der geeigneten B-Zelle. In dieser Phase wirken Stoffe, die von aktivierten T-Helferzellen und Makrophagen gebildet werden, auf die B-Zellen ein und regen sie zur Vermehrung und Differenzierung an. Andere Wechselwirkungen, an denen wiederum T-Helferzellen beteiligt sind, bringen T-Killerzellen hervor. Diese Lymphozyten töten ihre Zielzellen, nachdem sie intensive Kontakte mit ihnen hergestellt haben. Die Killerzellen injizieren Proteine, die sich in der Membran der Zielzellen zu Ringen formieren. Diese Ringe fungieren wie die Ringe, die vom Komplement-System gebildet werden (vgl. Kapitel 13), als wahllose Ionenkanäle. Der Verlust des Ionengradienten tötet die Zellen. So steuern sowohl Kontakte wie auch chemische Kommunikatoren die Arbeitsweise des Immunsystems.

Alle Wechselwirkungen zwischen Zellen des Immunsystems beweisen ein hohes Maß an Selektivität. Sie vollziehen sich nicht zwischen zwei beliebigen Zellen, sondern nur zwischen Zellen, die sich an *paarweise zugeordneten Oberflächenstrukturen* erkennen und mit ihrer Hilfe Brücken schlagen. Bei der Wechselwirkung zwischen einer T-Zelle und einer Antigen-präsentierenden Zelle (z. B. einem Makrophagen) resultiert eine der Strukturen an der Antigen-präsentierenden Zelle aus der Verbindung des Carrier-Fragments mit einem Molekül, das wir noch nicht beschrieben haben und das ein Produkt des Haupt-Histokompatibilitäts(MHC)-Locus ist. Die andere Struktur – auf den T-Lymphozyten – besteht aus mehreren Molekülen, die zusammen den T-Zellrezeptor bilden. Die Wechselwirkung zwischen dem Komplex aus MHC-Molekülen und dem Carrier-Fragment einerseits und dem T-Zellrezeptor andererseits ist hochspezifisch, ähnlich dem Ineinandergreifen von Schloß und Schlüssel.

Die Existenz der MHC-Oberflächenproteine wurde entdeckt, als man untersuchte, unter welchen Bedingungen sich Hautstücke von einem Tier aufs andere verpflanzen lassen. Man stellte fest, daß das Transplantat gewöhnlich abgestoßen wurde, wenn Spender und Empfänger Tiere waren, die man zufällig aus einer natürlichen Population ausgewählt hatte. Innerhalb weniger Wochen löste sich die verpflanzte Haut ab und wurde durch eine Narbe ersetzt, während gleichzeitig die Haut des Wirtes von den Wundrändern her nachwuchs. Hautabstoßung ist ein immunologisches Phänomen, das durch T-Killerzellen vermittelt wird. Wurde später eine neue Transplantation vorgenommen, dann ist das Transplantat noch rascher abgestoßen worden, woraus sich schließen läßt, daß sich ein immunologisches Gedächtnis gebildet hatte.

Hinter das Geheimnis der Transplantatabstoßung kam man, als man Versuche mit Inzuchtstämmen von Mäusen anstellte, also mit Tiergruppen, die über eine große Zahl von Generationen durch ausschließliche Geschwisterkreuzung gezüchtet sind. Tiere ein und desselben Inzuchtstammes sind genetisch identisch. Verschiedene Inzuchtstämme unterscheiden sich in einer Anzahl von Genen. Solche Stämme sind wichtig für die Untersuchung und Kartierung von Mäusegenen. Tiere des einen Stammes werden mit Tieren eines anderen Stammes gekreuzt, dessen Angehörige sich durch bestimmte erkennbare Genmerkmale unterscheiden. Die Verteilung dieser Merkmale in der Nachkommenschaft gibt Aufschluß über die Anordnung der Gene.

Ein wichtiges Ergebnis dieser Studien war die Erkenntnis, daß sich Hautstücke erfolgreich transplantieren lassen, wenn die beteiligten Tiere auf einem bestimmten Chromosomenabschnitt identische Gene besitzen. Man bezeichnet die betreffende Region als Haupt-Histokompatibilitäts-Locus (*Locus* bedeutet, daß sich dort mehrere Gene mit verwandten Funktionen befinden; *Histokompatibilität* heißt Gewebeverträglichkeit). Einige Gene dieser Region spezifizieren die MHC-Proteine der Zelloberfläche. Die Proteine selbst wurden erstmals mit Hilfe von Antikörpern bestimmt. Sie stammten von Mäusen eines Stammes, die mit Zellen eines anderen Stammes immunisiert worden waren, und die Zellen unterschieden sich in einem einzigen MHC-Gen. Später wurden viele der auf diesem Locus liegenden Gene mit Hilfe der Gentechnik vollständig beschrieben. So wissen wir heute, daß der MHC-Locus mehrere Genfamilien enthält, die alle unterschiedliche Funktionen wahrnehmen.

Vielfalt der Mediatoren

Die Untersuchung von MHC-Proteinen mit Hilfe von Mäuse-Inzuchtstämmen und die Klärung der Rolle, die diese Proteine bei den Wechselwirkungen zwischen Immunzellen spielen, stützten sich auf den Umstand, daß jedes MHC-Gen in einer großen Zahl leicht voneinander abweichender Formen (Allelen) in einer gegebenen Tierart vorliegt. Diese Vielfalt, *Polymorphismus* genannt, beruht auf der evolutionären Veränderung eines Urgens durch Mutation, Rekombination oder Genkonversion zwischen Genen einer Familie. Ein jeweils etwas verschiedenes Protein entspricht den einzelnen Formen (Allelen) des gleichen Gens. Innerhalb eines Tieres sowie bei verschiedenen Tieren desselben Inzuchtstammes sind die MHC-Proteine identisch. Doch innerhalb einer natürlichen Population sind die Aussichten, daß zwei zufällig ausgewählte Individuen dieselbe Genform und damit identische MHC-Proteine aufweisen, sehr gering. Mit Hilfe dieser Beziehungen hat man nachgewiesen, daß alle Wechselwirkungen, die im Immunsystem stattfinden, entscheidend vom Typus der auf den wechselwirkenden Zellen vorhandenen MHC-Proteine abhängig sind. Diese Abhängigkeit führt zu zwei Erscheinungen, bei denen die Rolle der MHC-Proteine offenbar höchst gegensätzlich ist. Im einen Fall töten Killerzellen des einen Mäusestammes

Zellen eines anderen Stammes mit *anderem MHC-Protein*, etwa bei Hauttransplantationen. Im anderen Fall töten Killerzellen, die spezifisch für das Antigen eines Virus sind, Zellen mit *gleichem MHC-Protein*, welche von diesem Virus infiziert sind, während sie alle Zellen unbehelligt lassen, die vom gleichen Virus befallen sind, aber ein anderes MHC-Protein der Klasse I haben. Man spricht hier von Killerzellen, die einer MHC-Restriktion unterworfen sind.

Diese in Mäuseversuchen gewonnenen Ergebnisse lassen sich auf alle Wirbeltiere übertragen. Für Wechselwirkungen zwischen Zellen des Immunsystems sind Proteine erforderlich, die zwei Familien von MHC-Genen angehören. Man bezeichnet sie als MHC-Gene der Klasse I und Klasse II. Die Wechselwirkung von T-Helferzellen mit Antigen-präsentierenden Zellen involviert die Produkte der Klasse-II-Gene, die der T-Killerzellen mit ihren Zielzellen in erster Linie die Produkte der Klasse-I-Gene.

Genauere Experimente haben dann gezeigt, daß bei der Tötung der virusinfizierten Zellen nicht die *Identität* der MHC-Proteine auf den wechselwirkenden Zellen erforderlich ist, sondern die *Kompatibilität* zwischen dem MHC-Protein der Zielzelle und den Rezeptoren auf Killerzellen, deren Aufgabe es ist, dieses Protein zu erkennen.

T-Zellen »lernen«

T-Lymphozyten entwickeln sich ebenso wie B-Lymphozyten aus Blutstammzellen des Knochenmarks. Unreife T-Zellen wandern in geringer Zahl in den Thymus, der ihnen die geeignete Umwelt für ihre vollständige Entwicklung bietet. Dort vermehren sie sich intensiv und reifen zu den verschiedenen Formen von T-Lymphozyten, etwa Helfer- oder Killerzellen. Während der Reifung »lernen« sie, Rezeptoren zu präsentieren, die mit den MHC-Proteinen auf Thymuszellen (den »Selbst«-MHC-Proteinen, d. h. denen desselben Individuums) kompatibel sind. Dieses Lernphänomen hat interessante Folgen. Beispielsweise weisen die Zellen einer Maus mit Elterntieren, von denen der eine Teil ein Gen der Form A der MHC-Klasse I, der andere Teil eines der Form B hat, Proteine beider Formen auf, also die Form AB. Ihre T-Killerzellen besitzen Rezeptoren, die mit beiden Proteinen, A und B, kompatibel sind. Eine weitere interessante Konsequenz ist, daß T-Lymphozyten anomale Rezeptoren präsentieren können, wenn Knochenmarkzellen – welche die unreifen

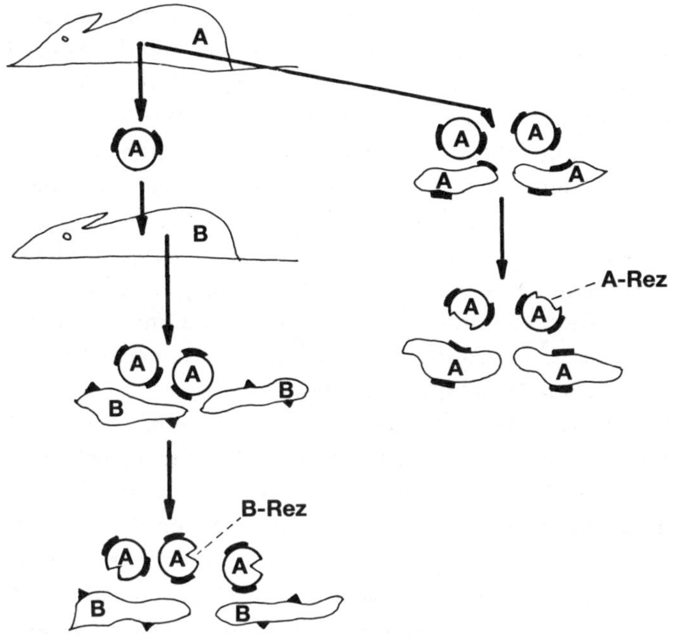

Abbildung 14.1: Der Einfluß der Zellumgebung auf MHC-Rezeptoren, die von Immunzellen dargeboten werden. Unreife Zellen des Immunsystems (rund gezeichnet), die von einer Maus mit der A-Form eines Gens für den MHC-Locus stammen, exprimieren Proteine des A-Typs auf ihrer Oberfläche (schwarze Rechtecke). Sie haben keine Rezeptoren für die Proteine. Wenn sie in der Ursprungsmaus verbleiben (rechter Zweig), wo sie von Zellen (längliche Form) umgeben sind, die ebenfalls das A-Protein präsentieren, entwickeln sie bei ihrer Reifung Rezeptoren für das A-Protein (A-Rez, als rechteckige Einkerbung dargestellt). Wenn sie dagegen auf eine Maus mit der B-Form übertragen werden (linker Zweig), entwickeln sie sich unter Zellen, die das B-Protein (schwarze Dreiecke) präsentieren, und bilden im Zuge ihrer Reifung Rezeptoren für das B-Protein aus (B-Rez, als dreieckige Einkerbung dargestellt). Sie präsentieren aber weiterhin das A-Protein auf ihrer eigenen Oberfläche.

Lymphozyten enthalten – eines Tieres mit der Form A eines Klasse-I-Proteins auf ein Tier übertragen werden, das ein Protein der Form B exprimiert (Abb. 14.1). Die unreifen T-Zellen wandern in den Thymus des Wirtes, wo sie sich zu T-Killerzellen mit Rezeptoren für das MHC-Protein der Form B entwickeln. Diese töten virusinfizierte Zellen, die ein Klasse-I-Protein der Form B exprimieren, aber nicht der Form A, wie sie es getan hätten, wenn sie im Ursprungstier geblieben wären. Diese desorientierten Killerzellen erkennen zwar B-Moleküle als »selbst«, sie präsentieren aber weiterhin die ursprünglichen A-Moleküle an ihrer Oberfläche. In der Regel sind die Verhältnisse nicht so kompliziert, weil Lymphozyten Rezeptoren für die MHC-Proteine ihres eigenen Körpers tragen, da diese die einzigen sind, mit denen sie während ihrer Reifung in Berührung kommen.

Die Anpassung von T-Zellen, die dafür sorgt, daß diese unabhängig von ihrem Ursprung kompatibel mit Molekülen auf Zellen desselben Individuums werden, ist von grundlegender Bedeutung für die Arbeit des Immunsystems. Dadurch können die verschiedenen Zelltypen eines Individuums zusammenwirken, eine Immunantwort hervorrufen, den Organismus von infizierten Zellen befreien und die normalen Zellen des Körpers verschonen.

Daß diese Kompatibilität von großer biologischer Bedeutung ist, steht außer Frage. Sie entwickelt sich mit Hilfe eines Selektionsmechanismus im Thymus und verlangt die Gegenwart von Antigen-präsentierenden Zellen. Diese und die Epithelzellen des Thymus (der sich aus einer Tasche des primitiven Pharynx entwickelt und folglich epithelialen Ursprungs ist) präsentieren wahrscheinlich den T-Zellen, die ihre Rezeptoren zur Antigen-Erkennung bereits gebildet haben, MHC-Moleküle der Klasse I und II. Die MHC-Moleküle bilden eine Art Tasche. Dort paßt ein Peptid hinein, das ein Fragment eines Selbst- oder Fremdmoleküls sein kann. Angesichts der großen Formenvielfalt der MHC-Moleküle kann der Gestalt vieler verschiedener Peptide entsprochen werden.

Wenn während der Wechselwirkung der präsentierenden Zellen und der T-Zellen im Thymus die Bindung zu stark oder zu schwach ist, stirbt der Lymphozyt (negative Selektion). Dadurch werden T-Zellen eliminiert, die mit MHC-Molekülen assoziierte Selbst-Antigene erkennen. Ist die Bindung von mittlerer Stärke, wird die T-Zelle zur Vermehrung angeregt. Da die an der Bindung beteiligten T-Zell-Rezeptoren zufällig zusammengesetzt werden, hat nur ein kleiner Prozentsatz von ihnen die richtige Struktur für diese Art von Wechselwirkung. Infolgedessen überleben nur drei Prozent aller im Thymus gebildeten Lymphozyten. Später werden dann die selektierten T-Lymphozyten gegenüber Zellen wirksam werden, die ein fremdes Peptid-Antigen präsentieren, denn dies kann die Bindungskraft zwischen den beiden Zellen erhöhen.

Die Verbindung der Peptide mit den MHC-Molekülen ist für deren Erscheinen an der Zelloberfläche erforderlich. Die Verbindung findet statt, wenn die MHC-Moleküle ihren Weg durch den Golgi-

Apparat zur Oberfläche beginnen (vgl. Kap. 2). Daher müssen alle MHC-Moleküle mit Peptid-Antigenen verbunden sein, entweder körpereigenen oder fremden. Ob sich ein Peptid mit MHC-Molekülen der Klasse I oder II verbindet, hängt von seiner Herkunft ab. Peptide, die von außen kommen, gelangen über den Weg der Endocytose ins Zellinnere (vgl. Kap. 2) und lagern sich MHC-Molekülen der Klasse II an. Dagegen werden Peptide, die in der Zelle entstehen (etwa als Teile eines sich in der Zelle vermehrenden Virus), vorzugsweise in Assoziation mit MHC-Molekülen der Klasse I präsentiert. Diese Unterschiede erklären die abweichenden Reaktionen auf körperfremde Antigene: Extrazelluläre Antigene regen die Antikörperbildung an, während intrazelluläre Antigene Killerzellen aktivieren, die diese Antigene, welche mit MHC-Molekülen der Klasse I zu Komplexen zusammengeschlossen sind, erkennen und die Zellen töten, in denen sie entstanden sind.

T-Zellen erkennen Antigene

Wenn Lymphozyten mit Zellen desselben Organismus wechselwirken, müssen sie *sowohl* die fremden Antigene *als auch* das passende MHC-Molekül erkennen – sie müssen also einen doppelten Erkennungsmechanismus besitzen. Man war sehr daran interessiert, herauszufinden, wie diese Doppelerkennung vonstatten geht, doch hat man sich viele Jahre lang vergeblich bemüht. Schließlich kam man dem Geheimnis in zwei Schritten auf die Spur. Zunächst bewies man, daß T-Zellen Strukturen mit Eigenschaften besitzen, wie sie bei Rezeptoren für das Antigen zu erwarten waren. Ebenso wie die Immunglobuline für B-Zellen mußten diese Rezeptoren bei verschiedenen T-Zellen verschieden sein. Nach Immunisierung von Mäusen mit T-Zellen einiger in Kulturen gezüchteter Klone wurden monoklonale Antikörper gewonnen (vgl. Kap. 13). Einige der Antikörper erwiesen sich tatsächlich als spezifisch für einen einzigen Klon und erkannten charakteristische Oberflächenmoleküle, von denen man später zeigen konnte, daß es die Rezeptoren sind.

In einem zweiten Schritt isolierte man die Gene, für die Rezeptoren identifiziert wurden. mRNAs wurden aus T-Zellen gewonnen und in DNA umgeschrieben; Moleküle, die für T-Zellen spezifisch waren (weil sie nicht mit mRNAs aus B-Zellen hybridisierten), wurden kloniert. Unter diesen für T-Zellen spezifischen Sequenzen befanden sich auch jene, die den Genen für die Antigenrezeptoren entsprachen.

Mit diesen und anderen Verfahren bewies man, daß die T-Zell-Rezeptoren wie Immunglobuline aus zwei Ketten bestehen. Wie das Gen für die schwere Kette der Immunglobuline werden die entsprechenden Gene während der Entwicklung aus separaten V-, D-, J- und C-Fragmenten zusammengesetzt. Die Diversität von V- und D-Abschnitten und die variablen Verknüpfungen sorgen für große Vielfalt, die sich aber nicht mit derjenigen der Immunglobulin-Gene vergleichen läßt. Trotzdem besteht offenbar eine gewisse Verwandtschaft. Die Gene spezifizieren zwei Aminosäureketten für die Rezeptoren – Alpha und Beta. Es gibt außerdem noch ein Gamma- und ein Delta-Gen, die viel weniger variabel sind und einen anderen Rezeptor konstituieren, dessen Rolle noch unsicher ist. Während der Reifung der T-Zellen im Thymus werden die Gene umgelagert und transkribiert. Beim Gamma- und Delta-Gen geschieht dies sehr frühzeitig, bei den beiden anderen später.

Der T-Zell-Rezeptor, der aus der Alpha- und der Betakette besteht, erkennt den Komplex aus dem Antigen und dem MHC-Protein auf der wechselwirkenden Zelle. Der einzelne Rezeptor erkennt die Oberfläche, die das Peptid-Antigen und das MHC-Protein bilden. Das erklärt das Verhalten einiger T-Zellen, die Antigen A zusammen mit MHC-Protein A erkennen, aber auch eine andere Kombination ausmachen, bei der beide Partner verändert sind, etwa Antigen B mit MHC-Protein C. Obwohl die zweite Kombination aus anderen Komponenten besteht, hat sie für die Rezeptoren das »Aussehen« der ersten. Da die MHC-Proteine Peptide binden, die sich von einem Antigen herleiten, sich aber nicht dem Antigen selbst anlagern, unterscheidet sich das Repertoire der von T-Zellen erkannten Antigene von dem der B-Zellen. B-Lymphozyten, die das Antigen direkt binden, erkennen in der Regel Oberflächenmerkmale des Antigens, während T-Lymphozyten häufig innere Teile erkennen, besonders solche, die weniger hydrophil sind und die sich leichter mit dem MHC-Protein in der Membran der Antigen-präsentierenden Zellen verbinden.

Die Voraussetzung für eine Verbindung zwischen dem Fragment eines körperfremden Antigens und einem MHC-Protein im Verlauf einer Immunantwort erklärt, warum Mäuse bestimmter Inzuchtstämme so unzulängliche Immunreaktionen auf einige fremde Antigene zeigen. Der Effekt wird gewöhnlich durch die besondere Spielart eines Gens für Klasse-II-Proteine verursacht. Diese Proteine verbinden sich nur schlecht mit den Fragmenten bestimmter Antigene oder bilden Komplexe, die von den zur Verfügung stehenden T-Zell-Rezeptoren nur schlecht erkannt werden. Ähnliche Unterschiede gibt es auch bei einem Menschen, der anstelle des MHC-Locus einen *HLA-Locus* aufweist (aus historischen Gründen so nach englisch *Human Leukocyte Antigens* benannt). Wie die MHC-Gene der Maus weisen die HLA-Gene viele leicht voneinander abweichende Formen auf, von denen einige die Antwort auf bestimmte Antigene schwächen. Die dafür verantwortlichen MHC-Gene bezeichnet man als *Immunantwort-Gene*.

Diese Kontrollfunktion erklärt unter Umständen, warum es so viele verschiedene Formen (Allele) von MHC-Genen gibt: Jede Form könnte die Erkennung einer bestimmten Antigengruppe begünstigen. Neue Formen würden gebildet, wenn ein Krankheitserreger mit neuen Eigenschaften aufträte. Dank der neuen Formen könnte sich der Organismus des unbekannten Erregers erwehren. Darüber hinaus ist eine solche Formenvielfalt der MHC-Gene auch in anderer Hinsicht von Vorteil, weil in normalen, sich kreuzenden Populationen ein Individuum gewöhnlich zwei verschiedene Formen desselben Gens exprimiert (eines pro Chromosomensatz) und deshalb zwei Antigensätze erkennen kann. Infolgedessen erhöht sich das Repertoire fremder Antigene, gegen die der Organismus eine erfolgreiche Abwehr mobilisieren kann. Dieser Vorteil würde die evolutionäre Diversifikation der MHC-Gene begünstigen.

Die Bedeutung des MHC-Proteins

Warum spielen MHC-Proteine eine so wichtige Rolle bei der Immunreaktion? Eine Antwort auf diese Frage zeichnet sich in den Untersuchungen der Gene des MHC-Locus und der von ihnen spezifizierten Proteine ab. Erstens sind diese Gene in allen Wirbeltieren zugegen, woraus folgt, daß sie beträchtliche Bedeutung für den Organismus haben. Sogar niedere Lebewesen, z. B. Schwämme, besitzen Proteine mit verwandten Funktionen für die Zell-Zell-Erkennung. Ein zweiter wichtiger Punkt ist, daß der MHC-Locus neben den Genen für Klasse-I- und Klasse-II-Proteine viele Gene für andere Oberflächenproteine sowie für die Bestandteile des Komplement-Systems enthält. Von den Komplement-Genen abgesehen, spezifiziert der Locus also an der Zellerkennung beteiligte Proteine der Zelloberfläche. Daß sich hier außerdem die Komplement-Gene befinden, ist möglicherweise kein Zufall, weil B-Zellen Rezeptoren für bestimmte Bestandteile des Komplement-Systems aufweisen. Die Bindung des Komplements an diese Rezeptoren steuert das Zellwachstum. Möglicherweise ist das Komplement-System aus Genen für Proteine mit Steuerfunktionen entstanden, die ihren Einfluß von der Zelloberfläche aus geltend gemacht haben. Der Umstand, daß alle diese Gene einen Locus bilden – d. h. einen evolutionär stabilen Zusammenschluß –, ist wahrscheinlich ebenfalls von Bedeutung, wenn wir sie auch nicht kennen. Vielleicht werden die Gene zusammengehalten, weil sie einem noch unbekannten gemeinsamen Regulationsmechanismus unterworfen sind.

Ein weiterer interessanter Aspekt ist die Ähnlichkeit von Klasse-I- und Klasse-II-Proteinen mit Immunglobulinen, der auf einen gemeinsamen Ursprung in der Evolution schließen läßt. Das wäre durchaus sinnvoll, weil sie beide Schlüsselelemente des Abwehrsystems gegen Krankheitserreger sind. Wenn sich die Evolution des Immunsystems tatsächlich so vollzogen hat, wie in Kapitel 13 erörtert wurde, sind wahrscheinlich die Gene des MHC-Locus als erste aufgetreten und waren eine entscheidende Voraussetzung für die Wirkung der T-Zellen, bevor es die B-Zellen gab. Im Laufe ihrer Entwicklung blieben B-Zellen und Immunglobulin-Gene in ihren Funktionen eng mit denen der MHC-Proteine verzahnt. Das ist zwar nur eine Hypothese, aber sie liefert einen Ansatz zur Erklärung der Organisation, Funktion und Regulation des Immunsystems, wie wir es kennen.

Die Bindung des MHC-Proteins – gemeinsam mit dem Antigen – an die Rezeptoren auf T-Lymphozyten hat wichtige funktionale Konsequenzen. Das läßt sich aus der Wirkung der monoklonalen Antikörper schließen, die T-Zell-Rezeptoren binden. Wenn die Antikörpermoleküle stabil verknüpft sind, so daß sie in großer Zahl an den Rezeptoren einer T-Zelle binden können, veranlassen sie den Lymphozyten zur Bildung des Wachstumsfaktors (Interleukin-2 [IL-2] genannt), der erforderlich ist, damit er sich selbst vermehrt, und zur Präsentation der entsprechenden Rezeptoren auf der eigenen Oberfläche. Die T-Zellen vermehren sich dann durch Selbststimulation. Dadurch bilden sich Klone von T-Helferzellen, die spezifisch für das vom Rezeptor erkannte Antigen sind. Diese Erkenntnisse und Beobachtungen mit multivalenten Antigenen auf B-Zellen legen den Schluß nahe, daß bei der Wechselwirkung von Immunzellen die Präsentation von komplexen, festverbundenen Gruppen mit der richtigen geometrischen Form für eine maximale Aktivierung sorgt.

Dies erklärt vielleicht, warum Moleküle in Lösung im allgemeinen keine Immunantwort zeigen können und warum Wechselwirkungen zwischen Zellen erforderlich sind.

Wie werden fremde Zellen erkannt?

Eine der Fragen, die sich im Zusammenhang mit der Hautabstoßung stellen, lautet: Warum töten einige T-Killerlymphozyten Zellen, die ein Klasse-I-Protein eines anderen Mäusestamms tragen, aber kein spezifisches fremdes Antigen erkennen? Eine Antwort könnte sein, daß Killerzellen mit Rezeptoren, die das Selbst-MHC-Protein A, verknüpft mit einem fremden Antigen, erkennen, das Nicht-Selbst-MHC-Protein B erkennen können, als wäre es AZ (wobei Z für ein hypothetisches fremdes Antigen steht, das existieren kann oder auch nicht; Abb. 14.2). Wenn also eine Killerzelle an eine normale Zelle eines anderen Mäuse-Inzuchtstamms, die ein anderes MHC-Protein trägt, bindet und sie tötet, erkennt sie diese möglicherweise als eine Zelle des eigenen Stammes, die durch ein fremdes Antigen verändert ist. Die Schwierigkeit liegt jedoch darin, daß T-Zellen, die in der Lage sind, Zellen mit fremden MHC-Proteinen zu töten, eine spezielle Untergruppe bilden und häufiger sind als T-Zellen, welche ein gegebenes fremdes Antigen in Verbindung mit dem Selbst-MHC-Protein erkennen. Offensichtlich bleibt hier noch vieles zu klären.

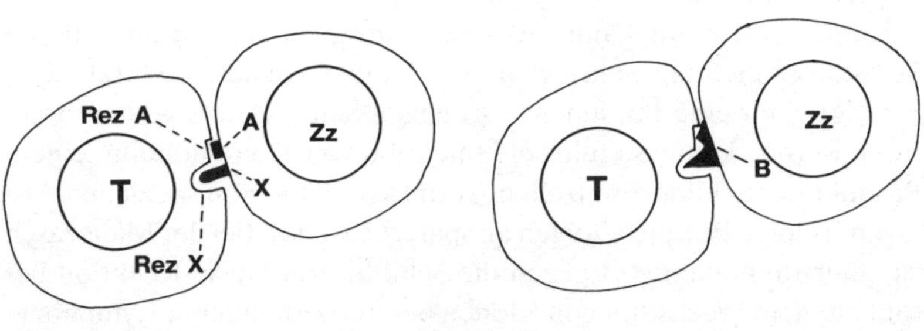

Abbildung 14.2: Mögliche Deutung der Fähigkeit bestimmter T-Killerlymphozyten, Zellen mit einem fremden MHC-Protein zu töten. Auf der linken Seite besitzen die T-Killerzellen (T) Rezeptoren, die das MHC-Protein A (Rez A) sowie ein fremdes (d. h. virales) Antigen X (Rez X) auf der Zielzelle (Zz) erkennen. Rechts erkennt dieselbe Killerzelle eine Zielzelle, die das MHC-Protein B präsentiert, weil es dem Zusammenschluß des MHC-Proteins A und des fremden Antigens X gleicht.

Das Problem der Selbst-Toleranz

Bislang haben wir betrachtet, wie T-Zellen Antigene erkennen. Jetzt wollen wir uns mit dem umgekehrten Problem beschäftigen: Warum *mißlingt* es ihnen, Selbst-Antigene zu erkennen? Dieses Problem hat zwei Aspekte: Keine Killerzelle tötet Zellen mit dem Selbst-MHC-Protein, wenn es nicht mit einem fremden Antigen verknüpft ist, und: Kein anderes Selbst-Antigen wird als fremd erkannt.

Die Ursachen hierfür sind schwer zu verstehen, bedenkt man, wie sich das Repertoire der T-Zellen-Rezeptoren entwickelt. Wie Antikörper an der Oberfläche von B-Zellen dargeboten werden, so werden diese Rezeptoren an der Oberfläche von T-Zellen präsentiert, die mit ihrem Antigen noch nicht in Berührung gekommen sind. Das Fehlen von Rezeptoren, die Selbst-MHC-Proteine erkennen, und die Unfähigkeit, eine Immunantwort auf die unzähligen Proteine zu zeigen, die an der Oberfläche der Körperzellen oder im Blut vorkommen, gehen nicht auf eine intrinsische Unfähigkeit des Immunsystems zurück, auf diese Antigene zu reagieren. Der Grund ist vielmehr der frühe Kontakt des Immunsystems mit ihnen – eine Folge des regulatorischen Netzwerks, das die Arbeit des Immunsystems steuert. Lymphozyten, die zu solch unerwünschten Erkennungsprozessen fähig sind, bekommen keine Gelegenheit, ihre Wirkung zu entfalten.

Wie wir gesehen haben, sterben Lymphozyten mit der Fähigkeit zu diesen verbotenen Funktionen (klonale Deletion), und zwar während ihrer Reifung im Thymus. Eine andere Erklärung stützt sich auf einen besonderen T-Zell-Typ, die *T-Suppressorzellen*.

Klonale Deletion kann nicht der einzige Mechanismus für die Selbstausschließung sein, weil mit Hilfe geeigneter Mittel ohne Schwierigkeit eine Immunantwort gegen Selbst-Antigene hervorgerufen werden kann. So führt die Injektion von Thyroglobulin, einem Produkt der Schilddrüsenzellen, vermischt mit einem speziellen Adjuvans (einige Beispiele folgen an späterer Stelle), bei der Maus rasch zu einer Immunantwort gegen die Schilddrüse. Diese Reaktion beruht auf dem Wachstum von Klonen bereits vorhandener Lymphozyten, die Antikörper für dieses Protein tragen. Tatsächlich lassen sich solche Lymphozyten auch bei normalen ausgewachsenen Tieren nachweisen. Allerdings bilden Mäuse im Regelfall keine nennenswerten Mengen von Antikörpern gegen ihr eigenes Thyroglobulin. Offenbar werden die Lymphozyten normalerweise nicht zur Vermehrung und Reifung angeregt.

Das Gegenstück zu dieser Beobachtung ist die Tatsache, daß eine Maus, die fähig ist, Antikörper oder T-Killerzellen gegen ein fremdes Antigen zu bilden, dies unterläßt, wenn man das Antigen auf eine bestimmte Weise verabreicht (vgl. unten). Dann ruft das Antigen einen Zustand induzierter Toleranz gegen sich selbst hervor, und dieser Toleranzzustand läßt sich sogar durch T-Zellen des toleranten Tieres auf normale Tiere übertragen.

Über die Lymphozyten, die für die Übertragung der Toleranz verantwortlich sind, die sogenannten T-Suppressorzellen, wissen wir wenig. In ihren Oberflächenmerkmalen unterscheiden sie sich von den Lymphozyten, die wir bislang kennengelernt haben. Sie haben zwar ebenso wie die Killerzellen T8-Moleküle, besitzen aber auch ganz spezielle Moleküle, I-J genannt. Diese besonderen Lymphozyten scheinen die Reaktion des Organismus auf das Antigen zu unterbinden, indem sie die T-Helferzellen blockieren, die bestimmte Antigene oder MHC-Proteine erkennen. Dann werden weder Antikörper noch Killerzellen gebildet, welche diese Moleküle erkennen. Die Suppression oder Unterdrückung ist bei der primären Immunantwort besonders erfolgreich; der Einfluß auf die Reaktivierung von Gedächtniszellen ist weit geringer. Möglicherweise läßt sich mit der Schwächung von T-Suppressorzellen erklären, warum die Behandlung von Embryos mit Antikörpern gegen die I-J-Determinanten zum Zusammenbruch der Selbst-Toleranz und zum Ausbruch von Autoimmunkrankheiten (vgl. unten) bei ausgewachsenen Tieren führt. T-Suppressorzellen können auch ihre eigene Bildung unterdrücken und so dafür sorgen, daß ihre Wirkung in Grenzen bleibt.

Suppressorzellen scheinen auch den Ablauf einer Immunantwort zu steuern. Antikörper oder Killerzellen gegen ein fremdes Antigen werden nicht in ständig wachsender Menge gebildet, wenn das Antigen stetig verabreicht wird. Suppressorzellen könnten an dieser Kontrolle beteiligt sein, weil ihre Bildung durch Komplexe aus einem fremden Antigen und Antikörpern angeregt wird, die signalisieren, daß für dieses Antigen spezifische Antikörper reichlich im Körper vorhanden sind. Dies gehört zu dem Netzwerk von Wechselwirkungen, das die Immunantwort reguliert. Danach hätten die T-Suppressorzellen normalerweise die Aufgabe, die übermäßige Bildung eines gegebenen Antikörpers einzugrenzen.

Die Toleranz unterliegt wie die Immunantwort der MHC-Restriktion: Beide kommen nur zustande, wenn ein fremdes Antigen in Verbindung mit einem Selbst-MHC-Protein erkannt wird. Ein Tier, das gegenüber dem Antigen X in Verknüpfung mit dem eigenen MHC-Protein A tolerant ist, ist dies nicht gegenüber X, wenn X in Verknüpfung mit dem MHC-Protein B präsentiert wird. So laufen also die beiden Wege – Immunantwort und Suppression – nach einem gemeinsamen ersten Schritt auseinander.

Es ist wichtig, wie ein Antigen verabreicht wird

Das Phänomen der induzierten Toleranz läßt darauf schließen, daß die Injektion eines fremden Antigens eine Immunantwort entweder hervorrufen oder unterdrücken kann. Unter anderem ist entscheidend, ob T-Helferzellen oder T-Suppressorzellen aktiviert werden. Offenbar werden immer beide Zelltypen angeregt, nur in unterschiedlichem Maß, so daß einer stets das Geschehen bestimmt.

Von großem Einfluß auf das Gleichgewicht zwischen Immunantwort und Suppression ist die Art und Weise, wie das Antigen verabreicht wird. Die Suppression setzt sich durch, wenn das Antigen in geringen Mengen und in Form einzelner, nicht aneinandergelagerter (aggregierter) Moleküle zugeführt wird. Diese Darbietungsform kann wichtig für die Bestimmung der natürlichen Toleranz gegenüber Selbst-Antigenen sein, die von den Körperzellen ständig in sehr kleinen Mengen und nicht aggregiert freigesetzt oder ausgeschieden werden. Auch durch die gegenteilige Situation wird die Suppression begünstigt – das heißt, wenn ein Antigen in sehr großen Mengen verabreicht wird. Eher kommt es zu einer Immunantwort, wenn das Antigen in mittleren Konzentrationen und aggregierter Form zugeführt wird, besonders in Verbindung mit einem Adjuvans, zum Beispiel einem Bakterienextrakt, der Teile der Bakterienoberfläche enthält, oder repetitiven chemischen Substanzen. Diese Stoffe stimulieren die Aktivität der Makrophagen, also die Bildung von Wachstums- und Differenzierungsfaktoren sowie die für T-Helferzellen bestimmte Antigen-Präsentation.

Normale Immunität gegenüber dem Selbst

Zu den besonders wichtigen Bestandteilen des regulatorischen Netzwerkes scheint ein spezieller Antikörper-Typ zu gehören, der die Immunantwort gegenüber einem fremden Antigen regelmäßig begleitet. Er wird durch den Antikörper hervorgerufen, der bei dieser Reaktion entsteht – ich will ihn *primären Antikörper* nennen – und

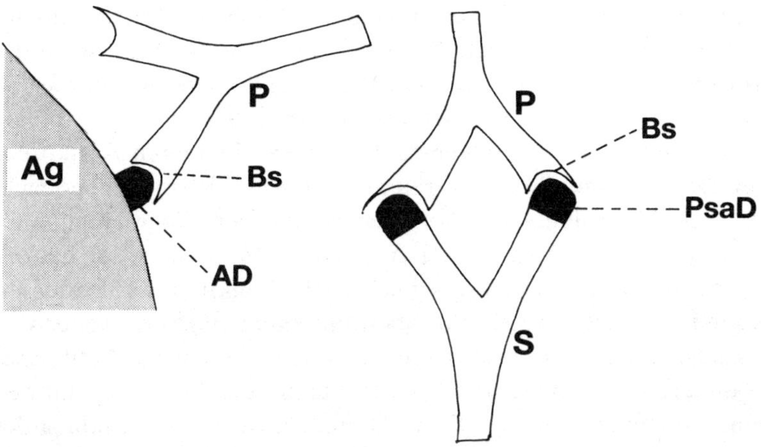

Abbildung 14.3: Primäre und sekundäre Antikörper. Links erkennt die Bindungsstelle (Bs) des primären Antikörpers (P) eine antigene Determinante (AD, schwarz) eines Antigens (Ag). Rechts ist der sekundäre Antikörper (S) abgebildet, der die Bindungsstelle (Bs) des primären Antikörpers (P) als antigene Determinante erkennt. Die Bindungsstelle des sekundären Antikörpers ist eine pseudo-antigene Determinante (Ps aD) und ähnelt in ihrer Oberflächenform der echten antigenen Determinante.

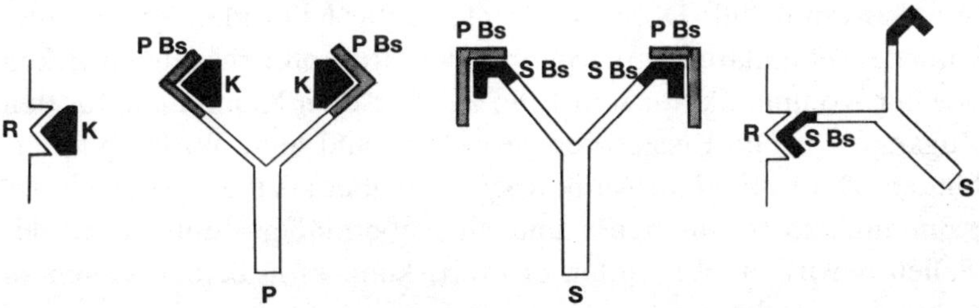

Abbildung 14.4: Sekundäre Antikörper eines Kommunikatormoleküls binden an dessen Rezeptor. K = Kommunikator; R = Rezeptor; P = primärer Antikörper; P Bs = Bindungsstelle des primären Antikörpers; S = sekundärer Antikörper; S Bs = Bindungsstelle des sekundären Antikörpers.

dann als Antigen wirkt. Der Organismus ist zwar immunologisch tolerant gegenüber den konstanten Regionen der Antikörper, die ständig im Blut vorhanden sind, nicht aber gegenüber der Bindungsstelle des neuen Antikörpers. So werden *sekundäre Antikörper* gebildet, welche die Bindungsstelle des primären Antikörpers erkennen und als *antiidiotypisch* bezeichnet werden, weil man die variable Region einschließlich der Bindungsstelle auch als Idiotyp bezeichnet. Die Bindungsstelle des sekundären Antikörpers besitzt eine ähnliche

Form wie die antigene Determinante des Antigens, das die Immunantwort hervorgerufen hat: Beide erkennen die Bindungsstelle des primären Antikörpers (Abb. 14.3). Der sekundäre Antikörper ist also eine pseudo-antigene Determinante oder ein »inneres Abbild« des Antigens. Auf eine Steuerfunktion der sekundären Antikörper läßt der Zeitpunkt ihres Auftretens schließen: Sie sind zu beobachten, wenn die Bildung des primären Antikörpers einen Höhepunkt erreicht, kurz bevor sie wieder zurückgeht. Möglicherweise hat der sekundäre Antikörper diese regulatorische Funktion, weil er der antigenen Determinante gleicht, aber mit einem anderen Carrier verbunden ist, dem Antikörpermolekül. Als Carrier hat der Antikörper besondere Eigenschaften: Über den Stamm des Y kann er mit den Immunzellen zusammenwirken, die unter anderem die Bildung des primären Antikörpers steuern. Möglicherweise aktiviert er auch die Produktion von T-Suppressorzellen.

Die Steuerfunktion sekundärer Antikörper ist auch in einem anderen Zusammenhang interessant – wenn nämlich das immunisierende Antigen ein Kommunikatormolekül ist, das mit hochselektiven Rezeptoren im Körper zusammenwirkt. Wie in Abbildung 14.4 gezeigt, weist der sekundäre Antikörper die gleiche Form auf wie das Kommunikatormolekül: Doppelt komplementär heißt identisch. Häufig kann der sekundäre Antikörper mit dem Rezeptor zusammenwirken wie der Kommunikator selbst. So kann er dem Kommunikator den Zugang zu seinen Rezeptoren verwehren und seine Wirkung unterbinden. Der sekundäre Antikörper kann aber auch die Aktivität des Kommunikators simulieren und eine übermäßige Stimulation der Zellen bewirken. Wie unten erörtert, kann es in beiden Fällen zu Erkrankungen kommen.

Dank des inneren Abbilds lassen sich sekundäre Antikörper als Impfstoffe gegen Virusinfektionen einsetzen, falls das virale Antigen nicht in hinreichender Menge zur Verfügung steht, um normalen Impfstoff herzustellen. Gewöhnlich kann man mit dem Antigen monoklonale Antikörper bilden, mit deren Hilfe dann der Impfstoff bereitet wird. Dieser besteht aus den Antikörpern, die sich nach der Injektion des monoklonalen Antikörpers in einem Tier bilden. Es handelt sich um sekundäre Antikörper gegen das Antigen. Im Organismus ruft der Impfstoff die Bildung von Antikörpern gegen das interne Abbild hervor – wir haben es also mit *tertiären Antikörpern* gegen das Antigen zu tun.

Der Zusammenbruch der Selbst-Toleranz, die Immunantwort auf Selbst-Antigene, führt gelegentlich zu Krankheiten bei Tier und Mensch. Diese *Autoimmunkrankheiten* können durch Antikörper gegen Selbst-Komponenten (Autoantikörper) oder durch T-Killerzellen, welche Zellen des eigenen Organismus erkennen, verursacht werden. Ein Beispiel ist eine besondere Form von Diabetes, die bei jungen Menschen auftritt. In manchen Fällen kommt es zur Produktion von Antikörpern gegen die insulinbildenden Zellen der Langerhansschen Inseln der Bauchspeicheldrüse. Daraufhin werden die Zellen dieser Inseln von speziellen Killerzellen getötet, die den Stamm des an die Zellen gebundenen Antikörpers erkennen. In anderen Fällen richten sich die Antikörper gegen die Rezeptoren, die in allen Körperzellen Insulin binden. Die Rezeptoren mit den gebundenen Antikörpern verschwinden infolge von Down-Regulation. In beiden Fällen geht den Zellen des Körpers der wichtige regulatorische Einfluß des Insulins verloren. Andere Autoimmunkrankheiten richten sich gegen die Schilddrüse, die Muskeln oder das Nervensystem.

Die exzessive Produktion von Autoantikörpern kann auch durch einen indirekten Mechanismus schädigend wirken – durch die Bildung großer Mengen von Antigen-Antikörper-Komplexen. Da sie nur langsam in den Urin abgegeben werden, sammeln sie sich in den Nieren, rufen dort einen Schock hervor und verhindern die Ausscheidung von Abfallstoffen. Das Ergebnis ist ein häufig tödliches Nierenversagen.

Auf welchem Mechanismus der Zusammenbruch der immunologischen Toleranz gegenüber den Selbst-Antigenen bei diesen Krankheiten beruht, ist nicht immer ganz klar. In einigen Fällen kann die Krankheit durch sekundäre Antikörper verursacht werden (vgl. Abb. 14.4), so bei der Basedow-Krankheit, in deren Verlauf die Zellen der Schilddrüse ihre Hormone im Übermaß produzieren und dadurch allgemeine Vergiftungserscheinungen hervorrufen. Ein Antikörper verhält sich wie das Hypophysenhormon Thyrotropin, das die Schilddrüse kontrolliert, und verursacht so die übermäßige Sekretion. Ein weiterer an Autoimmunkrankheiten beteiligter Mechanismus könnte die unübliche Präsentation einer antigenen Determinante sein, etwa auf einem anderen Carrier. Dazu kann es kommen, wenn Bakterien oder Viren, die einen Organismus infizieren, antigene Determinanten besitzen, welche denen einiger normaler Körperkomponenten gleichen. Dieser Mechanismus ist möglicherweise für Krankheiten wie multiple Sklerose, einige Formen der Diabetes und für Arthritis verantwortlich. Auch die Injektion eines Selbst-Antigens mit einem Adjuvans kann Autoantikörper hervorrufen. Wichtige Verursacher von Autoimmunkrankheiten sind Viren, wenn sie entweder ein Selbst-Antigen nachahmen oder Körperzellen schädigen, so daß Zellbestandteile ins Blut gelangen, die normalerweise im Zellinneren verborgen sind, oder Körperbereiche öffnen, die für das Immunsystem im Regelfall unzugänglich sind, etwa das Gehirn. Normalerweise besteht keine Toleranz gegenüber Molekülen aus dem Zellinneren oder aus strikt abgeschlossenen Bereichen, aber wenn solche Moleküle freigesetzt werden und ins Blut gelangen, können sie eine Immunantwort hervorrufen. Viren können auch eine Immunantwort auslösen, indem sie als Adjuvans wirken. Die Viruspartikel oder ihre Nukleinsäure können sich an Moleküle binden, die gewöhnlich verstreut sind und deswegen toleriert werden. Mit ihrer Umwandlung in kompakte, repetitive Antigene wächst die Wahrscheinlichkeit, daß eine Immunantwort hervorgerufen wird.

Autoimmunkrankheiten treten besonders häufig bei Individuen auf, die bestimmte Formen der Klasse-II-Gene für den MHC-Locus (bei Mäusen) oder den HLA-Locus (bei Menschen) aufweisen. Einige Genformen fördern die Autoimmunität nur bei einem einzigen Selbst-Antigen, also jeweils bei einem zur selben Zeit; andere rufen Autoimmunität gegenüber vielen solchen Antigenen hervor. Ein Beispiel für letzteres ist *Lupus erythematosus*, eine Erkrankung des Menschen. Die Betroffenen können unter anderem Antikörper gegen die eigene DNA, gegen die Mitochondrien und die Komponenten der Filamentstrukturen ihrer eigenen Zellen entwickeln. Die Information zur Herstellung dieser Antikörper gehört zum normalen Antikörperrepertoire, wird aber im Normalfall nicht exprimiert.

Der Fötus – ein geschütztes Transplantat

Bei allen Säugetieren trägt das trächtige Weibchen im Grunde genommen ein fremdes Transplantat: den Fötus. Die Zellen des Fötus besitzen MHC-Proteine, die sowohl von Genen der Mutter wie des Vaters codiert werden; dabei unterscheiden sich die väterlichen Proteine gewöhnlich von den mütterlichen. Das müßte eigentlich ein schwieriges Problem aufwerfen: Es wäre zu erwarten, daß das Immunsystem der Mutter auf die fremden väterlichen MHC-Antigene reagiert und die Zellen des Fötus zerstört. Natürlich wissen wir, daß dies nicht geschieht, aber wir wissen nicht genau, warum. Wahrscheinlich sind viele Mechanismen daran beteiligt. So werden die fötalen MHC-Proteine in Zellen, die mit dem mütterlichen Blut in Kontakt sind, nur in geringem Maß exprimiert, weshalb die Reaktion der Mutter begrenzt bleibt. Ferner wird die Immunantwort der Mutter durch Hormone unterdrückt, die sie während der Schwangerschaft bildet. Ausschließlich während der Schwangerschaft hergestellte Proteine hemmen Anfangsschritte der Immunantwort. Fötale Antigene, die mit dem Blut der Mutter in Berührung kommen, werden möglicherweise von schützenden Antikörpern abgeschirmt. Schließlich könnten infolge der langsamen Zunahme der fötalen Antigene T-Suppressorzellen im mütterlichen Körper gebildet werden.

Kommunikatoren in großen Mengen

Im vorigen Kapitel haben wir gesehen, daß hormonartige Substanzen, die von einigen Zellen freigesetzt werden und auf andere Zellen einwirken, eine wichtige Rolle bei der Aktivierung bestimmter Zellen am Anfang einer Immunantwort spielen. Viele von ihnen sind bekannt. Sie wurden bestimmt, nachdem es möglich geworden war, Zellen des Immunsystems, etwa verschiedene Arten von Lymphozyten oder Makrophagen, in Laborkulturen zu züchten. Viele dieser Kulturen bilden kontinuierlich Kommunikatoren, die sich dann untersuchen lassen. Umgekehrt wurde die Langzeit-Züchtung von Immunzellen in Kulturen erst möglich, nachdem man ihre biologischen Prozesse verstanden hatte. Beispielsweise lassen sich Kulturen von T-Helferzellen, die auf ein bestimmtes Antigen reagieren, dadurch anlegen, daß man Populationen von T-Zellen auf Makrophagenschichten züchtet, welche dieses Antigen an ihrer Oberfläche präsentieren. Mit Hilfe von Substanzen, die von solchen Kulturen gebildet werden, lassen sich wiederum Kulturen anderer Zellen anlegen.

Diese mühsame, aber sehr nützliche Arbeit führte zur Identifizierung von Faktoren, die das Wachstum und die Differenzierung vieler Zellarten des hämopoietischen Systems fördern. Die wichtigsten Faktoren des Immunsystems werden von Makrophagen und T-Helferzellen gebildet. Beide werden zusammenfassend als *Lymphokine* bezeichnet, was bedeutet, daß sie Lymphozyten und andere Immunzellen stimulieren. Einige werden als *Interleukine* bezeichnet – als

Mediatoren von Signalen zwischen Leukozyten (weißen Blutzellen): Die eine Zellart produziert Interleukin, die andere reagiert darauf. Mindestens zehn verschiedene Interleukine sind bekannt. Diese Kommunikatoren sind außerordentlich vielfältig und ausgetüftelt. Jeder übt eine spezifische Wirkung auf einen bestimmten Zelltyp aus, wobei die meisten diverse Funktionen gegenüber verschiedenen Zelltypen wahrnehmen. Alle wirken bei Auslösung und Entwicklung der Immunantwort zusammen.

Ein Beispiel für das Zusammenwirken dieser Faktoren zeigen die Prozesse des Dreierkomplexes. Aktivierte Makrophagen bilden einen Faktor, der die Vermehrung von T-Helferzellen anregt. Dieser Faktor heißt *Interleukin-1*. Unter seinem Einfluß stellen T-Helferzellen einen anderen Faktor her, *Interleukin-2*, und präsentieren an ihrer Oberfläche Rezeptoren für diesen Faktor. Das auf die Rezeptoren einwirkende Interleukin-2 stimuliert die Vermehrung der T-Helferzellen selbst – ein Beispiel für ein positives Feedback, durch das *eine Zelle ihr eigenes Wachstum anregt*. Unter dem Einfluß von Interleukin-2 bilden die T-Lymphozyten auch Faktoren, die zusammen mit anderen von Makrophagen produzierten Faktoren das Wachstum von B-Zellen stimulieren. Außerdem stellen die aktivierten T-Zellen noch einen weiteren wichtigen Stoff her: *Gamma-Interferon*. Interferone sind kleine Proteine, die wichtige Auswirkungen auf viele Zellarten haben. Sie verleihen ihnen Resistenz gegen Viren, verhindern ihr Wachstum und verändern die Expression einiger ihrer Gene. Gamma-Interferon besitzt die besondere Eigenschaft, die Expression von MHC-Genen der Klasse II an der Oberfläche von Makrophagen zu steigern, so daß die Wirksamkeit dieser Zellen bei der Mitwirkung im Dreierkomplex bis zum Zehnfachen wächst.

Dieses komplexe System von Wechselwirkungen entfaltet sich nach Aktivierung von Makrophagen und T-Helferzellen durch gegenseitige Kontakte oder (im Fall der Helferzellen) durch Kontakt mit einem großen repetitiven Molekül. Die Fähigkeit von B-Zellen, auf die Faktoren zu reagieren, wird ebenso durch Kontakt mit einem Antigen oder einem großen repetitiven Molekül aktiviert. Auf diese Weise konzentrieren sich alle Einflüsse, welche die Immunantwort aktivieren, und verstärken einander.

Wir haben im vorliegenden Kapitel gesehen, wie komplex die Entwicklung des schon gut untersuchten Immunsystems gesteuert wird. Wir können davon ausgehen, daß andere Entwicklungssysteme, von denen wir noch nicht soviel wissen, ebenso komplex sind und sich ähnlicher Mechanismen bedienen, um für die Ausgewogenheit ihrer Entwicklungsprozesse zu sorgen. Die konkreten Mechanismen erweisen sich jedoch als höchst verschieden, weil andere Systeme unter anderen Bedingungen arbeiten. In jedem System haben die Gene geeignete Mittel zum Erreichen ihrer Ziele entwickelt, wobei sie pragmatisch von den Dingen Gebrauch machen, die ihnen am besten dienen. Ihnen stehen viele Kniffe zur Verfügung, und sie nutzen sie zu ihrem Vorteil. Selten greifen sie in verschiedenen Situationen auf dieselben Methoden zurück – sie sind sehr erfinderisch. Diese prinzipielle Veränderlichkeit bedeutet für die Wissenschaftler, die den Genen auf die Schliche kommen wollen, ein großes Problem.

KAPITEL 15
Ungezügelte Gene

Der normale Entwicklungsprozeß beruht auf der Entfaltung der Genaktivität nach einem genau festgelegten Programm. Wenn jedoch einige wichtige Gene zur falschen Zeit oder am falschen Ort aktiv werden, ist das Programm gestört, und diese Anomalie läßt Krebszellen entstehen, die erheblich von der Norm abweichen. Da sich die betroffenen Zellen den normalen Regulationseinflüssen entziehen, welche die Expression von Zellgenen steuern, exprimieren Krebszellen Gene, die im normalen Körper eines ausgewachsenen Individuums nicht exprimiert werden dürfen.

Krebszellen werden als bösartig bezeichnet, weil ihr Verhalten zwei Grundregeln der Körperorganisation verletzt. Die *erste* legt fest, daß normale Zellen die normalen Gewebegrenzen respektieren. So ist die Epithelschicht der Haut, die *Epidermis*, von einem durchgehenden Häutchen, der *Basalmembran*, gegen das darunterliegende Bindegewebe, das *Derma*, abgegrenzt. Wenn Zellen der Epidermis bösartig werden, durchqueren sie die Basalmembran und infiltrieren das Derma; von hier aus befallen sie Fettgewebe, Muskeln und andere Organe. Die *zweite* Grundregel besagt, daß Zellen normalerweise auf bestimmte Organe beschränkt bleiben. Krebszellen dagegen besiedeln fernliegende Organe, ein Prozeß, den man als *Metastasierung* (Wanderung) bezeichnet. So können Zellen des Brustkrebses in Gehirn, Leber oder Knochen angetroffen werden.

Der Verstoß gegen diese Regeln macht den Krebs so gefährlich. Metastasen verändern durch ihre bloße Masse die normale Funktion lebenswichtiger Organe. Krebszellen können in Blutgefäße eindringen, Blutverluste bewirken und das umliegende Gewebe zerstören. Außerdem bilden sie Substanzen, welche die Körperfunktionen stören und dem Organismus wichtige Nährstoffe in ungewöhnlicher Menge entziehen. Deshalb schwächt der Krebs den Körper und führt letztlich zum Tod.

Krebs entsteht in allen höheren Organismen, Pflanzen wie Tieren, doch seine Entwicklung vollzieht sich in verschiedenen Arten auf höchst unterschiedliche Weise. Am eingehendsten sind die Krebserkrankungen des Menschen wegen ihrer Bedeutung für die Medizin beschrieben.

Progression: Schrittfolge der Krebsentwicklung

Bei Menschen wie bei Versuchstieren kann je nach Art ein Zeitraum von Monaten oder Jahren zwischen dem Beginn des Prozesses und dem Auftreten von Zellen mit den beschriebenen abweichenden Merkmalen verstreichen. Die Länge dieser Periode läßt sich bei Menschen messen, die einem krebserregenden Ereignis ein einziges Mal ausgesetzt waren, etwa Röntgenstrahlen oder anderen Strahlen. So waren Menschen einer hohen Strahlendosis ausgesetzt, als im Zweiten Weltkrieg Atombomben über japanischen Städten explodierten. Ungefähr zwei Jahre danach trat bei den Überlebenden eine überdurchschnittliche Häufigkeit von Leukämie (Krebserkrankung der weißen Blutkörperchen) auf, die sieben Jahre später einen Höhepunkt erreichte. Auch später traten immer wieder neue Erkrankungen dieser Art auf. Fälle von Brustkrebs wurden einige Jahre danach entdeckt und wiesen die größte Häufigkeit achtzehn Jahre nach der Explosion auf. Der Zeitraum zwischen dem Beginn der Belastung und dem Auftreten des Krebses ist noch länger, wenn die Betroffenen ständig kleine Dosen eines krebserregenden Stoffes aufnehmen. Bei Zigarettenrauchern beträgt der zeitliche Abstand zwischen dem Beginn des Rauchens und der Entdeckung des Lungenkrebses ungefähr dreißig Jahre. Wenn Arbeiter chronisch mit chemischen Stoffen in Berührung gekommen sind, die sich später als krebserregend herausstellten, sind ähnliche Inkubationszeiten beobachtet worden.

Was in der langen stillen Phase der Krebsentwicklung geschieht, läßt sich aus Untersuchungen an Tieren und Zellkulturen erschließen. Hier vollziehen sich die Veränderungen, die zu einem klinisch erkennbaren Krebs führen, nacheinander in einer ganz bestimmten Schrittfolge. In Zellkulturen besteht der erste erkennbare Schritt in einer verstärkten Zellvermehrung, vorausgesetzt, die von den Zellen benötigten Wachstumsfaktoren sind vorhanden. Im zweiten Schritt können sich die Zellen auch ohne Wachstumsfaktoren vermehren, und sie erwerben in der Folgezeit eine Eigenschaft, über die normale Zellen nicht verfügen: die Fähigkeit, in geliertem Nährboden zu wachsen (während normale Zellen in Kulturen nur wachsen, wenn sie einer festen Oberfläche anhaften: einem speziellen Kunststoff oder Glas). In einem nächsten Schritt erwerben die Zellen die Fähigkeit, einen lokalisierten Tumor bei Tieren hervorzurufen, wenn es keine immunologischen Schranken gibt. In einem weiteren Schritt gelingt es ihnen, in umgebende Gewebe einzudringen, und schließlich werden sie dazu fähig, Metastasen auszusenden. Diese Schrittfolge auf dem Weg zur Bösartigkeit bezeichnet man als *Progression*. Im Tier sind ähnliche Schritte zu erkennen: übermäßiges Wachstum, abnormes Wachstum, Invasion und Metastasen.

Ein zusätzlicher Schritt, den man in Kulturen nicht beobachten kann, ist die Fähigkeit des Tumors, das Eindringen von kapillaren Blutgefäßen in den Tumor zu veranlassen (Angiogenese). Dies ist ein entscheidender Schritt, weil der Tumor ohne die Blutgefäße des Wirtsorganismus nicht überleben könnte.

Weder über die Zellveränderungen, die während der Progression auftreten, noch über ihre Mechanismen wissen wir Näheres. Es ist jedoch sicher, daß Veränderungen der Zelloberfläche eine große Rolle spielen und daß diese wiederum auf Veränderungen der Genexpression in der Zelle zurückgehen. Darüber hinaus ist nur wenig bekannt.

Anfängliche Ereignisse

Auch die Anfangsereignisse des Krebses bei Versuchstieren sind komplex, wie Isaac Berenblum und Peyton Rous in den vierziger Jahren mit ihren Experimenten zeigten. Durch wiederholte Anwendung von Teer riefen sie bei Mäusen Tumore hervor. Diese waren nicht bösartig – sie blieben lokalisiert, und ihre Zellen wiesen normale Eigenschaften auf –, aber sie konnten sich späterhin zur Bösartigkeit entwickeln. Entscheidend war die Beobachtung, daß kein Krebs entstand, wenn man ein wenig Teer verwendete, daß Krebs aber später auftrat, wenn die Haut der Mäuse mit Krotonöl behandelt oder wenn sie verletzt wurde. Ursprünglich hatten die Forscher Krotonöl nur als Reizstoff benutzen wollen. Es zeigte sich aber, daß es hochwirksame Substanzen enthält. Diese beeinflussen die Signalübertragung, welche die Zellvermehrung aktiviert und auf den Verlauf der Differenzierung einwirkt. Aus diesen Beobachtungen schloß man, daß zumindest zwei Schritte an der Krebsentstehung beteiligt sind: die *Initialphase* (durch den Teer ausgelöst) und die *Promotionsphase* (durch das Krotonöl ausgelöst). Die Initialphase ist von Dauer: Der Hautkrebs tritt auch auf, wenn die Promotionssubstanz viele Monate nach dem Teer aufgetragen wird. Es scheint eine Genveränderung, wahrscheinlich eine Mutation, stattzufinden. Die Wirkung der Promotionsphase ist dagegen nur vorübergehend. Kommt die Haut zunächst mit dem Promotor in Kontakt und später mit dem Initiator, so wird kein Krebs hervorgerufen.

Für die Hypothese, daß die Initialphase auf einer DNA-Schädigung beruht, spricht die Fähigkeit vieler krebserregender Stoffe zur DNA-Veränderung. Einige wirken direkt, andere nach Modifikation durch Zellenzyme. Es erscheint merkwürdig, daß derartige Enzyme Krebs erregen sollen, denn dies würde eine Verdrehung der normalen Verhältnisse bedeuten. Die Zellenzyme neutralisieren und eliminieren schädliche Substanzen, die von außen kommen, und manchmal sogar Stoffe des Zellinneren, z. B. bestimmte Steroidhormone. Ein solcher Entgiftungsprozeß umfaßt viele chemische Schritte. Verbindungen, die die DNA schädigen können, entstehen als kurzlebige Zwischenprodukte. Vielleicht greifen sie die DNA in der kurzen Zeit ihrer Existenz an und verursachen Mutationen.

Ihre Fähigkeit, Mutationen zu verursachen, läßt sich im Labor nachweisen, wenn man Bakterien- oder Tierzellkulturen benutzt, in denen eine Mutation leicht erkennbare Veränderungen hervorruft. Die Bakterien oder Zellen werden in einem Nährmedium gezüchtet, das die krebserregende Substanz zusammen mit einer Mischung von entgiftenden Enzymen aus einer Rattenleber enthält. Die Enzyme erzeugen die DNA-schädigenden Verbindungen, die dann die Zellmembranen durchqueren und die DNA erreichen. So ließ sich bei vielen krebserregenden Stoffen nachweisen, daß sie Mutationen hervorrufen, was die These stützt, daß die Initialphase das Ergebnis einer Mutation ist. Die Promotionsphase ist vielleicht notwendig, um die Expression des mutierten Gens zu ermöglichen.

Fälle, in denen Mutationen als Ursache fraglich sind

Nicht alle Krebserkrankungen werden jedoch durch Mutationen hervorgerufen. Einige können durch Substanzen bewirkt werden, welche die DNA nicht angreifen – etwa Asbest, Hormone oder Kunststoffplättchen, die man einer Ratte oder einer Maus in die Haut einpflanzte. Diese Beobachtungen lassen daran zweifeln, daß immer eine Mutation am Anfang von Krebs steht. Zusätzliche Zweifel ergeben sich daraus, daß Wirkstoffe, die DNA-Schäden hervorrufen, auch andere Zellbestandteile schädigen, etwa die RNA und Proteine. Können wir sicher sein, daß es die DNA-Schädigungen sind und nicht andere Ursachen, die Krebs hervorrufen?

Ausschlaggebend für das Mutationsmodell schien die Unumkehrbarkeit des Krebses zu sein. Allerdings wird dieses Argument durch die Erkenntnis beeinträchtigt, daß nicht nur Mutationen, sondern auch Entwicklungsveränderungen irreversibel sind, zumindest bei Säugetieren. Und solche Veränderungen werden nicht durch Mutationen, sondern durch Änderungen im Aktivitätszustand der Gene verursacht. Doch das entscheidende Argument gegen die These, daß alle Krebserkrankungen durch Mutationen bedingt sind, ist das Vorkommen von eindeutig umkehrbaren Krebsarten.

Die Zellen eines embryonalen Krebses, des Teratokarzinoms (was soviel heißt wie ein Krebs, der aus einem veränderten Embryo entsteht), können wieder in ihren normalen Zustand zurückgeführt werden. Diese Krebsform läßt sich in manchen Mäusestämmen leicht hervorrufen, indem man entweder unreife Keimzellen oder einen jungen Embryo in den Hoden einer ausgewachsenen Maus injiziert. Die Krebsart, die sich häufig an der Injektionsstelle entwickelt, ist ungewöhnlich. Sie enthält Krebszellen, vermischt mit voll entwickeltem Mäusegewebe wie Haut, Nervensystem, Muskeln oder sogar Zähnen. Wenn Zellen dieses Krebses von einer Maus auf die andere übertragen werden, läßt sich zeigen, daß der Krebs aus zwei Zellarten besteht, nämlich nicht eingeschränkten Zellen, die den Zellen des jungen Mäuse-Embryos ähneln, und differenzierten Zellen. Zellen der ersten Art sind bösartig: Eine einzige undifferenzierte Zelle, die in eine Maus injiziert wird, kann sich zu einem Krebs entwickeln, der sowohl undifferenzierte als auch differenzierte Zellen enthält. Die differenzierten Zellen dagegen sind nicht bösartig. Aus diesem Ergebnis folgt, daß undifferenzierte Zellen mit dem Differenzierungsprozeß ihre Bösartigkeit verlieren.

Der Verlust der Bösartigkeit läßt sich auch dadurch erzielen, daß man ein oder zwei undifferenzierte Zellen in einen jungen Mäuse-Embryo injiziert. Die Zellen nehmen dann an der normalen Entwicklung des Embryos und der Bildung des ausgewachsenen Tieres teil. Wenn man der injizierten Zelle erkennbare genetische Markierungen, etwa eine spezielle Hüllenfarbe, beigab, zeigte das Tier später die Markierungen auf seinem Körper. Die Rückkehr dieser Krebszellen zur Normalität wird deshalb von der Zellumgebung beeinflußt und ist mit der Differenzierung verknüpft.

Die Beobachtung, daß normale Embryonalzellen bösartig werden, wenn sie in einen ausgewachsenen Körper verpflanzt werden, und daß sie zur Normalität zurückkehren, wenn sie wieder in ihre normale Umgebung, den Mäuse-Embryo, zurückkehren, hat bemerkenswerte Konsequenzen. Denn hieraus folgt, daß der Krebszustand in Embryonalzellen möglicherweise durch den Kontakt mit Differenzierungsfaktoren hervorgerufen und beibehalten wird, die in der ausgewachsenen Maus vorhanden sind. Diese Faktoren sind für Embryonalzellen abnorme Einflüsse und veranlassen sie zu anomalem Verhalten. Sobald die Zellen wieder dem Einfluß der embryonalen Differenzierungsfaktoren unterliegen, kehren sie zur Normalität zurück.

Die Zellen des Teratokarzinoms scheinen keine überdauernde Veränderung in ihrer DNA zu erleiden, weil sie sich ganz normal an der Bildung des ausgewachsenen Mäusekörpers beteiligen. Dieser Krebs resultiert also möglicherweise nicht aus einer genetischen Schädigung. Er könnte sich aus reversiblen Genveränderungen entwickeln, wie sie auch für die Differenzierung verantwortlich sind. Statt mit einem *genetischen* Mechanismus hätten wir es hier also mit einem *epigenetischen* zu tun (einem Mechanismus, der jenseits der Gene angesiedelt ist). Er würde auf der Ebene der Transkription, der Messengerbildung, der Translation oder der Proteinaktivität zu suchen sein.

Ein epigenetischer Mechanismus kann auch an der Krebsentstehung durch Hormoneinwirkung beteiligt sein. Wie in Kapitel 8 dargelegt, gehören viele hormonbildende Drüsen einem hierarchischen System an, in dem die Produktion eines Hormons durch die Produktion eines anderen reguliert wird. So werden die Eierstocksteroide durch Hypophysenhormone kontrolliert. Die Hypophyse unterliegt ihrerseits dem Einfluß des Hypothalamus, auf den die Eierstockhormone durch Rückmeldung einwirken. Wird der Eierstock in die Milz verpflanzt, erreichen seine Hormone nicht mehr das Gehirn. Sie werden statt dessen in eine Blutbahn ausgeschüttet, die in der Leber endet, wo die Hormone durch die Entgiftungsenzyme zerstört werden. Die Rückkopplungsschleife ist zerstört, und die Hypophyse bildet nun fortlaufend eine viel zu große Menge von Hormonen, die den Eierstock stimulieren. Dieser heftige, ununterbrochene Stimulus bewirkt die Vermehrung der hormonbildenden Zellen des Eierstocks, weil die Hypophysenhormone nicht nur die Hormonbildung in diesen Zellen, sondern auch deren Wachstum anregen. Auf lange Sicht verursacht der fortgesetzte Wachstumsstimulus die Krebsbildung der Eierstockzellen. Viele andere Faktoren, die wie die Hormone auf Wachstum oder Entwicklung einwirken, könnten bei der Krebsentstehung eine ähnliche Rolle spielen. Das Teratokarzinom ist ein gutes Anschauungsbeispiel.

Chromosomenveränderungen

Krebszellen wachsen nicht nur einfach, sondern unterscheiden sich in vielerlei Hinsicht von den normalen Zellen des Organs, in dem sie entstehen. Einige dieser Unterschiede haben nicht unmittelbar mit dem Krebs zu tun. Sie sind darauf zurückzuführen, daß Krebszellen sich nicht aus den endgültig differenzierten Zellen entwickeln, aus denen die Organe des ausgewachsenen Lebewesens bestehen, sondern aus weniger differenzierten Zellen. Am leichtesten war dies bei Leukämie, der Krebserkrankung der Blutzellen, festzustellen, weil wir die Entwicklung, die zu reifen Blutzellen führt, genau kennen. So stellte man fest, daß an verschiedenen Leukämien Zellen verschiedener Entwicklungsstadien beteiligt sind. Größer ist die Ungewißheit im Hinblick auf viele andere Organe, weil ihr normaler Entwicklungsgang nicht bekannt ist.

Angesichts dieser Ungewißheiten läßt sich nur schwer auf den Ursprung von Krebsarten schließen, die aus abnormen Zellen bestehen – wenn ein Krebs beispielsweise Hormone bildet, die von den normalen reifen Zellen ihres Ursprungsorgans nicht hergestellt werden. So werden Peptidhormone und Neuropeptide bei Bronchialkrebs hergestellt. Andere ungewöhnliche Hormone werden beim Bauchspeichelkrebs gebildet. Sind solche Abweichungen das Ergebnis einer extremen Anomalität der Krebszellen? Vielleicht. Es ist aber auch eine andere Erklärung denkbar. Diese Krebsarten könnten aus seltenen Zellen entstehen, die in diesem Organ auch normalerweise oder während der Entwicklung die gleichen Hormone bilden. Tatsächlich kommen Neuropeptide bildende Zellen auch in normalen Bronchien vor. Eine wahrscheinlichere Interpretation besagt also, daß die Krebszellen bestimmte fötale Merkmale aufweisen.

Andere Anomalien sind im engeren Sinne Merkmale des Krebszustandes – etwa eine ungewöhnliche Chromosomenzahl. Solche Zellen bezeichnet man als *aneuploid*: Sie weisen nicht die regelmäßige oder euploide Chromosomenzahl auf, sondern haben weniger oder mehr. Bei einigen Krebsarten kommt es beinahe zur Verdopplung der regelmäßigen Zahl. Diese Anomalien haben ihren Ursprung in einem unbekannten Mechanismus, der auf Unregelmäßigkeiten während der Zellteilung beruht, wenn die Chromatiden der Mutterzellen auf die beiden Tochterzellen verteilt werden. Der aneuploide Zustand hat schwerwiegende Konsequenzen auf die Zellen, weil er das Gleichgewicht der Gene und ihren Regulationszustand stört. In der Wirkung ist das so, als wären die Zellen einer Vielzahl von Mutationen unterworfen. Mit Ausbreitung des Krebses nehmen auch die abnormen Erscheinungen ständig zu, weil einige der aneuploiden Zellen die anderen Zellen überwachsen und die Hauptmasse des Krebses bilden. Andere Chromosomenanomalien sind Verluste von Teilen (Deletionen) oder von ganzen Chromosomen. Solche Veränderungen sind häufig spezifisch, beispielsweise beim Dickdarmkarzinom, wo sie unter anderem die Chromosomen 17 und 18 betreffen.

Krebs durch Viren

Was wir über den Krebs und die ihn hervorrufenden Mechanismen wissen, beruht im wesentlichen auf der Untersuchung von krebserzeugenden Viren. Da Viren nur eine begrenzte Zahl von Genen besitzen, läßt sich bestimmen, welche Virusgene für einen Krebs verantwortlich sind. Aus der Untersuchung solcher viraler Krebsgene oder *Onkogene* haben wir viel über die Natur des Krebses gelernt.

DNA-Viren

Ende der fünfziger Jahre stellte man fest, daß ein kleines Virus mit einem DNA-Genom Krebs bei Mäusen und anderen Nagetieren hervorruft. Da es mehrere Krebsarten entstehen läßt, bezeichnete man es als *Polyomavirus*. Später wurde ein anderes Virus mit ähnlichen Eigenschaften aus Kulturen von Affenzellen isoliert und *Simian-Virus 40* genannt (nach der Reihenfolge der Isolierung), abgekürzt SV40.

Die Untersuchung dieser Viren zeigte, warum die Veränderung normaler Zellen zu Krebszellen durch ein Virus ein irreversibler Prozeß ist. Sowohl die Zelle wie ihre Nachkommenschaft bleiben Krebszellen, weil Virusgene, die fähig sind, ihren Zustand beizubehalten, in die DNA der Zellen eingebaut werden und dort überdauern – ein Phänomen, das man als *Integration* bezeichnet. (In Kapitel 5 wurde berichtet, wie sich diese Vorgänge mit Hilfe von radioaktiven DNA-Sonden nachweisen lassen.) Die integrierte Virus-DNA heißt *Pro-*

virus, weil sie unter bestimmten Bedingungen die Bildung eines neuen Virus bewirkt. Virusgene, die im Provirus aktiv sind, sorgen für die Beibehaltung des Krebszustandes in den Zellen.

Im Polyomavirus sorgen diese Gene für die Herstellung von drei Proteinen, die alle an der Veränderung der Zellen mitwirken. Zwei der Proteine haben ganz bestimmte Funktionen: Das eine wirkt mit der Zell-DNA zusammen, das andere wird in die Membran der Zelle eingebaut. Dieser doppelte Effekt entspricht dem oben beschriebenen Befund, daß bei der Auslösung von Krebs durch chemische Stoffe mehr als ein Schritt erforderlich ist.

RNA-Viren

Ein noch weitergehendes Verständnis des Krebses verdanken wir einer anderen Virenart. Diese Viren besitzen ein RNA-Genom, das in den Zellen in DNA umgeschrieben wird – ein Vorgang, den man als *reverse Transkription* bezeichnet, weil er eine Umkehrung des normalen genetischen Informationsflusses darstellt. Die Viren selbst nennt man *Retroviren*. Innerhalb der Zellen besteht das Virusgenom, das für die Krebsentstehung verantwortlich ist, aus DNA und wird abermals als Provirus in die Zell-DNA integriert. Seine Transkription bringt neue RNA-Genome hervor. So entstehen neue Viruspartikel, die ständig aus den Zellen heraussickern.

Viele Retroviren infizieren Tiere, ohne Krebs hervorzurufen. Ihre Genome enthalten drei Gene mit Funktionen, die für die Replikation des Virus von entscheidender Bedeutung sind. Krebserzeugende Retroviren haben ein zusätzliches Gen – das Onkogen –, welches für das Virus ohne Nutzen ist, ja, es ist sogar schädlich, denn es wird normalerweise zwischen den Virusgenen eingebaut, wobei es Stücke von diesen ersetzt und sie inaktiviert. Solche Viren sind beeinträchtigt und können sich nicht aus eigener Kraft vermehren, sondern nur in Zellen, die von einem vollständigen Retrovirus infiziert sind. Die Gene des normalen Virus liefern die Proteine, die das krebserzeugende Virus nicht bilden kann.

Aus der Position des Onkogens geht hervor, daß es dem Virusgenom fremd ist und dort durch eine Transposition oder Rekombination eingebaut wurde. Es könnte von einem anderen Virus oder vielleicht einem normalen Zellgen stammen. Daß letzteres durchaus möglich ist, zeigte die Herstellung radioaktiver Sonden für das Onkogen eines Hühnervirus, des Rous-Sarkom-Virus (benannt nach seinem Entdecker Peyton Rous). Diese Sonden entdeckten homologe Sequenzen in der DNA normaler Hühnerzellen, die kein Retrovirusgenom enthielten, woraus ersichtlich war, daß das Onkogen von einem Zellgen stammt. Später stellte man fest, daß auch die DNAs anderer Organismen – von der Hefe bis zum Menschen – Sequenzen enthalten, die homolog mit diesem Onkogen sind. Die Sequenzen weisen auch über Artgrenzen hinaus große Ähnlichkeit auf. Ihre Veränderlichkeit ist der jener Gene vergleichbar, die lebenswichtige Funktionen wahrnehmen, wie etwa die Globingene. Wahrscheinlich übernimmt das Virus das Onkogen infolge eines seltenen Rekombinationsereignisses von den Zellen, in denen es repliziert wird. Deshalb hat man die in normalen Zellen vorkommenden Sequenzen als *Proto-Onkogene* bezeichnet.

So gelangte man leider zu der Schlußfolgerung, daß das Onkogen eng verwandt mit einem normalen Gen ist, welches irgendeine wichtige Funktion für das Tier wahrnimmt, hätte es sich doch sonst nicht auf allen Ebenen der Evolution als so beständig erwiesen. Aufgrund dieser interessanten Resultate wurde das Onkogen zum Gegenstand einer Vielzahl von Untersuchungen. Rasch wurden viele andere Onkogene in anderen Retroviren entdeckt; wahrscheinlich enthält das Tiergenom fünfzig bis hundert von ihnen.

Diese Entdeckungen warfen viele neue Fragen auf. Welche normale Funktion haben Proto-Onkogene? Wie entgehen normale Zellen der krebserzeugenden Wirkung dieser Gene, die in ihren eigenen Genomen vorhanden sind? Wie verwandeln Onkogene normale Zellen in Krebszellen? Sind Onkogene für die Entstehung aller oder nur einiger Krebsarten verantwortlich? In welcher Beziehung stehen sie zur vielfältigen Schrittfolge der Krebsentstehung?

Onkogene und Proto-Onkogene

Zunächst beschäftigte man sich mit der Frage, ob die in normalen Zellen vorkommenden Proto-Onkogene mit den Onkogenen in Viren identisch sind. Die Antwort, die man durch Klonierung der Gene erhielt, besagt, daß sie sich in zwei Aspekten unterscheiden: Die viralen Onkogene weisen in ihrer Struktur leichte Abweichungen auf – sie sind entweder kürzer oder unterscheiden sich in einigen Basen –, und sie werden dank der wirkungsvollen viralen Enhancer, deren Kontrolle sie unterstehen, sehr viel schneller transkribiert. Diese

Veränderungen sind wichtig für die krebsfördernde Aktivität vieler Onkogene. Ihre Funktion wird den regulatorischen Kontrollen entzogen, die die Aktivität normaler Proto-Onkogene einschränken. Sie werden also aktiviert.

Möglicherweise können auch einige nicht-modifizierte Proto-Onkogene die Entwicklung zur Bösartigkeit einleiten, wenn ihr Transkriptionstempo stark zunimmt und große Mengen des betreffenden Proteins in den Zellen hergestellt werden. Dies läßt sich erreichen, wenn man in die Zellen ein kloniertes Proto-Onkogen einschleust, das mit der wirksamen Kontrollregion eines Retrovirus verknüpft ist. Ein Proto-Onkogen kann jedoch auch an seinem normalen Aufenthaltsort durch die Integration eines Retrovirusgenoms in seiner Nähe aktiviert werden, denn dadurch beschleunigt sich seine Transkription, und häufig verändern sich auch seine Sequenzen.

Man hält Proto-Onkogene für Entwicklungsgene, weil sie in bestimmten Stadien der normalen Entwicklung aktiv sind. In der Tat haben einige von ihnen Sequenzen, die den Entwicklungsgenen von *Drosophila* ähneln. Möglicherweise sind sie an bestimmten Differenzierungsschritten beteiligt, und zwar die verschiedenen Proto-Onkogene an je anderen Schritten. Es hat den Anschein, daß sie zu Krebserregern werden, wenn sie in Zellen exprimiert werden, in denen sie normalerweise nicht aktiv sind. Beispielsweise ist das Proto-Onkogen, das einem Onkogen entspricht, welches bei Mäusen Knochenkrebs hervorruft, bei normalen Mäusen sowohl während der frühen Embryonalentwicklung aktiv als auch in den blutbildenden Knochenmarkszellen des ausgewachsenen Tieres. Und doch ruft dieses Onkogen einen Krebs der knochenbildenden Zellen hervor. Die Expression in anomalen Zellen erlaubt dem Onkogen möglicherweise, sich den regulatorischen Einflüssen zu entziehen, so daß es zu einem unwiderstehlichen Stimulus für Wachstum oder Differenzierung wird. Unter Umständen ist eine solche Situation den Verhältnissen vergleichbar, die entstehen, wenn embryonale Zellen in die Umgebung eines ausgewachsenen Organs übertragen werden und Teratokarzinome hervorrufen (vgl. S. 421).

Onkogene bei spontanen Krebserkrankungen

Die beschriebenen Onkogene sind in Viren zugegen und erweisen sich bei Versuchstieren als wirksam. Einige aktivierte Onkogene stehen auch mit spontanen Krebserkrankungen des Menschen in Verbindung. Sie lassen sich nachweisen, indem man aus Krebszellen DNA isoliert und in normale Versuchszellen einschleust, auf die sie ihre malignen Merkmale übertragen. DNAs aus Zellen verschiedener menschlicher Krebskrankheiten besitzen diese Eigenschaften. Aktivierte Onkogene werden jedoch nur in ungefähr 15 Prozent aller Krebsfälle eines gegebenen Typs entdeckt. Ich werde auf die Bedeutung dieses Umstands noch zurückkommen. Einige der aus menschlichen Krebszellen gewonnenen Onkogene sind mit den viralen Onkogenen verwandt, andere sind verschieden.

Wie die in Viren vorkommenden Onkogene sind auch die in menschlichen Krebszellen zu findenden Onkogene nicht mit den normalen Proto-Onkogenen identisch. In manchen Fällen betrifft der Unterschied nur eine einzige Base, aber an einer strategisch wichtigen Position: Der Austausch dieser einen Aminosäure im Protein führt zu einer beträchtlichen Veränderung der dreidimensionalen Struktur des Proteins und bereitet so den Weg zur Veränderung der Zellen.

Man hat sich eingehend mit der Wirkungsweise von Onkogenen beschäftigt, weil man hoffte, etwas über die Entstehung und die Natur des Krebswuchses herauszufinden. Es ging dabei vor allem um die Bestimmung der von Onkogenen spezifizierten Proteine und ihre Funktion in der Zelle.

Die Ergebnisse lassen darauf schließen, daß die Proteine der meisten Onkogene in vier Gruppen eingeteilt werden können, die für eine wichtige Folge von Regulationsprozessen in den Zellen verantwortlich sind. Die Proteine der einen Klasse befinden sich im Zellkern und können an die DNA binden. Die einer anderen Klasse sind Enzyme (Protein-Kinasen), die an andere Proteine Phosphatgruppen hängen. Proteine einer dritten Gruppe sind mit Wachstumsfaktoren oder ihren Rezeptoren verwandt. Die Proteine einer vierten Gruppe schließlich sind mit einem Membranprotein verwandt, das an der Verwendung von cAMP als sekundärem Boten durch einige Hormone beteiligt ist. Es scheint überraschend, daß Proteine mit so unterschiedlichen Merkmalen die gleiche Wirkung erzielen. Möglicherweise ist dies der Fall, weil sie alle einem Kommunikationssystem angehören, das Wachstums- und Differenzierungssignale von äußeren Faktoren an die Gene überträgt, und zwar nach dem Schema: Faktor > Rezeptor > sekundärer Bote > Zellkern > Gene. Sobald dieser Übertragungsweg an irgendeinem Punkt aktiviert wird, ist das Signal von dort bis zum Endpunkt wirksam. Es gibt viele solcher

Übertragungswege, die wahrscheinlich in verschiedenen Genen zusammenlaufen. Welcher jeweils von einer Zellart benutzt wird, hängt von ihrem Differenzierungszustand ab. Dieses Schema deckt sich mit der Beobachtung, daß verschiedene Onkogene für Zellen in verschiedenen Differenzierungsstadien als Krebserreger wirken.

Wir können feststellen, wie ein Onkogen wirkt, indem wir als Beispiel das Onkogen des Rous-Sarkom-Virus (*src*, kurz für englisch *sarcoma*) betrachten. Dieses Protein ist ein Enzym, eine Protein-Kinase. In normalen Zellen gibt es viele Protein-Kinasen, deren Regulationseinflüsse wirksam zur Aktivierung bzw. Inaktivierung von Enzymen beitragen. Da eine Kinase nur eine kurze Aminosäuresequenz in Proteinen erkennt, kann sie viele Proteinarten verändern, die diese Sequenz besitzen. Die Protein-Kinase, die dem viralen Onkogen entspricht, unterscheidet sich von den normalen Kinasen dadurch, daß sie den Phosphatrest an eine andere Aminosäure in den Proteinen hängt (Tyrosin statt Threonin oder Serin). Die Onkogen-Kinase könnte infolge ihres unterschiedlichen Zielortes die genregulierenden Proteine beeinflussen und dabei die gleiche Wirkung entfalten wie die normalen Kinasen.

Die Proteine, die in Zellen durch Onkogen-Kinase verändert werden, sind eingehend untersucht worden. Bei einigen handelt es sich um Proteine der Zellmembran, bei anderen um Enzyme der Glykolyse (des in Kapitel 3 beschriebenen Prozesses, der unter Ausschluß von Sauerstoff Energie aus Zucker gewinnt). Gelegentlich zeigen Krebszellen Veränderungen sowohl an ihrer Oberfläche als auch in der Glykolyse-Regulation, doch ist nicht bekannt, ob die modifizierten Proteine für diese Veränderungen verantwortlich sind. Wahrscheinlich führen die von Onkogenen verursachten Veränderungen auch zur Aktivierung von Genen, die eigentlich stumm sein müßten, und zur Inaktivierung von Genen, die aktiv sein müßten.

Anhand dieser Beobachtungen läßt sich vielleicht erklären, wie andere Onkogene arbeiten. Die Proteine, die in den Zellkern wandern, könnten die Expression von Zellgenen direkt beeinflussen. Onkogene, die mit Wachstumsfaktoren oder ihren Rezeptoren verwandte Moleküle spezifizieren, könnten auch über den Kinase-Weg wirken, weil viele Rezeptoren Kinasen sind, die auf Tyrosin einwirken. Deshalb wirkt ein Onkogen-kontrollierter Rezeptor möglicherweise genauso wie das Onkogen des Rous-Sarkom-Virus; unter Umständen tut das auch ein normaler Rezeptor, wenn an ihn ein Onkogen-kontrollierter Wachstumsfaktor bindet. Nicht alle Onkogene müssen auf diesen Übertragungsweg einwirken, denn es gibt Anhaltspunkte für die Benutzung anderer Wege.

Die Wachstumsaktivierung durch einige Onkogene paßt sehr gut zu der Erkenntnis, daß Teratokarzinome und andere Krebsarten offenbar nicht durch Mutationen hervorgerufen werden. Dadurch erhält der Gedanke Auftrieb, daß die ungeeignete Bildung eines Faktors innerhalb oder außerhalb der Zellen Krebs verursachen könnte. Bei der Entstehung von Teratokarzinomen werden die ungeeigneten Faktoren, soweit wir wissen, nicht von aktivierten Onkogenen hergestellt, sondern von normalen Genen. Die Faktoren sind einfach deshalb ungeeignet, weil sie eigentlich auf Zellen des reifen Organismus ausgerichtet sind, hier aber auf Embryonalzellen einwirken. In den Embryonalzellen stören die Faktoren das Gleichgewicht der Zellgene, und dieses Ungleichgewicht bleibt so lange erhalten, wie die anomalen Faktoren vorhanden sind. Das normale Gleichgewicht stellt sich wieder ein, wenn die Zellen den Faktoren ausgesetzt werden, die der frühe Embryo bildet.

Diese Ergebnisse stehen auch im Einklang mit der Fähigkeit vieler Zellen, Wachstumsfaktoren zu bilden, die ihr eigenes Wachstum stimulieren. Ein Beispiel war die starke Vermehrung aktivierter T-Helferzellen (Kap. 13). Die Deregulation eines solchen autokrinen (auf Feedback beruhenden) Weges ist ein weiterer Mechanismus, der zu schrankenlosem Zellwachstum und Krebsentstehung führt.

In vielen Fällen verwandelt sich ein Proto-Onkogen, wie wir gesehen haben, in ein Onkogen, wenn es von einem Virus übernommen wird und dadurch Veränderungen seiner Basensequenzen auftreten. Möglicherweise werden in Proto-Onkogenen, die nicht in Viren eingebaut werden, ähnliche Veränderungen durch krebserzeugende chemische Stoffe hervorgerufen. Diese die DNA schädigenden Substanzen könnten durch Umwandlung der Proto-Onkogene in Onkogene Krebs auslösen.

Eine interessante Umwandlungsmethode ist die Rekombination zwischen zwei nicht-homologen Chromosomen, ein seltener Vorgang, den man als *Translokation* bezeichnet. Von der Beziehung zwischen Chromosomentranslokation und Krebs weiß man seit langem: Bei vielen Krebsarten treten charakteristische Translokationen auf. Besonders eingehend hat man sie bei einigen Krebserkrankungen der Lymphozyten erforscht. Zu ihnen gehören das Burkitt-Lymphom (so benannt nach seinem Entdecker), das besonders häufig bei Kindern in bestimmten Gegenden Afrikas auftritt, und Krebsarten, die man bei Mäusen durch Injektion von Paraffinöl hervorrufen kann, die Plasmozytome (weil ihre Zellen den Plasmazellen ähneln). Bei diesen Krebsarten enthält das eine der an der Translokation beteiligten Chromosomen Immunglobulin-Gene, während das andere Chromosom ein Proto-Onkogen aufweist, das sogenannte *myc* (nach der Bezeichnung für ein Hühnervirus, in dem es entdeckt wurde).

Sowohl Mäuse wie Menschen haben auf drei Chromosomen Immunglobulin-Gene: auf dem einen Chromosom für die schwere Kette, auf dem anderen für die leichte Kappa-Kette und auf dem dritten für die leichte Lambda-Kette. Drei Arten von Translokationen, die auf die Immunglobulin-Gene einwirken, sind mithin möglich, und sie sind alle in den Lymphomen anzutreffen. In allen Fällen bewirkt die Translokation, daß das Proto-Onkogen sehr nahe an die Immunglobulin-Gene heranrückt. Die Translokation scheint wichtig für die Entstehung dieser Krebserkrankungen zu sein, denn sie ist stets zu beobachten. Die molekularen Mechanismen, durch die die Translokation das Proto-Onkogen dereguliert, sind jedoch kaum bekannt.

Anti-Onkogene und Krebsprogression

Die Möglichkeit, daß die Aktivierung neuer Onkogene die stufenweise Entfaltung des Krebses und seiner Bösartigkeit (Progression) bewirkt, muß in Betracht gezogen werden, weil Onkogene in geeigneten Kombinationen einander in Zellkulturen unterstützen können. Einige Onkogene (darunter *myc*) bewirken in erster Linie eine verstärkte Zellvermehrung. Zellen, die eines dieser Onkogene im aktiven Zustand enthalten, werden unsterblich – sie setzen ihre Vermehrung unendlich fort –, ganz anders als normale Zellen, die eine begrenzte Zahl von Replikationen erleben und dann sterben.

Andere Onkogene verändern die Eigenschaften der Zellen dergestalt, daß sie zu Krebszellen werden – sie transformieren sie, ohne sie aber zu immortalisieren. Zu ihnen gehören Onkogene der *ras*-Familie (nach der Bezeichnung für ein Mäusevirus), die bei vielen menschlichen Krebsarten zu beobachten sind. Zellen, die beide Arten von Onkogenen enthalten, weisen alle Eigenschaften von Tumorzellen auf – sie sind sowohl transformiert als auch unsterblich. Dies erklärt, warum das Polyomavirus, wie bereits gesagt, eine Transformation unter Verwendung zumindest zweier Proteine hervorruft: Ihre Funktionen entsprechen denen der beiden Onkogen-Klassen.

Andere Anhaltspunkte lassen jedoch darauf schließen, daß zur

Krebsprogression mehr gehört als nur das Zusammenwirken von Onkogenen. Bei einem großen Teil (etwa 85 Prozent) fortgeschrittener Krebserkrankungen des Menschen sind keine aktiven Onkogene festzustellen, wenn wir auch nicht wissen, ob sie tatsächlich fehlen oder mit den bislang entwickelten Verfahren nur nicht festzustellen sind. Unter Versuchsbedingungen können Krebszellen von Mäusen, die ein aktives Onkogen enthalten, dieses bei der Progression zu höheren Formen der Bösartigkeit ganz verlieren. Offenbar haben Onkogene in den frühen Stadien der Krebsprogression eine wichtige Funktion, nicht aber in den fortgeschrittenen Stadien. Diese Schlußfolgerung wird durch die Merkmale fortgeschrittener Krebserkrankungen bestätigt: Sie bestehen aus Zellen mit sehr unterschiedlichen Eigenschaften, die darauf schließen lassen, daß sie vielfältige genetische Veränderungen erlebt haben, unter anderem eine Modifikation der Chromosomen.

Zu diesen Veränderungen gehört auch der Verlust oder die Inaktivierung von Genen mit krebsbekämpfender Wirkung. Anhaltspunkte für die Rolle dieser Gene haben Beobachtungen einer erblichen menschlichen Krebserkrankung des Auges erbracht – des Retinoblastoms. Kinder, die ein Chromosom mit Schädigung eines bestimmten Gens erben, bekommen diesen Krebs, wenn durch irgendein mit diesen Vorgängen nicht in Zusammenhang stehendes Ereignis das andere Gen dieses Paares ebenfalls inaktiviert wird. Das Verschwinden des Antikrebs-Gens gestattet es wahrscheinlich normalen Genen der Zelle, eine ungehemmte Aktivität zu entfalten, die ungezügeltes Wachstum und letztlich Krebs hervorruft. Die Antikrebs-Gene sind eine Verteidigungsmaßnahme des Organismus gegen Krebs – Abwehrmechanismen, die bei langlebigen Organismen, wie dem Menschen, besonders ausgeprägt sein müssen, um eine größere Zahl von Krebserkrankungen bei jungen Individuen zu verhindern. Gegenwärtig sind drei Anti-Onkogene bekannt: Neben dem Retinoblastom-Gen gibt es eines, das als p53 bezeichnet wird (wegen eines Merkmals des von ihm spezifizierten Proteins), und eines, das für den Wilms-Tumor (einen seltenen Nierenkrebs, der im frühen Kindesalter auftritt) verantwortlich ist.

So zeichnet sich ein mögliches, wenn auch hypothetisches Bild vom Krebs und seiner Progression ab. Die Aktivierung eines Onkogens oder der Verlust beider Kopien eines Anti-Onkogens leiten den Prozeß ein, indem sie den Zellen die Fähigkeit zu unbegrenztem Wachstum verleihen und gleichzeitig einige ihrer Eigenschaften verändern.

Im Fortgang wird die Progression durch andere genetische Veränderungen bestimmt, die auf das fortgesetzte Zellwachstum oder andere unbekannte Einflüsse der Onkogene zurückgehen. Dauerhaftes Zellwachstum kann Genveränderungen hervorrufen, weil in Zellen mit fortgesetzter Replikation Fehler möglicherweise in größerer Häufigkeit auftreten beziehungsweise nicht so zuverlässig wie in normalen Zellen repariert werden. Unbekannte Effekte aktivierter Onkogene könnten auf ungewöhnlichen DNA-Austauschprozessen oder auf der Aktivierung transponibler Elemente beruhen. Das allgemeine Ergebnis, wenn auch durch ein Zusammenwirken verschiedener Effekte hervorgerufen, wäre eine vielfältige Modifikation des Zellgenoms mit zufälliger Verteilung der Veränderungen. Zellen mit Veränderungen, welche die Infiltration oder Metastasenbildung fördern, würden demnach die normalen Zellen in aufeinanderfolgenden Schüben ersetzen und hierdurch die schrittweise Progression der bösartigen Krebserkrankung erzeugen. Nach dieser Hypothese treten solche Veränderungen in unterschiedlicher Art in verschiedenen Zellinien auf, die nebeneinander in einem einzigen Krebs vorkommen, und bewirken so die ausgeprägte Heterogenität, die für Krebs charakteristisch ist.

Viele Genveränderungen können an der Entwicklung einer Krebserkrankung beteiligt sein. So schließt beim Dickdarmkarzinom die Entwicklung zur Bösartigkeit die folgenden Veränderungen ein: zuerst die Veränderung von Chomosom 5, dann die Aktivierung eines *ras*-Onkogens, gefolgt von der Veränderung des Chromosoms 17 (welches das p53-Anti-Onkogen enthält), dann des Chromosoms 18 und von sieben weiteren Chromosomen. Im Zuge dieser genetischen Veränderungen ist der Tumor progressiv-graduellen Veränderungen unterworfen.

Erreger menschlicher Krebserkrankungen

Bislang wurden einige Wirkstoffe genannt, die Krebs bei Tieren verursachen: Röntgenstrahlen, chemische Stoffe, welche die DNA angreifen, Hormone, Wachstumsfaktoren sowie Kunststoffplättchen. Nun fragt man sich, welche Erreger für die scheinbar spontanen Krebserkrankungen verantwortlich sind, die beim Menschen auftreten. Bloß ein kleiner Teil läßt sich den obengenannten Wirkstoffen anlasten. Die Gründe für die anderen Erkrankungen liegen in der Lebensweise des einzelnen Patienten verborgen.

Zigarettenrauchen

Den größten Erfolg, den die Ursachenforschung bei menschlichen Krebserkrankungen zu verbuchen hatte, war der Nachweis, daß vielleicht neunzig Prozent aller Fälle von Lungenkrebs mit dem Zigarettenrauchen in Zusammenhang stehen. Die Beziehung war ohne Spezialstudien sehr schwer zu erkennen, weil der Zeitraum zwischen dem Beginn des Rauchens und dem Auftreten des Krebses sehr lang ist. Die Kurve, die die durchschnittliche Zunahme des Zigarettenverbrauchs in einem Land angibt, deckt sich im wesentlichen mit der Kurve für die Lungenkrebshäufigkeit im selben Land, nur daß beide Kurven um dreißig Jahre verschoben sind. So lange braucht der Krebsprozeß, um sich zu entfalten.

Diese Ergebnisse werden durch weitere Beobachtungen bestätigt. Eine besagt, daß sich die Krebshäufigkeit nach der Anzahl der täglich gerauchten Zigaretten richtet. Eine andere ergibt sich aus der Untersuchung von Personengruppen, die beschlossen hatten, das Rauchen aufzugeben, z. B. zahlreiche englische Ärzte, als die Bedeutung des Rauchens für Krebserkrankungen erkannt wurde. Während bei der rauchenden Bevölkerung die Fälle von Lungenkrebs weiter zunahmen, blieb die Erkrankungsrate bei diesen Ärzten zunächst konstant und ging dann wieder zurück.

Daß Zigarettenrauchen Krebs hervorrufen kann, ist nicht überraschend. Eine Analyse des Zigaretten*rauches* zeigt, daß er eine große Zahl von krebserregenden Stoffen enthält, sowohl Initiatoren als auch Promotoren. Diese Substanzen konzentrieren sich im sogenannten Teer, den der Rauch beim Abkühlen bildet. Da die krebserregende Wirkung des Zigarettenrauches so ausgeprägt ist, leuchtet ein, daß er Krebs in der Lunge hervorruft, auf die er ja direkt einwirkt. Rauchen trägt auch zu anderen Krebserkrankungen bei, besonders im Mund und im Verdauungsapparat. Es unterstützt auch in hohem Maß die Fähigkeit von Asbest, Lungenkrebs hervorzurufen. Starke Raucher, die Asbest ausgesetzt sind, weisen eine bis zu dreißigmal höhere Krebshäufigkeit auf als Nichtraucher.

Angesichts der Tatsache, daß Zigarettenrauchen als Krebsursache erkannt ist, stellt sich die Frage: Warum rauchen Menschen weiter? Alle Kampagnen, sie zum Aufhören zu bewegen, sind nur von begrenzter Wirkung, was vielleicht der menschlichen Natur angelastet werden muß. Ein wichtiger Faktor ist, daß Rauchen eine Sucht ist. Wie ich noch ausführlich in Kapitel 19 darlegen werde, erzeugen viele

Substanzen einen Zustand der Abhängigkeit, so daß Menschen, die an ihren Konsum gewöhnt sind, nicht ohne weiteres auf sie verzichten können oder, wenn sie es doch tun, nur allzu leicht wieder zu ihnen zurückkehren. Das im Zigarettenrauch vorhandene Nikotin ist eines der wirksamsten Suchtmittel, die wir kennen.

Wenn das Aufhören so schwer ist, sollte es möglich sein, durch Erziehung die Zahl der Menschen, die sich das Rauchen überhaupt angewöhnen, zu reduzieren. Doch auch hier gibt es Schwierigkeiten. Am Rauchen hängt eine starke Industrie und die Wirtschaft mehrerer tabakanbauender Staaten. Darüber hinaus finanziert die Industrie eine ständige und wirksame Werbung. Das führt namentlich bei Frauen, an die sich die Werbung der Zigarettenindustrie in besonderem Maß richtet, zu zunehmendem Zigarettenverbrauch und – viele Jahre später – zu Lungenkrebs.

Die Erziehung gegen das Rauchen trägt jedoch Früchte. Die Lungenkrebshäufigkeit bei Männern geht mit der Abnahme ihres Zigarettenkonsums deutlich zurück. Ein anderes Ergebnis ist die Herstellung und relative Beliebtheit von Zigaretten mit verringertem Teergehalt. Ihr Verbrauch könnte zum Rückgang des Lungenkrebses beigetragen haben, obwohl sie in anderer Hinsicht ebenso schädlich sind (beispielsweise in ihrem Beitrag zur Entstehung von Erkrankungen der Herzkranzgefäße).

Krebs durch Ernährung?

Die Krebsstatistik zeigt deutliche Unterschiede im Ländervergleich. So tritt Brustkrebs häufiger in der westlichen Welt als in Japan auf. Dafür gibt es in Japan mehr Fälle von Magenkrebs. Diese Unterschiede gehen nicht auf genetische Unterschiede zwischen den Bewohnern westlicher Länder und den Japanern zurück, denn Japaner, die vor zwei Generationen in die USA eingewandert sind, zeigen langsam die auch für Amerikaner typischen Krebsraten. Es müssen also bestimmte Aspekte in der Lebensweise der Menschen das Krebsrisiko bestimmen.

Damit hatte man offenbar einen nützlichen Ansatz für die Bestimmung von krebsverursachenden Faktoren gefunden. Die Forschungsarbeiten konzentrierten sich zunächst auf einen Vergleich zwischen nationaltypischen Ernährungsweisen. Die starke Magenkrebshäufigkeit in Japan ließ sich mit dem hohen Verbrauch von getrocknetem oder gesalzenem Fisch in Verbindung bringen, der

Nitrosamine, stark krebserregende Wirkstoffe, enthält. Man hat noch weitere regelmäßige Zusammenhänge beobachtet: Es gibt eine fast eindeutige Korrelation zwischen Fettverbrauch und Brustkrebs und eine ähnliche Korrelation zwischen Fleischverzehr und Krebserkrankungen des ausgedehnten Grimmdarms. Zunächst glaubte man an eine ursächliche Beziehung: Fett ruft Brustkrebs hervor, Fleisch Grimmdarmkrebs. Doch es gab verwirrende Faktoren – so stellte sich etwa heraus, daß die Brustkrebshäufigkeit noch stärker mit dem Bruttosozialprodukt korreliert. Im übrigen konnte ein genauer Vergleich zwischen der Ernährungsweise Krebskranker und der von gesunden Personen vergleichbarer Herkunft die vermutete Rolle der Eßgewohnheiten nicht bestätigen. Deshalb scheint jeder Vergleich zwischen verschiedenen Ländern durch irgendeine verborgene Variable, z. B. Verzehr bestimmter Nahrungsmittel, verzerrt zu werden. Vielleicht gibt es auch mehrere Variablen, die dann natürlich um so schwerer herauszufinden sind.

Diese Studien wurden in der Hoffnung begonnen, eindeutige Hinweise zur Reduzierung des Krebsrisikos zu erhalten. Obwohl sich die Hoffnungen nicht erfüllten, läßt sich doch eine nützliche Lehre ziehen: Ein Leben ohne Exzesse und ohne überflüssige Risiken wie das Rauchen verringert die Krebshäufigkeit. Die Siebenten-Tags-Adventisten in Kalifornien halten sich an eine solche Lebensweise, und ihre Krebshäufigkeit ist nur halb so hoch wie die anderer Kalifornier. Die natürlichen Ursachen von Krebs scheinen im Exzeß zu liegen: in exzessivem Essen, das zu einer entsprechenden Gewichtszunahme führt, wodurch wiederum Brustkrebs gefördert wird; in exzessivem Rauchen, welches das Risiko von Lungenkrebs erhöht; in exzessivem Alkoholkonsum, der das Risiko von Mund- und Speiseröhrenkrebs steigert; in sexueller Promiskuität, die das Risiko von Gebärmutterhalskrebs verstärkt. Dabei scheinen die Mechanismen unterschiedlich zu sein. Erhöhtes Körpergewicht erhöht die Östrogenbildung durch Steigerung der Androgenumwandlung (vgl. Kap. 9). Tabakrauch und Alkohol schädigen die Zellen, mit denen sie in Berührung kommen. Sexuelle Promiskuität trägt zur Ausbreitung von krebsfördernden Viren bei.

Es gibt auch Stoffe in der Nahrung, die das Krebsrisiko *mindern*. Von größter Bedeutung sind Gemüsearten wie etwa Karotten, die Vitamin-A-ähnliche Stoffe enthalten, und die verschiedenen Kohlsorten. Auch Selen, ein seltenes, in Böden und Nahrungsmitteln vorkommendes Element, scheint eine wichtige Rolle zu spielen:

Menschen, die in selenarmen Regionen leben, weisen eine höhere Krebshäufigkeit auf.

Viren beim Krebs des Menschen?

Viren haben entscheidende Aufschlüsse über die Natur des Krebses geliefert. Sie sind wichtige Krebserreger bei Arten wie Hühnern, Mäusen oder Katzen. Doch ihre Rolle beim Krebs des Menschen ist weit schwieriger zu bestimmen. Das liegt vor allem daran, daß sich bei Tieren die Rolle eines Virus verifizieren läßt, indem man sie mit dem Virus infiziert. Beim Menschen müssen statt dessen indirekte Kriterien herangezogen werden, etwa das Vorkommen von Virusgenen in Krebszellen. Das heißt aber nicht, daß sie Krebs *verursachen*.

Diese Schwierigkeiten werden deutlich, wenn wir uns mit der Rolle eines Virus beschäftigen, das an der Krebsentstehung beim Menschen beteiligt ist und mehrere Jahrzehnte lang eingehend untersucht wurde – das EB-Virus (benannt nach den Namen seiner Entdecker Epstein und Barr). Dieses Virus ist entfernt mit dem für Lippenherpes verantwortlichen Virus verwandt. Das EB-Virus kommt fast immer in den Zellen des Burkitt-Lymphoms vor, die, wie erwähnt, eine das *myc*-Onkogen betreffende Translokation aufweisen. Auch in Verbindung mit bestimmten Nasenkrebsarten bei Erwachsenen, besonders in China, tritt das EB-Virus auf. Bei jungen Menschen ruft es das Pfeiffersche Drüsenfieber (*Mononucleosis infectiosa*) hervor, eine ernste und langwierige Erkrankung, aber kein Krebs. Das Virus ist in der ganzen Welt verbreitet und an zumindest drei Krankheiten beteiligt, von denen zwei Krebserkrankungen sind – doch bei den weitaus meisten Menschen ruft es überhaupt keine Krankheit hervor. Man hat die These geäußert, daß das EB-Virus nur in Verbindung mit begünstigenden Umständen, beispielsweise Malaria, Krebs verursacht: In Afrika überschneidet sich die Verbreitung der Malaria weitgehend mit der des Burkitt-Lymphoms.

Seit man die charakteristische Translokation entdeckt hat, die das *myc*-Proto-Onkogen aktiviert, ist die Bedeutung des EB-Virus für das Burkitt-Lymphom fraglich geworden. Was kommt bei dieser Krebserkrankung zuerst: das Virus oder die Translokation? Wahrscheinlich die Translokation, weil sie immer vorhanden ist, das Virus hingegen nicht. Außerhalb von Afrika kommt das Virus in den meisten Burkitt-Lymphomen nicht vor. Möglicherweise liegt die Lösung des Rätsels im Zusammenwirken von Onkogenen: Das EB-Onkogen und das *myc*-Onkogen könnten das Lymphom gemeinsam hervorrufen. Doch das EB-Onkogen könnte auch durch andere (unbekannte) Onkogene oder unbestimmte Zellveränderungen ersetzt werden. Die Malaria würde durch Veränderung des Lymphozytenwachstums geeignete Voraussetzungen schaffen.

Viren könnten auch an der Entstehung anderer Krebsarten beteiligt sein. Zu ihnen gehören der Leberkrebs in Afrika und Asien, bei dem ein deutlicher Zusammenhang mit dem Hepatitis-B-Virus zu beobachten ist; ein Lymphom der T-Lymphozyten, das vor allem in Japan und in der Karibik verbreitet ist und bei dem ein neues Retrovirus entdeckt wurde (*human T-lymphotropic virus*, HTLV, menschliches T-lymphotropes Virus); und der Gebärmutterhalskrebs, der im Zusammenhang steht mit einem Virus, welcher Warzen an den Genitalien hervorruft (Papillomavirus). In keinem der aufgezählten Fälle gibt es eine eindeutige Beziehung zwischen Virus und Krebs, weil die meisten der mit dem Virus infizierten Menschen nicht an Krebs erkranken. Offenbar gehören zur Krebsentstehung neben der Virusinfektion noch weitere Voraussetzungen, vielleicht die Inaktivierung von Antikrebs-Genen. Welche Rolle Viren bei Krebserkrankungen tatsächlich spielen, bleibt noch herauszufinden.

Die Abwehrkräfte des Körpers

Ob sich der Körper gegen Krebszellen verteidigt, ist eine sehr alte Frage. Seit langem gibt es die Hypothese, das Immunsystem wehre sich, indem es die Krebszellen als »nicht-selbst« erkenne und sie mit Hilfe von T-Killerlymphozyten und anderen Killerzellen zerstöre. Diese These stützt sich vor allem auf die Studien von viral verursachten Krebserkrankungen bei Versuchstieren. Die Zellen dieser Krebsarten enthalten gewöhnlich Virusproteine. Diese werden vom Immunsystem als fremd erkannt, das daraufhin die Zerstörung dieser Zellen veranlaßt. Doch bei spontanen menschlichen Krebserkrankungen in fortgeschrittenem Stadium gibt es kaum Anhaltspunkte für eine Immunantwort. Anscheinend hält das Immunsystem die Krebszellen nicht für fremd, entweder weil sie keine fremden Antigene zeigen oder weil das System ihnen gegenüber tolerant geworden ist.

Hinter der Bezeichnung *Immunüberwachung* verbirgt sich die verbreitete Vorstellung, das Immunsystem schütze den Körper gegen Frühstadien des Krebses, indem es die meisten der befallenen Zellen zerstöre, bevor sie überhaupt erkennbar würden. Doch ist nicht sicher, ob es einen solchen Vorgang überhaupt gibt. Gegen die Wirksamkeit der Immunüberwachung spricht, daß Mäuse eines bestimmten Stammes, deren T-Zellen-Entwicklung stark beeinträchtigt ist (man nennt sie nackte Mäuse, weil sie haarlos sind), nicht unter erhöhter Krebshäufigkeit leiden. Die Überwachung könnte aber auch von anderen Zellen als den T-Lymphozyten ausgeübt werden. Menschen mit einem geschädigten Immunsystem erkranken in erhöhtem Umfang an bestimmten Krebsarten, doch sind die Unterschiede gering und die Ursachen umstritten. Das Versagen des Immunsystems beim Menschen ist möglicherweise auf das Fehlen fremder Antigene auf den Krebszellen zurückzuführen (nur bei Krebsarten viralen Ursprungs treten solche Antigene auf). Für die Proteine von Krebszellen codieren nämlich normale Zellgene. Sogar aktive Onkogene exprimieren im Prinzip normale Proteine. Auch in eingehenden Untersuchungen mit monoklonalen Antikörpern von hoher Spezifität konnten keine Antigene festgestellt werden, die nur in Krebszellen vorkommen. Eine andere Möglichkeit wäre, daß das Immunsystem die Krebszellen als fremd erkennt, ihnen gegenüber aber tolerant geworden ist und sie deshalb nicht abzustoßen sucht. Neue therapeutische Ansätze, die auf diesem Konzept beruhen, versuchen die Abstoßung durch gezielte Verminderung der Toleranz zu verstärken (Immuntherapie). Erkennbare Erfolge hat man allein mit der Applikation von Interleukin-2 (IL-2) erzielt, vor allem in Verbindung mit Lymphozyten aus dem Blut oder aus dem Tumor selbst. Einige Nierenkarzinome und Melanome (die sich aus den Pigmentzellen der Haut bilden) sprechen auf diese Therapie an.

Daß der Körper indessen irgendwelche Abwehrmechanismen gegen Krebs besitzen muß, zeigt die unterschiedliche Krebshäufigkeit verschiedener Arten. So ist die Krebshäufigkeit pro Zeiteinheit beim Menschen weit geringer als bei der Maus. Im allgemeinen haben Arten mit einer längeren Lebenserwartung eine geringere Krebshäufigkeit pro Jahr. Langlebige Tiere müssen also spezielle genetische Mechanismen haben, die sie vor Krebs schützen. Die Antikrebs-Gene gehören zu diesen Mechanismen. Andere möglicherweise wichtige Variablen sind: das Gleichgewicht und die Kontrolle der Wachstums- und Differenzierungsfaktoren; die Stabilität des Genoms; die Wirksamkeit der Entgiftungsenzyme und der DNA-Reparaturmechanismen; das Gen-Gleichgewicht, das die Onkogene in Schach hält; die Anfälligkeit für krebsfördernde oder krebserzeugende Viren sowie die Ausbreitung und Aktivität von mobilen DNA-Sequenzen.

Es ist eine sehr komplexe Situation, die schwer zu durchschauen ist, vor allem im Fall des Menschen, bei dem keine Experimente möglich sind. Um die menschlichen Krebserkrankungen vollständig zu verstehen, müßten wir vielleicht das menschliche Genom vollständig kennen, alle Gene klassifiziert haben, die in verschiedenen Zelltypen exprimiert werden, und wissen, welche Veränderungen in Krebszellen stattfinden. Das ist eine ungeheure Aufgabe, die wir aber möglicherweise bewältigen müssen, wenn wir den Krebs des Menschen entschlüsseln und beseitigen wollen.

KAPITEL 16
Die Erkundung der Welt

Die vielen Anpassungsprozesse des Lebens

Die Lebewesen sind in alle Winkel der Erde vorgedrungen, von den höchsten Bergspitzen bis hinab auf den Grund der Meere, von den Polargebieten bis zu den Wüsten. Manche Vögel können in Höhen von sieben- bis achttausend Metern fliegen. Andere Geschöpfe leben in Spalten des Meeresbodens, durch die extrem heiße Dämpfe aus dem Erdinnern nach außen dringen. In all diesen Umwelten müssen die Lebewesen sich ernähren – oft fressen sie andere Lebewesen; sie müssen dafür sorgen, daß sie nicht gefressen werden; und sie müssen sich fortpflanzen. Das sind entscheidende Voraussetzungen für das Überleben der Art. Aufgabe der Gene war es, die für diese Anpassungsvorgänge erforderlichen Mechanismen zu entwickeln: sowohl die chemischen Prozesse, die sie zum Leben unter extremen Bedingungen befähigen, als auch die Kommunikationsfähigkeit, mit deren Hilfe sich andere Lebewesen als Aggressoren, Beute oder Paarungspartner erkennen lassen.

Die Natur ist erfindungsreich. Die Strukturen und chemischen Mechanismen, die für die Anpassungsprozesse verantwortlich sind, erweisen sich als hochkompliziert. Man sollte eigentlich nicht erwarten, daß Lebewesen über Mechanismen verfügen, die mit den modernsten Geräten der menschlichen Technik zu vergleichen sind. Doch wenn wir diese Anpassungsprozesse näher untersuchen, betreten wir eine Welt, die so erstaunlich ist wie die der Science-fiction – nur daß wir es hier nicht mit Phantasieprodukten zu tun haben, sondern mit wirklichen Lebewesen, die Radar und Sonar verwenden, sich mit Hilfe von magnetischer Navigation orientieren und Rezeptoren für Druck und Schwingungen besitzen. Wir gewinnen den Eindruck, unsere Phantasie erschaffe sich nur das, was die Natur in der Wirklichkeit bereits zustande gebracht hat. Vielleicht gibt es einen guten Grund für diese Ähnlichkeit. Die Natur hat wahrscheinlich alle physikalisch und chemisch zu Gebote stehenden Möglichkeiten für die Anpassung der Lebewesen ausgeschöpft. Der menschliche Verstand hat denselben Weg zurückgelegt und nähert sich jetzt möglicherweise derselben Grenze, wenn auch mit plumperen (technischen) Mitteln.

Überleben in extremen Temperaturen

Leben in einer heißen Umwelt

Die meisten Lebensformen existieren innerhalb der gemäßigten Temperaturen, mit denen wir vertraut sind. Manche Organismen haben sich aber auch an sehr heiße und sehr kalte Umwelten gewöhnt. So weiß man seit einiger Zeit, daß bestimmte Bakterien – man nennt sie *thermophil* (wärmeliebend) – in heißen vulkanischen Quellen leben können, die Temperaturen bis zu 80 °C erreichen. Trotzdem war es ein ziemlicher Schock, als man in einer heißen Quelle im Meer ein Bakterium entdeckte, das bei 105 °C (also über dem Siedepunkt von Wasser) gedeihen kann. Allerdings liegt das noch unter der Temperatur, die man zum Sterilisieren (d. h. zum Abtöten von Bakterien und anderen Mikroorganismen) verwendet; im Autoklav geschieht das bei ungefähr 120 °C. Man hat sogar behauptet, daß Bakterien in Spalten am Meeresboden vorkommen, den sogenannten »black smokers«, 2500 Meter unter der Meeresoberfläche, durch die sehr heißes Wasser (350 °C und mehr) hervorquillt. Trotz dieser Temperatur kocht das Wasser nicht, weil der Druck sehr hoch ist. Es würde erst bei 460 °C kochen.

Aber auch bei »bloß« 105 °C ist bakterielles Leben erstaunlich. Denn die betreffenden Bakterien können nur wachsen, wenn ihre Membranen nicht schmelzen, wenn ihre DNA repliziert und transkribiert wird, wenn die Proteine entstehen und die Enzyme richtig arbeiten. Gewöhnliche Bakterien würden keine dieser Bedingungen erfüllen. Um zu verstehen, wie Bakterien bei solch hohen Temperaturen leben können, müssen wir uns klarmachen, daß Organismen in ihrer Temperaturtoleranz ein Kontinuum aufweisen: vom Gefrierpunkt bis zum Siedepunkt des Wassers und darüber hinaus. So ist eine gewisse Widerstandsfähigkeit gegen hohe Temperaturen nicht ganz ungewöhnlich für Bakterien. Bei der Temperatur kochenden Wassers können viele normale Bakterien als Sporen überleben, ohne allerdings noch zur Vermehrung fähig zu sein. Auch einige Proteine des tierischen Körpers werden durch Kochen nicht zerstört.

Es gibt also eine Folge von Anpassungsprozessen, die das Leben bei immer höheren Temperaturen ermöglichen, wobei die Obergrenze unbekannt ist. Sehr hohe Temperaturen wirken sich jedoch destabilisierend auf die biologischen Strukturen aus – ein Effekt, der irgendwie aufgefangen werden muß, wenn das Leben unter so extremen Bedingungen erhalten bleiben soll. Die Proteinmoleküle werden wahrscheinlich durch besondere Anordnungen der inneren Bindungen und durch zusätzliche Bindungen stabilisiert. Die DNA könnte durch Moleküle verfestigt werden, die weitere Verbindungen zwischen den beiden Ketten schaffen. Bei den Membranen wären Fettmoleküle zwischen den beiden Teilen der Lipiddoppelschicht denkbar, die der Verstärkung dienten. Stabilere Membranen könnten aus einer einzigen, dickeren Lipidschicht bestehen.

Das Problem hoher Temperaturen müssen auch alle Organismen bewältigen, die in der Wüste leben. Erschwerend kommt dort noch die Trockenheit hinzu. Mit beidem müssen die Lebewesen fertig werden. Wüstentiere setzen sich mit der Wärme auf drei Arten auseinander: Sie vermeiden sie, sie bekämpfen sie, oder sie leben mit ihr. Die meisten kleineren Tiere vermeiden die Wärme, indem sie tagsüber unter der Erde leben und erst nachts hervorkommen, wenn die Temperaturen erträglicher sind. Andere Tiere bekämpfen die Wärme, indem sie Wasser entweder durch die Haut oder durch die Lungen verdunsten. Dieser Abwehrmechanismus verbraucht jedoch Wasser, das in der Wüste knapp ist, und hat deshalb nur begrenzten Wert. Nur ein einziges Tier versteht es, mit der Wärme zu leben – das Kamel. Es beginnt den Tag mit kühlem Körper, etwa 34 °C (während andere Warmblüter eine Körpertemperatur von 37 °C oder mehr haben) und nimmt tagsüber Wärme auf, wobei die Temperatur bis auf ungefähr 41 °C ansteigt. Noch höheren Temperaturen muß das Tier durch Verdunstung von Körperflüssigkeit entgegenwirken. Doch ist sein Körper durch das dicke Fell so gut isoliert, daß es dazu gewöhnlich nicht kommt.

Einige Wüstentiere wie die Känguruhratten brauchen überhaupt nicht zu trinken – was besonders überrascht, weil sie von trockenen Samenkörnern leben. Obwohl diese Tiere den Wasserverlust durch die Lungen oder die Haut auf ein Minimum beschränken, können sie nicht ganz ohne Wasser auskommen. So brauchen sie etwas Wasser, um Abfallstoffe über die Nieren im Urin ausscheiden zu können. Die Wüstennager beziehen diese kleinen Wassermengen zum Teil aus den Samen, die sie fressen (denn ganz ausgetrocknet sind diese nie), zur Hauptsache aber aus einer inneren Quelle – als Nebenprodukt der Nahrungsverwertung. Wir haben in Kapitel 3 gesehen, daß bei der Reaktion von Zuckern mit Sauerstoff in den Mitochondrien eines der Endprodukte Wasser ist. Dieses Wasser verwenden die Nagetiere für ihre wichtigen körperlichen Bedürfnisse – eine zwar sparsame, aber offenkundig erfolgreiche Lebensweise.

Leben in kaltem Klima

Einige Organismen müssen mit dem anderen Temperaturextrem – bitterster Kälte – fertig werden. Säugetiere benutzen dafür Methoden, die wir schon von der Wärme her kennen – sie bekämpfen die Kälte, oder sie leben mit ihr. Die dritte Strategie ist hier nicht praktikabel, weil sich Kälte nicht vermeiden läßt – Säugetiere können sich vor ihr nicht verstecken. Um die Kälte zu bekämpfen, müssen mehr Zucker und Fette verbrannt werden, und die Wärme muß unter dem Schutz eines dicken Fells und einer Fettschicht gespeichert werden. Dieser Strategie folgen die meisten Säugetiere. Andere Tiere, die in der Kälte leben, halten Winterschlaf. Sie sammeln Fettreserven, schützen sich, so gut sie können, vor Wärmeverlust und beginnen einen langen Schlaf. Dabei erzeugen sie die geringe Wärmemenge, die sie brauchen, durch Zuckerverbrennung in speziellen Mitochondrien, die sehr leistungsfähige innere Heizöfen sind. Einige Tiere verfallen während des Winterschlafs in einen Zustand, der dem Tod nahekommt; sie sind sehr kalt und haben eine sehr langsame Herzfrequenz. Mit der Erwärmung ihrer Umwelt kehren sie langsam zu ihrem normalen Zustand zurück. Der bekannteste Winterschläfer, der Bär, erweist sich hierbei als eine Art Schwindler: Er fällt zwar in einen längeren Schlaf, kann aber schon durch die kleinste Störung, etwa einen leichten Stoß, aufgeweckt werden. Wieder andere Organismen nehmen in der Kälte lediglich einen Zustand der Inaktivität an. Viele Arten überleben die kalte Jahreszeit, indem sie ruhende Embryos hervorbringen, teils mit höchst sinnreichen Methoden, von denen einige in Kapitel 9 beschrieben wurden.

Doch ganz gleich, welche Strategie im Einzelfall befolgt wird, das Ziel bleibt immer dasselbe: Die Tiere müssen dafür sorgen, daß ihr Blut nicht einfriert und daß ihr Gehirn weiterfunktioniert. Bei einigen Fischen der polaren Meere wird die erste Bedingung durch große Mengen eines Peptids (eines kleinen Proteins) im Blut erfüllt, das als Frostschutzmittel dient. Allerdings ist es für Fische schwierig, das Funktionieren ihres Gehirns aufrechtzuerhalten, weil sie die Wärme, die sie im Körperinneren produzieren, rasch an das umgebende Wasser verlieren. Deshalb haben einige Fische spezielle Mechanismen entwickelt, um das Gehirn warmzuhalten. Ein Beispiel ist der Schwertfisch. Nachts bleibt er in der Nähe der Oberfläche, wo er seiner Beute auflauert, doch tagsüber läßt er sich in erhebliche Tiefen (fünfhundert Meter und mehr, also in sehr viel kältere Wasserschichten) absinken. Um sein Gehirn warmzuhalten, benutzt der Fisch eine Menge brauner Zellen, die in ihren Eigenschaften dem braunen Fett der Winterschlaf haltenden Tiere ähneln. Die braune Farbe stammt von einem Mitochondrienenzym, das in den Zellen reichlich vorhanden ist und für die Wärme sorgt. Venen, die von den braunen Zellen kommen, verlaufen sehr dicht an und parallel zu den Arterien, die Blut zum Gehirn bringen, doch die Fließrichtung in den beiden Gefäßsystemen ist entgegengesetzt. So wird das Blut, das zum Gehirn fließt, um 10 bis 14 °C wärmer gehalten als das Meerwasser. Um als Wärmequelle dienen zu können, muß die Masse der braunen Zellen erheblich größer sein als die des Gehirns – sie wiegen 50 Gramm, das Gehirn hingegen nur 2 Gramm (in einem Tier von 130 Kilogramm). Die bescheidene Größe des Gehirns ist insofern von Vorteil, als es ohne Schwierigkeiten warmgehalten werden kann.

Leben in der Tiefsee

Es liegt auf der Hand, daß Meerestiere auf besondere Anpassungsmechanismen angewiesen sind. Um schwimmen zu können, brauchen sie einen entsprechenden Auftrieb, den sie häufig einer gasgefüllten Blase verdanken. Doch ihr Hauptproblem besteht darin, den Salzgehalt des Blutes zu regulieren, der eine bestimmte Konzentration nicht übersteigen darf, damit die verschiedenen Ionenpumpen (vgl. Kap. 2) richtig arbeiten. Landtiere trinken Wasser, das weniger Salz enthält als ihr Blut; deshalb müssen sie Salz sammeln – eine relativ leichte Aufgabe. Meerestiere dagegen leben in Wasser, das mehr Salz enthält als ihr Blut. Wenn sie es trinken, stehen sie vor der schwierigen Aufgabe, das überschüssige Salz loszuwerden.

Für dieses Problem haben die verschiedenen Arten vielfältige Lösungen entwickelt. Viele Fische befreien sich von dem Salzüberschuß, indem sie die Ionen über die Kiemen ausscheiden. Einige Meeressäugetiere, wie Seehunde und Wale, umgehen das Problem völlig, indem sie von Fischen (und deren Körperflüssigkeit) leben. Die meisten Wale ernähren sich jedoch von kleinen Meeresorganismen und schlucken dabei große Mengen Seewasser. Die Überdosis Salz scheiden sie über ihre Nieren aus, die dazu weit besser in der Lage sind als die Nieren von Landtieren. Meeresvögel und Meeresschildkröten haben wieder eine andere Lösung gefunden: Sie pumpen die Ionen durch spezielle Salzdrüsen aus dem Körper heraus, die in der Nase oder in den Augen liegen. Die Salzkonzentration im Sekret dieser Drüsen ist doppelt so hoch wie im Meerwasser. Der Pumpvorgang wird mit ATP-Energie gespeist.

Ein weiteres Anpassungsproblem, das Meeressäugetiere bewältigen mußten, die sehr tief tauchen, ist die Auflösung des atmosphärischen Stickstoffs im Blut, zu der es kommt, wenn die Lungen in großen Tiefen hohem Druck ausgesetzt sind. Der gelöste Stickstoff würde die Tiere schläfrig machen, und bei ihrer Rückkehr an die Wasseroberfläche würde der Stickstoff in Form von Gasbläschen freigesetzt werden, was zur Druckluftkrankheit führen müßte. Die Meeressäugetiere haben das Problem gelöst, indem sie ihre Lungen beim Tauchen so vollständig zusammendrücken, daß diese überhaupt keine Luft mehr enthalten.

Optimale Sauerstoffnutzung

Auch das Problem einer ausreichenden Sauerstoffzufuhr durch die Atmung wird von Organismen, die in unterschiedlichen Umwelten leben, auf vielfältige Weise gelöst. In geringen Höhen existierende Lebewesen wie der Mensch finden reichlich Sauerstoff in der Luft, so daß sie nur in Schwierigkeiten geraten, wenn sie sich in große Höhen begeben. Sie haben dann zwei Probleme: Der Sauerstoff wird knapp, und das Blut behält weit weniger von dem in den Zellen erzeugten Kohlendioxid. Dieses Abfallprodukt reguliert die Azidität des Blutes. Wenn wenig Kohlendioxid vorhanden ist, wird das Blut nicht so sauer. Die verringerte Azidität wirkt wiederum dämpfend auf die Gehirnzentren ein, die die Atmung steuern. Also verliert die Atmung des Menschen in großen Höhen paradoxerweise an Wirksamkeit, wodurch das Problem der Sauerstoffknappheit noch verschärft wird.

Organismen, die in großen Höhen leben – Vögel etwa, die sehr hoch fliegen –, haben Anpassungsmechanismen zur Lösung dieser Probleme entwickelt. Durch besonders leistungsfähige Lungen und zusätzliche Luftkammern in den Knochen gewinnen sie weit mehr Sauerstoff aus der Luft. Im übrigen ist die Funktionsfähigkeit ihres Gehirns auch bei abgesenkter Blutazidität nicht beeinträchtigt. Die verringerte Azidität wirkt sich sogar positiv auf diese Vögel aus, weil sie die Bindungsfähigkeit des Hämoglobins für Sauerstoff erhöht, so daß der Transport des knappen Sauerstoffs verbessert wird.

Im Meer lebende Säugetiere wie Seehunde oder Wale haben ein

anderes Problem mit dem Sauerstoff. Sie müssen längere Zeiträume ohne Sauerstoffzufuhr aushalten können. Diese Schwierigkeit überwinden sie durch eine ungewöhnlich große Hämoglobinmenge in ihrem Blut, die den erforderlichen Sauerstoff speichert. Sie speichern also die Luft nicht in den Lungen, wie wir es täten. Außerdem wird bei langem Tauchen die Blutversorgung der Muskeln unterbunden, so daß ausschließlich Herz und Gehirn versorgt werden, die den Sauerstoff am dringendsten brauchen. Während des Tauchens gewinnen die Muskeln ihre Energie aus dem Zucker durch Glykolyse, die, wie in Kapitel 3 beschrieben, ohne Sauerstoff auskommt. In den Muskeln lagert sich Milchsäure ab, die jedoch gegen Ende des Tauchvorgangs, wenn wieder Sauerstoff zur Verfügung steht, als Energiequelle verwendet wird.

Kommunikationsweisen verschiedener Arten

Kein Organismus lebt für sich allein auf der Erde; jeder ist Teil des gesamten Lebenskomplexes. Lebewesen derselben Art müssen sich finden und paaren, um die Art fortzusetzen. Sie müssen bestimmte Organismen erkennen, von denen sie sich ernähren können, und andere, die auf sie selber als Nahrung erpicht sind. Viele Organismen leben ferner in Gesellschaften, in denen sie sich auf vielfältige Weise helfen müssen. Aus all diesen Gründen müssen Lebewesen Informationen austauschen. Dafür werden viele Signalarten verwendet, die auf chemischen oder physikalischen Erscheinungen beruhen. Von welchen dieser Möglichkeiten ein bestimmtes Lebewesen Gebrauch macht, hängt von seiner Umwelt ab.

Der Signalaustausch zwischen Tieren ist uns vertraut; weit weniger ist uns bewußt, daß auch Pflanzen zur Kommunikation fähig sind. Dabei gibt es hochinteressante Beispiele für dieses Phänomen. Wenn man beispielsweise die Blätter der Pappel oder des Zuckerahorns abstreift, wehren sich die Pflanzen, indem sie schädliche Substanzen bilden, wodurch die verbleibenden Blätter weniger appetitlich werden. Diese Abwehrmaßnahme überträgt sich nun auch auf andere Pflanzen in unmittelbarer Nähe. Auch die Nachbarn beginnen, die schädlichen Stoffe herzustellen, wobei sie offenbar unter dem Einfluß bestimmter durch die Luft übertragener Stoffe stehen, die von der ihrer Blätter beraubten Pflanze freigesetzt wurden.

Kommunikation durch Licht

Licht ist eine äußerst wichtige Informationsquelle. Abgesehen davon, daß es anzeigt, ob Tag oder Nacht ist und wie lang die Tage sind – zwei Variablen von außerordentlicher Bedeutung für Lebewesen –, gibt Licht auch Aufschluß über die Richtung von Gegenständen oder anderen Organismen. Detektoren dieser Art lassen sich leicht entwickeln, weil Lichtphotonen große Energiebeträge enthalten und die Elektronenkonfiguration vieler Moleküle leicht verändern können. In Kapitel 3 haben wir gesehen, wie das Leben diese Eigenschaft der Photonen seit den Anfängen der Evolution in der Photosynthese zu nutzen versteht. Das Licht wird schon seit langem als Kommunikationsmittel benutzt.

Pflanzen, die bei der Erzeugung des erforderlichen ATP völlig vom Sonnenlicht abhängen, haben ihre eigenen Methoden zur Entdekkung des Lichts. Das läßt sich zwar beobachten, doch wir wissen wenig über die zugrunde liegenden Mechanismen. Manche Pflanzen versuchen, soviel Sonnenlicht wie möglich aufzunehmen, und halten ihre Blätter deshalb immer senkrecht zum Licht. Andere sind bestrebt, die durch das Sonnenlicht erzeugte Wärme so gering wie möglich zu halten, und ordnen ihre Blätter deshalb parallel zur Lichtrichtung an. Wieder andere Pflanzen richten ihre Blätter in bestimmter Weise entlang dem Längenkreis aus – etwa mit den Flächen nach Ost und West. Der Vorteil dieser Ausrichtung könnte eine hohe Lichtnutzung morgens und abends sein, wenn es kühl ist, und eine reduzierte Wärmeaufnahme während der Mittagszeit. So sorgen diese Pflanzen für ein Gleichgewicht zwischen Lichtaufnahme und Überhitzung.

Wie die Blätter in den verschiedenen Fällen ihre Ausrichtung beibehalten, ist nicht bekannt. Viele sonnenorientierte Pflanzen besitzen an der Außenfläche linsenförmige Zellen, die das Licht jeweils in einem Fleck konzentrieren. Die Bewegung der Blätter hat ihren Ursprung in spezialisierten Zellen an ihrer Basis, die ihre Schwellung und damit ihre Größe je nach Lichtrichtung verändern können. Doch wie die Linsenzellen und die Schwellzellen miteinander verbunden sind – wenn sie es überhaupt sind –, wissen wir nicht.

Sogar einzellige Organismen orientieren sich am Licht, um ihre Umwelt zu erkunden. Einige von ihnen haben einen *Augenfleck*, einen Lichtdetektor, der mit Fortbewegungsstrukturen verknüpft ist. Der Detektor richtet die Bewegungen des Organismus auf die Lichtquelle aus. Möglicherweise handelt es sich um einen ähnlichen Mechanismus, wie ihn Bakterien verwenden, um sich (wie wir unten noch sehen werden) auf eine Nahrungsquelle zuzubewegen. Die Bewegung zum Licht hin ist für Photosynthese-Organismen besonders wichtig.

Alle Tiere von größerer Komplexität haben spezielle Apparate für die Lichtentdeckung, die wir Augen nennen, auch wenn sie ganz anders aussehen als die Augen von Säugetieren. Es gibt drei verschiedene Augenarten. Die eine folgt dem Prinzip der Augenflecken, die man beispielsweise bei einigen Würmern findet. Solche Augen fangen die Welt nicht in Bildern ein, sondern stellen nur fest, aus welcher Richtung das Licht (oder der Schatten) kommt. Sie sind wichtig für den Beutefang oder den Schutz vor natürlichen Feinden. Ein anderer Typus ist das *Wirbeltierauge*, das wie eine Kamera gebaut ist. Es hat eine Linse, die ein gebündeltes Bild der Außenwelt auf die *Netzhaut*, eine lichtempfindliche Schicht im Augenhintergrund, wirft. Das Diaphragma, die *Iris*, entscheidet darüber, wieviel Licht eindringen kann. Dieser Augentyp hat sich im Laufe der Evolution außerordentlich vervollkommnet. Die Proteinmoleküle, aus denen sich die Linse aufbaut, sind dergestalt selektiert, daß sie bei idealer Konzentration eine völlig klare Linse und damit ein gutes Bild ergeben. Das ist keineswegs eine Selbstverständlichkeit, weil eine konzentrierte Proteinlösung in der Regel trüb ist. Auch die Optik der Linse ist sehr raffiniert. Die Konzentration des Proteins und damit seine Fähigkeit zur Lichtbeugung verändert sich in den verschiedenen Schichten der Linse – eine Anordnung, die der Linse außerordentlich gute optische Eigenschaften verleiht. Sie bündelt das Licht unverzerrt über eine große Bandbreite von Entfernungen. Die Netzhaut ist dicht bestückt mit Sinneszellen, die ihre Signale ans Gehirn schicken. Das Auge entwickelte die Fähigkeit, mit Hilfe einer Kombination von Sinneszellen Farben zu unterscheiden. Anhand der Impulse, die von den verschiedenen Sinneszellen hervorgerufen werden, rekonstruiert das Gehirn sowohl die Form als auch die Farbe der vom Auge wahrgenommenen Objekte. Wie dies im einzelnen geschieht, wird in Kapitel 18 dargestellt.

Ein dritter Augentyp ist das zusammengesetzte *Komplex-* oder *Facettenauge*, das viele höherentwickelte Wirbellose, beispielsweise Insekten, besitzen (Abb. 16.1). Dieses Auge besteht aus etwa hundert unabhängigen Augen, den *Ommatidien* (was »kleine Augen« bedeutet), die alle dicht zusammenliegen und radial angeordnet sind. Jedes Ommatidium verfügt über seine eigenen Lichtsinneszellen (Abb. 16.2). Durch diese Anordnung ist das Komplexauge in der Lage, ein fast kugelförmiges Sehfeld zu erfassen, das größer als das des Wirbeltierauges ist. Einzelne Teile des Auges können sich auf verschiedene Teile des Blickfeldes konzentrieren, die für die besonderen Ziele des betreffenden Organismus von Wichtigkeit sind.

Es gibt eine ungeheure Zahl von Abwandlungen der drei Grundformen des Auges. Diese Vielfalt hat zu tun mit den spezifischen Anpassungsmaßnahmen der verschiedenen Arten und den besonderen Eigenschaften, die sie zum Überleben brauchen.

SIGNALE AN DAS GEHIRN. Entscheidend für die Entwicklung des Auges war die Existenz von Sehzellen. Diese lichtempfindlichen Sinneszellen nehmen winzige Lichtunterschiede wahr und wandeln sie in Signale um, die das Gehirn analysieren kann. Die entscheidende Aufgabe des Auges besteht also darin, dem Gehirn die Voraussetzungen zu liefern, aus denen es sich ein Bild des Gesehenen konstruieren kann.

Das Licht wird von spezialisierten Nervenzellen, den *Lichtsinneszellen* (auch Photorezeptoren genannt), wahrgenommen, die bei Veränderung des Lichts ein Nervensignal erzeugen. Bei allen Lichtsinneszellen erfolgt zwischen der Lichtwahrnehmung und der Signalübermittlung ein Zwischenschritt – die Ionendurchlässigkeit der Zellmembran verändert sich. Wie beschrieben, entfernt in allen Zellen die Natrium-Kalium-Pumpe Na^+-Ionen aus dem Zellinneren und pumpt K^+-Ionen hinein. Infolgedessen ist das Zellinnere reich an K^+-Ionen und arm an Na^+-Ionen. Na^+-Ionen sind bestrebt, durch passive Kanäle in die Zelle zurückzufließen, während K^+-Ionen hinausfließen (vgl. Kap. 2). Normalerweise legt das Verhältnis dieser Ionenbewegungen die Polarisierung der Zellmembran fest, wobei die Innenseite negativ ist. Wenn der Na^+-Zustrom abnimmt oder der K^+-Austritt zunimmt, wird die Innenfläche der Membran noch negativer: Die Polarisierung wächst. Umgekehrte Veränderungen führen zum gegenteiligen Ergebnis. Durch den Lichteinfall wird in den Lichtsinneszellen die Öffnung der Ionenkanäle verändert, in einigen Fällen vergrößert sie sich, in anderen Fällen wird sie kleiner. Beim Hufeisenkrebs *Limulus* und vielen anderen Wirbellosen verringert wachsende Helligkeitszufuhr den Ausfluß von K^+-Ionen, was das Membranpotential verkleinert und einen Nervenimpuls erzeugt. Bei Säugetieren dagegen verringert wachsende Lichtzufuhr den Na^+-Zufluß, wodurch das Membranpotential größer wird. Die vergrößerte

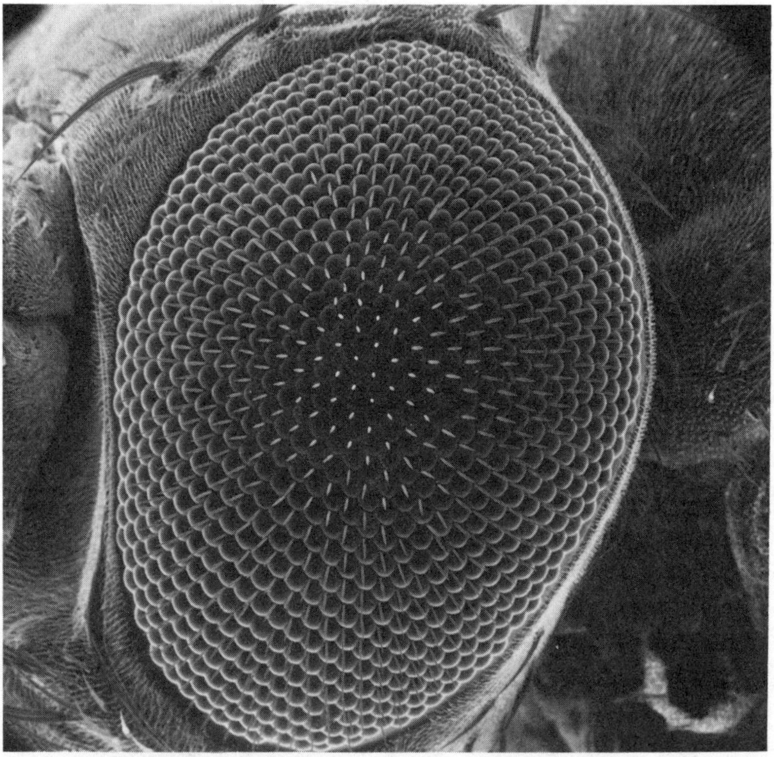

Abbildung 16.1: Das Komplexauge der Taufliege *Drosophila*. Jede der kleinen gekrümmten Flächen eines Teilauges (Ommatidium), von denen es achthundert gibt, zeigt in eine andere Richtung. Die hellen Linien zwischen den Ommatidien sind Härchen. (Rasterelektronenmikroskopische Aufnahme, etwa 300fache Vergrößerung. Aus: D. F. Ready, T. E. Hanson und S. Benzer, *Developm. Biol.* 53 [1976], S. 217–240.)

Polarisierung erzeugt keinen Nervenimpuls, sondern moduliert andernorts entstandene Impulse (vgl. Kap. 18). Wieder andere Anordnungen sind auf die Eigenschaften der Neuronennetze abgestimmt, welche die Signale analysieren.

Was wir über die Umwandlung des Lichts in Ionenströme wissen, stammt in erster Linie aus Untersuchungen der *Stäbchen*, des einen von zwei Rezeptortypen in der Netzhaut von Säugetieren, dessen Mechanismus jedoch weitgehend dem anderen Typ, den *Zäpfchen*, entspricht. Stäbchen sind sehr empfindliche Sehzellen, hundertmal empfindlicher als Zäpfchen. Ein einziges Lichtphoton kann in einem an die Dunkelheit adaptierten Stäbchen ein Signal auslösen. Doch damit ein solches Signal entstehen kann, müssen viele Na^+-Kanäle

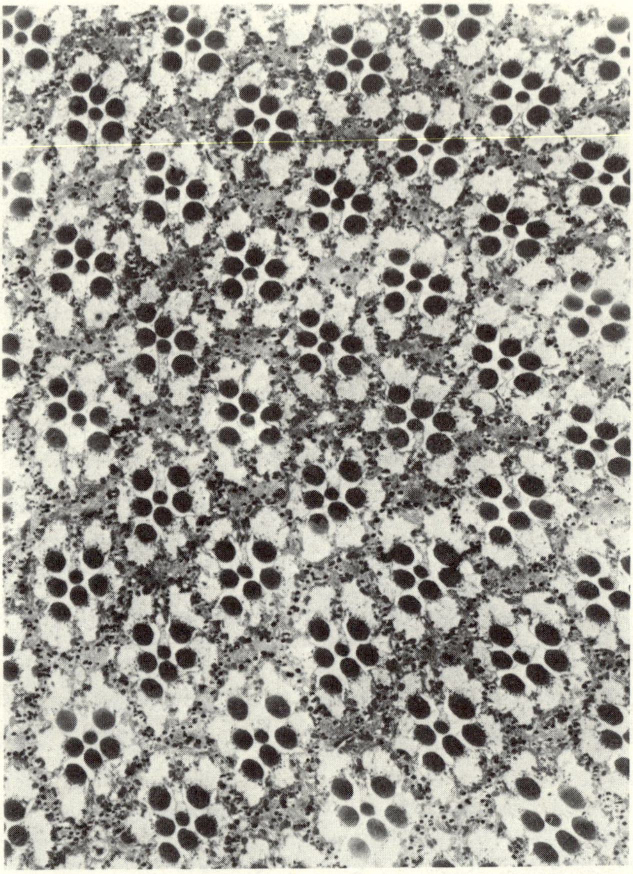

Abbildung 16.2: Die Netzhaut des in Abbildung 16.1 gezeigten Komplexauges. Ein Schnitt durch die Augenbasis zeigt, daß jedes Augenelement acht Photorezeptoren besitzt, von denen sieben durch ihre charakteristische Anordnung auffallen. (Elektronenmikroskopische Aufnahme, 2600fache Vergrößerung. Aus: Ready, Hanson und Benzer, a. a. O.)

geschlossen werden. Das Stäbchen muß folglich einen *Verstärkungsmechanismus* haben. Ein genauerer Blick auf die chemischen Ereignisse, die der Lichtdarbietung folgen, zeigt, wie diese Verstärkung vor sich geht.

Die anderen Segmente der Stäbchen enthalten stapelförmig angeordnete, scheibenartige Membranen (*Discs*), in denen sich Rhodopsinmoleküle befinden. Ein Rhodopsinmolekül besteht aus einem Proteinmolekül (Opsin) und einem lichtabsorbierenden Molekül, das mit Vitamin A verwandt ist (Retinal). Rhodopsin ist mit einem

Protein verwandt, das Licht in manchen photosynthetischen Bakterien in ATP-Energie umwandelt. Die Aminosäureketten des Rhodopsins sind so in die Discmembranen verflochten, daß ein Teil des Proteins im Discinneren und ein anderer Teil draußen im Zytoplasma des Stäbchens liegt. Das Retinal ist mit dem Protein im Discinneren verbunden. Wenn das Retinal ein Photon aufnimmt, kommt es zu einer Veränderung der Bindungen im Protein, welches das Signal durch die Discmembran transportiert, und zur Trennung von Retinal und Protein.

Wenn wir herauszufinden suchen, wie die Aktivierung eines Rhodopsinmoleküls auf die Na^+-Kanäle in der Membran des Stäbchens einwirkt, sehen wir uns zwei Problemen gegenüber. Das eine besteht darin, daß viele Na^+-Kanäle betroffen sind – das Signal muß also verstärkt werden. Das andere ist eine schmale Lücke, welche die Discmembranen von der Stäbchenmembran trennt; diese Lücke muß vom Signal überwunden werden. Beide Probleme werden von einem Mechanismus gelöst, an dem zwei Proteine auf der Außenfläche der Discmembran beteiligt sind. Ich werde sie G (Transducin) und P (Phosphodiesterase) nennen.

Rhodopsin, G und P wirken nacheinander. Durch Licht aktiviertes Rhodopsin aktiviert G. G aktiviert seinerseits P, das dann zykliches GMP abbaut (cGMP gleicht cAMP, nur daß es G anstelle von A enthält). cGMP-Moleküle halten die Na^+-Kanäle offen. Ihr Abbau führt zur Schließung der Kanäle. Ein einziges aktiviertes Rhodopsinmolekül aktiviert einige hundert G-Moleküle; jedes aktivierte G-Molekül aktiviert ein P-Molekül; und ein aktiviertes P-Molekül baut viele cGMP-Moleküle ab. Durch diesen Verstärkungsmechanismus bewirkt ein Lichtphoton den Abbau einer großen Zahl von cGMP-Molekülen und damit die Schließung vieler Na^+-Kanäle, was ausreicht, um ein elektrisches Signal zu erzeugen. Dieser Mechanismus erklärt überdies, wie das Signal von der Disc auf die Stäbchenmembran übertragen wird.

Ein aktiviertes Rhodopsinmolekül ist nicht in der Lage, neue Photonen zu entdecken, weil es das Retinal verloren hat. Die Verbindung wird langsam durch enzymatische Reaktionen ohne Lichteinwirkung wiederhergestellt. Wird das Auge intensivem Licht ausgesetzt, verlieren viele Rhodopsinmoleküle ihr Retinal und werden unfähig, Photonen zu entdecken. Die Fähigkeit des Auges, Licht aufzunehmen, wird entsprechend verringert. Dieser Empfindlichkeitsverlust ist die *Adaptation* des Auges an das Licht. Wenn daraufhin Dunkelheit eintritt, bringt das Rhodopsin die Empfindlichkeit langsam wieder auf ein Maximum: Das Auge ist erneut an Dunkelheit adaptiert.

Viele Fische und Amphibien besitzen neben dem Rhodopsin noch ein weiteres lichtempfindliches Protein, das Porphyropsin, welches auf rotes Licht empfindlicher anspricht. Porphyropsin dürfte sich besonders für das Sehen im dunklen Wasser eignen, wo das rote Licht vorherrscht. Besonders sinnreichen Gebrauch von den beiden Proteinen macht der Ochsenfrosch, der im Wasser gewöhnlich nur die Nase und die Hälfte der Augen über der Oberfläche hält. Die Netzhaut des Auges besteht aus zwei Teilen: Der eine, der das Licht aus der Luft aufnimmt, enthält Rhodopsin, während der andere Teil, der das Licht aus dem Wasser aufnimmt, Porphyropsin enthält. So kann das Tier in den beiden Hälften seiner gespaltenen Welt gleich gut sehen.

INFORMATIONEN DURCH LICHT. Licht spielt eine entscheidende Rolle in den Entwicklungsprozessen von Tieren und Pflanzen. Zum einen hängt dies damit zusammen, daß die Länge des Tageslichts von der Jahreszeit abhängt, was für die Fortpflanzung der Pflanzen und Tiere sehr wichtig ist. Tiere wie Pflanzen besitzen Anlagen, mit denen sie die Tageslänge bestimmen können. Bei den meisten Tieren beeinflussen die durch das Auge aufgenommenen Informationen die Tätigkeit der Zirbeldrüse. Die von dieser Drüse gebildeten Hormone regulieren viele Körperfunktionen. Bei einigen Lebewesen mit sehr dünnen Schädelknochen – Vögeln, Fischen und Amphibien zum Beispiel – entdeckt die Zirbeldrüse selbst die Lichtveränderungen. Andere Lebewesen wie Eidechsen und Frösche haben zu diesem Zweck ein Spezialauge, das nahe bei der Kopfmittellinie liegt und deshalb *Parietalauge* heißt (parietal bedeutet »zum Scheitelbein gehörig«).

Bei Pflanzen entscheidet die Tageslänge darüber, ob Blüten gebildet werden oder nicht. Einige Pflanzen treiben Blüten, wenn die Tage lang sind, andere, wenn die Tage kurz sind. Die Blätter registrieren die Tageslänge und verändern den Hormonhaushalt entsprechend. Bei einem bestimmten Stand der Hormone entwickeln sich die Vegetationskegel zu Blüten. Dieses Phänomen bezeichnet man als *Photoperiodismus*.

Es gibt noch andere kaum merkliche Methoden, mit deren Hilfe Lebewesen Informationen aus dem Licht beziehen. Beispielsweise orientieren sich Bienen und viele andere Tiere mit Heimfindungsvermögen an der Schwingungsrichtung (Polarisation) der vom Himmel einfallenden Lichtwellen. Daß Lichtpolarisation bei der Orientierung helfen kann, läßt sich auch an einer Sonnenbrille mit Polarisierungslinsen erkennen, die nur das Licht *einer* Polarisationsrichtung durchlassen. Eine solche Brille filtert etwa Licht aus, das von nassem Pflaster reflektiert wird, weil dieses Licht in der falschen Weise polarisiert ist. Auch das Tageslicht wird von einer solchen Brille unterschiedlich gedämpft, je nachdem, woher es kommt, weil auch dieses Licht polarisiert ist. Viele Tiere, vor allem solche mit Komplexaugen, haben Mechanismen, mit denen sie Polarisation feststellen können. So besitzen Tintenfische zwei Gruppen von Photorezeptoren. Mit ihnen können sie Licht entdecken, das in zwei senkrecht zueinander verlaufenden Richtungen polarisiert ist. Wahrscheinlich nehmen sie zwei Wiedergabebilder der Welt auf, deren Vergleich ihnen einen verstärkten Kontrast ihrer Unterwassersicht liefert.

Ein anderer Mechanismus ermöglicht es einigen Organismen, Infrarotlicht zu empfangen, das von warmen Gegenständen ausgesandt wird, so daß sie diese im Dunkeln »sehen« (Infrarotlicht ist für das Auge unsichtbar). Viele Schlangen ermitteln die Richtung, in der sie Mäuse oder andere Beutetiere suchen müssen, mit Hilfe von Temperatursinnesorganen. Diese Information genügt ihnen, um eine bewegliche Beute mit tödlicher Sicherheit zu fangen. Die betreffenden Organe der Schlangen sind Gruben an der Vorderseite des Kopfes. Jede Grube hat eine enge Öffnung und einen großen Hohlraum, über den eine sehr dünne, von Luft umgebene Membran gespannt ist. Diese Membran wird von zahlreichen Nervenendigungen durchzogen. Wenn sich vor dem Organ eine Infrarotquelle befindet, tritt ein dünner Strahl durch die Öffnung und trifft auf einen kleinen Membranausschnitt. Wo dieser Auftreffpunkt liegt, hängt von der Position der Quelle relativ zur Öffnung der Grube ab. Da die Membran sehr dünn ist, wird sie von dem Strahl rasch erwärmt. Die außerordentlich empfindlichen Nervenendigungen in der Membran vermögen einen Temperaturanstieg von lediglich 0,003 °C zu registrieren, so daß sie den vom Infrarotstrahl getroffenen Punkt unschwer lokalisieren können. Aus den Informationen, die verschiedene Temperatursinnesorgane übermitteln, errechnet das Gehirn sowohl die Richtung als auch die Entfernung der Infrarotquelle.

LICHTERZEUGUNG. Viele Lebewesen sind unter Bedingungen aktiv, unter denen es in ihrer Umgebung kein oder nur wenig Licht gibt, und erzeugen deshalb ihr eigenes Licht. Zu ihnen gehören nachtaktive Insekten oder Wasserorganismen, die in Tiefen von tausend Metern und mehr leben, wohin die Sonne kaum noch scheint. Das Licht von Mikroorganismen ist auch für das »Meeresleuchten« verantwortlich, das die Brandung erstrahlen läßt.

Licht wird von Organismen für verschiedene Zwecke erzeugt. Glühwürmchen benutzen es als sexuelles Signal. Fische und andere Meerestiere locken mit seiner Hilfe Sexualpartner und Beutetiere an, erhellen damit ihre Umgebung oder nutzen es für ihre Verteidigung. So gibt es einige Tintenfische, die bei Gefahr lichtemittierende Substanzen anstelle von Tinte ausstoßen, um die Feinde zu verwirren.

Licht wird in außerordentlich komplizierten Strukturen erzeugt, die je nach dem gewünschten Effekt auch mit Linsen und farbigen Filtern arbeiten. Der grundlegende Mechanismus zur Herstellung von Biolumineszenz ist in allen Fällen gleich, während es in den Einzelheiten Unterschiede gibt. Die entscheidende Reaktion erfolgt zwischen einer Substanz mit mobilen Elektronen (Luziferin – der Stoff, der das Licht bringt), dem dazugehörigen Enzym (Luziferase), Sauerstoff und ATP. Dank der ATP-Energie bewirkt die Luziferase eine Reaktion des Luziferins mit Sauerstoff, wobei eine Verbindung mit energiereichen Elektronen entsteht. Sobald sie in einen niedrigeren Energiezustand fallen, emittieren sie Licht.

Auf der Suche nach den Polen

Lange glaubte man, lebende Organismen hätten nichts mit dem Erdmagnetismus zu tun, außer auf übertragene oder symbolische Weise. Tatsächlich hat die Natur aber das magnetische Feld, das die Erde umgibt, durchaus für ihre Zwecke eingespannt.

Das beste Beispiel für die Nutzung des Magnetismus liefern bestimmte Bakterien, die im Schlamm von Sümpfen leben. Sie haben an ihrer Oberfläche mehrere lange, dünne Anhangsgebilde, sogenannte Geißeln, die aneinander haften und eine kreisförmige Bewegung beschreiben (Abb. 16.3). Die Rotation der Geißeln treibt das Bakterium durch das Wasser. Wenn man ein Tröpfchen Sumpfwasser beobachtet, das einige Bakterien enthält, so kann man erkennen, daß sie merkwürdigerweise alle in dieselbe Richtung schwimmen. Dieses Verhalten wird durch einen inneren Kompaß gesteuert, der die Zellen nach dem magnetischen Feld der Erde ausrichtet. Der Kompaß besteht aus einer Reihe von Kristallen der Eisenverbindung Magnetit, der von Natur aus magnetisch ist. Die Bakterien eignen sich

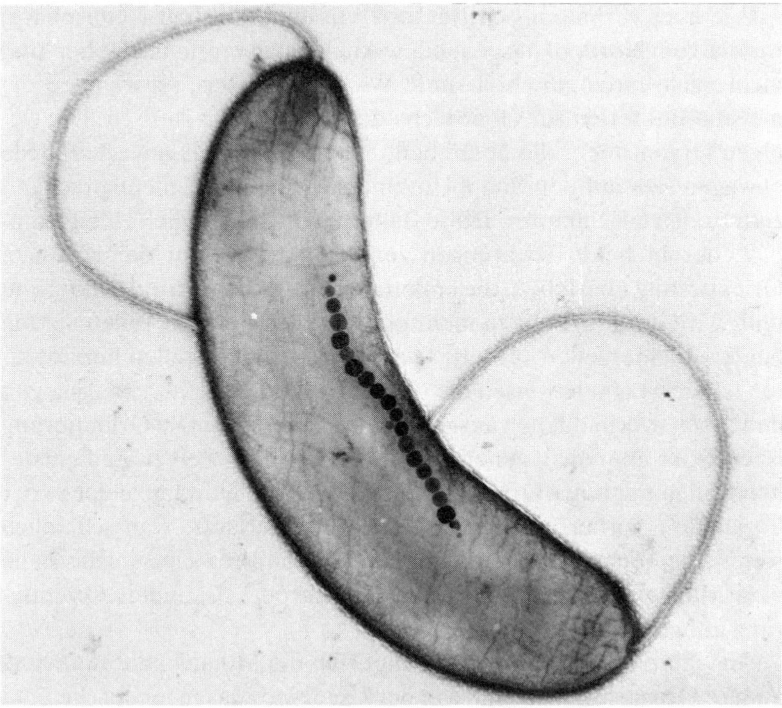

Abbildung 16.3: Ein magnetisches Bakterium, unter dem Elektronenmikroskop betrachtet. Es besitzt an beiden Enden zwei lange Anhangsgebilde, die Geißeln, welche es mit kreisförmigen Bewegungen durch das flüssige Medium treiben. Im Zellinneren befindet sich eine Kette aus kleinen Magnetitkristallen, die das Bakterium nach dem elektrischen Feld der Erde ausrichten. (56000fache Vergrößerung. Aus: R.P. Blakemore und R.D. Frankel, *Scient. Amer.* 245 [1981], S. 58–65.)

Magnetit aus dem im Wasser gelösten Eisen an. In der nördlichen Hemisphäre sind die Magnete im Verhältnis zu den Geißeln so ausgerichtet, daß sich die Bakterien in Richtung auf den Nordpol bewegen. Bringt man einen starken Magneten in ihre Nähe, bewegen sie sich auf dessen Nordpol zu.

Welches Interesse haben die Bakterien am Nordpol? Kein ganz unerhebliches. Diese Organismen leben in der Tiefe von Sümpfen, wo es keinen Sauerstoff gibt. Wenn sie zur Oberfläche schwimmen, vergiftet sie der Sauerstoff. Schlagen sie hingegen in der nördlichen Hemisphäre die Richtung zum Nordpol ein, so bewegen sie sich – den Kraftlinien des magnetischen Feldes der Erde folgend – nicht nur nach Norden, sondern auch nach unten.

Wie aber verhalten sich Bakterien in der südlichen Hemisphäre, wo die vom Nordpol ausgehenden Anziehungskräfte nach oben und nicht nach unten gerichtet sind? Wie zu erwarten, schwimmen die meisten Bakterien zur Oberfläche des Wassers und sterben. Die wenigen Organismen, die überleben, haben die Seiten gewechselt. Sie bewegen sich auf den Südpol zu und schwimmen dementsprechend zum Boden des Sumpfes. Diese Bakterien haben folglich einen Kompaß, der in beide Richtungen zeigt. Bakterien mit der richtigen Orientierung überleben, die anderen nicht. Wenn sich ein Bakterium teilt, wird der Magnetit zu mehr oder minder gleichen Teilen auf die beiden Tochterzellen verteilt. Die von den Tochterzellen hergestellten neuen Magnete weisen die gleiche Orientierung auf, weil sie von den bereits vorhandenen ausgerichtet worden sind: Die Orientierung ist erblich – aber nicht genetisch – festgelegt. Von Zeit zu Zeit entstehen Zellen mit einer Orientierung, die entgegengesetzt zu der in der Population vorherrschenden Ausrichtung verläuft, wahrscheinlich wenn eine Tochterzelle keine Magnete erbt. Wenn eine solche Zelle neue Magnete herstellt, können sie die eine oder die andere Orientierung aufweisen.

Aus diesen Beobachtungen ergibt sich die Möglichkeit, daß viele andere Organismen ebenfalls in der Lage sind, das magnetische Feld der Erde zu registrieren und es zur Orientierung zu nutzen. Eine solche Fähigkeit wäre beispielsweise für Migrationen von Vorteil (siehe unten). Man hat viele Tiere auf Magnetit untersucht und tatsächlich kleinere Mengen bei Bienen, Tauben, Delphinen, vielen Fischen, Meeresschildkröten, ja sogar bei Menschen entdeckt. Bei Menschen befindet sich Magnetit, wie bei anderen Primaten und Nagern, in den die Nase umgebenden Schädelknochen. Die Bedeutung dieser Beobachtungen ist unklar. Man hat Experimente durchgeführt, die zeigen sollten, ob sich Tierarten mit Heimfindungsvermögen wie Tauben, Lachse und Bienen im Magnetfeld der Erde orientieren können. Die Ergebnisse lassen darauf schließen, daß einige Arten dazu in der Lage sind. Magnetit könnte jedoch auch gebildet werden, um überschüssiges Eisen zu beseitigen. Es eignet sich dafür, weil es unlöslich ist – das Eisen ist auf diese Weise permanent gebunden. Doch vieles bleibt hier noch zu klären.

Elektrische Signale

Elektrische Phänome sind, wie in Kapitel 2 beschrieben, für wichtige Eigenschaften aller Zellen verantwortlich. Sie sind auch die Grundlage für die Funktion des Nervensystems (vgl. Kap. 17). So ist es nicht überraschend, daß einige Organismen die Elektrizität als Kommunikationsmittel verwenden.

Bestimmte afrikanische Fische und Zitteraale besitzen ein Organ, das mehrere hundert elektrische Entladungen pro Sekunde hervorruft. Diese Fische haben außerdem elektrische Rezeptoren an den Längsseiten ihres Körpers, nicht unähnlich den Sinneszellen, die mechanische Wellen registrieren. Derartige Rezeptoren sind äußerst empfindlich: Sie können Spannungen ab einem hundertmillionstel Volt wahrnehmen. Die von dem elektrischen Organ hervorgerufenen Stromstöße breiten sich im Wasser aus und umgeben den Fisch mit einer Art Wolke. Wenn ein Objekt in diese Wolke eindringt, bewirkt es eine Störung, die von den elektrischen Rezeptoren registriert wird. Im einzelnen informiert sie über folgendes: Ist das Hindernis ein lebender Organismus? Wie bewegt es sich? Ist es Feind oder Beute? Das System arbeitet wie ein Radar, nur daß es auf einem anderen Prinzip beruht. Die Informationen sind wertvoll, weil sie im Dunkeln und ohne Berührung geliefert werden.

Die von einem Fisch ausgesandten elektrischen Impulse werden auch von anderen Fischen wahrgenommen, die an ihren Merkmalen die Artzugehörigkeit des Senders und sogar sein Geschlecht ablesen können. Die Elektrizität wird also auch als Paarungssignal benutzt.

Alle Lebewesen emittieren im Wasser elektrische Signale, wenn diese auch viel schwächer als die aus elektrischen Organen sind. Sie werden durch die vielen elektrischen Prozesse erzeugt, die im Körper ablaufen. Derartige Signale können auch als Ausdruck der Herz- oder Gehirnaktivität an der Körperoberfläche des Menschen abgenommen werden. Im Wasser lassen diese Aktivitäten schwache elektrische Ströme entstehen, und die entsprechenden Signale werden von Raubfischen, z. B. Haien, registriert, die außerordentlich empfindliche elektrische Rezeptoren besitzen. Das ist eine sehr zuverlässige und raffinierte Methode zur Ortung von Beutetieren, die also selbst in trübem Wasser und Schlamm nicht verborgen bleiben.

Fische benutzen elektrische Signale außerdem zur Bestimmung ihrer Richtung. Da Meeresströmungen, die durch das Magnetfeld der Erde fließen, auf die gleiche Weise Strom erzeugen, wie es im Dynamo geschieht, kann dieser von Fischen zur Orientierung benutzt werden. Überdies erzeugt auch ein Fisch, der durch das Magnetfeld der Erde schwimmt, elektrische Ströme. Ihre Eigenschaften werden von der Richtung der Bewegung, bezogen auf das magnetische Feld, bestimmt, so daß sie dem Fisch möglicherweise Informationen über die eigene Richtung liefern.

Kommunikation durch Geschmack und Geruch

Der Geschmacks- und Geruchssinn spielt bei der Kommunikation der verschiedenen Arten eine vielfältige Rolle. Mit seiner Hilfe identifizieren die Organismen geeignete Nahrung. Viele Arten verwenden den Geruchssinn auch zur Partnererkennung (vgl. Kap. 10). Andere erzeugen unangenehme Geschmäcker oder Gerüche, um möglichen Feinden die Lust zu nehmen, sie als Nahrungsbeute zu erjagen.

Alle diese Kommunikationsweisen beruhen auf den – bei allen Lebewesen vorkommenden – Rezeptoren für spezielle chemische Stoffe. Bei Landtieren unterscheiden sich die Rezeptoren des Geschmacks von denen des Geruchs. Erstere sind Epithelzellen, die dem Gehirn über zwischengeschaltete Nervenfasern Signale zuleiten. Geruchsrezeptoren sind dagegen Nervenzellen, die dem Gehirn ihre Signale direkt übermitteln. Nicht nur Landtiere besitzen Geruchsvermögen, auch Fische haben Nasen, d. h. Hohlräume, die mit ähnlichen Zellen ausgekleidet sind, wie sie in den Nasen luftatmender Tiere vorkommen. Fische besitzen sogar Geschmacksrezeptoren, die jedoch über viele Bereiche der Körperoberfläche verteilt sind.

Bei allen Organismen dienen Geschmack und Geruch zur Ermittlung zweier verschiedener Gruppen von Substanzen: Der Geschmack identifiziert wasserlösliche Substanzen, die es reichlich gibt, der Geruchssinn Stoffe, die in geringen Konzentrationen vorkommen und im Wasser nur schwer löslich sind. Zu den Stoffen, die manche Tiere schmecken oder riechen, gehört auch das Wasser selbst, das einige Organismen suchen und andere meiden.

DIE GESCHMACKSKNOSPEN VON BAKTERIEN. Bakterien können bestimmte chemische Moleküle erkennen. Wenn sie Unterschiede in der Konzentration einer Substanz in dem sie umgebenden Medium spüren, bewegen sie sich auf eine Nahrungsquelle zu, irgendwelchen Zuckern oder Aminosäuren etwa, oder von einer unerwünschten

Substanz fort, zum Beispiel Nickel- oder Kobaltionen. Dieses Phänomen bezeichnet man als *Chemotaxis* und versteht darunter die Bewegung der Zelle unter chemischem Einfluß. Im folgenden seien hohe oder niedrige Konzentrationen eines anziehenden Stoffes und hohe oder niedrige Konzentrationen eines abstoßenden Stoffes als austauschbar betrachtet.

Auch chemotaktische Bakterien haben die langen, dünnen Anhangsgebilde, Geißeln genannt, durch deren Rotation sie sich im Wasser bewegen. In einem Medium, das einen anziehenden Reiz präsentiert, kreisen die Geißeln gegen den Uhrzeigersinn. Von Zeit zu Zeit wird die Bewegungsrichtung der Geißeln vorübergehend geändert, in den Uhrzeigersinn, was das Bakterium schwanken und die eigene Richtung ändern läßt. In einer Flüssigkeit ohne anziehende oder abstoßende Stoffe legt das Bakterium eine kurze Strecke zurück, ändert die Richtung, bewegt sich wieder eine kurze Strecke vorwärts, ändert abermals die Richtung und so fort, alles in rein zufälliger Weise. So kommt es kaum vom Fleck. Wenn in dem Medium jedoch eine Anziehungsquelle vorhanden ist, sind die Richtungsänderungen nicht mehr so stark vom Zufall bestimmt. Die in Richtung der Quelle zurückgelegten Wegstrecken werden länger als die in umgekehrter Richtung, so daß sich der Mikroorganismus in Sprüngen auf das Ziel zubewegt.

Die Bewegung der Geißeln wird durch ein System von *Chemorezeptoren* gesteuert, von denen man vier Arten kennt, jede mit ihren eigenen Besonderheiten. Diese Proteinmoleküle ähneln Rezeptoren und bestehen aus mehreren Domänen, die in die Zellmembran eingelassen sind. Eine Domäne bleibt außerhalb der Membran und fungiert als Rezeptor für den anziehenden Stoff, eine zweite Domäne verankert das Protein in der Membran, eine dritte ragt ins Zytoplasma. Die zytoplasmatischen Domänen haben Bindungsstellen für m-Gruppen (Methylgruppen), die unterschiedlich besetzt werden: Bei hohen Konzentrationen des anziehenden Stoffes sind die Chemorezeptoren stark methyliert. M-Gruppen werden durch ein Enzym an den Chemorezeptor gebunden und durch ein anderes Enzym entfernt. Ihre Anzahl am Chemorezeptor ergibt sich aus dem Wechselspiel dieser beiden Enzyme.

Die Chemorezeptoren steuern die Rotation der Geißeln durch einen Vergleich der Konzentration des anziehenden Stoffes zu einem bestimmten Zeitpunkt mit der Konzentration zu einem früheren Zeitpunkt. Dabei verfahren die Chemorezeptoren wie folgt: Die

Konzentrationsmessung *zu einem gegebenen Zeitpunkt* beruht auf der Bindung der Moleküle des anziehenden Stoffes an die äußere Domäne des Chemorezeptors. Jedes Molekül lagert sich für einen kurzen Zeitraum an den Chemorezeptor an und löst sich dann wieder von ihm. Infolgedessen ist bei hoher Konzentration des anziehenden Stoffes der Anteil besetzter Chemorezeptoren hoch und umgekehrt. Entgegengesetzt wirkt sich die Konzentration auf die *Empfindlichkeit* der Chemorezeptoren aus, die bei hoher Besetzung mit Molekülen des anziehenden Stoffes abnimmt. Das System paßt sich diesen Konzentrationen auf sehr ähnliche Weise an, wie sich das Auge an wechselnde Lichtverhältnisse gewöhnt. Da das Sensibilitätsniveau (wie im Auge) eine Zeitlang erhalten bleibt, mißt es die Konzentration des anziehenden Stoffes zu einem *vorhergehenden Zeitpunkt*. Der Adaptationsmechanismus ist eine strukturelle Veränderung des Chemorezeptors nach Bindung des anziehenden Stoffes.

Die Beziehung zwischen der vorliegenden Besetzung (die der gegenwärtigen Konzentration des Stoffes entspricht) und der Empfindlichkeit (der vorhergehenden Konzentration) bestimmt die Reaktion des Bakteriums. Wenn das Verhältnis stetig wächst – also wenn die gegenwärtige Konzentration durchgehend höher ist als die vergangene –, stockt die Bewegung der Zelle kaum oder gar nicht. Sie schwimmt auf zunehmende Konzentrationsverhältnisse des anziehenden Stoffes zu. Nimmt das Verhältnis ab, so treten Stockungen auf. Die Anweisungen zum Stocken und zur Umkehr der Rotationsbewegung wird dem Bewegungsmechanismus der Geißeln durch mehrere im Zytoplasma vorhandene Proteine übermittelt. Der Hauptmechanismus umfaßt folgende Vorgänge: Der aktivierte Rezeptor fügt Phosphatgruppen an eines der Proteine an, das diese dann an ein zweites Protein weitergibt. Von letzterem werden die Phosphatreste durch ein drittes Protein entfernt. Solange die Phosphatgruppen dem zweiten Protein angelagert sind, aktiviert dieses ein viertes Protein, das seinerseits den Bewegungsmechanismus der Geißeln aktiviert.

Für einen zweiten Anpassungsmechanismus sorgen die m-Gruppen, die sich der zytoplasmatischen Domäne des Chemorezeptors anlagern; sie sind für eine angemessene Grundsensibilität der Chemorezeptoren verantwortlich. Dadurch ist die Chemotaxis bei einem breiten Spektrum von Konzentrationen anziehender oder abstoßender Stoffe möglich. Interessanterweise ist das Enzym, das bei geringer Konzentration des entsprechenden Stoffes die m-Gruppen entfernt, mit dem Protein verwandt, das auf das Bewegungssystem der Geißeln einwirkt, was den Schluß nahelegt, daß für die Umkehr der Rotation und die Absenkung der Grundsensibilität ein einziger Steuermechanismus zuständig ist. Wenn also die Konzentration des anziehenden Stoffes abnimmt, ändert sich nicht nur die Rotationsrichtung, sondern nimmt auch die Grundsensibilität zu. Die Zelle bewegt sich in einen anderen Bereich und paßt sich gleichzeitig dem verringerten Vorkommen von anziehenden Stoffen an. Ein einfaches, aber wirksames System!

Nicht alle Tiere sind wie die chemotaktischen Bakterien am ganzen Körper mit Geschmacksrezeptoren besetzt, einige aber sehr wohl, z. B. der Seestern und die Meergurke. Das ist bei diesen Tieren wahrscheinlich erforderlich, weil sie, gesteuert von chemischen Signalen, mit anderen Tieren ihrer Art enge Zusammenschlüsse bilden. Zu den wichtigen Informationen gehören die Signale, welche die Tiere veranlassen, gleichzeitig zu laichen (vgl. Kap. 10). Dagegen haben die meisten anderen Tiere ihre Geschmacksrezeptoren nur im Mund. Insekten besitzen je eigene Rezeptoren für verschiedene Gruppen von Substanzen – Salz, Wasser, Zucker, Säuren und andere.

UNTERSCHEIDUNG. Das größte Unterscheidungsvermögen hat der Geruchssinn, der eine sehr große Zahl von chemischen Substanzen identifizieren kann. Dies zeigt sich unter anderem in der Fähigkeit von Insekten, zwischen vielen eng verwandten Pheromonen zu unterscheiden (vgl. Kap. 10). Der Geruchssinn ist bemerkenswert empfindlich. So reichen bereits neun Moleküle der von Stinktieren ausgeschiedenen Geruchssubstanz aus, um den Geruch für Menschen kenntlich zu machen.

Die Identifizierung von Gerüchen findet in der *olfaktorischen Schleimhaut* statt, die den oberen Teil der inneren Nase auskleidet. Diese Schleimhaut ist mit einer großen Zahl von Nervenzellen durchsetzt und weist mehrere Schichten unterschiedlicher Viskosität auf. Jede Nervenzelle besitzt ein Bündel haarähnlicher Anhangsgebilde (Zilien), welche die Schleimhautschicht von unten nach oben durchqueren. Am entgegengesetzten Ende dieser Zellen beginnt eine Nervenfaser, die bis ins Gehirn reicht. Ein ungewöhnliches Kennzeichen dieser Nervenzellen ist ihre Fähigkeit, sich ständig aus einem Reservoir von undifferenzierten Zellen zu erneuern.

Geruch entsteht aus der Wechselwirkung von Geruchsstoffen mit den Rezeptoren in den Härchen der Nervenzellen. Das Spektrum der

Rezeptoren entscheidet über das Geruchsspektrum, das wahrgenommen werden kann. Der chemische Apparat, der aus der Wechselwirkung eines Geruchsmoleküls mit einem Rezeptor einen Nervenimpuls erzeugt, ähnelt jenem Mechanismus, der in hormonsensitiven Zellen Anwendung findet (vgl. Kap. 8). Er bewirkt die Freisetzung eines sekundären Boten, des zyklischen AMP, ins Zytoplasma. Dies Molekül verändert anscheinend die Öffnung von Ionenkanälen und ruft damit den Nervenimpuls hervor.

Alles in allem wissen wir wenig über die Art und Weise, wie Gerüche unterschieden werden, wenn wir auch gewisse Hypothesen entwickelt haben. Eine Möglichkeit könnte sein, daß die Rezeptorproteine außerordentlich vielgestaltig sind, fast wie die Rezeptoren von Antikörpern oder T-Lymphozyten (vgl. Kap. 13 und 14); das Gehirn wüßte, so die Annahme, welches Protein zu welcher Zelle gehört, und könnte auf dieser Grundlage den Geruch identifizieren. Eine andere Möglichkeit wäre, daß die Nasenschleimhaut ein chemischer Apparat wäre, der die Moleküle nach ihren Eigenschaften trennt, etwa ihrer Löslichkeit im Schleimsekret oder ihrer Fähigkeit, sich in ihm zu verteilen. Die verschiedenen Substanzen könnten verschiedene Zellgruppen stimulieren, und das Gehirn würde dann die Stoffe anhand der Position der reagierenden Nervenzellen erkennen. Am verwirrendsten ist die ständige Bildung neuer Nervenzellen. Dieser Umstand ist wahrscheinlich nicht unwichtig, doch kennen wir seine Bedeutung nicht.

Nutzung von Schallwellen

Die meisten Tiere können in irgendeiner Weise hören, also Schallwellen wahrnehmen. Wie in Kapitel 10 beschrieben, erzeugen auch Insekten und Spinnen Geräusche, die zur Kommunikation zwischen Sexualpartnern gehören, doch am höchsten entwickelt ist die Lautkommunikation bei Wirbeltieren.

Lautsignale werden von Spezialorganen aufgefangen, die bei Wirbellosen in verschiedenen Körperbereichen untergebracht sein können, bei Wirbeltieren jedoch nur im Kopf vorkommen. Das Schlüsselelement dieser Organe ist die *Haarzelle*, die wie ein Rasierpinsel aussieht (Abb. 16.4). Diese Zelle besitzt einen runden, länglichen Körper, der am einen Ende mit einem Büschel langer, feiner Härchen bedeckt ist. An ihrer Basis, dort, wo sie aus der Zelle heraustreten, befinden sie sich in gleichmäßigen Abständen voneinander, haften

Abbildung 16.4: Eine Haarzelle aus dem Ohr eines Ochsenfrosches. Sie zeigt das charakteristische Bündel von ungefähr fünfzig Härchen, die mit den Spitzen aneinanderhaften. Eines der Härchen unterscheidet sich von den anderen: Es ist dicker und weniger flexibel, außerdem weist es an der Spitze eine Schwellung auf. Trotz seiner Auffälligkeit ist es für das Funktionieren des Systems nicht erforderlich – im menschlichen Ohr fehlt es. (Rasterelektronenmikroskopische Aufnahme, 20000fache Vergrößerung. Aus: A. J. Hudspeth, *Scient. Amer.* 248 [1983], S. 54–64.)

aber mit den Spitzen aneinander. Am anderen Ende ist der Zellkörper mit Nerven verbunden, über die er Signale an das Gehirn schickt.

Die Haarzelle sendet ein Signal aus, wenn das Haarbüschel auch nur um eine Winzigkeit zur Seite bewegt wird – eine Distanz, die dem Durchmesser von ein paar Atomen entspricht. Das geschieht, weil die Bewegung die relative Position der Härchen im Büschel verändert. Diese Verlagerung öffnet auf mechanischem Weg passive Ionenkanäle, die an der Spitze der Härchen liegen. Durch sie strömen positiv geladene Ionen in die Zelle. Der Ionenzustrom verringert das Membranpotential der Zelle und schickt damit über die verbindenden Nervenfasern ein Signal zum Gehirn.

Auf welche Weise Schallwellen Bewegungen dieser Haarbüschel verursachen, unterscheidet sich von einer Tierart zur anderen, doch das Grundprinzip bleibt dasselbe. Bei Säugetieren treffen Schallwellen, die sich durch die Luft bewegen, auf das Außenohr und werden durch seine Falten in den Gehörgang geleitet. Dieser endet an einer flexiblen Membran, dem Trommelfell. Die Schallwellen bewirken Druckveränderungen an der Membran, die infolgedessen hin- und herschwingt. Die Verlagerungen der Membran werden durch eine Kette von drei Knöchelchen zu einer Öffnung im Schädel übertragen. Diese Öffnung ist das Ende eines kompliziert geformten Kanals, des *Labyrinths*, das im Knochen verläuft. Das Labyrinth ist mit einer Flüssigkeit gefüllt, die die Schallschwingungen weiterleitet.

DIE FUNKTIONEN DES LABYRINTHS. Das Labyrinth hat mehrere Abschnitte. Der für die Lautaufnahme bestimmte Teil ist ein langer Gang, der bei Säugetieren fast wie eine Schnecke gerollt ist und deshalb *Cochlea* heißt. Der Schneckengang gliedert sich in drei Räume, die durch zwei längs des Ganges verlaufende Membranen abgeteilt sind (Abb. 16.5). Der obere und untere Raum stehen miteinander in Verbindung und sind mit Perilymphe gefüllt, einer schwingungsfähigen Flüssigkeit, die wie alle Körperflüssigkeiten wenig K^+-Ionen aufweist. Der mittlere Raum (der eigentliche Schneckengang) ist mit Endolymphe gefüllt, einer statischen Flüssigkeit, die reich an K^+-Ionen ist. Die Haarzellen liegen auf der unteren Membran (Basilarmembran), wobei die Härchen in den mittleren Raum hineinreichen und mit einer seitlich befestigten Membran verbunden sind, die wie ein Dach über ihnen liegt. Ständig strömen positive Ionen aus der K^+-reichen Flüssigkeit des Mittelraums in die Haarzellen, die mit der K^+-armen Flüssigkeit des unteren Raums in Verbindung stehen. Die durch die Schallwellen verursachten Schwingungen werden durch den unteren Raum an die Haarzellen übermittelt, wo sie die an der Deckmembran haftenden Haarspitzen verlagern. Synchron mit dem Schall öffnen und schließen sich die Ionenkanäle. Sie bewirken Schwankungen der Ionenströme und erzeugen so Signale, die das Gehirn über zwischengeschaltete Nervenfasern erreichen.

Verschiedene Haarzellen reagieren auf verschiedene Tonlagen (Frequenzen). Für diese Abstimmung sorgen mehrere Mechanismen. Je nach Tonhöhe verursachen die Schwingungen der Membra-

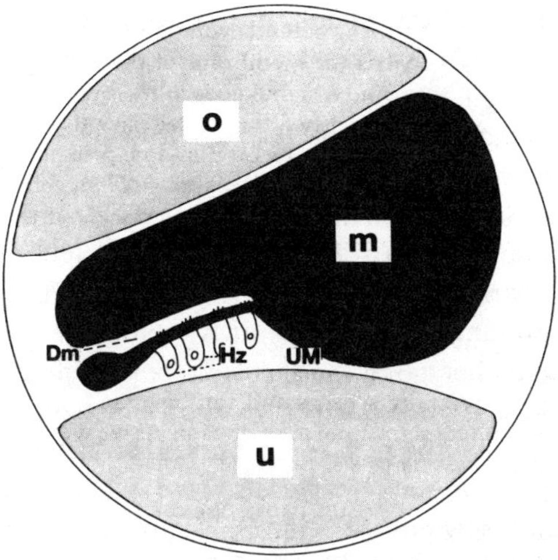

Abbildung 16.5: Ein Querschnitt durch den Schneckengang. Der Gang enthält drei Räume, den oberen (o), mittleren (m) und unteren (u). Oberer und unterer Raum (hellgrau) sind mit einer Flüssigkeit gefüllt, die eine geringe K^+-Konzentration aufweist. Hier werden Schallwellen aufgenommen. Das gilt nicht für den mittleren Raum, der mit einer K^+-armen Flüssigkeit gefüllt ist. Die Schwingungen werden durch den unteren Raum auf die untere Membran (UM) und die Haarzellen (Hz) übertragen. Die Härchen letzterer haften an der stationären Deckmembran (Dm).

nen unterschiedliche Ausschläge an verschiedenen Stellen, wobei der genaue Ort von den akustischen Eigenschaften der Gänge und der Membran abhängt. Weitere Faktoren sind die Abstimmung der Haarbüschel und die elektrische Abstimmung der Haarzellmembranen. Niederfrequente Laute werden an der Spitze der Cochlea aufgefangen, höherfrequente Geräusche an ihrer Basis. Das Gehirn erkennt die Tonhöhe am Standort der Haarzellen, von denen es die Signale erhält.

Die anderen beiden Abschnitte des Labyrinths dienen der Registrierung von Bewegung und nicht von Lauten. Der erste Abschnitt hat drei flüssigkeitsgefüllte Bogengänge, die rechtwinklig zueinander verlaufen. Jeder Bogengang weist eine Ausbuchtung (Ampulle) auf, die eine kuppelartige, flexible Membran enthält und mit einer Gallertmasse gefüllt ist. Am Boden der Ampulle befindet sich eine dichte Gruppe von Haarzellen, die im Knochen verankert sind und mit den Härchen in die Gallertmasse reichen. Wenn sich der Kopf dreht, bleibt die dickflüssige Masse infolge ihrer Trägheit in dem einen oder in mehreren Bogengängen hinter der Kopfbewegung zurück. Die

Flüssigkeit drückt auf die Membran des Ampullendaches und verwirft dieses, die Zilien der Haarzellen werden gebeugt und schicken dem Gehirn ein Signal.

Der zweite Abschnitt besteht aus zwei flüssigkeitsgefüllten Säckchen, die Geschwindigkeitsveränderungen – also Beschleunigungen – wahrnehmen. Sie beruhen auf dem gleichen Prinzip wie die Instrumente, mit denen man Erdbeben registriert. Jedes enthält eine Gruppe von Haarzellen, die im Knochen verankert sind und eine Membran berühren, welche dicht mit Kristallen bestückt ist. Wenn der Kopf eine plötzliche Bewegung macht, bewegen sich die Haarzellen mit, doch die kristallbeladene Membran bleibt zurück. Das Haarbüschel krümmt sich und sendet ein Signal ans Gehirn. Dank dieser Säckchen können wir beispielsweise spüren, wenn ein Fahrstuhl anfährt oder stoppt, obwohl wir seine Bewegung nicht sehen. Die drei Bogengänge und die beiden Säckchen sind von entscheidender Bedeutung für die Gleichgewichtsbestimmung des Körpers und die Koordinierung seiner Bewegungen.

Die Haarzellen sind vielseitige Sinnesrezeptoren und können für zahlreiche Zwecke genutzt werden. Im Ohr registrieren sie Schall und Beschleunigung. Wie wir unten sehen werden, dienen sie aber auch zur Wahrnehmung von Druckveränderungen.

RÄUMLICHES HÖREN. Ohne Schwierigkeiten können wir auf einer horizontalen Ebene bestimmen, woher ein Geräusch kommt. Das Gehirn errechnet die Richtung aus den Zeitunterschieden, mit denen die Druckwellen unsere beiden Ohren erreichen. Ein kurzer Laut trifft bei ihnen mit einer leichten zeitlichen Verschiebung ein, und die Druckveränderungen, die sie wahrnehmen, während der Laut anhält, sind nicht ganz synchron.

Die Richtung auf einer vertikalen Ebene wird anhand der Schallreflexionen an den Kämmen und Falten des Außenohrs geschätzt. Unsere Ohren sind jedoch für diese Aufgabe nicht besonders gut geeignet, deshalb bewältigen wir sie auch nur mäßig. Unbestrittene Meisterin auf diesem Gebiet ist die Schleiereule (Abb. 16.6), die sich von kleinen Tieren, vor allem Mäusen, ernährt. Da sie nachts jagt, muß sie die Position ihrer Beutetiere sehr genau bestimmen, ohne sie zu sehen. Deshalb hat die Eule spezielle Ohren. Zu den riesigen Außenohren gehören die beiden gelben Schleier um die Augen, die *Gesichtsschleier*. Entgegen ihrem Aussehen haben die Schleier nichts mit den Augen zu tun. Sie bestehen aus rigiden Federn, die den Schall

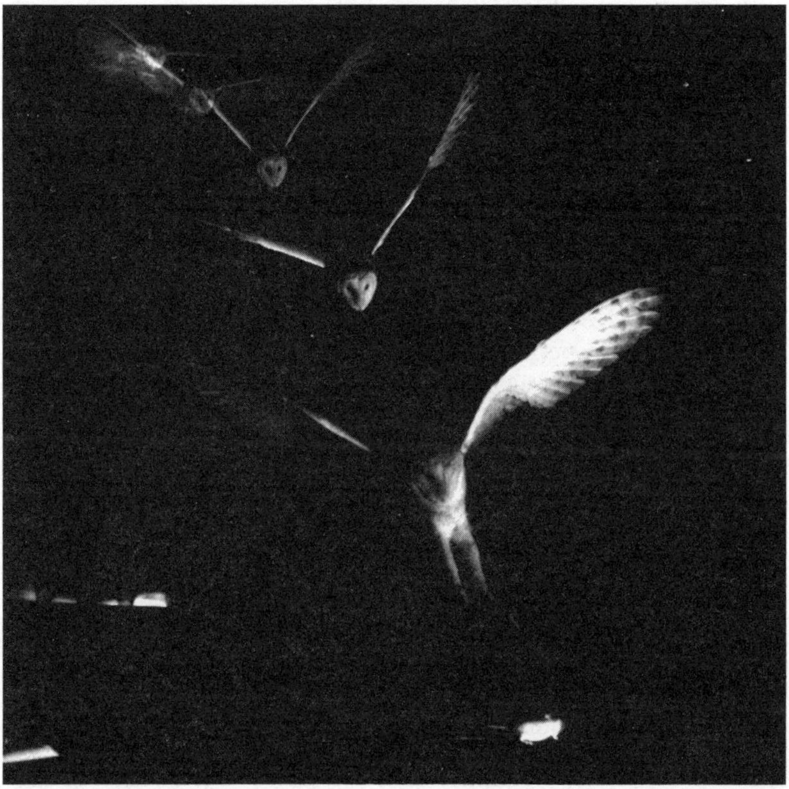

Abbildung 16.6: Eine Eule, die sich in vollständiger Dunkelheit auf eine Maus stürzt, nur vom Rascheln des Beutetieres geleitet. (Mit freundlicher Genehmigung von M. Konishi.)

in zwei vom Schnabel zu den Ohren führende Furchen leiten. Eine weitere Besonderheit liegt darin, daß die Öffnung des rechten Ohrs nach oben weist, die des linken Ohrs nach unten. Auf diese Weise wird die Balance des Schalls, der die beiden Ohren erreicht, von der Position der Geräuschquelle auf der vertikalen Ebene beeinflußt. Eulen erkennen die horizontale (waagerechte) Richtung eines Geräusches auf die gleiche Art und genausogut wie Menschen, sind diesen aber in der vertikalen (senkrechten) Lautortung weit überlegen. Werden die Schleier abrasiert, verliert das Tier die senkrechte Unterscheidungsfähigkeit, während die waagrechte erhalten bleibt.

Lebewesen ohne Außenohren (z. B. Laubfrösche) bestimmen die waagrechte Richtung eines Geräuschs durch seitliche Kopfbewegungen, mit denen sie die verschiedenen Richtungen erfassen. Senkrechte Richtungen bestimmen sie, indem sie den Kopf nach unten oder nach oben richten. Fische haben es weit schwerer, die Position einer Geräuschquelle herauszufinden, weil sich der Schall im Wasser sehr viel rascher als in der Luft ausbreitet, so daß er die beiden Ohren fast gleichzeitig erreicht. Trotzdem können Fische eine Geräuschquelle recht gut lokalisieren und sogar ihre Entfernung ziemlich genau schätzen. Offenbar analysieren sie dazu zwei Merkmale der Schallwellen: die Druckveränderungen (genauso wie Landtiere es tun) und die schwingungsbedingten Verlagerungen der Wassermoleküle. Die Druckveränderungen erfassen sie durch gasgefüllte Gänge, die das Ohr zwar berühren, tatsächlich aber zur Schwimmblase gehören, welche dem Fisch den nötigen Auftrieb verleiht. Die Wasserbewegungen werden von Beschleunigungsrezeptoren registriert, die den für Kopfbewegungen bestimmten Rezeptoren in den Ohren von Säugetieren ähneln.

SONAR BEI TIEREN. Tiere, die im Dunkeln jagen, sich orientieren und paaren, verlassen sich nicht nur auf die Geräusche, die von den gesuchten Objekten hervorgerufen werden, sondern verwenden ein Sonar – die *Echoortung*. Sie erzeugen eine rasche Folge von Lauten und bestimmen die Richtung des Objekts anhand der Echos, die sie empfangen. Sonare werden sowohl von Land- als auch von Meeressäugetieren verwendet. Insektenfressende Fledermäuse nutzen dieses Prinzip in der Luft, Delphine, Wale und Seehunde im Wasser. Die verwendeten Töne liegen in dem (für das menschliche Ohr nicht wahrnehmbaren) Ultraschallbereich, weil er präziser ist.

Informationen über die Position und andere Merkmale des Objekts entnimmt das Tier der Verzögerung des Echos, seinem Frequenzspektrum und seiner Intensität. Die Richtung des wiedereintreffenden Schalls wird, wie oben beschrieben, mit Hilfe der Ohren bestimmt. Diese Art von Sonar arbeitet sehr genau. Beispielsweise kann eine Fledermaus Objekte in der waagrechten wie senkrechten Ebene mit der gleichen Präzision orten wie eine Eule. Sie findet sogar ein sich schnell bewegendes Ziel mit tödlicher Genauigkeit.

Berührung auf Distanz

Wir wissen, daß Organismen Objekte wahrnehmen, die ihre Haut berühren (ich werde darauf in Kapitel 18 zurückkommen). Doch als Mittel zur Erfassung der Umwelt ist möglicherweise eine andere

Form der Berührung noch wichtiger – die Berührung auf Distanz. Diese ist im Wasser möglich, wo Bewegungen die lokalen Druckverhältnisse verändern. Fische und Kaulquappen (nicht aber die an der Luft lebenden Frösche) haben Mechanismen, die sehr empfindlich auf solche Druckveränderungen reagieren. Es sind zweigeteilte kleine Kapseln mit sehr dünnen Wänden. Die Basis befindet sich an der Haut, die Deckmembran im Wasser. Auf dem Boden jeder Kapsel sitzt eine Haarzelle, die ähnlich aufgebaut ist wie die Haarzellen zur Lauterfassung. Die Kapselwand verwirft sich leicht durch lokale Veränderungen des Wasserdrucks. Dann bewegt die Flüssigkeit, welche die Kapsel füllt, die Zilien der Haarzelle, und diese Bewegung löst ein Nervensignal aus.

Die Druckrezeptoren sind an den Seiten des Fisches entlang einer bestimmten Linie angeordnet – der *Seitenlinie*, die vom Kopf bis zum Schwanz reicht.

Mit Hilfe dieser Rezeptoren orten Fische bewegliche Organismen in ihrer unmittelbaren Umgebung oder erkennen Hindernisse auf ihrem Weg. Hindernisse stören die normalen Druckverhältnisse in der Umgebung des schwimmenden Fisches. Auf Informationen der Seitenlinienorgane sind in besonderem Maß Fische angewiesen, die in Schwärmen leben, denn so erfahren sie ständig etwas über die Position der neben ihnen schwimmenden Fische.

»Ohne festen Wohnsitz«

Die raffinierten Methoden, mit deren Hilfe Tiere ihre Umwelt erkunden, sind besonders wichtig für Arten, die regelmäßig von einem Standort zum anderen ziehen. Die Angehörigen zahlreicher Arten geben sich nämlich nicht damit zufrieden, ihr Leben an dem Ort zu verbringen, wo sie geboren worden sind, sondern verspüren den Drang, weit zu wandern, um gewöhnlich am Ende ihres Lebens an ihren Ursprungsort zurückzukehren. Dieses Verhalten zeigen höchst verschiedene Lebewesen: kleine im Meer lebende Wirbellose, Sandwürmer, Krebse, Insekten – etwa Heuschrecken oder Chrysippusfalter –, Marienkäfer, viele Fischarten, Reptilien, Vögel und sogar Säugetiere, hier sowohl fliegende (Fledermäuse) wie nichtfliegende (Karibus, Rotwild und andere Arten). Den für uns Menschen charakteristischen Wandertrieb findet man demnach in der ganzen biologischen Welt.

Jede Art hat ein eigenes Wanderverhalten, das mit ihren Ernährungs- oder Fortpflanzungsgewohnheiten zusammenhängt. Die zurückgelegten Entfernungen können erheblich sein, in manchen Fällen betragen sie Tausende von Kilometern. Großenteils finden diese Wanderbewegungen über dem Meer statt. Einige Vögel ziehen von den Aleuten bis nach Hawaii.

Tiere legen nicht nur große Entfernungen zurück, sie steuern ihre Zielorte auch mit erstaunlicher Genauigkeit an. Der Lachs verläßt den Fluß, in dem er geboren wurde, gelangt ins Meer, schwimmt dort Hunderte oder Tausende von Kilometern weit und kehrt dann in seine Heimat zurück, meist sogar in denselben Fluß, in dem sein Leben begonnen hat. Aaleier entwickeln sich in der Sargassosee zu Larven, die von den Meeresströmungen an die nordamerikanischen und europäischen Küsten getragen werden. Von den Küstengewässern aus streben sie, mittlerweile zu Glasaalen geworden, in Flüsse und Ströme und schwimmen diese hinauf, während sie ihre endgültige Größe erlangen. Nach einigen Jahren seßhaften Lebens kehren sie ins Meer zurück und folgen den Strömungen in die Sargassosee, wo sie sich paaren und sterben. Ihre Odyssee dauert also mehrere Jahre und führt sie durch sehr verschiedene Welten.

Wie diese spektakulären Leistungen möglich sind, ist eine Frage von beträchtlichem Interesse. Woher wissen die Tiere, wann und wohin sie zu ziehen haben? Wie gelingt es ihnen, das Ziel zu erreichen?

Der entsprechende Trieb wird durch eine Reihe von umweltbedingten und hormonalen Faktoren hervorgerufen. Wüstenheuschrecken begeben sich auf Wanderschaft, wenn die Nahrung knapp wird, was meist auf eine Zunahme der Population zurückgeht. Dann bilden sie Schwärme von bis zu zehn Milliarden Insekten und brechen in nahrungshaltigere Gebiete auf. Viele andere Tiere beginnen ihre Wanderung zu einer bestimmten Jahreszeit. Hier wird der Trieb wahrscheinlich durch hormonelle Veränderungen ausgelöst, die unter dem Einfluß des Tageslichts stehen. Die wichtigsten Einflußfaktoren dieser Veränderungen scheinen in der Zirbeldrüse, in Hormonen der Schilddrüse und den Keimdrüsen zu liegen.

Wandertiere orientieren sich auf ihren Wegen an einer Vielfalt von Hinweisreizen. Meerestiere, etwa Aale, halten sich oft an die Strömung. Schwieriger ist die Frage, wie Lachse ihre Ursprungsflüsse wiederfinden oder wie Vögel sich auf ihren weiten, häufig über die Meere führenden Wegen zurechtfinden.

Einige Hinweisreize sind den Vögeln offenbar angeboren, denn auch Vögel, die allein aufwachsen, besitzen den Wandertrieb. Die meisten fliegen nachts und benutzen dabei unterschiedliche Informationen – den Sonnenstand beim Sonnenuntergang, die Polarisation des Himmelslichtes oder die Position der Sterne. Man hat einige Orientierungspunkte herausgefunden, indem man Vögel in einem Planetarium beobachtete, wo man ihnen verschiedene Himmelsbilder zeigte. Unter dem vertrauten Himmelsbild versuchten sie in die Richtung zu fliegen, der sie auch während ihrer regelmäßigen Wanderungen folgen. Sie halten sich also an genetisch festgelegte Instruktionen, die ziemlich kompliziert sein müssen, nicht nur weil viele Variablen beteiligt sind, sondern weil sich auch die Position der Sonne oder der Sterne mit der Tageszeit verändert. Vögel erben offenbar eine zeitangepaßte Himmelskarte. Das läßt sich zeigen, wenn man die Tiere an längere oder kürzere Tage gewöhnt. Nach einiger Zeit ist ihre innere Uhr gebenüber der normalen Uhr verschoben, und sie fliegen in eine Richtung davon, die objektiv falsch ist, aber ihrer subjektiven Zeit entspricht. Wie diese komplizierten Instruktionen in die Gene eingeschrieben sind und wie die Gene die Gehirnstruktur so beeinflussen, daß der Vogel in der Lage ist, seinen Weg zu finden, ist immer noch ein Geheimnis, das schwer zu enträtseln sein dürfte.

Auch der Magnetismus wird von manchen Tieren als Hinweisreiz genutzt, so von Brieftauben, die den Heimweg suchen. Wenn Tauben von einem fernen Ort in ihren Schlag zurückkehren, orientieren sie sich meist an dem auf die Tageszeit bezogenen Sonnenstand. Sie kommen aber auch bei bedecktem Himmel sehr gut zurecht, und einige Experimente lassen darauf schließen, daß sie sich unter diesen Bedingungen an den Magnetismus halten. Tauben haben tatsächlich an der Kopfbasis Taschen mit Magnetitkristallen, die möglicherweise mit den Streckrezeptoren der Muskulatur verbunden sind. Je nach ihrer Orientierung könnten die Kristalle in den Rezeptoren Signale auslösen, welche die Kontraktionsstärke bestimmter Muskeln und damit auch die Flugrichtung beeinflussen.

Wichtige Orientierungshinweise liefern auch Gerüche. Viele Experimente zeigen eindeutig, daß Tauben vertraute Gerüche im Wind wiedererkennen und sich nach ihnen richten. Gerüche im Wasser sind die wichtigsten Anhaltspunkte für Lachse, wenn sie ihrem Ursprungsfluß zustreben. In größerer Entfernung davon könnten sie sich an der Sonne oder am Magnetfeld der Erde orientieren.

Auch besondere Merkmale der Landschaft werden von Brieftauben beim Anflug auf den heimatlichen Schlag berücksichtigt. Dies gilt ebenso für Bienen bei der Rückkehr von der Futterquelle. Bienen und Ameisen richten sich außerdem nach der Sonne und der Polarisationsrichtung des Himmelslichtes. Wenn eine Biene Nahrung gefunden hat, unterrichtet sie hiervon andere Bienen durch einen Tanz – eine Reihe von Drehungen, welche die Position der Nahrungsquelle relativ zur Sonne bestimmen.

Bei den Tieren nutzt die Natur also mit körpereigenen Mechanismen die meisten der Navigationsverfahren, die wir Menschen »erfunden« haben. Es gibt nicht viel Neues unter der Sonne.

KAPITEL 17
Die Mechanismen des Gehirns

Gehirn und DNA

In der Evolution des Lebens hat die DNA das Gehirn geschaffen, weil Vorrichtungen zur Erfassung der Umwelt erforderlich wurden: Beutetiere mußten identifiziert, natürliche Feinde vermieden und Sexualpartner gefunden werden. Das primitive Gehirn war nur zu automatischen Reaktionen fähig, doch mit fortschreitender Evolution gewann dieses Organ immer größere Bedeutung. Nach und nach wurde es zu einer Instanz für lebenswichtige Entscheidungen – etwa darüber, ob eine Paarung stattfinden sollte. Bei der menschlichen Art erlangte das Gehirn noch eine viel größere Macht: Es kann über das eigene Leben entscheiden.

Diese Entwicklungen mußten von der DNA kontrolliert werden. Zu Beginn der Evolution des Lebens war das leicht: Die DNA konnte jede einzelne Gehirnzelle spezifizieren. Als die Evolution weiterging und die Zahl der Gehirnzellen beträchtlich auszuweiten war, wurde die direkte Einflußnahme unmöglich, so daß die Kontrolle der DNA mittelbar wurde. Ihre Rolle beschränkte sich nun darauf, die allgemeinen Richtlinien der Gehirnorganisation zu spezifizieren, während es der Umgebung überlassen blieb, die Einzelheiten festzulegen. Das war ein geschickter Schachzug der DNA, denn Lebewesen müssen vor allem an ihre Umwelt angepaßt sein. Wie wir in Kapitel 18 sehen werden, wählt die Umwelt, im Rahmen des Vorgegebenen, während der Entwicklung des Individuums die Einzelheiten der Organisation aus, die es dem Organismus erlauben, sich optimal zu entwickeln. Die DNA erschafft das Gehirn, die Umwelt überprüft seine Einzelheiten und akzeptiert sie oder verwirft sie. Die Gehirne höherer Tiere sind dank ihrer Flexibilität besonders geeignet, sich der Umwelt anzupassen – mit der gleichen Grundausstattung können sie sich auf viele verschiedene Umgebungen einstellen. Doch auch hier hat sich die DNA indirekten Einfluß auf die endgültige Organisation vorbehalten, denn sie spezifiziert die Regeln, nach denen sich das Gehirn der Umwelt anpaßt. Die Entscheidungen des Gehirns müssen sich jedoch nicht unbedingt mit den Zielen der DNA decken, sondern können diese sogar konterkarieren. Da solche Entscheidungen jedoch die Überlebensfähigkeit der Art in Frage stellen, ist hier letztlich die Erfindungsgabe der DNA gefordert.

Die partielle Unabhängigkeit des Gehirns von der DNA hat sich in der Evolution fortlaufend herausgebildet. Zunächst waren die Regeln der DNA einfach und brutal: Ein Organismus kämpfte gegen den anderen um die Vorherrschaft, wobei das Schicksal des Besiegten der Untergang war. Das Gehirn war in diesem Kampf lediglich ein Werkzeug. Doch bei den höchstentwickelten Arten, vor allem dem Menschen, sind die Regeln nicht mehr so einfach, weil das Gehirn eingreift. Es erlegt dem Kampf um Vorherrschaft nicht nur Einschränkungen auf, sondern schafft auch Widersprüche. Einerseits entwickelt es Vernichtungswaffen für den totalen Krieg, andererseits produziert es die Erkenntnis, daß dieser Krieg zum Untergang vieler Menschen führen kann, vielleicht sogar der Art und der DNA selbst. So wird also der Drang nach Vorherrschaft – das Ziel der DNA – vom Gehirn geschwächt. Wird dieses empfindliche Gleichgewicht von Dauer sein? Und wenn es verlorengeht, welches Schicksal erwartet dann die Menschheit? Fragen, auf die es keine Antwort gibt, weil der Verlauf der Evolution, wie wir in Kapitel 20 sehen werden, nicht geradlinig ist – er steckt voller verborgener, unvorhersehbarer Ereignisse.

Das Gehirn ist ein Teil des *Nervensystems*, das die Umwelt wahrnimmt, die Muskelbewegungen steuert und Handlungsentscheidungen trifft. Der erste Hinweis auf die Funktionsweise dieses Systems war die Beobachtung, daß ein Muskel sich zusammenzieht – kürzer wird –, wenn der mit ihm verbundene Nerv unter elektrischen Strom gesetzt wird. Später wurden elektrische Aktivitäten in den Nerven und im Gehirn beobachtet, was darauf schließen ließ, daß das System eine elektrische Maschine ist. Tatsächlich ist das Gehirn sowohl eine chemische als auch eine elektrische Maschine: Elektrische Phänomene sind für die Signalübertragung innerhalb der Nervenzellen verantwortlich. Die Übertragung von einer Zelle zur anderen, die für die Entscheidungsfunktion des Gehirns von grundlegender Bedeutung ist, beruht weitgehend auf chemischen Prozessen.

Das Gehirn enthält eine ungeheure Zahl von speziellen Zellen: *Neuronen*, entscheidungsfähigen Elementen, die entfernt mit in Computern verwendeten Transistoren vergleichbar sind. Das Gehirn der höheren Arten, sagen wir des Menschen, ist eine Art komplizierter Computer. Jedes Neuron vermag auf eine große Zahl von Si-

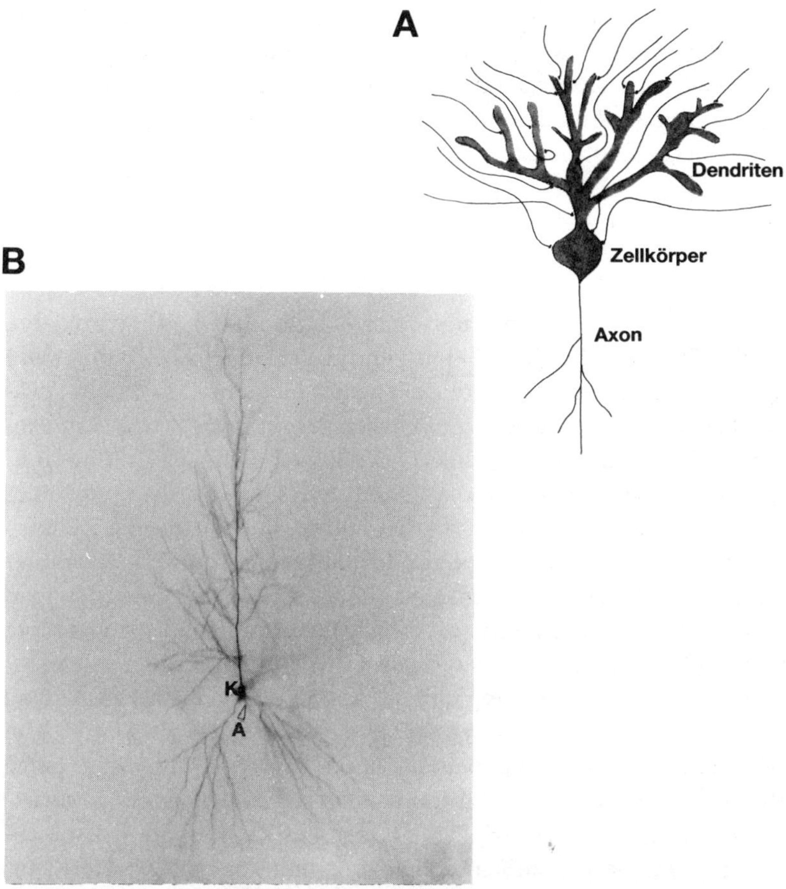

Abbildung 17.1: (A) Skizze eines Neurons. Sie zeigt den abgerundeten Zellkörper, aus dessen einem Ende Dendriten hervorgehen und an dessen anderem Ende das Axon beginnt. Das Axon ist weit dünner und länger und wiederholt verzweigt. Der Körper und die Dendriten des Neurons sind mit einer großen Zahl von Axonenästen verbunden, die von anderen, gewöhnlich entfernten Neuronen kommen. Diese Axonenäste haben Knoten an ihren Enden – die Synapsen. (B) Photographie eines Neurons in der Großhirnrinde einer Ratte. Um es sichtbar zu machen, wurde es mit einer extrem dünnen Nadel durchbohrt, durch die eine geringe Menge eines Enzyms (Peroxidase) injiziert wurde. Das Enzym hat sich langsam im Neuron verteilt und eine chemische Reaktion katalysiert, die eine braune Substanz erzeugt und das Neuron dadurch sichtbar machte. Der Neuronenkörper (K) befindet sich im unteren Teil. Alle Anhangsgebilde sind Dendriten. Einige sind nur schwach zu erkennen, weil sie nach hinten verlaufen und durch ungefärbte Gehirnmasse verdeckt sind. Der Austrittspunkt des Axons (A) ist durch einen Pfeil gekennzeichnet. Es ist nur im Ansatz zu erkennen, weil es sich fortschlängelt. (170fache Vergrößerung. Mit freundlicher Genehmigung von W. Maxwell Cowan.)

gnalen anderer Neuronen zu reagieren, teils positiv, teils negativ, und sie zusammenzufassen. Damit ist jedes Neuron weit mehr als ein Transistor – es ist selbst ein Computer. Die Verwendung chemischer Substanzen zur Signalübertragung trägt noch stärker zur Leistungsfähigkeit des Gehirns bei.

Die Neuronen

Neuronen sind Zellen mit ganz besonderen Eigenschaften (Abb. 17.1). Sie besitzen einen zentral gelegenen Zellkörper, der mehr oder minder wie andere Zellen auch aussieht – rund oder etwas länglich. Doch an diesem Zellkörper setzen zwei Arten von Anhangsgebilden an, die bei anderen Zelltypen nicht anzutreffen sind: die *Dendriten* und das *Axon*. Dendriten sind wie die Äste eines Baums, dessen Stamm der Zellkörper wäre. In der Nähe des Zellkörpers sind sie dick und werden mit fortlaufender Verzweigung immer dünner. In Struktur und Funktion ähneln die Dendriten weitgehend dem Zellkörper des Neurons. Einige Dendriten sind glatt, andere weisen kleine Höcker auf, die, wie wir noch sehen werden, eine wichtige funktionale Bedeutung haben. Axone dagegen sind zu Anfang immer singulär, können sich aber später verzweigen. Wenn wir beim Vergleich mit dem Baum bleiben, ist das Axon eher eine sehr lange Pfahlwurzel. Während Dendriten nur kurze Entfernungen überbrükken – die zehn- bis zwanzigfache Länge des Zellkörpers –, kann ein Axon eine außerordentliche Länge erreichen, bei großen Tieren bis zu einem Meter und mehr. Bündel solcher langen Axone bilden die Nerven, die vom Gehirn oder dem Rückenmark durch den ganzen Körper zu den Muskeln, Rezeptoren und Drüsen verlaufen. Axone sind zwar sehr dünn, aber doch recht unterschiedlich. Wenn sich ein Axon verzweigt, bleibt sein Durchmesser gewöhnlich konstant.

An der Spitze jedes Axonenzweiges befindet sich eine winzige Verdickung, die den Dendriten eines anderen Neurons berührt und dabei eine *Synapse* oder Verbindung bildet. Einige Axone haben Synapsen mit Muskelfasern oder mit Drüsenzellen. Synapsen sind spezialisierte Strukturen, die Signale vom Axon auf das Neuron übertragen. Jedes Neuron ist von einem dichten Geflecht von Axonen anderer Neuronen umgeben – es sieht aus wie ein Baum, der von einer Kletterpflanze befallen ist; das Neuron wird von den »Ranken« umwickelt, die mit zahlreichen Haftwurzeln, den Synapsen, an seinen verschiedenen Teilen haften. Ein Neuron kann bis zu 100000 Synapsen und mehr an seinem Zellkörper und an den Dendriten aufweisen.

Neuronen enthalten mehrere Arten von Filamentproteinen, beispielsweise Mikrotubuli (vgl. Kap. 2), welche die Form des Neurons stützen und wichtig für seine Funktion sind. Neuronen enthalten auch viele Mitochondrien (vgl. Kap. 3), die Zucker in ATP umwandeln. Da Neuronen viel ATP benötigen, um die verschiedenen für ihre Funktionen erforderlichen Ionenpumpen zu betreiben, verbrauchen sie viel Zucker.

Die für die Aktivitäten des Neurons erforderlichen Stoffe werden im Zelleib – der den Kern enthält – und in den Dendriten gebildet. Sie nehmen Aminosäuren aus dem flüssigen Außenmilieu auf und verwandeln sie in Proteine. Sie stellen die Membranen und viele der erforderlichen Moleküle her. Die fertigen Produkte fließen die Axone hinab zu den Synapsen, wobei sie Gruppen bilden, die sich mit unterschiedlichen Geschwindigkeiten bewegen – einige schnell (400 mm pro Tag), andere langsam (0,3 mm pro Tag). Das Axon ist keine Einbahnstraße, denn es transportiert auch Moleküle von den Synapsen zum Neuronenkörper. Für den Transport sorgen vermutlich die in Axonen reichlich vorkommenden Mikrotubuli zusammen mit anderen Proteinen. Einige der im Zellkörper hergestellten Proteine (unter anderem die Rezeptoren, von denen unten noch die Rede sein wird) wandern zu den Synapsen, wo sie ihre Aufgabe erfüllen, und werden dann zum Zellkörper zwecks Wiederverwendung zurückgeschickt. Andere Moleküle, die von der Synapse zum Zellkörper wandern, sind dem Neuron fremd; die Synapse hat sie aus der Umgebung aufgenommen. Wie wir im nächsten Kapitel sehen werden, nutzt die Forschung diesen Umstand, um den Verlauf des Axons zu erfassen. Proteine, die von einer Synapse aufgenommen worden sind, nachdem sie den Neuronenkörper erreicht haben, können vom Axon eines anderen Neurons übernommen werden. Auf diesem Weg können sich Gifte oder Viren im Nervensystem ausbreiten und dem Organismus schweren Schaden zufügen.

Ionenflüsse durch die Neuronenmembran

Die Funktion eines Neurons als entscheidungsfähiges Element beruht auf zwei Eigenschaften. Die eine ist die Erzeugung elektrischer Ströme, welche Signale vom Zelleib über das Axon und seine Äste zu den Synapsen befördern. Die andere Eigenschaft ist die Umwandlung der elektrischen Signale in chemische Signale mittels der Synapsen (Abb. 17.2). Das empfangende Neuron verwandelt die chemischen Signale wieder in elektrische.

Zunächst betrachten wir die Hervorbringung elektrischer Signale in Axonen. Diese Fähigkeit beruht auf den Eigenschaften der Membran, die das Axon umgibt. Wie die Membranen aller Zellen besteht auch die Neuronenmembran in erster Linie aus einer doppelten Schicht von Fettmolekülen, der Lipiddoppelschicht, die das Innere des Neurons von seiner Umgebung trennt. Nicht anders als bei anderen Zellen stehen diese Bereiche über Kanäle aus Proteinmolekülen miteinander in Verbindung. Verschiedene Kanäle lassen unterschiedliche Substanzen durch, z. B. elektrisch geladene Ionen, Zukker oder Aminosäuren.

Die Funktionsfähigkeit der Neuronen hängt von den Ionenbewegungen durch ihre Membran ab (Abb. 17.3). Drei Ionenarten sind positiv geladen: Natrium (Na^+), Kalium (K^+) und Kalzium (Ca^{++}), während eine, Chlor (Cl^-), negativ geladen ist. Die meisten Kanäle für diese Ionen sind passiv, sie lassen also den Ionendurchfluß stromab, aus dem Kompartiment höherer Konzentration in das Kompartiment geringerer Konzentration, zu. Außerdem besitzen Neuronen wie andere Zellen Natrium-Kalium-Pumpen, die Natriumionen aus der Zelle hinaus- und Kaliumionen in die Zelle hineinpumpen. Infolgedessen ist das innere Milieu von Neuronen, wie das aller anderen Zellen, reich an Kaliumionen und arm an Natriumionen. Die Pumpenarbeit verbraucht den größten Teil des in Neuronen gebildeten ATP, und das hervorgerufene Ionenungleichgewicht ist der wichtigste Motor für die Neuronenfunktionen. Bei Neuronen sind – auch hier nicht anders als in anderen Zellen – passive Ionenströme die Hauptursache für die elektrischen Erscheinungen (vgl. Kap. 2). Die stromab gerichtete Bewegung von K^+-Ionen zum Neuron hinaus polarisiert die Neuronenmembran und erzeugt ein Membran-Ruhepotential, das gewöhnlich einen Wert von ungefähr 70 Millivolt (mV), innen negativ, besitzt.

Die das Axon umgebende Membran hat eine zusätzliche Eigenschaft: Sie ist *erregbar*. Dies bedeutet, daß eine kleine Spannung, an einen Abschnitt der Membran angelegt, eine sehr viel größere Spannungswelle erzeugt, die dann als Signal das Axon hinabwandert. Ursache der Erregbarkeit sind besondere, passive Ionenkanäle in der Membran, die *spannungsempfindlichen Kanäle*, welche dem Einfluß

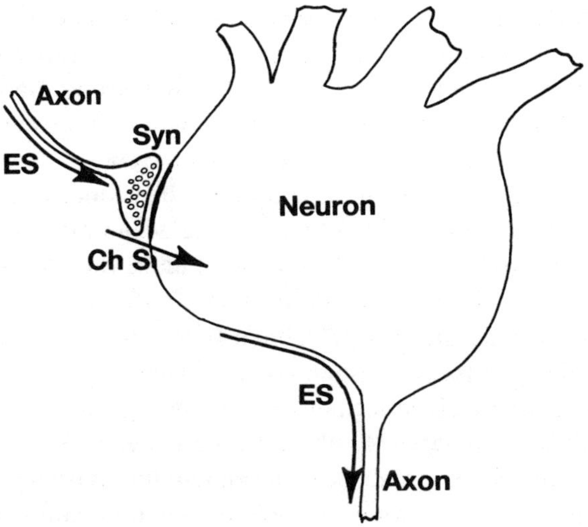

Abbildung 17.2: Ausbreitung der Signale von einem Neuron zum anderen. Das Axon eines fernen Neurons transportiert ein elektrisches Signal (ES). An der Synapse (Syn) wird das elektrische Signal in ein chemisches Signal (Ch S) umgewandelt. Im Neuron wird das Signal wieder in ein elektrisches Signal zurückverwandelt und in das unten befindliche Axon geleitet.

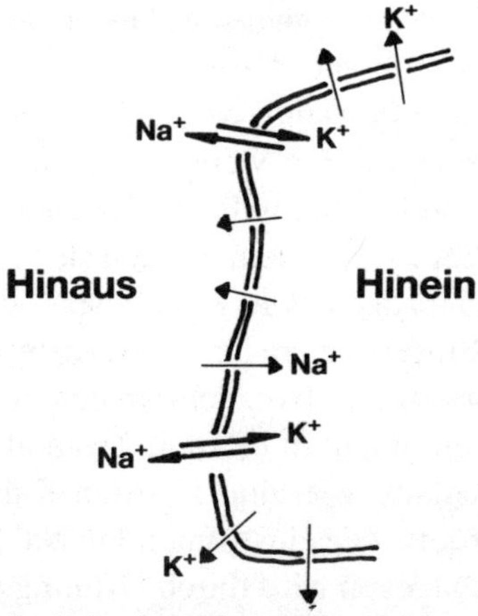

Abbildung 17.3: Ein Abschnitt einer Neuronenmembran (als Doppellinie dargestellt) wird von mehreren Ionenkanälen durchquert, die für die Funktion des Neurons von entscheidender Bedeutung sind. Zu ihnen gehören aktive Kanäle, die Na^+-Ionen aus der Zelle hinaus- und gleichzeitig K^+-Ionen in die Zelle hineinpumpen. Außerdem gibt es passive Kanäle, die den Durchfluß von Ionen aus dem Kompartiment mit der höheren Konzentration in das Kompartiment mit der geringeren Konzentration zulassen. Abgebildet sind passive K^+-Kanäle, durch die ständig K^+-Ionen aus dem Neuron hinausgelangen, und passive Na^+-Kanäle, durch die Na^+-Ionen in das Neuron eindringen. Durch diese passsiven Ionenströme wird das Membranpotential bestimmt.

des Membranpotentials unterworfen sind. Die Kanäle sind geschlossen, wenn das Membranpotential seinen Ruhewert aufweist, und offen, wenn es weniger negativ wird. Die Bedeutung dieser Kanäle zeigt ihr Vorkommen in den Neuronen aller Lebewesen des Tierreichs – von den Würmern bis zu den Säugetieren.

Wir können uns die spannungsempfindlichen Ionenkanäle als verformbare Röhrchen vorstellen, welche die Membran durchqueren. Sie bestehen aus mehreren Proteinmolekülen, die elektrisch geladene chemische Gruppen enthalten (Abb. 17.4). Die positiven Gruppen werden von der negativ geladenen Innenseite der Membran angezogen, die negativen Gruppen von der Außenseite, so daß in den Wänden der Röhre eine mechanische Spannung entsteht. Beim normalen Ruhepotential der Membran ist diese mechanische Spannung hoch, wodurch der Kanal in sich zusammenfällt. Wird die Membran jedoch *depolarisiert* – etwa wenn sich ihr Potential von $-70\,\text{mV}$ auf beispielsweise $-50\,\text{mV}$ verändert –, so läßt die mechanische Spannung nach, und der Kanal öffnet sich.

Neuronen besitzen drei wichtige Arten von spannungsempfindlichen Kanälen: für Na^+-Ionen und für K^+-Ionen in den Axonen sowie für Ca^{++}-Ionen in den Synapsen. Die spannungsempfindlichen Na^+-Kanäle sorgen für die Erregbarkeit der Axonenmembran (Abb. 17.5). Wenn sie offen sind, werden Na^+-Ionen (die außerhalb des Axons in sehr viel größeren Mengen vorkommen als im Inneren) von der Masse der draußen befindlichen Ionen gewissermaßen in das Innere hineingestoßen. Außerdem werden sie von der negativen Ladung im Inneren angezogen. Die Kanäle sind ziemlich spärlich gestreut, d. h. durch Entfernungen getrennt, die etwa dem Durchmesser des Axons entsprechen. Trotzdem erzeugen sie ein sehr starkes Signal, weil jeder von ihnen im offenen Zustand fünfzigmal so viele Na^+-Ionen hindurchläßt, wie eine Natrium-Kalium-Pumpe im selben Zeitraum befördert. Die einströmenden Na^+-Ionen depolarisieren die Membran. Dagegen wird durch Öffnung der spannungsempfindlichen K^+-Kanäle die Polarisation der Membran gesteigert (sie wird negativer), weil die K^+-Ionen bei offenen Kanälen durch ihre höhere Konzentration im Inneren zum Neuron hinausgedrängt werden (obwohl sie durch das negative Potential dort auch ein bißchen zurückgehalten werden).

Die Öffnung der spannungsempfindlichen Na^+-Kanäle wird ausgelöst, wenn das Membranpotential auf den kritischen Wert von $-55\,\text{mV}$ ansteigt. Sobald diese Spannung erreicht ist, ist die Mem-

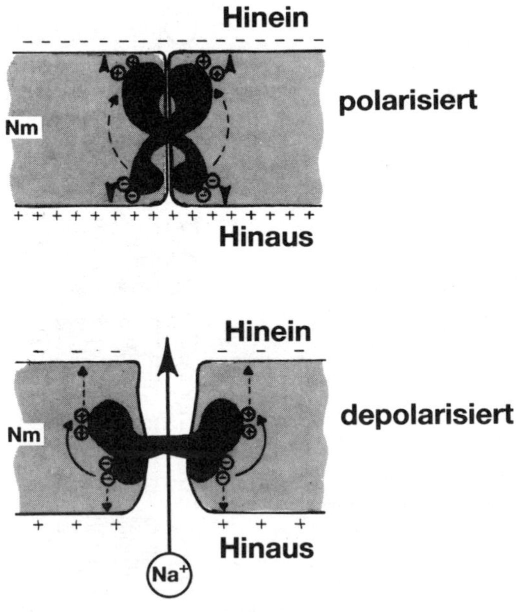

Abbildung 17.4: Ein Modell des spannungsabhängigen Na^+-Kanals. Er wird durch zwei (oder mehr) Proteinstrukturen mit unterschiedlichen elektrischen Ladungen an ihren Enden gebildet und ist in die Neuronenmembran (Nm) eingebettet. Wenn die Membran normal polarisiert ist, also viele negative Ladungen an ihrer Innenfläche aufweist (oben), dann sind die Anziehungskräfte (Pfeile) der unterschiedlichen Ladungen zwischen den Molekülen des Kanals und der Membran stärker als die inneren Anziehungskräfte (gestrichelte Pfeile). Die Strukturen werden gestreckt, und der Kanal ist geschlossen. Wird hingegen die Membran teilweise depolarisiert, so daß jetzt weniger negative Ladungen an der Innenfläche sind (unten), so verringern sich die Anziehungskräfte zwischen Kanal und Membran (gestrichelte Pfeile). Die innere Anziehungskraft kann sich durchsetzen (durchgezogene Pfeile), die Strukturen fallen in sich zusammen, und der Kanal öffnet sich, so daß die Na^+-Ionen aus dem flüssigen Außenmilieu (wo sie reichlich vorhanden sind) ins Zellinnere fließen können (wo sie knapp sind).

bran *erregt*. Folglich kommt es zu einem massiven Einstrom von Na^+-Ionen, die in ein bis zwei Millisekunden das Membranpotential auf einen Wert von +40 mV oder mehr bringen, was 100 mV über dem Wert liegt, den das Ruhepotential beträgt. Diese jähe Veränderung hat weitreichende Auswirkungen auf die Ionenkanäle: Die spannungsempfindlichen Na^+-Kanäle schließen sich wieder (*Inaktivierung*), während sich die K^+-Kanäle öffnen. Diese Veränderungen bewirken, daß sich die Fließrichtung positiver Ionen durch die Membran umkehrt, wodurch das Membranpotential innerhalb weniger Millisekunden wieder seinen Ursprungswert von −70 mV annimmt.

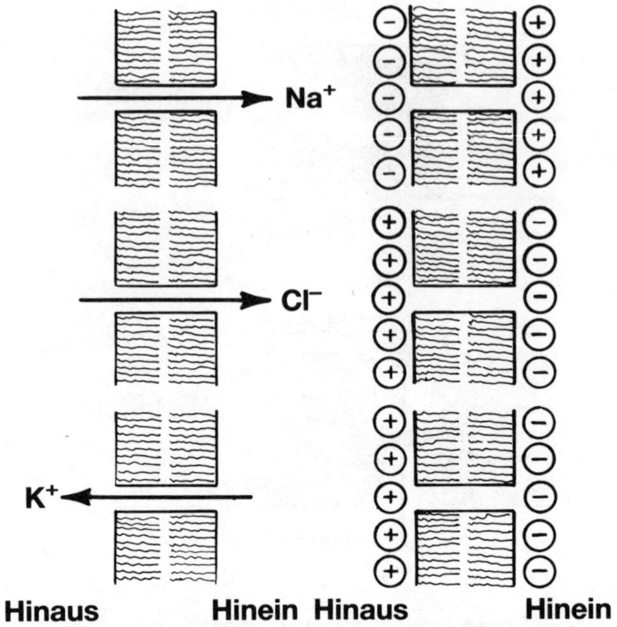

Abbildung 17.5: Verschiedene Rollen passiver Ionenkanäle. Die Kanäle für Na^+, K^+ und Cl^- sind links abgebildet. Rechts sind die Konsequenzen zu erkennen, die sie für das Membranpotential haben. Die Na^+-Kanäle führen in der Regel durch Hereinlassen positiver Ladungen zu einer Depolarisierung der Membran (machen sie innen positiver). Die Cl^--Kanäle wirken grundsätzlich polarisierend (machen sie innen negativer), indem sie negative Ladungen hereinbringen. Auch die K^+-Kanäle haben polarisierende Wirkung, allerdings durch den umgekehrten Mechanismus – indem sie positive Ladungen aus der Zelle herauslassen.

Während eines kurzen Zeitraums nach ihrer Schließung sind die spannungsempfindlichen Na^+-Kanäle nicht in der Lage, sich wieder zu öffnen. Die Membran kann nicht erregt werden – sie ist *refraktär.* Doch nach kurzer Zeit stellt die Arbeit der Natrium-Kalium-Pumpe die normalen Na^+- und K^+-Konzentrationen im Inneren des Axons wieder her, und alles kehrt zum Ausgangszustand zurück. Der ganze Prozeß kann von vorn beginnen.

Diese raschen Veränderungen des Membranpotentials finden in einer kleinen Region der Axonenmembran statt, während der Rest der Membran das normale Ruhepotential beibehält. Der Spannungsunterschied zwischen der erregten Region und dem Rest des Axons bewirkt das Fließen der elektrischen Ströme. Sie gelangen nicht weit, weil sie rasch als Kriechströme durch die unzulänglich isolierte Axonenmembran an die umgebende Flüssigkeit verlorengehen. Den Strömen gelingt es allerdings, eine angrenzende Membranregion so weit zu depolarisieren, daß sie das kritische Potential erreicht. Daraufhin beginnt in dieser Region ein neuer Zyklus: Die spannungsempfindlichen Na^+-Kanäle öffnen sich, das Membranpotential nimmt kurzzeitig einen positiven Wert an und kehrt dann zu seinen normalen Verhältnissen zurück. Von dort greift die Depolarisation auf die nächste Region über und so fort. Auf diese Weise bewegt sich eine Welle, von einer Axonenregion zur nächsten springend, vom ursprünglich erregten Punkt bis zur Synapse am Ende des Axons. An jedem Punkt ihres Weges kann man die Welle mit einem Meßinstrument, das die Spannung innerhalb des Axons registriert, als plötzliche, vorübergehende Veränderung des elektrischen Potentials verfolgen; in den Aufzeichnungen erscheint sie als Spitzenausschlag. Die Depolarisationswelle wird nicht gedämpft, weil sie während der Ausbreitung ständig neu hervorgerufen wird. Diese sich selbst regenerierende Welle wird *Aktionspotential* genannt.

Die Ausbreitungsgeschwindigkeit eines Aktionspotentials hängt vom Durchmesser des Axons ab. In größeren Axonen bewegt sich, im Vergleich zu dem elektrischen Strom, der durch die Membran verlorengeht, ein größerer Anteil des an einem Punkt erzeugten Stroms das Axon hinunter. Die durch ihn hervorgerufenen Spannungsveränderungen können ein neues Aktionspotential auf weitere Entfernungen hervorrufen: Das Aktionspotential macht größere Sprünge. Die Länge der Sprünge entscheidet über die Ausbreitungsgeschwindigkeit, weil der Strom sofort von einer Region auf die nächste übergreift, während die Regeneration des Aktionspotentials in jeder Region Zeit braucht. Unterschiedliche Ausbreitungsgeschwindigkeiten sind nützlich für die Funktionen des Gehirns. Ein Signal, das durch vielerlei Kanäle, durch Axone mit unterschiedlichen Durchmessern, geleitet wird, erreicht die Axonenenden zu verschiedenen Zeiten. Diese Unterschiede könnten dazu benutzt werden, Verzögerungen diverser Wege auszugleichen oder für ein gleichzeitiges Eintreffen von Signalen zu sorgen, die über Axone verschiedener Länge kommen, so daß sie in einem gemeinsamen Ziel zusammenlaufen.

Spitzen des Aktionspotentials sind Ja-Nein-Signale, weil sie immer dieselbe Stärke haben. Ein Spitzenausschlag gibt keine Information über die Stärke oder die Dauer des Signals, das ihn hervorruft. Diese Information wird auf andere Weise übermittelt. Unter dem Einfluß eines ständig auslösenden Potentials wird ein Neuron aktiv, refraktär, erholt sich, wird wieder aktiv und so fort, so daß eine Dauerfolge von Spitzen entsteht. Das Intervall zwischen den Spitzen hängt von dem Wert der auslösenden Spannung und vielen Eigenschaften des Neurons ab. Die Information über die Stärke des auslösenden Signals ist mithin in der Aktivierungsfrequenz codiert.

Die Membran, welche die Dendriten und den Zellkörper eines Neurons bedeckt, weist in der Regel keine spannungsabhängigen Natriumkanäle auf und ist nicht erregbar. In diesen Segmenten pflanzen sich Signale durch die passive Ausbreitung elektrischer Ströme fort, die nicht weit kommen, weil sie rasch durch die Membran an das äußere Milieu verlorengehen. Die passive Ausbreitung von elektrischen Strömen ist bei den Neuronen einiger Wirbelloser und Wirbeltiere die einzige Form der Signalweitergabe. Obwohl manche dieser Neuronen spannungssensible Na^+-Kanäle besitzen, wird hier kein Aktionspotential erzeugt, weil die durch das Einströmen von Na^+-Ionen hervorgerufene Depolarisation durch einen starken K^+-Ausfluß gedämpft wird, so daß sich das Potential, welches für die Aktivierung erforderlich ist, nicht aufbauen kann. Der in diesen Neuronen fließende Strom hängt von der Summe all jener Spannungsveränderungen ab, die durch eintreffende Signale in ihnen hervorgerufen werden. Die betreffenden Neuronen eignen sich für lokale Rechenvorgänge, nicht aber für die Übertragung von Signalen an entfernte Instanzen.

Schnelle Übertragung

Die Ausbreitungsgeschwindigkeit des Aktionspotentials steigert sich erheblich in Axonen, die eine dicke Isolierschicht besitzen, eine sogenannte *Myelinscheide*. Diese Schicht ist ein dünner zytoplasmatischer Fortsatz, der von spezialisierten Zellen mehrfach um das Axon gewickelt wird. Das Myelin steigert den elektrischen Widerstand der Membran erheblich und reduziert den Verlust durch Kriechströme; eine Spannungsveränderung breitet sich viel rascher und ohne Regeneration aus. Die myelinbeschichteten Abschnitte des Axons haben keine spannungssensiblen Na^+-Kanäle und sind nicht erregbar. Die Myelinscheide wird in regelmäßigen Abständen von kurzen Ringen mit nackter, erregbarer Membran (*Ranviersche Schnürringe*) unterbrochen, an denen Aktionspotentiale erzeugt werden können. Der Abstand zwischen den Ringen beträgt etwa einen Millimeter, ungefähr die tausendfache Entfernung, die zwischen den spannungssensiblen Kanälen des nackten Axons liegt. Aktionspotentiale werden in den Ringen erzeugt, wenn ihre Membran, wie oben beschrieben, depolarisiert wird. Diese Potentiale sind besonders stark, weil die spannungssensiblen Na^+-Kanäle in der Membran der Ringe ungewöhnlich dicht vorkommen. Wenn sich sämtliche Kanäle mit einem Schlag öffnen, erzeugen sie einen sehr starken Strom. Das resultierende Aktionspotential pflanzt sich sehr rasch in den myelinbeschichteten Abschnitten zwischen den Ringen fort, wo der Stromverlust an das umgebende Gewebe minimal ist. Deshalb erreicht die in einem Ring erzeugte Depolarisation den nächsten Ring. Das Aktionspotential bewegt sich im Axon fort, indem es von einem Ring zum nächsten springt. Die allgemeine Ausbreitungsgeschwindigkeit ist sehr viel schneller als in nackten Axonen, weil es weit weniger Regenerationsprozesse mit den entsprechenden Verzögerungen gibt.

In myelinbedeckten Axonen ist die Unversehrtheit der Myelinschicht von entscheidender Bedeutung für die Ausbreitung des Aktionspotentials. Eine Zerstörung der Myelinscheide (*Demyelinisierung*) wie bei manchen Entmarkungskrankheiten – Multipler Sklerose beispielsweise – schwächt die Isolierung des Axons und unterbricht die Ausbreitungsbewegung des Nervenimpulses. Nach einiger Zeit erscheinen neue spannungssensible Na^+-Kanäle in der demyelinisierten Membran und stellen die Signalübertragung wieder her. Schließlich wird auch die Myelinscheide mit fast allen funktionalen Eigenschaften wiederhergestellt, ein Umstand, der den charakteristischen Verlauf der Multiplen Sklerose, vermutlich einer Autoimmunkrankheit (vgl. Kap. 14), bestimmt: schrittweise auftretende Verschlechterungen, denen immer wieder Phasen der Besserung folgen.

Fremdstoffe im Kanal

Blockiert wird die Entstehung des Aktionspotentials durch einige biologische Gifte. Ein Beispiel ist das Tetrodotoxin des Kugelfisches, der in tropischen und subtropischen Meeren häufig anzutreffen ist. Ein ähnliches Gift, das Saxitoxin, wird von den im Meer lebenden Mikroorganismen gebildet, die auch für das Meeresleuchten verantwortlich sind. Schalentiere, die sich von diesen Mikroorganismen ernähren wie etwa Venus- oder Miesmuscheln, können sehr giftig werden. Beide Gifte binden an die spannungsempfindlichen Na^+-Kanäle und blockieren sie, so daß sich kein Aktionspotential entwickeln kann. Da die Lebensprozesse im Organismus darauf beruhen, daß sich ständig Aktionspotentiale durch eine unvorstellbare Zahl von Nervenaxonen bewegen, sind diese Gifte schon in sehr kleinen Mengen tödlich. Tatsächlich ist das Tetrodotoxin Molekül für Molekül eines der wirksamsten Gifte, die wir kennen.

Das Gift ist sicherlich ein sehr guter Schutzmechanismus für die Erhaltung der Art: Das Opfer einiger Kugelfische sorgt dafür, daß es in der näheren Umgebung keine Raubfische mehr gibt, die den übriggebliebenen Artgenossen gefährlich werden könnten. Dennoch wird der Kugelfisch von Menschen verzehrt, die sich den Umstand zunutze machen, daß das Gift nicht gleichmäßig im Körper des Fisches verteilt ist. Es ist in den inneren Organen, speziell der Leber und den Eierstöcken, konzentriert, fehlt aber in den Muskeln. Der Fisch wird in Japan gegessen, wo er *Fugu* heißt und sein Verzehr vor allem eine Art Mutprobe ist. Besonders ausgewiesene Köche entfernen die inneren Organe, ohne sie zu beschädigen, so daß das Gift nicht die Muskeln verseucht, die für die Mahlzeit zubereitet werden. Trotzdem sterben jedes Jahr mehrere Menschen und zeigen, wie gefährlich *Fugu* ist, vor allem wenn von Nichtfachleuten zubereitet.

Auch Lokalanästhetika wie Novokain, die man zur örtlichen Betäubung bei chirurgischen Eingriffen verwendet, blockieren das Aktionspotential, wenn auch auf merkwürdige Weise: Je aktiver das Axon, desto wirksamer der Block (verwendungsabhängiger Block). Solche Substanzen wirken auf die spannungssensiblen Na^+-Kanäle ein, wenn diese offen sind, nicht aber wenn sie geschlossen sind. Am größten ist ihre Wirkung auf Kanäle, die innerhalb eines kurzen Zeitraums wiederholt aktiv werden. Auf der Basis dieses Wirkmechanismus arbeiten chemisch verwandte Arzneimittel (z. B. Lidocainum), die die lebensbedrohend rasche Aktivierung der Herzmuskelnerven (Fibrillation) blockieren, ohne das normale, langsame Aktionspotential des Herzschlags zu beeinträchtigen.

Die Gifte einer anderen Gruppe, die entweder von Pflanzen stammen (Veratridin) oder von Tieren (etwa Batrachotoxin aus der Haut mittelamerikanischer Frösche, das als Pfeilgift verwendet wird), haben die gegenteilige Wirkung. Unter ihrem Einfluß zeigen Na^+-Kanäle die Tendenz, sich auch ohne auslösende Depolarisierung beim Membranruhepotential zu öffnen; und wenn sich ein Kanal bei normaler Depolarisierung öffnet, dann sorgen diese Gifte dafür, daß er länger offenbleibt, als er sollte. Das Ergebnis ist eine übermäßige Reizbarkeit der Neuronmembran und die Entstehung von Aktionspotentialen ohne Inputsignale. Einige Insektenvernichtungsmittel (DDT, Pyrethroide) wirken auf ähnliche Weise.

Andere Wirkstoffe, welche die Erregbarkeit steigern, kommen im Gift afrikanischer Skorpione oder der Seeanemone vor. Diese Stoffe halten die Kanäle offen, indem sie den Inaktivierungsschritt blockieren. Das Ergebnis ist eine überstarke Erregung im gesamten Nervensystem mit allgemeinen Muskelkontraktionen, die unter Umständen zu Atemstillstand und Tod führen. Das Gift eines mittelamerikanischen Skorpions verändert das kritische Potential der Aktivierung und steigert dergestalt die Erregbarkeit.

Die vielfältigen Wirkungen der unterschiedlichen Gifte auf den Na^+-Kanal zeigen, daß seine diversen Zustände (spannungsabhängige Öffnung, offener Zustand, Inaktivierungsschritt) auf die Aktivität verschiedener Teile der Kanalproteine zurückgehen. Die Wirkung jedes Giftes hängt von der Funktion der Stelle ab, an die es bindet. Mit Hilfe der Gifte haben wir unsere Vorstellungen von der Zusammensetzung des Kanals erweitert. Man kann sie zur Bestimmung der Bestandteile benutzen, weil jedes Gift sich auch dann noch an die gleichen Teile anlagert, wenn diese vom Kanal abgetrennt sind. Mit dieser Methode hat man drei verschiedene Proteine bestimmt, die im Kanal unterschiedliche Funktionen wahrnehmen. Integriert man die drei Proteine in eine künstliche Membran, so bilden sie einen Kanal, der Na^+-Ionen durchläßt.

Synapsen, Neurotransmitter, Rezeptoren

Ein Aktionspotential wird in einem Axon durch eine auslösende Depolarisierung hervorgerufen. Betrachten wir nun, wie die auslösende Spannung entsteht. Man kann die Spannung erzeugen, indem man einen Nerv (der aus einem Bündel von Axonen besteht) mit einer an eine Batterie angeschlossenen Elektrode berührt. Es entsteht der Spitzenwert eines Aktionspotentials, der den Nerv entlangläuft. Wenn der Nerv mit einem Muskel verbunden ist, zuckt dieser.

Normalerweise wird das Aktionspotential durch chemische Signale hervorgerufen, die von den Synapsen ausgehen (Abb. 17.6). Die meisten Synapsen sind chemische Übertragungsinstanzen, nur einige wenige sind elektrische Weichen zwischen Neuronen. In einer chemischen Synapse kommt es zur weitgehenden Annäherung zwischen der Membran des Axons, welches das Signal trägt, und der

Membran des Neurons, welches das Signal empfängt. Die Axonmembran bildet das Übertragungsende (häufig auch präsynaptisches Ende genannt), während die Neuronmembran das empfangende (oder postsynaptische) Ende ist (Abb. 17.6:1). Das Elektronenmikroskop zeigt, daß die beiden Membranen durch einen sehr schmalen Zwischenraum, den *synaptischen Spalt*, getrennt sind (Abb. 17.6:2). Das Übertragungsende sitzt voller winziger Vesikel; das Empfangsende ist eine einfache, meist verdickte Membran. Betrachtet man eine unbekannte Synapse unter dem Elektronenmikroskop, läßt sich die Richtung der Signalübertragung an diesen Merkmalen ablesen. Die beiden Teile werden durch Verbindungsfasern fest zusammengehalten und sind voneinander elektrisch isoliert.

Jede der winzigen Vesikel im Übertragungsende enthält ein Tröpfchen eines Neurotransmitters. Der Neurotransmitter überträgt das Nervensignal chemisch vom Axon auf das empfangende Neuron. Wenn die Spitze eines Aktionspotentials auf dem Weg das Axon hinab die Synapse erreicht, wird der Neurotransmitter in den Spalt ausgeschüttet. An dieser Übertragung sind mehrere Schritte beteiligt. Das Aktionspotential öffnet spannungsempfindliche Ca^{++}-Kanäle: Kalzium strömt in das Übertragungsende der Synapse. Der Ionenzustrom veranlaßt einige Vesikel, näher an die Innenseite der Membran des Übertragungsendes zu rücken, wobei sie einem Netzwerk von Mikrotubuli folgen, und dann mit dieser Membraninnenfläche zu verschmelzen (Abb. 17.6:3). Die Vesikel öffnen sich zur Außenseite hin und schütten ihren Inhalt in den synaptischen Spalt aus. Das Verschmelzen der Vesikel mit der Membran ist ein komplizierter und noch weitgehend rätselhafter Vorgang, an dem mehrere Proteine beteiligt sind, etwa das Synapsin I, welches an die Außenseite der Vesikel gebunden ist und sich gern an Mikrotubuli anlagert. Ca^{++}-Ionen aktivieren über Calmodulin (vgl. Kap. 8) Enzyme, die Phosphatgruppen an Proteine anhängen. Nach Aufnahme der Phosphate setzen die Vesikel Synapsin I frei, das den Verschmelzungsprozeß einleitet.

Die dergestalt in den synaptischen Spalt ausgeschütteten Transmittermoleküle erreichen rasch die Rezeptoren, die in großer Zahl an der Membran des Empfangsendes sitzen, und binden sich an sie (Abb. 17.6:4). Jeder Rezeptor steuert einen passiven Ionenkanal. Die Bindung des Neurotransmitters verändert die Form des Rezeptors und öffnet den Kanal. Das Einströmen der Ionen verändert das Membranpotential der empfangenden Neuronen mit den vielfältigen

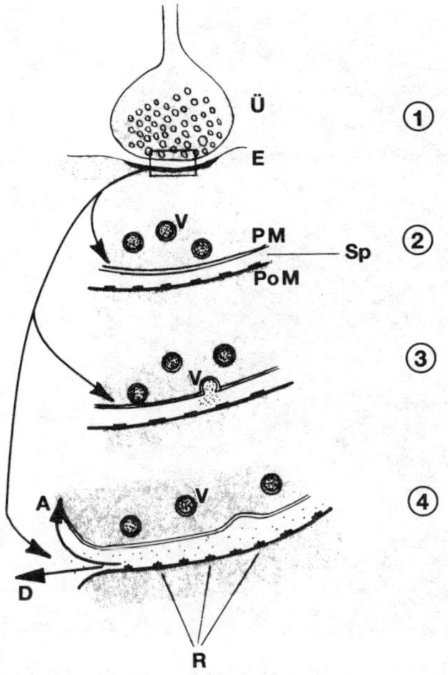

Abbildung 17.6: Eine Synapse und ihre Funktion. (1) Allgemeine Form einer Synapse mit dem Übertragungsende (Ü) voller Vesikel und einem Empfangsende (E), dessen Kennzeichen eine verdickte Membran ist. (2) Ein kleiner Ausschnitt der Synapse, stärker vergrößert. Das durch die präsynaptische Membran (PM) begrenzte Übertragungsende enthält membranumschlossene Vesikel voller chemischer Transmitter (Punkte), während die postsynaptische Membran (Po M) des Empfangsendes mit Rezeptoren bedeckt ist (als Verdickungen dargestellt). (3) Eine Vesikel (V) verschmilzt mit der präsynaptischen Membran und öffnet sich in den synaptischen Spalt (Sp), in dem sie ihren Inhalt abgibt. (4) Der von der Vesikel ausgeschüttete Transmitter erreicht den Rezeptor (R) auf der postsynaptischen Membran. Überschüssige Transmittermoleküle werden entweder durch Aufnahme (A) am Übertragungsende oder durch Abbau und Diffusion (D) eliminiert.

Folgen, die unten noch beschrieben werden sollen. Diese Ereignisse unterscheiden sich in zwei wesentlichen Aspekten von denen, welche die Ausbreitung eines Aktionspotentials aufweist: Die passiven Ionenkanäle werden *chemisch aktiviert, nicht elektrisch*, und sie gestatten den Eintritt *verschiedener Ionenarten mit einer Vielzahl von Konsequenzen*.

Erregung und Hemmung

Wie sich der Ionenzustrom auf das empfangende Neuron auswirkt, hängt von der Beschaffenheit des Ionenkanals und der Art der Ionen

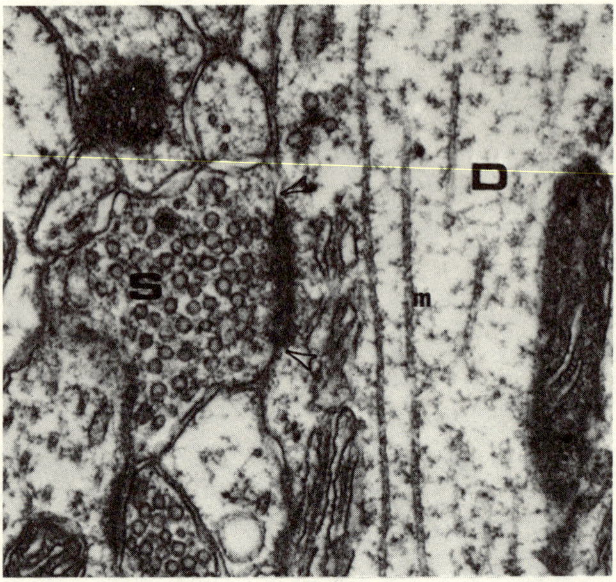

Abbildung 17.7: Elektronenmikroskopische Aufnahme eines kleinen, extrem dünnen Schnittes aus einem menschlichen Gehirn, die eine exzitatorische Synapse (S) auf einem Dendriten (D) zeigt. Die Synapse ist an zahlreichen Vesikeln und der Membranverdickung am Kontaktpunkt mit dem Dendriten zu erkennen (zwei Pfeile). Die Membran am Empfangsende der Synapse zeigt eine starke Verdickung, die Membran am Übertragungsende dagegen nicht. Diese Merkmale weisen die Synapse als exzitatorisch aus. Zahlreiche Mikrotubuli (m), im Längsschnitt zu sehen, sind im Dendriten zu erkennen. (Mit freundlicher Genehmigung von W. Maxwell Cowan.)

ab, die er hereinläßt. In dieser Hinsicht gibt es zwei Hauptarten von Synapsen, die sich auch elektronenmikroskopisch durch Einzelheiten ihrer Struktur unterscheiden lassen. In *exzitatorischen Synapsen* (Abb. 17.7) öffnet der freigesetzte Neurotransmitter Na^+-Kanäle, die die postsynaptische Membran depolarisieren. In *inhibitorischen Synapsen* (Abb. 17.8) öffnet der Transmitter entweder Cl^-- oder K^+-Kanäle. Wenn Cl^--Kanäle geöffnet werden, strömen die (im äußeren Milieu reichlicher vorhandenen) Chloridionen in die Zelle hinein. Da sie eine negative Ladung tragen, wirken sie sich umgekehrt aus wie die Na^+-Ionen – sie hyperpolarisieren die Neuronenmembran, das heißt, sie machen die Innenseite noch negativer als beim Ruhepotential (es sei noch einmal auf Abb. 17.5 verwiesen). Die Öffnung der K^+-Kanäle hat einen ähnlichen Effekt, weil K^+-Ionen aus den Zellen hinausfließen und so die positive Ladung des inneren Milieus verringern. In beiden Fällen verringert die verstärkte Polarisation der Membran die Wahrscheinlichkeit, daß unter dem Einfluß der durch eine nahegelegene Synapse ausgelösten Depolarisation ein Aktionspotential hervorgerufen wird. Dieser Effekt wird als *Inhibition* (Hemmung) bezeichnet. Ob eine Synapse exzitatorisch oder inhibitorisch ist, hängt in erster Linie von der Art ihrer Neurotransmitter und Rezeptoren ab.

In einer exzitatorischen Synapse erzeugt der Ionenzufluß einen elektrischen Strom im Empfangsende, der das Membranpotential verändert. Diese Ereignisse laufen sehr rasch ab: Die Potentialveränderung tritt ungefähr eine fünfhundertstel Sekunde nach Eintreffen des Aktionspotentials am Übertragungsende der Synapse ein. Den größten Teil dieser Zeit erfordert die Öffnung der Ca^{++}-Kanäle am Übertragungsende. Obwohl das Zeitintervall sehr kurz ist, bedeutet es für die Ausbreitung des Signals eine erhebliche Verzögerung. Wie wir im nächsten Kapitel sehen werden, hat diese Verzögerung bedeutende Konsequenzen für die Funktion des Gehirns.

Wichtig für die Arbeitsweise der Synapse ist auch, wieviel Neurotransmitter freigesetzt wird und wie lange er im Synapsenspalt verbleibt. Wenn eine große Menge freigesetzt wird oder wenn die Substanz längere Zeit im Spalt bleibt, ist das übertragene Signal stärker. Um die Stärke des Signals zu steuern, werden beide Variablen außerordentlich fein reguliert. Die Länge der Neurotransmitterwirkung wird durch Beseitigung aller überflüssigen Mengen geregelt. Neurotransmittermoleküle, die sich keinen Rezeptoren des Empfangsendes angelagert haben, können von Enzymen abgebaut oder auch von Rezeptoren am Übertragungsende der Synapse aufgenommen werden (Abb. 17.6:4). Die unterschiedlichen Schicksale der Neurotransmitter in Synapsen verschiedener Art tragen zu deren Vielfalt bei.

Molekulare Ereignisse

Untersuchungen mit sehr empfindlichen Instrumenten zeigen, daß die Reaktion der Ionenkanäle auf die Bindung des Neurotransmitters an Rezeptoren außerordentlich schnell erfolgt: Sie erfordert die Zeit, welche eine Gruppe von Proteinmolekülen braucht, um ihre Form zu verändern. Dies ist eine der seltenen Gelegenheiten, molekularen Prozessen auf die Spur zu kommen. Die Reaktion der Ionenkanäle wird untersucht, indem man die Spannungsänderungen aufzeichnet, die in der Nähe des Empfangsendes der Synapse stattfinden. Beson-

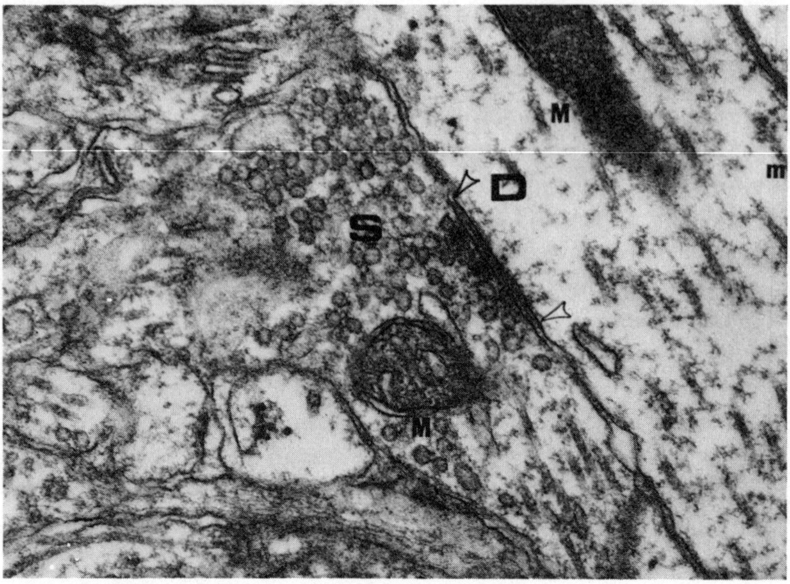

Abbildung 17.8: Elektronenmikroskopische Aufnahme einer inhibitorischen Synapse. Das Photo ähnelt Abbildung 17.7. Den inhibitorischen Charakter der Synapse, deren Grenzen durch Pfeile markiert sind, zeigt die fast gleichmäßige Verdickung der präsynaptischen und der postsynaptischen Membran. Symbole wie in Abb. 17.7; M = Mitochondrium. (Mit freundlicher Genehmigung von W. Maxwell Cowan.)

ders aufschlußreich sind die großen Synapsen zwischen Nerv und Muskel, denen ich mich weiter unten noch zuwenden werde. Wird die Aufzeichnung bei geringer Verstärkung vorgenommen, erfolgen die durch Aktivierung der Synapse hervorgerufenen Spannungsänderungen gleichmäßig und kontinuierlich. Wenn man die Verstärkung erhöht, wird das aufgezeichnete Signal geräuschvoll, und die Kurve zeigt eine Zickzacklinie. Eine weitere Erhöhung der Verstärkung zeigt, daß sich das Geräusch aus vielen Minisignalen zusammensetzt, die in ihrer Summe die bei geringer Verstärkung aufgezeichnete Gesamtveränderung ergeben. Jedes Minisignal entspricht der Entladung einer Vesikel mit mehreren hundert Neurotransmittermolekülen in den Synapsenspalt.

Zeichnet man den elektrischen Impuls auf, der durch Öffnung eines einzigen Ionenkanals hervorgerufen wird, so erhält man verblüffende Ergebnisse. Ein Kanal kann sich wenige millionstel Sekunden nach Bindung des Neurotransmitters an den Rezeptor öffnen; er kann sich partiell oder vollständig öffnen; einmal offen, kann er sich kurz schließen und wieder öffnen. Leicht flackernd, bleibt ein Kanal einige tausendstel Sekunden offen. Dann schließt er sich spontan und wird für etwa eine Sekunde refraktär, bis er schließlich seine Reaktionsfähigkeit spontan zurückgewinnt. Diese Befunde geben uns eine gewisse Vorstellung von den Lebensprozessen auf molekularer Ebene – Prozesse, die ihren Zweck erreichen, aber voller Unwägbarkeiten stecken, denn viele mikroskopische Zufallsereignisse sind im Spiel. Da öffnen und schließen sich Bindungen in Reaktion auf lokale Schwankungen der Energiezufuhr, der Ionenkonzentration und viele andere Variablen.

Transmitter, Modulatoren und ihre Rezeptoren

Die für Synapsen charakteristische chemische Signalübertragung ist ein Beispiel für chemische Kommunikation und beruht auf Funktionen, die in vielen Zellarten ablaufen. Die Freisetzung des Neurotransmitters in den Synapsenspalt ist ein Sekretionsvorgang, der sich ebenso vollzieht wie in anderen Zellen – wie dort verlagert er auch hier Ca^{++}-Ionen. Neurotransmitter verhalten sich sowohl in der Art ihrer Freisetzung als auch in ihrer Wirkung ähnlich wie Polypeptidhormone. Der Ionenzustrom, den sie in Neuronen hervorrufen, wird manchmal durch ähnliche sekundäre Boten ausgelöst wie die, die die Wirkung von Hormonen vermitteln. Einige Rezeptoren für Neurotransmitter haben mit Hormonrezeptoren sogar die Fähigkeit gemeinsam, im Neuron zyklisches AMP zu erzeugen und die Anfügung von Phosphatgruppen an Proteine zu bewirken.

Das gesamte Nervensystem eines Organismus verwendet eine große Vielfalt chemischer Kommunikatoren. Chemisch gehören sie zwei Klassen an: Neurotransmitter, die man zuerst isoliert hat, sind kleine Moleküle – Aminosäuren oder ähnliche Moleküle. Neuropeptide, die man erst unlängst bestimmt hat, sind kurze Ketten aus bis zu vierzig Aminosäuren.

Die Kommunikatoren des Nervensystems erfüllen zwei Hauptfunktionen: Neurotransmitter und einige Neuropeptide übertragen Signale über die kurze Entfernung des Synapsenspalts von einem Neuron zum anderen. Die meisten Neuropeptide wirken jedoch als Modulatoren – sie modifizieren die Signalübertragung durch Transmitter, indem sie diese entweder abschwächen oder verstärken. Sie können auch die Rolle von Gehirnhormonen übernehmen und über das Blut auf ferne Zielzellen einwirken. Neuropeptide und die in Kapitel 8 behandelten Gehirnhormone haben hinsichtlich ihres chemischen Aufbaus und ihrer Verteilung im Nervensystem große Ähnlichkeit; deshalb wollen wir sie hier zusammen betrachten.

Die Wirkung von Neurotransmittern wie Modulatoren beruht darauf, daß sie an spezifische Rezeptoren am Empfangsende der Synapsen binden. Jeder Neurotransmitter oder Modulator erkennt mehr als eine Klasse von Rezeptoren. Rezeptoren lassen sich dadurch unterscheiden, daß sie Neurotransmitter oder Modulatoren sowie chemisch verwandte Stoffe mit unterschiedlicher und charakteristischer Stärke binden. Einige Rezeptoren aktivieren die Bildung von zyklischem AMP. Die Eigenschaften des Rezeptors, der durch einen Neurotransmitter in einem bestimmten Neuron aktiviert wird – und nicht die Beschaffenheit des Neurotransmitters selbst –, bestimmen die Konsequenzen für die betreffende Nervenzelle.

Einige Neuronen bilden nur einen einzigen Kommunikator, entweder einen Neurotransmitter oder ein Neuropeptid. Andere stellen sowohl einen einfachen Neurotransmitter als auch ein Neuropeptid her; das Neuropeptid scheint als Modulator zu fungieren, denn es kommt mit dem Neurotransmitter vermischt in denselben Vesikeln vor. Dank der Vielfalt von Kommunikatoren lassen sich viele verschiedene Klassen von Neuronen bestimmen, die alle einen bestimmten Transmitter oder aber einen bestimmten Modulator bilden. Die individuellen Besonderheiten entsprechen der Individualität des Neurons: Zellkörper von Neuronen, die einen solchen Kommunikator bilden, treten gehäuft in bestimmten Regionen des Nervensystems mit eigenständiger Funktion auf (Abb. 17.9). Diese Verteilung erklärt die besonderen Merkmale bestimmter Gehirnerkrankungen. Der Ausfall eines Enzyms, das für die Herstellung eines Neurotransmitters erforderlich ist, oder die Schädigung eines Gens für seinen Rezeptor ruft die Parkinsonsche Krankheit hervor, vielleicht auch Schizophrenie – Leiden, bei denen nur einige Funktionen des Nervensystems verändert werden. Möglich ist das, weil der betroffene Transmitter in Neuronengruppen hergestellt wird, die bestimmte Funktionen wahrnehmen.

Neurotransmitter

Einige Transmitter (Glutamat, Aspartat, Glyzin, β-Alanin) sind Aminosäuren, die jede Zelle als Bausteine der Proteinsynthese

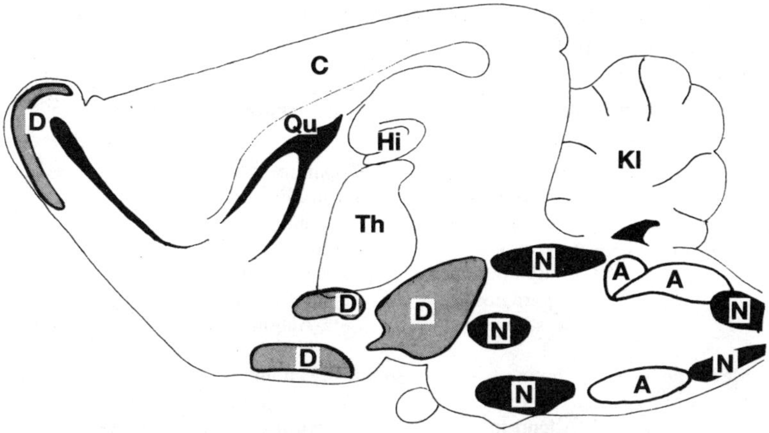

Abbildung 17.9: Schematisierter Schnitt durch ein Rattengehirn, der die Lokalisierung einiger einfacher Transmitter zeigt. A = Adrenalin, D = Dopamin, N = Noradrenalin. Hohlräume sind schwarz wiedergegeben. Auch einige der wichtigsten Gehirnstrukturen sind dargestellt: Großhirnrinde oder Cortex (C); die Querverbindungen zwischen den beiden Gehirnhälften (Qu); der Thalamus (Th), der für die Aufnahme sensorischer Signale wichtig ist; der Hippocampus (Hi), wichtig für das Gedächtnis; und das Kleinhirn (Kl), das unter anderem für die Erhaltung des Gleichgewichts sorgt. (Aus: T. Hökfelt, O. Johansson und N. Goldstein, *Science* 225 [1984], S. 1326.)

braucht (Tab. 17.1). Andere (Adrenalin, Noradrenalin, Dopamin, Serotonin, GABA – die englische Abkürzung für Gamma-Aminobuttersäure) sind Derivate von Aminosäuren. Einige Neurotransmitter stammen von anderen regelmäßig in Zellen vorkommenden Verbindungen ab, z. B. von Adenosin und seinen Derivaten, die für die Bildung von Nukleinsäuren erforderlich sind, sowie von Acetylcholin, einem Derivat des Cholins, das ein Bestandteil von Zellmembranen ist. Die Eigenschaften der Neurotransmitter entsprechen ihrer Funktion. Zellmembranen können sie nur mit Hilfe spezieller Transportsysteme durchqueren. Deshalb sind sie nicht fähig, die synaptischen Vesikel zu verlassen. Einmal freigesetzt, können sie nicht beliebig in die Zellen zurückkehren.

Jeder Neurotransmitter wirkt (von einigen Ausnahmen abgesehen) entweder vorwiegend exzitatorisch oder inhibitorisch. So sind bei Wirbeltieren die Neurotransmitter der Katecholamingruppe (Adrenalin, Noradrenalin, Dopamin) und die beiden Aminosäuren Glutamat und Aspartat gewöhnlich exzitatorisch. Wie Glutamat wirkt, zeigt das »Chinarestaurant-Syndrom«: Der den Speisen bei-

Tabelle 17.1: Einfache Neurotransmitter und ihre Beziehung zu den Hauptklassen von Zellmakromolekülen

Nichtneurale Funktionen		Neurotransmitter
Proteine ←	Tyrosin	Dopamin → Noradrenalin → Adrenalin
	Tryptophan ⟶	Serotonin
	Histidin ⟶	Histamin
	Glyzin	Glyzin
	Glutaminsäure	Glutaminsäure → GABA
	Asparaginsäure	Asparaginsäure
	Beta-Alanin	Beta-Alanin
Membranen ←	Cholin ⟶	Acetylcholin
Nuklein-säuren ←	Adenosin	Adenosin
	ADP	ADP
	ATP	ATP

gefügte Geschmacksverbesserer Mononatrium-Glutamat stimuliert die Neuronen, welche die Blutgefäße kontrollieren, und führt zur Erhitzung und Rötung der Haut. Katecholamine wirken jedoch in einigen Gehirnneuronen inhibitorisch. GABA und Glyzin sind gewöhnlich inhibitorisch. Einige andere Neurotransmitter zeigen keine deutliche Tendenz; sie sind entweder inhibitorisch oder exzitatorisch, je nach der Rezeptorart, mit der sie zusammenwirken. Einige Transmitter – wie Dopamin und Adenosin – können auf bestimmte Neuronen auch modulierend wirken.

Daß die Natur den ziemlich komplizierten, auf Neurotransmittern beruhenden Mechanismus der Signalübertragung von einem Neuron zum anderen aus guten Gründen übernommen hat, zeigt seine universelle Verbreitung in der biologischen Welt. Tatsächlich ist die chemische Übertragung im Nervensystem aller Tiere, selbst der einfachsten, anzutreffen. Das liegt zum einen daran, daß Transmitter nach dem gleichen Prinzip funktionieren wie Hormone, nur daß sie lokal und sehr rasch wirken. Ein anderer Grund ist möglicherweise, daß zu einem frühen Zeitpunkt in der Evolution des Lebens spezielle Systeme zum selektiven Transport von Aminosäuren in Zellen entwickelt und mit Ionentransporten gekoppelt wurden, die die notwendige Energie lieferten. Von da war es nur ein kurzer Schritt, die Aminosäuren zur *Auslösung* des Ionentransports zu nutzen.

Ein weiterer Grund zur Verwendung von Neurotransmittern ist

ihre bereits beschriebene Fähigkeit, dem Nervensystem ein hohes Maß an Flexibilität zu verleihen. Durch ihren Einsatz kann das Aktionspotential eines Axons entweder in ein exzitatorisches oder ein inhibitorisches Signal mit einer großen Vielfalt quantitativer Unterschiede verwandelt werden. Diese Dualität ist von grundlegender Bedeutung für die Arbeit des Neuronennetzes. Die Vielfältigkeit der Neurotransmitter beider Arten und der Modulatoren trägt erheblich zur Differenziertheit des Nervensystems bei. Jeder Neurotransmitter oder Modulator wirkt auf seine besondere quantitative Weise; jeder kann unabhängig von anderen reguliert werden; jeder kann unterschiedliche Effekte haben, indem er an andere Rezeptoren bindet; jeder kann auf eine bestimmte Klasse von Neuronen eingeschränkt sein und ihr auf diese Weise eine funktionale Besonderheit verleihen. So können im Lauf der Evolution durch Verwendung unterschiedlicher Transmitter leicht neue Neuronenklassen geschaffen werden. Die Untersuchung neuroaktiver Wirkstoffe (vgl. Kap. 19) zeigt sehr eindrucksvoll, daß die Vielfalt der Transmitter und Modulatoren für die differenzierten Funktionen des Nervensystems verantwortlich ist.

Neuropeptide

Die Neuropeptide, eine Untergruppe der Peptidhormone, sind Kommunikatorsubstanzen, die überall in der biologischen Welt, auch in Pflanzen und Einzellern, vorkommen. So ist beispielsweise ein Peptid, das die Paarungstypen der Hefe bestimmt, dem Hypothalamushormon sehr ähnlich, welches die Keimdrüsen über die Hypophyse steuert und auch als Neuropeptid im Gehirn wirkt. Das Hefepeptid bindet an die Rezeptoren für das Hormon. Neuropeptide werden im Gehirn wie in anderen Organen gebildet: viele im Darm, andere in den Bronchien, der Bauchspeicheldrüse oder den Nieren. Neuropeptide werden vom Herzen und von den Zellen in der Froschhaut hergestellt. Umgekehrt wirken einige klassische Peptidhormone in den Gehirnzellen als Neuropeptide.

Die Bedeutung der Neuropeptide für die Gehirnfunktionen zeigte sich erstmals bei Untersuchungen von Morphin, des Wirkstoffs im Opium, das man lange zur Schmerzlinderung und zur Erzeugung euphorischer Zustände benutzte. Man entdeckte, daß das Gehirn Rezeptoren für Morphin besitzt. Dies war überraschend, weil Morphin ein Pflanzenprodukt ist: Was hat das Gehirn mit ihm zu schaffen? Man vermutete, daß die Morphinrezeptoren normalerweise eine Substanz erkennen, die im Gehirn gebildet wird. Tatsächlich stellte man fest, daß Gehirnextrakte die Fähigkeit besitzen, die Bindung von Morphinen an ihre Rezeptoren zu blockieren. Diese Fähigkeit konnte zwei Peptidklassen zugeordnet werden, den *Enkephalinen* und den *Endorphinen*. Endorphine haben eine längere Aminosäuresequenz, zu der auch die aus nur fünf Aminosäuren bestehende Sequenz der Enkephaline gehört.

Dieser Erfolg regte weitere Forschungsarbeiten an, mit dem Ergebnis, daß wir heute eine große Zahl von Neuropeptiden kennen, die zu ungefähr dreißig Familien gehören. Die Gesamtzahl der einzelnen Neuropeptide dürfte etwa zweihundert betragen, da jede Familie mehrere Mitglieder mit sehr verwandtem Aufbau besitzt. So gibt es vier Endorphine und zwei Enkephaline. Die vielfältigen Formen der Neuropeptide werden durch verschiedene Mechanismen hervorgebracht: durch unterschiedliche Reifungsprozesse der RNA-Transkripte, durch verschiedene Spaltung längerer Vorläuferproteine und durch chemische Modifikation der beteiligten Aminosäuren. Unterschiedliche Zellen, die Neuropeptide derselben Familie bilden (beispielsweise Zellen des Gehirns und des Darms), stellen gewöhnlich Moleküle her, die leicht voneinander abweichen. Dadurch bleibt die Besonderheit der diversen Zelltypen gewahrt.

Die meisten Neuropeptide scheinen als Modulatoren zu fungieren. Nur in einigen Fällen konnte eine Transmitterfunktion nachgewiesen werden, d. h. die Erregung oder Hemmung einer Synapse, wenn man das betreffende Neuropeptid mit Hilfe einer Mikropipette in die unmittelbare Nähe der Synapse brachte. Doch selbst wenn sie als Transmitter wirken, geschieht dies auf eigenartige Weise. Beispielsweise sind die Potentialveränderungen, die sie im empfangenden Neuron hervorrufen, viel langsamer als die durch normale Neurotransmitter induzierten Veränderungen. Dagegen können Neuropeptide als Modulatoren sehr deutliche Wirkungen hervorrufen. So steigert das *vasointestinale Peptid* (VIP) die Bindung des Neurotransmitters Acetylcholin an seine Rezeptoren ganz erheblich. Andere Neuropeptide modulieren die Menge des Transmitters, die freigesetzt wird, oder – durch Bindung an die Regulatorrezeptoren – die Verweildauer des Transmitters im Synapsenspalt. Die modulatorische Wirkung von Neuropeptiden ist langsam und währt ziemlich lange, weil sie auf der chemischen Veränderung neuronaler Proteine beruht, so etwa auf der Anlagerung von Phosphatgruppen. Die Effekte sind nicht klar abgegrenzt – auch Synapsen in der Nähe des Ausschüttungsortes zeigen Wirkung. Möglicherweise hat der Streueffekt mit der funktionalen Spezialisierung kleiner Neuronengruppen zu tun. Aufgrund all dieser Eigenschaften tragen die Modulatoren zu einer größeren Flexibilität des Nervensystems bei.

Woher wissen wir, daß ein Neuropeptid oder irgendeine andere Substanz die Funktionen eines Neurotransmitters wahrnimmt? Diese Schlußfolgerung wird in mehreren Schritten gewonnen. Ein Hinweis ist das Vorkommen des Stoffes in Neuronen, vor allem in Synapsen. Einige Neurotransmitter sind an ihrer Fluoreszenz zu erkennen – bestrahlt man sie mit einem Licht entsprechender Farbe, emittieren sie Licht einer anderen Farbe, das sich mit geeigneten mikroskopischen Verfahren nachweisen läßt. Ferner kann man Neuropeptide mit Hilfe spezifischer Antikörper nachweisen, die mit einem fluoreszierenden Farbstoff markiert sind. Nach einiger Zeit ist er nur in Neuronen anzutreffen, die das Peptid enthalten. Wenn die Enzyme, die an der Bildung des betreffenden Stoffes beteiligt sind, in Neuronen vorkommen, so läßt sich daraus schließen, daß er eine wichtige Rolle spielt; möglicherweise handelt es sich um einen Transmitter. Noch eindeutiger sind die Hinweise, wenn die Aufbringung der Substanz auf eine Synapse mit Hilfe einer sehr dünnen Pipette zur Depolarisation oder Hyperpolarisation der postsynaptischen Membran führt. Gesteigertes Gewicht erhält dieses Ergebnis, sofern die betreffende Substanz freigesetzt wird, nachdem das Übertragungsende mit Hilfe von Ca^{++}-Ionen (die für die Transmitterausschüttung erforderlich sind) depolarisiert worden ist. Ein weiteres Glied kommt zu der Beweiskette hinzu, wenn in den Neuronen Mechanismen anzutreffen sind, die alle Überschußmengen des Stoffes eliminieren – z. B. Rezeptoren am Übertragungsende der Synapse oder Enzyme, die die Substanz in der Umgebung der Neuronen zerstören. Trotz all dieser Kriterien ist es manchmal schwierig, schlüssig nachzuweisen, daß eine Substanz ein Transmitter ist; so hat man einige auch erst mit Vorbehalten bestimmt. Bei Neuropeptiden sind diese Schwierigkeiten besonders groß.

Gleiche oder sehr ähnliche Neuropeptide werden häufig nicht nur im Gehirn, sondern auch in anderen Organen gebildet. Man sollte meinen, daß doppelte Produktion zu Problemen führt. Wenn eine dieser hochwirksamen Substanzen ins Blut abgegeben wird, könnte sie dann nicht das empfindliche Gleichgewicht der Gehirnfunktionen stören? Doch die Neuropeptide im Blut können nicht ohne weiteres auf die inneren Bereiche des zentralen Nervensystems einwirken, weil zwischen dem Blut und dem Gehirn eine unüberwindliche Barriere liegt, die sogenannte *Blut-Hirn-Schranke*. Die im Blutkreislauf befindlichen Stoffe erreichen alle Zellen durch die feinen Blutgefäße. In den meisten Körperregionen können sie leicht durch die Wände dieser Gefäße gelangen. Einige Stoffe schlüpfen durch Lücken zwischen den Zellen, welche die Blutgefäße auskleiden, andere werden in Vesikeln durch die Zellen transportiert. Aber den feinen Blutgefäßen des zentralen Nervensystems fehlen diese Eigenschaften. Ihre Auskleidung stellt eine wirksame Schranke zwischen dem Blut und den Nervenzellen dar; ausgenommen sind nur Sauerstoff und Nährstoffe wie Zucker und Aminosäuren, die das Gehirn in großen Mengen braucht. Eine zusätzliche Barriere bilden die Scheiden der Gliazellen, welche die Blutgefäße umgeben. Neuropeptide können diese Schranken nicht überwinden und folglich vom Blut aus nicht ins Gehirn gelangen.

Die Blut-Hirn-Schranke schützt den größten Teil des Gehirns, mit Ausnahme einer kleinen Region in der Nähe der Hypophyse. Mehrere Neuronengruppen dieser Region sind sozusagen Fenster zum Blut, die seine Zusammensetzung kontrollieren und den Rest des Gehirns von ihren Ergebnissen in Kenntnis setzen. Beispielsweise faßt man eine der hier befindlichen Neuronengruppen unter der Bezeichnung Brechzentrum zusammen: Es registriert abnorme Substanzen, die vom Magen-Darm-Trakt aufgenommen worden sind. Doch Substanzen, die aus den Kapillaren in diesen Teil des Gehirns übertreten, werden rasch gestoppt und gelangen nicht in die übrigen Gehirnregionen.

Im großen und ganzen teilt die Blut-Hirn-Schranke den Körper in zwei Bereiche auf: das zentrale Nervensystem (zu dem auch Gehirn und Rückenmark gehören) und den Rest des Körpers. Außerhalb der Blut-Hirn-Schranke befindet sich jener Teil des Nervensystems, der zuständig ist für Herzschlag, Kontraktion der glatten Muskulatur, Drüsensekretion, Blutkreislauf, Nierenfunktion und so fort. Dieser Teil des Nervensystems ist zugänglich für Substanzen aus dem Blut wie auch für in den Neuronen selbst hergestellte Stoffe. Die lokalen Substanzen nehmen an der örtlichen Signalübertragung teil, während die aus dem Blut eintreffenden Stoffe allgemeine Ereignisse – erhöhten Blutdruck, Diarrhö, Erbrechen und anderes – hervorrufen.

Verstärkt wird die Blut-Hirn-Schranke durch die Scheiden der *Gliazellen* (Abb. 17.10). Diese Zellen, die keine Signale übertragen, liegen zwischen den Neuronen und den feinen Blutgefäßen. Außerdem füllen sie den Raum zwischen den Neuronen und bilden die Myelinscheiden der Axone. Alle für die Neuronen bestimmten Substanzen, beispielsweise Sauerstoff, Zucker und Aminosäuren, müssen eine dünne Schicht aus Gliazellen-Zytoplasma durchqueren, die die Neuronen eng umhüllt. Die Gliazellen kontrollieren also, welche Substanzen in Neuronen hineingelangen können. Auch bei der Signalübertragung im Gehirn nehmen Gliazellen bestimmte Funktionen wahr. Sie entfernen die überschüssigen Mengen einiger Transmitter und sorgen für ein gleichbleibendes extrazelluläres Ionenmilieu, auf das die Neuronen bei der Erfüllung ihrer Aufgaben angewiesen sind. Von besonderer Bedeutung ist die extrazelluläre Konzentration der K^+-Ionen, die den K^+-Ausfluß und das Ruhepotential der Neuronenmembran beeinflußt. K^+-Ionen treten während der Erholungsphase des Aktionspotentials aus aktiven Axonen aus und verlassen das Zellinnere auch durch die Kanäle in inhibitorischen Synapsen. Die allgegenwärtigen Gliazellen korrigieren die

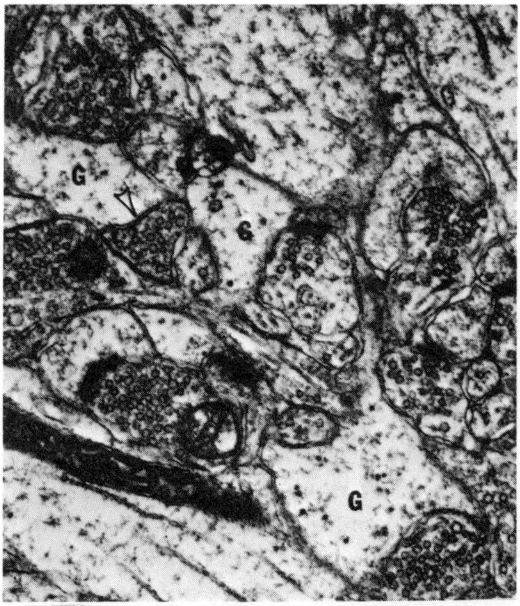

Abbildung 17.10: Elektronenmikroskopische Aufnahme eines extrem dünnen Präparats aus einem menschlichen Gehirn, das die Fortsätze von Gliazellen (G) zwischen Neuronen zeigt, von denen viele mit Synapsen ausgestattet sind. Die Gliazellen sind an den kleinen, dichten Pünktchen zu erkennen. Ein sehr schmaler Spalt von gleichbleibender Breite trennt die beiden Zellarten (Pfeil). (Mit freundlicher Genehmigung von W. Maxwell Cowan.)

überhöhte K^+-Konzentration außerhalb von Neuronen, indem sie als K^+-Schwämme wirken: Sie absorbieren die Ionen durch passive Kanäle. Für die langfristige Beständigkeit der extrazellulären Ionenkonzentration sorgt das Endothel, welches die Innenflächen der feinen Blutgefäße auskleidet, indem es den Ausfluß von K^+-Ionen in das Gehirn einschränkt und überschüssige K^+-Ionen mit Hilfe einer Kalium-Natrium-Pumpe ins Blut befördert.

Spezielle Funktionen der Neuropeptide

Gehirnneuropeptide scheinen für grundlegende Gefühle wie Hunger, Durst, Schmerz, Furcht und Lust zuständig zu sein, während Neurotransmitter für Empfindungen und Bewegungen verantwortlich sind. Betrachten wir die besondere Rolle der Neuropeptide an einigen typischen Beispielen.

DURST UND HUNGER. Durst kann durch Wasserverlust in den Zellen (Dehydration) oder durch Blutverlust hervorgerufen werden. Der Wasserverlust wird von Gehirnneuronen entdeckt, die auf die entsprechenden Veränderungen in der Natriumkonzentration reagieren. Übermäßiger Blutverlust wird wahrscheinlich von den Nervenendigungen in den großen, mit dem Herzen verbundenen Venen und Arterien entdeckt, deren Straffheit nachläßt.

Am Durstgefühl infolge Blutverlust ist wahrscheinlich das Neuropeptid Angiotensin beteiligt, das normalerweise in sehr niedrigen Konzentrationen in der Niere und im Gehirn vorkommt. Blut und Gehirn enthalten sehr viel größere Mengen eines längeren Peptids, des Angiotensinogens, das, wie sein Name sagt, Angiotensin bilden kann, selbst aber inaktiv ist. Nervensignale, die durch Blutverlust oder Blutdruckabfall hervorgerufen werden, bewirken, daß das Enzym Renin ins Blut oder Gehirn ausgeschüttet wird. Dieses Enzym spaltet einige Aminosäuren vom Angiotensinogen ab und verwandelt es damit in aktives Angiotensin. So wird Angiotensin, das die Blut-Hirn-Schranke nicht überwinden kann, auf beiden Seiten von ihr gebildet. Das Angiotensin im Blut wirkt auf Neuronen ein, die nicht von der Blut-Hirn-Schranke geschützt sind; das im Gehirn gebildete Angiotensin beeinflußt andere Neuronen. Angiotensin beiderlei Herkunft ruft Durstempfinden hervor. Bei Ratten kann man Durst experimentell auslösen, indem man an einer bestimmten Stelle ihres Gehirns Renin injiziert. Diese Stelle nennt man deshalb Durstzentrum. Die lokale Angiotensinbildung veranlaßt das Versuchstier, gierig zu trinken, selbst wenn es zuvor seinen Durst gerade gelöscht hatte. Wird das Durstzentrum zerstört, stellt die Ratte selbst unter Bedingungen starker Dehydration das Trinken ein.

Auch in anderer Hinsicht schränkt Angiotensin die Folgen von Blutverlust ein. Es erhöht den Blutdruck, indem es jene Teile des peripheren Nervensystems reizt, welche die Muskelkontraktionen der kleinen Blutgefäße steuern, und indem es den Hypophysenhinterlappen zur Ausschüttung des Hormons Vasopressin veranlaßt. Beide Wirkungen verringern das Volumen der kleinen Blutgefäße und erhöhen damit die Wirksamkeit der verbleibenden Blutmenge.

Angiotensin erhöht auch das Verlangen nach Natrium, um dessen Verlust auszugleichen. Injiziert man Ratten in den Hypothalamus Renin, trinken sie eine konzentrierte Salzlösung, Natriumchlorid, das Ratten normalerweise nicht anrühren würden. Das Angiotensin im Blut hat periphere Effekte, welche die zentrale Wirkung ergänzen: Es erhöht die Natriumabsorption aus dem Darm und schränkt den Natriumverlust durch die Nieren ein. Die durch Angiotensinstimulation ausgelöste Überproduktion eines Steroidhormons der Nebenniere, des Aldosterons, ist für die Zurückhaltung von Natrium verantwortlich. Diese und andere Wirkungen des zu beiden Seiten der Blut-Hirn-Schranke aktiven Angiotensins schützen Blutvolumen und Blutdruck, halten Wasser und Natrium im Körper zurück und veranlassen den Organismus, sie zu ersetzen.

Dem Blutangiotensin wirkt ein Hormon entgegen, das in den Atrien (Vorhöfen) des Herzens gebildet wird, wo das Blut aus dem Körper aufgenommen wird. Das Vorhofhormon hemmt Ereignisse, die zu erhöhtem Blutdruck führen, etwa die Bildung von Angiotensin und Vasopressin sowie die Verengung der Blutgefäße. Daß das Vorhofhormon dem Angiotensin entgegenwirkt, zeigen auch Untersuchungen an Ratten, die unter erblichem Bluthochdruck leiden. Dabei stellte sich heraus, daß die Tiere in dem Teil ihres Gehirns, der solchen Hormonen zugänglich ist, weniger Rezeptoren für das Vorhofhormon und mehr Rezeptoren für Angiotensin besitzen.

Von zwei Neuropeptiden wissen wir, daß sie den Appetit steuern. Die Injektion des Neuropeptids Y in den Hypothalamus einer gesättigten Ratte veranlaßt das Tier zum Fressen. Es verschlingt in wenigen Stunden so viel, wie es sonst an einem ganzen Tag frißt. Das andere Neuropeptid ist Colecystokinin (CCK), das Fragment eines größeren, im Magen vorkommenden Peptids (Gastrin). Injiziert man

CCK ins Blut, hemmt es die Nahrungsaufnahme, vielleicht durch Erhöhung des Oxytocingehalts im Blut. CCK ist ein exzitatorisches Peptid, das reichlich in Gehirnneuronen vorkommt, die entweder Dopamin oder Serotonin als Neurotransmitter verwenden, und wird mit ihnen zusammen in den Synapsen freigesetzt. Es kommt auch im Darm vor, wo es Kontraktionen der Gallenblase bewirkt.

SCHMERZ. Eine weitere allgegenwärtige Empfindung, bei der Neuropeptide eine wichtige Rolle spielen, ist Schmerz, der durch starke Stimulation spezialisierter Nervenfasern in der Haut und in verschiedenen Organen hervorgerufen wird. Das Gehirn empfängt die Signale über eine Kette von Neuronen, die an ihren dünnen Axonen zu erkennen sind. Die Axone enthalten die Neuropeptidsubstanz P. Sie wirkt in den Schmerzbahnen wahrscheinlich als Transmitter, nicht nur weil sie in den Schmerzneuronen in erheblichen Mengen vorkommt, sondern auch weil sie von Axonen freigesetzt wird, wenn diese experimentell erregt werden. Ihre Freisetzung erfordert die Anwesenheit von Ca^{++}-Ionen in der extrazellulären Flüssigkeit. Bei Mäusen führt die Injektion der Substanz P zur Erregung der an der Schmerzempfindung beteiligten Neuronen: Die Tiere reagieren wie bei chronischem Schmerz mit Beißen und Kratzen der Haut. Kapsaizin, eine Substanz der roten Paprikafrüchte, entzieht den Neuronen die Substanz P und bewirkt den Verlust der Schmerzempfindung (Analgie).

Nicht nur an der Übertragung der Schmerzsignale, auch an ihrer Kontrolle sind Neuropeptide beteiligt. Seit Jahrtausenden weiß man, daß sich Schmerz durch Opium unterdrücken läßt, welches Morphin enthält. Diese Substanz bindet an dieselben Neuronenrezeptoren wie eine Gruppe von Neuropeptiden, darunter die Endorphine und Enkephaline, die zusammenfassend als opioide Peptide bezeichnet werden. Morphin und Gehirnopioide sind chemisch nicht verwandt, binden aber aufgrund einer zufälligen Ähnlichkeit der Bindungsstellen an dieselben Rezeptoren und rufen deshalb ähnliche Effekte hervor. Endorphin wird auch in der Hypophyse und in der Nebennierenrinde gebildet. An all diesen Orten wird das Neuropeptid durch Spaltung eines größeren Vorläuferpeptids hergestellt, aus dem auch ACTH gebildet wird (vgl. Kap. 8). Das Gehirn scheint auch echtes Morphin unklaren Ursprungs zu enthalten.

Opioide Peptide sind in den Neuronen vieler Arten vorhanden, vom Regenwurm bis zum Menschen. Die drei bekannten Arten von

Gehirnopioiden – Enkephaline, Beta-Endorphine und Dynorphine – haben vier oder fünf Aminosäuren gemeinsam; sie kommen in unterschiedlichen Neuronen vor. Opioide Peptide und Morphine verwenden drei Rezeptorarten, die mit den griechischen Buchstaben Delta, Kappa und My bezeichnet werden. Opioide Peptide wirken in erster Linie auf Delta-Rezeptoren ein, Morphin auf My-Rezeptoren, wobei in beiden Fällen die Erregbarkeit verringert wird: Die Rezeptoren hyperpolarisieren die Neuronen, hemmen die Aktionspotentiale durch K^+-Ausfluß und reduzieren die Ausschüttung exzitatorischer Transmitter. Kappa-Rezeptoren scheinen dagegen unter Einwirkung bestimmter Opioide die Erregbarkeit zu steigern, was darauf schließen läßt, daß das opioide System symmetrisch und zu gegensätzlichen Wirkungen fähig ist.

Eine wichtige Funktion der opioiden Peptide, vor allem des Enkephalins und Endorphins, liegt in der Kontrolle der Schmerzempfindung. Zu diesem Zweck übertragen sie Signale von Neuronen einer zentral gelegenen Gehirnregion – einer Art Analgiezentrum –, die bei elektrischer Stimulation eine außerordentlich schmerzlindernde Wirkung entfaltet. Diese Effekte sind so wirksam, daß man sie in der Medizin bei Patienten anwendet, die infolge chronischer Krankheiten unter unerträglichen Schmerzen leiden; hierfür werden in die betreffende Region Elektroden eingepflanzt, welche eine fortgesetzte Stimulation bewirken. Es gibt eine Reihe von Befunden, die darauf schließen lassen, daß diese Gehirnneuronen den Schmerz mit Hilfe von opioiden Neuropeptiden kontrollieren. Wenn sie freigesetzt werden, unterdrücken sie die Ausschüttung der Substanz P durch die Neuronen der Schmerzbahnen.

Erregung der Analgiezentren könnte auch die Ursache des analgetischen Effekts der traditionellen chinesischen Akupunktur sein. Diese Praxis, die selbst Schmerz hervorruft, scheint die Freisetzung von Gehirnopioiden zu bewirken, denn ihr Erfolg wird durch Naxolon aufgehoben, einen spezifischen Antagonisten dieser Peptide. Der Einstich einer Nadel in eine Körperregion scheint einen Teil der schmerzkontrollierenden Bahn zu aktivieren, wodurch es dann zu Analgie an anderen Orten kommt. In den detaillierten Akupunkturkarten der chinesischen Medizin spiegelt sich möglicherweise der komplizierte Zusammenhang zwischen Schmerzaxonen und Kontrollneuronen wider. Für diese Vermutung spricht die Beobachtung, daß sich bei Ratten eine Analgie des Schwanzes durch einen leichten elektrischen Schlag an einer Vorderpfote hervorrufen läßt. Die Wirkung der »Nasenbremse« bei Pferden könnte auf einem ähnlichen Mechanismus beruhen.

Wie nützlich die Akupunktur zur Schmerzlinderung bei Menschen ist, ist noch unklar. Klinische Studien zu ihrer Wirkung bei chronischem Schmerz haben zu widersprüchlichen Ergebnissen geführt, und die Behauptung, daß sie bei akutem Schmerz (etwa in der Chirurgie) anwendbar sei, scheint übertrieben zu sein. In einigen außergewöhnlichen Fällen ist Akupunktur erfolgreich, doch bei der Mehrheit der Menschen, vor allem in westlichen Ländern, scheint sie nur mittelmäßige oder schlechte Ergebnisse zu erzielen.

STRESS. Streß wird in Ratten hervorgerufen, die unausweichlicher Bestrafung ausgesetzt sind, etwa regelmäßigen elektrischen Schlägen. Die Reaktion auf streßträchtige Verhältnisse hängt in erster Linie vom CRF (englisch *corticotropin releasing factor*) ab, der nicht nur die Freisetzung von ACTH im Hypophysenvorderlappen stimuliert, sondern auch die endokrinen und neuronalen Streßmechanismen koordiniert. Unter Streßbedingungen werden sowohl opioide Peptide als auch ACTH im Gehirn und im Blut ausgeschüttet. Die Opioide des Gehirns und des Blutes sind durch die Blut-Hirn-Schranke getrennt. Die des Blutes wirken auf Neuronen des peripheren Nervensystems ein. Da die Peptide zu beiden Seiten der Schranke aktiv sind, sorgen sie in Streßsituationen für erhebliche Analgie. Gleichzeitig regt die übermäßige Freisetzung des auf die Nebenniere einwirkenden Hormons ACTH die Überproduktion von Kortison an, eines Steroidhormons, das Lymphozyten tötet – ein Phänomen, dessen biologische Bedeutung wir noch nicht genau kennen. Welche Folgen der Lymphozytenverlust hat, zeigt sich bei Mäusen bestimmter Stämme, die längere Zeit unter leichtem Streß gehalten werden (etwa geräuschvolle Umgebung mit häufigem Beleuchtungswechsel). Sie zeigen eine erhöhte Anfälligkeit für viral hervorgerufenen Brustkrebs, eine häufige Erkrankung dieser Stämme. Dieses Lymphozytensterben, das die Immunabwehr beeinträchtigt, ist wahrscheinlich auf einen Rückkopplungsmechanismus zurückzuführen, der die CRF-Bildung reguliert. Nun bilden Lymphozyten Lymphokine, die die CRF-Bildung anregen – wenn diese Produktion schon erhöht ist, schaltet der Körper den Verstärkungsmechanismus ab.

Signale an die Muskeln

Wir haben gesehen, wie Neuronen Signale unter Verwendung vieler Kommunikationsweisen übertragen und erzeugen. Auch andere Zellen, etwa diejenigen, die Hormone bilden, übertragen Signale, doch Neuronen weisen einen sehr viel höheren Spezialisierungsgrad auf. Sie gehören zu einem Kommunikationssystem, das sensorische Signale aus der Außenwelt an das Gehirn und Handlungssignale vom Gehirn an die peripheren Organe überträgt. Dieser Kommunikationsprozeß beginnt mit irgendeiner Energieform (Lichtwellen, Druck, chemischer Energie), die auf entsprechende Sinneszellen einwirkt. Jede Sinneszellenart entdeckt eine Energieform und verwandelt sie in eine Änderung des Membranpotentials, das seinerseits in einem zum Gehirn führenden Axon ein Aktionspotential hervorruft. An den Synapsen wird das Aktionspotential in chemische Signale verschiedener Art umgewandelt. Neue Aktionspotentiale werden an den Synapsen erzeugt, die das Signal zu vielen anderen Neuronen des Gehirns befördern. Das Gehirn analysiert alle diese Inputsignale und schickt über andere Neuronen Outputsignale hinaus, wobei es sich abwechselnd elektrischer und chemischer Impulse bedient. Schließlich erreichen die Aktionspotentiale die Muskeln oder sekretorischen Drüsen (etwa die Tränen- oder die Speicheldrüsen), bei manchen Tieren auch die Pigmentzellen der Haut. An all diesen Orten werden die Aktionspotentiale abermals in chemische Signale umgewandelt. Daraufhin ziehen sich Muskeln zusammen, sondern Drüsen ihre Produkte ab oder verteilen sich Pigmente neu. Elektrische und chemische Signale, die von Neuronen übertragen werden, durchziehen fortlaufend den Organismus und vermitteln jede Aktivität.

Wenn Aktionspotentiale periphere Organe erreichen, sind die Konsequenzen, je nach den anatomischen und funktionalen Besonderheiten des betroffenen Organs, höchst verschieden. Als ein Beispiel dafür wollen wir die Wirkung auf Muskeln betrachten.

Signale für die Skelettmuskeln (welche die Gließmaßen und andere Teile des Körpers bewegen) entstehen in *Motoneuronen*, die im Rückenmark liegen. Sie bewegen sich in Axonen, die mit einer Myelinschicht versehen sind und sich zu dicken Bündeln vereinigen, den *peripheren Nerven*. Anschließend trennen sie sich wieder und suchen ihre verschiedenen Bestimmungsorte auf. Die Axone enden an den *Muskelfasern*, sehr langen, kontraktilen Zylindern, die sich während der Entwicklung durch Verschmelzung von speziellen, kettenförmig angeordneten Vorläuferzellen gebildet haben. Die Fasern sind von einer erregbaren Membran umgeben, also einer Membran, die spannungsabhängige Ionenkanäle enthält. Die Muskeln sind dicke Bündel von Muskelfasern. Jedes Axon, das an einer Muskelfaser endigt, verzweigt sich zu einem kleinen Baum und bildet eine *neuromuskuläre Synapse* (motorische Endplatte): eine sehr große Synapse, die dieselbe Funktion erfüllt wie die Synapsen der Neuronen.

An dieser Synapse verursacht das Aktionspotential die Freisetzung eines Neurotransmitters – bei Wirbeltieren Acetylcholin, bei Wirbellosen GABA oder Glutamat. Bei Wirbeltieren besitzt das Empfangsende der neuromuskulären Synapse eine große Zahl von Acetylcholin-Rezeptoren, die daran zu erkennen sind, daß sich das Tiergift Bungarotoxin an sie bindet (vgl. Abb. 17.11 und 17.12). Acetylcholin bewirkt die Depolarisation der Synapsenmembran und erzeugt damit ein auslösendes Potential. Das durch Öffnung der Na^+-Kanäle bewirkte Aktionspotential greift auf die Membran der Muskelfaser und auf ein querverlaufendes Tubensystem über (Abb. 17.13). Durch diese Tuben erreicht das Aktionspotential rasch die gesamte Faser und setzt Kalziumionen frei, die an Proteine der Membranen gebunden sind. Die wachsende Konzentration freier Ca^{++}-Ionen bewirkt die Kontraktion (Verkürzung) der Faser. Entspannte Muskelfasern enthalten sehr wenige freie Ca^{++}-Ionen. Wenn Ca^{++}-Ionen unter diesen Umständen auftreten, werden sie sofort durch spezielle Kanäle abgeführt. Die dazu erforderliche Energie stammt aus dem gleichzeitigen Zustrom von Na^+-Ionen durch passive Kanäle.

Die Kontraktion ist das Ergebnis einer molekularen Umstrukturierung. Muskelfasern enthalten Proteinmoleküle, die zwei verschiedene Filamentarten bilden – dünne und dicke. Sie ähneln zwei Kämmen (vgl. Kap. 2). Unter dem Einfluß von Ca^{++}-Ionen gleiten die Filamente beider Arten aneinander vorbei (wobei sie chemische Energie verbrauchen, die zuvor als ATP in der Faser gespeichert wurde) und lassen die beiden Kämme näher zusammenrücken. Das synchrone Gleiten der Filamente in vielen ähnlichen Kämmen verursacht ein Zucken, d. h. eine plötzliche Verkürzung des Muskels, gefolgt von Entspannung. Zu einer andauernden Kontraktion kommt es, wenn die Nerven ständig aktiviert werden und die Zuckungen einander in raschem Tempo folgen.

Signale, die ohne Beteiligung von Neuronen erzeugt und übertragen werden, treten regelmäßig in Muskelorganen wie Herz und Darm auf. Die Signale, die den Herzschlag steuern, werden in spezialisierten Muskelzellen erzeugt. Eine bestimmte Gruppe solcher Zellen, der *Sinusknoten*, liegt in der rechten Vorkammer, dem Hohlraum, in dem sich das Blut aus dem allgemeinen Kreislauf sammelt. Der Knoten ist der primäre *Schrittmacher* des Herzens. Er erzeugt die rhythmischen Aktionspotentiale, die sich von hier aus im ganzen Organ ausbreiten.

Diese Signale werden, wie die der Neuronen, durch einen Ionenmechanismus erzeugt, nun allerdings mit ganz besonderen Eigenschaften. Wenn der Herzmuskel schlaff ist, Blut einfließt und dadurch seine Hohlräume erweitert werden, depolarisiert ein stetiger Zustrom von Ca^{++}- Ionen die Membran der Knotenzellen. Wenn das kritische Potential erreicht ist, öffnen sich die spannungsabhängigen Na^{+}-Kanäle und bewirken einen Zustrom von Na^{+}-Ionen sowie ein Aktionspotential. Anders als in Neuronen oder Skelettmuskeln dauert das Potential relativ lange an (*langsames Potential*), vor allem weil der K^{+}-Ausfluß, der den Vorgang beendigt, hinausgeschoben wird. Das Aktionspotential breitet sich vom Knoten aus durch Bündel von Knotenzellen langsam auf alle Herzregionen aus und bewirkt eine Kontraktion des Herzmuskels.

Diese beiden Merkmale haben bedeutsame Konsequenzen für die Herztätigkeit. Die langsame Ausbreitung der Depolarisation in den Knotenzellen führt zu einer Verzögerung zwischen der Kontraktion der Vorkammer, die das Blut aus den Venen empfängt, und der Kontraktion der Herzkammer, die das Blut in die Arterien pumpt. Diese Verzögerung ermöglicht es dem Blut, die Herzkammer zu füllen, bevor die Kontraktion beginnt. Die lange Dauer des Aktionspotentials sorgt für eine anhaltende Muskelkontraktion, so daß jede Kammer ganz geleert wird. Auf diese Weise nutzt die Natur die besonderen Erregungsmerkmale der Knotenzellen, um die Herzpumpe mit einer optimalen Funktion auszustatten. Die nacheinander in verschiedenen Teilen des Herzens erzeugten Aktionspotentiale rufen elektrische Ströme hervor, die sich im ganzen Körper ausbreiten und sich an der Haut mit Hilfe von Elektroden auffangen lassen. Die registrierten elektrischen Veränderungen sind das Elektrokardiogramm (EKG), das dem Arzt wichtige Informationen über den Zustand des Herzmuskels liefert.

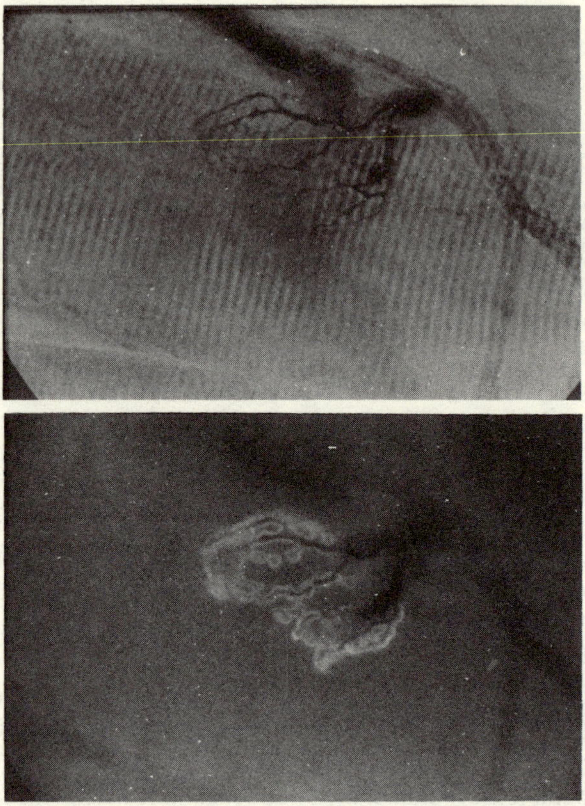

Abbildung 17.11: Eine neuromuskuläre Synapse im Lichtmikroskop. Oberes Bild: Das von oben links kommende Axon verzweigt sich an der Kontaktstelle mit der Muskelfaser, die an ihren Streifen zu erkennen ist. Unteres Bild: Dieselbe Synapse, kenntlich gemacht durch fluoreszierende Markierung mit Bungarotoxin. Dieses ist an die Acetylcholin-Rezeptoren gebunden, die die Endigungen des Axons umgeben. (Mit freundlicher Genehmigung von J. Patrick.)

Das Herz empfängt Nervenfasern von zwei Quellen außerhalb des zentralen Nervensystems. Einige Fasern, als *parasympathisch* bezeichnet, die Acetylcholin als Neurotransmitter verwenden, verlangsamen die Herzfrequenz durch Hyperpolarisation der Membran der Knotenzellen. Andere Fasern, als *sympathisch* bezeichnet, verwenden Adrenalin als Neurotransmitter, depolarisieren die Zellen und erhöhen die Herzfrequenz. Die sympathischen Nerven werden durch Gefühlszustände und körperliche Anstrengung erregt, woraus sich die erhöhte Herzfrequenz unter diesen Bedingungen erklärt. Wenn sie erregt werden, nachdem das Herz durch eine Koronarthrombose

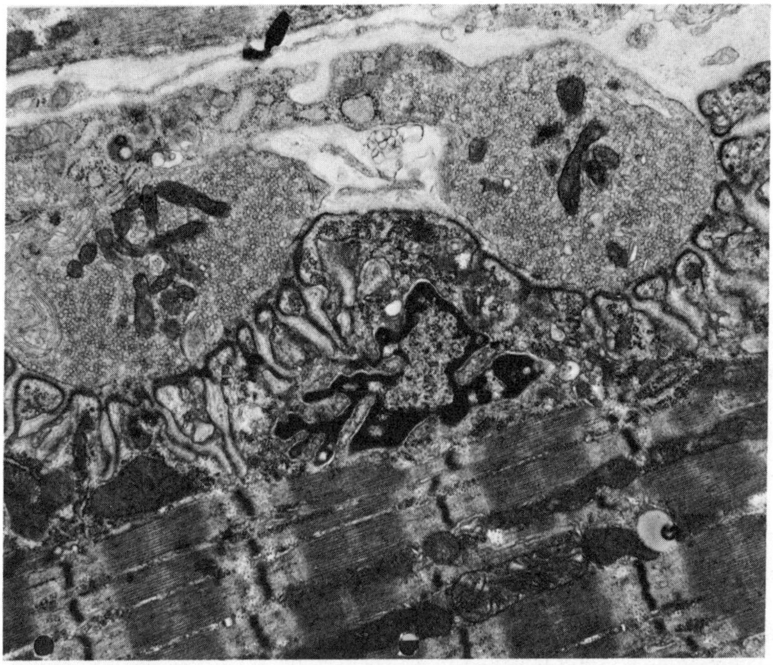

Abbildung 17.12: Elektronenmikroskopische Aufnahme des dünnen Präparats einer neuromuskulären Synapse, in der die Acetylcholin-Rezeptoren mit Bungarotoxin gesättigt sind. Oben sieht man zwei Axon-Endigungen mit Vesikeln, die Acetylcholin enthalten, und mit vielen Mitochondrien; unten die postsynaptische Membran, die kompliziert gefaltet und mit Rezeptoren bedeckt ist. Die dicke, dunkelgraue Linie, die den Umriß der Membran nachzeichnet, geht auf die Ablagerung von Bungarotoxin an den Rezeptoren zurück. Unten befindet sich die Muskelfaser mit den kontraktilen Elementen, die als Längslinien zu erkennen sind. Sie werden von zwei einander abwechselnden Arten von Querstreifen unterbrochen, die eine sehr dunkel auf hellem Hintergrund, die andere hell und nur schwach wahrnehmbar. Die beiden Arten von Querstreifen sind mit den beiden Filamenttypen verbunden, die aneinander vorbeigleiten können. (Mit freundlicher Genehmigung von J. Patrick.)

geschädigt worden ist, kann sich dies höchst schädlich, oft sogar tödlich auswirken. In der Medizin versucht man das durch bestimmte Präparate zu verhindern. Sie blockieren die Rezeptoren, die für die Wirkung dieser Nerven entscheidend sind. In seiner Grundfunktion ist das Herz jedoch auf keinen nervösen Input angewiesen. Schneidet man es von allen seinen Verbindungen ab, fährt es fort zu schlagen. Transplantiert man ein Herz in einen anderen Organismus, so knüpft es keine Verbindungen zu dessen Nerven und wird deshalb in seiner Frequenz nur von den eigenen Schrittmachern bestimmt. Unabhän-

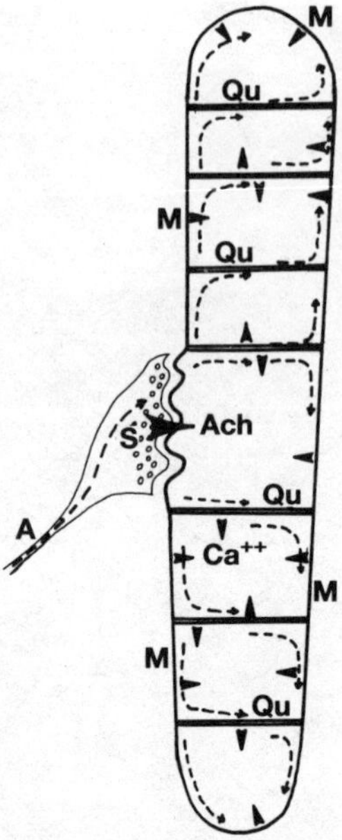

Abbildung 17.13: Ausbreitung des Aktionspotentials durch eine Muskelfaser. Das muskuläre Aktionspotential (gestrichelte Linien) entsteht an einer neuromuskulären Synapse (S), nachdem durch das Axon (A) ein Aktionspotential eingetroffen ist und zur Freisetzung von Acetylcholin (Ach) geführt hat. Das Potential breitet sich über die Membran der Muskelfaser (M) und die Quertuben (Qu) aus. Daraufhin werden in allen Membranen Ca^{++}-Ionen mobilisiert (Pfeile), die die Kontraktion veranlassen.

gig von allen Gefühlen und Anstrengungen behält es seinen Rhythmus bei. Das Fehlen von Nervenverbindungen macht das Herz also unerschütterlich – doch Unerschütterlichkeit liegt nicht unbedingt im Interesse des Individuums, denn es kann die Kreislauftätigkeit nun nicht mehr den unterschiedlichen Lebenssituationen anpassen.

Glatte Muskeln

Muskeln, die Kontraktionen von Körperkanälen wie etwa des Darms bewirken, sind glatt, also nicht quergestreift, weil sie nicht in Kammstrukturen angeordnet sind. Trotzdem beruhen ihre Kontraktionen auf einem ähnlichen Mechanismus. Diese Muskeln befördern den flüssigen Inhalt des Kanals (Exkremente, Urin, Sperma) durch die abgestimmte Kontraktion verschiedener Faserbündelarten vorwärts.

Ein Beispiel ist die Kontraktion der ringförmigen Muskeln, die den Hohlraum des Darms umgeben: Die nur in eine Richtung verlaufende Kontraktion wird nicht durch Nervensignale bestimmt, sondern lokal ausgelöst.

Glatte Muskeln bestehen nicht aus Fasern, sondern aus separaten Zellen, die sehr lang und dünn sind. Wie im Herzmuskel haben die Zellen spezielle Kontakte, über die sich ein auslösendes Potential ausbreiten und in jeder Zelle ein Aktionspotential erzeugen kann. Auf diese Weise können sich Tausende von Zellen gleichzeitig zusammenziehen. Das langsame Potential wird in einigen Zellen erzeugt, die als Schrittmacher dienen. Allerdings geht die Kontraktion nicht von spezialisierten Zellen aus; jede Zelle ist dazu in der Lage.

Wie das Herz empfangen auch die glatten Muskeln einiger Organe (beispielsweise des Darms) Axone von Nervenzellen der beiden Arten, welche die Herzfrequenz regulieren. Allerdings wirken sich hier die beiden Nervenarten umgekehrt wie beim Herzen aus, weil die Rezeptoren für die beiden Neurotransmitter anders verteilt sind.

Eine Sonderform der glatten Muskeln bildet der *Schließmuskel* von Tieren mit zwei Schalen, wie Muscheln oder Austern. Seine Kontraktion veranlaßt die Schalen, für lange Zeit geschlossen zu bleiben. Die Kontraktion wird durch eine nerveninduzierte Salve von Aktionspotentialen verursacht, ein Vorgang, der sich nicht von den Prozessen in anderen Muskeln unterscheidet. Die Besonderheit liegt in der Fortdauer der Kontraktion, nachdem das Membranpotential zu seinem Ruhewert zurückgekehrt ist. Die gleitenden Filamente enthalten ein Protein, das seine Form irreversibel verändert, und dieser Bestandteil ist für das ungewöhnliche Verhalten verantwortlich. Die geschlossenen Schalen werden durch ein spezielles Nervensignal geöffnet, das eine Hyperpolarisation der Membran und eine Entspannung des Muskels bewirkt. Daraufhin öffnen sich die Schalen durch einen Federmechanismus an ihren Gelenken.

Hochspannungsbatterien

Die erregbaren Membranen von Neuronen und Muskelfasern sind elektrische Batterien, die mit Hilfe von Ionenflüssen einen elektrischen Strom erzeugen. Wir haben gesehen, daß bei Neuronen die plötzliche Öffnung der spannungsempfindlichen Kanäle die Potentialdifferenz zwischen den beiden Membranseiten um ungefähr 0,1 Volt verändern kann. Folglich wäre vorstellbar, daß eine Batterie, die aus vielen tausend solcher Membranen bestünde, Entladungen von Hunderten oder Tausenden Volt hervorrufen könnte. Und wenn die Oberfläche der Membran groß genug wäre, könnte die Entladung auch eine beträchtliche Stärke annehmen.

Da eine solche Hochspannungsbatterie möglich ist, darf es nicht verwundern, daß die Natur sie tatsächlich entwickelt hat. Mit Batterien dieser Art sind einige Wassertiere ausgerüstet, die mit ihrer Hilfe Signale abgeben beziehungsweise Beutetiere oder Feinde lähmen. Ein Beispiel ist das elektrische Organ des Zitteraals. Die Batterie besteht aus vielen tausend Elementen, jedes eine vereinfachte, abgeflachte Muskelfaser mit einer neuromuskulären Synapse, die wie im Muskel durch Freisetzung von Acetylcholin arbeitet. Die Elemente sind miteinander verbunden und zu Reihen angeordnet, um die Spannung zu akkumulieren; die Reihen sind parallel verbunden, um die Stromstärke zu erhöhen. Damit die Batterie sich entladen kann, muß es in allen Synapsen gleichzeitig zu einer nerveninduzierten Depolarisation kommen – was durch die gleichzeitige Aktivierung vieler Neuronen geschieht. Daß die Signale unterschiedliche Entfernungen zurücklegen müssen, um in verschiedene Teile des (mehrere Zentimeter langen) elektrischen Organs zu gelangen, wird dadurch ausgeglichen, daß die zuständigen Axone voneinander abweichende Durchmesser haben, so daß sich die Aktionspotentiale in ihnen mit unterschiedlichen Geschwindigkeiten fortbewegen. Eine erstaunliche Konstruktion!

KAPITEL 18
Die Struktur des Gehirns

Die Organisation der Neuronenverknüpfungen ist die Grundlage für die Tätigkeit des Gehirns. Diese Organisation besteht aus zwei Teilen: dem Netzwerk der Axonen, das festlegt, wie Neuronen miteinander verknüpft sind, und den Synapsen, die den von den Axonen übertragenen Aktionspotentialen Bedeutung verleihen, indem sie diese in Signale verwandeln, mit denen das empfangende Neuron etwas anfangen kann. Wir werden in diesem Kapitel sehen, daß die Organisation der Verknüpfungen anhand zweier Arten von Instruktionen entsteht: den Instruktionen, welche die Gene liefern, und denjenigen, welche die Umwelt des betreffenden Lebewesens beisteuert. Die Gene, die in der Evolution wie in der Entwicklung des Individuums wirksam sind, spezifizieren die allgemeine Organisation der Verknüpfungen, indem sie viele Ereignisse von entscheidender Bedeutung veranlassen – die Expansion bestimmter Gehirnregionen, die Differenzierung neuer Neuronenarten in diesen Regionen, den Tod bestimmter Neuronen, die Wanderbewegung von Vorläuferzellen, die dazu bestimmt sind, Neuronen genau festgelegter Gehirnregionen zu werden, die Herstellung einer großen Zahl von Verknüpfungen zwischen den Neuronen verschiedener Klassen und ähnliche Prozesse. Diese Instruktionen bewirken die Bildung von viel mehr Verknüpfungen, als erforderlich ist. Der Einfluß der Umwelt besteht darin, die Verknüpfungen, die für die Tätigkeit des Gehirns nützlich sind, zu stabilisieren, während die Verknüpfungen, welche keinen Wert haben, verschwinden. Der endgültige und einzig bedeutsame Zustand der Gehirnorganisation wird mithin stark von den Funktionen beeinflußt, die das Gehirn wahrnimmt.

Addition und Subtraktion

Betrachten wir zunächst, wie die Synapsenorganisation die Funktion des Nervensystems beeinflußt. Die Freisetzung von Transmittern an Synapsen erzeugt elektrische Ströme im Zellkörper oder in den Dendriten von Neuronen. Die Membranen, die diese Neuronenteile bedecken, erzeugen in der Regel keine Aktionspotentiale. Deshalb breiten sich die Ströme passiv, ohne Selbstregeneration, aus. Dabei werden sie schwächer, denn sie verlieren durch die Neuronenmembran Kriechströme an die Umgebung. Der Stromverlust ist geringer als in Axonen, weil Dendriten einen sehr viel stärkeren Durchmesser besitzen. Infolgedessen breitet sich der an einer Synapse entstandene Strom meist über einen großen Teil des Dendritenbaums und des Zellkörpers aus.

Ob das Neuron aktiviert wird und ein Aktionspotential durch sein Axon schickt, hängt von den Merkmalen der Synapse ab, etwa den Ionenkanälen, die unter ihrem Einfluß stehen, der Stärke und Dauer des Signals sowie seiner Lokalisierung innerhalb des Neurons. Die Stimulation einer exzitatorischen Synapse muß nicht unbedingt zur Aktivierung des Neurons führen. Das Resultat hängt von Ereignissen ab, die an vielen anderen Synapsen und in vielen Teilen des Neurons vor sich gehen. Ein Faktor ist die freigesetzte Transmittermenge: Während eine starke Freisetzung das Neuron aktivieren kann, bewirkt die Ausschüttung einer geringen Transmittermenge nur eine leichte Depolarisation, welche die kritische Schwelle zur Auslösung eines Aktionspotentials nicht erreicht. Doch das Signal ist deshalb nicht umsonst, denn das Neuron könnte immer noch aktiviert werden, wenn die schwache Depolarisation mit anderen, in benachbarten Synapsen hervorgerufenen Depolarisationen zusammenwirkt. Falls inhibitorische Synapsen zusammen mit einer exzitatorischen Synapse aktiviert werden, addieren sich die beiden Effekte, der eine mit einem positiven und der andere mit einem negativen Vorzeichen, so daß sich die Erregung insgesamt reduziert.

Topographie

Eine wichtige Variable, die die Reaktion eines Neurons beeinflußt, ist die Synapsenverteilung auf seiner Oberfläche. Eine vereinzelte Synapse, die sich in beträchtlicher Entfernung von anderen Synapsen befindet, ruft meist nur eine örtliche Reaktion hervor. Wenn ihre Depolarisation das Neuron nicht aktiviert, zeitigt sie auch keine andere Wirkung. Hingegen kommt es leicht zu Wechselwirkungen zwischen nahe zusammenliegenden Synapsen, wobei ihre relativen Positionen eine wichtige Rolle spielen. Beispielsweise kann eine inhibitorische Synapse einer exzitatorischen Synapse sehr erfolgreich entgegenwirken, wenn sie zwischen dieser und dem Anfang des Axons liegt, wo die Aktionspotentiale in der Regel entstehen. Tat-

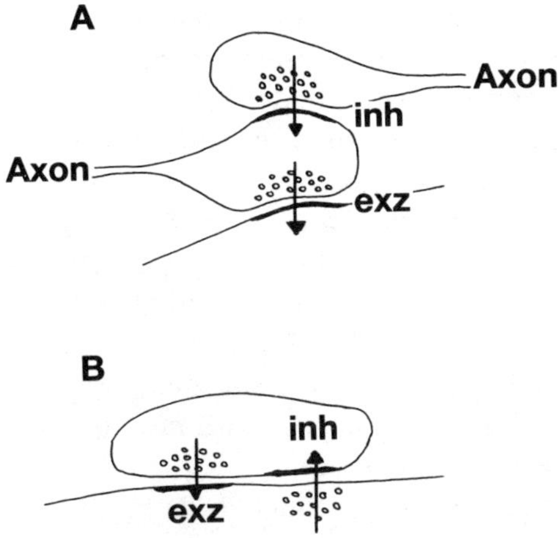

Abbildung 18.1: Zwei spezielle Synapsenanordnungen, die häufig im Gehirn anzutreffen sind. (A) Zwei Huckepack-Synapsen, die eine inhibitorisch (inh), die andere exzitatorisch (exz). Die Inhibition der äußeren Synapse moduliert die Exzitation, welche die innere Synapse hervorruft. (B) Ein reziprokes Synapsenpaar, wobei eine Synapse inhibitorisch, die andere exzitatorisch wirkt. Diese Anordnung bewirkt die Selbsthemmung des aktivierten Neurons.

sächlich befinden sich die inhibitorischen Synapsen gewöhnlich am Zellkörper des Neurons (häufig in unmittelbarer Nähe des Axonenanfangs) oder in den angrenzenden Bereichen von Dendriten, während exzitatorische Synapsen meist auf weiter außen gelegenen Teilen der Dendriten anzutreffen sind.

Welche Bedeutung die relative Position von Synapsen hat, zeigt eine elektronenmikroskopische Aufnahme des zentralen Nervensystems, denn es weist viele besondere Anordnungen auf, die möglicherweise funktionelle Bedeutung haben. Eine solche Anordnung sind die *Huckepack-* oder *Seriensynapsen* (Abb. 18.1: A), bei denen ein Axon mit einem anderen Axon und dieses mit einem Dendriten verknüpft ist. Die Position der Vesikel und anderer struktureller Einzelheiten zeigt, daß die Signale vom äußeren zum mittleren Axon und von dort zum Dendriten fließen. Die äußere Synapse ist inhibitorisch und moduliert die Funktion der inneren Synapse. Häufig sind auch die *reziproken Synapsenpaare* (Abb. 18.1: B): ein Synapsenpaar zwischen zwei Dendriten, einander nahe und entgegengesetzt gerichtet. Unter dem Elektronenmikroskop stellt sich heraus, daß die eine Synapse exzitatorisch, die andere inhibitorisch ist. Wenn ein Signal die exzitatorische Synapse durchquert, aktiviert es die inhibitorische Synapse, und letztere inhibiert das Neuron selbst. Auf diese Weise wird das zuerst aktivierte Neuron gehemmt. Eine reziproke Synapse ist also ein Mechanismus zur Selbsthemmung eines Neurons.

Auch die Form des Dendriten, der Synapsen empfängt, kann sehr bedeutsam sein. Viele Dendriten sind mit kurzen *Dornen* (englisch *spines*) bedeckt, die alle eine Synapse empfangen (Abb. 18.2 und 18.3). Der schmale Stiel des Dorns dämpft die Ausbreitung elektrischer Ströme, die durch synaptische Aktivität innerhalb des Dorns erzeugt werden. Diese Einschränkung wird durch die Breite und Länge des Stiels bestimmt. Bei den meisten Dornen ist der in das Neuron hineinfließende Strom weitgehend unabhängig von der Stärke des synaptischen Signals; er wird fast ausschließlich von den Eigenschaften des Stiels bestimmt.

Die Dornen könnten eine wichtige Rolle für die Funktion des Gehirns spielen. Ein Neuron mit vielen Synapsen, die mit Dornen verknüpft sind, kann gewissermaßen zählen, wie viele Synapsen gleichzeitig aktiviert werden. Ob das Neuron den Impuls weiterleitet, hängt im wesentlichen von dieser Zahl und kaum von der Stärke der individuellen Signale ab, weil jedes eine begrenzte und konstante Depolarisation beisteuert. Diese Eigenschaft machen sich vielleicht die ausgedehnten Neuronen der Großhirnrinde zunutze, die nach der Form ihres Zellkörpers Pyramidenzellen genannt werden. Die betreffenden Neuronen schicken Signale an fernliegende Teile des Gehirns und an Motoneuronen im Rückenmark. Die Dendriten der Pyramidenzellen sind mit einer Vielzahl synaptischer Dornen bedeckt. Die Pyramidenzellen könnten in etwa auszählen, wie viele der mit ihnen verknüpften Neuronen für die Aktion sind, und das Signal weiterleiten, wenn genug »Ja-Stimmen« zusammenkommen – wenn das Membranpotential im Zusammenwirken auf den kritischen Wert abgesenkt wird –, ohne zu berücksichtigen, ob es sich um begeisterte oder halbherzige Zustimmungen handelt.

Synapsen, die mit Dornen verknüpft sind, könnten auch eine Bedeutung für das Gedächtnis haben. Viele Beobachtungen an verschiedenen Tieren zeigen, daß die Breite des Stiels vom Durchfluß der Signale in den Synapsen beeinflußt wird. In experimentellen Anordnungen führen wiederholte elektrische Stimulationen einer Bahn zu einer längeren, möglicherweise sogar dauernden Erweiterung der Dornenstiele. Die mit solchen Dornen verknüpften Synapsen haben verstärkten Einfluß auf die Aktivität des Neurons. Das ist das Wesen des Gedächtnisses – die Bahnung von Signalübertragungen auf einem häufig benutzten Weg. Die Vergrößerung der Stiele verlangt

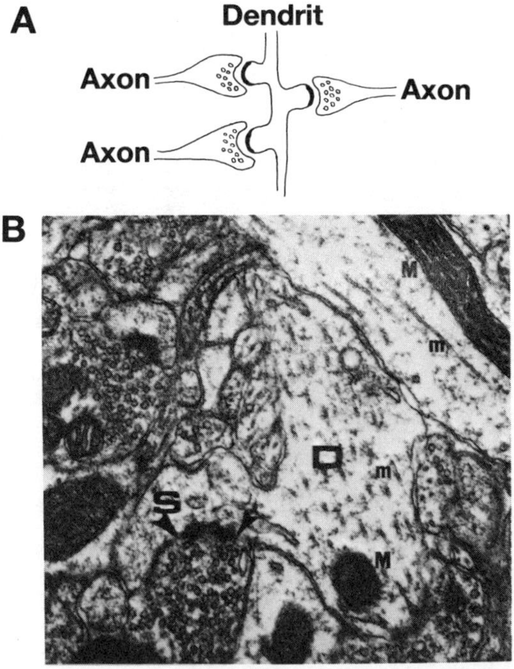

Abbildung 18.2: Synapsen auf Dendritendornen. (A) Die Zeichnung eines kleinen Dendriten mit drei Dornen, jeder mit einer Synapse versehen. (B) Elektronenmikroskopische Aufnahme eines extrem dünnen Schnittes eines menschlichen Gehirns, der einen mit einem Dendriten (D) verbundenen Dendritendorn (*spine*, S) zeigt. Der Dendrit enthält viele Mikrotubuli (m) und ein Mitochondrium (M). Die mit dem Dorn verknüpfte Synapse (Pfeile) ist exzitatorisch. (Mit freundlicher Genehmigung von W. Maxwell Cowan.)

die Bildung neuer Proteine, vermutlich als Bausteine. Umgekehrt werden die Dornen schmaler, wenn die Bahn wenig genutzt wird. Dies ist beispielsweise der Fall bei den Nervenbahnen der Augen von Tieren, denen man von Geburt an die Augen verbunden hat.

Die Synapsen scheinen also außerordentlich kompliziert, aber auch sehr planvoll angeordnet zu sein, so daß eine Vielzahl abgestufter Wechselwirkungen möglich wird, die entscheidend zur Leistungsfähigkeit des Nervensystems beiträgt.

Erregung durch Hemmung

Die im vorigen Kapitel erörterten schmerzlindernden Wirkungen der opioiden Neuropeptide sind ein anschauliches Beispiel für das Zu-

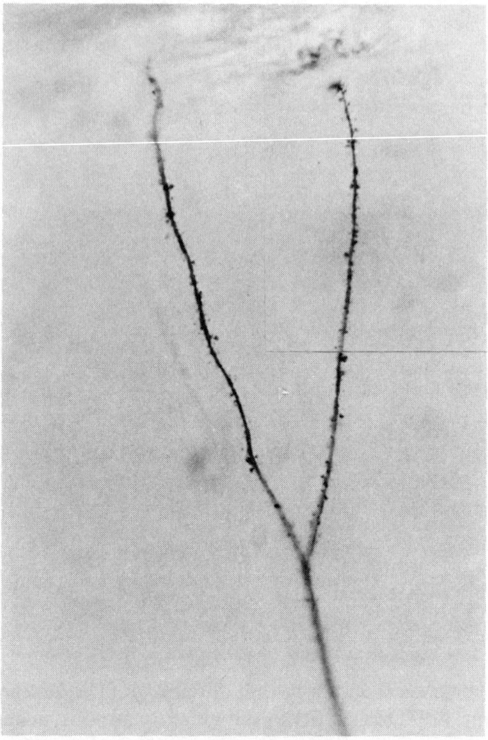

Abbildung 18.3: Vergrößerter Ausschnitt der Abbildung 17.1:B (vgl. S. 477), der drei Dendriten zeigt. Jeder ist auf seiner ganzen Länge mit Dornen bedeckt, die bei dieser Vergrößerung gerade sichtbar werden. (1700fache Vergrößerung. Mit freundlicher Genehmigung von W. Maxwell Cowan.)

sammenwirken von Erregung und Hemmung im Gehirn. Opioide hemmen die Signalübertragung, wenn sie direkt auf die Neuronen der Schmerzleitungsbahn angewendet werden. Diese Wirkung läßt sich auch durch elektrische Stimulation einer Gehirnregion erreichen, die man als Analgiezentrum bezeichnen könnte. Ein solcher Vorgang führt zur Freisetzung von opioiden Peptiden entlang der Schmerzbahn. Das gleiche Ergebnis erzielt man durch direkte Hemmung der Bahn oder durch Stimulierung von Neuronen, welche die Bahn hemmen.

Entsprechend kann Erregung entweder direkt hervorgerufen werden oder durch die Hemmung eines inhibitorischen Neurons: *Desinhibition*. Die Reduzierung eines inhibitorischen Signals erhöht den Beitrag der sich summierenden exzitatorischen Signale zum Gesamtoutput des Neurons, der der Bilanz aller Signale entspricht. Ein Beispiel für Desinhibition ist die Injektion von Enkephalinen und Beta-Endorphinen in die Hippocampus genannte Gehirnstruktur (vgl. Abb. 17.9). Dadurch werden eine Vielzahl von Neuronen erregt und allgemeine Muskelkontraktionen (Konvulsionen) hervorgerufen. Diese Wirkung beruht darauf, daß die Opioide inhibitorische Neuronen hemmen. Ein anderes Opioid, Dynorphin, ruft keine entsprechende Reaktion hervor, denn es wirkt auf andere Rezeptoren ein und hemmt andere Neuronen.

Allgemeine Organisation

Die Leistung des Nervensystems hängt nicht nur von der Tätigkeit jeder einzelnen Synapse ab, sondern auch von der Art, wie die Neuronen untereinander verknüpft sind. Diese Verbindungen bilden das Netzwerk des Nervensystems. Um die Tätigkeit des Nervensystems zu verstehen, müßte man die Organisation des Netzwerks in allen Einzelheiten kennen. Das ist bei höheren Organismen wie den Säugetieren unmöglich, weil das Netzwerk zu komplex ist. Es läßt sich aber bis zu einem gewissen Grad bei einfachen Tieren, z. B. Blutegeln, analysieren, die ein weit einfacheres Nervennetz haben. Beginnen wir mit den Grundzügen der Organisation.

Die Körper einfacherer Tiere bestehen aus einer Reihe einander gleichender Segmente, die aneinandergefügt sind (vgl. Kap. 12). Das Nervensystem ist aus *Nervenzentren* oder *Ganglien* aufgebaut, die sich in jedem Segment befinden und meist eine Doppelreihe entlang der Achse des Tieres bilden. Die Neuronen der verschiedenen Ganglien sind auf regelmäßige Weise miteinander verknüpft: Einige Axone führen zu bestimmten Neuronen desselben Ganglions oder des anderen Ganglions eines Paares. Andere Axone verbinden sich mit Neuronen des Ganglions, das auf der Körperachse des Tieres vorausgeht oder nachfolgt. Die Neuronen aller Ganglien bilden ein geschlossenes Netzwerk, obwohl es auch lokale Spezialisierung gibt. Diese Doppelnatur des Nervensystems – als übergreifendes ganzheitliches Netzwerk und als lokalisierte spezialisierte Zentren – findet man überall in der Tierwelt. Sie ist von entscheidender Bedeutung für die Tätigkeit des Systems. Die Spezialisierung ist erforderlich, damit das Tier bestimmte Empfindungen wahrnehmen kann, etwa Berührung oder Schmerz auf einer bestimmten Hautregion; das ganzheitliche Netzwerk ist erforderlich, um die Gesamtreaktion auf die lokalisierte Wahrnehmung zu koordinieren. Es würde dem Tier nichts nützen, wenn es bei einem Stich nur das nächstgelegene Bein heftig bewegen würde – es muß *alle* Beine, zu beiden Seiten des Körpers, koordiniert bewegen, um von der Ursache des Stichs wegzukommen.

Ähnliche Organisationsprinzipien finden sich auch bei höheren Tieren, so beim Menschen. Sie alle haben ein komplizierteres Nervensystem, das aus Gehirn und Rückenmark (dem zentralen Nervensystem) sowie den segmentären Ganglien besteht. Letztere sind mit den Ganglien primitiverer Organismen vergleichbar. Die segmentäre Organisation des zentralen Nervensystems von Wirbeltieren ist beispielsweise an den Verknüpfungen der Ganglien zu erkennen. Jeder Wirbel des Rückgrats ist mit einem Paar *vegetativer Ganglien* und einem Paar *sensorischer Ganglien* verbunden. Die vegetativen Ganglien steuern die Tätigkeit der inneren Organe und sind auch mit dem Rückenmark verknüpft. Diese Ganglien gehören zum autonomen Nervensystem, das seine Funktionen auch dann fortsetzt, wenn die Verbindungen zum zentralen Nervensystem abgeschnitten sind. So können die vegetativen Ganglien die regelmäßigen Bewegungen der Darmwand aufrechterhalten, welche die Nahrung und den Stuhl durch den Verdauungstrakt schieben.

Sensorische Ganglien nehmen die Empfindungen von der Haut und anderen Organen auf und leiten sie über das Rückenmark dem Gehirn zu. Jedes Neuron in diesen Ganglien hat einen langen dünnen Fortsatz, der in seiner Funktion einem Dendriten entspricht (wenn er seiner Struktur nach auch eher einem Axon ähnelt). Er führt zu den peripheren Sinnesorganen in der Haut, in den Muskeln und den inneren Organen. Das Neuron besitzt auch ein echtes Axon, das im Rükkenmark endet. Durch seine Verknüpfungen verbindet jedes sensible Ganglion einen genau abgegrenzten Bereich der Haut mit einem Rückenmarkssegment. Am Rumpf sind die Hautabschnitte segmentär gegliederte kreisförmige Streifen, während die Hautregionen der Arme und Beine Fortsätze von einigen dieser Streifen darstellen. Im Rückenmark sind die sensorischen Ganglien mit segmentär angeordneten Neuronenzentren verbunden. Die Zentren, die den verschiedenen Segmenten entsprechen, sind jedoch nicht unabhängig – jedes ist im Rahmen eines komplexen Netzwerks mit jedem anderen verknüpft. Wir können uns vorstellen, daß das Gehirn aus mehreren Segmenten des Nervensystems entstanden ist, die eine außerordentliche Entwicklung und Spezialisierung erfahren haben.

Viele Funktionsebenen

Jedes Segment des Rückenmarks besitzt auch Neuronen, die Axone zu den Muskeln senden: *Motoneuronen*. An jedem Segment empfangen die Motoneuronen Signale von den sensiblen Neuronen desselben Segments durch zwischengeschaltete Neuronen: *Interneuronen*. Interneuronen regulieren die Outputsignale der Motoneuronen auf der Grundlage der Inputsignale. Auch sie sind mit dem Gesamtnetz verbunden. Jedes Segment des Rückenmarks ist also ein komplizierter Rechner, der die Kontraktion einer Muskelgruppe steuert. Die vielfältigen Verbindungen zwischen verschiedenen Segmenten erhöhen die Komplexität und Leistungsfähigkeit des Rückenmarksrechners.

Die Verknüpfungen zwischen sensiblen und motorischen Neuronen haben wichtige Konsequenzen. Beispielsweise steuern sie die Stärke der Muskelkontraktionen. Die für diese Regulation wichtigen Signale kommen von den Muskeln selbst. *Streckrezeptoren* in einem Muskel und in der verbindenden Sehne informieren darüber, ob die Kontraktion zu stark oder zu schwach wird. Daraufhin ändern die Motoneuronen ihre Aktivierungsfrequenz und korrigieren so die Muskelspannung. Ein weiterer Effekt der Verknüpfungen sind bestimmte unwillkürlich-automatische Reaktionen, die *Reflexe*. Wenn etwa ein schmerzhafter Reiz von der Haut eines Beines eintrifft, wird das Bein durch Kontraktion der entsprechenden Muskeln hastig zurückgezogen. Reflexe beruhen ausschließlich auf dem direkten Zusammenwirken der sensiblen Neuronen und der Motoneuronen im Rückenmark. An dem reflektorischen Zurückziehen sind viele Muskeln beteiligt, die durch Motoneuronen in mehreren Segmenten des Rückenmarks stimuliert werden. Die Koordinierung ihrer Kontraktionen ist möglich, weil die Neuronen der verschiedenen Segmente alle miteinander verknüpft sind.

Zwei miteinander verbundene Hälften

Das Rückenmark besteht aus zwei Hälften, die einander spiegelbildlich entsprechen. Jede Hälfte ist für ihre Körperseite zuständig – empfängt von dort Signale und schickt Befehle dorthin. Auch das Gehirn weist zwei Hälften auf, die auf jeder Ebene vielfältig miteinander verbunden sind. Neben diesen kurzen Verknüpfungen gibt es wichtige Verbindungen, die über große Entfernungen reichen. Das zeigt sich, wenn wir untersuchen, wie jedes Segment des Rückenmarks dem höheren Teil des Nervensystems, dem Gehirn, mitteilt, welche Informationen es von den Sinneszellen erhält und welche Signale es an die Muskeln sendet. Die Information wird von langen Axonen übertragen, die Rückenmarksneuronen vieler Art mit dem Gehirn verbinden. Diese Axonen laufen in Bündeln zusammen, die um so dicker werden, je näher sie dem Gehirn kommen, wo sie in einer großen Zahl von Neuronenzentren enden. Auffällig ist, daß die Mehrzahl der Axonen die Mittellinie überquert und die entgegengesetzte Seite des Gehirns erreicht. Nur ein kleiner Prozentsatz bleibt auf der Seite, auf der auch die Zellkörper der Neuronen liegen. Wir wissen noch nicht genau, warum diese Kreuzung erforderlich ist. Das Ergebnis ist jedenfalls, daß zwar stets beide Gehirnhälften über die Geschehnisse an jedem Punkt des Organismus informiert sind, daß aber die linke Hälfte vorwiegend mit der rechten Körperhälfte verbunden ist und umgekehrt.

Die Existenz zweier miteinander verbundener Hälften des Nervensystems – eine die spiegelbildliche Entsprechung der anderen – geht auf Grundprinzipien der Entwicklung zurück (vgl. Kap. 12). Das entlang der Körperachse gelegene Nervensystem muß eine spiegelbildliche Symmetrie mit sich selbst aufweisen. Folglich kommt jedes Neuronenzentrum, gleich welcher Art, doppelt vor: das eine auf der linken, das andere auf der rechten Seite. Die vielen Querverbindungen zwischen beiden sind erforderlich, um diesem Umstand Rechnung zu tragen. Dank dieser Verknüpfungen ist das Nervensystem – Gehirn und Rückenmark zusammen – ein einziger Großrechner.

Die beiden Hälften des Nervensystems nehmen im wesentlichen die gleichen Funktionen wahr, jeweils bezogen auf die eigene Körperhälfte (die, wie erwähnt, auf derselben wie auch auf der gegenüberliegenden Seite des Neurons liegen kann). Eine wichtige Ausnahme ist das menschliche Gehirn, in dem die beiden *Hemisphären* nicht durchgehend Spiegelbilder voneinander sind. Jede ist mit einer tief gefalteten, dicht mit Neuronen durchsetzten Schicht bedeckt, dem *Neokortex* (stammesgeschichtlich dem jüngeren Teil der Großhirnrinde). Teile dieses Kortex sind auf beiden Seiten unterschiedlich spezialisiert. Beispielsweise liegt das Sprachzentrum bei den meisten Menschen auf der linken Hemisphäre. Unter normalen Bedingungen hat dieser Symmetriemangel keine Konsequenzen, weil die beiden Hemisphären vielfältig durch dicke Neuronenstränge miteinander verbunden sind, die von der einen zur anderen Seite verlaufen, so daß alles, was auf der einen Gehirnseite geschieht, sofort der anderen mitgeteilt wird. Wenn man diese Verbindungen jedoch durchtrennt, wie es gelegentlich operativ zur Behandlung der Epilepsie geschieht, werden viele Gehirnfunktionen auf eine Hemisphäre eingeschränkt. Es werden also die Informationen von allen Sinneszellen (taktiler, visueller und auditiver Art), die mit der einen Hemisphäre verbunden sind, auch in dieser Hemisphäre verarbeitet; die andere Hemisphäre weiß nur wenig davon, lediglich das, was aus verbleibenden Verbindungen tief in der Gehirnbasis durchsickert. Eine solche Unterbrechung der Querverbindungen führt zu typischen Beeinträchtigungen in den Reaktionen der Betroffenen, was sich durch geeignete Tests feststellen läßt. Man spricht in diesen Fällen von *Split-brain* (»Spalt-Hirn«)-Patienten.

Abgesehen davon, daß die Neuronenzentren des Gehirns Informationen von praktisch jedem Teil des Körpers empfangen, senden sie umgekehrt ihrerseits Signale an das Rückenmark. Diese Signale modifizieren die Ergebnisse der lokalen Rechenarbeit, die im Rückenmark durchgeführt worden ist. Die Gehirnsignale, das Resultat von sehr viel weiterreichenden Informationen, sind den örtlich getroffenen Handlungsentscheidungen gewöhnlich übergeordnet. Ein Reflex, den das Rückenmark auslösen will, kann durch Gehirnsignale verhindert werden. Als Beispiel nenne ich die Steuerung der Lordose (Verkrümmung der Wirbelsäule nach vorne) bei der weiblichen Ratte (Kap. 9). Wie die Gehirnkontrolle wirkt, zeigt sich, wenn ein Arzt den Kniereflex eines Patienten prüft, indem er die Sehne unterhalb der Kniescheibe anschlägt. Die normale Reaktion ist ein leichtes Vorschnellen des Fußes; wenn aber der Patient dem Geschehen zuviel Aufmerksamkeit zuwendet, kann der Einfluß des Gehirns den Reflex blockieren. Fordert der Arzt den Patienten nun auf, woanders hinzuschauen oder mit der Hand irgendworan kräftig zu ziehen, so ist das Gehirn abgelenkt, und der Reflex kann stattfinden.

Ungeheure Komplexität

Das Gehirn besitzt Hunderte von Zentren auf beiden Seiten, die meist vielfältig miteinander und mit dem Rückenmark verknüpft sind. Die ungeheure Zahl von Verbindungen läßt nur schwer auf die Rolle der einzelnen Zentren schließen. Da die Verbindungen sehr ausgedehnt sind, schickt die Wahrnehmung eines einfachen Reizes – die Berührung einer Hautregion oder ein scharfer Laut – Aktionspotentiale durch die Neuronen vieler Gehirnzentren. Doch trotz dieser außerordentlich vielfältigen Verbindungen läßt sich die Spezialisierung nicht weniger Neuronenzentren erkennen. Das Gehirn ist eine Ansammlung sowohl spezialisierter als auch stark miteinander verwobener Neuronenzentren.

Das Grundprinzip dieser Verknüpfungen besagt, daß Inputsignale vom Rückenmark die zuständigen Gehirnzentren in der Regel über eine Reihe anderer Neuronenzentren erreichen, die als Zwischenstationen dienen. In jeder Station bilden Axone niedrigerer Neuronen Synapsen mit Neuronen, die ihre Axone zu höheren Zentren schikken, mit Interneuronen und häufig auch mit Neuronen, die Axone zu niedrigeren Zentren zurückschicken. Jedes Zwischenzentrum erhält auch Axone von vielen höhergelegenen Zentren. Die einzelnen Stationen geben das Signal also nicht einfach weiter, sondern sind selbst leistungsfähige Rechner, die mit einem komplexen Netz von Interneuronen die Inputsignale analysieren, wobei sie vielerlei Informationen von anderen Gehirnzentren berücksichtigen.

Infolge dieser Netzwerkstruktur breitet sich ein Signal, das in einer Sinneszelle entsteht, fortschreitend über viele Neuronen des gesamten Nervensystems aus (*Divergenz*). In jedem Neuron wird die empfangene Information für andere Zwecke genutzt – etwa die Übertragung an eine nächste Ebene, den Vergleich mit Informationen von anderen Stationen oder die Hemmung des Informationsflusses in einer anderen Bahn. Umgekehrt erhält ein zentral gelegenes Neuron Signale von vielen peripheren Stationen (*Konvergenz*) und vergleicht sie miteinander. Ein gewisser Anteil der das Gehirn erreichenden Informationen wird als Erinnerung gespeichert, kann also später wieder abgerufen und bei der Verarbeitung neuer Signale verwendet werden.

In diesem höchst komplexen Gebilde überarbeiten viele Zentren nur die Berechnungen, die auf niedrigeren Ebenen ausgeführt wurden. Diese Zentren sind nicht unbedingt erforderlich für die Funktion, an der sie beteiligt sind. Wenn sie zerstört werden, kann die Funktion durchaus noch geleistet werden, wenn auch weniger genau und weniger koordiniert. Beispielsweise kommen Hamster, denen man gleich nach der Geburt die Großhirnrinde entfernte, ganz gut zurecht und zeigen sowohl Spiel- wie auch Pflegeverhalten. Diese Funktionen werden von stammesgeschichtlich älteren Zentren an der Gehirnbasis wahrgenommen. Weniger leicht kann der Mensch auf seine höheren Zentren verzichten; er leidet sehr oft schon unter beträchtlichen Einschränkungen, wenn auch nur kleine Teile des Gehirns beispielsweise durch einen Schlaganfall zerstört sind. Die Betroffenen büßen etwa die Fähigkeit ein, zu sprechen, die entgegengesetzte Körperseite zu bewegen oder höhere geistige Funktionen wahrzunehmen.

Diese Effekte sind evolutionär zu erklären. Die einfachsten Wirbeltiere hatten ein ziemlich weit entwickeltes Rückenmark, aber ein außerordentlich rudimentäres Gehirn. Ihr Nervensystem war einfach, reichte aber aus, alle Signale zu entwickeln, die der Organismus brauchte, um sich zu bewegen, zu fressen, die Umwelt zu erkennen und sich zu paaren. Im weiteren Verlauf der Evolution kamen nach und nach neue Neuronenzentren hinzu. Jede Ergänzung ließ das bereits vorhandene Netzwerk weitgehend unverändert und baute lediglich die weiterentwickelten Strukturen aus. Bei fortgeschrittenen Organismen bewirkt die (chirurgische oder krankheitsbedingte) Entfernung höherer Zentren, daß das System auf eine primitivere Stufe zurückfällt, was manchmal durchaus noch ausreichende Funktionen zuläßt. Dies gilt aber nicht für den Fall, daß durch das Hinzutreten neuer Strukturen auch völlig neue Funktionen (wie die Sprache) entstanden sind, die sekundäre Veränderungen in niedrigeren Zentren hervorgerufen haben.

Methoden

Die vorgetragenen Schlußfolgerungen über die Organisation des Nervensystems gründen sich auf die Identifizierung von Neuronenzentren und ihren Verbindungen. Dazu gibt es viele Möglichkeiten. Große Neuronenzentren lassen sich beim Sezieren des Gehirns leicht an ihrer grauen Farbe erkennen – die *graue Substanz* des Nervensystems, im Unterschied zur *weißen Substanz*, die aus myelinbeschichteten Axonenbündeln besteht. Mehr als die Hälfte des menschlichen Gehirns besteht aus grauer Substanz. Ein erheblicher Anteil davon entfällt auf die Großhirnrinde, die 100 Milliarden Neuronen enthält. Besser lassen sich die Neuronenzentren bestimmen, indem man dünne Schnitte von einem bestimmten Teil des Gehirns mit Farbstoffen behandelt, die selektiv die Zellkörper von Neuronen einfärben. Und da Neuronen sehr eindeutige Formen haben, kann man sie unter dem Lichtmikroskop leicht erkennen. Diese einfachen Techniken geben eine ungefähre Vorstellung von den Zentren und ihren Verbindungen, lassen aber nicht die Einzelheiten erkennen. Einzelne

Axone können wir auf diese Weise nicht verfolgen. Sie sind sehr dünn, sehr lang und verlaufen nicht geradlinig, so daß Gehirnschnitte nur kleine Stücke von ihnen enthalten.

Die erste allgemeine Methode, mit der man solche Verbindungen entdeckte, war die Untersuchung von Ausfällen infolge Zerstörung kleiner Gehirnregionen durch Verletzung oder Krankheit. Wenn der Zellkörper eines Neurons zerstört wird, stirbt auch das Axon, und wenn es eine Myelinschicht besitzt, verliert es diese. Wenn man nun Schnitte von Gehirngewebe mit Farbstoffen behandelt, die Myelin färben, bleiben Bündel solcher toten Axone ungefärbt und machen so die Hauptverknüpfungen zwischen Neuronenzentren kenntlich. Mit moderneren Methoden ist es möglich, bei Versuchstieren die Verbindung einzelner Axone mit bestimmten Zellkörpern von Neuronen nachzuweisen. Eine dieser Methoden besteht darin, daß man das Enzym Peroxidase an einer bestimmten Stelle des Gehirns injiziert. Das Enzym wird von Synapsen aufgenommen (die normalerweise Proteine aufnehmen) und durch die Axone zu den betreffenden Zellkörpern befördert, auch über beträchtliche Entfernungen. Wenn man nun das Enzym entdeckt, kenntlich an der Produktion eines unter dem Mikroskop sichtbaren Farbstoffs, kann man ablesen, wo die Zellkörper der Neuronen liegen, die ihre Axone zum Injektionsort schicken. In einem umgekehrten Verfahren wird eine Aminosäure mit einem radioaktiven Atom injiziert. Die Zellkörper der Neuronen, die sich in dieser Region befinden, nehmen die Aminosäure auf. Die in den Zellkörpern gebildeten radioaktiven Proteine wandern die Axone abwärts zu den Synapsen, wo sie sich mit Hilfe der Autoradiographie nachweisen lassen. Dabei macht man die Enden der Axone ausfindig, die in der injizierten Region beginnen.

Andere Methoden gehen von funktionalen Gesichtspunkten aus, nicht von anatomischen. In einzelnen Zellkörpern von Neuronen bringt man Elektroden an, die die elektrische Aktivität nach einem Reiz – einer Berührung der Haut, einem Lichtblitz oder einem klickenden Geräusch – aufzeichnen. Neuronen, die elektrische Veränderungen erkennen lassen, müssen mit dem stimulierten Sinnesrezeptor direkt oder indirekt verbunden sein. Umgekehrt kann man feststellen, welche Muskeln sich zusammenziehen, wenn ein bestimmtes Neuron elektrisch stimuliert wird. Zusätzliche Informationen fallen an, wenn man die Verteilung von Transmittern und ihren Rezeptoren bestimmt oder wenn man Synapsen unter dem Elektronenmikroskop untersucht.

Die Neuronenzentren, die während irgendeiner Aufgabe aktiv sind, lassen sich anhand ihres Zuckerverbrauchs bestimmen. Ein abnormer Zucker (2-Desoxyglukose), der zwar in Zellen eindringen kann, von ihnen aber nicht als Energiequelle verwendet wird, wird radioaktiv markiert und dem Versuchstier ins Blut injiziert, während es eine Aufgabe verrichtet. Die aktiven Neuronen sammeln die Radioaktivität und lassen sich wiederum durch Autoradiographie entdecken. Die aktiven Bereiche können also mit Hilfe eines konservativen (nichtoperativen) Verfahrens erkannt werden, das sich auch auf Menschen anwenden läßt: Xenon, ein radioaktives Element, das positive Elektronen (Positronen) abgibt, wird in die Blutbahn injiziert. Da die funktional aktiven Zentren einen erhöhten Blutzustrom aufweisen, enthalten sie mehr Xenon und sind an der Positronenemission zu erkennen, die sich genau lokalisieren läßt, indem man den Kopf von außen mit entsprechenden Meßgeräten abtastet.

Die Kombination all dieser Verfahren hat zur Entdeckung vieler Verbindungen zwischen den Gehirnzentren sowie zwischen solchen Zentren und Sinnesrezeptoren oder Muskeln geführt. Die Ergebnisse haben gezeigt, wie komplex das Netzwerk des Gehirns ist.

Einzelheiten der Organisation

Diese Komplexität hindert uns daran, das Netzwerk höherer Tiere in allen Einzelheiten zu analysieren. Einige Erkenntnisse konnten jedoch an den Nervensystemen primitiverer Organismen gewonnen werden, die nur eine begrenzte Zahl von Neuronen besitzen. Um die Funktionen eines Netzwerks vollständig zu verstehen, müßte man alle Neuronen und alle ihre Verbindungen auflisten und herausfinden, wie jedes Neuron durch die Impulse aller anderen Neuronen in seinem Verhalten bestimmt wird. Leider ist es bei keinem Tier gelungen, dieses Ziel zu erreichen; jedes Tier hat uns aber zumindest Teile der erforderlichen Information geliefert.

Die *Anatomie des Netzwerks* – also die Bestimmung sämtlicher Neuronen und ihrer Verbindungen – ist bei einem kleinen, im Boden lebenden Fadenwurm von lediglich 1 mm Länge vollständig ausgearbeitet worden. Jeder Wurm hat genau 302 Neuronen, die während der Entwicklung nach einem präzisen Muster von Zellteilung, Wanderung und Zelltod entstehen (vgl. Kap. 12). Die Verbindungen zwischen den Neuronen hat man untersucht, indem man das gesamte

Nervensystem in eine große Zahl sehr dünner, aufeinander folgender Schnitte zerlegte und sie mit dem Elektronenmikroskop vergrößerte. Die ungeheure Arbeit hat gezeigt, daß bei verschiedenen Individuen der Art das Grundmuster der Verknüpfungen zwar gleichbleibend ist, daß aber die feinen Verzweigungen unterschiedlich ausfallen. Wahrscheinlich werden die Verknüpfungen dieser Verzweigungen von lokalen Faktoren beeinflußt, die bei den einzelnen Tieren etwas unterschiedlich ausfallen. Eine genaue Beschreibung des Netzwerks, die für alle Tiere gelten würde, ist also nicht möglich. Doch die Ergebnisse verraten viel über die Bildung des Netzwerks (wir werden darauf noch zurückkommen).

Leider eignet sich dieser Fadenwurm nicht dazu, die *funktionalen Eigenschaften des Netzwerks* zu untersuchen. Die Neuronen sind so klein, daß sich keine Elektroden einführen lassen, mit denen man elektrische Ströme hervorrufen oder Polarisationsveränderungen aufzeichnen könnte. Darüber hinaus hat selbst dieses kleine Tier zu viele Neuronenverbindungen – mehr als neunzigtausend.

Für die Analyse der funktionalen Zusammenhänge braucht man noch einfachere Systeme. Sie sind in kleinen Teilen einfacher Nervensysteme anzutreffen, etwa in kleinen Ganglien von Wirbellosen (einigen Weichtieren, Blutegeln, Hummern, Meeresschnecken oder Kleinkrebsen). Diese Ganglien besitzen eine sehr geringe Anzahl großer Zellen, die eine genau festgelegte Funktion ohne wesentlichen Input von anderen Teilen des Nervensystems ausführen. Fürs erste dürfen wir sie als unabhängig betrachten.

Diese Systeme haben allerdings ihre Grenzen. Selbst in so kleinen Ganglien lassen sich die Verbindungen und der Signalaustausch zwischen Neuronen nur dann experimentell untersuchen, wenn man sich auf die wesentlichen Reaktionen konzentriert. Die Tätigkeit des gesamten Netzwerks läßt sich dann aus den Teilbeobachtungen mit Hilfe computergestützter Modelle rekonstruieren. In verschiedenen Fällen scheinen die Modelle der Wirklichkeit ziemlich nahe zu kommen, weil sie die elektrischen Aktivitäten recht genau vorhersagen, die man experimentell in diversen Neuronen und den von ihnen gesteuerten Muskeln aufzeichnet.

Besonders nützlich sind neuronale Schaltkreise, die rhythmisches Verhalten hervorrufen, beispielsweise die Schwimmbewegung des Blutegels. Dieses Tier schwimmt mit Hilfe einer Reihe von Muskelkontraktionen, die nacheinander in jedem Körpersegment vom Kopf bis zum Schwanz stattfinden. Alle Segmente weisen die gleiche Organisation auf: Jedes hat zwei Muskelgruppen und ein Ganglion, das aus zwei symmetrischen Gruppen von ungefähr hundert Neuronen gebildet wird. In jedem Segment steuern zehn Motoneuronen die Muskeln und vier Interneuronen die Motoneuronen. Man hat sich vor allem mit diesen vier Steuerneuronen beschäftigt. Sie sind miteinander durch inhibitorische Synapsen verbunden (hinzu kommt eine elektrische Synapse) und bilden eine kreisförmige Kette. Wird das erste Neuron erregt, hemmt es das zweite Neuron in der Kette, das damit seine Hemmung (Inhibition) nicht mehr auf das dritte ausübt (Desinhibition). Dieses Neuron ist also extrem erregbar. Es sendet einen Impuls, hemmt das vierte, das infolgedessen die Hemmung des ersten Neurons beendet. Das zweite Neuron hemmt jedoch auch das vierte, und dieses enthemmt (desinhibiert) seinerseits das erste, wodurch das dritte Neuron aktiviert wird. Die Folge von Inhibition und Desinhibition läuft zyklisch ab. Das Modell, das auf der Grundlage aller experimentell ermittelten Verbindungen entwickelt wurde, macht die Voraussage, daß die vier Neuronen in der Reihenfolge vom ersten zum vierten und wieder zurück zum ersten aktiviert werden – wie es in dem Tier tatsächlich geschieht.

Das Steuerneuron eines bestimmten Segments ist auch mit Neuronen anderer Segmente verknüpft, sowohl nach vorn wie nach hinten. Interessanterweise ist es in allen Segmenten mit äquivalenten Neuronen verknüpft. Beispielsweise bildet das erste Neuron des sechsten Segments inhibitorische Synapsen auf dem zweiten Neuron des sechsten Segments, aber auch auf dem jeweils zweiten Neuron von Segment eins bis zehn. Diese Regelmäßigkeit ist wahrscheinlich das Ergebnis von genetischen Instruktionen, die die Axonenzweige jedes Neurons mit der Kennziffer eins jedem Neuron mit der Kennziffer zwei zuweisen, ganz gleich, in welchem Segment es liegt. Wir werden unten sehen, daß die Neuronen sich auch in anderen Systemen nicht wahllos mit irgendwelchen anderen Neuronen verknüpfen, sondern nur mit bestimmten Typen. Die Verbindungen zwischen den Ganglien verschiedener Segmente sorgen für die erforderliche Zeitdifferenz zwischen den Muskelkontraktionen der einzelnen Segmente. Es gibt auch einseitige Verbindungen zwischen Ganglien benachbarter Segmente. Sie sorgen dafür, daß die Kontraktionswelle nur in eine Richtung läuft – vom Kopf zum Schwanz.

Schaltkreise zur Bewegungserkennung

Bei vielen Tieren, von den Insekten bis zu den Säugetieren, sind die Funktionen des visuellen Systems bevorzugt untersucht worden, weil man die Neuronenzentren, die mit den Augen verbunden sind, sehr gut kennt. Wie die visuellen Netze von Wirbellosen bewegliche Objekte entdecken, ist ziemlich genau bekannt. Ein Beispiel ist der Bewegungsdetektor der Heuschrecke, der auf eine plötzliche lokalisierte Bewegung an jedem Punkt des Gesichtsfeldes reagiert und das Tier zum Sprung veranlaßt – ein schutzorientierter Schaltkreis, bei dem es um die Entdeckung von Feinden geht. Der Schaltkreis muß wohl durch Lichtveränderungen aktiviert werden, die in einem kleinen Teil des Blickfeldes auftreten; andernfalls könnte er auch durch Augenbewegungen oder durch den raschen Wechsel zwischen hellen und schattigen Orten aktiviert werden.

Das Netzwerk ist durch ein großes Interneuron, den *Riesenbewegungsdetektor* (englisch *giant movement detector*) charakterisiert (Abb. 18.4). Wenn man die Veränderungen des elektrischen Potentials in diesem Detektor aufzeichnet, kann man feststellen, daß ein beweglicher Lichtfleck, der das Auge trifft, ein starkes Signal auslöst. Wenn das Auge jedoch auch bewegliche Streifen in einer gewissen Entfernung von dem Fleck erblickt, wird das Signal vermindert oder ganz aufgehoben. Diese Reduktion wird einem Netzwerk zugeschrieben, das auf Beleuchtungsveränderungen in großen Teilen des Gesichtsfeldes mit Hemmung der Neuronen reagiert, die durch den Lichtfleck aktiviert werden. Obwohl das inhibitorische Netzwerk nicht vollständig bekannt ist, darf man wohl davon ausgehen, daß es folgendermaßen funktioniert: Licht, das auf die Sinneszellen des Auges einwirkt, erregt AN-Neuronen, wenn es eingeschaltet wird, und einen anderen Neuronentyp, die AUS-Neuronen, wenn es ausgeschaltet wird. Axone der AN- und AUS-Neuronen führen direkt zu exzitatorischen Neuronen, die man als Typ I bezeichnet. Die Axone dieser Neuronen haben exzitatorische Synapsen einerseits auf den Neuronen, die oben als Riesenbewegungsdetektoren bezeichnet wurden, und andererseits auf inhibitorischen Interneuronen, die man als Typ II bezeichnet. Diese Interneuronen hemmen die exzitatorischen Neuronen des Typs I, ausgenommen diejenigen, die direkt von AN- und AUS-Neuronen stimuliert wurden. Daraufhin sendet das vom Lichtfleck erregte Typ-I-Neuron sein Signal unbeeinträchtigt an den Bewegungsdetektor, während die Typ-I-Neuronen in der Umge-

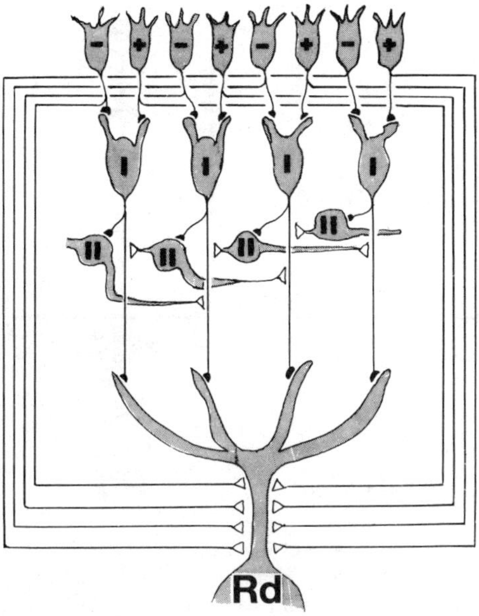

Abbildung 18.4: Modell des Bewegungsdetektors der Heuschrecke. Signale erreichen die AN-Neuronen (+) oder AUS-Neuronen (−). Axone dieser Neuronen bilden exzitatorische Synapsen (rund, schwarz) mit Typ-I-Neuronen und in größerer Entfernung inhibitorische Synapsen (dreieckig, weiß) mit einem Dendriten des Riesendetektors (Rd). Axone von Typ-I-Neuronen bilden exzitatorische Synapsen mit dem Riesendetektor und den Interneuronen des Typs II. Jedes dieser Riesenneuronen bildet inhibitorische Synapsen mit Typ-I-Neuronen, außer mit demjenigen, von dem es Signale empfängt. Wie dieses Netzwerk funktioniert, zeigt Abbildung 18.5. (Aus: C. H. F. Rowell, M. Oshea und J. L. D. Williams, *J. Exp. Biol.* 68 [1977], S. 157–185.)

bung kein Signal abschicken, weil sie von Typ-II-Neuronen gehemmt werden. Diese *laterale Hemmung* (Abb. 18.5: A) erklärt, wie das Netzwerk einen Lichtfleck erkennt, sofern sich das Licht im übrigen Gesichtsfeld nicht verändert.

Das System wäre jedoch keinen plötzlichen Beleuchtungsveränderungen in großen Teilen des Gesichtsfeldes gewachsen, wie sie stattfinden, wenn ein Tier aus einem Loch ans helle Tageslicht kommt. Das Licht würde viele Typ-I-Neuronen erregen, die ihr Signal an den Bewegungsdetektor weitergäben, bevor die langsamere laterale Hemmung einsetzt. Die laterale Hemmung ist langsamer, weil sie über ein zusätzliches Interneuron verläuft und die entsprechende Verzögerung an der Synapse in Kauf nehmen muß.

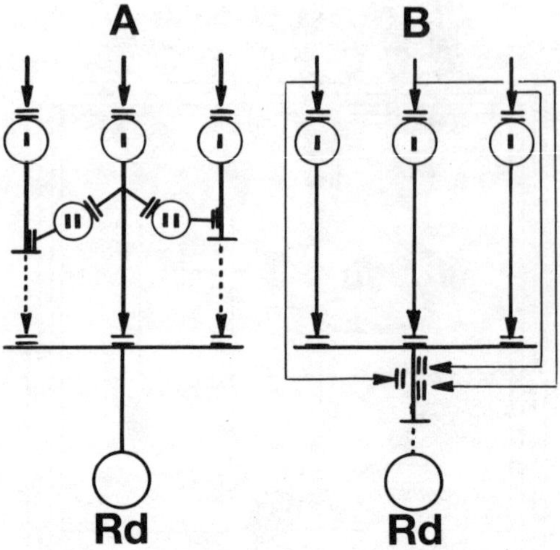

Abbildung 18.5: Zwei Funktionsweisen des Modells für den Bewegungsdetektor aus Abbildung 18.4. (A) Seitliche Hemmung. Ein Signal, welches das mittlere Typ-I-Neuron empfängt, gelangt zum Riesendetektor (Rd) und zwei Typ-II-Interneuronen. Die Interneuronen hemmen die beiden seitlichen Typ-I-Neuronen, die keine Signale an den Riesendetektor schicken können (gestrichelte Linien). Paare von parallelen Linien zeigen an, wo es zu synaptischen Verzögerungen der Signalübertragung kommt. (B) Positive Feedback-Hemmung. Zweige der drei Axone (von AN- oder AUS-Neuronen, vgl. Abb. 18.4) bilden inhibitorische Synapsen mit dem Riesendetektor und erreichen ihn vor den exzitatorischen Signalen, die über Typ-I-Neuronen eintreffen, weil diese eine zusätzliche synaptische Verzögerung haben.

Dieses Problem beseitigt eine andere Eigenschaft des Netzwerks (Abb. 18.5: B): Zweige der AN- und AUS-Axone, die Typ-I-Neuronen aktivieren, bilden inhibitorische Synapsen mit dem Bewegungsdetektor. Sie hemmen den Detektor, bevor er Signale über die Typ-I-Neuronen empfängt – ein Weg, der eine Synapse mehr aufweist. Dieses Modell heißt *positive Feedback-Hemmung*. In einem solchen System kann jedes AN- und AUS-Neuron nur ein schwaches inhibitorisches Signal im Bewegungsdetektor hervorrufen, aber viele zusammen können ihn vollständig hemmen. Auf diese Weise kann ein Reiz, der von nur wenigen AN- oder AUS-Neuronen kommt, den Detektor über Typ-I-Neuronen aktivieren. Signale dagegen, die gleichzeitig von vielen AN- oder AUS-Neuronen eintreffen, sind dazu nicht in der Lage – sie hemmen den Detektor.

Die wichtigsten Leitungsbahnen komplexer Organismen

Die Ausbreitung einer taktilen Empfindung

Betrachten wir jetzt einige der wichtigsten Leitungsbahnen komplexer Organismen. Den Anfang soll die Übertragung von Berührungssignalen machen. Wenn die Haut eines Tieres berührt wird, werden, wie beschrieben, über ein sensibles Ganglion Signale an das Rückenmark übertragen. Dort werden sie dahingehend analysiert, ob unmittelbares Handeln in Form eines Reflexes erforderlich ist. Anschließend gelangen sie ins Gehirn, meist in die gegenüberliegende Hälfte. Die Signale erreichen das Gehirn auf unterschiedlichen Bahnen – einige auf direktem Weg, andere auf dem Umweg über ein zwischengeschaltetes Neuronenzentrum an der Grenze zwischen Rückenmark und Gehirn, von wo aus neue Axone ins Gehirn führen. Alle diese Signale laufen am Ende in einem großen Gehirnzentrum zusammen, dem Thalamus (vgl. Abb. 17.9, S. 497), das außerdem Inputsignale aus vielen anderen Sinneszellen erhält. Aus dem Thalamus führen Axone in die Großhirnrinde. Alle Berührungssignale laufen in einer kleinen Region der Großhirnrinde zusammen, in dem *sensorischen Rindenfeld*, wo sie eine bewußte Empfindung hervorrufen. Das ist jedoch nicht die einzige Bahn, welche die Signale benutzen. Die verschiedenen Gehirnzentren, die von dieser Leitungsbahn berührt werden, schicken Axone zu anderen Teilen des Gehirns, die zwar keinen Beitrag zur Berührungsempfindung leisten, aber die Information für andere Zwecke nutzen. Wenn wir beispielsweise eine Treppe hinauf- oder hinuntersteigen, informiert uns die Hauptbahn darüber, daß ein Fuß eine Stufe berührt hat. Eine andere Bahn benutzt dieselbe Information jedoch dazu, das Gleichgewicht des Körpers zu bewahren und die Beinbewegungen so zu steuern, daß der Fuß nicht zu hoch oder zu niedrig gesetzt wird.

Während Operationen an Menschen (die aus medizinischen Gründen vorgenommen werden mußten) hat man bei örtlicher Betäubung das Rindenfeld, in dem die für Berührungsreize zuständige Leitungsbahn endet, elektrisch stimuliert. Die Stimulation ruft das Empfinden hervor, daß ein Teil des Körpers berührt wird. Die Lokalisierung der Empfindung hängt davon ab, wo das sensorische Rindenfeld stimuliert wird. Durch Stimulation vieler verschiedener Punkte hat man herausgefunden, daß das sensorische Rindenfeld eine *Karte* des Körpers enthält, auf der jeder Punkt einer bestimmten Hautregion entspricht. Die Karte ist nicht maßstabsgerecht, denn die Rindenfelder, die den Fingern entsprechen, sind weit größer als beispielsweise die für den Unterleib zuständigen Felder. Die von den Fingern kommenden Signale werden weit eingehender analysiert, was die Empfindlichkeit ihrer Haut erklärt.

Eine andere Leitungsbahn, welche die Haut mit der Großhirnrinde verbindet, ist für die Schmerzempfindung zuständig. Sie wird aktiviert, wenn man die Haut mit einer Nadel sticht oder mit einem heißen Gegenstand berührt. Die Schmerzsignale entstehen nicht in den Berührungsrezeptoren, sondern in anderen, spezialisierten Rezeptoren, die ihre Signale über eigene Bahnen weitergeben. Die Übertragung von Schmerzsignalen wird von Zentren im unteren Teil des Gehirns beeinflußt. Wie erwähnt, führt die elektrische Stimulation dieser Zentren dazu, daß der Schmerz verschwindet (vgl. Kap. 17). Die Axone von Neuronen, die sich in diesen Zentren des Mittelhirns befinden, steigen zum Rückenmark ab, wo sie Synapsen mit Neuronen der Schmerzbahn bilden und inhibitorische Signale übermitteln.

In den Muskeln zusammenlaufende Signale

Die Stimulation eines Rindenfeldes neben dem sensorischen Feld, *motorisches Rindenfeld* genannt, bewirkt Muskelkontraktionen. Auch diese Region enthält eine Karte des Körpers, die wie diejenige des sensiblen Rindenfeldes verzerrt ist: Beim Menschen sind Finger und Lippen unverhältnismäßig groß auf der Großhirnrinde repräsentiert. Das erklärt, warum Finger und Lippen so vielseitig sind und so genaue und kontrollierte Bewegungen ausführen können. Die Neuronen des motorischen Rindenfeldes sind vielfältig mit anderen Gehirnregionen verknüpft. Sie empfangen Axone vom angrenzenden sensiblen Kortex, den Teilen des Gehirns, die visuelle Signale verarbeiten, und den Gehirnbereichen, die für das Gleichgewicht zuständig sind. Das motorische Rindenfeld schickt seine Befehle an die Muskeln über Axone, die zum Rückenmark absteigen und an Motoneuronen enden. Diese sind unmittelbar für die Muskelkontraktionen verantwortlich. Die absteigenden Axone haben zahlreiche Verzweigungen, die zu einer Reihe anderer Gehirnzentren führen, vor allem den sogenannten Basalganglien (der grauen Substanz an der Hirnbasis), dem Thalamus und Zentren wie dem Kleinhirn, die das Gleichgewicht beim Gehen und Stehen regeln. Sie alle informieren die verschiedenen Neuronenzentren darüber, welche Instruktionen an die Muskeln geschickt werden. Die Neuronenzentren reagieren hierauf mit Signalen, die sie der Großhirnrinde zuleiten. Diese kann nun ihre fortlaufend für die Muskeln erzeugten Signale modifizieren.

Visuelle Wahrnehmung

Im komplexen Gehirn der Säugetiere hat man sich am eingehendsten mit dem Netzwerk beschäftigt, das für die Analyse von *visuellen Signalen* zuständig ist. Signale von den Sinneszellen des Auges – etwa den in Kapitel 16 erörterten Stäbchen – werden zunächst in der Netzhaut analysiert. Die Netzhaut enthält Neuronen, weil sie ein Teil des Gehirns ist, der sich während der Entwicklung zwar zum Auge bewegt hat, aber über den Sehnerv weiterhin mit dem Gehirn verbunden bleibt (Abb. 18.6). Der erste Analyseschritt, den die Netzhaut ausführt, ist die Umwandlung der hyperpolarisierenden Signale der Sinneszellen (vgl. Kap. 16) in normal depolarisierende Signale. Diesen Schritt übernehmen die *Relais-* oder *Assoziationszellen*. Sie sind mit Neuronen verknüpft, die die Signale über eine Reihe von Schaltstationen an das Gehirn senden.

Die Information, die dem Gehirn zugeleitet wird, unterscheidet sich erheblich von der Information, welche die Sinneszellen aufnehmen. Wenn ein runder, gleichförmiger Lichtfleck in ein Auge fällt, reagieren alle Sinneszellen, die davon getroffen werden, in gleicher Weise, unabhängig von der Größe des Flecks. Axone dagegen, die von der Netzhaut zum Gehirn führen, werden nur aktiviert, wenn der Fleck klein ist. Sie leiten keine Signale weiter, wenn er groß ist. Wie beim Bewegungsdetektor der Heuschrecke ist diese Lokalisierung das Ergebnis lateraler Hemmung. Das Modell des Bewegungsdetektors der Heuschrecke ist auf den Schaltkreis in der Netzhaut aller Tiere, einschließlich des Menschen, anwendbar.

Die Axone aus der Netzhaut laufen im Mittelhirn an einem Teil des Thalamus zusammen, den man als lateralen Kniehöcker bezeichnet, weil er wie ein Knie gebeugt ist. In diesem Zentrum bilden die Axone Synapsen mit Neuronen, die ihre Axone zum visuellen Feld der Großhirnrinde schicken, der höchsten Gehirnstation im System zur Verarbeitung von visuellen Signalen.

Eine wichtige Eigenschaft der Sehbahn ist die große Zahl von inhibitorischen Schaltstellen. Die Sehrinde empfängt nämlich nicht nur Axone von dem Kniehöcker, sondern schickt ihm auch einige. Diese absteigenden Axone enden an inhibitorischen Interneuronen, wel-

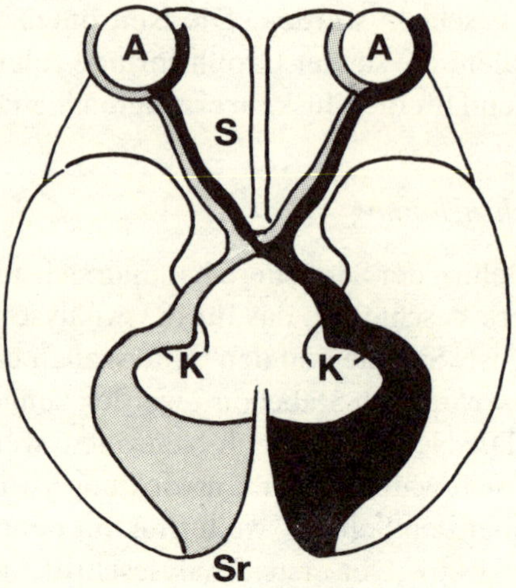

Abbildung 18.6: Diagramm der Bahn vom Auge zur Sehrinde (Sr). Von der linken Hälfte beider Netzhäute führen Axone zum rechten lateralen Kniehöcker (K), während die rechten Hälften der Netzhäute ihre Axone zum linken Kniehöcker schicken. Von den lateralen Kniehöckern steigen Axone zur gleichen Seite der Großhirnrinde auf. A = Auge, S = Sehnerv.

che die Zellen des Kniehöckers miteinander verbinden. Die Axone, die absteigen, und die Axone, die vom Kniehöcker zur Großhirnrinde aufsteigen, bilden eine geschlossene Schleife mit negativem Feedback, das die Stärke des Signals einschränkt. Solche inhibitorischen Mechanismen finden vielfältige Anwendung im visuellen System wie auch in anderen Netzwerken des Gehirns. Ungefähr ein Drittel aller Neuronen des Gehirns sind inhibitorisch.

Die Verarbeitung der visuellen Signale findet zunächst in dem Rindenfeld statt, in das die Axone vom lateralen Kniehöcker aufsteigen. Es heißt Feld 17 nach einem Katalog der Rindenabschnitte, welcher sich nach der Art, der Dichte und Verteilung der Neuronen richtet. In diesem Feld erfolgt eine sehr ausführliche Analyse durch Neuronen, die zu aufsteigenden Ketten zusammengeschlossen sind und über Interneuronen miteinander in Verbindung stehen. Die Analyse ist wichtig für die Formbestimmung, die auf der Fähigkeit der Neuronen von Feld 17 beruht, Besonderheiten der räumlichen Orientierung festzustellen. Diese Neuronen reagieren nicht auf runde Lichtflekken, die dem Auge dargeboten werden, sondern auf Lichtstreifen, die bestimmte Winkel zur Horizontalen bilden; unterschiedliche Neuronen reagieren auf Streifen mit unterschiedlichen Neigungswinkeln. Die meisten Neuronen sprechen am besten auf bewegliche Linien und auf Bewegungen in einer bestimmten Richtung an. Sie schicken ihre Signale an Neuronen einer zweiten Gruppe, die auf Linien mit entsprechender Orientierung in einem bestimmten Rechteck reagieren. Neuronen einer dritten Gruppe reagieren wiederum auf Linien einer bestimmten Orientierung, aber auch einer bestimmten Länge. Ist eine Linie zu lang, fällt die Reaktion schwächer aus. Innerhalb jeder Gruppe reagieren jeweils andere Neuronen auf eine helle Linie vor dunklem Hintergrund oder eine dunkle Linie vor hellem Hintergrund oder auf eine Grenze zwischen einem dunklen und einem hellen Feld. In allen Fällen werden die gleichen Anforderungen an räumliche Orientierung und Länge gestellt.

Aus all diesen Merkmalen läßt sich vermuten, daß das Auge ein Objekt durch Zerlegung in zahlreiche Einzelmerkmale analysiert – etwa die räumliche Orientierung einer Linie, ihre Länge und Helligkeit, ihre Bewegungsrichtung und ihre Bewegungsgeschwindigkeit. Die Analyse in anderen Rindenfeldern, welche Signale aus Feld 17 erhalten, erfaßt andere Merkmale – Dicke und Länge der Linien, Farbe, Bewegungsrichtung und so fort. Mit dem Fortgang der Analyse reagieren einzelne Neuronen auf immer komplexere Muster. Manche Neuronen bei Affen reagieren auf ein Affengesicht, nicht aber auf seine einzelnen Elemente.

Das Bild, das wir wahrnehmen, resultiert aus einer anschließenden Synthese aller im Gehirn registrierten Einzelmerkmale. Der Prozeß unterscheidet sich grundlegend von der Punkt-für-Punkt-Analogie einer Photographie; er ist vielmehr eine digitale Analyse, wie wir sie heute etwa von einem technisch hochentwickelten Computer erwarten dürfen. Die verschiedenen Bildmerkmale sind voneinander durch eine Art Filtersystem getrennt, das die Information von bestimmten Sinneszellen des Auges durchläßt, wenn sie ein bestimmtes Merkmal besitzt, sie jedoch blockiert, wenn das nicht der Fall ist. Entsprechende Filter lassen Informationen mit anderen Merkmalen durch. Zum Schluß wird die gesamte Information zusammengefaßt und verwertet. Diese Zusammenfassung ist die Ausgangsbasis für das wahrgenommene visuelle Bild.

Wie aber kann die Zusammenfassung ein Bild ergeben? In welcher Verbindung stehen die verschiedenen Merkmale? Die Rekonstruktion wird durch eine andere Eigenschaft des Systems ermöglicht – eine Eins-zu-eins-Entsprechung zwischen Punkten der Netzhaut und Punkten der Sehrinde. Mit anderen Worten: Feld 17 der Sehrinde ist eine Karte der Netzhaut.

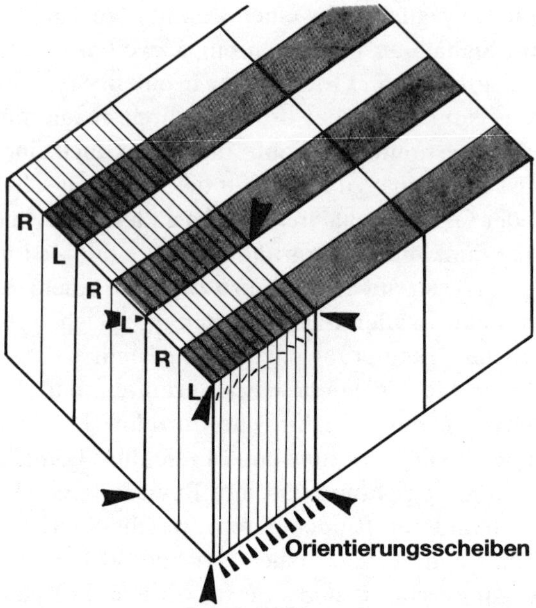

Abbildung 18.7: Diagramm von Feld 17 der Sehrinde mit neun senkrechten Prismasäulen (von denen eine durch die fettgedruckten Pfeile hervorgehoben ist). Jede Säule besteht aus vielen Orientierungsscheiben. Die räumliche Orientierung der Linien, die von den Neuronen jeder Scheibe erkannt werden, ist angegeben. Außerdem besteht jede Säule aus zwei augendominanten Hälften: einer, die vorwiegend für das rechte Auge zuständig ist (R), und einer, die in erster Linie für das linke Auge zuständig ist (L). Die Halbsäulen bilden Reihen, die durch die grauen Streifen kenntlich gemacht sind. (Aus: D. H. Hubel und T. N. Wiesel, *Proc. Royal Soc. London B.* 198 [1977], S. 1.)

Um zu verstehen, wie diese Karte beschaffen ist, müssen wir uns ins Gedächtnis rufen, daß die Großhirnrinde aus einer Schicht von zwei bis drei Millimetern Stärke besteht, die kompliziert gefaltet ist und ihrerseits mehrere Neuronenschichten besitzt. Neuronen einer gegebenen Schicht weisen alle dieselbe Form auf, Nervenzellen verschiedener Schichten sind unterschiedlich. Untersuchungen an der Sehrinde von Katzen zeigen, daß in Feld 17 die Informationen über einen bestimmten Ort der Netzhaut in einer senkrechten prismatischen Säule enthalten sind, d. h. in einem Körper voller Neuronen, der an einem genau festgelegten Punkt quer durch die ganze Rinde reicht (Abb. 18.7). Der Querschnitt durch eine solche Säule mißt ungefähr zwei mal zwei Millimeter. In Rindenfeld 17 gibt es ungefähr tausend senkrechte Säulen, jede aus einer Reihe senkrechter flacher Scheiben bestehend. In jeder Scheibe sprechen die Neuronen auf die gleiche räumliche Orientierung an. Neuronen verschiedener Scheiben erfassen unterschiedliche Orientierungen. Alle vorkommenden Orientierungen sind in den verschiedenen Scheiben einer Säule berücksichtigt. Dann beginnt die nächste Säule, die das angrenzende Feld der Netzhaut repräsentiert. Auch diese Säule besteht aus einer Reihe senkrechter Scheiben, die nacheinander alle räumlichen Orientierungen berücksichtigen. Jede Scheibe besitzt viele miteinander verknüpfte Neuronen, die in mehreren Schichten angeordnet sind und die Orientierungsanalyse durchführen. Vermutlich sind in den verschiedenen Säulen die Scheiben, die auf eine bestimmte Orientierung ansprechen, in gleicher Weise vernetzt. Möglicherweise entsprechen sie den Leiterplatten in Computern.

Das Auge ist also von einem unsichtbaren Gitternetz überzogen, das sich im Gehirn wiederholt. In jedem Quadrat sind die Besonderheiten der Orientierung durch die Zahl der Scheiben gegeben, in denen aktivierte Zellen enthalten sind. Das Gitternetz ist etwas verzerrt. Die Gitterquadrate, die dem Mittelpunkt des Gesichtsfeldes entsprechen – der *Fovea*, der Netzhautstelle mit der größten Sehschärfe –, sind am zahlreichsten. Mithin entspricht das Gitternetz der Sehrinde nicht den Proportionen der Netzhautfläche, sondern der *nach der Sehschärfe korrigierten* Fläche. Wir beobachten an der Karte des Gesichtsfeldes, was wir bereits an der sensorischen und motorischen Landkarte festgestellt haben: Sie alle sind im Hinblick auf die von ihnen wahrgenommenen Funktionen verzerrt.

Eine weitere wichtige Eigenschaft der visuellen Sinneserfahrung ist die Tiefenwahrnehmung, die aus dem Zusammenwirken beider Augen resultiert. Tiefenwahrnehmung ist nur möglich, wenn es binokulare Neuronen gibt, also Neuronen, die gleichzeitig auf beide Augen reagieren, wenn diese unter Lichteinwirkung stehen. Bis hinauf zum Kniehöcker sind alle Neuronen monokular – sie reagieren nur auf die Stimulation eines Auges. Dasselbe gilt für die ersten Neuronen der Sehrinde. Weiter von der Netzhaut entfernte Rindenneuronen können binokular reagieren.

Für binokulares Sehen ist erforderlich, daß Signale von einander entsprechenden Punkten beider Augen in derselben senkrechten Säule zusammenlaufen, und zwar auf folgende Weise (vgl. nochmals Abb. 18.6): Wir können uns vorstellen, daß die Netzhaut jedes Auges aus zwei Teilen besteht, einem linken und einem rechten. Der linke Teil jeder Netzhaut sendet Axone zum lateralen Kniehöcker der linken Körperseite und der rechte Teil zum rechten Kniehöcker.

Da das optische Bild des Auges umgekehrt ist, entspricht der linke Kniehöcker dem rechten Gesichtsfeld beider Augen und der rechte Höcker dem linken Gesichtsfeld. Die Axone aus beiden Augen mischen sich nicht im Kniehöcker, sondern enden an Neuronen, die in einander abwechselnden Schichten liegen, drei für das Auge derselben Körperseite und drei für das Auge der entgegengesetzten Seite (Abb. 18.8). Die Signale von beiden Augen erreichen die Sehrinde getrennt. Für jede Stelle auf der Netzhaut treffen zwei Axonengruppen in der Großhirnrinde ein, eine Gruppe für jedes Auge. Das hat, zumindest bei Katzen, das Ergebnis, daß sich jede Säule von Feld 17 in zwei Halbsäulen gliedert (vgl. auch Abb. 18.7). In jeder Halbsäule reagieren die ersten Neuronen, die ihre Signale direkt von Neuronen des Kniehöckers empfangen, auf die Signale nur eines Auges. Eine Halbsäule ist also für das rechte Auge und die andere für das linke Auge zuständig. Aufeinanderfolgende Neuronen reagieren zwar auf Signale von beiden Augen, aber nicht in gleicher Form. Neuronen der für das rechte Auge zuständigen Halbsäule stehen unter dem dominanten Einfluß des rechten Auges; sie reagieren intensiver auf die Beleuchtung dieses Auges. Das Umgekehrte gilt für das linke Auge. Die Säulen der Sehrinde sind also in zwei Halbsäulen unterschiedlicher Augendominanz gespalten, die beide dieselbe Zahl von Orientierungsscheiben aufweisen.

Die linken und rechten Halbsäulen angrenzender Säulen sind aufgereiht, weil ihre Position durch den Weg der Axonenbündel bestimmt wird, die vom Kniehöcker kommen. Das wird deutlich, wenn in eines der Augen eine radioaktive Aminosäure injiziert wird. Nach einiger Zeit sammeln sich die radioaktiven Proteine in den zu diesem Auge gehörigen Axonenendigungen aller Schaltstationen bis hinauf zur Sehrinde. Ihre Verteilung läßt sich mit Hilfe der Autoradiographie nachweisen. Dabei werden tangentiale Rindenschnitte auf Objektträger geklebt und mit einer photographischen Emulsion bedeckt. Wenn man die Objektträger mehrere Wochen im Dunkeln aufbewahrt, erzeugt die Strahlung der radioaktiven Proteine Silberkörnchen in der Emulsion. Die Entwicklung und Fixierung zeigt auf diesen Objektträgern eine Reihe von Streifen, die in ihrer Breite den Säulen entsprechen (Abb. 18.9). Die Streifen werden durch Reihen von Halbsäulen gebildet; wenn sie die Teile der Karte erreichen, wo die Sehschärfe größer wird, verzweigen sich die Streifen. Die Beziehung zwischen Säulen bestimmter Augendominanz und der Orientierungspräferenz ist nicht so regelmäßig, wie in Abbildung 18.7 dargestellt wird. Es gibt

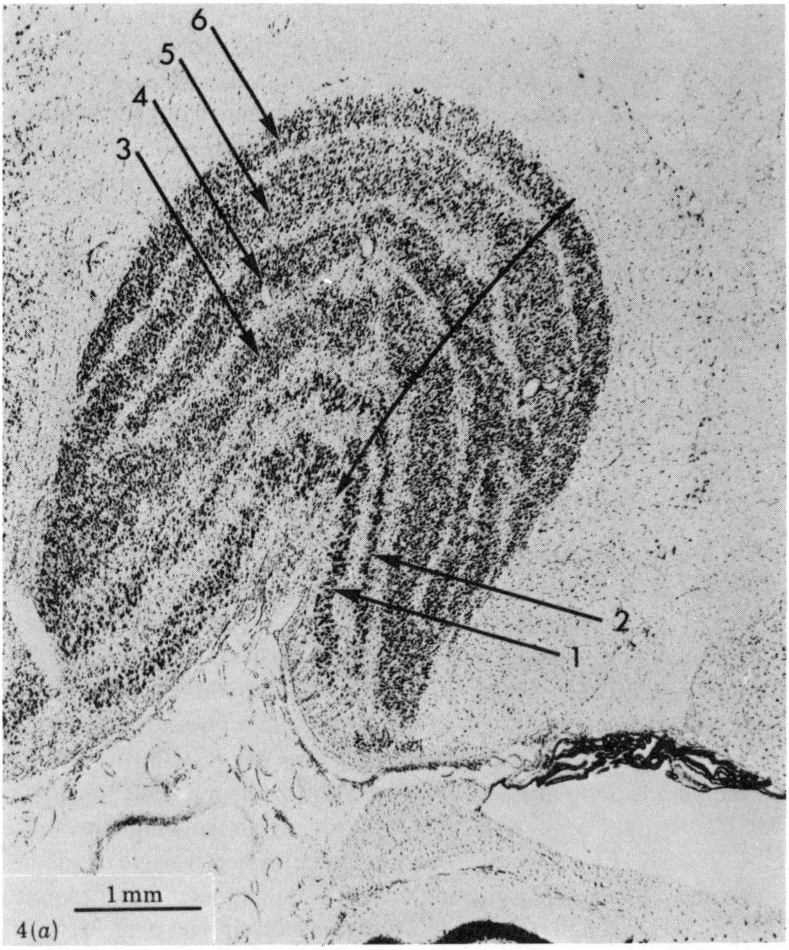

Abbildung 18.8: Querschnitt durch den rechten lateralen Kniehöcker eines erwachsenen Makaken, in dem die Zellkörper der Neuronen gefärbt sind. Der Höcker enthält sechs Neuronenschichten (dunkelgrau), die durch Axonschichten (hellgrau) getrennt sind. Die Neuronenschichten 1, 4 und 6 empfangen Signale vom entgegengesetzten (linken) Auge. Die Schichten 2, 3 und 5 empfangen sie vom Auge derselben Seite. Jede Schicht ist eine Karte der Netzhaut. Alle Karten befinden sich in Übereinstimmung, so daß alle Punkte unter dem mittleren Pfeil demselben Punkt auf der Netzhaut entsprechen. (Aus: D. H. Hubel und T. N. Wiesel, *Proc. Royal Soc. London B.* 198 [1977], S. 1. Abdruck mit freundlicher Genehmigung.)

Stellen, wo die Orientierungspräferenz fast völlig fehlt, und andere Stellen, wo sie sich auf kurze Entfernung plötzlich ändert. Die beiden Gruppen von Säulen mit bestimmter Augendominanz und die Neuronen, die sie enthalten, gehören zu dem Mechanismus, der das stereoskopische Sehen ermöglicht, ohne es indessen zu erklären. Das stereoskopische Sehen resultiert aus der weiteren Verarbeitung der Signale in anderen Regionen der Großhirnrinde.

Wenn das Auge auf eine lange Linie blickt, werden die entsprechenden Signale an viele Säulen der Sehrinde geschickt. Die an der Analyse beteiligten Rindenscheiben hängen nicht miteinander zusammen und bilden keine Linie. Die gesamte Linie ist durch Zahlenpaare codiert, wobei das eine Paar für die Koordinaten steht, das andere für die Orientierung. Wie kann sich aus diesem Code die Wahrnehmung einer kontinuierlichen Linie ergeben? Die Kontinuität wird wahrscheinlich in einem gesonderten Analysestadium unter Verwendung von Informationen aus verschiedenen Quellen hergestellt. Es ist anzunehmen, daß das beteiligte Feld eine Karte der Netzhaut besitzt. Neben Feld 17 erfüllen rund ein Dutzend Gehirnregionen diese Voraussetzung. Beispielsweise besitzt jeder laterale Kniehöcker eine solche Karte, nur zerfällt sie in einzelne Stücke. Andere visuelle Karten gibt es in mehreren Feldern der Großhirnrinde. Eine befindet sich im *visuellen Claustrum*, einem Neuronenkomplex, dessen Neuronen mit dem Kniehöcker und der Großhirnrinde verbunden sind, ohne auf der direkten Bahn zu liegen. Die Neuronen des Claustrums besitzen Eigenschaften, die ihnen möglicherweise eine gewisse Eignung als Kontinuitätsneuronen verleihen. Denn wenn das Auge lange, kontinuierliche Linien geeigneter Orientierung erblickt, reagieren diese Zellen unabhängig von der registrierten Helligkeit und Bewegung.

Wie ist das Gehirn beschaffen?

Wenden wir uns nun einem allgemeineren Problem zu. Wir haben gesehen, daß das Gehirn eine phantastische Maschine mit einer großen Zahl von Neuronen und komplizierter Vernetzung ist. Wie kann es aus einer einzelnen Zelle, der befruchteten Eizelle, entstehen? Das ist eine Frage, die sich nicht vollständig beantworten läßt. Wir haben einige Informationen über die grundlegenden Mechanismen, doch viele der entscheidenden Prozesse sind noch unklar.

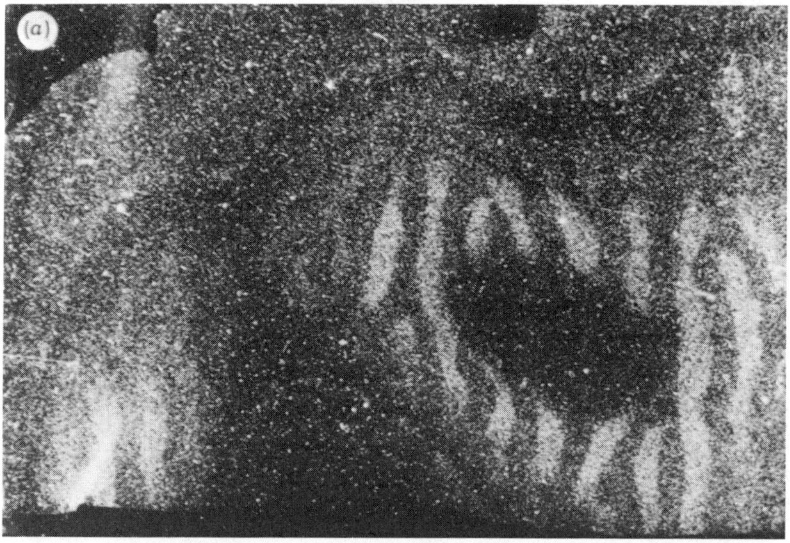

Abbildung 18.9: Augendominanzsäulen bei einem erwachsenen Makaken. Die Streifen entstehen durch das Nebeneinander der Augendominanz-Halbsäulen, wie in Abbildung 18.7 dargestellt. Man hat eine radioaktive Aminosäure in eines der Augen injiziert. Dann wurden tangentiale Schnitte von der Sehrinde genommen und davon eine Autoradiographie angefertigt. Die hellen Linien enthalten die Silberkörnchen, die durch seitliche Beleuchtung vor dunklem Hintergrund hervorgehoben werden. Die Photographie ist aus mehreren Schnitten zusammengesetzt, weil die Großhirnrinde gekrümmt ist. (12fache Vergrößerung. Aus: D. H. Hubel und T. N. Wiesel, *Proc. Royal Soc. London B.* 198 [1977], S. 1–59. Abdruck mit freundlicher Genehmigung.)

Zunächst stellt sich die Frage, in welcher Beziehung das fertige Gehirn eines Individuums zu dessen Genen steht. Ist es denkbar, daß das gesamte Netzwerk, in jeder Einzelheit, durch die Gene spezifiziert ist? Die Antwort ist natürlich negativ. Es gibt im Menschen mehrere Billionen Neuronen und zehn bis hundert Billionen Synapsen, dagegen alles in allem nur etwa 100000 funktionsfähige Gene. Außerdem ist das Gehirn viel zu komplex, um sich nach Art der Immunglobuline (Kap. 13) genetisch kontrollieren zu lassen. Deshalb können die Gene, die auch noch viele andere Aufgaben haben, nur einige allgemeine Aspekte des Neuronennetzes spezifizieren.

Aufschluß durch Mutationen

Erhärtet wird dieses Grundkonzept durch Entwicklungsstudien und durch das, was wir über die Auswirkungen von Mutationen auf das

Nervensystem von Mensch und Tier wissen. Alle bekannten Mutationen haben breitgefächerte Konsequenzen für das Nervensystem. Jede betrifft eine ganze Klasse von Neuronen oder einen funktionalen Prozeß, der einer großen Zahl von Neuronen gemeinsam ist.

Mehrere Mutationen in der Maus rufen Veränderungen im Kleinhirn hervor, demjenigen Teil des Gehirns, der für Bewegungskoordination und Gleichgewicht verantwortlich ist. Eine der Mutanten heißt *reeler* (deutsch »Taumler«), eine andere *staggerer* (»Torkler«). Die *reeler*-Mutation verursacht Veränderungen in einer ganzen Klasse von Kleinhirnneuronen, den *Purkinje-Zellen*. Diese Neuronen nehmen die Ergebnisse der Analyse, die im Kleinhirn ausgeführt worden ist, entgegen und schicken entsprechende Signale in andere Gehirnregionen.

Um die Konsequenzen der *reeler*-Mutation zu verstehen, müssen wir uns klarmachen, wie die Purkinje-Zellen während der Entwicklung gebildet werden. Das Kleinhirn entwickelt sich wie andere Teile des Gehirns auf der Innenseite des Neuralrohrs. Zellen, aus denen sich später verschiedene Arten von Gehirnzellen bilden, kleiden die Wand des Rohrs aus, wo sie sich vermehren. Nach der letzten Zellteilung und dem Erreichen des endgültigen Differenzierungsstadiums beginnen einige Zellen, zur Außenfläche der Rohrwand zu wandern. Sie lassen sich dabei von den Außenflächen der Gliazellen leiten, die sich von der Innen- zur Außenfläche erstrecken. Manche Zellen wandern weit und gelangen fast bis zur Außenseite, während andere ihre Reise an verschiedenen Punkten dazwischen abbrechen. Bei dieser Bewegung müssen etliche Zellen aneinander vorbei. In der Großhirnrinde etwa nehmen die Zellen, die am weitesten gelangen, ihre Wanderbewegung als letzte auf, so daß sie an all den Zellen vorbei müssen, welche die Wanderung vor ihnen begonnen haben. Da die Mitglieder verschiedener Zellklassen wissen, wo sie innezuhalten haben, bilden sie gemeinsam *Zellschichten*, die typisch für die Struktur vieler Gehirnteile sind, etwa die Groß- und die Kleinhirnrinde. Dendriten und Axone, die Verbindungen zu anderen Neuronen und all die Eigenschaften, welche die verschiedenen Neuronenklassen voneinander unterscheiden, werden erst gebildet, wenn die Vorläuferzellen ihren endgültigen Bestimmungsort erreicht haben. In den geschichteten Teilen des zentralen Nervensystems gehören alle Zellen einer bestimmten morphologischen Klasse zur selben Schicht.

In der Kleinhirnrinde kommen die Zellen, aus denen sich Purkinje-Zellen entwickeln sollen, an einer Schicht zum Stillstand, die zwischen einer dicken Außenschicht aus Axonen und einer Innenschicht aus kleinen Zellen, der *Körnerschicht*, liegt. Bei *reeler*-Mäusen wandern sie nicht weit genug; sie kommen noch innerhalb der Körnerschicht zum Halten.

Diese Beobachtungen sagen uns, daß der Defekt auf die Wanderbewegung der Vorläuferzellen der Purkinje-Zellen zurückgeht; sie erklären jedoch nicht, warum die Wanderbewegung verändert wird. Liegt die Schädigung in den Purkinje-Zellen oder in dem Mechanismus, der ihre Bewegung leitet? Um diese Frage zu beantworten, hat man auf höchst einfallsreiche Art Mäuse gezüchtet, die Zellen beider Stämme besitzen, sogenannte *chimäre Mäuse*. (Die Chimära ist ein Ungeheuer aus der griechischen Mythologie mit Löwenkopf, Ziegenleib und Schlangenschwanz.) Solche Mäuse entstehen, wenn man die getrennten Zellen zweier junger Embryos der beiden Stämme zusammengibt und diese sich zu einem einzigen Embryo zusammenschließen. Wird dieser Mischembryo nun in den Uterus einer hormonell vorbehandelten Maus implantiert, so entwickelt er sich zu einer ausgewachsenen chimären Maus. Wenn wir jetzt bei der Zellfusion die Zellen der *reeler*- und der normalen Mäuse durch irgendwelche Markierungen kenntlich machen, können wir beobachten, wie sich die Purkinje-Zellen in der ausgewachsenen Chimären-Maus verhalten. In all diesen Mäusen sind die Zellen der beiden Eltern vermischt, allerdings nicht vollständig. Sie bilden kleine Bereiche, in denen sämtliche Zellen nur einer Art angehören. Die Bereiche der beiden Zellarten sind zufällig verteilt. Im Kleinhirn sind kleine Gruppen von Purkinje-Zellen an ihrem normalen Ort, außerhalb der Körnerzellen, andere am falschen Ort, innerhalb der Schichten der Körnerzellen. Wenn wir nun die Markierungen betrachten, welche die *reeler*- von den normalen Zellen unterscheiden, dann machen wir eine überraschende Entdeckung: Viele Zellen am normalen Ort stammen vom *reeler*-Elternteil und viele der Zellen am falschen Ort vom normalen Elternteil. Wir können daraus also schließen, daß nicht die Purkinje-Zellen selbst daran schuld sein können, wenn sie nicht zum richtigen Ort wandern – es muß an irgendwelchen anderen Zellen liegen. Die Vermutung liegt nahe, daß die Gliazellen verantwortlich sind. Während sie die wandernden Zellen normalerweise zum richtigen Ort leiten, scheinen sie in *reeler*-Mäusen dies nicht tun zu können.

Die Auswirkungen der *reeler*-Mutation zeigt sich nicht nur in der Kleinhirnrinde – auch die Schichtung der Großhirnrinde ist verändert, im wesentlichen umgekehrt. Daraus folgt, daß die Störung der

Wanderbewegung allgemeiner Natur ist. Offensichtlich haben die Mechanismen, die die Wanderung verschiedener neuronaler Vorläuferzellen leiten und bestimmen, ein gemeinsames Element, wahrscheinlich die Gliazellen.

Diese Beobachtung legt zwei Schlußfolgerungen nahe. Erstens: Eine Mutation wirkt sich auf ganze Klassen von Neuronenvorläufern aus und verändert ihre Wanderung. Zweitens: Die Mutation wirkt über eine Zell-Zell-Wechselwirkung, die entscheidend für die richtigen Wanderbewegungen ist. Außerordentlich wichtig für die Entwicklung des Nervensystems (wie auch anderer Systeme, vgl. Kap. 12) ist also die koordinierte Wanderung von Vorläuferzellen unter der Kontrolle einiger anderer Zelltypen.

Das Leitsystem der Axone

Die *reeler*-Mäuse weisen Beeinträchtigungen der Koordination und Bewegung auf, die sich durch eine Störung der Kleinhirnorganisation erklären lassen. Doch was ist mit dem umgekehrten Aufbau der Großhirnrinde – hat er irgendwelche Konsequenzen? Zur Klärung dieses Problems können wir uns auf die Sehrinde konzentrieren und fragen, ob die Analyse der visuellen Signale beeinträchtigt ist. Abermals ist die Antwort erstaunlich: Die visuelle Funktion ist vollkommen normal. Dieses Ergebnis liefert uns eine weitere Erkenntnis: Die Ebene der Großhirnrinde, auf der ein Neuron angesiedelt ist, ist für seine Verbindungen mit Axonen nicht entscheidend. In der Großhirnrinde, wie in anderen Teilen des Nervensystems, legen die Axone weite Entfernungen zurück, wobei sie von einer hochspezialisierten Spitze mit haarähnlichen Anhangsgebilden geleitet werden, dem *Wachstumskegel*. Er ist wie eine Hand mit vielen Fingern, die ständig ausgestreckt und eingezogen werden. Irgendein Finger stößt immer auf eine Zelle oder ein Axon, an dem er sich, wahrscheinlich aufgrund der Kompatibilität von Oberflächenmolekülen, fixieren kann. Dieser Kontakt bestimmt daraufhin die Richtung, die das Axon einschlägt. Häufig erreichen Axone in der Großhirnrinde die Zielneuronen, mit denen sie Synapsen bilden, indem sie zunächst einer bestimmten Schicht folgen. Doch bevor sie ihren Bestimmungsort erreichen, können sie diese Schicht verlassen und die entsprechenden Neuronen in einer anderen Schicht ansteuern. Die Schicht ist nicht der entscheidende Bezugsrahmen für die Herstellung von Verbindungen. Das Axon sucht und erkennt den geeigneten Neuronentyp unabhängig von der Schicht, in der er enthalten ist. Dieses Prinzip findet auch bei den *reeler*-Mäusen Anwendung. Nachdem die Axone der richtigen Schicht gefolgt sind, schlagen sie, im Unterschied zu normalen Axonen, die umgekehrte Richtung ein, um ihre falsch angesiedelten Zielneuronen zu erreichen. Das Ergebnis zeigt, daß die am falschen Ort sitzenden Neuronen trotzdem die richtigen Axone anlocken. Die Schichtstruktur ist also für die Herstellung der Verbindungen ohne Bedeutung. Der Austausch einer ganzen Schicht gegen eine andere hat keine großen Folgen, weil die Verbindungen aufgrund spezifischer Anziehungsmechanismen ohne Berücksichtigung der Schicht geknüpft werden.

So erweist sich, daß Axone eine bemerkenswerte Fähigkeit besitzen, ihre Zielneuronen auch unter ungewöhnlichen Umständen zu finden. Dieses Prinzip wird auf eindrucksvolle Weise durch eine Beobachtung an Fröschen bestätigt. Wenn die Haut eines Frosches durch Berührung oder elektrische Reize stimuliert wird, reagiert das Tier mit einer peitschenden Bewegung in Richtung der stimulierten Hautregion. Tiere, bei denen man Teile der Haut von Bauch und Rücken ausgetauscht hat, zeigen eine fehlgerichtete Bewegung – eine Bewegung, die nicht mehr der stimulierten Hautregion gilt. Wenn man die Bauchhaut, die sich nun am Rücken befindet, stimuliert, kratzt sich das Tier den Bauch, nicht das Hautstück, das dem Stimulus ausgesetzt war. Um dieses Ergebnis zu erklären, könnte man meinen, nach der Transplantation würden sich die Nerven, die von den sensiblen Ganglien in der Körpermitte kommen, außen regenerieren und sich mit derselben Hautregion wie zuvor verbinden, ungeachtet ihrer Verpflanzung. Anschließend würden sie die Reaktion der entsprechenden Muskeln steuern, die von der Transplantation nichts wissen. Doch das stimmt nicht. Für die Reinnervation der transplantierten Haut ist der nächstgelegene Nerv zuständig. Die auf den Rücken transplantierte Bauchhaut wird von Nerven im Rücken des Frosches innerviert, nicht von Nerven der Bauchregion. Wir müssen also annehmen, daß Nervenfasern aus dem Rücken etwas tun, was man eigentlich nicht von ihnen erwarten würde: Auf außergewöhnlichem Wege verbinden sie sich mit Neuronen, die ihre Informationen normalerweise von dem im Bauch gelegenen Nerv erhalten. Verändert wird die Verbindung zwischen Nerv und zentralen Neuronen. Obwohl wir nicht wissen, auf welchem Mechanismus dieses Phänomen beruht, zeigt es doch deutlich, daß das periphere Organ die zentralen Verbindungen bestimmt.

Die zentralen Verbindungen entstehen auf genau festgelegte Weise, wie die Eins-zu-eins-Beziehung zwischen Netzhaut und Gehirnzentren zeigt. Man hat untersucht, wie diese Verbindungen zustande kommen – vor allem im Bereich der ersten Station, die die Axone von der Netzhaut aus erreichen, dem *Tectum* (so genannt, weil es das Dach eines zentralen Kanals bildet, der sich durch das zentrale Nervensystem erstreckt). Das Tectum ist eine Landkarte der Netzhaut. Die generelle Beziehung zwischen Punkten auf der Netzhaut und Punkten auf dem Tectum dürfte entstehen, wenn die Axone von der Netzhaut aus nach oben wachsen. Dabei müssen die Axone die relativen Positionen der Sinneszellen beibehalten, mit denen sie verbunden sind. Wie gelingt ihnen das? Beobachtungen der normalen Entwicklung und der Veränderungen, die experimentell während der Entwicklung oder der Regeneration hervorgerufen wurden, zeigen, daß die Axone auf ihrem Weg von der Netzhaut zum Tectum lokalen Hinweisreizen folgen. Zunächst einmal ziehen sie das Tectum anderen Bestimmungsorten vor, während sich Axone anderen Ursprungs nicht zum Tectum wenden. Zweitens hat jedes Axon eine ausgeprägte Neigung, sich mit Neuronen in einem bestimmten Teil des Tectums zu verbinden. Die Axone wissen genau, wohin sie sich zu begeben haben, denn wenn zwei Teile des Tectums chirurgisch ausgetauscht werden, weichen die Axone von ihren normalen Wegen ab und erreichen den entsprechenden Teil des Tectums, obwohl er verpflanzt wurde.

Welchem *Leitmechanismus* folgen die Wachstumskegel der Axone? Es scheint mehrere zu geben. Die Steuerung durch Gliakanäle ist einer, aber vielleicht nicht der wichtigste. Chemische Einflüsse sind eine andere Möglichkeit: Bestimmte Teile des Tectums scheinen bestimmte Axone mit Hilfe spezieller Lockstoffe anzuziehen. Auch spezifische Haftmoleküle anderer Zellen und benachbarter Axone dürften eine Rolle spielen: Die Axone behalten während ihres Wachstums ihre relativen Positionen bei, ändern ihren Kurs aber in charakteristischer Weise, wenn sie mit bestimmten Zellen in Berührung kommen. Der endgültige Bestimmungsort eines Axons hängt zum Teil auch von seiner Ausgangsposition in dem vom Auge kommenden Strang ab. Axone bewahren ihre Beziehung durch aktive Wechselwirkungen untereinander. An verschiedenen Orten sind vermutlich unterschiedliche Leitmechanismen bei ein und demselben Axon wirksam. Das gleichzeitige Zusammenwirken mehrerer Mechanismen scheint für die richtigen Verknüpfungen zu sorgen.

All diese verschiedenen Mechanismen arbeiten auf wiederholbare Weise. Man hat beobachtet, daß Axone, die während der embryonalen Entwicklung aus den Neuronen eines bestimmten Zentrums hervorwachsen, immer einer stereotyp festliegenden Bahn folgen. Und selbst wenn man die Neuronen künstlich versetzt, finden die Axone rasch ihren Weg zu den entsprechenden Zielzellen. Möglicherweise verdankt das Axon dieses hohe Maß an Wiederholbarkeit und kompensatorischer Fähigkeit dem Umstand, daß es einem morphogenetischen Gradienten folgt, wie in Kapitel 12 erörtert wurde. An jedem Punkt eines solchen Gradienten würde ein Gefälle von bestimmter Richtung auf eine gegebene Stelle weisen. Die Konzentration von Haftmolekülen, die von einem Wachstumskegel erkannt werden, könnte einen solchen Gradienten bilden. Während der Entwicklung wird in der Netzhaut ein Protein, das für die Synapsenbildung erforderlich ist, in Form eines Gradienten verteilt. Die dünnen, haarähnlichen Anhängsel des Wachstumskegels könnten den Gradienten erkennen, indem sie nach dem gleichen Prinzip verfahren, das Bakterien hilft, einen Nahrungsgradienten zu erkennen (vgl. Kap. 16).

Alle Leitmechanismen können den Neuronen nur die richtige Richtung anzeigen; die Karte können sie nicht festlegen, weil der *genaue* Bestimmungsort der Axone nicht vorgegeben ist. Das läßt sich beispielsweise dadurch zeigen, daß man einen Teil der Netzhaut entfernt: Die verbleibenden Axone breiten sich über das gesamte Tectum aus und lassen die Landkarte soweit wie möglich unverändert. Beim umgekehrten Vorgehen – wenn man also die Netzhaut intakt läßt und das Tectum verkleinert – finden alle Netzhautaxone ein Neuron, wobei sie in zahlreichen Fällen die angestammten Axone verdrängen. Selbst unter normalen Bedingungen gibt es erhebliche Konkurrenz unter den Axonen.

Funktionieren heißt überleben

Viele Beobachtungen zeigen, daß die Organisation des Netzwerks letztlich durch seine Aktivität bestimmt wird. Das ist nicht überraschend, denn auch die Neuronen selbst sind von ihrer Aktivität abhängig – sie existieren nur so lange, wie sie aktiv sind. Dieses Prinzip ist auch außerhalb des Nervensystems gültig. Jede Zelle wird durch Ausübung ihrer Funktionen dazu angeregt, die Herstellung ihrer spezifischen Produkte zu verstärken, und gelegentlich dazu, sich zu replizieren. Aber auch das Umgekehrte gilt, denken wir nur an die

Muskeln eines Sportlers und (im Gegensatz dazu) an die eines Menschen, der durch eine Lähmung bewegungsunfähig geworden ist.

Das Prinzip, daß die Aktivität eine Zelle veranlaßt, die für die Ausübung ihrer Funktionen notwendigen Eigenschaften im Höchstmaß zu entwickeln, erklärt viele Beobachtungen – beispielsweise die Konsequenzen, die es hat, wenn einem Affen ein Finger abgeschnitten wird. Wie beschrieben, erreichen Axone, die mit den sensiblen Hautrezeptoren in Verbindung stehen, über viele Umschaltstationen den frontalen Rindenabschnitt, der Karten von der Körperoberfläche enthält. Jeder Finger ist auf der Karte repräsentiert. Bald nachdem der Finger amputiert worden ist und die entsprechenden Neuronen ihre Aktivität eingestellt haben, beginnen sich die Rindenfelder zu vergrößern, die den benachbarten Fingern entsprechen. Nach einiger Zeit haben diese Neuronen den Bereich des verlorengegangenen Fingers vollständig ausgefüllt. Die alten Synapsen sind verkümmert und durch neue ersetzt, die von den eindringenden Axonen gebildet werden. Offenbar werden Axone, die einem bestimmten Finger entsprechen, an der Ausbreitung normalerweise durch Axone gehindert, die mit den anderen Fingern verbunden sind. Dieses Beispiel zeigt, daß das Netzwerk von einer *synaptischen Konkurrenz* geformt wird, unter deren Einfluß Synapsen bestrebt sind, einander zu ersetzen, und daß die Aktivität über den Ausgang des Konkurrenzkampfs entscheidet.

Interessant sind auch die Folgen von Sehbeeinträchtigungen auf die Bildung von Augendominanz-Säulen im Feld 17 der Großhirnrinde von Affen. Neugeborene Affen haben keine solchen Säulen: Die meisten Neuronen reagieren auf die Stimulation beider Augen. Die Säulen werden während der ersten sechs Lebenswochen auch dann gebildet, wenn die Augen die ganze Zeit verschlossen gehalten werden, so daß keine visuelle Stimulation erfolgt. Bei normalen Tieren verschwinden in diesen sechs Wochen die meisten Axone, welche die unter der Dominanz des einen Auges stehende Halbsäule mit dem anderen Auge verbinden, vielleicht weil sie durch Axone ersetzt werden, die mit dem dominanten Auge in Verbindung stehen. Bei Affen, deren eines Auge man von Geburt an verschließt, bleiben die von dem funktionsfähigen Auge ausgehenden Axone auch dort erhalten, wo sie normalerweise verschwinden würden. Am Ende sind alle Säulen vollständig von Axonen des aktiven Auges kolonisiert, während Verbindungen zum inaktiven Auge nicht mehr bestehen. Offenbar können sich nur aktive Axone während der Ausformung des Netzwerks erfolgreich im Konkurrenzkampf behaupten.

Noch aufschlußreichere Beobachtungen über die Rolle der Aktivität für die Organisation von Neuronenverbindungen hat man im Tectum der Schleiereule gemacht, die mit höchster Genauigkeit eine Schallquelle im Raum zu orten vermag. Im Tectum sind die Neuronen, die Signale von den Ohren beziehungsweise von den Augen empfangen, durcheinandergewürfelt; die visuellen und auditiven Karten befinden sich in erstaunlichem Einklang. Ein bestimmtes Tectumfeld entspricht dem gleichen Raumpunkt in der auditiven wie der visuellen Ortung. Diese Übereinstimmung ist sehr sinnvoll, weil sie die Voraussetzung dafür schafft, daß sich die beiden Informationssysteme ergänzen und gegebenenfalls ersetzen können. Daß die außerordentliche Kongruenz durch Aktivität hervorgebracht wird, zeigt sich, wenn man die Organisation beider Karten bei Eulen vergleicht, denen von Geburt an ein Ohr verschlossen wurde, um die Wahrnehmung auditiver Signale zu verzerren. Bei diesen Vögeln befindet sich die visuelle Karte in Übereinstimmung mit der auditiven Karte, die durch das verschlossene Ohr modifiziert ist. Die Übereinstimmung bleibt bestehen, solange das Ohr verschlossen ist. Doch sobald es geöffnet wird, verschieben sich die beiden Karten in einer Weise, wie sie von der Normalisierung des Hörens zu erwarten war. Offenbar bilden die Gruppen wandernder Axone die beiden Karten nicht nur dadurch, daß sie lokalen Hinweisreizen folgen, vielmehr ist die Aktivität der wichtigste Faktor. Überdies können die Axone ihre Verbindungen auch dann noch verändern, wenn das Netzwerk in Übereinstimmung mit der Umwelt bereits seine endgültige Gestalt angenommen hat. – Die an der Eule gemachten Beobachtungen zeigen noch etwas anderes: Die Normalisierung der Kartenpositionen nach Öffnung des Ohrs wird vom Auge gesteuert. Eine solche Umstrukturierung unterbleibt nämlich, wenn die Augen verschlossen sind. Die beiden Funktionstypen wirken offenbar zusammen, und beide sind für die richtige Strukturierung der Verbindungen erforderlich.

Aufrechterhaltung durch spezifische Wachstumsfaktoren?

Möglicherweise werden die Verbindungen, die über Axonbündel von den Neuronen eines gegebenen Zentrums zu den Neuronen eines fernen Zentrums reichen, durch einen weiteren Mechanismus aufrechterhalten – nämlich durch die Bildung spezifischer Wachstumsfaktoren seitens der Zielneuronen. Die Faktoren könnten für das Überleben und die Aktivität der Neuronen verantwortlich sein, die

die Verbindungen herstellen. Diese Hypothese beruht auf Beobachtungen an dem eingehend untersuchten *Nervenwachstumsfaktor*. Dieser Faktor, ein kleines Protein, wurde auf zufällige Weise entdeckt: Die Krebszellen einer Ratte wurden in ein Hühnerembryo verpflanzt, um das Verhalten der Krebszellen dort zu untersuchen. Im Verlauf dieser Studie bemerkten die Forscher, daß die Neuronen der peripheren Ganglien des Embryos die Orientierung verloren, denn statt in die Organe des Embryos hineinzuwachsen, wuchsen ihre Axone in das Krebsgewebe. Darüber hinaus waren die Ganglien mehrfach so groß wie in normalen Embryos. Es stellte sich heraus, daß die Zellen des eingepflanzten Tumors große Mengen eines Wachstumsfaktors herstellten, der die Vermehrung der neuronalen Vorläuferzellen anregte und ihre Axone anzog. Dank dieser Beobachtung war es möglich, den Faktor zu isolieren und zu beschreiben. Der Nervenwachstumsfaktor (englisch *nerve growth factor*, NGF) ist ein Differenzierungshormon (vgl. Kap. 8), das für die normale Entwicklung und Erhaltung der peripheren Neuronen des sympathischen und sensorischen Systems erforderlich ist. Injiziert man einem neugeborenen Tier ein Antiserum gegen NGF, so wird die Aktivität des Faktors blockiert und die Entwicklung des sympathischen Systems verhindert. Der NGF, der normalerweise auf diese peripheren Neuronen einwirkt, wird von den Zellen der Zielgewebe gebildet, die von solchen Neuronen innerviert werden. Die Neuronen brauchen den Faktor, um zu überleben. Er wird von den Rezeptoren der Axonenendigungen aufgenommen und zum Zellkörper transportiert, wo er vermutlich aktiv wird.

Es war schwierig herauszufinden, daß der NGF auch auf Gehirnzellen einwirkt. Die sympathischen Neuronen, auf die der NGF in erster Linie einwirkt, verwenden Katecholamin als Neutrotransmitter. Doch viele Versuche, eine ähnliche Wirkung des NGF auf Katecholamin verwendende Neuronen im Gehirn zu entdecken, blieben ohne Erfolg. Schließlich beobachtete man, daß NGF in Kulturen auf eine andere Klasse von Gehirnneuronen wirkt – auf Neuronen, die Acetylcholin als Transmitter verwenden. Bei ihnen führt der Faktor zur verstärkten Bildung eines Enzyms, das zur Herstellung von Acetylcholin erforderlich ist. Bei Säugetieren sind die Zellkörper von Acetylcholinneuronen vor allem in einigen Basalzentren des unteren und vorderen Teils des Gehirns konzentriert, von wo sie Axonenstränge zum Hippokampus und zur Großhirnrinde schicken. Der NGF scheint für das Überleben dieser Neuronen von entscheidender

Bedeutung zu sein, denn die Zielneuronen im Hippokampus und in der Großhirnrinde stellen den Faktor her, der von den Axonenendigungen der Basalneuronen aufgenommen und den Zellkörpern der Neuronen in den Basalzentren zugeleitet wird. Wie wichtig der NGF für diese Neuronen ist, zeigt der nachteilige Effekt von Antikörpern, die gegen den Faktor gerichtet sind. Man nimmt deshalb an, daß Krankheiten, die solche Neuronen in Mitleidenschaft ziehen (wie die Alzheimer-Krankheit), möglicherweise durch den Fortfall der überlebenswichtigen Funktion des NGF hervorgerufen werden.

Man könnte nun leicht verallgemeinern und annehmen, daß Verbindungen zwischen Neuronenzentren generell durch die Bildung spezifischer Faktoren in den Zielneuronen aufrechterhalten werden und daß diese Faktoren für das Überleben und die Aktivität der mit ihnen verknüpften Neuronen notwendig sind. Der NGF wäre einer dieser Faktoren, doch nach dieser Hypothese gäbe es noch viele andere, unbekannte Faktoren. Gestützt wird die Hypothese durch die Beobachtung, daß Neuronen häufig sterben, wenn man ihre Axone durchtrennt, vielleicht weil sie dann keinen Überlebensfaktor mehr haben. Dies würde bedeuten, daß die biochemische Vielfalt der Neuronengruppen – die sich widerspiegelt in der Vielfalt der Transmitter, die sie verwenden, und der Wachstumsfaktoren, auf die sie ansprechen – entscheidend für die Organisation der Nervenverbindungen ist.

Mechanismen der Formbarkeit

Wir können also schlußfolgern, daß die Bildung einer Karte auf mehreren Mechanismen beruht. Da die Gene nicht in der Lage sind, auf direktem Weg dafür zu sorgen, daß sich zwei Zentren entsprechen, haben sie Mechanismen entwickelt, welche die Herstellung übergreifender Verbindungen ermöglichen. Die Verbindungen werden unter Verwendung vieler lokaler Hinweisreize und chemischer Signale in größter Menge erzeugt und dann auf der Grundlage ihrer funktionalen Bedeutung einer Umstrukturierung unterzogen, möglicherweise unter Mitwirkung spezifischer Wachstums- und Erhaltungsfaktoren, die in aktiven Neuronen reichlich hergestellt werden. Die allgemeinen Mechanismen, mit deren Hilfe die Aktivität in diesem letzten Schritt die Umstrukturierung bestimmt, sind natürlich auch von den Genen festgelegt. Durch ihren Einfluß auf die Entwicklung des Nervensystems können die Gene nachhaltig auf alle Gehirnprozesse einwirken.

Die oben angeführten Beispiele geben keinen Aufschluß über den Mechanismus oder die strukturellen Eigenschaften, die der Plastizität der Nervenverbindungen zugrunde liegen. Informationen zu diesem Punkt verdanken wir unter anderem dem außergewöhnlichen Phänomen der *Langzeit-Verstärkung*: Wenn eine Nervenbahn intensiv stimuliert wird, reagieren die mit ihr verbundenen Neuronen mit stärkerer und länger andauernder Aktivität. Die Veränderung bleibt viele Tage erhalten. Verbunden mit der gesteigerten Reaktion ist eine strukturelle Veränderung in den Dendritendornen, mit denen die Synapsen verknüpft sind. Die Größe der Dendritenstiele nimmt zu. Auch unter vielen anderen Bedingungen bewirkt eine starke Stimulation von Neuronen eine Vergrößerung der Dendritendornen. Daß Synapsen überhaupt auf den Dornen ausgewachsener Neuronen anzutreffen sind, könnte das Ergebnis einer funktionalen Stimulation sein, die sich über einen langen Zeitraum erstreckt.

Die Langzeit-Verstärkung sorgt für Veränderungen in den empfangenden Neuronen der stimulierten Bahn. Die Veränderungen erfolgen, wenn zwei verschiedene Synapsen, die demselben Neuron anhaften, stimuliert werden, vor allem wenn dies wiederholt geschieht. Zu den verantwortlichen Mechanismen gehört der Zustrom von Ca^{++}-Ionen ins Neuroninnere. Wenn man den Neuronen Ca^{++}-Blocker injiziert, so unterbindet man die Verstärkung. Ausschlaggebend scheint die Aktivierung von Enzymen (Proteinkinasen) zu sein, die Phosphatgruppen an Proteine anhängen. Mithin scheint die Modifikation spezieller Proteine an wichtigen Stellen des Neurons die Grundlage der Langzeit-Verstärkung zu sein. Möglicherweise werden auch neue Proteine gebildet. Man nimmt an, daß die Langzeit-Verstärkung entscheidend an den Mechanismen beteiligt ist, die für Lernen und Gedächtnis verantwortlich sind.

Ein weiterer leistungsfähiger Mechanismus, mit dessen Hilfe die Aktivität das Netzwerk verändern kann, ist die *Axonsprossung*. Wenn ein peripherer Nerv verwundet wird und viele Axone durchschnitten sind, kann sich der Nerv regenerieren, weil die Axone an den durchschnittenen Enden zu sprießen beginnen. Die Sprosse folgen den Bahnen der früheren Axone und stellen die alten Synapsen wieder her. Zu ähnlichen Sprossungsvorgängen kommt es im zentralen Nervensystem nach Schädigung einer Nervenbahn, obwohl die Axonsprossen meist nicht sehr lang werden. Ursache der Sprossung scheint die Freisetzung von Wachstumsfaktoren durch die beschädigten Neuronen zu sein. Wenn Schädigungen im zentralen Nervensystem zum Fortfall einiger Bahnen und der entsprechenden Synapsen führen, kann es entweder in den geschädigten Bahnen oder auch in den verbundenen, unbeschädigten Bahnen zu Sprossungen kommen. Auf jeden Fall bilden neue Axone wieder Synapsen mit den Neuronen, die infolge der Schädigung Synapsen verloren haben. Auch ohne Schädigung können Sprossungen auftreten, wenn sich Teile durch mangelnde Aktivität zurückbilden. Dann führen Degeneration und Sprossung zu einer Umstrukturierung des Netzwerks.

Bei sehr jungen Tieren ist die Sprossung erheblich stärker. Besonders aktiv ist sie in dem Alter, in dem wichtige Schaltkreise im Nervensystem angelegt werden, etwa die Bahnen, die mit der verhaltensorientierten Geschlechtsbestimmung oder der Festlegung der Geschlechtsidentität zu tun haben. Für die Ausbildung der visuellen Verbindungen sind die ersten sechs Lebenswochen eines Affen eine sensible Phase, ähnlich der, die über die Geschlechtsdifferenzierung im Hypothalamus entscheidet. Kennzeichen beider ist eine umfassende Umbildung der interneuronalen Verknüpfungen, die von funktionalen Aspekten bestimmt wird. In der sensiblen Phase des Sexualverhaltens wird der funktionale Aspekt durch den Typ des vorkommenden Geschlechtshormons verkörpert, in der sensiblen Phase der Augendominanz durch irgendeinen Faktor, der mit der Ausübung des Gesichtssinns zu tun hat. Vielleicht sind die erforderlichen Reize bestimmte neuronale Signale elektrischer oder chemischer Natur, die mit diesen Funktionen in Zusammenhang stehen. Sprossung kann sogar für medizinische Zwecke genutzt werden; durch gezielte Anwendung der Wachstumsfaktoren, die von dem geschädigten Gewebe freigesetzt werden, ist die chirurgische Behebung von Gehirnschädigungen möglich. Ein Gehirnfragment, das in eine geschädigte Region transplantiert wird, tendiert zu lebhafter Sprossung und bildet Synapsen mit Neuronen des alten Gehirns, wenn man es mit einem Extrakt des geschädigten Gehirns behandelt.

Auch das periphere Nervensystem ist formbar

Das periphere Nervensystem entsteht aus Zellen, die aus einem Teil des Neuralrohrs, der Neuralleiste, herauswandern (vgl. Abb. 12.15, S. 353). Sie bilden die sensorischen Ganglien und die Ganglien des autonomen Systems. Zum autonomen System gehört das *sympathische System*, das seine Ganglien zu beiden Seiten des Rückgrats hat, und das *parasympathische System*, dessen Ganglien sich in vielen inneren Organen befinden. Die sympathischen wie die parasympathischen Ganglien empfangen Inputsignale vom zentralen Nervensystem. Wie in Kapitel 17 beschrieben, steuern die Axone, die diese Ganglien zu den inneren Organen senden, viele lebenswichtige Funktionen, etwa die Herztätigkeit und die Darmbewegung. In allen Fällen sind die sympathischen und parasympathischen Signale von gegensätzlicher Wirkung.

Viele Prozesse, die an der Entwicklung des autonomen Systems beteiligt sind, stehen unter dem Einfluß von Hinweisreizen aus der Zellumgebung. So entscheiden beispielsweise Einflüsse aus der Umgebung über den Transmittertyp, den ein Neuron herstellt. Normalerweise bilden sympathische Neuronen Adrenalin als Transmitter, während parasympathische Neuronen Acetylcholin herstellen. Zu dem Zeitpunkt, da die Zellen von der Neuralleiste aus ihre Wanderung beginnen, bilden sie alle Acetylcholin. Die Produktion von Adrenalin wird durch andere Zellen in der Umgebung angeregt, in der sich die wandernden Zellen ansiedeln. Erst nach dem Kontakt mit den neuen Nachbarn ist entschieden, daß die Zellen fortan Adrenalin bilden, und damit fahren sie sogar dann fort, wenn sie aus ihrer normalen Umgebung entfernt und in Kulturen gezüchtet werden. Doch wenn die Kulturen auch Zellen anderer Art enthalten, nehmen die aus der Neuralleiste stammenden Zellen wieder die Produktion von Acetylcholin auf. Diese Veränderung findet nicht statt, wenn man die Zellen in einem depolarisierten Zustand aktiv hält; dann setzen sie die Adrenalinbildung fort. Möglicherweise bleiben die sympathischen Neuronen im Tier bei der Produktion von Adrenalin, auch wenn sie von Zellen umgeben sind, die sie normalerweise zum Umstieg auf Acetylcholin veranlassen würden, weil die sympathischen Neuronen Nervensignale von zentralen Neuronen empfangen. Abschließend können wir feststellen, daß die Differenzierung zu sympathischen Zellen reversibel ist und unter umgebungsabhängigen wie funktionellen Einflüssen steht.

Sobald sich die wandernden Zellen aus der Neuralleiste zu Ganglien zusammengeschlossen haben, senden sie, oft über beträchtliche Entfernungen, Axone zu den inneren Organen. Auch der Weg dieser Axone wird von Reizen aus ihrer Umgebung bestimmt. In manchen Fällen orientiert sich das Axon an Bahnen, die bereits von anderen Zellarten angelegt worden sind, z. B. Muskeln oder Blutgefäßen. Solche Kanäle fehlen jedoch häufig und müssen durch chemische Signale ersetzt werden. Eine der Signalsubstanzen ist der Nervenwachstumsfaktor, der, wie wir gesehen haben, für das Wachstum und für die Erhaltung der sympathischen und sensorischen Neuronen erforderlich ist.

Nun empfangen Neuronen Differenzierungssignale nicht nur von anderen Zellen, sie schicken solche Signale auch an Zellen ab. Das läßt sich am Beispiel der Muskeln zeigen. Wenn man den Nerv, der zu einem Muskel führt, durchschneidet, verschwinden nach und nach die Acetylcholin-Rezeptoren an den neuromuskulären Synapsen (vgl. Kap. 17). Gleichzeitig treten Rezeptoren außerhalb der Synapsen auf, wo sie normalerweise nicht vorkommen. Diese neuen Rezeptoren haben andere Eigenschaften. So reagieren sie langsamer auf Acetylcholin. Einige sind mit gegen Tetrodotoxin resistenten Na^{+}-Kanälen verbunden. Wenn sich das Axon des durchtrennten Nervs regeneriert und der Muskel wieder aktiv wird, verschwinden die neuen Rezeptoren, und die normalen Rezeptoren treten wieder an ihre Stelle. Entscheidend für die Beibehaltung der normalen Rezeptorverteilung in den Muskelfasern ist die Erzeugung von Aktionspotentialen.

Die Differenzierung von Rezeptoren in Muskeln während der embryonalen Entwicklung folgt dem gleichen Prinzip: Beim Embryo treten sie zunächst überall an der Oberfläche der Muskelfasern auf, doch nachdem Axone die Fasern erreicht haben, konzentrieren sie sich mehr und mehr in den neuromuskulären Synapsen. Die Gründe für diese Veränderungen sind unklar.

Wie diese Beobachtungen beweisen, haben reziproke Wechselwirkungen zwischen Neuronen und den Zellen, mit denen sie verbunden sind, Einfluß auf die Bildung spezifischer Genprodukte, die Zelldifferenzierung und die Herstellung von Verbindungen. All das ist Ausdruck der außerordentlichen Formbarkeit des Nervensystems.

Die Gesetze des Netzwerks

Die oben beschriebenen Beobachtungen (und viele andere) legen den Schluß nahe, daß sich die Ergebnisse, zu denen wir anläßlich der Entstehung von Gehirnkarten gelangt sind, verallgemeinern lassen. Im ganzen Nervensystem vollzieht sich die Ausbildung des endgültigen Neuronennetzes nach folgenden Prinzipien: Zunächst entscheidet der genetische Rohentwurf, in welche Neuronenklassen sich undifferenzierte Zellen je nach Zeit und Ort entwickeln können. Ein wichtiger Differenzierungsmechanismus ist die Wanderung von Vorläuferzellen an geeignete Positionen, woraufhin es zu morphologischer und funktioneller Differenzierung kommt. Ein zweiter Schritt ist die Aussendung von Dendriten und Axonen, der bei allen Neuronen einer bestimmten Klasse auf die gleiche Weise stattfindet. In einem dritten Schritt werden die Verbindungen hergestellt. Der genetische Rohentwurf legt fest, welche Art von Zielzelle, nicht aber welche Zelle im einzelnen das Axon sich sucht. Vermittelt wird dieser Prozeß durch Anziehungs- oder Orientierungsfaktoren, die von den Zielzellen oder anderen Zellen gebildet werden, und durch Kontakte der wachsenden Axone mit vielerlei Zellen. Auch die Art und Weise, wie die Orientierungssignale auf die Axone wirken, ist genetisch festgelegt. Nach Abschluß des dritten Schrittes stellt jede Neuronenklasse eine möglichst große Zahl von Synapsen mit den Zielneuronen her, wobei es zu einem Konkurrenzkampf zwischen Axonen gleicher Art kommt. Das entstehende Netzwerk ist außerordentlich umfangreich, aber nicht sehr selektiv. In dieser Phase spielt ein Neuron noch keine individuelle Rolle, es tritt nur als Mitglied seiner Klasse in Erscheinung.

Der abschließende Schritt ist die Umformung der synaptischen Verbindungen, welche jedem Neuron seine individuelle Bedeutung verleiht. Dieser Schritt findet größtenteils nach der Geburt des jeweiligen Lebewesens statt und richtet sich nach Aspekten der Aktivität. Synapsen, die tätig sind, bleiben erhalten, inaktive verschwinden. Aktivität ist dabei ein relativer Maßstab. Der Tätigkeitsgrad verschiedener Synapsen entscheidet über den Ausgang ihres Konkurrenzkampfes. Das ist die vielleicht wichtigste Phase in der Ausgestaltung des Neuronennetzes und zugleich diejenige, die dem Einfluß von Faktoren aus der Umgebung am stärksten unterworfen ist. Dieser Prozeß hält den größten Teil des Lebens an und erlaubt es dem Individuum, immer neue Dinge zu lernen und sich der Umwelt, in der es lebt, vollständig anzupassen (in der funktionellen Bedeutung des Wortes). Er unterscheidet jedes Individuum von all seinen Artgenossen.

Gehirn versus Computer

Es ist allgemein üblich, das Gehirn mit einem Computer zu vergleichen. Doch wenn wir betrachten, wie sich das Gehirn eines Lebewesens entwickelt, dann sehen wir, wie sehr es sich von einem Computer unterscheidet. Das Gehirn ist ein aus sich selbst wachsendes Netzwerk, dessen Grundeigenschaften von den Genen festgelegt sind. Letztlich ist das Netzwerk so beschaffen, daß es den Bedürfnissen des Individuums, in dem es vorhanden ist, gerecht wird. Eine sehr große Zahl von Instruktionen, die man bei Computern als Software bezeichnen und auf Disketten oder Magnetbändern speichern würde, wird im Zuge einer ständigen Verbesserung in die Hardware, die neuronale Vernetzung des Gehirns, eingebaut. Später sorgt dieser Prozeß in weit mehr lokalisierter und mikroskopischer Form dafür, daß das ganze Leben lang Lernprozesse stattfinden und Gedächtnisspuren angelegt werden. Haben wir es hier mit der Hardware oder der Software des Gehirn-Computers zu tun? Vielleicht ist die Frage bedeutungslos, weil das Netzwerk beide Funktionen besitzt und sich ständig durch synaptische Anpassungsprozesse weiterentwickelt.

Das Gehirn ist also ein außerordentlich leistungsfähiger und ausgereifter (wenn auch langsamer) Computer, der Dinge leistet, zu denen kein künstlich hergestellter Computer trotz seiner sehr viel höheren Geschwindigkeit in der Lage ist. Eine ganz einfache alltägliche Leistung des Gehirns besteht beispielsweise darin, einen bestimmten Menschen aus einer größeren Menge an seinem Gesicht zu erkennen. Für einen Computer wäre das unmöglich. Das Geheimnis des Gehirns liegt darin, daß es Informationen gleichzeitig über viele parallele, aber verschiedene Bahnen verarbeitet, ständig die einzelnen Phasen der Ergebnisfindung in den verschiedenen Bahnen miteinander vergleicht und daraus ein immer klareres Vorstellungsbild entwickelt. Auf diese Weise gelangt das Gehirn zu ganzheitlichen Leistungen, etwa dem Wiedererkennen eines Gesichts. Der künstliche Computer folgt einer einzigen Bahn, seine Stärke ist seine Analysefähigkeit.

KAPITEL 19

Erkenntnisse durch Medikamente und Drogen

Medikamente oder Gifte, die auf Synapsen einwirken, ermöglichen es uns, die funktionelle Bedeutung des Netzwerks zu bestimmen, das durch die Verbindungen zwischen Neuronen gebildet wird. Solchen Stoffen verdanken wir wertvolle Aufschlüsse darüber, wie das Gehirn die jeweilige Besonderheit von Tieren und Menschen prägt. Ihre Wirkungsweise wollen wir etwas genauer betrachten.

Viele Substanzen wirken an den Synapsen. Sie können dort viel differenzierter agieren als Stoffe, die Axone beeinflussen, weil Synapsen ungleich mehr und vielfältigere Angriffsflächen bieten. Im Axon stehen für solche Einflüsse im Prinzip nur die beiden spannungsabhängigen Ionenkanäle (für Na^+ und K^+) zur Verfügung (vgl. Kap. 17). In neuromuskulären und interneuralen Synapsen können die betreffenden Stoffe auf viele Vorgänge einwirken – die Bildung von Neurotransmittern, die Mechanismen ihrer Freisetzung, die Rezeptoren, die normalerweise den Neurotransmittern vorbehalten sind, und die Mechanismen, welche die überschüssigen Neurotransmittermoleküle nach ihrer Ausschüttung beseitigen. Die Vielfalt der Neurotransmitter und der ihnen zugeordneten Rezeptoren trägt auch zur großen Zahl der Angriffspunkte bei. Viele Medikamente und Drogen sind selektiv, d. h. sie wirken nur auf eine Synapsenart mit einer bestimmten Neurotransmitter-Rezeptor-Kombination; deswegen beeinflussen sie ausschließlich solche Regionen oder Zentren des Nervensystems, in denen die Kombination vorherrscht. Aufgrund dieser Selektivität lassen sich mit Hilfe von Stoffen, die auf Synapsen einwirken, Neuronenkomplexe identifizieren, die im Nervensystem funktionelle Einheiten bilden, und so die Ergebnisse ergänzen, die anatomische und funktionelle Beobachtungen uns liefern.

Unter den zahlreichen Substanzen, welche die Funktion von Synapsen in Mitleidenschaft ziehen, gibt es Stoffe natürlichen Ursprungs, andere stammen aus dem Labor. Natürliche Stoffe wurden entdeckt, als man die Wirkung von Pflanzenextrakten und tierischen Giften erforschte. Ein Beispiel ist das Morphin. Die anderen wurden künstlich hergestellt, als man nach Mitteln suchte, die man gegen Schmerzen oder Schlaflosigkeit einsetzen oder bei der Behandlung von Nerven- und Geisteskrankheiten verwenden könnte.

Muskellähmung

Mehrere Gifte wirken auf die Synapse zwischen Axon und Muskelfaser ein, also auf die neuromuskuläre Synapse. Sehr bekannt ist Curare, der Extrakt einer Kletterpflanze, mit dem südamerikanische Indianer ihre Pfeilspitzen bestreichen. Der eigentliche Wirkstoff, Tubocurarin, bindet sehr stark an die Acetylcholin-Rezeptoren und blockiert die Signalübertragung. Der Stoff bewirkt die Lähmung aller Muskeln, doch nicht zur gleichen Zeit. Er beginnt mit den Muskeln der Zehen und hört mit denen der Atmung auf. Sensorische Prozesse, etwa die Wahrnehmung von Gesichtseindrücken, Berührungen oder Schmerz, beeinträchtigt das Gift nicht.

Überraschenderweise hat die hochwirksame Substanz keinerlei Einfluß auf andere Synapsen, die Acetylcholin als Neurotransmitter verwenden. So wirkt Tubocurarin nicht auf die Nerven des autonomen Systems, das die Herzfrequenz steuert. In den beiden Fällen spricht Acetylcholin nämlich unterschiedliche Rezeptoren an. Die Rezeptoren der Herznerven haben die besondere Eigenschaft, daß sie sich mit Muskarin verbinden, einem Pilzgift, das die Wirkungsweise des Acetylcholins nachahmt und die Herzfrequenz in gefährlicher Weise verlangsamt oder sogar zum Stillstand bringt; deshalb werden diese Rezeptoren als muskarinisch bezeichnet. Die Rezeptoren der neuromuskulären Synapsen heißen nikotinisch, weil sie Nikotin, einen Bestandteil des Tabakrauchs, binden, der auf sie einwirkt wie Acetylcholin und Muskelkontraktionen bewirkt. Muskarin hat jedoch keinen Einfluß auf die neuromuskuläre Synapse, und Nikotin bleibt ohne Wirkung auf die Herznerven – ein erster Hinweis auf die Fähigkeit von Neurotransmittern, mit verschiedenen Rezeptoren zusammenzuwirken und unterschiedliche Effekte hervorzurufen.

Andere Gifte, die an den neuromuskulären Synapsen wirksam werden, sind Bungarotoxin (das von einer Klapperschlangenart stammt), Latrotoxin (das Gift der Schwarzen Witwe, einer Spinne) und die Toxine von Botulinus- und Tetanusbakterien.

Die Erregung von Motorik und gelerntes Verhalten

Eine ganze Reihe von Substanzen wirkt sich auf die Synapsen zwischen Neuronen unterschiedlich aus, je nachdem welcher Neurotransmitter von der Synapse verwendet wird. Einige Stoffe beeinflussen die Signalübertragung, an der Katecholamine beteiligt sind. Zu den Katecholaminen gehören unter anderem Dopamin (DA), Noradrenalin (NA) und Adrenalin (A). Stoffe, die die Leistung dieser Neurotransmitter erhöhen, verstärken die motorische Aktivität, rufen Hyperaktivität und Erregung hervor, während Wirkstoffe, die diese Synapsentätigkeit hemmen, die motorische Aktivität verringern und insgesamt beruhigend wirken. Wichtige Unterschiede zwischen den Wirkstoffen jeder Klasse ergeben sich aus den Eigenschaften der Synapsen und der Neuronen, die sie beeinflussen.

Die Katecholaminübertragung wird durch Amphetamine und Kokain gefördert, wobei beide Stoffe die Blut-Hirn-Schranke leicht überwinden. Ihre Wirkung beruht darauf, daß sie die Beseitigung des Neurotransmitters nach seiner Ausschüttung in die Synapse verzögern, so daß er länger im Synapsenspalt bleibt und damit länger wirkt. Überdies steigern Amphetamine die Freisetzung von Dopamin und aktivieren die Dopamin-Rezeptoren im wesentlichen genauso wie das Dopamin selbst. Die Wirksamkeit dieser Substanzen als Aufputschmittel führte zu dem Decknamen *speed* (englisch Tempo, Geschwindigkeit) für Amphetamine und ähnliche Mittel.

Die Aufputschwirkung läßt sich nachweisen, indem man Ratten in große Käfige setzt, die mehrere seitliche Gänge mit interessanten Gegenständen darin haben. Normale Ratten verbringen viel Zeit damit, die Seitengänge zu untersuchen, aber nach der Verabreichung von Amphetaminen laufen sie die meiste Zeit im Käfig herum, ohne sich um die Seitengänge zu kümmern. Sie brauchen jetzt diese motorische Aktivität und verlieren das Interesse an den Einzelheiten ihrer Umgebung. Bei Tieren, die gelernt haben, eine bestimmte Aufgabe auszuführen (etwa einen Hebel niederzudrücken, um einen elektrischen Schlag zu vermeiden), erhöhen geringe Amphetamindosen das Tempo und die Wirksamkeit, mit der die Aufgabe erfüllt wird. In diesem Fall kommt die Hyperaktivität der Ausführung der Aufgabe zugute. Amphetamine beschleunigen auch Lernprozesse.

Die verstärkende Wirkung von Amphetaminen zeigt sich auch bei einem speziellen Versuchsverfahren, der intrakraniellen Selbststimulation. Dabei implantiert man den Versuchstieren auf Dauer Elektroden in bestimmte Gehirnregionen, in denen elektrische Stimulation als lustvoll empfunden wird, und bringt ihnen bei, ihr Gehirn selbst zu reizen, indem sie einen Hebel niederdrücken, der den Stromkreis schließt. Man kann ihnen auch beibringen, die Stromstärke zu steigern, bis die Lustempfindung ein Höchstmaß erreicht. Nach der Verabreichung von Amphetaminen entscheiden sich die Tiere für einen niedrigeren Stromwert, was darauf schließen läßt, daß die elektrische Reizung wirksamer geworden ist.

Diese Amphetamineffekte bei Tieren werden durch den Neurotransmitter Dopamin vermittelt. Wenn man gleichzeitig Dopamin-Antagonisten verabreicht, verringert sich der Effekt. Schädigt man die Dopamin-Neuronen selektiv durch ein Toxin, dann kommt die Amphetaminwirkung völlig zum Erliegen.

Aus anderen Tierexperimenten wissen wir, wo die exzitatorische Wirkung von Amphetaminen und Kokain stattfindet. Man implantiert dabei einem Tier ein dünnes Röhrchen in eine bestimmte Gehirnregion. Das Röhrchen ist mit einer winzigen Injektionsspritze verbunden, mit der sehr kleine Dosen eines Mittels verabreicht werden, wenn das Tier einen Hebel drückt. Gewöhnlich bietet man zwei Hebel an, von denen einer völlig wirkungslos ist. Wenn die Spritze Amphetamin oder Kokain enthält, lernt das Versuchstier sehr rasch, zwischen den Hebeln zu unterscheiden und denjenigen zu drücken, der Injektionen auslöst. Die Gehirnregionen, in denen Amphetamin bzw. Kokain wirken, scheinen nicht identisch zu sein. Die Wirkung schwächt sich erheblich ab, wenn man einen Dopamin-Antagonisten in das Mittel mischt, was abermals darauf hindeutet, daß Dopamin der wichtigste Neurotransmitter ist, den die von diesen Drogen betroffenen Neuronen verwenden.

Die Experimente zeigen, daß die Wirkung der Mittel als angenehm erlebt wird. Das überraschende Ergebnis weiterer Versuche ist jedoch, daß diese Empfindung möglicherweise nicht aus der Hyperstimulation der Dopamin-Rezeptoren erwächst. In den betreffenden Experimenten lernen die Tiere die Amphetaminverwendung mittels eines Verfahrens kennen, das man als Konditionierung bezeichnet. Zuerst erhalten sie eine Injektion des Mittels in ihren Käfigen und werden dann für eine halbe Stunde in einen Sonderkäfig gesetzt. Tiere einer Kontrollgruppe werden zuerst in den Sonderkäfig gesetzt und kommen dann in die normalen Käfige zurück. Nach einer bestimmten Lernzeit erhalten alle Tiere eine Injektion mit Kochsalzlösung ohne einen Wirkstoff, also ein Placebo, und werden wieder in den Sonderkäfig gesetzt. Diejenigen Tiere, die daran gewöhnt waren, das Amphetamin zu erhalten, bevor sie in den Sonderkäfig kamen, demonstrierten erhöhte Motorik, als hätte man ihnen das Mittel injiziert. Bei den Tieren der Kontrollgruppe war das nicht der Fall.

Wie das Experiment zeigt, verknüpfen die Tiere in der Lernphase die Injektion mit dem Drang, verstärkte motorische Aktivität an den Tag zu legen, sobald sie in den Sonderkäfig gesetzt werden. Diese erlernte Verknüpfung läßt sie auch auf das Placebo reagieren. Überraschenderweise wird die *gelernte* Reaktion nicht durch Dopamin-Neuronen verursacht. Die Stimulation der Dopamin-Rezeptoren ist während der Lernphase erforderlich, weil die Tiere die Verknüpfung nicht lernen, wenn ein Dopamin-Antagonist mit dem injizierten Mittel vermischt wird. Nach Abschluß der Lernphase bleibt der Antagonist jedoch ohne Wirkung. Mischt man ihn der Placeboinjektion hinzu, so reduziert das die Hyperaktivität der Tiere nicht, nachdem man sie in den Sonderkäfig gesetzt hat.

Solche Resultate lassen darauf schließen, daß die wiederholte Stimulation der Dopamin-Rezeptoren nach einiger Zeit überdauernde Konsequenzen in anderen Neuronensystemen hervorruft, deren Aktivität nicht auf Dopamin angewiesen ist – ein verbreitetes Phänomen beim Einfluß von Drogen auf das Gehirn.

Mittel gegen Erschöpfung

Die euphorisierende Wirkung von Kokain ist den südamerikanischen Indianern seit vielen Jahrhunderten bekannt. Präkolumbianische Tonfiguren zeigen häufig Gesichter mit einer vorgewölbten Backe, in der sicher ein Klumpen Cocablätter steckte, und einer der häufigsten Gegenstände aus jener Zeit ist ein Fläschchen, das zur Aufnahme von Lauge bestimmt war. Sobald die Blätter genügend durchgekaut waren, gab man ein bißchen Lauge hinzu, um Kokain in aktiver Form zu extrahieren. Die spanischen Eroberer kamen rasch hinter den Wert dieser Praxis: Mit ihrer Hilfe konnten sie die Indianer den ganzen Tag hart arbeiten lassen, denn das Kokain erzeugte Euphorie und Hyperaktivität und verringerte gleichzeitig die Erschöpfung.

Heute wird Kokain gewöhnlich durch ein kleines Röhrchen in die Nase eingezogen (laut Zeitungsberichten sind zusammengerollte Geldscheine für diese Prozedur sehr beliebt). Die Substanz wird von den Schleimhäuten der Nase rasch aufgenommen und gelangt in die Blutgefäße; die Wirkung erfolgt beinahe auf der Stelle. Eine Nebenwirkung ist die Verengung der kleinen Blutgefäße in der Nase und infolgedessen eine Schädigung der Nasenschleimhaut; bei fortgesetztem Gebrauch von Kokain kann die Schleimhaut vollständig zerstört werden.

Kokain wirkt noch rascher – und gefährlicher –, wenn die Droge intravenös genommen wird. Bei zu starker Erregung greifen Kokainkonsumenten zu Beruhigungsmitteln wie z. B. Methaqualon.

Zusätzlich zu diesen Effekten haben Amphetamine noch andere, weil sie auf alle Teile des Gehirns einwirken, die Katecholamine als Neurotransmitter verwenden. Beispielsweise verursachen sie Appetitverlust, offenbar durch verstärkte noradrenalinabhängige Signalübertragung im Hypothalamus. Hohe Amphetamindosen stören die Tätigkeit der an der Gehirnbasis gelegenen Neuronenzentren und rufen stereotypes Verhalten hervor, dessen Merkmale von Art zu Art verschieden sind, nach den jeweils anderen Gehirnaktivitäten: Ratten schnüffeln, machen Halsbewegungen und nagen; Katzen nehmen groteske Körperhaltungen ein, in denen die Bewegungen der verschiedenen Körperteile völlig unzusammenhängend erscheinen; Affen bewegen den Kopf rasch hin und her, zupfen ihr Fell und starren vor sich hin. Verantwortlich dafür sind zwei Gehirnzentren an der Basis; sie sind reich an Neuronen, die Dopamin als Neurotransmitter verwenden. Längere Amphetamineinnahme führt zu weiteren Verhaltensänderungen, die uns später noch beschäftigen werden.

Mittel gegen Depression

Die Existenz einer anderen Klasse von Wirkstoffen, die die Signalübertragung durch Katecholamine beeinflussen, wurde entdeckt, als man einer zufälligen Beobachtung auf den Grund ging. Man hatte bemerkt, daß ein Medikament, mit dem man Tuberkulosepatienten behandelte, deren Stimmung verbesserte. Es stellte sich heraus, daß dieses Mittel ein Enzym hemmt, welches Katecholamine in Synapsen abbaut. Der ausgeschüttete Neurotransmitter blieb länger erhalten und rief ein stärkeres Signal hervor. Die Untersuchungen führten zur Synthese der trizyklischen Antidepressiva (»trizyklisch« bezieht sich auf ihre chemische Struktur), die einen deutlich positiven Effekt bei Patienten mit einem bestimmten Depressionsleiden bewirken. Diese Mittel verstärken die Signalübertragung durch die Katecholamine Noradrenalin (NA) und Adrenalin (A) sowie durch Serotonin (SE), einen Neurotransmitter, der sich von der Aminosäure Tryptophan herleitet (vgl. Kap. 17). Die Wirkstoffe verlängern die Verweildauer der Neurotransmitter in der Synapse und dehnen ihre Wirkung aus, indem sie ihre Wiederaufnahme an der präsynaptischen Membran blockieren. Weitere antidepressive Mittel wirken über andere und kompliziertere Mechanismen. Die Beteiligung von Katecholaminen und Serotonin an Depressionen zeigte sich auch bei der *Induzierung* von Depressionen durch Reserpin, einen Wirkstoff, den man früher gegen erhöhten Blutdruck einsetzte, auf dessen Verwendung man aber wegen dieser Komplikation inzwischen verzichtet. Reserpin verringert die Noradrenalin- und Serotonin-Ausschüttung, indem es das Speichervermögen der betreffenden synaptischen Vesikel herabsetzt.

Die Beobachtungen zeigten, daß es eine enge Beziehung zwischen dem Zustand der Katecholamin-abhängigen Signalübertragung und Depressionen gibt. Die Stimmungsbeeinflussung durch Antidepressiva scheint jedoch keine direkte Folge der verstärkten Signalübertragung durch Katecholamine zu sein. Hier ist der entscheidende Aspekt, daß die Wirkung erst ein bis drei Wochen nach dem Behandlungsbeginn auftritt, während die Stärke der durch Katecholamine übertragenen Signale sofort nach Einnahme des Medikaments gesteigert wird. Zunächst meinte man, der therapeutische Effekt sei auf das Verschwinden von Katecholamin-Rezeptoren nach längerer Darbietung hoher Konzentrationen des Neurotransmitters zurückzuführen. Das würde die Verzögerung erklären. Wie bei Hormonen führt die längere Darbietung eines Neurotransmitters zum Verschwinden vieler Rezeptoren, wodurch die Reaktion der Neuronen auf den Neurotransmitter verringert wird (*Unterempfindlichkeit*). Wenn umgekehrt die normale Darbietung des Neurotransmitters verringert wird, zeigen sich die Neuronen reaktionsbereiter (*Überempfindlichkeit*). Diese Interpretation stand im Einklang mit der Depressionsinduzierung durch Reserpin, das die Reaktionsbereitschaft der Rezeptoren erhöht.

Später fand man jedoch heraus, daß einige Antidepressiva, die die Signalübertragung durch Serotonin direkt verstärken, die Serotonin-Rezeptoren dergestalt verändern, daß diese den Neurotransmitter zwar weiterhin binden, aber nicht auf ihn reagieren. Diese Mittel rufen ihren klinischen Effekt hervor, indem sie auf irgendeine andere Substanz einwirken, welche die Aktivität der Rezeptoren beeinflußt, nachdem der Neurotransmitter gebunden ist. Die betreffende Substanz könnte ein Neuropeptid sein. Falls dieses Ergebnis für alle Antidepressiva gilt, können ihre klinischen Effekte nicht durch eine Verstärkung der Katecholaminsignale bewirkt werden. Gestützt wird diese Annahme durch tiefreichende Unterschiede zwischen der Wirkung von Antidepressiva auf der einen Seite und Amphetaminen und Kokain auf der anderen. Alle drei fördern sie die Signalübertragung durch Katecholamine, unterscheiden sich aber grundlegend in den langfristigen Folgen. Amphetamine und Kokain wirken sehr anregend auf die Motorik, doch die positive Beeinflussung depressiver Patienten macht sich nur am Rande bemerkbar. Dagegen regen Antidepressiva die Motorik nicht an. Möglicherweise erfaßt die Wirkung von Antidepressiva und Amphetaminen auch verschiedene Neuronen, denn sie binden sich an unterschiedliche Rezeptoren. Die Depressionsart, die auf antidepressive Mittel anspricht, scheint also auf einer Funktionsstörung einer speziellen Neuronenklasse zu beruhen, und zwar nicht unbedingt jener, die Katecholamine als Neurotransmitter verwenden.

Für die Annahme, daß Patienten *lernen*, auf Antidepressiva zu reagieren, sprechen Verhaltensexperimente an Menschen, ähnlich den beschriebenen Amphetamin-Experimenten an Ratten. Wenn der Patient nach einer Lernphase, in der er Antidepressiva erhalten hat, Besserung verspürt, reagiert er auf Placebos genauso wie auf das Medikament selbst. Das Ergebnis läßt abermals darauf schließen, daß die Depressionsmechanismen und die Wirkungsweise der Mittel nicht bei den Katecholamin- oder Serotonin-Rezeptoren zu suchen sind, auf die die Wirkstoffe direkt Einfluß nehmen. Die Blockierung der Rezeptoren könnte nur der erste Schritt sein, der eventuell sekundäre Veränderungen in anderen Gehirnzentren und damit die eigentlichen Krankheitsursachen hervorruft. Man darf vielleicht annehmen, daß diese Veränderungen langsam eintreten, während die betroffenen Gehirnzentren lernen, die Blockade zu erkennen. Das würde erklären, warum die Antidepressiva nicht sofort wirksam werden, sondern erst nach ein paar Wochen – einer Zeit, die nach dieser Hypothese für den Lernprozeß erforderlich wäre. Wir müssen uns jedoch klarmachen, daß diese Phänomene noch sehr rätselhaft sind und daß wir das Schlüsselelement des ganzen Prozesses möglicherweise noch gar nicht kennen.

Dopamin und Psychosen

Ein anderer Aspekt der Katecholamin-Biologie, insbesondere des Dopamins, wird an der Wirkung einer Gruppe von Medikamenten erkennbar, die man als Neuroleptika bezeichnet. Sie wirken antipsychotisch und eignen sich zur Behandlung von Schizophrenie, einer Krankheit des Menschen, die charakterisiert ist durch Denkstörungen, Kontakt- und Affektarmut, Halluzinationen und paranoide Vorstellungen. Einige dieser Mittel (zum Beispiel Chlorpromazin) enthalten einen trizyklischen Ring, der an die trizyklischen Antidepressiva erinnert. Neuroleptika blockieren eine Klasse von Dopamin-Rezeptoren, sogenannte D_2, die bei Aktivierung durch Dopamin die intrazelluläre Freisetzung von zyklischem AMP veranlassen. Diese Freisetzung wird von den Medikamenten unterdrückt, wodurch die Fortbewegungsaktivität reduziert und die Ausführung gelernter Aufgaben beeinträchtigt wird. Ein dressiertes Tier führt die gelernte Aufgabe nach Einnahme des Mittels nur aus, wenn der Stimulus erheblich verstärkt wird – wenn beispielsweise ein elektrischer Schlag an die Stelle eines visuellen Warnsignals tritt. Solch eine verringerte Reaktionsbereitschaft ist stets das Ergebnis der Reduktion einer Dopamin-abhängigen Signalübertragung.

Die therapeutische Wirkung der Neuroleptika hat zur »Dopamin-Hypothese« der Schizophrenie geführt, nach der diese Krankheit infolge einer Steigerung der Signalübertragung durch Dopamin entsteht. Gestützt wird die Hypothese durch die Beobachtung, daß Dopamin in bestimmten Gehirnregionen schizophrener Patienten verstärkt bindet. Sie deckt sich auch mit einer sehr ausgeprägten Verschlimmerung der Schizophrenie-Symptome durch Amphetamine, welche die Übertragung mit Hilfe des gleichen Neurotransmitters fördern, und durch die Substanz L-Dopa, die im Gehirn in Dopamin umgewandelt wird. Ein Problem dieser Hypothese ist jedoch der langsame therapeutische Effekt der Neuroleptika, denn im Gegensatz zu diesem bewirken sie die Blockierung der Dopamin-Signale sofort.

Wie bei den antidepressiven Mitteln spielt vielleicht auch in diesem Fall, bei der Reaktion der Schizophrenie auf Medikamente, Lernen eine Rolle. Die Schizophrenie könnte nämlich wie die Depression nicht das unmittelbare Ergebnis der exzessiven Dopamin-Übertragung sein, welche die Mittel in dem betreffenden Neuronensystem hervorrufen, sondern der Veränderung irgendeines anderen mit den Dopamin-kontrollierten Neuronen in Verbindung stehenden Zentrums. Wie bei den antidepressiven Mitteln könnte die Blockierung der Dopamin-Rezeptoren indirekt die Tätigkeit dieser anderen Systeme beeinflussen, die für die Krankheit direkt verantwortlich sein mögen. Unterstrichen wird diese Auffassung durch die Beobachtung, daß der Effekt von Neuroleptika bei Tieren langsam auf die verschiedenen Neuronensysteme in der grauen Substanz an der Gehirnbasis (den Basalganglien) und auf die Großhirnrinde übergreift. Veränderungen in den entsprechenden Zentren des menschlichen Gehirns sind möglicherweise für die Schizophrenie verantwortlich. Da wir jedoch zu wenig über die Wirkungsweise der Mittel wissen, können wir nicht unterscheiden, durch welche Veränderungen die Krankheit direkt hervorgerufen wird.

Für zusätzliche Ungewißheit sorgt eine andere Beobachtung: Patienten, die lange Zeit mit neuroleptischen Mitteln behandelt werden, entwickeln charakteristische Symptome, etwa unwillkürliche Bewegungen mit Mund und Zunge, als würden sie kauen. Diese Erscheinungen schreibt man Funktionsveränderungen des Corpus striatum zu, das an der Gehirnbasis liegt und sehr viele Dopamin-Neuronen aufweist. Daher könnte dieses Zentrum an der Entstehung der Schizophrenie beteiligt sein. Neuroleptika, nach deren Gabe diese Komplikation ausbleibt, inaktivieren Dopamin-Rezeptoren in der Großhirnrinde und nicht im Striatum, was eine wieder andere Hypothese nahelegt. Danach geht die Schizophrenie auf Veränderungen in der Großhirnrinde und nicht im Striatum zurück. Die Symptome könnten durchaus von Mitteln hervorgerufen werden, deren Nebenwirkung eine Schädigung des Striatum ist. Verwirrung stiftet die Beobachtung, daß einige Schizophrene, die nie mit Neuroleptika behandelt wurden, die genannten Symptome trotzdem erkennen lassen.

Inhibitorische Wirkung

Wir wenden uns nun einer vollkommen anderen Gruppe von Wirkstoffen zu: den Mitteln, welche die Wirksamkeit von GABA, dem Transmitter in inhibitorischen Synapsen (vgl. Kap. 17), verstärken. Diesen Substanzen verdanken wir wichtige Erkenntnisse über die Bedeutung von GABA-Signalen für das übergeordnete Gleichgewicht des Nervensystems. Sie werden als *milde Tranquilizer* (englisch *minor tranquilizers*) bezeichnet und umfassen nur mild sedativ wirkende Tranquilizer. *Harte Tranquilizer* (*major tranquilizers*) sind in erster Linie die Neuroleptika. Die Beobachtung, daß sich aggressive Affen leichter handhaben ließen, wenn man ihnen eine bestimmte chemische Substanz verabreicht hatte, führte zur Entdeckung dieser Mittel.

Die wichtigste Gruppe der milden Tranquilizer sind die Benzodiazepine, zu denen einige sehr bekannte Medikamente wie Valium und Librium gehören. Da sie lipophil sind, überwinden sie die Blut-Hirn-Schranke ohne Schwierigkeit. Bei Menschen wie bei Tieren bekämpfen diese Substanzen Angstzustände. Ihre Wirkung zeigt sich beispielsweise bei Ratten, die gelernt haben, auf ein Geräusch mit einem Hebeldruck zu reagieren, woraufhin sie mit Futter belohnt werden. Wenn der Lernprozeß der Tiere abgeschlossen ist, wird die Versuchsanordnung geändert: Nach dem Hebeldruck erhalten sie jetzt einen elektrischen Schlag an den Pfoten und keine Nahrung. In einer Reihe von Versuchsfolgen wird dieser Schlag immer heftiger. Bei normalen Ratten gerät der elektrische Schlag mit dem Gelernten in Konflikt und führt rasch zum Verschwinden der Hebeldruck-Reaktion. Verabreicht man aber den Tieren mit der Nahrung Librium, behalten sie die erlernte Reaktion bei und kümmern sich nicht um den elektrischen Schlag. Im allgemeinen mindern Benzodiazepine die Wirkung von Bestrafung beim erlernten Verhalten von Tieren – nicht weil sie die Signalerkennung verändern, sondern weil sie die Toleranz gegenüber der Bestrafung erhöhen.

Librium löst auch Konflikte zwischen Tieren, etwa zwei männlichen Ratten in einem Käfig, in dem noch keine ihr Territorium abgegrenzt hat. Die Tiere sind neugierig und beunruhigt von der Anwesenheit des jeweils anderen. Sie untersuchen sich gegenseitig, indem sie sich beschnüffeln, über- und untereinander krabbeln u. ä. Diese Interaktion wird durch neue Versuchseffekte gebremst, etwa durch kurze Lichtblitze, die in der ohnehin angespannten Situation zusätzlich Angst stiften. Librium dämpft die Reaktion auf die neuen Beeinträchtigungen und sorgt dafür, daß die Interaktion der beiden Tiere intensiv fortgesetzt wird – offensichtlich dadurch, daß es die Angst vermindert. Benzodiazepine haben auch andere Auswirkungen: Sie sind beruhigend, verhindern Krampfanfälle (wirken also als Antikonvulsiva) und entspannen die Muskulatur. Einige Benzodiazepine wirken speziell in bestimmten dieser Bereiche.

Wir wissen nur bedingt, auf welchen Mechanismen die Wirkung von Benzodiazepinen beruht, doch was wir wissen, ist sehr aufschlußreich für die biologischen Vorgänge beim Zusammenwirken von GABA und seinen Rezeptoren. In Kapitel 17 haben wir gesehen, daß dieser Neurotransmitter die Öffnung von Cl^-(Chlor)-Kanälen bewirkt. Der erhöhte Cl^--Zustrom steigert die Polarisation des empfangenden Neurons (sein Membranpotential wird an der Innenseite negativer) und verringert die Bereitschaft des Neurons, in Reaktion auf Signale von exzitatorischen Synapsen aktiv zu werden. Somit wird die Reaktionsbereitschaft des Neurons gedämpft. Benzodiazepine verstärken diese Wirkung. Dabei übernehmen sie nicht einfach die Rolle von GABA, denn sie wirken nur, wenn der Neurotransmitter ausgeschüttet worden ist. Sie können ihn nicht ersetzen und binden nicht an GABA-Rezeptoren, sondern an eigene Rezeptoren, die mit den GABA-Rezeptoren und den Chloridkanälen in Verbindung stehen. Die Verbindung zwischen Benzodiazepin-Rezeptoren, GABA-Rezeptoren und den Kanälen ist so eng, daß sie alle als eine Einheit aus Neuronenmembranen isoliert werden.

Der Umstand, daß es im Gehirn Rezeptoren für verschiedene Benzodiazepin-Arten gibt, wirft eine wichtige Frage auf: Was ist ihre normale Funktion? Am wahrscheinlichsten ist die Erklärung, daß sie irgendeine normale Körpersubstanz erkennen, wahrscheinlich einen Wirkstoff, der sich beruhigend auf das Gehirn auswirkt. Für diese Erklärung spricht die verringerte Rezeptorzahl im Gehirn von Tieren, die zu Krampfanfällen neigen. Man hat einige Körpersubstanzen, die mit den Benzodiazepin-Rezeptoren zusammenwirken, aus Tiergehirnen isoliert. Einer dieser Stoffe ist ein kleines Protein, ein anderer ein Molekül aus der Gruppe der sogenannten β-Carboline. Beide Substanzen binden intensiv an Benzodiazepin-Rezeptoren, insbesondere das spezielle β-Carbolin. Während das Protein Angst hervorruft, wenn es ins Rattenhirn injiziert wird, wirkt β-Carbolin beruhigend. Andere β-Carboline dagegen wirken ebenfalls angstauslösend. Die Bedeutung dieser Gehirnsubstanzen ist noch nicht bekannt.

Benzodiazepin-Rezeptoren, die sich etwas von den Rezeptoren der Neuronen unterscheiden, kommen in einer Vielzahl anderer Zelltypen vor. Welche Aufgabe sie haben, wissen wir nicht, doch wir können davon ausgehen, daß endogene, den Benzodiazepinen ähnliche Substanzen im Körper vielfältige Anwendung finden.

Eine verwandte Wirkung wie Benzodiazepine haben Barbiturate und Äthanol (Alkohol). Wie Benzodiazepine reduzieren sie Angst und beruhigen. Sie wirken ebenfalls, wenn auch auf andere Art, mit dem Komplex aus GABA-Rezeptor und Chloridkanal zusammen und erhöhen damit den Cl^--Zustrom in den Neuronen. Dieser Effekt läßt sich durch Antagonisten blockieren, die sich mit dem GABA-Rezeptor oder dem Cl^--Kanal verbinden.

Die Blockierung von Hemmung

Während Substanzen, die die Aktivität des GABA-Rezeptor-Chloridkanal-Komplexes steigern, beruhigend wirken, haben Wirkstoffe, die diese Aktivität hemmen, einen exzitatorischen Effekt. Dies gilt für das Pikrotoxin, das aus den Samenkörnern einer tropischen Pflanze gewonnen wird. Es kann an die Chloridkanäle binden und sie blockieren. Eine Substanz mit ähnlicher Wirkung ist Strychnin, das – vor allem in den Neuronen des Rückenmarks – die inhibitorische Wirkung des Neurotransmitters Glyzin (vgl. Kap. 17) blockiert. Jeder dieser Stoffe bewirkt bei den Betroffenen allgemeine Muskelkontraktionen, die zu Krämpfen und schließlich zum Erstickungstod führen können.

Krämpfe sind das Ergebnis eines positiven Feedback zwischen zwei Gehirnzentren: Zentrum A erregt Zentrum B, das seinerseits Zentrum A erregt. Dieses Feedback wird normalerweise durch Hemmung in Schach gehalten. Reduziert irgend etwas die Hemmung, dann schaukeln sich die Effekte zu allgemeinen Muskelkontraktionen hoch, welche zur Ohnmacht führen und erst beendet werden, wenn die Neuronen nicht mehr ausreichend mit Sauerstoff und Zucker versorgt werden. Die Blockierung von Hemmung hat im Nervensystem ungleich schlimmere Auswirkungen als die Unterstützung exzitatorischer Mechanismen. Substanzen wie Amphetamine oder Kokain, welche die Wirkung exzitatorischer Transmitter steigern, führen zu weit weniger dramatischen Ereignissen als Pikrotoxin oder Strychnin.

Halluzinationen

Einige Drogen haben eine außergewöhnliche Wirkung: Sie vermitteln »Erleuchtungen« – Wahrnehmungen, die anders sind als unsere gewöhnlichen Wahrnehmungen, aber genauso glaubhaft. Die Wirklichkeit dieser künstlich hervorgerufenen Erfahrungen, der Halluzinationen, ist für denjenigen, der sie erlebt, unbestreitbar und hält auch noch (als Erinnerung) an, wenn die Wirkung der Droge nachläßt. Die Wahrnehmungen können visueller Natur sein und aus komplizierten und plastischen Bildern bestehen, die nicht unbedingt bekannte Formen aufweisen müssen, oder auditiver Natur: Laute bzw. Wörter.

Halluzinogene – Substanzen, die Halluzinationen hervorrufen – kennt man seit langem. Gelegentlich hat man ihre »Erleuchtungen« für religiöse Erlebnisse gehalten. Südamerikanische Indianer verschafften sie sich durch Psilocybin, ein Rauschmittel, das aus ihren heiligen Pilzen gewonnen wurde, und durch Meskalin, das aus dem getrockneten Peyotl-Kaktus stammte. Beide Substanzen sind den Katecholaminen und Amphetaminen chemisch ähnlich. Tatsächlich erzeugen einige Amphetaminderivate Halluzinationen. Heute benutzt man im allgemeinen andere Halluzinogene, beispielsweise das hochwirksame LSD (D-Lysergsäurediäthylamid). Es leitet sich von einem Alkaloid her, das in dem sehr giftigen Mutterkorn des Roggens und des Weizens vorkommt, und ruft vor allem visuelle Halluzinationen hervor. Ein anderes Halluzinogen ist Phencyclidin, das man unter der Bezeichnung PCP oder Engelsstaub kennt. Es wurde in den fünfziger Jahren als Betäubungsmittel entwickelt, jedoch niemals allgemein eingesetzt, weil man seine halluzinogene Wirkung rasch erkannte. Die Verwendung dieser Droge hat vielfältige Konsequenzen, unter anderem Krämpfe und lange, der Schizophrenie ähnliche Psychosen. Häufig endet die Einnahme von Phencyclidin tödlich.

Über die Wirkungsweise von Halluzinogenen wissen wir wenig, weil man sie nur an Tieren untersuchen kann, bei denen sich das Auftreten von Halluzinationen kaum feststellen läßt. Begrenzte Erkenntnisse verdankt man dem Vergleich zwischen den Reaktionen von Versuchstieren auf Drogen, die bei Menschen Halluzinationen hervorrufen, und auf Substanzen, die chemisch mit den Drogen verwandt sind, aber keine solchen Erscheinungen auslösen. Aus diesen Studien kann man folgern, daß Halluzinogene auf verschiedene Weise die Analyse der von außen kommenden Sinnessignale beeinträchtigen und das Zusammenwirken von Großhirnrinde und niedrigeren Gehirnzentren verändern.

LSD und Meskalin binden in verschiedenen Teilen des Gehirns an Rezeptoren, die wahrscheinlich auch Rezeptoren des Neurotransmitters SE (Serotonin) sind. Diese Schlußfolgerung gründet sich auf die Beobachtung, daß bei den erwähnten Vergleichsstudien LSD in den Versuchstieren als Serotonin-ähnliche Substanz erkannt wird, während verwandte Stoffe, die indes keine Halluzinationen erzeugen, nicht als Serotonin-ähnlich erkannt werden. Ein Amphetaminderivat mit halluzinogener Wirkung zerstört die Axonenendigungen, die Serotonin als Transmitter verwenden, doch das mag ein Sonderfall sein. Es ist noch nicht geklärt, warum die Wechselwirkung von

LSD mit seinen Rezeptoren zu Halluzinationen führt. Die visuellen Halluzinationen könnten auf eine veränderte Reaktion der Neuronen in der Sehbahn und damit auf eine modifizierte Verarbeitung visueller Informationen zurückgehen. Dies sind allerdings nur vorläufige Hypothesen, weil wir wissen, daß LSD auch auf die Neuronen anderer Gehirnzentren einwirkt.

Phencyclidin (PCP), das ebenfalls an spezielle Rezeptoren bindet, hat zwei Effekte. Zum einen hemmt es die Signalübertragung durch nikotinisch cholinerge Rezeptoren. Zum anderen blockiert es die K^+-Kanäle im Übertragungsende einer Vielzahl von Synapsen. Die K^+-Blockade verlängert die Dauer des Aktionspotentials, was einen verstärkten Ca^{++}-Zustrom im Übertragungsende der Synapsen bewirkt, und intensiviert die Ausschüttung des Neurotransmitters. Die erwähnten Tierexperimente zeigen, daß PCP mit den Rezeptoren des Adenosins wechselwirkt (Adenosin kann als Neurotransmitter oder als Modulator eines Neurotransmitters fungieren). Adenosin-ähnliche Substanzen haben beruhigende Wirkung, so daß möglicherweise PCP Halluzinationen hervorruft, weil es als Antagonist dieser Substanzen auftritt. Nun rufen aber die uns bekannten Adenosin-Antagonisten keine Folgen hervor, die mit denen des PCP vergleichbar wären. Andere Untersuchungsergebnisse bringen PCP mit einem der Rezeptoren für Opiate in Zusammenhang. Offensichtlich wissen wir noch recht wenig über die Wirkmechanismen von PCP.

Halluzinogene wirken nicht nur auf die Neuronen ein, sie verursachen auch Kontraktionen der Blutgefäße und damit erhöhten Blutdruck. Die Verengung der Gehirnarterien und der Sauerstoffmangel der Neuronen könnten zu den halluzinogenen Eigenschaften dieser Substanzen beitragen.

Sucht

Andere Substanzen, die das zentrale Nervensystem beeinflussen, haben mit den bisher erörterten Stoffen die Fähigkeit gemeinsam, rasche wie auch langsame Veränderungen hervorzurufen, welche die Reaktionsbereitschaft des Nervensystems modifizieren. Als Beispiele wollen wir Opiate (Morphin oder Heroin) betrachten. Sie verbinden sich mit Rezeptoren für endogene Opioide, etwa Enkephalin und Endorphin (vgl. Kap. 17). Es gibt mehrere Klassen von Opiat-Rezeptoren mit unterschiedlichen Merkmalen.

Die fortdauernde Einnahme bzw. Gabe von Opiaten ruft bei Menschen und Tieren eine Reihe charakteristischer Ereignisse hervor. Sie entwickeln den Drogen gegenüber rasch eine gewisse Toleranz (sie verlieren an Empfindlichkeit) – immer höhere Dosen sind erforderlich, um die gleiche Wirkung zu erzielen. Mit der Zeit werden die betreffenden Individuen abhängig. Wenn sie die Drogen absetzen, bekommen sie es mit außerordentlich unerfreulichen Entzugserscheinungen zu tun – Ruhelosigkeit, Erbrechen, Durchfall, Schlaflosigkeit und heftigem Verlangen nach der Droge. Ihre Einnahme beseitigt die Symptome auf der Stelle. Entzugssymptome werden auch durch den Morphin-Antagonisten Naloxon ausgelöst, der an dieselben Rezeptoren bindet und sie blockiert, ohne jedoch opiatähnliche Effekte hervorzurufen. Nach einigen Monaten der Drogeneinnahme werden die betreffenden Individuen süchtig. Selbst wenn es ihnen gelingt, von der Droge loszukommen, bleibt die Tendenz, ihr später wieder zu verfallen. Sucht ist eine langfristige, oft lebenslängliche Abhängigkeit von Drogen.

Viele andere neuroaktive Mittel – Barbiturate, Kokain, Amphetamine, Nikotin und Alkohol, um nur einige zu nennen – haben ähnliche Folgen. Zwar rufen sie alle im Moment höchst unterschiedliche Wirkungen hervor, doch ist ihnen die Fähigkeit gemeinsam, Abhängigkeit zu erzeugen. Eine solche Abhängigkeit ist spezifisch für eine bestimmte Droge: Heroingebrauch ruft keine Abhängigkeit für Kokain oder Nikotin hervor und umgekehrt. Innerhalb derselben Gruppe führen manche Drogen rascher zur Abhängigkeit als andere, was allerdings nichts mit ihrem Vermögen zu tun hat, die Wirkung zu erzeugen, derentwegen sie eingenommen werden. Bei den Opiaten sorgen Morphin und Heroin, die sich chemisch sehr ähnlich sind, rasch für Abhängigkeit. Länger dauert dieser Prozeß bei dem chemisch anders aufgebauten Methadon. Abhängigkeit hat nicht unbedingt etwas mit der Toleranz gegenüber dem Mittel zu tun: LSD bewirkt nach kurzer Zeit Toleranz, aber keine Abhängigkeit.

Die Gewöhnung an Opiate läßt sich mit zwei verschiedenen Mechanismen erklären. Der eine beruht auf Veränderungen von Neuronen, der andere auf komplexen Gehirnfunktionen.

Sucht in der Körperzelle

Wenn Neuronen längere Zeit Opiaten (Morphin oder Heroin) ausgesetzt sind, verschwindet ein Teil der Opiat-Rezeptoren. Deswegen sind höhere Mengen der Droge erforderlich, um die gleiche Wirkung hervorzurufen. Dieses Phänomen – gleichbedeutend mit der oben beschriebenen Toleranz – wird durch den Morphin-Antagonisten Naloxon verhindert. Vergleicht man verschiedene Opiate miteinander, so kann man feststellen, daß deren Fähigkeit, einen Verlust von Rezeptoren hervorzurufen, mit der suchterzeugenden Wirkung des Mittels in Zusammenhang steht. Also liegt der Schluß nahe, daß dieser Verlust eine Rolle für die Sucht spielt.

Für diese Vermutung sprechen Beobachtungen an glatten Muskelzellen des Meerschweinchendarms, die sich zusammenziehen, wenn die Nerven stimuliert werden. Örtliche Anwendung von Opiaten verringert die Kontraktion, ein Effekt, der allerdings bei wiederholter Anwendung nachläßt. Um die Reaktion wieder hervorzurufen, muß die Dosis erhöht werden – ein offensichtlicher Fall von Toleranz. Man kann die Zellen auch von Opiaten abhängig machen, denn wenn man den Antagonisten Naloxon appliziert, um die Rezeptoren nach längerer Behandlung mit einem Opiat zu blockieren, tritt das Äquivalent von Entziehungssymptomen auf: Die Muskelzellen sind äußerst heftigen Kontraktionen unterworfen.

Psychische Abhängigkeit

Die Zellphänomene, die auf dem Verlust von Rezeptoren beruhen, erklären wahrscheinlich die Entwicklung der Toleranz und Abhängigkeit und das rasche Auftreten von Entzugssymptomen, wenn das Opiat abgesetzt oder der Antagonist Naloxon verabreicht wird. Allerdings erklären sie nicht die chronische Sucht, weil sie viel zu rasch erfolgen: Sie erreichen schon nach ungefähr zwei Tagen ihre maximale Ausprägung, während die Sucht erst nach Monaten beginnt.

Die langfristigen Erscheinungen, die in Verbindung mit Suchtmitteln auftreten, sind bisher nicht vollständig geklärt. Wahrscheinlich beruhen sie auf komplizierten Wechselwirkungen zwischen Gehirnzentren, von denen wir noch wenig wissen. Eine Ahnung davon, wie groß diese Komplexität ist, vermitteln Experimente an Ratten, die auf der bereits beschriebenen Technik der intrakraniellen Selbststimulation beruhen. Bestimmte Beobachtungen bei diesen Experimenten zeigen nämlich, daß der angenehme Morphineffekt und die Abhängigkeit in verschiedenen Gehirnzentren entstehen. Winzige Morphinmengen werden direkt in ausgewählte Teile des Rattengehirns injiziert. Das Tier empfindet die Injektion in eine bestimmte

Region – nennen wir sie Region A – als angenehm, denn es appliziert sich die Substanz in diese Region selbst, während ihm die Wirkung in Region B nicht zusagt, weil es sie nicht durch Selbst-Applikation verstärkt. Doch längere Applikation in Region B führt, obwohl sie nicht als angenehm empfunden wird, zur Abhängigkeit, was sich am Auftreten von Entzugserscheinungen infolge Verabreichung des Antagonisten Naloxon nachweisen läßt. Andererseits ruft die als angenehm empfundene Applikation in A keine Abhängigkeit hervor.

Wahrscheinlich sind viele Gehirnzentren an der Entstehung von Entzugserscheinungen beteiligt. Auf eines dieser Zentren läßt folgende Beobachtung schließen: Man kann Opiat- oder Nikotinsüchtigen die Entziehungssymptome etwas erleichtern, wenn man ihnen Clonidin gibt, eine Substanz, die wie der Neurotransmitter Noradrenalin wirkt. Dieses Ergebnis deckt sich mit der Erkenntnis, daß Noradrenalin bei Tieren die elektrische Aktivität in einem Gehirnzentrum reduziert, das beim Entzug hyperaktiv wird. Es hat also den Anschein, als seien Noradrenalin-abhängige Neuronen mit uns bekannter Lokalisierung direkt an der Entstehung von Entzugssymptomen beteiligt, und zwar unabhängig vom jeweiligen Suchtmittel.

Abermals eine Frage des Lernens

Die Beobachtung, daß ein Wirkstoff, auch wenn er direkt in das entsprechende Gehirnzentrum eingebracht wird, Abhängigkeit erst nach längerer Anwendung hervorruft, wirft ähnliche Probleme auf, wie wir sie bereits von der verzögerten therapeutischen Wirkung der Antidepressiva und Neuroleptika kennen. Sind einige dieser Effekte das Ergebnis von Lernprozessen? Wir haben kein überzeugendes Modell, um die langsam eintretenden Effekte zu erklären, und wir können nur vermuten, daß ein indirekter Mechanismus am Werk ist.

Die Entstehung einer chronischen Sucht wirft vergleichbare Fragen auf. Warum wird ein Süchtiger, der seine Droge absetzt und die Entzugssymptome auf sich nimmt, später wieder rückfällig und vergißt dabei offenbar alle seine Leiden? Der Rückfall kann nach vielen Monaten Drogenfreiheit eintreten. Anhand der vorliegenden Erkenntnisse ist das Lernen entscheidend am Rückfallmechanismus beteiligt. Wenn süchtige Affen beispielsweise gelernt haben, daß sie bei einem roten Lichtblitz eine Morphiuminjektion erhalten, zeigen sie sich von einer Injektion mit Kochsalzlösung bei dem roten Lichtblitz genauso befriedigt; auch kommt es nicht zu den Entzugssymptomen, die sie ohne Injektion an den Tag legen würden. Die Entzugserscheinungen werden also nicht durch das Suchtmittel selbst verhindert, sondern durch die Meinung, es erhalten zu haben. Entsprechend kann ein Dealer unter geeigneten Voraussetzungen sein Heroin ohne Risiko strecken – der Süchtige nimmt es als wirksam wahr. Ein verblüffendes Beispiel für die Bedeutung solcher Erwartungen beobachtete man bei dem Versuch, Heroinabhängige durch die Injektion von endogenen Opiaten wie β-Endorphin zu heilen: Die Injektion eines Kochsalzplacebos (ohne Wissen des Patienten) hatte sehr positive Effekte. Offenbar spielen Lernen und Erwartung eine große Rolle für die Reaktion – bei Menschen wie bei Tieren.

Sogar die Wahrnehmung von Entzugserscheinungen hängt weitgehend von den Umständen ab. Wenn zum Beispiel Heroinabhängige, die häufig kriminell werden, Haftstrafen abbüßen, können sie sich rasch von den Entzugssymptomen erholen und ohne Drogen leben, solange sie im Gefängnis sind. Doch wenn sie wieder auf freiem Fuß sind und in die Umgebung früherer Entzugserlebnisse zurückkehren, empfinden sie unweigerlich das ganze Elend des Entzugs und die Gier nach der Droge. Ähnliches läßt sich bei Tieren beobachten: Süchtige Affen, die gelernt haben, daß auf den Ton eines Summers längere Phasen ohne Suchtmittel folgen, zeigen auf dieses Geräusch hin auch dann Entzugserscheinungen, wenn sie das Mittel weiterbekommen.

Die Beobachtung, daß die Sucht sich nach wiederholter Einnahme der Droge langsam herausbildet, legt den Schluß nahe, daß irgendein Gedächtnisprozeß beteiligt ist. Aber was wird im Gedächtnis behalten? Aller Wahrscheinlichkeit nach ist es die Erinnerung an den höchst lustvollen Effekt der von dem Suchtmittel hervorgerufenen Euphorie. Die erlebte Euphorie unterscheidet sich wahrscheinlich von Droge zu Droge, hat aber dieselben Konsequenzen: Sie wird als Erlebnis gespeichert, das eine Wiederholung lohnt. Tatsächlich sind die stärksten Suchtmittel (Morphin, Nikotin, Kokain) diejenigen Drogen, die das intensivste Wohlgefühl hervorrufen. Der subjektive Wert der verschiedenen Suchtmittel dürfte von dem Mittel selbst sowie von der Persönlichkeit des Süchtigen und den Umständen abhängen. Wenn die Sucht durch die Erinnerung an die angenehme Wirkung der Droge aufrechterhalten wird, muß diese Erinnerung sehr viel stärker sein als die an die Leiden des Entzugs.

Stark begünstigt wird ein Rückfall durch Umstände, die den Betreffenden an die Tage seiner Glückseligkeit erinnern – ein bestimmter Ort, eine bestimmte Musik, Freunde oder der Anblick des Zubehörs (Injektionsspritze, Zigarettenpäckchen, kleine Röhrchen zur Kokaininhalation). Die Bedeutung solcher Umstände ist nicht überraschend, denn Assoziationen wirken stark auf das Verhalten ein. Das klassische Konditionierungsverfahren bei Tieren illustriert dies anschaulich: Ein Hund sondert beim Anblick von Futter Speichel und Magensäfte ab. Setzt man ihm nun die Nahrung regelmäßig in Verbindung (Assoziation) mit einem Signal vor, z. B. einem besonderen Licht oder Geräusch, lernt das Tier, Speichel und Magensäfte auch dann abzusondern, wenn das Signal ohne Futter dargeboten wird. Man kann sich leicht vorstellen, wie wichtig solche Assoziationen auch in anderen Situationen sind. Umstände, die uns an angenehme Erlebnisse erinnern, können den Wunsch wecken, diese Erlebnisse zu wiederholen. Möglicherweise läßt sich auf die gleiche Weise erklären, daß besondere Umstände Entzugserscheinungen heraufbeschwören.

Wie beginnt die Ereigniskette, die zur Sucht führt? Die Neigung zur Verwendung von Suchtmitteln scheint ein besonderes Merkmal der menschlichen Gesellschaft zu sein. Junge Menschen greifen zu Drogen, weil sie andere nachahmen wollen oder weil sie Einflüssen in der Schule oder in der Nachbarschaft erliegen. Der leichte Zugang zu Suchtmitteln scheint keine besondere Rolle zu spielen, obwohl dies sicher auch dazu führt, daß jemand mal einen Versuch macht. Eine andere Ursache ist die Anwendung eines Suchtmittels, etwa Morphiums, aus medizinischen Gründen.

Jemand, der mit einer Droge experimentiert, muß nicht unbedingt süchtig werden. Das weiß man aus mehreren Studien, von denen sich eine mit amerikanischen Soldaten aus dem Vietnam-Krieg beschäftigt hat: Von den zahlreichen Personen, die dort hin und wieder Heroin genommen haben, sind relativ wenige süchtig geworden. Welche Faktoren für die Entstehung der Sucht entscheidend sind, wissen wir nicht. Wahrscheinlich haben sie mit der Persönlichkeit des Betroffenen und vielen seiner Lebensumstände zu tun. Die Substanz mit der vermutlich stärksten suchtauslösenden Potenz ist Nikotin. Die meisten Menschen, die anfangen, Zigaretten zu rauchen, werden süchtig. Dabei erweist sich das Maß der Abhängigkeit als unterschiedlich: Manche können die Gewohnheit mehr oder minder leicht ablegen, andere sind dazu überhaupt nicht in der Lage. Wiederum ist unbekannt, worauf diese Unterschiede zurückgehen.

Unklar ist auch, warum einzelne Menschen einer bestimmten

Droge und nicht einer anderen verfallen. Die Möglichkeit, sich die Droge zu verschaffen, scheint für die Wahl nicht entscheidend zu sein. Die meisten Süchtigen haben verschiedene Drogen ausprobiert und nehmen oft mehrere zu ein und derselben Zeit. Auch diese Wahl scheint auf die Persönlichkeit des Süchtigen zurückzugehen, der die Euphorie der einen Droge höher schätzt als die anderer Mittel.

Die komplexe Natur der Drogensucht erklärt, warum sie schwer zu behandeln ist und warum das Ergebnis einer solchen Therapie so ungewiß ist. Die Behandlungsform, zu der man sich immer häufiger durchringt, bedeutet eine Kapitulation der Medizin vor der Wirklichkeit: Heroinsüchtige erhalten eine möglichst geringe Opiatdosis (Methadon in den USA und in Deutschland, Heroin in England), bis sich ihre persönliche Situation stabilisiert hat und das Heroin überflüssig wird. Eine solche Stabilisierung kann eintreten – oder nicht eintreten. Daß sie auch ohne Therapie recht häufig eintritt, zeigen breit angelegte Untersuchungen ehemaliger Drogenabhängiger. Im Laufe der Zeit hatten viele von ihnen die Drogenszene verlassen. Wahrscheinlich entscheiden die Lebensumstände und – wiederum – die Persönlichkeit der Betroffenen, wie hartnäckig die Sucht ist.

Wirkstoffe und Krankheiten

Bestimmte Krankheiten beeinträchtigen das Nervensystem, indem sie die Zerstörung von Neuronen in bestimmten Regionen verursachen. Die Gründe für diesen Zelltod und seine Lokalisierung sind in den meisten Fällen unbekannt. Ein spezielles Beispiel ist die Parkinsonsche Krankheit, die sehr häufig vorkommt. Sie beginnt im Erwachsenenalter und schreitet langsam voran. Die Bewegungen der Betroffenen werden langsam, ihre Gesichter ausdruckslos, ihre Glieder beginnen zu zittern. Man weiß seit langem, daß die Krankheit mit der Zerstörung von Neuronen in einem kleinen Gehirnbereich einhergeht, den man als *Substantia nigra* bezeichnet (weil die Neuronen schwarze Pigmentkörnchen enthalten, die sich im Laufe des Lebens ansammeln). Die Axone der in der Substantia nigra liegenden Zellkörper enden im Striatum, von dem oben bereits die Rede war. Als Neurotransmitter verwenden diese Neuronen Dopamin, das sich in den Axonendigungen im Striatum sammelt. Bekannt ist auch, daß die Patienten geringere Dopamin-Mengen im Striatum besitzen. Alle diese Informationen lassen darauf schließen, daß die Parkinsonsche Krankheit durch eine verringerte Dopamin-Bildung in den Neuronen der S. nigra verursacht wird – eine Hypothese, die verstärkt wird durch die erfolgreiche Behandlung mit L-Dopa, einer Substanz, die im Körper in Dopamin umgewandelt wird.

So interessant und nützlich diese Ergebnisse auch für die Praxis sein mögen, sie erklären nicht, wodurch die Krankheit verursacht wird und warum die Neuronenschädigung auf ein Gehirnzentrum beschränkt ist. Einen Hinweis lieferte jedoch das zufällige Ereignis eines Laborunfalls. Ende der siebziger Jahre versuchte ein Amateurchemiker in seinem Behelfslabor eine Verbindung mit ähnlichen Eigenschaften wie Heroin herzustellen. Er nahm eine kleine Dosis der Substanz ein, die er erhalten hatte, und zeigte kurz darauf die Symptome einer schweren Parkinsonschen Krankheit. Aus mehreren Gründen war es möglich, den Ausbruch der Krankheit mit der von ihm hergestellten Chemikalie in Verbindung zu bringen: Er war zu jung für die Krankheit, ihre Entstehung war zu plötzlich, und auch seine Schwester wurde krank. Durch Tierexperimente fanden die Forscher heraus, daß die Krankheit auf die Substanz MPTP zurückging, die bei der Herstellung des heroinähnlichen Stoffes als Nebenprodukt entstanden war. Diese Substanz ist außerordentlich wirksam – sie muß nicht verdaut werden, um zu wirken, und im geschilderten Fall hatten die Mengen genügt, die der Patient während der Arbeit in seinem Labor eingeatmet hatte. Im Gehirn verbindet sich MPTP mit einem Enzym in den Neuronen, die den Neurotransmitter Dopamin verwenden. Das Enzym hält MPTP irrtümlich für Dopamin und wirkt entsprechend auf es ein. Dabei verwandelt es den Stoff in ein hochwirksames Gift, das große Ähnlichkeit mit dem Herbizid Paraquat besitzt. Besonders heftig wirkt das Toxin auf die Neuronen der Substantia nigra ein, weil es an ihre schwarzen Pigmente bindet, von denen es zunächst festgehalten und dann nach und nach in die Zellen abgegeben wird. Blockiert man das Enzym mit einem Inhibitor, dann unterbleibt der toxische Effekt von MPTP.

Diese Ergebnisse haben zu der Hypothese geführt, daß die Parkinsonsche Krankheit möglicherweise durch die chronische Einwirkung sehr kleiner Dosen von Substanzen hervorgerufen wird, die mit der zufällig entstandenen Chemikalie verwandt sind. Vielleicht gilt das nur für eine kleine Zahl von Individuen, die sich dagegen nicht hinreichend wehren können. Doch, wie gesagt, es handelt sich nur um eine Hypothese.

Zusammenfassung

Aus dem, was wir über die Wirkung verschiedener Substanzen auf die Synapsen wissen, lassen sich mehrere Schlußfolgerungen ziehen. Erstens: Jeder Wirkstoff spricht nur Neuronen mit einem bestimmten Rezeptortyp an, während die klinischen Effekte durch Neuronen hervorgerufen werden könnten, die überhaupt nicht mit diesem Rezeptortyp arbeiten. Die Spezifität der Rezeptoren erlaubt die Trennung der beiden Wirkungen. Zweitens: Zum indirekten Effekt gehört wahrscheinlich ein Lernschritt, bei dem einige Neuronen lernen, auf Veränderungen der von dem Wirkstoff direkt beeinflußten Neuronen zu reagieren. Beim Menschen erreicht dieser Lernprozeß nicht die Bewußtseinsebene, woraus zu schließen ist, daß die in bestimmten Gehirnzentren vorgenommene Registrierung dessen, was in anderen Teilen des Gehirns vor sich geht, möglicherweise ein wichtiger Mechanismus nicht nur der Wirkung von Suchtmitteln, sondern auch der Persönlichkeitsentwicklung und von Krankheiten ist. Drittens: Die Identifizierung der Rezeptoren, auf die eine Substanz einwirkt, ist nur ein erster Schritt zum Verständnis ihrer Wirkung. Es gibt erschwerende Umstände – neben indirekten Wirkungen beispielsweise den Umstand, daß kein Rezeptortyp jemals auf ein einziges Gehirnzentrum beschränkt ist. Diese unscharfe Lokalisierung belastet den Versuch, das Neuronenzentrum herauszufinden, das für die Wirkungen der Substanz verantwortlich ist.

Im Gesamtzusammenhang des Lebens zeigen die Folgen der verschiedenen Wirkstoffe, daß das komplexe Nervensystem, welches die DNA in den höchstentwickelten Lebewesen geschaffen hat, die Anfälligkeit für viele Gifte und Krankheiten erhöht. Dies scheint ein unvermeidliches Merkmal allen Lebens zu sein: Je komplizierter die Formen werden, die es entwickelt, desto größer wird auch seine Verwundbarkeit – die Komplexität selbst schafft Anfälligkeit. Trotzdem ist die Komplexität nützlich, weil sie ihren Trägern ermöglicht, in unterschiedlichen Umgebungen zu leben, alle Ressourcen ihrer Umwelt zu erschließen und Gesellschaften zu bilden, die ihre Überlebensfähigkeit erhöhen. Auf der anderen Seite hat die Evolution wahrscheinlich alles getan, um die Anfälligkeit der Organismen mit komplexen Gehirnen soweit wie möglich einzuschränken. Ein Teil eben dieser Komplexität könnte auf Sicherheitsvorkehrungen gegen die Anfälligkeit zurückzuführen sein.

KAPITEL 20
Die Odyssee des Lebens

Die DNA hat die Erde mit einer ungeheuren Vielfalt von Lebewesen überzogen. Es gibt ungefähr eine Million verschiedener Arten, von denen einige – wie Bakterien und einzellige Eukaryonten – einen niederen Entwicklungsstand repräsentieren, andere dagegen – Pflanzen und Tiere – unterschiedliche Grade der Komplexität zeigen. Zu den uns vertrauteren Tierarten gehören ungefähr 25 000 Vogelarten, 6000 Reptilien- und 15 000 Säugetierarten. Doch diese schier unfaßliche Mannigfaltigkeit hängt an einem gemeinsamen Faden – der DNA. Alle lebenden Organismen bestehen aus Zellen, die viele ähnliche chemische Reaktionen ausführen. Alle Organismen haben Gene, die aus DNA (oder, bei einigen Viren, RNA) bestehen, und sie exprimieren die Funktionen dieser Gene auf identische Weise durch den Transkriptions- und Translationsprozeß. Und alle Organismen führen diese Prozesse, von geringen Abweichungen abgesehen, mit den gleichen Mechanismen und dem gleichen Translationscode aus. Wie gelang es der DNA, aus einer so grundlegenden Einförmigkeit eine derartige Vielfalt von Lebewesen hervorzubringen?

Jahrhundertelang waren die Menschen von der Vielfalt beeindruckt, während die fundamentale Regelmäßigkeit der biologischen Welt erst in jüngerer Zeit entdeckt wurde. Beim Gedanken an die Vergangenheit haben die Menschen sich früher einfach selbst als Bezugssystem genommen und sich vorgestellt, der Mensch zeuge seit jeher den Menschen in ununterbrochener Reihenfolge. Doch wie weit reicht die Geschichte des Lebens zurück? Alle Kulturen der Welt haben versucht, Antworten auf diese Frage zu finden, und alle haben einen bestimmten Zeitraum festgelegt, mochte er auch, gemessen an menschlicher Erfahrung, noch so lang sein – viele tausend Jahre zum Beispiel. Wie der Mensch und andere Arten erstmals auf der Erde in Erscheinung getreten seien, blieb der Phantasie überlassen – im einzelnen wurde eine Vielzahl von Erklärungen angeboten. Beispielsweise hat man geglaubt, alle Lebewesen seien von einem allmächtigen, ewigen Schöpfer geschaffen worden. Oder der Mensch stamme von zwei Eltern ab, die durch Himmel und Erde symbolisiert wurden. Oder alle Lebewesen seien aus der Erde herausgekommen oder aus einem mythologischen Ur-Ei. Alle diese Erklärungen waren gewöhnlich in poetische oder philosophische Sprache gehüllt. Die jüdisch-christliche Überlieferung, die das Abendland geprägt hat, ist in der Genesis niedergelegt und erklärt, daß die Erde und alle Lebewesen auf ihr vor etwa 6000 Jahren erschaffen worden seien.

Alle Zellen aus einer einzigen Zelle

Im Laufe der Zeit bildeten sich auch andere Auffassungen heraus. Man beobachtete beispielsweise, daß bestimmte Lebewesen sich stets in bestimmten Umwelten zu entwickeln schienen, Schnecken und Fliegen etwa dort, wo es besonders schmutzig war, und Maden aus verdorbenem Fleisch. Diese Beobachtungen führten zu der Vorstellung der *spontanen Zeugung* – der Vorstellung, daß Lebewesen in bestimmten charakteristischen Umwelten von allein entstehen. Erst im 17. Jahrhundert bewies der italienische Arzt Francesco Redi, daß Maden sich nicht aus Fleisch entwickeln. Um das herauszufinden, hat er möglicherweise das erste wissenschaftliche Experiment in der Biologie durchgeführt. Er setzte zwei frisch geschnittene Stücke Fleisch der Luft aus. Das eine bedeckte er mit Gaze, um die Fliegen abzuhalten, die ständig um das Fleisch herumschwirrten, das andere Stück ließ er unbedeckt. Nach einiger Zeit begann das Fleisch zu faulen, doch nur in dem unbedeckten Stück entwickelten sich Maden, was bewies, daß die Maden von den Fliegen stammten.

Ähnlich grundlegende Entdeckungen sind auch noch relativ jungen Datums. Es mag überraschen, daß man erst im 18. Jahrhundert die Bedeutung des Spermas für die Fortpflanzung der Tiere erkannte. Dem französischen Wissenschaftler Louis Pasteur gelang im 19. Jahrhundert der Nachweis, daß alkoholische Gärung durch sich selbst vermehrende Organismen bewirkt wird. Er gab einen gärfähigen Brei in Glaskolben, die über Röhrchen mit der Umgebung in Verbindung standen, und zwar so, daß die Krümmung dieser Röhren jedes Eindringen von Luftstaub verhinderte. Den Inhalt einiger Glaskolben kochte er, um alles Leben darin zu töten. Der ungekochte Brei gärte, der gekochte nicht, zumindest so lange nicht, bis die Luft wieder freien Zutritt hatte. Damit konnte Pasteur zeigen, daß es in der Luft lebende Organismen gibt, die so klein sind, daß sie mit bloßem Auge nicht zu erkennen sind – es waren die Organismen, die der holländische Tuchhändler van Leeuwenhoek mit Hilfe seines primitiven Mikroskops zum erstenmal gesehen hatte (vgl. Kap. 1).

Aus diesen Entdeckungen erwuchs die Erkenntnis, daß sich alle Lebewesen seit dem Anbeginn der Zeit in einer ununterbrochenen Kette aus anderen Lebewesen entwickelt haben. Jede Art besitzt eine kontinuierliche Abstammungslinie. Doch widersprach nicht nur diese Theorie der biblischen Schöpfungsgeschichte, nach der alle Arten vom Augenblick der Schöpfung an unabhängig voneinander existierten. In Frage gestellt wurde sie schon lange zuvor durch die ersten geologischen Untersuchungen, aus denen eindeutig zu ersehen war, daß sich die diversen Gesteinsschichten zu verschiedenen und offenbar sehr lange zurückliegenden Zeiten abgelagert hatten. Überdies ließ sich aus der Bildungsgeschwindigkeit der aktuellen Sedimentierung erschließen, daß einige der Schichten zu Zeiten abgelagert worden sein mußten, die sehr viel älter waren als der in der Schöpfungsgeschichte für den Ursprung der Erde angegebene Zeitpunkt. Noch größere Probleme ergaben sich, als man in den Erdschichten fossile Überreste von Pflanzen und Tieren fand. Die meisten paßten zu keinem lebenden Organismus, und es sah so aus, als seien sie außerordentlich alt. Die Entdeckung von menschlichen Werkzeugen aus Feuerstein ließ darauf schließen, daß sogar die Menschheit eine viel längere Geschichte hatte, als ihr die religiöse Überlieferung zubilligte.

Man versuchte daraufhin, den Schöpfungsbericht zu modernisieren. Der französische Naturforscher Georges Cuvier schlug eine ganze Reihe von Schöpfungen vor, um die neuen Entdeckungen zu erklären. Nach seiner Auffassung sollen in der Vergangenheit Katastrophen stattgefunden haben, insgesamt ungefähr dreißig in einem Zeitraum von rund 80000 Jahren. Jedes Ereignis habe das vorhandene Leben ausgelöscht; ein neuer Schöpfungsakt habe dann das Leben wiederhergestellt, jedoch in veränderter Form.

Die neuen Entdeckungen hatten jedoch einen intensiven Denkprozeß ausgelöst, der zu der Vorstellung führte, daß all die verschiedenen Lebensformen, wie sie von den fossilen Zeugnissen bekundet wurden, mit dem Leben in seinem heutigen Erscheinungsbild zusammenhängen. Diese Ideen fanden ihren Höhepunkt in den Schriften von Charles Darwin und Alfred Russel Wallace, die Mitte des 19. Jahrhunderts die Evolutionstheorie vortrugen. Danach habe sich das Leben in ständiger Veränderung von den einfachen zu den komplexeren Arten hin entwickelt. Man ging auch davon aus, daß die Evolution vom Konkurrenzkampf der Individuen um Nahrung und andere Ressourcen bestimmt worden sei. Individuen, die besser an ihre Umwelt angepaßt seien, würden mehr Nachkommen in die Welt setzen. Die Evolution beruhe also auf den beiden Prozessen *Anpassung* und *natürliche Selektion*, die die Eigenschaften der Arten und ihre Veränderungen im Fortgang der Evolution bestimmten.

Arten

Viele der heutigen Lebensformen lassen sich ganz verschiedenen Gruppen zuordnen. Hunde sind anders als Katzen, Kiefern unterscheiden sich von Platanen und so fort. Jede dieser Gruppen ist eine *Art* oder *Spezies*, und jedes Lebewesen gehört zu der einen oder anderen Art. Die Grundlagen für diese Trennung sind in vielen Fällen offensichtlich, in anderen dagegen weniger klar. Gehört beispielsweise ein Bernhardiner zur selben Art wie ein Dackel? Obwohl diese Tiere so unterschiedliche Eigenschaften besitzen, sind sie trotzdem beide Hunde.

Die Wissenschaft hat Kriterien zur Definition der Arten entwikkelt. Eines der Kriterien beruht auf der Messung vieler Eigenschaften des Organismus, etwa der Form seiner Teile – Knochen, Haare, Blätter, Blüten und anderes – und seines Aufbaus. Auch Eigenschaften der Körperchemie gelten als unterscheidende Merkmale. Vergleicht man eine große Zahl von Organismen in Hinblick auf diese Eigenschaften, so kann man sie nach Arten unterscheiden. Einige Merkmale kommen in mehreren Gruppen gemeinsam vor, andere haben unterscheidenden Charakter. Innerhalb einer Art weisen jedoch nicht alle Messungen das gleiche Resultat auf – *sie verteilen sich über ein gewisses Spektrum*. Derartige Messungen ergeben also, daß der Bernhardiner und der Dackel trotz ihrer Unterschiede zur selben Art gehören.

Ein anderes Kriterium für die Einteilung der Organismen in Arten ist ihre Fähigkeit, sich mit anderen Individuen zu kreuzen und lebenssowie fortpflanzungsfähige Nachkommen hervorzubringen. Tiere derselben Art sind dazu in der Lage, Tiere verschiedener Art in der Regel nicht. Bernhardiner und Dackel können sich kreuzen; ihre Nachkommen sind merkwürdig, aber absolut lebensfähig. Mithin gehören sie auch nach diesem Kriterium zur selben Art. Es gibt allerdings Ausnahmen von dieser Regel. Viele Pflanzen, die nach dem ersten Kriterium verschiedenen Arten angehören würden, lassen sich kreuzen; auch bei einigen Tieren von unterschiedlichen Arten ist das der Fall, so bei Pferden und Eseln. Doch haben sie keine normalen Nachkommen – entweder sterben diese, bevor ihre Entwicklung abgeschlossen ist, oder sie bleiben unfruchtbar (wie das Maultier).

Der Artbegriff gründet sich auf die Eigenschaften der DNA. Alle gemessenen Größen und auch die Fähigkeit zur Kreuzung gehen auf Aktivitäten der Gene zurück. Organismen derselben Art sind sich ähnlich, weil sie dieselbe genetische Struktur besitzen. Sie können sich allerdings – manchmal sogar recht deutlich – hinsichtlich einiger Gene unterscheiden; dieses Phänomen heißt Polymorphismus (vgl. Kap. 6). Hunde sind beispielsweise außerordentlich polymorph, woraus sich das Vorkommen so unterschiedlicher Formen wie Dackel und Bernhardiner erklärt. Mutationen in vielen Genen bewirken große Unterschiede in Körpergröße und Gewicht, ohne das Grundmuster zu verändern, das den Körperbau des Tieres bestimmt. Mehrere Mutationen verändern die Farbe des Fells. Andere Mutationen sind verantwortlich für den Schwanz (gerade oder nach oben gekrümmt), die Beine (kurz oder lang), die Schnauze (spitz oder flach, wie bei der Bulldogge) und die Ohren (hängend oder aufgerichtet). Selektive Kreuzungen haben die vielfältigen polymorphen Merkmale in verschiedene Gruppen zusammengefaßt. Sehr ausgeprägt ist der Polymorphismus auch beim Menschen, wie die deutlichen Unterschiede in Größe und Gewicht, in der Farbe von Haut, Haaren, Augen u. ä. zeigen.

Eine Atomuhr

Wie lange gibt es die heute lebenden Arten schon? Was wissen wir von der Vergangenheit? Anhaltspunkte geben uns die fossilen Überreste von Lebewesen, die gelegentlich in tiefliegenden Ablagerungsschichten gefunden werden. Die Überreste stammen nur selten von Organismen, die es heute noch gibt; meistens sind sie uns unbekannt. Die Analyse ihrer Eigenschaften anhand dessen, was von ihnen übriggeblieben ist, läßt erkennen, daß sie zu vielen verschiedenen Arten gehört haben. Das Zeitalter, in dem sie gelebt haben, kann man mit ziemlicher Genauigkeit aus den Merkmalen der Gesteinsschichten ableiten, in denen sie eingebettet waren. Ein wichtiges Verfahren zur Altersbestimmung von Gestein ist die *radioaktive Datierung*, die auf der Umwandlung eines Atoms in ein anderes unter Freisetzung von Radioaktivität beruht – dem radioaktiven Zerfall. Im Laufe der

Zeit nimmt die Menge der ursprünglichen Atomart ab, während die des Zerfallsproduktes anwächst. So läßt sich das Alter des Gesteins am Ausmaß des Zerfalls bestimmen.

Eine Methode der radioaktiven Datierung macht sich das Vorkommen von Uran in einigen Kristallen zunutze. Uran tritt vor allem in zwei Formen auf: ^{235}U und ^{238}U. Bei diesem Zerfall bilden sie zwei verschiedene Formen des Bleis: ^{207}Pb und ^{206}Pb. Der radioaktive Zerfall dieser und anderer Atome erfolgt mit gleichbleibender Geschwindigkeit, die weder durch Nässe oder Wärme noch durch Druck oder Besonderheiten der Atome verändert wird. Die radioaktive Umwandlung eines bestimmten Anteils einer Atomart nimmt also einen genau zu berechnenden Zeitraum in Anspruch. Da sich die verschiedenen Atomarten mit außerordentlicher Genauigkeit bestimmen lassen, ist der radioaktive Zerfall eine Uhr von extremer Genauigkeit, die zuverlässig darüber Auskunft gibt, wann sich ein Kristall gebildet hat. Man geht davon aus, daß Fossilien, die in diesen Gesteinsschichten gefunden werden, zur selben Zeit entstanden sind.

Die Untersuchung von Fossilien und der sie umgebenden Gesteinsschichten hat ergeben, daß es Lebewesen schon seit sehr langer Zeit gibt. Mit Sicherheit läßt sich sagen, daß Mikroorganismen schon seit drei Milliarden Jahren existieren, vielleicht sogar seit dreieinhalb Milliarden Jahren. Fossilien der ersten Wirbeltiere reichen 500 Millionen Jahre zurück, die der ersten Primaten 60 Millionen Jahre, die des Menschen ungefähr 100000 Jahre. Allerdings unterscheiden sich die Zeiträume erheblich, in denen die Fossilien selbst entstanden sind. Manche Arten gab es demnach nur einige zehntausend Jahre lang auf der Erde, andere viele Millionen Jahre.

Molekulare Zeugnisse

Die Evolutionslehre stellt die Gesamtheit des Lebens als Baum dar. Jede heute vorhandene Art befindet sich an der Spitze eines der dünnsten Zweige, der über viele andere Zweige und Äste mit dem Stamm und der Erde verbunden ist, wo das Leben begann. Alle Zweige, ausgenommen die dünnsten, symbolisieren Arten, die heute ausgestorben sind und deren Spuren teilweise in den Gesteinsablagerungen aufbewahrt wurden. Da alle Arten zum selben Baum gehören, haben sie bestimmte molekulare Grundeigenschaften gemeinsam, etwa den Translationscode. Doch im Laufe der Verzweigung treten Unterschiede in anderen Eigenschaften auf: *Divergenz*. Arten an der Spitze von zwei Zweigen, die aus einem gemeinsamen Zweig hervorgehen, ähneln sich in den meisten Eigenschaften, während Arten, die durch viele Verzweigungen voneinander getrennt sind, eine Fülle von Unterschieden aufweisen. Solche Unterschiede im Verwandtschaftsgrad diverser Arten wurden von Darwin bemerkt und gehörten zu den ersten Anhaltspunkten, mit denen sich die Evolutionstheorie belegen ließ.

Obwohl sich der Verwandtschaftsgrad bestimmter Arten an vielen Merkmalen der Organismen ablesen läßt – ihrer Gestalt zum Beispiel und ihrer Größe oder der Anatomie ihrer Teile –, stehen diese Merkmale doch nicht in direkter Beziehung zu den Elementen, die der Evolution unmittelbar unterworfen sind, d. h. den Genen. Die Eigenschaften von Organismen sind durch den komplizierten Prozeß ihrer Entwicklung mit den Genen verknüpft. An dieser Kompliziertheit liegt es, daß sich der wirkliche Verwandtschaftsgrad zweier Organismen mitunter so schwer bestimmen läßt. Die tatsächliche Verwandtschaft kann entweder verschleiert sein oder enger erscheinen, als sie tatsächlich ist. Leichter läßt sich der Verwandtschaftsgrad an den Genen erkennen – indem man ihre Basensequenzen untersucht. Dieser Vergleich muß in großem Maßstab durchgeführt werden; es ist eine Arbeit von solcher Größenordnung, daß sie nur sehr langsam vorankommen wird. Wir wissen heute einiges über die Verwandtschaft von DNA-Sequenzen, aber noch lange nicht so viel, wie wir gerne wüßten.

Nächst den Genen sind die Proteine am zuverlässigsten zur Bestimmung des Verwandtschaftsgrades, da eine Aminosäuresequenz die direkte Translation einer Sequenz von DNA-Basen ist. Die Proteinzeugnisse decken sich jedoch nicht ganz mit den DNA-Zeugnissen, weil viele DNA-Veränderungen nicht als Veränderungen der Aminosäuren sichtbar werden. Dies liegt zum einen daran, daß im Translationscode meistens mehr als ein Basentriplett einer Aminosäure entspricht (vgl. Kap. 4). Zum anderen enthält die DNA wichtige Sequenzen, die nicht in den Aminosäuresequenzen exprimiert werden – beispielsweise Kontrollsequenzen, Enhancer und Introns.

Die Daten, die aus der Untersuchung der DNA-Sequenzen oder Aminosäuresequenzen der Proteine gewonnen werden, bilden die molekularen Zeugnisse. Das Verständnis des Lebens als Evolutionsbaum und das, was wir über die DNA wissen, führen zu einigen Voraussagen über die nähere Beschaffenheit dieser Zeugnisse. Eine besagt, daß die Basensequenzen unterschiedlicher Arten in ihrer Verwandtschaft die verschiedenen Möglichkeiten der DNA-Variation erkennen lassen, die wir in Kapitel 6 kennengelernt haben. Einer anderen zufolge müßte der Verwandtschaftsgrad für verschiedene Gene unterschiedlich ausfallen, je nachdem wie grundlegend ihre Funktionen für das Leben sind. Gene, die lebenswichtige Funktionen wahrnehmen, dürften kaum veränderlich sein, denn jede größere Veränderung müßte zum Tod des Organismus führen und damit wieder verschwinden. Man spricht in diesem Zusammenhang von *konservierten* Genen. Beispielsweise müßten die Gene für Enzyme, die an den grundlegenden Prozessen der Atmung beteiligt sind, bei allen atmenden Arten beträchtliche Ähnlichkeit aufweisen. Gene, die für die Spezifizierung des Gehirns zuständig sind, wären danach nur bei den Tieren ähnlich, die ein Gehirn besitzen. Innerhalb eines Gens müßten Basen oder Sequenzen mit besonderer funktioneller Bedeutung stärker erhalten bleiben als andere. So müßten in jedem Triplett die erste und zweite Base eher erhalten bleiben als die dritte Base, der bei der Bestimmung der Aminosäure nur eine begrenzte Rolle zufällt (vgl. Kap. 4). Und die Teile eines Gens, welche die für die Funktion eines Proteins entscheidenden Aminosäuren spezifizieren, sollten stärker erhalten bleiben als Gene, die funktionell weniger wichtige Aminosäuren spezifizieren. In jedem Fall bedeutet Genkonservierung, daß Organismen ohne Veränderungen bessere Überlebens- und Fortpflanzungschancen haben als Organismen mit Veränderungen.

Die Untersuchung von Sequenzen bestätigt diese Erwartungen. Wenn Gene lebenswichtige Funktionen in Arten wahrnehmen, die im Baum der Evolution durch eine große Entfernung getrennt sind, wie etwa in Bakterien und in Säugetieren, so liegt ein hohes Maß von Genkonservierung vor. Zu diesen Genen gehört das Gen für Cytochrom C, eines der Proteine der Elektronentransportketten, die an der Atmung beteiligt sind (vgl. Kap. 3). In hohem Maß erhalten werden auch Enzyme, die Proteine zerlegen. Diese Enzyme ermöglichen es höchst unterschiedlichen Organismen, Proteine von anderen lebenden Organismen als Nahrung zu verwenden. Die Bauchspeicheldrüse von Tieren bildet fünf solche Enzyme, die bei verschiedenen Tierarten sehr ähnlich sind. Auch Bakterien enthalten Enzyme mit Aktivitäten, die denen der Säugetierenzyme ähnlich sind. Die zentralen Bereiche der Enzyme von Säugetieren und Bakterien weisen ebenfalls große Ähnlichkeit auf.

Eingehende Vergleiche sind zwischen den Globin-Genen verschiedener Arten möglich. Wir haben bereits in Kapitel 5 gesehen, daß die Globine Bestandteile des Hämoglobins sind, dem Protein, das den Sauerstoff im Blut transportiert. Hämoglobin enthält zwei Moleküle Alpha-Globin und zwei Moleküle Beta-Globin. Beim Menschen gibt es zwei Familien von Globin-Genen, die Alpha- und die Beta-Gene. Es ist bekannt, daß die verschiedenen Mitglieder einer Familie in verschiedenen Entwicklungsphasen exprimiert werden. Die Anordnung der menschlichen Gene der Beta-Familie läßt sich mit derjenigen mehrerer anderer Primaten vergleichen, die, wie fossile Funde nahelegen, verschiedene Verwandtschaftsgrade zum Menschen einnehmen. Identisch sind die Gene bei den drei Arten angeordnet, die die größte Verwandtschaft untereinander haben (Menschen, Gorillas, Paviane). Abweichungen zeigt die Anordnung bei den Eulen-Affen, die uns viel ferner stehen, und in noch höherem Maß gilt das für Lemuren, die als Halbaffen nur noch eine schwache Verwandtschaft aufweisen. Bei Kaninchen und Mäusen, die dem Menschen am fernsten stehen, sind die Unterschiede am größten. Die Verwandtschaft der Sequenzen entspricht in hohem Grade der Verwandtschaft der Arten, wie sie sich aus den fossilen Zeugnissen ergibt und von der Evolutionstheorie vorausgesagt wird.

Nach der Evolutionstheorie müßten sich DNA-Sequenzen ohne funktionelle Bedeutung im Laufe der Zeit erheblich verändern, also *divergieren*. Die Erwartung wird durch die Beobachtung verschiedener Basen innerhalb eines Tripletts bestätigt. Bei unterschiedlichen Arten sind Veränderungen der dritten Base eines Tripletts, die in den meisten Fällen keine Veränderung der Aminosäure bewirkt (*stille Mutation*, vgl. Kap. 4), weit häufiger als Veränderungen der beiden anderen Basen. Veränderungen der dritten Base lassen sich zunächst als irrelevant für den Organismus betrachten. Ihr Anteil in Tieren zweier divergierender Arten dürfte demnach nicht von unterschiedlichen Überlebensraten von Tieren mit oder ohne Veränderungen beeinflußt sein. Dieser Anteil würde in erster Linie von der Zeit abhängen, die seit der Trennung der Arten vergangen ist, und von der Veränderungsrate (der Häufigkeit solcher Veränderungen pro Zeiteinheit). Vergleiche zwischen den fossilen Überresten je zweier Arten, die von einem gemeinsamen Vorfahren abstammen, zeigen, daß Unterschiede in der dritten Base mit einer Häufigkeit von ungefähr einem Prozent pro einer Million Jahre nach der Auseinanderentwicklung der beiden Arten auftreten.

Basenveränderungen, die zur Veränderung von Aminosäuren führen, sind seltener zu beobachten. Die Häufigkeit, mit der sich solche Veränderungen zeigen, hängt weitgehend vom betroffenen Proteintyp und von der Position der veränderten Aminosäure im Protein ab. Viele Organismen mit solchen Veränderungen sterben, ohne sie an irgendwelche Nachkommen weiterzugeben. Selbst das Ersetzen von Aminosäuren, die weniger wichtig für die Funktion eines Proteins sind, kommt nur ein zehntelmal so oft vor wie der stille Austausch einer Base. In allen Fällen bedeuten die unterschiedlichen Veränderungsraten nicht, daß Veränderungen von Basen an der ersten oder zweiten Stelle eines Tripletts seltener als an der dritten Stelle vorkommen, vielmehr bleiben sie nach der geltenden Theorie *weniger häufig erhalten*. Die tatsächliche Häufigkeit kann also durchaus dieselbe sein, doch funktionelle Nachteile reduzieren den Anteil der Gene, in denen Veränderungen stattgefunden haben.

Da Veränderungen der dritten Base nahezu folgenlos sind, meint man, daß sie die tatsächliche Häufigkeit widerspiegeln und eine brauchbare *Molekularuhr* darstellen. Die Uhr ist allerdings nicht von absoluter Genauigkeit, weil die Veränderungsrate von den Besonderheiten der an der DNA-Replikation und -Reparatur beteiligten Enzyme abhängt; die Rate selbst ist der Evolution unterworfen. Beispielsweise treten die Veränderungen häufiger bei Nagern als bei Primaten auf. Dennoch deckt sich der Zeitpunkt für die Divergenz zweier Arten, der sich mit Hilfe der Molekularuhr errechnen läßt, ziemlich genau mit dem Zeitpunkt, der sich aus den fossilen Zeugnissen ergibt.

Man sollte erwarten, daß hochrepetitive Sequenzen, die den Hauptanteil der DNA stellen, auch ein hohes Maß an Variabilität aufweisen, doch das trifft nicht immer zu. Einige dieser Sequenzen, die als »Distanzstücke« zwischen den Globin-Genen liegen, zeigen keine hohe Veränderlichkeit von Art zu Art. Offenbar nehmen sie Funktionen wahr, welche die Kontrolle der Genexpression betreffen. Möglicherweise sind sie für den Zustand des Chromatins verantwortlich, der sich mit dem Zustand der Genexpression verändert (vgl. Kap. 4). Andere DNA-Sequenzen, bei denen man ausgeprägte Divergenz erwarten könnte, sind die Introns, welche die codierenden Sequenzen der Gene, die Exons, voneinander trennen. Wir wissen, daß nur die »Consensus-Sequenzen« des einzelnen Introns wichtig sind. Die Ergebnisse entsprechen teilweise den Erwartungen: Introns zeigen, von den Consensus-Sequenzen abgesehen, hohe Divergenz. Nicht zu erwarten war jedoch, daß ihre Länge außerordentlich konstant bleibt. Ohne Einschränkungen müßte die Länge der Introns aufgrund von Insertionen und Deletionen unterschiedlich ausfallen. Doch in diesem Punkt sind Veränderungen nur selten zu beobachten. Hieraus kann man schließen, daß die Länge der Introns für irgendeinen Aspekt der RNA-Reifung wichtiger ist als ihre Sequenz.

Die beobachteten evolutionären Veränderungen der DNA lassen sich den verschiedenen Variationsmechanismen zuschreiben, die bereits erörtert wurden (vgl. Kap. 6). Beispielsweise können wir die Entwicklung der Globingen-Familien wie folgt erklären: Das Urgen erlebte eine erste Duplikation, und das eine der Produkte dieses Vorgangs wurde an einen anderen Platz im Genom verlagert. Durch Mutationen und kleine Deletionen wurde aus dem einen ein Alpha- und aus dem anderen ein Beta-Gen. Daraufhin wurden beide Gene abermals dupliziert, und die Produkte divergierten weiter. Noch ein anderer Mechanismus war wahrscheinlich von großer Wichtigkeit für die Evolution: die Genkonversion mit Sequenzkorrektur beim Schwesterchromatiden-Austausch. Ihr Vorkommen könnte erklären, warum die benachbarten Beta-Gene eines Individuums weit mehr Ähnlichkeit aufweisen als der Durchschnitt aller ähnlichen Gene in der Gesamtpopulation. Globin-Gene lassen auch Anhaltspunkte für die nicht-homologe Rekombination beim Schwesterchromatiden-Austausch erkennen. Wir wissen, daß nicht-homologe Rekombination zwischen zwei Chromatiden, die zwei sehr ähnliche Gene enthalten, Chromatiden mit entweder einem oder drei Genen hervorbringen kann. Tatsächlich gibt es Individuen, die ein oder drei Alpha-Globin-Gene statt der üblichen zwei besitzen.

Abschließend können wir feststellen, daß die molekularen Zeugnisse sich fast vollständig mit den Erwartungen der Evolutionstheorie decken. Ein paar Unstimmigkeiten gibt es zwar noch, aber wenn es weiteren Untersuchungen gelingt, sie auszuräumen, dürfte vollständige Übereinstimmung herrschen.

Fossile Zeugnisse

Die molekularen Zeugnisse stammen von den heute existierenden Arten. Einen Überblick über den Evolutionsverlauf geben uns die fossilen Zeugnisse. Die Fossilien sind ein Buch, in dem die Geschichte des Lebens auf der Erde seit den ersten Anfängen aufgezeichnet ist. Die Lektüre ist faszinierend, aber leider auch unvollständig. Viele Seiten im Buch fehlen, denn für die meisten Klassen von Organismen haben wir nur einen einzigen brauchbaren fossilen Rest für jeweils hunderttausend Jahre – in manchen Fällen sogar nur für jeweils eine Million Jahre. Außerdem enthalten die meisten Fossilien nur die harten Teile von Organismen, Knochen und Schalen; Weichteile blieben sehr selten erhalten, etwa wenn die Umstände günstig für eine Imprägnierung mit Mineralien waren. Immerhin geben die fossilen Zeugnisse eindeutigen Aufschluß darüber, wann die verschiedenen Organismen existiert haben.

Betrachten wir die Perioden, in denen die in den fossilen Zeugnissen repräsentierten Arten auf der Erde lebten, dann zeigt sich ein eigenartiger Umstand: Die Evolution scheint in Sprüngen und plötzlichen Übergängen stattgefunden zu haben. Manche Arten existierten ohne merkliche Veränderung über Zeiträume von vielen Millionen Jahren. Eine solche lange Periode unveränderten Fortbestands bezeichnet man als *Stase*. Ein paar Arten sehr alten Ursprungs gibt es heute noch, so den Pfeilschwanzkrebs, der an der Ostküste der Vereinigten Staaten häufig anzutreffen ist. Er hat sich seit 200 Millionen Jahren nicht verändert. Doch die meisten Arten sind plötzlich verschwunden, während neue ebenso unvermittelt auftraten.

Allerdings erfolgt das Verschwinden von Arten nicht plötzlich in unserem Verständnis von Zeit. Die »plötzlichen« Ereignisse dauerten zwischen fünf- und fünfzigtausend Jahren – eine kurze Phase nach dem Zeitmaß der Evolution, die sich über Jahrmilliarden erstreckt, aber lang im Verhältnis zur Lebensspanne des jeweiligen Individuums. Fünftausend Jahre reichen für das Erscheinen einer neuen Art. Das hat man in jüngerer Zeit registriert: In einigen Lagunen, die vor ungefähr viertausend Jahren vom Viktoriasee in Afrika abgetrennt wurden, sind bereits jetzt neue Fischarten zu beobachten. Die wichtigsten Faktoren beim Aussterben von Arten sind, wie wir unten sehen werden, nicht die zeitlichen Abläufe, sondern die Umstände. Ein anderes auffälliges Merkmal der fossilen Zeugnisse ist das Fehlen von Übergangsformen zwischen aufeinanderfolgenden Arten – die fossilen Zeugnisse scheinen Lücken zu haben.

Die Perioden der Stase, die Lücken in den Zeugnissen, das plötzliche Verschwinden alter und das Auftreten neuer Arten – all das wirft wichtige Fragen zum Ablauf der Evolution auf. Jüngere Untersuchungen haben neue Erkenntnisse gebracht. Einige dieser Forschungsunternehmungen führten zur Entdeckung bislang unbekannter Fossilien, die einige große Lücken schlossen und die Vermutung nahelegten, daß manche Lücken möglicherweise einfach auf den unzureichenden Forschungsstand zurückgehen. Es gibt jedoch auch andere Erklärungen für die Lücken; wie wir noch sehen werden, können sie vielleicht den Evolutionsprozeß erhellen.

Besonders interessante Aufschlüsse verdanken wir den Beobachtungen über die Evolution ziemlich primitiver Lebewesen an den Ufern des Turkanasees in Afrika. Die Erdschichten der Ufer, an denen viele Arten von Weichtieren, ähnlich den heutigen Schnecken, lebten, sind in einem Zeitraum von fünf Millionen Jahren abgelagert worden. Im Laufe dieser Zeit erlebte der Wasserstand des Sees beträchtliche Veränderungen, mal stieg er, mal sank er. Bei niedrigen Wasserständen (an denen wahrscheinlich Trockenheit und starke Verdunstung schuld waren) stiegen Salzgehalt und Alkalität des Wassers, wodurch die Lebensbedingungen der Schnecken erschwert wurden. Daher nahmen manche Arten zahlenmäßig stark ab. Wir wissen von vielen anderen Beispielen – auch aus jüngerer Zeit –, daß eine Veränderung des Salzgehaltes und der Alkalität sogar zum Aussterben von Wassertieren führen kann. Nachdem man zahlreiche Gehäuse der Turkana-Schnecken gemessen hatte, kam man zu dem Schluß, daß bei den Veränderungen des Sees einige bis dahin vorherrschende Arten ausgestorben und neue Arten aufgetreten sein mußten, die so lange existierten, wie die außergewöhnlichen Verhältnisse andauerten. Als die Situation sich wieder normalisierte, tauchten in den Gewässern die ursprünglichen Arten erneut auf. Wahrscheinlich hatten sie die Trockenperiode in irgendwelchen Teichen überdauert. Mit der Rückkehr der alten Arten verschwanden die neuen, was darauf schließen läßt, daß sie nicht gut an die normalen Bedingungen angepaßt waren. Es wurden keine Anhaltspunkte für Übergangsformen zwischen den alten und den neuen Arten entdeckt, was die Auffassung bekräftigte, daß solche abrupten Aufeinanderfolgen durchaus vorgekommen sind. Obwohl ein Verfahren, das nur die Größe und Form von Gehäusen berücksichtigt, schon vom Ansatz her unzureichend ist, zeigen diese Ergebnisse doch, daß Tierpopulationen mit starken Schwankungen auf Umweltveränderungen reagieren und daß neue Populationen – möglicherweise sogar neue Arten – nicht in kontinuierlicher Entwicklung aus bereits vorhandenen hervorgehen, sondern in Sprüngen. Eine glaubhafte Evolutionstheorie muß eine Erklärung für diese Beobachtungen finden.

Der Mechanismus der Evolution

Nach Darwins Auffassung vollzieht sich die Evolution durch Akkumulation vieler kleiner gradueller Veränderungen. Allerdings fehlten ihm die genetischen Kenntnisse, um diese Auffassung zu untermauern. Als man später entdeckte, daß es Perioden der Stase gegeben hat und daß Arten ebenso plötzlich verschwunden wie neue aufgetreten sind, war man zu der Annahme gezwungen, daß sich die Evolution nicht graduell, sondern in Sprüngen vollzogen hat. Für diese Ereignisfolge prägte man den Ausdruck »punktuelle Evolution« oder »punktuelles Gleichgewicht«. Allmähliche Veränderungen lassen sich auf eine Folge kleiner genetischer Modifikationen, etwa Mutationen, zurückführen, aber die plötzlichen Veränderungen sind schwieriger zu erklären. Man hat vorgeschlagen, sie seien durch eine genetische Revolution hervorgebracht worden, die auf irgendeine drastische DNA-Veränderung zurückgegangen sein soll, etwa auf die Invasion eines Genoms durch transponible Elemente, die viele Veränderungen in kurzer Zeit bewirken könnten. Solche umfangreichen hypothetischen Variationen bezeichnet man als *Makroereignisse*, im Gegensatz zu den üblichen kleinen Veränderungen, den *Mikroereignissen*.

Genauso schwer zu erklären ist das Fehlen von Veränderungen in den Perioden der Stase, die bei einigen Arten Jahrmillionen dauerten. Die genetischen Veränderungen müssen sich weiterhin vollzogen haben (denn sie kommen nie zum Stillstand), aber sie blieben innerhalb der Artgrenzen. Offenbar muß an der Stase mehr als nur die DNA beteiligt gewesen sein. Ein Genom ist keine isolierte Einheit, es muß im Zusammenhang mit seiner Umwelt gesehen werden. Fehlende Veränderungen in einer Art während der Stase lassen sich danach auf zweierlei Art erklären. Erstens: Die Veränderungen traten auf, blieben aber neutral – sie wirkten sich nicht auf die Leistung des Organismus aus. Zweitens: Die Veränderungen waren nachteilig für die Individuen, bei denen sie auftraten, und führten zu deren Untergang.

Neutrale Veränderungen?

Die Idee, daß neutrale Veränderungen die Evolution vorantreiben könnten, wird durch mathematische Modelle bestätigt, die zeigen, daß in einer Fortpflanzungsgemeinschaft bestimmte Genformen (Allele) erheblichen Verschiebungen – Bereicherungen oder Verarmungen – unterworfen sein können, ohne daß die Selektion für oder gegen sie interveniert. Dies bezeichnet man als *genetischen Drift*. Eine ähnliche Tendenz können wir bei den ribosomalen RNA-Genen erkennen, obwohl der Mechanismus dort anders ist. Eine Mutation in einem Gen der Familie wird entweder eliminiert oder breitet sich nach beträchtlicher Fluktuation auf die ganze Familie aus. Für diese Veränderungen ist die Genkonversion verantwortlich.

Wie groß der evolutionäre Impuls ist, der von neutralen Veränderungen ausgeht, zeigt ein vereinfachtes System: Von einem viralen Replikationsenzym wird im Reagenzglas eine virale RNA in einer Mischung repliziert, in die der Experimentator sowohl das Enzym als auch die zur Replikation erforderlichen Vorläufermoleküle eingibt. Die aus der Replikation resultierenden RNA-Moleküle werden ihrerseits repliziert, und dieser Prozeß setzt sich über sehr viele Generationen fort (wobei ihre Merkmale im Labor ständig aufgezeichnet werden). In diesem System treten genetische Veränderungen größten Umfangs auf, weil die RNA sehr zu Mutationen neigt. Eine rasche Akkumulation von Veränderungen führt dazu, daß der ursprüngliche Molekültyp durch andere Molekültypen ersetzt wird, und zwar nicht zufällig, sondern unter Vorherrschen bestimmter Typen. Doch in nachfolgenden Replikationen können sich Moleküle eines Typs durch Drift in neue Typen verwandeln. Die Zahl der Moleküle verschiedenen Typs ist nicht gleichförmig: Die Verteilung der genetischen Typen gleicht einem Gebirge mit hohen Gipfeln (den vorherrschenden Typen) und Tälern dazwischen. Aber diese Landschaft ist fließend – von Zeit zu Zeit kann sich ein Gipfel in eine Talsohle verwandeln und dann wieder mit einem anderen Gipfel zusammenwachsen. Die Veränderungen, die diese Evolution bewirken, sind neutral. Nun kann aber die Selektion zusätzliche und beträchtliche Modifikationen in die Verteilung einführen, wie sich zeigt, wenn man einen ungewöhnlichen Vorläufer in die Replikationsmischung einbringt. Dann treten einige Molekültypen gehäuft auf, während andere verschwinden. Entsprechend bildet das Vorkommen neutraler (oder fast neutraler) Veränderungen die Grundlage dieses bei allen Arten zu beobachtenden Polymorphismus, also der Typenvielfalt von Proteinen oder DNA-Sequenzen ohne erkennbare Konsequenzen.

Neutrale Veränderungen sind jedoch nicht häufig genug, um den Gesamtprozeß der Evolution zu erklären. Das läßt sich aus dem begrenzten Umfang des Polymorphismus (in ungefähr 20 Prozent der Gene) bei den Arten erschließen, wo er untersucht wurde. Wenn alle Veränderungen neutral wären, hätte man von 100 Prozent auszugehen. Im übrigen kann eine Veränderung, die unter bestimmten Umständen neutral ist, unter anderen Umständen der Selektion unterworfen sein. Beispiele sind Veränderungen im Immunantwort-Gen des Haupt-Histokompatibilitäts-Locus (vgl. Kap. 14). Besitzt ein Individuum eine veränderte Form eines dieser Gene, die auf einen bestimmten Krankheitserreger (ein Virus oder ein Bakterium) nur unzulänglich reagiert, ist es unter Umständen erheblich beeinträchtigt, wenn dieser Erreger in seiner Umwelt auftritt. Ohne Erreger wäre die Mutation neutral.

Zwei Umwelten

Genetische Veränderungen haben Selektionswert – sie sind gut oder schlecht –, weil die Evolution über die Individuen auf die Gene einwirkt. Damit sind die Gene zwei Umwelten ausgesetzt, einer inneren und einer äußeren. Die innere Umwelt wird von dem Zustand aller anderen Gene gebildet, die sich im Gleichgewicht befinden müssen. Wir haben gesehen, wie bedeutsam dieses Gleichgewicht für die Geschlechtsbestimmung ist (vgl. Kap. 9). Das Gleichgewicht der Gene läßt über den komplizierten Entwicklungsprozeß den ausgewachsenen Organismus entstehen. Genetische Veränderungen, die diese regelmäßige Entwicklung stören, sind nicht zulässig. Damit erlegt die innere Umwelt der Akkumulation genetischer Veränderungen erhebliche Einschränkungen auf. Es treten viele nicht akzeptable Veränderungen in den Genen auf, die jedoch nicht sichtbar werden, weil sie den Untergang des Organismus bewirken. – Die äußere Umwelt ist die Welt, in der das Individuum lebt. Die Gene sind dieser Umwelt durch den Organismus ausgesetzt, in dem sie sich befinden. Viele Genveränderungen beeinträchtigen die Überlebensfähigkeit eines Individuums in der äußeren Umwelt und gehen mit ihm unter. So erlegt auch die äußere Umwelt der Akkumulation genetischer Veränderungen Einschränkungen auf.

Der Einfluß dieser Einschränkungen ist sicherlich eine Ursache der Stase. Arten, die sich ihren beiden Umwelten besonders gut angepaßt haben, bleiben in der Regel konstant, weil sich jede genetische Veränderung unvorteilhaft auswirkt. Veränderungen treten zwar auf, werden aber sofort eliminiert. Die dergestalt hervorgerufene Stase bleibt so lange erhalten, wie die innere und die äußere Umwelt unverändert bleiben.

Doch ein plötzlicher Zusammenbruch des Gleichgewichts zwischen dem Genom und seiner inneren oder äußeren Umwelt hat tiefgreifende Folgen für die Population, und viele Individuen gehen dabei zugrunde. Die Art kann verschwinden und durch eine neue ersetzt werden. Solche Ereignisse scheinen am Turkanasee durch erhebliche Veränderung der äußeren Umwelt ausgelöst worden zu sein. Zahlreiche bestehende Arten gerieten in eine Krise, und mehrere starben fast aus. Es verschwanden jedoch nicht alle Individuen – die Art mußte nur durch einen Engpaß. Die überlebenden Individuen waren, im Rahmen des normalen Polymorphismus, genetisch verändert und besser geeignet, die Krise zu überstehen. Während der Stase waren Individuen mit diesen Phänotypen nicht besonders gut angepaßt, konnten aber überleben und rückten nun, während der Krise, welche die Art mit völliger Vernichtung bedrohte, in den Vordergrund. In dieser Zeit begründeten sie neue Abstammungslinien, die mit besseren Überlebensmöglichkeiten ausgestattet waren. Worin der Vorteil dieser Individuen im einzelnen lag, können wir nicht feststellen, da, wie gesagt, nur Gehäuse übriggeblieben sind.

Ein aktuelleres Beispiel für ein ähnliches Phänomen ist das Vorkommen von Thalassämie-Genen beim Menschen (vgl. Kap. 4). Die Gene sind für die Betroffenen, denen es trotzdem gelingt, zu überleben und sich fortzupflanzen, unvorteilhaft. Einige Thalassämie-Gene verleihen Widerstandsfähigkeit gegen Malaria. In Gebieten, in denen es keine Malaria gibt, stellen die Betroffenen einen sehr kleinen Bruchteil der Bevölkerung. Käme es aber zu einer plötzlichen, raumgreifenden Ausbreitung der Malaria, wären diese Individuen am besten dagegen gewappnet, und das Thalassämie-Gen würde sich in der Bevölkerung ausbreiten.

So gelangen wir zu dem allgemeinen Schluß, daß eine neue Population, die aus einer Krisensituation hervorgeht, immer in der bereits vorhandenen enthalten ist, wenn auch nicht unbedingt in erkennbarer Form. Ob die Individuen dieser Population eine neue Art bilden oder nicht, hängt von zusätzlichen Faktoren ab, die darüber entscheiden, ob sie sich mit Individuen der Population kreuzen können, aus der sie sich entwickelt haben.

Viele andere Beispiele deuten darauf hin, daß Umweltveränderungen tiefgreifende Konsequenzen haben und zum Verschwinden von Arten führen könnnen. Zu ihnen gehören Katastrophen wie die Kollision von Asteroiden mit der Erde (vgl. Kap. 3) und extremes Absinken der Oberflächentemperatur in den Eiszeiten. Ernste Krisen und Populationsrückgänge können sich aber auch aus Veränderungen der inneren Umwelt ergeben. Beispielsweise können transposable Elemente in das Genom eindringen und die Gene aus dem Gleichgewicht bringen oder den normalen Entwicklungsgang stören.

Isolation

Ein evolutionärer Engpaß, bei dem einige wenige Individuen mit ungewöhnlichen Eigenschaften aus dem genetischen Reservoir der alten Art hervorgehen, scheint für das Entstehen einer neuen Art wichtig zu sein. Ein solcher Engpaß kann auch ohne katastrophenartige Veränderungen entstehen. Einer der Mechanismen ist die Abwanderung einer kleinen Zahl von Individuen in eine abgeschlossene Umwelt, etwa eine ferne Insel. Das genetische Reservoir der kleinen Wanderpopulation ist sehr eingeschränkt, könnte aber Individuen mit ungewöhnlichen Genen einschließen, die sich entweder durch zufälligen Drift oder durch Selektion unter den neuen Umständen entwickelt haben. Wenn das so ist, könnten diese Individuen eine neue Population mit besonderen genetischen Merkmalen, vielleicht sogar eine neue Art hervorbringen. Diese Situation wird als *Gründereffekt* bezeichnet. Ähnliche Ereignisse finden bei der Domestizierung wild lebender Tiere statt. Die wenigen Tiere, die vom Menschen gefangen werden, bilden eine kleine Stichprobe ihrer Art. Unter Umständen reichern sie sich mit verborgenen Domestizierungsgenen an, die dann durch selektive Kreuzung zum Vorschein gebracht werden. Die Haustierart, die sich aus diesen Tieren entwickelt, war in verborgener Form bereits in der wild lebenden Art enthalten. Die Domestizierung ist unmöglich, wenn es diese verborgenen Gene in der wild lebenden Art nicht gibt. So haben Domestizierungsversuche gezeigt, daß sich zwar Füchse zu Haustieren machen lassen, nicht aber Nerze.

Theoretisch könnte die Isolation einer kleinen Population auch aus Veränderungen des Genoms resultieren. Ein möglicher Mechanismus, der auf Mutationen in hochrepetitiven DNA-Sequenzen basiert, ist in Kapitel 6 beschrieben worden. Ein anderer Mechanismus könnte das Auftreten von Veränderungen sein, die das Sexualverhalten modifizieren, z. B. das Vorkommen eines gewandelten Pheromons in einer Insektenart oder ein modifizierter Gesang in einer Vogelart. Die Individuen, die dieses veränderte Pheromon oder den modifizierten Gesang erkennen, bilden eine isolierte Fortpflanzungsgemeinschaft, aus der sich eine neue Art entwickeln kann.

Bei Pflanzen kommt es oft zur Isolation, wenn sich zwischen zwei Arten besondere und seltene Hybride bilden. Sie enthalten die vollständigen Genome der beiden Herkunftsarten – sie sind *polyploid*. Die Hybride werden durch einen chromosomalen Mechanismus von beiden Eltern isoliert. Wenn wir die beiden homologen Chromosomensätze der Elternarten als AA und BB bezeichnen, ist das Hybrid ABAB. Werden im Hybrid Gameten gebildet, so paaren sich die homologen Chromosomen während der Reduktion in der Form AB/AB. Die Paarung ist vollkommen, weil sich das Chromosom A mit A paart und das Chromosom B mit B. So können ganz normale Gameten gebildet werden. Hingegen sind Kreuzungen zwischen den Hybriden einer der beiden Elternarten nicht fruchtbar, weil bei der Reduktion die Paarung in der Form A/AB oder B/AB stattfindet. Damit ist die Chromosomenpaarung unvollständig, und es können keine Gameten entstehen. In diesem Fall bildet die polyploide Pflanze eine neue Spezies. Die Hervorbringung solcher Hybride ist ein hochwirksamer Mechanismus der Pflanzenevolution. Durch Kombination zweier Genome mit unterschiedlichen Merkmalen sind sehr differenzierte Anpassungsvorgänge möglich. Das erklärt, warum ein Viertel aller Blütenpflanzen polyploid ist.

Die Fortpflanzungs-Inkompatibilität zwischen den Individuen der alten und der neuen Art kann in einigen Fällen die Ursache für die Bildung einer neuen Art sein – so im letzten der angeführten Beispiele –, in anderen Fällen eine Folgeerscheinung. Zu sekundärer Inkompatibilität kommt es, wenn der genetischen Veränderlichkeit der neuen Population andere Einschränkungen auferlegt sind als der alten Population. Jetzt können sexuelle Eigenschaften eine Kreuzung unmöglich machen. Damit muß die Art sich allein auf ihren Weg machen; es gibt keine Umkehr mehr, nur zwei Möglichkeiten: Erfolg oder Untergang.

Diese Mechanismen der *Artbildung* erklären, warum neue Arten plötzlich auftreten und warum es keine Übergangsformen zwischen der neuen und der alten Art gibt. Der entstehende Organismustyp ist zwar nicht neu, war aber bislang in der Minderheit und wird jetzt unvermittelt durch die neuen Bedingungen in den Vordergrund gerückt. Möglicherweise war er gar nicht zu erkennen, weil die besonderen Eigenschaften, die ihn für die neuen Bedingungen so geeignet machen, äußerlich nicht zu sehen waren. Angesichts dieser Sachlage können neue Gen-Anordnungen in relativ kurzen Evolutionszeiten entstehen – im Laufe von wenigen hundert oder tausend Generationen. Eine wichtige Rolle könnten dabei Mutationen spielen, die sich auf die Entwicklung auswirken. Wie in Kapitel 12 beschrieben, kann eine einzige Entwicklungsmutation dieser Art erhebliche Körperveränderungen bewirken. Sie können rasch die äußere Anatomie verwandeln, die so entscheidende Anpassungsfaktoren bestimmt wie die Fähigkeit, sich zu ernähren, zu kämpfen, sich zu paaren oder den natürlichen Feinden zu entgehen.

Welche genetischen Veränderungen?

Kehren wir nun zu den Begriffen Mikroereignis und Makroereignis zurück. Man spricht von Makroereignissen, um den plötzlichen Artenwandel zu erklären, den man in den fossilen Zeugnissen beobachtet. Viele dieser Veränderungen lassen sich jedoch auch mit der Hypothese erklären, daß die genetische Diversität, die sich während der Stase aufgrund der in Kapitel 5 beschriebenen Mechanismen der DNA-Variation entwickelt, durch veränderte Umstände plötzlich offen zutage tritt. Die oben dargestellten Beobachtungen sprechen für diese Erklärung.

Auch molekulare Sachverhalte legen die Vermutung nahe, daß sich genetische Veränderungen nicht urplötzlich ereignen oder durch spektakuläre Mechanismen wie weitverbreitete Transpositionen hervorgerufen werden können. Die Transposition ist in erster Linie ein Mechanismus zur Inaktivierung von Genen und zur Bewegung von DNA–Sequenzen. Ihre negativen Auswirkungen auf die betroffenen Organismen würden den positiven Effekt der Bildung neuer Sequenzkombinationen weitgehend aufheben. Für diesen Zweck sind Punktmutationen weit eher geeignet. Genetische Makroereignisse kommen noch aus einem weiteren Grund nur bedingt in Frage: Das Leben beruht auf außerordentlich vielen Wechselwirkungen von Proteinmolekülen mit sich selbst und mit anderen Molekülen. Beispielsweise bestehen viele Enzyme aus zwei oder mehr verschiedenen Proteinmolekülen, die zusammenwirken. Wenn ein Molekül verändert wird, müssen auch die anderen entsprechend modifiziert werden, und das kann nur allmählich geschehen. In einem Enzym, das aus zwei Molekülen A und B besteht, wäre folgende Ereigniskette vorstellbar: Protein A verändert sich leicht durch eine Mutation, wodurch sein Zusammenwirken mit Protein B geschwächt wird, jedoch nicht so sehr, daß deshalb das Überleben in Frage gestellt wäre. Daraufhin verändert eine andere Mutation Protein B und macht es mit dem bereits veränderten Protein A etwas kompatibler. Es folgen weitere kleine Schritte dieser Art. Am Ende kann die Veränderung so stark sein, daß das neue Protein A zwar mit dem neuen Protein B zusammenwirken kann, aber nicht mehr mit dem alten Protein B. Die Wahrscheinlichkeit, daß eine solche Übereinstimmung über eine lange Folge von genetischen Ereignissen erhalten bleibt, ist eher gering. Viel wahrscheinlicher ist, daß ein solches Ereignis das Zusammenwirken vieler Moleküle nachhaltig beeinträchtigen und den Tod des Individuums herbeiführen würde.

Es müssen zudem viele evolutionäre Veränderungen in übereinstimmender Weise bei verschiedenen Individuen auftreten. Dazu gehören die Spezialisierungen, mit deren Hilfe Tiere ihre Sexualpartner erkennen. Die chemische Veränderung eines Pheromons muß von entsprechenden Veränderungen in den Geruchsrezeptoren des Sexualpartners begleitet sein. Wenn sich die Farbe des Gefieders bei einem männlichen Vogel verändert, muß auch das Neuronennetz des Weibchens dergestalt modifiziert werden, daß es das Männchen weiterhin anziehend findet. All diese Veränderungen können sich leicht in kleinen, additiven Schritten vollziehen.

Versucht man, die Evolution mit solchen geringfügigen genetischen Ereignissen zu erklären, stößt man allerdings auf das Problem ihrer Seltenheit. Die existierenden Genome können nicht durch Akkumulation zufällig auftretender Punktmutationen entstanden sein, wenn man von der heutigen Rate ausgeht. Das Problem ähnelt dem Versuch, Dantes »Göttliche Komödie« durch zufällige Aneinanderreihung von Buchstaben zu schreiben. So kam das Buch natürlich nicht zustande. Die Aneinanderreihung von Buchstaben zu Phonemen und Wörtern und die syntaktischen Regeln, nach denen man aus Wörtern Sätze bildet, fand Dante bereits vor. Entsprechend ist kein heutiges Genom durch zufälliges Zusammenfügen von Basen entstanden; ein derartiges Verfahren wurde wahrscheinlich nur in der allerersten Phase der Evolution verwendet. Später gestatteten die Mechanismen der Gen-Duplikation, Rekombination, Transposition und Gen-Konversion einen raschen Austausch ziemlich komplexer Informationseinheiten, der zu einer Riesenzahl unterschiedlicher Kombinationen führte.

Doch in den Anfangszeiten der Evolution muß die Entstehung der verschiedenen Basensequenzen, die später durch die genannten Mechanismen amplifiziert oder ausgetauscht wurden, mit Hilfe von Mutationen vonstatten gegangen sein. Selbst auf dieser Ebene ist die außerordentlich geringe Mutationsrate der DNA noch ein Problem – etwa die Ereignisse, die den Gang der evolutionären Molekularuhr bestimmen. Diese Schwierigkeit läßt sich möglicherweise dadurch umgehen, daß man die Rolle der RNA in der Evolution berücksichtigt. Wie wir noch hören werden, ist die RNA wahrscheinlich vor der DNA dagewesen. Von den Viren wissen wir, daß die Mutationshäufigkeit der RNA-Replikation zehn- bis hunderttausendmal höher ist als die der DNA, weil die RNA grundsätzlich instabiler ist und bei der Replikation keine Korrekturfunktion hat (vgl. Kap. 4). Es ist denkbar, daß ein großer Teil der heute existierenden Sequenzvariationen in der RNA entstanden ist, bevor der Übergang zur DNA erfolgte. Der Beitrag der DNA könnte vor allem in der Fähigkeit bestanden haben, Teile auszutauschen. In diesen Zusammenhang gehört auch, daß ein beträchtlicher Anteil der DNA heute aus Sequenzen besteht, die durch reverse Transkription hervorgebracht worden sind (vgl. Kap. 5). Auch die reverse Transkription weist eine hohe Fehlerhäufigkeit auf; viele der jüngeren Veränderungen könnten auf diesen Mechanismus zurückgehen. Durch reverse Transkription entstandene Sequenzen gehören nicht zu aktiven Genen, sondern können durch Genkonversion zur Bildung neuer Gene beitragen. Diese beiden Mechanismen könnten einen großen Teil der evolutionären Mutationen erklären.

Sind Viren bewegende Kräfte der Evolution?

Die Rolle der reversen Transkription bei der Ausformung des Genoms und ihr wichtiger Beitrag für die Entstehung von Mutationen werfen die Frage auf, ob Retroviren oder ihre frühen Vorläufer nicht eine entscheidende Rolle für die Evolution gespielt haben. Es läßt sich – wenn auch rein spekulativ – ein Retrovirus vorstellen, das eine ganze Art infiziert und zu einer »Koexistenz« mit ihren Mitgliedern gelangt. Nach dieser Hypothese dringt das replizierende Virus in die meisten Individuen ein, die allerdings die Fähigkeit zur eigenständigen Fortpflanzung behalten. Die ständige Virusreplikation überflutet die infizierten Zellen mit reverser Transkriptase und bewirkt einen merklichen Anstieg der Mutationshäufigkeit. Der Befall von Keimbahnzellen, ein häufiger Vorgang bei der Infektion mit einem

Retrovirus, bewirkt Mutationen in Vorläufern der Keimbahnzellen oder in Oozyten, und einige dieser Mutationen vererben sich. Gleichzeitig wirken sich die Insertion von Proviren in die Zellgene und andere Effekte nachteilig auf Wachstum und Entwicklung des Organismus aus. Die Art erlebt (nach der Hypothese) eine beschleunigte Evolution sowohl im Hinblick auf eine erheblich gesteigerte Mutationsrate als auch auf eine allgemeine Schwächung der Art, die zu einer evolutionären Krise führt. Die große Zahl von Mutationen, die sich über einen Zeitraum von vielen Generationen ereignen, bewirkt fortschreitende und (nach geologischem Zeitmaß) rasche Veränderungen des Genoms, die unter Umständen noch mit der erforderlichen abgestimmten Veränderung der Proteine des Organismus vereinbar sind. Einige der durch das Virus hervorgerufenen genetischen Veränderungen führen im Laufe der Zeit zur Widerstandsfähigkeit gegen das Virus selbst. Individuen mit diesen Merkmalen bilden nach und nach eine neue stabile Population, in der die Mutagenese und die nachteiligen Effekte der Infektion nicht mehr anzutreffen sind. So wäre (nach der Hypothese) eine neue Art entstanden.

Ein Beispiel, das diesem Modell ähnelt, ist die Infektion menschlicher Populationen mit dem Aids-Retrovirus. Das Virus breitet sich rasch aus und ruft eine längere Infektion hervor, die manchmal zum Ausbruch einer schlimmen Krankheit führt. Während der Krankheitsphase vermehrt sich das Virus aktiv in einigen Zelltypen. Die Infektion beeinträchtigt die Sexualität nicht, und das Virus wird sexuell übertragen. Die reverse Transkriptase des Virus scheint außerordentlich mutagen zu sein, da verschiedene Isolate des Virus eine hohe Variabilität aufweisen. Wir wissen jedoch nicht, ob das Virus Keimbahnzellen infizieren und dort Mutationen hervorrufen kann.

Ein solches hypothetisches Modell liefert einen plausiblen Mechanismus für das »rasche« Auftreten neuer Arten, ohne daß größere Umweltveränderungen oder genetische Ereignisse von katastrophalem Ausmaß beteiligt sind.

Die Bedeutung von Anpassungsprozessen

Ein grundlegendes Konzept der Evolution ist die natürliche Selektion: Eine Art expandiert oder schrumpft, je nachdem, wie gut sie ihrer Umwelt angepaßt ist. Der Prozeß, der für die Anpassung sorgt, beruht sowohl auf dem Erwerb nützlicher Eigenschaften als auch auf dem Verlust nutzloser Merkmale.

Welcher Mechanismus für den Erwerb neuer Eigenschaften verantwortlich ist, zeigt eine Beobachtung an den Darwinfinken, die auf den Galápagosinseln leben. Diese Tiere ernähren sich von kleinen Samenkörnern, die sie mit ihren Schnäbeln öffnen. 1977 dezimierte eine Trockenheit die Pflanzenart, von der diese Samenkörner stammen, während Pflanzen mit größeren Samenkörnern kaum beeinträchtigt waren. Die Finkenpopulation ging zurück, weil ihre Hauptnahrungsquelle versiegt war und weil die Vögel die größeren Samenkörner mit ihren kleinen Schnäbeln nicht aufknacken konnten. Daraufhin entstand eine neue Population von Finken mit größeren Schnäbeln, die sich von den größeren Körnern ernähren konnten. Solche Individuen hatte es schon immer gegeben, aber in geringer Zahl, und deshalb hatte man sie in der ursprünglichen Population nicht bemerkt. Das Beispiel zeigt, *daß Anpassung eine Populationsverschiebung ist.* Nicht das Individuum erwirbt neue Eigenschaften, sondern die Art, indem sie ihre Zusammensetzung verändert.

Der Verlust nutzloser Eigenschaften erfolgt nach dem gleichen Prinzip, wenn auch auf weniger offensichtliche Weise. Es ist nicht auf den ersten Blick zu verstehen, warum Tiere einer unterirdischen Art blind sind oder warum Vögel die Fähigkeit zu fliegen verlieren, nachdem sie auf einer fernen Insel heimisch geworden sind. Der bloße Umstand, daß die Funktion unnötig ist, liefert noch keinen hinreichenden Grund für ihr Verschwinden – Besitz einer unnützen Funktion ist ja kein Handikap. Das Verschwinden kann durch einen zufälligen genetischen Drift oder einen negativen Selektionswert verursacht werden. Letzteres ist der Fall, wenn der Fortbestand der Funktion den Anpassungsgrad des Individuums mindert. Für Vögel, die sich auf einer fernen Insel ansiedeln, wo sie keine natürlichen Feinde haben, könnte die Fähigkeit zu fliegen von Nachteil sein. Während Fliegen lebenswichtig ist, wenn es gilt, natürlichen Feinden zu entkommen, verbrauchen die Vögel vielleicht überflüssigerweise Energie, wenn sie auch dann fliegen, wenn es solche Feinde nicht mehr gibt. Genetische Varianten, die nicht fliegen können, sparen Energie, die sie in die Produktion einer größeren Nachkommenschaft investieren können. Unter diesen Umständen hat der Verlust der Flugfähigkeit einen positiven Anpassungswert. Abermals verschiebt sich die Population, indem sie Varianten vermehrt, die vorher selten waren. Die Tendenz, solche Varianten hervorzubringen, ist ein genetisches Merkmal: Nur Vögel bestimmter Arten verlieren ihre Flugfähigkeit so leicht. Es handelt sich um Vögel, bei denen sich die für das Fliegen erforderliche Knochenstruktur und Muskulatur nach der Geburt entwickelt. Unter derartigen Umständen können schon begrenzte genetische Veränderungen zu dem Verlust der Flugfähigkeit führen. Die Möglichkeit zur fehlenden Flugfähigkeit ist in der Art angelegt.

Bei den unter der Erde lebenden blinden Tieren ist die Situation weniger klar. Wir wissen beispielsweise nicht, was zuerst da war: das Leben unter der Erde oder die Blindheit. Es wäre vorstellbar, daß Tiere, die durch eine genetische Veränderung erblindet sind, nur unter der Erde überleben konnten, wo sie vor Raubtieren geschützt waren. Isoliert von ihrer Ursprungsart, hätten sie sich von ihr fortentwickeln und eine neue Art bilden können.

Die letzten Beispiele zeigen, daß sich häufig nur schwer auf die Ursache eines bestimmten Anpassungsprozesses schließen läßt. Dies belegen auch einige klassische Fehlinterpretationen von Populationsveränderungen, beispielsweise dem Auftreten großer Mengen dunkler Motten in englischen Städten nach der industriellen Revolution. Man glaubte, die dunklen Motten seien besser an die rußige Umwelt angepaßt; durch die Schutzfärbung seien sie daher schwerer für die Vögel zu erkennen, denen sie als Nahrung dienen. Eingehendere Untersuchungen zeigten dann, daß dunkle Motten den Vögeln ebenso zahlreich zum Opfer fallen wie helle Motten. Es sieht indessen so aus, als seien die dunklen Motten besser angepaßt, weil ihre dunkle Farbe die spärlichen Sonnenstrahlen, die durch den Rauchschleier dringen, besser einfangen. Ein anderes Beispiel ist das Vorhandensein von Federn bei Vögeln. Man sollte meinen, sie dienten der Anpassung an die Flugfähigkeit, tatsächlich aber kamen Federn erstmals bei Reptilien vor, wo sie für die Wärme-Isolierung sorgten. Als die Vögel sich aus den Reptilien entwickelten, haben sie die Federn wahrscheinlich aus demselben Grund beibehalten – als »federleichtes« Isolationsmaterial. Erst in nachfolgenden Evolutionsschritten dienten die Federn einer Spezialisierung: zum Fliegen.

Einige Anpassungsvorgänge haben mit einer speziellen Situation zu tun – der Auswahl des Paarungspartners. Bei einigen Vogelarten sucht sich das Weibchen seinen Partner nach dem Federkleid aus: Je auffälliger es ist, desto größer der Erfolg. Ein auffälliges Federkleid ist also ein Anpassungsmerkmal. Doch in einigen Fällen ist die Prachtentfaltung so groß, daß der Vogel kaum noch fliegen kann. So mindert sie seine Anpassung, weil sie ihm viel Energie entzieht und seinen Schutz vor natürlichen Feinden beeinträchtigt. Der Anpassungsprozeß durchkreuzt am Ende die eigenen Absichten – die Selektion schießt übers Ziel hinaus. Die Anpassung muß sich in einem Gleichgewichtszustand zwischen gesteigertem sexuellem Erfolg und verminderter Lebenserwartung einpendeln. Wahrscheinlich wird das Gefieder in einem Zustand maximaler Auffälligkeit gehalten, jenseits dessen die allgemeine Angepaßtheit (*Fitness*) der Art wieder abnehmen würde.

Einschneidende Anpassungsprozesse – adaptive Veränderungen – dürften sich in kleinen Schritten unter dem Druck der Verhältnisse vollzogen haben. Nehmen wir beispielsweise die Entwicklung der Landtiere aus den Fischen. Sicher ist es nicht so gewesen, daß eines Tages irgendein oberster Fisch seine Mannen um sich versammelt und ausgerufen hat: »Kommt Leute, gehen wir an Land!« Der Übergang vollzog sich wahrscheinlich über Tausende von Krisen. Er kam voran in flachen Seen und Flüssen während Trockenperioden, als Wasser nur noch in kleinen Teichen und Sümpfen anzutreffen war und viele Fische sterben mußten. Wir können uns diese Ereigniskette durchaus vorstellen. Rein zufällig und völlig grundlos hatten einige Fische im Rückraum ihres Rachens eine Tasche ausgebildet, die von einem Netz aus Blutgefäßen umgeben war. Das kleine Anhangsgebilde war bei normalem Wasserstand lästig und nachteilig, erwies sich aber als vorteilhaft, wenn der Fisch große Mengen Luft statt Wasser schlucken mußte. Im Fortgang wurde die Leistungsfähigkeit dieses Gebildes durch mutationsbedingte Modifikationen erhöht, so daß der Fisch wahlweise unter Wasser oder an der Luft leben konnte. Fische mit diesen Eigenschaften – die Lungenfische – gibt es heute noch in den Sumpfgebieten des Kongo und anderer afrikanischer und südamerikanischer Flüsse.

Die weiteren Schritte könnten wir uns wie folgt vorstellen: Sobald die Anpassung an die Luftatmung hinreichend ausgebildet war, verbrachten die Fische immer mehr Zeit an Land, wobei sie sich mit Hilfe ihrer Flossen fortbewegten. Die Flossen bekamen immer mehr Ähnlichkeit mit Beinen, weil sie sich in dieser Form als nützlich erwiesen, weiter entfernte Landgebiete zu erkunden. Anfangs war das Leben auf dem Land einfach. Es gab keine Raubtiere, deshalb war die langsame Fortbewegung akzeptabel, und es bestand kein Grund, ins Wasser zurückzukehren. Die Kiemen wurden überflüssig und sogar zu einem Handikap, weil sie durch Verdunstung viel Körperflüssigkeit abgaben. Allerdings konnten sie nicht ganz aufgegeben werden, denn in einigen Kiemenregionen wurzelten nützliche Knochen oder endokrine Drüsen. Diese Regionen wurden beibehalten, die anderen gingen verloren.

Der Übergang vom Wasser aufs Land vollzog sich also allmählich in einer ungeheuren Zahl kleiner, koordinierter Schritte. Einige Schritte mögen sich durch zufälligen Drift vollzogen haben, aber viele wurden wahrscheinlich durch Krisen ausgelöst und ließen neue Individuen mit Eigenschaften in den Vordergrund treten, die sich unter den gegebenen Verhältnissen als vorteilhafter erwiesen. Der allgemeine Übergang war wie jede evolutionäre Veränderung kein zielstrebiger Triumphzug, sondern eine Odyssee.

Selektion der Gene

Die natürliche Selektion wirkt auf die Individuen einer Art ein, über die Individuen jedoch auf ihre Gene. Welches Ziel hat die Selektion? Den Schutz der Individuen oder der Gene?

Daß die Selektion letztlich den Genen gilt, zeigen Anpassungsprozesse, die das Individuum in Gefahr bringen. Ein typisches Beispiel ist der Altruismus, den einige Tierarten, etwa die Backenhörnchen, an den Tag legen. Wenn sich ein Raubtier der Kolonie nähert, gibt jedes Individuum, das den Feind sieht, einen speziellen Laut von sich, um die anderen zu warnen, die daraufhin in ihren Erdlöchern verschwinden. Das Tier, welches das Warnsignal ausstößt, vollbringt eine altruistische Handlung, denn es zieht die Aufmerksamkeit des Raubtiers auf sich und verschwendet kostbare Zeit, bevor es an die eigene Rettung denkt. Der altruistische Akt ist also nachteilig für das Individuum selbst, aber nützlich für die gesamte Kolonie, die sonst leicht dem Feind zum Opfer fallen könnte. Wenn die Kolonie eine Inzuchtgruppe ist, in der die meisten Gene den Individuen gemeinsam sind, ist der Altruismus eine nützliche Methode zur Selektion der Gene.

Für den Altruismus müssen spezielle Gene sorgen, die für das erforderliche Neuronennetz verantwortlich sind. Einige Gene müssen auch den Konkurrenzkampf innerhalb der Gruppe mindern. Wäre das Individuum, das den Warnlaut ausstößt, einer ernsthaften Konkurrenz von seiten der anderen, die es rettet, ausgesetzt, dann wäre der Altruismus nachteilig. In einem solchen Fall wäre es besser für das betreffende Individuum, sich in Sicherheit zu bringen und seine Konkurrenten dem Raubtier zu überlassen.

Evolution im Labor

Die obige Beschreibung der Evolution stützt sich auf molekulare und geschichtliche Zeugnisse und auf unsere Kenntnisse von der biologischen Welt in ihrem heutigen Zustand. Viele Ereignisse sind Annahmen, für die es keine direkten Beweise gibt. Angesichts dieses Mankos könnte man sagen, daß es sich bei der Evolutionstheorie um ein abstraktes Konzept handle, ein hypothetisches Konstrukt, vielleicht sogar ein Phantasiegebilde. Deshalb stellt sich die Frage, ob wir die Evolution im Labor simulieren können. Natürlich können wir nicht auf lange ausgestorbene Organismen zurückgreifen oder größere Tiere unserer Zeit verwenden – da sich evolutionäre Ereignisse über viele Generationen erstrecken, würde es Jahrhunderte dauern, wollte man in dieser Hinsicht etwa mit Mäusen experimentieren. Doch wir können durchaus zu einer praktikablen Versuchsanordnung gelangen, wenn wir uns an Organismen mit kurzen Reproduktionszeiten wie Bakterien oder Taufliegen halten.

In einem solchen Experiment werden rasch wachsende Bakterien in einer Glasschale auf einem flüssigen Nährmedium gezüchtet. Solange die Nahrung reichlich vorhanden ist, vermehren sie sich rasch. Wenn die Bedingungen der Umwelt konstant gehalten und die Bakterien bei Erschöpfung der Nahrungsreserven regelmäßig in andere Glasschalen mit dem gleichen Nährmedium umgesetzt werden, verändern sich ihre Eigenschaften nicht – sie befinden sich in Stase. Doch wir können eine evolutionäre Krise auslösen, indem wir beispielsweise Penizillin in die Kultur einbringen. Daraufhin verschwinden die meisten Bakterien, die Kultur stirbt nahezu aus. Wir stellen jedoch fest, daß ein paar Bakterien in dem penizillinhaltigen Nährmedium überleben und eine neue Kultur bilden. Die Anpassung der Kultur geht auf das Vorkommen penizillinresistenter Bakterien in der ursprünglichen Population zurück. Diese seltenen Repräsentanten des Genpools der Art haben die Situation gerettet. Wenn jetzt jedoch die an das Penizillin angepaßten Bakterien in die normale Nährlösung zurückgebracht werden, verschiebt sich die Population nach und nach wieder in die umgekehrte Richtung. Es breiten sich Varianten aus, die in normaler Nährlösung besser zurechtkommen als die Bakterien, die sich an das Penizillin angepaßt haben.

Doch solange Bakterien, die sich dem Leben im penizillinhaltigen Medium angepaßt haben, in diesem Nährmedium gezüchtet werden, befinden sie sich in Stase. Nun lösen wir eine neue Krise aus: Wir fügen dem Nährmedium Streptomyzin hinzu. Die Kultur wird nur am Leben bleiben, wenn in der Population gegen Streptomyzin resistente Bakterien vorkommen.

Wir können in diesem Fall nicht sagen, ob die drei Kulturen – die normale Population, die in Penizillin wachsenden Bakterien und die streptomyzinresistenten Individuen – drei verschiedene Arten sind, denn es gibt bei Bakterien keine zuverlässige Methode, Arten zu definieren. Hier können uns Experimente mit der Taufliege *Drosophila* weiterhelfen, bei der sich der Artbegriff ohne Schwierigkeit definieren läßt. Steckt man diese Fliegen in Flaschen, die einen Fruchtbrei als Nährmedium enthalten, vermehren sie sich, wobei alle zwei Wochen eine neue Generation entsteht. Experimente mit ihnen müssen aber Monate oder Jahre dauern, sehr viel länger als mit Bakterien.

In einem solchen Experiment wurde eine in Stase befindliche Fliegenpopulation einer einschneidenden Umweltveränderung ausgesetzt: Die Temperatur wurde extrem gesteigert, und folglich schmolz die Fliegenpopulation dahin. Allmählich jedoch bevölkerten sich die Flaschen wieder, denn einige Fliegen erwiesen sich gegenüber der höheren Temperatur als resistent. Sie sahen auch anders aus als die Fliegen der vorhergehenden Population. Ihre Fähigkeit, bei hoher Temperatur zu überleben, und ihr neues Erscheinungsbild gingen auf Genformen zurück, die teilweise schon in der alten Population vorhanden waren und teilweise durch neue Mutationen hervorgebracht wurden. Diese Fliegen kreuzten sich nicht mit den Tieren der alten Population – sie waren eine neue Art.

In einem anderen Experiment gelang die Selektion einer neuen Art, ohne daß man die Taufliegen Belastungen unterwarf. Statt dessen wurden in jeder Generation Fliegen ausgewählt, deren Körper mit besonders langen Härchen bedeckt war. Die Fliegen mit kürzeren Härchen wurden aussortiert, so daß eine evolutionäre Krise entstand. Wieder veränderten sich nach und nach die Merkmale der Population, und zwar verlagerten sie sich zu Härchen von extremer Länge. Als die neuen Fliegen mit denen der alten Population gemischt wurden, kreuzten auch sie sich nicht mehr. Es war also eine neue Art selektiert worden. In diesem Fall beruhte die Selektion auf einer Veränderung der inneren Umwelt: Selektion nach Härchenlänge bedeutete Selektion nach bestimmten Genen, und offenbar wurden mit ihnen auch andere Gene selektiert, die nichts direkt mit der Härchenbildung zu tun hatten. Sie waren für die Fortpflanzungsinkompatibilität mit den normalen Fliegen verantwortlich.

Derartige Experimente zeigen, daß sich die Evolution tatsächlich im Labor nachstellen läßt. Die in den Versuchspopulationen beobachteten Veränderungen und die Art und Weise ihres Auftretens decken sich genau mit den Voraussagen der Evolutionstheorie.

Wie hat alles angefangen?

Wir können die Evolution des heutigen Lebens von einigen sehr einfachen Organismen herleiten, die vor Jahrmilliarden gelebt haben. Trotzdem bleibt eine grundlegende Frage: Woher kamen diese einfachen Organismen? Wie hat das Leben angefangen? Die Antworten sind auf immer in den kosmischen Geheimnissen des Universums verschlossen. Wir können uns nur mit Möglichkeiten beschäftigen.

Betrachten wir zunächst die Frage, ob das Leben auf der Erde begonnen hat oder irgendwoanders im Kosmos entstanden und von dort auf die Erde gelangt ist. Diese Alternativen sind natürlich nicht überprüfbar, so daß wir zu keinem objektiven Ergebnis gelangen können. Die Idee eines außerirdischen Ursprungs ist einfach deshalb als Möglichkeit zu akzeptieren, weil sie sich nicht ausschließen läßt. Ein irdischer Ursprung würde bedeuten, daß das Leben aus dem entstanden ist, was auf der Erde in der ersten Milliarde Jahren ihres Daseins zur Verfügung stand – in der Zeit, bevor die Organismen existierten, von denen heute die Fossilien zeugen. Anders als die extraterrestrische Möglichkeit läßt sich diese etwas näher untersuchen. Es stehen einige Informationen zur Verfügung, und gewisse Daten lassen sich im Labor gewinnen.

In ihrer Anfangszeit bestand die Erde aus Felsen, Meeren und einer Atmosphäre ohne Sauerstoff. Diese Atmosphäre ähnelte vermutlich der des Titan, jenes Saturnmondes, den wir von Weltraumsonden her kennen. Danach hätte die Erdatmosphäre Wasserstoff, Kohlendioxid, Wasser, etwas Ammoniak, Methan, Cyanwasserstoff und andere Gase enthalten. Die Elemente, aus denen Leben hätte entstehen können, wären also diese Gase, Wasser, Salze und Gestein verschiedener Art gewesen.

Zunächst gilt es zu entscheiden, ob sich aus den genannten Elementen die Moleküle haben bilden können, welche die Bausteine des heutigen Lebens sind, also Aminosäuren oder Nukleinsäurebasen. Wie wir wissen, ist zur Herstellung dieser Substanzen Energie erforderlich. Woher sollte die kommen? Die einzig möglichen Quellen waren das sichtbare bzw. das unsichtbare (vor allem ultraviolette) Sonnenlicht und elektrische Entladungen während Gewittern. Man hat im Labor untersucht, ob elektrische Entladungen in der oben beschriebenen Mischung aus Gasen und Wasser Aminosäuren erzeugen können. Die Ergebnisse waren erstaunlich: Es bildeten sich zahlreiche Aminosäuren, und zwar in weit größeren Mengen, als man erwarten konnte. Das Experiment hat deutlich gezeigt, daß einer der ersten für die Entstehung von Leben erforderlichen Schritte auf der frühen Erde möglich war.

Als nächstes galt es – ebenfalls im Labor – zu überprüfen, ob diese Aminosäuren Ketten bilden können, die den heutigen Proteinen entsprechen. Dazu ist eine beträchtliche Konzentration der Aminosäuren erforderlich. Es stellte sich heraus, daß sie sich zwar in außerordentlich kleinen Mengen bilden, daß sie aber durchaus akkumulieren können. Da es vormals keine Lebewesen gab, die die Aminosäuren gefressen, und keine Enzyme, die sie zerstört hätten, könnten sie tatsächlich die erforderliche Konzentration erreicht haben. In vielen Jahrmillionen der Entwicklung hätte sich eine »Suppe« aus Aminosäuren und anderen Molekülen bilden können, in der ein Zusammenschluß der Aminosäuren zu kurzen Ketten möglich gewesen wäre.

Fraglich ist die Händigkeit oder Drehung der Aminosäuren. Nach ihrer chemischen Struktur können sie in zwei Formen vorkommen, wobei in jeder Anordnung die Moleküle das Spiegelbild der anderen Anordnung bilden. Wie Schrauben können Aminosäuren entweder links- oder rechtsdrehend sein. Schrauben sind normalerweise rechtsdrehend. Die Aminosäuren, die die biologische Welt unserer Tage zusammensetzen, sind alle linksdrehend. Wie konnten in der Ursuppe die linksdrehenden Aminosäuren ausgewählt und die rechtsdrehenden aussortiert werden? Die Antwort mag in der Tendenz der Aminosäuren zu suchen sein, sich mit Molekülen gleicher Drehung zusammenzutun. Im Labor kann man nachweisen, daß sich Aminosäuren, sobald sich einige Moleküle gleicher Drehung zu einer Kette zusammengeschlossen haben, weitere Moleküle mit dieser Drehung aussuchen, um sie der Kette anzufügen. So scheint die Verwendung von nur einer Sorte von Aminosäuren für die Bildung von Proteinen in den Anfangsstadien des Lebens ganz natürlich zustande gekommen zu sein. Die Auswahl von linksdrehenden Aminosäuren könnte mit den grundlegenden Elektronenmechanismen zusammenhängen, welche die Drehung bestimmen. Die physikalischen Gesetze zeigen, daß diese Mechanismen die Linksdrehung leicht bevorzugen.

Andere Gründe könnten biologischer Art sein, so die Notwendigkeit für Proteine, mit Nukleinsäuren zusammenzuwirken, die ebenfalls eine Drehung aufweisen.

Dank dieser Mechanismen entstanden kleine Proteine, die wahrscheinlich die Bildung weiterer Proteine erleichterten. Als nächstes stellt sich die Frage, wie die Nukleinsäuren auf der Bildfläche erschienen sind. Die Reproduktion der Ursuppe im Labor enthält neben Aminosäuren auch Moleküle, die als Bausteine für Nukleinsäuren fungieren können. Auch diese Moleküle könnten sich zu kurzen Ketten zusammengeschlossen haben, die mit unseren heutigen Nukleinsäuren vergleichbar waren (hierfür haben wir allerdings keine direkten Anhaltspunkte). Sie könnten sich einigen der primitiven Proteine angelagert haben. Die Präferenz bestimmter Aminosäuren für die sehr einfachen Nukleinsäuren oder ihre Bausteine ist möglicherweise für die Besonderheiten des Translationscodes verantwortlich.

Bevor komplexere Moleküle zusammengesetzt werden konnten, mußte eine bessere Energiequelle verfügbar sein. Membranen, die für diesen Prozeß von entscheidender Bedeutung sind, hätten sich durch spontanen Zusammenschluß von teils hydrophilen, teils lipophilen Molekülen bilden können – Molekülen, wie sie zur Bildung heutiger Membranen dienen. Diese Membranen hätten wesentlich zur Trennung der Ionen beigetragen und auf diese Weise Konzentrationsunterschiede hervorgerufen, die, wie wir in Kapitel 3 geschildert haben, die wichtigsten Energiequellen heutiger Zellen sind. Die für die Entstehung von Nukleinsäuren notwendigen Zucker könnten in der Ursuppe gebildet worden sein. Reichlich vorhanden waren sie jedoch erst nach Beginn der Photosynthese vor ungefähr 2,8 Milliarden Jahren.

Wahrscheinlich ist die RNA die erste Nukleinsäure auf der Erde gewesen. In den Erscheinungsformen des heutigen Lebens finden wir viele Hinweise auf diese Reihenfolge. Zum einen beginnt die DNA-Replikation mit der RNA; zum anderen besitzen einige Viren ein Genom aus RNA, das sich auch in dieser Form repliziert. Viren einer anderen Gruppe könnten die Übergangsformen zwischen RNA- und DNA-Genomen bilden. Sie haben Genome aus RNA, die während der Replikation in DNA umgeschrieben wird. Wie wir in Kapitel 4 gehört haben, spricht auch die Existenz von DNA-Transkription und RNA-Spleißen in ihrer Funktion als grundlegende Lebensprozesse dafür, daß es die RNA vor der DNA gegeben hat. Bedenkt man die weit höhere Fehlertendenz der RNA, so könnte der Umstand, daß sie zuerst da war, von entscheidender Bedeutung für die Entstehung einer Vielzahl unterschiedlicher Sequenzen gewesen sein. Doch die Fehlertendenz macht die RNA auch ungeeignet als Material für Genome mit vielen Genen; ihre Verwendung bleibt auf Viren mit sehr wenig Genen beschränkt. Für komplexere Organismen war ein sehr viel stabileres und zuverlässigeres Molekül erforderlich: die doppelhelikale DNA.

So läßt sich anhand der heute auf der Erde vorhandenen Elemente in groben Umrissen der Ursprung und die Entwicklung des Lebens rekonstruieren. Nun sind allerdings dieselben Elemente auch in den Gaswolken der interstellaren Räume vorhanden. Wir wissen dies, weil das Licht, welches die interstellaren Wolken durchquert, »gefärbt« ist, als wäre es durch buntes Glas gefallen. Wenn man diese »Farbe« mit sehr empfindlichen Instrumenten analysiert, weist es die gleiche Beschaffenheit auf wie Licht, das eine Mischung von Substanzen durchquert hat, wie sie in der Ursuppe vorhanden gewesen sein dürften. Überdies hat man in einem Meteoriten entfernten kosmischen Ursprungs, dem Murchison-Meteoriten, der 1969 in Australien niederging, eine große Zahl von Aminosäuren entdeckt. Viele entsprachen den Molekülen, die in den heute auf der Erde lebenden Organismen vorkommen. So kehren wir zur ersten Möglichkeit zurück: daß die Urmoleküle des Lebens irgendwo im Weltraum auf die gleiche Weise entstanden sind, wie sie auch hier auf der Erde hätten gebildet werden können, und daß sie dann vom Weltraum aus auf die Erde gelangt sind.

Wenn die Urbausteine des Lebens überall im Weltraum vorkommen, könnte es Leben auch an vielen anderen Orten geben. Niemand weiß, ob das stimmt oder nicht – es gibt zu viele Unwägbarkeiten. Ein Problem ist beispielsweise die Menge des Kohlendioxids (CO_2) in der Uratmosphäre eines Planeten. Diese Menge muß genau stimmen, weil CO_2 der Wärme-Isolator der Atmosphäre ist. Wenn es zuviel Kohlendioxid gibt, entsteht ein starker Treibhauseffekt, die Temperatur steigt erheblich an, und ein Inferno ist die Folge – so geschehen auf der Venus. Wenn es umgekehrt zu wenig CO_2 gibt, ist die Temperatur zu niedrig, und der Planet wird zu einer Eiswelt – so geschehen auf dem Mars. Es gibt also nur ein schmales Spektrum für den CO_2-Gehalt einer Atmosphäre, in der sich Leben entwickeln kann. Auf der frühen Erde lag die CO_2-Konzentration in diesem Bereich. Später kontrollierte das Leben selbst diese Konzentration, indem es ein

Gleichgewicht schuf zwischen der Produktion von CO_2 durch atmende Organismen und seiner Beseitigung durch Pflanzen, die CO_2 in Sauerstoff umwandeln. Wer weiß schon, in wie vielen anderen Welten ein so schmales Spektrum vorhanden war.

Wenn es Planeten mit den Eigenschaften der Erde gibt, so dürfte es dort auch Leben geben. Angesichts der Größe des Universums scheint es unvermeidlich, daß auch irgendwoanders Leben vorkommt. Dieses Leben müßte jedoch nicht unbedingt dem unseren gleichen, denn die Evolution ist voller Zufallsereignisse – ein Netz aus lauter Verzweigungen. An jeder Verzweigung sind zahlreiche Wege möglich, je nach den Merkmalen der an diesem Punkt vorhandenen Organismen. Welcher Weg tatsächlich eingeschlagen wird, hängt von den Launen der genetischen Veränderungen und der Umgebung ab. Auch die innere Umwelt legt erhebliche Einschränkungen auf, in denen sich die Geschichte der Art widerspiegelt. So können die Wege des Lebens vom gleichen Ausgangspunkt aus in viele – auch entgegengesetzte – Richtungen führen. Die ungeheure Vielfalt möglicher Ergebnisse läßt sich auf der Erde erkennen, die so verschiedene Lebewesen wie Bakterien, Insekten, Vögel, Säugetiere und Pflanzen beherbergt. Und sie alle sind wohl nur eine kleine Stichprobe der Evolutionsergebnisse, die möglich gewesen wären.

Wenn es an anderen Stellen des Universums Leben gibt, so ist zu fragen: Ist es intelligent nach menschlichem Maßstab? Ist es technologisch ausgerichtet? Die Astronomen suchen nach intelligentem Leben im Universum, indem sie Radiowellen aus dem All mit raffinierten Geräten aufzufangen versuchen. Man geht von der Überlegung aus, daß Wellen, die von einer mit der unseren vergleichbaren Zivilisation stammen, auf der Erde zu empfangen und an ihrem Rhythmus oder anderen besonderen Merkmalen zu erkennen sein müßten. Bislang ist noch nichts dergleichen aufgefangen worden, aber das bedeutet nicht viel; es zeigt lediglich, daß sich in unserer näheren Umgebung keine technischen Zivilisationen befinden. Inzwischen werden mit verbesserten Lauschantennen weiterhin alle Himmelsgeräusche registriert.

Eine Rolle für die Schöpfungslehre? Kreationisten versus Evolutionisten

Noch immer gehen Menschen auch von der traditionellen Vorstellung aus, daß das Leben aus einem Schöpfungsakt hervorgegangen sei. Sie haben (in bestimmten Teilen der USA) sogar versucht, diese Auffassung gesetzlich als Alternative zur Evolutionstheorie verankern zu lassen. Die Schöpfungslehre wurzelt in religiösen, ethischen und moralischen Überzeugungen. In den letzten hundert Jahren hat ihre Akzeptanz, je nach der Stärke dieser Überzeugungen, zu- oder abgenommen.

Ein Grund für die Hartnäckigkeit, mit der sich die Schöpfungslehre hält, ist die Schwierigkeit, vor die sich Laien gestellt sehen, wenn sie die Stichhaltigkeit der wissenschaftlichen Argumente beurteilen sollen, auf denen die Evolutionstheorie beruht. Kürzlich haben sich die Anhänger der Schöpfungslehre (Kreationisten) auf eine neue Argumentationsebene begeben, als sie die wissenschaftlichen Grundlagen der Evolutionstheorie angriffen. Eines ihrer Argumente lautet, daß die Evolutionstheorie unwissenschaftlich sei, weil sie sich im Labor nicht reproduzieren und experimentell nicht überprüfen lasse. Wenn dies zuträfe, müßte man das Argument sehr ernst nehmen, weil eine wissenschaftliche Theorie nur dann gültig ist, wenn sie sich durch Experimente verifizieren oder falsifizieren läßt. Führt man Experimente durch und widersprechen sie der Theorie nicht, bleibt diese gültig. Es ist nun nicht richtig zu behaupten, daß sich die Evolutionstheorie im Labor nicht überprüfen lasse. Ich habe oben einige Experimente mit Bakterien und Taufliegen beschrieben, die eindeutig beweisen, daß es natürliche Selektion, Anpassung und Artbildung gibt. Natürlich kann man evolutionäre Ereignisse, die sich über einen Zeitraum von vielen tausend Jahren erstreckten, nicht im Labor reproduzieren.

Die Beobachtung, daß in bestimmten Perioden der Erdgeschichte, etwa dem Kambrium, viele komplexe Organismen unvermittelt in Erscheinung traten, wird von den Anhängern der Schöpfungslehre als Beweis für die plötzliche Erschaffung dieser Arten verstanden. Ein anderes ihrer Argumente betrifft das Fehlen von Übergangsformen in den fossilen Zeugnissen. Das scheint der Kontinuität, die dem Evolutionsbegriff innewohnt, zu widersprechen, aber wir haben gesehen, daß sich alle diese Beobachtungen sehr wohl mit der Evolutionstheorie vertragen.

Die Auffassungen der Anhänger der Schöpfungslehre werden durch die häufig erbitterten Kontroversen der Evolutionisten bestärkt, in denen es darum geht, wie die Evolution im einzelnen zu verstehen ist. Man schließt aus diesen Auseinandersetzungen, daß die Evolutionstheorie willkürlich sei. Doch damit verkennt man die Natur der wissenschaftlichen Methode, die verlangt, daß immer, wenn neue Beobachtungen vorliegen, die hiervon betroffenen Theorien zu überprüfen sind. Die Meinungsverschiedenheiten der Wissenschaftler zeigen lediglich, daß die gegenwärtigen Evolutionsmodelle nur Näherungen sind. Jeder, der mit der wissenschaftlichen Vorgehensweise vertraut ist, weiß, daß diese Ungewißheit den Grundbegriffen der Evolutionstheorie keinen Abbruch tut. In der Wissenschaft gibt es keine endgültigen Theorien. Alle Theorien entwickeln sich weiter, sobald neue Daten zur Verfügung stehen und Verbesserungen möglich sind.

Einige Spielarten der Schöpfungslehre sind bemüht, moderne wissenschaftliche Erkenntnisse zu berücksichtigen. So versucht man beispielsweise, die sieben Tage der Schöpfungsgeschichte als geologische Zeitalter zu deuten. Manche halten das für einen Ansatz, über den man diskutieren kann. Es gibt auch eine Theorie, nach der zwei Schöpfungen stattgefunden haben sollen – die eine am Anfang vor Millionen Jahren und die andere vor sechstausend Jahren, wie die Bibel sie beschreibt. Als nicht diskutierbar gelten die fossilen Zeugnisse. Sie sind nach Auffassung der Anhänger der Schöpfungslehre Überreste der weltweiten Flut, von der in der Genesis die Rede ist. Ebbe und Flut ihrer Wasser sollen auch die Schichtungen der Erdkruste hervorgerufen haben.

Selbst mit diesen Modifikationen läßt sich die Schöpfungslehre nur aufrechterhalten, wenn man viele Absurditäten in Kauf nimmt. Beispielsweise muß man die radioaktive Datierungsmethode von Gesteinen ablehnen (weil dieses Verfahren ungeheure Zeiträume offenbart). Nun hat die radioaktive Altersbestimmung jedoch eine solide wissenschaftliche Grundlage und läßt sich nicht einfach aus der Welt schaffen. Wer an ihr zweifelt, bezweifelt auch das Sonnenlicht oder daß es Atomwaffen und Kernkraftwerke gibt – sie alle beruhen auf den gleichen Atomreaktionen wie die radioaktive Datierung. Selbstverständlich kann man die Existenz von Atombomben bezweifeln, doch wird das wenig nützen, wenn der Atompilz am Horizont erscheint. – Eine andere Absurdität hat mit der Sintflut zu tun. Mehr Wasser, als in allen Weltmeeren enthalten ist, wäre erforderlich gewesen, um die gesamte Erde so hoch zu bedecken, wie die Bibel es beschreibt. Woher soll es gekommen sein? Wohin ist es schließlich wieder verschwunden? Und wie steht es mit der Arche Noah? Was für ein Riesenschiff wäre erforderlich gewesen, um die etwa eine Million Arten aufzunehmen, die es damals auf der Erde gab – ganz zu schweigen von dem Futter, das man gebraucht hätte, um sie am Leben zu erhalten? Wie hätte man die Katze daran hindern sollen, die Maus zu fangen, oder irgendein anderes Raubtier, seine natürliche Beute zu fressen? Ganz offensichtlich ist diese Geschichte nur symbolisch zu verstehen.

Der einzige Punkt, an dem die Argumente der Schöpfungslehre ansetzen können, ist der Ursprung des Lebens, der, wie einzuräumen ist, noch immer im dunkeln liegt. Wie wir oben erörtert haben, hätte das Leben durchaus aus Bestandteilen entstehen können, die auf der Erde vorhanden waren. Doch es gibt ein ebenso plausibles Modell, nach dem die ersten Moleküle, die sich zu lebender Materie zusammenfügten, aus den interstellaren Räumen stammten. Was für Substanzen hätten auf die Erde herabregnen können, aus denen dann unser Leben entstand? Es hätten einfache Moleküle sein können, erzeugt durch Strahlung auf Gase in den interstellaren Räumen. Es hätten aber auch Mikroorganismen sein können, ähnlich beispielsweise unseren heutigen Bakterien. Gesetzt den Fall, das Leben wäre auf diese Weise aus dem Weltraum auf die Erde gelangt, hätte man sich dann die Mikroorganismen als Produkte der Evolution oder der Schöpfung zu denken? Man kann natürlich behaupten, daß solche Mikroorganismen von einem Schöpfer gemacht und dann im Universum verstreut worden seien – eine Auffassung, die von einigen Physikern für plausibel gehalten wird. Sie verweisen darauf, daß die Wahrscheinlichkeit, auch nur die einfachste lebende Zelle durch zufällige Aneinanderreihung von Atomen hervorzubringen, praktisch gleich Null sei. Doch hier handelt es sich, wie bereits gesagt, nur um eine scheinbare Schwierigkeit.

Die leidenschaftslose Beurteilung aller vorhandenen Fakten führt zu dem Schluß, daß die Argumente der Anhänger der Schöpfungslehre wenig zum Verständnis der Entstehung des Lebens beitragen. Eine Schöpfung kann es nur ganz am Anfang des Lebens, vor mehr als drei Milliarden Jahren, gegeben haben, doch das läßt sich weder beweisen, noch widerlegen. Wie man zu dieser Frage steht, ist letztlich eine Frage der persönlichen Auffassung. Persönliche Überzeugungen geben den Argumenten beider Lager, der Anhänger der Evolutionstheorie wie der Schöpfungslehre, einen doktrinären Anstrich. Der harte Kern der Evolutionisten wird kategorisch bestreiten, daß es zu irgendeinem Zeitpunkt einen Schöpfungsakt gegeben habe; überzeugte Anhänger der Schöpfungslehre streiten auch objektiv bewiesene Fakten glattwegs ab. Beide Seiten fühlen sich verpflichtet, ihre Auffassung zu vertreten – die einen im Namen der Wissenschaft, die anderen im Namen der Religion und der Moral.*

Die ganze Kontroverse ist aus zwei Gründen von nicht unbeträchtlichem Interesse. Einerseits lenkt sie den Blick auf einige unsichere Punkte der Evolutionstheorie, etwa die Frage nach dem Ursprung des Lebens. Auf der anderen Seite ist sie ein wichtiges Beispiel für die Art und Weise, wie Menschen mit wissenschaftlicher Wahrheit umgehen: Eine Reihe von Fakten, jedermann zugänglich, wird von den einen dazu benutzt, eine wissenschaftliche Theorie zu entwikkeln, von der ihre Urheber meinen, sie sei über jeden Zweifel erhaben, während die anderen sie für ein verwerfliches Phantasiegebilde halten. Der Unterschied beider Gruppen liegt in ihrer kulturellen Herkunft und ihren Überzeugungen. Wahrscheinlich gibt es nur wenige Fälle, in denen aus gleichlautenden Informationen so unterschiedliche Schlußfolgerungen gezogen wurden.

* Vertreter der Schöpfungslehre haben die Evolutionisten als tabakrauchende, sabbatschändende und gotteslästerliche Subjekte geschmäht. Noch 1977 erklärte einer von ihnen, die Evolutionstheorie fördere den Verfall sittlicher und religiöser Werte und trage damit zur Verbreitung psychischer Störungen, von Scheidung, Abtreibung und Geschlechtskrankheiten bei. Sowohl die Evolutionisten als auch die Anhänger der Schöpfungslehre sind im übrigen selbstgerecht und uneinsichtig: George McCready Price, ein Anhänger der Schöpfungslehre, bot 1906 jedem, der ihm *beweisen* könne, daß ein Fossil älter als das andere sei, tausend Dollar.

KAPITEL 21
Epilog: Was ist Leben?

In diesem Buch haben wir uns mit vielen Aspekten des Lebens beschäftigt: den Molekülen lebender Organismen, ihren Funktionen, der Art, wie sie in regelmäßige Kreisläufe eingebunden sind und wie sie sich entwickeln. Vielleicht können wir jetzt die Frage beantworten, die wir am Anfang gestellt haben: Was ist Leben?

Einige Antworten auf unsere Frage

Leben als Veränderung

Wer eine Reise durch die Präriestaaten der USA unternimmt, sieht nicht selten die Erdhügel des Präriehundes mit einem der Tiere darauf, zum Standbild erstarrt als unbeweglicher Wächter der Kolonie. Seine wahrscheinlich in die Gene eingeschriebenen Instruktionen besagen: Solange er regungslos verharrt und sich auch beim Nahen eines Raubtiers nicht ruckt noch rührt, solange wird ihn niemand, auch der Freßfeind nicht, als Lebewesen erkennen, denn in der biologischen Welt ist Leben Bewegung.

Doch Leben ist mehr als Bewegung, es ist Veränderung. Eine Zelle verändert ihre Form, Muskeln ziehen sich zusammen, Geißeln peitschen, Blut kreist durch die Blutgefäße, Ionen bewegen sich durch Kanäle, elektrische Ströme durchqueren Axone, Muskeln, Herz und Gehirn. In Lebewesen verändert sich alles. Wenn ein radioaktives Molekül, das sich in ein Protein integrieren läßt, in einen lebenden Organismus injiziert wird, macht es die meisten Proteine radioaktiv. Wenn wir in regelmäßigen Zeitabständen die Radioaktivität der Proteine messen, stellen wir fest, daß sie nach und nach abnimmt. Die Proteine, die zum Zeitpunkt der Injektion existierten, werden allmählich zerstört und durch identische Proteine ersetzt, die für die Fortdauer der Funktionen sorgen.

Selbst radioaktive Markierungen, die man in die DNA integriert, gehen im Laufe der Zeit verloren: Als chemischer Substanz ist auch der DNA keine Ewigkeit vergönnt. Obwohl sie durch die Replikation erhalten wird, gehen ständig Teile von ihr verloren und werden in den verschiedenen Reparatur-, Rekombinations- und Transpositionsprozessen ersetzt, die das ganze Leben hindurch andauern. Die Austauschprozesse verändern die genetische Information nicht, denn sie stellen die DNA in ihrer ursprünglichen Form wieder her.

Diese unablässigen und unaufhaltsamen Veränderungen lebender Organismen werden von den Proteinen vermittelt. Aus ihnen bestehen die kontraktilen Strukturen, die Ionenkanäle und die Enzyme. Ohne Proteine kann es kein Leben der uns bekannten Art geben.

Leben als Fortpflanzung

Fortpflanzung ist eine Notwendigkeit des Lebens, denn das Leben ist eine expansive Kraft, die danach drängt, in jeden Winkel der materiellen Welt zu gelangen, von den Tiefen des Ozeans bis zu den höchsten Schichten der Atmosphäre, von den Wüsten bis zu den Gebirgen, von der Arktis bis zum Äquator. Fortpflanzung ist die Basis der Evolution – sie stellt die Kontinuität des Lebens von seinen Anfängen vor mehr als drei Milliarden Jahren bis zum heutigen Tag her. Fortpflanzungsfähigkeit ist ein Kennzeichen aller Lebewesen, der einfachsten, etwa Viren, ebenso wie der höchstentwickelten.

In der heutigen Welt ist die Fortpflanzung eine Eigenschaft der DNA; in einer früheren Evolutionsphase kennzeichnete sie aller Wahrscheinlichkeit nach die RNA. Jede Form der Fortpflanzung (oder Reproduktion) ist am Ende die Verdoppelung von DNA- oder RNA-Molekülen durch einen Prozeß der Selbstkomplementarität. Da sich alle Zellen, zumindest in bestimmten Stadien ihrer Entwicklung, reproduzieren, gehen Fortpflanzung und die Fähigkeit, sich zu verändern, in allen lebenden Organismen und in den Zellen, aus denen sie bestehen, Hand in Hand.

Leben als Struktur und Ordnung

Proteine können die Veränderungen vermitteln, die für das Leben charakteristisch sind, weil sie Strukturen – dreidimensionale feste Körper von bestimmter Form – bilden. Die Lebensstrukturen sind dergestalt angelegt, daß sie sich verändern können: Viele schwache Bindungen verknüpfen die verschiedenen Teile miteinander. Einige dieser Bindungen vereinigen Teile desselben Proteinmoleküls, andere schließen verschiedene Moleküle innerhalb eines Komplexes zusammen. Die reversible (umkehrbare) Verlagerung dieser Bindungen ermöglicht den Strukturen reversible Veränderungen. Eine Zelle, die Grundeinheit des lebenden Organismus, läßt sich in gewissem Sinn als Superstruktur begreifen, in der jedes Molekül mit allen anderen in Verbindung steht. Einige Molekülgruppen haben ziemlich enge Beziehungen untereinander und bilden bestimmte Komplexe. Diese Komplexe sind ihrerseits durch schwächere Bindungen zusammengeschlossen und so fort. Sie bilden eine hierarchische Organisation von abnehmender Bindungsstärke. Fast alles, was in einer Zelle geschieht, bezieht jedes in ihr enthaltene Molekül mit ein, jedoch in unterschiedlichem Maß, je nachdem, wie intensiv das jeweilige Molekül an dem ursprünglichen Ereignis beteiligt ist.

Die wichtigsten Elemente der Lebensstrukturen, die Proteine, bestehen aus Ketten von Aminosäuren, die in einer bestimmten Reihenfolge angeordnet sind – jeweils anders für jedes Protein. Die Reihenfolge der Aminosäuren entscheidet über die Struktur. Die Struktur ist unmittelbar verantwortlich für die Funktion des Proteins, die Reihenfolge der Aminosäuren ist mittelbar verantwortlich. Die Reihenfolge der Aminosäuren spiegelt ihrerseits die Anordnung der Basen in der DNA des Gens wider. Durch diese Strukturen bewegen sich Signale auf dem Weg zu ihren Bestimmungsorten.

Für viele Funktionen ist die Struktur verantwortlich, nicht die Anordnung. Der extremste Fall ist die Membran. Sie besteht aus nebeneinander angeordneten Fettmolekülen, die eine Doppelschicht bilden. Innerhalb einer Schicht bewegen sich die Moleküle ständig umher – eine bestimmte Ordnung gibt es nicht. Doch die Struktur bleibt durch die Verbindung der Fettmoleküle und ihre Anordnung in einer Doppelschicht erhalten, wobei die lipophilen Enden sich berühren und die hydrophilen Enden der wäßrigen Umgebung zugewandt sind. Wenn sich zwei Membranen berühren, können sich die Fettmoleküle beider vermischen und eine einzige Membran bilden, also die beiden Membranen miteinander verschmelzen. Membranen sind sehr formbare Strukturen, weil die Bindungen, die ihre Moleküle zusammenhalten, von besonderer Art und sehr schwach sind.

Veränderliche Strukturen und Ordnungen sind die Grundeigenschaften des Lebens, die es von der physikalischen Welt unterscheiden. Dort streben die Moleküle nämlich nach maximaler Unordnung, etwa in Gasen und Flüssigkeiten, oder sie erstarren in festen Zusammenschlüssen, etwa in Kristallen. Die Ordnung des Lebens erwächst aus der Selektion zufälliger Ereignisse. Im Lauf der Evolution wurden wahrscheinlich kurze Nukleinsäure-Ketten zufällig gebildet, ohne daß es, von den Vorgaben der physikalischen Gesetze abgesehen, irgendeine prädeterminierte Ordnung gab. Einige dieser Ketten konnten für das Leben nützliche Funktionen wahrnehmen, woraufhin die Ordnung dieser Sequenzen durch ihre Funktionen selektiert und erhalten wurde. Wiederum zufällig wurden neue Ketten angefügt, und abermals entschied die Selektion über die Beibehaltung einiger Strukturen und die Eliminierung der anderen. Ordnung hat also unmittelbar mit Funktion zu tun. Für die progressive Zunahme der Ordnung während der Evolution war auch die Reproduktionsfähigkeit erforderlich, weil diese es möglich machte, immer neue Basenanordnungen auszuprobieren. Reproduktion oder Fortpflanzung ist auf Energie in Form von ATP angewiesen. Ordnung erfordert also Energie. Doch Energie allein führt noch nicht zur Ordnung des Lebens, weil Ordnung auf ein funktionelles Ziel bezogen ist. Energie und Selektion gemeinsam sind dazu in der Lage.

Leben ohne Energie ist unmöglich, weil die Ordnung des Lebens nicht ohne sie entstehen kann. Mit Hilfe der Ausnutzung der Energie balanciert das Leben auf einem schmalen Grat zwischen Ordnung und Chaos. Energie kann dazu verwendet werden, starke chemische Bindungen zwischen Atomen zu bilden. Doch das Leben beruht in erster Linie auf der Formbarkeit der schwachen Bindungen, die unablässig aufgelöst und wiederhergestellt werden können. Das Leben existiert in einer Welt schwacher Bindungen. In einer Welt starker Bindungen ist Leben unmöglich, weil diese Bindungen praktisch unauflöslich sind. Das ist das Reich der Steine und Kristalle, nicht des Lebens.

Die Verbindungen des Lebens

Die an den Wechselwirkungen des Lebens beteiligten schwachen Bindungen erhöhen die Fehlerwahrscheinlichkeit; daher gibt es eine enge Beziehung von Leben und Fehlern. Fehler bringen die Mutationen hervor, die nicht nur die Grundlage der Evolution, sondern auch der Krankheiten sind. Die Schwäche von Verbindungen ermöglicht es Enzymen, mit Substraten zusammenzuwirken, und Antikörpermolekülen, nach Bindung an das Antigen die Form zu verändern und spezielle Reaktionen, etwa die Komplementfreisetzung, auszulösen. Doch es ist auch die Schwäche von Wechselwirkungen, die es dem Gen für die Wachstumskontrolle ermöglicht, ein Krebsgen zu werden

– dann nämlich, wenn seine Basensequenz kleinen Veränderungen unterworfen ist, dank deren es sich den normalen Kontrollen entziehen kann. Schwache Wechselwirkungen sind für die vielen Mehrdeutigkeiten des Lebens verantwortlich, z. B. für die Störungen der normalen Geschlechtsdifferenzierung und ihrer Expression.

Doch nicht alle Verbindungen des Lebens dürfen schwach sein. Für manche seiner Ziele ist große Stärke erforderlich. Stärke verwirklicht die Natur durch *Redundanz*: durch die Herstellung vielfältiger Verbindungen. Redundanz ist etwa in die Struktur von Antikörpermolekülen eingebaut, die zwei identische Bindungsstellen haben. Durch Bindung an zwei antigene Determinanten an der Oberfläche eines Virus stellen sie eine feste Verbindung zu dem Virus her. Die starke Bindung ist für den biologischen Effekt nötig. Sie fungiert auch als Sicherheitsmaßnahme, denn so ist gewährleistet, daß zufällige Begegnungen mit antigenen Determinanten, die wie die des Virus aussehen, den Antikörper nicht irreführen oder Bestandteilen des Körpers Schaden zufügen.

Redundant sind auch die komplexen Regulationsmechanismen, welche lebenswichtige Funktionen steuern. Sehr häufig wirken Nerven-, Hormon- und Ionensignale zusammen. Wenn ein Signal ausfällt, bleibt die Regulation trotzdem, obgleich in eingeschränktem Rahmen, erhalten.

Manchmal ist das Leben auf irreversible Prozesse angewiesen. Dann wird die Irreversibilität durch ein irreversibles Ereignis hervorgerufen, etwa indem ein Stück von einem Protein abgetrennt wird. Dieses Prinzip findet Anwendung, wenn die Hülle des Bakteriophagen T4 zusammengesetzt wird. Den Teilelementen wohnt ein Programm inne, das ihren geordneten Zusammenbau gestattet. Daraus entsteht zunächst eine Struktur, die noch immer schwach verbunden ist. Verstärkt wird sie durch die Abspaltung von Proteinstücken, durch die neue Bindungsmöglichkeiten entstehen. Diese Veränderungen machen den Prozeß irreversibel, was jedoch keinen Schaden anrichtet, weil die Herstellung der Phagenhülle ein Prozeß ist, der nur in eine Richtung verläuft. Die Hülle ist ein Behälter, der nicht mehr geöffnet zu werden braucht, sobald er einmal die DNA umschließt.

Für den Austritt der DNA und die Infektion eines neuen Bakteriums besitzt die Hülle einen Zapfen: den Schwanz, der auf Berührungen reagiert und den Behälter öffnet. Sobald die DNA abgegeben ist, wird der überflüssig gewordene Behälter beseitigt.

Das gleiche Prinzip gilt auch für andere Lebensprozesse, etwa die Zusammensetzung des Komplementsystems oder die Blutgerinnung. Beide Phänomene beruhen auf Kettenreaktionen, an denen viele Proteine beteiligt sind. Dabei verändern diese ihre Form und wirken in einer bestimmten Reihenfolge zusammen. Jedes Protein, auf das der Vorgänger einwirkt, ist ein Enzym, das vom nächsten Protein in der Kette ein Stück abschneidet und damit seine enzymatische Aktivität offenbart. Sobald die Veränderung hervorgerufen ist, die am Ende dieser Kette steht, führt das Produkt seine Aufgabe aus und wird dann beseitigt.

Alle diese irreversiblen Prozesse sind nicht von zentraler Bedeutung für das Leben, sondern spezialisierte Instrumente zur Erzielung spezifischer Resultate.

Leben als Durcheinander

Es mag den Anschein haben, als strebe das Leben nach bestimmten Zielen. Die Koordination seiner verschiedenen Funktionen ist erstaunlich. Denken wir nur an die Arbeitsweise der verschiedenen Kontrollsysteme vom Gehirn bis hin zu den chemischen Kommunikatoren. Doch wenn wir im Detail betrachten, wie diese Koordination erreicht wird, ergibt sich ein anderer Eindruck. Nehmen wir beispielsweise das Wachstum eines Axons, das von grundlegender Bedeutung für die Vernetzung des zentralen Nervensystems ist. Ganz offensichtlich folgt das Axon vielen Hinweisreizen, mal eher dem einen, mal dem anderen, wobei es im Zuge seines Vordringens mehrfach die Richtung wechselt. Die verwendeten Signale unterscheiden sich vermutlich von Axon zu Axon und scheinen sich eines nach dem anderen während der Evolution mehr oder weniger durch Zufall ergeben und als nützlich erwiesen zu haben: Weil sie funktionierten, wurden sie beibehalten.

Schließlich erreichen die Axone ein Neuron bestimmter Art, das allerdings nicht individuell festgelegt ist. Um Neuronen des gleichen Typs bemühen sich weit mehr Axone als erforderlich, die in einem harten Konkurrenzkampf versuchen müssen, sich durchzusetzen. Die Axone, die es schaffen, stellen eine Verbindung zum Zielneuron her; die anderen werden zurückgezogen.

Mit dieser Methode gelingt es in bemerkenswerter Weise, sinnvolle funktionelle Verbindungen zwischen Neuronen herzustellen – eine Leistung, die uns Bewunderung abnötigt. Doch wir erkennen auch, daß dem Verfahren kein großartiger Plan zugrunde liegt. Das Verfahren beruht auf Versuch und Irrtum. Sein größter Vorzug liegt darin, daß es funktioniert. Wir haben es hier mit einem grundlegenden Aspekt des Lebens zu tun: Verbindungen werden, wann immer möglich, mit Hilfe eines großen Durcheinanders von Reizen, Signalen und Molekülen geknüpft. Funktionierende Verbindungen werden beibehalten, die anderen aufgegeben. Das Leben ist pragmatisch, es erkennt nur den Erfolg an.

Wir sehen also, daß Aufbau und Zerstörung das Prinzip des Lebens ist. Der Laubenvogel baut seine Laube und ist gleichzeitig darauf aus, die unbewachten Lauben seiner Konkurrenten einzureißen. Viele Tierzellen bilden einen Wachstumsfaktor, der das Wachstum einer Zellart, der Fibroblasten, stimuliert, aber das einer anderen Art, der Epithelzellen, blockiert. Diese Widersprüche sind möglich, weil das Leben von einem höchst empfindlichen Gleichgewicht seiner Interaktionen mit gegensätzlichen Bedeutungen abhängt. Kleine Unterschiede in den komplexen Regelkreisen führen zu Aufbau oder Zerstörung. Denken wir an die Gehirnprozesse, die an der Vorstellung und am Bau des Gebildes beteiligt sind, das der Laubenvogel erschafft: Wahrscheinlich laufen sie im Gehirn des Vogels ab, ob er nun seine eigene Laube oder die eines Artgenossen betrachtet. Doch dann kommt es zu einer Verzweigung: Sie gehört *mir*, sie gehört *dir*. Der eine Weg führt zur Erhaltung, der andere zur Zerstörung. Auch der Wachstumsfaktor sieht sich in beiden Zelltypen einer bestimmten Reaktionsfolge von Enzymen gegenüber. In der einen Zelle könnte er diese Folge moderat anregen, in der anderen exzessiv. Vielleicht weist auch eine der Reaktionsfolgen eine Verzweigung auf, welche die andere nicht besitzt. In jedem Fall können wiederum entgegengesetzte Ergebnisse von einem kleinen Unterschied abhängen.

Bei der komplexen Regulation des Lebens, die von den Wechselwirkungen sehr niedriger Energien bestimmt ist, kann schon eine geringfügige Einzelheit von entscheidender Bedeutung für das Endergebnis sein. Ein krebserregendes Onkogen (etwa *myc*) kann aus dem normalen Proto-Onkogen mit einer Vielfalt von Veränderungen hervorgehen. Wir können weder die Wirkung erklären, die sie haben, noch ihre Bedeutung verstehen, weil uns die Komplexität der genetischen Systeme, in denen das Gen in verschiedenen Zelltypen operiert, nicht klar ist. Jede Umstrukturierung kann das Gleichgewicht des einen Systems stören, ohne das des anderen zu behelligen.

Ein Kartenhaus

Das Leben ist ein erstaunlicher Prozeß, in dem sich blinde Materie unter Zuhilfenahme von Energie zu geordneten Strukturen organisiert hat, die auf die Umwelt einwirken, auf höchst unterschiedliche Weise Energie aus ihr gewinnen und sie modifizieren. Ganz pragmatisch hat sich das Leben aus eigener Kraft geschaffen. Ohne fertigen Plan hat es jede Konstellation beibehalten, die funktionierte, und unbarmherzig aufgegeben, was sich als nicht funktionsfähig erwies. So hat es ein Kartenhaus gebaut, das aus vielen Arten besteht und auf die irdische Umwelt angewiesen ist. Ein Kartenhaus nenne ich es, weil es von jeder tieferreichenden Veränderung der Umwelt wie von einem Wind weggeweht werden könnte. Trotzdem ist es in seiner Konstruktion so gut angepaßt, daß es unzerstörbar erscheint. Die Stärke des Lebens liegt darin, daß es sich ständig verändert. Wenn einige Karten fortgeblasen sind, werden sie durch andere ersetzt, die das Haus stabiler machen.

Diese Stabilität ist jedoch immer nur vorläufig. Wir Menschen dürfen uns der Erkenntnis nicht verschließen, wie gefährdet die Stabilität des Lebens ist, weil wir die Möglichkeit haben, gewaltige Umweltveränderungen hervorzurufen. Wir müssen uns daran erinnern, daß das Leben mehr ist als nur die menschliche Art, unsere Spezies, und daß die menschliche Art die Gesamtheit des Lebens braucht.

Der jüngste Evolutionsschritt, das Gehirn – das in irgendeiner Form bei allen Tieren vorkommt –, ist zum bestimmenden Faktor geworden und hat seine höchste Ausprägung in der menschlichen Spezies gefunden. Das Gehirn bietet neue Lösungen für die Probleme des Lebens, wobei es teilweise auf die Strategien der Natur zurückgreift und teilweise neue entwickelt. Für uns Menschen führt das Gehirn neue Werte ein, die sich von denen der Natur unterscheiden. Es erschafft die neue Umwelt der Ideen, die in vielen Lebensbereichen zu einem starken Antrieb werden.

Das Gehirn neigt dazu, die Entwicklungsprozesse des Lebens auf den Kopf zu stellen, indem es Plänen folgt, die auf *einsichtigen Begriffen* beruhen, statt sich an das Verfahren von Versuch und Irrtum zu halten. Die Bedeutung dieses Unterschiedes zeigt sich beispielsweise in der verschiedenartigen Weise, wie Gehirn und Natur das Problem lösen, den Menschen mit Pflanzen für seine Ernährung zu versorgen. Die Natur hat eine große Zahl von eßbaren Pflanzenarten hervorgebracht, die alle nicht sehr ergiebig sind, aber eine Vielzahl von Eigenschaften besitzen. Unser Gehirn hat einige wenige dieser eßbaren Pflanzen so weiterentwickelt, daß sie heute außerordentlich ertragreich sind, und dabei alle anderen außer acht gelassen und häufig sogar zerstört. Damit ist dem Kartenhaus eine neue Karte hinzugefügt worden, und das funktioniert vorübergehend sehr gut. Doch was wird geschehen, wenn eine einschneidende Umweltveränderung – verheerende Pflanzenkrankheiten, eine Klimaänderung – diese Karte hinwegwirbelt? Die Natur würde dann auf ihr gewaltiges Reservoir an Genen zurückgreifen und Ersatzpflanzen entwickeln. Das Gehirn verbaut sich diese Möglichkeit, weil es den ganzen gewaltigen Hintergrund der Natur ausschaltet. Ist die Karte weg, fällt ein Flügel des Hauses in sich zusammen.

Bis zu einem gewissen Grad vermag das Gehirn die Probleme zu verstehen, die es in die Welt setzt. Aber kann es sie auch *alle* verstehen? Läßt sich das planvolle Vorgehen des Gehirns mit dem auf Versuch und Irrtum beruhenden Verfahren der Natur vereinbaren? Kann das Gehirn eine evolutionäre Krise überleben? Die gegenwärtige Phase der Evolution ist vielleicht der Teststand für das höherentwickelte Gehirn. Die nächste Evolutionskrise wird möglicherweise darüber Auskunft geben, ob es den langfristigen Überlebenswert besitzt, der für das Leben erforderlich ist.

Personenregister

Aristoteles 243
Avery, Oswald Theodore 34

Barr, Y. Murray 437
Beadle, George Wells 137
Berenblum, Isaac 419

Calvin, Melvin 76
Chase, Martha 33
Crick, Francis Harry Compton 92
Cuvier, Georges Baron de 591

Darwin, Charles 591, 595, 602
Delbrück, Max 32

Epstein, Michael Anthony 437

Golgi, Camillo 19
Guillemin, Roger Charles Louis 213

Hershey, Alfred Day 32
Hooke, Robert 17

Ingenhousz, Jan 70

Kinsey, Alfred Charles 299
Kohler, George 372
Krebs, Sir Hans Adolf 77

Leuwenhoek, Anton van 17, 590

Macleod, Colin M. 34
McCarty, Maclyn 34
McClintock, Barbara 150
McCready Price, George 626
Mangold, M. 322
Mendel, Gregor 26
Milstein, César 372
Muller, Hermann Joseph 145

Pasteur, Louis 590
Priestley, Joseph 69

Redi, Francesco 590
Rous, Francis Peyton 419, 426

Salk, Jonas Edward 213
Shally, Andrew 213
Spemann, Hans 322
Stanley, Wendell Meredith 31

Tatum, Edward Lawrie 137
Tonegawa, Susumu 376

Victoria (englische Königin) 253

Wallace, Alfred Russel 591
Watson, James Dewey 92

Sachregister

Halbfett gesetzte Seitenzahlen verweisen auf Textstellen, in denen wichtige Begriffe erklärt werden.

Abhängigkeit 580
Acetylcholin **510**, 516, 556, 560, 566
ACTH **214**, 219
ADA (Adenosin-desaminase) 81, **190**, 479
Adenin **91**
Adenosin 579
Adrenalin 217f., 560, 570
Aids 184, 299, 365, 611
Aktionspotential **485ff.**, 517
Akupunktur 507
Algen 17
–, einzellige 83
Alkohol 77
Allantois **310**
Allele **103**, 397, 403
Allergie 392ff.
Alpha-Globin 138
Alter der Lebewesen (radioaktive Datierung) 594
Alternativtriplett 116
Altersbestimmung, radioaktive 624
Alterungsprozesse 275
Altruismus 615
Alzheimer-Krankheit 557
Aminosäurekette 41, 119, 373f.
Aminosäuren **41**, 114f., 118, 618f., 621
–, links- oder rechtsdrehend 619
Aminosäuresequenzen 43
Amöben 85, 324
Amphetamine **567f.**, 570, 572, 577
Amplifikation 158f.
Amplifizierung 179
Amylase 351
Analgie **506f.**
Analgiezentrum 522
Anämie 195
Androgene **255**, 257, 279, 285ff., 291f., 300
aneuploid **423**
Anfang des Lebens auf der Erde 618
Angiogenese **419**
Angiotensin **504f.**
Ankersequenz 57, 59
Anomalien bei der menschlichen Sexualentwicklung 291
Anpassung 592, 611ff.
Anpassungsprozesse in der Natur 441
Antagonisten 227, 232
Antennapedia **343f.**, 350
Antibiotika 66, 152f., 199
Anticodon **118**
Antidepressiva 570ff.
Antigene **361**, 363, 366f., 370, 384, 408
Antigenfleck (*antigenic spot*) **362**
antiidiotypisch **409**
Antikörper 170f., 232, **361f.**, 370, 374, 381, 384, 388
–, einzelne Klassen 388
–, monoklonale 186, 372
–, primäre 408
–, sekundäre 409ff.
– als sekundäre Impfstoffe 410
–, tertiäre 410
Antikörperdiversität **375**, 378
Antikrebs-Gene 432
Anti-Onkogene 431f.
– und Krebsprogression 431
Archaebakterien **85**, 126, 128
Arten 592f.
–, Gesamtzahl 589
Artenbildung 173
Artensterben 68
Arthritis 412
Asbest 434
Assoziation 584
Assoziationszellen 539
Äthanol 576
Äthylalkohol (Ethanol) 77
Atmung 76, 79, 81, 84, 86

ATP (Adenosintriphosphat) **40**, 52, 69, 72, 74, 76, 78, 80; Aufputschmittel 567
Augen 539
– der Wirbeltiere 449
Augenarten 449
Augenfleck 448
Ausbildung des endgültigen Neuronennetzes 561
Auslösung der Muskelkontraktion 509, 514
Autarkie, sexuelle 237, 239, 240
Autoantikörper **411**
Autoimmunkrankheiten 232, **411f.**
Autoradiographie **98**, 544
Autosom **245f.**, 253, 345
Axolotl 313
Axone **477**, 517, 551ff.
Axonsprossung 558
Azacytidin **252**

Bakterien 16f., 29, 31f., 34, 71, 76f., 82, 85, 98, 100, 113, 118, 126f., 133, 137, 141, 152f., 168, 234f., 442, 456, 458
–, chemotaktische 461, 463
–, thermophile 442
Bakteriophagen **32f.**, 43, 132, 152
Banden 28, 339, 341, 350
Barbiturate 576
Basalganglien **538**
Basedow-Krankheit **411**
Basen **91**, 93, 114f.
Basensequenzen 102, 596
Basenveränderungen 595, 598
basische Moleküle 38
Bauchspeichelkrebs 423
B-Chromosomen 165
Behandlung genetischer Defekte 188
Benzodiazepine **575f.**
Berührung auf Distanz 471
Berührungssignale 537
Beta-Carboline 576
Beta-Globin **122**, 138f.
Beta-Thalassämie **122**
Betrug, genetischer 273
Beuteltiere 231
bewegliche Elemente **150f.**
Bewegungsdetektor **534**
Bewegungserkennung 534
Bienen 270, 273, 473
Bildung neuer Arten 172
Bindungen 39
–, schwache 43, 630
–, starke 631
Bindungsstelle 383
– der Antikörper 382
Biolumineszenz **456**
Biotechnologie 15, 199
bisexuell 297
bithorax **343f.**, 346, 350f.
Blastoderm **308**
Blastoporus **309**, 322
Blastula 308
Blockierung von Hemmung 577
Blutegel 314f., 329, 532
Bluter 184
Bluterkrankheit (Hämophilie) 253
Blutgerinnung 184
Blut-Hirn-Schranke **501f.**, 504
Blutkörperchen
–, rote 207, 356
–, weiße 47
B-Lymphozyten **361f.**, 366, 398
Bodenbakterien 86
Botenstoffe
–, primäre 325
–, sekundäre 224, 325
brain hormones 211
Brenztraubensäure **75**, 77
Brieftauben 473
Bronchialkrebs 423
Brustkrebs 257, 418, 436
Burkitt-Lymphom **430**, 437
B-Zellen 362f., 366f., 383, 404

Calmodulin **223f.**, 321, 490
Calvinzyklus **76**
cAMP (zyklisches Adenosinmonophosphat) **222**, 224, 225, 325, 326, 327
Chemorezeptoren **461f.**
Chemotaxis **461**
Chlorophyll **20**, 71
Chloroplasten **20**, 69f., 79, 81f., 84, 86, 218
Chorea Huntington 198
Chromatid **23**, 25
Chromatin **99**, 110, 112

Chromosomen **23**, 29, 25, 31, 141, 155, 158f., 173
–, menschliche 179
Chromosomenfäden 30
Clonidin **582**
Code 117f.
–, genetischer 85, **114**
codierende Sequenz 117, 120
Codon **114**
Consensus-Sequenz 124
Contrabithorax (*Cbx*) **345**
Curare **566**
Cytosin **91**

Darmkrebs 436
Darwinfinken 612
Datierung, radioaktive 593
Definition des Geschlechts beim Menschen 296
Delphine, 470
Dendriten **477**, 520
Dendritendornen 558
Depressionen 571
DES (Diethylstilboestrol) **231**
Desinhibition 522, 533
Desoxyribose **91**, 95, 105
Diabetes 217 411f.
Dickdarmkarzinom 424, 433
Dictyostelium discoideum 325
Differenzierung 321
–, geschlechtliche 265
Differenzierungsfaktoren 209, 218
2,4-Dinitrophenol 81
Dinosaurier 67, 262
Dinosauriersterben 68
Diphtherie 368
diploid **103**, 189, 236, 265, 306, 317
Divergenz 595
DMSO (Dimethylsulfoxid) 357
DNA (Desoxyribonukleinsäure) **30**, 32, 34, 35, 67, 91ff., 96, 98, 102f., 105f., 117, 122, 128ff., 133ff., 145ff., 152, 155, 158f., 167, 169ff., 176f., 179, 295, 475f., 589, 593, 598f., 610, 620, 628
–, doppelhelikale 621
–, Karte der 136
–, Länge der 98
–, lineare 102
–, nichtcodierende 141
– der Säugetiere 174
–, springende 149, 164
–, vagabundierende 170
–, verantwortungsbewußte 174f., 202, 235
–, verantwortungslose 175, 202f.
DNA-Bibliotheken 179
DNA-Doppelhelix 93, 101
DNA-Kartierung und -Sequenzierung 198
DNA-Klonierung 137, 178, 180, 182f., 187, 189
DNA-Moleküle 98
DNA-Polymerase 105
DNA-Replikation 146
DNA-Ring 100f.
DNA-schneidende Enzyme 177
DNA-Sequenzen 129, 137, 140
DNA-Strang 96
DNA-Veränderung 148
DNS 30
Domänen 42, 127
Domestizierung 606
dominant 345
Dopamin 225, **567ff.**, 572f., 585f.
Doppelhelix 92f., 96f., 100f., 106, 121, 129, 148
Dornen (*spines*) 520
Dotter 307
Dottersack 310
Double-minute-Chromosomen **159**
Down-Regulation 227f., 232
Drift, genetischer 603
Drogen 565ff.
– gegen Erschöpfung 569
– zur Erregung der Motorik 566
Drosophila **26**, 145, 151, 159, 179, 244ff., 257, 308, 319, 338, 345f., 427, 617
Drosophila-Entwicklungsmuster 347
Durst 504

EB-Virus **437**
Echoortung 470
Eidechsen 141, 169, 262f.
Eignungstest, genetischer 196
Einzeller 17
Einzeller-Protein **199**
Eizelle 239, 242, 307f.
Ektoderm **308**, 314, 354

elektrische Spannung an Zellmembranen 65
Elektrizität als Kommunikationsmittel 459
Elektrokardiogramm (EKG) 511
Elektronen 19, 37, 70, 72, 74
Elektronenakzeptoren 72, 79
Elektronenmikroskop 19, 80
Elektronentransportkette 72
Embryo 21, 308, 307, 310
Empfängnisverhütung 230
Empfindlichkeit
–, erhöhte 227
–, verminderte 227
Endocytose 401
Endoderm **308**, 354
endokrine Drüsen 210
Endonuklease **132ff.**, 136, 139
endoplasmatisches Retikulum 19, 57
Endorphine **219**, 500
Endosom 55
Endosperm **317**
Energie 41, 67, 69ff., 78, 618, 620, 630
Energiereserven 90
Energieverbrauch 89
engrailed **350**
Enhancer **109ff.**, 126, 351, 380
Enkephaline **499**
Entkopplung 81
Entwicklung
– außerhalb des Mutterleibs 310
– der Landtiere aus den Fischen 614
– eines Embryos 336
Entwicklungsschritte bei Tieren und Pflanzen 319
Entzugserscheinungen 580, 582
Enzyme 50, 52, 72, 92, 96, 124, 132, 134, 137, 146, 166, 222, 264
–, entwindende 101f.
–, glykolytische 127
–, modifizierende 134f.
Enzym-Substrat-Komplex 50
epidermal growth factor **218**
Epithelzellen 44
Epitop **362**
Erbkrankheiten 135f., 188, 456
Erdmagnetismus 473
Erdöl 87
Erdschwere 318
Erdtemperatur 88
Erkennungsmarkierung 62
Erkennungsmechanismus der T-Zellen 401
Erkrankungen der Herzkranzgefäße 435
Erythroblasten **356f.**
Erythropoietin **218**
Erziehungsgeschlecht 291
Eukaryonten 85f., 120, 126, 139, 168, 180
eukaryontische Zellen 82, 118, 126, 132, 137, 174
Evolution 111
– und Fehler der DNA-Prozesse 379
–, punktuelle 602
– der Sexualität 263, 290
Evolutionstheorie 15, 591, 595, 597, 599, 618, 623, 635f.
Exons **121f.**, 125ff., 598
Expression eines Gens 107
Expressions-Box 171, 249
Expressions-Vektoren **178**
exzitatorische Synapsen 492, **518f.**

Facettenauge **449**
Fadenwurm 531
Faktor VIII **184**, 186
Feedback-Hemmung, positive 536
Feedback von Hormonen, negatives 215
Fett, braunes 445
Fibrin **184**
Fibrinogen **184**
Fibroblasten **44**
Filamente **44**
Fingerprinting **142**
Fische 81, 269
– mit elektrischen Organen 459
–, Geruchs- und Geschmackssinn 460
– der polaren Meere 444
Fledermäuse 470
Flexibilität 233, 296
– der Geschlechtsbestimmung 261
–, sexuelle 297
Formentstehung: Beispiel Auge 320
Fortpflanzung 267, 630
–, geschlechtliche 237, 265
–, ungeschlechtliche 233f.

Fortpflanzungsfaktor Tageslänge 281
fossile Zeugnisse 599f.
Fötus und Immunantwort 412
Fovea **543**
Freemartinismus **258**
Frosch 352, 551
Fruchtwassersack, amniotischer 310
FSH **279f.**, 286
fushi tarazu **340ff.**, 350

GABA **496,** 574ff.
Gameten **236f.**, 239, 241
Gametophyten **317**
Gamma-Interferon **414**
Ganglien **523**
–, parasympathische 560
–, sensorische 354, 524
–, sympathische 354, 560
–, vegetative 524
gap junctions 208
Gastrula **320**
Gastrulation **308**
Gebärmutterhalskrebs 436, 438
Geburtenkontrolle 295
Gedächtnis 520
Gedächtniszellen 369, 383f., 388
Gehirn 260, 281, 287, 289f., 294, 297, 475f., 526, 546, 565, 634
–, Aufbau des 546
– versus Computer 562
–, menschliches 529
– und Sexualität 295
Gehirnfunktionen 49
Gehirnhormone 211, 495
Gelbkörper (*Corpus luteum*) **279**
Gene **26**, 28, **31f.**, 35, 102, 107, 112f., 115, 117, 136ff., 140, 145, 147, 150, 155, 159, 173, 177, 207, 241, 243, 257, 319, 338, 340f., 344ff., 349ff., 381, 517, 547, 557, 563, 593, 596, 604, 615
–, aktive 112
–, Durchmischung der 237, 239
–, geschlechtsbestimmende 247
–, gestückelte **120**, 126, 148
–, inaktive 112
–, konservierte 596
–, mobile **152**
–, stumme 112
–, tote 166
–, veränderte 241
–, wiederholte 140f.
Genaktivierung 171
Gen-Amplifikation 155, 163
Gendivergenz 381
Genetik 25, 245
genetischer Code 85, **114**
Genexpression **107**, 350
Genfamilien 147, 139, 141, 143, 155, 159, 163f.
Genidentifizierung 131
Genkarte **29**
Genkonservierung 596
Genkonversion **164**, 378, 603
Genom **103**, 129, 266, 295
–, menschliches 141, 198
Gensequenzen 155, 164
Gentechnik 109, 145, 177, 179, 200, 202
–, Anwendungen 180
– und Mikrobiologie 200
– und Pflanzenzucht 196
– und Sicherheitsmaßnahmen 204
Gentechniker 145
Gentherapie **189**, 191, 201
– und Arbeitsschutz 195
– als Entscheidungshilfe 194
Gerüche 473
Geruchssinn 460, 463
Geschlecht 235, 244, 296
–, genetisches 296
–, hormonales 296
–, legales 296
Geschlechtsbestimmung 243, 245
–, primäre 254
Geschlechtschromosomen 243f., 247
– und Bluterkrankheit 253
–, X-Inaktivierung 250
Geschlechtsdifferenzierung 242ff., 246, 295
–, Rolle der Umgebungstemperatur 261
Geschlechtshormone 221, 254f., 258ff., 278, 281, 285, 287ff., 292
Geschlechtsidentität 291f.
Geschlechtsmerkmale 257
Geschlechtsumkehrung 261
Geschlechtsumwandlung 260, 303
–, chirurgische 304
–, operative 302

Geschmackssinn 460
giant movement detector **534**
Gicht 47
Gifte 565
– in den Na^+-Kanälen 487f.
Gliazellen **502**, 548f.
Globine **112**, 138, 166, 597, 599
Globingene 112, 139, 351
Globuline 370
Glukose 80
Glykolyse **76**, 85
Glykoproteine **58f.**
Golgiapparat **19**, 58
Gonaden 286
Gonorrhö 172
Gottesanbeterin 274
Gradienten 337f., 350
–, morphogenetische 334f., 553
Größenwachstum 305
Großhirnrinde 542, 550
Gründereffekt 606
Grunion 274
Guanin **91**

hairy **342**, 350
Halluzination 577f.
Halluzinogene **577ff.**
Häm **138**
Hämoglobin **112**, 138, 189, 597
Hämophilie 184, **198**
Hämophilie A 184
Hämopoietin 356
hämopoietisches System **359**
Händigkeit (Drehung) der Aminosäuren 619
Handlungsmuster, festgelegte 276
haploid **103**, 236, 265, 317, 237
haploide Gameten 244
Haupt-Histokompatibilitäts(MHC)-Locus **396f.**
Hefepilze 17, 77, 235f.
Hemmung, laterale 535, 539
Hepatitis 184
Hepatitis B 187, 299
Hepatitis-B-Virus 438
Herbizide 73
Hermaphroditen **237**
Heroin 579, 580, 585
Herpesvirus 2 299
Herz 510f.
heterologe Rekombination 159, **161**, 163f.
Heterosexuelle 298f., 301
Heuschnupfen 393
Heuschrecken 534
Hexose **74**, 77
Hierarchie der Hormone 211
Hirnhemisphären 526
Histamin 393
Histone **99**, 139
Hitzeschockproteine 42
hochrepetitive Sequenzen 169, 172
Holz 76
homolog 130
homologe Rekombination **161**
Homöo-Box **346**
Homosexualität 298, 300f.
– in der Tierwelt 300
Homosexuelle 298ff., 302, 304
Honigbienen 245
Hören, räumliches 468
Hormon(e) 209f., 226ff., 231, 232, 257, 278, 281, 355, 495, 498
–, FSH 279
–, LH 279
Hormon-Blockierung 226
Hormoneinsatz in der Tierzucht 231
Hormonmängel 231
Hormonrezeptoren 221
Hormon-Rezeptor-Komplex 226, 282
Hörsinn 465
– der Fische 470
HTLV (*human T-lymphotropic virus*) **438**
Hülsenfrüchtler 86
Humangenetik 142
Hunger 504
hybrid 130, 241
Hybride 146
Hybridome **372**, 380
Hybridsegmente 163
Hybridvektor **178f.**
Hybridzelle 372
Hydra 307, 329, 331, 333
hydrierter Elektronenakzeptor EAH 72, 74, 78
hydrophobe Bindung **39**
Hypophyse **182**, 212, 279
Hypophysenhinterlappen 216
Hypophysenhormon ACTH 214

Hypophysenvorderlappen 214
Hypothalamus **211**, 216, 278, 280ff., 285
Hypothalamushormon(e) 214, 280
– GnRH **212**

Identifikationsgeschlecht 296
Idiotypen **362**, 409
IgA 391
IgD 386
IgE 392
IgG 388f., 394
IgM 386, 389
Imaginalscheiben **339**, 350
Immunantwort-Gene 403
Immungedächtnis 366
Immunglobuline 127, 140, 166, 172, **370ff.**, 379
Immunglobulin-Gen 148, 380f.
–, Aufbau der 373ff.
Immunsystem 359, 395ff., 400, 406
– des Neugeborenen 392
–, Problem der Erkennung von Antigenen 370
Immuntherapie **439**
Immunüberwachung 438
Immunzellen in Kulturen 413
Impfstoffe 187f.
–, neue 187
Induktion 323
Induktionsstoff 323
Information, genetische 93, 102, 128, 173
Informationen durch Licht 454
Infrarotlicht 455
Inhibition 493, 533
inhibitorisches Neuron 522
inhibitorische Synapsen **492**, 518f.
Insertionssequenzen **150ff.**
Instruktionen, genetische 96
Insulin 182, 217, 232, 411
Integration 424
Interferone **183**, 186, 414
Interleukine 404, **413f.**, 439
intermediäre Filamente 44
Interneurone **525**, 533
Intersexe **246**, 260, 302
intervenierende Sequenzen (Introns) **121f.**, 122, 124ff., 141, 345, 598
intrazelluläre Botenstoffe 222
Inzesttabu beim Menschen 294
Inzuchtstämme von Mäusen 396
Ionen 38f., 63, 66
Ionophoren **66**
Iridiumschicht 67f.

Jungfernzeugung 233, 237

Kanäle 62
–, aktive 62
–, künstliche 66
–, passive 62
–, spannungsempfindliche 480
Karotinoide **71**
Katecholamin 556
Kaulquappen 312
Keimbahn-Mutationen 378
Keimbahnzellen 354, 610f.
Keimbahnzellentherapie 189, 192
Keimdrüsen 254
Keimzellen 142, 254
Kernfusion 89
Kernspaltung 89
Ketten 375
–, leichte 373, 382
–, schwere 373, 375, 382ff., 386, 388, 402
Killerzellen **369**
Kleinhirn 538
Klon 178
klonale Deletion **406**
Klonierungstechnik 179f.
Klonierungsvektor 178, 184, 186
Kniehöcker, lateraler **539f.**, 543, 546
Knochenmarktransplantation 190
Kohlendioxid 68f., 74, 87ff., 621
Kohlenstoff 37, 87
Kokain 567ff., 572, 577, 583
Kolchizin **47**
Kommunikation
– durch Geschmack und Geruch 460
– durch Licht 448
– bei Pflanzen 447
Kommunikatoren 210, 334
Kommunikatorsubstanzen 209
Komplementarität 93, 96
Komplement-System **389**, 391
Komplex 449
Konditionierung (von Tieren) 568, 584

Konjugation **234**
Konkurrenz
– in der biologischen Welt 174, 176
–, synaptische 554
Konsensus-Sequenzen 122
Kontraktion des Herzmuskels 511
Kontrolle der Schmerzempfindung 507
Kontrollgene 152, 247, 249
Kontrollregionen 138, 192
– der Gene 351
Kopf-Schwanz-Achse 308
Kopplung 81
Kopulation 242
Korallen 86
Körperfett 257
Kortison 508
Kotyledonen **318**
Krämpfe 577
Krankheitserreger 359 f.
Kreationisten 623
Krebs 132, 183, 417 f.
– durch Chromosomenanomalien 423
– der Eierstockzelle 422
– und menschliches Immunsystem 438
– durch Viren 424
Krebsentwicklung bei Versuchstieren 419
Krebserkrankungen des Menschen 427
–, spontane 433
Krebsgene 202
Krebsprogression 432
Krebsviren 155, 168
Krebszellen 131 f., 156, 159, 417
–, Entwicklung in Kultur 418
–, menschliche 428
Krebszyklus **77 f.**
Kreuzbefruchtung 240 f.
Kugelfisch 487 f.

Labyrinth 466 f.
Lachse 274 f., 472 f.
Laktose 113
Langerhanssche Inseln **210**, 217
Langzeit-Verstärkung 558
Larven 312
Laubenvögel 270
Lautkommunikation 464
L-Dopa **586**
Leben
– auf der Erde: kosmischer Ursprung 625
– als Fortpflanzung 628
– und Irreversibilität 631
– als Struktur und Ordnung 628
– an anderen Stellen des Universums 621
– als Veränderung 627
Lebendimpfstoffe 187
Leberkrebs 438
Leghämoglobin **197**
Leitmechanismus der Axone 550, 552
Lepra 388
Lernprozeß 587
Leseraster 115, 117, 147
Leukämie 418, 423
Librium 575
Lichtmikroskop 17, 18
Lichtphotonen, blaue 97
Lichtsinneszellen 450
Ligase **179**
Lockstoffe, sexuelle 270
LSD 578, 580
Lungenfische 614
Lungenkrebs 418, 434
Lupus erythematosus **412**
luteinisierendes Hormon (LH) 229, 279 f., 286, 288
Lymphe 360
Lymphoblasten **366**, 383
Lymphokine **413**
Lymphozyten **360**, 380, 383, 406 f.
Lyosomen **55**, 62, 227

Magenkrebs 435
Magnete (von Bakterien) 457
Magnetfeld der Erde 460
Magnetit 457 f., 473
major tranquilizers 574
Makroereignisse 602, 608
Makromoleküle 37, 39
Makrophagen **360**, 366, 388,
Makrosporen **317**
Malaria 437
Maul- und Klauenseuche 187
Mäuse (als Versuchstiere) 352, 355, 375, 377 f., 384, 386, 398, 401 f.,

405, 406, 419, 421, 427, 431, 439, 506, 508, 548
–, chimäre 549
–, transgene 192
Mechanismen
– der Abwehrkräfte des Organismus 381
– der Antikörperdiversität 379
– der Artbildung 602, 607
– der Krebsentstehung, epigenetische 422
Mediatormoleküle **396f.**
Medikamente 565ff.
Meeresleuchten 456
Meerteufel 264
Meiose **236**, 317
Melanome 439
Melanophoren **221**
Melatonin **217**
Membrane 19, 40, 52f., 56f., 62, 70
Membranpotential **65**
Mendelsche Gesetze 26, 142
Menstruation 257
Mesenchym **353**
Meskalin 578
Mesoderm **308**
Messenger-RNA **110**, 115, 118
Metamorphose 312
Metastasen 417, 419
Methadon 580, 585
Methotrexat **156**, 158
Methylgruppe (m-Gruppe) **111**, 134
MHC **396ff.**, 400ff., 405, 408
Mikroereignisse 602, 608
Mikroorganismen, patentierbare 199
Mikrosporen **317**
Mikrotubuli **45ff.**
Milchsäure 77
minor tranquilizers **574**
Mitochondrien **20**, 25, 30, 69, 77, 79, 81f., 84ff., 115, 117, 126, 128
Mitose **24**
Molekularuhr 598
Moleküle **37**
Morphin 499, 506, 579f., 583
Morphogene **323**, 328, 337f., 347, 349f.
Morphogenese **320**, 323f.
– von *Drosophila* 339
–, Experimente in Tierversuchen 329
–, mathematisches Modell 337
Morula **308**
Mosaikembryo 314ff.
Motoneurone **525**, 533, 538
MPTP **586**
mRNA **110**, 115, 118, 122, 125f., 130, 132, 166
Mukoviszidose 198
Multiple Sklerose 412, 487
Mund- und Speiseröhrenkrebs 436
Murchison-Meteorit 621
Muskarin **566**
Muskelkontraktion 538
Muskellähmung 566
Muskeln 356f., 508, 538, 561
Muskelzellen 48
Musterbildung 328f., 334
Musterinduktion 322
Mutagenese, zielgerichtete 146
Mutationen 96, 145ff., 166, 172, 338, 340, 343ff., 349, 419ff., 547, 550, 593, 608, 630
–, rezessive 347
–, somatische 378
–, stille 146, 597
Mutterzelle 22
Myelinscheide **486**
Myelom **371**
Myoblasten 357
Myzel 324

Naloxon **580ff.**
Natrium-Kalium-Pumpe 63, 65
Nematode 314f., 355
Nerven 477
Nervensystem 476, 531, 565, 587
Nervenwachstumsfaktor (NGF) 218, **556f.**
Nervenzellen 211, 281, 314
Nervenzentren 523
Nesselausschlag 393
Netzhaut 539, 541
Neuralleiste **309f.**, 314, 354
Neuralrinne **322**
Neuralrohr **309**, 314, 320
Neuroleptika 572ff.
neuromuskuläre Synapsen **509**, 561, 566
Neuronen **476f.**, 517ff., 522f., 529, 540ff., 547, 587
– des Gehirns 540

Neuronenzentren 529ff.
Neuropeptide **209**, 495f., 499ff., 504
Neurotransmitter **209**, 216, 490, 493ff., 498, 501f., 504, 565f.
Nieren 355f.
Nierenkarzinome 439
Nikotin 435, 566, 583f.
Noradrenalin 570, 582
Notochord **309**, 320, 322
Novokain **488**
Nukleinsäurebasen 618
Nukleinsäurehybridisierung 129f., 136
Nukleinsäuren **31f.**, 35, 114, 620
Nukleotid **95**, 106
Nutzpflanzen 241

Ochsenfrosch 454
Oligonukleotide 179
Ommatidien **449**
Onkogene **424ff.**, 429f., 431ff.
Opiate **579f.**
Opioide **506**, 522
–, endogene 579
Opium 506
Östrogene 229, 231, 256f., 259, 278f., 282, 286f., 291, 300
Oxytocin **216**, 229

Paarbindung 293f.
Paarungsvorgänge 273
Palindrome 113, 134
Papillomavirus 438
Paradiesvögel 267
Parasiten 170ff.
Parkinsonsche Krankheit 496, 585f.
Parthenogenese **233**, 237, 240
Partnerwahl 272
PCP (Phencyclidin) **578f.**
Penizillin 616
Pentose **74**
Peptide **209**, 400f., 506
–, opioide 506
Peptidhormone 218f., 221f., 226
Pfeiffersches Drüsenfieber (*Mononucleosis infectiosa*) 437
Pfeilschwanzkrebs 600
Pflanzen 67ff., 76, 86, 141f., 147, 165, 168f., 233, 236, 240ff., 317f., 607
–, hermaphroditische 239
Pflanzenvektoren 186
Phagen siehe Bakteriophagen
Phenylketonurie **136**
Pheromone **268ff.**
Phospholipide **53**
Phosphor 37
Photonen 70, 72
Photoperiodismus 217, 454
Photorezeptoren 450, 455
Photosynthese **69ff.**, 76, 79, 83f., 86, 88
photosynthetische Bakterien 83f.
Photosystem I 72f., 83
Photosystem II 72, 83
Pikrotoxin **577**
Plasma 366
Plasmide **152f.**, 186, 234f.
Plasmozytome **431**
Plazenta 310
Plazentahormone 217
Pocken 31
Pol
–, animaler 354
–, vegetativer 354
Polarität 320, 340, 349
Polymerase **95**
Polymerasekettenreaktion (PCR) **179**
Polymorphismen 103, 136, 142, 198, 397, 593, 603f.
Polyomavirus 424, 431
Polypeptid-Hormone 180
polyploid **607**
Postbithorax **343**
Prä-B-Zellen **383f.**
Prägung 272
Primärantwort 366
Progesteron 229, 256, 278, 282, 431
Prokaryonten 86f., 168, 180
prokaryontische Algen 84
prokaryontische Vorläufer 82
prokaryontische Zellen **29**, 85, 117
Prolaktin **225**, 229
Promiskuität 299
Promoter **107**, 110
Proteine 30f., 41ff., 59, 71, 82, 628f.
Proteinfilamente 48
Protein-Kinasen **428f.**
Proteintransport 59

Proto-Onkogene **426**, 428, 430f.
Provirus 425
Pseudogene **166**
Psilocybin **578**
Pubertät 281, 292
Punktmutationen 608f.
Purkinje-Zellen **548**
Pyramidenzellen **520**

Ranviersche Schnürringe **486**
Ratten (als Versuchstiere) 285, 287f. 504f., 507f., 567, 575, 581
Reduktionsteilung **236**
Redundanz 631
reeler-Mäuse 549ff.
reeler-Mutation **548f.**
Reflexe 525
Refraktärphase 327
Regeneration 312, 329
Registrierung von Bewegung 467
Regulierung des Sexualverhaltens 281
Rekombination **147ff.**
Relaiszellen 539
Renaturierung 129
Reparatur schadhafter DNA 97
repetitive Sequenzen **141f.**, 151, 164, 168
Replikation **93f.**, 96f., 101ff., 173
Replikationsfehler 96
Repressoren 113
Reserpin **570**
Reservezellen 356
Resistenz 359f.
Resistenzgene 152
Resistenztransferfaktoren 152
Restriktionsendonuklease **133ff.**
Retinoblastom 198, **432**
Retinoblastom-Augenkrebs 198
Retroviren 153, 165, 184, **425f.**, 610
reverse Transkriptase 132
Rezeptoren 49, 54f., 59, 224, 227ff., 232, 587
Rezeptor-Hormon-Komplexe 228
rezessiv 345
reziproke Synapsenpaare **519**
Ribonukleinsäure 105
Ribose **105**
Ribosomen 57, **118f.**, 139
Riesenbewegungsdetektor **534**
Riesenchromosomen 27
Riesenmäuse 194
Riesenmoleküle der DNA 91
Rindenfeld, motorisches 538
–, sensorisches 537
RNA (Ribonukleinsäure) 31f., 35, 93, 96, **102ff.**, 105, 114, 122, 124, 128, 130, 139, 165f., 589, 603, 610, 620, 628
Rous-Sarkom-Virus **425**, 429
Rückenmark 525

Sauerstoff 37, 69, 72, 76f., 81f., 84f., 87
Sauerstoffzufuhr in verschiedenen Umwelten 446
Säuglingsdiarrhö 187
Saxitoxin **487**
Schallwellen 464, 466
Schaltstellen, inhibitorische 539
Schilddrüsenhormon 226, 231
Schimmelpilze 16, 235
Schizophrenie 496, 573f.
Schlafkrankheit 170
Schleimpilze 323
Schließmuskel (von Muscheln u. ä.) 515
Schmerz 506
Schmerzempfindung 538
Schock, anaphylaktischer 393
Schöpfungsgeschichte, biblische 591
Schöpfungslehre 16, 590, 623, 625f.
Schrittmacher 510, 512
Schwarze Witwe 274
Schwarzgeflügelte Hängefliege 271
Schwerkraft 320, 322
Schwesterchromatiden **23**
Schwesterchromatidenaustausch 161, 163
Segmentation 340
– des *Drosophila*-Körpers 339
Segmente 310, 339f.
Sehen, binokulares 543
–, stereoskopisches 545
Sehrinde 539, 541, 544
Sehzellen 451
Seidenspinner 268
Seitenlinienorgan der Fische **471**
Sekretgranula **59**
Sekundärantwort 366
Selbst-Antigen 406

Selbstbefruchtung 238, 240 f.
Selbst-MHC-Proteine 398, 406
Selbstreplikation 233
Selbststimulation, intrakranielle 567, 581
Selbst-Toleranz 406 f., 411
Selbstunverträglichkeit 239
Selektion 603, 615, 617, 630
–, klonale 367
–, natürliche 592, 611
Sequenz 41, 93, 99
Sequenz-Amplifikation 166
Sequenzkorrektur 163
sequenzspezifische Endonuklease 132
Seriensynapsen **519**
Serotonin **570**, 578
sex of rearing 291
Sexualität 233, 265
– und DNA 234 f.
– und Entstehung neuer Arten 265
– und Gehirn 276, 278, 285, 290
– und Paarbindung 292
Sexualuhr 278, 280
Sexualverhalten 276 ff.
– des Menschen 290
– der Ratte 282
– zyklisches 279
sexuelle Signale und Nachahmung 272
Shuttle-Vektoren **178**
Sichel, graue **322**
Sicherheitsmaßnahmen, biologische 205
Signalaustausch zwischen Tieren 447
Signale
– in Axonen 480, 482, 485, 487, 489
–, chemische 49
–, elektrische 459
–, interzelluläre 395
– an Muskeln 509
–, visuelle 539 f.
Signalsequenz **57**
Signalübertragung, chemische 495
Signal-Übertragungswege 222
Silencer **109**
Simian-Virus 40, **424**
Sintflut 624
Snurps **124**
Somiten **309**
Sonar 470
Sonden, radioaktive 130 ff.
SOS-System, bakterielles 146, 159
Spermium 242
Spezialisierung 314
– der Zellen 320
Spezies 592
Spleißen **122 f.**, 126
Spleißkomplex 124
Sporen 317
Sporophyt **317**
Sprossung 559
Stäbchen 451
Stammzellen 315
Stärke 76
Stase **600**, 602, 604, 616
Steroidhormone 199, 218 f., 226, 255
Stickstoff 37, 86
Stickstoffassimilation 196
Stickstoffbindung 86
Stoffe
–, krebserregende 420
–, morphogenetische 334
Streckrezeptoren **525**
Streß 215, 219, 508
Struktur des Gehirns 517
Strychnin 577
Substantia nigra **585 f.**
Substanz
–, graue 529
–, weiße 529
Sucht 579, 581, 583
–, Beginn bei Menschen 584
–, chronische 581 f.
– und Lernprozeß (Gedächtnisprozeß) 582
– und Zellphänomene 580
Suchttherapie 585
Supersexualität 246
Switch-Gen **247**, 249
swivel enzymes 101
Symbiose 86
Synapsen **478 f.**, 518, 520, 547, 554, 558, 565

Tabakmosaikvirus 31
Tandemwiederholungen 139
Temperatursinnesorgane der Schlangen 455
Teratokarzinome **421 f.**, 427, 430
testikuläre Feminisierung 258

Tetanus 368, 388
tetraploid **306**
Tetrodotoxin **487**
Tectum **552**
Thalamus **537f.**
Thalassämie 136, 189f., 198, 605
T-Helferlymphozyten 369
T-Helferzellen **363**, 365, 369
Thymin **91**, 105
Thymus 361, 400
Thyroglobulin **406**
Thyrotropin **411**
Tiefenwahrnehmung 543
Tierarten, Anzahl 589
T-Killerlymphozyten **369**
T-Lymphozyten **361**, 363, 398
Tochterzellen 22, 25
Toleranz 580f.
Totimpfstoffe 187
Toxine 368
Tracertechnik 32
–, radioaktive 98
Tranquilizer
–, harte 574
–, milde 574
Transkriptase **105**, 108, 110
–, reverse 166
Transkription **105**, 107, 111, 114, 128
–, reverse 128, 425, 610
Transkriptionskontrolle 111
Transkriptionsregulierung 111, 113
Translation 114f., 119, 127f.
Translationscode **114**
Translokation **430f.**
Transmitter 560
Transplantatabstoßung 396
Transport
– aus der Zelle heraus 57
– in die Zelle hinein 55
Transportvesikel 55
Transposition **608**
Transposon **152f.**, 164
Transsexualität 301, 303
Treibhauseffekt 87
TRH (tyreotropin releasing hormone) **213**
tRNA **118**, 165
Triplett **114ff.**
triploid **317**
Trypanosomen 170
Tsetsefliegen 170
TSH **232**
T-Suppressorzellen **406ff.**
Tuberkulose 388f.
T-Zellen **363**, 365ff., 404ff.

Überempfindlichkeit 571
–, verzögerte 389
Ultrabithorax **343**, 345
Ultraschall 470
Unterempfindlichkeit 571
Uracil **105**
Urgene 127, 139, 378, 397
Ursprung der Geschlechter 264ff.
Ursuppe 619
Urzelle 85, 173

Valium 575
Vasopressin **216**
Veränderungen, neutrale 602f.
Verdauungsenzyme 53
Vererbung 103
Vererbungsgesetze 26
Vererbungslehre 25
Verhaltensgeschlecht 296
Vermehrung 16
Viren 16, 31, 34, 55, 96f., 99, 105, 117, 120, 126, 128f., 131f., 135, 137, 151, 153, 165f., 234, 369
– und menschliche Krebserkrankungen 437
Viruserkrankungen 183
visuelles Claustrum **546**

Wachstum 16
Wachstumsfaktoren 209, 306, 355, 555
Wachstumshormon 182, 194
–, rekombiniertes 183
Wachstumskegel 550
Wahrnehmung
–, taktile 537
–, visuelle 539
Wandertiere 471ff.
Wasserstoffbrückenbindung 39
Wechselwirkungen zwischen den Zellen 395
Wilms-Tumor 432
Winterschlaf 81, 444
Wüstentiere 443

Xenon 531
Xeroderma pigmentosum **98**

Zelldifferenzierung 327, 352, 354 f., 357
– und lokale Umgebung 352
Zellen 16 ff., 40, 66, 122, 167, 207 ff., 224, 226 ff., 233, 236 f., 305 ff., 629
–, basophile 392 f.
–, braune 445
–, diploide 237, 249
–, haploide 249
–, Kontakte zwischen 207
–, Signalübertragung zwischen 207
Zellfilamente 321
Zellkern 19, 21 f., 44
Zellkooperation 18
Zellinien 315 f.
Zellschichten 548
Zellselektion 169
Zellsterben 356
Zellteilung 21, 24
Zelltod 355 f.
Zellverbände, vorübergehende 18
Zellwanderung 354
Zell-Zyklus 305
Zeugung, spontane 590
Zielsequenzen 134, 178
Zigarettenrauchen 418, 434
Zirbeldrüse 281, 454
Zitteraal 516
Zuckerkrankheit 232
Zytoplasma **19**, 44, 62

Bernd-Olaf Küppers

Der Ursprung biologischer Information

Zur Naturphilosophie der Lebensentstehung
Vorwort von Carl Friedrich von Weizsäcker.
319 Seiten mit 26 Abbildungen und 5 Tabellen. Serie Piper 1313

Zu den faszinierendsten, zugleich aber kompliziertesten Problemen der modernen Naturwissenschaften gehört die Frage nach dem Ursprung des Lebens.
Die Behandlung dieses Problemkreises stellt höchste Ansprüche an eine interdisziplinäre Forschungstätigkeit. Physik und Chemie, Molekularbiologie und Populationsgenetik, Informations- und Spieltheorie – das sind Wissenschaftszweige, aus denen Methoden und Begriffe in die moderne Theorie der Lebensentstehung einfließen.

Bernd-Olaf Küppers (Hrsg.)
Ordnung aus dem Chaos

Prinzipien der Selbstorganisation und Evolution des Lebens
Mit Beiträgen von A. Dress, H. Haken, B. Hess, B.-O. Küppers, Ch. v. d. Malsburg, M. Markus, H. Meinhardt, D. Pörschke, P. H. Richter, H.-J. Scholz, K. Schulten und P. Schuster.
284 Seiten. Serie Piper 743

Die Ergebnisse der molekularen Biologie vermitteln uns inzwischen einen tiefen Einblick in den materiellen Aufbau lebender Systeme, deren Entstehung und Evolution. Das Lebendige muß heute nicht mehr als das Resultat geheimnisvoller immaterieller Kräfte angesehen werden, sondern vielmehr als Ergebnis eines gigantischen Selbstorganisationsprozesses der Materie, in dessen Verlauf sich auch das Leben allmählich aus einem molekularen Chaos heraus entwickelt hat.

Leben = Physik + Chemie?

Das Lebendige aus der Sicht bedeutender Physiker. Ein Lesebuch, herausgegeben und eingeleitet von Bernd-Olaf Küppers.
256 Seiten. Serie Piper 599

Die Frage, ob und inwieweit sich die Lebenserscheinungen physikalisch erklären lassen, gehört zu den grundlegenden Fragen der modernen Naturwissenschaften. Sie besitzt einen praktischen Aspekt insofern, als sich die Molekularbiologen anschicken, das Erbmaterial mit Hilfe physikalisch-chemischer Techniken zu manipulieren und die Evolution im Reagenzglas nachzuvollziehen. Zum anderen trägt sie bei zur Klärung eines uralten Problems, des Zusammenhangs von Geist und Materie.